U0311920

谨以此书献给指引和支持本项研究的

万卫星 先生

朝鲜王朝三百年气象日记

王誉棋　魏　勇　著

内 容 简 介

将古籍记录用于研究区域气候演化，是中国在全球气候研究中的一大特色。自竺可桢先生开启利用文献典籍研究历史气候的科学之路以来，汉籍气候研究百花齐放，同位素分析方法也日渐成熟，气候重建研究如火如荼。

本书在中外自然科学史研究成果之上，利用域外汉籍《承政院日记》中的气象记录，拓展了东亚历史气候材料研究范围，延长了汉籍气候数据时间轴线，目的是为相关研究者提供一套系统的、量化的、可查证的区域历史气候数据库，用以支撑区域气候长期演化乃至地球科学、空间环境科学的交叉研究。

图书在版编目（CIP）数据

朝鲜王朝三百年气象日记 / 王誉棋，魏勇著. -- 北京 : 气象出版社，2021.10
ISBN 978-7-5029-7545-6

Ⅰ. ①朝… Ⅱ. ①王… ②魏… Ⅲ. ①气候资料一朝鲜一古代 Ⅳ. ①P468.312

中国版本图书馆CIP数据核字(2021)第184205号

朝鲜王朝三百年气象日记
Chaoxian Wangchao Sanbai Nian Qixiang Riji

出版发行：气象出版社
地　　址：北京市海淀区中关村南大街46号　　**邮政编码**：100081
电　　话：010-68407112（总编室）　010-68408042（发行部）
网　　址：http://www.qxcbs.com　　**E-mail**：qxcbs@cma.gov.cn
责任编辑：周　露　　**终　　审**：吴晓鹏
责任校对：张硕杰　　**责任技编**：赵相宁
封面设计：刀　刀
印　　刷：北京建宏印刷有限公司
开　　本：889 mm×1194 mm　1/16　　**印　　张**：60.75
字　　数：1880千字
版　　次：2021年10月第1版　　**印　　次**：2021年10月第1次印刷
定　　价：600.00元

寻找见证

（总序）

地球，我们的家园。世代繁衍，生生不息。我们行走和耕耘的土地，古人的足迹纵横交错；我们仰望和凝视的天空，古人也曾深思博索。那些困惑我们的问题，古人们必然也曾付诸执着，却又无奈于人生之短，终究没入时间长河。一人以生之短搏于时之长，确无胜算，然而集众人之短则未可知。本书即展现这样的例证：许多双眼睛，接力守望夜空两千年；又用同样的文字，记录下斗转星移间的神光虹霓。不同民族的守望者们被同一种文化所化，为了同一个心愿，造就人类文明史上的一个伟大奇迹。他们是见证者，他们所见正是地球科学研究者所求之实证。

地球科学研究者穷经皓首求索，所格者为地球系统之运行规律。根基于现在所见致知，从历史遗留的蛛迹中探寻过去，秉持万物皆有道的信念洞见未来。地球系统的概念，内含地核、地幔、岩石圈等固体圈层，外覆大气、电离层、磁层等空间圈层。人类所居生物圈恰在系统之中间环节。以此计算，下至地核6000余千米，上至日侧磁层顶6万余千米、磁尾远达数千万千米。如此庞大的系统，演化历史长达40余亿年。蛛迹何处寻？地球科学初兴之时，山体的褶皱断层和沉积纹理是蛛迹，地球科学家可以文学化的手法讲述逆冲推覆和伸展剥离。同位素分析方法发明后的100年里，岩石、化石、陨石、树轮、冰芯，甚至贝壳，都成为历史的见证者。于是我们知道了大陆漂移、核幔分异、地磁倒转、气候变迁、生物灭绝等诸多发生在固体圈层的历史。地球科学研究者不必，也无法亲身见证这些事情。那么，空间圈层演化的蛛迹又记录于何处？

寻找见证的征程刚刚开始。1957年人造地球卫星上天，标志空间时代开启，至今60余年。成千上万的人造飞行器遍历了近地空间的各个区域，空间与地面的各种电子仪器解析出空间充满了气体和等离子体，各种电磁和热力学过程交织，是一个人类自身不能直接感知的世界。继续追溯，电离层地面探测90年，地磁场探测170年，皆依赖于电磁信号。自然界有哪些物质能记录下千万年前的这些信号？目前不得而知。诚然，空间中的气体和等离子体的物理过程肉眼不可见，但是有些物理过程的结果是可见的，如黑子，如极光，如彗尾。于是，人类自身就可以成为见证者，这些记录就可以成为地球科学研究者所寻求的见证。

以中国为核心的汉文化圈历史悠久，文明发达，记录丰富。经过数年探索和思考，我们发一个小愿：从古籍中寻找这些见证，辑之成册，为地球科学研究者提供一个基础数据库。

寻找见证的征程仍然刚刚开始。40余亿年的演化历程有无穷的未知。

是为总序。

魏勇　万卫星

2019年1月1日

序　言

古代气候研究是以历史之眼光寻找足迹，解码自然，探究规律，终得“述往事，思来者”。凡是目之所及，耳之所闻，肤之所感，以笔代之，皆可成为历史气候的烙印。纵观中华文明五千年，上到甲骨玉石，下到竹简纸帛，三千余年间的文字记载浩如烟海。在血与火的洗礼之下，留存至今之汉籍记录，如同一座横跨万载千秋的桥梁，桥的那头伏案挥笔，华殿油灯，桥的这头戴目倾耳，睹始知终。通过汉籍，我们对话古人，寻找见证，唯愿为科学数据的发掘和科学问题的研究点燃一盏长明之灯。

自竺可桢先生开启利用文献典籍研究历史气候的科学之路以来，汉籍气候研究百花齐放。与此同时，同位素分析方法日渐成熟，气候重建研究如火如荼。前者以人为见证，书为载体，后者以自然为见证，元素为载体，两者互为佐证，相得益彰。然古代之气候，人为见证，书为载体者，其生动鲜明，令人神往。“羌笛何须怨杨柳，春风不度玉门关”所述季风区与非季风区气候差异之大；“黄梅时节家家雨，青草池塘处处蛙”所述江淮地区阴雨连绵之梅雨天气；“忽如一夜春风来，千树万树梨花开”所述冷锋过境时风雪交加之天气变化……不言而喻，数千年以来，人是历史气候最直接的见证者和记录者，其记录亦不乏规范严谨之类，将古籍记录用于研究区域气候演化，实为中国在全球气候研究中的一大特色。

本书在中外自然科学史研究成果之上，利用域外汉籍《承政院日记》中的气象记录，拓展了东亚历史气候材料研究范围，延长了汉籍气候数据时间轴线，目的是为世界所有领域的研究者提供一套系统的、量化的、可查证的区域历史气候数据库，用以支撑区域气候长期演化乃至地球科学、空间环境科学的交叉研究，亦希望可以借此为古代汉文化的开发与传承贡献一份微薄之力。

本书是“寻找见证”系列的第二部。第一部为《古代朝鲜极光年表》(魏勇和万卫星，2020)，幸得科学出版社地质分社的大力帮助，在万卫星先生去世的前几天刊印出来。尽管先生一直很关注本书的研究内容，遗憾的是，已经无法看到本书。毫无疑问，先生指引的研究仍然会继续下去，将来还会有更多的研究成果出版。

作者

2021 年 1 月 1 日

目　录

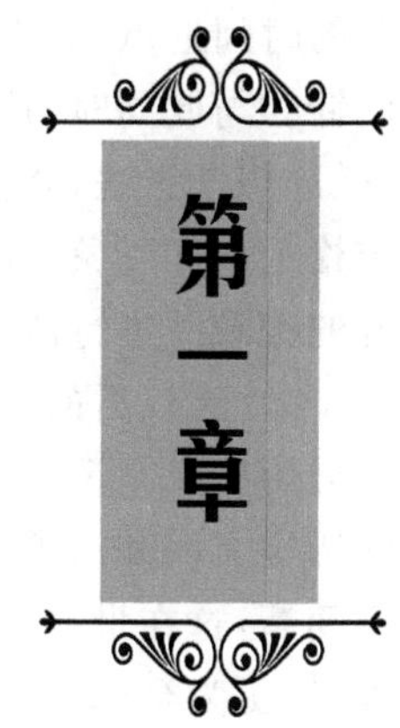

第一章

朝鲜王朝气象研究综述

第一节 古代朝鲜气候研究背景

气象对于我们日常生活的影响是极为直接和显著的。无论生活在城市还是农村，我们的穿着、饮食、出行方式等，甚至心情，都受到气象条件的影响。可以说，气象是人与自然相互作用的一个重要界面。气候是在太阳辐射、大气环流和人类活动长时间相互作用下，某一地点或地区多年间经历的大气温度、降水、风、气压等气象要素的总和。近些年，越来越多的学者在强调气候对于人类文明演进的决定性作用。工业革命以来的全球变暖趋势吸引了社会各个方面的注意，不仅充当了普通民众茶余饭后的谈资，而且成为大国博弈的重要棋盘。英国社会学家安东尼·吉登斯提出了广为人知的"吉登斯悖论"："全球变暖带来的危险尽管看起来很可怕，但它们在日复一日的生活中不是有形的、直接的、可见的，因此许多人会袖手旁观，不会对它们有任何实际的举动。然而，坐等它们变得有形，变得严重，那时再去临时抱佛脚，定然是太迟了"。探究气候演化规律，预估未来气候变化，已成为当前地球科学研究的前沿课题。

观今宜鉴古，无古不成今。气候的演化已经在历史长河中留下了深深的印记，当我们审视与气候变化相关的问题时，不妨回过头来，从历史的角度观察和思考，了解过去气候演化的规律与细节，从而能够避免短暂异常现象的干扰，更清晰地描绘未来气候的轮廓。过去气候变迁按时间尺度大致可划分为三个时期：远至一万年前的地质时期，近到100～200年间近现代时期，中间的近一万年间即自人类文明出现到尚无现代仪器观测的时期，称之为气候演化的历史时期。与人类息息相关的历史时期气候演化研究层出不穷，现代科学手段的快速发展衍生出了诸多像树轮、黄土、石笋、珊瑚、冰岩心等历史气候的见证者，与此同时，20世纪20年代以来，已有学者开始利用古籍文献资料对历史气候研究进行探索（杨煜达 等，2009）。

20世纪70年代初，竺可桢先生积数十年之研究，于耄耋之年发表了著名的《中国近五千年来气候变迁的初步研究》，利用历史文献中的物候信息总结出中国近五千年来间隔出现的四个寒冷期和四个温暖期，标志着我国利用历史文献资料进行历史气候的研究完全进入了一个科学化的范畴。此后50年间，我国历史气候研究成果层出不穷。2004年，由张德二主编的四册《中国三千年气象记录总集》问世，此集浩浩荡荡880万字，辑集了中国历史上各种天气、大气物理现象，如雨、水、雷、风、冻、旱、霜、暖、风暴潮等出现的时间地点，灾害危害程度，与气候相关的丰歉、疫病和饥荒等，成为研究中国三千年来气候演化的指南针。与此同时，在遥远的欧洲大陆，法国气候史学家勒华拉杜里(Emmanuel Le Roy Ladurie)借鉴物候学、冰川学方法，并参考历史文献记载，于1967年建构起西欧中世纪至今温度波动的精确系列；俄罗斯列宁格勒水文气象学院布钦斯基从历史文献中搜寻到了8—19世纪期间关于旱灾、水灾、冬寒、缺雪和大风暴的记录并进行研究，发现了俄罗斯平原上的气候起伏现象；埃及保存着公元641—1480年间的全部以及1480年以后的部分尼罗河最高和最低水位记录，但是以此确定各时代的雨量是困难的；南北美洲由于缺乏历史文献记录，对于历史气候的文献研究较为短缺(竺可桢，1962)。相较于其他国家，中国拥有悠久的历史文明和浩如烟海的历史文献记载，从殷商时代的甲骨文书，到金石木简、纸墨文书，3000多年来从不间断，这在世界上无与伦比。汉籍中包含的大量气象、气候记录是研究区域历史气候变化的宝贵代用资料，更为全球气候变化研究提供了丰富的信息。

气候的两大要素是气温和降水。温度作为度量气候变化的指标之一，因其变化范围小，易于观测，而备受研究者青睐。然而，降水作为评价气候的另一重要指标，因其时空变化显著，难以精确定位定量，在研究丰度上稍显逊色。自20世纪70年代开始，我国历史气象学者致力于通过汉籍文献中的旱涝记录构建旱涝等级、湿润指数和旱涝指数，以此来将历史旱涝记录数值化。无论是哪种指数，本身直接反映的是历史时期的干湿状况，而并非降雨量本身。部分研究者用石笋$\delta^{18}O$来重建历史时期降雨量，然而对于此指标的准确水文气候学定义现仍存在争议；也不乏研究者使用诸如树轮、珊瑚等同位素方法研究降雨的长期变化。这些通过人为设定指标来解译自然密码进而重现历史气候的方法是气候重建的一大亮点，然而这个过程存在诸多不确定性且不能直接反映气候要素的变化，始终让人感觉如鲠在喉。

万幸之至，在浩如烟海的域内汉籍中，有两部档案记载脱颖而出，成为研究中国地区降雨长期变化的无价之宝。

其一为中国最早的近代气象观测记录册《晴雨录》。该册是由钦天监和各地方上报朝廷的有组织的、连续的气象记录组成。据《清会典》记载："钦天监掌观天象，设观象台于京城东南隅，凡晴雨风云雷霓晕珥流星异星皆察而记之。晴明风雨按日记注，汇录于册，为《晴明风雨录》。缮写清、汉文各一本，于次年二月初一日恭进。"现保存质量较好的是自清代雍正二年(1724年)至光绪二十九年(1903年)共180年的北京地区降水记录，但中间缺漏6年，实为174年。2002年，张德二对前人的研究进行改进，采用多因子回归的方法，利用降雨日数和降雨等级重建了1724—1904年间的北京降雨量序列，随后又重建了18世纪南京、苏州、杭州三地的降雨序列。至此，重建中国历史时期降雨量长期变化工作达到由定性到定量的历史性转变。

其二为清朝档案中的《雨雪分寸》记录。清代规定全国一些主要地区要有晴雨记录，同时还规定每逢雨雪，地方官员必须向皇帝上报"雨雪分寸"及异常气象情况，此为《雨雪分寸》的由来。其中104966条记录记载了约1736—1911年间中国273个行政点降水后雨雪"入土几分"的数据。相较于《晴雨录》，《雨雪分寸》分布范围更加广泛，并且有定量化的数值可供使用，是中国历史时期稀缺的降水定量化记录。葛全胜先生于2011年出版著作《中国历代气候变化》，首次以断代史的方式系统撰写中国历朝气候变化与其广泛影响，其中对《雨雪分寸》记录进行了详细的分析，重构了中国华北北部和西部、云南、长江下游等地区18—20世纪的雨季起止日期及雨季长度。然而，"入土几分"记录很难反演为符合现代科学研究需要的实际降雨量。葛全胜和郑景云在石家庄利用土壤物理学与水量平衡模型反演，配合人工模拟降雨的田间入渗试验，得出了降水入渗公式，较好地将清代的雨雪分寸反演为降水量数据并成功构建了1736—2000年间黄河中下游4个区17个站点的降水量变化，为中国降水长期变化研究添上了浓墨重彩的一笔(Ge et al.,2005)。

时至如今，不禁发问，在浩瀚的汉籍宝藏中，有没有一部可以连续定量地记录历史气象信息，不需要进行转换加工便可直接用来描述气候要素的长期变化？答案是：有！

我们不妨拓宽视野，将目光聚焦于一部域外汉籍——《承政院日记》。

《承政院日记》是朝鲜王朝最庞大的机密记录，自1623年(朝鲜仁祖元年)3月到1894年(朝鲜高宗

31 年)6 月历时 272 年间由承政院国政记录和此后改称为承宣院、宫内部、秘书监、奎章阁的机构编制，记录了截止到 1910 年(隆熙 4 年)的记录共 3243 册，总历时 288 年，是世界上规模最大的年代文献。承政院是朝鲜定宗时设立的国家机构，主管国家的一切机密事宜，堪称国王的秘书室，记录内容可代表当时朝鲜官方现存记录的最高水平。《承政院日记》以日记的形式每个月写一册为原则，后期随着内容的增加，也有每个月出两册及以上的情况。其记录内容广泛涉及国政各个方面的史实，包括启禀、传旨、请牌、请推、呈辞、上疏、宣谕、传教等内容。不言而喻，记录中亦涉及了丰富的古朝鲜历史气象信息，尤其是包含有接近现代测雨器观测水平的降雨量记录。由于日记记载的独特形式，《承政院日记》中的气象记录完整连续，以天为基本单位，部分记录精确至小时，并且，同时用六十甲子和授时历历法标出日期，是研究朝鲜历史气候演化的珍贵资料。图 1.1 展示了一条《承政院日记》中有关降雨量记录的扫描图像。

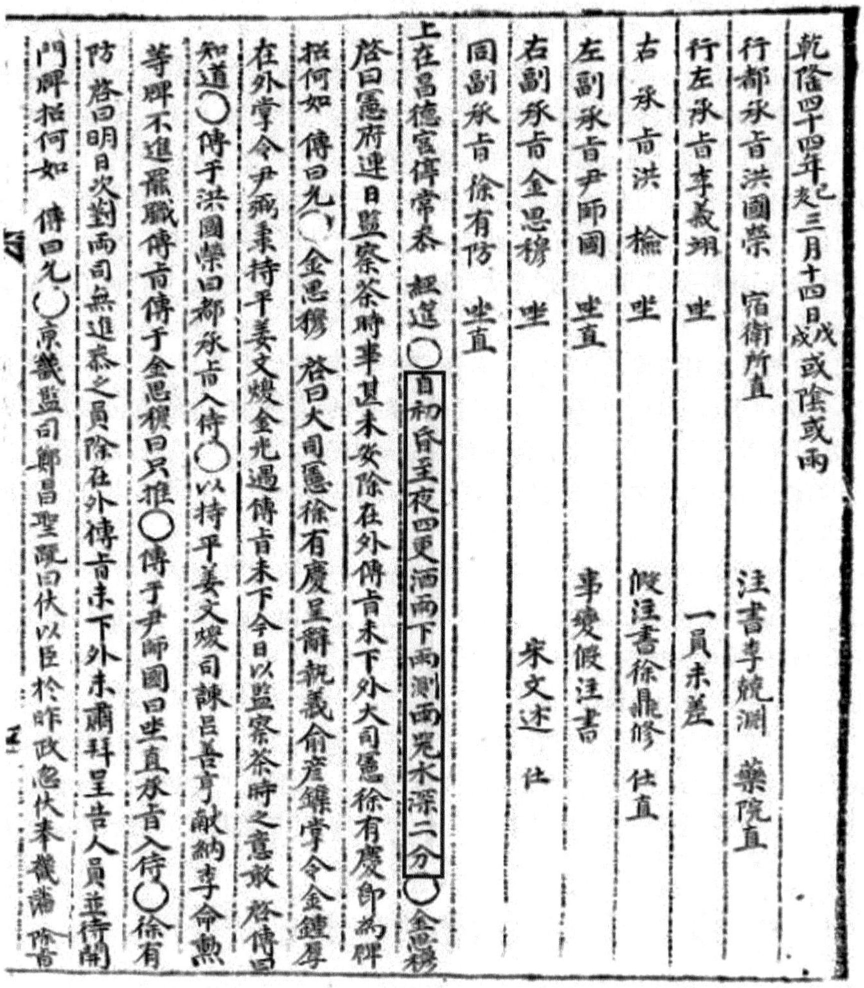
乾隆四十四年己亥三月十四日戊戌 或陰或雨
行都承旨洪國榮 宿衛所直 注書李續淵 藥院直
行左承旨李義翊 坐 一員未差
右承旨洪檍 坐 假注書徐鼎修 仕直
左副承旨尹師國 坐直 事變假注書
右副承旨金思穆 坐 宋文述 仕
同副承旨徐有防 坐直
上在昌德宮。傳常參 親政 ○自初昏至夜四更灑雨下雨測雨器水深二分○金思穆
啓曰憲府連日監察茶時事甚未安除在外傳旨未下外大司憲徐有慶即爲牌
招何如 傳曰允○金思穆 啓曰大司憲徐有慶呈辭執義俞彥鏶掌令金鍾厚
在外掌令尹[illegible]秉持平姜文燮金光遇傳旨未下今日以監察茶時之意敢啓傳曰
知道○傳于洪國榮曰都承旨入侍○以持平姜文燮司諫呂善亨獻納李命熙
等牌不進罷職傳旨傳于金思穆曰只推○傳于尹師國曰坐直承旨入侍○徐有
防啓曰明日次對兩司無進參之員除在外傳旨未下外未肅拜呈告人員並待開
門牌招何如 傳曰允○京畿監司鄭昌聖疏曰伏以臣於昨政忽伏奉截論除當

图 1.1　《承政院日记》“测雨器水深”记录原文示例

朝鲜王朝(公元 1392—1910 年)首府为汉阳(今首尔，北纬 37°33″，东经 126°58″)，位于朝鲜半岛的中部，属温带季风气候，年平均气温为 11.8℃左右，四季分明。我国东部地区与朝鲜半岛受东南季风影响显著，夏季高温多雨。汉阳每年一半以上的降水量集中在 6—9 月，对研究东南季风近千年演化规律有着得天独厚的条件。朝鲜半岛三面临海，兼具海洋性气候，亦是研究厄尔尼诺现象和太平洋年代际振荡的风水宝地。

目前，以《承政院日记》为源头研究朝鲜历史气候的学者寥若星辰。一方面，作为一部域外汉籍，很难引起国内研究者的高度重视；另一方面，由于其原文是以古代汉字书写，大部分国外研究者也只能望洋兴叹。古代朝鲜的气象记录与研究的一个重要基础是测雨器的发明，Kim(1988)和 Cho 等(2015)系统回顾了朝鲜测雨器在朝鲜李朝时的发明与使用。对于《承政院日记》中测雨器水深记录的研究最早可以追溯到 1917 年 Wada 编译的月分辨率记录，然而其研究成果以日语形式发表，不利于测雨器水深数据的广泛研究，1956 年日本气象局 Arakawa 编译的古朝鲜 1770—1907 年间月降雨量变化成为可供我们查阅的最早编译记录。随后 Cho 等(1979)和 Lim 等(1996)在前人的基础上分别重新编译了 1777—1800 年和 1801—1907 年的月分辨率测雨器水深记录，使之更加严谨可信。为了进一步提高编译数据的分辨率，Jhun 等(1997)在假设降雨强度均匀的情况下，计算了伪每小时降水量，用以重构每天的降雨量数据。Kim 等(1987)和 Jung 等(1994)使用这些编译记录研究了韩国首尔历史降雨量的年际变化。Jung 等(2001)由测雨器水深数据逐时资料集导出的日周期与由现代雨量计观测得到的日周期非常吻合，证明了编译降雨数据与现代降雨数据在统计意义上具有一致性。结合韩国现代降雨资料，Ha(2006)发现在 1881 年和 1952 年前后，首尔 4 月至 11 月的降雨量有两个显著的变化点。21 世纪初，夏威夷大学王斌教授利用改进后的《承政院日记》测雨器水深数据结合现代观测数据发现朝鲜夏季降雨强度趋势在 1778—2004 年间尤其是 20 世纪中后期显著持续增加，并且在雨期表现出一种准双周节律的气候振荡(Wang et al.，2006，2007)。同时，王斌教授提出古代朝鲜降雨存在不同于大陆季风气候的降雨双模式，并对此现象的驱动因素进行了讨论。由此可见，《承政院日记》中的气象数据蕴含了大量东亚气候短期变化以及长期演化信息，体现出了独一无二的研究价值。然而，以往研究者关于降雨量数据的编译成果大多以韩语形式呈现，我们无从查证其源头的可靠性亦无从合理使用编译数据，这大大限制了后续研究者对这套宝贵数据库的更深入研究。

《承政院日记》中气象数据的编译和研究初露锋芒之后，便被束之高阁，鲜有人问津，这不禁使人扼腕长叹。究其原因，关键在于迄今为止没有一套公开的、系统的、可信的、能够直接被用于科学研究的数据集。尽管一些国外研究者进行了初步尝试，但主要工作集中在 20 世纪中后期，而韩国针对此典籍的翻译工作 1994 年才开始进行，2001 年才正式构建数据库，因而以往研究者未能给出可供查询的朝鲜历史气象数据集也无可非议。

如今，迎合着扩展东亚历史气候数据的迫切需求，依托于现代古籍数字化带来的便利，我们重新打开尘封已久的《承政院日记》，从中编译出 3 万余条气象记录，涵盖阴、雨、雪、雾天的日数记录以及测雨器水深的降雨量化记录，整合成可用于现代气候研究的数据表格并另翻译为英文。相比于以往的研究，本数据库的特点是电子检索信息确保无遗漏，特别是解决了前人编译的测雨器水深记录在 1800 年记录残缺的问题，补充了 1800 年 9 月到 12 月共 22 条降雨量记录。同时，在给出气象数据记录的同时附加原文，供读者审阅。我们的目的是为世界所有领域的研究者提供一套系统的、量化的、可查证的区域历史气候数据库，我们的愿望是筑建一条贯通古今、纵横中外的归乡路，迎接流落异域的汉籍宝藏回家！

第二节　古代朝鲜气象年表介绍

本书中的古代朝鲜气象年表共包括 34722 条记录，时间跨度为 1623—1910 年。其中阴天记录 12449 条，雨天记录 12780 条，雪天记录 1503 条，雾天记录 61 条，测雨器水深记录 7929 条。阴、雨、雪、雾四种记录分布在《承政院日记》每日记录内容的标头，紧随日期之后，作为一种固定格式记录每日天气状况。图 1.2 展示了一条雪天记录的扫描图像。

测雨器水深记录为《承政院日记》中气象记录的一大亮点(原文示例见图 1.1)，其不仅包括了降雨的具体日期，还显示了降雨的持续时间以及具体降雨量(以尺、寸、分为基本单位)*。同时期的中国清代

* 降雨量换算原则：1 尺＝200 mm，1 寸＝20 mm，1 分＝2 mm。经与韩国研究者确认，此换算原则是根据朝鲜测雨器结构确定的，与当时民间的尺寸分换算不同。

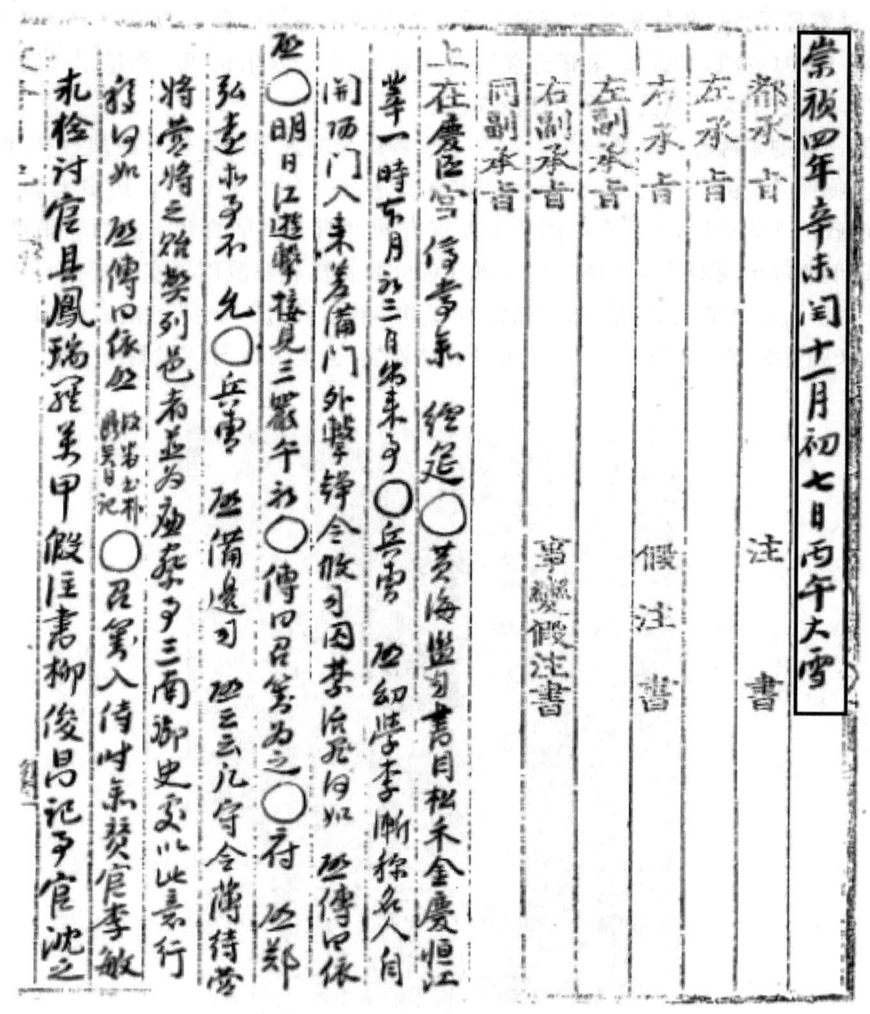

崇禎四年辛未閏十一月初七日丙午大雪

都承旨　注書

左承旨

右承旨　假注書

左副承旨

右副承旨　事變假注書

同副承旨

图 1.2 《承政院日记》雪天记录原文示例

《雨雪分寸》记录虽然也包含了降雨量数据，然据张瑾瑢《清代档案中的气象资料》一文指出，各地上报给皇帝的是“雨水入土深度和积雪厚度及起讫日期”，并非可直接衡量降雨量的器测数据（张瑾瑢，1982）。相比之下，朝鲜王朝于英祖四十六年（1770 年）仿世宗旧制建造测雨器，并统一形制规格，颁发于八道两郡[八道指忠清道、全罗道、庆尚道、江原道、平安道、黄海道、咸镜道和京畿道；两郡指开城和汉城（今首尔）]，命令各地将其测得的雨水尺寸飞速报告给政府。保存于奎章阁前庭中的大理石制测雨器撰有《测雨器铭》：“测雨之有器，实于世宗二十四年范铜为之，高一尺五寸、圆径七寸，置书云观及诸道郡县，每雨尺其深以闻。先大王四十六年，得其旧制，铸置昌德庆熙二宫及八道两都，其为器虽小，两圣朝忧勤水旱之政在焉……”

中国是世界上最早使用仪器进行气象观测的国家之一。自 17 世纪中后期欧洲温度计、湿度计传入中国以来，北京 1743 年开始有温度观测记录，上海 1848 年开始有雨量记录。再向前追溯，间接的仪器气象记录开始于 1693 年清朝档案记录《雨雪分寸》，其中长期连续的降雨记录可从 1736 年延续到 1911 年。上海徐家汇观象台的建立标志着中国长期连续直接器测气象记录的开端，现存 1872 年至今的气温、气压、雨量、风等多种气象观测记录。朝鲜李氏王朝（公元 1392—1910 年）初期在科学技术的众多领域有重大的发展和成就，其中测雨器的发明为古代朝鲜的测候工作打下了牢固的基础。根据朝鲜李氏的史书记载，1442 年（世宗二十四年）朝鲜第一次制成了测雨器，开启了朝鲜降雨量的器测工作，现存连续的直接器测降雨量记录可从 1770 年延续到 1907 年。朝鲜总督府观测所主创人和田雄治对测雨器和雨量记录进行了研究，并整理了百余年间半岛降雨量记录以求发现半岛气候变化之规律，记录在《朝鲜古代观测记录调查报告》一书中（杨凯，2017）。和田还将朝鲜王朝 15 世纪以来长期的雨量记录进行了整理并翻译成英文于 1912 年发表，引起了欧美学界的广泛关注。

关于朝鲜测雨器的来源有过一段争议。起初众学者认为朝鲜测雨器传自中国，主要根据是和田雄治所摄的测雨器实物照片上的测雨台刻有“乾隆庚寅五月造”的字样（图 1.3）。历史上朝鲜半岛与中原王朝保持着密切的政治文化交往，然而在中国并未发现有同时期或更早的系统测雨器雨量记录，并且没有充分证据可以证明朝鲜测雨器传自中国。后王鹏飞（1984）提出朝鲜测雨器实为朝鲜自创，并发表《“朝鲜测雨器传自中国”辨》，充分论证了朝鲜测雨器源自朝鲜本国。得益于朝鲜测雨器的创造与颁发，现可查询自 1770 年以来朝鲜汉城的降雨量记录，其记录完整连续，甚至可以与现代测雨器记录平分秋色。

图 1.3　朝鲜测雨器

本书共包括 5 个年表，分别为“测雨器水深记录”“雨天记录”“雪天记录”“阴天记录”和“雾天记录”，所有表格均为统一格式。测雨器水深记录表格第 1 列为编号，第 2～4 列为公历年、月、日，第 5～7 列为农历年、月、日，第 8 列为规范化原文记录，第 9 列为 ID 编号。需要注意的是，在 7929 条测雨器水深记录中，有 32 条记录原文没有明确的降雨量或者降雨时刻记载，为保证年表的完整性，本书仍对此类记录进行收录，但给出 32 条不明确记录的编号（表 1.1），请读者自行取舍。与此同时，为使读者更方便地提取原文记录中的信息，除去上述不明确的 25 条记录，本书将测雨器水深记录原文统一整理为固定格式。阴、雨、雪、雾四种记录无原文描述，第 8 列为 ID 编号。农历月份如遇闰月，则闰月在后，表格中以“闰”来标注农历置闰月份。

表 1.1　测雨器水深年表中不明确记录编号

142	146	350	354	477	650	659	687
856	947	1149	1383	1440	1472	1547	1548
1606	1617	1620	1674	1677	1688	1994	2151
2187	2266	2375	2539	4127	6869	7244	7558

读者在检查日期转换时，应注意清初(1644—1658 年)的置闰问题。《承政院日记》中使用干支纪年和王位纪年。在覆盖本书年表的 1623—1910 年间，我国经历了由明转清的王朝更迭。而朝鲜王朝一直奉明朝为正朔，使用明朝颁发的历法《大统历》。1644 年明朝灭亡后，朝鲜王朝仍在较长时间内暗奉明朝为正朔，也未向清朝请授历书《时宪历》。故其史书虽使用顺治年号，却仍按明历置闰。例如，查询表 3.2 中第 823 条，即 1648 年 4 月 25 日的雨天记录，其原文日期记载为“顺治五年戊子闰三月初三日”(图 1.4)。查询清历发现，顺治五年并未在三月置闰，而是在四月置闰，而明昭宗(桂王)永历二年在三月置闰，故此记录日期应按明历进行转换。年表中涉及的时刻转换见表 1.2。

表 1.2　时刻转换表

子时/三更	丑时/四更	寅时/五更/平明/昧爽	卯时	辰时/甲辰	巳时
23:00—01:00	01:00—03:00	03:00—05:00	05:00—07:00	07:00—09:00	09:00—11:00
午时	未时	申时	酉时/初昏	戌时/一更/初更	亥时/二更/人定
11:00—13:00	13:00—15:00	15:00—17:00	17:00—19:00	19:00—21:00	21:00—23:00
开东	午正	寅正	子初		
06:00—07:00	12:00	04:00	23:00		

读者可以使用每条记录后的 ID 编号在互联网上查找该记录的汉文原文、韩语译文以及原书扫描图像。查询方式为:http://sjw.history.go.kr/id/ID 编号。

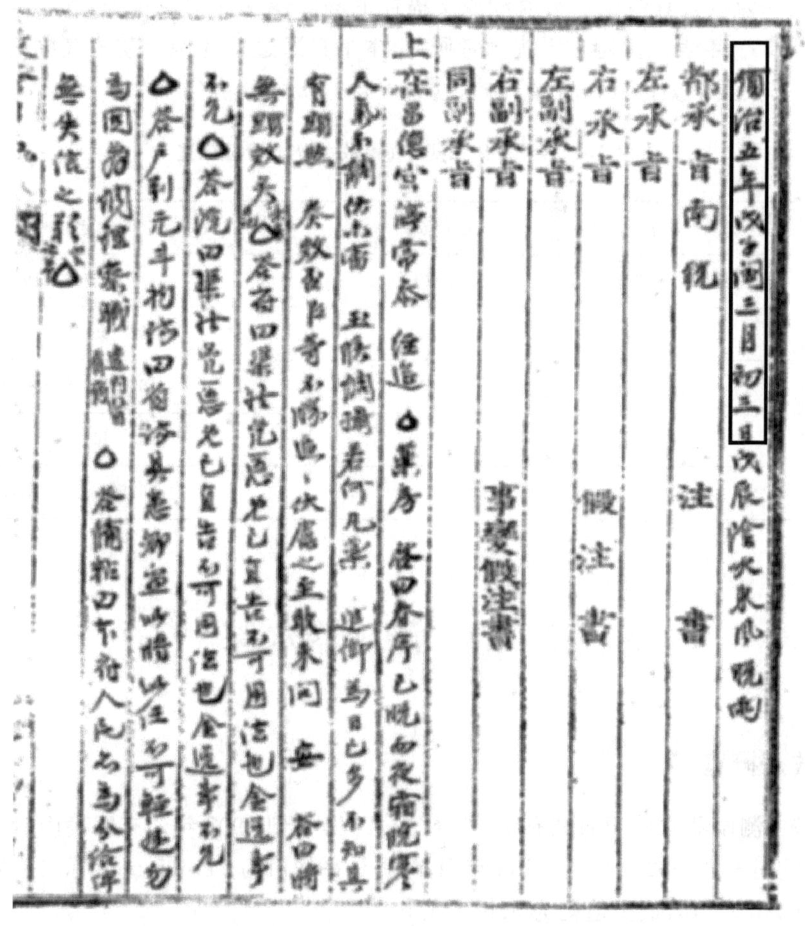
順治五年戊子閏三月初三日 戊辰陰大東風晚雨
都承旨南銑 注書
左承旨
右承旨 假注書
左副承旨
右副承旨 事變假注書
同副承旨

图 1.4　表 3.2 中第 823 条原文记录

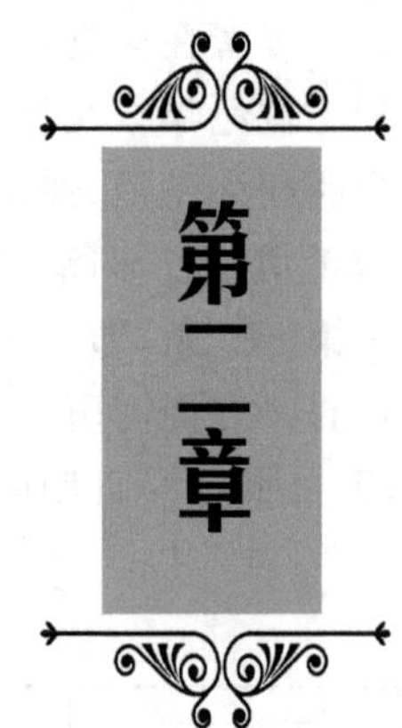

朝鲜王朝气象记录基本特征

本书中的古代朝鲜气象年表共包括 34722 条记录，时间跨度为 1623—1910 年。按照记录类型分为两大类(表 2.1)，其一为包含具体雨量数值和原文描述的测雨器水深记录年表，其二为雨、雪、阴、雾记录出现日期年表，共计 5 个年表。为避免干扰读者研究，本书只通过图片展示朝鲜气象记录的基本信息，不做结论性分析。本书数据对全世界研究者开放，读者可自行研究分析。

表 2.1 《承政院日记》气象数据分类情况概览

序号	数据类型	记录数量	起止时间
1	测雨器水深	7929	1770-06-06—1907-11-23
2	雨	12780	1623-05-08—1910-08-28
3	阴	12449	1623-05-08—1910-08-22
4	雪	1503	1623-11-12—1910-01-21
5	雾	61	1625-08-23—1861-11-17

第一节 测雨器水深

1. 降雨量数据概览

《承政院日记》中测雨器水深记录共有 7929 条，从 1770 年到 1907 年。有明确雨量的记录共 7904 条，统计每年降雨量时间序列如图 2.1 所示。138 年间，降雨量平均值为 1116.5 mm，标准差为 402.5 mm，单年降水量最大值达到 2570 mm，最少值则为 336 mm。

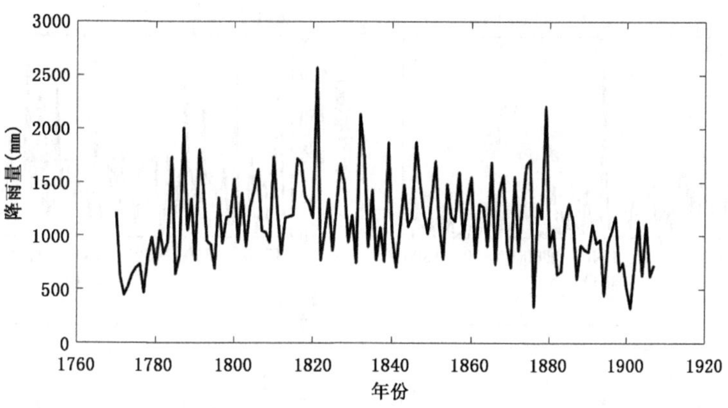

图 2.1　1770—1907 年朝鲜降雨量年分布

2. 降雨量月分布

1770—1907 年共 138 年间，平均每年降雨量的月分布如图 2.2 所示。由降雨量数据分布可见，古代朝鲜夏季潮湿，冬季干旱，全年降雨量主要集中分布在 6 月、7 月、8 月和 9 月，其中 7 月是降雨最丰沛的月份。

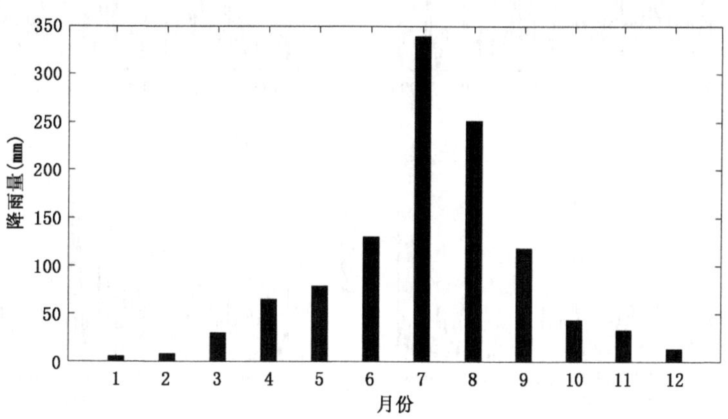

图 2.2　1770—1907 年朝鲜降雨量月分布

3. 各月降雨量的年分布

1—12 月间各月的降雨量随年份分布如图 2.3 所示。

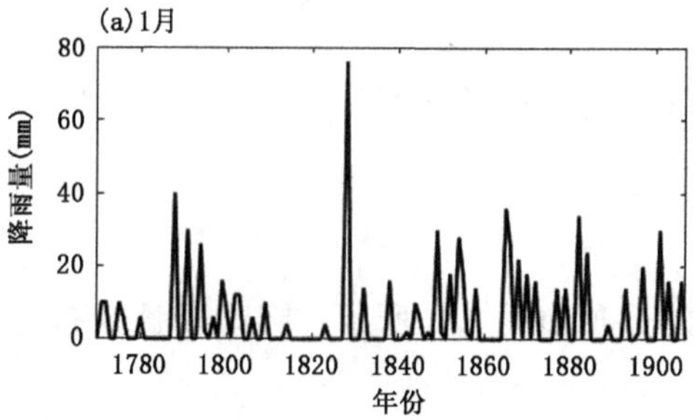

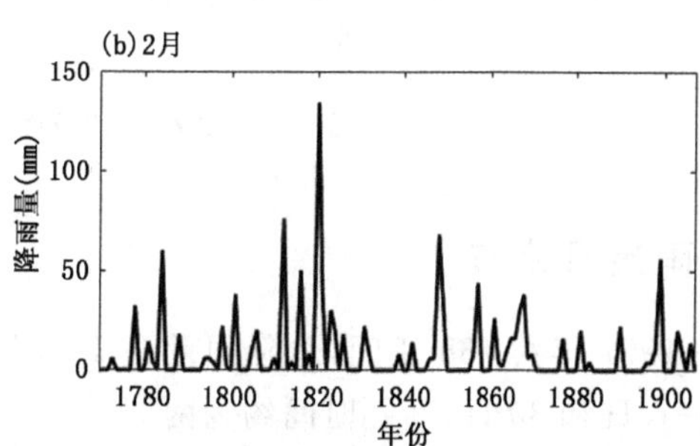

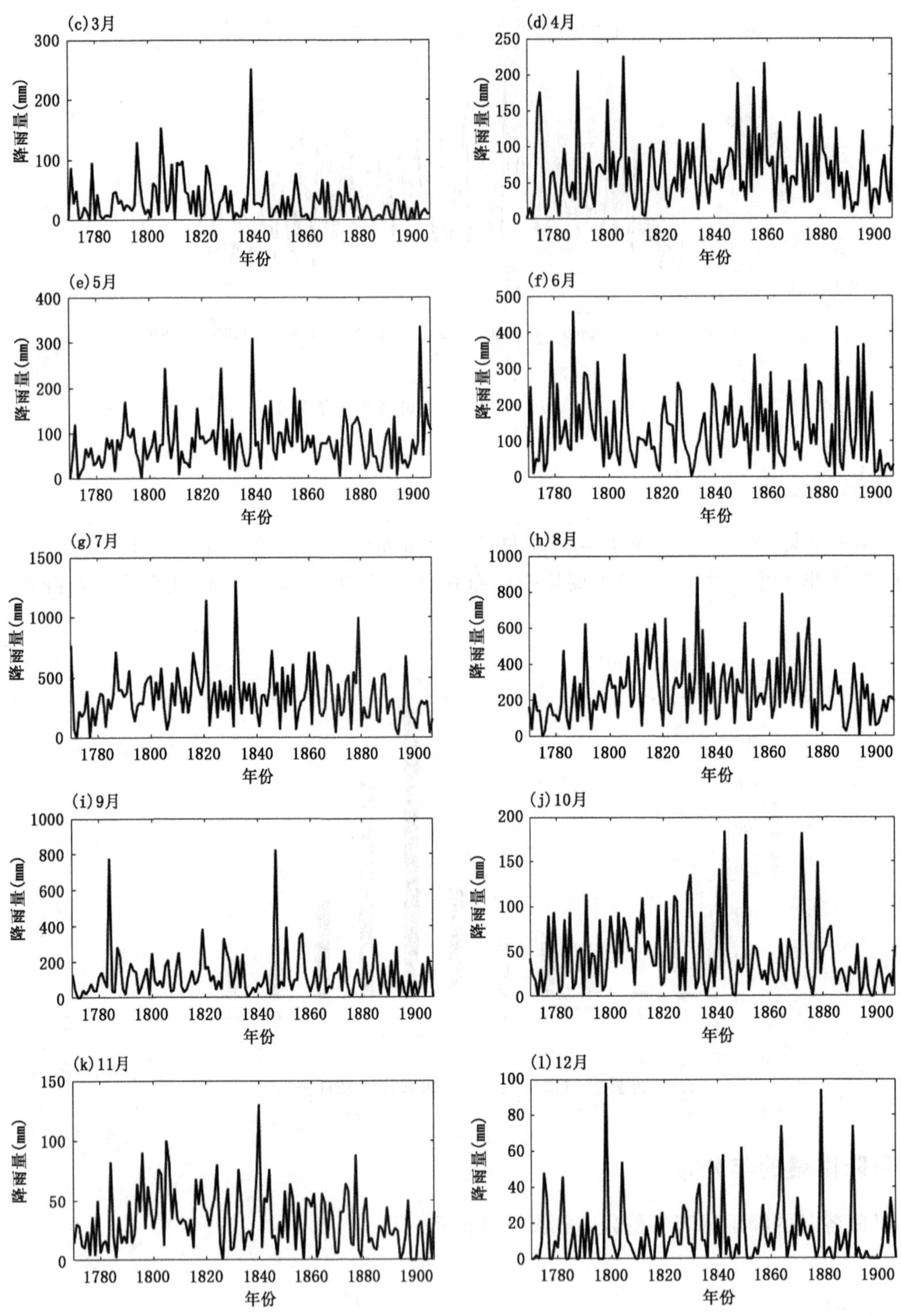

图 2.3 1770—1907 年朝鲜各月降雨量的年分布

4. 降雨量日分布

1770—1907 年共 138 年间，总降雨量在 1—31 日的分布如图 2.4 所示。降雨量日分布有两个最高峰，分别为 16 日和 30 日，间隔时间约为两周。

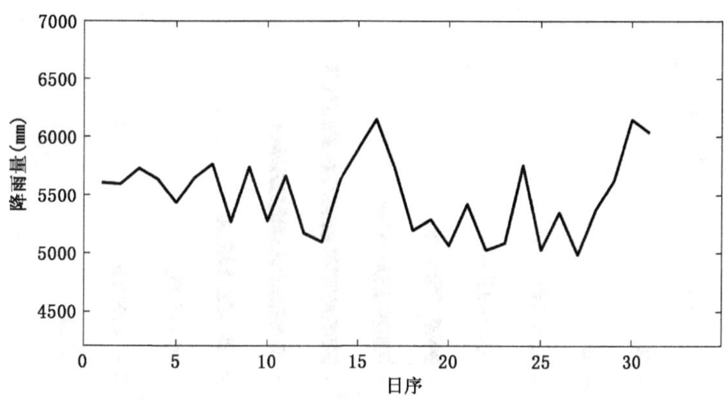

图 2.4　1770—1907 年朝鲜降雨量日分布

第二节　雨天

1. 雨天数据概览

《承政院日记》中雨天记录共有 12780 条，从 1623 年到 1910 年，其中 1624 年数据缺失。统计 1625—1910 年雨天日数随年份分布如图 2.5 所示。对于日期重复但 ID 号不同的多条记录，选取一条进行统计。

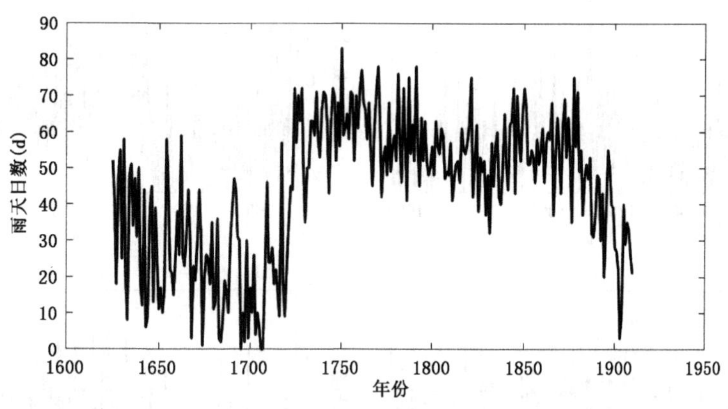

图 2.5　1625—1910 年朝鲜雨天日数年分布

2. 雨天日数的月分布

1625—1910 年共 286 年间，平均每年雨天日数的月分布如图 2.6 所示。7 月降雨日数最多，8 月次之。与降雨量的月份差异相比(图 2.2)，雨天日数的月份差异减小。由此可见，6—9 月的降雨量显著增加，主要是由于此期间日降雨强度显著增大。

3. 各月雨天日数的年分布

1—12 月各月雨天日数年分布如图 2.7 所示。

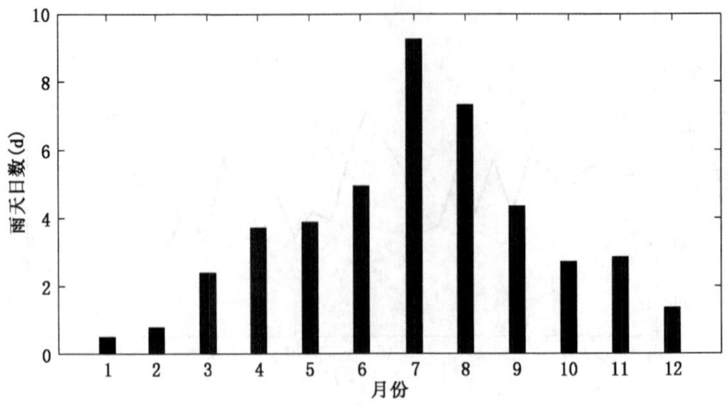

图 2.6　1625—1910 年朝鲜雨天日数月分布

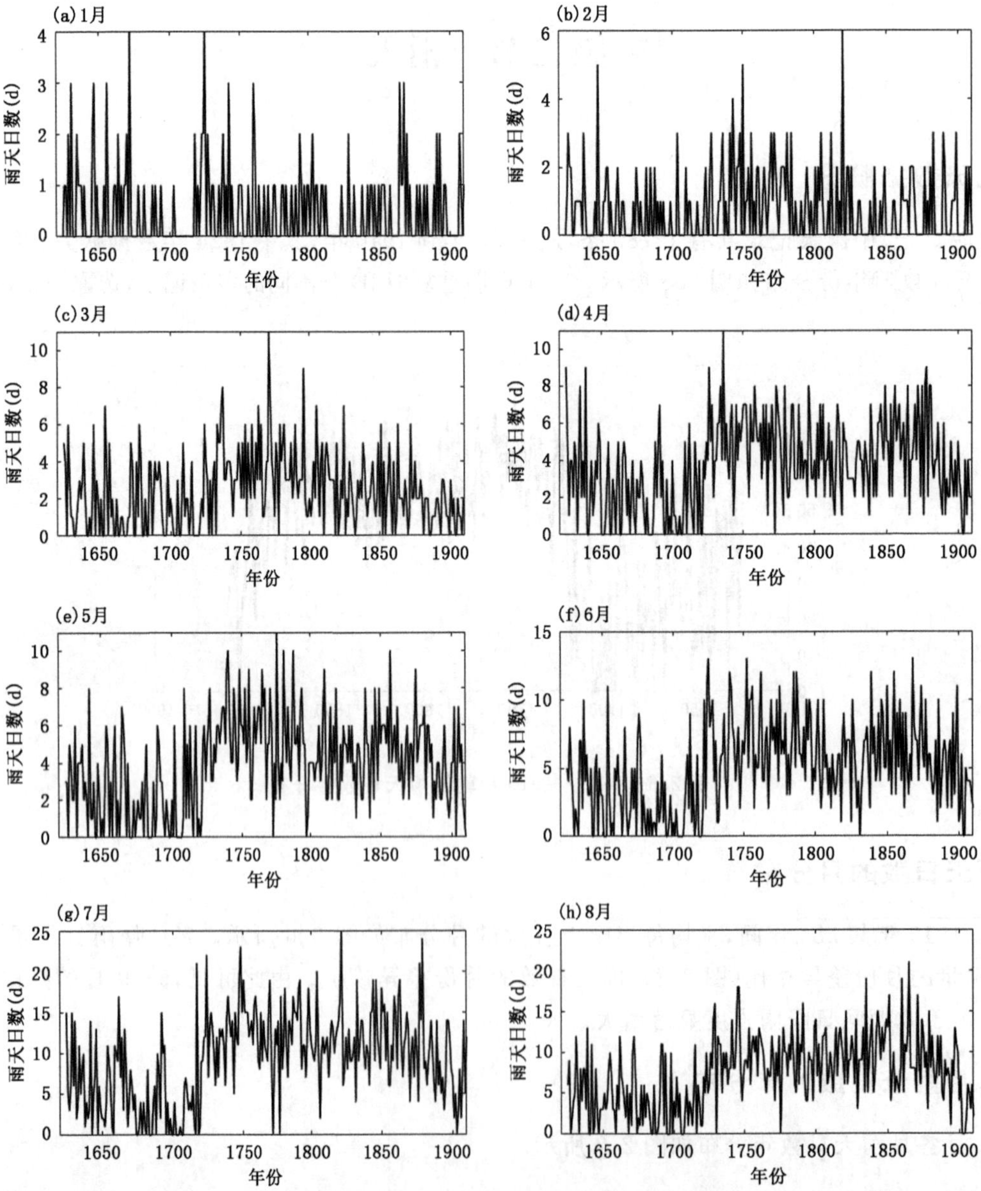

(a)1月　雨天日数(d)　年份

(b)2月　雨天日数(d)　年份

(c)3月　雨天日数(d)　年份

(d)4月　雨天日数(d)　年份

(e)5月　雨天日数(d)　年份

(f)6月　雨天日数(d)　年份

(g)7月　雨天日数(d)　年份

(h)8月　雨天日数(d)　年份

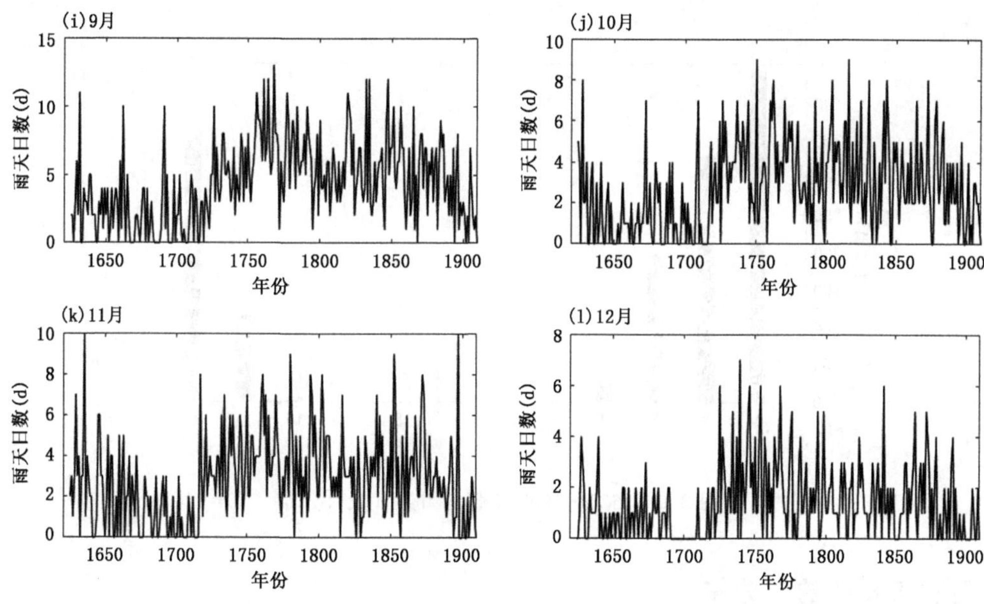

图 2.7　1625—1910 年朝鲜各月雨天日数年分布

第三节　雪天

1. 雪天数据概览

《承政院日记》中雪天记录共有 1503 条，从 1623 年到 1910 年，其中 1624 年数据缺失，1910 年数据不完整。统计 1625—1909 年雪天日数随年份分布如图 2.8 所示。对于日期重复但 ID 号不同的多条记录，选取一条进行统计。

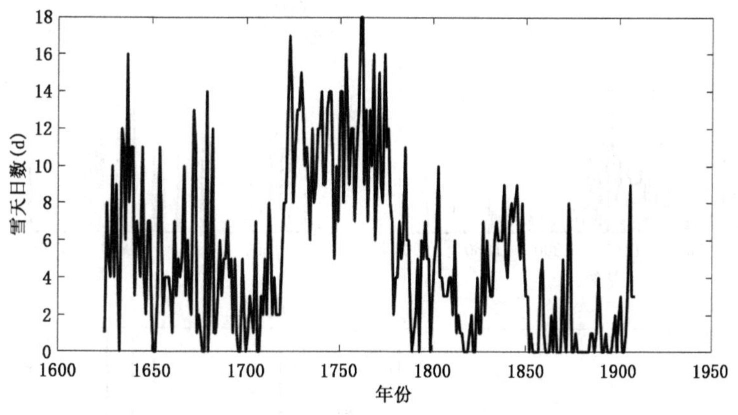

图 2.8　1625—1909 年朝鲜雪天日数年分布

2. 雪天日数的月分布

1625—1909 年共 285 年间，雪天总日数的月分布如图 2.9 所示。降雪月份主要分布在 1 月、2 月、3

月和 12 月，其中 1 月雪天日数最多。

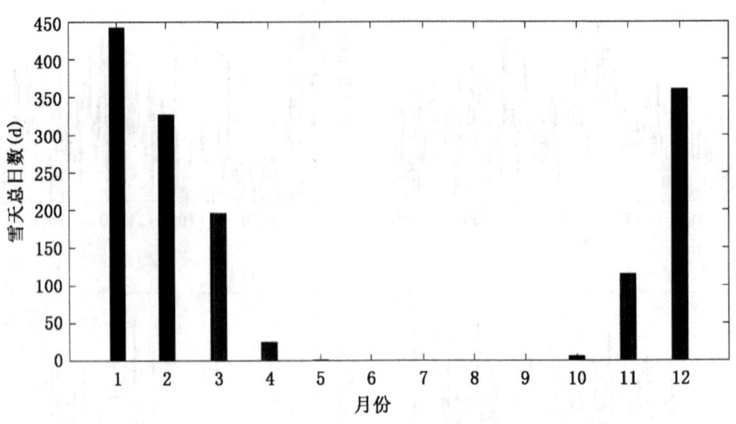

图 2.9　1625—1909 年朝鲜雪天日数月分布

3. 各月雪天日数的年分布

1625—1909 年共 285 年间，各月雪天日数的年分布如图 2.10 所示。有降雪的月份为 1 月、2 月、3 月、4 月、5 月、10 月、11 月和 12 月，其中 5 月雪天日数最少，对于 5 月降雪现象，《承政院日记》中仅在 1645 年 5 月 3 日存有一条降雪记录。

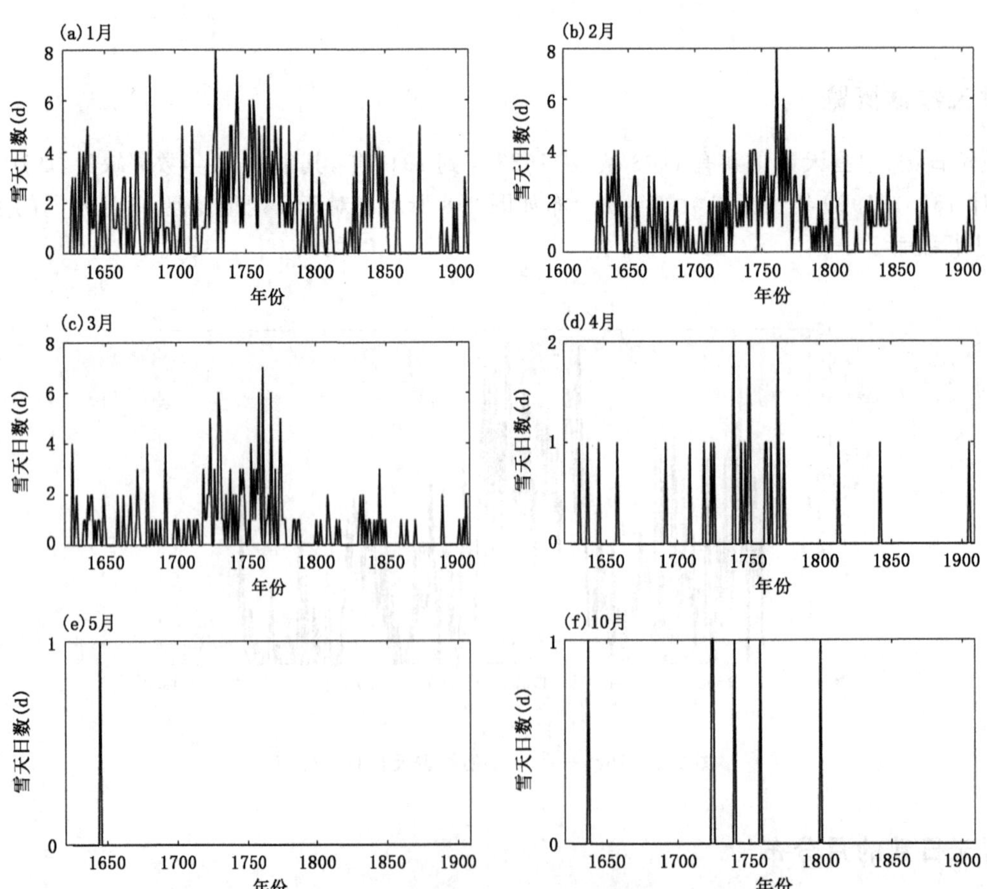

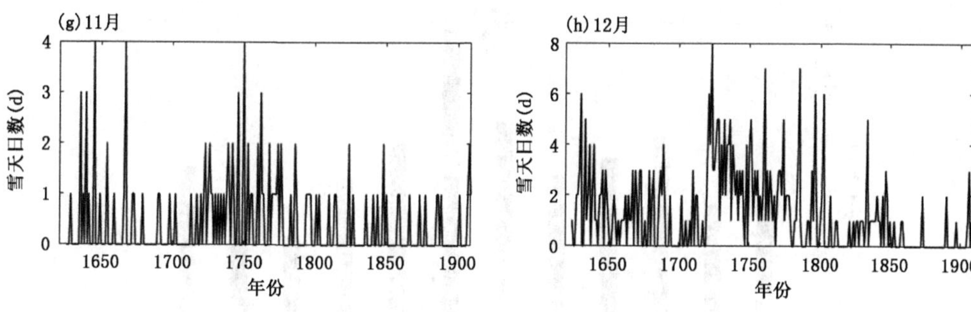

图 2.10　1625—1909 年朝鲜各月雪天日数年分布

第四节　阴天

1. 阴天数据概览

《承政院日记》中阴天记录共有 12449 条，从 1623 年到 1910 年，其中 1624 年数据缺失。统计 1625—1910 年阴天日数随年份分布如图 2.11 所示。对于日期重复但 ID 号不同的多条记录，选取一条进行统计。

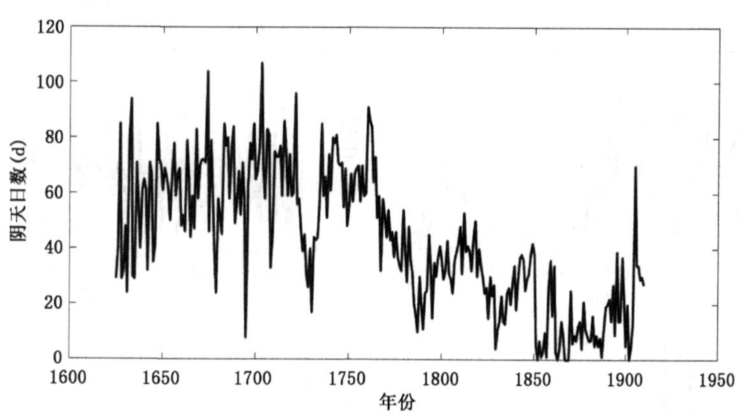

图 2.11　1625—1910 年朝鲜阴天日数年分布

2. 阴天日数的月分布

1625—1910 年共 286 年间，平均每年阴天日数的月分布如图 2.12 所示。总体来看，春夏季节阴天偏多，秋冬季节阴天略少。

3. 各月阴天日数的年分布

1625—1910 年共 286 年间，各月阴天日数的年分布如图 2.13 所示。

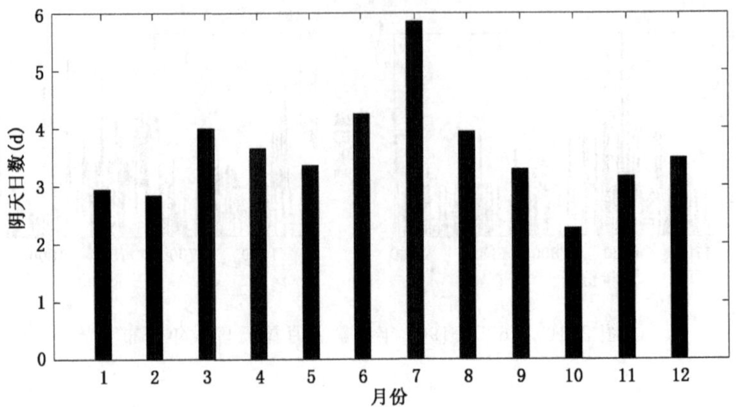

图 2.12　1625—1910 年朝鲜阴天日数月分布

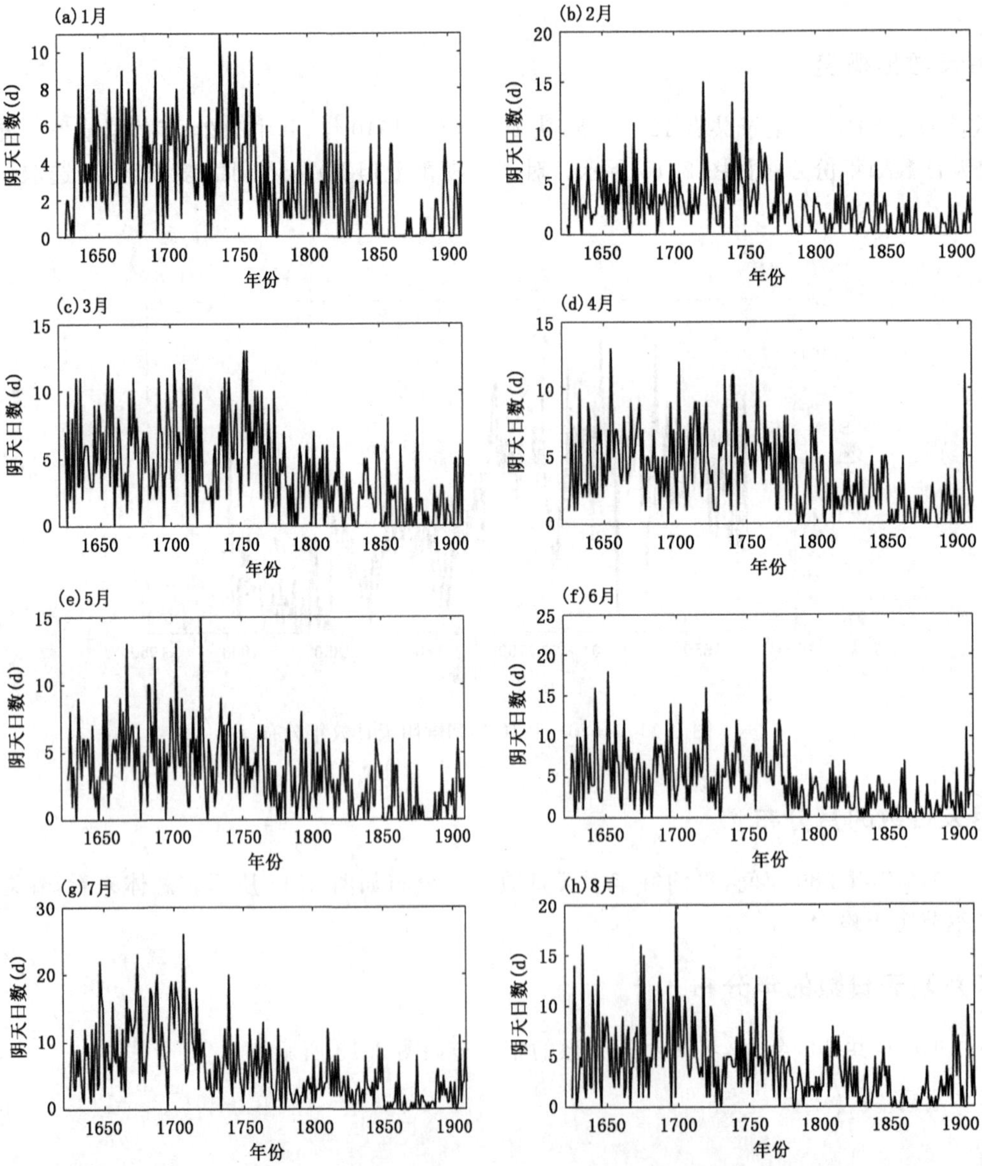

(a)1月　阴天日数(d)　年份

(b)2月　阴天日数(d)　年份

(c)3月　阴天日数(d)　年份

(d)4月　阴天日数(d)　年份

(e)5月　阴天日数(d)　年份

(f)6月　阴天日数(d)　年份

(g)7月　阴天日数(d)　年份

(h)8月　阴天日数(d)　年份

1650　1700　1750　1800　1850　1900

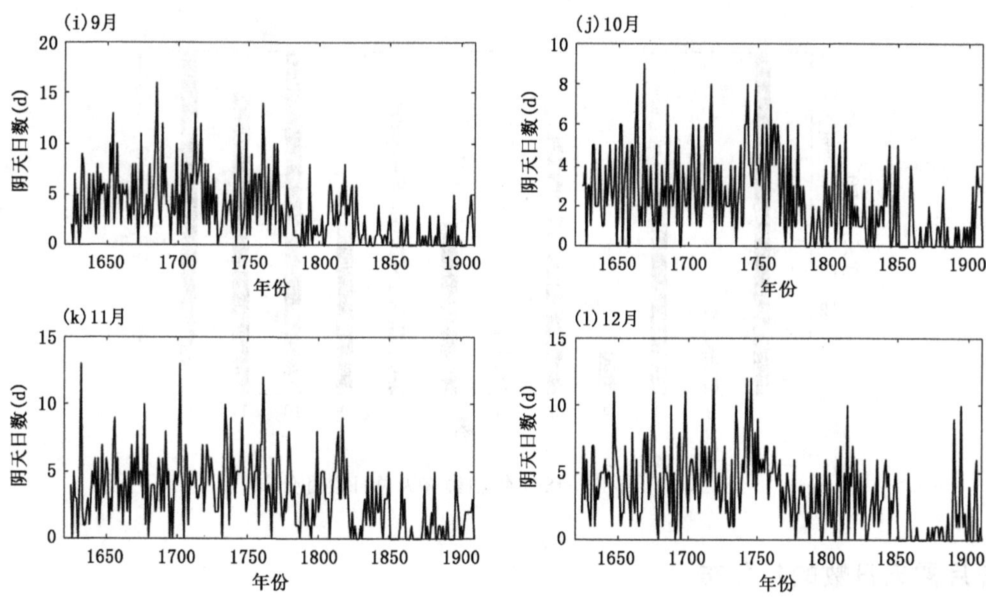

图 2.13　1625—1910 年朝鲜各月阴天日数年分布

第五节　雾天

1. 雾天数据概览

《承政院日记》中雾天记录共有 61 条，从 1625 年到 1861 年间隔记录共 36 年。统计 1625—1861 年雾天日数随年份分布如图 2.14 所示。

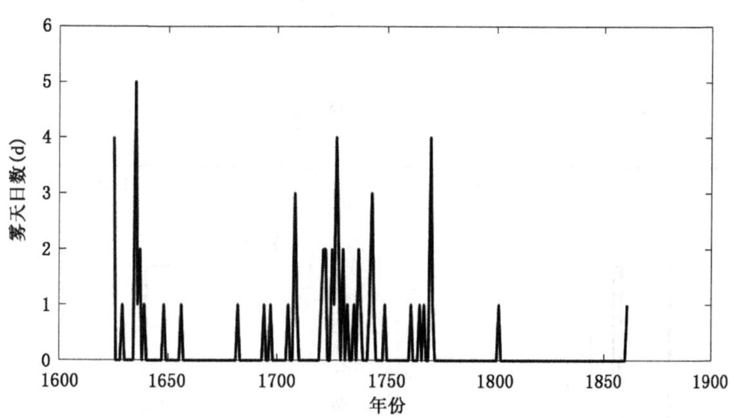

图 2.14　1625—1861 年朝鲜雾天日数年分布

2. 雾天日数的月分布

1625—1861 年有雾天记录的 36 年间，雾天总日数的月份分布如图 2.15 所示。雾天出现频率季节性差异较大，在秋冬季节出现频率略大于春夏季节。

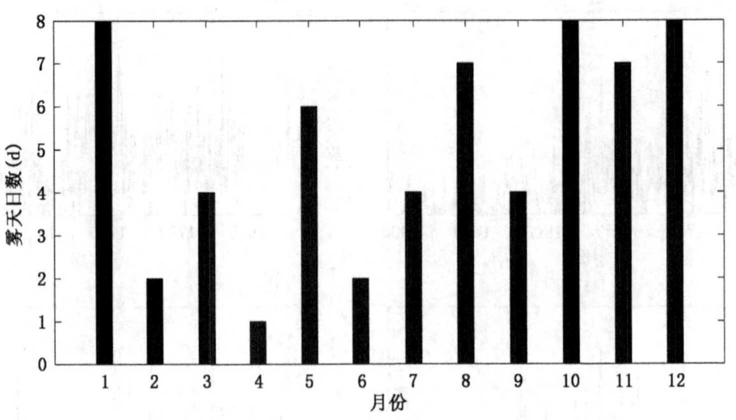

图 2.15　1625—1861 年朝鲜雾天总日数月分布

3. 各月雾天日数的年分布

1625—1861 年有雾天记录的 36 年间,各月雾天日数的年分布如图 2.16 所示。

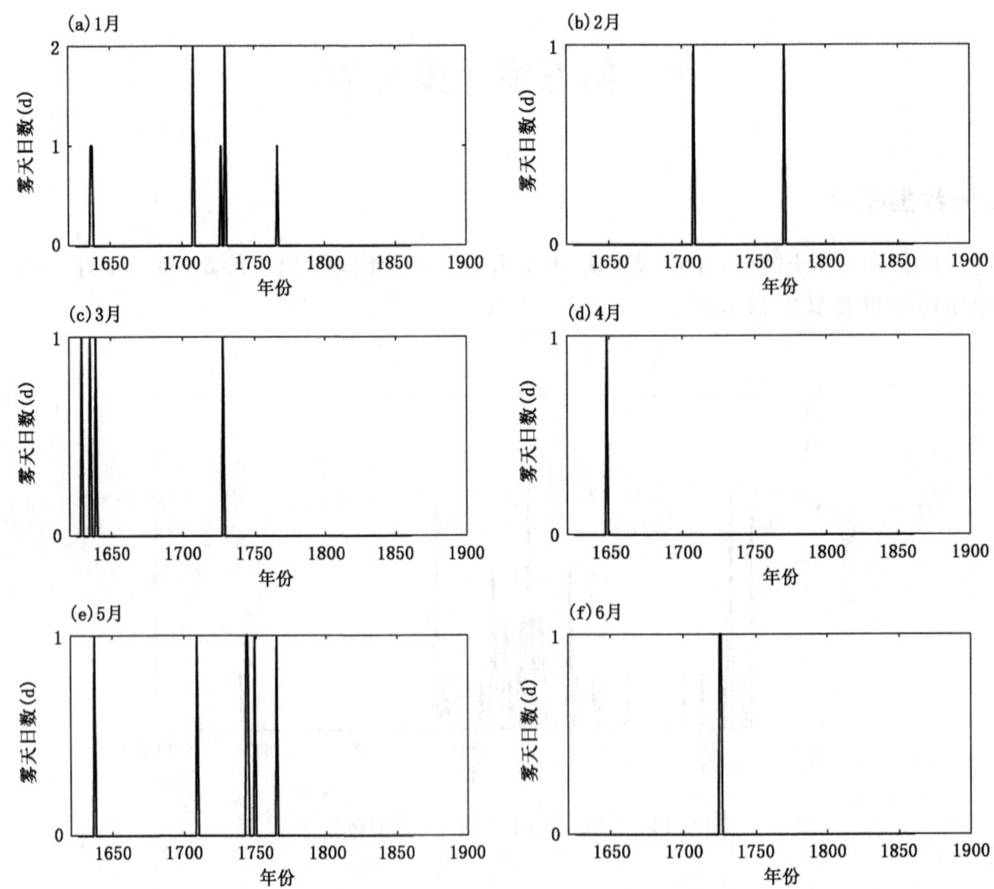

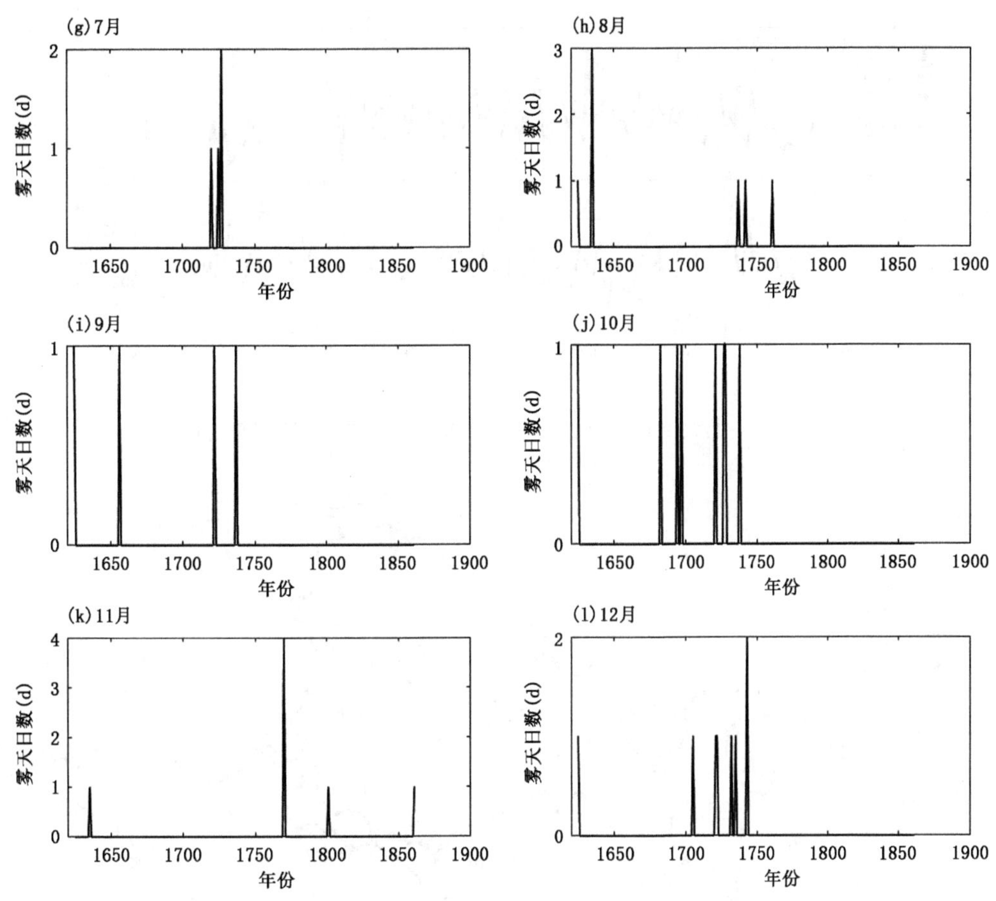

图 2.16　1625—1861 年朝鲜各月雾天日数年分布

第六节　中朝降雨记录对比

1. 朝鲜与北京降雨量对比

张德二等(2002)依据清朝档案记录《晴雨录》，应用多因子回归方法重建清朝北京地区的降雨量。选取张德二等 1770—1910 年重建后的北京降雨量序列与同时期《承政院日记》中测雨器测得的降雨量进行对比，对比结果如图 2.17 所示。古朝鲜汉阳和北京均属温带季风气候，但由于海陆位置不同，气候降雨亦有差异。

2. 朝鲜与黄河中下游地区降雨量对比

Ge 和 Zheng(2005)利用《雨雪分寸》资料重建了清朝时期黄河中下游 4 个区的降水变化。4 个区分别为河北区(包括石家庄、沧州、太原和济南 4 站)、晋南区(包括安阳、临汾和长治 3 站)、渭河区(包括洛阳、郑州、运城、西安和延安)以及山东区(包括商丘、菏泽、潍坊、泰安和临沂)，黄河中下游 4 个子区的分布如图 2.18 所示。

选取黄河中下游地区 1770—1910 年重构降雨量与《承政院日记》测雨器记录中朝鲜半岛中部地区降雨量进行对比(图 2.19)。总体而言，朝鲜半岛中部年降雨量平均值高于黄河中下游地区，其中 1876—1878 年间，河北区、晋南区、渭河区和朝鲜半岛中部降雨量达到极小值，年降雨量在 340 mm 以下；1901

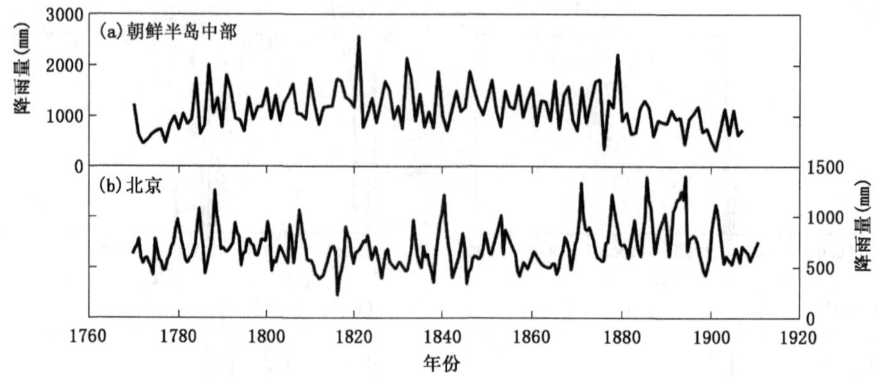

图 2.17 1770—1910 年朝鲜半岛中部(a)与北京(b)降雨量对比

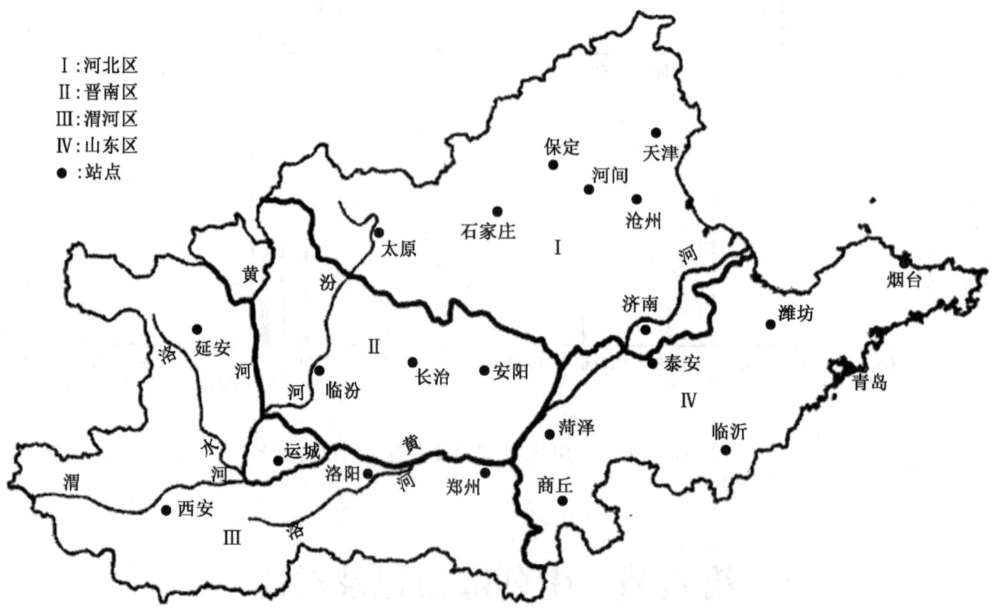

图 2.18 黄河中下游 4 个子区分布(引自葛全胜《中国历朝气候变化》,2011)

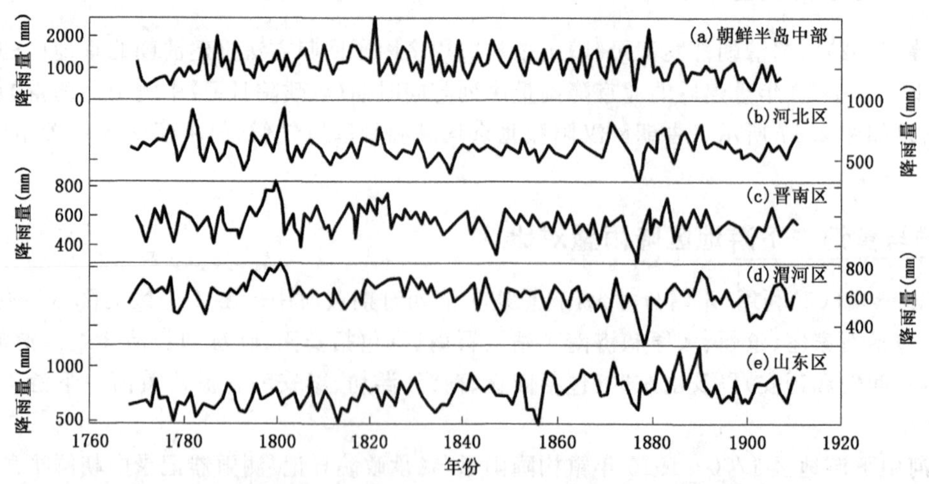

图 2.19 1770—1910 年朝鲜半岛中部与黄河中下游地区降雨量对比

年，朝鲜半岛中部降雨量为 141 年来最低值，为 324 mm，同时期的黄河中下游地区降雨量均有明显减少；1821 年，朝鲜半岛中部降雨量超过 2500 mm，为 141 年来降雨量极大值，同时期 1819—1822 年，黄河中下游地区降雨量亦有所增加。

3. 测雨器水深数据对比

Wang 等(2007)利用《承政院日记》中 6 月、7 月、8 月和 9 月的测雨器水深数据结合现代测雨器数据，对首尔地区(原汉城)1778—2004 年间降雨特征进行分析。对比本书测雨器水深记录与 Wang 等(2007)重构的 1778—1907 年朝鲜降雨量数据年分布(图 2.20)。其中 1800 年两者相差较大，经查证，Wang 等遗漏了 1800 年 7 月及之后月份的数据，导致降雨量重建误差，本书在测雨器水深年表中特以修补。

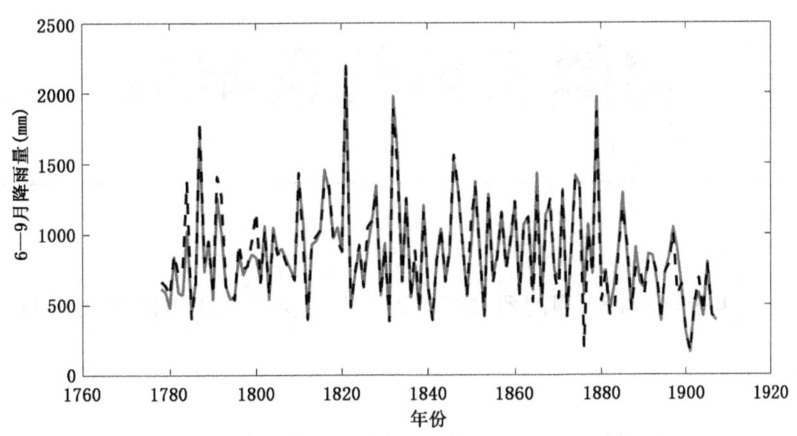

图 2.20　1778—1907 年测雨器水深数据对比

(深色虚线为本书测雨器水深年表数据，浅色实线为 Wang 等(2007)重构的同时期降雨量数据)

朝鲜王朝气象年表

本章详细列出5个年表，分别为"测雨器水深""雨天""雪天""阴天"和"雾天"记录，所有表格均为统一格式。

第一节 测雨器水深记录

测雨器水深记录表(表3.1)第1列为编号，第2～4列为公历年、月、日，第5～7列为农历年、月、日，第8列为规范化原文记录，第9列为ID编号。

表3.1 测雨器水深记录

编号	公历			农历			描述	ID编号
	年	月	日	年	月	日		
1	1770	6	6	1770	5	13	自二更至平明*，测雨器水深一寸。	SJW-F46050130-00200
2	1770	6	8	1770	5	15	自辰时至午时，测雨器水深二分。四更、五更，测雨器水深七分。	SJW-F46050150-00200
3	1770	6	21	1770	5	28	自初昏至昧爽，测雨器水深四分。	SJW-F46050280-00200
4	1770	6	22	1770	5	29	自初昏至昧爽，测雨器水深三分。自昧爽至酉时，测雨器水深四分。	SJW-F46050290-00200
5	1770	6	23	1770	闰5	1	自平明至未时，测雨器水深二分。	SJW-F46051010-00200
6	1770	6	24	1770	闰5	2	自三更至昧爽，测雨器水深五分。	SJW-F46051020-00200
7	1770	6	27	1770	闰5	5	自辰时，测雨器水深二分。	SJW-F46051050-00200
8	1770	6	28	1770	闰5	6	巳时、未时，测雨器水深三分。	SJW-F46051060-00200
9	1770	7	2	1770	闰5	10	自昧爽至申时，测雨器水深九分。	SJW-F46051100-00200
10	1770	7	3	1770	闰5	11	昧爽，测雨器水深一分。	SJW-F46051110-00300
11	1770	7	5	1770	闰5	13	巳时，测雨器水深二分。	SJW-F46051130-00200

*注：本节时辰对应的每日具体时间见第一章表1.2。

续表

编号	公历			农历			描述	ID 编号
	年	月	日	年	月	日		
12	1770	7	6	1770	闰 5	14	自卯时至酉时,测雨器水深一寸四分。	SJW-F46051140-00200
13	1770	7	6	1770	闰 5	14	自初更至五更,测雨器水深七寸七分。	SJW-F46051140-00300
14	1770	7	7	1770	闰 5	15	自昧爽至申时,测雨器水深二寸九分。	SJW-F46051150-00200
15	1770	7	11	1770	闰 5	19	自昧爽至未时,测雨器水深一分。	SJW-F46051190-00200
16	1770	7	12	1770	闰 5	20	自昧爽至戌时,测雨器水深二分。	SJW-F46051200-00200
17	1770	7	12	1770	闰 5	20	自一更至五更,测雨器水深一寸四分。	SJW-F46051200-00300
18	1770	7	13	1770	闰 5	21	自昧爽至戌时,测雨器水深三寸九分。	SJW-F46051210-00200
19	1770	7	13	1770	闰 5	21	自初昏至二更,测雨器水深八分。	SJW-F46051210-00300
20	1770	7	14	1770	闰 5	22	自昧爽至卯时、自未时至戌时,测雨器水深二寸。	SJW-F46051220-00200
21	1770	7	16	1770	闰 5	24	自昧爽至戌时,测雨器水深四寸六分。	SJW-F46051240-00200
22	1770	7	16	1770	闰 5	24	自二更至五更,测雨器水深九分。	SJW-F46051240-00300
23	1770	7	17	1770	闰 5	25	自昧爽至戌时,测雨器水深一寸二分。	SJW-F46051250-00200
24	1770	7	23	1770	6	2	自未时至酉时,测雨器水深一寸三分。	SJW-F46060020-00200
25	1770	7	23	1770	6	2	自初昏至五更,测雨器水深二寸二分。	SJW-F46060020-00300
26	1770	7	24	1770	6	3	自昧爽至申时,测雨器水深一寸五分。	SJW-F46060030-00200
27	1770	7	26	1770	6	5	自初昏至三更,测雨器水深三分。	SJW-F46060050-00200
28	1770	7	27	1770	6	6	自午时至酉时,测雨器水深四分。	SJW-F46060060-00200
29	1770	7	30	1770	6	9	未时、申时,测雨器水深四寸六分。	SJW-F46060090-00200
30	1770	8	14	1770	6	24	自未时至酉时,测雨器水深六分。	SJW-F46060240-00200
31	1770	8	14	1770	6	24	自初昏至一更,测雨器水深四分。	SJW-F46060240-00300
32	1770	8	15	1770	6	25	辰时、午时,测雨器水深二分。	SJW-F46060250-00200
33	1770	8	20	1770	6	30	自三更至五更,测雨器水深一寸。	SJW-F46060300-00200
34	1770	8	21	1770	7	1	自昧爽至午时,测雨器水深二寸七分。	SJW-F46070010-00200
35	1770	8	23	1770	7	3	自昧爽至酉时,测雨器水深三寸四分。	SJW-F46070030-00200
36	1770	9	10	1770	7	21	巳时,测雨器水深二分。	SJW-F46070210-00200
37	1770	9	12	1770	7	23	自二更三更,测雨器水深五分。	SJW-F46070230-00200
38	1770	9	13	1770	7	24	自昧爽至酉时,测雨器水深八分。	SJW-F46070240-00200
39	1770	9	15	1770	7	26	自午时至酉时,测雨器水深二分。	SJW-F46070260-00200
40	1770	9	15	1770	7	26	自初昏至五更,测雨器水深一寸。	SJW-F46070260-00300
41	1770	9	17	1770	7	28	自三更至五更,测雨器水深一寸五分。	SJW-F46070280-00200
42	1770	9	18	1770	7	29	自昧爽至酉时,测雨器水深二分。	SJW-F46070290-00200
43	1770	9	18	1770	7	29	自初昏至三更,测雨器水深二分。	SJW-F46070290-00300
44	1770	9	22	1770	8	4	自昧爽至卯时,测雨器水深九分。	SJW-F46080040-00200
45	1770	9	23	1770	8	5	自卯时至未时,测雨器水深一寸。	SJW-F46080050-00200
46	1770	10	5	1770	8	17	自昧爽至卯时、酉时,测雨器水深四分。	SJW-F46080170-00300
47	1770	10	6	1770	8	18	昧爽、辰时、巳时、未时、申时,测雨器水深四分。	SJW-F46080180-00300
48	1770	10	15	1770	8	27	自二更至五更,测雨器水深三分。	SJW-F46080270-00200
49	1770	10	17	1770	8	29	申时、酉时,测雨器水深二分。	SJW-F46080290-00200

续表

编号	公历			农历			描述	ID 编号
	年	月	日	年	月	日		
50	1770	10	18	1770	8	30	五更,测雨器水深五分。	SJW-F46080300-00200
51	1770	10	22	1770	9	4	一更,测雨器水深三分。	SJW-F46090040-00200
52	1770	11	23	1770	10	7	辰时、巳时,测雨器水深三分。	SJW-F46100070-00200
53	1770	11	30	1770	10	14	自一更至三更,测雨器水深四分。	SJW-F46100140-00200
54	1771	1	28	1770	12	13	一更、二更,测雨器水深五分。	SJW-F46120130-00200
55	1771	3	3	1771	1	17	辰时、巳时,测雨器水深二分。	SJW-F47010170-00200
56	1771	3	8	1771	1	22	自初昏至五更测雨器水深六分。	SJW-F47010220-00200
57	1771	3	9	1771	1	23	自昧爽至酉时测雨器水深一寸。	SJW-F47010230-00200
58	1771	3	13	1771	1	27	四更、五更,测雨器水深二寸四分。	SJW-F47010270-00200
59	1771	3	19	1771	2	4	自午时至酉时、自初昏至五更,测雨器水深二分。	SJW-F47020040-00200
60	1771	4	16	1771	3	2	自巳时至酉时,测雨器水深八分。	SJW-F47030020-00200
61	1771	5	4	1771	3	20	自昧爽至酉时,测雨器水深一寸。	SJW-F47030200-00200
62	1771	5	5	1771	3	21	自卯时至酉时,测雨器水深四分。	SJW-F47030210-00200
63	1771	5	13	1771	3	29	自三更至五更,测雨器水深六分	SJW-F47030290-00200
64	1771	5	20	1771	4	7	自一更至四更,测雨器水深一分。	SJW-F47040070-00200
65	1771	5	27	1771	4	14	自酉时至四更,测雨器水深三分。	SJW-F47040140-00200
66	1771	6	18	1771	5	6	自辰时至酉时,测雨器水深三寸五分。	SJW-F47050060-00200
67	1771	6	21	1771	5	9	自巳时至酉时,测雨器水深二寸。	SJW-F47050090-00300
68	1771	6	21	1771	5	9	自初昏至五更,测雨器水深一寸二分。	SJW-F47050090-00400
69	1771	6	22	1771	5	10	自昧爽至午时,测雨器水深四寸五分。	SJW-F47050100-00300
70	1771	6	26	1771	5	14	自昧爽至未时,测雨器水深一寸一分。	SJW-F47050140-00200
71	1771	6	26	1771	5	14	自初昏至五更,测雨器水深三分。	SJW-F47050140-00300
72	1771	7	4	1771	5	22	昧爽、自巳时至戌时,测雨器水深一分。	SJW-F47050220-00200
73	1771	7	19	1771	6	8	卯时、辰时、自未时至酉时,测雨器水深七分。	SJW-F47060080-00300
74	1771	7	25	1771	6	14	申时、酉时,测雨器水深一分。自一更至五更,测雨器水深五分。	SJW-F47060140-00200
75	1771	7	26	1771	6	15	自昧爽至酉时,测雨器水深一寸三分。	SJW-F47060150-00200
76	1771	7	27	1771	6	16	自昧爽至巳时、酉时,测雨器水深四分。	SJW-F47060160-00300
77	1771	7	28	1771	6	17	自昧爽至酉时,测雨器水深七分。	SJW-F47060170-00200
78	1771	8	10	1771	7	1	三更、四更,测雨器水深二分。卯时、申时、酉时,测雨器水深七分。	SJW-F47070010-00200
79	1771	8	27	1771	7	18	申时、酉时,测雨器水深五分。二更、四更,测雨器水深三分。	SJW-F47070180-00200
80	1771	8	31	1771	7	22	自酉时、初昏,测雨器水深二分。	SJW-F47070220-00200
81	1771	9	8	1771	7	30	四更、五更,测雨器水深三分。	SJW-F47070300-00200
82	1771	9	9	1771	8	1	卯时、辰时、申时,测雨器水深二分。	SJW-F47080010-00300
83	1771	9	22	1771	8	14	自昧爽至酉时,测雨器水深三分。	SJW-F47080140-00200
84	1771	9	26	1771	8	18	自二更至五更,测雨器水深五分。	SJW-F47080180-00300

续表

编号	公历			农历			描述	ID 编号
	年	月	日	年	月	日		
85	1771	9	28	1771	8	20	自昧爽至巳时,测雨器水深七分。	SJW-F47080200-00200
86	1771	10	14	1771	9	7	申时、酉时,测雨器水深三分。一更,测雨器水深四分。	SJW-F47090070-00200
87	1771	10	29	1771	9	22	一更、二更、自三更至五更,测雨器水深五分。	SJW-F47090220-00200
88	1771	11	10	1771	10	4	自三更至昧爽,测雨器水深一分。	SJW-F47100040-00200
89	1771	11	14	1771	10	8	自初昏至五更,测雨器水深八分。	SJW-F47100080-00200
90	1771	11	22	1771	10	16	未时、申时,测雨器水深一分。	SJW-F47100160-00200
91	1771	11	22	1771	10	16	一更、二更,测雨器水深四分。	SJW-F47100160-00300
92	1771	11	25	1771	10	19	二更,测雨器水深一分。	SJW-F47100190-00200
93	1772	1	24	1771	12	20	自一更至五更,测雨器水深五分。	SJW-F47120200-00200
94	1772	3	26	1772	2	23	自午时至酉时,测雨器水深四分。自初昏至五更,测雨器水深五分。	SJW-F48020230-00300
95	1772	3	31	1772	2	28	自卯时至申时,测雨器水深五分。	SJW-F48020280-00200
96	1772	5	25	1772	4	23	自昧爽至午时,测雨器水深一寸三分。	SJW-F48040230-00200
97	1772	5	25	1772	4	23	自昧爽至未时,测雨器水深一寸四分。	SJW-F48040230-00300
98	1772	5	25	1772	4	23	自昧爽至申时,测雨器水深一寸六分。	SJW-F48040230-00400
99	1772	5	25	1772	4	23	自昧爽至申时,测雨器水深一寸七分。	SJW-F48040230-00500
100	1772	6	22	1772	5	22	自三更至五更,测雨器水深一分。	SJW-F48050220-00200
101	1772	6	23	1772	5	23	自昧爽至卯时,测雨器水深一分。	SJW-F48050230-00300
102	1772	6	23	1772	5	23	自昧爽至巳时,测雨器水深二分。	SJW-F48050230-00400
103	1772	6	25	1772	5	25	申时,测雨器水深一分。	SJW-F48050250-00200
104	1772	8	5	1772	7	7	自昧爽至巳时,测雨器水深二寸九分。	SJW-F48070070-00200
105	1772	8	6	1772	7	8	自一更至五更,测雨器水深一寸三分。	SJW-F48070080-00200
106	1772	8	6	1772	7	8	三更、四更,测雨器水深二分。	SJW-F48070080-00300
107	1772	8	16	1772	7	18	二更,四更、五更,测雨器水深一分。	SJW-F48070180-00200
108	1772	8	16	1772	7	18	自卯时至午时,测雨器水深一分。	SJW-F48070180-00300
109	1772	8	17	1772	7	19	自一更至五更,测雨器水深一分。	SJW-F48070190-00200
110	1772	8	18	1772	7	20	卯时、辰时,测雨器水深七分。	SJW-F48070200-00200
111	1772	8	24	1772	7	26	自昧爽至卯时,测雨器水深二分。至午时,测雨器水深二寸三分。至酉时,测雨器水深二寸五分。	SJW-F48070260-00200
112	1772	8	25	1772	7	27	自午时至酉时,测雨器水深三分。	SJW-F48070270-00300
113	1772	8	26	1772	7	28	自昧爽至午时,测雨器水深一寸三分。	SJW-F48070280-00200
114	1772	10	20	1772	9	24	申时、酉时,测雨器水深一分。	SJW-F48090240-00200
115	1772	10	23	1772	9	27	自一更至五更,测雨器水深五分。	SJW-F48090270-00200
116	1772	10	26	1772	10	1	自初昏至二更,测雨器水深二分。	SJW-F48100010-00200
117	1772	10	30	1772	10	5	自卯时至午时,测雨器水深一分。	SJW-F48100050-00200
118	1772	11	5	1772	10	11	自未时至酉时,测雨器水深一分。	SJW-F48100110-00400
119	1772	11	5	1772	10	11	自一更至五更,测雨器水深一分。	SJW-F48100110-00500

续表

编号	公历			农历			描述	ID 编号
	年	月	日	年	月	日		
120	1772	11	9	1772	10	15	自巳时至申时,测雨器水深一分。	SJW-F48100150-00200
121	1772	11	13	1772	10	19	三更、四更,测雨器水深一分。	SJW-F48100190-00200
122	1772	11	19	1772	10	25	自未时、申时,测雨器水深三分。自初昏至二更,测雨器水深二分。	SJW-F48100250-00200
123	1772	11	26	1772	11	2	四更、五更,测雨器水深五分。	SJW-F48110020-00200
124	1772	12	21	1772	11	27	自巳时至申时,测雨器水深一分。	SJW-F48110270-00200
125	1773	2	28	1773	2	8	自初昏至五更,测雨器水深三分。	SJW-F49020080-00200
126	1773	3	19	1773	2	27	自昧爽至酉时,测雨器水深六分。	SJW-F49020270-00200
127	1773	3	30	1773	3	8	自辰时至申时,测雨器水深三分。四更、五更,测雨器水深一寸一分。	SJW-F49030080-00200
128	1773	3	31	1773	3	9	自昧爽至酉时,测雨器水深五分。	SJW-F49030090-00200
129	1773	4	15	1773	3	24	自午时至酉时,测雨器水深一分。自一更至五更,测雨器水深五分。	SJW-F49030240-00200
130	1773	4	16	1773	3	25	自辰时至酉时,测雨器水深二分。	SJW-F49030250-00200
131	1773	4	23	1773	闰3	2	自卯时至酉时,测雨器水深一分。	SJW-F49031020-00200
132	1773	4	23	1773	闰3	2	自初昏至四更,测雨器水深九分。	SJW-F49031020-00300
133	1773	6	2	1773	4	13	五更,测雨器水深一分。	SJW-F49040130-00300
134	1773	6	11	1773	4	22	午时,测雨器水深三分。未时,测雨器水深六分。	SJW-F49040220-00200
135	1773	6	17	1773	4	28	未时、申时,测雨器水深一分。	SJW-F49040280-01900
136	1773	6	23	1773	5	4	自未时至五更,测雨器水深一寸。	SJW-F49050040-00300
137	1773	6	29	1773	5	10	自昧爽至酉时,测雨器水深一寸二分。	SJW-F49050100-00200
138	1773	6	30	1773	5	11	自昧爽至辰时,测雨器水深二分。	SJW-F49050110-00200
139	1773	7	4	1773	5	15	辰时、巳时,测雨器水深一分。	SJW-F49050150-00200
140	1773	7	4	1773	5	15	自辰时至未时,测雨器水深八分。	SJW-F49050150-00300
141	1773	7	4	1773	5	15	自辰时至戌时,测雨器水深二寸九分。	SJW-F49050150-00400
142	1773	7	4	1773	5	15	自辰时至戌时,灑雨或下雨,测雨器水深暂无数据。	SJW-F49050150-00500
143	1773	7	4	1773	5	15	一更、二更,测雨器水深四分。	SJW-F49050150-00600
144	1773	7	4	1773	5	15	自一更至四更,测雨器水深七分。	SJW-F49050150-00700
145	1773	7	4	1773	5	15	自一更至昧爽,测雨器水深一寸二分。	SJW-F49050150-00800
146	1773	7	5	1773	5	16	自昧爽至辰时,灑雨或下雨,测雨器水深暂无数据。	SJW-F49050160-00200
147	1773	7	16	1773	5	27	自昧爽至辰时,测雨器水深一分。	SJW-F49050270-00200
148	1773	7	22	1773	6	3	四更、五更,测雨器水深一分。	SJW-F49060030-00200
149	1773	7	23	1773	6	4	自未时至酉时,测雨器水深一分。	SJW-F49060040-00200
150	1773	7	23	1773	6	4	自未时至戌时,测雨器水深一寸四分。	SJW-F49060040-00300
151	1773	7	24	1773	6	5	自昧爽,测雨器水深一分。	SJW-F49060050-00200
152	1773	7	24	1773	6	5	自昧爽至未时,测雨器水深二分。	SJW-F49060050-00300
153	1773	7	24	1773	6	5	自昧爽至申时,测雨器水深一寸六分。	SJW-F49060050-00400
154	1773	7	26	1773	6	7	自未时至申时,测雨器水深一寸五分。	SJW-F49060070-00200

续表

编号	公历			农历			描述	ID编号
	年	月	日	年	月	日		
155	1773	8	2	1773	6	14	申时、酉时，测雨器水深五分。	SJW-F49060140-00200
156	1773	8	15	1773	6	27	酉时，测雨器水深一分。	SJW-F49060270-00200
157	1773	8	23	1773	7	6	自辰时至午时，测雨器水深一寸九分。	SJW-F49070060-00200
158	1773	8	24	1773	7	7	午时、未时，测雨器水深三分。	SJW-F49070070-00200
159	1773	8	24	1773	7	7	自二更至四更，测雨器水深一寸二分。	SJW-F49070070-00300
160	1773	8	25	1773	7	8	自昧爽至酉时，测雨器水深三寸一分。	SJW-F49070080-00200
161	1773	8	26	1773	7	9	四更、五更，测雨器水深一分。	SJW-F49070090-00200
162	1773	9	19	1773	8	4	昧爽，测雨器水深一分。	SJW-F49080040-00200
163	1773	11	4	1773	9	20	五更，测雨器水深一分。	SJW-F49090200-00200
164	1773	11	13	1773	9	29	申时、酉时，测雨器水深二分。	SJW-F49090290-00200
165	1773	11	15	1773	10	2	自初昏至三更，测雨器水深三分。	SJW-F49100020-00200
166	1774	3	29	1774	2	18	自辰时至未时，测雨器水深一分。	SJW-F50020180-00200
167	1774	4	13	1774	3	3	自一更至五更，测雨器水深九分。	SJW-F50030030-00200
168	1774	4	14	1774	3	4	自昧爽至酉时，测雨器水深四寸七分。自初昏至五更，测雨器水深一寸。	SJW-F50030040-00200
169	1774	4	19	1774	3	9	自未时至五更，测雨器水深一寸。	SJW-F50030090-00200
170	1774	5	9	1774	3	29	自未时至酉时，测雨器水深五分。	SJW-F50030290-00300
171	1774	5	13	1774	4	4	五更，测雨器水深一分。	SJW-F50040040-00200
172	1774	5	18	1774	4	9	自辰时至未时，测雨器水深一分。	SJW-F50040090-00200
173	1774	6	9	1774	5	1	自戌时至初昏，测雨器水深四分。	SJW-F50050010-00200
174	1774	6	10	1774	5	2	自辰时至午时，测雨器水深一分。	SJW-F50050020-00200
175	1774	6	25	1774	5	17	一更、二更、四更、五更，测雨器水深二分。	SJW-F50050170-00200
176	1774	6	26	1774	5	18	自昧爽至辰时，测雨器水深一分。	SJW-F50050180-00200
177	1774	6	26	1774	5	18	自昧爽至辰时，测雨器水深三分。	SJW-F50050180-00210
178	1774	6	26	1774	5	18	自昧爽至午时，测雨器水深五分。	SJW-F50050180-00220
179	1774	7	3	1774	5	25	自寅时至辰时，测雨器水深二分。	SJW-F50050250-00200
180	1774	7	3	1774	5	25	自寅时至巳时，测雨器水深九分。	SJW-F50050250-00300
181	1774	7	3	1774	5	25	自寅时至午时，测雨器水深一寸二分。	SJW-F50050250-00400
182	1774	7	3	1774	5	25	自寅时至未时，测雨器水深一寸六分。	SJW-F50050250-00500
183	1774	7	8	1774	5	30	自申时，测雨器水深五分。	SJW-F50050300-00200
184	1774	7	10	1774	6	2	自寅时至戌时，测雨器水深三寸四分。	SJW-F50060020-00200
185	1774	7	21	1774	6	13	自昧爽至未时，测雨器水深六分。	SJW-F50060130-00200
186	1774	7	30	1774	6	22	自卯时至午时，测雨器水深六分。	SJW-F50060220-00200
187	1774	8	3	1774	6	26	自初昏至一更，测雨器水深五分。	SJW-F50060260-00200
188	1774	8	8	1774	7	2	四更、五更，测雨器水深五分。	SJW-F50070020-00200
189	1774	8	9	1774	7	3	自昧爽至酉时，测雨器水深三寸五分。	SJW-F50070030-00200
190	1774	8	19	1774	7	13	自卯时至巳时，测雨器水深一寸五分。	SJW-F50070130-00200
191	1774	8	23	1774	7	17	自昧爽至卯时，测雨器水深二分。	SJW-F50070170-00200

续表

编号	公历			农历			描述	ID 编号
	年	月	日	年	月	日		
192	1774	9	7	1774	8	2	自辰时至申时，测雨器水深二分。	SJW-F50080020-00200
193	1774	9	11	1774	8	6	自昧爽至未时，测雨器水深二分。	SJW-F50080060-00200
194	1774	9	12	1774	8	7	自昧爽至午时，测雨器水深四分。	SJW-F50080070-00200
195	1774	9	14	1774	8	9	初昏至三更，测雨器水深三分。	SJW-F50080090-00200
196	1774	9	19	1774	8	14	未时，测雨器水深四分。	SJW-F50080140-00200
197	1774	9	24	1774	8	19	自初昏至五更，测雨器水深六分。	SJW-F50080190-00200
198	1774	10	5	1774	9	1	自卯时至酉时，测雨器水深三分。	SJW-F50090010-00200
199	1774	10	6	1774	9	2	自昧爽至辰时，测雨器水深六分。	SJW-F50090020-00200
200	1774	10	10	1774	9	6	初昏、自三更至五更，测雨器水深三分。	SJW-F50090060-00300
201	1774	10	17	1774	9	13	自辰时至酉时，测雨器水深一分。	SJW-F50090130-00200
202	1774	10	24	1774	9	20	自卯时至酉时，测雨器水深一分。	SJW-F50090200-00200
203	1774	10	24	1774	9	20	自初昏至三更，测雨器水深一分。	SJW-F50090200-00300
204	1774	11	17	1774	10	14	自二更至四更，测雨器水深五分。	SJW-F50100140-00200
205	1774	12	20	1774	11	18	自初昏至三更，测雨器水深五分。	SJW-F50110180-00200
206	1775	1	6	1774	12	5	自巳时至申时，测雨器水深五分。	SJW-F50120050-00200
207	1775	3	30	1775	2	29	申时、酉时，测雨器水深三分。	SJW-F51020290-00200
208	1775	4	1	1775	3	2	卯时、辰时，测雨器水深二分。自卯时至午时，测雨器水深五分。	SJW-F51030020-00200
209	1775	4	10	1775	3	11	自昧爽至卯时，测雨器水深三分。	SJW-F51030110-00200
210	1775	4	10	1775	3	11	自昧爽至辰时，测雨器水深七分。	SJW-F51030110-00300
211	1775	4	10	1775	3	11	自昧爽至午时，测雨器水深二寸。	SJW-F51030110-00400
212	1775	4	10	1775	3	11	自昧爽至未时，测雨器水深二寸五分。	SJW-F51030110-00410
213	1775	4	12	1775	3	13	申时、酉时，测雨器水深一分。	SJW-F51030130-00200
214	1775	4	12	1775	3	13	自初昏至三更，测雨器水深四分。	SJW-F51030130-00300
215	1775	4	23	1775	3	24	自午时至初昏，测雨器水深二寸一分。	SJW-F51030240-00200
216	1775	5	15	1775	4	16	自未时至酉时，测雨器水深一分。	SJW-F51040160-00200
217	1775	5	15	1775	4	16	酉时，测雨器水深三分。	SJW-F51040160-00300
218	1775	5	15	1775	4	16	自酉时至初昏，测雨器水深五分。	SJW-F51040160-00400
219	1775	5	16	1775	4	17	酉时，测雨器水深三分。	SJW-F51040170-00200
220	1775	6	15	1775	5	18	自巳时至申时，测雨器水深五分。	SJW-F51050180-00200
221	1775	6	16	1775	5	19	五更，测雨器水深二分。	SJW-F51050190-00200
222	1775	6	19	1775	5	22	寅时，测雨器水深八分。	SJW-F51050220-00200
223	1775	6	19	1775	5	22	自昧爽至辰时，测雨器水深八分。	SJW-F51050220-00300
224	1775	6	19	1775	5	22	昧爽，测雨器水深五分。	SJW-F51050220-00400
225	1775	6	21	1775	5	24	未时，测雨器水深一分。	SJW-F51050240-00300
226	1775	6	22	1775	5	25	自三更至五更，测雨器水深五分。	SJW-F51050250-00300
227	1775	6	26	1775	5	29	辰时、巳时，测雨器水深一分。	SJW-F51050290-00200
228	1775	6	26	1775	5	29	自辰时，测雨器水深三分。	SJW-F51050290-00300

续表

编号	公历			农历			描述	ID编号
	年	月	日	年	月	日		
229	1775	6	26	1775	5	29	自辰时至申时,测雨器水深一寸。	SJW-F51050290-00400
230	1775	6	26	1775	5	29	自辰时,测雨器水深一寸七分。	SJW-F51050290-00500
231	1775	6	27	1775	5	30	自昧爽至午时,测雨器水深一寸三分。	SJW-F51050300-00200
232	1775	6	30	1775	6	3	自寅时至午时,测雨器水深三分。	SJW-F51060030-00200
233	1775	7	7	1775	6	10	自昧爽至卯时,测雨器水深三分。	SJW-F51060100-00200
234	1775	7	7	1775	6	10	自昧爽至未时,测雨器水深七分。	SJW-F51060100-00300
235	1775	7	7	1775	6	10	自昧爽至酉时,测雨器水深一寸。	SJW-F51060100-00400
236	1775	7	10	1775	6	13	未时,测雨器水深一寸。	SJW-F51060130-00200
237	1775	7	12	1775	6	15	自寅时至辰时,测雨器水深五分。	SJW-F51060150-00200
238	1775	7	12	1775	6	15	自寅时至午时,测雨器水深一寸三分。	SJW-F51060150-00300
239	1775	7	14	1775	6	17	自昧爽至未时,测雨器水深三分。	SJW-F51060170-00200
240	1775	7	14	1775	6	17	自昧爽至申时,测雨器水深八分。	SJW-F51060170-00210
241	1775	7	14	1775	6	17	自昧爽至酉时,测雨器水深一寸二分。	SJW-F51060170-00300
242	1775	7	15	1775	6	18	自昧爽至辰时,测雨器水深六分。	SJW-F51060180-00200
243	1775	7	15	1775	6	18	自昧爽至未时,测雨器水深八分。	SJW-F51060180-00300
244	1775	7	15	1775	6	18	自昧爽至申时,测雨器水深一寸。	SJW-F51060180-00400
245	1775	7	25	1775	6	28	自初昏至四更,测雨器水深一寸二分。	SJW-F51060280-00400
246	1775	7	27	1775	7	1	自二更至五更,测雨器水深三分。	SJW-F51070010-00200
247	1775	9	3	1775	8	9	午时、未时,测雨器水深五分。自申时至酉时,测雨器水深六分。	SJW-F51080090-00200
248	1775	10	11	1775	9	17	自昧爽至午时,测雨器水深二分。	SJW-F51090170-00200
249	1775	11	1	1775	10	9	初昏至三更,测雨器水深一寸。	SJW-F51100090-00200
250	1775	11	30	1775	闰10	8	自昧爽至午时,测雨器水深二分。	SJW-F51101080-00200
251	1775	12	2	1775	闰10	10	自初昏至五更,测雨器水深二寸。	SJW-F51101100-00200
252	1775	12	3	1775	闰10	11	自昧爽至巳时,测雨器水深四分。	SJW-F51101110-00200
253	1776	1	5	1775	11	15	五更,测雨器水深三分。	SJW-F51110150-00200
254	1776	3	13	1776	1	24	自卯时至酉时,测雨器水深三分。自初昏至五更,测雨器水深七分。	SJW-F52010240-00200
255	1776	3	21	1776	2	2	午时、未时,测雨器水深一分。	SJW-F52020020-00200
256	1776	4	8	1776	2	20	自卯时至辰时,测雨器水深三分。	SJW-F52020200-00200
257	1776	4	8	1776	2	20	自卯时至未时,测雨器水深一寸。	SJW-F52020200-00300
258	1776	4	8	1776	2	20	自初昏至五更,测雨器水深一寸五分。	SJW-F52020200-00400
259	1776	4	11	1776	2	23	五更,测雨器水深一分。	SJW-F52020230-00300
260	1776	4	18	1776	3	1	五更,测雨器水深三分。	SJW-F52030010-00300
261	1776	4	19	1776	3	2	自昧爽至辰时,测雨器水深六分。	SJW-F52030020-00200
262	1776	4	19	1776	3	2	自昧爽至巳时,测雨器水深九分。	SJW-F52030020-00300
263	1776	5	1	1776	3	14	四更、五更,测雨器水深二分。	SJW-F52030140-00200
264	1776	5	6	1776	3	19	巳时、午时,测雨器水深一分。	SJW-F52030190-00200

续表

编号	公历			农历			描述	ID 编号
	年	月	日	年	月	日		
265	1776	5	13	1776	3	26	自酉时至五更，测雨器水深二分。	SJW-F52030260-00200
266	1776	5	16	1776	3	29	昧爽，测雨器水深一分。	SJW-F52030290-00200
267	1776	5	25	1776	4	8	巳时，测雨器水深三分。	SJW-G00040080-00200
268	1776	5	28	1776	4	11	自昧爽至未时，测雨器水深二寸五分。	SJW-G00040110-00200
269	1776	6	18	1776	5	3	辰时，测雨器水深二分。	SJW-G00050030-00200
270	1776	6	26	1776	5	11	午时、未时，测雨器水深一分。	SJW-G00050110-00200
271	1776	6	29	1776	5	14	自寅时至巳时，测雨器水深五分。	SJW-G00050140-00200
272	1776	7	1	1776	5	16	自昧爽至辰时，测雨器水深二寸八分。	SJW-G00050160-00200
273	1776	7	1	1776	5	16	自巳时至申时，测雨器水深一寸五分。	SJW-G00050160-00300
274	1776	7	1	1776	5	16	自初昏至五更，测雨器水深一分。	SJW-G00050160-00400
275	1776	7	5	1776	5	20	自寅时至巳时，测雨器水深二寸。	SJW-G00050200-00200
276	1776	7	12	1776	5	27	自初昏至五更，测雨器水深六分。	SJW-G00050270-00200
277	1776	7	13	1776	5	28	自一更至四更，测雨器水深七分。自昧爽至酉时，测雨器水深三寸五分。	SJW-G00050280-00200
278	1776	7	16	1776	6	2	自初昏至五更，测雨器水深八分。	SJW-G00060020-00200
279	1776	7	18	1776	6	4	自酉时至三更，测雨器水深三分。	SJW-G00060040-00200
280	1776	7	21	1776	6	7	自卯时至申时，测雨器水深二寸六分。	SJW-G00060070-00200
281	1776	7	22	1776	6	8	自卯时至未时，测雨器水深四分。	SJW-G00060080-00200
282	1776	7	23	1776	6	9	卯时、辰时、午时、未时，测雨器水深六分。	SJW-G00060090-00200
283	1776	7	24	1776	6	10	自卯时至未时，测雨器水深三寸八分。	SJW-G00060100-00200
284	1776	8	14	1776	7	1	自午时至酉时，测雨器水深五分。	SJW-G00070010-00200
285	1776	8	21	1776	7	8	自昧爽至未时，测雨器水深八分。	SJW-G00070080-00200
286	1776	8	23	1776	7	10	自卯时至酉时，测雨器水深三分。	SJW-G00070100-00200
287	1776	8	24	1776	7	11	四更、五更，测雨器水深一分。	SJW-G00070110-00200
288	1776	8	26	1776	7	13	自未时至酉时，测雨器水深一分。	SJW-G00070130-00200
289	1776	9	4	1776	7	22	自昧爽至申时，测雨器水深七分。	SJW-G00070220-00200
290	1776	9	6	1776	7	24	自初昏至五更，测雨器水深五分。	SJW-G00070240-00200
291	1776	9	9	1776	7	27	自辰时至酉时，测雨器水深一分。	SJW-G00070270-00200
292	1776	9	10	1776	7	28	辰时、巳时，测雨器水深二分。四更、五更，测雨器水深二分。	SJW-G00070280-00300
293	1776	9	11	1776	7	29	自辰时至酉时，测雨器水深四分。	SJW-G00070290-00200
294	1776	10	14	1776	9	3	自卯时至午时，测雨器水深四分。	SJW-G00090030-00200
295	1776	10	27	1776	9	16	五更，测雨器水深四分。	SJW-G00090160-00200
296	1776	10	28	1776	9	17	自巳时至申时，测雨器水深四分。	SJW-G00090170-00200
297	1776	11	12	1776	10	2	自初昏至一更、自三更至五更，测雨器水深四分。自巳时至申时，测雨器水深二分。	SJW-G00100230-00200
298	1776	12	14	1776	11	4	自申时至五更，测雨器水深一寸。	SJW-G00110040-00200
299	1776	12	15	1776	11	5	自昧爽至辰时，测雨器水深五分。	SJW-G00110050-00200

续表

编号	公历			农历			描述	ID 编号
	年	月	日	年	月	日		
300	1776	12	11	1776	11	1	巳时,测雨器水深二分。	SJW-G00110120-00200
301	1777	3	5	1777	1	26	自初昏至二更,测雨器水深三分。	SJW-G01010260-00200
302	1777	3	20	1777	2	12	自初昏至三更,测雨器水深四分。	SJW-G01020120-00200
303	1777	4	13	1777	3	6	自未时至酉时,测雨器水深三分。	SJW-G01030060-00200
304	1777	5	3	1777	3	26	自辰时至午时,测雨器水深一分。	SJW-G01030260-00200
305	1777	5	3	1777	3	26	自初昏至五更,测雨器水深一分。	SJW-G01030260-00300
306	1777	5	4	1777	3	27	自卯时至巳时,测雨器水深二分。	SJW-G01030270-00200
307	1777	5	17	1777	4	11	自卯时至酉时,测雨器水深二寸。	SJW-G01040110-00200
308	1777	6	2	1777	4	27	自三更至五更,测雨器水深一分。	SJW-G01040270-00200
309	1777	6	2	1777	4	27	自五更至昧爽,测雨器水深二分。	SJW-G01040270-00300
310	1777	6	8	1777	5	4	昧爽,测雨器水深一分。	SJW-G01050040-00200
311	1777	6	20	1777	5	16	午时、未时,测雨器水深一分。	SJW-G01050160-00200
312	1777	6	20	1777	5	16	午时、未时,测雨器水深二分。	SJW-G01050160-00300
313	1777	6	20	1777	5	16	自午时至申时,测雨器水深三分。	SJW-G01050160-00400
314	1777	6	20	1777	5	16	自午时至酉时,测雨器水深四分。	SJW-G01050160-00500
315	1777	6	20	1777	5	16	自午时至戌时,测雨器水深五分。	SJW-G01050160-00600
316	1777	8	4	1777	7	2	自巳时至申时,测雨器水深二分。	SJW-G01070020-00200
317	1777	8	5	1777	7	3	自寅时至巳时、酉时测雨器水深二分。	SJW-G01070030-00200
318	1777	8	6	1777	7	4	五更,测雨器水深五分。	SJW-G01070040-00200
319	1777	8	10	1777	7	8	四更,测雨器水深一分。	SJW-G01070080-00200
320	1777	8	12	1777	7	10	五更,测雨器水深三分。	SJW-G01070100-00300
321	1777	8	13	1777	7	11	自昧爽至卯时,测雨器水深二分。	SJW-G01070110-00200
322	1777	8	13	1777	7	11	卯时、辰时,测雨器水深一寸一分。	SJW-G01070110-00300
323	1777	8	13	1777	7	11	自巳时至未时,测雨器水深三分。	SJW-G01070110-00400
324	1777	8	14	1777	7	12	自辰时至午时,测雨器水深一寸六分。	SJW-G01070120-00200
325	1777	8	16	1777	7	14	自昧爽至未时,测雨器水深九分。	SJW-G01070140-00200
326	1777	8	16	1777	7	14	自未时至酉时,测雨器水深二分。	SJW-G01070140-00300
327	1777	8	24	1777	7	22	自三更至五更,测雨器水深一分。	SJW-G01070220-00200
328	1777	8	25	1777	7	23	巳时、午时,测雨器水深一寸。	SJW-G01070230-00200
329	1777	8	28	1777	7	26	二更,测雨器水深三分。	SJW-G01070260-00200
330	1777	8	29	1777	7	27	自昧爽至辰时,测雨器水深八分。	SJW-G01070270-00200
331	1777	9	2	1777	8	1	自昧爽至卯时,测雨器水深五分。	SJW-G01080010-00200
332	1777	9	10	1777	8	9	自午时至酉时,测雨器水深四分。	SJW-G01080090-00200
333	1777	9	11	1777	8	10	自昧爽至卯时,测雨器水深一分。	SJW-G01080100-00200
334	1777	9	15	1777	8	14	自昧爽至申时,测雨器水深六分。	SJW-G01080140-00200
335	1777	9	26	1777	8	25	自昧爽至午时,测雨器水深一寸。	SJW-G01080250-00200
336	1777	9	26	1777	8	25	自未时至五更,测雨器水深六分。	SJW-G01080250-00300
337	1777	9	27	1777	8	26	自昧爽至未时,测雨器水深七分。	SJW-G01080260-00200

续表

编号	公历			农历			描述	ID 编号
	年	月	日	年	月	日		
338	1777	10	22	1777	9	22	未时、申时，测雨器水深二分。	SJW-G01090220-00200
339	1777	10	31	1777	10	1	自一更至五更，测雨器水深二寸五分。	SJW-G01100010-00200
340	1777	11	6	1777	10	7	午时、未时，测雨器水深二分。	SJW-G01100070-00200
341	1777	11	11	1777	10	12	自未时至酉时，测雨器水深四分。自初昏至五更，测雨器水深一寸二分。	SJW-G01100120-00200
342	1777	11	18	1777	10	19	五更，测雨器水深二分。	SJW-G01100190-00300
343	1777	11	30	1777	11	1	自昧爽至申时，测雨器水深一寸六分。	SJW-G01110010-00200
344	1778	2	8	1778	1	12	自昧爽至午时，测雨器水深一寸二分。	SJW-G02010120-00300
345	1778	2	14	1778	1	18	自午时至酉时，测雨器水深一分。	SJW-G02010180-00200
346	1778	2	14	1778	1	18	自一更至四更，测雨器水深三分。	SJW-G02010180-00300
347	1778	4	27	1778	4	1	自卯时至申时，测雨器水深二分。	SJW-G02040010-00200
348	1778	4	27	1778	4	1	自申时至酉时，测雨器水深二分。	SJW-G02040010-00300
349	1778	4	27	1778	4	1	自酉时至一更，测雨器水深一分。一更、二更，测雨器水深一分。自三更至五更，测雨器水深二分。	SJW-G02040010-00400
350	1778	4	27	1778	4	1	命下矣。今日午前午后当番官员处，即为查问则以为，测雨器水深书启，屡例不一，或一日屡启，或一日一启，故今日晓头书启之后，未能周旋，申后饬教下后，始乃再启云，在前甘霈之降，不拘度数，随分寸辄启，既有规例，则身为番官，慢不致察，已极可骇，而京外测雨器周径分寸，亦无异同，则畿营测雨器，与本监测雨器之一分相左，尤不成说。莫重传教之下，饰诈弥缝……	SJW-G02040010-01000
351	1778	5	5	1778	4	9	自酉时至四更，测雨器水深二寸三分。	SJW-G02040090-00200
352	1778	5	10	1778	4	14	自巳时至戌时，测雨器水深五分。自巳时至三更，测雨器水深七分。	SJW-G02040140-00200
353	1778	6	9	1778	5	15	自卯时至酉时，测雨器水深一寸三分。	SJW-G02050150-00200
354	1778	6	10	1778	5	16	国荣读奏。上曰，昨日之雨，以水标及测雨器水深观之，则几为一犁，久旱之馀，诚为万幸。国荣曰，终日所注，洽为一犁，半枯之麦穗，龟拆之秧坂，庶可苏醒，渴闷之馀，极甚多幸矣。上曰，拣择，待凉生举行，则当于何月择定乎？国荣曰，七月望念间，择吉则好矣。上曰，经宿举动时，各营军兵去来文簿，关由于宿卫所乎？国荣曰，只有兵曹移文，而其他营门……	SJW-G02050160-02200
355	1778	6	23	1778	5	29	自辰时至四更，测雨器水深六分。	SJW-G02050290-00200
356	1778	6	23	1778	5	29	自辰时至未时，测雨器水深二分。	SJW-G02050290-00300
357	1778	6	23	1778	5	29	自辰时至酉时，测雨器水深四分。	SJW-G02050290-00400
358	1778	6	24	1778	6	1	自昧爽至未时，测雨器水深八分。	SJW-G02060010-00200
359	1778	6	24	1778	6	1	自昧爽至五更，测雨器水深一寸三分。	SJW-G02060010-00300
360	1778	6	25	1778	6	2	自午时至一更，测雨器水深七分。	SJW-G02060020-00200

续表

编号	公历			农历			描述	ID 编号
	年	月	日	年	月	日		
361	1778	6	25	1778	6	2	自午时至二更，测雨器水深一寸三分。	SJW-G02060020-00300
362	1778	6	25	1778	6	2	自午时至五更，测雨器水深二寸。	SJW-G02060020-00400
363	1778	6	26	1778	6	3	五更，测雨器水深一分。	SJW-G02060030-00200
364	1778	6	29	1778	6	6	自酉时至一更，测雨器水深一分。	SJW-G02060060-00200
365	1778	6	29	1778	6	6	自酉时至五更，测雨器水深四分。	SJW-G02060060-00300
366	1778	6	30	1778	6	7	自昧爽，测雨器水深二分。	SJW-G02060070-00200
367	1778	7	3	1778	6	10	自一更至三更，测雨器水深二分。	SJW-G02060100-00200
368	1778	7	4	1778	6	11	自昧爽至未时，测雨器水深三寸一分。	SJW-G02060110-00200
369	1778	7	9	1778	6	16	自三更至五更，测雨器水深一寸七分。	SJW-G02060160-00200
370	1778	7	13	1778	6	20	自卯时至申时，测雨器水深八分。	SJW-G02060200-00200
371	1778	7	19	1778	6	26	午时、申时、一更、二更、五更，测雨器水深三分。	SJW-G02060260-00200
372	1778	7	20	1778	6	27	自一更至四更，测雨器水深五分。	SJW-G02060270-00200
373	1778	7	21	1778	6	28	自昧爽至酉时，测雨器水深二寸九分。	SJW-G02060280-00200
374	1778	7	22	1778	6	29	自昧爽至酉时，测雨器水深七分。	SJW-G02060290-00200
375	1778	7	23	1778	6	30	自午时至未时，测雨器水深一寸。	SJW-G02060300-00200
376	1778	7	26	1778	闰 6	3	自酉时至五更，测雨器水深一寸一分。	SJW-G02061030-00200
377	1778	7	27	1778	闰 6	4	自昧爽至卯时，测雨器水深五分。	SJW-G02061040-00200
378	1778	8	10	1778	闰 6	18	自昧爽至卯时，测雨器水深一分。	SJW-G02061180-00200
379	1778	8	12	1778	闰 6	20	自卯时至未时，测雨器水深二寸。四更、五更，测雨器水深二分。	SJW-G02061200-00200
380	1778	8	21	1778	闰 6	29	自卯时至午时，测雨器水深二寸二分。	SJW-G02061290-00200
381	1778	8	25	1778	7	4	自辰时至酉时，测雨器水深九分。	SJW-G02070040-00200
382	1778	8	27	1778	7	6	自昧爽至辰时，测雨器水深四分。	SJW-G02070060-00200
383	1778	8	28	1778	7	7	自卯时至巳时，测雨器水深一寸三分。	SJW-G02070070-00200
384	1778	8	31	1778	7	10	卯时、自午时至酉时，测雨器水深二寸一分。	SJW-G02070100-00200
385	1778	9	7	1778	7	17	卯时、辰时，测雨器水深二分。	SJW-G02070170-00200
386	1778	9	13	1778	7	23	自昧爽至午时，测雨器水深三分。	SJW-G02070230-00200
387	1778	9	13	1778	7	23	自昧爽至申时，测雨器水深四分。	SJW-G02070230-00300
388	1778	9	28	1778	8	8	自辰时至酉时，测雨器水深一寸。	SJW-G02080080-00200
389	1778	10	12	1778	8	22	自一更至四更，测雨器水深九分。	SJW-G02080220-00200
390	1778	10	29	1778	9	10	自二更至五更，测雨器水深三分。	SJW-G02090100-00200
391	1778	11	9	1778	9	21	自巳时至申时，测雨器水深二分。	SJW-G02090210-00200
392	1779	3	19	1779	2	2	自午时至申时，测雨器水深二分。	SJW-G03020020-00200
393	1779	3	19	1779	2	2	自一更至五更，测雨器水深一寸三分。	SJW-G03020020-00300
394	1779	3	25	1779	2	8	自午时至酉时，测雨器水深三分。	SJW-G03020080-00200
395	1779	3	25	1779	2	8	自一更至五更，测雨器水深二寸一分。	SJW-G03020080-00300
396	1779	3	26	1779	2	9	自昧爽至申时，测雨器水深七分。	SJW-G03020090-00200
397	1779	3	30	1779	2	13	四更、五更，测雨器水深二分。	SJW-G03020130-00200

续表

编号	公历			农历			描述	ID编号
	年	月	日	年	月	日		
398	1779	4	5	1779	2	19	自一更至四更,测雨器水深二分。	SJW-G03020190-00200
399	1779	4	7	1779	2	21	自昧爽至午时,测雨器水深一寸一分。	SJW-G03020210-00200
400	1779	4	7	1779	2	21	自未时至酉时,测雨器水深一寸一分。	SJW-G03020210-00300
401	1779	4	18	1779	3	3	辰时、申时,测雨器水深五分。	SJW-G03030030-00200
402	1779	4	29	1779	3	14	自初昏至四更,测雨器水深二分。	SJW-G03030140-00200
403	1779	5	2	1779	3	17	午时、未时,测雨器水深一分。	SJW-G03030170-00200
404	1779	5	2	1779	3	17	三更、四更,测雨器水深一分。	SJW-G03030170-00300
405	1779	5	11	1779	3	26	自一更至五更,测雨器水深二分。	SJW-G03030260-00200
406	1779	5	11	1779	3	26	自昧爽至酉时,测雨器水深一分。	SJW-G03030260-00300
407	1779	5	24	1779	4	9	自三更至五更,测雨器水深一分。自未时至酉时,测雨器水深九分。	SJW-G03040090-00200
408	1779	6	11	1779	4	27	五更,测雨器水深三分。	SJW-G03040270-00200
409	1779	6	12	1779	4	28	自午时至戌时,测雨器水深一寸二分。一更,测雨器水深一寸。	SJW-G03040280-00200
410	1779	6	16	1779	5	3	自昧爽至辰时,测雨器水深一分。	SJW-G03050030-00200
411	1779	6	23	1779	5	10	自辰时至午时,测雨器水深三分。	SJW-G03050100-00200
412	1779	6	24	1779	5	11	自一更至五更,测雨器水深二寸五分。	SJW-G03050110-00200
413	1779	6	25	1779	5	12	自昧爽至午时,测雨器水深一寸五分。自未时至戌时,测雨器水深三寸七分。自初昏至五更,测雨器水深四寸八分。自一更至五更,测雨器水深二寸五分。	SJW-G03050120-00200
414	1779	6	26	1779	5	13	自昧爽至午时,测雨器水深三分。	SJW-G03050130-00200
415	1779	6	29	1779	5	16	自卯时至午时,测雨器水深二分。自卯时至未时,测雨器水深三分。自初昏至五更,测雨器水深五分。	SJW-G03050160-00200
416	1779	6	30	1779	5	17	自昧爽至巳时,测雨器水深一分。	SJW-G03050170-00200
417	1779	7	14	1779	6	2	自辰时至午时,测雨器水深一分。一更、二更,测雨器水深二分。	SJW-G03060020-00200
418	1779	7	22	1779	6	10	未时,测雨器水深四分。	SJW-G03060100-00200
419	1779	7	22	1779	6	10	一更,测雨器水深七分。	SJW-G03060100-00300
420	1779	7	28	1779	6	16	五更测雨器水深一分。	SJW-G03060160-00200
421	1779	7	29	1779	6	17	自未时至戌时,测雨器水深一寸七分。	SJW-G03060170-00200
422	1779	7	30	1779	6	18	自未时至酉时,测雨器水深一寸三分。	SJW-G03060180-00200
423	1779	7	31	1779	6	19	卯时、辰时,测雨器水深七分。	SJW-G03060190-00200
424	1779	8	1	1779	6	20	巳时,测雨器水深一分。	SJW-G03060200-00200
425	1779	8	2	1779	6	21	酉时、戌时,测雨器水深四分。	SJW-G03060210-00200
426	1779	8	3	1779	6	22	自昧爽至卯时,测雨器水深一分。	SJW-G03060220-00200
427	1779	8	4	1779	6	23	自申时至戌时,测雨器水深一分。	SJW-G03060230-00200
428	1779	8	11	1779	6	30	自昧爽至午时,测雨器水深七分。	SJW-G03060300-00200

续表

编号	公历			农历			描述	ID 编号
	年	月	日	年	月	日		
429	1779	8	11	1779	6	30	申时,测雨器水深一分。	SJW-G03060300-00300
430	1779	8	15	1779	7	4	自卯时至午时,测雨器水深一寸六分。	SJW-G03070040-00200
431	1779	8	15	1779	7	4	自未时至酉时,测雨器水深七分。	SJW-G03070040-00300
432	1779	8	18	1779	7	7	自初更至五更,测雨器水深一分。	SJW-G03070070-00200
433	1779	8	22	1779	7	11	自申时至酉时,测雨器水深一分。	SJW-G03070110-00200
434	1779	8	22	1779	7	11	自初昏至五更,测雨器水深二寸九分。	SJW-G03070110-00300
435	1779	8	23	1779	7	12	自昧爽至午时,测雨器水深四分。	SJW-G03070120-00200
436	1779	8	23	1779	7	12	未时、申时,测雨器水深二分。	SJW-G03070120-00300
437	1779	8	29	1779	7	18	自昧爽至辰时,测雨器水深一分。	SJW-G03070180-00200
438	1779	8	29	1779	7	18	未时,测雨器水深一分。	SJW-G03070180-00300
439	1779	9	8	1779	7	28	自辰时至午时,测雨器水深一分。	SJW-G03070280-00200
440	1779	9	8	1779	7	28	未时、申时,测雨器水深五分。	SJW-G03070280-00300
441	1779	9	12	1779	8	3	五更,测雨器水深一分。	SJW-G03080030-00200
442	1779	9	27	1779	8	18	自初昏至五更,测雨器水深一寸二分。	SJW-G03080180-00200
443	1779	10	3	1779	8	24	自卯时至午时,测雨器水深一分。	SJW-G03080240-00200
444	1779	10	6	1779	8	27	辰时,测雨器水深一分。	SJW-G03080270-00200
445	1779	10	16	1779	9	7	自三更至五更,测雨器水深五分。	SJW-G03090070-00200
446	1779	10	23	1779	9	14	自卯时至午时,测雨器水深三分。	SJW-G03090140-00200
447	1779	10	26	1779	9	17	四更、五更,测雨器水深一寸八分。	SJW-G03090170-00200
448	1779	10	27	1779	9	18	自昧爽至酉时,测雨器水深六分。	SJW-G03090180-00200
449	1779	10	27	1779	9	18	自二更至五更,测雨器水深八分。	SJW-G03090180-00300
450	1779	10	28	1779	9	19	自昧爽至午时,测雨器水深五分。	SJW-G03090190-00200
451	1779	11	1	1779	9	23	自三更至五更,测雨器水深一寸五分。	SJW-G03090230-00200
452	1779	11	2	1779	9	24	自昧爽至午时,测雨器水深三分。	SJW-G03090240-00200
453	1779	11	15	1779	10	8	自初昏至三更,测雨器水深二分。五更,测雨器水深一分。	SJW-G03100080-00200
454	1779	11	25	1779	10	18	三更,测雨器水深二分。	SJW-G03100180-00200
455	1779	11	26	1779	10	19	自昧爽至辰时、巳时、未时、申时,测雨器水深二分。	SJW-G03100190-00200
456	1779	12	5	1779	10	28	三更、自三更至五更,测雨器水深五分。	SJW-G03100280-00300
457	1780	1	1	1779	11	25	自二更至五更,测雨器水深一分。	SJW-G03110250-00200
458	1780	1	3	1779	11	27	自巳时至酉时,测雨器水深二分。	SJW-G03120270-00200
459	1780	4	1	1780	2	27	自午时至申时,测雨器水深二分。	SJW-G04020270-00200
460	1780	4	2	1780	2	28	自未时至酉时,测雨器水深二分。	SJW-G04020280-00200
461	1780	4	17	1780	3	13	自昧爽至午时,测雨器水深九分。	SJW-G04030130-00200
462	1780	4	17	1780	3	13	自午时至酉时,测雨器水深三分。	SJW-G04030130-00300
463	1780	4	20	1780	3	16	自一更至五更,测雨器水深一寸二分。	SJW-G04030160-00200
464	1780	4	24	1780	3	20	自初昏至五更,测雨器水深五分。	SJW-G04030200-00200
465	1780	5	1	1780	3	27	自一更至三更,测雨器水深六分。	SJW-G04030270-00200

续表

编号	公历			农历			描述	ID 编号
	年	月	日	年	月	日		
466	1780	5	4	1780	4	1	未时、申时,测雨器水深二分。	SJW-G04040010-00200
467	1780	5	7	1780	4	4	自酉时至五更,测雨器水深一寸。	SJW-G04040040-00200
468	1780	6	16	1780	5	14	自午时至戌时,测雨器水深一寸。	SJW-G04050140-00200
469	1780	6	17	1780	5	15	自初昏至五更,测雨器水深二寸六分。	SJW-G04050150-00200
470	1780	6	28	1780	5	26	未时、申时,测雨器水深一分。	SJW-G04050260-00200
471	1780	7	1	1780	5	29	自昧爽至午时,测雨器水深六寸二分。未时,测雨器水深五分。	SJW-G04050290-00200
472	1780	7	11	1780	6	10	未时、酉时,测雨器水深二分。	SJW-G04060100-00200
473	1780	7	12	1780	6	11	自申时至戌时,测雨器水深九分。	SJW-G04060110-00200
474	1780	7	13	1780	6	12	自初昏至一更,测雨器水深一分。	SJW-G04060120-00200
475	1780	7	19	1780	6	18	未时、申时,测雨器水深二分。自初昏至二更,测雨器水深二分。	SJW-G04060180-00200
476	1780	7	20	1780	6	19	自卯时至午时,测雨器水深二分。自未时至戌时,测雨器水深二分。	SJW-G04060190-00200
477	1780	7	27	1780	6	26	上命书传教曰,夜雨达宵,而犹不至如霔,测雨器水深,亦不过三四寸。晓头水标之报,则标上过流云者,必是近来川渠壅阏,专不勤砺于疏濬之政而然。姑不示警,欲观来效,此后另加惕念为之。	SJW-G04060260-02000
478	1780	7	31	1780	7	1	自昧爽至午时,测雨器水深三分。	SJW-G04070010-00200
479	1780	8	1	1780	7	2	自昧爽至戌时,测雨器水深一寸七分。	SJW-G04070020-00200
480	1780	8	4	1780	7	5	自昧爽至午时,测雨器水深一寸四分。	SJW-G04070050-00200
481	1780	8	8	1780	7	9	四更、五更,测雨器水深一分。	SJW-G04070090-00200
482	1780	8	24	1780	7	25	自卯时至午时,测雨器水深五分。自未时至酉时、四更、五更,测雨器水深一寸五分。	SJW-G04070250-00200
483	1780	8	28	1780	7	29	未时、申时,测雨器水深六分。	SJW-G04070290-00200
484	1780	8	31	1780	8	2	申时,测雨器水深一分。	SJW-G04080020-00200
485	1780	9	1	1780	8	3	巳时、午时,测雨器水深三分。	SJW-G04080030-00200
486	1780	9	3	1780	8	5	自未时至酉时,测雨器水深八分。	SJW-G04080050-00200
487	1780	9	4	1780	8	6	自卯时至巳时,测雨器水深一寸六分。	SJW-G04080060-00200
488	1780	9	12	1780	8	14	自辰时至酉时,测雨器水深二寸五分。	SJW-G04080140-00200
489	1780	9	22	1780	8	24	自未时至酉时,测雨器水深二分。	SJW-G04080240-00200
490	1780	9	23	1780	8	25	自初昏至三更,测雨器水深五分。	SJW-G04080250-00200
491	1780	10	17	1780	9	20	自午时至酉时,测雨器水深三分。	SJW-G04090200-00200
492	1780	10	23	1780	9	26	自初更至四更,测雨器水深三分。	SJW-G04090260-00200
493	1780	10	28	1780	10	1	辰时、巳时,测雨器水深六分。	SJW-G04100160-00200
494	1780	10	28	1780	10	1	一更,测雨器水深二分。	SJW-G04100170-00300
495	1780	10	29	1780	10	2	自昧爽至辰时,测雨器水深八分。	SJW-G04100210-00200
496	1780	11	26	1780	11	1	自卯时至午时,测雨器水深一分。	SJW-G04110010-00200

续表

编号	公历			农历			描述	ID 编号
	年	月	日	年	月	日		
497	1780	11	29	1780	11	4	自三更至五更，测雨器水深二分。	SJW-G04110040-00200
498	1780	12	26	1780	12	1	未时、申时，测雨器水深三分。	SJW-G04120120-00200
499	1781	2	10	1781	1	18	自二更至五更，测雨器水深二分，	SJW-G05010180-00200
500	1781	2	17	1781	1	25	自午时至申时，测雨器水深五分。	SJW-G05010250-00200
501	1781	3	2	1781	2	8	自辰时至午时，测雨器水深二分。	SJW-G05020080-00200
502	1781	3	4	1781	2	10	自辰时至酉时，测雨器水深六分。	SJW-G05020100-00200
503	1781	3	4	1781	2	10	自初昏至四更，测雨器水深四分。	SJW-G05020100-00300
504	1781	3	11	1781	2	17	自初昏至四更，测雨器水深四分。	SJW-G05020170-00200
505	1781	3	30	1781	3	6	自初昏至五更，测雨器水深六分。	SJW-G05030060-00300
506	1781	4	13	1781	3	20	自初昏至五更，测雨器水深一寸。	SJW-G05030200-00200
507	1781	4	14	1781	3	21	自昧爽至巳时，测雨器水深三分。	SJW-G05030210-00200
508	1781	4	16	1781	3	23	自午时至酉时，测雨器水深一分。	SJW-G05030230-00200
509	1781	4	16	1781	3	23	自初昏至四更，测雨器水深四分。	SJW-G05030230-00300
510	1781	5	4	1781	4	11	巳时，测雨器水深一分。	SJW-G05040110-00200
511	1781	5	4	1781	4	11	未时、申时，测雨器水深六分。	SJW-G05040110-00300
512	1781	5	8	1781	4	15	自午时至酉时，测雨器水深三分。	SJW-G05040150-00200
513	1781	5	13	1781	4	20	自昧爽至午时，测雨器水深二分。	SJW-G05040200-00200
514	1781	5	19	1781	4	26	自卯时至午时，测雨器水深七分。	SJW-G05040260-00200
515	1781	5	26	1781	5	4	自昧爽至午时，测雨器水深二分。	SJW-G05050040-00200
516	1781	5	27	1781	5	5	自昧爽至巳时，测雨器水深一分。	SJW-G05050050-00200
517	1781	5	27	1781	5	5	自初昏至五更，测雨器水深二分。	SJW-G05050050-00300
518	1781	5	29	1781	5	7	巳时，测雨器水深二分。	SJW-G05050070-00200
519	1781	6	5	1781	5	14	自昧爽至午时，测雨器水深二分。	SJW-G05050140-00200
520	1781	6	17	1781	5	26	自寅时至午时，测雨器水深一寸二分。	SJW-G05050260-00200
521	1781	6	17	1781	5	26	自午时至戌时，测雨器水深二寸。	SJW-G05050260-00300
522	1781	6	17	1781	5	26	自初昏至五更，测雨器水深五寸。	SJW-G05050260-00400
523	1781	6	26	1781	闰5	5	自昧爽至巳时，测雨器水深一寸。	SJW-G05051050-00200
524	1781	6	26	1781	闰5	5	自初昏至五更，测雨器水深二分。	SJW-G05051050-00300
525	1781	6	28	1781	闰5	7	自初昏至五更，测雨器水深二寸九分。	SJW-G05051070-00200
526	1781	6	29	1781	闰5	8	午时、未时，测雨器水深五分。	SJW-G05051080-00200
527	1781	7	2	1781	闰5	11	自昧爽至午时，测雨器水深一寸。	SJW-G05051110-00200
528	1781	7	7	1781	闰5	16	自卯时至午时，测雨器水深一寸。	SJW-G05051160-00200
529	1781	7	8	1781	闰5	17	自初昏至五更，测雨器水深七分。	SJW-G05051170-00200
530	1781	7	9	1781	闰5	18	自昧爽至午时，测雨器水深四寸六分。	SJW-G05051180-00200
531	1781	7	10	1781	闰5	19	自卯时至午时，测雨器水深三寸一分。	SJW-G05051190-00200
532	1781	7	10	1781	闰5	19	自未时至戌时，测雨器水深七分。	SJW-G05051190-00300
533	1781	7	11	1781	闰5	20	自二更至五更，测雨器水深一寸七分。	SJW-G05051200-00200
534	1781	7	12	1781	闰5	21	自昧爽至午时，测雨器水深一分。	SJW-G05051210-00200

续表

编号	公历			农历			描述	ID 编号
	年	月	日	年	月	日		
535	1781	7	12	1781	闰 5	21	自未时至戌时,测雨器水深一分。	SJW-G05051210-00300
536	1781	7	13	1781	闰 5	22	自昧爽至午时,测雨器水深八分。	SJW-G05051220-00200
537	1781	7	13	1781	闰 5	22	自初昏至五更,测雨器水深二寸四分。	SJW-G05051220-00210
538	1781	7	17	1781	闰 5	26	午时,测雨器水深二分。	SJW-G05051260-00200
539	1781	7	24	1781	6	4	自午时、未时,测雨器水深一分。	SJW-G05060040-00200
540	1781	7	26	1781	6	6	自卯时至午时,测雨器水深一寸。	SJW-G05060060-00200
541	1781	7	26	1781	6	6	自未时至申时,测雨器水深三分。	SJW-G05060060-00300
542	1781	7	26	1781	6	6	五更,测雨器水深四分。	SJW-G05060060-00400
543	1781	7	27	1781	6	7	自昧爽至卯时,巳时,测雨器水深四分。	SJW-G05060070-00200
544	1781	8	6	1781	6	17	巳时,测雨器水深二分。	SJW-G05060170-00200
545	1781	8	10	1781	6	21	自卯时至巳时,测雨器水深一寸五分。	SJW-G05060210-00200
546	1781	8	13	1781	6	24	自一更至五更,测雨器水深一寸四分。	SJW-G05060240-00200
547	1781	8	13	1781	6	24	自昧爽至巳时,测雨器水深四分。	SJW-G05060240-00300
548	1781	8	20	1781	7	2	卯时、辰时,测雨器水深六分。	SJW-G05070020-00200
549	1781	8	23	1781	7	5	酉时,测雨器水深一分。	SJW-G05070050-00200
550	1781	9	19	1781	8	2	自巳时至酉时,测雨器水深一分。	SJW-G05080020-00200
551	1781	9	21	1781	8	4	自昧爽至午时,测雨器水深五分。自午时至酉时,测雨器水深一寸二分。	SJW-G05080040-00200
552	1781	9	22	1781	8	5	自昧爽至午时,测雨器水深二寸二分。	SJW-G05080050-00200
553	1781	9	22	1781	8	5	自午时至酉时,测雨器水深一寸四分。	SJW-G05080050-00300
554	1781	9	27	1781	8	10	自卯时至午时,测雨器水深一寸六分。	SJW-G05080100-00200
555	1781	10	24	1781	9	8	自午时至酉时,测雨器水深二分。	SJW-G05090080-00200
556	1781	11	4	1781	9	19	自昧爽至辰时,测雨器水深二分。	SJW-G05090190-00200
557	1781	11	27	1781	10	12	自初昏至三更,测雨器水深四分。	SJW-G05100120-00200
558	1781	11	30	1781	10	15	自昧爽至午时,测雨器水深一分。	SJW-G05100150-00200
559	1781	12	27	1781	11	13	自昧爽至午时,测雨器水深一寸。	SJW-G05110130-00200
560	1781	12	29	1781	11	15	自昧爽至午时,测雨器水深一分。	SJW-G05110150-00200
561	1782	2	27	1782	1	16	自午时至酉时,测雨器水深二分。	SJW-G06010160-00200
562	1782	3	3	1782	1	20	申时、酉时,测雨器水深二分。	SJW-G06010200-00200
563	1782	3	21	1782	2	8	午时、未时,测雨器水深二分。	SJW-G06020080-00200
564	1782	4	13	1782	3	1	自昧爽至辰时,测雨器水深二分。	SJW-G06030010-00200
565	1782	5	7	1782	3	25	自辰时至午时,测雨器水深二分。	SJW-G06030250-00200
566	1782	5	24	1782	4	13	自辰时至午时,测雨器水深一寸。	SJW-G06040130-00200
567	1782	6	2	1782	4	22	自未时至酉时,测雨器水深三分。	SJW-G06040220-00200
568	1782	6	22	1782	5	12	自昧爽至午时,测雨器水深一寸三分。未时,测雨器水深三分。	SJW-G06050120-00200
569	1782	7	3	1782	5	23	申时,测雨器水深五分。	SJW-G06050230-00200
570	1782	7	3	1782	5	23	测雨器水深一寸有五分。	SJW-G06050230-01500

续表

编号	公历			农历			描述	ID 编号
	年	月	日	年	月	日		
571	1782	7	10	1782	6	1	五更，测雨器水深三分。	SJW-G06060010-00200
572	1782	7	11	1782	6	2	自昧爽至卯时，测雨器水深二分。	SJW-G06060020-00200
573	1782	7	12	1782	6	3	昧爽，测雨器水深二分。	SJW-G06060030-00200
574	1782	7	15	1782	6	6	辰时，测雨器水深二分。	SJW-G06060060-00300
575	1782	7	15	1782	6	6	自未时至酉时，测雨器水深二分。	SJW-G06060060-00400
576	1782	7	16	1782	6	7	自昧爽至寅时，测雨器水深二分。	SJW-G06060070-00300
577	1782	7	16	1782	6	7	未时，测雨器水深一分。	SJW-G06060070-00400
578	1782	7	18	1782	6	9	寅时、卯时，测雨器水深一分。	SJW-G06060090-00200
579	1782	7	18	1782	6	9	酉时、戌时，测雨器水深四分。	SJW-G06060090-00400
580	1782	7	18	1782	6	9	初昏，测雨器水深二分。	SJW-G06060090-00500
581	1782	7	18	1782	6	9	一更、二更，测雨器水深一分。	SJW-G06060090-00600
582	1782	7	20	1782	6	11	未时，测雨器水深四分。	SJW-G06060110-00200
583	1782	7	20	1782	6	11	未时、申时，测雨器水深五分。	SJW-G06060110-00300
584	1782	7	20	1782	6	11	申时，测雨器水深一分。	SJW-G06060110-00400
585	1782	7	20	1782	6	11	一更、三更，测雨器水深六分。	SJW-G06060110-00500
586	1782	7	20	1782	6	11	自二更至四更，测雨器水深四分。	SJW-G06060110-00600
587	1782	7	23	1782	6	14	自昧爽至酉时，测雨器水深九寸四分。	SJW-G06060140-00300
588	1782	7	24	1782	6	15	自昧爽至午时，测雨器水深二寸。	SJW-G06060150-00300
589	1782	7	30	1782	6	21	辰时、巳时，测雨器水深三分。	SJW-G06060210-00200
590	1782	8	4	1782	6	26	自未时至酉时，测雨器水深五分。	SJW-G06060260-00200
591	1782	8	11	1782	7	3	自辰时至酉时，测雨器水深二分。	SJW-G06070030-00200
592	1782	8	13	1782	7	5	自午时至酉时，测雨器水深五分。	SJW-G06070050-00200
593	1782	8	14	1782	7	6	自午时至酉时，测雨器水深一分。	SJW-G06070060-00200
594	1782	8	17	1782	7	9	自申时，测雨器水深四分。	SJW-G06070090-00200
595	1782	8	18	1782	7	10	自辰时至午时，测雨器水深二寸一分。酉时，测雨器水深三分。	SJW-G06070100-00200
596	1782	8	19	1782	7	11	自未时至酉时，测雨器水深一寸七分。	SJW-G06070110-00200
597	1782	8	19	1782	7	11	自初昏至四更，测雨器水深三分。	SJW-G06070110-00300
598	1782	8	20	1782	7	12	自卯时至午时，测雨器水深九分。	SJW-G06070120-00200
599	1782	8	20	1782	7	12	自午时至申时，测雨器水深一寸四分。	SJW-G06070120-00300
600	1782	8	21	1782	7	13	辰时、巳时，测雨器水深三分。	SJW-G06070130-00200
601	1782	9	9	1782	8	3	初昏、三更、四更，测雨器水深一分。	SJW-G06080030-00200
602	1782	9	12	1782	8	6	自初昏至四更，测雨器水深七分。	SJW-G06080060-00200
603	1782	9	13	1782	8	7	昧爽、辰时、巳时，测雨器水深四分。	SJW-G06080070-00200
604	1782	9	14	1782	8	8	自初昏至二更，测雨器水深一分。	SJW-G06080080-00200
605	1782	9	15	1782	8	9	自未时至酉时，测雨器水深五分。	SJW-G06080090-00200
606	1782	9	15	1782	8	9	自二更至五更，测雨器水深二寸。	SJW-G06080090-00300
607	1782	9	16	1782	8	10	自昧爽至巳时，测雨器水深二分。	SJW-G06080100-00200

续表

编号	公历			农历			描述	ID 编号
	年	月	日	年	月	日		
608	1782	9	21	1782	8	15	未时、申时，测雨器水深一分。	SJW-G06080150-00200
609	1782	9	21	1782	8	15	五更，测雨器水深三分。	SJW-G06080150-00300
610	1782	9	25	1782	8	19	自一更、四更、五更，测雨器水深三分。	SJW-G06080190-00200
611	1782	10	23	1782	9	17	午时、未时，测雨器水深五分。	SJW-G06090170-00300
612	1782	11	9	1782	10	5	二更，测雨器水深二分。	SJW-G06100050-00200
613	1782	11	19	1782	10	15	未时、申时，测雨器水深一分。	SJW-G06100150-00200
614	1782	11	19	1782	10	15	自初昏至一更，测雨器水深一分。	SJW-G06100150-00300
615	1782	11	22	1782	10	18	四更、五更，测雨器水深一分。	SJW-G06100180-00200
616	1782	11	25	1782	10	21	自一更至四更，测雨器水深三分。	SJW-G06100210-00200
617	1782	12	1	1782	10	27	自三更至五更，测雨器水深一寸。	SJW-G06100270-00200
618	1782	12	2	1782	10	28	自昧爽至午时，测雨器水深四分。	SJW-G06100280-00200
619	1782	12	6	1782	11	2	五更，测雨器水深二分。	SJW-G06110020-00200
620	1782	12	7	1782	11	3	自昧爽至巳时，测雨器水深五分。	SJW-G06110030-00200
621	1782	12	13	1782	11	9	未时、申时，测雨器水深二分。	SJW-G06110090-00200
622	1783	3	19	1783	2	17	自昧爽至巳时，测雨器水深一分。	SJW-G07020170-00200
623	1783	4	2	1783	3	1	自辰时至午时，测雨器水深三分。	SJW-G07030010-00200
624	1783	4	3	1783	3	2	自初昏至五更，测雨器水深一寸二分。	SJW-G07030020-00200
625	1783	4	13	1783	3	12	自初昏至二更，测雨器水深四分。	SJW-G07030120-00200
626	1783	4	25	1783	3	24	三更、四更，测雨器水深二分。	SJW-G07030240-00200
627	1783	4	29	1783	3	28	自初昏至五更，测雨器水深五分。	SJW-G07030280-00200
628	1783	5	6	1783	4	6	自巳时至酉时，测雨器水深四分。	SJW-G07040060-00200
629	1783	5	8	1783	4	8	自昧爽至午时，测雨器水深一寸四分。	SJW-G07040080-00200
630	1783	5	28	1783	4	28	巳时，测雨器水深二分。	SJW-G07040280-00200
631	1783	6	6	1783	5	7	自一更至五更，测雨器水深二分。	SJW-G07050070-00200
632	1783	6	7	1783	5	8	自未时至酉时，测雨器水深二分。	SJW-G07050080-00200
633	1783	6	9	1783	5	10	酉时，测雨器水深二分。自初昏至五更，测雨器水深二分。	SJW-G07050100-00200
634	1783	6	12	1783	5	13	午时、未时，测雨器水深一分。	SJW-G07050130-00200
635	1783	6	17	1783	5	18	自寅时，测雨器水深一寸四分。	SJW-G07050180-00200
636	1783	6	26	1783	5	27	自昧爽至午时，测雨器水深三寸五分。	SJW-G07050270-00200
637	1783	6	26	1783	5	27	自午时至酉时，测雨器水深三分。	SJW-G07050270-00300
638	1783	7	2	1783	6	3	酉时，测雨器水深五分。	SJW-G07060030-00200
639	1783	7	8	1783	6	9	自初昏至五更，测雨器水深九分。	SJW-G07060090-00200
640	1783	7	9	1783	6	10	自昧爽至巳时，测雨器水深六分。	SJW-G07060100-00200
641	1783	7	11	1783	6	12	二更、三更，测雨器水深九分。	SJW-G07060120-00200
642	1783	7	13	1783	6	14	申时，测雨器水深九分。	SJW-G07060140-00200
643	1783	7	31	1783	7	3	自昧爽至卯时，测雨器水深三分。	SJW-G07070030-00200
644	1783	7	31	1783	7	3	辰时、巳时，测雨器水深五分。	SJW-G07070030-00300

续表

编号	公历			农历			描述	ID编号
	年	月	日	年	月	日		
645	1783	8	2	1783	7	5	自初昏至一更,测雨器水深三分。	SJW-G07070050-00200
646	1783	8	3	1783	7	6	自寅时至午时,测雨器水深三分。	SJW-G07070060-00200
647	1783	8	4	1783	7	7	自昧爽至午时,测雨器水深三分。自未时至酉时,测雨器水深一分。自二更至五更,测雨器水深五分。	SJW-G07070070-00200
648	1783	8	6	1783	7	9	自初昏至五更,测雨器水深一寸七分。	SJW-G07070090-00200
649	1783	8	7	1783	7	10	自昧爽至午时,测雨器水深四寸。	SJW-G07070100-00200
650	1783	8	11	1783	7	14	以全罗监司雨泽状启,传于赵兴镇曰,观此状本,初十日之雨,本道亦蒙均霑之泽,测雨器水深至过半尺之多,言念民事,万万幸甚。列邑均霑与否,雨后农形,详细条列状闻,未移处,虽得甘霈,别无所益乎否,一体条列状闻之意,令庙堂三悬铃行会。	SJW-G07070140-01800
651	1783	8	16	1783	7	19	自初昏至五更,测雨器水深一寸。	SJW-G07070190-00200
652	1783	8	18	1783	7	21	自昧爽至午时,测雨器水深四分。	SJW-G07070210-00200
653	1783	8	18	1783	7	21	自午时至酉时,测雨器水深二分。	SJW-G07070210-00300
654	1783	8	18	1783	7	21	自初昏至五更,测雨器水深二分。	SJW-G07070210-00400
655	1783	8	19	1783	7	22	自午时至酉时,测雨器水深一寸九分。	SJW-G07070220-00200
656	1783	8	19	1783	7	22	初昏、自三更至五更,测雨器水深一寸七分。	SJW-G07070220-00300
657	1783	8	20	1783	7	23	自昧爽至午时,测雨器水深三寸七分。	SJW-G07070230-00200
658	1783	8	20	1783	7	23	自午时至酉时,测雨器水深六分。	SJW-G07070230-00300
659	1783	8	20	1783	7	23	传于李在学曰,喜雨成霖,今为四日,测雨器水深,合以计之,五寸有馀。虽与一直滂沱有异,然秋序渐近,恐有伤稼之虑,田畓各穀之水浸浦落与否,不待霁后农形,先从目下形止,遍问列邑状闻事,令庙堂,分付。畿营、畿内,雨泽如此,两湖诸邑,亦果如何?详细状闻之意,一体分付。岭南·关东,则前此所得,反有过多处,今番雨后形止,亦令先从营下所见,状闻事,分付。	SJW-G07070230-01100
660	1783	8	21	1783	7	24	自午时至酉时,测雨器水深一分。	SJW-G07070240-00200
661	1783	8	21	1783	7	24	自初昏至五更,测雨器水深七分。	SJW-G07070240-00300
662	1783	8	26	1783	7	29	自酉时,测雨器水深一寸三分。	SJW-G07070290-00200
663	1783	9	9	1783	8	13	四更、五更,测雨器水深一分。	SJW-G07080130-00200
664	1783	9	15	1783	8	19	申时、酉时,测雨器水深三分。	SJW-G07080190-00200
665	1783	9	23	1783	8	27	自申时,测雨器水深六分。	SJW-G07080270-00200
666	1783	9	27	1783	9	2	自二更至五更,测雨器水深四分。	SJW-G07090020-00200
667	1783	9	28	1783	9	3	自昧爽至巳时,测雨器水深一寸五分。	SJW-G07090030-00200
668	1783	10	13	1783	9	18	自未时至酉时,测雨器水深七分。	SJW-G07090180-00200
669	1783	10	13	1783	9	18	自初昏至四更,测雨器水深二寸三分。	SJW-G07090180-00300
670	1783	10	16	1783	9	21	自午时至酉时,测雨器水深四分。	SJW-G07090210-00200
671	1783	10	16	1783	9	21	初昏,测雨器水深一分。	SJW-G07090210-00300

续表

编号	公历			农历			描述	ID 编号
	年	月	日	年	月	日		
672	1783	10	19	1783	9	24	自昧爽至午时，测雨器水深八分。	SJW-G07090240-00200
673	1783	11	8	1783	10	14	三更、四更，测雨器水深三分。	SJW-G07100140-00200
674	1784	2	7	1784	1	17	自午时至酉时，测雨器水深二分。	SJW-G08010170-00200
675	1784	2	7	1784	1	17	自初昏至四更，测雨器水深四分。	SJW-G08010170-00300
676	1784	2	16	1784	1	26	四更、五更，测雨器水深八分。	SJW-G08010260-00200
677	1784	2	17	1784	1	27	自昧爽至午时，测雨器水深八分。	SJW-G08010270-00200
678	1784	2	22	1784	2	2	自三更至五更，测雨器水深八分。	SJW-G08020020-00200
679	1784	3	28	1784	3	8	自三更至五更，测雨器水深三分。	SJW-G08030080-00200
680	1784	3	29	1784	3	9	自昧爽至巳时，测雨器水深一分。	SJW-G08030090-00200
681	1784	4	4	1784	3	15	自午时至酉时，测雨器水深八分。	SJW-G08030150-00200
682	1784	4	4	1784	3	15	自初昏至五更，测雨器水深一寸六分。	SJW-G08030150-00300
683	1784	4	25	1784	闰 3	6	自初昏至五更，测雨器水深二寸二分。	SJW-G08031060-00200
684	1784	4	26	1784	闰 3	7	自昧爽至午时，测雨器水深三分。	SJW-G08031070-00200
685	1784	5	9	1784	闰 3	20	未时，测雨器水深七分。	SJW-G08031200-00200
686	1784	5	9	1784	闰 3	20	自一更至五更，测雨器水深二寸一分。	SJW-G08031200-00300
687	1784	5	9	1784	闰 3	20	以次进伏讫。上曰，今日好雨，犹未浃洽，测雨器水深为七分，而畿营所报，则仅为一分，城内外若是悬殊至于他道各邑，难保其均霑也。义养曰，骤雨例有咫尺不同之时，而目今移秧姑未及，虽得一锄之雨，于两麦，则大有沾润之益，若过此，则而又害之云矣。上曰，农家所闻，大体何如云耶？义养曰，秋事则姑难预料，而近日雨旸调顺，各适其时……	SJW-G08031200-01500
688	1784	5	10	1784	闰 3	21	自昧爽至巳时，测雨器水深二分。	SJW-G08031210-00200
689	1784	5	13	1784	闰 3	24	自三更至五更，测雨器水深七分。	SJW-G08031240-00200
690	1784	5	18	1784	闰 3	29	自卯时至午时，测雨器水深二分。	SJW-G08031290-00200
691	1784	6	2	1784	4	15	未时、申时，测雨器水深二分。	SJW-G08040150-00200
692	1784	6	7	1784	4	20	午时，测雨器水深三分。	SJW-G08040200-00200
693	1784	6	7	1784	4	20	自午时至戌时，测雨器水深八分。	SJW-G08040200-00300
694	1784	6	7	1784	4	20	自初昏至五更，测雨器水深三寸。	SJW-G08040200-00400
695	1784	6	8	1784	4	21	自昧爽至午时，测雨器水深六分。	SJW-G08040210-00200
696	1784	6	8	1784	4	21	自午时至戌时，测雨器水深一分。	SJW-G08040210-00300
697	1784	6	9	1784	4	22	自昧爽至午时，测雨器水深八分。	SJW-G08040220-00200
698	1784	6	18	1784	5	1	自卯时至巳时，测雨器水深一寸。	SJW-G08050010-00200
699	1784	6	25	1784	5	8	自二更至五更，测雨器水深一寸一分。	SJW-G08050080-00200
700	1784	7	3	1784	5	16	午时、申时、酉时，测雨器水深一分。	SJW-G08050160-00200
701	1784	7	3	1784	5	16	自初昏至五更，测雨器水深四寸一分。	SJW-G08050160-00300
702	1784	7	4	1784	5	17	午时、申时，测雨器水深二分。	SJW-G08050170-00200
703	1784	7	5	1784	5	18	午时、未时，测雨器水深二分。	SJW-G08050180-00200
704	1784	7	9	1784	5	22	自初昏至五更，测雨器水深六分。	SJW-G08050220-00300

续表

编号	公历			农历			描述	ID 编号
	年	月	日	年	月	日		
705	1784	7	11	1784	5	24	自初昏至五更,测雨器水深四分。	SJW-G08050240-00200
706	1784	7	12	1784	5	25	自二更至五更,测雨器水深二分。	SJW-G08050250-00300
707	1784	7	13	1784	5	26	自昧爽至午时,测雨器水深四分。	SJW-G08050260-00200
708	1784	7	13	1784	5	26	自午时至申时,测雨器水深二分。	SJW-G08050260-00300
709	1784	7	18	1784	6	2	自昧爽至午时,测雨器水深六分。	SJW-G08060020-00200
710	1784	7	19	1784	6	3	自午时至酉时,测雨器水深二分。	SJW-G08060030-00200
711	1784	7	19	1784	6	3	自初昏至五更,测雨器水深二寸九分。	SJW-G08060030-00300
712	1784	7	20	1784	6	4	自昧爽至午时,测雨器水深九分。	SJW-G08060040-00200
713	1784	7	27	1784	6	11	五更,测雨器水深二寸一分。	SJW-G08060110-00200
714	1784	7	28	1784	6	12	自昧爽至午时,测雨器水深三分。	SJW-G08060120-00200
715	1784	7	29	1784	6	13	自昧爽至卯时,测雨器水深二寸五分。自二更至五更,测雨器水深三分。	SJW-G08060130-00200
716	1784	7	30	1784	6	14	自昧爽至卯时,测雨器水深二分。	SJW-G08060140-00200
717	1784	8	1	1784	6	16	四更、五更,测雨器水深九分。	SJW-G08060160-00200
718	1784	8	3	1784	6	18	三更、四更,测雨器水深四分。	SJW-G08060180-00200
719	1784	8	4	1784	6	19	自昧爽至午时,测雨器水深一分。	SJW-G08060190-00200
720	1784	8	13	1784	6	28	自昧爽至午时,测雨器水深一寸四分。	SJW-G08060280-00200
721	1784	8	13	1784	6	28	自午时至酉时,测雨器水深七分。	SJW-G08060280-00300
722	1784	8	14	1784	6	29	自初昏至五更,测雨器水深二分。	SJW-G08060290-00200
723	1784	8	22	1784	7	7	卯时、辰时,测雨器水深四分。	SJW-G08070070-00200
724	1784	8	28	1784	7	13	申时、酉时,测雨器水深一分。	SJW-G08070130-00200
725	1784	8	29	1784	7	14	自初昏至三更,测雨器水深一寸二分。	SJW-G08070140-00200
726	1784	9	2	1784	7	18	自卯时,测雨器水深三分。	SJW-G08070180-00200
727	1784	9	2	1784	7	18	自午时至申时,测雨器水深二分。	SJW-G08070180-00300
728	1784	9	2	1784	7	18	自初昏至五更,测雨器水深三分。	SJW-G08070180-00400
729	1784	9	3	1784	7	19	自昧爽至午时,测雨器水深二分。	SJW-G08070190-00200
730	1784	9	3	1784	7	19	自未时至酉时,测雨器水深三分。	SJW-G08070190-00300
731	1784	9	4	1784	7	20	自辰时至酉时,测雨器水深一分。	SJW-G08070200-00200
732	1784	9	4	1784	7	20	自一更至五更,测雨器水深八分。	SJW-G08070200-00300
733	1784	9	5	1784	7	21	自昧爽至午时,测雨器水深二寸七分。自未时至酉时,测雨器水深二寸九分。自初昏至五更,测雨器水深一寸。	SJW-G08070210-00200
734	1784	9	7	1784	7	23	自昧爽至午时,测雨器水深一寸三分。自午时至酉时,测雨器水深一寸五分。自初昏至五更,测雨器水深二分。	SJW-G08070230-00200
735	1784	9	8	1784	7	24	自午时至酉时,测雨器水深三分。	SJW-G08070240-00200
736	1784	9	8	1784	7	24	自初昏至五更,测雨器水深七分。	SJW-G08070240-00300
737	1784	9	13	1784	7	29	自午时至酉时,测雨器水深二分。	SJW-G08070290-00200

续表

编号	公历			农历			描述	ID 编号
	年	月	日	年	月	日		
738	1784	9	13	1784	7	29	自初昏至五更,测雨器水深四分。	SJW-G08070290-00300
739	1784	9	14	1784	7	30	自昧爽至午时,测雨器水深五分。	SJW-G08070300-00200
740	1784	9	14	1784	7	30	自未时至酉时,测雨器水深一寸二分。	SJW-G08070300-00300
741	1784	9	14	1784	7	30	自初昏至五更,测雨器水深四寸一分。	SJW-G08070300-00400
742	1784	9	26	1784	8	12	三更、四更,测雨器水深八分。	SJW-G08080120-00200
743	1784	10	22	1784	9	9	自初昏至五更,测雨器水深一寸一分。	SJW-G08090090-00300
744	1784	11	4	1784	9	22	巳时、午时,测雨器水深一分。	SJW-G08090220-00200
745	1784	11	11	1784	9	29	自辰时至巳时,测雨器水深一分。自二更至四更,测雨器水深二分。	SJW-G08090290-00200
746	1784	11	16	1784	10	4	自午时至申时,测雨器水深二分。自初昏至五更,测雨器水深三寸一分。	SJW-G08100040-00200
747	1784	11	17	1784	10	5	自昧爽至午时,测雨器水深四分。	SJW-G08100050-00200
748	1785	3	9	1785	1	29	自一更至五更,测雨器水深四分。	SJW-G09010290-00200
749	1785	4	1	1785	2	22	四更、五更,测雨器水深四分。	SJW-G09020220-00200
750	1785	4	11	1785	3	3	自一更至三更,测雨器水深三分。	SJW-G09030030-00200
751	1785	4	20	1785	3	12	自初昏至五更,测雨器水深八分。	SJW-G09030120-00200
752	1785	4	21	1785	3	13	自午时至酉时,测雨器水深六分。	SJW-G09030130-00200
753	1785	5	12	1785	4	4	酉时,测雨器水深一分。	SJW-G09040040-00200
754	1785	5	12	1785	4	4	初昏,测雨器水深二分。	SJW-G09040040-00300
755	1785	5	18	1785	4	10	五更,测雨器水深六分。	SJW-G09040100-00300
756	1785	5	19	1785	4	11	自昧爽至辰时,测雨器水深二寸四分。	SJW-G09040110-00200
757	1785	6	2	1785	4	25	自初昏至五更,测雨器水深一寸。	SJW-G09040250-00200
758	1785	6	9	1785	5	3	自昧爽至午时,测雨器水深一寸二分	SJW-G09050030-00200
759	1785	6	12	1785	5	6	自一更至三更,测雨器水深一分。	SJW-G09050060-00200
760	1785	6	13	1785	5	7	申时、酉时,测雨器水深三分。	SJW-G09050070-00200
761	1785	6	15	1785	5	9	五更,测雨器水深一分。	SJW-G09050090-00200
762	1785	6	16	1785	5	10	自昧爽至巳时,测雨器水深六分。	SJW-G09050100-00200
763	1785	6	19	1785	5	13	自一更至五更,测雨器水深一分。	SJW-G09050130-00200
764	1785	6	22	1785	5	16	自午时至酉时,测雨器水深二分。	SJW-G09050160-00200
765	1785	6	28	1785	5	22	自寅时至辰时,测雨器水深二分。	SJW-G09050220-00200
766	1785	6	30	1785	5	24	自一更至五更,测雨器水深五分。	SJW-G09050240-00200
767	1785	7	1	1785	5	25	自三更至五更,测雨器水深六分。	SJW-G09050250-00200
768	1785	7	3	1785	5	27	自寅时至午时,测雨器水深七分。	SJW-G09050270-00200
769	1785	7	3	1785	5	27	自午时至酉时,测雨器水深六分。	SJW-G09050270-00300
770	1785	7	4	1785	5	28	自寅时至午时,测雨器水深三分。	SJW-G09050280-00200
771	1785	7	4	1785	5	28	自午时至酉时,测雨器水深一寸九分。	SJW-G09050280-00300
772	1785	7	4	1785	5	28	自初昏至五更,测雨器水深八分。	SJW-G09050280-00400
773	1785	7	5	1785	5	29	申时、酉时,测雨器水深一分。	SJW-G09050290-00200

续表

编号	公历			农历			描述	ID 编号
	年	月	日	年	月	日		
774	1785	7	5	1785	5	29	自初昏至五更，测雨器水深九分。	SJW-G09050290-00300
775	1785	7	6	1785	6	1	自昧爽至午时，测雨器水深一寸五分。	SJW-G09060010-00200
776	1785	7	9	1785	6	4	自寅时至巳时，测雨器水深一寸五分。	SJW-G09060040-00200
777	1785	7	9	1785	6	4	未时、申时，测雨器水深二分。	SJW-G09060040-00300
778	1785	7	10	1785	6	5	五更，测雨器水深二分。	SJW-G09060050-00200
779	1785	7	11	1785	6	6	自昧爽至午时，测雨器水深一寸七分。	SJW-G09060060-00200
780	1785	7	24	1785	6	19	昧爽，测雨器水深一分。三更、四更，测雨器水深二分。	SJW-G09060190-00200
781	1785	7	25	1785	6	20	自辰时至午时，测雨器水深三分。	SJW-G09060200-00200
782	1785	7	26	1785	6	21	自卯时至巳时，测雨器水深五分。	SJW-G09060210-00200
783	1785	8	6	1785	7	2	自卯时至午时，测雨器水深一寸。	SJW-G09070020-00200
784	1785	8	10	1785	7	6	自辰时至午时，测雨器水深三分。	SJW-G09070060-00200
785	1785	8	11	1785	7	7	巳时、午时，测雨器水深一分。	SJW-G09070070-00200
786	1785	8	28	1785	7	24	自午时至酉时，测雨器水深五分。自初昏至五更，测雨器水深一分。	SJW-G09070240-00200
787	1785	9	2	1785	7	29	自一更至五更，测雨器水深一寸八分。	SJW-G09070290-00200
788	1785	10	20	1785	9	18	自午时至酉时，测雨器水深八分。自初昏至五更，测雨器水深三寸九分。	SJW-G09090180-00200
789	1785	11	9	1785	10	8	自辰时至午时，测雨器水深五分。	SJW-G09100080-00200
790	1785	11	10	1785	10	9	自初昏至一更，测雨器水深一分。	SJW-G09100090-00200
791	1785	11	25	1785	10	24	自昧爽至辰时，测雨器水深三分。	SJW-G09100240-00200
792	1785	12	11	1785	11	10	自巳时至申时，测雨器水深四分。	SJW-G09110100-00200
793	1786	3	8	1786	2	9	自辰时至午时，测雨器水深二分。	SJW-G10020090-00200
794	1786	3	31	1786	3	2	自一更至五更，测雨器水深一分。	SJW-G10030020-00200
795	1786	4	9	1786	3	11	自卯时至午时，测雨器水深三分。	SJW-G10030110-00200
796	1786	4	9	1786	3	11	自午时至酉时，测雨器水深三分。	SJW-G10030110-00300
797	1786	4	9	1786	3	11	自初昏至五更，测雨器水深八分。	SJW-G10030110-00400
798	1786	4	24	1786	3	26	自午时至酉时，测雨器水深一分。	SJW-G10030260-00200
799	1786	5	8	1786	4	11	自昧爽至午时，测雨器水深一寸一分。	SJW-G10040110-00200
800	1786	5	8	1786	4	11	自午时至酉时，测雨器水深六分。	SJW-G10040110-00300
801	1786	5	8	1786	4	11	自初昏至五更，测雨器水深一寸六分。	SJW-G10040110-00400
802	1786	5	14	1786	4	17	自初昏至三更，测雨器水深四分。	SJW-G10040170-00300
803	1786	5	23	1786	4	26	自昧爽至午时，测雨器水深六分。	SJW-G10040260-00200
804	1786	5	31	1786	5	5	五更，测雨器水深一分。	SJW-G10050050-00300
805	1786	6	1	1786	5	6	自昧爽至午时，测雨器水深三分。	SJW-G10050060-00200
806	1786	6	15	1786	5	20	自一更至五更，测雨器水深一寸四分。	SJW-G10050200-00200
807	1786	6	16	1786	5	21	自昧爽至午时，测雨器水深五分。	SJW-G10050210-00200
808	1786	6	26	1786	6	1	自寅时至午时，测雨器水深二分。	SJW-G10060010-00200

续表

编号	公历			农历			描述	ID 编号
	年	月	日	年	月	日		
809	1786	6	26	1786	6	1	自午时至戌时，测雨器水深二分。	SJW-G10060010-00300
810	1786	6	26	1786	6	1	自初昏至五更，测雨器水深一寸一分。	SJW-G10060010-00400
811	1786	7	1	1786	6	6	自一更至五更，测雨器水深九分。	SJW-G10060060-00200
812	1786	7	4	1786	6	9	自初更至五更，测雨器水深一寸三分。	SJW-G10060090-00200
813	1786	7	9	1786	6	14	自申时至戌时，测雨器水深三分。	SJW-G10060140-00300
814	1786	7	9	1786	6	14	自初昏至五更，测雨器水深四分。	SJW-G10060140-00400
815	1786	7	12	1786	6	17	自未时至五更，测雨器水深一寸八分。	SJW-G10060170-00200
816	1786	7	13	1786	6	18	自开东至初昏，测雨器水深四寸七分。	SJW-G10060180-00200
817	1786	7	15	1786	6	20	自卯时至酉时，测雨器水深八分。	SJW-G10060200-00200
818	1786	7	20	1786	6	25	自卯时至五更，测雨器水深一寸。	SJW-G10060250-00200
819	1786	7	23	1786	6	28	自巳时至午时，测雨器水深七分。	SJW-G10060280-00200
820	1786	7	24	1786	6	29	自辰时至五更，测雨器水深一寸五分。	SJW-G10060290-00200
821	1786	7	28	1786	7	4	自辰时至酉时，测雨器水深一寸一分。	SJW-G10070040-00200
822	1786	7	28	1786	7	4	自初昏至五更，测雨器水深三寸三分。	SJW-G10070040-00300
823	1786	7	29	1786	7	5	自初昏至五更，测雨器水深三分。	SJW-G10070050-00200
824	1786	7	31	1786	7	7	自辰时至午时，测雨器水深二分。	SJW-G10070070-00200
825	1786	8	1	1786	7	8	寅时、卯时，测雨器水深八分。	SJW-G10070080-00200
826	1786	8	2	1786	7	9	自卯时至巳时，测雨器水深七分。	SJW-G10070090-00200
827	1786	8	2	1786	7	9	初昏、四更、五更，测雨器水深四分。	SJW-G10070090-00300
828	1786	8	3	1786	7	10	二更，测雨器水深一分。	SJW-G10070100-00200
829	1786	8	4	1786	7	11	自昧爽至午时，测雨器水深五寸。	SJW-G10070110-00200
830	1786	8	14	1786	7	21	自昧爽至巳时，测雨器水深六分。自午时至酉时，测雨器水深二分。自初昏至五更，测雨器水深四分。	SJW-G10070210-00200
831	1786	8	16	1786	7	23	辰时，测雨器水深三分。	SJW-G10070230-00200
832	1786	8	19	1786	7	26	自辰时至午时，测雨器水深六分。	SJW-G10070260-00200
833	1786	8	31	1786	闰 7	8	自初昏至二更，测雨器水深三分。	SJW-G10071080-00200
834	1786	9	3	1786	闰 7	11	自辰时至午时，测雨器水深四分。	SJW-G10071110-00200
835	1786	9	3	1786	闰 7	11	五更，测雨器水深二分。	SJW-G10071110-00300
836	1786	9	12	1786	闰 7	20	自未时至酉时，测雨器水深八分。	SJW-G10071200-00200
837	1786	9	20	1786	闰 7	28	自昧爽至午时，测雨器水深二分。	SJW-G10071280-00200
838	1786	10	12	1786	8	21	未时，测雨器水深四分。	SJW-G10080210-00200
839	1786	11	10	1786	9	20	未时、申时，测雨器水深一分。	SJW-G10090200-00200
840	1786	12	8	1786	10	18	自初昏至五更，测雨器水深六分。	SJW-G10100180-00200
841	1786	12	29	1786	11	9	五更，测雨器水深三分。	SJW-G10110090-00200
842	1787	3	5	1787	1	16	申时、酉时，测雨器水深二分。	SJW-G11010160-00200
843	1787	3	5	1787	1	16	自一更至五更，测雨器水深八分。	SJW-G11010160-00300
844	1787	3	16	1787	1	27	自初昏至五更，测雨器水深三分。	SJW-G11010270-00200
845	1787	3	17	1787	1	28	自昧爽至巳时，测雨器水深二分。	SJW-G11010280-00200

续表

编号	公历			农历			描述	ID 编号
	年	月	日	年	月	日		
846	1787	3	17	1787	1	28	自午时至酉时,测雨器水深六分。	SJW-G11010280-00300
847	1787	3	31	1787	2	13	自初昏至二更,测雨器水深二分。	SJW-G11020130-00200
848	1787	4	18	1787	3	1	自午时至酉时,测雨器水深一分。	SJW-G11030010-00200
849	1787	4	18	1787	3	1	自初昏至五更,测雨器水深一寸八分。	SJW-G11030010-00300
850	1787	4	28	1787	3	11	自未时至酉时,测雨器水深七分。	SJW-G11030110-00200
851	1787	5	2	1787	3	15	自初昏至五更,测雨器水深二分。	SJW-G11030150-00200
852	1787	5	3	1787	3	16	自昧爽至午时,测雨器水深一分。	SJW-G11030160-00200
853	1787	5	10	1787	3	23	自初昏至五更,测雨器水深四分。	SJW-G11030230-00200
854	1787	5	27	1787	4	11	昧爽,测雨器水深一分。	SJW-G11040110-00200
855	1787	6	8	1787	4	23	自寅时至午时,测雨器水深三寸二分。自未时至酉时,测雨器水深四分。	SJW-G11040230-00200
856	1787	6	11	1787	4	26	言念民事,夙憧憧,观于昨日锦伯状辞,三昨雨泽,测雨器水深为尺有三寸云。本道亦果均霑,而雨后颇有涤苏之望乎?星火遍问列邑,随即登闻至于岭南,以近日筵臣言闻之,左道诸邑,薰染方炽,无异湖南云,而尚无一言皁白,何也?传说未知信否?姑不提警,有病无病间,形止使之从实报来后,论理草记事,令庙堂知悉。又命书传教曰,日昨因备局回启依施,而近……	SJW-G11040260-02700
857	1787	6	17	1787	5	3	自卯时至午时,测雨器水深六分。	SJW-G11050030-00200
858	1787	6	17	1787	5	3	午时、未时,测雨器水深四分。	SJW-G11050030-00300
859	1787	6	24	1787	5	10	自午时至酉时,测雨器水深六分。	SJW-G11050100-00200
860	1787	6	27	1787	5	13	自一更至五更,测雨器水深五分。	SJW-G11050130-00200
861	1787	6	28	1787	5	14	自昧爽至午时,测雨器水深三寸七分。	SJW-G11050140-00200
862	1787	6	28	1787	5	14	自午时至酉时,测雨器水深一寸八分。	SJW-G11050140-00300
863	1787	6	28	1787	5	14	自初昏至五更,测雨器水深二寸六分。	SJW-G11050140-00400
864	1787	6	29	1787	5	15	自昧爽至午时,测雨器水深一寸四分。	SJW-G11050150-00200
865	1787	6	29	1787	5	15	自午时至酉时,测雨器水深五分。	SJW-G11050150-00300
866	1787	6	29	1787	5	15	自初昏至五更,测雨器水深一寸七分。	SJW-G11050150-00400
867	1787	6	30	1787	5	16	自午时至酉时,测雨器水深二寸一分。	SJW-G11050160-00200
868	1787	6	30	1787	5	16	自初昏至五更,测雨器水深五分。	SJW-G11050160-00300
869	1787	7	2	1787	5	18	自卯时至午时,测雨器水深一寸一分。	SJW-G11050180-00200
870	1787	7	2	1787	5	18	自未时至酉时,测雨器水深九分。	SJW-G11050180-00300
871	1787	7	2	1787	5	18	自初昏至五更,测雨器水深四寸三分。	SJW-G11050180-00400
872	1787	7	4	1787	5	20	自卯时至巳时,测雨器水深二分。	SJW-G11050200-00200
873	1787	7	4	1787	5	20	午时、未时,测雨器水深六分。	SJW-G11050200-00300
874	1787	7	4	1787	5	20	申时、酉时,测雨器水深三分。	SJW-G11050200-00400
875	1787	7	4	1787	5	20	自初昏至五更,测雨器水深二寸五分。	SJW-G11050200-00500
876	1787	7	6	1787	5	22	自一更至五更,测雨器水深一寸二分。	SJW-G11050220-00200

续表

编号	公历			农历			描述	ID 编号
	年	月	日	年	月	日		
877	1787	7	7	1787	5	23	自昧爽至午时,测雨器水深二寸。	SJW-G11050230-00200
878	1787	7	7	1787	5	23	自午时至酉时,测雨器水深一寸六分。	SJW-G11050230-00300
879	1787	7	7	1787	5	23	自初昏至五更,测雨器水深三分。	SJW-G11050230-00400
880	1787	7	8	1787	5	24	自寅时至午时,测雨器水深五分。	SJW-G11050240-00200
881	1787	7	9	1787	5	25	自初昏至五更,测雨器水深二寸四分。	SJW-G11050250-00200
882	1787	7	10	1787	5	26	自午时至酉时,测雨器水深二分。	SJW-G11050260-00200
883	1787	7	10	1787	5	26	自初昏至五更,测雨器水深一寸八分。	SJW-G11050260-00300
884	1787	7	11	1787	5	27	自昧爽至午时,测雨器水深二寸六分。自午时至戌时,测雨器水深三寸二分。自初昏至五更,测雨器水深一寸。	SJW-G11050270-00200
885	1787	7	12	1787	5	28	自昧爽至午时,测雨器水深二寸六分。	SJW-G11050280-00200
886	1787	7	13	1787	5	29	自午时至酉时,测雨器水深三分。	SJW-G11050290-00200
887	1787	7	17	1787	6	3	四更、五更,测雨器水深四分。	SJW-G11060030-00200
888	1787	7	18	1787	6	4	自昧爽至巳时,测雨器水深六分。	SJW-G11060040-00200
889	1787	7	20	1787	6	6	自初昏至五更,测雨器水深四分。	SJW-G11060060-00200
890	1787	7	27	1787	6	13	初昏至五更,测雨器水深一寸二分。	SJW-G11060130-00200
891	1787	7	28	1787	6	14	自昧爽至午时,测雨器水深九分。	SJW-G11060140-00200
892	1787	7	29	1787	6	15	未时、申时,测雨器水深一分。	SJW-G11060150-00200
893	1787	7	30	1787	6	16	五更,测雨器水深七分。	SJW-G11060160-00200
894	1787	7	31	1787	6	17	未时,测雨器水深三分。自初昏至五更,测雨器水深一寸八分。	SJW-G11060170-00200
895	1787	8	4	1787	6	21	自辰时至午时,测雨器水深四分。	SJW-G11060210-00200
896	1787	8	4	1787	6	21	自午时至酉时,测雨器水深九分。	SJW-G11060210-00300
897	1787	8	4	1787	6	21	自初昏至五更,测雨器水深二寸五分。	SJW-G11060210-00400
898	1787	8	5	1787	6	22	自初昏至五更,测雨器水深一寸。	SJW-G11060220-00200
899	1787	8	6	1787	6	23	自辰时,测雨器水深二分。	SJW-G11060230-00200
900	1787	8	6	1787	6	23	自三更至五更,测雨器水深五分。	SJW-G11060230-00300
901	1787	8	7	1787	6	24	自昧爽至巳时,测雨器水深四分。	SJW-G11060240-00200
902	1787	8	13	1787	7	1	自昧爽至午时,测雨器水深九分。	SJW-G11070010-00200
903	1787	8	14	1787	7	2	自卯时至巳时,测雨器水深二分。	SJW-G11070020-00200
904	1787	8	14	1787	7	2	自未时至酉时,测雨器水深四分。	SJW-G11070020-00300
905	1787	8	14	1787	7	2	自一更至五更,测雨器水深三寸。	SJW-G11070020-00400
906	1787	8	15	1787	7	3	自昧爽至卯时,测雨器水深五分。	SJW-G11070030-00200
907	1787	8	16	1787	7	4	自辰时至午时,测雨器水深一分。	SJW-G11070040-00200
908	1787	8	16	1787	7	4	五更,测雨器水深五分。	SJW-G11070040-00300
909	1787	8	17	1787	7	5	未时,测雨器水深三分。	SJW-G11070050-00200
910	1787	8	17	1787	7	5	自一更至五更,测雨器水深四分。	SJW-G11070050-00300
911	1787	8	21	1787	7	9	自一更至五更,测雨器水深三分。	SJW-G11070090-00200

续表

编号	公历			农历			描述	ID 编号
	年	月	日	年	月	日		
912	1787	8	22	1787	7	10	自昧爽至巳时,测雨器水深一寸二分。	SJW-G11070100-00200
913	1787	8	24	1787	7	12	自巳时至申时,测雨器水深三分。	SJW-G11070120-00200
914	1787	8	28	1787	7	16	巳时、午时,测雨器水深二分。	SJW-G11070160-00200
915	1787	8	28	1787	7	16	自初昏至五更,测雨器水深二寸。	SJW-G11070160-00300
916	1787	9	1	1787	7	20	申时,测雨器水深一分。	SJW-G11070200-00200
917	1787	9	2	1787	7	21	自昧爽至午时,测雨器水深七分。	SJW-G11070210-00200
918	1787	9	2	1787	7	21	自午时至酉时,测雨器水深三分。	SJW-G11070210-00300
919	1787	9	5	1787	7	24	自昧爽至午时,测雨器水深三寸八分。	SJW-G11070240-00200
920	1787	9	5	1787	7	24	自午时至酉时,测雨器水深二寸五分。	SJW-G11070240-00300
921	1787	9	10	1787	7	29	自卯时至午时,测雨器水深四分。	SJW-G11070290-00200
922	1787	9	10	1787	7	29	自午时至酉时,测雨器水深九分。	SJW-G11070290-00300
923	1787	9	10	1787	7	29	自初昏至五更,测雨器水深五分。	SJW-G11070290-00400
924	1787	9	13	1787	8	2	申时、酉时,测雨器水深二分。自初昏至五更,测雨器水深四寸六分。	SJW-G11080020-00200
925	1787	9	19	1787	8	8	昧爽,测雨器水深二分。	SJW-G11080080-00200
926	1787	10	4	1787	8	23	自初昏至五更,测雨器水深二分。	SJW-G11080230-00200
927	1787	10	5	1787	8	24	一更、二更,测雨器水深二分。	SJW-G11080240-00200
928	1787	10	19	1787	9	9	自卯时至巳时,测雨器水深三分。	SJW-G11090090-00200
929	1787	11	4	1787	9	25	自初昏至二更,测雨器水深二分。	SJW-G11090250-00200
930	1787	11	11	1787	10	2	自辰时至午时,测雨器水深二分。	SJW-G11100020-00200
931	1787	11	29	1787	10	20	四更、五更,测雨器水深一寸一分。	SJW-G11100200-00200
932	1787	11	30	1787	10	21	自昧爽至巳时,测雨器水深三分。	SJW-G11100210-00300
933	1788	1	9	1787	12	2	自辰时至午时,测雨器水深三分。	SJW-G11120020-00200
934	1788	1	9	1787	12	2	自午时至申时,测雨器水深六分。	SJW-G11120020-00300
935	1788	1	9	1787	12	2	自初昏至巳更,测雨器水深一寸一分。	SJW-G11120020-00400
936	1788	2	14	1788	1	8	自一更至五更,测雨器水深九分。	SJW-G12010080-00200
937	1788	3	21	1788	2	14	自初昏至五更,测雨器水深二寸一分。	SJW-G12020140-00300
938	1788	3	30	1788	2	23	申时、酉时,测雨器水深三分。	SJW-G12020230-00300
939	1788	4	10	1788	3	5	自初昏至四更,测雨器水深二分。	SJW-G12030050-00200
940	1788	4	25	1788	3	20	自一更至五更,测雨器水深六分。	SJW-G12030200-00300
941	1788	4	26	1788	3	21	自昧爽至午时,测雨器水深五分。	SJW-G12030210-00300
942	1788	5	1	1788	3	26	自未时至酉时,测雨器水深四分。	SJW-G12030260-00200
943	1788	5	1	1788	3	26	自初昏至五更,测雨器水深八分。	SJW-G12030260-00300
944	1788	5	5	1788	3	30	自午时至酉时,测雨器水深四分。	SJW-G12030300-00200
945	1788	5	5	1788	3	30	自初昏至五更,测雨器水深三分。	SJW-G12030300-00300
946	1788	5	12	1788	4	7	卯时、辰时,测雨器水深二分。	SJW-G12040070-00300

续表

编号	公历			农历			描述	ID 编号
	年	月	日	年	月	日		
947	1788	5	15	1788	4	10	频数而亦不过滥，故麦农颇登云矣。第以各道状启所报，测雨器水深见之，犹似不足矣。上教昌顺曰，监印之役，今至何境耶？昌顺曰，始刊若干卷矣。上曰，略有删拔者乎？昌顺曰，闻见录，则略有相议删去者矣。仁浩曰，谥望下批后，有两司署经之例矣。两司未肃拜诸台，并即牌招。宪府则大司宪一人外，俱在外，无以备员举行云，何以为之乎？上曰，依为之。宪台则在……	SJW-G12040100-03700
948	1788	5	17	1788	4	12	自初昏至五更，测雨器水深九分。	SJW-G12040120-00200
949	1788	5	18	1788	4	13	四更、五更，测雨器水深二分。	SJW-G12040130-00300
950	1788	5	23	1788	4	18	一更、二更，测雨器水深一分。	SJW-G12040180-00200
951	1788	5	29	1788	4	24	自一更至三更，测雨器水深一分。	SJW-G12040240-00200
952	1788	5	30	1788	4	25	自寅时至巳时，测雨器水深七分。	SJW-G12040250-00200
953	1788	5	31	1788	4	26	自卯时至巳时，测雨器水深三分。	SJW-G12040260-00200
954	1788	6	2	1788	4	28	自卯时至午时，测雨器水深一分。	SJW-G12040280-00200
955	1788	6	4	1788	5	1	自昧爽至巳时，测雨器水深七分。	SJW-G12050010-00200
956	1788	6	8	1788	5	5	五更，测雨器水深一分。	SJW-G12050050-00200
957	1788	6	12	1788	5	9	自未时至戌时，测雨器水深六分。	SJW-G12050090-00500
958	1788	6	14	1788	5	11	自辰时至午时，测雨器水深三分。	SJW-G12050110-00600
959	1788	6	22	1788	5	19	自初昏至三更，测雨器水深一分。	SJW-G12050190-00300
960	1788	6	25	1788	5	22	自初昏至五更，测雨器水深七分。	SJW-G12050220-00300
961	1788	6	26	1788	5	23	自昧爽至午时，测雨器水深二寸三分。	SJW-G12050230-00300
962	1788	7	1	1788	5	28	申时、酉时，测雨器水深一分。	SJW-G12050280-00300
963	1788	7	1	1788	5	28	自初昏至五更，测雨器水深一寸一分。	SJW-G12050280-00400
964	1788	7	3	1788	5	30	自卯时至午时，测雨器水深五分。	SJW-G12050300-00300
965	1788	7	6	1788	6	3	自卯时至午时，测雨器水深八分。	SJW-G12060030-00300
966	1788	7	12	1788	6	9	自初昏至五更，测雨器水深二寸。	SJW-G12060090-00300
967	1788	7	13	1788	6	10	自巳时至酉时，测雨器水深二寸二分。	SJW-G12060100-00300
968	1788	7	15	1788	6	12	自初昏至四更，测雨器水深二分。	SJW-G12060120-00300
969	1788	7	16	1788	6	13	自午时至酉时，测雨器水深五分。	SJW-G12060130-00300
970	1788	7	18	1788	6	15	未时、申时，测雨器水深五分。	SJW-G12060150-00200
971	1788	7	23	1788	6	20	自申时、酉时，测雨器水深二分。	SJW-G12060200-00200
972	1788	7	23	1788	6	20	一更、二更，测雨器水深一分。	SJW-G12060200-00300
973	1788	7	24	1788	6	21	自申时、酉时，测雨器水深一分。	SJW-G12060210-00200
974	1788	7	29	1788	6	26	自昧爽至巳时，测雨器水深四分。	SJW-G12060260-00200
975	1788	7	29	1788	6	26	自初昏至五更，测雨器水深三寸。	SJW-G12060260-00300
976	1788	7	30	1788	6	27	自昧爽至午时，测雨器水深一寸。	SJW-G12060270-00200
977	1788	7	30	1788	6	27	自午时至酉时，测雨器水深一寸四分。	SJW-G12060270-00300
978	1788	7	30	1788	6	27	自三更至五更，测雨器水深三分。	SJW-G12060270-00400

续表

编号	公历			农历			描述	ID 编号
	年	月	日	年	月	日		
979	1788	7	31	1788	6	28	自午时至酉时,测雨器水深一寸二分。	SJW-G12060280-00200
980	1788	7	31	1788	6	28	自初昏至五更,测雨器水深四寸二分。	SJW-G12060280-00300
981	1788	8	1	1788	6	29	自昧爽至巳时,测雨器水深二分。	SJW-G12060290-00200
982	1788	8	2	1788	7	1	申时,测雨器水深五分。	SJW-G12070010-00200
983	1788	8	3	1788	7	2	辰时、巳时,测雨器水深五分。	SJW-G12070020-00200
984	1788	8	7	1788	7	6	自辰时至申时,测雨器水深一寸二分。	SJW-G12070060-00200
985	1788	8	8	1788	7	7	自昧爽至午时,测雨器水深二分。	SJW-G12070070-00200
986	1788	8	22	1788	7	21	自辰时至午时,测雨器水深五分。	SJW-G12070210-00200
987	1788	8	22	1788	7	21	自午时至申时,测雨器水深三分。	SJW-G12070210-00300
988	1788	8	31	1788	8	1	自卯时至午时,测雨器水深七分。	SJW-G12080010-00200
989	1788	9	1	1788	8	2	自昧爽至午时,测雨器水深一寸八分。	SJW-G12080020-00200
990	1788	9	8	1788	8	9	自昧爽至午时,测雨器水深一寸四分。	SJW-G12080090-00200
991	1788	9	9	1788	8	10	自昧爽至午时,测雨器水深三寸。	SJW-G12080100-00200
992	1788	9	10	1788	8	11	自昧爽至巳时,测雨器水深一寸七分。	SJW-G12080110-00200
993	1788	9	11	1788	8	12	自未时至酉时,测雨器水深六分。	SJW-G12080120-00200
994	1788	9	11	1788	8	12	自初昏至五更,测雨器水深一寸一分。	SJW-G12080120-00300
995	1788	9	27	1788	8	28	自午时至酉时,测雨器水深一寸八分。	SJW-G12080280-00300
996	1788	10	2	1788	9	4	自初昏至四更,测雨器水深二寸三分。	SJW-G12090040-00200
997	1788	10	23	1788	9	25	自一更至五更,测雨器水深二分。	SJW-G12090250-00200
998	1788	11	18	1788	10	21	自辰时至申时,测雨器水深四分。	SJW-G12100210-00300
999	1788	11	18	1788	10	21	自三更至五更,测雨器水深三分。	SJW-G12100210-00400
1000	1789	3	24	1789	2	28	初昏、五更,测雨器水深二分。	SJW-G13020280-00200
1001	1789	3	30	1789	3	4	自初昏至五更,测雨器水深一寸。	SJW-G13030040-00200
1002	1789	3	31	1789	3	5	自昧爽至辰时,测雨器水深二分。	SJW-G13030050-00200
1003	1789	4	16	1789	3	21	自卯时至午时,测雨器水深一寸二分。自午时至酉时,测雨器水深九分。	SJW-G13030210-00200
1004	1789	4	17	1789	3	22	自一更至三更,测雨器水深三分。	SJW-G13030220-00200
1005	1789	4	21	1789	3	26	自初昏至五更,测雨器水深二寸九分。	SJW-G13030260-00200
1006	1789	4	22	1789	3	27	自午时至酉时,测雨器水深一寸七分。	SJW-G13030270-00200
1007	1789	4	22	1789	3	27	自初昏至五更,测雨器水深一寸九分。	SJW-G13030270-00300
1008	1789	4	23	1789	3	28	自辰时至午时,测雨器水深三分。	SJW-G13030280-00200
1009	1789	4	30	1789	4	6	自辰时至午时,测雨器水深四分。自午时至申时,测雨器水深七分。	SJW-G13040060-00200
1010	1789	5	4	1789	4	10	四更、五更,测雨器水深二分。	SJW-G13040100-00200
1011	1789	5	7	1789	4	13	五更,测雨器水深四分。	SJW-G13040130-00200
1012	1789	5	8	1789	4	14	自昧爽至午时,测雨器水深九分。	SJW-G13040140-00200
1013	1789	5	12	1789	4	18	酉时,测雨器水深三分。自初昏至三更,测雨器水深一寸。	SJW-G13040180-00200

续表

编号	公历			农历			描述	ID 编号
	年	月	日	年	月	日		
1014	1789	5	17	1789	4	23	自卯时至巳时,测雨器水深四分。	SJW-G13040230-00200
1015	1789	6	12	1789	5	19	测雨器水深一分。	SJW-G13050190-00200
1016	1789	6	13	1789	5	20	测雨器水深一寸六分。	SJW-G13050200-00200
1017	1789	6	13	1789	5	20	测雨器水深二分。	SJW-G13050200-00300
1018	1789	6	14	1789	5	21	测雨器水深二分。	SJW-G13050210-00200
1019	1789	6	14	1789	5	21	测雨器水深五分,	SJW-G13050210-00300
1020	1789	6	15	1789	5	22	测雨器水深二分。	SJW-G13050220-00200
1021	1789	6	15	1789	5	22	测雨器水深九分。	SJW-G13050220-00300
1022	1789	6	15	1789	5	22	测雨器水深二寸八分。	SJW-G13050220-00400
1023	1789	6	16	1789	5	23	测雨器水深四分。	SJW-G13050230-00200
1024	1789	6	16	1789	5	23	测雨器水深三分。	SJW-G13050230-00300
1025	1789	6	16	1789	5	23	测雨器水深三分。	SJW-G13050230-00400
1026	1789	6	29	1789	闰5	7	申时、酉时,测雨器水深二分。一更、二更、五更,测雨器水深八分。	SJW-G13051070-00200
1027	1789	6	30	1789	闰5	8	自昧爽至午时,测雨器水深一寸六分。	SJW-G13051080-00200
1028	1789	7	4	1789	闰5	12	自寅时至午时,测雨器水深四寸五分。	SJW-G13051120-00200
1029	1789	7	4	1789	闰5	12	未时、申时,测雨器水深三分。	SJW-G13051120-00300
1030	1789	7	8	1789	闰5	16	自卯时至巳时,测雨器水深七分。	SJW-G13051160-00200
1031	1789	7	11	1789	闰5	19	自初昏至五更,测雨器水深九分。	SJW-G13051190-00200
1032	1789	7	12	1789	闰5	20	自昧爽至午时,测雨器水深五分。自午时至酉时,测雨器水深一寸二分。自初昏至五更,测雨器水深一寸八分。	SJW-G13051200-00200
1033	1789	7	16	1789	闰5	24	自寅时至巳时,测雨器水深三分。	SJW-G13051240-00200
1034	1789	7	16	1789	闰5	24	自二更至四更,测雨器水深四分。	SJW-G13051240-00300
1035	1789	7	22	1789	6	1	自初昏至五更,测雨器水深二分。	SJW-G13060010-00200
1036	1789	7	23	1789	6	2	自昧爽至午时,测雨器水深二寸三分。自午时至酉时,测雨器水深一寸。自初昏至五更,测雨器水深七分。	SJW-G13060020-00200
1037	1789	7	26	1789	6	5	自午时至酉时,测雨器水深三分。	SJW-G13060050-00200
1038	1789	7	26	1789	6	5	自初昏至五更,测雨器水深七分。	SJW-G13060050-00300
1039	1789	7	27	1789	6	6	自昧爽至巳时,测雨器水深三分一寸。	SJW-G13060060-00200
1040	1789	7	28	1789	6	7	自卯时至酉时,测雨器水深一寸。	SJW-G13060070-00200
1041	1789	7	30	1789	6	9	自初昏至五更,测雨器水深一寸三分。	SJW-G13060090-00200
1042	1789	7	31	1789	6	10	自昧爽至午时,测雨器水深七分。	SJW-G13060100-00200
1043	1789	8	1	1789	6	11	自辰时至酉时,测雨器水深一分。	SJW-G13060110-00200
1044	1789	8	2	1789	6	12	自卯时至午时,测雨器水深一寸四分。	SJW-G13060120-00200
1045	1789	8	4	1789	6	14	自午时至申时,测雨器水深二分。	SJW-G13060140-00200
1046	1789	8	14	1789	6	24	自辰时至午时,测雨器水深八分。	SJW-G13060240-00200

续表

编号	公历			农历			描述	ID 编号
	年	月	日	年	月	日		
1047	1789	8	14	1789	6	24	自午时至酉时，测雨器水深一寸。	SJW-G13060240-00300
1048	1789	8	15	1789	6	25	自巳时至酉时，测雨器水深二寸。	SJW-G13060250-00200
1049	1789	8	20	1789	6	30	申时、酉时，测雨器水深一寸七分。	SJW-G13060300-00200
1050	1789	8	21	1789	7	1	自昧爽至巳时，测雨器水深二分。自二更至五更，测雨器水深二分。	SJW-G13070010-00200
1051	1789	8	22	1789	7	2	自昧爽至辰时，测雨器水深二寸四分。	SJW-G13070020-00200
1052	1789	8	23	1789	7	3	自辰时至午时，测雨器水深一寸。二更、三更，测雨器水深四分。	SJW-G13070030-00200
1053	1789	8	27	1789	7	7	自巳时至酉时，测雨器水深六分。	SJW-G13070070-00200
1054	1789	8	27	1789	7	7	自初昏至五更，测雨器水深三分。	SJW-G13070070-00300
1055	1789	8	29	1789	7	9	初更，测雨器水深一分。	SJW-G13070090-00200
1056	1789	8	30	1789	7	10	自昧爽至午时，测雨器水深八分。	SJW-G13070100-00200
1057	1789	8	30	1789	7	10	自未时至酉时，测雨器水深一寸六分。	SJW-G13070100-00300
1058	1789	9	4	1789	7	15	自初昏至五更，测雨器水深一分。	SJW-G13070150-00200
1059	1789	9	9	1789	7	20	四更、五更，测雨器水深三分。	SJW-G13070200-00200
1060	1789	9	10	1789	7	21	自昧爽至辰时，测雨器水深七分。	SJW-G13070210-00200
1061	1789	9	12	1789	7	23	午时、未时，测雨器水深四分。	SJW-G13070230-00200
1062	1789	9	16	1789	7	27	巳时、午时，测雨器水深四分。	SJW-G13070270-00200
1063	1789	9	18	1789	7	29	初更二更，测雨器水深六分。	SJW-G13070290-00200
1064	1789	10	1	1789	8	13	自一更至五更，测雨器水深五分。	SJW-G13080130-00200
1065	1789	10	11	1789	8	23	自卯时至午时，测雨器水深一寸一分。	SJW-G13080230-00200
1066	1789	10	11	1789	8	23	自午时至申时，测雨器水深八分。	SJW-G13080230-00300
1067	1789	10	27	1789	9	9	自昧爽至酉时，测雨器水深二分。	SJW-G13090090-00200
1068	1789	10	27	1789	9	9	一更、二更，测雨器水深一分。	SJW-G13090090-00300
1069	1789	11	3	1789	9	16	自昧爽至午时，测雨器水深二分。	SJW-G13090160-00200
1070	1789	11	3	1789	9	16	自未时至申时，测雨器水深二分。	SJW-G13090160-00300
1071	1789	11	21	1789	10	5	自初昏至三更，测雨器水深二分。	SJW-G13100050-00200
1072	1789	11	25	1789	10	9	自昧爽至午时，测雨器水深四分。	SJW-G13100090-00200
1073	1789	12	7	1789	10	21	午时、未时，测雨器水深七分。	SJW-G13100210-00200
1074	1789	12	31	1789	11	15	三更，测雨器水深四分。	SJW-G13110150-00200
1075	1790	3	11	1790	1	26	卯时，测雨器水深三分。	SJW-G14010260-00200
1076	1790	3	15	1790	1	30	自初昏至五更，测雨器水深二分。	SJW-G14010300-00200
1077	1790	3	31	1790	2	16	自二更至五更，测雨器水深一寸二分。	SJW-G14020160-00200
1078	1790	4	6	1790	2	22	自初昏至五更，测雨器水深六分。	SJW-G14020220-00200
1079	1790	4	14	1790	3	1	自初昏至五更，测雨器水深二分。	SJW-G14030010-00200
1080	1790	5	4	1790	3	21	自辰时至午时，测雨器水深四分。	SJW-G14030210-00200
1081	1790	5	4	1790	3	21	自午时至酉时，测雨器水深八分。	SJW-G14030210-00300
1082	1790	5	8	1790	3	25	自一更至五更，测雨器水深一寸一分。	SJW-G14030250-00200

续表

编号	公历			农历			描述	ID 编号
	年	月	日	年	月	日		
1083	1790	5	26	1790	4	13	自昧爽至午时,测雨器水深一寸九分。自午时至戌时,测雨器水深六分。	SJW-G14040130-00200
1084	1790	6	25	1790	5	13	自午时至戌时,测雨器水深二寸一分。	SJW-G14050130-00200
1085	1790	6	25	1790	5	13	自初昏至五更,测雨器水深二分。	SJW-G14050130-00300
1086	1790	6	26	1790	5	14	自未时至酉时,测雨器水深三分。	SJW-G14050140-00200
1087	1790	6	26	1790	5	14	五更,测雨器水深一分。	SJW-G14050140-00300
1088	1790	6	27	1790	5	15	自昧爽至巳时,测雨器水深二分。	SJW-G14050150-00200
1089	1790	6	28	1790	5	16	五更,测雨器水深三分。	SJW-G14050160-00200
1090	1790	6	29	1790	5	17	自昧爽至辰时,测雨器水深一寸九分。	SJW-G14050170-00200
1091	1790	6	29	1790	5	17	自初昏至五更,测雨器水深二分。	SJW-G14050170-00300
1092	1790	7	2	1790	5	20	自昧爽至辰时,测雨器水深七分。	SJW-G14050200-00200
1093	1790	7	3	1790	5	21	辰时,测雨器水深五分。	SJW-G14050210-00200
1094	1790	7	6	1790	5	24	酉时、戌时,测雨器水深二分。	SJW-G14050240-00200
1095	1790	7	6	1790	5	24	自初昏至五更,测雨器水深九分。	SJW-G14050240-00300
1096	1790	7	7	1790	5	25	五更,测雨器水深四分。	SJW-G14050250-00200
1097	1790	7	8	1790	5	26	自昧爽至午时,测雨器水深一寸二分。	SJW-G14050260-00200
1098	1790	7	9	1790	5	27	自寅时至辰时,测雨器水深五分。	SJW-G14050270-00200
1099	1790	7	24	1790	6	13	自初昏至五更,测雨器水深一寸三分。	SJW-G14060130-00200
1100	1790	7	25	1790	6	14	自昧爽至卯时,测雨器水深六分。	SJW-G14060140-00200
1101	1790	7	26	1790	6	15	自三更至五更,测雨器水深二分。	SJW-G14060150-00200
1102	1790	7	27	1790	6	16	一更,测雨器水深五分。	SJW-G14060160-00200
1103	1790	7	28	1790	6	17	自卯时至午时,测雨器水深二分。	SJW-G14060170-00200
1104	1790	7	30	1790	6	19	自辰时至午时,测雨器水深二分。	SJW-G14060190-00200
1105	1790	7	30	1790	6	19	自午时至酉时,测雨器水深二分。	SJW-G14060190-00300
1106	1790	7	30	1790	6	19	自初昏至五更,测雨器水深四分。	SJW-G14060190-00400
1107	1790	7	31	1790	6	20	自昧爽至卯时,测雨器水深二分。	SJW-G14060200-00200
1108	1790	7	31	1790	6	20	自卯时至午时,测雨器水深四寸七分。	SJW-G14060200-00300
1109	1790	7	31	1790	6	20	自午时至酉时,测雨器水深三寸八分。	SJW-G14060200-00400
1110	1790	7	31	1790	6	20	自初昏至三更,测雨器水深四分。	SJW-G14060200-00500
1111	1790	8	3	1790	6	23	自卯时至午时,测雨器水深二分。	SJW-G14060230-00200
1112	1790	8	9	1790	6	29	自辰时至午时,测雨器水深一分。	SJW-G14060290-00200
1113	1790	8	14	1790	7	5	自未时至酉时,测雨器水深二分。	SJW-G14070050-00200
1114	1790	8	23	1790	7	14	巳时、午时,测雨器水深二分。	SJW-G14070140-00200
1115	1790	8	23	1790	7	14	自午时至申时,测雨器水深三分。	SJW-G14070140-00300
1116	1790	8	23	1790	7	14	自三更至五更,测雨器水深九分。	SJW-G14070140-00400
1117	1790	8	24	1790	7	15	自昧爽至午时,测雨器水深四分。	SJW-G14070150-00200
1118	1790	8	26	1790	7	17	自午时至申时,测雨器水深二寸四分。	SJW-G14070170-00200
1119	1790	8	28	1790	7	19	自午时至酉时,测雨器水深四分。	SJW-G14070190-00200

续表

编号	公历			农历			描述	ID编号
	年	月	日	年	月	日		
1120	1790	8	28	1790	7	19	自初昏至五更,测雨器水深二分。	SJW-G14070190-00300
1121	1790	8	29	1790	7	20	自初更至五更,测雨器水深三分。	SJW-G14070200-00200
1122	1790	9	5	1790	7	27	自辰时至午时,测雨器水深三分。	SJW-G14070270-00200
1123	1790	9	5	1790	7	27	自午时至酉时,测雨器水深四分。	SJW-G14070270-00300
1124	1790	9	21	1790	8	13	未时、申时,测雨器水深二分。	SJW-G14080130-00200
1125	1790	11	15	1790	10	9	自卯时至巳时,测雨器水深三分。	SJW-G14100090-00200
1126	1790	11	22	1790	10	16	五更,测雨器水深二分。	SJW-G14100160-00200
1127	1790	11	23	1790	10	17	自昧爽至卯时,测雨器水深二分。	SJW-G14100170-00200
1128	1791	1	21	1790	12	17	自昧爽至午时,测雨器水深二分。	SJW-G14120170-00200
1129	1791	1	21	1790	12	17	自午时至申时,测雨器水深三分。	SJW-G14120170-00300
1130	1791	1	21	1790	12	17	自初昏至五更,测雨器水深一寸。	SJW-G14120170-00400
1131	1791	3	1	1791	1	27	五更,测雨器水深一分。	SJW-G15010270-00200
1132	1791	3	3	1791	1	29	自辰时至酉时,测雨器水深二分。	SJW-G15010290-00200
1133	1791	3	14	1791	2	10	自未时至酉时,测雨器水深三分。	SJW-G15020100-00200
1134	1791	3	31	1791	2	27	四更、五更,测雨器水深二分。	SJW-G15020270-00200
1135	1791	4	1	1791	2	28	自昧爽至未时,测雨器水深一分。	SJW-G15020280-00200
1136	1791	4	11	1791	3	9	自巳时至酉时,测雨器水深二分。	SJW-G15030090-00200
1137	1791	4	13	1791	3	11	申时、酉时,测雨器水深二分。	SJW-G15030110-00200
1138	1791	4	23	1791	3	21	申时、酉时,测雨器水深一分。	SJW-G15030210-00200
1139	1791	4	28	1791	3	26	四更、五更,测雨器水深二分。	SJW-G15030260-00200
1140	1791	5	1	1791	3	29	自初昏至五更,测雨器水深七分。	SJW-G15030290-00200
1141	1791	5	12	1791	4	10	辰时、巳时,测雨器水深三分。	SJW-G15040100-00200
1142	1791	5	13	1791	4	11	自初昏至五更,测雨器水深七分。	SJW-G15040110-00300
1143	1791	5	14	1791	4	12	自昧爽至申时,测雨器水深二分。	SJW-G15040120-00200
1144	1791	5	21	1791	4	19	卯时、辰时,测雨器水深一分。	SJW-G15040190-00200
1145	1791	5	24	1791	4	22	自卯时至巳时,测雨器水深一分。	SJW-G15040220-00200
1146	1791	5	24	1791	4	22	自巳时至申时,测雨器水深二寸七分。	SJW-G15040220-00300
1147	1791	5	24	1791	4	22	酉时,测雨器水深三分。	SJW-G15040220-00400
1148	1791	5	24	1791	4	22	自初昏至五更,测雨器水深一寸八分。	SJW-G15040220-00500
1149	1791	5	24	1791	4	22	莫非反求于人事处,未知甚事干和,何政斋菀,而欲雨不雨,自春徂夏乎?言念西民艰食之患,岂可一刻弛心?昨日罪方伯,今朝得甘霈,午申之间,沟渠添流,以目下所见所料,本道必当同然,才令庙堂关问矣。际见状辞,以祷雨为说,憧憧一念,尤有倍焉。以此传教,同为行会,今日得雨形止,先从营下测雨器水深登闻,列邑所得,亦即鳞次陈闻事,分付。	SJW-G15040220-02100
1150	1791	5	31	1791	4	29	自寅时、卯时、辰时至巳时,测雨器水深九分。自巳时至戌时,测雨器水深七分。	SJW-G15040290-01600
1151	1791	6	3	1791	5	2	自四更至开东,测雨器水深三分。	SJW-G15050020-00200

续表

编号	公历			农历			描述	ID 编号
	年	月	日	年	月	日		
1152	1791	6	4	1791	5	3	自开东至午初，测雨器水深三寸。	SJW-G15050030-00200
1153	1791	6	4	1791	5	3	自午正至人定，测雨器水深一寸八分。	SJW-G15050030-00300
1154	1791	6	4	1791	5	3	自人定至开东，测雨器水深五寸二分。	SJW-G15050030-00400
1155	1791	6	6	1791	5	5	自未时至人定，测雨器水深六分。	SJW-G15050050-00200
1156	1791	6	6	1791	5	5	自人定至开东，测雨器水深一寸四分。	SJW-G15050050-00300
1157	1791	6	28	1791	5	27	自申时至开东，测雨器水深一寸一分。	SJW-G15050270-00300
1158	1791	6	29	1791	5	28	自开东至申时，测雨器水深一寸一分。	SJW-G15050280-00200
1159	1791	7	2	1791	6	2	自二更至开东，测雨器水深八分。	SJW-G15060020-00300
1160	1791	7	3	1791	6	3	自开东至午初，测雨器水深一寸一分。	SJW-G15060030-00200
1161	1791	7	5	1791	6	5	自申时至开东，测雨器水深二寸。	SJW-G15060050-00200
1162	1791	7	7	1791	6	7	申时、酉时，测雨器水深二分。	SJW-G15060070-00200
1163	1791	7	9	1791	6	9	自二更至开东，测雨器水深一寸三分。	SJW-G15060090-00200
1164	1791	7	10	1791	6	10	自开东至辰时，测雨器水深三分。	SJW-G15060100-00200
1165	1791	7	11	1791	6	11	申时，测雨器水深四分。	SJW-G15060110-00200
1166	1791	7	11	1791	6	11	二更、三更，测雨器水深二分。	SJW-G15060110-00300
1167	1791	7	12	1791	6	12	自人定至开东，测雨器水深一寸九分。	SJW-G15060120-00200
1168	1791	7	13	1791	6	13	自开东至午初，测雨器水深一寸七分。	SJW-G15060130-00200
1169	1791	7	14	1791	6	14	卯时，测雨器水深一分。	SJW-G15060140-00200
1170	1791	7	14	1791	6	14	戌时，测雨器水深二分。	SJW-G15060140-00300
1171	1791	7	14	1791	6	14	自一更至开东，测雨器水深七分。	SJW-G15060140-00400
1172	1791	7	15	1791	6	15	自开东至午初，测雨器水深一寸七分。	SJW-G15060150-00200
1173	1791	7	16	1791	6	16	四更、五更，测雨器水深一分。	SJW-G15060160-00200
1174	1791	7	17	1791	6	17	自五更至开东，测雨器水深四分。	SJW-G15060170-00200
1175	1791	7	18	1791	6	18	自开东至午初，测雨器水深五分。	SJW-G15060180-00200
1176	1791	7	18	1791	6	18	自午正至人定，测雨器水深五分。	SJW-G15060180-00300
1177	1791	7	18	1791	6	18	自五更至开东，测雨器水深一寸一分。	SJW-G15060180-00400
1178	1791	7	22	1791	6	22	自开东至辰时，测雨器水深六分。	SJW-G15060220-00200
1179	1791	7	24	1791	6	24	辰时、巳时，测雨器水深三分。	SJW-G15060240-00200
1180	1791	7	26	1791	6	26	自五更至开东，测雨器水深七分。	SJW-G15060260-00200
1181	1791	7	27	1791	6	27	午时，测雨器水深二分。自五更至开东，测雨器水深七分。	SJW-G15060270-00200
1182	1791	7	31	1791	7	1	自午时至人定，测雨器水深八分。	SJW-G15070010-00200
1183	1791	7	31	1791	7	1	自人定至开东，测雨器水深二分。	SJW-G15070010-00300
1184	1791	8	1	1791	7	2	自开东至巳时，测雨器水深三分。	SJW-G15070020-00200
1185	1791	8	8	1791	7	9	自三更至开东，测雨器水深三寸一分。	SJW-G15070090-00200
1186	1791	8	9	1791	7	10	自开东至午初，测雨器水深一寸八分。	SJW-G15070100-00200
1187	1791	8	9	1791	7	10	自午正至人定，测雨器水深一寸八分。	SJW-G15070100-00300
1188	1791	8	11	1791	7	12	自午初至人定，测雨器水深三寸。	SJW-G15070120-00200

续表

编号	公历			农历			描述	ID编号
	年	月	日	年	月	日		
1189	1791	8	11	1791	7	12	自人定至开东，测雨器水深五寸四分。	SJW-G15070120-00300
1190	1791	8	12	1791	7	13	自未时至人定，测雨器水深一寸。	SJW-G15070130-00200
1191	1791	8	12	1791	7	13	自人定至开东，测雨器水深一寸三分。	SJW-G15070130-00300
1192	1791	8	13	1791	7	14	自开东至午初，测雨器水深九分。	SJW-G15070140-00200
1193	1791	8	16	1791	7	17	自申时至人定，测雨器水深三分。	SJW-G15070170-00200
1194	1791	8	16	1791	7	17	自二更至开东，测雨器水深四分。	SJW-G15070170-00300
1195	1791	8	18	1791	7	19	自开东至午初，测雨器水深三寸三分。	SJW-G15070190-00200
1196	1791	8	19	1791	7	20	自午正至申时，测雨器水深一寸六分。	SJW-G15070200-00200
1197	1791	8	21	1791	7	22	自午正至申时，测雨器水深三分。	SJW-G15070220-00200
1198	1791	8	26	1791	7	27	辰时，测雨器水深三分。	SJW-G15070270-00200
1199	1791	8	27	1791	7	28	未时，测雨器水深一分。	SJW-G15070280-00200
1200	1791	8	28	1791	7	29	自开东至午初，测雨器水深三分。自午正至酉时，测雨器水深二寸六分。自二更至开东，测雨器水深一寸四分。	SJW-G15070290-00200
1201	1791	8	29	1791	8	1	自开东至午初，测雨器水深一寸三分。	SJW-G15080010-00200
1202	1791	8	31	1791	8	3	自人定至开东，测雨器水深八分。	SJW-G15080030-00200
1203	1791	9	9	1791	8	12	五更，测雨器水深八分。	SJW-G15080120-00200
1204	1791	9	11	1791	8	14	二更，测雨器水深一分。	SJW-G15080140-00200
1205	1791	9	14	1791	8	17	自四更至开东，测雨器水深二分。	SJW-G15080170-00200
1206	1791	9	15	1791	8	18	申时、酉时，测雨器水深六分。	SJW-G15080180-00200
1207	1791	9	16	1791	8	19	自五更至开东，测雨器水深三分。	SJW-G15080190-00200
1208	1791	9	17	1791	8	20	自卯时至午初，测雨器水深一寸一分。	SJW-G15080200-00200
1209	1791	9	20	1791	8	23	自人定至开东，测雨器水深八分。	SJW-G15080230-00200
1210	1791	9	23	1791	8	26	自午时至人定，测雨器水深一寸。	SJW-G15080260-00200
1211	1791	9	24	1791	8	27	自人定至开东，测雨器水深三分。	SJW-G15080270-00200
1212	1791	9	29	1791	9	2	午时、未时，测雨器水深八分。	SJW-G15090020-00200
1213	1791	10	2	1791	9	5	自人定至开东，测雨器水深一寸五分。	SJW-G15090050-00200
1214	1791	10	3	1791	9	6	自开东至午初，测雨器水深五分。自二更至五更，测雨器水深三分。	SJW-G15090060-00200
1215	1791	10	5	1791	9	8	辰时、巳时，测雨器水深一分。	SJW-G15090080-00200
1216	1791	10	16	1791	9	19	自五更至开东，测雨器水深七分。	SJW-G15090190-00200
1217	1791	10	17	1791	9	20	自开东至午初，测雨器水深八分。自午时至人定，测雨器水深八分。	SJW-G15090200-00200
1218	1791	10	30	1791	10	4	自开东至午初，测雨器水深四分。	SJW-G15100040-00200
1219	1791	10	30	1791	10	4	自午正至人定，测雨器水深六分。	SJW-G15100040-00300
1220	1791	11	3	1791	10	8	未时、申时，测雨器水深三分。	SJW-G15100080-00300
1221	1791	11	3	1791	10	8	自四更至开东，测雨器水深九分。	SJW-G15100080-00400
1222	1791	11	4	1791	10	9	自开东至午初，测雨器水深四分。	SJW-G15100090-00200

续表

编号	公历			农历			描述	ID 编号
	年	月	日	年	月	日		
1223	1791	11	27	1791	11	2	自二更至开东,测雨器水深四分。	SJW-G15110020-00200
1224	1791	11	28	1791	11	3	自开东至午初,测雨器水深五分。	SJW-G15110030-00200
1225	1791	12	2	1791	11	7	自申时至人定,测雨器水深四分。	SJW-G15110070-00200
1226	1791	12	2	1791	11	7	自人定至开东,测雨器水深三寸一分。	SJW-G15110070-00300
1227	1791	12	6	1791	11	11	自一更至四更,测雨器水深五分。	SJW-G15110110-00200
1228	1792	3	11	1792	2	19	自申时至人定,测雨器水深一分。自人定至四更,测雨器水深一分。	SJW-G16020190-00200
1229	1792	3	12	1792	2	20	自三更至五更,测雨器水深一分。	SJW-G16020200-00200
1230	1792	3	20	1792	2	28	自三更至开东,测雨器水深三分。	SJW-G16020280-00200
1231	1792	3	27	1792	3	5	自午时至人定,测雨器水深一分。	SJW-G16030050-00200
1232	1792	3	31	1792	3	9	巳时、午时,测雨器水深一分。	SJW-G16030090-00200
1233	1792	3	31	1792	3	9	自午正至酉时,测雨器水深五分。	SJW-G16030090-00300
1234	1792	4	16	1792	3	25	自申时至人定,测雨器水深八分。	SJW-G16030250-00200
1235	1792	4	22	1792	4	2	自五更至开东,测雨器水深六分。	SJW-G16040020-00200
1236	1792	4	27	1792	4	7	自未时至人定,测雨器水深五分。	SJW-G16040070-00200
1237	1792	4	27	1792	4	7	自人定至三更,测雨器水深二分。	SJW-G16040070-00300
1238	1792	5	5	1792	4	15	自三更至开东,测雨器水深二分。	SJW-G16040150-00200
1239	1792	5	6	1792	4	16	自开东至午时,测雨器水深一寸三分。	SJW-G16040160-00200
1240	1792	5	6	1792	4	16	自午时至人定,测雨器水深五分。	SJW-G16040160-00300
1241	1792	5	26	1792	闰 4	6	自一更至四更,测雨器水深四分。	SJW-G16041060-00200
1242	1792	5	30	1792	闰 4	10	自五更至开东,测雨器水深二分。	SJW-G16041100-00200
1243	1792	5	31	1792	闰 4	11	自开东至午时,测雨器水深六分。	SJW-G16041110-00200
1244	1792	5	31	1792	闰 4	11	自午时至酉时,测雨器水深一寸七分。	SJW-G16041110-00300
1245	1792	6	11	1792	闰 4	22	自开东至辰时,测雨器水深二分。	SJW-G16041220-00200
1246	1792	6	21	1792	5	3	自午时至人定,测雨器水深二分。	SJW-G16050030-00200
1247	1792	6	22	1792	5	4	自开东至辰时,测雨器水深四分。	SJW-G16050040-00200
1248	1792	6	25	1792	5	7	自酉时至人定,测雨器水深一寸。	SJW-G16050070-00200
1249	1792	6	26	1792	5	8	自人定至开东,测雨器水深一寸四分。	SJW-G16050080-00200
1250	1792	6	27	1792	5	9	自未时至人定,测雨器水深六分。	SJW-G16050090-00200
1251	1792	6	27	1792	5	9	自人定至四更,测雨器水深一分。	SJW-G16050090-00300
1252	1792	6	30	1792	5	12	自人定至午时,测雨器水深一尺二分。	SJW-G16050120-00200
1253	1792	7	1	1792	5	13	自午时至人定,测雨器水深二寸九分。自人定至开东,测雨器水深八分。	SJW-G16050130-00200
1254	1792	7	2	1792	5	14	自开东至人定,测雨器水深二寸五分。	SJW-G16050140-00200
1255	1792	7	3	1792	5	15	自开东至午时,测雨器水深一寸八分。自午时至人定,测雨器水深二寸三分。自人定至开东,测雨器水深二寸七分。	SJW-G16050150-00200
1256	1792	7	4	1792	5	16	自开东至巳时,测雨器水深一寸二分。	SJW-G16050160-00200

续表

编号	公历			农历			描述	ID 编号
	年	月	日	年	月	日		
1257	1792	7	11	1792	5	23	自卯时至人定，测雨器水深三分。	SJW-G16050230-00200
1258	1792	7	12	1792	5	24	自开东至午时，测雨器水深三分。	SJW-G16050240-00200
1259	1792	7	12	1792	5	24	自午时至人定，测雨器水深一分。	SJW-G16050240-00300
1260	1792	7	13	1792	5	25	自卯时至午时，测雨器水深二分。	SJW-G16050250-00200
1261	1792	7	16	1792	5	28	自二更至开东，测雨器水深八分。	SJW-G16050280-00200
1262	1792	7	17	1792	5	29	自开东至午时，测雨器水深三分。	SJW-G16050290-00200
1263	1792	7	19	1792	6	1	自午时至未时，测雨器水深五分。	SJW-G16060010-00200
1264	1792	7	20	1792	6	2	自午时至人定，测雨器水深三分。	SJW-G16060020-00200
1265	1792	7	20	1792	6	2	自人定至开东，测雨器水深一分。	SJW-G16060020-00300
1266	1792	7	21	1792	6	3	自五更至开东，测雨器水深一分。	SJW-G16060030-00200
1267	1792	7	24	1792	6	6	自午时至未时，测雨器水深二分。	SJW-G16060060-00200
1268	1792	7	25	1792	6	7	自二更至开东，测雨器水深五分。	SJW-G16060070-00200
1269	1792	7	26	1792	6	8	自开东至午时，测雨器水深四寸。	SJW-G16060080-00200
1270	1792	7	28	1792	6	10	自辰时至巳时，测雨器水深二分。	SJW-G16060100-00200
1271	1792	7	29	1792	6	11	开东，测雨器水深一分。	SJW-G16060110-00200
1272	1792	7	29	1792	6	11	自开东至午时，测雨器水深一寸六分。	SJW-G16060110-00300
1273	1792	7	29	1792	6	11	自酉时至人定，测雨器水深二分。	SJW-G16060110-00400
1274	1792	7	29	1792	6	11	自三更至开东，测雨器水深二分。	SJW-G16060110-00500
1275	1792	7	30	1792	6	12	自开东至午时，测雨器水深四寸一分。自午时至未时，测雨器水深四分。	SJW-G16060120-00200
1276	1792	7	31	1792	6	13	自申时至酉时，测雨器水深三分。	SJW-G16060130-00200
1277	1792	8	2	1792	6	15	自二更至开东，测雨器水深一寸。	SJW-G16060150-00200
1278	1792	8	3	1792	6	16	自未时至人定，测雨器水深一寸六分。自人定至开东，测雨器水深三分。	SJW-G16060160-00200
1279	1792	8	4	1792	6	17	自开东至辰时，测雨器水深一分。自午时至人定，测雨器水深二寸九分。自人定至开东，测雨器水深一寸六分。	SJW-G16060170-00200
1280	1792	8	5	1792	6	18	自开东至午时，测雨器水深一寸六分。	SJW-G16060180-00200
1281	1792	8	7	1792	6	20	自辰时至午时，测雨器水深四分。	SJW-G16060200-00200
1282	1792	8	11	1792	6	24	自申时至酉时，测雨器水深三分。自一更至开东，测雨器水深四分。	SJW-G16060240-00200
1283	1792	8	12	1792	6	25	自开东至午时，测雨器水深二分。自午时至人定，测雨器水深一寸三分。自人定至开东，测雨器水深二分。	SJW-G16060250-00200
1284	1792	9	3	1792	7	17	自卯时至午时，测雨器水深二寸一分。	SJW-G16070170-00200
1285	1792	9	6	1792	7	20	自午时至人定，测雨器水深二寸二分。	SJW-G16070200-00200
1286	1792	9	9	1792	7	23	自未时至人定，测雨器水深一分。	SJW-G16070230-00200
1287	1792	9	9	1792	7	23	自人定至开东，测雨器水深一寸六分。	SJW-G16070230-00300

续表

编号	公历			农历			描述	ID 编号
	年	月	日	年	月	日		
1288	1792	9	10	1792	7	24	一更，测雨器水深五分。	SJW-G16070240-00200
1289	1792	9	12	1792	7	26	自申时至人定，测雨器水深一分。自人定至开东，测雨器水深七分。	SJW-G16070260-00200
1290	1792	9	15	1792	7	29	巳时，测雨器水深八分。	SJW-G16070290-00200
1291	1792	9	28	1792	8	13	自午时至人定，测雨器水深一寸。	SJW-G16080130-00200
1292	1792	9	30	1792	8	15	自午时至酉时，测雨器水深二分。自人定至开东，测雨器水深三分。	SJW-G16080150-00200
1293	1792	10	15	1792	8	30	自三更至五更，测雨器水深一寸。	SJW-G16080300-00200
1294	1792	11	8	1792	9	24	自未时至人定，测雨器水深四分。	SJW-G16090240-00200
1295	1792	11	8	1792	9	24	自人定至五更，测雨器水深三分。	SJW-G16090240-00300
1296	1793	3	16	1793	2	5	自开东时至巳时，测雨器水深二分。	SJW-G17020050-00200
1297	1793	3	17	1793	2	6	自申时至人定，测雨器水深一分。	SJW-G17020060-00200
1298	1793	3	17	1793	2	6	自人定至开东，测雨器水深七分。	SJW-G17020060-00300
1299	1793	3	27	1793	2	16	自午时至人定，测雨器水深一分。	SJW-G17020160-00200
1300	1793	4	6	1793	2	26	自申时至人定，测雨器水深一寸四分。	SJW-G17020260-00200
1301	1793	4	6	1793	2	26	自人定至开东，测雨器水深一寸九分。	SJW-G17020260-00300
1302	1793	4	12	1793	3	2	自辰时至午时，测雨器水深二分。自午正至人定，测雨器水深四分。	SJW-G17030020-00200
1303	1793	4	30	1793	3	20	自午时至人定，测雨器水深七分。	SJW-G17030200-00200
1304	1793	5	3	1793	3	23	自人定至开东，测雨器水深五分。	SJW-G17030230-00200
1305	1793	5	4	1793	3	24	自开东至午时，测雨器水深二分。	SJW-G17030240-00200
1306	1793	5	5	1793	3	25	自卯时至午时，测雨器水深三分。	SJW-G17030250-00200
1307	1793	5	5	1793	3	25	自午时至人定，测雨器水深四分。	SJW-G17030250-00300
1308	1793	5	5	1793	3	25	自人定至开东，测雨器水深四分。	SJW-G17030250-00400
1309	1793	5	12	1793	4	3	自四更至开东，测雨器水深三分。	SJW-G17040030-00200
1310	1793	5	13	1793	4	4	自开东至午时，测雨器水深一寸。	SJW-G17040040-00200
1311	1793	5	13	1793	4	4	自午时至申时，测雨器水深二分。	SJW-G17040040-00300
1312	1793	5	14	1793	4	5	自卯时至午时，测雨器水深二分。	SJW-G17040050-00200
1313	1793	5	14	1793	4	5	自三更至开东，测雨器水深九分。	SJW-G17040050-00300
1314	1793	5	31	1793	4	22	自人定至开东，测雨器水深二分。	SJW-G17040220-00200
1315	1793	6	1	1793	4	23	自开东至午时，测雨器水深一寸六分。	SJW-G17040230-00200
1316	1793	6	1	1793	4	23	自午时至人定，测雨器水深三分。	SJW-G17040230-00300
1317	1793	6	1	1793	4	23	自人定至五更，测雨器水深一分。	SJW-G17040230-00400
1318	1793	6	7	1793	4	29	自人定至开东，测雨器水深五分。	SJW-G17040290-00200
1319	1793	6	19	1793	5	12	自二更至五更，测雨器水深二分。	SJW-G17050120-00200
1320	1793	6	23	1793	5	16	自人定至开东，测雨器水深三分。	SJW-G17050160-00200
1321	1793	6	24	1793	5	17	自开东至午时，测雨器水深一寸一分。	SJW-G17050170-00200
1322	1793	6	26	1793	5	19	自二更至开东，测雨器水深三寸三分。	SJW-G17050190-00200

续表

编号	公历			农历			描述	ID 编号
	年	月	日	年	月	日		
1323	1793	6	27	1793	5	20	自午时至人定,测雨器水深二寸一分。自人定至二更,测雨器水深二分。	SJW-G17050200-00200
1324	1793	7	5	1793	5	28	自人定至开东,测雨器水深四分。	SJW-G17050280-00200
1325	1793	7	6	1793	5	29	自开东至午时,测雨器水深一寸五分。	SJW-G17050290-00200
1326	1793	7	10	1793	6	3	自开东至午时,测雨器水深一寸一分。	SJW-G17060030-00200
1327	1793	7	15	1793	6	8	自酉时至人定,测雨器水深八分。	SJW-G17060080-00200
1328	1793	7	15	1793	6	8	自人定至开东,测雨器水深三寸二分。	SJW-G17060080-00300
1329	1793	7	16	1793	6	9	自开东至午时,测雨器水深一寸二分。	SJW-G17060090-00200
1330	1793	7	28	1793	6	21	自申时至人定,测雨器水深一寸四分。	SJW-G17060210-00200
1331	1793	7	28	1793	6	21	自人定至开东,测雨器水深五分。	SJW-G17060210-00300
1332	1793	7	29	1793	6	22	自申时至酉时,测雨器水深一寸七分。	SJW-G17060220-00200
1333	1793	7	30	1793	6	23	自开东至午时,测雨器水深四分。	SJW-G17060230-00200
1334	1793	8	19	1793	7	13	自人定至五更,测雨器水深一寸。	SJW-G17070130-00200
1335	1793	8	21	1793	7	15	申时,测雨器水深三分。	SJW-G17070150-00200
1336	1793	8	28	1793	7	22	申时、酉时,测雨器水深六分。	SJW-G17070220-00200
1337	1793	9	3	1793	7	28	未时,测雨器水深六分。	SJW-G17070280-00200
1338	1793	9	5	1793	8	1	自开东至人定,测雨器水深三寸一分。	SJW-G17080010-00200
1339	1793	9	5	1793	8	1	五更,测雨器水深一分。	SJW-G17080010-00300
1340	1793	9	7	1793	8	3	自辰时至酉时,测雨器水深四分。	SJW-G17080030-00200
1341	1793	9	8	1793	8	4	自卯时至午时,测雨器水深四分。	SJW-G17080040-00200
1342	1793	9	10	1793	8	6	自人定至开东,测雨器水深二寸二分。	SJW-G17080060-00200
1343	1793	9	14	1793	8	10	自申时至酉时,测雨器水深五分。	SJW-G17080100-00200
1344	1793	9	21	1793	8	17	一更、二更,测雨器水深三分。	SJW-G17080170-00200
1345	1793	10	10	1793	9	6	自一更至五更,测雨器水深五分。	SJW-G17090060-00200
1346	1793	10	12	1793	9	8	辰时、巳时,测雨器水深一寸八分。	SJW-G17090080-00200
1347	1793	10	30	1793	9	26	卯时、辰时,测雨器水深一分。	SJW-G17090260-00200
1348	1793	11	1	1793	9	28	自四更至开东,测雨器水深八分。	SJW-G17090280-00200
1349	1793	11	9	1793	10	6	自开东至未时,测雨器水深三分。	SJW-G17100060-00200
1350	1793	12	7	1793	11	5	三更、四更,测雨器水深一分。	SJW-G17110050-00200
1351	1793	12	20	1793	11	18	自巳时至人定,测雨器水深七分。	SJW-G17110180-00200
1352	1794	1	1	1793	11	30	自三更至五更,测雨器水深三分。	SJW-G17110300-00200
1353	1794	1	5	1793	12	4	自申时至人定,测雨器水深一分。	SJW-G17120040-00200
1354	1794	1	5	1793	12	4	自人定至五更,测雨器水深九分。	SJW-G17120040-00300
1355	1794	2	1	1794	1	2	自开东至午时,测雨器水深三分。	SJW-G18010020-00200
1356	1794	3	9	1794	2	8	自开东至人定,测雨器水深二分。自人定至开东,测雨器水深一分。	SJW-G18020080-00200
1357	1794	3	29	1794	2	28	自五更至开东,测雨器水深四分。	SJW-G18020280-00300
1358	1794	3	30	1794	2	29	自开东至卯时,测雨器水深一分。	SJW-G18020290-00200

续表

编号	公历			农历			描述	ID 编号
	年	月	日	年	月	日		
1359	1794	4	5	1794	3	6	自二更至开东，测雨器水深三分。	SJW-G18030060-00300
1360	1794	4	17	1794	3	18	自辰时至未时，测雨器水深一分。	SJW-G18030180-00200
1361	1794	4	19	1794	3	20	自申时至酉时，测雨器水深一分。	SJW-G18030200-00200
1362	1794	4	21	1794	3	22	自五更至开东，测雨器水深五分。	SJW-G18030220-00200
1363	1794	4	22	1794	3	23	自开东至巳时，测雨器水深九分。	SJW-G18030230-00200
1364	1794	5	4	1794	4	6	卯时，测雨器水深一分。	SJW-G18040060-00200
1365	1794	5	5	1794	4	7	自申时至酉时，测雨器水深一分。	SJW-G18040070-00200
1366	1794	5	8	1794	4	10	自未时至人定，测雨器水深一寸六分。	SJW-G18040100-00200
1367	1794	5	12	1794	4	14	自未时至人定，测雨器水深五分。	SJW-G18040140-00200
1368	1794	5	13	1794	4	15	自人定至开东，测雨器水深六分。	SJW-G18040150-00200
1369	1794	5	24	1794	4	26	自巳时至人定，测雨器水深一寸一分。自人定至五更，测雨器水深一寸六分。	SJW-G18040260-00200
1370	1794	6	14	1794	5	17	未时、申时，测雨器水深四分。	SJW-G18050170-00200
1371	1794	6	17	1794	5	20	自辰时至三更，测雨器水深五分。	SJW-G18050200-00200
1372	1794	6	19	1794	5	22	自卯时至人定，测雨器水深一分。	SJW-G18050220-00200
1373	1794	6	21	1794	5	24	自开东至戌时，测雨器水深二寸一分。	SJW-G18050240-00200
1374	1794	6	30	1794	6	4	自午时至人定，测雨器水深三寸四分。	SJW-G18060040-00200
1375	1794	6	30	1794	6	4	自人定至五更，测雨器水深一分。	SJW-G18060040-00300
1376	1794	7	1	1794	6	5	自未时至戌时，测雨器水深一分。	SJW-G18060050-00200
1377	1794	7	2	1794	6	6	自未时至酉时，测雨器水深三寸五分。	SJW-G18060060-00200
1378	1794	7	3	1794	6	7	自辰时至人定，测雨器水深二寸七分。	SJW-G18060070-00200
1379	1794	7	4	1794	6	8	自开东至午时，测雨器水深五分。	SJW-G18060080-00200
1380	1794	8	22	1794	7	27	自卯时至人定，测雨器水深一寸。	SJW-G18070270-00200
1381	1794	8	23	1794	7	28	自人定至开东，测雨器水深一寸。	SJW-G18070280-00200
1382	1794	8	23	1794	7	28	测雨器水深二寸。	SJW-G18070280-02000
1383	1794	8	27	1794	8	3	以全罗监司李书九状启，自今月二十七日至二十八日，测雨器水深为五寸六分事，传于尹行任曰，甘澍如是浃洽，两日所得水深，至为半尺有馀。比之湖西之八分水深，为六倍，言念民事，万万喜幸。道内列邑，果皆同然周霑乎？岭南则计其程途，尚稽登闻，极庸泄郁。完伯处，遍问列邑，详陈雨后农形事，回谕，岭伯处，得雨登闻，切勿如前稽忽事，令庙堂关饬。廿七之霈然，喜出望……	SJW-G18080030-01900
1384	1794	8	28	1794	8	4	自五更至开东，测雨器水深一寸二分。	SJW-G18080040-00200
1385	1794	8	29	1794	8	5	自开东至人定，测雨器水深三寸七分。自人定至开东，测雨器水深一寸三分。	SJW-G18080050-00200
1386	1794	9	9	1794	8	16	自人定至二更，测雨器水深八分。	SJW-G18080160-00200
1387	1794	9	21	1794	8	28	自开东至酉时，测雨器水深一寸五分。自二更至开东，测雨器水深一分。	SJW-G18080280-00200

续表

编号	公历			农历			描述	ID 编号
	年	月	日	年	月	日		
1388	1794	9	22	1794	8	29	午时、未时,测雨器水深二分。	SJW-G18080290-00200
1389	1794	9	28	1794	9	5	自一更至五更,测雨器水深一分。	SJW-G18090050-00200
1390	1794	9	29	1794	9	6	自开东至酉时,测雨器水深一分。	SJW-G18090060-00200
1391	1794	9	30	1794	9	7	自辰时至人定,测雨器水深一寸八分。	SJW-G18090070-00200
1392	1794	9	30	1794	9	7	自人定至四更,测雨器水深二寸五分。	SJW-G18090070-00300
1393	1794	10	3	1794	9	10	自辰时至人定,测雨器水深一分。	SJW-G18090100-00200
1394	1794	10	3	1794	9	10	自人定至开东,测雨器水深七分。	SJW-G18090100-00300
1395	1794	10	14	1794	9	21	自辰时至酉时,测雨器水深九分。	SJW-G18090210-00200
1396	1794	10	16	1794	9	23	四更、五更,测雨器水深五分。	SJW-G18090230-00200
1397	1794	11	9	1794	10	17	自申时至人定,测雨器水深五分。	SJW-G18100170-00200
1398	1794	11	11	1794	10	19	自酉时至人定,测雨器水深一分。	SJW-G18100190-00300
1399	1794	11	11	1794	10	19	一更、二更,测雨器水深一分。	SJW-G18100190-00400
1400	1794	11	16	1794	10	24	自一更至开东,测雨器水深四分。	SJW-G18100240-00300
1401	1794	11	17	1794	10	25	午时,测雨器水深一分。	SJW-G18100250-00200
1402	1794	11	26	1794	11	4	自五更至开东,测雨器水深二分。	SJW-G18110040-00200
1403	1794	11	29	1794	11	7	自巳时至人定,测雨器水深四分。	SJW-G18110070-00200
1404	1794	11	29	1794	11	7	自人定至开东,测雨器水深一寸。	SJW-G18110070-00300
1405	1794	11	30	1794	11	8	自开东至巳时,测雨器水深四分。	SJW-G18110080-00200
1406	1794	12	7	1794	11	15	自未时至酉时,测雨器水深一分。	SJW-G18110150-00200
1407	1794	12	8	1794	11	16	自申时至人定,测雨器水深二分。	SJW-G18110160-00300
1408	1794	12	8	1794	11	16	自人定至二更,测雨器水深一分。	SJW-G18110160-00400
1409	1794	12	11	1794	11	19	自人定至开东,测雨器水深三分。	SJW-G18110190-00200
1410	1794	12	12	1794	11	20	自开东至巳时,测雨器水深二分。	SJW-G18110200-00200
1411	1795	1	17	1794	12	27	自甲辰至人定,测雨器水深一分。	SJW-G18120270-00200
1412	1795	2	13	1795	1	24	自辰时至人定,测雨器水深三分。	SJW-G19010240-00200
1413	1795	3	1	1795	2	11	未时、申时,测雨器水深四分。	SJW-G19020110-00200
1414	1795	3	6	1795	2	16	自开东至巳时,测雨器水深六分。	SJW-G19020160-00200
1415	1795	3	7	1795	2	17	自五更至开东,测雨器水深二分。	SJW-G19020170-00200
1416	1795	3	11	1795	2	21	自午时至申时,测雨器水深一分。	SJW-G19020210-00200
1417	1795	4	20	1795	3	2	自辰时至酉时,测雨器水深五分。	SJW-G19030020-00200
1418	1795	4	30	1795	3	12	自三更至十三日,开东,测雨器水深三分。	SJW-G19030120-00200
1419	1795	5	7	1795	3	19	自人定至二十日,开东,测雨器水深一分。	SJW-G19030190-00200
1420	1795	5	8	1795	3	20	自人定至二十日,开东,测雨器水深一分。	SJW-G19030200-00200
1421	1795	5	10	1795	3	22	自一更至五更,测雨器水深一寸二分。	SJW-G19030220-00300
1422	1795	5	18	1795	4	1	自二更至开东,测雨器水深六分。	SJW-G19040010-00200
1423	1795	5	25	1795	4	8	自巳时至人定,测雨器水深七分。	SJW-G19040080-00200
1424	1795	5	25	1795	4	8	自人定至五更,测雨器水深二分。	SJW-G19040080-00300
1425	1795	6	10	1795	4	24	自开东至未时,测雨器水深一寸八分。	SJW-G19040240-00200

续表

编号	公历			农历			描述	ID编号
	年	月	日	年	月	日		
1426	1795	6	11	1795	4	25	午时、未时，测雨器水深一分。	SJW-G19040250-00200
1427	1795	6	13	1795	4	27	自人定至三更，测雨器水深二分。	SJW-G19040270-00200
1428	1795	6	17	1795	5	1	五更至开东，测雨器水深四分。	SJW-G19050010-00200
1429	1795	6	18	1795	5	2	自开东至人定，测雨器水深五分。	SJW-G19050020-00200
1430	1795	6	19	1795	5	3	自开东至卯时，测雨器水深一分。	SJW-G19050030-00200
1431	1795	6	27	1795	5	11	自三更至五更，测雨器水深六分。	SJW-G19050110-00200
1432	1795	6	30	1795	5	14	自申时至开东，测雨器水深一寸四分。	SJW-G19050140-00200
1433	1795	7	1	1795	5	15	自开东至午时，测雨器水深二分。	SJW-G19050150-00200
1434	1795	7	5	1795	5	19	自申时至开东，测雨器水深六分。	SJW-G19050190-00200
1435	1795	7	6	1795	5	20	自开东至未时，测雨器水深二分。	SJW-G19050200-00200
1436	1795	7	7	1795	5	21	自五更至开东，测雨器水深二分。	SJW-G19050210-00200
1437	1795	7	7	1795	5	21	自未时至人定，测雨器水深一寸。	SJW-G19050210-00300
1438	1795	7	7	1795	5	21	自人定至五更，测雨器水深一寸八分。	SJW-G19050210-00400
1439	1795	7	16	1795	6	1	自五更至开东，测雨器水深二分。	SJW-G19060010-00200
1440	1795	7	18	1795	6	3	以全罗监司徐鼎修状启，雨泽事，传于李海愚曰，近以沛然之悭闭，虽或有霡洒，多未均洽，为夙宵耿耿之端，日岭南状本，稍以为幸，而三昨之雨，本道则几近半尺云，在卿可谓下车雨，初到皇华，喜事如此，为本道百姓三农，何等多幸乎，姑未开霁为言，其后测雨器水深，果何如乎，道内各邑，一齐均霑云乎，遍问后仍以移秧分数形地状闻事，令庙堂郎为行会。	SJW-G19060030-00900
1441	1795	7	20	1795	6	5	自开东至午时、自酉时至人定，测雨器水深四寸五分。	SJW-G19060050-00200
1442	1795	7	21	1795	6	6	自开东至午时，测雨器水深一寸七分。	SJW-G19060060-00200
1443	1795	7	27	1795	6	12	自一更至开东，测雨器九分。自开东至人定，测雨器水深一寸九分。	SJW-G19060120-00200
1444	1795	7	28	1795	6	13	自开东至辰时，测雨器水深一分。	SJW-G19060130-00200
1445	1795	7	29	1795	6	14	自开东至人定，测雨器水深九分。	SJW-G19060140-00200
1446	1795	8	3	1795	6	19	自开东至人定，测雨器水深一寸五分。	SJW-G19060190-00200
1447	1795	8	4	1795	6	20	自初昏至开东，测雨器水深一寸八分。	SJW-G19060200-00200
1448	1795	8	5	1795	6	21	自开东至辰时、自酉时至人定，测雨器水深九分。	SJW-G19060210-00200
1449	1795	8	9	1795	6	25	申时、酉时，测雨器水深六分。	SJW-G19060250-00200
1450	1795	8	9	1795	6	25	自人定至开东，测雨器水深三分。	SJW-G19060250-00300
1451	1795	8	10	1795	6	26	自开东至人定，测雨器水深六分。	SJW-G19060260-00200
1452	1795	8	10	1795	6	26	自人定至五更，测雨器水深三分。	SJW-G19060260-00300
1453	1795	8	17	1795	7	3	自人定至开东，测雨器水深三分。	SJW-G19070030-00200
1454	1795	8	18	1795	7	4	自开东至酉时，测雨器水深一分。	SJW-G19070040-00200
1455	1795	8	27	1795	7	13	自开东至巳时，测雨器水深四分。	SJW-G19070130-00200

续表

编号	公历			农历			描述	ID 编号
	年	月	日	年	月	日		
1456	1795	8	30	1795	7	16	自卯时至午时,测雨器水深五分。	SJW-G19070160-00200
1457	1795	9	23	1795	8	11	自四更至开东,测雨器水深七分。	SJW-G19080110-00200
1458	1795	9	23	1795	8	11	卯时,测雨器水深四分。	SJW-G19080110-00300
1459	1795	10	10	1795	8	28	自卯时至三更,测雨器水深二分。	SJW-G19080280-00200
1460	1795	10	28	1795	9	16	自卯时至酉时,测雨器水深一分。一更、二更,测雨器水深二分。	SJW-G19090160-00200
1461	1795	11	1	1795	9	20	自未时至酉时,测雨器水深七分。	SJW-G19090200-00200
1462	1795	11	12	1795	10	2	自开东至午时,测雨器水深八分。	SJW-G19100020-00300
1463	1795	11	26	1795	10	16	自五更至开东,测雨器水深五分。	SJW-G19100160-00300
1464	1796	2	15	1796	1	7	自开东至巳时,测雨器水深二分。	SJW-G20010070-00200
1465	1796	3	2	1796	1	23	自开东至巳时,测雨器水深二分。	SJW-G20010230-00200
1466	1796	3	12	1796	2	4	自辰时至人定,测雨器水深一寸。	SJW-G20020040-00200
1467	1796	3	19	1796	2	11	自二更至开东,测雨器水深二分。	SJW-G20020110-00200
1468	1796	3	22	1796	2	14	自未时至人定,测雨器水深六分。自人定至开东,测雨器水深六分。	SJW-G20020140-00200
1469	1796	3	23	1796	2	15	自开东至人定,测雨器水深三分。	SJW-G20020150-00200
1470	1796	3	25	1796	2	17	五更,测雨器水深一分。	SJW-G20020170-00200
1471	1796	3	26	1796	2	18	自开东至人定,测雨器水深二寸九分。自人定至四更,测雨器水深六分。	SJW-G20020180-00200
1472	1796	3	28	1796	2	20	以广州留守徐有隣状启,雨泽农形事,判付内,启下户曹为旀。诸道巡营,各处留司,皆有测雨器,而即因先朝下教,自度支造送,昭载备考文迹,则本府出镇之后,尚不下送,该府雨泽状闻,测雨器水深形止,未免阙却。该曹事不察,依受教造送。此后该府状闻,依他例为之事,分付为良如教。	SJW-G20020200-02000
1473	1796	4	3	1796	2	26	自二更至开东,测雨器水深八分。	SJW-G20020260-00200
1474	1796	4	4	1796	2	27	自开东至巳时,测雨器水深六分。	SJW-G20020270-00200
1475	1796	4	6	1796	2	29	自人定至二更,测雨器水深三分。	SJW-G20020290-00200
1476	1796	4	12	1796	3	5	自未时至人定,测雨器水深二分。	SJW-G20030050-00200
1477	1796	4	18	1796	3	11	自开东至巳时、自申时至人定,测雨器水深一寸四分。	SJW-G20030110-00200
1478	1796	4	21	1796	3	14	自辰时至酉时,测雨器水深三分。	SJW-G20030140-00200
1479	1796	5	1	1796	3	24	自卯时至巳时,测雨器水深二分。	SJW-G20030240-00200
1480	1796	5	13	1796	4	7	自五更至开东,测雨器水深二分。自开东至申时,测雨器水深九分。	SJW-G20040070-00200
1481	1796	5	17	1796	4	11	自人定至开东,测雨器水深六分。	SJW-G20040110-00200
1482	1796	5	31	1796	4	25	自二更至开东,测雨器水深一分。	SJW-G20040250-00200

续表

编号	公历			农历			描述	ID 编号
	年	月	日	年	月	日		
1483	1796	6	1	1796	4	26	自开东至巳时,测雨器水深一分。	SJW-G20040260-00200
1484	1796	6	3	1796	4	28	午时、未时、酉时,测雨器水深五分。	SJW-G20040280-00200
1485	1796	6	6	1796	5	2	自申时至人定,测雨器水深四分。自人定至开东,测雨器水深二分。	SJW-G20050020-00200
1486	1796	6	7	1796	5	3	自开东至巳时,测雨器水深三分。	SJW-G20050030-00200
1487	1796	6	14	1796	5	10	自五更至开东,测雨器水深七分。	SJW-G20050100-00200
1488	1796	6	15	1796	5	11	自开东至午时,测雨器水深四分。	SJW-G20050110-00200
1489	1796	6	22	1796	5	18	自卯时至人定,测雨器水深一寸四分。	SJW-G20050180-00200
1490	1796	6	26	1796	5	22	自卯时至人定,测雨器水深二寸四分。	SJW-G20050220-00200
1491	1796	6	29	1796	5	25	自申时至人定,测雨器水深五寸五分。自人定至开东,测雨器水深三寸一分。	SJW-G20050250-00200
1492	1796	6	30	1796	5	26	自开东至人定,测雨器水深一寸。	SJW-G20050260-00200
1493	1796	7	6	1796	6	2	自人定至五更,测雨器水深一分。	SJW-G20060020-00200
1494	1796	7	7	1796	6	3	自辰时至未时,测雨器水深四分。	SJW-G20060030-00200
1495	1796	7	9	1796	6	5	自辰时至午时,测雨器水深五分。	SJW-G20060050-00200
1496	1796	7	10	1796	6	6	自五更至开东,测雨器水深九分。	SJW-G20060060-00200
1497	1796	7	11	1796	6	7	自五更至开东,测雨器水深九分。自开东至酉时,测雨器水深二寸六分。	SJW-G20060070-00200
1498	1796	7	16	1796	6	12	自卯时至人定,测雨器水深一寸一分。	SJW-G20060120-00200
1499	1796	7	16	1796	6	12	自人定至开东,测雨器水深五寸六分。	SJW-G20060120-00300
1500	1796	7	17	1796	6	13	自开东至人定,测雨器水深二寸五分。	SJW-G20060130-00200
1501	1796	7	17	1796	6	13	自人定至五更,测雨器水深一分。	SJW-G20060130-00300
1502	1796	8	1	1796	6	28	卯时、辰时、午时、未时,测雨器水深二寸二分。	SJW-G20060280-00200
1503	1796	8	3	1796	7	1	自未时至酉时,测雨器水深三分。	SJW-G20070010-00200
1504	1796	8	7	1796	7	5	自申时至人定,测雨器水深一寸二分。	SJW-G20070050-00200
1505	1796	8	7	1796	7	5	自人定至开东,测雨器水深五分。	SJW-G20070050-00300
1506	1796	8	10	1796	7	8	午时、未时,测雨器水深七分。	SJW-G20070080-00200
1507	1796	8	16	1796	7	14	午时、未时,测雨器水深九分。	SJW-G20070140-00200
1508	1796	8	18	1796	7	16	自卯时至人定,测雨器水深一寸二分。	SJW-G20070160-00200
1509	1796	8	20	1796	7	18	自五更至开东,测雨器水深三分。	SJW-G20070180-00200
1510	1796	8	21	1796	7	19	自开东至未时,测雨器水深二寸一分。	SJW-G20070190-00200
1511	1796	8	24	1796	7	22	辰时、巳时,测雨器水深三寸三分。	SJW-G20070220-00200
1512	1796	9	13	1796	8	13	自未时至人定,测雨器水深四分。	SJW-G20080130-00200
1513	1796	9	14	1796	8	14	自开东至午时,测雨器水深二分。	SJW-G20080140-00200
1514	1796	9	19	1796	8	19	自申时至人定,测雨器水深五分。	SJW-G20080190-00200
1515	1796	9	19	1796	8	19	自人定至开东,测雨器水深一寸三分。	SJW-G20080190-00300
1516	1796	9	27	1796	8	27	自五更至开东,测雨器水深六分。	SJW-G20080270-00200
1517	1796	10	12	1796	9	12	一更,测雨器水深三分。	SJW-G20090120-00200

续表

编号	公历			农历			描述	ID 编号
	年	月	日	年	月	日		
1518	1796	10	16	1796	9	16	自巳时至酉时,测雨器水深四分。	SJW-G20090160-00200
1519	1796	10	18	1796	9	18	自卯时至午时,测雨器水深二分。	SJW-G20090180-00200
1520	1796	10	27	1796	9	27	自开东至午时,测雨器水深一寸九分。	SJW-G20090270-00200
1521	1796	10	28	1796	9	28	自五更至开东,测雨器水深一寸一分。	SJW-G20090280-00200
1522	1796	10	29	1796	9	29	自开东至人定,测雨器水深四分。	SJW-G20090290-00200
1523	1796	11	12	1796	10	13	自开东至酉时,测雨器水深四分。	SJW-G20100130-00300
1524	1796	11	21	1796	10	22	自人定至开东,测雨器水深八分。	SJW-G20100220-00200
1525	1796	11	22	1796	10	23	自开东至人定,测雨器水深一寸五分。自人定至五更,测雨器水深二分。	SJW-G20100230-00200
1526	1796	11	26	1796	10	27	自开东至人定,测雨器水深九分。	SJW-G20100270-00200
1527	1796	11	26	1796	10	27	自人定至开东,测雨器水深六分。	SJW-G20100270-00300
1528	1796	11	27	1796	10	28	自开东至巳时,测雨器水深一分。	SJW-G20100280-00200
1529	1797	1	15	1796	12	18	自开东至巳时,测雨器水深三分。	SJW-G20120180-00200
1530	1797	3	27	1797	2	29	自人定至开东,测雨器水深一寸六分。	SJW-G21020290-00200
1531	1797	3	28	1797	3	1	自开东至人定,测雨器水深一寸五分。	SJW-G21030010-00200
1532	1797	4	3	1797	3	7	自开东至巳时,测雨器水深一分。	SJW-G21030070-00200
1533	1797	4	13	1797	3	17	自五更至开东,测雨器水深四分。	SJW-G21030170-00200
1534	1797	4	14	1797	3	18	自开东至酉时,测雨器水深二分。自二更至四更,测雨器水深二分。	SJW-G21030180-00200
1535	1797	4	17	1797	3	21	自一更至五更,测雨器水深一寸九分。	SJW-G21030210-00200
1536	1797	4	20	1797	3	24	自未时至人定,测雨器水深四分。	SJW-G21030240-00200
1537	1797	4	20	1797	3	24	自人定至四更,测雨器水深三分。	SJW-G21030240-00300
1538	1797	4	30	1797	4	4	自酉时至人定,测雨器水深三分。	SJW-G21040040-00200
1539	1797	6	1	1797	5	7	未时、申时,测雨器水深二分。	SJW-G21050070-00200
1540	1797	6	2	1797	5	8	一更、自四更至开东,测雨器水深一分。	SJW-G21050080-00200
1541	1797	6	7	1797	5	13	自开东至未时,测雨器水深五分。	SJW-G21050130-00200
1542	1797	6	13	1797	5	19	自午时至人定,测雨器水深三分。	SJW-G21050190-00200
1543	1797	6	16	1797	5	22	自巳时至辰时,测雨器水深五分。	SJW-G21050220-00200
1544	1797	6	19	1797	5	25	未时、申时,测雨器水深二分。	SJW-G21050250-00200
1545	1797	6	20	1797	5	26	开东,测雨器水深一分。	SJW-G21050260-00200
1546	1797	6	22	1797	5	28	自卯时至三更,测雨器水深四寸二分。	SJW-G21050280-00200
1547	1797	6	22	1797	5	28	以水原留守赵心泰状启,始雨形止驰启事,传于金履翼曰,今日甘霔,测雨器水深已近五寸,则始雨形止,今始报来,何如彼迟滞乎?本府所得,果如京中乎?此后雨泽状启,以拨路驰闻事,回谕。	SJW-G21050280-00900

续表

编号	公历			农历			描述	ID 编号
	年	月	日	年	月	日		
1548	1797	6	22	1797	5	28	其馀兼缩提举,亦立解免,以伸私义,以安微分,不胜幸甚。取进止。答曰,省箚具悉卿垦。夙宵顒若之馀,甘霈然,测雨器水深且近半尺,为三农万万庆幸。中书重任,卿即卸解,膏车秣马,徜徉乎镜湖绿野之闲,安往不可?卿其随便盘桓。如箚之请,而兼管都相诸司,各有提举,未必为劳于卿,须勿更引,安心攄察。仍传曰,此批答,遣史官传谕。	SJW-G21050280-01200
1549	1797	6	29	1797	6	5	自辰时至戌时,测雨器水深一寸一分。	SJW-G21060050-00200
1550	1797	7	3	1797	6	9	自辰时至人定,测雨器水深一寸七分。自人定至开东,测雨器水深八分。	SJW-G21060090-00200
1551	1797	7	4	1797	6	10	自申时至开东,测雨器水深七分。	SJW-G21060100-00200
1552	1797	7	5	1797	6	11	自申时至人定,测雨器水深三分。	SJW-G21060110-00200
1553	1797	7	5	1797	6	11	自人定至五更,测雨器水深二分。	SJW-G21060110-00300
1554	1797	7	6	1797	6	12	自五更至开东,测雨器水深二分。	SJW-G21060120-00200
1555	1797	7	8	1797	6	14	自酉时至人定,测雨器水深一分。	SJW-G21060140-00200
1556	1797	7	8	1797	6	14	自人定至开东,测雨器水深一寸五分。	SJW-G21060140-00300
1557	1797	7	9	1797	6	15	自开东至人定,测雨器水深二寸七分。自四更至开东,测雨器水深二分。	SJW-G21060150-00200
1558	1797	7	10	1797	6	16	自开东至申时,测雨器水深四分。	SJW-G21060160-00200
1559	1797	7	18	1797	6	24	自五更至开东,测雨器水深一分。	SJW-G21060240-00200
1560	1797	7	19	1797	6	25	自卯时至申时,测雨器水深三分。自一更至开东,测雨器水深一分。	SJW-G21060250-00200
1561	1797	7	20	1797	6	26	自开东至未时,测雨器水深一寸七分。	SJW-G21060260-00200
1562	1797	7	23	1797	6	29	自一更至五更,测雨器水深一分。	SJW-G21060290-00200
1563	1797	7	27	1797	闰 6	4	自卯时至未时,测雨器水深一寸八分。	SJW-G21061040-00200
1564	1797	7	28	1797	闰 6	5	自卯时至辰时,测雨器水深二分。	SJW-G21061050-00200
1565	1797	8	5	1797	闰 6	13	自一更至五更,测雨器水深一寸八分。	SJW-G21061130-00200
1566	1797	8	7	1797	闰 6	15	自卯时至申时,测雨器水深三寸。	SJW-G21061150-00200
1567	1797	8	8	1797	闰 6	16	自巳时至未时,测雨器水深一寸四分。自三更至开东,测雨器水深三分。	SJW-G21061160-00200
1568	1797	8	17	1797	闰 6	25	自酉时至人定,测雨器水深二分。	SJW-G21061250-00200
1569	1797	8	19	1797	闰 6	27	未时、申时,测雨器水深二分。	SJW-G21061270-00200
1570	1797	8	20	1797	闰 6	28	申时,测雨器水深五分。	SJW-G21061280-00200
1571	1797	8	21	1797	闰 6	29	测雨器水深五分。	SJW-G21061290-03500
1572	1797	8	26	1797	7	5	巳时、未时、申时,测雨器水深二分。	SJW-G21070050-00200
1573	1797	8	27	1797	7	6	自巳时至人定,测雨器水深一寸六分。自三更至五更,测雨器水深二分。	SJW-G21070060-00200

续表

编号	公历			农历			描述	ID 编号
	年	月	日	年	月	日		
1574	1797	8	31	1797	7	10	二更、三更,测雨器水深一寸。	SJW-G21070100-00200
1575	1797	9	7	1797	7	17	自一更至四更,测雨器水深一分。	SJW-G21070170-00200
1576	1797	9	12	1797	7	22	自辰时至人定,测雨器水深二寸五分。	SJW-G21070220-00200
1577	1797	9	12	1797	7	22	自人定至五更,测雨器水深一分。	SJW-G21070220-00300
1578	1797	9	16	1797	7	26	自巳时至申时,测雨器水深四分。	SJW-G21070260-00200
1579	1797	9	18	1797	7	28	自开东至人定,测雨器水深二寸一分。	SJW-G21070280-00200
1580	1797	9	18	1797	7	28	自人定至开东,测雨器水深二分。	SJW-G21070280-00300
1581	1797	9	25	1797	8	6	自开东至辰时,测雨器水深二分。	SJW-G21080060-00200
1582	1797	10	13	1797	8	24	自开东至巳时,测雨器水深二分。	SJW-G21080240-00200
1583	1797	10	27	1797	9	8	五更,测雨器水深一分。	SJW-G21090080-00300
1584	1797	11	4	1797	9	16	自卯时至未时,测雨器水深二分。	SJW-G21090160-00200
1585	1797	11	4	1797	9	16	初更、二更,测雨器水深一分。	SJW-G21090160-00300
1586	1797	11	6	1797	9	18	四更、五更,测雨器水深四分。	SJW-G21090180-00200
1587	1797	11	19	1797	10	2	自酉时至五更,测雨器水深六分。	SJW-G21100020-00200
1588	1798	2	19	1798	1	4	自未时至人定,测雨器水深六分。	SJW-G22010040-00200
1589	1798	2	19	1798	1	4	自人定至三更,测雨器水深五分。	SJW-G22010040-00300
1590	1798	3	25	1798	2	9	自一更至五更,测雨器水深五分。	SJW-G22020090-00200
1591	1798	3	31	1798	2	15	自申时至人定,测雨器水深一分。	SJW-G22020150-00200
1592	1798	3	31	1798	2	15	自人定至五更,测雨器水深七分。	SJW-G22020150-00300
1593	1798	4	13	1798	2	28	自酉时至人定,测雨器水深一分。自人定至开东,测雨器水深一寸一分。	SJW-G22020280-00200
1594	1798	4	14	1798	2	29	自开东至人定,测雨器水深八分。	SJW-G22020290-00200
1595	1798	4	19	1798	3	4	自二更至开东,测雨器水深六分。	SJW-G22030040-00200
1596	1798	4	24	1798	3	9	自三更至开东,测雨器水深四分。	SJW-G22030090-00300
1597	1798	4	25	1798	3	10	自开东至巳时,测雨器水深四分。	SJW-G22030100-00200
1598	1798	5	6	1798	3	21	自开东至人定,测雨器水深一寸八分。	SJW-G22030210-00200
1599	1798	5	6	1798	3	21	自人定至开东,测雨器水深一寸。	SJW-G22030210-00300
1600	1798	5	18	1798	4	3	自开东至未时,测雨器水深一寸八分。	SJW-G22040030-00200
1601	1798	6	4	1798	4	20	自开东至酉时,测雨器水深三分。	SJW-G22040200-00200
1602	1798	6	17	1798	5	4	自辰时至申时,测雨器水深六分。	SJW-G22050040-00200
1603	1798	6	30	1798	5	17	自卯时至巳时,测雨器水深二分。	SJW-G22050170-00200
1604	1798	6	30	1798	5	17	自卯时至巳时,人定,四更,测雨器水深三分。	SJW-G22050170-00300
1605	1798	7	1	1798	5	18	自未时至人定、五更,测雨器水深一寸一分。	SJW-G22050180-00200

续表

编号	公历			农历			描述	ID编号
	年	月	日	年	月	日		
1606	1798	7	3	1798	5	20	而民事所关，不可或缓，再昨之雨，虽甚万幸，测雨器水深，仅为寸许，伊后姑未更得霈然之泽，再次祈雨祭，虽明日设行为可乎？礼曹判堂，使之入来，传此意，即为往问于在京原任大臣，回奏事，承旨奉传筵教矣。臣承命往问于时原任大臣，则左议政蔡济恭以为，见今黑云未解，雨色霏微，稍观今明日候，更议设行为宜云，右议政李秉模以为，虽未及雨，云气尚浓……	SJW-G22050200-00500
1607	1798	7	5	1798	5	22	自一更至开东，测雨器水深二分。	SJW-G22050220-00200
1608	1798	7	6	1798	5	23	开东、卯时、辰时、自午时至酉时、自二更至四更、开东，测雨器水深五分。	SJW-G22050230-00200
1609	1798	7	6	1798	5	23	测雨器水深二分。	SJW-G22050230-02300
1610	1798	7	7	1798	5	24	自开东至巳时，测雨器水深六分。	SJW-G22050240-00200
1611	1798	7	8	1798	5	25	自开东至辰时，测雨器水深三分。	SJW-G22050250-00200
1612	1798	7	9	1798	5	26	自辰时至申时，测雨器水深一寸四分。	SJW-G22050260-00200
1613	1798	7	11	1798	5	28	自开东至午时，测雨器水深三分。	SJW-G22050280-00200
1614	1798	7	17	1798	6	5	自卯时至人定，测雨器水深三寸三分。	SJW-G22060050-00200
1615	1798	7	17	1798	6	5	自人定至开东，测雨器水深二寸三分。	SJW-G22060050-00300
1616	1798	7	18	1798	6	6	自开东至卯时，测雨器水深二分。	SJW-G22060060-00200
1617	1798	7	18	1798	6	6	以今日之晴观之，则果非骤雨乎？秉模曰，终昼达宵，测雨器水深，合为五寸二分，非骤也，明矣。上曰，代播一事，初非不可为之事，而即已发令矣。因此而邱陇阡陌不毛之地，不税之土，无不恳辟，则裕民食尽地力之政，庶可以立举。故前后饬教，何等谅复，而畿民惰农，固不足责，为守令者，当严畏朝令，躬审原隰相土之宜，以为兴起劝作之道，而乃敢偃卧东阁……	SJW-G22060060-03400
1618	1798	7	19	1798	6	7	自开东至卯时、自巳时至人定，测雨器水深二寸。	SJW-G22060070-00200
1619	1798	7	19	1798	6	7	自人定至开东，测雨器水深五分。	SJW-G22060070-00300
1620	1798	7	19	1798	6	7	以全罗监司李得臣状启，道内农形雨泽驰启，代播多少，待初庚后登闻事，传于李晚秀曰，再昨之雨，测雨器水深，过五寸馀，万幸万幸，本道所得，果如何，而农形雨泽状启，每致迟滞，此后各别着意，代播一事，筵教卿其闻于备堂乎？烹阿而齐治，不惟惩贪，以其田野之不辟，卿为长吏之长，则似当尤为小心矣事，回谕。	SJW-G22060070-01300
1621	1798	7	20	1798	6	8	自开东至人定，测雨器水深三分。自二更至开东，测雨器水深九分。	SJW-G22060080-00200
1622	1798	7	21	1798	6	9	自开东至酉时，测雨器水深一寸五分。	SJW-G22060090-00200

续表

编号	公历			农历			描述	ID 编号
	年	月	日	年	月	日		
1623	1798	7	23	1798	6	11	自卯时至人定，测雨器水深三分。自一更至开东，测雨器水深一分。	SJW-G22060110-00200
1624	1798	7	26	1798	6	14	自一更至四更，测雨器水深四分。	SJW-G22060140-00200
1625	1798	7	27	1798	6	15	自卯时至巳时、申时，测雨器水深二分。	SJW-G22060150-00200
1626	1798	7	30	1798	6	18	自寅时至巳时，测雨器水深一寸三分。	SJW-G22060180-00200
1627	1798	7	30	1798	6	18	自人定至开东，测雨器水深四寸六分。	SJW-G22060180-00300
1628	1798	7	31	1798	6	19	自开东至卯时，测雨器水深一分。	SJW-G22060190-00200
1629	1798	8	4	1798	6	23	寅时、卯时，测雨器水深一分。	SJW-G22060230-00200
1630	1798	8	10	1798	6	29	自酉时至人定，测雨器水深二分。自三更至开东，测雨器水深五寸七分。	SJW-G22060290-00200
1631	1798	8	29	1798	7	18	申时、酉时，测雨器水深三分。	SJW-G22070180-00200
1632	1798	8	30	1798	7	19	测雨器水深三分。	SJW-G22070190-03500
1633	1798	9	2	1798	7	22	自卯时至三更，测雨器水深一寸四分。自四更至开东，测雨器水深一分。	SJW-G22070220-00200
1634	1798	9	5	1798	7	25	自开东至卯时，测雨器水深一分。	SJW-G22070250-00200
1635	1798	9	6	1798	7	26	自卯时至午时，测雨器水深三分。	SJW-G22070260-00200
1636	1798	9	10	1798	8	1	自五更至开东，测雨器水深五分。	SJW-G22080010-00200
1637	1798	9	11	1798	8	2	自巳时至酉时，测雨器水深一寸八分。	SJW-G22080020-00200
1638	1798	9	15	1798	8	6	自四更至开东，测雨器水深一分。	SJW-G22080060-00200
1639	1798	9	15	1798	8	6	自卯时至酉时，测雨器水深七分。	SJW-G22080060-00300
1640	1798	9	19	1798	8	10	自未时至人定，测雨器水深七分。	SJW-G22080100-00200
1641	1798	9	19	1798	8	10	自人定至开东，测雨器水深六分。	SJW-G22080100-00300
1642	1798	9	21	1798	8	12	自二更至开东，测雨器水深一寸七分。	SJW-G22080120-00200
1643	1798	9	22	1798	8	13	自开东至辰时，测雨器水深二分。	SJW-G22080130-00200
1644	1798	10	8	1798	8	29	自四更至开东，测雨器水深二分。	SJW-G22080290-00200
1645	1798	10	10	1798	9	2	自开东至卯时，测雨器水深一分。	SJW-G22090020-00200
1646	1798	10	16	1798	9	8	自二更至五更，测雨器水深三分。	SJW-G22090080-00200
1647	1798	11	8	1798	10	1	自五更至开东，测雨器水深一分。	SJW-G22100010-00200
1648	1798	11	11	1798	10	4	自一更至三更，测雨器水深五分。	SJW-G22100040-00200
1649	1798	11	12	1798	10	5	自酉时至人定，测雨器水深四分。	SJW-G22100050-00300
1650	1798	11	12	1798	10	5	自人定至二更，测雨器水深一分。	SJW-G22100050-00400
1651	1798	11	15	1798	10	8	自巳时至人定，测雨器水深九分。	SJW-G22100080-00200
1652	1798	11	20	1798	10	13	自三更至五更，测雨器水深四分。	SJW-G22100130-00200
1653	1798	11	24	1798	10	17	自午时至申时，测雨器水深六分。	SJW-G22100170-00200
1654	1798	11	28	1798	10	21	五更，测雨器水深一分。	SJW-G22100210-00200
1655	1798	12	6	1798	10	29	一更、二更，测雨器水深一分。	SJW-G22100290-00200
1656	1798	12	7	1798	11	1	自开东至巳时，测雨器水深一寸。	SJW-G22110010-00200
1657	1798	12	10	1798	11	4	自三更至五更，测雨器水深五分。	SJW-G22110040-00200

续表

编号	公历			农历			描述	ID 编号
	年	月	日	年	月	日		
1658	1798	12	15	1798	11	9	自二更至五更，测雨器水深三寸。	SJW-G22110090-00200
1659	1798	12	21	1798	11	15	午时、未时，测雨器水深二分。	SJW-G22110150-00200
1660	1798	12	25	1798	11	19	自午时至人定，测雨器水深一分。	SJW-G22110190-00200
1661	1799	1	1	1798	11	26	自午时至人定，测雨器水深五分。自人定至开东，测雨器水深三分。	SJW-G22110260-00200
1662	1799	2	11	1799	1	7	自未时至酉时，测雨器水深一分。	SJW-G23010070-00200
1663	1799	3	17	1799	2	12	自二更至开东，测雨器水深二分。	SJW-G23020120-00200
1664	1799	3	29	1799	2	24	自三更至开东，测雨器水深三分。	SJW-G23020240-00200
1665	1799	4	23	1799	3	19	自辰时至人定、自人定至三更，测雨器水深一寸二分。	SJW-G23030190-00200
1666	1799	4	24	1799	3	20	自五更至开东，测雨器水深三分。	SJW-G23030200-00200
1667	1799	4	29	1799	3	25	自辰时至人定，测雨器水深一寸六分。	SJW-G23030250-00200
1668	1799	5	1	1799	3	27	自卯时至人定，测雨器水深四分。自人定至开东，测雨器水深二分。	SJW-G23030270-00200
1669	1799	5	3	1799	3	29	自二更至开东，测雨器水深六分。	SJW-G23030290-00200
1670	1799	5	4	1799	3	30	自开东至巳时，测雨器水深二分。	SJW-G23030300-00200
1671	1799	5	17	1799	4	13	自一更至开东，测雨器水深一分。	SJW-G23040130-00200
1672	1799	5	19	1799	4	15	自酉时至人定，测雨器水深六分。	SJW-G23040150-00200
1673	1799	6	1	1799	4	28	酉时，测雨器水深二分。	SJW-G23040280-00200
1674	1799	6	1	1799	4	28	以京畿监司李在学状启，今日申时量甘雨伊始，测雨器水深四分缘由驰启事，传于金载翼曰，望望之馀，得此霈然，而城内外咫尺，测雨器水深，有多少之别，雨势近于骤霆而然。道内诸邑远近均霑与否，即为详问状闻事，回谕。今日之雨，亦如畿内乎？一体下谕两湖道臣。	SJW-G23040280-02000
1675	1799	6	4	1799	5	2	自酉时至开东，测雨器水深六分。	SJW-G23050020-00200
1676	1799	6	5	1799	5	3	午时、未时，测雨器水深一分。	SJW-G23050030-00200
1677	1799	6	5	1799	5	3	以京畿监司状启，昨日亥时量，始雨，今日寅时量，测雨器水深七分缘由事，传于金载翼曰，廿八近半寸之雨，汉南各邑，未及均霑云，昨七分水深，果皆遍及乎？近来各邑雨泽，只从邑底枚报之致，多寡或有相左，此后则严饬事，回谕华留、广留处，亦为下谕。	SJW-G23050030-00800
1678	1799	6	19	1799	5	17	自卯时至申时，测雨器水深八分。	SJW-G23050170-00200
1679	1799	6	30	1799	5	28	自昨天巳时至今天未时，测雨器水深三寸六分。	SJW-G23050280-00200
1680	1799	6	30	1799	5	28	测雨器水深二寸。	SJW-G23050280-02700
1681	1799	7	1	1799	5	29	自昨天开东至今天午时，测雨器水深六寸一分。	SJW-G23050290-00200
1682	1799	7	1	1799	5	29	自未时至人定，测雨器水深一寸。	SJW-G23050290-00300
1683	1799	7	1	1799	5	29	自人定至开东，测雨器水深一寸。	SJW-G23050290-00400

续表

编号	公历			农历			描述	ID 编号
	年	月	日	年	月	日		
1684	1799	7	2	1799	5	30	自人定至五更，测雨器水深二分。	SJW-G23050300-00200
1685	1799	7	6	1799	6	4	自五更至开东，测雨器水深二分。	SJW-G23060040-00200
1686	1799	7	7	1799	6	5	自昨天开东至今天开东，测雨器水深一寸四分。	SJW-G23060050-00200
1687	1799	7	8	1799	6	6	自开东至辰时、申时，测雨器水深四分。	SJW-G23060060-00200
1688	1799	7	8	1799	6	6	以咸镜监司具状启，营下今月二十七日戌时始雨，二十九日巳时乃止，测雨器水深为二寸八分，三日之雨，田畓无不周洽，各穀顿有勃兴之望，民事万幸事，传于郑尚愚曰，本道雨泽久悭之馀，廿八之雨，田与畓，俱为周洽云，民事万幸。课农之政，着意劝饬，俾有有秋之效事，回谕。	SJW-G23060060-02000
1689	1799	7	11	1799	6	9	自一更至开东，测雨器水深一寸五分。	SJW-G23060090-00200
1690	1799	7	12	1799	6	10	自开东至酉时，测雨器水深二寸四分。自人定至开东，测雨器水深一寸三分。	SJW-G23060100-00200
1691	1799	7	13	1799	6	11	自开东至午时，测雨器水深三寸二分。	SJW-G23060110-00200
1692	1799	7	14	1799	6	12	自午时至开东，测雨器水深一寸八分。	SJW-G23060120-00200
1693	1799	7	15	1799	6	13	自开东至申时，测雨器水深八分。	SJW-G23060130-00200
1694	1799	7	16	1799	6	14	自巳时至申辰，测雨器水深五分。	SJW-G23060140-00200
1695	1799	7	26	1799	6	24	自五更至开东，测雨器水深九分。	SJW-G23060240-00200
1696	1799	7	27	1799	6	25	自开东至辰时，测雨器水深九分。	SJW-G23060250-00200
1697	1799	7	29	1799	6	27	自开东至辰时，测雨器水深八分。	SJW-G23060270-00200
1698	1799	7	31	1799	6	29	自二更至开东，测雨器水深四分。	SJW-G23060290-00200
1699	1799	8	1	1799	7	1	自开东至未时，测雨器水深五分。	SJW-G23070010-00200
1700	1799	8	11	1799	7	11	辰时、巳时，测雨器水深一分。	SJW-G23070110-00200
1701	1799	8	12	1799	7	12	辰时、巳时，测雨器水深八分。	SJW-G23070120-00200
1702	1799	8	14	1799	7	14	自未时至人定，测雨器水深四分。自人定至开东，测雨器水深五分。	SJW-G23070140-00200
1703	1799	8	15	1799	7	15	自开东至辰时，测雨器水深一分。自五更至开东，测雨器水深一寸二分。	SJW-G23070150-00200
1704	1799	8	17	1799	7	17	自酉时至开东，测雨器水深一寸七分。	SJW-G23070170-00200
1705	1799	8	18	1799	7	18	自开东至人定，测雨器水深二寸六分。	SJW-G23070180-00200
1706	1799	8	19	1799	7	19	午时、未时，测雨器水深一分。	SJW-G23070190-00200
1707	1799	8	23	1799	7	23	自一更至三更，测雨器水深二分。	SJW-G23070230-00200
1708	1799	8	24	1799	7	24	一更、二更，测雨器水深七分。	SJW-G23070240-00200
1709	1799	8	26	1799	7	26	自午时至申时，测雨器水深一寸六分。	SJW-G23070260-00200
1710	1799	8	26	1799	7	26	自二更至日开东，测雨器水深二分。	SJW-G23070260-00300
1711	1799	8	27	1799	7	27	自开东至人定，测雨器水深八分。自人定至开东，测雨器水深五分。	SJW-G23070270-00200
1712	1799	8	28	1799	7	28	自开东至人定，测雨器水深一寸七分。	SJW-G23070280-00200

续表

编号	公历			农历			描述	ID 编号
	年	月	日	年	月	日		
1713	1799	9	3	1799	8	4	未时,测雨器水深三分。	SJW-G23080040-00200
1714	1799	9	10	1799	8	11	自人定至四更,测雨器水深五分。	SJW-G23080110-00200
1715	1799	10	7	1799	9	9	三更、自五更至开东,测雨器水深一分。	SJW-G23090090-00200
1716	1799	10	8	1799	9	10	自开东至巳时,测雨器水深四分。四更、五更,测雨器水深二分。	SJW-G23090100-00200
1717	1799	10	24	1799	9	26	自辰时至人定,测雨器水深五分。	SJW-G23090260-00200
1718	1799	10	27	1799	9	29	自午时至人定,测雨器水深一寸。	SJW-G23090290-00200
1719	1799	10	28	1799	9	30	自辰时至申时,测雨器水深二分。	SJW-G23090300-00200
1720	1799	11	7	1799	10	10	自申时至五更,测雨器水深九分。	SJW-G23100100-00200
1721	1799	11	8	1799	10	11	自四更至开东,测雨器水深一分。	SJW-G23100110-00200
1722	1799	11	12	1799	10	15	自人定至开东,测雨器水深一寸二分。	SJW-G23100150-00200
1723	1799	12	6	1799	11	10	自午时至人定,测雨器水深一分。自人定至二更,测雨器水深三分。	SJW-G23110100-00200
1724	1799	12	14	1799	11	18	自二更至四更,测雨器水深二分。	SJW-G23110180-00200
1725	1800	1	5	1799	12	11	二更、三更,测雨器水深四分。	SJW-G23120110-00200
1726	1800	3	3	1800	2	8	自五更至开东,测雨器水深三分。	SJW-G24020080-00300
1727	1800	3	14	1800	2	19	自卯时至申时,测雨器水深五分。	SJW-G24020190-00200
1728	1800	3	24	1800	2	29	四更、五更,测雨器水深一分。	SJW-G24020290-00200
1729	1800	4	2	1800	3	9	自开东至午时,测雨器水深一寸。	SJW-G24030090-00200
1730	1800	4	4	1800	3	11	自开东至酉时,测雨器水深八分。	SJW-G24030110-00200
1731	1800	4	5	1800	3	12	自三更至开东,测雨器水深四分。	SJW-G24030120-00200
1732	1800	4	5	1800	3	12	自开东至人定,测雨器水深五寸二分。	SJW-G24030120-00300
1733	1800	4	6	1800	3	13	自人定至五更,测雨器水深一分。自开东至人定,测雨器水深二分。	SJW-G24030130-00200
1734	1800	4	30	1800	4	7	自一更至开东,测雨器水深六分。	SJW-G24040070-00200
1735	1800	5	1	1800	4	8	自巳时至酉时,测雨器水深三分。	SJW-G24040080-00200
1736	1800	5	10	1800	4	17	自卯时至酉时,测雨器水深三分。	SJW-G24040170-00200
1737	1800	5	27	1800	闰 4	4	自卯时至人定,测雨器水深一寸六分。自人定至开东,测雨器水深二分。	SJW-G24041040-00200
1738	1800	5	28	1800	闰 4	5	一更、二更、五更,测雨器水深一分。	SJW-G24041050-00200
1739	1800	5	29	1800	闰 4	6	未时,测雨器水深四分。	SJW-G24041060-00200
1740	1800	6	17	1800	闰 4	25	未时、申时,测雨器水深一分。	SJW-G24041250-00200
1741	1800	6	23	1800	5	2	自一更至开东,测雨器水深一寸。	SJW-G24050020-00300
1742	1800	6	24	1800	5	3	自开东至人定,测雨器水深九分。	SJW-G24050030-00200
1743	1800	6	24	1800	5	3	自一更至开东,测雨器水深一分。	SJW-G24050030-00300
1744	1800	6	25	1800	5	4	自开东至巳时,测雨器水深二分。	SJW-G24050040-00200
1745	1800	6	26	1800	5	5	自一更至开东,测雨器水深二分。	SJW-G24050050-00200

续表

编号	公历			农历			描述	ID 编号
	年	月	日	年	月	日		
1746	1800	7	4	1800	5	13	自卯时至人定,测雨器水深五寸二分。自人定至开东,测雨器水深一寸八分。	SJW-G24050130-00200
1747	1800	7	5	1800	5	14	自开东至辰时、自申时至人定,测雨器水深一寸一分。	SJW-G24050140-00200
1748	1800	7	5	1800	5	14	自人定至开东,测雨器水深四分。	SJW-G24050140-00300
1749	1800	7	8	1800	5	17	自寅时至酉时,测雨器水深四分。	SJW-G24050170-00200
1750	1800	7	13	1800	5	22	自一更至开东,测雨器水深二分。	SJW-G24050220-00200
1751	1800	7	14	1800	5	23	自开东至午时,测雨器水深六分。	SJW-G24050230-00200
1752	1800	7	16	1800	5	25	自午时至人定,测雨器水深二寸五分。自人定至开东,测雨器水深三寸三分。	SJW-G24050250-00200
1753	1800	7	17	1800	5	26	自开东至未时,测雨器水深九分。	SJW-G24050260-00200
1754	1800	7	18	1800	5	27	自开东至巳时,测雨器水深一寸二分。	SJW-G24050270-00200
1755	1800	7	21	1800	5	30	自二更至开东,测雨器水深三分。	SJW-G24050300-00200
1756	1800	7	23	1800	6	2	自四更至开东,测雨器水深三分。自开东至人定,测雨器水深五寸一分。	SJW-G24060020-00200
1757	1800	7	24	1800	6	3	自人定至开东,测雨器水深一分。	SJW-G24060030-00200
1758	1800	7	25	1800	6	4	酉时,测雨器水深二分。	SJW-G24060040-00200
1759	1800	7	26	1800	6	5	自未时至人定,测雨器水深八分。	SJW-G24060050-00200
1760	1800	7	27	1800	6	6	自五更至开东,测雨器水深一寸三分。自开东至辰时,测雨器水深一分。	SJW-G24060060-00200
1761	1800	8	3	1800	6	13	酉时测雨器水深一分。	SJW-G24060130-00200
1762	1800	8	4	1800	6	14	自五更至开东,测雨器水深三分。自酉时至人定,测雨器水深一寸四分。	SJW-G24060140-00200
1763	1800	8	7	1800	6	17	自卯时至午时,测雨器水深一寸四分。	SJW-G24060170-00200
1764	1800	8	10	1800	6	20	自卯时至未时,测雨器水深三分。	SJW-G24060200-00200
1765	1800	8	11	1800	6	21	自五更至开东,测雨器水深三分。	SJW-G24060210-00200
1766	1800	8	14	1800	6	24	自开东至未时,测雨器水深八分。	SJW-G24060240-00200
1767	1800	8	15	1800	6	25	自卯时至人定,测雨器水深七分。	SJW-G24060250-00200
1768	1800	8	16	1800	6	26	自卯时至酉时,测雨器水深二寸一分。	SJW-G24060260-00200
1769	1800	8	16	1800	6	26	自一更至开东,测雨器水深四寸五分。	SJW-G24060260-00300
1770	1800	8	23	1800	7	4	自巳时至人定,测雨器水深一寸。	SJW-H00070040-00200
1771	1800	8	27	1800	7	8	自开东至午时,测雨器水深七分。	SJW-H00070080-00200
1772	1800	8	28	1800	7	9	未时,测雨器水深一寸三分。自人定至开东,测雨器水深二寸一分。	SJW-H00070090-00200
1773	1800	8	29	1800	7	10	自开东至卯时,测雨器水深三分。	SJW-H00070100-00200
1774	1800	9	1	1800	7	13	自五更至开东,测雨器水深三分。	SJW-H00070130-00200
1775	1800	9	2	1800	7	14	自卯时至巳时、申时、酉时,测雨器水深四分。	SJW-H00070140-00200
1776	1800	9	2	1800	7	14	自五更至开东,测雨器水深五分。	SJW-H00070140-00300

续表

编号	公历			农历			描述	ID 编号
	年	月	日	年	月	日		
1777	1800	9	3	1800	7	15	自卯时至未时，测雨器水深一寸一分。	SJW-H00070150-00200
1778	1800	9	5	1800	7	17	自二更至开东，测雨器水深三寸五分。自开东至午时，测雨器水深一寸。	SJW-H00070170-00200
1779	1800	9	6	1800	7	18	自开东至巳时，测雨器水深一寸九分。	SJW-H00070180-00200
1780	1800	9	9	1800	7	21	自酉时至人定，测雨器水深六分。	SJW-H00070210-00200
1781	1800	9	12	1800	7	24	自辰时至人定，测雨器水深二寸一分。	SJW-H00070240-00200
1782	1800	9	13	1800	7	25	自开东至辰时，测雨器水深二分。	SJW-H00070250-00200
1783	1800	9	20	1800	8	2	自开东至辰时，测雨器水深八分。	SJW-H00080020-00300
1784	1800	10	3	1800	8	15	自五更至开东，测雨器水深三分。	SJW-H00080150-00300
1785	1800	10	4	1800	8	16	自开东至酉时，测雨器水深三寸二分。	SJW-H00080160-00200
1786	1800	10	10	1800	8	22	自开东至巳时、自酉时至人定，测雨器水深一分。	SJW-H00080220-00200
1787	1800	10	10	1800	8	22	自人定至开东，测雨器水深二分。	SJW-H00080220-00300
1788	1800	10	18	1800	9	1	自五更至开东，测雨器水深一分。	SJW-H00090010-00200
1789	1800	10	27	1800	9	10	自辰时至人定，测雨器水深一分。	SJW-H00090100-00200
1790	1800	10	29	1800	9	12	自人定至五更，测雨器水深五分。	SJW-H00090120-00200
1791	1800	11	11	1800	9	25	自酉时至人定，测雨器水深一分。	SJW-H00090250-00200
1792	1800	11	12	1800	9	26	自酉时至人定，测雨器水深二分。	SJW-H00090260-00200
1793	1800	11	12	1800	9	26	自人定至二更，测雨器水深八分。	SJW-H00090260-00300
1794	1800	11	30	1800	10	14	四更、五更，测雨器水深二分。	SJW-H00100140-00200
1795	1800	12	15	1800	10	29	自开东至人定，测雨器水深六分。	SJW-H00100290-00200
1796	1801	2	21	1801	1	9	自辰时至人定，测雨器水深一寸一分。	SJW-H01010090-00200
1797	1801	2	21	1801	1	9	自人定至三更，测雨器水深三分。	SJW-H01010090-00300
1798	1801	2	27	1801	1	15	自卯时至未时，测雨器水深五分。	SJW-H01010150-00200
1799	1801	3	22	1801	2	9	一更、二更，测雨器水深二分。	SJW-H01020090-00200
1800	1801	4	11	1801	2	29	自辰时至申时，测雨器水深三分。	SJW-H01020290-00200
1801	1801	4	25	1801	3	13	自卯时至人定，测雨器水深一寸八分。	SJW-H01030130-00200
1802	1801	5	6	1801	3	24	自开东至人定，测雨器水深二寸八分。	SJW-H01030240-00200
1803	1801	5	10	1801	3	28	自卯时至申时，测雨器水深一分。	SJW-H01030280-00200
1804	1801	5	16	1801	4	4	自卯时至申时，测雨器水深三分。	SJW-H01040040-00200
1805	1801	5	18	1801	4	6	午时、未时，测雨器水深五分。	SJW-H01040060-00200
1806	1801	6	3	1801	4	22	一更，测雨器水深一分。	SJW-H01040220-00200
1807	1801	6	20	1801	5	10	自未时至人定，测雨器水深三分。	SJW-H01050100-00200
1808	1801	6	21	1801	5	11	自四更至开东，测雨器水深二分。卯时、辰时，测雨器水深一分。	SJW-H01050110-00200
1809	1801	6	22	1801	5	12	酉时，测雨器水深一分。	SJW-H01050120-00200
1810	1801	6	27	1801	5	17	开东，测雨器水深二分。	SJW-H01050170-00200
1811	1801	6	27	1801	5	17	自开东至辰时，测雨器水深七分。	SJW-H01050170-00300

续表

编号	公历			农历			描述	ID 编号
	年	月	日	年	月	日		
1812	1801	6	29	1801	5	19	自巳时至戌时，测雨器水深一寸六分。自二更至开东，测雨器水深二分。	SJW-H01050190-00200
1813	1801	7	3	1801	5	23	自申时至人定，测雨器水深三寸一分。自人定至开东，测雨器水深五分。	SJW-H01050230-00200
1814	1801	7	4	1801	5	24	自开东至巳时，测雨器水深二分。	SJW-H01050240-00200
1815	1801	7	6	1801	5	26	自开东至人定，测雨器水深二寸八分。自人定至开东，测雨器水深八分。	SJW-H01050260-00200
1816	1801	7	7	1801	5	27	自二更至五更，测雨器水深二分。	SJW-H01050270-00200
1817	1801	7	8	1801	5	28	自辰时至酉时，测雨器水深一分。	SJW-H01050280-00200
1818	1801	7	21	1801	6	11	自三更至五更，测雨器水深七分。	SJW-H01060110-00200
1819	1801	7	22	1801	6	12	自卯时至人定，测雨器水深一寸二分。	SJW-H01060120-00200
1820	1801	7	24	1801	6	14	卯时申时，测雨器水深一寸六分。	SJW-H01060140-00200
1821	1801	7	29	1801	6	19	开东，测雨器水深一分。	SJW-H01060190-00200
1822	1801	7	29	1801	6	19	自卯时至午时，测雨器水深一分。	SJW-H01060190-00300
1823	1801	8	7	1801	6	28	自三更至开东，测雨器水深六分。	SJW-H01060280-00200
1824	1801	8	8	1801	6	29	自五更至开东，测雨器水深二分。	SJW-H01060290-00200
1825	1801	8	9	1801	7	1	自开东至酉时，测雨器水深一寸。	SJW-H01070010-00200
1826	1801	8	13	1801	7	5	自人定至开东，测雨器水深一寸三分。	SJW-H01070050-00200
1827	1801	8	14	1801	7	6	自开东至酉时，测雨器水深五寸三分。自五更至开东，测雨器水深九分。	SJW-H01070060-00200
1828	1801	8	15	1801	7	7	自开东至午时，测雨器水深三寸。	SJW-H01070070-00200
1829	1801	8	31	1801	7	23	自辰时至午时，测雨器水深一寸一分。	SJW-H01070230-00200
1830	1801	9	5	1801	7	28	自辰时至酉时，测雨器水深九分。	SJW-H01070280-00200
1831	1801	9	5	1801	7	28	自二更至开东，测雨器水深三分。	SJW-H01070280-00300
1832	1801	9	11	1801	8	4	自开东至酉时，测雨器水深一寸三分。	SJW-H01080040-00200
1833	1801	9	21	1801	8	14	自五更至开东，测雨器水深一寸五分。	SJW-H01080140-00200
1834	1801	9	22	1801	8	15	自开东至卯时，测雨器水深七分。	SJW-H01080150-00200
1835	1801	10	5	1801	8	28	自五更至开东，测雨器水深三分。	SJW-H01080280-00200
1836	1801	10	8	1801	9	1	自一更至五更，测雨器水深五分。	SJW-H01090010-00200
1837	1801	10	14	1801	9	7	开东，测雨器水深一分。	SJW-H01090070-00200
1838	1801	10	26	1801	9	19	自巳时至申时，测雨器水深二分。	SJW-H01090190-00200
1839	1801	10	29	1801	9	22	自一更至开东，测雨器水深一寸九分。	SJW-H01090220-00300
1840	1801	11	4	1801	9	28	五更，测雨器水深一分。	SJW-H01090280-00200
1841	1801	11	7	1801	10	2	自人定至五更，测雨器水深八分。	SJW-H01100020-00200
1842	1801	11	12	1801	10	7	自五更至开东，测雨器水深一分。	SJW-H01100070-00200
1843	1801	11	13	1801	10	8	自巳时至人定，测雨器水深四分。	SJW-H01100080-00200
1844	1801	11	23	1801	10	18	自午时至申时，测雨器水深二分。	SJW-H01100180-00200
1845	1801	11	25	1801	10	20	一更、自人定至四更，测雨器水深三分。	SJW-H01100200-00200

续表

编号	公历			农历			描述	ID编号
	年	月	日	年	月	日		
1846	1801	12	4	1801	10	29	自三更至五更,测雨器水深三分。	SJW-H01100290-00200
1847	1802	1	13	1801	12	10	自巳时至人定,测雨器水深六分。	SJW-H01120100-00200
1848	1802	3	7	1802	2	4	午时、未时,测雨器水深三分。	SJW-H02020040-00200
1849	1802	3	22	1802	2	19	自三更至开东,测雨器水深三分。	SJW-H02020190-00200
1850	1802	3	23	1802	2	20	自开东至人定,测雨器水深二寸五分。	SJW-H02020200-00200
1851	1802	4	7	1802	3	6	自辰时至人定,测雨器水深一寸。自一更至开东,测雨器水深八分。	SJW-H02030060-00200
1852	1802	4	8	1802	3	7	自卯时至申时,测雨器水深三分。	SJW-H02030070-00200
1853	1802	4	18	1802	3	17	自开东至酉时,测雨器水深五分。	SJW-H02030170-00200
1854	1802	4	21	1802	3	20	自四更至开东,测雨器水深七分。	SJW-H02030200-00200
1855	1802	4	22	1802	3	21	自开东至未时,测雨器水深七分。	SJW-H02030210-00200
1856	1802	4	26	1802	3	25	自巳时至酉时,测雨器水深一分。	SJW-H02030250-00200
1857	1802	4	29	1802	3	28	自申时至人定,测雨器水深四分。自人定至五更,测雨器水深二分。	SJW-H02030280-00200
1858	1802	5	2	1802	4	1	自二更至五更,测雨器水深一分。	SJW-H02040010-00200
1859	1802	5	9	1802	4	8	自一更至开东,测雨器水深一分。	SJW-H02040080-00200
1860	1802	5	10	1802	4	9	自人定至开东,测雨器水深二分。	SJW-H02040090-00200
1861	1802	5	14	1802	4	13	卯时、辰时、未时、申时,测雨器水深四分。	SJW-H02040130-00200
1862	1802	5	17	1802	4	16	自开东至巳时,测雨器水深四分。	SJW-H02040160-00200
1863	1802	5	19	1802	4	18	自卯时至酉时,测雨器水深一寸三分。	SJW-H02040180-00200
1864	1802	5	28	1802	4	27	自辰时至人定,测雨器水深二寸八分。	SJW-H02040270-00200
1865	1802	6	10	1802	5	11	自申时至人定,测雨器水深二分。	SJW-H02050110-00200
1866	1802	6	12	1802	5	13	自五更至开东,测雨器水深一分。	SJW-H02050130-00300
1867	1802	6	14	1802	5	15	自人定至开东,测雨器水深二寸。	SJW-H02050150-00200
1868	1802	6	15	1802	5	16	自开东至申时,测雨器水深一寸七分。	SJW-H02050160-00200
1869	1802	6	16	1802	5	17	自卯时至未时,测雨器水深五分。	SJW-H02050170-00200
1870	1802	6	18	1802	5	19	自四更至开东,测雨器水深一分。	SJW-H02050190-00200
1871	1802	6	19	1802	5	20	自二更至开东,测雨器水深五分。	SJW-H02050200-00200
1872	1802	6	20	1802	5	21	自开东至辰时,测雨器水深一寸四分。	SJW-H02050210-00200
1873	1802	6	21	1802	5	22	自开东至巳时,测雨器水深二分。	SJW-H02050220-00200
1874	1802	6	30	1802	6	1	自午时至酉时,测雨器水深一寸五分。自人定至开东,测雨器水深二寸四分。	SJW-H02060010-00200
1875	1802	7	1	1802	6	2	自开东至未时,测雨器水深一寸八分。	SJW-H02060020-00200
1876	1802	7	2	1802	6	3	自五更至开东,测雨器水深六分。	SJW-H02060030-00200
1877	1802	7	3	1802	6	4	自开东至巳时,测雨器水深二寸五分。	SJW-H02060040-00200
1878	1802	7	6	1802	6	7	自人定至开东,测雨器水深二分。	SJW-H02060070-00200
1879	1802	7	7	1802	6	8	自开东至人定,测雨器水深三寸五分。	SJW-H02060080-00200
1880	1802	7	7	1802	6	8	自五更至开东,测雨器水深一寸。	SJW-H02060080-00300

续表

编号	公历			农历			描述	ID 编号
	年	月	日	年	月	日		
1881	1802	7	8	1802	6	9	自开东至辰时，测雨器水深三分。	SJW-H02060090-00200
1882	1802	7	9	1802	6	10	自申时至人定，测雨器水深一寸二分。	SJW-H02060100-00200
1883	1802	7	9	1802	6	10	自一更至开东，测雨器水深六寸。	SJW-H02060100-00300
1884	1802	7	10	1802	6	11	自开东至人定，测雨器水深四寸。	SJW-H02060110-00200
1885	1802	7	10	1802	6	11	自四更至开东，测雨器水深一分。	SJW-H02060110-00300
1886	1802	7	11	1802	6	12	自酉时至人定，测雨器水深四分。	SJW-H02060120-00200
1887	1802	7	11	1802	6	12	自二更至开东，测雨器水深一寸七分。	SJW-H02060120-00300
1888	1802	8	3	1802	7	6	午时、未时，测雨器水深六分。	SJW-H02070060-00200
1889	1802	8	5	1802	7	8	自四更至开东，测雨器水深五分。	SJW-H02070080-00200
1890	1802	8	6	1802	7	9	自开东至午时，测雨器水深二寸五分。	SJW-H02070090-00200
1891	1802	8	11	1802	7	14	自辰时至人定，测雨器水深三分。自人定至开东，测雨器水深一分。	SJW-H02070140-00200
1892	1802	8	12	1802	7	15	自开东至申时，测雨器水深五寸。	SJW-H02070150-00200
1893	1802	8	15	1802	7	18	自开东至午时，测雨器水深三分。	SJW-H02070180-00200
1894	1802	8	18	1802	7	21	自三更至开东，测雨器水深三分。	SJW-H02070210-00200
1895	1802	8	19	1802	7	22	自开东至巳时，测雨器水深八分。自五更至开东，测雨器水深五分。	SJW-H02070220-00200
1896	1802	8	20	1802	7	23	申时、酉时，测雨器水深四分。四更、五更，测雨器水深六分。	SJW-H02070230-00200
1897	1802	8	21	1802	7	24	自巳时至申时，测雨器水深六分。	SJW-H02070240-00200
1898	1802	8	25	1802	7	28	自五更至开东，测雨器水深一寸六分。	SJW-H02070280-00200
1899	1802	8	26	1802	7	29	自辰时至申时，测雨器水深一分。	SJW-H02070290-00200
1900	1802	9	5	1802	8	9	自巳时至酉时，测雨器水深一寸三分。	SJW-H02080090-00200
1901	1802	9	10	1802	8	14	自四更至开东，测雨器水深三分。	SJW-H02080140-00300
1902	1802	9	11	1802	8	15	自开东至卯时，测雨器水深三分。	SJW-H02080150-00200
1903	1802	9	18	1802	8	22	自巳时至人定，测雨器水深一寸。	SJW-H02080220-00200
1904	1802	9	18	1802	8	22	自人定至四更，测雨器水深二分。	SJW-H02080220-00300
1905	1802	9	24	1802	8	28	自辰时至人定，测雨器水深二分。	SJW-H02080280-00200
1906	1802	10	1	1802	9	5	自二更至五更，测雨器水深二分。	SJW-H02090050-00200
1907	1802	10	7	1802	9	11	未时、申时、酉时，测雨器水深二分。	SJW-H02090110-00200
1908	1802	10	20	1802	9	24	自二更至五更，测雨器水深五分。	SJW-H02090240-00300
1909	1802	10	21	1802	9	25	一更，测雨器水深一分。	SJW-H02090250-00200
1910	1802	10	24	1802	9	28	自三更至开东，测雨器水深三分。	SJW-H02090280-00200
1911	1802	10	30	1802	10	4	未时、申时，测雨器水深三分。	SJW-H02100040-00200
1912	1802	11	6	1802	10	11	二更、自五更至开东，测雨器水深二分。	SJW-H02100110-00200
1913	1802	11	10	1802	10	15	自辰时至人定，测雨器水深二分。自人定至五更，测雨器水深七分。	SJW-H02100150-00200
1914	1802	11	21	1802	10	26	自三更至五更，测雨器水深三分。	SJW-H02100260-00200

续表

编号	公历			农历			描述	ID 编号
	年	月	日	年	月	日		
1915	1802	11	25	1802	11	1	自辰时至午时,测雨器水深七分。	SJW-H02110010-00200
1916	1802	11	28	1802	11	4	自一更至开东,测雨器水深一寸五分。	SJW-H02110040-00200
1917	1802	11	29	1802	11	5	自开东至未时,测雨器水深二分。	SJW-H02110050-00200
1918	1803	1	31	1803	1	9	自开东至午时,测雨器水深六分。	SJW-H03010090-00200
1919	1803	3	25	1803	闰 2	3	自未时至人定,测雨器水深三分。自人定至开东,测雨器水深一寸一分。	SJW-H03021030-00200
1920	1803	3	26	1803	闰 2	4	自一更至开东,测雨器水深二分。	SJW-H03021040-00200
1921	1803	3	27	1803	闰 2	5	自开东至人定,测雨器水深三分。	SJW-H03021050-00200
1922	1803	3	30	1803	闰 2	8	自辰时至人定,测雨器水深七分。自人定至五更,测雨器水深二分。	SJW-H03021080-00200
1923	1803	4	13	1803	闰 2	22	自一更至开东,测雨器水深一寸二分。	SJW-H03021220-00200
1924	1803	4	26	1803	3	6	自巳时至人定,测雨器水深五分。	SJW-H03030060-00200
1925	1803	4	26	1803	3	6	自人定至开东,测雨器水深一寸四分。	SJW-H03030060-00300
1926	1803	5	1	1803	3	11	自四更至开东,测雨器水深三分。	SJW-H03030110-00200
1927	1803	5	12	1803	3	22	自三更至开东,测雨器水深二分。	SJW-H03030220-00200
1928	1803	5	13	1803	3	23	自开东至人定,测雨器水深四分。	SJW-H03030230-00200
1929	1803	5	19	1803	3	29	自人定至开东,测雨器水深四分。	SJW-H03030290-00200
1930	1803	5	25	1803	4	5	自一更至开东,测雨器水深一分。	SJW-H03040050-00200
1931	1803	5	31	1803	4	11	自申时至人定,测雨器水深四分。	SJW-H03040110-00200
1932	1803	6	1	1803	4	12	开东,测雨器水深六分。	SJW-H03040120-00200
1933	1803	6	9	1803	4	20	自寅时至巳时,测雨器水深五分。	SJW-H03040200-00200
1934	1803	6	15	1803	4	26	自人定至开东,测雨器水深一寸四分。	SJW-H03040260-00200
1935	1803	6	20	1803	5	2	自开东至午时,测雨器水深六分。	SJW-H03050020-00200
1936	1803	6	22	1803	5	4	辰时、巳时,测雨器水深一分。	SJW-H03050040-00200
1937	1803	7	5	1803	5	17	自三更至开东,测雨器水深五分。	SJW-H03050170-00300
1938	1803	7	11	1803	5	23	自午时至人定,测雨器水深一寸九分。	SJW-H03050230-00200
1939	1803	7	11	1803	5	23	自人定至开东,测雨器水深五分。	SJW-H03050230-00300
1940	1803	7	12	1803	5	24	自开东至巳时,测雨器水深一寸。	SJW-H03050240-00200
1941	1803	7	13	1803	5	25	自五更至开东,测雨器水深五分。	SJW-H03050250-00200
1942	1803	7	14	1803	5	26	四更、五更,测雨器水深二分。自开东至酉时,测雨器水深二寸七分。	SJW-H03050260-00200
1943	1803	7	15	1803	5	27	自开东至未时,测雨器水深二分。	SJW-H03050270-00200
1944	1803	7	15	1803	5	27	自一更至开东,测雨器水深一寸四分。	SJW-H03050270-00300
1945	1803	7	16	1803	5	28	自开东至未时,测雨器水深三分。	SJW-H03050280-00200
1946	1803	7	18	1803	5	30	自午时至申时,测雨器水深一寸二分。	SJW-H03050300-00200
1947	1803	7	19	1803	6	1	自开东至人定,测雨器水深一寸。	SJW-H03060010-00200
1948	1803	7	22	1803	6	4	申时,测雨器水深四分。	SJW-H03060040-00200
1949	1803	7	28	1803	6	10	自五更至开东,测雨器水深一寸二分。	SJW-H03060100-00200

续表

编号	公历			农历			描述	ID 编号
	年	月	日	年	月	日		
1950	1803	7	29	1803	6	11	自开东至戌时，测雨器水深一寸七分。自四更至开东，测雨器水深一寸。	SJW-H03060110-00200
1951	1803	7	31	1803	6	13	三更，测雨器水深一分。	SJW-H03060130-00200
1952	1803	8	17	1803	7	1	自一更至四更，测雨器水深七分。	SJW-H03070010-00200
1953	1803	8	21	1803	7	5	自一更至五更，测雨器水深二寸八分。	SJW-H03070050-00200
1954	1803	8	22	1803	7	6	卯时、辰时，测雨器水深四分。	SJW-H03070060-00200
1955	1803	8	27	1803	7	11	未时、申时，测雨器水深五分。	SJW-H03070110-00200
1956	1803	8	27	1803	7	11	二更，四更、五更，测雨器水深二分。	SJW-H03070110-00300
1957	1803	8	28	1803	7	12	自开东至巳时，测雨器水深二分。	SJW-H03070120-00200
1958	1803	8	29	1803	7	13	自未时至人定，测雨器水深三分。	SJW-H03070130-00200
1959	1803	9	3	1803	7	18	自巳时至人定，测雨器水深三分。自人定至开东，测雨器水深二寸四分。	SJW-H03070180-00200
1960	1803	9	4	1803	7	19	自开东至巳时，测雨器水深二分。	SJW-H03070190-00200
1961	1803	9	5	1803	7	20	自午後至开东，测雨器水深八分。	SJW-H03070200-00200
1962	1803	9	24	1803	8	9	自开东至卯时，测雨器水深一分。	SJW-H03080090-00200
1963	1803	9	27	1803	8	12	人定，测雨器水深九分。	SJW-H03080120-00200
1964	1803	10	2	1803	8	17	三更、四更，测雨器水深三分。	SJW-H03080170-00200
1965	1803	10	3	1803	8	18	自未时至戌时，测雨器水深一分。	SJW-H03080180-00200
1966	1803	10	4	1803	8	19	申时，测雨器水深三分。	SJW-H03080190-00200
1967	1803	10	17	1803	9	2	自开东至巳时，测雨器水深四分。五更、自人定至开东，测雨器水深一寸九分。	SJW-H03090020-00200
1968	1803	10	18	1803	9	3	自开东至人定，测雨器水深二分。自人定至三更，测雨器水深五分。	SJW-H03090030-00200
1969	1803	10	25	1803	9	10	自人定至二更，测雨器水深二分。	SJW-H03090100-00200
1970	1803	10	29	1803	9	14	自三更至开东，测雨器水深八分。	SJW-H03090140-00200
1971	1803	11	14	1803	10	1	五更，测雨器水深一分。	SJW-H03100010-00200
1972	1803	11	15	1803	10	2	人定至开东，测雨器水深六分。	SJW-H03100020-00200
1973	1803	11	16	1803	10	3	自开东至巳时，测雨器水深二分。	SJW-H03100030-00200
1974	1803	11	21	1803	10	8	自辰时至申时，测雨器水深二分。	SJW-H03100080-00200
1975	1803	11	21	1803	10	8	自五更至开东，测雨器水深一分。	SJW-H03100080-00300
1976	1803	11	22	1803	10	9	自三更至开东，测雨器水深一寸五分。	SJW-H03100090-00200
1977	1803	11	23	1803	10	10	自开东至巳时，测雨器水深三分。	SJW-H03100100-00200
1978	1803	11	27	1803	10	14	自巳时至人定，测雨器水深六分。	SJW-H03100140-00200
1979	1803	12	30	1803	11	17	自开东至申时，测雨器水深三分。	SJW-H03110170-00200
1980	1804	3	22	1804	2	11	申时、酉时，测雨器水深四分。	SJW-H04020110-00200
1981	1804	4	17	1804	3	8	自未时至人定，测雨器水深七分。自人定至开东，测雨器水深二分。	SJW-H04030080-00200
1982	1804	4	18	1804	3	9	自五更至开东，测雨器水深二分。	SJW-H04030090-00200

续表

编号	公历			农历			描述	ID 编号
	年	月	日	年	月	日		
1983	1804	4	22	1804	3	13	自一更至开东，测雨器水深五分。	SJW-H04030130-00200
1984	1804	4	24	1804	3	15	自开东至人定，测雨器水深二寸三分。	SJW-H04030150-00200
1985	1804	4	26	1804	3	17	午时、未时，测雨器水深一分。	SJW-H04030170-00200
1986	1804	5	4	1804	3	25	自四更至开东，测雨器水深二分。	SJW-H04030250-00200
1987	1804	5	5	1804	3	26	自开东至申时，测雨器水深五分。	SJW-H04030260-00200
1988	1804	5	10	1804	4	2	自一更至开东，测雨器水深九分。	SJW-H04040020-00200
1989	1804	5	11	1804	4	3	自开东至酉时，测雨器水深七分。	SJW-H04040030-00200
1990	1804	5	31	1804	4	23	自巳时至人定，测雨器水深四分。	SJW-H04040230-00200
1991	1804	5	31	1804	4	23	自人定至开东，测雨器水深一寸。	SJW-H04040230-00300
1992	1804	6	17	1804	5	10	自卯时至酉时，测雨器水深五分。	SJW-H04050100-00200
1993	1804	6	22	1804	5	15	自巳时至申时，测雨器水深一寸一分。	SJW-H04050150-00200
1994	1804	6	23	1804	5	16	洪义浩，以礼曹言启曰，圭璧初举，灵应即至，昨日之雨，虽未浃洽，测雨器水深，即过寸馀，庶可救急。续续祈告，且近渎屑，祈雨祭今姑停止，稍竢数日，观势设行，何如？传曰，允。	SJW-H04050160-00700
1995	1804	7	1	1804	5	24	自二更至开东，测雨器水深一分。	SJW-H04050240-00200
1996	1804	7	2	1804	5	25	自开东至人定，测雨器水深一寸四分。	SJW-H04050250-00200
1997	1804	7	2	1804	5	25	自人定至开东，测雨器水深一寸。	SJW-H04050250-00300
1998	1804	7	3	1804	5	26	自开东至酉时，测雨器水深二寸三分。	SJW-H04050260-00200
1999	1804	7	4	1804	5	27	自开东至人定，测雨器水深八分。	SJW-H04050270-00200
2000	1804	7	4	1804	5	27	自人定至开东，测雨器水深二分。	SJW-H04050270-00300
2001	1804	7	5	1804	5	28	自开东至人定，测雨器水深二寸三分。	SJW-H04050280-00200
2002	1804	7	6	1804	5	29	自卯时至酉时，测雨器水深一分。	SJW-H04050290-00200
2003	1804	7	11	1804	6	5	自辰时至申时，测雨器水深二分。	SJW-H04060050-00200
2004	1804	7	15	1804	6	9	自四更至开东，测雨器水深三分。	SJW-H04060090-00200
2005	1804	7	16	1804	6	10	自开东至未时，测雨器水深六分。	SJW-H04060100-00200
2006	1804	7	19	1804	6	13	自三更至开东，测雨器水深二寸。	SJW-H04060130-00200
2007	1804	7	20	1804	6	14	自开东至酉时，测雨器水深一分。	SJW-H04060140-00200
2008	1804	7	21	1804	6	15	自开东至巳时，测雨器水深一分。	SJW-H04060150-00200
2009	1804	7	21	1804	6	15	自三更至开东，测雨器水深二分。	SJW-H04060150-00300
2010	1804	7	22	1804	6	16	自开东至人定，测雨器水深二寸三分。	SJW-H04060160-00200
2011	1804	7	23	1804	6	17	开东至未时，测雨器水深二分。	SJW-H04060170-00200
2012	1804	7	24	1804	6	18	未时、申时，测雨器水深一寸。自四更至开东，测雨器水深二寸一分。	SJW-H04060180-00200
2013	1804	7	25	1804	6	19	午时、未时，测雨器水深二分。	SJW-H04060190-00200
2014	1804	7	27	1804	6	21	自寅时至申时，测雨器水深一寸四分。	SJW-H04060210-00200
2015	1804	7	28	1804	6	22	自人定至开东，测雨器水深一寸五分。	SJW-H04060220-00200
2016	1804	7	31	1804	6	25	自寅时至人定，测雨器水深六寸五分。	SJW-H04060250-00200

续表

编号	公历			农历			描述	ID 编号
	年	月	日	年	月	日		
2017	1804	7	31	1804	6	25	自人定至开东，测雨器水深二寸二分。	SJW-H04060250-00300
2018	1804	8	5	1804	7	1	自五更至开东，测雨器水深一分。	SJW-H04070010-00200
2019	1804	8	6	1804	7	2	自开东至午时，测雨器水深一寸六分。	SJW-H04070020-00200
2020	1804	8	8	1804	7	4	自酉时至人定，测雨器水深二分。	SJW-H04070040-00200
2021	1804	8	8	1804	7	4	自人定至开东，测雨器水深四分。	SJW-H04070040-00300
2022	1804	8	9	1804	7	5	自开东至申时，测雨器水深一寸二分。	SJW-H04070050-00200
2023	1804	8	10	1804	7	6	自开东至巳时，测雨器水深四分。	SJW-H04070060-00200
2024	1804	8	15	1804	7	11	自开东至未时，测雨器水深一寸二分。	SJW-H04070110-00200
2025	1804	8	15	1804	7	11	自五更至开东，测雨器水深四分。	SJW-H04070110-00300
2026	1804	8	16	1804	7	12	自开东时至申时，测雨器水深一寸八分。	SJW-H04070120-00200
2027	1804	8	19	1804	7	15	自开东至人定，测雨器水深九分。自人定至开东，测雨器水深五寸二分。	SJW-H04070150-00200
2028	1804	8	28	1804	7	24	自卯时至人定，测雨器水深二寸五分。	SJW-H04070240-00200
2029	1804	8	28	1804	7	24	自人定至开东，测雨器水深七分。	SJW-H04070240-00300
2030	1804	9	17	1804	8	14	自开东至卯时、自未时至人定，测雨器水深二分。自人定至四更，测雨器水深七分。	SJW-H04080140-00200
2031	1804	9	20	1804	8	17	自卯时至人定，测雨器水深八分。	SJW-H04080170-00200
2032	1804	9	20	1804	8	17	自人定至三更，测雨器水深四分。	SJW-H04080170-00300
2033	1804	9	25	1804	8	22	自午时至酉时，测雨器水深三分。	SJW-H04080220-00200
2034	1804	9	26	1804	8	23	自开东至辰时，测雨器水深四分。	SJW-H04080230-00200
2035	1804	10	9	1804	9	6	自巳时至人定，测雨器水深五分。	SJW-H04090060-00200
2036	1804	10	10	1804	9	7	自二更至开东，测雨器水深五分。	SJW-H04090070-00300
2037	1804	10	20	1804	9	17	午时、未时，测雨器水深八分。	SJW-H04090170-00200
2038	1804	11	9	1804	10	8	二更、三更，测雨器水深四分。	SJW-H04100080-00300
2039	1804	11	12	1804	10	11	自辰时至申时，测雨器水深二分。	SJW-H04100110-00200
2040	1804	12	15	1804	11	14	一更、二更、自五更至开东，测雨器水深二分。	SJW-H04110140-00200
2041	1804	12	19	1804	11	18	自人定至开东，测雨器水深五分。	SJW-H04110180-00200
2042	1804	12	29	1804	11	28	自二更至开东，测雨器水深一寸三分。	SJW-H04110280-00200
2043	1804	12	30	1804	11	29	自开东至午时，测雨器水深七分。	SJW-H04110290-00200
2044	1805	2	25	1805	1	26	自人定至日开东，测雨器水深六分。	SJW-H05010260-00200
2045	1805	3	3	1805	2	3	自酉时至开东，测雨器水深一寸。	SJW-H05020030-00200
2046	1805	3	4	1805	2	4	自人定至五更，测雨器水深一寸四分。	SJW-H05020040-00200
2047	1805	3	14	1805	2	14	自未时至人定，测雨器水深一分。	SJW-H05020140-00200
2048	1805	3	17	1805	2	17	自巳时至人定，测雨器水深一寸一分。自人定至开东，测雨器水深一寸四分。	SJW-H05020170-00200
2049	1805	3	18	1805	2	18	自开东至未时，测雨器水深八分。	SJW-H05020180-00200
2050	1805	3	24	1805	2	24	自巳时至人定，测雨器水深六分。	SJW-H05020240-00200
2051	1805	3	26	1805	2	26	自初昏至开东，测雨器水深一寸三分。	SJW-H05020260-00200

续表

编号	公历			农历			描述	ID 编号
	年	月	日	年	月	日		
2052	1805	4	5	1805	3	6	自人定至开东，测雨器水深一寸二分。	SJW-H05030060-00200
2053	1805	4	19	1805	3	20	自人定至开东，测雨器水深一寸四分。	SJW-H05030200-00200
2054	1805	4	20	1805	3	21	自开东至人定，测雨器水深一寸二分。	SJW-H05030210-00200
2055	1805	4	28	1805	3	29	自午时至人定，测雨器水深三分。自人定至五更，测雨器水深二分。	SJW-H05030290-00200
2056	1805	5	10	1805	4	12	自五更至开东，测雨器水深一寸一分。	SJW-H05040120-00200
2057	1805	5	12	1805	4	14	自巳时至酉时，测雨器水深一分。	SJW-H05040140-00200
2058	1805	5	18	1805	4	20	自午时至人定，测雨器水深一寸八分。	SJW-H05040200-00200
2059	1805	5	30	1805	5	2	自辰时至申时，测雨器水深八分。	SJW-H05050020-00200
2060	1805	6	4	1805	5	7	自巳时至人定，测雨器水深二寸五分。	SJW-H05050070-00200
2061	1805	6	10	1805	5	13	自开东至申时，测雨器水深七分。	SJW-H05050130-00200
2062	1805	6	28	1805	6	2	自酉时至开东，测雨器水深五分。	SJW-H05060020-00200
2063	1805	6	29	1805	6	3	自开东至酉时，测雨器水深四寸五分。	SJW-H05060030-00200
2064	1805	7	4	1805	6	8	自人定至开东，测雨器水深六分。	SJW-H05060080-00200
2065	1805	7	5	1805	6	9	自开东至人定，测雨器水深二寸六分。	SJW-H05060090-00200
2066	1805	7	8	1805	6	12	自三更至开东，测雨器水深四分。	SJW-H05060120-00200
2067	1805	7	9	1805	6	13	自辰时至申时，测雨器水深二分。	SJW-H05060130-00200
2068	1805	7	10	1805	6	14	自一更至开东，测雨器水深一分。	SJW-H05060140-00200
2069	1805	7	11	1805	6	15	自卯时至人定，测雨器水深八分。	SJW-H05060150-00200
2070	1805	7	13	1805	6	17	自卯时至酉时，测雨器水深一寸四分。	SJW-H05060170-00200
2071	1805	7	13	1805	6	17	自五更至开东，测雨器水深四分。	SJW-H05060170-00300
2072	1805	7	14	1805	6	18	自开东至人定，测雨器水深六寸一分。	SJW-H05060180-00200
2073	1805	8	1	1805	闰 6	7	申时、戌时，测雨器水深四分。	SJW-H05061070-00200
2074	1805	8	4	1805	闰 6	10	自五更至开东，测雨器水深二寸四分。	SJW-H05061100-00200
2075	1805	8	8	1805	闰 6	14	开东，测雨器水深二分。自申时至人定，测雨器水深七分。	SJW-H05061140-00200
2076	1805	8	9	1805	闰 6	15	自午时至申时，测雨器水深四分。四更、五更，测雨器水深三分。	SJW-H05061150-00200
2077	1805	8	12	1805	闰 6	18	自一更至开东，测雨器水深一寸一分。	SJW-H05061180-00200
2078	1805	8	13	1805	闰 6	19	酉时，测雨器水深一分。	SJW-H05061190-00200
2079	1805	8	15	1805	闰 6	21	自酉时至人定，测雨器水深二分。	SJW-H05061210-00200
2080	1805	8	17	1805	闰 6	23	自开东至巳时，测雨器水深四分。	SJW-H05061230-00200
2081	1805	8	19	1805	闰 6	25	自一更至开东，测雨器水深一寸七分。	SJW-H05061250-00200
2082	1805	8	20	1805	闰 6	26	自辰时至酉时，测雨器水深一寸九分。	SJW-H05061260-00200
2083	1805	8	24	1805	7	1	自四更至开东，测雨器水深九分。	SJW-H05070010-00200
2084	1805	8	25	1805	7	2	四更，测雨器水深三分。	SJW-H05070020-00200
2085	1805	8	29	1805	7	6	自初昏至四更，测雨器水深三寸二分。	SJW-H05070060-00200
2086	1805	9	1	1805	7	9	自五更至开东，测雨器水深四分。	SJW-H05070090-00200

续表

编号	公历			农历			描述	ID 编号
	年	月	日	年	月	日		
2087	1805	9	2	1805	7	10	自开东至巳时，测雨器水深四分。	SJW-H05070100-00200
2088	1805	9	3	1805	7	11	自辰时至人定，测雨器水深三分。自人定至开东，测雨器水深三寸八分。	SJW-H05070110-00200
2089	1805	9	4	1805	7	12	自开东至午时，测雨器水深一寸九分。	SJW-H05070120-00200
2090	1805	9	9	1805	7	17	自午时至人定，测雨器水深一寸。自人定至五更，测雨器水深七分。	SJW-H05070170-00200
2091	1805	9	21	1805	7	29	自未时至酉时，测雨器水深三分。	SJW-H05070290-00200
2092	1805	10	1	1805	8	9	自五更至开东，测雨器水深二分。	SJW-H05080090-00200
2093	1805	10	10	1805	8	18	自酉时至人定，测雨器水深三分。自四更至开东，测雨器水深一寸八分。	SJW-H05080180-00200
2094	1805	10	11	1805	8	19	自开东至未时，测雨器水深二分。四更、五更，测雨器水深五分。	SJW-H05080190-00200
2095	1805	10	13	1805	8	21	未时、申时，测雨器水深二分。	SJW-H05080210-00200
2096	1805	10	19	1805	8	27	四更、五更，测雨器水深一分。	SJW-H05080270-00200
2097	1805	10	22	1805	9	1	自一更至五更，测雨器水深二分。	SJW-H05090010-00200
2098	1805	10	31	1805	9	10	自二更至五更，测雨器水深九分。	SJW-H05090100-00200
2099	1805	11	6	1805	9	16	自辰时至酉时，测雨器水深八分。四更、五更，测雨器水深四分。	SJW-H05090160-00200
2100	1805	11	7	1805	9	17	自开东至人定，测雨器水深八分。巳时、自人定至四更，测雨器水深三分。	SJW-H05090170-00200
2101	1805	11	12	1805	9	22	自三更至廿三日开东，测雨器水深四分。	SJW-H05090220-00200
2102	1805	11	13	1805	9	23	自开东至人定，测雨器水深二分。	SJW-H05090230-00200
2103	1805	11	16	1805	9	26	自辰时止人定，测雨器水深八分。	SJW-H05090260-00200
2104	1805	11	17	1805	9	27	自人定至五更，测雨器水深九分。	SJW-H05090270-00200
2105	1805	11	25	1805	10	5	自五更至开东，测雨器水深四分。	SJW-H05100050-00200
2106	1805	12	15	1805	10	25	自申时至人定，测雨器水深二分。	SJW-H05100250-00200
2107	1805	12	15	1805	10	25	自人定至五更，测雨器水深八分。	SJW-H05100250-00300
2108	1806	1	14	1805	11	25	开东，测雨器水深一分。	SJW-H05110250-00200
2109	1806	1	14	1805	11	25	自人定至三更，测雨器水深二分。	SJW-H05110250-00300
2110	1806	2	15	1805	12	27	自午时至人定，测雨器水深八分。自人定至开东，测雨器水深二分。	SJW-H05120270-00200
2111	1806	3	6	1806	1	17	四更，测雨器水深二分。	SJW-H06010170-00200
2112	1806	3	18	1806	1	29	自辰时至人定，测雨器水深六分。自人定至开东，测雨器水深九分。	SJW-H06010290-00200
2113	1806	3	29	1806	2	10	自人定至开东，测雨器水深一寸一分。	SJW-H06020100-00200
2114	1806	3	30	1806	2	11	自开东至人定，测雨器水深一寸六分。	SJW-H06020110-00200
2115	1806	4	4	1806	2	16	自辰时至酉时，测雨器水深一寸七分。	SJW-H06020160-00200
2116	1806	4	14	1806	2	26	自申时至人定，测雨器水深四分。	SJW-H06020260-00200

续表

编号	公历			农历			描述	ID编号
	年	月	日	年	月	日		
2117	1806	4	14	1806	2	26	自人定至三更,测雨器水深二分。	SJW-H06020260-00300
2118	1806	4	20	1806	3	2	自午时至人定,测雨器水深一寸一分。	SJW-H06030020-00200
2119	1806	4	21	1806	3	3	自人定至开东,测雨器水深三寸。自开东至人定,测雨器水深三寸五分。	SJW-H06030030-00200
2120	1806	4	27	1806	3	9	自未时至人定,测雨器水深四分。	SJW-H06030090-00300
2121	1806	4	28	1806	3	10	自开东至午时,测雨器水深三分。	SJW-H06030100-00200
2122	1806	4	30	1806	3	12	自申时至人定,测雨器水深五分。自人定至五更,测雨器水深二分。	SJW-H06030120-00200
2123	1806	5	7	1806	3	19	自卯时至人定,测雨器水深一寸八分。自人定至三更,测雨器水深二分。	SJW-H06030190-00200
2124	1806	5	13	1806	3	25	自申时至人定,测雨器水深一分。	SJW-H06030250-00200
2125	1806	5	13	1806	3	25	自人定至开东,测雨器水深七分。	SJW-H06030250-00300
2126	1806	5	14	1806	3	26	自开东至人定,测雨器水深一寸三分。自人定至开东,测雨器水深四寸。	SJW-H06030260-00200
2127	1806	5	15	1806	3	27	自开东至巳时,测雨器水深七分。	SJW-H06030270-00200
2128	1806	5	17	1806	3	29	自辰时至人定,测雨器水深一寸二分。自人定至开东,测雨器水深一寸六分。	SJW-H06030290-00200
2129	1806	5	18	1806	4	1	自开东至辰时,测雨器水深二分。	SJW-H06040010-00200
2130	1806	5	22	1806	4	5	自辰时至未时,测雨器水深三分。	SJW-H06040050-00200
2131	1806	5	27	1806	4	10	自卯时至申时,测雨器水深一分。	SJW-H06040100-00200
2132	1806	6	6	1806	4	20	自五更至开东,测雨器水深一寸。	SJW-H06040200-00300
2133	1806	6	7	1806	4	21	自开东至申时,测雨器水深二寸三分。	SJW-H06040210-00200
2134	1806	6	9	1806	4	23	自开东至辰时,测雨器水深一分。	SJW-H06040230-00200
2135	1806	6	13	1806	4	27	自巳时至人定,测雨器水深五分。	SJW-H06040270-00200
2136	1806	6	14	1806	4	28	自开东至酉时,测雨器水深五分。	SJW-H06040280-00200
2137	1806	6	15	1806	4	29	自开东至人定,测雨器水深六寸七分。	SJW-H06040290-00200
2138	1806	6	16	1806	4	30	自昨天人定至今天开东,测雨器水深一寸四分。自开东至酉时,测雨器水深一寸二分。	SJW-H06040300-00200
2139	1806	6	19	1806	5	3	自昨天人定至今天开东,测雨器水深七分。	SJW-H06050030-00200
2140	1806	6	20	1806	5	4	自午时至戌时,测雨器水深八分。	SJW-H06050040-00200
2141	1806	6	21	1806	5	5	自开东至巳时,测雨器水深五分。	SJW-H06050050-00200
2142	1806	6	24	1806	5	8	自开东至午时,测雨器水深一寸三分。	SJW-H06050080-00200
2143	1806	7	4	1806	5	18	自卯时至人定,测雨器水深二分。自人定至五更,测雨器水深一寸一分。	SJW-H06050180-00200
2144	1806	7	7	1806	5	21	二更、三更,测雨器水深一寸四分。	SJW-H06050210-00200
2145	1806	7	12	1806	5	26	酉时、戌时,测雨器水深三分。	SJW-H06050260-00200
2146	1806	7	31	1806	6	16	申时、酉时,测雨器水深一分。	SJW-H06060160-00200
2147	1806	8	7	1806	6	23	未时,测雨器水深一分。	SJW-H06060230-00200

续表

编号	公历			农历			描述	ID 编号
	年	月	日	年	月	日		
2148	1806	8	8	1806	6	24	自四更至开东,测雨器水深二分。	SJW-H06060240-00200
2149	1806	8	8	1806	6	24	卯时、辰时,测雨器水深二分。	SJW-H06060240-00300
2150	1806	8	10	1806	6	26	自卯时至人定,测雨器水深一寸二分。	SJW-H06060260-00200
2151	1806	8	12	1806	6	28	金履乔以礼曹言启曰,再昨甘霈,虽未周洽,测雨器水深即过寸馀,庶可救急,续续祈告,且近渎,祈雨祭,姑观来头设行,何如?传曰,允。	SJW-H06060280-00900
2152	1806	8	13	1806	6	29	自巳时至人定,则雨器水深一寸九分。自人定至开东,测雨器水深四分。	SJW-H06060290-00200
2153	1806	8	14	1806	7	1	自开东至人定,测雨器水深六分,自五更至开东,测雨器水深八分。	SJW-H06070010-00200
2154	1806	8	15	1806	7	2	自开东至申时,测雨器水深二寸八分。	SJW-H06070020-00200
2155	1806	8	16	1806	7	3	自开东至申时,测雨器水深一寸二分。	SJW-H06070030-00200
2156	1806	8	17	1806	7	4	自午时至未时,测雨器水深二分。	SJW-H06070040-00200
2157	1806	8	18	1806	7	5	自开东至午时,测雨器水深三寸一分。	SJW-H06070050-00200
2158	1806	8	27	1806	7	14	自寅时至巳时,测雨器水深一分。	SJW-H06070140-00200
2159	1806	8	31	1806	7	18	自卯时至酉时,测雨器水深一寸四分。	SJW-H06070180-00200
2160	1806	9	4	1806	7	22	自卯时至未时,测雨器水深一寸七分。	SJW-H06070220-00200
2161	1806	9	7	1806	7	25	自卯时至午时,测雨器水深一寸七分。	SJW-H06070250-00200
2162	1806	9	9	1806	7	27	自未时至人定,测雨器水深二分。	SJW-H06070270-00200
2163	1806	9	10	1806	7	28	自开东至人定,测雨器水深三分。自人定至开东,测雨器水深三寸八分。	SJW-H06070280-00200
2164	1806	9	11	1806	7	29	自开东至未时,测雨器水深二寸八分。	SJW-H06070290-00200
2165	1806	10	2	1806	8	21	自酉时至人定,测雨器水深一分。自人定至一更,测雨器水深一分。	SJW-H06080210-00200
2166	1806	10	12	1806	9	1	自巳时至人定,测雨器水深一寸一分。	SJW-H06090010-00200
2167	1806	10	13	1806	9	2	自人定至开东,测雨器水深一寸。	SJW-H06090020-00200
2168	1806	10	17	1806	9	6	自人定至二更,测雨器水深八分。	SJW-H06090060-00200
2169	1806	10	24	1806	9	13	自酉时至人定,测雨器水深一分。	SJW-H06090130-00200
2170	1806	10	29	1806	9	18	自三更至开东,测雨器水深五分。	SJW-H06090180-00200
2171	1806	11	1	1806	9	21	自开东至卯时,测雨器水深二分。	SJW-H06090210-00200
2172	1806	11	7	1806	9	27	自三更至开东,测雨器水深九分。	SJW-H06090270-00200
2173	1806	11	8	1806	9	28	自开东至未时,测雨器水深七分。	SJW-H06090280-00200
2174	1806	11	12	1806	10	3	自申时至人定,测雨器水深二分。	SJW-H06100030-00200
2175	1806	11	14	1806	10	5	自辰时至人定,测雨器水深四分。	SJW-H06100050-00200
2176	1806	11	14	1806	10	5	自人定至开东,测雨器水深一寸。	SJW-H06100050-00300
2177	1806	11	15	1806	10	6	自开东至未时,测雨器水深五分。	SJW-H06100060-00200
2178	1806	11	16	1806	10	7	自开东至巳时,测雨器水深一分。	SJW-H06100070-00200
2179	1806	11	24	1806	10	15	五更,测雨器水深一分。	SJW-H06100150-00200

续表

编号	公历			农历			描述	ID 编号
	年	月	日	年	月	日		
2180	1806	12	2	1806	10	23	自辰时至午时,测雨器水深五分。	SJW-H06100230-00200
2181	1807	3	21	1807	2	13	自申时至人定,测雨器水深三分。	SJW-H07020130-00200
2182	1807	3	21	1807	2	13	四更、五更,测雨器水深四分。	SJW-H07020130-00300
2183	1807	4	19	1807	3	12	自二更至开东,测雨器水深一寸五分。	SJW-H07030120-00200
2184	1807	4	20	1807	3	13	自开东至巳时,测雨器水深四分。	SJW-H07030130-00200
2185	1807	5	14	1807	4	7	自未时至人定,测雨器水深二寸。	SJW-H07040070-00200
2186	1807	5	14	1807	4	7	自人定至三更,测雨器水深五分。	SJW-H07040070-00300
2187	1807	5	15	1807	4	8	尹鲁东以礼曹言启曰,昨日甘霈,得于渴望之馀,言念民事,试为万幸。测雨器水深即过数寸,虽未周洽,庶可救急,续续祈告,且近渎,祈雨,姑观来头设行,何如?传曰,允。	SJW-H07040080-01100
2188	1807	5	17	1807	4	10	自四更至开东,测雨器水深三分。	SJW-H07040100-00200
2189	1807	5	21	1807	4	14	自人定至四更,测雨器水深一分。	SJW-H07040140-00200
2190	1807	5	25	1807	4	18	自开东至卯时,测雨器水深三分。	SJW-H07040180-00200
2191	1807	5	29	1807	4	22	自寅时至午时,测雨器水深三分。	SJW-H07040220-00200
2192	1807	5	31	1807	4	24	自开东至卯时、自酉时至人定,测雨器水深一寸一分。自人定至开东,测雨器水深六分。	SJW-H07040240-00200
2193	1807	6	14	1807	5	9	自巳时至酉时,测雨器水深九分。	SJW-H07050090-00200
2194	1807	6	15	1807	5	10	自卯时至午时,测雨器水深五分。	SJW-H07050100-00200
2195	1807	6	16	1807	5	11	自卯时至酉时,测雨器水深一寸。自五更至开东,测雨器水深四分。	SJW-H07050110-00200
2196	1807	6	24	1807	5	19	自戌时至人定,测雨器水深二分。自人定至开东,测雨器水深七分。	SJW-H07050190-00200
2197	1807	6	25	1807	5	20	自开东至午时,测雨器水深一寸七分。	SJW-H07050200-00200
2198	1807	6	30	1807	5	25	自未时至人定,测雨器水深三分。	SJW-H07050250-00200
2199	1807	6	30	1807	5	25	自人定至开东,测雨器水深一寸九分。	SJW-H07050250-00300
2200	1807	7	1	1807	5	26	自开东至酉时,测雨器水深六分。	SJW-H07050260-00200
2201	1807	7	2	1807	5	27	自开东至戌时,测雨器水深一分。	SJW-H07050270-00200
2202	1807	7	2	1807	5	27	自五更至开东,测雨器水深一分。	SJW-H07050270-00300
2203	1807	7	11	1807	6	7	自辰时至人定,测雨器水深五分。自人定至开东,测雨器水深四分。	SJW-H07060070-00200
2204	1807	7	12	1807	6	8	三更、四更,测雨器水深一分。	SJW-H07060080-00200
2205	1807	7	13	1807	6	9	自巳时至酉时,测雨器水深三分。	SJW-H07060090-00200
2206	1807	7	20	1807	6	16	未时、申时,测雨器水深三分。	SJW-H07060160-00200
2207	1807	7	21	1807	6	17	自卯时至人定,测雨器水深五分。	SJW-H07060170-00200
2208	1807	7	22	1807	6	18	自四更至开东,测雨器水深三寸七分。	SJW-H07060180-00200
2209	1807	7	23	1807	6	19	自开东至酉时,测雨器水深三分。	SJW-H07060190-00200

续表

编号	公历			农历			描述	ID 编号
	年	月	日	年	月	日		
2210	1807	7	25	1807	6	21	自卯时至人定,测雨器水深七分。二更、三更,测雨器水深一分。	SJW-H07060210-00200
2211	1807	7	30	1807	6	26	自巳时至戌时,测雨器水深五分。	SJW-H07060260-00200
2212	1807	8	2	1807	6	29	自人定至开东,测雨器水深一寸七分。	SJW-H07060290-00200
2213	1807	8	3	1807	6	30	自开东至午时,测雨器水深六分。	SJW-H07060300-00200
2214	1807	8	4	1807	7	1	辰时、巳时,测雨器水深一分。	SJW-H07070010-00200
2215	1807	8	5	1807	7	2	自开东至申时,测雨器水深一寸四分。自五更至开东,测雨器水深一寸。	SJW-H07070020-00200
2216	1807	8	6	1807	7	3	自开东至未时,测雨器水深八分。	SJW-H07070030-00200
2217	1807	8	7	1807	7	4	自五更至开东,测雨器水深一分。	SJW-H07070040-00200
2218	1807	8	13	1807	7	10	申时,测雨器水深一寸五分。	SJW-H07070100-00200
2219	1807	8	16	1807	7	13	自四更至开东,测雨器水深四寸一分。	SJW-H07070130-00200
2220	1807	8	17	1807	7	14	自开东至未时,测雨器水深九分。	SJW-H07070140-00200
2221	1807	8	21	1807	7	18	自开东至人定,测雨器水深六寸六分。自人定至开东,测雨器水深二分。	SJW-H07070180-00200
2222	1807	8	22	1807	7	19	自开东至申时,测雨器水深四分。	SJW-H07070190-00200
2223	1807	8	29	1807	7	26	自三更至五更,测雨器水深六分。	SJW-H07070260-00200
2224	1807	8	31	1807	7	28	自卯时至申时,测雨器水深二寸三分。	SJW-H07070280-00200
2225	1807	9	15	1807	8	14	自申时至人定,测雨器水深二分。	SJW-H07080140-00200
2226	1807	9	18	1807	8	17	五更,测雨器水深一寸三分。	SJW-H07080170-00200
2227	1807	9	28	1807	8	27	一更、二更,测雨器水深二分。	SJW-H07080270-00200
2228	1807	10	6	1807	9	6	自人定至开东,测雨器水深一寸三分。	SJW-H07090060-00200
2229	1807	10	7	1807	9	7	自开东至辰时,测雨器水深二分。	SJW-H07090070-00200
2230	1807	10	18	1807	9	18	自未时至人定,测雨器水深二分。自人定至三更,测雨器水深七分。	SJW-H07090180-00200
2231	1807	10	25	1807	9	25	申时,测雨器水深一分。	SJW-H07090250-00200
2232	1807	11	8	1807	10	9	自二更至五更,测雨器水深一分。	SJW-H07100090-00200
2233	1807	11	12	1807	10	13	自开东至巳时,测雨器水深三分。	SJW-H07100130-00200
2234	1807	11	16	1807	10	17	自辰时至人定,测雨器水深九分。	SJW-H07100170-00200
2235	1807	11	16	1807	10	17	自人定至开东,测雨器水深二分。	SJW-H07100170-00300
2236	1807	11	22	1807	10	23	自申时至人定,测雨器水深二分。	SJW-H07100230-00200
2237	1807	12	4	1807	11	6	自五更至开东,测雨器水深四分。	SJW-H07110060-00300
2238	1808	3	3	1808	2	7	自二更至开东,测雨器水深三分。	SJW-H08020070-00200
2239	1808	3	25	1808	2	29	自申时至人定,测雨器水深四分。	SJW-H08020290-00200
2240	1808	3	25	1808	2	29	人定至开东,测雨器水深七分。	SJW-H08020290-00300
2241	1808	4	5	1808	3	10	自未时至人定,测雨器水深二分。自人定至开东,测雨器水深二寸一分。	SJW-H08030100-00200
2242	1808	4	6	1808	3	11	自开东至午时,测雨器水深九分。	SJW-H08030110-00200

续表

编号	公历			农历			描述	ID 编号
	年	月	日	年	月	日		
2243	1808	4	15	1808	3	20	自四更至开东，测雨器水深二分。	SJW-H08030200-00200
2244	1808	4	17	1808	3	22	自未时至酉时，测雨器水深四分。	SJW-H08030220-00200
2245	1808	4	19	1808	3	24	自五更至开东，测雨器水深二分。	SJW-H08030240-00200
2246	1808	4	20	1808	3	25	自开东至辰时，测雨器水深三分。	SJW-H08030250-00200
2247	1808	5	3	1808	4	8	自酉时至人定，测雨器水深二分。自人定至开东，测雨器水深九分。	SJW-H08040080-00200
2248	1808	5	4	1808	4	9	自开东至人定，测雨器水深一分。	SJW-H08040090-00200
2249	1808	5	14	1808	4	19	自申时至人定，测雨器水深八分。	SJW-H08040190-00200
2250	1808	5	23	1808	4	28	自人定至三更，测雨器水深一分。	SJW-H08040280-00200
2251	1808	5	24	1808	4	29	卯时，测雨器水深一分。	SJW-H08040290-00200
2252	1808	6	1	1808	5	8	自开东至酉时，测雨器水深八分。	SJW-H08050080-00200
2253	1808	6	1	1808	5	8	自三更至开东，测雨器水深一分。	SJW-H08050080-00300
2254	1808	6	10	1808	5	17	自开东至申时，测雨器水深八分。	SJW-H08050170-00200
2255	1808	6	15	1808	5	22	自申时至人定，测雨器水深三分。	SJW-H08050220-00200
2256	1808	6	16	1808	5	23	自开东至申时，测雨器水深八分。	SJW-H08050230-00200
2257	1808	6	17	1808	5	24	自开东至午时，测雨器水深三分。	SJW-H08050240-00200
2258	1808	6	21	1808	5	28	自四更至开东，测雨器水深六分。	SJW-H08050280-00200
2259	1808	6	22	1808	5	29	自开东至卯时、自未时至酉时，测雨器水深三分。	SJW-H08050290-00200
2260	1808	7	5	1808	闰5	12	申时、酉时，测雨器水深三分。自五更至开东，测雨器水深一分。	SJW-H08051120-00200
2261	1808	7	16	1808	闰5	23	自午时至申时，测雨器水深五分。自三更至开东，测雨器水深三分。	SJW-H08051230-00200
2262	1808	7	17	1808	闰5	24	自开东至人定，测雨器水深九分。	SJW-H08051240-00200
2263	1808	7	17	1808	闰5	24	自人定至开东，测雨器水深一寸七分。	SJW-H08051240-00300
2264	1808	7	18	1808	闰5	25	自开东至辰时、自戌时至人定，测雨器水深一寸五分。	SJW-H08051250-00200
2265	1808	7	18	1808	闰5	25	自人定至开东，测雨器水深四分。	SJW-H08051250-00300
2266	1808	7	18	1808	闰5	25	李文会，以礼曹言启曰，渴望之馀，得此甘霈，言念民事，诚为万幸。测雨器水深，即过数寸，霍洒不止，庶可周洽，祈雨祭，今姑停止，何如？传曰，允。	SJW-H08051250-01100
2267	1808	7	19	1808	闰5	26	自人定至开东，测雨器水深六分。	SJW-H08051260-00200
2268	1808	7	20	1808	闰5	27	自辰时至人定，测雨器水深二寸七分。	SJW-H08051270-00200
2269	1808	7	20	1808	闰5	27	自人定至三更，测雨器水深一分。	SJW-H08051270-00300
2270	1808	7	21	1808	闰5	28	自巳时至酉时，测雨器水深四分。	SJW-H08051280-00200
2271	1808	7	21	1808	闰5	28	自三更至开东，测雨器水深一寸八分。	SJW-H08051280-00300
2272	1808	7	22	1808	闰5	29	自开东至酉时，测雨器水深一寸六分。	SJW-H08051290-00200
2273	1808	7	24	1808	6	2	自辰时至申时，测雨器水深五寸二分。	SJW-H08060020-00200
2274	1808	7	27	1808	6	5	自辰时至申时，测雨器水深一寸四分。	SJW-H08060050-00200

续表

编号	公历			农历			描述	ID 编号
	年	月	日	年	月	日		
2275	1808	7	30	1808	6	8	自辰时至人定,测雨器水深二寸三分。自人定至开东,测雨器水深一寸二分。	SJW-H08060080-00200
2276	1808	8	2	1808	6	11	开东,测雨器水深一分。午时、未时,测雨器水深五分。	SJW-H08060110-00200
2277	1808	8	24	1808	7	3	自辰时至申时,测雨器水深一寸二分。	SJW-H08070030-00200
2278	1808	8	24	1808	7	3	五更,测雨器水深一寸四分。	SJW-H08070030-00300
2279	1808	8	27	1808	7	6	开东,测雨器水深二分。	SJW-H08070060-00200
2280	1808	8	28	1808	7	7	自卯时至午时,测雨器水深二寸三分。	SJW-H08070070-00200
2281	1808	8	29	1808	7	8	自卯时至巳时,测雨器水深二分。	SJW-H08070080-00200
2282	1808	8	30	1808	7	9	自三更至开东,测雨器水深一寸五分。	SJW-H08070090-00200
2283	1808	8	31	1808	7	10	自开东至辰时,测雨器水深七分。	SJW-H08070100-00200
2284	1808	9	5	1808	7	15	自卯时至巳时,测雨器水深三分。	SJW-H08070150-00200
2285	1808	9	9	1808	7	19	酉时,测雨器水深六分。	SJW-H08070190-00200
2286	1808	9	14	1808	7	24	卯时、辰时,测雨器水深一分。自三更至五更,测雨器水深四分。	SJW-H08070240-00200
2287	1808	9	17	1808	7	27	自三更至开东,测雨器水深五分。	SJW-H08070270-00200
2288	1808	9	18	1808	7	28	自开东至午时,测雨器水深一分。	SJW-H08070280-00200
2289	1808	10	1	1808	8	12	卯时、辰时、午时,测雨器水深一寸一分。	SJW-H08080120-00300
2290	1808	10	8	1808	8	19	自一更至开东,测雨器水深五分。	SJW-H08080190-00200
2291	1808	10	22	1808	9	3	自申时至人定,测雨器水深一分。自人定至开东,测雨器水深七分。	SJW-H08090030-00200
2292	1808	10	31	1808	9	12	自未时至人定,测雨器水深三分。	SJW-H08090120-00200
2293	1808	11	1	1808	9	13	自开东至酉时,测雨器水深一寸六分。	SJW-H08090130-00200
2294	1808	11	12	1808	9	24	自未时至人定,测雨器水深四分。	SJW-H08090240-00200
2295	1808	11	14	1808	9	26	三更、四更,测雨器水深三分。	SJW-H08090260-00200
2296	1808	11	23	1808	10	6	自辰时至申时,测雨器水深六分。	SJW-H08100060-00200
2297	1808	11	30	1808	10	13	自四更至开东,测雨器水深一分。	SJW-H08100130-00200
2298	1808	12	3	1808	10	16	自申时至人定,测雨器水深二分。	SJW-H08100160-00200
2299	1809	1	24	1808	12	9	自午时至酉时,测雨器水深五分。	SJW-H08120090-00200
2300	1809	3	13	1809	1	28	自一更至五更,测雨器水深二分。	SJW-H09010280-00200
2301	1809	3	21	1809	2	6	自五更至开东,测雨器水深一寸二分。	SJW-H09020060-00200
2302	1809	3	22	1809	2	7	自开东至申时,测雨器水深一寸七分。	SJW-H09020070-00200
2303	1809	3	24	1809	2	9	自人定至五更,测雨器水深一分。	SJW-H09020090-00200
2304	1809	3	28	1809	2	13	自未时至人定,测雨器水深六分。	SJW-H09020130-00200
2305	1809	3	31	1809	2	16	自二更至开东,测雨器水深九分。	SJW-H09020160-00200
2306	1809	4	12	1809	2	28	申时,测雨器水深一分。	SJW-H09020280-00200
2307	1809	4	15	1809	3	1	自三更至开东,测雨器水深五分。	SJW-H09030010-00200
2308	1809	4	17	1809	3	3	自辰时至酉时,测雨器水深三分。	SJW-H09030030-00200

续表

编号	公历			农历			描述	ID编号
	年	月	日	年	月	日		
2309	1809	4	24	1809	3	10	自午时至人定,测雨器水深四分。	SJW-H09030100-00200
2310	1809	4	24	1809	3	10	自人定至三更,测雨器水深二分。	SJW-H09030100-00300
2311	1809	4	28	1809	3	14	自辰时至人定,测雨器水深三分。	SJW-H09030140-00200
2312	1809	5	2	1809	3	18	自辰时至午时,测雨器水深五分。	SJW-H09030180-00200
2313	1809	5	7	1809	3	23	自卯时至申时,测雨器水深一分。	SJW-H09030230-00200
2314	1809	5	10	1809	3	26	自午时至申时,测雨器水深一分。	SJW-H09030260-00200
2315	1809	5	19	1809	4	6	自午时至人定,测雨器水深一分。自人定至开东,测雨器水深五分。	SJW-H09040060-00200
2316	1809	5	20	1809	4	7	自开东至巳时,测雨器水深四分。	SJW-H09040070-00200
2317	1809	5	24	1809	4	11	午时至人定,测雨器水深一寸九分。	SJW-H09040110-00200
2318	1809	5	24	1809	4	11	自人定至五更,测雨器水深二分。	SJW-H09040110-00300
2319	1809	5	29	1809	4	16	辰时、巳时,测雨器水深四分。	SJW-H09040160-00200
2320	1809	6	12	1809	4	30	自卯时至酉时,测雨器水深六分。	SJW-H09040300-00200
2321	1809	6	17	1809	5	5	卯时,测雨器水深一分。	SJW-H09050050-00200
2322	1809	6	25	1809	5	13	自申时至开东,测雨器水深一寸八分。	SJW-H09050130-00200
2323	1809	7	3	1809	5	21	自申时至人定,测雨器水深五分。自人定至开东,测雨器水深一寸一分。	SJW-H09050210-00200
2324	1809	7	7	1809	5	25	自卯时至酉时,测雨器水深一寸五分。	SJW-H09050250-00200
2325	1809	7	9	1809	5	27	自卯时至申时,测雨器水深一寸八分。	SJW-H09050270-00200
2326	1809	7	23	1809	6	11	酉时测雨器水深一寸二分。	SJW-H09060110-00200
2327	1809	7	23	1809	6	11	自二更至五更,测雨器水深二寸。	SJW-H09060110-00300
2328	1809	7	24	1809	6	12	四更、五更,测雨器水深一分。	SJW-H09060120-00200
2329	1809	7	26	1809	6	14	自申时至戌时,测雨器水深一分。	SJW-H09060140-00200
2330	1809	7	29	1809	6	17	自辰时至人定,测雨器水深二寸九分。自人定至开东,测雨器水深一寸六分。	SJW-H09060170-00200
2331	1809	7	30	1809	6	18	自开东至午时,测雨器水深二分。	SJW-H09060180-00200
2332	1809	7	31	1809	6	19	自卯时至午时,测雨器水深二分。	SJW-H09060190-00200
2333	1809	8	6	1809	6	25	自五更至开东,测雨器水深八分。自开东至人定,测雨器水深一寸三分。	SJW-H09060250-00200
2334	1809	8	7	1809	6	26	自开东至未时,测雨器水深二分。	SJW-H09060260-00200
2335	1809	8	9	1809	6	28	自人定至开东,测雨器水深三分。	SJW-H09060280-00200
2336	1809	8	10	1809	6	29	自开东至未时,测雨器水深一寸七分。	SJW-H09060290-00200
2337	1809	8	13	1809	7	3	开东,测雨器水深一寸五分。	SJW-H09070030-00200
2338	1809	8	13	1809	7	3	自开东至卯时,测雨器水深六分。	SJW-H09070030-00300
2339	1809	8	15	1809	7	5	自卯时至人定,测雨器水深三寸。	SJW-H09070050-00200
2340	1809	8	15	1809	7	5	自人定至五更,测雨器水深三分。	SJW-H09070050-00300
2341	1809	8	22	1809	7	12	自未时至酉时,测雨器水深五分。	SJW-H09070120-00500

续表

编号	公历			农历			描述	ID编号
	年	月	日	年	月	日		
2342	1809	9	1	1809	7	22	自五更至开东,测雨器水深二分。自开东至酉时,测雨器水深一寸一分。	SJW-H09070220-00200
2343	1809	9	8	1809	7	29	自人定至开东,测雨器水深三分。	SJW-H09070290-00200
2344	1809	9	9	1809	7	30	自开东至人定,测雨器水深八分。自人定至开东,测雨器水深四分。	SJW-H09070300-00200
2345	1809	9	15	1809	8	6	自午时至人定,测雨器水深六分。自人定至开东,测雨器水深二寸一分。	SJW-H09080060-00200
2346	1809	9	16	1809	8	7	自开东至人定,测雨器水深五分。五更,测雨器水深五分。	SJW-H09080070-00200
2347	1809	9	17	1809	8	8	巳时,测雨器水深二分。	SJW-H09080080-00200
2348	1809	9	18	1809	8	9	申时,测雨器水深七分。	SJW-H09080090-00200
2349	1809	9	26	1809	8	17	自未时、申时,测雨器水深一分。自一更、二更,测雨器水深三分。	SJW-H09080170-00200
2350	1809	10	9	1809	9	1	未时、申时,测雨器水深四分。	SJW-H09090010-00200
2351	1809	10	21	1809	9	13	开东,测雨器水深二分。	SJW-H09090130-00200
2352	1809	11	3	1809	9	26	自人定至五更,测雨器水深九分。	SJW-H09090260-00200
2353	1809	11	19	1809	10	12	自开东至酉时,测雨器水深八分。	SJW-H09100120-00200
2354	1810	2	25	1810	1	22	自申时至人定,测雨器水深三分。	SJW-H10010220-00200
2355	1810	4	9	1810	3	6	自卯时至未时,测雨器水深二分。	SJW-H10030060-00200
2356	1810	4	10	1810	3	7	午时、未时,测雨器水深一分。	SJW-H10030070-00200
2357	1810	4	11	1810	3	8	自人定至开东,测雨器水深二分。	SJW-H10030080-00200
2358	1810	4	25	1810	3	22	申时,测雨器水深一分。	SJW-H10030220-00200
2359	1810	5	4	1810	4	2	自五更至开东,测雨器水深五分。	SJW-H10040020-00200
2360	1810	5	5	1810	4	3	自开东至午时,测雨器水深一寸二分。	SJW-H10040030-00200
2361	1810	5	6	1810	4	4	自卯时至巳时,测雨器水深三分。	SJW-H10040040-00200
2362	1810	5	8	1810	4	6	自二更至开东,测雨器水深七分。	SJW-H10040060-00200
2363	1810	5	10	1810	4	8	自三更至开东,测雨器水深四分。	SJW-H10040080-00200
2364	1810	5	15	1810	4	13	自巳时至人定,测雨器水深七分。自人定至开东,测雨器水深一寸七分。	SJW-H10040130-00200
2365	1810	5	18	1810	4	16	申时、酉时,测雨器水深四分。自人定至二更,测雨器水深二分。	SJW-H10040160-00200
2366	1810	5	20	1810	4	18	自辰时至人定,测雨器水深七分。	SJW-H10040180-00200
2367	1810	5	30	1810	4	28	午时、未时,测雨器水深四分。	SJW-H10040280-00200
2368	1810	5	31	1810	4	29	午时,测雨器水深九分。	SJW-H10040290-00200
2369	1810	6	11	1810	5	10	申时,测雨器水深一分。	SJW-H10050100-00210
2370	1810	6	24	1810	5	23	自三更至五更,测雨器水深四分。	SJW-H10050230-00200
2371	1810	6	26	1810	5	25	未时、申时,测雨器水深六分。	SJW-H10050250-00200
2372	1810	6	30	1810	5	29	未时、申时,测雨器水深二分。	SJW-H10050290-00200

续表

编号	公历			农历			描述	ID 编号
	年	月	日	年	月	日		
2373	1810	7	8	1810	6	7	自申时至酉时，测雨器水深一寸九分。	SJW-H10060070-00200
2374	1810	7	12	1810	6	11	自卯时至人定，测雨器水深四寸五分。	SJW-H10060110-00200
2375	1810	7	13	1810	6	12	金履载，以礼曹言启曰，渴望之馀，得此甘霈，昨今两日测雨器水深，即过四寸五分，庶可周洽，慰满三农，民事诚为万幸，祈雨祭依例停止，而不可无报谢之举，三角山、木觅山、汉江、龙山江、楮子岛报谢祭，谨依礼典，立秋后设行，何如？传曰，允。	SJW-H10060120-01700
2376	1810	7	15	1810	6	14	自昨天人定至今天开东，测雨器水深八分。	SJW-H10060140-00200
2377	1810	7	15	1810	6	14	自开东至未时，测雨器水深二分。	SJW-H10060140-00300
2378	1810	7	16	1810	6	15	自开东至人定，测雨器水深七分。	SJW-H10060150-00200
2379	1810	7	17	1810	6	16	自昨天五更至今天开东，测雨器水深二分。自开东至人定，测雨器水深二寸三分。	SJW-H10060160-00200
2380	1810	7	18	1810	6	17	自开东至人定，测雨器水深四寸八分。	SJW-H10060170-00200
2381	1810	7	20	1810	6	19	自辰时至人定，测雨器水深四分。	SJW-H10060190-00200
2382	1810	7	21	1810	6	20	自昨天人定至今天开东，测雨器水深二寸一分。自开东至申时，测雨器水深四寸五分。	SJW-H10060200-00200
2383	1810	7	23	1810	6	22	自开东至人定，测雨器水深二寸二分。自人定至开东，测雨器水深一寸。	SJW-H10060220-00200
2384	1810	7	24	1810	6	23	自开东至人定，测雨器水深五分。自人定至开东，测雨器水深一寸三分。	SJW-H10060230-00200
2385	1810	7	25	1810	6	24	自昨天四更至今天开东，测雨器水深九分。	SJW-H10060240-00200
2386	1810	7	27	1810	6	26	三更，测雨器水深九分。	SJW-H10060260-00200
2387	1810	7	29	1810	6	28	自人定至一更，测雨器水深一分。	SJW-H10060280-00200
2388	1810	8	2	1810	7	3	自酉时至人定，测雨器水深一分。	SJW-H10070030-00200
2389	1810	8	4	1810	7	5	自辰时至人定，测雨器水深二寸六分。自人定至五更，测雨器水深九寸。	SJW-H10070050-00200
2390	1810	8	5	1810	7	6	自巳时至申时，测雨器水深六分。	SJW-H10070060-00200
2391	1810	8	5	1810	7	6	自三更至五更，测雨器水深五分。	SJW-H10070060-00300
2392	1810	8	6	1810	7	7	自卯时至酉时，测雨器水深二寸。	SJW-H10070070-00200
2393	1810	8	6	1810	7	7	自人定至开东，测雨器水深四分。	SJW-H10070070-00300
2394	1810	8	8	1810	7	9	自卯时至巳时，测雨器水深五分。	SJW-H10070090-00200
2395	1810	8	20	1810	7	21	开东，测雨器水深二分。自卯时至戌时，测雨器水深五分。	SJW-H10070210-00200
2396	1810	8	22	1810	7	23	自辰时至人定，测雨器水深二分。自人定至开东，测雨器水深二寸九分。	SJW-H10070230-00200
2397	1810	8	23	1810	7	24	自开东至辰时，测雨器水深一寸三分。	SJW-H10070240-00200
2398	1810	8	24	1810	7	25	自人定至五更，测雨器水深二分。	SJW-H10070250-00200
2399	1810	8	27	1810	7	28	自一更至开东，测雨器水深二寸五分。	SJW-H10070280-00200

续表

编号	公历			农历			描述	ID 编号
	年	月	日	年	月	日		
2400	1810	8	28	1810	7	29	自开东至申时,测雨器水深八分。	SJW-H10070290-00200
2401	1810	8	30	1810	8	1	酉时,测雨器水深三分。自五更至开东,测雨器水深二分。	SJW-H10080010-00200
2402	1810	8	31	1810	8	2	自开东至巳时,测雨器水深一寸一分。	SJW-H10080020-00110
2403	1810	9	3	1810	8	5	申时、酉时,测雨器水深八分。自二更至开东,测雨器水深四寸二分。	SJW-H10080050-00200
2404	1810	9	4	1810	8	6	自开东至未时,测雨器水深二寸。自人定至五更,测雨器水深二分。	SJW-H10080060-00200
2405	1810	9	7	1810	8	9	自未时至酉时,测雨器水深二寸二分。	SJW-H10080090-00200
2406	1810	9	21	1810	8	23	三更、四更,测雨器水深五分。	SJW-H10080230-00200
2407	1810	9	24	1810	8	26	自人定至开东,测雨器水深二分。	SJW-H10080260-00200
2408	1810	9	25	1810	8	27	自开东至开东,测雨器水深一寸七分。	SJW-H10080270-00200
2409	1810	9	26	1810	8	28	自开东至未时,测雨器水深八分。	SJW-H10080280-00200
2410	1810	10	12	1810	9	14	卯时、辰时,测雨器水深二分。	SJW-H10090140-00200
2411	1810	10	28	1810	10	1	自三更至开东,测雨器水深一寸三分。	SJW-H10100010-00200
2412	1810	10	30	1810	10	3	自开东至人定,测雨器水深二寸五分。	SJW-H10100030-00200
2413	1810	10	30	1810	10	3	自人定至开东,测雨器水深四分。	SJW-H10100030-00300
2414	1810	11	3	1810	10	7	自三更至五更,测雨器水深三分。	SJW-H10100070-00200
2415	1810	11	11	1810	10	15	自开东至午时,测雨器水深二分。	SJW-H10100150-00200
2416	1810	11	14	1810	10	18	自卯时至午时,测雨器水深三分。	SJW-H10100180-00200
2417	1810	11	18	1810	10	22	自三更至开东,测雨器水深七分。	SJW-H10100220-00200
2418	1811	3	17	1811	2	23	自辰时至午时,测雨器水深三分。	SJW-H11020230-00200
2419	1811	3	26	1811	3	3	自人定至开东,测雨器水深,一寸二分。	SJW-H11030030-00200
2420	1811	3	27	1811	3	4	自开东至人定,测雨器水深,一寸六分。	SJW-H11030040-00200
2421	1811	3	27	1811	3	4	自人定至开东,测雨器水深,一寸七分。	SJW-H11030040-00300
2422	1811	4	6	1811	3	14	自开东至午时,测雨器水深三分。	SJW-H11030140-00200
2423	1811	4	13	1811	3	21	自人定至日开东,测雨器水深四分。	SJW-H11030210-00300
2424	1811	4	21	1811	3	29	自巳时至酉时,测雨器水深八分。	SJW-H11030290-00200
2425	1811	5	1	1811	闰 3	9	自卯时至人定,测雨器水深二分。	SJW-H11031090-00200
2426	1811	5	16	1811	闰 3	24	自开东至巳时,测雨器水深二分。	SJW-H11031240-00200
2427	1811	6	10	1811	4	20	午时,测雨器水深一分。	SJW-H11040200-00200
2428	1811	6	26	1811	5	6	自人定至开东,测雨器水深七分。	SJW-H11050060-00200
2429	1811	6	27	1811	5	7	自开东至午时,测雨器水深五分。	SJW-H11050070-00200
2430	1811	6	30	1811	5	10	自未时至戌时,测雨器水深一分。自三更至开东,测雨器水深四寸二分。	SJW-H11050100-00200
2431	1811	7	1	1811	5	11	自开东至人定,测雨器水深四寸六分。自人定至开东,测雨器水深七分。	SJW-H11050110-00200

续表

编号	公历			农历			描述	ID编号
	年	月	日	年	月	日		
2432	1811	7	4	1811	5	14	自辰时至人定，测雨器水深一分。自人定至开东，测雨器水深五分。	SJW-H11050140-00200
2433	1811	7	5	1811	5	15	自开东至申时，测雨器水深八寸。	SJW-H11050150-00200
2434	1811	7	8	1811	5	18	自人定至开东，测雨器水深二寸二分。	SJW-H11050180-00200
2435	1811	7	9	1811	5	19	自开东至人定，测雨器水深六寸七分。自三更至五更，测雨器水深二分。	SJW-H11050190-00200
2436	1811	7	14	1811	5	24	自卯时至酉时，测雨器水深一寸五分。	SJW-H11050240-00200
2437	1811	7	18	1811	5	28	自未时至酉时，测雨器水深六分。四更、五更，测雨器水深四分。	SJW-H11050280-00200
2438	1811	7	21	1811	6	2	午时，测雨器水深二分。	SJW-H11060020-00200
2439	1811	7	26	1811	6	7	自辰时至申时，测雨器水深七分。自四更至开东，测雨器水深六分。	SJW-H11060070-00200
2440	1811	7	28	1811	6	9	自开东至未时，测雨器水深三分。	SJW-H11060090-00200
2441	1811	7	30	1811	6	11	自开东至戌时，测雨器水深一分。	SJW-H11060110-00200
2442	1811	7	31	1811	6	12	自开东至酉时，测雨器水深五分。自五更至开东，测雨器水深一分。	SJW-H11060120-00200
2443	1811	8	2	1811	6	14	自辰时至酉时，测雨器水深二寸五分。自三更至开东，测雨器水深三分。	SJW-H11060140-00200
2444	1811	8	4	1811	6	16	自开东至巳时，测雨器水深八分。	SJW-H11060160-00200
2445	1811	8	5	1811	6	17	自开东至巳时，测雨器水深九分。	SJW-H11060170-00200
2446	1811	8	6	1811	6	18	自开东至辰时，测雨器水深一寸五分。	SJW-H11060180-00200
2447	1811	8	15	1811	6	27	自开东至人定，测雨器水深六寸三分。自人定至开东，测雨器水深六分。	SJW-H11060270-00200
2448	1811	8	22	1811	7	4	自二更至开东，测雨器水深一寸一分。	SJW-H11070040-00200
2449	1811	8	25	1811	7	7	自一更至开东，测雨器水深一分。	SJW-H11070070-00200
2450	1811	8	27	1811	7	9	自三更至开东，测雨器水深九分。	SJW-H11070090-00200
2451	1811	8	28	1811	7	10	自开东至申时，测雨器水深一寸五分。	SJW-H11070100-00200
2452	1811	8	30	1811	7	12	申时，测雨器水深三分。	SJW-H11070120-00200
2453	1811	9	9	1811	7	22	自开东至未时，测雨器水深六分。	SJW-H11070220-00200
2454	1811	9	14	1811	7	27	自卯时至人定，测雨器水深四分。	SJW-H11070270-00200
2455	1811	9	15	1811	7	28	自卯时至午时，测雨器水深二分。	SJW-H11070280-00200
2456	1811	9	25	1811	8	8	自四更至开东，测雨器水深一寸八寸。	SJW-H11080080-00200
2457	1811	10	2	1811	8	15	自申时至人定，测雨器水深四分。	SJW-H11080150-00200
2458	1811	10	5	1811	8	18	自开东至人定，测雨器水深一寸五分。	SJW-H11080180-00200
2459	1811	10	31	1811	9	15	自二更至开东，测雨器水深一寸六分。	SJW-H11090150-00300
2460	1811	11	3	1811	9	18	未时、申时，测雨器水深三分。	SJW-H11090180-00300
2461	1811	11	8	1811	9	23	开东，测雨器水深三分。	SJW-H11090230-00400
2462	1811	11	12	1811	9	27	五更至开东，测雨器水深一分。	SJW-H11090270-00400

续表

编号	公历			农历			描述	ID 编号
	年	月	日	年	月	日		
2463	1811	11	17	1811	10	2	自四更,测雨器水深三分。	SJW-H11100020-00200
2464	1811	11	23	1811	10	8	自辰时至申时,测雨器水深七分。	SJW-H11100080-00200
2465	1811	12	8	1811	10	23	自申时至人定,测雨器水深三分。	SJW-H11100230-00200
2466	1811	12	14	1811	10	29	开东、自未时至酉时,测雨器水深三分。	SJW-H11100290-00400
2467	1812	2	7	1811	12	25	自人定至开东,测雨器水深二寸四分。	SJW-H11120250-00200
2468	1812	2	13	1812	1	1	自昨天五更至今天开东,测雨器水深六分。自开东至酉时,测雨器水深八分。	SJW-H12010010-00200
2469	1812	3	9	1812	1	26	自四更至开东,测雨器水深一寸四分。	SJW-H12010260-00200
2470	1812	3	10	1812	1	27	自开东至人定,测雨器水深二寸。	SJW-H12010270-00200
2471	1812	3	12	1812	1	29	自四更至开东,测雨器水深三分。	SJW-H12010290-00200
2472	1812	3	13	1812	2	1	自开东至申时,测雨器水深三分	SJW-H12020010-00200
2473	1812	3	17	1812	2	5	自四更至开东,测雨器水深六分。	SJW-H12020050-00200
2474	1812	4	10	1812	2	29	自开东至巳时,测雨器水深一分。	SJW-H12020290-00200
2475	1812	4	17	1812	3	7	自巳时至人定,测雨器水深三分。	SJW-H12030070-00200
2476	1812	4	18	1812	3	8	自人定至开东,测雨器水深四分。	SJW-H12030080-00200
2477	1812	4	21	1812	3	11	自二更至开东,测雨器水深一寸一分。	SJW-H12030110-00200
2478	1812	4	22	1812	3	12	自开东至申时,测雨器水深一寸三分。	SJW-H12030120-00300
2479	1812	4	24	1812	3	14	自卯时至人定,测雨器水深一寸四分。	SJW-H12030140-00200
2480	1812	4	24	1812	3	14	自人定至开东,测雨器水深二分。	SJW-H12030140-00300
2481	1812	4	30	1812	3	20	自三更至开东,测雨器水深四分。	SJW-H12030200-00200
2482	1812	5	1	1812	3	21	自开东至人定,测雨器水深一寸七分。自人定至开东,测雨器水深七分。	SJW-H12030210-00200
2483	1812	5	10	1812	3	30	自辰时至未时,测雨器水深七分。	SJW-H12030300-00200
2484	1812	6	2	1812	4	23	自午时至申时,测雨器水深八分。	SJW-H12040230-00200
2485	1812	6	7	1812	4	28	辰时,测雨器水深一分。开东,测雨器水深三分。	SJW-H12040280-00200
2486	1812	6	8	1812	4	29	开东,测雨器水深三分。	SJW-H12040290-00200
2487	1812	6	8	1812	4	29	辰时、巳时,测雨器水深三分。	SJW-H12040290-00300
2488	1812	6	12	1812	5	4	自开东至巳时,测雨器水深一寸五分。	SJW-H12050040-00200
2489	1812	6	15	1812	5	7	自初昏至开东,测雨器水深五分。	SJW-H12050070-00300
2490	1812	6	29	1812	5	21	自卯时至巳时,测雨器水深三分。	SJW-H12050210-00200
2491	1812	6	30	1812	5	22	自五更至开东,测雨器水深一寸二分。	SJW-H12050220-00200
2492	1812	7	1	1812	5	23	自开东至人定,测雨器水深一寸五分。	SJW-H12050230-00200
2493	1812	7	1	1812	5	23	自人定至开东,测雨器水深一寸一分。	SJW-H12050230-00300
2494	1812	7	2	1812	5	24	自开东至人定,测雨器水深六分。	SJW-H12050240-00200
2495	1812	7	5	1812	5	27	开东至午时,测雨器水深一寸八分。	SJW-H12050270-00200
2496	1812	7	10	1812	6	2	自未时至人定,测雨器水深一寸一分。	SJW-H12060020-00200
2497	1812	7	10	1812	6	2	自三更至开东,测雨器水深二分。	SJW-H12060020-00300
2498	1812	7	11	1812	6	3	自辰时至午时,测雨器水深二分。	SJW-H12060030-00200

续表

编号	公历			农历			描述	ID 编号
	年	月	日	年	月	日		
2499	1812	7	13	1812	6	5	自辰时至申时，测雨器水深三寸二分。	SJW-H12060050-00200
2500	1812	7	14	1812	6	6	自初昏至开东，测雨器水深一分。	SJW-H12060060-00200
2501	1812	7	15	1812	6	7	辰时、申时，测雨器水深二分。	SJW-H12060070-00200
2502	1812	7	20	1812	6	12	申时，测雨器水深三分。	SJW-H12060120-00200
2503	1812	8	4	1812	6	27	未时、申时，测雨器水深二分。	SJW-H12060270-00200
2504	1812	8	10	1812	7	4	申时、酉时，测雨器水深二分。	SJW-H12070040-00200
2505	1812	8	12	1812	7	6	自未时至酉时，测雨器水深八分。	SJW-H12070060-00200
2506	1812	8	14	1812	7	8	自开东至未时，测雨器水深一寸四分。	SJW-H12070080-00200
2507	1812	8	17	1812	7	11	四更、五更，测雨器水深二分。	SJW-H12070110-00200
2508	1812	9	1	1812	7	26	自开东至巳时，测雨器水深四分。	SJW-H12070260-00200
2509	1812	9	2	1812	7	27	自二更至开东，测雨器水深二分。	SJW-H12070270-00200
2510	1812	9	11	1812	8	6	自五更至开东，测雨器水深一分。	SJW-H12080060-00200
2511	1812	9	23	1812	8	18	自五更至开东，测雨器水深五分。	SJW-H12080180-00200
2512	1812	9	28	1812	8	23	自三更至开东，测雨器水深三分。	SJW-H12080230-00200
2513	1812	10	5	1812	9	1	申时、酉时，测雨器水深六分。	SJW-H12090010-00200
2514	1812	10	12	1812	9	8	自开东至申时，测雨器水深八分。	SJW-H12090080-00200
2515	1812	10	22	1812	9	18	开东，测雨器水深四分。	SJW-H12090180-00200
2516	1812	10	26	1812	9	22	自昨天五更至今天开东，测雨器水深三分。	SJW-H12090220-00200
2517	1812	10	30	1812	9	26	自初昏、人定至开东，测雨器水深一寸九分。	SJW-H12090260-00200
2518	1812	10	31	1812	9	27	自二更至开东，测雨器水深一寸五分。	SJW-H12090270-00200
2519	1812	11	1	1812	9	28	自开东至未时，测雨器水深三分。	SJW-H12090280-00200
2520	1812	11	4	1812	10	1	自昨天五更至今天开东，测雨器水深一分。	SJW-H12100010-00200
2521	1812	11	14	1812	10	11	辰时、巳时，测雨器水深一分。	SJW-H12100110-00200
2522	1812	11	18	1812	10	15	五更，测雨器水深一分。	SJW-H12100150-00200
2523	1812	11	23	1812	10	20	自初昏至人定，测雨器水深二分。	SJW-H12100200-00200
2524	1812	11	24	1812	10	21	三更，测雨器水深二分。	SJW-H12100210-00200
2525	1812	11	26	1812	10	23	一更、二更，测雨器水深四分。	SJW-H12100230-00200
2526	1812	11	30	1812	10	27	自五更至开东，测雨器水深二分。	SJW-H12100270-00200
2527	1813	3	12	1813	2	10	自卯时至四更，测雨器水深三寸五分。	SJW-H13020100-00200
2528	1813	3	16	1813	2	14	自酉时至人定，测雨器水深三分。	SJW-H13020140-00200
2529	1813	3	25	1813	2	23	自酉时至人定，测雨器水深五分。自人定至四更，测雨器水深四分。	SJW-H13020230-00200
2530	1813	3	27	1813	2	25	自申时至人定，测雨器水深二分。	SJW-H13020250-00200
2531	1813	4	24	1813	3	24	自未时至人定，测雨器水深二分。	SJW-H13030240-00200
2532	1813	4	25	1813	3	25	卯时、辰时，测雨器水深一分。	SJW-H13030250-00200
2533	1813	5	1	1813	4	1	自辰时至人定，测雨器水深五分。自人定至开东，测雨器水深五分。	SJW-H13040010-00200
2534	1813	5	2	1813	4	2	自开东至午时，测雨器水深二分。	SJW-H13040020-00200

续表

编号	公历			农历			描述	ID编号
	年	月	日	年	月	日		
2535	1813	5	13	1813	4	13	自三更至五更,测雨器水深三分。	SJW-H13040130-00200
2536	1813	5	21	1813	4	21	四更、五更,测雨器水深三分。	SJW-H13040210-00200
2537	1813	6	11	1813	5	13	自午时至人定,测雨器水深五分。自人定至开东,测雨器水深一寸。	SJW-H13050130-00200
2538	1813	6	12	1813	5	14	自开东至人定,测雨器水深二寸二分。自人定至开东,测雨器水深五分。	SJW-H13050140-00200
2539	1813	6	12	1813	5	14	南履翼,以礼曹言启曰,圭璧初举,灵应斯捷,甘澍伊始,通宵霏霆,而测雨器水深,几近数寸,言念民事,诚为万幸。见今油云尚浓,霏洒不止,可期有周洽之庆。再次祈雨祭,姑为停止,何如?传曰,允。	SJW-H13050140-01600
2540	1813	6	13	1813	5	15	自开东至人定,测雨器水深五分。自三更至开东,测雨器水深九分。	SJW-H13050150-00200
2541	1813	6	21	1813	5	23	酉时、戌时,测雨器水深一分。	SJW-H13050230-00200
2542	1813	7	1	1813	6	4	自寅时至申时,测雨器水深二寸二分。	SJW-H13060040-00200
2543	1813	7	10	1813	6	13	自开东至人定,测雨器水深一寸一分。	SJW-H13060130-00200
2544	1813	7	11	1813	6	14	自开东至人定,测雨器水深二寸八分。	SJW-H13060140-00200
2545	1813	7	12	1813	6	15	自人定至开东,测雨器水深二寸。	SJW-H13060150-00200
2546	1813	7	12	1813	6	15	自开东至未时,测雨器水深三寸二分。	SJW-H13060150-00300
2547	1813	7	12	1813	6	15	测雨器水深一寸。	SJW-H13060150-02600
2548	1813	7	13	1813	6	16	自申时至人定,测雨器水深五分。	SJW-H13060160-00200
2549	1813	7	14	1813	6	17	自卯时至人定,测雨器水深一寸八分。	SJW-H13060170-00200
2550	1813	7	15	1813	6	18	自寅时至巳时,测雨器水深二寸五分。	SJW-H13060180-00200
2551	1813	7	18	1813	6	21	自人定至四更,测雨器水深四分。	SJW-H13060210-00200
2552	1813	7	22	1813	6	25	自人定至日开东,测雨器水深七分。	SJW-H13060250-00200
2553	1813	7	23	1813	6	26	自开东至酉时,测雨器水深六分。	SJW-H13060260-00200
2554	1813	7	25	1813	6	28	自开东至辰时,测雨器水深一分。	SJW-H13060280-00200
2555	1813	7	28	1813	7	2	自酉时至人定,测雨器水深二分。自五更至开东,测雨器水深二分。	SJW-H13070020-00200
2556	1813	7	29	1813	7	3	自开东至未时,测雨器水深一寸。	SJW-H13070030-00200
2557	1813	7	30	1813	7	4	自五更至开东,测雨器水深七分。	SJW-H13070040-00200
2558	1813	7	31	1813	7	5	自人定至开东,测雨器水深二分。	SJW-H13070050-00200
2559	1813	8	6	1813	7	11	自酉时至人定,测雨器水深四分。自人定至开东,测雨器水深四寸三分。	SJW-H13070110-00200
2560	1813	8	7	1813	7	12	自开东至未时,测雨器水深二寸四分。	SJW-H13070120-00200
2561	1813	8	9	1813	7	14	自巳时至未时,测雨器水深二分。	SJW-H13070140-00200
2562	1813	8	10	1813	7	15	自一更至开东,测雨器水深一分。	SJW-H13070150-00200
2563	1813	8	11	1813	7	16	卯时,测雨器水深二分。	SJW-H13070160-00200

续表

编号	公历			农历			描述	ID 编号
	年	月	日	年	月	日		
2564	1813	8	17	1813	7	22	自未时至人定,测雨器水深二寸六分。自人定至二更,测雨器水深三分。	SJW-H13070220-00200
2565	1813	8	19	1813	7	24	自开东至申时,测雨器水深七分。	SJW-H13070240-00200
2566	1813	8	26	1813	8	1	自酉时至人定,测雨器水深二分。	SJW-H13080010-00200
2567	1813	8	26	1813	8	1	自人定至开东,测雨器水深三分。	SJW-H13080010-00300
2568	1813	8	30	1813	8	5	自开东至人定,测雨器水深五寸五分。	SJW-H13080050-00200
2569	1813	8	31	1813	8	6	自昨天人定至今天开东,测雨器水深九分。	SJW-H13080060-00200
2570	1813	9	8	1813	8	14	自巳时至酉时,测雨器水深二分。	SJW-H13080140-00200
2571	1813	9	10	1813	8	16	自开东至未时,测雨器水深五分。	SJW-H13080160-00200
2572	1813	9	11	1813	8	17	未时,测雨器水深一分。	SJW-H13080170-00200
2573	1813	9	12	1813	8	18	自开东至酉时,测雨器水深三分。五更,测雨器水深六分。	SJW-H13080180-00200
2574	1813	9	17	1813	8	23	自酉时至人定,测雨器水深一分。自人定至开东,测雨器水深五分。	SJW-H13080230-00200
2575	1813	9	19	1813	8	25	五更,测雨器水深一分。	SJW-H13080250-00200
2576	1813	10	6	1813	9	13	自五更至开东,测雨器水深二分。	SJW-H13090130-00200
2577	1813	10	10	1813	9	17	自卯时至巳时,测雨器水深三分。	SJW-H13090170-00200
2578	1813	10	11	1813	9	18	一更、二更测雨器水深二分。	SJW-H13090180-00200
2579	1813	10	12	1813	9	19	自卯时至人定,测雨器水深二分。	SJW-H13090190-00200
2580	1813	10	17	1813	9	24	自一更至五更、开东,测雨器水深一分。	SJW-H13090240-00200
2581	1813	10	19	1813	9	26	自人定至开东,测雨器水深六分。	SJW-H13090260-00200
2582	1813	10	23	1813	9	30	三更、四更,测雨器水深二分。	SJW-H13090300-00200
2583	1813	10	24	1813	10	1	自开东至酉时,测雨器水深三分。	SJW-H13100010-00200
2584	1813	10	30	1813	10	7	自人定至二更,测雨器水深二分。	SJW-H13100070-00200
2585	1813	11	6	1813	10	14	自二更至五更,测雨器水深七分。	SJW-H13100140-00200
2586	1813	11	20	1813	10	28	午时,测雨器水深一分。	SJW-H13100280-00200
2587	1813	11	25	1813	11	3	自一更至开东,测雨器水深二分。	SJW-H13110030-00200
2588	1813	12	9	1813	11	17	自未时至人定,测雨器水深三分。一更,测雨器水深三分。	SJW-H13110170-00200
2589	1813	12	22	1813	11	30	自未时至人定,测雨器水深三分。	SJW-H13110300-00200
2590	1814	1	4	1813	12	13	自三更至五更,测雨器水深二分。	SJW-H13120130-00200
2591	1814	2	24	1814	2	5	自五更至开东,测雨器水深二分。	SJW-H14020050-00300
2592	1814	3	5	1814	2	14	自人定四更,测雨器水深九分。	SJW-H14020140-00200
2593	1814	3	14	1814	2	23	自未时至人定,测雨器水深二分	SJW-H14020230-00200
2594	1814	3	19	1814	2	28	自人定至开东,测雨器水深一寸三分。	SJW-H14020280-00200
2595	1814	4	24	1814	3	5	开东,测雨器水深二分。	SJW-H14030050-00200
2596	1814	5	9	1814	3	20	自卯时至未时,测雨器水深八分。	SJW-H14030200-00200
2597	1814	5	10	1814	3	21	开东,测雨器水深二分。	SJW-H14030210-00200

续表

编号	公历			农历			描述	ID 编号
	年	月	日	年	月	日		
2598	1814	5	14	1814	3	25	申时，测雨器水深一分。	SJW-H14030250-00200
2599	1814	5	18	1814	3	29	自五更至开东，测雨器水深一分。	SJW-H14030290-00200
2600	1814	5	19	1814	3	30	自卯时至巳时，测雨器水深一分。	SJW-H14030300-00200
2601	1814	5	26	1814	4	7	五更，测雨器水深一分。	SJW-H14040070-00200
2602	1814	5	30	1814	4	11	自戌时至人定，测雨器水深一分。	SJW-H14040110-00200
2603	1814	5	30	1814	4	11	自人定至开东，测雨器水深二分。	SJW-H14040110-00300
2604	1814	6	1	1814	4	13	申时，测雨器水深二分。	SJW-H14040130-00200
2605	1814	6	8	1814	4	20	自午时至人定，测雨器水深九分。	SJW-H14040200-00200
2606	1814	6	17	1814	4	29	自辰时至人定，测雨器水深一寸二分。	SJW-H14040290-00200
2607	1814	6	18	1814	5	1	自昨天人定至今天开东，测雨器水深四分。	SJW-H14050010-00200
2608	1814	6	19	1814	5	2	五更，测雨器水深一分。	SJW-H14050020-00200
2609	1814	6	19	1814	5	2	测雨器水深一寸六分。	SJW-H14050020-01800
2610	1814	7	7	1814	5	20	自申时至人定，测雨器水深四分。	SJW-H14050200-00200
2611	1814	7	8	1814	5	21	自昨天五更至今天开东，测雨器水深三分。	SJW-H14050210-00200
2612	1814	7	10	1814	5	23	卯时、辰时，测雨器水深一寸一分。	SJW-H14050230-00200
2613	1814	7	11	1814	5	24	五更，测雨器水深五分。	SJW-H14050240-00200
2614	1814	7	12	1814	5	25	自卯时至巳时，测雨器水深三分。	SJW-H14050250-00200
2615	1814	7	13	1814	5	26	自巳时至酉时，测雨器水深七分。一更、二更，测雨器水深一分。	SJW-H14050260-00200
2616	1814	7	20	1814	6	4	卯时，测雨器水深五分。	SJW-H14060040-00200
2617	1814	7	21	1814	6	5	自卯时至巳时，测雨器水深一寸三分。	SJW-H14060050-00200
2618	1814	7	23	1814	6	7	自卯时至巳时，测雨器水深七分。	SJW-H14060070-00200
2619	1814	7	26	1814	6	10	申时、酉时，测雨器水深三分。	SJW-H14060100-00200
2620	1814	7	28	1814	6	12	自开东至戌时，测雨器水深七分。	SJW-H14060120-00200
2621	1814	7	29	1814	6	13	自三更至开东，测雨器水深三分。	SJW-H14060130-00200
2622	1814	7	30	1814	6	14	自开东至戌时，测雨器水深二寸六分。自人定至开东，测雨器水深二分。	SJW-H14060140-00200
2623	1814	7	31	1814	6	15	自酉时至人定，测雨器水深二分。	SJW-H14060150-00200
2624	1814	8	1	1814	6	16	自寅时至酉时，测雨器水深二分。自人定至开东，测雨器水深一寸一分。	SJW-H14060160-00200
2625	1814	8	2	1814	6	17	寅时卯时，测雨器水深一寸五分。	SJW-H14060170-00200
2626	1814	8	3	1814	6	18	自寅时至巳时，测雨器水深五分。	SJW-H14060180-00200
2627	1814	8	7	1814	6	22	自人定至开东，测雨器水深二寸。	SJW-H14060220-00200
2628	1814	8	8	1814	6	23	自午时至人定，测雨器水深五分。	SJW-H14060230-00200
2629	1814	8	10	1814	6	25	自开东至午时，测雨器水深一寸九分。	SJW-H14060250-00200
2630	1814	8	16	1814	7	2	自昨天五更至今天开东，测雨器水深一寸六分。自开东至巳时，测雨器水深一寸。	SJW-H14070020-00200
2631	1814	8	18	1814	7	4	自五更至开东，测雨器水深五分。	SJW-H14070040-00200

续表

编号	公历			农历			描述	ID 编号
	年	月	日	年	月	日		
2632	1814	8	19	1814	7	5	自开东至酉时,测雨器水深四寸七分。	SJW-H14070050-00200
2633	1814	8	19	1814	7	5	自人定至开东,测雨器水深四寸一分。	SJW-H14070050-00300
2634	1814	8	20	1814	7	6	自开东至人定,测雨器水深二寸一分。	SJW-H14070060-00200
2635	1814	8	21	1814	7	7	自人定,测雨器水深二分。	SJW-H14070070-00200
2636	1814	8	22	1814	7	8	自开东至未时,测雨器水深三寸八分。	SJW-H14070080-00200
2637	1814	8	30	1814	7	16	自辰时至人定,测雨器水深三寸二分。	SJW-H14070160-00200
2638	1814	8	30	1814	7	16	自人定至五更,测雨器水深八分。	SJW-H14070160-00300
2639	1814	8	31	1814	7	17	自辰时至酉时,测雨器水深二分。	SJW-H14070170-00200
2640	1814	9	5	1814	7	22	巳时,测雨器水深三分。	SJW-H14070220-00200
2641	1814	9	7	1814	7	24	自巳时至酉时,测雨器水深二寸六分。	SJW-H14070240-00200
2642	1814	9	19	1814	8	6	自人定至开东,测雨器水深八分。	SJW-H14080060-00200
2643	1814	9	27	1814	8	14	自开东至未时测雨器水深一寸。	SJW-H14080140-00200
2644	1814	10	7	1814	8	24	人定,测雨器水深一分。	SJW-H14080240-00200
2645	1814	10	8	1814	8	25	卯时,测雨器水深二分。	SJW-H14080250-00200
2646	1814	10	14	1814	9	2	自卯时至巳时,测雨器水深一分。	SJW-H14090020-00200
2647	1814	10	21	1814	9	9	自二更至开东,测雨器水深二寸七分。	SJW-H14090090-00200
2648	1814	11	13	1814	10	2	自人定至开东,测雨器水深一寸。	SJW-H14100020-00200
2649	1814	11	26	1814	10	15	自三更至开东,测雨器水深三分。	SJW-H14100150-00200
2650	1814	11	27	1814	10	16	自开东至巳时,测雨器水深二分。	SJW-H14100160-00200
2651	1814	11	28	1814	10	17	自巳时至人定,测雨器水深二分。	SJW-H14100170-00200
2652	1814	12	15	1814	11	4	自二更至五更,测雨器水深五分。	SJW-H14110040-00200
2653	1815	3	27	1815	2	17	自卯时至巳时,测雨器水深三分。自二更至五更,测雨器水深四分。	SJW-H15020170-00200
2654	1815	3	30	1815	2	20	自辰时至人定,测雨器水深九分。	SJW-H15020200-00200
2655	1815	3	31	1815	2	21	自人定至开东,测雨器水深六分。	SJW-H15020210-00200
2656	1815	4	4	1815	2	25	自初昏至开东,测雨器水深三分。	SJW-H15020250-00200
2657	1815	4	9	1815	2	30	自一更至三更,测雨器水深五分。	SJW-H15020300-00200
2658	1815	4	21	1815	3	12	自五更至开东,测雨器水深八分。	SJW-H15030120-00200
2659	1815	4	22	1815	3	13	自开东至巳时,测雨器水深三分。	SJW-H15030130-00200
2660	1815	5	14	1815	4	6	自午时至人定,测雨器水深八分。自人定至五更,测雨器水深一分。	SJW-H15040060-00200
2661	1815	5	25	1815	4	17	未时,测雨器水深三分。	SJW-H15040170-00200
2662	1815	6	2	1815	4	25	卯时、辰时,测雨器水深一分。	SJW-H15040250-00200
2663	1815	6	19	1815	5	13	自卯时至人定,测雨器水深四寸九分。	SJW-H15050130-00200
2664	1815	6	19	1815	5	13	自人定至开东,测雨器水深五分。	SJW-H15050130-00300
2665	1815	6	22	1815	5	16	自巳时至酉时,测雨器水深一寸。	SJW-H15050160-00300
2666	1815	6	28	1815	5	22	自卯时至酉时,测雨器水深一寸一分。	SJW-H15050220-00200
2667	1815	7	3	1815	5	27	自辰时至人定,测雨器水深四寸一分。	SJW-H15050270-00200

续表

编号	公历			农历			描述	ID 编号
	年	月	日	年	月	日		
2668	1815	7	3	1815	5	27	自人定至次日开东，测雨器水深四分。	SJW-H15050270-00300
2669	1815	7	4	1815	5	28	自开东至申时，测雨器水深八分。	SJW-H15050280-00200
2670	1815	7	5	1815	5	29	自未时至人定，测雨器水深一寸。	SJW-H15050290-00200
2671	1815	7	5	1815	5	29	自人定至开东，测雨器水深二寸五分。	SJW-H15050290-00300
2672	1815	7	6	1815	5	30	自开东至辰时，测雨器水深一寸三分。	SJW-H15050300-00200
2673	1815	7	7	1815	6	1	自卯时至午时，测雨器水深五分。	SJW-H15060010-00200
2674	1815	7	8	1815	6	2	自开东至辰时，测雨器水深三分。	SJW-H15060020-00200
2675	1815	7	10	1815	6	4	自五更至开东，测雨器水深二分。	SJW-H15060040-00200
2676	1815	7	14	1815	6	8	自四更至开东，测雨器水深三分。	SJW-H15060080-00200
2677	1815	7	15	1815	6	9	自开东至酉时，测雨器水深九分。	SJW-H15060090-00200
2678	1815	7	15	1815	6	9	自四更至开东，测雨器水深二寸四分。	SJW-H15060090-00300
2679	1815	7	16	1815	6	10	自开东至巳时，测雨器水深六分。	SJW-H15060100-00200
2680	1815	7	18	1815	6	12	自未时至酉时，测雨器水深二分。	SJW-H15060120-00200
2681	1815	7	20	1815	6	14	自卯时至人定，测雨器水深一寸五分。	SJW-H15060140-00200
2682	1815	7	26	1815	6	20	巳时、午时，测雨器水深六分。	SJW-H15060200-00200
2683	1815	8	11	1815	7	7	自酉时至人定，测雨器水深一寸二分。	SJW-H15070070-00200
2684	1815	8	20	1815	7	16	自五更至开东，测雨器水深一寸七分。	SJW-H15070160-00200
2685	1815	8	21	1815	7	17	自开东至申时，测雨器水深五寸三分。	SJW-H15070170-00200
2686	1815	8	24	1815	7	20	自四更至开东，测雨器水深五分。	SJW-H15070200-00200
2687	1815	8	25	1815	7	21	自开东至人定，测雨器水深五分。	SJW-H15070210-00200
2688	1815	8	26	1815	7	22	自开东至午时，测雨器水深三分。	SJW-H15070220-00200
2689	1815	8	28	1815	7	24	申时、酉时，测雨器水深一寸三分。	SJW-H15070240-00200
2690	1815	8	31	1815	7	27	自辰时至人定，测雨器水深二寸五分。自人定至开东，测雨器水深五寸三分。	SJW-H15070270-00200
2691	1815	9	1	1815	7	28	自开东至午时，测雨器水深三寸七分。	SJW-H15070280-00200
2692	1815	9	11	1815	8	9	自申时至人定，测雨器水深五分。	SJW-H15080090-00200
2693	1815	9	18	1815	8	16	自人定至开东，测雨器水深三寸三分。	SJW-H15080160-00200
2694	1815	10	2	1815	8	30	自四更至开东，测雨器水深二分。	SJW-H15080300-00200
2695	1815	10	3	1815	9	1	自巳时至申时，测雨器水深二分。	SJW-H15090010-00200
2696	1815	10	9	1815	9	7	自巳时至酉时，测雨器水深四分。	SJW-H15090070-00200
2697	1815	10	12	1815	9	10	自人定至五更，测雨器水深四分。	SJW-H15090100-00200
2698	1815	10	15	1815	9	13	自卯时至人定，测雨器水深一分。自人定至开东，测雨器水深七分。	SJW-H15090130-00200
2699	1815	10	18	1815	9	16	自申时至人定，测雨器水深二分。	SJW-H15090160-00200
2700	1815	10	23	1815	9	21	五更，测雨器水深二分。	SJW-H15090210-00200
2701	1815	10	31	1815	9	29	自巳时至未时，测雨器水深一分。	SJW-H15090290-00200
2702	1815	11	6	1815	10	6	二更，测雨器水深五分。	SJW-H15100060-00200
2703	1816	2	27	1816	1	30	自申时至人定，测雨器水深四分。	SJW-H16010300-00200

续表

编号	公历			农历			描述	ID 编号
	年	月	日	年	月	日		
2704	1816	2	27	1816	1	30	自人定至二更,测雨器水深五分。	SJW-H16010300-00300
2705	1816	2	29	1816	2	2	自辰时至酉时,测雨器水深一寸四分。	SJW-H16020020-00200
2706	1816	2	29	1816	2	2	自四更至开东,测雨器水深二分。	SJW-H16020020-00300
2707	1816	3	14	1816	2	16	自辰时至酉时,测雨器水深二分。	SJW-H16020160-00200
2708	1816	3	25	1816	2	27	自五更至开东,测雨器水深二分。	SJW-H16020270-00200
2709	1816	3	26	1816	2	28	自开东至卯时,测雨器水深一分。	SJW-H16020280-00200
2710	1816	4	1	1816	3	4	自辰时至人定,测雨器水深二分。自人定至四更,测雨器水深三分。	SJW-H16030040-00200
2711	1816	4	4	1816	3	7	自开东至未时,测雨器水深一寸三分。	SJW-H16030070-00200
2712	1816	4	9	1816	3	12	自未时至人定,测雨器水深二分。自人定至四更,测雨器水深二分。	SJW-H16030120-00200
2713	1816	4	10	1816	3	13	自辰时至申时,测雨器水深一寸一分。	SJW-H16030130-00200
2714	1816	4	12	1816	3	15	自人定至开东,测雨器水深八分。	SJW-H16030150-00200
2715	1816	4	30	1816	4	4	自初更至开东,测雨器水深八分。	SJW-H16040040-00200
2716	1816	5	1	1816	4	5	自开东至人定,测雨器水深一寸二分。	SJW-H16040050-00200
2717	1816	5	10	1816	4	14	自酉时至人定,测雨器水深一分。	SJW-H16040140-00300
2718	1816	5	10	1816	4	14	自人定至开东,测雨器水深一寸二分。	SJW-H16040140-00400
2719	1816	5	11	1816	4	15	自开东至人定,测雨器水深四分。	SJW-H16040150-00200
2720	1816	5	11	1816	4	15	自人定至五更,测雨器水深四分。	SJW-H16040150-00300
2721	1816	5	12	1816	4	16	自开东至辰时,测雨器水深二分。	SJW-H16040160-00200
2722	1816	5	19	1816	4	23	自巳时至人定,测雨器水深五分。自人定至五更,测雨器水深四分。	SJW-H16040230-00200
2723	1816	5	22	1816	4	26	自卯时至申时,测雨器水深二分。	SJW-H16040260-00190
2724	1816	6	1	1816	5	6	自申时至人定,测雨器水深三分。	SJW-H16050060-00200
2725	1816	6	1	1816	5	6	自人定至开东,测雨器水深三分。	SJW-H16050060-00300
2726	1816	6	2	1816	5	7	自开东至午时,测雨器水深一分。	SJW-H16050070-00200
2727	1816	6	24	1816	5	29	自酉时至人定,测雨器水深六分。	SJW-H16050290-00200
2728	1816	6	25	1816	6	1	自寅时至未时,测雨器水深九分。	SJW-H16060010-00200
2729	1816	6	28	1816	6	4	自寅时至未时,测雨器水深九分。	SJW-H16060040-00200
2730	1816	6	30	1816	6	6	自卯时至申时,测雨器水深二分。	SJW-H16060060-00200
2731	1816	6	30	1816	6	6	自三更至开东,测雨器水深六分。	SJW-H16060060-00300
2732	1816	7	1	1816	6	7	自开东至人定,测雨器水深三寸七分。	SJW-H16060070-00200
2733	1816	7	1	1816	6	7	自人定至开东,测雨器水深二寸。	SJW-H16060070-00300
2734	1816	7	4	1816	6	10	自辰时至人定,测雨器水深一寸二分。自人定至开东,测雨器水深八分。	SJW-H16060100-00200
2735	1816	7	9	1816	6	15	自卯时至酉时,测雨器水深二分。	SJW-H16060150-00200
2736	1816	7	9	1816	6	15	自五更至开东,测雨器水深六分。	SJW-H16060150-00300
2737	1816	7	10	1816	6	16	自开东至人定,测雨器水深八寸九分。	SJW-H16060160-00200

续表

编号	公历			农历			描述	ID 编号
	年	月	日	年	月	日		
2738	1816	7	10	1816	6	16	自人定至开东,测雨器水深六寸三分。	SJW-H16060160-00300
2739	1816	7	11	1816	6	17	自开东至申时,测雨器水深七寸四分。	SJW-H16060170-00200
2740	1816	7	16	1816	6	22	自酉时至人定,测雨器水深七分。	SJW-H16060220-00300
2741	1816	7	16	1816	6	22	自人定至开东,测雨器水深二寸二分。	SJW-H16060220-00400
2742	1816	7	17	1816	6	23	自开东至巳时,测雨器水深二分。自五更至开东,测雨器水深二分。	SJW-H16060230-00200
2743	1816	7	20	1816	6	26	自巳时至人定,测雨器水深二寸六分。	SJW-H16060260-00200
2744	1816	7	20	1816	6	26	自人定至开东,测雨器水深一分。	SJW-H16060260-00300
2745	1816	7	21	1816	6	27	自开东至申时,测雨器水深二分。	SJW-H16060270-00200
2746	1816	8	6	1816	闰 6	13	自开东至人定,测雨器水深三寸一分。	SJW-H16061130-00200
2747	1816	8	7	1816	闰 6	14	自酉时至人定,测雨器水深二分。	SJW-H16061140-00200
2748	1816	8	8	1816	闰 6	15	自人定至开东,测雨器水深一寸。	SJW-H16061150-00200
2749	1816	8	8	1816	闰 6	15	自开东至申时,测雨器水深八寸五分。	SJW-H16061150-00300
2750	1816	8	12	1816	闰 6	19	自三更至开东,测雨器水深二分。	SJW-H16061190-00200
2751	1816	8	13	1816	闰 6	20	自三更至五更,测雨器水深二分。	SJW-H16061200-00200
2752	1816	8	14	1816	闰 6	21	自巳时至申时,测雨器水深六分。	SJW-H16061210-00200
2753	1816	8	14	1816	闰 6	21	自人定至开东,测雨器水深四寸六分。	SJW-H16061210-00300
2754	1816	8	15	1816	闰 6	22	自开东至申时,测雨器水深二寸七分。	SJW-H16061220-00200
2755	1816	8	15	1816	闰 6	22	自一更至开东,测雨器水深四分。	SJW-H16061220-00300
2756	1816	8	16	1816	闰 6	23	自卯时至人定,测雨器水深一寸二分。	SJW-H16061230-00200
2757	1816	8	16	1816	闰 6	23	自人定至开东,测雨器水深二分。	SJW-H16061230-00300
2758	1816	8	18	1816	闰 6	25	自四更至开东,测雨器水深四分。	SJW-H16061250-00200
2759	1816	8	19	1816	闰 6	26	自辰时至酉时,测雨器水深六分。	SJW-H16061260-00200
2760	1816	8	19	1816	闰 6	26	自四更至开东,测雨器水深二分。	SJW-H16061260-00300
2761	1816	8	20	1816	闰 6	27	自四更至开东,测雨器水深二分。	SJW-H16061270-00200
2762	1816	8	20	1816	闰 6	27	自未时至酉时,测雨器水深九分。	SJW-H16061270-00300
2763	1816	9	3	1816	7	12	自巳时至人定,测雨器水深三分。	SJW-H16070120-00200
2764	1816	9	3	1816	7	12	自人定至五更,测雨器水深一分。	SJW-H16070120-00300
2765	1816	9	11	1816	7	20	自开东至巳时,测雨器水深五分。	SJW-H16070200-00200
2766	1816	9	14	1816	7	23	自酉时至人定,测雨器水深一分。	SJW-H16070230-00200
2767	1816	9	14	1816	7	23	自人定至开东,测雨器水深四分。	SJW-H16070230-00300
2768	1816	9	15	1816	7	24	自开东至未时,测雨器水深二分。	SJW-H16070240-00200
2769	1816	9	15	1816	7	24	自人定至五更,测雨器水深二分。	SJW-H16070240-00300
2770	1816	9	22	1816	8	2	自一更至开东,测雨器水深五分。	SJW-H16080020-00200
2771	1816	9	23	1816	8	3	自开东至酉时,测雨器水深一寸二分。自四更至开东,测雨器水深二分。	SJW-H16080030-00200
2772	1816	10	9	1816	8	19	自午时至酉时,测雨器水深五分。	SJW-H16080190-00200
2773	1816	10	27	1816	9	7	自人定至五更,测雨器水深一寸二分。	SJW-H16090070-00200

续表

编号	公历			农历			描述	ID 编号
	年	月	日	年	月	日		
2774	1816	11	5	1816	9	16	自申时至人定,测雨器水深五分。	SJW-H16090160-00200
2775	1816	11	5	1816	9	16	自人定至三更,测雨器水深一分。	SJW-H16090160-00300
2776	1816	11	12	1816	9	23	自四更至开东,测雨器水深五分。	SJW-H16090230-00200
2777	1816	11	13	1816	9	24	自开东至申时,测雨器水深四分。	SJW-H16090240-00200
2778	1816	11	19	1816	10	1	自四更至开东,测雨器水深四分。	SJW-H16100010-00200
2779	1816	11	20	1816	10	2	自辰时至未时,测雨器水深二分。	SJW-H16100020-00200
2780	1816	11	23	1816	10	5	自未时至申时,测雨器水深二分。	SJW-H16100050-00200
2781	1816	11	29	1816	10	11	自巳时至人定,测雨器水深九分。	SJW-H16100110-00200
2782	1816	11	29	1816	10	11	自人定至二更,测雨器水深二分。	SJW-H16100110-00300
2783	1817	3	6	1817	1	19	自酉时至人定,测雨器水深一分。自人定至开东,测雨器水深六分。	SJW-H17010190-00200
2784	1817	3	8	1817	1	21	自四更至开东,测雨器水深四分。	SJW-H17010210-00200
2785	1817	3	12	1817	1	25	自卯时至人定,测雨器水深一寸四分。	SJW-H17010250-00200
2786	1817	4	1	1817	2	15	自辰时至人定,测雨器水深八分。	SJW-H17020150-00200
2787	1817	4	18	1817	3	3	自午时至酉时,测雨器水深六分。	SJW-H17030030-00200
2788	1817	4	21	1817	3	6	自人定至开东,测雨器水深三分。	SJW-H17030060-00200
2789	1817	4	22	1817	3	7	自巳时至申时,测雨器水深一分。	SJW-H17030070-00200
2790	1817	4	26	1817	3	11	自人定至开东,测雨器水深六分。	SJW-H17030110-00200
2791	1817	4	28	1817	3	13	自二更至开东,测雨器水深一寸三分。	SJW-H17030130-00200
2792	1817	4	29	1817	3	14	自开东至申时,测雨器水深一寸五分。	SJW-H17030140-00200
2793	1817	5	7	1817	3	22	自人定至开东,测雨器水深九分。	SJW-H17030220-00300
2794	1817	5	11	1817	3	26	自人定至开东,测雨器水深九分。	SJW-H17030260-00200
2795	1817	5	15	1817	3	30	自一更至开东,测雨器水深三分。	SJW-H17030300-00200
2796	1817	5	26	1817	4	11	自人定至开东,测雨器水深八分。	SJW-H17040110-00200
2797	1817	6	6	1817	4	22	自开东至酉时,测雨器水深八分。	SJW-H17040220-00200
2798	1817	6	8	1817	4	24	自未时至酉时,测雨器水深七分。	SJW-H17040240-00200
2799	1817	6	9	1817	4	25	自午时至人定,测雨器水深二分。自人定至开东,测雨器水深八分。	SJW-H17040250-00200
2800	1817	6	25	1817	5	11	自辰时至酉时,测雨器水深一分。	SJW-H17050110-00200
2801	1817	6	25	1817	5	11	自一更至开东,测雨器水深九分。	SJW-H17050110-00300
2802	1817	6	27	1817	5	13	自人定至五更,测雨器水深四分。	SJW-H17050130-00200
2803	1817	6	28	1817	5	14	自卯时至酉时,测雨器水深四分。	SJW-H17050140-00200
2804	1817	7	1	1817	5	17	自戌时至人定,测雨器水深八分。自人定至开东,测雨器水深一寸二分。	SJW-H17050170-00200
2805	1817	7	4	1817	5	20	自寅时至酉时,测雨器水深二寸八分。自四更至开东,测雨器水深三寸三分。	SJW-H17050200-00200
2806	1817	7	6	1817	5	22	自开东至人定,测雨器水深一寸四分。自人定至开东,测雨器水深八分。	SJW-H17050220-00200

续表

编号	公历			农历			描述	ID 编号
	年	月	日	年	月	日		
2807	1817	7	7	1817	5	23	自开东至人定,测雨器水深三寸一分。自人定至开东,测雨器水深二寸六分。	SJW-H17050230-00200
2808	1817	7	8	1817	5	24	自开东至戌时,测雨器水深五分。	SJW-H17050240-00200
2809	1817	7	10	1817	5	26	自寅时至人定,测雨器水深一寸三分。	SJW-H17050260-00200
2810	1817	7	14	1817	6	1	自开东至午时,测雨器水深三分。	SJW-H17060010-00200
2811	1817	7	15	1817	6	2	自卯时至申时,测雨器水深三分。自五更至开东,测雨器水深一寸二分。	SJW-H17060020-00200
2812	1817	7	16	1817	6	3	自开东至酉时,测雨器水深二寸八分。自一更至开东,测雨器水深二分。	SJW-H17060030-00200
2813	1817	7	17	1817	6	4	自开东至未时,测雨器水深五分。自五更至开东,测雨器水深一分。	SJW-H17060040-00200
2814	1817	7	21	1817	6	8	自戌时至人定,测雨器水深九分。	SJW-H17060080-00200
2815	1817	7	22	1817	6	9	自五更至开东,测雨器水深六分。	SJW-H17060090-00200
2816	1817	7	23	1817	6	10	自开东至人定,测雨器水深一寸。自人定至四更,测雨器水深四分。	SJW-H17060100-00200
2817	1817	7	24	1817	6	11	自辰时至酉时,测雨器水深四分。	SJW-H17060110-00200
2818	1817	7	25	1817	6	12	自辰时至未时,测雨器水深一寸五分。	SJW-H17060120-00200
2819	1817	8	3	1817	6	21	自开东至酉时,测雨器水深五寸六分。自二更至开东,测雨器水深三分。	SJW-H17060210-00200
2820	1817	8	4	1817	6	22	自巳时至人定,测雨器水深四寸一分。自人定至四更,测雨器水深六分。	SJW-H17060220-00200
2821	1817	8	6	1817	6	24	五更,测雨器水深一分。	SJW-H17060240-00200
2822	1817	8	7	1817	6	25	自开东至巳时,测雨器水深四寸三分。	SJW-H17060250-00200
2823	1817	8	10	1817	6	28	自人定至开东,测雨器水深五分。	SJW-H17060280-00200
2824	1817	8	11	1817	6	29	自申时至人定,测雨器水深二寸四分。自人定至五更,测雨器水深五分。	SJW-H17060290-00200
2825	1817	8	12	1817	6	30	自四更至开东,测雨器水深二分。	SJW-H17060300-00200
2826	1817	8	17	1817	7	5	自辰时至申时,测雨器水深三分。	SJW-H17070050-00200
2827	1817	8	17	1817	7	5	自五更至开东,测雨器水深五分。	SJW-H17070050-00300
2828	1817	8	18	1817	7	6	自申时至人定,测雨器水深六分。	SJW-H17070060-00200
2829	1817	8	18	1817	7	6	自人定至四更,测雨器水深四分。	SJW-H17070060-00300
2830	1817	8	19	1817	7	7	自午时至酉时,测雨器水深二分。	SJW-H17070070-00200
2831	1817	8	19	1817	7	7	自二更至开东,测雨器水深五分。	SJW-H17070070-00300
2832	1817	8	20	1817	7	8	自卯时至午时,测雨器水深三分。	SJW-H17070080-00200
2833	1817	8	25	1817	7	13	自开东至申时,测雨器水深二寸五分。	SJW-H17070130-00200
2834	1817	8	25	1817	7	13	自一更至开东,测雨器水深三寸。	SJW-H17070130-00300
2835	1817	8	26	1817	7	14	自开东至未时,测雨器水深二分。	SJW-H17070140-00200
2836	1817	8	27	1817	7	15	自卯时至午时,测雨器水深一寸三分。	SJW-H17070150-00200

续表

编号	公历			农历			描述	ID 编号
	年	月	日	年	月	日		
2837	1817	8	31	1817	7	19	自人定至五更,测雨器水深二寸九分。	SJW-H17070190-00200
2838	1817	9	5	1817	7	24	巳时、午时,测雨器水深六分。	SJW-H17070240-00200
2839	1817	9	8	1817	7	27	自开东至未时,测雨器水深一寸六分。	SJW-H17070270-00200
2840	1817	9	17	1817	8	7	自人定至四更,测雨器水深二分。	SJW-H17080070-00200
2841	1817	9	27	1817	8	17	自辰时至人定,测雨器水深二寸。	SJW-H17080170-00200
2842	1817	10	1	1817	8	21	自五更至开东,测雨器水深一分。	SJW-H17080210-00200
2843	1817	10	3	1817	8	23	自人定至五更,测雨器水深一分。	SJW-H17080230-00200
2844	1817	10	14	1817	9	4	自未时至人定,测雨器水深八分。	SJW-H17090040-00200
2845	1817	10	14	1817	9	4	自人定至三更,测雨器水深七分。	SJW-H17090040-00400
2846	1817	11	1	1817	9	22	自人定至开东,测雨器水深一寸。	SJW-H17090220-00200
2847	1817	11	14	1817	10	6	自未时至人定,测雨器水深九分。自人定至三更,测雨器水深一分。	SJW-H17100060-00200
2848	1817	11	25	1817	10	17	自卯时至人定,测雨器水深一分。自人定至五更,测雨器水深二分。	SJW-H17100170-00200
2849	1817	12	12	1817	11	5	自五更至开东,测雨器水深七分。	SJW-H17110050-00200
2850	1817	12	24	1817	11	17	自未时至人定,测雨器水深五分。	SJW-H17110170-00200
2851	1818	2	25	1818	1	21	自一更至开东,测雨器水深四分。	SJW-H18010210-00200
2852	1818	3	28	1818	2	22	自三更至五更,测雨器水深三分。	SJW-H18020220-00200
2853	1818	4	9	1818	3	5	自昨天三更至今天开东,测雨器水深一寸一分。	SJW-H18030050-00200
2854	1818	4	10	1818	3	6	开东,测雨器水深二分。	SJW-H18030060-00200
2855	1818	4	29	1818	3	25	自未时至人定,测雨器水深一寸。	SJW-H18030250-00200
2856	1818	5	5	1818	4	1	午时、未时,测雨器水深三分。	SJW-H18040010-00200
2857	1818	5	8	1818	4	4	未时、申时,测雨器水深二分。	SJW-H18040040-00200
2858	1818	5	16	1818	4	12	自开东至巳时,测雨器水深一分。	SJW-H18040120-00200
2859	1818	5	19	1818	4	15	自五更至开东,测雨器水深七分。	SJW-H18040150-00200
2860	1818	5	20	1818	4	16	自开东至人定,测雨器水深二寸三分。	SJW-H18040160-00200
2861	1818	5	20	1818	4	16	自人定至开东,测雨器水深二分。	SJW-H18040160-00300
2862	1818	5	26	1818	4	22	自申时至人定,测雨器水深五分。自人定至开东,测雨器水深一寸四分。	SJW-H18040220-00200
2863	1818	5	27	1818	4	23	自开东至人定,测雨器水深六分。自人定至开东,测雨器水深一寸二分。	SJW-H18040230-00200
2864	1818	5	31	1818	4	27	自一更至开东,测雨器水深三分。	SJW-H18040270-00200
2865	1818	6	14	1818	5	11	自初昏至人定,测雨器水深七分。	SJW-H18050110-00200
2866	1818	6	26	1818	5	23	自开东至人定,测雨器水深一寸。	SJW-H18050230-00200
2867	1818	7	3	1818	6	1	自五更至开东,测雨器水深五分。	SJW-H18060010-00200
2868	1818	7	4	1818	6	2	自开东至人定,测雨器水深一寸四分。	SJW-H18060020-00200
2869	1818	7	5	1818	6	3	自开东至未时,测雨器水深二分。	SJW-H18060030-00200
2870	1818	7	9	1818	6	7	自开东至卯时,测雨器水深一分。	SJW-H18060070-00200

续表

编号	公历			农历			描述	ID 编号
	年	月	日	年	月	日		
2871	1818	7	9	1818	6	7	自四更至开东，测雨器水深二寸四分。	SJW-H18060070-00300
2872	1818	7	10	1818	6	8	自开东至酉时，测雨器水深三寸七分。	SJW-H18060080-00200
2873	1818	7	11	1818	6	9	自卯时至人定，测雨器水深二寸三分。	SJW-H18060090-00200
2874	1818	7	11	1818	6	9	自人定至开东，测雨器水深五分。	SJW-H18060090-00300
2875	1818	7	12	1818	6	10	自未时至人定，测雨器水深九分。	SJW-H18060100-00200
2876	1818	7	13	1818	6	11	自酉时至人定，测雨器水深二寸八分。	SJW-H18060110-00200
2877	1818	7	14	1818	6	12	巳时、午时，测雨器水深三分。	SJW-H18060120-00200
2878	1818	7	17	1818	6	15	自开东至人定，测雨器水深六分。	SJW-H18060150-00200
2879	1818	7	17	1818	6	15	自人定至开东，测雨器水深二分。	SJW-H18060150-00300
2880	1818	7	18	1818	6	16	自开东至酉时，测雨器水深二分。	SJW-H18060160-00200
2881	1818	7	19	1818	6	17	自酉时至人定，测雨器水深一寸八分。	SJW-H18060170-00200
2882	1818	7	19	1818	6	17	自人定至开东，测雨器水深三寸。	SJW-H18060170-00300
2883	1818	7	22	1818	6	20	自卯时、辰时，测雨器水深五分。	SJW-H18060200-00200
2884	1818	8	2	1818	7	1	自一更至五更，测雨器水深二分。	SJW-H18070010-00200
2885	1818	8	11	1818	7	10	开东，测雨器水深六分。	SJW-H18070100-00200
2886	1818	8	11	1818	7	10	自卯时至申时，测雨器水深二寸三分。	SJW-H18070100-00300
2887	1818	8	16	1818	7	15	五更，测雨器水深三分。	SJW-H18070150-00200
2888	1818	8	17	1818	7	16	自申时至人定，测雨器水深九分。	SJW-H18070160-00200
2889	1818	8	17	1818	7	16	自人定至开东，测雨器水深四分。	SJW-H18070160-00300
2890	1818	8	20	1818	7	19	自午时至酉时，测雨器水深一寸三分。	SJW-H18070190-00200
2891	1818	8	23	1818	7	22	自卯时至人定，测雨器水深一寸八分。	SJW-H18070220-00200
2892	1818	8	23	1818	7	22	自人定至开东，测雨器水深一寸二分。	SJW-H18070220-00300
2893	1818	8	24	1818	7	23	自开东至人定，测雨器水深一寸八分。	SJW-H18070230-00200
2894	1818	8	24	1818	7	23	自人定至开东，测雨器水深二寸三分。	SJW-H18070230-00300
2895	1818	8	25	1818	7	24	自开东至酉时，测雨器水深二寸三分。	SJW-H18070240-00200
2896	1818	8	27	1818	7	26	自申时至人定，测雨器水深一寸。	SJW-H18070260-00200
2897	1818	8	29	1818	7	28	自三更至五更，测雨器水深五分。	SJW-H18070280-00200
2898	1818	8	31	1818	7	30	巳时，测雨器水深六分。	SJW-H18070300-00200
2899	1818	8	31	1818	7	30	自五更至开东，测雨器水深二分。	SJW-H18070300-00300
2900	1818	9	4	1818	8	4	自辰时至未时，测雨器水深二寸二分。	SJW-H18080040-00200
2901	1818	9	5	1818	8	5	自卯时至酉时，测雨器水深一寸七分。	SJW-H18080050-00200
2902	1818	9	10	1818	8	10	卯时至申时，测雨器水深七分。	SJW-H18080100-00200
2903	1818	9	12	1818	8	12	自辰时至酉时，测雨器水深二寸一分。	SJW-H18080120-00200
2904	1818	9	13	1818	8	13	自未时至人定，测雨器水深二分。	SJW-H18080130-00200
2905	1818	9	18	1818	8	18	自卯时至辰时，测雨器水深二分。	SJW-H18080180-00200
2906	1818	9	19	1818	8	19	自卯时至人定，测雨器水深四分。	SJW-H18080190-00200
2907	1818	10	8	1818	9	9	自卯时至巳时，测雨器水深九分。	SJW-H18090090-00200
2908	1818	10	11	1818	9	12	自四更至开东，测雨器水深五分。	SJW-H18090120-00200

续表

编号	公历			农历			描述	ID 编号
	年	月	日	年	月	日		
2909	1818	10	21	1818	9	22	自申时至人定,测雨器水深二分。	SJW-H18090220-00200
2910	1818	10	21	1818	9	22	自人定至开东,测雨器水深二寸八分。	SJW-H18090220-00300
2911	1818	10	23	1818	9	24	自五更至开东,测雨器水深四分。	SJW-H18090240-00200
2912	1818	10	24	1818	9	25	自开东,测雨器水深一分。	SJW-H18090250-00200
2913	1818	10	31	1818	10	2	自人定至三更,测雨器水深二分。	SJW-H18100020-00200
2914	1818	11	11	1818	10	13	自酉时至人定,测雨器水深三分。	SJW-H18100130-00200
2915	1818	11	19	1818	10	21	自开东至人定,测雨器水深六分。	SJW-H18100210-00200
2916	1818	11	23	1818	10	25	自辰时至人定,测雨器水深二寸五分。	SJW-H18100250-00200
2917	1818	12	29	1818	12	3	午时、未时,测雨器水深一分。	SJW-H18120030-00200
2918	1818	12	30	1818	12	4	自二更至开东,测雨器水深五分。	SJW-H18120040-00200
2919	1819	3	2	1819	2	7	自未时至人定,测雨器水深四分。	SJW-H19020070-00200
2920	1819	3	6	1819	2	11	自巳时至申时,测雨器水深五分。	SJW-H19020110-00200
2921	1819	3	17	1819	2	22	自二更至五更,测雨器水深九分。	SJW-H19020220-00200
2922	1819	3	25	1819	2	30	自卯时至酉时,测雨器水深四分。	SJW-H19020300-00200
2923	1819	3	31	1819	3	6	自辰时至人定,测雨器水深七分。	SJW-H19030060-00200
2924	1819	4	7	1819	3	13	自卯时至酉时,测雨器水深二寸。	SJW-H19030130-00200
2925	1819	5	5	1819	4	12	自二更至四更,测雨器水深一寸。	SJW-H19040120-00200
2926	1819	5	7	1819	4	14	申时、酉时,测雨器水深五分。	SJW-H19040140-00200
2927	1819	5	24	1819	闰 4	1	三更、四更,测雨器水深一分。	SJW-H19041130-00200
2928	1819	5	24	1819	闰 4	1	自申时至人定,测雨器水深九分。自人定至开东,测雨器水深一寸。	SJW-H19041190-00200
2929	1819	5	25	1819	闰 4	2	自开东至人定,测雨器水深五分。	SJW-H19041220-00200
2930	1819	5	25	1819	闰 4	2	自三更至开东,测雨器水深四分。	SJW-H19041280-00300
2931	1819	6	28	1819	5	7	申时、酉时,测雨器水深三分。	SJW-H19050070-00200
2932	1819	6	29	1819	5	8	自未时至人定,测雨器水深一分。	SJW-H19050080-00200
2933	1819	6	29	1819	5	8	自人定至开东,测雨器水深四分。	SJW-H19050080-00300
2934	1819	7	6	1819	5	15	自寅时至申时,测雨器水深八分。	SJW-H19050150-00200
2935	1819	7	6	1819	5	15	自五更至开东,测雨器水深一寸。	SJW-H19050150-00300
2936	1819	7	7	1819	5	16	自开东至人定,测雨器水深一寸。	SJW-H19050160-00200
2937	1819	7	7	1819	5	16	自五更至开东,测雨器水深二分。	SJW-H19050160-00300
2938	1819	7	8	1819	5	17	自开东至酉时,测雨器水深一寸四分。	SJW-H19050170-00200
2939	1819	7	8	1819	5	17	自五更至开东,测雨器水深五分。	SJW-H19050170-00300
2940	1819	7	9	1819	5	18	自开东至未时,测雨器水深九分。	SJW-H19050180-00200
2941	1819	7	10	1819	5	19	自一更至开东,测雨器水深三分。	SJW-H19050190-00200
2942	1819	7	11	1819	5	20	自巳时至酉时,测雨器水深七分。自一更至开东,测雨器水深一分。	SJW-H19050200-00200
2943	1819	7	14	1819	5	23	自五更至开东,测雨器水深六分。	SJW-H19050230-00300
2944	1819	7	15	1819	5	24	自开东至未时,测雨器水深六分。	SJW-H19050240-00200

续表

编号	公历			农历			描述	ID 编号
	年	月	日	年	月	日		
2945	1819	7	19	1819	5	28	申时,测雨器水深二分。	SJW-H19050280-00200
2946	1819	7	20	1819	5	29	申时,测雨器水深七分。自人定至开东,测雨器水深五分。	SJW-H19050290-00200
2947	1819	7	21	1819	5	30	自开东至人定,测雨器水深一寸四分。自人定至开东,测雨器水深一寸九分。	SJW-H19050300-00200
2948	1819	7	22	1819	6	1	自开东至人定,测雨器水深三寸九分。	SJW-H19060010-00200
2949	1819	7	26	1819	6	5	五更,测雨器水深二分。	SJW-H19060050-00300
2950	1819	7	30	1819	6	9	自人定初至开东,测雨器水深四分。	SJW-H19060090-00300
2951	1819	7	31	1819	6	10	自开东至未时,测雨器水深四分。	SJW-H19060100-00300
2952	1819	8	2	1819	6	12	午时、未时,测雨器水深七分。	SJW-H19060120-00200
2953	1819	8	5	1819	6	15	自酉时至人定,测雨器水深一寸。	SJW-H19060150-00200
2954	1819	8	16	1819	6	26	自辰时至午时,测雨器水深一寸四分。	SJW-H19060260-00200
2955	1819	8	17	1819	6	27	申时,测雨器水深一分。	SJW-H19060270-00200
2956	1819	8	23	1819	7	3	申时,测雨器水深一分。	SJW-H19070030-00200
2957	1819	8	28	1819	7	8	四更、五更,测雨器水深二分。	SJW-H19070080-00200
2958	1819	8	29	1819	7	9	三更,测雨器水深三分。	SJW-H19070090-00200
2959	1819	8	30	1819	7	10	自辰时至人定,测雨器水深四寸九分。	SJW-H19070100-00200
2960	1819	8	31	1819	7	11	自开东至未时,测雨器水深一寸二分。	SJW-H19070110-00200
2961	1819	9	1	1819	7	12	自辰时至未时,测雨器水深二寸。	SJW-H19070120-00200
2962	1819	9	1	1819	7	12	自五更至开东,测雨器水深五分。	SJW-H19070120-00300
2963	1819	9	2	1819	7	13	自卯时至申时,测雨器水深六寸。	SJW-H19070130-00200
2964	1819	9	2	1819	7	13	自一更至开东,测雨器水深五分。	SJW-H19070130-00300
2965	1819	9	4	1819	7	15	申时,测雨器水深三分。	SJW-H19070150-00200
2966	1819	9	4	1819	7	15	自三更至开东,测雨器水深八分。	SJW-H19070150-00300
2967	1819	9	5	1819	7	16	自卯时至人定,测雨器水深七分。	SJW-H19070160-00200
2968	1819	9	5	1819	7	16	自人定至开东,测雨器水深七分。	SJW-H19070160-00300
2969	1819	9	8	1819	7	19	自五更至开东,测雨器水深九分。	SJW-H19070190-00200
2970	1819	9	10	1819	7	21	自巳时至申时,测雨器水深三分。	SJW-H19070210-00200
2971	1819	9	12	1819	7	23	自三更至开东,测雨器水深一寸六分。	SJW-H19070230-00200
2972	1819	9	13	1819	7	24	自开东至巳时,测雨器水深四分。	SJW-H19070240-00200
2973	1819	9	17	1819	7	28	自开东至申时,测雨器水深三分。自四更至开东,测雨器水深三寸五分。	SJW-H19070280-00200
2974	1819	9	18	1819	7	29	自卯时至酉时,测雨器水深二分。	SJW-H19070290-00200
2975	1819	9	18	1819	7	29	自一更至开东,测雨器水深三分。	SJW-H19070290-00300
2976	1819	9	19	1819	8	1	自开东至巳时,测雨器水深二分。	SJW-H19080010-00200
2977	1819	10	18	1819	8	30	自五更至开东,测雨器水深二分。	SJW-H19080300-00200
2978	1819	10	23	1819	9	5	自五更至开东,测雨器水深二分。	SJW-H19090050-00200
2979	1819	10	24	1819	9	6	未时,测雨器水深二分。	SJW-H19090060-00200

续表

编号	公历			农历			描述	ID编号
	年	月	日	年	月	日		
2980	1819	11	12	1819	9	25	自三更至开东，测雨器水深一寸。	SJW-H19090250-00200
2981	1819	11	13	1819	9	26	自开东至午时，测雨器水深二分。	SJW-H19090260-00200
2982	1819	11	17	1819	9	30	四更，测雨器水深四分。	SJW-H19090300-00200
2983	1819	11	26	1819	10	9	自五更至开东，测雨器水深六分。	SJW-H19100090-00200
2984	1819	12	5	1819	10	18	自人定至三更，测雨器水深三分。	SJW-H19100180-00200
2985	1819	12	18	1819	11	2	自巳时至人定，测雨器水深七分。	SJW-H19110020-00200
2986	1819	12	25	1819	11	9	自一更至开东，测雨器水深二分。	SJW-H19110090-00200
2987	1819	12	31	1819	11	15	三更，测雨器水深一分。	SJW-H19110150-00200
2988	1820	2	5	1819	12	21	自四更至开东，测雨器水深七分。	SJW-H19120210-00200
2989	1820	2	12	1819	12	28	自人定至开东，测雨器水深一寸三分。	SJW-H19120280-00200
2990	1820	2	13	1819	12	29	自开东至午时，测雨器水深一寸八分。	SJW-H19120290-00300
2991	1820	2	22	1820	1	9	自昨天二更至今天开东，测雨器水深六分。	SJW-H20010090-00200
2992	1820	2	22	1820	1	9	自开东至人定，测雨器水深一寸七分。	SJW-H20010090-00300
2993	1820	2	23	1820	1	10	自昨天人定至今天开东，测雨器水深一分。自开东至人定，测雨器水深五分。	SJW-H20010100-00200
2994	1820	3	31	1820	2	18	自二更至开东，测雨器水深三分。	SJW-H20020180-00200
2995	1820	4	1	1820	2	19	自开东至酉时，测雨器水深二分。	SJW-H20020190-00200
2996	1820	4	6	1820	2	24	自酉时至人定，测雨器水深四分。自人定至五更，测雨器水深六分。	SJW-H20020240-00200
2997	1820	4	8	1820	2	26	自辰时至酉时，测雨器水深五分。	SJW-H20020260-00200
2998	1820	4	20	1820	3	8	自卯时至未时，测雨器水深四分。	SJW-H20030080-00200
2999	1820	4	26	1820	3	14	自辰时至人定，测雨器水深五分。	SJW-H20030140-00200
3000	1820	4	26	1820	3	14	自人定至开东，测雨器水深六分。	SJW-H20030140-00300
3001	1820	4	27	1820	3	15	自开东至巳时，测雨器水深五分。	SJW-H20030150-00200
3002	1820	5	2	1820	3	20	自人定至开东，测雨器水深一寸。	SJW-H20030200-00200
3003	1820	5	11	1820	3	29	自巳时至人定，测雨器水深一寸五分。	SJW-H20030290-00200
3004	1820	5	11	1820	3	29	自人定至开东，测雨器水深七分。	SJW-H20030290-00300
3005	1820	5	19	1820	4	8	自辰时至人定，测雨器水深一寸三分。	SJW-H20040080-00200
3006	1820	5	19	1820	4	8	自人定至开东，测雨器水深二分。	SJW-H20040080-00300
3007	1820	6	1	1820	4	21	自人定至开东，测雨器水深二分。	SJW-H20040210-00300
3008	1820	6	2	1820	4	22	自昨天五更至今天开东，测雨器水深三分。	SJW-H20040220-00200
3009	1820	6	3	1820	4	23	自卯时至巳时，测雨器水深五分。	SJW-H20040230-00200
3010	1820	6	20	1820	5	10	自开东至巳时，测雨器水深六分。	SJW-H20050100-00200
3011	1820	6	24	1820	5	14	自人定至开东，测雨器水深二寸二分。	SJW-H20050140-00300
3012	1820	6	25	1820	5	15	自开东至申时，测雨器水深一寸八分。	SJW-H20050150-00200
3013	1820	6	27	1820	5	17	自未时至人定，测雨器水深三分。	SJW-H20050170-00200
3014	1820	6	27	1820	5	17	自三更至开东，测雨器水深一寸。	SJW-H20050170-00300
3015	1820	6	28	1820	5	18	自开东至巳时，测雨器水深四分。	SJW-H20050180-00200

续表

编号	公历			农历			描述	ID 编号
	年	月	日	年	月	日		
3016	1820	6	29	1820	5	19	自未时至酉时，测雨器水深一寸一分。	SJW-H20050190-00200
3017	1820	6	30	1820	5	20	卯时，测雨器水深二分。	SJW-H20050200-00200
3018	1820	7	1	1820	5	21	自未时至人定，测雨器水深三分。	SJW-H20050210-00200
3019	1820	7	4	1820	5	24	自开东至人定，测雨器水深一寸四分。	SJW-H20050240-00200
3020	1820	7	8	1820	5	28	自人定至开东，测雨器水深七分。	SJW-H20050280-00200
3021	1820	7	9	1820	5	29	自开东至申时，测雨器水深六分。	SJW-H20050290-00200
3022	1820	7	11	1820	6	2	自未时至人定，测雨器水深七分。	SJW-H20060020-00200
3023	1820	7	13	1820	6	4	自开东至午时，测雨器水深七分。	SJW-H20060040-00200
3024	1820	7	14	1820	6	5	未时、申时，测雨器水深五分。	SJW-H20060050-00200
3025	1820	7	15	1820	6	6	自开东至人定，测雨器水深七分。	SJW-H20060060-00200
3026	1820	7	15	1820	6	6	自三更至开东，测雨器水深一寸。	SJW-H20060060-00300
3027	1820	7	16	1820	6	7	自开东至申时，测雨器水深二寸八分。	SJW-H20060070-00200
3028	1820	7	17	1820	6	8	自午时至人定，测雨器水深三分。	SJW-H20060080-00200
3029	1820	7	17	1820	6	8	自四更至开东，测雨器水深四寸二分。	SJW-H20060080-00300
3030	1820	7	18	1820	6	9	自开东至人定，测雨器水深三寸六分。	SJW-H20060090-00200
3031	1820	7	18	1820	6	9	自人定至开东，测雨器水深二分。	SJW-H20060090-00300
3032	1820	7	21	1820	6	12	自人定至开东，测雨器水深六分。	SJW-H20060120-00200
3033	1820	7	25	1820	6	16	自开东至午时，测雨器水深三分。	SJW-H20060160-00200
3034	1820	7	26	1820	6	17	自三更至开东，测雨器水深三分。	SJW-H20060170-00200
3035	1820	7	27	1820	6	18	自开东至巳时，测雨器水深一寸七分。	SJW-H20060180-00200
3036	1820	7	29	1820	6	20	自午时至人定，测雨器水深二寸三分。	SJW-H20060200-00200
3037	1820	7	29	1820	6	20	自五更至开东，测雨器水深七分。	SJW-H20060200-00300
3038	1820	7	30	1820	6	21	自午时至申时，测雨器水深一寸。	SJW-H20060210-00200
3039	1820	8	4	1820	6	26	自辰时至酉时，测雨器水深六分。自五更至开东，测雨器水深三分。	SJW-H20060260-00200
3040	1820	8	7	1820	6	29	酉时，测雨器水深三分。	SJW-H20060290-00200
3041	1820	8	11	1820	7	3	自昨天五更至今天开东，测雨器水深二分。自开东至未时，测雨器水深三分。	SJW-H20070030-00200
3042	1820	8	31	1820	7	23	巳时，测雨器水深一寸一分。	SJW-H20070230-00200
3043	1820	9	1	1820	7	24	自二更至开东，测雨器水深二寸一分。	SJW-H20070240-00200
3044	1820	9	2	1820	7	25	自开东至辰时，测雨器水深四分。	SJW-H20070250-00200
3045	1820	9	2	1820	7	25	自五更至开东，测雨器水深二分。	SJW-H20070250-00300
3046	1820	9	6	1820	7	29	自辰时至人定，测雨器水深五分。自人定至开东，测雨器水深五分。	SJW-H20070290-00200
3047	1820	9	7	1820	8	1	自人定至五更，测雨器水深五分。	SJW-H20080010-00200
3048	1820	9	8	1820	8	2	自人定至五更，测雨器水深五分。	SJW-H20080020-00200
3049	1820	9	9	1820	8	3	午时、未时，测雨器水深一分。	SJW-H20080030-00200
3050	1820	9	12	1820	8	6	五更，测雨器水深七分。	SJW-H20080060-00200

续表

编号	公历			农历			描述	ID 编号
	年	月	日	年	月	日		
3051	1820	9	21	1820	8	15	自五更至开东,测雨器水深二分。	SJW-H20080150-00200
3052	1820	9	22	1820	8	16	自开东至人定,测雨器水深一寸四分。五更,测雨器水深五分。	SJW-H20080160-00200
3053	1820	9	25	1820	8	19	自二更至五更,测雨器水深三分。	SJW-H20080190-00200
3054	1820	10	2	1820	8	26	自开东至辰时,测雨器水深三分。	SJW-H20080260-00200
3055	1820	10	24	1820	9	18	自巳时至酉时,测雨器水深四分。	SJW-H20090180-00200
3056	1820	10	26	1820	9	20	自人定至五更,测雨器水深一分。	SJW-H20090200-00300
3057	1820	11	10	1820	10	5	自午时至酉时,测雨器水深四分。	SJW-H20100050-00200
3058	1820	11	11	1820	10	6	自午时至申时,测雨器水深三分。	SJW-H20100060-00200
3059	1820	11	21	1820	10	16	自五更至开东,测雨器水深一分。	SJW-H20100160-00200
3060	1820	11	27	1820	10	22	自五更至开东,测雨器水深五分。	SJW-H20100220-00200
3061	1820	11	28	1820	10	23	自开东至人定,测雨器水深七分。	SJW-H20100230-00200
3062	1821	2	12	1821	1	10	自三更至五更,测雨器水深三分。	SJW-H21010100-00200
3063	1821	2	19	1821	1	17	自一更至五更,测雨器水深一寸一分。	SJW-H21010170-00200
3064	1821	2	25	1821	1	23	自二更至五更,测雨器水深五分。	SJW-H21010230-00300
3065	1821	3	29	1821	2	26	自午时至人定,测雨器水深五分。	SJW-H21020260-00200
3066	1821	4	7	1821	3	6	自巳时至酉时,测雨器水深八分。	SJW-H21030060-00200
3067	1821	4	7	1821	3	6	自四更至开东,测雨器水深三分。	SJW-H21030060-00300
3068	1821	4	24	1821	3	23	自申时至人定,测雨器水深三分。	SJW-H21030230-00200
3069	1821	4	24	1821	3	23	自人定至开东,测雨器水深三分。	SJW-H21030230-00300
3070	1821	4	25	1821	3	24	自开东至人定,测雨器水深八分。	SJW-H21030240-00200
3071	1821	4	25	1821	3	24	自人定至开东,测雨器水深一寸六分。	SJW-H21030240-00300
3072	1821	4	26	1821	3	25	自开东至巳时,测雨器水深八分。	SJW-H21030250-00200
3073	1821	4	30	1821	3	29	自开东至午时,测雨器水深五分。	SJW-H21030290-00200
3074	1821	5	15	1821	4	14	自五更至开东,测雨器水深四分。	SJW-H21040140-00200
3075	1821	5	16	1821	4	15	自开东至午时,测雨器水深二分。	SJW-H21040150-00200
3076	1821	5	16	1821	4	15	自五更至开东,测雨器水深五分。	SJW-H21040150-00300
3077	1821	5	17	1821	4	16	自开东至人定,测雨器水深一寸四分。	SJW-H21040160-00200
3078	1821	5	24	1821	4	23	辰时、酉时,测雨器水深三分。	SJW-H21040230-00200
3079	1821	5	26	1821	4	25	自辰时至人定,测雨器水深一寸一分。	SJW-H21040250-00200
3080	1821	6	18	1821	5	19	自开东至未时,测雨器水深一寸四分。	SJW-H21050190-00200
3081	1821	6	25	1821	5	26	自卯时至酉时,测雨器水深七分。	SJW-H21050260-00200
3082	1821	6	28	1821	5	29	自申时至人定,测雨器水深三分。自人定至开东,测雨器水深一分。	SJW-H21050290-00200
3083	1821	6	29	1821	6	1	自开东至巳时,测雨器水深八分。	SJW-H21060010-00200
3084	1821	6	30	1821	6	2	自卯时至人定,测雨器水深七寸五分。	SJW-H21060020-00200
3085	1821	6	30	1821	6	2	自人定至开东,测雨器水深四分。	SJW-H21060020-00300
3086	1821	7	1	1821	6	3	自开东至未时,测雨器水深一寸九分。	SJW-H21060030-00200

续表

编号	公历			农历			描述	ID 编号
	年	月	日	年	月	日		
3087	1821	7	2	1821	6	4	自酉时至人定,测雨器水深一寸一分。	SJW-H21060040-00200
3088	1821	7	2	1821	6	4	自人定至开东,测雨器水深一寸八分。	SJW-H21060040-00300
3089	1821	7	3	1821	6	5	自开东至酉时,测雨器水深二寸一分。	SJW-H21060050-00200
3090	1821	7	6	1821	6	8	申时,测雨器水深三分。	SJW-H21060080-00200
3091	1821	7	7	1821	6	9	自开东至人定,测雨器水深五寸七分。	SJW-H21060090-00200
3092	1821	7	8	1821	6	10	自开东至人定,测雨器水深二寸。	SJW-H21060100-00200
3093	1821	7	8	1821	6	10	自人定至开东,测雨器水深四分。	SJW-H21060100-00300
3094	1821	7	9	1821	6	11	自开东至人定,测雨器水深二寸六分。	SJW-H21060110-00200
3095	1821	7	10	1821	6	12	自卯时至人定,测雨器水深一寸四分。自人定至开东,测雨器水深三分。	SJW-H21060120-00200
3096	1821	7	11	1821	6	13	自开东至酉时,测雨器水深一寸七分。	SJW-H21060130-00200
3097	1821	7	11	1821	6	13	自二更至开东,测雨器水深一分。	SJW-H21060130-00300
3098	1821	7	12	1821	6	14	自开东至申时,测雨器水深一寸三分。	SJW-H21060140-00200
3099	1821	7	12	1821	6	14	自人定至开东,测雨器水深三分。	SJW-H21060140-00300
3100	1821	7	13	1821	6	15	自未时至酉时,测雨器水深四分。	SJW-H21060150-00200
3101	1821	7	14	1821	6	16	自卯时至申时,测雨器水深一寸七分。	SJW-H21060160-00200
3102	1821	7	16	1821	6	18	自人定至五更,测雨器水深二分。	SJW-H21060180-00200
3103	1821	7	17	1821	6	19	自开东至人定,测雨器水深一寸五分。	SJW-H21060190-00200
3104	1821	7	19	1821	6	21	自五更至开东,测雨器水深七分。	SJW-H21060210-00200
3105	1821	7	20	1821	6	22	自开东至人定,测雨器水深五分。	SJW-H21060220-00200
3106	1821	7	20	1821	6	22	一更、二更,测雨器水深二分。	SJW-H21060220-00300
3107	1821	7	21	1821	6	23	自开东至人定,测雨器水深七分。	SJW-H21060230-00200
3108	1821	7	21	1821	6	23	自人定至开东,测雨器水深一寸七分。	SJW-H21060230-00300
3109	1821	7	22	1821	6	24	自开东至人定,测雨器水深二寸二分。	SJW-H21060240-00200
3110	1821	7	22	1821	6	24	自人定至开东,测雨器水深八分。	SJW-H21060240-00300
3111	1821	7	25	1821	6	27	自一更至开东,测雨器水深二分。	SJW-H21060270-00200
3112	1821	7	26	1821	6	28	自开东至申时,测雨器水深一寸。	SJW-H21060280-00200
3113	1821	7	26	1821	6	28	自人定至开东,测雨器水深三寸二分。	SJW-H21060280-00300
3114	1821	7	27	1821	6	29	自开东至人定,测雨器水深二寸八分。	SJW-H21060290-00200
3115	1821	7	27	1821	6	29	自人定至开东,测雨器水深一寸。	SJW-H21060290-00300
3116	1821	7	29	1821	7	1	自辰时至酉时,测雨器水深二寸六分。	SJW-H21070010-00200
3117	1821	7	29	1821	7	1	自人定至开东,测雨器水深五寸九分。	SJW-H21070010-00300
3118	1821	7	30	1821	7	2	自开东至人定,测雨器水深八分。	SJW-H21070020-00200
3119	1821	7	30	1821	7	2	自四更至开东,测雨器水深一分。	SJW-H21070020-00300
3120	1821	7	31	1821	7	3	自开东至人定,测雨器水深四寸九分。	SJW-H21070030-00200
3121	1821	7	31	1821	7	3	自人定至四更,测雨器水深一寸一分。	SJW-H21070030-00300
3122	1821	8	1	1821	7	4	自卯时至人定,测雨器水深一寸七分。	SJW-H21070040-00200
3123	1821	8	1	1821	7	4	自人定至开东,测雨器水深一寸二分。	SJW-H21070040-00300

续表

编号	公历			农历			描述	ID 编号
	年	月	日	年	月	日		
3124	1821	8	2	1821	7	5	自开东至人定,测雨器水深八寸三分。	SJW-H21070050-00200
3125	1821	8	2	1821	7	5	自三更至开东,测雨器水深四分。	SJW-H21070050-00300
3126	1821	8	3	1821	7	6	自开东至申时,测雨器水深四寸五分。	SJW-H21070060-00200
3127	1821	8	4	1821	7	7	自卯时至申时,测雨器水深三寸三分。	SJW-H21070070-00200
3128	1821	8	4	1821	7	7	自三更至开东,测雨器水深二寸。	SJW-H21070070-00300
3129	1821	8	5	1821	7	8	自开东至酉时,测雨器水深五分。	SJW-H21070080-00200
3130	1821	8	5	1821	7	8	自一更至开东,测雨器水深三分。	SJW-H21070080-00300
3131	1821	8	6	1821	7	9	自二更至开东,测雨器水深三分。	SJW-H21070090-00200
3132	1821	8	7	1821	7	10	自午时至酉时,测雨器水深八分。	SJW-H21070100-00200
3133	1821	8	8	1821	7	11	申时、酉时,测雨器水深三分。	SJW-H21070110-00200
3134	1821	8	11	1821	7	14	自辰时至人定,测雨器水深一寸。	SJW-H21070140-00200
3135	1821	8	17	1821	7	20	申时,测雨器水深三分。	SJW-H21070200-00200
3136	1821	8	17	1821	7	20	自五更至开东,测雨器水深二寸二分。	SJW-H21070200-00300
3137	1821	8	19	1821	7	22	自开东至人定,测雨器水深八分。	SJW-H21070220-00200
3138	1821	8	29	1821	8	3	自五更至开东,测雨器水深二分。	SJW-H21080030-00200
3139	1821	8	30	1821	8	4	自开东至人定,测雨器水深三寸四分。	SJW-H21080040-00200
3140	1821	8	30	1821	8	4	自人定至开东,测雨器水深一寸三分。	SJW-H21080040-00300
3141	1821	8	31	1821	8	5	自开东至巳时,测雨器水深一分。	SJW-H21080050-00200
3142	1821	9	6	1821	8	11	自五更至开东,测雨器水深三分。	SJW-H21080110-00200
3143	1821	9	7	1821	8	12	自开东至人定,测雨器水深二寸。	SJW-H21080120-00200
3144	1821	9	8	1821	8	13	自午时至酉时,测雨器水深二寸。	SJW-H21080130-00200
3145	1821	9	10	1821	8	15	自辰时至人定,测雨器水深一寸二分。	SJW-H21080150-00200
3146	1821	9	10	1821	8	15	自人定至开东,测雨器水深一寸六分。	SJW-H21080150-00300
3147	1821	9	11	1821	8	16	自开东至巳时,测雨器水深二分。	SJW-H21080160-00200
3148	1821	9	18	1821	8	23	自人定至三更,测雨器水深三分。	SJW-H21080230-00200
3149	1821	9	26	1821	9	1	自卯时至午时,测雨器水深三分。	SJW-H21090010-00200
3150	1821	9	29	1821	9	4	自卯时至申时,测雨器水深七分。	SJW-H21090040-00200
3151	1821	10	3	1821	9	8	自人定至开东,测雨器水深一寸八分。	SJW-H21090080-00200
3152	1821	10	7	1821	9	12	自卯时至酉时,测雨器水深一寸一分。	SJW-H21090120-00200
3153	1821	10	13	1821	9	18	自三更至开东,测雨器水深八分。	SJW-H21090180-00200
3154	1821	10	14	1821	9	19	自开东至巳时,测雨器水深四分。	SJW-H21090190-00200
3155	1821	10	21	1821	9	26	自辰时至未时,测雨器水深四分。	SJW-H21090260-00200
3156	1821	10	23	1821	9	28	辰时、巳时,测雨器水深八分。	SJW-H21090280-00200
3157	1821	11	9	1821	10	15	自二更至开东,测雨器水深八分。	SJW-H21100150-00200
3158	1821	11	10	1821	10	16	自开东至辰时,测雨器水深四分。	SJW-H21100160-00200
3159	1821	11	11	1821	10	17	四更,测雨器水深二分。	SJW-H21100170-00200
3160	1821	12	16	1821	11	22	自开东至未时,测雨器水深三分。	SJW-H21110220-00200
3161	1822	3	7	1822	2	14	自五更至开东,测雨器水深四分。	SJW-H22020140-00200

续表

编号	公历			农历			描述	ID 编号
	年	月	日	年	月	日		
3162	1822	3	8	1822	2	15	自开东至人定，测雨器水深二寸七分。	SJW-H22020150-00200
3163	1822	3	8	1822	2	15	自人定至开东，测雨器水深九分。	SJW-H22020150-00300
3164	1822	3	23	1822	3	1	自午时至申时，测雨器水深二分。	SJW-H22030010-00200
3165	1822	3	29	1822	3	7	自申时至人定，测雨器水深四分。	SJW-H22030070-00200
3166	1822	4	18	1822	3	27	自未时至酉时，测雨器水深四分。	SJW-H22030270-00200
3167	1822	4	19	1822	3	28	未时，测雨器水深二分。	SJW-H22030280-00200
3168	1822	4	26	1822	闰 3	5	自二更至开东，测雨器水深五分。	SJW-H22031050-00200
3169	1822	4	28	1822	闰 3	7	申时，测雨器水深二分。	SJW-H22031070-00200
3170	1822	4	28	1822	闰 3	7	三更，测雨器水深一分。	SJW-H22031070-00300
3171	1822	5	6	1822	闰 3	15	自辰时至申时，测雨器水深二寸。	SJW-H22031150-00200
3172	1822	5	27	1822	4	7	自开东至酉时，测雨器水深九分。	SJW-H22040070-00200
3173	1822	5	29	1822	4	9	自未时至酉时，测雨器水深三分。自人定至开东，测雨器水深一寸。	SJW-H22040090-00200
3174	1822	6	3	1822	4	14	自人定至开东，测雨器水深一分。	SJW-H22040140-00200
3175	1822	6	5	1822	4	16	自开东至人定，测雨器水深二分。	SJW-H22040160-00200
3176	1822	6	19	1822	5	1	自卯时至酉时，测雨器水深五分。	SJW-H22050010-00200
3177	1822	6	19	1822	5	1	自人定至开东，测雨器水深一分。	SJW-H22050010-00300
3178	1822	6	24	1822	5	6	自开东至人定，测雨器水深一寸八分。自人定至开东，测雨器水深一寸二分。	SJW-H22050060-00200
3179	1822	6	27	1822	5	9	自五更至开东，测雨器水深八分。	SJW-H22050090-00200
3180	1822	6	28	1822	5	10	自开东至巳时，测雨器水深七分。	SJW-H22050100-00200
3181	1822	6	28	1822	5	10	自五更至开东，测雨器水深八分。	SJW-H22050100-00300
3182	1822	6	29	1822	5	11	自开东至申时，测雨器水深一寸三分。	SJW-H22050110-00200
3183	1822	7	3	1822	5	15	自四更至开东，测雨器水深四分。	SJW-H22050150-00200
3184	1822	7	5	1822	5	17	自五更至开东，测雨器水深六分。	SJW-H22050170-00200
3185	1822	7	12	1822	5	24	自辰时至酉时，测雨器水深二分。	SJW-H22050240-00200
3186	1822	7	21	1822	6	4	申时，测雨器水深二分。	SJW-H22060040-00200
3187	1822	7	25	1822	6	8	自四更至开东，测雨器水深八分。	SJW-H22060080-00200
3188	1822	7	31	1822	6	14	未时、申时，测雨器水深二寸六分。	SJW-H22060140-00200
3189	1822	8	1	1822	6	15	自卯时至人定，测雨器水深七分。	SJW-H22060150-00200
3190	1822	8	1	1822	6	15	自人定至五更，测雨器水深二分。	SJW-H22060150-00300
3191	1822	8	7	1822	6	21	自巳时至人定，测雨器水深一寸二分。自人定至开东，测雨器水深二分。	SJW-H22060210-00200
3192	1822	8	19	1822	7	3	自未时至酉时，测雨器水深四分。	SJW-H22070030-00200
3193	1822	8	19	1822	7	3	自五更至开东，测雨器水深四分。	SJW-H22070030-00300
3194	1822	8	20	1822	7	4	自卯时至人定，测雨器水深二寸四分。	SJW-H22070040-00200
3195	1822	8	20	1822	7	4	自人定至开东，测雨器水深八分。	SJW-H22070040-00300
3196	1822	8	22	1822	7	6	未时，测雨器水深二分。	SJW-H22070060-00200

续表

编号	公历			农历			描述	ID 编号
	年	月	日	年	月	日		
3197	1822	8	29	1822	7	13	自酉时至人定，测雨器水深六分。自五更至开东，测雨器水深二分。	SJW-H22070130-00200
3198	1822	9	1	1822	7	16	自卯时至人定，测雨器水深二寸一分。	SJW-H22070160-00200
3199	1822	9	16	1822	8	2	自辰时至人定，测雨器水深四分。	SJW-H22080020-00200
3200	1822	9	16	1822	8	2	自三更至开东，测雨器水深三分。	SJW-H22080020-00300
3201	1822	9	21	1822	8	7	自三更至开东，测雨器水深二分。	SJW-H22080070-00200
3202	1822	9	22	1822	8	8	自开东至未时，测雨器水深七分。	SJW-H22080080-00200
3203	1822	9	23	1822	8	9	自卯时至人定，测雨器水深三分。	SJW-H22080090-00200
3204	1822	9	25	1822	8	11	自辰时至人定，测雨器水深三分。	SJW-H22080110-00200
3205	1822	9	25	1822	8	11	自人定至开东，测雨器水深二分。	SJW-H22080110-00300
3206	1822	10	8	1822	8	24	自未时至人定，测雨器水深一寸一分。	SJW-H22080240-00200
3207	1822	10	16	1822	9	2	自五更至开东，测雨器水深二分。	SJW-H22090020-00200
3208	1822	11	1	1822	9	18	辰时、巳时，测雨器水深三分。	SJW-H22090180-00200
3209	1822	11	7	1822	9	24	四更、五更，测雨器水深二分。	SJW-H22090240-00200
3210	1822	11	10	1822	9	27	未时，测雨器水深一分。	SJW-H22090270-00200
3211	1822	11	26	1822	10	13	辰时，测雨器水深三分。自一更至四更，测雨器水深四分。	SJW-H22100130-00200
3212	1822	11	28	1822	10	15	自未时至人定，测雨器水深八分。	SJW-H22100150-00200
3213	1822	12	3	1822	10	20	二更、三更，测雨器水深二分。	SJW-H22100200-00200
3214	1822	12	6	1822	10	23	自三更至开东，测雨器水深二分。	SJW-H22100230-00200
3215	1822	12	7	1822	10	24	自开东至申时，测雨器水深二分。	SJW-H22100240-00200
3216	1823	1	7	1822	11	26	自人定至四更，测雨器水深二分。	SJW-H22110260-00200
3217	1823	2	15	1823	1	5	自辰时至人定，测雨器水深一寸二分。	SJW-H23010050-00200
3218	1823	2	16	1823	1	6	自人定至开东，测雨器水深三分。	SJW-H23010060-00200
3219	1823	3	13	1823	2	1	自未时至人定，测雨器水深二分。	SJW-H23020010-00200
3220	1823	3	19	1823	2	7	自人定至开东，测雨器水深五分。	SJW-H23020070-00200
3221	1823	3	20	1823	2	8	自开东至人定，测雨器水深一寸六分。	SJW-H23020080-00200
3222	1823	3	20	1823	2	8	自人定至开东，测雨器水深一寸五分。	SJW-H23020080-00300
3223	1823	4	11	1823	3	1	自开东至午时，测雨器水深二分。	SJW-H23030010-00200
3224	1823	4	13	1823	3	3	自未时至人定，测雨器水深二分。	SJW-H23030030-00200
3225	1823	4	27	1823	3	17	自开东至午时，测雨器水深四分。	SJW-H23030170-00200
3226	1823	5	3	1823	3	23	自四更至开东，测雨器水深九分。	SJW-H23030230-00300
3227	1823	5	4	1823	3	24	自开东至辰时，测雨器水深二分。	SJW-H23030240-00200
3228	1823	5	9	1823	3	29	自人定至开东，测雨器水深二分。	SJW-H23030290-00200
3229	1823	5	11	1823	4	1	开东，测雨器水深三分。	SJW-H23040010-00200
3230	1823	5	14	1823	4	4	自五更至开东，测雨器水深二分。	SJW-H23040040-00200
3231	1823	5	15	1823	4	5	自开东至申时，测雨器水深二寸二分。	SJW-H23040050-00200
3232	1823	5	27	1823	4	17	自三更至开东，测雨器水深四分。	SJW-H23040170-00200

续表

编号	公历			农历			描述	ID 编号
	年	月	日	年	月	日		
3233	1823	6	13	1823	5	5	自辰时至酉时，测雨器水深一寸一分。	SJW-H23050050-00200
3234	1823	6	20	1823	5	12	自辰时至人定，测雨器水深一寸四分。	SJW-H23050120-00200
3235	1823	6	20	1823	5	12	自人定至开东，测雨器水深一分。	SJW-H23050120-00300
3236	1823	6	22	1823	5	14	自巳时至人定，测雨器水深一寸一分。	SJW-H23050140-00200
3237	1823	6	23	1823	5	15	自五更至开东，测雨器水深五分。	SJW-H23050150-00200
3238	1823	6	24	1823	5	16	自开东至酉时，测雨器水深二分。	SJW-H23050160-00200
3239	1823	6	25	1823	5	17	自辰时至酉时，测雨器水深五分。	SJW-H23050170-00200
3240	1823	6	27	1823	5	19	自午时至人定，测雨器水深二寸二分。	SJW-H23050190-00200
3241	1823	6	27	1823	5	19	自人定至四更，测雨器水深二分。	SJW-H23050190-00300
3242	1823	7	1	1823	5	23	自辰时至人定，测雨器水深三寸一分。	SJW-H23050230-00200
3243	1823	7	1	1823	5	23	自人定至开东，测雨器水深八分。	SJW-H23050230-00300
3244	1823	7	2	1823	5	24	自开东至人定，测雨器水深三寸四分。	SJW-H23050240-00200
3245	1823	7	2	1823	5	24	自人定至开东，测雨器水深一分。	SJW-H23050240-00300
3246	1823	7	5	1823	5	27	自二更至开东，测雨器水深一寸八分。	SJW-H23050270-00200
3247	1823	7	6	1823	5	28	自开东至人定，测雨器水深一寸四分。自人定至开东，测雨器水深二寸六分。	SJW-H23050280-00200
3248	1823	7	7	1823	5	29	自开东至人定，测雨器水深一寸四分。自人定至开东，测雨器水深五分。	SJW-H23050290-00200
3249	1823	7	8	1823	6	1	自开东至午时，测雨器水深二分。	SJW-H23060010-00200
3250	1823	7	14	1823	6	7	自卯时至未时，测雨器水深一分。	SJW-H23060070-00200
3251	1823	7	15	1823	6	8	自五更至开东，测雨器水深六分。	SJW-H23060080-00200
3252	1823	7	16	1823	6	9	自开东至午时，测雨器水深四分。	SJW-H23060090-00200
3253	1823	8	1	1823	6	25	自五更至开东，测雨器水深二分。	SJW-H23060250-00200
3254	1823	8	15	1823	7	10	自五更至开东，测雨器水深八分。	SJW-H23070100-00200
3255	1823	8	16	1823	7	11	人定，测雨器水深一分。	SJW-H23070110-00200
3256	1823	8	22	1823	7	17	未时、申时，测雨器水深三分。	SJW-H23070170-00200
3257	1823	8	23	1823	7	18	午时，测雨器水深五分。	SJW-H23070180-00200
3258	1823	8	24	1823	7	19	未时，测雨器水深三分。自五更至开东，测雨器水深三分。	SJW-H23070190-00200
3259	1823	8	25	1823	7	20	自开东至巳时，测雨器水深一寸七分。	SJW-H23070200-00200
3260	1823	8	28	1823	7	23	自开东至申时，测雨器水深五分。	SJW-H23070230-00200
3261	1823	8	31	1823	7	26	自午时至人定，测雨器水深一寸。自人定至开东，测雨器水深五分。	SJW-H23070260-00200
3262	1823	9	1	1823	7	27	自开东至午时，测雨器水深三寸二分。	SJW-H23070270-00200
3263	1823	9	3	1823	7	29	申时，测雨器水深一分。	SJW-H23070290-00200
3264	1823	9	6	1823	8	2	自三更至开东，测雨器水深九分。	SJW-H23080020-00200
3265	1823	9	8	1823	8	4	自开东至人定，测雨器水深二分。	SJW-H23080040-00200
3266	1823	9	19	1823	8	15	自午时至人定，测雨器水深二分。	SJW-H23080150-00200

续表

编号	公历			农历			描述	ID 编号
	年	月	日	年	月	日		
3267	1823	9	19	1823	8	15	自人定至开东，测雨器水深六分。	SJW-H23080150-00300
3268	1823	9	20	1823	8	16	自五更至开东，测雨器水深一分。	SJW-H23080160-00200
3269	1823	9	28	1823	8	24	自申时至人定，测雨器水深九分。	SJW-H23080240-00200
3270	1823	10	2	1823	8	28	自五更至开东，测雨器水深四分。	SJW-H23080280-00200
3271	1823	10	3	1823	8	29	自开东至酉时，测雨器水深七分。	SJW-H23080290-00200
3272	1823	10	19	1823	9	16	自申时至人定，测雨器水深一分。	SJW-H23090160-00200
3273	1823	10	20	1823	9	17	自一更至开东，测雨器水深四分。	SJW-H23090170-00200
3274	1823	11	2	1823	9	30	自辰时至人定，测雨器水深八分。	SJW-H23090300-00200
3275	1823	11	2	1823	9	30	自人定至二更，测雨器水深一分。	SJW-H23090300-00300
3276	1823	11	5	1823	10	3	辰时、巳时，测雨器水深三分。	SJW-H23100030-00200
3277	1823	11	21	1823	10	19	四更、五更，测雨器水深七分。	SJW-H23100190-00200
3278	1823	11	28	1823	10	26	自五更至开东，测雨器水深七分。	SJW-H23100260-00200
3279	1823	12	7	1823	11	6	自申时至人定，测雨器水深六分。	SJW-H23110060-00200
3280	1824	2	25	1824	1	26	自二更至开东，测雨器水深三分。	SJW-H24010260-00200
3281	1824	2	26	1824	1	27	自开东至申时，测雨器水深七分。	SJW-H24010270-00200
3282	1824	3	4	1824	2	4	自人定至开东，测雨器水深三分。	SJW-H24020040-00200
3283	1824	3	5	1824	2	5	一更、二更，测雨器水深四分。	SJW-H24020050-00200
3284	1824	3	8	1824	2	8	申时、酉时，测雨器水深二分。	SJW-H24020080-00200
3285	1824	3	10	1824	2	10	自酉时至人定，测雨器水深一分。	SJW-H24020100-00200
3286	1824	3	15	1824	2	15	自卯时至午时，测雨器水深七分。	SJW-H24020150-00200
3287	1824	3	27	1824	2	27	自卯时至酉时，测雨器水深二分。	SJW-H24020270-00200
3288	1824	4	6	1824	3	8	自午时至人定，测雨器水深二分。	SJW-H24030080-00200
3289	1824	4	14	1824	3	16	自开东至申时，测雨器水深二寸。	SJW-H24030160-00200
3290	1824	5	1	1824	4	3	自五更至开东，测雨器水深二寸三分。	SJW-H24040030-00200
3291	1824	5	2	1824	4	4	自开东至巳时，测雨器水深七分。	SJW-H24040040-00200
3292	1824	5	13	1824	4	15	自二更至开东，测雨器水深四分。	SJW-H24040150-00200
3293	1824	5	22	1824	4	24	自开东至申时，测雨器水深六分。	SJW-H24040240-00200
3294	1824	5	27	1824	4	29	自五更至开东，测雨器水深一分。	SJW-H24040290-00200
3295	1824	5	30	1824	5	3	自未时至人定，测雨器水深一寸三分。	SJW-H24050030-00200
3296	1824	6	5	1824	5	9	自申时至人定，测雨器水深八分。	SJW-H24050090-00200
3297	1824	6	5	1824	5	9	自人定至开东，测雨器水深五分。	SJW-H24050090-00300
3298	1824	6	7	1824	5	11	自申时至酉时，测雨器水深一寸二分。	SJW-H24050110-00200
3299	1824	6	8	1824	5	12	自辰时至未时，测雨器水深二分。	SJW-H24050120-00200
3300	1824	6	12	1824	5	16	自戌时至人定，测雨器水深三分。	SJW-H24050160-00200
3301	1824	6	12	1824	5	16	自人定至开东，测雨器水深一寸。	SJW-H24050160-00300
3302	1824	6	14	1824	5	18	酉时，测雨器水深五分。	SJW-H24050180-00200
3303	1824	6	16	1824	5	20	自卯时至人定，测雨器水深二寸四分。	SJW-H24050200-00200
3304	1824	6	17	1824	5	21	自三更至开东，测雨器水深二分。	SJW-H24050210-00200

续表

编号	公历			农历			描述	ID 编号
	年	月	日	年	月	日		
3305	1824	7	2	1824	6	6	自巳时至人定,测雨器水深一寸九分。	SJW-H24060060-00200
3306	1824	7	2	1824	6	6	自三更至开东,测雨器水深四分。	SJW-H24060060-00300
3307	1824	7	3	1824	6	7	自巳时至人定,测雨器水深九分。	SJW-H24060070-00200
3308	1824	7	3	1824	6	7	自人定至三更,测雨器水深三分。	SJW-H24060070-00300
3309	1824	7	7	1824	6	11	自四更至开东,测雨器水深八分。	SJW-H24060110-00200
3310	1824	7	8	1824	6	12	自开东,测雨器水深一寸九分。	SJW-H24060120-00200
3311	1824	7	10	1824	6	14	自卯时至午时,测雨器水深一分。	SJW-H24060140-00200
3312	1824	7	13	1824	6	17	自未时至人定,测雨器水深五分。	SJW-H24060170-00200
3313	1824	7	13	1824	6	17	自人定至开东,测雨器水深四寸。	SJW-H24060170-00300
3314	1824	7	14	1824	6	18	自开东至人定,测雨器水深三分。	SJW-H24060180-00200
3315	1824	7	14	1824	6	18	自人定至开东,测雨器水深五分。	SJW-H24060180-00300
3316	1824	7	15	1824	6	19	自人定至开东,测雨器水深六分。	SJW-H24060190-00200
3317	1824	7	18	1824	6	22	申时、酉时,测雨器水深一分。	SJW-H24060220-00200
3318	1824	7	25	1824	6	29	自卯时至申时,测雨器水深八分。	SJW-H24060290-00200
3319	1824	7	26	1824	7	1	自申时至人定,测雨器水深二分。自人定至开东,测雨器水深六分。	SJW-H24070010-00200
3320	1824	7	27	1824	7	2	自午时至申时,测雨器水深一寸九分。自五更至开东,测雨器水深四寸八分。	SJW-H24070020-00200
3321	1824	7	28	1824	7	3	自开东至酉时,测雨器水深一寸二分。	SJW-H24070030-00200
3322	1824	7	31	1824	7	6	自卯时至人定,测雨器水深一寸三分。	SJW-H24070060-00200
3323	1824	7	31	1824	7	6	自人定至开东,测雨器水深一分。	SJW-H24070060-00300
3324	1824	8	2	1824	7	8	自午时至酉时,测雨器水深三分。	SJW-H24070080-00200
3325	1824	8	4	1824	7	10	自卯时至酉时,测雨器水深二寸九分。	SJW-H24070100-00200
3326	1824	8	4	1824	7	10	自二更至开东,测雨器水深五分。	SJW-H24070100-00300
3327	1824	8	5	1824	7	11	自开东至人定,测雨器水深二寸五分。	SJW-H24070110-00200
3328	1824	8	5	1824	7	11	自人定至开东,测雨器水深五分。	SJW-H24070110-00300
3329	1824	8	6	1824	7	12	自开东至午时,测雨器水深六分。	SJW-H24070120-00200
3330	1824	8	21	1824	7	27	申时、酉时,测雨器水深六分。	SJW-H24070270-00200
3331	1824	8	21	1824	7	27	自五更至开东,测雨器水深六分。	SJW-H24070270-00300
3332	1824	8	22	1824	7	28	自开东至申时,测雨器水深二寸二分。	SJW-H24070280-00200
3333	1824	8	25	1824	闰 7	2	自巳时至申时,测雨器水深五分。	SJW-H24071020-00200
3334	1824	8	25	1824	闰 7	2	自二更至开东,测雨器水深五分。	SJW-H24071020-00300
3335	1824	8	26	1824	闰 7	3	一更、二更,测雨器水深二分。	SJW-H24071030-00200
3336	1824	8	27	1824	闰 7	4	自卯时至人定,测雨器水深一寸八分。	SJW-H24071040-00200
3337	1824	9	1	1824	闰 7	9	自卯时至酉时,测雨器水深四分。自五更至开东,测雨器水深一分。	SJW-H24071090-00200
3338	1824	9	2	1824	闰 7	10	自开东至酉时,测雨器水深六分。	SJW-H24071100-00200
3339	1824	9	22	1824	闰 7	30	自一更至开东,测雨器水深一寸。	SJW-H24071300-00200

续表

编号	公历			农历			描述	ID 编号
	年	月	日	年	月	日		
3340	1824	10	1	1824	8	9	自申时至人定，测雨器水深三分。	SJW-H24080090-00200
3341	1824	10	8	1824	8	16	申时，测雨器水深四分。	SJW-H24080160-00200
3342	1824	10	10	1824	8	18	辰时，测雨器水深七分。	SJW-H24080180-00200
3343	1824	10	12	1824	8	20	自四更至开东，测雨器水深四分。	SJW-H24080200-00200
3344	1824	10	14	1824	8	22	自辰时至未时，测雨器水深一寸二分。	SJW-H24080220-00200
3345	1824	10	19	1824	8	27	五更，测雨器水深七分。	SJW-H24080270-00200
3346	1824	10	20	1824	8	28	自卯时至人定，测雨器水深七分。	SJW-H24080280-00200
3347	1824	10	20	1824	8	28	四更、五更，测雨器水深二分。	SJW-H24080280-00300
3348	1824	10	21	1824	8	29	自五更至开东，测雨器水深一寸。	SJW-H24080290-00200
3349	1824	11	1	1824	9	11	自五更至开东，测雨器水深五分。	SJW-H24090110-00200
3350	1824	11	2	1824	9	12	自开东至未时，测雨器水深三寸三分。	SJW-H24090120-00200
3351	1824	11	24	1824	10	4	申时，测雨器水深二分。	SJW-H24100040-00200
3352	1824	12	3	1824	10	13	五更，测雨器水深二分。	SJW-H24100130-00200
3353	1824	12	7	1824	10	17	自二更至五更，测雨器水深四分。	SJW-H24100170-00200
3354	1824	12	12	1824	10	22	自五更至开东，测雨器水深二分。	SJW-H24100220-00200
3355	1824	12	30	1824	11	11	自巳时至人定，测雨器水深二分。	SJW-H24110110-00200
3356	1825	4	5	1825	2	17	自五更至开东，测雨器水深三分。	SJW-H25020170-00200
3357	1825	4	18	1825	3	1	自辰时至人定，测雨器水深八分。一更、二更，测雨器水深一分。	SJW-H25030010-00200
3358	1825	4	28	1825	3	11	自午时至人定，测雨器水深六分。	SJW-H25030110-00200
3359	1825	4	28	1825	3	11	自人定至开东，测雨器水深一寸一分。	SJW-H25030110-00300
3360	1825	5	13	1825	3	26	自卯时至申时，测雨器水深三分。	SJW-H25030260-00200
3361	1825	5	21	1825	4	4	自开东至人定，测雨器水深一寸三分。	SJW-H25040040-00200
3362	1825	5	21	1825	4	4	自人定至开东，测雨器水深五分。	SJW-H25040040-00300
3363	1825	5	25	1825	4	8	自卯时至午时，测雨器水深二分。	SJW-H25040080-00200
3364	1825	5	29	1825	4	12	自辰时至人定，测雨器水深二分。	SJW-H25040120-00200
3365	1825	5	29	1825	4	12	自人定至开东，测雨器水深一分。	SJW-H25040120-00300
3366	1825	6	13	1825	4	27	自卯时至人定，测雨器水深一寸五分。自人定至开东，测雨器水深四分。	SJW-H25040270-00200
3367	1825	7	1	1825	5	16	卯时，测雨器水深二分。	SJW-H25050160-00200
3368	1825	7	2	1825	5	17	自五更至开东，测雨器水深三分。	SJW-H25050170-00200
3369	1825	7	18	1825	6	3	自未时、申时，测雨器水深三分。	SJW-H25060030-00200
3370	1825	7	18	1825	6	3	自人定至开东，测雨器水深三分。	SJW-H25060030-00300
3371	1825	7	24	1825	6	9	自辰时至申时，测雨器水深一分。	SJW-H25060090-00200
3372	1825	7	26	1825	6	11	自一更至开东，测雨器水深四寸三分。	SJW-H25060110-00200
3373	1825	7	27	1825	6	12	自开东至午时，测雨器水深四分。	SJW-H25060120-00200
3374	1825	7	28	1825	6	13	自一更至开东，测雨器水深七分。	SJW-H25060130-00200
3375	1825	7	31	1825	6	16	自开东至酉时，测雨器水深一寸六分。	SJW-H25060160-00200

续表

编号	公历			农历			描述	ID 编号
	年	月	日	年	月	日		
3376	1825	8	1	1825	6	17	自辰时至人定，测雨器水深四寸一分。	SJW-H25060170-00200
3377	1825	8	4	1825	6	20	自人定至开东，测雨器水深一分。	SJW-H25060200-00200
3378	1825	8	5	1825	6	21	自开东至酉时，测雨器水深二寸一分。	SJW-H25060210-00200
3379	1825	8	12	1825	6	28	自人定至开东，测雨器水深三分。	SJW-H25060280-00200
3380	1825	8	18	1825	7	5	申时、酉时，测雨器水深三分。	SJW-H25070050-00200
3381	1825	8	20	1825	7	7	卯时、辰时，测雨器水深三分。	SJW-H25070070-00200
3382	1825	8	24	1825	7	11	自未时至酉时，测雨器水深一分。	SJW-H25070110-00200
3383	1825	8	24	1825	7	11	自一更至开东，测雨器水深三分。	SJW-H25070110-00300
3384	1825	8	25	1825	7	12	自开东至卯时，测雨器水深七分。	SJW-H25070120-00200
3385	1825	8	25	1825	7	12	自一更至开东，测雨器水深一分。	SJW-H25070120-00300
3386	1825	8	27	1825	7	14	自二更至开东，测雨器水深二寸六分。	SJW-H25070140-00200
3387	1825	8	28	1825	7	15	自开东至酉时，测雨器水深一寸一分。	SJW-H25070150-00200
3388	1825	8	29	1825	7	16	自一更至开东，测雨器水深二寸三分。	SJW-H25070160-00200
3389	1825	8	30	1825	7	17	自开东至申时，测雨器水深二分。	SJW-H25070170-00200
3390	1825	8	30	1825	7	17	自人定至开东，测雨器水深二分。	SJW-H25070170-00300
3391	1825	8	31	1825	7	18	自开东至午时，测雨器水深一寸六分。	SJW-H25070180-00200
3392	1825	9	2	1825	7	20	自卯时至未时，测雨器水深六分。	SJW-H25070200-00200
3393	1825	9	4	1825	7	22	自午时至申时，测雨器水深五分。	SJW-H25070220-00200
3394	1825	9	4	1825	7	22	自一更至三更，测雨器水深三分。	SJW-H25070220-00300
3395	1825	9	9	1825	7	27	自开东至酉时，测雨器水深一寸三分。	SJW-H25070270-00200
3396	1825	9	14	1825	8	3	自开东至申时，测雨器水深二寸。	SJW-H25080030-00200
3397	1825	10	8	1825	8	27	五更，测雨器水深二分。	SJW-H25080270-00300
3398	1825	10	14	1825	9	3	自一更至开东，测雨器水深一寸七分。	SJW-H25090030-00200
3399	1825	10	15	1825	9	4	自开东至人定，测雨器水深一寸三分。	SJW-H25090040-00200
3400	1825	10	30	1825	9	19	自四更至开东，测雨器水深三分。	SJW-H25090190-00300
3401	1825	10	31	1825	9	20	自开东至人定，测雨器水深一寸三分。	SJW-H25090200-00200
3402	1825	10	31	1825	9	20	自人定至五更，测雨器水深五分。	SJW-H25090200-00300
3403	1825	11	3	1825	9	23	四更、五更，测雨器水深二分。	SJW-H25090230-00300
3404	1825	11	6	1825	9	26	自三更至五更，测雨器水深二分。	SJW-H25090260-00300
3405	1825	11	13	1825	10	4	自辰时至人定测雨器水深一分。	SJW-H25100040-00200
3406	1825	11	24	1825	10	15	自五更至开东，测雨器水深二分。	SJW-H25100150-00300
3407	1825	12	1	1825	10	22	自三更至五更，测雨器水深一分。	SJW-H25100220-00200
3408	1825	12	11	1825	11	2	自一更至三更，测雨器水深三分。	SJW-H25110020-00200
3409	1826	2	20	1826	1	14	自二更至开东，测雨器水深四分。	SJW-H26010140-00200
3410	1826	2	21	1826	1	15	自开东至人定，测雨器水深五分。	SJW-H26010150-00200
3411	1826	3	29	1826	2	21	自午时至申时，测雨器水深一分。	SJW-H26020210-00200
3412	1826	3	31	1826	2	23	自巳时至申时，测雨器水深二分。	SJW-H26020230-00200
3413	1826	4	3	1826	2	26	自开东至午时，测雨器水深八分。	SJW-H26020260-00200

续表

编号	公历			农历			描述	ID 编号
	年	月	日	年	月	日		
3414	1826	4	7	1826	3	1	自申时至人定,测雨器水深一分。	SJW-H26030010-00200
3415	1826	4	7	1826	3	1	自人定至开东,测雨器水深七分。	SJW-H26030010-00300
3416	1826	4	29	1826	3	23	自卯时至申时,测雨器水深三分。	SJW-H26030230-00200
3417	1826	5	7	1826	4	1	自人定至开东,测雨器水深二寸二分。	SJW-H26040010-00200
3418	1826	5	8	1826	4	2	自开东至巳时,测雨器水深一寸二分。	SJW-H26040020-00200
3419	1826	5	19	1826	4	13	自人定至开东,测雨器水深一寸三分。	SJW-H26040130-00200
3420	1826	5	25	1826	4	19	自卯时至人定,测雨器水深一寸五分。	SJW-H26040190-00200
3421	1826	6	7	1826	5	2	自卯时至人定,测雨器水深一寸二分。	SJW-H26050020-00200
3422	1826	6	7	1826	5	2	自人定至开东,测雨器水深一寸四分。	SJW-H26050020-00300
3423	1826	6	8	1826	5	3	自开东至申时,测雨器水深一寸三分。	SJW-H26050030-00200
3424	1826	6	8	1826	5	3	自五更至开东,测雨器水深五分。	SJW-H26050030-00300
3425	1826	6	10	1826	5	5	自卯时至人定,测雨器水深五分。自人定至开东,测雨器水深一分。	SJW-H26050050-00200
3426	1826	6	11	1826	5	6	自开东至酉时,测雨器水深九分。	SJW-H26050060-00200
3427	1826	6	12	1826	5	7	自开东至未时,测雨器水深四分。	SJW-H26050070-00200
3428	1826	6	13	1826	5	8	申时、酉时,测雨器水深八分。	SJW-H26050080-00200
3429	1826	6	13	1826	5	8	自五更至开东,测雨器水深二分。	SJW-H26050080-00300
3430	1826	6	14	1826	5	9	自开东至未时,测雨器水深一寸二分。	SJW-H26050090-00200
3431	1826	6	15	1826	5	10	自辰时至人定,测雨器水深一寸五分。	SJW-H26050100-00200
3432	1826	6	16	1826	5	11	自五更至开东,测雨器水深一分。	SJW-H26050110-00300
3433	1826	6	17	1826	5	12	自辰时至人定,测雨器水深二寸。	SJW-H26050120-00200
3434	1826	6	17	1826	5	12	自人定至开东,测雨器水深二分。	SJW-H26050120-00300
3435	1826	6	30	1826	5	25	自申时至人定,测雨器水深四分。	SJW-H26050250-00200
3436	1826	6	30	1826	5	25	自人定至开东,测雨器水深四分。	SJW-H26050250-00300
3437	1826	7	1	1826	5	26	自开东至午时,测雨器水深七分。	SJW-H26050260-00200
3438	1826	7	1	1826	5	26	自五更至开东,测雨器水深四分。	SJW-H26050260-00300
3439	1826	7	2	1826	5	27	自开东至申时,测雨器水深一寸五分。	SJW-H26050270-00200
3440	1826	7	2	1826	5	27	自二更至开东,测雨器水深五寸七分。	SJW-H26050270-00300
3441	1826	7	3	1826	5	28	自开东至辰时,测雨器水深一寸二分。	SJW-H26050280-00200
3442	1826	7	5	1826	6	1	自开东至未时,测雨器水深一寸一分。	SJW-H26060010-00200
3443	1826	7	7	1826	6	3	自午时至人定,测雨器水深一寸五分。	SJW-H26060030-00200
3444	1826	7	7	1826	6	3	自人定至开东,测雨器水深二寸。	SJW-H26060030-00300
3445	1826	7	8	1826	6	4	自开东至午时,测雨器水深一寸六分。	SJW-H26060040-00200
3446	1826	7	12	1826	6	8	自五更至开东,测雨器水深一分。	SJW-H26060080-00200
3447	1826	7	16	1826	6	12	卯时,测雨器水深六分。	SJW-H26060120-00200
3448	1826	7	17	1826	6	13	自卯时至人定,测雨器水深二分。	SJW-H26060130-00200
3449	1826	7	26	1826	6	22	申时,测雨器水深三分。	SJW-H26060220-00200
3450	1826	8	2	1826	6	29	自四更至开东,测雨器水深九分。	SJW-H26060290-00200

续表

编号	公历			农历			描述	ID编号
	年	月	日	年	月	日		
3451	1826	8	3	1826	6	30	自开东至巳时，测雨器水深二分。	SJW-H26060300-00200
3452	1826	8	11	1826	7	8	自卯时至人定，测雨器水深六寸二分。	SJW-H26070080-00200
3453	1826	8	11	1826	7	8	自三更至开东，测雨器水深一分。	SJW-H26070080-00300
3454	1826	8	14	1826	7	11	自巳时至人定，测雨器水深五分。	SJW-H26070110-00200
3455	1826	8	14	1826	7	11	自人定至开东，测雨器水深八分。	SJW-H26070110-00300
3456	1826	8	17	1826	7	14	自五更至开东，测雨器水深三分。	SJW-H26070140-00200
3457	1826	8	18	1826	7	15	自开东至申时，测雨器水深一寸。	SJW-H26070150-00200
3458	1826	8	19	1826	7	16	自巳时至申时，测雨器水深四分。	SJW-H26070160-00200
3459	1826	8	19	1826	7	16	自五更至开东，测雨器水深三分。	SJW-H26070160-00300
3460	1826	8	20	1826	7	17	自开东至未时，测雨器水深二分。	SJW-H26070170-00200
3461	1826	8	20	1826	7	17	自五更至开东，测雨器水深六分。	SJW-H26070170-00300
3462	1826	8	24	1826	7	21	自巳时至人定，测雨器水深一寸一分。	SJW-H26070210-00200
3463	1826	8	28	1826	7	25	自卯时至人定，测雨器水深七分。	SJW-H26070250-00200
3464	1826	8	29	1826	7	26	申时，测雨器水深一分。	SJW-H26070260-00200
3465	1826	9	4	1826	8	3	自开东至人定，测雨器水深七分。自人定至开东，测雨器水深三分。	SJW-H26080030-00200
3466	1826	9	5	1826	8	4	自巳时至人定，测雨器水深二分。	SJW-H26080040-00200
3467	1826	9	11	1826	8	10	自人定至五更，测雨器水深四分。	SJW-H26080100-00200
3468	1826	9	20	1826	8	19	午时、未时，测雨器水深二分。	SJW-H26080190-00200
3469	1826	9	27	1826	8	26	自五更至开东，测雨器水深五分。	SJW-H26080260-00200
3470	1826	10	2	1826	9	2	四更、五更，测雨器水深三分。	SJW-H26090020-00200
3471	1826	12	3	1826	11	5	自五更至开东，测雨器水深二分。	SJW-H26110050-00200
3472	1826	12	21	1826	11	23	自五更至开东，测雨器水深二分。	SJW-H26110230-00200
3473	1827	3	21	1827	2	24	自一更至开东，测雨器水深八分。	SJW-H27020240-00200
3474	1827	3	25	1827	2	28	自午时至酉时，测雨器水深六分。自二更至开东，测雨器水深一分。	SJW-H27020280-00200
3475	1827	4	8	1827	3	13	自辰时至人定，测雨器水深八分。	SJW-H27030130-00200
3476	1827	4	8	1827	3	13	自人定至开东，测雨器水深五分。	SJW-H27030130-00300
3477	1827	4	14	1827	3	19	自三更至开东，测雨器水深三分。	SJW-H27030190-00200
3478	1827	4	18	1827	3	23	自申时至人定，测雨器水深九分。	SJW-H27030230-00200
3479	1827	4	18	1827	3	23	自人定至开东，测雨器水深六分。	SJW-H27030230-00300
3480	1827	4	25	1827	3	30	自酉时至人定，测雨器水深一寸。	SJW-H27030300-00200
3481	1827	4	25	1827	3	30	自人定至五更，测雨器水深一寸四分。	SJW-H27030300-00300
3482	1827	5	7	1827	4	12	自人定至五更，测雨器水深八寸。	SJW-H27040120-00200
3483	1827	5	8	1827	4	13	自辰时至申时，测雨器水深八分。	SJW-H27040130-00200
3484	1827	5	12	1827	4	17	自辰时至未时，测雨器水深一寸六分。	SJW-H27040170-00200
3485	1827	5	14	1827	4	19	开东，测雨器水深四分。	SJW-H27040190-00200
3486	1827	5	21	1827	4	26	自开东至未时，测雨器水深三分。	SJW-H27040260-00200

续表

编号	公历			农历			描述	ID 编号
	年	月	日	年	月	日		
3487	1827	5	26	1827	5	1	自人定至开东，测雨器水深五分。	SJW-H27050010-00200
3488	1827	5	30	1827	5	5	自人定至开东，测雨器水深六分。	SJW-H27050050-00200
3489	1827	6	3	1827	5	9	自巳时至未时，测雨器水深二分。	SJW-H27050090-00200
3490	1827	6	9	1827	5	15	自酉时，测雨器水深二分。	SJW-H27050150-00200
3491	1827	6	13	1827	5	19	申时，测雨器水深二分。	SJW-H27050190-00200
3492	1827	6	13	1827	5	19	自人定至开东，测雨器水深九分。	SJW-H27050190-00300
3493	1827	6	17	1827	5	23	自辰时至人定，测雨器水深一寸七分。	SJW-H27050230-00200
3494	1827	6	22	1827	5	28	自巳时至人定，测雨器水深二寸三分。自人定至开东，测雨器水深九分。	SJW-H27050280-00200
3495	1827	6	26	1827	闰5	3	自开东至人定，测雨器水深二寸九分。自五更至开东，测雨器水深二分。	SJW-H27051030-00200
3496	1827	6	28	1827	闰5	5	辰时、巳时，测雨器水深九分。	SJW-H27051050-00200
3497	1827	6	28	1827	闰5	5	自五更至开东，测雨器水深一寸五分。	SJW-H27051050-00300
3498	1827	7	3	1827	闰5	10	自人定至开东，测雨器水深一寸。	SJW-H27051100-00200
3499	1827	7	4	1827	闰5	11	自开东至人定，测雨器水深九分。	SJW-H27051110-00200
3500	1827	7	9	1827	闰5	16	自卯时至人定，测雨器水深六分。	SJW-H27051160-00200
3501	1827	7	10	1827	闰5	17	自五更至开东，测雨器水深二分。	SJW-H27051170-00300
3502	1827	7	11	1827	闰5	18	人定，测雨器水深二分。	SJW-H27051180-00300
3503	1827	7	12	1827	闰5	19	自开东至人定，测雨器水深四寸二分。	SJW-H27051190-00200
3504	1827	7	22	1827	闰5	29	自申时至人定，测雨器水深三分。	SJW-H27051290-00200
3505	1827	7	23	1827	闰5	30	自三更至开东，测雨器水深一寸一分。	SJW-H27051300-00200
3506	1827	7	24	1827	6	1	自开东至人定，测雨器水深二寸七分。自人定至开东，测雨器水深三分。	SJW-H27060010-00200
3507	1827	8	5	1827	6	13	自五更至开东，测雨器水深二分。	SJW-H27060130-00200
3508	1827	8	9	1827	6	17	自午时至酉时，测雨器水深二分。	SJW-H27060170-00200
3509	1827	8	12	1827	6	20	自酉时至人定，测雨器水深三分。	SJW-H27060200-00200
3510	1827	8	12	1827	6	20	自人定至开东，测雨器水深一寸三分。	SJW-H27060200-00300
3511	1827	8	13	1827	6	21	自开东至巳时，测雨器水深二寸一分。	SJW-H27060210-00200
3512	1827	8	15	1827	6	23	自辰时至人定，测雨器水深五寸七分。	SJW-H27060230-00200
3513	1827	8	16	1827	6	24	自开东至未时，测雨器水深三寸六分。	SJW-H27060240-00200
3514	1827	8	16	1827	6	24	自人定至开东，测雨器水深三分。	SJW-H27060240-00300
3515	1827	8	18	1827	6	26	自五更至开东，测雨器水深一寸一分。	SJW-H27060260-00200
3516	1827	9	21	1827	8	1	自一更至开东，测雨器水深三分。	SJW-H27080010-00200
3517	1827	9	22	1827	8	2	自四更至开东，测雨器水深一寸二分。	SJW-H27080020-00200
3518	1827	9	23	1827	8	3	自开东至未时，测雨器水深一寸七分。	SJW-H27080030-00200
3519	1827	9	23	1827	8	3	自人定至开东，测雨器水深六分。	SJW-H27080030-00300
3520	1827	9	24	1827	8	4	自开东至人定，测雨器水深四寸六分。	SJW-H27080040-00200
3521	1827	9	24	1827	8	4	自人定至开东，测雨器水深六分。	SJW-H27080040-00300

续表

编号	公历			农历			描述	ID编号
	年	月	日	年	月	日		
3522	1827	9	25	1827	8	5	自开东至人定，测雨器水深一寸二分。	SJW-H27080050-00200
3523	1827	9	25	1827	8	5	自人定至开东，测雨器水深一寸。	SJW-H27080050-00300
3524	1827	9	26	1827	8	6	自巳时至人定，测雨器水深四分。	SJW-H27080060-00200
3525	1827	9	26	1827	8	6	自人定至开东，测雨器水深三寸。	SJW-H27080060-00300
3526	1827	9	27	1827	8	7	自开东至酉时，测雨器水深二寸。	SJW-H27080070-00200
3527	1827	10	1	1827	8	11	自二更至开东，测雨器水深五分。	SJW-H27080110-00200
3528	1827	10	12	1827	8	22	自辰时至人定，测雨器水深九分。	SJW-H27080220-00200
3529	1827	10	27	1827	9	8	自四更至开东，测雨器水深八分。	SJW-H27090080-00200
3530	1827	11	9	1827	9	21	自开东至辰时，测雨器水深二分。	SJW-H27090210-00200
3531	1827	11	15	1827	9	27	四更、五更，测雨器水深二分。	SJW-H27090270-00300
3532	1827	11	16	1827	9	28	自辰时至人定，测雨器水深九分。	SJW-H27090280-00200
3533	1827	11	18	1827	9	30	人定，测雨器水深一分。	SJW-H27090300-00200
3534	1827	11	21	1827	10	3	自午时至人定，测雨器水深三分。	SJW-H27100030-00200
3535	1827	11	21	1827	10	3	自人定至开东，测雨器水深四分。	SJW-H27100030-00300
3536	1827	12	19	1827	11	2	自申时至人定，测雨器水深二分。	SJW-H27110020-00200
3537	1827	12	19	1827	11	2	自人定至开东，测雨器水深一寸三分。	SJW-H27110020-00300
3538	1828	1	5	1827	11	19	自未时至人定，测雨器水深七分。自人定至四更，测雨器水深三分。	SJW-H27110190-00200
3539	1828	1	24	1827	12	8	自辰时至人定，测雨器水深六分。自人定至开东，测雨器水深二寸二分。	SJW-H27120080-00200
3540	1828	3	22	1828	2	7	自一更至开东，测雨器水深八分。	SJW-H28020070-00200
3541	1828	3	24	1828	2	9	自人定至五更，测雨器水深三分。	SJW-H28020090-00200
3542	1828	3	28	1828	2	13	自五更至开东，测雨器水深四分。	SJW-H28020130-00200
3543	1828	3	29	1828	2	14	自开东至申时，测雨器水深三分。	SJW-H28020140-00200
3544	1828	4	11	1828	2	27	午时、未时，测雨器水深一分。	SJW-H28020270-00200
3545	1828	4	16	1828	3	3	自五更至开东，测雨器水深五分。	SJW-H28030030-00300
3546	1828	4	17	1828	3	4	自开东至申时，测雨器水深九分。	SJW-H28030040-00200
3547	1828	5	8	1828	3	25	自卯时至未时，测雨器水深二分。	SJW-H28030250-00200
3548	1828	5	15	1828	4	2	自巳时至申时，测雨器水深八分。	SJW-H28040020-00200
3549	1828	5	18	1828	4	5	自五更至开东，测雨器水深四分。	SJW-H28040050-00200
3550	1828	5	19	1828	4	6	自开东至人定，测雨器水深五分。	SJW-H28040060-00200
3551	1828	5	27	1828	4	14	自辰时至酉时，测雨器水深一分。	SJW-H28040140-00200
3552	1828	6	7	1828	4	25	自五更至开东，测雨器水深二分。	SJW-H28040250-00200
3553	1828	6	8	1828	4	26	自开东至午时，测雨器水深二分。	SJW-H28040260-00200
3554	1828	6	10	1828	4	28	未时、申时，测雨器水深一分。	SJW-H28040280-00200
3555	1828	6	16	1828	5	5	自午时至申时，测雨器水深五分。	SJW-H28050050-00200
3556	1828	6	23	1828	5	12	未时、申时，测雨器水深一寸五分。	SJW-H28050120-00200
3557	1828	6	24	1828	5	13	自四更至开东，测雨器水深二分。	SJW-H28050130-00200

续表

编号	公历			农历			描述	ID编号
	年	月	日	年	月	日		
3558	1828	6	25	1828	5	14	自开东至酉时，测雨器水深二寸四分。	SJW-H28050140-00200
3559	1828	6	25	1828	5	14	自五更至开东，测雨器水深二分。	SJW-H28050140-00300
3560	1828	7	3	1828	5	22	自人定至开东，测雨器水深二寸九分。	SJW-H28050220-00200
3561	1828	7	4	1828	5	23	自开东至人定，测雨器水深七寸八分。	SJW-H28050230-00200
3562	1828	7	4	1828	5	23	自人定至开东，测雨器水深四分。	SJW-H28050230-00300
3563	1828	7	9	1828	5	28	自卯时至午时，测雨器水深一寸六分。	SJW-H28050280-00200
3564	1828	7	15	1828	6	4	自辰时至未时，测雨器水深一寸一分。	SJW-H28060040-00200
3565	1828	7	16	1828	6	5	自卯时至人定，测雨器水深三分。	SJW-H28060050-00200
3566	1828	7	18	1828	6	7	自午时至酉时，测雨器水深一寸二分。自人定至三更，测雨器水深五分。	SJW-H28060070-00200
3567	1828	7	19	1828	6	8	自人定至三更，测雨器水深二分。	SJW-H28060080-00200
3568	1828	7	19	1828	6	8	自开东至人定，测雨器水深一寸三分。	SJW-H28060080-00300
3569	1828	7	20	1828	6	9	自开东至酉时，测雨器水深一分。	SJW-H28060090-00200
3570	1828	7	21	1828	6	10	自卯时至人定，测雨器水深六分。	SJW-H28060100-00200
3571	1828	7	21	1828	6	10	人定至开东，测雨器水深一寸五分。	SJW-H28060100-00300
3572	1828	8	1	1828	6	21	自开东至人定，测雨器水深三寸二分。自人定至开东，测雨器水深五寸七分。	SJW-H28060210-00200
3573	1828	8	2	1828	6	22	自开东至人定，测雨器水深二寸五分。	SJW-H28060220-00200
3574	1828	8	3	1828	6	23	自五更至开东，测雨器水深一分。	SJW-H28060230-00200
3575	1828	8	4	1828	6	24	自开东至申时，测雨器水深五分。	SJW-H28060240-00200
3576	1828	8	13	1828	7	3	自二更至五更，测雨器水深三分。	SJW-H28070030-00200
3577	1828	8	14	1828	7	4	二更三更，测雨器水深四分。	SJW-H28070040-00200
3578	1828	8	17	1828	7	7	自开东至申时，测雨器水深一寸一分。	SJW-H28070070-00200
3579	1828	8	17	1828	7	7	自三更至开东，测雨器水深一寸七分。	SJW-H28070070-00300
3580	1828	8	18	1828	7	8	自开东至人定，测雨器水深一寸一分。	SJW-H28070080-00200
3581	1828	8	18	1828	7	8	自人定至开东，测雨器水深一寸。	SJW-H28070080-00300
3582	1828	8	19	1828	7	9	自开东至人定，测雨器水深二分。	SJW-H28070090-00200
3583	1828	8	20	1828	7	10	自开东至申时，测雨器水深三分。	SJW-H28070100-00200
3584	1828	8	22	1828	7	12	自开东至辰时，测雨器水深九分。	SJW-H28070120-00200
3585	1828	8	23	1828	7	13	自巳时至酉时，测雨器水深二分。	SJW-H28070130-00200
3586	1828	8	24	1828	7	14	自开东至辰时，测雨器水深一寸三分。	SJW-H28070140-00200
3587	1828	8	25	1828	7	15	自五更至开东，测雨器水深六分。	SJW-H28070150-00200
3588	1828	8	26	1828	7	16	自开东至午时，测雨器水深二寸九分。	SJW-H28070160-00200
3589	1828	8	26	1828	7	16	自人定至开东，测雨器水深一寸二分。	SJW-H28070160-00300
3590	1828	8	27	1828	7	17	自开东至午时，测雨器水深六分。	SJW-H28070170-00200
3591	1828	8	30	1828	7	20	自卯时至午时，测雨器水深一寸五分。	SJW-H28070200-00200
3592	1828	9	2	1828	7	23	自未时至人定，测雨器水深九分。	SJW-H28070230-00200
3593	1828	9	2	1828	7	23	自人定至二更，测雨器水深三分。	SJW-H28070230-00300

续表

编号	公历			农历			描述	ID 编号
	年	月	日	年	月	日		
3594	1828	9	3	1828	7	24	自卯时至人定,测雨器水深三分。自人定至开东,测雨器水深二寸九分。	SJW-H28070240-00200
3595	1828	9	6	1828	7	27	自卯时至人定,测雨器水深四分。	SJW-H28070270-00200
3596	1828	9	6	1828	7	27	自人定至开东,测雨器水深一寸二分。	SJW-H28070270-00300
3597	1828	9	13	1828	8	5	自卯时至人定,测雨器水深一寸一分。	SJW-H28080050-00200
3598	1828	9	13	1828	8	5	自人定至开东,测雨器水深二寸。	SJW-H28080050-00300
3599	1828	9	14	1828	8	6	自开东至申时,测雨器水深一分。	SJW-H28080060-00200
3600	1828	9	17	1828	8	9	自申时至人定,测雨器水深二分。	SJW-H28080090-00200
3601	1828	9	17	1828	8	9	自人定至开东,测雨器水深二寸三分。	SJW-H28080090-00300
3602	1828	9	19	1828	8	11	自四更至开东,测雨器水深八分。	SJW-H28080110-00200
3603	1828	9	20	1828	8	12	自开东至午时,测雨器水深二分。	SJW-H28080120-00200
3604	1828	10	22	1828	9	14	自四更至开东,测雨器水深三分。	SJW-H28090140-00200
3605	1828	11	2	1828	9	25	三更、四更,测雨器水深二分。	SJW-H28090250-00200
3606	1828	11	7	1828	10	1	自巳时至申时,测雨器水深三分。	SJW-H28100010-00200
3607	1828	11	11	1828	10	5	自申时至人定,测雨器水深七分。	SJW-H28100050-00200
3608	1828	11	11	1828	10	5	自人定至开东,测雨器水深七分。	SJW-H28100050-00300
3609	1828	11	12	1828	10	6	自人定至开东,测雨器水深三分。	SJW-H28100060-00200
3610	1828	11	21	1828	10	15	自申时至人定,测雨器水深三分。	SJW-H28100150-00200
3611	1828	11	28	1828	10	22	自五更至开东,测雨器水深一分。	SJW-H28100220-00200
3612	1828	11	30	1828	10	24	四更、五更,测雨器水深四分。	SJW-H28100240-00200
3613	1828	12	5	1828	10	29	五更,测雨器水深二分。	SJW-H28100290-00300
3614	1828	12	14	1828	11	8	自五更至开东,测雨器水深二分。	SJW-H28110080-00200
3615	1828	12	22	1828	11	16	自一更至开东,测雨器水深九分。	SJW-H28110160-00200
3616	1829	3	13	1829	2	9	自开东至申时,测雨器水深二分。	SJW-H29020090-00200
3617	1829	3	19	1829	2	15	巳时至未时,测雨器水深一分。	SJW-H29020150-00200
3618	1829	3	19	1829	2	15	自人定至开东,测雨器水深二寸二分。	SJW-H29020150-00300
3619	1829	3	20	1829	2	16	自开东至巳时,测雨器水深四分。	SJW-H29020160-00200
3620	1829	4	6	1829	3	3	自卯时至巳时,测雨器水深二分。	SJW-H29030030-00200
3621	1829	4	7	1829	3	4	自五更至开东,测雨器水深二分。	SJW-H29030040-00200
3622	1829	4	12	1829	3	9	自人定至开东,测雨器水深二分。	SJW-H29030090-00200
3623	1829	4	16	1829	3	13	自午时至人定,测雨器水深九分。	SJW-H29030130-00200
3624	1829	4	28	1829	3	25	自午时至人定,测雨器水深一寸三分。自人定至四更,测雨器水深七分。	SJW-H29030250-00200
3625	1829	5	6	1829	4	4	自未时至人定,测雨器水深二分。	SJW-H29040040-00300
3626	1829	5	6	1829	4	4	自人定至开东,测雨器水深三分。	SJW-H29040040-00400
3627	1829	5	7	1829	4	5	自开东至人定,测雨器水深二寸一分。	SJW-H29040050-00200
3628	1829	5	7	1829	4	5	自人定至开东,测雨器水深五分。	SJW-H29040050-00300
3629	1829	5	12	1829	4	10	自辰时至人定,测雨器水深五分。	SJW-H29040100-00200

续表

编号	公历			农历			描述	ID 编号
	年	月	日	年	月	日		
3630	1829	5	19	1829	4	17	自酉时至人定,测雨器水深二分。	SJW-H29040170-00200
3631	1829	5	19	1829	4	17	自人定至开东,测雨器水深一寸三分。	SJW-H29040170-00300
3632	1829	5	20	1829	4	18	自开东至午时,测雨器水深二分。	SJW-H29040180-00200
3633	1829	5	29	1829	4	27	自开东至午时,测雨器水深二分。	SJW-H29040270-00200
3634	1829	6	23	1829	5	22	自午时至人定,测雨器水深二寸四分。	SJW-H29050220-00200
3635	1829	6	23	1829	5	22	自人定至开东,测雨器水深一分。	SJW-H29050220-00300
3636	1829	6	28	1829	5	27	自未时至酉时,测雨器水深一寸三分。	SJW-H29050270-00200
3637	1829	7	3	1829	6	3	自开东至人定,测雨器水深二寸六分。	SJW-H29060030-00200
3638	1829	7	4	1829	6	4	开东,测雨器水深六分。	SJW-H29060040-00200
3639	1829	7	6	1829	6	6	自人定至开东,测雨器水深三分。	SJW-H29060060-00200
3640	1829	7	8	1829	6	8	自卯时至人定,测雨器水深六分。	SJW-H29060080-00200
3641	1829	7	10	1829	6	10	自辰时至未时,测雨器水深一寸三分。	SJW-H29060100-00200
3642	1829	7	10	1829	6	10	自五更至开东,测雨器水深七分。	SJW-H29060100-00300
3643	1829	7	11	1829	6	11	自人定至开东,测雨器水深一寸三分。	SJW-H29060110-00200
3644	1829	7	26	1829	6	26	自开东至辰时,测雨器水深一分。	SJW-H29060260-00200
3645	1829	7	27	1829	6	27	未时、申时,测雨器水深八分。	SJW-H29060270-00200
3646	1829	7	28	1829	6	28	自辰时至人定,测雨器水深九分。自人定至开东,测雨器水深四分。	SJW-H29060280-00200
3647	1829	7	29	1829	6	29	自巳时至人定,测雨器水深六分。	SJW-H29060290-00200
3648	1829	7	29	1829	6	29	自人定至开东,测雨器水深四分。	SJW-H29060290-00300
3649	1829	7	30	1829	6	30	自开东至申时,测雨器水深三分。	SJW-H29060300-00200
3650	1829	8	1	1829	7	2	申时,测雨器水深七分。	SJW-H29070020-00200
3651	1829	8	13	1829	7	14	自开东至人定,测雨器水深二寸六分。	SJW-H29070140-00200
3652	1829	8	14	1829	7	15	自卯时至申时,测雨器水深三分。	SJW-H29070150-00200
3653	1829	9	4	1829	8	7	自辰时至酉时,测雨器水深一寸二分。	SJW-H29080070-00200
3654	1829	9	5	1829	8	8	自午时至人定,测雨器水深八分。	SJW-H29080080-00200
3655	1829	9	5	1829	8	8	自人定至开东,测雨器水深二寸一分。	SJW-H29080080-00300
3656	1829	9	6	1829	8	9	自开东至申时,测雨器水深四寸。	SJW-H29080090-00200
3657	1829	9	11	1829	8	14	自五更至开东,测雨器水深九分。	SJW-H29080140-00200
3658	1829	9	16	1829	8	19	自午时至人定,测雨器水深六分。	SJW-H29080190-00200
3659	1829	9	16	1829	8	19	自人定至开东,测雨器水深三分。	SJW-H29080190-00300
3660	1829	9	25	1829	8	28	自人定至开东,测雨器水深二分。	SJW-H29080280-00200
3661	1829	10	3	1829	9	6	自开东至人定,测雨器水深二分。	SJW-H29090060-00200
3662	1829	10	3	1829	9	6	自人定至开东,测雨器水深一寸二分。	SJW-H29090060-00300
3663	1829	10	4	1829	9	7	自开东至人定,测雨器水深一寸五分。	SJW-H29090070-00200
3664	1829	10	4	1829	9	7	自人定至开东,测雨器水深五分。	SJW-H29090070-00300
3665	1829	10	12	1829	9	15	自五更至开东,测雨器水深一寸。	SJW-H29090150-00200
3666	1829	10	15	1829	9	18	五更,测雨器水深四分。	SJW-H29090180-00200

续表

编号	公历			农历			描述	ID 编号
	年	月	日	年	月	日		
3667	1829	10	20	1829	9	23	自辰时至申时,测雨器水深四分。	SJW-H29090230-00200
3668	1829	10	21	1829	9	24	自巳时至人定,测雨器水深六分。	SJW-H29090240-00200
3669	1829	11	10	1829	10	14	自人定至五更,测雨器水深四分。	SJW-H29100140-00200
3670	1829	12	28	1829	12	3	自开东至人定,测雨器水深四分。	SJW-H29120030-00200
3671	1830	3	7	1830	2	13	自一更至三更,测雨器水深一分。	SJW-H30020130-00200
3672	1830	3	20	1830	2	26	自卯时至申时,测雨器水深五分。	SJW-H30020260-00200
3673	1830	4	1	1830	3	9	自辰时至人定,测雨器水深八分。	SJW-H30030090-00200
3674	1830	4	1	1830	3	9	自人定至开东,测雨器水深九分。	SJW-H30030090-00300
3675	1830	4	19	1830	3	27	自午时至人定,测雨器水深一寸三分。	SJW-H30030270-00200
3676	1830	4	19	1830	3	27	自人定至五更,测雨器水深二分。	SJW-H30030270-00300
3677	1830	4	21	1830	3	29	自酉时至人定,测雨器水深二分。	SJW-H30030290-00200
3678	1830	4	21	1830	3	29	自人定至五更,测雨器水深一分。	SJW-H30030290-00300
3679	1830	4	22	1830	3	30	自一更至开东,测雨器水深三分。	SJW-H30030300-00200
3680	1830	4	24	1830	4	2	自未时至人定,测雨器水深三分。	SJW-H30040020-00200
3681	1830	4	24	1830	4	2	自人定至开东,测雨器水深一寸二分。	SJW-H30040020-00300
3682	1830	5	5	1830	4	13	自五更至开东,测雨器水深二分。	SJW-H30040130-00200
3683	1830	5	10	1830	4	18	辰时、巳时,测雨器水深一分。	SJW-H30040180-00200
3684	1830	5	27	1830	闰 4	6	自五更至开东,测雨器水深三分。	SJW-H30041060-00200
3685	1830	5	28	1830	闰 4	7	自开东至辰时,测雨器水深二分。	SJW-H30041070-00200
3686	1830	5	28	1830	闰 4	7	自人定至五更,测雨器水深二分。	SJW-H30041070-00300
3687	1830	6	5	1830	闰 4	15	自人定至开东,测雨器水深一寸。	SJW-H30041150-00200
3688	1830	6	7	1830	闰 4	17	自人定至开东,测雨器水深五分。	SJW-H30041170-00200
3689	1830	6	27	1830	5	8	自人定至开东,测雨器水深五分。	SJW-H30050080-00200
3690	1830	6	28	1830	5	9	自开东至人定,测雨器水深八分。	SJW-H30050090-00200
3691	1830	7	3	1830	5	14	自开东至酉时,测雨器水深九分。	SJW-H30050140-00200
3692	1830	7	5	1830	5	16	自卯时至人定,测雨器水深三寸三分。	SJW-H30050160-00200
3693	1830	7	8	1830	5	19	自四更至开东,测雨器水深六分。	SJW-H30050190-00200
3694	1830	7	9	1830	5	20	自开东至人定,测雨器水深二寸九分。自人定至开东,测雨器水深二寸五分。	SJW-H30050200-00200
3695	1830	7	10	1830	5	21	自开东至申时,测雨器水深一寸八分。	SJW-H30050210-00200
3696	1830	7	14	1830	5	25	自卯时至人定,测雨器水深一寸六分。	SJW-H30050250-00200
3697	1830	7	14	1830	5	25	自人定至开东,测雨器水深一分。	SJW-H30050250-00300
3698	1830	7	15	1830	5	26	自人定至开东,测雨器水深七分。	SJW-H30050260-00200
3699	1830	7	16	1830	5	27	自开东至未时,测雨器水深二寸五分。	SJW-H30050270-00200
3700	1830	7	17	1830	5	28	自一更至开东,测雨器水深二分。	SJW-H30050280-00200
3701	1830	7	18	1830	5	29	自酉时至人定,测雨器水深二寸二分。	SJW-H30050290-00200
3702	1830	7	26	1830	6	7	申时、酉时,测雨器水深一寸四分。	SJW-H30060070-00200
3703	1830	7	31	1830	6	12	自三更至开东,测雨器水深一寸二分。	SJW-H30060120-00200

续表

编号	公历			农历			描述	ID 编号
	年	月	日	年	月	日		
3704	1830	8	4	1830	6	16	自辰时至酉时，测雨器水深六分。	SJW-H30060160-00200
3705	1830	8	5	1830	6	17	自人定至开东，测雨器水深一寸五分。	SJW-H30060170-00200
3706	1830	8	11	1830	6	23	自未时至人定，测雨器水深二寸五分。	SJW-H30060230-00200
3707	1830	8	11	1830	6	23	自人定至开东，测雨器水深九寸。	SJW-H30060230-00300
3708	1830	8	22	1830	7	5	自辰时至申时，测雨器水深七分。	SJW-H30070050-00200
3709	1830	8	23	1830	7	6	自卯时至申时，测雨器水深一寸五分。	SJW-H30070060-00200
3710	1830	8	24	1830	7	7	自卯时至申时，测雨器水深二分。	SJW-H30070070-00200
3711	1830	8	30	1830	7	13	自辰时至酉时，测雨器水深二分。	SJW-H30070130-00200
3712	1830	8	30	1830	7	13	自二更至开东，测雨器水深四分。	SJW-H30070130-00300
3713	1830	8	31	1830	7	14	自开东至酉时，测雨器水深六分。	SJW-H30070140-00200
3714	1830	8	31	1830	7	14	自人定至五更，测雨器水深三分。	SJW-H30070140-00300
3715	1830	9	6	1830	7	20	自未时至人定，测雨器水深四分。	SJW-H30070200-00200
3716	1830	9	7	1830	7	21	申时，测雨器水深二分。一更，测雨器水深四分。	SJW-H30070210-00200
3717	1830	9	8	1830	7	22	自申时至人定，测雨器水深五分。自人定至四更，测雨器水深一寸二分。	SJW-H30070220-00200
3718	1830	10	1	1830	8	15	自辰时至人定，测雨器水深一寸四分。自人定至三更，测雨器水深四分。	SJW-H30080150-00200
3719	1830	10	4	1830	8	18	申时、酉时，测雨器水深五分。	SJW-H30080180-00200
3720	1830	10	11	1830	8	25	自二更至开东，测雨器水深六分。	SJW-H30080250-00200
3721	1830	10	12	1830	8	26	自开东，测雨器水深九分。	SJW-H30080260-00200
3722	1830	10	24	1830	9	8	自辰时至申时，测雨器水深一寸六分。	SJW-H30090080-00200
3723	1830	10	25	1830	9	9	一更至开东，测雨器水深六分。	SJW-H30090090-00200
3724	1830	10	26	1830	9	10	自开东至辰时，测雨器水深二分。	SJW-H30090100-00200
3725	1830	10	27	1830	9	11	自午时至人定，测雨器水深一分。	SJW-H30090110-00200
3726	1830	10	27	1830	9	11	自人定至开东，测雨器水深二分。	SJW-H30090110-00300
3727	1830	10	30	1830	9	14	自卯时至申时，测雨器水深三分。	SJW-H30090140-00200
3728	1830	11	5	1830	9	20	自二更至四更，测雨器水深一分。	SJW-H30090200-00200
3729	1830	11	9	1830	9	24	自人定至开东，测雨器水深四分。	SJW-H30090240-00200
3730	1830	12	13	1830	10	29	自人定至开东，测雨器水深二分。	SJW-H30100290-00200
3731	1830	12	14	1830	10	30	自开东至人定，测雨器水深二分。	SJW-H30100300-00200
3732	1831	2	23	1831	1	11	自开东至申时，测雨器水深一寸一分。	SJW-H31010110-00200
3733	1831	3	26	1831	2	13	自五更至开东，测雨器水深三分。自开东至人定，测雨器水深八分。	SJW-H31020130-00200
3734	1831	3	27	1831	2	14	自开东至人定，测雨器水深八分。自人定至开东，测雨器水深六分。	SJW-H31020140-00200
3735	1831	4	13	1831	3	2	自申时至人定，测雨器水深一分。自人定至开东，测雨器水深四分。	SJW-H31030020-00200
3736	1831	4	16	1831	3	5	自三更至开东，测雨器水深九分。	SJW-H31030050-00200

续表

编号	公历			农历			描述	ID 编号
	年	月	日	年	月	日		
3737	1831	4	17	1831	3	6	自开东至申时，测雨器水深八分。	SJW-H31030060-00200
3738	1831	4	22	1831	3	11	自五更至开东，测雨器水深一分。	SJW-H31030110-00200
3739	1831	4	23	1831	3	12	自开东至未时，测雨器水深四分。	SJW-H31030120-00200
3740	1831	4	30	1831	3	19	自酉时至人定，测雨器水深一分。	SJW-H31030190-00200
3741	1831	5	1	1831	3	20	自开东至人定，测雨器水深三分。	SJW-H31030200-00200
3742	1831	5	1	1831	3	20	自人定至开东，测雨器水深一寸二分。	SJW-H31030200-00300
3743	1831	5	8	1831	3	27	自开东至申时，测雨器水深二寸二分。	SJW-H31030270-00200
3744	1831	5	22	1831	4	11	自卯时至人定，测雨器水深二寸二分。自人定至开东，测雨器水深六分。	SJW-H31040110-00200
3745	1831	5	24	1831	4	13	自未时、申时，测雨器水深一分。	SJW-H31040130-00200
3746	1831	7	17	1831	6	9	自辰时至人定，测雨器水深二寸三分。	SJW-H31060090-00200
3747	1831	7	21	1831	6	13	自辰时至午时，测雨器水深二分。	SJW-H31060130-00200
3748	1831	7	22	1831	6	14	自五更至开东，测雨器水深一寸四分。	SJW-H31060140-00200
3749	1831	7	25	1831	6	17	自巳时至申时，测雨器水深二分。	SJW-H31060170-00200
3750	1831	7	26	1831	6	18	自卯时至午时，测雨器水深三分。	SJW-H31060180-00200
3751	1831	8	7	1831	6	30	自卯时至酉时，测雨器水深一分。	SJW-H31060300-00200
3752	1831	8	10	1831	7	3	自辰时至申时，测雨器水深一寸二分。	SJW-H31070030-00200
3753	1831	8	12	1831	7	5	四更、五更，测雨器水深三分。	SJW-H31070050-00200
3754	1831	8	13	1831	7	6	四更、五更，测雨器水深六分。	SJW-H31070060-00200
3755	1831	8	14	1831	7	7	自巳时至未时，测雨器水深一分。	SJW-H31070070-00200
3756	1831	8	15	1831	7	8	自辰时至午时，测雨器水深三分。	SJW-H31070080-00200
3757	1831	8	16	1831	7	9	自午时至人定，测雨器水深三寸一分。	SJW-H31070090-00200
3758	1831	8	16	1831	7	9	自人定至开东，测雨器水深六分。	SJW-H31070090-00300
3759	1831	8	30	1831	7	23	申时，测雨器水深二分。自五更至开东，测雨器水深六分。	SJW-H31070230-00200
3760	1831	8	31	1831	7	24	自卯时至午时，测雨器水深一寸九分。	SJW-H31070240-00200
3761	1831	9	1	1831	7	25	自辰时至申时，测雨器水深一寸四分。	SJW-H31070250-00200
3762	1831	9	5	1831	7	29	自人定时至开东，测雨器水深三寸六分。	SJW-H31070290-00200
3763	1831	9	13	1831	8	8	自五更至开东，测雨器水深二分。	SJW-H31080080-00200
3764	1831	9	15	1831	8	10	自未时至人定，测雨器水深六分。	SJW-H31080100-00200
3765	1831	10	12	1831	9	7	自五更至开东，测雨器水深九分。	SJW-H31090070-00200
3766	1831	10	13	1831	9	8	自开东至人定，测雨器水深一寸一分。	SJW-H31090080-00200
3767	1831	10	14	1831	9	9	自五更至开东，测雨器水深三分。	SJW-H31090090-00200
3768	1831	10	19	1831	9	14	五更，测雨器水深一分。	SJW-H31090140-00200
3769	1831	10	21	1831	9	16	自五更至开东，测雨器水深二分。	SJW-H31090160-00200
3770	1831	10	30	1831	9	25	五更，测雨器水深二分。	SJW-H31090250-00200
3771	1831	11	5	1831	10	2	自巳时至人定，测雨器水深四分。	SJW-H31100020-00200
3772	1831	11	5	1831	10	2	自人定至开东，测雨器水深五分。	SJW-H31100020-00300

续表

编号	公历			农历			描述	ID 编号
	年	月	日	年	月	日		
3773	1831	11	9	1831	10	6	自三更至开东，测雨器水深六分。	SJW-H31100060-00200
3774	1832	1	15	1831	12	13	自午时至人定，测雨器水深四分。自人定至开东，测雨器水深三分。	SJW-H31120130-00200
3775	1832	2	25	1832	1	24	自五更至开东，测雨器水深二分。	SJW-H32010240-00200
3776	1832	2	26	1832	1	25	自开东至人定，测雨器水深三分。	SJW-H32010250-00200
3777	1832	4	4	1832	3	4	自申时至人定，测雨器水深三分。	SJW-H32030040-00200
3778	1832	4	6	1832	3	6	自未时至人定，测雨器水深四分。	SJW-H32030060-00200
3779	1832	4	6	1832	3	6	自人定至开东，测雨器水深一寸五分。	SJW-H32030060-00300
3780	1832	4	26	1832	3	26	自巳时至申时，测雨器水深三分。	SJW-H32030260-00200
3781	1832	4	29	1832	3	29	自未时至人定，测雨器水深八分。	SJW-H32030290-00200
3782	1832	4	29	1832	3	29	自人定至开东，测雨器水深一寸四分。	SJW-H32030290-00300
3783	1832	4	30	1832	4	1	自开东至巳时，测雨器水深六分。	SJW-H32040010-00200
3784	1832	5	19	1832	4	20	自卯时至申时，测雨器水深六分。	SJW-H32040200-00200
3785	1832	5	29	1832	4	30	自四更至开东，测雨器水深二分。	SJW-H32040300-00200
3786	1832	6	5	1832	5	7	自人定至二更，测雨器水深二分。	SJW-H32050070-00200
3787	1832	6	10	1832	5	12	开东，测雨器水深八分。	SJW-H32050120-00200
3788	1832	6	15	1832	5	17	自卯时至戌时，测雨器水深三分。	SJW-H32050170-00200
3789	1832	6	24	1832	5	26	自人定至开东，测雨器水深二分。	SJW-H32050260-00200
3790	1832	7	4	1832	6	7	自人定至开东，测雨器水深四分。	SJW-H32060070-00200
3791	1832	7	5	1832	6	8	自开东至酉时，测雨器水深二寸九分。	SJW-H32060080-00200
3792	1832	7	5	1832	6	8	自三更至开东，测雨器水深三分。	SJW-H32060080-00300
3793	1832	7	9	1832	6	12	自午时至人定，测雨器水深二寸。	SJW-H32060120-00200
3794	1832	7	13	1832	6	16	自人定至开东，测雨器水深三分。	SJW-H32060160-00200
3795	1832	7	14	1832	6	17	自开东至人定，测雨器水深四寸三分。	SJW-H32060170-00200
3796	1832	7	14	1832	6	17	自人定至开东，测雨器水深五分。	SJW-H32060170-00300
3797	1832	7	15	1832	6	18	自开东至午时，测雨器水深一寸四分。	SJW-H32060180-00200
3798	1832	7	18	1832	6	21	自人定至开东，测雨器水深三分。	SJW-H32060210-00200
3799	1832	7	19	1832	6	22	自开东至人定，测雨器水深一尺一寸五分。	SJW-H32060220-00200
3800	1832	7	19	1832	6	22	自人定至开东，测雨器水深二寸八分。	SJW-H32060220-00300
3801	1832	7	20	1832	6	23	自开东至人定，测雨器水深三寸五分。	SJW-H32060230-00200
3802	1832	7	20	1832	6	23	自人定至开东，测雨器水深六分。	SJW-H32060230-00300
3803	1832	7	21	1832	6	24	自开东至人定，测雨器水深六分。	SJW-H32060240-00200
3804	1832	7	21	1832	6	24	自人定至开东，测雨器水深七分。	SJW-H32060240-00300
3805	1832	7	22	1832	6	25	自开东至未时，测雨器水深八分。	SJW-H32060250-00200
3806	1832	7	24	1832	6	27	自开东至人定，测雨器水深一寸三分。	SJW-H32060270-00200
3807	1832	7	24	1832	6	27	自人定至开东，测雨器水深一寸五分。	SJW-H32060270-00300
3808	1832	7	25	1832	6	28	自开东至人定，测雨器水深五寸三分。	SJW-H32060280-00200
3809	1832	7	25	1832	6	28	自人定至开东，测雨器水深八分。	SJW-H32060280-00300

续表

编号	公历			农历			描述	ID 编号
	年	月	日	年	月	日		
3810	1832	7	26	1832	6	29	自开东至人定，测雨器水深七寸三分。自人定至开东，测雨器水深五分。	SJW-H32060290-00200
3811	1832	7	27	1832	7	1	自开东至酉时，测雨器水深一寸五分。	SJW-H32070010-00200
3812	1832	7	28	1832	7	2	自开东至未时，测雨器水深三寸七分。	SJW-H32070020-00200
3813	1832	7	29	1832	7	3	自人定至开东，测雨器水深一寸一分。	SJW-H32070030-00200
3814	1832	7	30	1832	7	4	自开东至人定，测雨器水深二寸八分。	SJW-H32070040-00200
3815	1832	7	30	1832	7	4	自人定至开东，测雨器水深一寸七分。	SJW-H32070040-00300
3816	1832	7	31	1832	7	5	自开东至人定，测雨器水深四寸四分。	SJW-H32070050-00200
3817	1832	7	31	1832	7	5	自人定至开东，测雨器水深三分。	SJW-H32070050-00300
3818	1832	8	6	1832	7	11	自未时至酉时，测雨器水深三分。	SJW-H32070110-00200
3819	1832	8	9	1832	7	14	自开东至申时，测雨器水深一寸八分。五更，测雨器水深二分。	SJW-H32070140-00200
3820	1832	8	10	1832	7	15	卯时，测雨器水深五分。	SJW-H32070150-00200
3821	1832	8	23	1832	7	28	自午时至人定，测雨器水深一寸二分。	SJW-H32070280-00200
3822	1832	8	23	1832	7	28	自人定至三更，测雨器水深三分。	SJW-H32070280-00300
3823	1832	8	24	1832	7	29	自辰时至人定，测雨器水深二分。	SJW-H32070290-00200
3824	1832	8	25	1832	7	30	自未时至人定，测雨器水深五分。	SJW-H32070300-00200
3825	1832	8	25	1832	7	30	自人定至开东，测雨器水深二寸五分。	SJW-H32070300-00300
3826	1832	8	26	1832	8	1	自开东至巳时，测雨器水深一寸三分。	SJW-H32080010-00200
3827	1832	8	26	1832	8	1	自五更至开东，测雨器水深二分。	SJW-H32080010-00300
3828	1832	8	27	1832	8	2	自开东至人定，测雨器水深三分。	SJW-H32080020-00200
3829	1832	8	27	1832	8	2	自人定至开东，测雨器水深三寸三分。	SJW-H32080020-00300
3830	1832	8	28	1832	8	3	自开东至酉时，测雨器水深三寸五分。	SJW-H32080030-00200
3831	1832	9	1	1832	8	7	自二更至开东，测雨器水深二寸一分。	SJW-H32080070-00200
3832	1832	9	2	1832	8	8	自开东至申时，测雨器水深八分。	SJW-H32080080-00200
3833	1832	9	2	1832	8	8	自五更至开东，测雨器水深三分。	SJW-H32080080-00300
3834	1832	9	3	1832	8	9	自开东至酉时，测雨器水深三分。	SJW-H32080090-00200
3835	1832	9	3	1832	8	9	自人定至开东，测雨器水深九分。	SJW-H32080090-00300
3836	1832	9	4	1832	8	10	自开东至申时，测雨器水深六分。	SJW-H32080100-00200
3837	1832	9	7	1832	8	13	自卯时至申时，测雨器水深八分。	SJW-H32080130-00200
3838	1832	9	7	1832	8	13	自四更至开东，测雨器水深五分。	SJW-H32080130-00300
3839	1832	9	8	1832	8	14	自开东至巳时，测雨器水深一寸一分。	SJW-H32080140-00200
3840	1832	9	11	1832	8	17	自人定至开东，测雨器水深六分。	SJW-H32080170-00200
3841	1832	9	12	1832	8	18	自五更至开东，测雨器水深三分。	SJW-H32080180-00200
3842	1832	9	13	1832	8	19	自开东至申时，测雨器水深六分。	SJW-H32080190-00200
3843	1832	9	19	1832	8	25	自人定至开东，测雨器水深七分。	SJW-H32080250-00200
3844	1832	9	23	1832	8	29	自未时至人定，测雨器水深一分。	SJW-H32080290-00200
3845	1832	9	23	1832	8	29	自人定至开东，测雨器水深九分。	SJW-H32080290-00300

续表

编号	公历			农历			描述	ID 编号
	年	月	日	年	月	日		
3846	1832	9	24	1832	9	1	自开东至申时,测雨器水深九分。	SJW-H32090010-00200
3847	1832	10	21	1832	9	28	自人定至开东,测雨器水深三分。	SJW-H32090280-00200
3848	1832	10	22	1832	9	29	自人定至开东,测雨器水深一分。	SJW-H32090290-00200
3849	1832	11	6	1832	闰9	14	自酉时至人定,测雨器水深二分。	SJW-H32091140-00200
3850	1832	11	6	1832	闰9	14	自人定至三更,测雨器水深二分。	SJW-H32091140-00300
3851	1832	11	12	1832	闰9	20	自四更至开东,测雨器水深五分。	SJW-H32091200-00200
3852	1832	11	13	1832	闰9	21	自开东至人定,测雨器水深一寸。	SJW-H32091210-00200
3853	1832	11	24	1832	10	3	自四更至开东,测雨器水深四分。	SJW-H32100030-00200
3854	1832	11	25	1832	10	4	自开东至人定,测雨器水深一寸五分。	SJW-H32100040-00200
3855	1832	12	13	1832	10	22	自午时至人定,测雨器水深一寸二分。自人定至开东,测雨器水深五分。	SJW-H32100220-00200
3856	1833	3	18	1833	1	27	四更、五更,测雨器水深三分。	SJW-H33010270-00200
3857	1833	3	24	1833	2	4	自卯时至巳时,测雨器水深三分。	SJW-H33020040-00200
3858	1833	4	12	1833	2	23	自申时至人定,测雨器水深二分。	SJW-H33020230-00200
3859	1833	4	15	1833	2	26	自人定至三更,测雨器水深四分。	SJW-H33020260-00200
3860	1833	4	30	1833	3	11	自巳时至申时,测雨器水深五分。自二更至开东,测雨器水深一寸五分。	SJW-H33030110-00200
3861	1833	5	1	1833	3	12	自二更至开东,测雨器水深一寸三分。	SJW-H33030120-00200
3862	1833	5	18	1833	3	29	自午时至人定,测雨器水深一寸五分。	SJW-H33030290-00200
3863	1833	5	21	1833	4	3	午时至申时,测雨器水深三分。	SJW-H33040030-00200
3864	1833	5	26	1833	4	8	自卯时至申时,测雨器水深一寸一分。	SJW-H33040080-00200
3865	1833	6	5	1833	4	18	自未时至人定,测雨器水深四分。	SJW-H33040180-00200
3866	1833	6	5	1833	4	18	自人定至开东,测雨器水深七分。	SJW-H33040180-00300
3867	1833	6	6	1833	4	19	自开东至人定,测雨器水深一寸三分。	SJW-H33040190-00200
3868	1833	6	11	1833	4	24	巳时、午时,测雨器水深五分。	SJW-H33040240-00200
3869	1833	6	17	1833	4	30	自二更至四更,测雨器水深七分。	SJW-H33040300-00200
3870	1833	6	26	1833	5	9	自未时至酉时,测雨器水深五分。	SJW-H33050090-00200
3871	1833	7	12	1833	5	25	自辰时至未时,测雨器水深一分。	SJW-H33050250-00200
3872	1833	7	15	1833	5	28	自开东至人定,测雨器水深一寸八分。	SJW-H33050280-00200
3873	1833	7	19	1833	6	3	自巳时至人定,测雨器水深二寸二分。自人定至开东,测雨器水深二寸八分。	SJW-H33060030-00200
3874	1833	7	20	1833	6	4	自开东至申时,测雨器水深四寸七分。	SJW-H33060040-00200
3875	1833	7	20	1833	6	4	自三更至开东,测雨器水深一寸六分。	SJW-H33060040-00300
3876	1833	7	24	1833	6	8	自开东至人定,测雨器水深二寸五分。	SJW-H33060080-00200
3877	1833	7	24	1833	6	8	自人定至开东,测雨器水深一寸七分。	SJW-H33060080-00300
3878	1833	7	25	1833	6	9	自开东至未时,测雨器水深二分。	SJW-H33060090-00200
3879	1833	7	26	1833	6	10	自四更至开东,测雨器水深七分。	SJW-H33060100-00200
3880	1833	7	27	1833	6	11	自开东至人定,测雨器水深四寸四分。	SJW-H33060110-00200

续表

编号	公历			农历			描述	ID 编号
	年	月	日	年	月	日		
3881	1833	7	27	1833	6	11	自人定至四更，测雨器水深二分。	SJW-H33060110-00300
3882	1833	7	28	1833	6	12	自卯时至酉时，测雨器水深三分。	SJW-H33060120-00200
3883	1833	8	7	1833	6	22	自午时至人定，测雨器水深一寸八分。	SJW-H33060220-00200
3884	1833	8	10	1833	6	25	自辰时至酉时，测雨器水深五分。自四更至开东，测雨器水深二分。	SJW-H33060250-00200
3885	1833	8	13	1833	6	28	自五更至开东，测雨器水深四分。	SJW-H33060280-00200
3886	1833	8	14	1833	6	29	自开东至人定，测雨器水深二寸三分。自人定至开东，测雨器水深六分。	SJW-H33060290-00200
3887	1833	8	16	1833	7	2	自开东至人定，测雨器水深五寸四分。自人定至开东，测雨器水深一尺七分。	SJW-H33070020-00200
3888	1833	8	17	1833	7	3	自开东至未时，测雨器水深五寸一分。	SJW-H33070030-00200
3889	1833	8	19	1833	7	5	未时，测雨器水深四分。自人定至开东，测雨器水深四寸五分。	SJW-H33070050-00200
3890	1833	8	20	1833	7	6	自开东至人定，测雨器水深一寸三分。自人定至开东，测雨器水深二寸。	SJW-H33070060-00200
3891	1833	8	22	1833	7	8	自午时至酉时，测雨器水深五分。	SJW-H33070080-00200
3892	1833	8	24	1833	7	10	自卯时至人定，测雨器水深五分。自人定至开东，测雨器水深一寸五分。	SJW-H33070100-00200
3893	1833	8	27	1833	7	13	自卯时至未时，测雨器水深三寸一分。自三更至开东，测雨器水深八分。	SJW-H33070130-00200
3894	1833	8	28	1833	7	14	自三更至开东，测雨器水深二寸五分。	SJW-H33070140-00200
3895	1833	9	1	1833	7	18	自午时至人定，测雨器水深三分。	SJW-H33070180-00200
3896	1833	9	8	1833	7	25	自四更至开东，测雨器水深八分。	SJW-H33070250-00200
3897	1833	9	9	1833	7	26	自开东至辰时，测雨器水深一寸。	SJW-H33070260-00200
3898	1833	9	18	1833	8	5	四更，测雨器水深三分。	SJW-H33080050-00200
3899	1833	9	19	1833	8	6	自午时至申时，测雨器水深二分。	SJW-H33080060-00200
3900	1833	10	5	1833	8	22	自二更至开东，测雨器水深九分。	SJW-H33080220-00200
3901	1833	11	1	1833	9	20	自午时至人定，测雨器水深二分。	SJW-H33090200-00200
3902	1833	11	5	1833	9	24	自巳时至人定，测雨器水深一寸。	SJW-H33090240-00200
3903	1833	11	24	1833	10	13	自辰时至人定，测雨器水深一寸二分。	SJW-H33100130-00200
3904	1833	12	6	1833	10	25	自辰时至人定，测雨器水深一寸七分。	SJW-H33100250-00200
3905	1833	12	6	1833	10	25	自人定至开东，测雨器水深四分。	SJW-H33100250-00300
3906	1834	3	26	1834	2	17	自卯时至午时，测雨器水深三分。	SJW-H34020170-00200
3907	1834	4	4	1834	2	26	自四更至开东，测雨器水深三分。	SJW-H34020260-00200
3908	1834	4	25	1834	3	17	自开东至人定，测雨器水深三分。	SJW-H34030170-00200
3909	1834	5	1	1834	3	23	自开东至人定，测雨器水深七分。自人定至开东，测雨器水深四分。	SJW-H34030230-00200
3910	1834	5	14	1834	4	6	自一更至开东，测雨器水深六分。	SJW-H34040060-00200

续表

编号	公历			农历			描述	ID 编号
	年	月	日	年	月	日		
3911	1834	5	15	1834	4	7	自开东至人定,测雨器水深七分。	SJW-H34040070-00200
3912	1834	5	15	1834	4	7	自人定至开东,测雨器水深六分。	SJW-H34040070-00300
3913	1834	5	16	1834	4	8	自开东至人定,测雨器水深六分。	SJW-H34040080-00200
3914	1834	5	16	1834	4	8	自人定至四更,测雨器水深四分。	SJW-H34040080-00300
3915	1834	5	28	1834	4	20	自开东至酉时,测雨器水深一寸。	SJW-H34040200-00200
3916	1834	6	8	1834	5	2	自午时至人定,测雨器水深一寸二分。自人定至开东,测雨器水深三分。	SJW-H34050020-00200
3917	1834	6	11	1834	5	5	自人定至开东,测雨器水深一寸二分。	SJW-H34050050-00200
3918	1834	6	12	1834	5	6	自开东至酉时,测雨器水深九分。	SJW-H34050060-00200
3919	1834	6	13	1834	5	7	自二更至四更,测雨器水深二分。	SJW-H34050070-00200
3920	1834	6	14	1834	5	8	自辰时至人定,测雨器水深九分。	SJW-H34050080-00200
3921	1834	6	16	1834	5	10	自五更至开东,测雨器水深二分。	SJW-H34050100-00200
3922	1834	6	28	1834	5	22	自辰时至人定,测雨器水深二分。	SJW-H34050220-00200
3923	1834	7	2	1834	5	26	自五更至开东,测雨器水深六分。	SJW-H34050260-00300
3924	1834	7	3	1834	5	27	自开东至未时,测雨器水深六分。	SJW-H34050270-00200
3925	1834	7	8	1834	6	2	自四更至开东,测雨器水深二分。	SJW-H34060020-00200
3926	1834	7	11	1834	6	5	自巳时至人定,测雨器水深五分。	SJW-H34060050-00200
3927	1834	7	13	1834	6	7	自卯时至人定,测雨器水深一寸六分。	SJW-H34060070-00200
3928	1834	7	14	1834	6	8	自辰时至人定,测雨器水深五分。	SJW-H34060080-00200
3929	1834	7	7	1834	6	1	自五更至开东,测雨器水深三分。	SJW-H34060100-00200
3930	1834	7	17	1834	6	11	自开东至申时,测雨器水深五分。	SJW-H34060110-00200
3931	1834	7	17	1834	6	11	自一更至开东,测雨器水深一分。	SJW-H34060110-00300
3932	1834	7	18	1834	6	12	自午时至人定,测雨器水深二寸五分。	SJW-H34060120-00200
3933	1834	7	18	1834	6	12	自五更至开东,测雨器水深四分。	SJW-H34060120-00300
3934	1834	7	19	1834	6	13	自开东至人定,测雨器水深九分。	SJW-H34060130-00200
3935	1834	7	23	1834	6	17	自午时至申时,测雨器水深一寸一分。	SJW-H34060170-00200
3936	1834	8	19	1834	7	15	自卯时至巳时,测雨器水深八分。	SJW-H34070150-00200
3937	1834	8	24	1834	7	20	自卯时至午时,测雨器水深四分	SJW-H34070200-00200
3938	1834	8	24	1834	7	20	自五更至开东,测雨器水深六分。	SJW-H34070200-00300
3939	1834	8	28	1834	7	24	申时,测雨器水深二分。	SJW-H34070240-00200
3940	1834	8	29	1834	7	25	自人定至开东,测雨器水深六分。	SJW-H34070250-00200
3941	1834	8	30	1834	7	26	自辰时至人定,测雨器水深二寸四分。	SJW-H34070260-00200
3942	1834	8	30	1834	7	26	自人定至五更,测雨器水深五分。	SJW-H34070260-00300
3943	1834	8	31	1834	7	27	自巳时至人定,测雨器水深五分。	SJW-H34070270-00200
3944	1834	8	31	1834	7	27	自人定至开东,测雨器水深二分。	SJW-H34070270-00300
3945	1834	9	1	1834	7	28	自巳时至人定,测雨器水深三分。	SJW-H34070280-00200
3946	1834	9	1	1834	7	28	自人定至开东,测雨器水深四分。	SJW-H34070280-00300
3947	1834	9	2	1834	7	29	自卯时至申时,测雨器水深八分。	SJW-H34070290-00200

续表

编号	公历			农历			描述	ID 编号
	年	月	日	年	月	日		
3948	1834	9	3	1834	8	1	自午时至人定，测雨器水深一寸二分。自人定至开东，测雨器水深一寸二分。	SJW-H34080010-00200
3949	1834	9	4	1834	8	2	自开东至酉时，测雨器水深四分。	SJW-H34080020-00200
3950	1834	9	5	1834	8	3	自巳时至人定，测雨器水深二分。	SJW-H34080030-00300
3951	1834	9	5	1834	8	3	自人定至开东，测雨器水深一寸二分。	SJW-H34080030-00400
3952	1834	9	6	1834	8	4	自开东至酉时，测雨器水深一寸二分。	SJW-H34080040-00200
3953	1834	9	7	1834	8	5	自卯时至酉时，测雨器水深二分。	SJW-H34080050-00400
3954	1834	9	10	1834	8	8	自人定至五更，测雨器水深六分。	SJW-H34080080-00200
3955	1834	9	12	1834	8	10	自巳时至人定，测雨器水深一分。	SJW-H34080100-00200
3956	1834	9	12	1834	8	10	自人定至五更，测雨器水深九分。	SJW-H34080100-00300
3957	1834	9	13	1834	8	11	自卯时至酉时，测雨器水深一寸。	SJW-H34080110-00200
3958	1834	9	13	1834	8	11	自一更至开东，测雨器水深四分。	SJW-H34080110-00300
3959	1834	9	17	1834	8	15	自辰时至午时，测雨器水深三分。	SJW-H34080150-00200
3960	1834	9	17	1834	8	15	自五更至开东，测雨器水深八分。	SJW-H34080150-00300
3961	1834	9	20	1834	8	18	自午时至申时，测雨器水深三分。	SJW-H34080180-00200
3962	1834	9	27	1834	8	25	未时，测雨器水深三分。自五更至开东，测雨器水深一分。	SJW-H34080250-00200
3963	1834	9	29	1834	8	27	自四更至开东，测雨器水深二分。	SJW-H34080270-00200
3964	1834	10	5	1834	9	3	自辰时至申时，测雨器水深三分。	SJW-H34090030-00200
3965	1834	10	10	1834	9	8	自人定至开东，测雨器水深二寸七分。	SJW-H34090080-00200
3966	1834	10	11	1834	9	9	自开东至未时，测雨器水深四分。	SJW-H34090090-00200
3967	1834	10	14	1834	9	12	自辰时至人定，测雨器水深一寸。	SJW-H34090120-00200
3968	1834	10	20	1834	9	18	自开东至申时，测雨器水深三分。	SJW-H34090180-00200
3969	1834	11	20	1834	10	20	自辰时至未时，测雨器水深四分。	SJW-H34100200-00200
3970	1834	12	13	1834	11	13	自开东至人定，测雨器水深二分。	SJW-H34110130-00200
3971	1834	12	22	1834	11	22	自人定至五更，测雨器水深三分。	SJW-I00110220-00200
3972	1835	3	14	1835	2	16	自二更至开东，测雨器水深二分。	SJW-I01020160-00200
3973	1835	3	21	1835	2	23	自五更至开东，测雨器水深一分。	SJW-I01020230-00200
3974	1835	4	16	1835	3	19	自人定至五更，测雨器水深一分。	SJW-I01030190-00200
3975	1835	4	26	1835	3	29	自人定至开东，测雨器水深七分。	SJW-I01030290-00200
3976	1835	4	27	1835	3	30	自开东至午时，测雨器水深一寸二分。	SJW-I01030300-00200
3977	1835	4	28	1835	4	1	自酉时至人定，测雨器水深一分。	SJW-I01040010-00200
3978	1835	4	28	1835	4	1	自人定至开东，测雨器水深七分。	SJW-I01040010-00300
3979	1835	4	29	1835	4	2	自开东至午时，测雨器水深二分。	SJW-I01040020-00200
3980	1835	5	8	1835	4	11	自开东至人定，测雨器水深七分。	SJW-I01040110-00200
3981	1835	5	15	1835	4	18	自卯时至未时，测雨器水深二分。	SJW-I01040180-00200
3982	1835	5	17	1835	4	20	卯时、辰时，测雨器水深三分。	SJW-I01040200-00200
3983	1835	5	19	1835	4	22	自开东至巳时，测雨器水深六分。	SJW-I01040220-00200

续表

编号	公历			农历			描述	ID编号
	年	月	日	年	月	日		
3984	1835	5	24	1835	4	27	自人定至五更，测雨器水深一寸。	SJW-I01040270-00200
3985	1835	6	5	1835	5	10	自二更至开东，测雨器水深三分。	SJW-I01050100-00200
3986	1835	6	6	1835	5	11	自开东至午时，测雨器水深二分。	SJW-I01050110-00200
3987	1835	6	20	1835	5	25	午时、未时，测雨器水深二分。自人定至开东，测雨器水深一寸八分。	SJW-I01050250-00200
3988	1835	6	21	1835	5	26	自开东至辰时，测雨器水深五分。	SJW-I01050260-00200
3989	1835	6	24	1835	5	29	自开东至人定，测雨器水深九分。自人定至开东，测雨器水深四分。	SJW-I01050290-00200
3990	1835	6	27	1835	6	2	自人定至开东，测雨器水深三分。	SJW-I01060020-00200
3991	1835	6	28	1835	6	3	自开东至戌时，测雨器水深一寸五分。	SJW-I01060030-00200
3992	1835	6	29	1835	6	4	自初更至开东，测雨器水深四分。	SJW-I01060040-00200
3993	1835	6	30	1835	6	5	自开东至人定，测雨器水深七分。	SJW-I01060050-00200
3994	1835	6	30	1835	6	5	自人定至五更，测雨器水深二分。	SJW-I01060050-00300
3995	1835	7	1	1835	6	6	自开东至戌时，测雨器水深四分。	SJW-I01060060-00200
3996	1835	7	3	1835	6	8	自二更至开东，测雨器水深一寸一分。	SJW-I01060080-00200
3997	1835	7	4	1835	6	9	自开东至人定，测雨器水深一寸八分。	SJW-I01060090-00200
3998	1835	7	10	1835	6	15	自人定至开东，测雨器水深二寸四分。	SJW-I01060150-00200
3999	1835	7	11	1835	6	16	自二更至开东，测雨器水深五分。	SJW-I01060160-00200
4000	1835	7	12	1835	6	17	自开东至人定，测雨器水深五寸五分。	SJW-I01060170-00200
4001	1835	7	14	1835	6	19	自人定至开东，测雨器水深六分。	SJW-I01060190-00200
4002	1835	7	15	1835	6	20	自开东至人定，测雨器水深一寸三分。	SJW-I01060200-00200
4003	1835	7	18	1835	6	23	自开东至酉时，测雨器水深一分。	SJW-I01060230-00200
4004	1835	7	20	1835	6	25	自开东至酉时，测雨器水深六分。	SJW-I01060250-00200
4005	1835	7	21	1835	6	26	自开东至午时，测雨器水深五寸八分。	SJW-I01060260-00200
4006	1835	7	27	1835	闰6	2	自辰时至人定，测雨器水深一寸二分。	SJW-I01061020-00200
4007	1835	7	27	1835	闰6	2	自人定至开东，测雨器水深一寸二分。	SJW-I01061020-00300
4008	1835	7	28	1835	闰6	3	自开东至酉时，测雨器水深四分。	SJW-I01061030-00200
4009	1835	7	28	1835	闰6	3	自人定至开东，测雨器水深一分。	SJW-I01061030-00300
4010	1835	7	29	1835	闰6	4	自开东至未时，测雨器水深二分。	SJW-I01061040-00200
4011	1835	7	31	1835	闰6	6	自卯时至午时，测雨器水深二分。	SJW-I01061060-00200
4012	1835	8	2	1835	闰6	8	自辰时至未时，测雨器水深二分。	SJW-I01061080-00200
4013	1835	8	2	1835	闰6	8	三更、四更，测雨器水深四分。	SJW-I01061080-00300
4014	1835	8	3	1835	闰6	9	自辰时至人定，测雨器水深四寸二分。	SJW-I01061090-00200
4015	1835	8	3	1835	闰6	9	自人定至开东，测雨器水深一寸。	SJW-I01061090-00300
4016	1835	8	4	1835	闰6	10	自开东至人定，测雨器水深五分。自人定至三更，测雨器水深三分。	SJW-I01061100-00200
4017	1835	8	5	1835	闰6	11	自卯时至人定，测雨器水深四分。	SJW-I01061110-00200
4018	1835	8	5	1835	闰6	11	自人定至开东，测雨器水深七分。	SJW-I01061110-00300

续表

编号	公历			农历			描述	ID 编号
	年	月	日	年	月	日		
4019	1835	8	6	1835	闰 6	12	自五更至开东,测雨器水深二分。	SJW-I01061120-00200
4020	1835	8	7	1835	闰 6	13	自开东至酉时,测雨器水深一寸一分。	SJW-I01061130-00200
4021	1835	8	7	1835	闰 6	13	自五更至开东,测雨器水深三分。	SJW-I01061130-00300
4022	1835	8	9	1835	闰 6	15	自辰时至人定,测雨器水深一寸一分。	SJW-I01061150-00200
4023	1835	8	10	1835	闰 6	16	自开东至未时,测雨器水深一寸九分。	SJW-I01061160-00200
4024	1835	8	17	1835	闰 6	23	自午时至人定,测雨器水深八分。	SJW-I01061230-00200
4025	1835	8	17	1835	闰 6	23	自人定至开东,测雨器水深一寸二分。	SJW-I01061230-00300
4026	1835	8	18	1835	闰 6	24	自开东至人定,测雨器水深三分。	SJW-I01061240-00200
4027	1835	8	18	1835	闰 6	24	自四更至开东,测雨器水深三分。	SJW-I01061240-00300
4028	1835	8	20	1835	闰 6	26	自二更至开东,测雨器水深二分。	SJW-I01061260-00200
4029	1835	8	21	1835	闰 6	27	自开东至人定,测雨器水深四寸八分。	SJW-I01061270-00200
4030	1835	8	21	1835	闰 6	27	自人定至开东,测雨器水深三寸八分。	SJW-I01061270-00300
4031	1835	8	22	1835	闰 6	28	自开东至人定,测雨器水深一寸。	SJW-I01061280-00200
4032	1835	8	22	1835	闰 6	28	自人定至开东,测雨器水深三分。	SJW-I01061280-00300
4033	1835	8	23	1835	闰 6	29	自开东至申时,测雨器水深二分。	SJW-I01061290-00200
4034	1835	8	24	1835	7	1	自开东至巳时,测雨器水深一寸一分。	SJW-I01070010-00200
4035	1835	8	25	1835	7	2	自酉时至人定,测雨器水深四分。	SJW-I01070020-00200
4036	1835	8	25	1835	7	2	自人定至开东,测雨器水深五分。	SJW-I01070020-00300
4037	1835	8	26	1835	7	3	自开东至人定,测雨器水深一寸。	SJW-I01070030-00200
4038	1835	8	27	1835	7	4	自卯时至人定,测雨器水深九分。	SJW-I01070040-00200
4039	1835	8	30	1835	7	7	人定,测雨器水深二分。	SJW-I01070070-00200
4040	1835	8	30	1835	7	7	自人定至开东,测雨器水深三分。	SJW-I01070070-00300
4041	1835	9	21	1835	7	29	自人定至开东,测雨器水深八分。	SJW-I01070290-00200
4042	1835	9	26	1835	8	5	自二更至开东,测雨器水深七分。	SJW-I01080050-00200
4043	1835	9	27	1835	8	6	自未时至人定,测雨器水深九分。	SJW-I01080060-00200
4044	1835	10	4	1835	8	13	自申时至人定,测雨器水深一分。	SJW-I01080130-00200
4045	1835	10	4	1835	8	13	自人定至三更,测雨器水深二分。	SJW-I01080130-00300
4046	1835	10	20	1835	8	29	自五更至开东,测雨器水深二分。	SJW-I01080290-00300
4047	1835	10	29	1835	9	8	自午时至申时,测雨器水深四分。	SJW-I01090080-00200
4048	1835	11	2	1835	9	12	一更,测雨器水深一分。	SJW-I01090120-00200
4049	1835	11	4	1835	9	14	自未时至人定,测雨器水深三分。	SJW-I01090140-00200
4050	1835	11	4	1835	9	14	自人定至一更,测雨器水深四分。	SJW-I01090140-00300
4051	1835	11	27	1835	10	8	自四更至开东,测雨器水深三分。	SJW-I01100080-00200
4052	1835	12	13	1835	10	24	自三更至五更,测雨器水深三分。	SJW-I01100240-00200
4053	1835	12	17	1835	10	28	自一更至四更,测雨器水深二分。	SJW-I01100280-00200
4054	1836	3	7	1836	1	20	自五更至开东,测雨器水深五分。	SJW-I02010200-00200
4055	1836	3	20	1836	2	4	自开东至人定,测雨器水深五分。	SJW-I02020040-00200
4056	1836	3	27	1836	2	11	自三更至开东,测雨器水深五分。	SJW-I02020110-00200

续表

编号	公历			农历			描述	ID 编号
	年	月	日	年	月	日		
4057	1836	3	30	1836	2	14	人定,测雨器水深一分。	SJW-I02020140-00200
4058	1836	3	30	1836	2	14	自人定至四更,测雨器水深二分。	SJW-I02020140-00300
4059	1836	4	14	1836	2	29	自未时至人定,测雨器水深一寸三分。	SJW-I02020290-00200
4060	1836	4	14	1836	2	29	自人定至开东,测雨器水深四寸七分。	SJW-I02020290-00300
4061	1836	4	15	1836	2	30	自开东至人定,测雨器水深一分。自二更至开东,测雨器水深一分。	SJW-I02020300-00200
4062	1836	4	26	1836	3	11	自未时至人定,测雨器水深二分。	SJW-I02030110-00200
4063	1836	4	27	1836	3	12	自开东至人定,测雨器水深二分。	SJW-I02030120-00200
4064	1836	5	22	1836	4	8	自午时至人定,测雨器水深五分。	SJW-I02040080-00200
4065	1836	5	22	1836	4	8	自人定至开东,测雨器水深一分。	SJW-I02040080-00300
4066	1836	5	25	1836	4	11	自人定至开东,测雨器水深二分。	SJW-I02040110-00200
4067	1836	5	28	1836	4	14	自未时至酉时,测雨器水深六分。	SJW-I02040140-00200
4068	1836	6	10	1836	4	27	自卯时至未时,测雨器水深一分。	SJW-I02040270-00200
4069	1836	6	11	1836	4	28	自开东至未时,测雨器水深六分。	SJW-I02040280-00200
4070	1836	6	12	1836	4	29	自开东至未时,测雨器水深一寸。	SJW-I02040290-00200
4071	1836	6	14	1836	5	1	自五更至开东,测雨器水深一寸二分。	SJW-I02050010-00200
4072	1836	6	15	1836	5	2	自开东至酉时,测雨器水深一寸三分。	SJW-I02050020-00200
4073	1836	6	15	1836	5	2	自人定至五更,测雨器水深一分。	SJW-I02050020-00300
4074	1836	6	16	1836	5	3	未时,测雨器水深二分。	SJW-I02050030-00200
4075	1836	6	24	1836	5	11	自未时至人定,测雨器水深一分。	SJW-I02050110-00200
4076	1836	6	24	1836	5	11	自人定至开东,测雨器水深三分。	SJW-I02050110-00300
4077	1836	6	25	1836	5	12	自开东至人定,测雨器水深四分。	SJW-I02050120-00200
4078	1836	6	28	1836	5	15	自开东至人定,测雨器水深三寸六分。	SJW-I02050150-00200
4079	1836	7	2	1836	5	19	自三更至开东,测雨器水深二分。	SJW-I02050190-00200
4080	1836	7	9	1836	5	26	自二更至开东,测雨器水深三分。	SJW-I02050260-00200
4081	1836	7	10	1836	5	27	自开东至未时,测雨器水深四分。	SJW-I02050270-00200
4082	1836	7	12	1836	5	29	自未时至人定,测雨器水深六分。	SJW-I02050290-00200
4083	1836	7	12	1836	5	29	自人定至开东,测雨器水深七分。	SJW-I02050290-00300
4084	1836	7	13	1836	5	30	自开东至人定,测雨器水深一寸七分。	SJW-I02050300-00200
4085	1836	7	13	1836	5	30	自人定至开东,测雨器水深二寸七分。	SJW-I02050300-00300
4086	1836	7	14	1836	6	1	自开东至人定,测雨器水深一寸。	SJW-I02060010-00200
4087	1836	7	17	1836	6	4	自卯时至人定,测雨器水深一寸一分。	SJW-I02060040-00200
4088	1836	7	17	1836	6	4	自人定至开东,测雨器水深三分。	SJW-I02060040-00300
4089	1836	7	18	1836	6	5	自开东至人定,测雨器水深八分。	SJW-I02060050-00200
4090	1836	7	20	1836	6	7	自巳时至人定,测雨器水深四分。	SJW-I02060070-00200
4091	1836	7	23	1836	6	10	自午时至人定,测雨器水深四分。	SJW-I02060100-00200
4092	1836	7	23	1836	6	10	自人定至开东,测雨器水深三分。	SJW-I02060100-00300
4093	1836	7	28	1836	6	15	自辰时至人定,测雨器水深三分。	SJW-I02060150-00200

续表

编号	公历			农历			描述	ID 编号
	年	月	日	年	月	日		
4094	1836	7	28	1836	6	15	自人定至开东，测雨器水深二寸一分。	SJW-I02060150-00300
4095	1836	7	29	1836	6	16	自开东至人定，测雨器水深一分。	SJW-I02060160-00200
4096	1836	7	30	1836	6	17	自开东至申时，测雨器水深一寸四分。	SJW-I02060170-00200
4097	1836	7	31	1836	6	18	未时、申时，测雨器水深五分。	SJW-I02060180-00200
4098	1836	8	2	1836	6	20	自人定至开东，测雨器水深三分。	SJW-I02060200-00200
4099	1836	8	5	1836	6	23	自未时至酉时，测雨器水深一寸九分。	SJW-I02060230-00200
4100	1836	8	6	1836	6	24	午时、未时，测雨器水深一分。开东，测雨器水深二分。	SJW-I02060240-00200
4101	1836	8	7	1836	6	25	自开东至辰时，测雨器水深四分。	SJW-I02060250-00200
4102	1836	8	21	1836	7	10	人定，测雨器水深二分。	SJW-I02070100-00200
4103	1836	9	20	1836	8	10	自未时至酉时，测雨器水深二分。	SJW-I02080100-00200
4104	1836	9	29	1836	8	19	自午时至申时，测雨器水深一分。	SJW-I02080190-00200
4105	1836	11	1	1836	9	23	自人定至五更，测雨器水深一分。	SJW-I02090230-00200
4106	1836	11	3	1836	9	25	自开东至巳时，测雨器水深一分。	SJW-I02090250-00200
4107	1836	11	5	1836	9	27	自午时至人定，测雨器水深一分。	SJW-I02090270-00200
4108	1836	11	23	1836	10	15	自午时至申时，测雨器水深一分。	SJW-I02100150-00200
4109	1836	11	30	1836	10	22	自午时至人定，测雨器水深八分。	SJW-I02100220-00200
4110	1837	3	16	1837	2	10	自卯时至申时，测雨器水深六分。	SJW-I03020100-00200
4111	1837	4	17	1837	3	13	申时，测雨器水深一分。	SJW-I03030130-00200
4112	1837	4	22	1837	3	18	自人定至开东，测雨器水深八分。	SJW-I03030180-00200
4113	1837	4	23	1837	3	19	自开东至人定，测雨器水深七分。自人定至开东，测雨器水深六分。	SJW-I03030190-00200
4114	1837	4	24	1837	3	20	自开东至辰时，测雨器水深五分。	SJW-I03030200-00200
4115	1837	5	1	1837	3	27	自辰时至酉时，测雨器水深一寸。	SJW-I03030270-00200
4116	1837	5	19	1837	4	15	自辰时至人定，测雨器水深四分。	SJW-I03040150-00200
4117	1837	6	4	1837	5	2	自三更至五更，测雨器水深三分。	SJW-I03050020-00200
4118	1837	6	9	1837	5	7	自子时至申时，测雨器水深四分。	SJW-I03050070-00200
4119	1837	6	21	1837	5	19	自开东至人定，测雨器水深一分。	SJW-I03050190-00200
4120	1837	6	21	1837	5	19	自人定至开东，测雨器水深一分。	SJW-I03050190-00300
4121	1837	6	28	1837	5	26	自辰时至人定，测雨器水深一寸五分。自人定至开东，测雨器水深二分。	SJW-I03050260-00200
4122	1837	6	29	1837	5	27	自开东至未时，测雨器水深二分。	SJW-I03050270-00200
4123	1837	7	1	1837	5	29	自午时至人定，测雨器水深一寸七分。	SJW-I03050290-00200
4124	1837	7	1	1837	5	29	自人定至开东，测雨器水深一寸六分。	SJW-I03050290-00300
4125	1837	7	2	1837	5	30	自开东至酉时，测雨器水深二寸四分。	SJW-I03050300-00200
4126	1837	7	3	1837	6	1	自开东至酉时，测雨器水深一寸二分。	SJW-I03060010-00200

续表

编号	公历			农历			描述	ID 编号
	年	月	日	年	月	日		
4127	1837	7	3	1837	6	1	又以礼曹言启曰，六次祈雨祭，观势设行事，草记允下矣，渴望之馀，得此甘霈，测雨器水深，即过半尺，庶可周洽，言念民事，诚为万幸，祈雨祭依例停止，当有报谢之举，宗庙报谢祭，谨依礼典，待立秋后设行，而三次祈雨之后，所得虽有大小之殊，亦不无报谢之节，南坛、雩祀坛报谢祭，一体设行，何如？传曰，允。	SJW-I03060010-01300
4128	1837	7	4	1837	6	2	自辰时至人定，测雨器水深五寸二分。	SJW-I03060020-00200
4129	1837	7	10	1837	6	8	自人定至开东，测雨器水深六分。	SJW-I03060080-00200
4130	1837	7	13	1837	6	11	自辰时至酉时，测雨器水深一寸。	SJW-I03060110-00200
4131	1837	7	13	1837	6	11	自人定至开东，测雨器水深三分。	SJW-I03060110-00300
4132	1837	7	14	1837	6	12	自开东至人定，测雨器水深二分。	SJW-I03060120-00200
4133	1837	7	15	1837	6	13	自辰时至申时，测雨器水深七分。	SJW-I03060130-00200
4134	1837	7	18	1837	6	16	自卯时至巳时，测雨器水深三分。	SJW-I03060160-00200
4135	1837	7	20	1837	6	18	自开东至未时，测雨器水深二寸四分。	SJW-I03060180-00200
4136	1837	8	9	1837	7	9	自午时至人定，测雨器水深二寸二分。自人定至开东，测雨器水深六分。	SJW-I03070090-00200
4137	1837	8	10	1837	7	10	自开东至申时，测雨器水深一寸六分。	SJW-I03070100-00200
4138	1837	8	14	1837	7	14	自人定至开东，测雨器水深一寸三分。	SJW-I03070140-00200
4139	1837	8	16	1837	7	16	自五更至开东，测雨器水深四分。	SJW-I03070160-00200
4140	1837	8	17	1837	7	17	自开东至申时，测雨器水深九分。	SJW-I03070170-00200
4141	1837	8	18	1837	7	18	自开东至申时，测雨器水深二寸三分。	SJW-I03070180-00200
4142	1837	8	25	1837	7	25	自五更至开东，测雨器水深二分。	SJW-I03070250-00200
4143	1837	8	26	1837	7	26	自开东至人定，测雨器水深一寸八分。	SJW-I03070260-00200
4144	1837	8	26	1837	7	26	自人定至开东，测雨器水深五寸。	SJW-I03070260-00300
4145	1837	8	27	1837	7	27	自开东至申时，测雨器水深一寸二分。	SJW-I03070270-00200
4146	1837	9	2	1837	8	3	自开东至申时，测雨器水深一分。	SJW-I03080030-00200
4147	1837	9	13	1837	8	14	自五更至开东，测雨器水深四分。	SJW-I03080140-00200
4148	1837	9	14	1837	8	15	自开东至酉时，测雨器水深六分。	SJW-I03080150-00200
4149	1837	9	16	1837	8	17	辰时，测雨器水深一分。	SJW-I03080170-00200
4150	1837	10	2	1837	9	3	自未时至酉时，测雨器水深二分。	SJW-I03090030-00200
4151	1837	10	22	1837	9	23	自一更至开东，测雨器水深二分。	SJW-I03090230-00200
4152	1837	10	26	1837	9	27	自人定至开东时，测雨器水深五分。	SJW-I03090270-00200
4153	1837	11	2	1837	10	5	自五更至开东，测雨器水深一分。	SJW-I03100050-00200
4154	1837	11	3	1837	10	6	自人定至开东，测雨器水深一分。	SJW-I03100060-00200
4155	1837	11	9	1837	10	12	开东，测雨器水深一分。	SJW-I03100120-00200
4156	1837	11	14	1837	10	17	自卯时至人定，测雨器水深二分。	SJW-I03100170-00200
4157	1837	11	17	1837	10	20	自午时至申时，测雨器水深一分。	SJW-I03100200-00200
4158	1837	11	17	1837	10	20	自三更至五更，测雨器水深二分。	SJW-I03100200-00300

续表

编号	公历			农历			描述	ID 编号
	年	月	日	年	月	日		
4159	1837	12	29	1837	12	3	自三更至开东，测雨器水深一寸五分。	SJW-I03120030-00200
4160	1837	12	30	1837	12	4	自开东至申时，测雨器水深一寸。	SJW-I03120040-00200
4161	1838	1	1	1837	12	6	自辰时至人定，测雨器水深五分。自人定至开东，测雨器水深三分。	SJW-I03120060-00200
4162	1838	3	2	1838	2	7	自开东至巳时，测雨器水深二分。	SJW-I04020070-00200
4163	1838	3	12	1838	2	17	自巳时至人定，测雨器水深一寸二分。	SJW-I04020170-00200
4164	1838	3	14	1838	2	19	自申时至人定，测雨器水深二分。	SJW-I04020190-00200
4165	1838	3	26	1838	3	1	自人定至开东，测雨器水深三分。	SJW-I04030010-00200
4166	1838	3	30	1838	3	5	自辰时至人定，测雨器水深一寸八分。自人定至开东，测雨器水深一分。	SJW-I04030050-00200
4167	1838	4	19	1838	3	25	自申时至人定，测雨器水深二分。	SJW-I04030250-00300
4168	1838	4	19	1838	3	25	自人定至开东，测雨器水深八分。	SJW-I04030250-00310
4169	1838	5	10	1838	4	17	自申时至人定，测雨器水深四分。	SJW-I04040170-00200
4170	1838	5	10	1838	4	17	自人定至开东，测雨器水深七分。	SJW-I04040170-00300
4171	1838	5	11	1838	4	18	自开东至巳时，测雨器水深四分。	SJW-I04040180-00200
4172	1838	5	16	1838	4	23	自开东至申时，测雨器水深一分。	SJW-I04040230-00200
4173	1838	5	20	1838	4	27	卯时至人定，测雨器水深一寸二分。	SJW-I04040270-00200
4174	1838	6	6	1838	闰 4	14	自开东至人定，测雨器水深八分。	SJW-I04041140-00200
4175	1838	6	24	1838	5	3	自卯时至申时，测雨器水深八分。	SJW-I04050030-00200
4176	1838	7	4	1838	5	13	自巳时至人定，测雨器水深一分。	SJW-I04050130-00200
4177	1838	7	15	1838	5	24	自人定至开东，测雨器水深三分。	SJW-I04050240-00200
4178	1838	7	18	1838	5	27	自酉时至人定，测雨器水深一分。	SJW-I04050270-00200
4179	1838	7	18	1838	5	27	自人定至三更，测雨器水深四分。	SJW-I04050270-00300
4180	1838	7	19	1838	5	28	自人定至开东，测雨器水深三分。	SJW-I04050280-00200
4181	1838	7	23	1838	6	3	自五更至开东，测雨器水深四分。	SJW-I04060030-00200
4182	1838	7	24	1838	6	4	自开东至酉时，测雨器水深一寸二分。	SJW-I04060040-00200
4183	1838	7	27	1838	6	7	自巳时至酉时，测雨器水深二分。	SJW-I04060070-00200
4184	1838	7	28	1838	6	8	自巳时至人定，测雨器水深二寸七分。	SJW-I04060080-00200
4185	1838	7	28	1838	6	8	自人定至开东，测雨器水深四寸。	SJW-I04060080-00300
4186	1838	7	29	1838	6	9	自开东至辰时，测雨器水深一分。	SJW-I04060090-00200
4187	1838	8	2	1838	6	13	自午时至人定，测雨器水深一分。自人定至开东，测雨器水深三分。	SJW-I04060130-00200
4188	1838	8	3	1838	6	14	自开东至人定，测雨器水深三分。	SJW-I04060140-00200
4189	1838	8	4	1838	6	15	自开东至人定，测雨器水深五分。	SJW-I04060150-00200
4190	1838	8	5	1838	6	16	自开东至午时，测雨器水深一分。	SJW-I04060160-00200
4191	1838	8	7	1838	6	18	自未时至人定，测雨器水深四分。	SJW-I04060180-00200
4192	1838	8	10	1838	6	21	自五更至开东，测雨器水深一寸一分。	SJW-I04060210-00200
4193	1838	8	11	1838	6	22	自开东至辰时，测雨器水深六分。	SJW-I04060220-00200

续表

编号	公历			农历			描述	ID 编号
	年	月	日	年	月	日		
4194	1838	8	18	1838	6	29	申时,测雨器水深四分。自五更至开东,测雨器水深二分。	SJW-I04060290-00200
4195	1838	8	21	1838	7	2	自午时至人定,测雨器水深五分。	SJW-I04070020-00200
4196	1838	8	21	1838	7	2	自四更至开东,测雨器水深三分。	SJW-I04070020-00300
4197	1838	8	22	1838	7	3	自开东至申时,测雨器水深六分。	SJW-I04070030-00200
4198	1838	8	23	1838	7	4	自开东至辰时,测雨器水深五分。	SJW-I04070040-00200
4199	1838	8	24	1838	7	5	自四更至开东,测雨器水深五分。	SJW-I04070050-00200
4200	1838	8	28	1838	7	9	自五更至开东,测雨器水深二分。	SJW-I04070090-00200
4201	1838	8	29	1838	7	10	自开东至人定,测雨器水深二寸。自人定至开东,测雨器水深二分。	SJW-I04070100-00200
4202	1838	8	30	1838	7	11	自开东至申时,测雨器水深二分。	SJW-I04070110-00200
4203	1838	9	5	1838	7	17	四更、五更,测雨器水深一分。	SJW-I04070170-00200
4204	1838	9	11	1838	7	23	自午时至人定,测雨器水深二分。	SJW-I04070230-00200
4205	1838	9	11	1838	7	23	自人定至开东,测雨器水深六分。	SJW-I04070230-00300
4206	1838	9	12	1838	7	24	自开东至未时,测雨器水深一分。	SJW-I04070240-00200
4207	1838	9	12	1838	7	24	自人定至开东,测雨器水深六分。	SJW-I04070240-00300
4208	1838	9	13	1838	7	25	自巳时至申时,测雨器水深三分。	SJW-I04070250-00200
4209	1838	9	14	1838	7	26	自人定至开东,测雨器水深二分。	SJW-I04070260-00200
4210	1838	9	21	1838	8	3	自申时,测雨器水深二分。自人定至五更,测雨器水深五分。	SJW-I04080030-00200
4211	1838	10	4	1838	8	16	自午时至人定,测雨器水深九分。	SJW-I04080160-00200
4212	1838	10	15	1838	8	27	自五更至开东,测雨器水深二分。	SJW-I04080270-00200
4213	1838	10	16	1838	8	28	自开东至酉时,测雨器水深七分。	SJW-I04080280-00200
4214	1838	10	29	1838	9	12	五更,测雨器水深一分。	SJW-I04090120-00300
4215	1838	10	31	1838	9	14	三更、四更,测雨器水深二分。	SJW-I04090140-00200
4216	1838	11	6	1838	9	20	自未时至人定,测雨器水深二分。	SJW-I04090200-00200
4217	1838	11	6	1838	9	20	自人定至开东,测雨器水深二分。	SJW-I04090200-00300
4218	1838	11	8	1838	9	22	自开东至人定,测雨器水深七分。	SJW-I04090220-00200
4219	1838	11	12	1838	9	26	自五更至开东,测雨器水深三分。	SJW-I04090260-00200
4220	1838	11	21	1838	10	5	自四更至开东,测雨器水深五分。	SJW-I04100050-00200
4221	1838	12	21	1838	11	5	自五更至开东,测雨器水深九分。	SJW-I04110050-00200
4222	1838	12	22	1838	11	6	自开东至午时,测雨器水深四分。	SJW-I04110060-00200
4223	1838	12	27	1838	11	11	自未时至人定,测雨器水深五分。	SJW-I04110110-00200
4224	1838	12	31	1838	11	15	自辰时至人定,测雨器水深三分。	SJW-I04110150-00200
4225	1838	12	31	1838	11	15	自人定至开东,测雨器水深六分。	SJW-I04110150-00300
4226	1839	2	12	1838	12	29	自巳时至人定,测雨器水深四分。	SJW-I04120290-00200
4227	1839	3	19	1839	2	5	自开东至人定,测雨器水深五分。	SJW-I05020050-00200
4228	1839	3	22	1839	2	8	自三更至开东,测雨器水深五分。	SJW-I05020080-00200

续表

编号	公历			农历			描述	ID 编号
	年	月	日	年	月	日		
4229	1839	3	23	1839	2	9	自开东至人定,测雨器水深三寸五分。自人定至开东,测雨器水深三寸六分。	SJW-I05020090-00200
4230	1839	3	24	1839	2	10	自开东至人定,测雨器水深三寸七分。	SJW-I05020100-00200
4231	1839	3	24	1839	2	10	自人定至开东,测雨器水深八分。	SJW-I05020100-00300
4232	1839	4	4	1839	2	21	自五更至开东,测雨器水深四分。	SJW-I05020210-00200
4233	1839	4	5	1839	2	22	自开东至辰时,测雨器水深二分。	SJW-I05020220-00200
4234	1839	4	13	1839	2	30	自二更至开东,测雨器水深一分。	SJW-I05020300-00200
4235	1839	4	14	1839	3	1	自开东至申时,测雨器水深八分。	SJW-I05030010-00200
4236	1839	4	19	1839	3	6	自酉时至人定,测雨器水深一分。	SJW-I05030060-00200
4237	1839	4	19	1839	3	6	自人定至开东,测雨器水深八分。	SJW-I05030060-00300
4238	1839	4	22	1839	3	9	自开东至未时,测雨器水深四分。	SJW-I05030090-00200
4239	1839	4	24	1839	3	11	自卯时至酉时,测雨器水深三分。	SJW-I05030110-00200
4240	1839	5	3	1839	3	20	自五更至开东,测雨器水深九分。	SJW-I05030200-00200
4241	1839	5	6	1839	3	23	自巳时至酉时,测雨器水深一寸八分。	SJW-I05030230-00200
4242	1839	5	8	1839	3	25	自五更至开东,测雨器水深三分。	SJW-I05030250-00200
4243	1839	5	19	1839	4	7	自卯时至人定,测雨器水深二分。	SJW-I05040070-00200
4244	1839	5	19	1839	4	7	自人定至开东,测雨器水深一寸二分。	SJW-I05040070-00300
4245	1839	5	20	1839	4	8	自开东至人定,测雨器水深四寸。	SJW-I05040080-00200
4246	1839	5	22	1839	4	10	自酉时至人定,测雨器水深一分。	SJW-I05040100-00200
4247	1839	5	22	1839	4	10	自人定至开东,测雨器水深六分。	SJW-I05040100-00300
4248	1839	5	28	1839	4	16	自四更至开东,测雨器水深一寸三分。	SJW-I05040160-00200
4249	1839	5	29	1839	4	17	自开东至未时,测雨器水深二寸九分。	SJW-I05040170-00200
4250	1839	5	30	1839	4	18	自开东至巳时,测雨器水深二寸二分。	SJW-I05040180-00200
4251	1839	6	7	1839	4	26	自午时至人定,测雨器水深五分。	SJW-I05040260-00200
4252	1839	6	8	1839	4	27	自五更至开东,测雨器水深四分。	SJW-I05040270-00200
4253	1839	6	12	1839	5	2	二更、三更,测雨器水深二分。	SJW-I05050020-00200
4254	1839	6	19	1839	5	9	自人定至开东,测雨器水深一寸四分。	SJW-I05050090-00200
4255	1839	6	20	1839	5	10	自开东至人定,测雨器水深二寸四分。	SJW-I05050100-00200
4256	1839	6	20	1839	5	10	自人定至开东,测雨器水深七分。	SJW-I05050100-00300
4257	1839	6	21	1839	5	11	自开东至人定,测雨器水深九分。	SJW-I05050110-00200
4258	1839	6	21	1839	5	11	自人定至开东,测雨器水深四分。	SJW-I05050110-00300
4259	1839	6	22	1839	5	12	自开东至未时,测雨器水深七分。	SJW-I05050120-00200
4260	1839	6	25	1839	5	15	自人定至开东,测雨器水深一寸一分。	SJW-I05050150-00200
4261	1839	6	26	1839	5	16	自开东至申时,测雨器水深八分。	SJW-I05050160-00200
4262	1839	6	28	1839	5	18	自未时至酉时,测雨器水深三分。	SJW-I05050180-00200
4263	1839	6	29	1839	5	19	自辰时至人定,测雨器水深一寸二分。	SJW-I05050190-00200
4264	1839	6	29	1839	5	19	自人定至开东,测雨器水深九分。	SJW-I05050190-00300
4265	1839	6	30	1839	5	20	自开东至人定,测雨器水深一寸。	SJW-I05050200-00200

续表

编号	公历			农历			描述	ID 编号
	年	月	日	年	月	日		
4266	1839	7	2	1839	5	22	自卯时至人定,测雨器水深一寸一分。	SJW-I05050220-00200
4267	1839	7	2	1839	5	22	自人定至开东,测雨器水深三分。	SJW-I05050220-00300
4268	1839	7	5	1839	5	25	自开东至人定,测雨器水深二寸一分。	SJW-I05050250-00200
4269	1839	7	5	1839	5	25	自人定至开东,测雨器水深四分。	SJW-I05050250-00300
4270	1839	7	6	1839	5	26	自开东至人定,测雨器水深四分。	SJW-I05050260-00200
4271	1839	7	6	1839	5	26	自人定至开东,测雨器水深五分。	SJW-I05050260-00300
4272	1839	7	7	1839	5	27	自开东至人定,测雨器水深一寸八分。	SJW-I05050270-00200
4273	1839	7	7	1839	5	27	自人定至开东,测雨器水深九分。	SJW-I05050270-00300
4274	1839	7	10	1839	5	30	自开东至人定,测雨器水深八分。	SJW-I05050300-00200
4275	1839	7	11	1839	6	1	自开东至人定,测雨器水深一寸八分。	SJW-I05060010-00200
4276	1839	7	11	1839	6	1	自人定至开东,测雨器水深八分。	SJW-I05060010-00300
4277	1839	7	12	1839	6	2	自开东至人定,测雨器水深五寸七分。	SJW-I05060020-00200
4278	1839	7	12	1839	6	2	自人定至开东,测雨器水深一寸一分。	SJW-I05060020-00300
4279	1839	7	13	1839	6	3	自开东至申时,测雨器水深一寸三分。	SJW-I05060030-00200
4280	1839	7	16	1839	6	6	自卯时至人定,测雨器水深五分。	SJW-I05060060-00200
4281	1839	7	16	1839	6	6	自人定至开东,测雨器水深二寸三分。	SJW-I05060060-00300
4282	1839	7	18	1839	6	8	自午时至人定,测雨器水深四分。	SJW-I05060080-00200
4283	1839	7	18	1839	6	8	自人定至开东,测雨器水深一分。	SJW-I05060080-00300
4284	1839	7	31	1839	6	21	自巳时至人定,测雨器水深六分。	SJW-I05060210-00200
4285	1839	8	1	1839	6	22	自开东至人定,测雨器水深一寸一分。	SJW-I05060220-00200
4286	1839	8	1	1839	6	22	自人定至开东,测雨器水深一寸五分。	SJW-I05060220-00300
4287	1839	8	2	1839	6	23	自开东至午时,测雨器水深一寸。	SJW-I05060230-00200
4288	1839	8	2	1839	6	23	自人定至开东,测雨器水深一分。	SJW-I05060230-00300
4289	1839	8	3	1839	6	24	自开东至人定,测雨器水深八分。	SJW-I05060240-00200
4290	1839	8	3	1839	6	24	自人定至开东,测雨器水深一寸二分。	SJW-I05060240-00300
4291	1839	8	5	1839	6	26	自卯时至申时,测雨器水深三分。	SJW-I05060260-00200
4292	1839	8	5	1839	6	26	自三更至开东,测雨器水深三分。	SJW-I05060260-00300
4293	1839	8	8	1839	6	29	自卯时至申时,测雨器水深一寸三分。	SJW-I05060290-00200
4294	1839	8	8	1839	6	29	自人定至开东,测雨器水深一寸一分。	SJW-I05060290-00300
4295	1839	8	11	1839	7	3	自开东至人定,测雨器水深七分。	SJW-I05070030-00200
4296	1839	8	11	1839	7	3	自人定至开东,测雨器水深九分。	SJW-I05070030-00300
4297	1839	8	14	1839	7	6	自开东至申时,测雨器水深一寸五分。	SJW-I05070060-00200
4298	1839	8	19	1839	7	11	自人定至开东,测雨器水深八分。自未时至人定,测雨器水深三寸八分。	SJW-I05070110-00200
4299	1839	8	22	1839	7	14	自开东至申时,测雨器水深四分。	SJW-I05070140-00200
4300	1839	8	26	1839	7	18	开东,测雨器水深二分。	SJW-I05070180-00200
4301	1839	8	26	1839	7	18	自开东至申时,测雨器水深四分。	SJW-I05070180-00300
4302	1839	8	27	1839	7	19	自三更至五更,测雨器水深五分。	SJW-I05070190-00200

续表

编号	公历			农历			描述	ID编号
	年	月	日	年	月	日		
4303	1839	8	28	1839	7	20	五更,测雨器水深四分。	SJW-I05070200-00200
4304	1839	8	29	1839	7	21	自开东至申时,测雨器水深二寸三分。	SJW-I05070210-00200
4305	1839	9	7	1839	7	30	自午时至酉时,测雨器水深三分。	SJW-I05070300-00200
4306	1839	9	10	1839	8	3	自酉时至五更,测雨器水深五分。	SJW-I05080030-00200
4307	1839	9	22	1839	8	15	自开东至酉时,测雨器水深六分。	SJW-I05080150-00200
4308	1839	10	10	1839	9	4	辰时、巳时,测雨器水深一分。	SJW-I05090040-00200
4309	1839	10	22	1839	9	16	自三更至开东,测雨器水深四分。	SJW-I05090160-00200
4310	1839	11	21	1839	10	16	自二更至开东,测雨器水深一寸九分。	SJW-I05100160-00200
4311	1839	11	23	1839	10	18	自申时至人定,测雨器水深三分。自人定至开东,测雨器水深四分。	SJW-I05100180-00200
4312	1839	11	24	1839	10	19	自开东至申时,测雨器水深二分。	SJW-I05100190-00200
4313	1839	11	28	1839	10	23	自午时至人定,测雨器水深六分。	SJW-I05100230-00200
4314	1839	11	30	1839	10	25	自五更至开东,测雨器水深二分。	SJW-I05100250-00200
4315	1839	12	13	1839	11	8	自人定至五更,测雨器水深四分。	SJW-I05110080-00200
4316	1840	3	9	1840	2	6	自人定至开东,测雨器水深七分。	SJW-I06020060-00200
4317	1840	3	27	1840	2	24	自巳时至申时,测雨器水深六分。	SJW-I06020240-00200
4318	1840	4	10	1840	3	9	自卯时至未时,测雨器水深四分。	SJW-I06030090-00200
4319	1840	4	11	1840	3	10	自五更至开东,测雨器水深五分。	SJW-I06030100-00300
4320	1840	4	21	1840	3	20	自卯时至人定,测雨器水深一寸三分。	SJW-I06030200-00200
4321	1840	4	22	1840	3	21	自卯时至未时,测雨器水深二分。	SJW-I06030210-00200
4322	1840	4	23	1840	3	22	自人定至五更,测雨器水深二分。	SJW-I06030220-00200
4323	1840	5	2	1840	4	1	自卯时至人定,测雨器水深九分。	SJW-I06040010-00200
4324	1840	5	12	1840	4	11	自辰时至酉时,测雨器水深七分。	SJW-I06040110-00200
4325	1840	5	18	1840	4	17	自五更至开东,测雨器水深二分。	SJW-I06040170-00200
4326	1840	5	24	1840	4	23	自人定至三更,测雨器水深三分。	SJW-I06040230-00200
4327	1840	5	29	1840	4	28	自申时至人定,测雨器水深五分。自人定至开东,测雨器水深一寸。	SJW-I06040280-00200
4328	1840	6	9	1840	5	10	自卯时至人定,测雨器水深三寸一分。自人定至开东,测雨器水深一寸九分。	SJW-I06050100-00200
4329	1840	6	10	1840	5	11	自开东至人定,测雨器水深三寸四分。	SJW-I06050110-00200
4330	1840	6	17	1840	5	18	自辰时至午时,测雨器水深一分。	SJW-I06050180-00200
4331	1840	6	21	1840	5	22	自卯时至申时,测雨器水深六分。	SJW-I06050220-00200
4332	1840	6	28	1840	5	29	自巳时至人定,测雨器水深三分。	SJW-I06050290-00200
4333	1840	6	30	1840	6	2	自未时至人定,测雨器水深一寸二分。自人定至开东,测雨器水深一寸一分。	SJW-I06060020-00200
4334	1840	7	2	1840	6	4	自卯时至未时,测雨器水深一寸。	SJW-I06060040-00200
4335	1840	7	4	1840	6	6	申时、酉时,测雨器水深二分。	SJW-I06060060-00200
4336	1840	7	4	1840	6	6	自人定至开东,测雨器水深六分。	SJW-I06060060-00300

续表

编号	公历			农历			描述	ID 编号
	年	月	日	年	月	日		
4337	1840	7	5	1840	6	7	自开东至酉时，测雨器水深六分。	SJW-I06060070-00200
4338	1840	7	16	1840	6	18	自开东至人定，测雨器水深一寸四分。	SJW-I06060180-00200
4339	1840	7	16	1840	6	18	自人定至五更，测雨器水深五分。	SJW-I06060180-00300
4340	1840	7	22	1840	6	24	自开东至人定，测雨器水深四分。	SJW-I06060240-00200
4341	1840	7	22	1840	6	24	自人定至开东，测雨器水深一寸。	SJW-I06060240-00300
4342	1840	7	23	1840	6	25	自开东至巳时，测雨器水深三分。	SJW-I06060250-00200
4343	1840	7	25	1840	6	27	自人定至开东，测雨器水深一寸。	SJW-I06060270-00200
4344	1840	7	26	1840	6	28	自开东至人定，测雨器水深九分。自人定至开东，测雨器水深六分。	SJW-I06060280-00200
4345	1840	7	29	1840	7	1	申时、酉时，测雨器水深二分。	SJW-I06070010-00200
4346	1840	7	30	1840	7	2	自人定至开东，测雨器水深一寸八分。	SJW-I06070020-00200
4347	1840	7	30	1840	7	2	自开东至酉时，测雨器水深六分。	SJW-I06070020-00300
4348	1840	8	4	1840	7	7	自五更至开东，测雨器水深九分。	SJW-I06070070-00200
4349	1840	8	5	1840	7	8	自四更至开东，测雨器水深二寸二分。	SJW-I06070080-00200
4350	1840	8	5	1840	7	8	自开东至辰时，测雨器水深九分。	SJW-I06070080-00300
4351	1840	8	6	1840	7	9	自开东至卯时，测雨器水深二分。	SJW-I06070090-00200
4352	1840	8	16	1840	7	19	自未时至申时，测雨器水深三分。	SJW-I06070190-00200
4353	1840	8	29	1840	8	3	自巳时至人定，测雨器水深二分。	SJW-I06080030-00200
4354	1840	9	2	1840	8	7	自未时至酉时，测雨器水深一寸一分。自五更至开东，测雨器水深五分。	SJW-I06080070-00200
4355	1840	9	4	1840	8	9	午时，测雨器水深二分。	SJW-I06080090-00200
4356	1840	9	13	1840	8	18	自卯时至人定，测雨器水深五分。自人定至四更，测雨器水深三分。	SJW-I06080180-00200
4357	1840	9	15	1840	8	20	自人定至开东，测雨器水深七分。	SJW-I06080200-00200
4358	1840	9	21	1840	8	26	五更，测雨器水深八分。	SJW-I06080260-00200
4359	1840	10	11	1840	9	16	自人定至五更，测雨器水深二分。	SJW-I06090160-00200
4360	1840	10	12	1840	9	17	自午时至人定，测雨器水深五分。	SJW-I06090170-00200
4361	1840	10	12	1840	9	17	自人定至开东，测雨器水深六分。	SJW-I06090170-00300
4362	1840	10	13	1840	9	18	自开东至人定，测雨器水深一寸。	SJW-I06090180-00200
4363	1840	10	19	1840	9	24	自三更至开东，测雨器水深七分。	SJW-I06090240-00200
4364	1840	11	1	1840	10	8	自辰时至酉时，测雨器水深二寸二分。	SJW-I06100080-00200
4365	1840	11	6	1840	10	13	自辰时至人定，测雨器水深二分。	SJW-I06100130-00200
4366	1840	11	6	1840	10	13	自人定至开东，测雨器水深六分。	SJW-I06100130-00300
4367	1840	11	7	1840	10	14	自开东至人定，测雨器水深三分。	SJW-I06100140-00200
4368	1840	11	17	1840	10	24	自巳时至人定，测雨器水深二分。	SJW-I06100240-00200
4369	1840	11	17	1840	10	24	自人定至开东，测雨器水深一寸八分。	SJW-I06100240-00300
4370	1840	11	21	1840	10	28	自未时至人定，测雨器水深二分。自人定至开东，测雨器水深六分。	SJW-I06100280-00200

续表

编号	公历			农历			描述	ID 编号
	年	月	日	年	月	日		
4371	1840	11	22	1840	10	29	自开东至人定,测雨器水深二分。	SJW-I06100290-00200
4372	1840	11	24	1840	11	1	自四更至开东,测雨器水深二分。	SJW-I06110010-00200
4373	1840	12	3	1840	11	10	自人定至三更,测雨器水深四分。	SJW-I06110100-00200
4374	1840	12	6	1840	11	13	自开东至人定,测雨器水深七分。	SJW-I06110130-00200
4375	1841	3	5	1841	2	13	自开东至人定,测雨器水深一分。	SJW-I07020130-00200
4376	1841	3	11	1841	2	19	自人定至开东,测雨器水深一寸三分。	SJW-I07020190-00200
4377	1841	4	24	1841	闰3	4	自辰时至人定,测雨器水深二寸。	SJW-I07031040-00200
4378	1841	4	29	1841	闰3	9	自人定至开东,测雨器水深三分。	SJW-I07031090-00200
4379	1841	4	30	1841	闰3	10	自开东至辰时,测雨器水深一分。	SJW-I07031100-00200
4380	1841	5	1	1841	闰3	11	自申时至人定,测雨器水深二分。	SJW-I07031110-00200
4381	1841	5	1	1841	闰3	11	自人定至开东,测雨器水深一寸。	SJW-I07031110-00300
4382	1841	5	2	1841	闰3	12	自开东至申时,测雨器水深九分。	SJW-I07031120-00200
4383	1841	5	29	1841	4	9	自卯时至申时,测雨器水深二分。	SJW-I07040090-00200
4384	1841	5	30	1841	4	10	自四更至初十日开东,测雨器水深四分。	SJW-I07040100-00200
4385	1841	5	30	1841	4	10	自开东至申时,测雨器水深八分。	SJW-I07040100-00300
4386	1841	5	31	1841	4	11	自午时至人定,测雨器水深六分。	SJW-I07040110-00200
4387	1841	6	2	1841	4	13	自五更至开东,测雨器水深七分。	SJW-I07040130-00200
4388	1841	6	4	1841	4	15	自二更至五更,测雨器水深一寸二分。	SJW-I07040150-00200
4389	1841	6	4	1841	4	15	自寅时至酉时,测雨器水深二分。	SJW-I07040150-00300
4390	1841	6	5	1841	4	16	自卯时至酉时,测雨器水深二分。	SJW-I07040160-00200
4391	1841	6	8	1841	4	19	自寅时至未时,测雨器水深二分。	SJW-I07040190-00200
4392	1841	6	19	1841	5	1	自开东至酉时,测雨器水深三分。	SJW-I07050010-00200
4393	1841	6	23	1841	5	5	自卯时至人定,测雨器水深一寸三分。	SJW-I07050050-00200
4394	1841	6	29	1841	5	11	自巳时至人定,测雨器水深一寸一分。	SJW-I07050110-00200
4395	1841	6	29	1841	5	11	自人定至开东,测雨器水深一寸二分。	SJW-I07050110-00300
4396	1841	6	30	1841	5	12	辰时,测雨器水深一分。	SJW-I07050120-00200
4397	1841	7	4	1841	5	16	自酉时至人定,测雨器水深三分。	SJW-I07050160-00200
4398	1841	7	4	1841	5	16	自人定至二更,测雨器水深三分。	SJW-I07050160-00300
4399	1841	7	8	1841	5	20	自开东至人定,测雨器水深一寸。	SJW-I07050200-00200
4400	1841	7	8	1841	5	20	自人定至开东,测雨器水深五分。	SJW-I07050200-00300
4401	1841	7	9	1841	5	21	自开东至人定,测雨器水深一寸三分。	SJW-I07050210-00200
4402	1841	7	9	1841	5	21	自人定至开东,测雨器水深二分。	SJW-I07050210-00300
4403	1841	7	15	1841	5	27	自五更至开东,测雨器水深二分。	SJW-I07050270-00200
4404	1841	7	16	1841	5	28	自人定至开东,测雨器水深五分。	SJW-I07050280-00200
4405	1841	7	17	1841	5	29	自开东至人定,测雨器水深二分。	SJW-I07050290-00200
4406	1841	8	20	1841	7	4	自未时至人定,测雨器水深二分。	SJW-I07070040-00200
4407	1841	8	22	1841	7	6	自五更至开东,测雨器水深五分。	SJW-I07070060-00200
4408	1841	8	23	1841	7	7	自开东至巳时,测雨器水深五分。	SJW-I07070070-00200

续表

编号	公历			农历			描述	ID 编号
	年	月	日	年	月	日		
4409	1841	8	23	1841	7	7	自五更至开东，测雨器水深二分。	SJW-I07070070-00300
4410	1841	8	24	1841	7	8	自开东至人定，测雨器水深一寸六分。	SJW-I07070080-00200
4411	1841	8	24	1841	7	8	自人定至五更，测雨器水深二寸。	SJW-I07070080-00300
4412	1841	8	27	1841	7	11	自未时至人定，测雨器水深一分。	SJW-I07070110-00200
4413	1841	8	28	1841	7	12	自开东至申时，测雨器水深四分。	SJW-I07070120-00200
4414	1841	8	31	1841	7	15	未时，测雨器水深一分。	SJW-I07070150-00200
4415	1841	9	1	1841	7	16	自五更至开东，测雨器水深一分。	SJW-I07070160-00200
4416	1841	9	2	1841	7	17	自开东至未时，测雨器水深六分。	SJW-I07070170-00200
4417	1841	9	3	1841	7	18	五更，测雨器水深二分。	SJW-I07070180-00400
4418	1841	9	7	1841	7	22	自人定至五更，测雨器水深九分。	SJW-I07070220-00200
4419	1841	9	12	1841	7	27	自人定至五更，测雨器水深八分。	SJW-I07070270-00200
4420	1841	9	14	1841	7	29	自卯时至午时，测雨器水深三分。	SJW-I07070290-00200
4421	1841	10	6	1841	8	22	三更，测雨器水深一分。	SJW-I07080220-00200
4422	1841	10	11	1841	8	27	自人定至开东，测雨器水深一寸四分。	SJW-I07080270-00200
4423	1841	10	12	1841	8	28	自开东至人定，测雨器水深二寸八分。	SJW-I07080280-00200
4424	1841	10	12	1841	8	28	自人定至五更，测雨器水深八分。	SJW-I07080280-00300
4425	1841	10	20	1841	9	6	自五更至开东，测雨器水深五分。	SJW-I07090060-00200
4426	1841	10	21	1841	9	7	自开东至人定，测雨器水深二分。	SJW-I07090070-00200
4427	1841	10	26	1841	9	12	自五更至开东，测雨器水深三分。	SJW-I07090120-00200
4428	1841	10	30	1841	9	16	自酉时至人定，测雨器水深四分。	SJW-I07090160-00200
4429	1841	10	30	1841	9	16	自人定至五更，测雨器水深六分。	SJW-I07090160-00300
4430	1841	11	8	1841	9	25	自五更至开东，测雨器水深三分。	SJW-I07090250-00200
4431	1841	11	11	1841	9	28	自开东至未明，测雨器水深二分。	SJW-I07090280-00200
4432	1842	1	27	1841	12	17	自巳时至申时，测雨器水深一分。	SJW-I07120170-00200
4433	1842	2	14	1842	1	5	自未时至人定，测雨器水深七分。	SJW-I08010050-00200
4434	1842	3	24	1842	2	13	自人定至开东，测雨器水深一寸。	SJW-I08020130-00200
4435	1842	3	25	1842	2	14	自开东至人定，测雨器水深四分。	SJW-I08020140-00200
4436	1842	4	2	1842	2	22	自开东至，测雨器水深一寸一分。自人定至开东，测雨器水深九分。	SJW-I08020220-00200
4437	1842	4	9	1842	2	29	自辰时至未时，测雨器水深三分。	SJW-I08020290-00200
4438	1842	4	16	1842	3	6	自三更至开东，测雨器水深九分。	SJW-I08030060-00300
4439	1842	4	17	1842	3	7	自开东至巳时，测雨器水深四分。	SJW-I08030070-00200
4440	1842	4	26	1842	3	16	自一更至开东，测雨器水深五分。	SJW-I08030160-00300
4441	1842	4	27	1842	3	17	自开东至申时，测雨器水深一分。	SJW-I08030170-00200
4442	1842	5	1	1842	3	21	自人定至开东，测雨器水深七分。	SJW-I08030210-00200
4443	1842	5	6	1842	3	26	自开东至人定，测雨器水深三分。	SJW-I08030260-00200
4444	1842	6	7	1842	4	29	自未时至人定，测雨器水深二分。自人定至五更，测雨器水深二分。	SJW-I08040290-00200

续表

编号	公历			农历			描述	ID 编号
	年	月	日	年	月	日		
4445	1842	6	14	1842	5	6	自申时至人定,测雨器水深一分。	SJW-I08050060-00200
4446	1842	6	14	1842	5	6	自人定至开东,测雨器水深八分。	SJW-I08050060-00300
4447	1842	6	21	1842	5	13	自开东至人定,测雨器水深五分。	SJW-I08050130-00200
4448	1842	6	30	1842	5	22	自卯时至巳时,测雨器水深八分。	SJW-I08050220-00200
4449	1842	7	7	1842	5	29	自开东至人定,测雨器水深三分。	SJW-I08050290-00200
4450	1842	7	7	1842	5	29	自人定至开东,测雨器水深二分。	SJW-I08050290-00300
4451	1842	7	8	1842	6	1	自开东至午时,测雨器水深二分。	SJW-I08060010-00200
4452	1842	7	11	1842	6	4	自五更至开东,测雨器水深四分。	SJW-I08060040-00200
4453	1842	7	12	1842	6	5	自开东至申时,测雨器水深九分。	SJW-I08060050-00200
4454	1842	7	12	1842	6	5	自二更至开东,测雨器水深一寸九分。	SJW-I08060050-00300
4455	1842	7	13	1842	6	6	自开东至人定,测雨器水深二寸。自人定至五更,测雨器水深五分。	SJW-I08060060-00200
4456	1842	7	17	1842	6	10	自午时至人定,测雨器水深二分。	SJW-I08060100-00200
4457	1842	7	18	1842	6	11	自卯时至申时,测雨器水深一分。	SJW-I08060110-00200
4458	1842	7	20	1842	6	13	自人定至开东,测雨器水深一分。	SJW-I08060130-00200
4459	1842	7	23	1842	6	16	自巳时至人定,测雨器水深七分。	SJW-I08060160-00200
4460	1842	7	23	1842	6	16	自人定至开东,测雨器水深一分。	SJW-I08060160-00300
4461	1842	7	24	1842	6	17	自午时至人定,测雨器水深一分。自人定至开东,测雨器水深五分。	SJW-I08060170-00200
4462	1842	7	25	1842	6	18	自开东至人定,测雨器水深三寸一分。	SJW-I08060180-00200
4463	1842	7	25	1842	6	18	自人定至开东,测雨器水深五分。	SJW-I08060180-00300
4464	1842	7	26	1842	6	19	自开东至酉时,测雨器水深三寸三分。自三更至开东,测雨器水深一寸二分。	SJW-I08060190-00200
4465	1842	7	27	1842	6	20	自开东至申时,测雨器水深三分。	SJW-I08060200-00200
4466	1842	7	28	1842	6	21	自三更至开东,测雨器水深七分。	SJW-I08060210-00200
4467	1842	7	29	1842	6	22	自开东至人定,测雨器水深四分。	SJW-I08060220-00200
4468	1842	8	2	1842	6	26	自开东至申时,测雨器水深五分。	SJW-I08060260-00200
4469	1842	8	4	1842	6	28	自午时至申时,测雨器水深五分。	SJW-I08060280-00200
4470	1842	8	7	1842	7	2	自三更至开东,测雨器水深五分。	SJW-I08070020-00200
4471	1842	8	8	1842	7	3	自五更至开东,测雨器水深一分。	SJW-I08070030-00200
4472	1842	8	14	1842	7	9	自辰时至酉时,测雨器水深一寸三分。	SJW-I08070090-00200
4473	1842	8	15	1842	7	10	自午时至人定,测雨器水深四分。自人定至开东,测雨器水深四分。	SJW-I08070100-00200
4474	1842	8	17	1842	7	12	自五更至开东,测雨器水深六分。	SJW-I08070120-00200
4475	1842	8	18	1842	7	13	自开东至人定,测雨器水深二寸六分。	SJW-I08070130-00200
4476	1842	8	21	1842	7	16	自未时至酉时,测雨器水深三分。自三更至开东,测雨器水深二寸五分。	SJW-I08070160-00200
4477	1842	8	22	1842	7	17	自开东至人定,测雨器水深四寸三分。	SJW-I08070170-00200

续表

编号	公历			农历			描述	ID 编号
	年	月	日	年	月	日		
4478	1842	8	26	1842	7	21	自辰时至人定，测雨器水深一寸三分。自三更至开东，测雨器水深五分。	SJW-I08070210-00200
4479	1842	8	27	1842	7	22	自卯时至巳时，测雨器水深四分。	SJW-I08070220-00200
4480	1842	9	6	1842	8	2	自人定至开东，测雨器水深四分。	SJW-I08080020-00200
4481	1842	9	8	1842	8	4	自四更至开东，测雨器水深一寸。	SJW-I08080040-00200
4482	1842	9	10	1842	8	6	自人定至开东，测雨器水深五分。	SJW-I08080060-00200
4483	1842	9	13	1842	8	9	卯时、辰时，测雨器水深七分。	SJW-I08080090-00200
4484	1842	9	24	1842	8	20	自酉时至开东，测雨器水深五分。	SJW-I08080200-00200
4485	1842	9	25	1842	8	21	自开东至酉时，测雨器水深一寸一分。	SJW-I08080210-00200
4486	1842	10	11	1842	9	8	自开东至辰时，测雨器水深二分。	SJW-I08090080-00200
4487	1842	10	26	1842	9	23	自人定至三更，测雨器水深四分。	SJW-I08090230-00200
4488	1842	10	29	1842	9	26	自巳时至人定，测雨器水深三分。	SJW-I08090260-00200
4489	1842	11	3	1842	10	1	自五更至开东，测雨器水深七分。	SJW-I08100010-00200
4490	1842	11	4	1842	10	2	自开东至申时，测雨器水深四分。	SJW-I08100020-00200
4491	1842	11	8	1842	10	6	自五更至开东，测雨器水深六分。	SJW-I08100060-00200
4492	1842	11	12	1842	10	10	自午时至人定，测雨器水深五分。	SJW-I08100100-00200
4493	1842	11	16	1842	10	14	自酉时至人定，测雨器水深三分。	SJW-I08100140-00200
4494	1842	11	18	1842	10	16	申时，测雨器水深一分。	SJW-I08100160-00200
4495	1842	12	1	1842	10	29	自开东至未时，测雨器水深一分。	SJW-I08100290-00200
4496	1842	12	17	1842	11	16	二更、三更，测雨器水深五分。	SJW-I08110160-00200
4497	1842	12	21	1842	11	20	自一更至开东，测雨器水深五分。	SJW-I08110200-00200
4498	1842	12	22	1842	11	21	自开东至人定，测雨器水深六分。	SJW-I08110210-00200
4499	1842	12	23	1842	11	22	自人定至开东，测雨器水深一寸。	SJW-I08110220-00200
4500	1842	12	24	1842	11	23	自开东至人定，测雨器水深二分。	SJW-I08110230-00200
4501	1843	3	19	1843	2	19	自卯时至人定，测雨器水深八分。	SJW-I09020190-00200
4502	1843	3	19	1843	2	19	自人定至四更，测雨器水深一分。	SJW-I09020190-00300
4503	1843	3	31	1843	3	1	自巳时至酉时，测雨器水深二分。	SJW-I09030010-00200
4504	1843	4	4	1843	3	5	自午时至酉时，测雨器水深一寸四分。	SJW-I09030050-00200
4505	1843	4	17	1843	3	18	自未时至酉时，测雨器水深七分。	SJW-I09030180-00200
4506	1843	5	6	1843	4	7	自开东至人定，测雨器水深二寸。	SJW-I09040070-00200
4507	1843	5	10	1843	4	11	自开东至申时，测雨器水深二分。	SJW-I09040110-00200
4508	1843	5	20	1843	4	21	自申时至人定，测雨器水深四分。	SJW-I09040210-00200
4509	1843	5	20	1843	4	21	自人定至开东，测雨器水深七分。	SJW-I09040210-00300
4510	1843	5	25	1843	4	26	自辰时至人定，测雨器水深三寸一分。	SJW-I09040260-00200
4511	1843	6	7	1843	5	10	自辰时至人定，测雨器水深八分。	SJW-I09050100-00200
4512	1843	6	7	1843	5	10	自人定至开东，测雨器水深二寸一分。	SJW-I09050100-00300
4513	1843	6	22	1843	5	25	自二更至开东，测雨器水深五分。	SJW-I09050250-00200
4514	1843	6	23	1843	5	26	自开东至午时，测雨器水深八分。	SJW-I09050260-00200

续表

编号	公历			农历			描述	ID 编号
	年	月	日	年	月	日		
4515	1843	6	28	1843	6	1	自午时至人定,测雨器水深一寸。	SJW-I09060010-00200
4516	1843	6	29	1843	6	2	自开东至申时,测雨器水深一寸六分。	SJW-I09060020-00200
4517	1843	7	5	1843	6	8	自人定至开东,测雨器水深六分。	SJW-I09060080-00200
4518	1843	7	6	1843	6	9	自开东至人定,测雨器水深一寸九分。	SJW-I09060090-00200
4519	1843	7	7	1843	6	10	自开东至未时,测雨器水深二分。	SJW-I09060100-00200
4520	1843	7	11	1843	6	14	自卯时至人定,测雨器水深一寸五分。	SJW-I09060140-00200
4521	1843	7	13	1843	6	16	自人定至开东,测雨器水深七分。	SJW-I09060160-00200
4522	1843	7	14	1843	6	17	自开东至午时,测雨器水深二分。	SJW-I09060170-00200
4523	1843	7	16	1843	6	19	自开东至辰时,测雨器水深三分。	SJW-I09060190-00200
4524	1843	7	17	1843	6	20	自卯时至人定,测雨器水深一寸。自人定至开东,测雨器水深三寸。	SJW-I09060200-00200
4525	1843	7	18	1843	6	21	自开东至巳时,测雨器水深一寸一分。	SJW-I09060210-00200
4526	1843	7	19	1843	6	22	自未时至人定,测雨器水深六分。自人定至三更,测雨器水深二分。	SJW-I09060220-00200
4527	1843	7	20	1843	6	23	自卯时至人定,测雨器水深二寸四分。	SJW-I09060230-00200
4528	1843	7	20	1843	6	23	自人定至开东,测雨器水深一寸三分。	SJW-I09060230-00300
4529	1843	7	21	1843	6	24	自开东至未时,测雨器水深五分。	SJW-I09060240-00200
4530	1843	7	24	1843	6	27	五更,测雨器水深一分。	SJW-I09060270-00200
4531	1843	7	26	1843	6	29	未时、申时,测雨器水深一寸。	SJW-I09060290-00200
4532	1843	7	31	1843	7	5	自开东至人定,测雨器水深八分。	SJW-I09070050-00200
4533	1843	7	31	1843	7	5	自人定至开东,测雨器水深四分。	SJW-I09070050-00300
4534	1843	8	1	1843	7	6	自开东至未时,测雨器水深一分。	SJW-I09070060-00200
4535	1843	8	2	1843	7	7	自酉时至人定,测雨器水深七分。	SJW-I09070070-00200
4536	1843	8	3	1843	7	8	自五更至开东,测雨器水深二寸一分。	SJW-I09070080-00200
4537	1843	8	10	1843	7	15	自午时至人定,测雨器水深六分。	SJW-I09070150-00200
4538	1843	8	10	1843	7	15	自人定至开东,测雨器水深一寸四分。	SJW-I09070150-00300
4539	1843	8	11	1843	7	16	自开东至申时,测雨器水深一寸一分。自人定至开东,测雨器水深三分。	SJW-I09070160-00200
4540	1843	8	16	1843	7	21	自人定至开东,测雨器水深九分。	SJW-I09070210-00200
4541	1843	8	17	1843	7	22	自开东至人定,测雨器水深一寸。自人定至四更,测雨器水深一分。	SJW-I09070220-00200
4542	1843	8	20	1843	7	25	自巳时至酉时,测雨器水深三分。	SJW-I09070250-00200
4543	1843	8	21	1843	7	26	自午时至申时,测雨器水深七分。	SJW-I09070260-00200
4544	1843	8	22	1843	7	27	自开东至辰时,测雨器水深二分。	SJW-I09070270-00200
4545	1843	8	25	1843	闰 7	1	五更,测雨器水深二分。	SJW-I09071010-00200
4546	1843	8	26	1843	闰 7	2	自开东至辰时,测雨器水深一寸七分。	SJW-I09071020-00200
4547	1843	8	27	1843	闰 7	3	自辰时至人定,测雨器水深二分。	SJW-I09071030-00200

续表

编号	公历			农历			描述	ID 编号
	年	月	日	年	月	日		
4548	1843	8	27	1843	闰 7	3	自人定至开东，测雨器水深二寸五分。	SJW-I09071030-00300
4549	1843	8	28	1843	闰 7	4	自开东至午时，测雨器水深一寸三分。	SJW-I09071040-00200
4550	1843	8	28	1843	闰 7	4	自二更至开东，测雨器水深二寸六分。	SJW-I09071040-00300
4551	1843	8	29	1843	闰 7	5	自卯时至申时，测雨器水深二分。自五更至开东，测雨器水深七分。	SJW-I09071050-00200
4552	1843	8	30	1843	闰 7	6	自开东至申时，测雨器水深一寸二分。	SJW-I09071060-00200
4553	1843	9	1	1843	闰 7	8	自二更至开东，测雨器水深二分。	SJW-I09071080-00200
4554	1843	9	2	1843	闰 7	9	自开东至人定，测雨器水深一寸二分。自人定至开东，测雨器水深二分。	SJW-I09071090-00200
4555	1843	9	3	1843	闰 7	10	自开东至人定，测雨器水深六分。	SJW-I09071100-00200
4556	1843	9	3	1843	闰 7	10	自人定至五更，测雨器水深六分。	SJW-I09071100-00300
4557	1843	9	7	1843	闰 7	14	自人定至开东，测雨器水深一寸。	SJW-I09071140-00200
4558	1843	9	8	1843	闰 7	15	自卯时至人定，测雨器水深一寸二分。	SJW-I09071150-00200
4559	1843	9	8	1843	闰 7	15	自人定至开东，测雨器水深一寸九分。	SJW-I09071150-00300
4560	1843	9	9	1843	闰 7	16	自开东至巳时，测雨器水深二分。	SJW-I09071160-00200
4561	1843	9	26	1843	8	3	自辰时至未时，测雨器水深三分。	SJW-I09080030-00200
4562	1843	10	1	1843	8	8	自辰时至人定，测雨器水深七分。	SJW-I09080080-00200
4563	1843	10	1	1843	8	8	自人定至开东，测雨器水深二寸八分。	SJW-I09080080-00300
4564	1843	10	2	1843	8	9	自开东至人定，测雨器水深二寸八分。	SJW-I09080090-00200
4565	1843	10	2	1843	8	9	自人定至开东，测雨器水深一寸三分。	SJW-I09080090-00300
4566	1843	10	3	1843	8	10	自开东至人定，测雨器水深二分。	SJW-I09080100-00200
4567	1843	10	16	1843	8	23	自五更至开东，测雨器水深三分。	SJW-I09080230-00200
4568	1843	10	17	1843	8	24	自开东至申时，测雨器水深九分。	SJW-I09080240-00200
4569	1843	10	18	1843	8	25	未时，测雨器水深一分。	SJW-I09080250-00200
4570	1843	10	21	1843	8	28	自三更至开东，测雨器水深一分。	SJW-I09080280-00200
4571	1843	11	1	1843	9	10	自人定至五更，测雨器水深五分。	SJW-I09090100-00200
4572	1843	11	4	1843	9	13	自二更至五更，测雨器水深三分。	SJW-I09090130-00200
4573	1843	11	9	1843	9	18	自午时至酉时，测雨器水深四分。	SJW-I09090180-00200
4574	1843	11	17	1843	9	26	自酉时至人定，测雨器水深一分。自人定至开东，测雨器水深一寸一分。	SJW-I09090260-00200
4575	1843	12	28	1843	11	8	自申时至人定，测雨器水深一分。	SJW-I09110080-00200
4576	1844	1	5	1843	11	16	自四更至开东，测雨器水深五分。	SJW-I09110160-00200
4577	1844	3	16	1844	1	28	自人定至开东，测雨器水深六分。	SJW-I10010280-00200
4578	1844	3	19	1844	2	1	自一更至五更，测雨器水深一分。	SJW-I10020010-00200
4579	1844	3	31	1844	2	13	自未时至人定，测雨器水深四分。	SJW-I10020130-00200
4580	1844	3	31	1844	2	13	自人定至开东，测雨器水深一寸二分。	SJW-I10020130-00300
4581	1844	4	1	1844	2	14	自开东至人定，测雨器水深四分。	SJW-I10020140-00200

续表

编号	公历			农历			描述	ID 编号
	年	月	日	年	月	日		
4582	1844	4	8	1844	2	21	自开东至酉时，测雨器水深二分。	SJW-I10020210-00200
4583	1844	4	15	1844	2	28	自午时至人定，测雨器水深四分。	SJW-I10020280-00200
4584	1844	4	19	1844	3	2	自开东至人定，测雨器水深六分。	SJW-I10030020-00200
4585	1844	4	20	1844	3	3	自人定至五更，测雨器水深四分。	SJW-I10030030-00200
4586	1844	4	25	1844	3	8	自人定至开东，测雨器水深四分。	SJW-I10030080-00200
4587	1844	4	26	1844	3	9	自未时至人定，测雨器水深七分。	SJW-I10030090-00200
4588	1844	4	26	1844	3	9	自人定至五更，测雨器水深三分。	SJW-I10030090-00300
4589	1844	5	7	1844	3	20	自开东至巳时，测雨器水深二分。	SJW-I10030200-00200
4590	1844	5	8	1844	3	21	自未时至人定，测雨器水深五分。自人定至开东，测雨器水深一寸。	SJW-I10030210-00200
4591	1844	5	9	1844	3	22	自开东至未时，测雨器水深二分。	SJW-I10030220-00200
4592	1844	5	17	1844	4	1	自巳时至人定，测雨器水深一寸五分。自人定至开东，测雨器水深三分。	SJW-I10040010-00200
4593	1844	5	20	1844	4	4	自卯时至人定，测雨器水深三寸二分。自人定至开东，测雨器水深五分。	SJW-I10040040-00200
4594	1844	5	31	1844	4	15	自申时至人定，测雨器水深四分。自人定至四更，测雨器水深三分。	SJW-I10040150-00200
4595	1844	6	3	1844	4	18	自开东至申时，测雨器水深二分。	SJW-I10040180-00200
4596	1844	6	5	1844	4	20	自申时至人定，测雨器水深二分。自人定至开东，测雨器水深一寸九分。	SJW-I10040200-00200
4597	1844	6	6	1844	4	21	自开东至人定，测雨器水深四寸。	SJW-I10040210-00200
4598	1844	6	16	1844	5	1	自申时至人定，测雨器水深一分。	SJW-I10050010-00200
4599	1844	6	16	1844	5	1	自人定至开东，测雨器水深四分。	SJW-I10050010-00300
4600	1844	6	17	1844	5	2	自人定至五更，测雨器水深二分。	SJW-I10050020-00200
4601	1844	6	18	1844	5	3	自开东至人定，测雨器水深八分。	SJW-I10050030-00200
4602	1844	6	18	1844	5	3	自人定至开东，测雨器水深二分。	SJW-I10050030-00300
4603	1844	6	19	1844	5	4	自开东至人定，测雨器水深五分。	SJW-I10050040-00200
4604	1844	6	23	1844	5	8	自卯时至未时，测雨器水深一分。	SJW-I10050080-00200
4605	1844	6	30	1844	5	15	自开东至人定，测雨器水深一寸二分。	SJW-I10050150-00200
4606	1844	7	3	1844	5	18	自五更至开东，测雨器水深四分。	SJW-I10050180-00200
4607	1844	7	4	1844	5	19	自开东至酉时，测雨器水深一寸。	SJW-I10050190-00200
4608	1844	7	5	1844	5	20	自人定至开东，测雨器水深一寸五分。	SJW-I10050200-00200
4609	1844	7	6	1844	5	21	自开东至人定，测雨器水深三分。	SJW-I10050210-00200
4610	1844	7	6	1844	5	21	自人定至开东，测雨器水深二分。	SJW-I10050210-00300
4611	1844	7	7	1844	5	22	自开东至人定，测雨器水深二分。	SJW-I10050220-00200
4612	1844	7	7	1844	5	22	自人定至开东，测雨器水深五分。	SJW-I10050220-00300
4613	1844	7	8	1844	5	23	自开东至酉时，测雨器水深一寸五分。	SJW-I10050230-00200
4614	1844	7	9	1844	5	24	自开东至申时，测雨器水深二分。	SJW-I10050240-00200

续表

编号	公历			农历			描述	ID 编号
	年	月	日	年	月	日		
4615	1844	7	9	1844	5	24	自五更至开东,测雨器水深一分。	SJW-I10050240-00300
4616	1844	7	13	1844	5	28	自开东至酉时,测雨器水深一寸。	SJW-I10050280-00200
4617	1844	7	16	1844	6	2	自五更至开东,测雨器水深九分。	SJW-I10060020-00200
4618	1844	7	19	1844	6	5	自人定至开东,测雨器水深三分。	SJW-I10060050-00200
4619	1844	7	20	1844	6	6	自开东至酉时,测雨器水深七分。	SJW-I10060060-00200
4620	1844	7	20	1844	6	6	自四更至开东,测雨器水深三分。	SJW-I10060060-00300
4621	1844	7	21	1844	6	7	自酉时,测雨器水深二分。	SJW-I10060070-00200
4622	1844	7	21	1844	6	7	自人定至开东,测雨器水深一寸。	SJW-I10060070-00300
4623	1844	7	23	1844	6	9	自开东至人定,测雨器水深一寸。	SJW-I10060090-00200
4624	1844	7	27	1844	6	13	自未时至申时,测雨器水深九分。	SJW-I10060130-00200
4625	1844	7	28	1844	6	14	自卯时至巳时,测雨器水深一分。	SJW-I10060140-00200
4626	1844	7	29	1844	6	15	自巳时至人定,测雨器水深三分。	SJW-I10060150-00200
4627	1844	7	29	1844	6	15	自人定至开东,测雨器水深一分。	SJW-I10060150-00300
4628	1844	7	30	1844	6	16	自开东至酉时,测雨器水深三分。	SJW-I10060160-00200
4629	1844	8	3	1844	6	20	自人定至开东,测雨器水深一寸。	SJW-I10060200-00200
4630	1844	8	4	1844	6	21	自开东至未时,测雨器水深九分。	SJW-I10060210-00200
4631	1844	8	4	1844	6	21	自五更至开东,测雨器水深二分。	SJW-I10060210-00300
4632	1844	8	5	1844	6	22	自未时,测雨器水深一分。	SJW-I10060220-00200
4633	1844	8	14	1844	7	1	自卯时至人定,测雨器水深一寸。	SJW-I10070010-00200
4634	1844	8	14	1844	7	1	自人定至开东,测雨器水深七分。	SJW-I10070010-00300
4635	1844	8	15	1844	7	2	自三更至开东,测雨器水深一分。	SJW-I10070020-00200
4636	1844	8	18	1844	7	5	自五更至开东,测雨器水深三分。	SJW-I10070050-00200
4637	1844	8	19	1844	7	6	自开东至辰时,测雨器水深二分。	SJW-I10070060-00200
4638	1844	8	22	1844	7	9	申时,测雨器水深一分。	SJW-I10070090-00200
4639	1844	8	22	1844	7	9	自五更至开东,测雨器水深二分。	SJW-I10070090-00300
4640	1844	8	24	1844	7	11	自人定至开东,测雨器水深四分。	SJW-I10070110-00200
4641	1844	8	28	1844	7	15	自开东至酉时,测雨器水深一寸七分。	SJW-I10070150-00200
4642	1844	8	29	1844	7	16	自五更至开东,测雨器水深二分。	SJW-I10070160-00200
4643	1844	8	30	1844	7	17	自开东至人定,测雨器水深一寸八分。	SJW-I10070170-00200
4644	1844	8	31	1844	7	18	自开东至巳时,测雨器水深二分。	SJW-I10070180-00200
4645	1844	9	4	1844	7	22	自巳时至申时,测雨器水深三分。	SJW-I10070220-00200
4646	1844	9	23	1844	8	12	五更,测雨器水深七分。	SJW-I10080120-00300
4647	1844	9	24	1844	8	13	辰时,测雨器水深二分。	SJW-I10080130-00300
4648	1844	10	4	1844	8	23	自开东至午时,测雨器水深三分。	SJW-I10080230-00300
4649	1844	10	12	1844	9	1	自人定至三更,测雨器水深三分。	SJW-I10090010-00400
4650	1844	10	18	1844	9	7	自人定至开东,测雨器水深一分。	SJW-I10090070-00200
4651	1844	10	20	1844	9	9	自辰时至午时,测雨器水深二分。	SJW-I10090090-00200
4652	1844	10	23	1844	9	12	自二更至开东,测雨器水深四分。	SJW-I10090120-00200

续表

编号	公历			农历			描述	ID 编号
	年	月	日	年	月	日		
4653	1844	10	25	1844	9	14	自未时至人定，测雨器水深二分。	SJW-I10090140-00300
4654	1844	10	30	1844	9	19	自二更至四更，测雨器水深一寸。	SJW-I10090190-00200
4655	1844	11	2	1844	9	22	自二更至五更，测雨器水深八分。	SJW-I10090220-00200
4656	1844	11	11	1844	10	2	自五更至开东，测雨器水深一分。	SJW-I10100020-00200
4657	1844	11	24	1844	10	15	自三更至开东，测雨器水深六分。	SJW-I10100150-00200
4658	1844	11	25	1844	10	16	自巳时至未时，测雨器水深三分。	SJW-I10100160-00200
4659	1844	11	29	1844	10	20	自开东至人定，测雨器水深一寸。	SJW-I10100200-00200
4660	1844	11	29	1844	10	20	自人定至开东，测雨器水深九分。	SJW-I10100200-00300
4661	1844	11	30	1844	10	21	自开东至未时，测雨器水深一分。	SJW-I10100210-00200
4662	1844	12	2	1844	10	23	自二更至开东，测雨器水深六分。	SJW-I10100230-00200
4663	1845	1	20	1844	12	13	自辰时至人定，测雨器水深三分。	SJW-I10120130-00200
4664	1845	3	14	1845	2	7	开东，测雨器水深一分。	SJW-I11020070-00200
4665	1845	3	21	1845	2	14	自开东至人定，测雨器水深二分。	SJW-I11020140-00200
4666	1845	3	21	1845	2	14	自人定至开东，测雨器水深一分。	SJW-I11020140-00300
4667	1845	3	25	1845	2	18	自人定至开东，测雨器水深二寸九分。	SJW-I11020180-00200
4668	1845	3	26	1845	2	19	自开东至人定，测雨器水深一寸一分。	SJW-I11020190-00200
4669	1845	3	26	1845	2	19	自三更至开东，测雨器水深一寸三分。	SJW-I11020190-00300
4670	1845	3	27	1845	2	20	自开东至人定，测雨器水深二分。	SJW-I11020200-00200
4671	1845	4	4	1845	2	28	自二更至开东，测雨器水深五分。	SJW-I11020280-00200
4672	1845	4	5	1845	2	29	自开东至未时，测雨器水深一寸四分。	SJW-I11020290-00200
4673	1845	4	10	1845	3	4	自卯时至人定，测雨器水深六分。	SJW-I11030040-00200
4674	1845	4	16	1845	3	10	自二更至五更，测雨器水深二分。	SJW-I11030100-00200
4675	1845	4	19	1845	3	13	自申时至人定，测雨器水深三分。	SJW-I11030130-00200
4676	1845	4	27	1845	3	21	开东，测雨器水深四分。	SJW-I11030210-00200
4677	1845	4	28	1845	3	22	自开东至未时，测雨器水深三分。	SJW-I11030220-00200
4678	1845	5	7	1845	4	2	自卯时至人定，测雨器水深九分。	SJW-I11040020-00200
4679	1845	5	7	1845	4	2	自人定至开东，测雨器水深一寸九分。	SJW-I11040020-00300
4680	1845	5	8	1845	4	3	自开东至人定，测雨器水深九分。	SJW-I11040030-00200
4681	1845	5	20	1845	4	15	自人定至五更，测雨器水深一分。	SJW-I11040150-00200
4682	1845	6	8	1845	5	4	自未时至人定，测雨器水深三寸一分。	SJW-I11050040-00200
4683	1845	6	8	1845	5	4	自人定至开东，测雨器水深一寸九分。	SJW-I11050040-00300
4684	1845	6	23	1845	5	19	自人定至开东，测雨器水深四分。	SJW-I11050190-00200
4685	1845	6	24	1845	5	20	自开东至申时，测雨器水深一寸五分。	SJW-I11050200-00200
4686	1845	6	30	1845	5	26	自五更至开东，测雨器水深二分。	SJW-I11050260-00200
4687	1845	7	1	1845	5	27	自开东至申时，测雨器水深二寸三分。	SJW-I11050270-00200
4688	1845	7	7	1845	6	3	自开东至人定，测雨器水深二寸五分。	SJW-I11060030-00200
4689	1845	7	7	1845	6	3	自人定至开东，测雨器水深四分。	SJW-I11060030-00300
4690	1845	7	11	1845	6	7	自开东至人定，测雨器水深二分。	SJW-I11060070-00200

续表

编号	公历			农历			描述	ID 编号
	年	月	日	年	月	日		
4691	1845	7	11	1845	6	7	自人定至开东，测雨器水深一寸。	SJW-I11060070-00300
4692	1845	7	20	1845	6	16	自未时至酉时，测雨器水深五分。	SJW-I11060160-00200
4693	1845	7	20	1845	6	16	自五更至开东，测雨器水深四分。	SJW-I11060160-00300
4694	1845	7	21	1845	6	17	自五更至开东，测雨器水深一寸四分。	SJW-I11060170-00200
4695	1845	7	22	1845	6	18	自开东至午时，测雨器水深四寸二分。	SJW-I11060180-00200
4696	1845	7	23	1845	6	19	自午时至人定，测雨器水深六分。	SJW-I11060190-00200
4697	1845	7	23	1845	6	19	自人定至开东，测雨器水深三分。	SJW-I11060190-00300
4698	1845	7	25	1845	6	21	自辰时至人定，测雨器水深二寸六分。	SJW-I11060210-00200
4699	1845	7	25	1845	6	21	自人定至开东，测雨器水深一寸七分。	SJW-I11060210-00300
4700	1845	7	26	1845	6	22	自开东至人定，测雨器水深二寸九分。	SJW-I11060220-00200
4701	1845	8	1	1845	6	28	自四更至开东，测雨器水深六分。	SJW-I11060280-00200
4702	1845	8	2	1845	6	29	自开东至辰时，测雨器水深一寸一分。	SJW-I11060290-00200
4703	1845	8	5	1845	7	3	自人定至开东，测雨器水深五分。	SJW-I11070030-00200
4704	1845	8	6	1845	7	4	自开东至人定，测雨器水深七寸三分。自人定至开东，测雨器水深一寸四分。	SJW-I11070040-00200
4705	1845	8	9	1845	7	7	自午时至申时，测雨器水深一分。	SJW-I11070070-00200
4706	1845	8	10	1845	7	8	自卯时至未时，测雨器水深二分。	SJW-I11070080-00200
4707	1845	8	13	1845	7	11	自三更至开东，测雨器水深五分。	SJW-I11070110-00200
4708	1845	8	14	1845	7	12	自开东至人定，测雨器水深三寸一分。	SJW-I11070120-00200
4709	1845	8	14	1845	7	12	自人定至开东，测雨器水深四分。	SJW-I11070120-00300
4710	1845	8	17	1845	7	15	自开东至人定，测雨器水深三分。	SJW-I11070150-00200
4711	1845	9	1	1845	7	30	未时，测雨器水深三分。五更，测雨器水深七分。	SJW-I11070300-00200
4712	1845	10	11	1845	9	11	自开东至申时，测雨器水深七分。	SJW-I11090110-00200
4713	1845	10	22	1845	9	22	自人定至开东，测雨器水深二分。	SJW-I11090220-00200
4714	1845	10	23	1845	9	23	卯时，测雨器水深一分。	SJW-I11090230-00200
4715	1845	10	29	1845	9	29	自巳时至未时，测雨器水深五分。	SJW-I11090290-00200
4716	1845	11	2	1845	10	3	酉时，测雨器水深二分。	SJW-I11100030-00200
4717	1845	11	2	1845	10	3	四更、五更，测雨器水深七分。	SJW-I11100030-00300
4718	1846	2	23	1846	1	28	自巳时至申时，测雨器水深三分。	SJW-I12010280-00200
4719	1846	3	10	1846	2	13	自申时至人定，测雨器水深二分。	SJW-I12020130-00200
4720	1846	3	14	1846	2	17	自午时至人定，测雨器水深一分。	SJW-I12020170-00200
4721	1846	4	4	1846	3	9	自午时至人定，测雨器水深五分。自人定至开东，测雨器水深一寸三分。	SJW-I12030090-00200
4722	1846	4	5	1846	3	10	自开东至酉时，测雨器水深二分。	SJW-I12030100-00200
4723	1846	4	11	1846	3	16	自卯时至申时，测雨器水深三分。	SJW-I12030160-00200
4724	1846	4	15	1846	3	20	自午时至人定，测雨器水深二分。自人定至开东，测雨器水深四分。	SJW-I12030200-00200
4725	1846	4	25	1846	3	30	自辰时至酉时，测雨器水深一分。	SJW-I12030300-00200

续表

编号	公历			农历			描述	ID 编号
	年	月	日	年	月	日		
4726	1846	4	26	1846	4	1	自午时至人定，测雨器水深一分。自人定至五更，测雨器水深一分。	SJW-I12040010-00200
4727	1846	4	30	1846	4	5	自五更至开东，测雨器水深一寸七分。	SJW-I12040050-00200
4728	1846	5	1	1846	4	6	自开东至人定，测雨器水深二寸。自人定至开东，测雨器水深一寸。	SJW-I12040060-00200
4729	1846	5	8	1846	4	13	辰时、巳时，测雨器水深二分。	SJW-I12040130-00200
4730	1846	5	13	1846	4	18	自五更至开东，测雨器水深二分。	SJW-I12040180-00200
4731	1846	5	14	1846	4	19	自开东至人定，测雨器水深六分。	SJW-I12040190-00200
4732	1846	5	19	1846	4	24	自巳时至人定，测雨器水深一寸一分。	SJW-I12040240-00200
4733	1846	5	20	1846	4	25	自二更至开东，测雨器水深一寸二分。	SJW-I12040250-00300
4734	1846	5	21	1846	4	26	自开东至人定，测雨器水深一寸八分。	SJW-I12040260-00200
4735	1846	5	23	1846	4	28	自开东至人定，测雨器水深五分。	SJW-I12040280-00200
4736	1846	6	8	1846	5	15	自巳时至人定，测雨器水深八分。	SJW-I12050150-00200
4737	1846	6	8	1846	5	15	自人定至开东，测雨器水深一寸三分。	SJW-I12050150-00300
4738	1846	6	9	1846	5	16	自开东至午时，测雨器水深二分。	SJW-I12050160-00200
4739	1846	6	17	1846	5	24	自开东至午时，测雨器水深四分。	SJW-I12050240-00200
4740	1846	6	19	1846	5	26	自三更至开东，测雨器水深二分。	SJW-I12050260-00200
4741	1846	6	24	1846	闰 5	1	自开东至申时，测雨器水深五分。	SJW-I12051010-00200
4742	1846	6	25	1846	闰 5	2	自三更至开东，测雨器水深一寸九分。	SJW-I12051020-00200
4743	1846	6	26	1846	闰 5	3	自开东至人定，测雨器水深一寸四分。	SJW-I12051030-00200
4744	1846	6	27	1846	闰 5	4	自卯时至申时，测雨器水深一寸二分。自四更至开东，测雨器水深四分。	SJW-I12051040-00200
4745	1846	6	28	1846	闰 5	5	自开东至午时，测雨器水深一寸七分。	SJW-I12051050-00200
4746	1846	6	30	1846	闰 5	7	自开东至申时，测雨器水深二寸六分。	SJW-I12051070-00200
4747	1846	7	3	1846	闰 5	10	自巳时至人定，测雨器水深一寸六分。	SJW-I12051100-00200
4748	1846	7	8	1846	闰 5	15	自开东至酉时，测雨器水深一寸七分。	SJW-I12051150-00200
4749	1846	7	9	1846	闰 5	16	自三更至五更，测雨器水深二分。	SJW-I12051160-00200
4750	1846	7	10	1846	闰 5	17	自开东至人定，测雨器水深五寸。	SJW-I12051170-00200
4751	1846	7	10	1846	闰 5	17	自人定至开东，测雨器水深六分。	SJW-I12051170-00300
4752	1846	7	11	1846	闰 5	18	自人定至开东，测雨器水深一分。自开东至人定，测雨器水深九分。	SJW-I12051180-00200
4753	1846	7	13	1846	闰 5	20	自午时至未时，测雨器水深三分。	SJW-I12051200-00200
4754	1846	7	17	1846	闰 5	24	自午时至申时，测雨器水深一寸。自二更至开东，测雨器水深五分。	SJW-I12051240-00200
4755	1846	7	18	1846	闰 5	25	自巳时至人定，测雨器水深二分。	SJW-I12051250-00200
4756	1846	7	19	1846	闰 5	26	自开东至人定，测雨器水深四寸五分。	SJW-I12051260-00200
4757	1846	7	21	1846	闰 5	28	自开东至人定，测雨器水深一寸四分。	SJW-I12051280-00200
4758	1846	7	21	1846	闰 5	28	自人定至开东，测雨器水深一寸六分。	SJW-I12051280-00300

续表

编号	公历			农历			描述	ID 编号
	年	月	日	年	月	日		
4759	1846	7	22	1846	闰 5	29	自开东至午时，测雨器水深九分。	SJW-I12051290-00200
4760	1846	7	23	1846	6	1	辰时、巳时，测雨器水深四分。	SJW-I12060010-00200
4761	1846	7	25	1846	6	3	自开东至巳时，测雨器水深五分。	SJW-I12060030-00200
4762	1846	7	26	1846	6	4	未时，测雨器水深四分。	SJW-I12060040-00200
4763	1846	7	27	1846	6	5	自开东至未时，测雨器水深九分。	SJW-I12060050-00200
4764	1846	7	28	1846	6	6	自四更至开东，测雨器水深一寸五分。	SJW-I12060060-00200
4765	1846	7	29	1846	6	7	自开东至申时，测雨器水深二寸。	SJW-I12060070-00200
4766	1846	7	29	1846	6	7	自二更至开东，测雨器水深四寸一分。	SJW-I12060070-00300
4767	1846	7	30	1846	6	8	自开东至人定，测雨器水深一寸。	SJW-I12060080-00200
4768	1846	7	30	1846	6	8	自人定至开东，测雨器水深三分。	SJW-I12060080-00300
4769	1846	7	31	1846	6	9	自开东至人定，测雨器水深四寸六分。	SJW-I12060090-00200
4770	1846	7	31	1846	6	9	自人定至开东，测雨器水深二分。	SJW-I12060090-00300
4771	1846	8	2	1846	6	11	自开东至人定，测雨器水深三寸八分。	SJW-I12060110-00200
4772	1846	8	2	1846	6	11	自人定至开东，测雨器水深一寸九分。	SJW-I12060110-00300
4773	1846	8	3	1846	6	12	自开东至申时，测雨器水深二寸五分。	SJW-I12060120-00200
4774	1846	8	12	1846	6	21	自辰时至人定，测雨器水深二分。	SJW-I12060210-00200
4775	1846	8	13	1846	6	22	自开东至卯时，测雨器水深一分。	SJW-I12060220-00200
4776	1846	8	15	1846	6	24	自巳时至酉时，测雨器水深一寸三分。	SJW-I12060240-00200
4777	1846	8	16	1846	6	25	五更，测雨器水深三分。	SJW-I12060250-00200
4778	1846	8	17	1846	6	26	自二更至五更，测雨器水深八分。	SJW-I12060260-00200
4779	1846	8	19	1846	6	28	自五更至开东，测雨器水深三分。	SJW-I12060280-00200
4780	1846	8	21	1846	6	30	自三更至开东，测雨器水深一寸。	SJW-I12060300-00200
4781	1846	8	22	1846	7	1	自开东至午时，测雨器水深二分。	SJW-I12070010-00200
4782	1846	8	23	1846	7	2	自卯时至午时，测雨器水深九分。	SJW-I12070020-00200
4783	1846	8	24	1846	7	3	自卯时至酉时，测雨器水深一寸八分。自五更至开东，测雨器水深一分。	SJW-I12070030-00200
4784	1846	8	26	1846	7	5	自二更至五更，测雨器水深一分。	SJW-I12070050-00200
4785	1846	8	27	1846	7	6	自四更至开东，测雨器水深四分。	SJW-I12070060-00200
4786	1846	8	30	1846	7	9	自一更至开东，测雨器水深二寸五分。	SJW-I12070090-00200
4787	1846	8	31	1846	7	10	自开东至午时，测雨器水深八分。	SJW-I12070100-00200
4788	1846	8	31	1846	7	10	自人定至一更，测雨器水深一分。	SJW-I12070100-00300
4789	1846	9	1	1846	7	11	自人定至五更，测雨器水深二分。	SJW-I12070110-00200
4790	1846	9	3	1846	7	13	自巳时至未时，测雨器水深一分。	SJW-I12070130-00200
4791	1846	9	5	1846	7	15	自开东至酉时，测雨器水深二分。	SJW-I12070150-00200
4792	1846	9	5	1846	7	15	自人定至开东，测雨器水深三分。	SJW-I12070150-00300
4793	1846	9	11	1846	7	21	自辰时至申时，测雨器水深二寸一分。	SJW-I12070210-00200
4794	1846	9	12	1846	7	22	开东，测雨器水深一分。	SJW-I12070220-00200
4795	1846	9	13	1846	7	23	自开东至人定，测雨器水深四寸六分。	SJW-I12070230-00200

续表

编号	公历			农历			描述	ID 编号
	年	月	日	年	月	日		
4796	1846	9	13	1846	7	23	自人定至开东，测雨器水深一寸一分。	SJW-I12070230-00300
4797	1846	9	14	1846	7	24	自开东至未时，测雨器水深三分。	SJW-I12070240-00200
4798	1846	9	15	1846	7	25	自卯时至午时，测雨器水深二分。	SJW-I12070250-00200
4799	1846	9	17	1846	7	27	自卯时至人定，测雨器水深八分。	SJW-I12070270-00200
4800	1846	10	21	1846	9	2	四更、五更，测雨器水深一分。	SJW-I12090020-00200
4801	1846	11	6	1846	9	18	自巳时至人定，测雨器水深五分。自人定至开东，测雨器水深三分。	SJW-I12090180-00200
4802	1846	11	13	1846	9	25	自五更至开东，测雨器水深二分。	SJW-I12090250-00200
4803	1847	1	7	1846	11	21	自开东至人定，测雨器水深一分。	SJW-I12110210-00200
4804	1847	2	11	1846	12	26	自三更至开东，测雨器水深三分。	SJW-I12120260-00200
4805	1847	3	7	1847	1	21	自二更至四更，测雨器水深三分。	SJW-I13010210-00200
4806	1847	4	19	1847	3	5	自辰时至人定，测雨器水深七分。	SJW-I13030050-00200
4807	1847	4	20	1847	3	6	自人定至开东，测雨器水深六分。	SJW-I13030060-00200
4808	1847	4	25	1847	3	11	自卯时至人定，测雨器水深一寸九分。	SJW-I13030110-00200
4809	1847	4	29	1847	3	15	自人定至开东，测雨器水深一寸二分。	SJW-I13030150-00200
4810	1847	4	30	1847	3	16	自开东至辰时，测雨器水深二分。	SJW-I13030160-00200
4811	1847	5	2	1847	3	18	自四更至开东，测雨器水深二分。	SJW-I13030180-00200
4812	1847	5	8	1847	3	24	自人定至开东，测雨器水深二分。	SJW-I13030240-00200
4813	1847	5	9	1847	3	25	自开东至人定，测雨器水深一寸二分。	SJW-I13030250-00200
4814	1847	5	18	1847	4	5	自巳时至酉时，测雨器水深四分。自二更至开东，测雨器水深一寸。	SJW-I13040050-00200
4815	1847	5	19	1847	4	6	自开东至申时，测雨器水深一分。	SJW-I13040060-00200
4816	1847	6	7	1847	4	25	自巳时至人定，测雨器水深一寸八分。	SJW-I13040250-00200
4817	1847	6	7	1847	4	25	自人定至五更，测雨器水深三分。	SJW-I13040250-00300
4818	1847	6	8	1847	4	26	酉时，测雨器水深一分。	SJW-I13040260-00200
4819	1847	6	12	1847	4	30	自卯时至人定，测雨器水深六分。	SJW-I13040300-00200
4820	1847	6	12	1847	4	30	自人定，测雨器水深一分。	SJW-I13040300-00300
4821	1847	6	13	1847	5	1	自卯时至申时，测雨器水深二分。	SJW-I13050010-00200
4822	1847	6	18	1847	5	6	自开东至人定，测雨器水深二分。	SJW-I13050060-00200
4823	1847	6	18	1847	5	6	自人定至开东，测雨器水深二分。	SJW-I13050060-00300
4824	1847	6	19	1847	5	7	自开东至未时，测雨器水深二分。	SJW-I13050070-00200
4825	1847	6	20	1847	5	8	自五更至开东，测雨器水深二分。	SJW-I13050080-00200
4826	1847	6	27	1847	5	15	自午时至人定，测雨器水深一分。	SJW-I13050150-00200
4827	1847	6	28	1847	5	16	自四更至开东，测雨器水深一分。	SJW-I13050160-00200
4828	1847	7	1	1847	5	19	自申时至人定，测雨器水深一寸四分。	SJW-I13050190-00200
4829	1847	7	1	1847	5	19	自人定至开东，测雨器水深三寸一分。	SJW-I13050190-00300
4830	1847	7	2	1847	5	20	自开东至人定，测雨器水深一寸六分。	SJW-I13050200-00200
4831	1847	7	4	1847	5	22	自人定至开东，测雨器水深二寸。	SJW-I13050220-00200

续表

编号	公历			农历			描述	ID编号
	年	月	日	年	月	日		
4832	1847	7	5	1847	5	23	自开东至申时,测雨器水深二寸。	SJW-I13050230-00200
4833	1847	7	7	1847	5	25	自酉时至人定,测雨器水深一分。自人定至开东,测雨器水深二分。	SJW-I13050250-00200
4834	1847	7	8	1847	5	26	自开东至申时,测雨器水深一寸二分。	SJW-I13050260-00200
4835	1847	7	13	1847	6	2	自申时至人定,测雨器水深一分。自人定至开东,测雨器水深一寸一分。	SJW-I13060020-00200
4836	1847	7	14	1847	6	3	自开东至人定,测雨器水深二寸二分。	SJW-I13060030-00200
4837	1847	7	24	1847	6	13	自五更至开东,测雨器水深二分。	SJW-I13060130-00200
4838	1847	7	25	1847	6	14	自辰时至申时,测雨器水深三分。	SJW-I13060140-00200
4839	1847	7	26	1847	6	15	自开东至人定,测雨器水深八分。	SJW-I13060150-00200
4840	1847	7	30	1847	6	19	自午时至申时,测雨器水深一寸二分。	SJW-I13060190-00200
4841	1847	8	1	1847	6	21	自人定至开东,测雨器水深三分。	SJW-I13060210-00200
4842	1847	8	2	1847	6	22	自开东至人定,测雨器水深五分。	SJW-I13060220-00200
4843	1847	8	3	1847	6	23	自辰时至人定,测雨器水深三分。自人定至开东,测雨器水深二分。	SJW-I13060230-00200
4844	1847	8	9	1847	6	29	自人定至开东,测雨器水深二分。	SJW-I13060290-00200
4845	1847	8	10	1847	6	30	自人定至开东,测雨器水深二分。	SJW-I13060300-00200
4846	1847	8	15	1847	7	5	自卯时至午时,测雨器水深二分。	SJW-I13070050-00200
4847	1847	8	16	1847	7	6	自巳时至申时,测雨器水深二分。	SJW-I13070060-00200
4848	1847	8	16	1847	7	6	自五更至开东,测雨器水深二分。	SJW-I13070060-00300
4849	1847	8	20	1847	7	10	自午时至申时,测雨器水深二分。	SJW-I13070100-00200
4850	1847	8	21	1847	7	11	自卯时至人定,测雨器水深七分。	SJW-I13070110-00200
4851	1847	8	27	1847	7	17	自申时至人定,测雨器水深一分。	SJW-I13070170-00200
4852	1847	8	27	1847	7	17	自人定至开东,测雨器水深一分。	SJW-I13070170-00300
4853	1847	9	1	1847	7	22	自开东至人定,测雨器水深四分。	SJW-I13070220-00200
4854	1847	9	3	1847	7	24	自午时至人定,测雨器水深一寸五分。	SJW-I13070240-00200
4855	1847	9	3	1847	7	24	自人定至三更,测雨器水深一寸四分。	SJW-I13070240-00300
4856	1847	9	4	1847	7	25	自四更至开东,测雨器水深四寸七分。	SJW-I13070250-00200
4857	1847	9	5	1847	7	26	自开东至人定,测雨器水深三寸。	SJW-I13070260-00200
4858	1847	9	5	1847	7	26	自人定至开东,测雨器水深二寸二分。	SJW-I13070260-00300
4859	1847	9	6	1847	7	27	自开东至酉时,测雨器水深一寸六分。	SJW-I13070270-00200
4860	1847	9	6	1847	7	27	自五更至开东,测雨器水深一寸二分。	SJW-I13070270-00300
4861	1847	9	7	1847	7	28	自开东至人定,测雨器水深三寸六分。	SJW-I13070280-00200
4862	1847	9	7	1847	7	28	自人定至开东,测雨器水深一寸八分。	SJW-I13070280-00300
4863	1847	9	8	1847	7	29	自开东至申时,测雨器水深七分。	SJW-I13070290-00200
4864	1847	9	9	1847	8	1	自开东至人定,测雨器水深三寸五分。	SJW-I13080010-00200
4865	1847	9	9	1847	8	1	自人定至开东,测雨器水深三寸四分。	SJW-I13080010-00300
4866	1847	9	10	1847	8	2	自开东至午时,测雨器水深七寸二分。	SJW-I13080020-00200

续表

编号	公历			农历			描述	ID 编号
	年	月	日	年	月	日		
4867	1847	9	19	1847	8	11	自午时至人定,测雨器水深二分。	SJW-I13080110-00200
4868	1847	9	26	1847	8	18	自五更至开东,测雨器水深三分。	SJW-I13080180-00200
4869	1847	9	27	1847	8	19	自开东至人定,测雨器水深三寸一分。	SJW-I13080190-00200
4870	1847	9	27	1847	8	19	自人定至开东,测雨器水深一寸四分。	SJW-I13080190-00300
4871	1847	11	17	1847	10	10	自人定至二更,测雨器水深二分。	SJW-I13100100-00200
4872	1847	12	1	1847	10	24	自辰时至未时,测雨器水深二分。	SJW-I13100240-00200
4873	1847	12	22	1847	11	15	自午时至人定,测雨器水深二分。	SJW-I13110150-00200
4874	1848	2	15	1848	1	11	自开东至人定,测雨器水深二寸。自人定至开东,测雨器水深一寸四分。	SJW-I14010110-00200
4875	1848	3	16	1848	2	12	辰时,测雨器水深一分。	SJW-I14020120-00200
4876	1848	3	31	1848	2	27	自人定至五更,测雨器水深八分。	SJW-I14020270-00200
4877	1848	4	5	1848	3	2	自三更至开东,测雨器水深七分。	SJW-I14030020-00200
4878	1848	4	6	1848	3	3	自开东至未时,测雨器水深四分。	SJW-I14030030-00200
4879	1848	4	18	1848	3	15	自开东至人定,测雨器水深一寸四分。	SJW-I14030150-00200
4880	1848	4	24	1848	3	21	自辰时至申时,测雨器水深二分。	SJW-I14030210-00200
4881	1848	5	17	1848	4	15	自巳时至人定,测雨器水深六分。	SJW-I14040150-00200
4882	1848	5	24	1848	4	22	自辰时至申时,测雨器水深一寸一分。	SJW-I14040220-00200
4883	1848	5	28	1848	4	26	自卯时至申时,测雨器水深三分。	SJW-I14040260-00200
4884	1848	6	1	1848	5	1	自一更至开东,测雨器水深一寸三分。	SJW-I14050010-00200
4885	1848	6	4	1848	5	4	自辰时至人定,测雨器水深五分。自人定至开东,测雨器水深一分。	SJW-I14050040-00200
4886	1848	6	6	1848	5	6	自卯时至未时,测雨器水深五分。	SJW-I14050060-00200
4887	1848	6	10	1848	5	10	自申时至人定,测雨器水深三分。自人定至开东,测雨器水深四分。	SJW-I14050100-00200
4888	1848	6	30	1848	5	30	自开东至巳时,测雨器水深一寸五分。	SJW-I14050300-00200
4889	1848	7	3	1848	6	3	自人定至开东,测雨器水深七分。	SJW-I14060030-00200
4890	1848	7	4	1848	6	4	申时、酉时,测雨器水深二分。	SJW-I14060040-00200
4891	1848	7	5	1848	6	5	自卯时至人定,测雨器水深一寸二分。	SJW-I14060050-00200
4892	1848	7	5	1848	6	5	自人定至开东,测雨器水深八分。	SJW-I14060050-00300
4893	1848	7	6	1848	6	6	未时、申时,测雨器水深二分。	SJW-I14060060-00200
4894	1848	7	11	1848	6	11	自四更至开东,测雨器水深七分。	SJW-I14060110-00200
4895	1848	7	12	1848	6	12	自开东至巳时,测雨器水深四分。	SJW-I14060120-00200
4896	1848	7	27	1848	6	27	自巳时至人定,测雨器水深二寸二分。	SJW-I14060270-00200
4897	1848	7	27	1848	6	27	自人定至开东,测雨器水深三分。	SJW-I14060270-00300
4898	1848	7	28	1848	6	28	自人定至开东,测雨器水深七寸。自开东至人定,测雨器水深二寸二分。	SJW-I14060280-00200
4899	1848	7	29	1848	6	29	自开东至人定,测雨器水深二寸四分。自人定至开东,测雨器水深一寸一分。	SJW-I14060290-00200

续表

编号	公历			农历			描述	ID 编号
	年	月	日	年	月	日		
4900	1848	7	30	1848	7	1	自开东至未时,测雨器水深三寸七分。	SJW-I14070010-00200
4901	1848	8	1	1848	7	3	自未时至人定,测雨器水深一寸二分。	SJW-I14070030-00200
4902	1848	8	1	1848	7	3	自三更至开东,测雨器水深一寸一分。	SJW-I14070030-00300
4903	1848	8	2	1848	7	4	自开东至未时,测雨器水深九分。	SJW-I14070040-00200
4904	1848	8	8	1848	7	10	自卯时至人定,测雨器水深一寸三分。	SJW-I14070100-00200
4905	1848	8	9	1848	7	11	自巳时至人定,测雨器水深六分。	SJW-I14070110-00200
4906	1848	8	10	1848	7	12	自申时至人定,测雨器水深一寸二分。	SJW-I14070120-00200
4907	1848	8	12	1848	7	14	自未时至人定,测雨器水深四分。自人定至五更,测雨器水深二分。	SJW-I14070140-00200
4908	1848	8	13	1848	7	15	自开东至人定,测雨器水深二寸二分。	SJW-I14070150-00200
4909	1848	8	13	1848	7	15	自人定至五更,测雨器水深八分。	SJW-I14070150-00300
4910	1848	8	14	1848	7	16	自开东至人定,测雨器水深一寸一分。	SJW-I14070160-00200
4911	1848	8	14	1848	7	16	自人定至五更,测雨器水深一寸五分。	SJW-I14070160-00300
4912	1848	8	22	1848	7	24	自辰时至人定,测雨器水深二分。	SJW-I14070240-00200
4913	1848	8	25	1848	7	27	自人定至开东,测雨器水深一寸。	SJW-I14070270-00200
4914	1848	8	29	1848	8	1	申时,测雨器水深四分。	SJW-I14080010-00200
4915	1848	8	30	1848	8	2	自开东至人定,测雨器水深一寸八分。	SJW-I14080020-00200
4916	1848	9	1	1848	8	4	自人定至开东,测雨器水深八分。	SJW-I14080040-00200
4917	1848	9	2	1848	8	5	自开东至申时,测雨器水深三分。	SJW-I14080050-00200
4918	1848	9	23	1848	8	26	未时,测雨器水深三分。	SJW-I14080260-00200
4919	1848	9	26	1848	8	29	未时,测雨器水深四分。	SJW-I14080290-00200
4920	1848	9	26	1848	8	29	五更,测雨器水深三分。	SJW-I14080290-00300
4921	1848	9	28	1848	9	2	自开东至酉时,测雨器水深四分。	SJW-I14090020-00200
4922	1848	10	1	1848	9	5	自辰时至未时,测雨器水深一分。	SJW-I14090050-00200
4923	1848	10	12	1848	9	16	自开东至人定,测雨器水深一分。自人定至开东,测雨器水深二分。	SJW-I14090160-00200
4924	1848	10	22	1848	9	26	自开东至人定,测雨器水深五分。自人定至开东,测雨器水深五分。	SJW-I14090260-00200
4925	1848	10	30	1848	10	4	自人定至开东,测雨器水深二分。	SJW-I14100040-00200
4926	1848	10	31	1848	10	5	自开东至申时,测雨器水深四分。	SJW-I14100050-00200
4927	1848	11	5	1848	10	10	自人定至三更,测雨器水深三分。	SJW-I14100100-00200
4928	1848	11	8	1848	10	13	自人定至三更,测雨器水深一分。	SJW-I14100130-00200
4929	1848	11	10	1848	10	15	午时、未时,测雨器水深三分。自五更至开东,测雨器水深四分。	SJW-I14100150-00200
4930	1848	11	24	1848	10	29	自开东至未时,测雨器水深三分。	SJW-I14100290-00200
4931	1848	11	27	1848	11	2	五更,测雨器水深二分。	SJW-I14110020-00200
4932	1848	12	8	1848	11	13	自人定至开东,测雨器水深一分。	SJW-I14110130-00200
4933	1849	1	14	1848	12	20	自人定至开东,测雨器水深一寸五分。	SJW-I14120200-00200

续表

编号	公历			农历			描述	ID 编号
	年	月	日	年	月	日		
4934	1849	2	21	1849	1	29	自人定至开东，测雨器水深一分。	SJW-I15010290-00200
4935	1849	2	23	1849	2	1	自午时至人定，测雨器水深四分。自人定至开东，测雨器水深一寸二分。	SJW-I15020010-00200
4936	1849	3	12	1849	2	18	自五更至开东，测雨器水深一分。	SJW-I15020180-00300
4937	1849	3	13	1849	2	19	自开东至人定，测雨器水深三分。	SJW-I15020190-00200
4938	1849	3	22	1849	2	28	自午时至人定，测雨器水深五分。	SJW-I15020280-00200
4939	1849	3	28	1849	3	5	五更，测雨器水深一分。	SJW-I15030050-00300
4940	1849	3	31	1849	3	8	自三更至开东，测雨器水深二分。	SJW-I15030080-00200
4941	1849	4	1	1849	3	9	自开东至人定，测雨器水深三分。	SJW-I15030090-00200
4942	1849	4	8	1849	3	16	自申时至人定，测雨器水深二分。自人定至开东，测雨器水深六分。	SJW-I15030160-00200
4943	1849	4	9	1849	3	17	自开东至人定，测雨器水深一寸二分。	SJW-I15030170-00200
4944	1849	4	9	1849	3	17	自人定至五更，测雨器水深二分。	SJW-I15030170-00300
4945	1849	4	10	1849	3	18	自卯时至人定，测雨器水深一寸六分。	SJW-I15030180-00200
4946	1849	4	10	1849	3	18	自人定至开东，测雨器水深三寸九分。	SJW-I15030180-00300
4947	1849	4	11	1849	3	19	自开东至未时，测雨器水深二分。	SJW-I15030190-00200
4948	1849	4	15	1849	3	23	自五更至开东，测雨器水深二分。	SJW-I15030230-00200
4949	1849	4	16	1849	3	24	自开东至酉时，测雨器水深一分。	SJW-I15030240-00200
4950	1849	4	24	1849	4	2	自五更至开东，测雨器水深四分。	SJW-I15040020-00200
4951	1849	4	25	1849	4	3	自开东至午时，测雨器水深五分。	SJW-I15040030-00200
4952	1849	5	2	1849	4	10	自酉时至人定，测雨器水深二分。	SJW-I15040100-00200
4953	1849	5	2	1849	4	10	自人定至开东，测雨器水深一寸二分。	SJW-I15040100-00300
4954	1849	5	14	1849	4	22	自人定至开东，测雨器水深九分。	SJW-I15040220-00200
4955	1849	5	15	1849	4	23	自开东至人定，测雨器水深四分。	SJW-I15040230-00200
4956	1849	5	20	1849	4	28	自巳时至人定，测雨器水深二分。	SJW-I15040280-00200
4957	1849	5	20	1849	4	28	自人定至开东，测雨器水深四分。	SJW-I15040280-00300
4958	1849	5	21	1849	4	29	自开东至人定，测雨器水深六分。	SJW-I15040290-00200
4959	1849	5	22	1849	闰 4	1	开东，测雨器水深一分。	SJW-I15041010-00200
4960	1849	5	23	1849	闰 4	2	自开东至申时，测雨器水深三分。	SJW-I15041020-00200
4961	1849	5	31	1849	闰 4	10	自巳时至午时，测雨器水深八分。	SJW-I15041100-00200
4962	1849	6	1	1849	闰 4	11	自卯时至未时，测雨器水深二分。	SJW-I15041110-00200
4963	1849	6	12	1849	闰 4	22	自人定至开东，测雨器水深一寸八分。	SJW-I15041220-00200
4964	1849	6	13	1849	闰 4	23	自开东至未时，测雨器水深三分。	SJW-I15041230-00200
4965	1849	6	17	1849	闰 4	27	自开东至酉时，测雨器水深一分。	SJW-I15041270-00200
4966	1849	6	24	1849	5	5	自卯时至人定，测雨器水深四寸五分。自人定至开东，测雨器水深八分。	SJW-I15050050-00200
4967	1849	7	1	1849	5	12	自人定至开东，测雨器水深四分。	SJW-I15050120-00200
4968	1849	7	12	1849	5	23	自辰时至酉时，测雨器水深一分。	SJW-I15050230-00200

续表

编号	公历			农历			描述	ID 编号
	年	月	日	年	月	日		
4969	1849	7	16	1849	5	27	自酉时至人定，测雨器水深四分。自人定至开东，测雨器水深四分。	SJW-I15050270-00200
4970	1849	7	18	1849	5	29	自开东至申时，测雨器水深一分。	SJW-I15050290-00200
4971	1849	7	19	1849	5	30	自卯时至戌时，测雨器水深一寸五分。	SJW-I15050300-00200
4972	1849	7	20	1849	6	1	未时，测雨器水深一分。	SJW-I15060010-00300
4973	1849	7	25	1849	6	6	自未时至酉时，测雨器水深四分。	SJW-I15060060-00200
4974	1849	8	3	1849	6	15	自开东至巳时，测雨器水深四分。	SJW-J00060150-00200
4975	1849	8	7	1849	6	19	自巳时至申时，测雨器水深二分。	SJW-J00060190-00200
4976	1849	8	8	1849	6	20	自五更至开东，测雨器水深四分。	SJW-J00060200-00200
4977	1849	8	9	1849	6	21	自开东至午时，测雨器水深二寸。三更、四更，测雨器水深三分。	SJW-J00060210-00200
4978	1849	8	10	1849	6	22	自卯时至申时，测雨器水深二寸五分。一更，测雨器水深一分。	SJW-J00060220-00200
4979	1849	8	13	1849	6	25	自人定至开东，测雨器水深五分。	SJW-J00060250-00200
4980	1849	8	14	1849	6	26	自开东至申时，测雨器水深一分。	SJW-J00060260-00200
4981	1849	8	20	1849	7	3	自开东至人定，测雨器水深二分。	SJW-J00070030-00200
4982	1849	8	21	1849	7	4	自开东至申时，测雨器水深一分。	SJW-J00070040-00200
4983	1849	8	23	1849	7	6	自开东至未时，测雨器水深九分。	SJW-J00070060-00200
4984	1849	8	25	1849	7	8	自二更至四更，测雨器水深六分。	SJW-J00070080-00200
4985	1849	8	26	1849	7	9	自五更至开东，测雨器水深六分。	SJW-J00070090-00200
4986	1849	8	27	1849	7	10	自开东至人定，测雨器水深二寸八分。	SJW-J00070100-00200
4987	1849	8	29	1849	7	12	自开东至申时，测雨器水深四分。	SJW-J00070120-00200
4988	1849	8	31	1849	7	14	申时、酉时，测雨器水深四分。	SJW-J00070140-00200
4989	1849	9	8	1849	7	22	自开东至申时，测雨器水深三分。	SJW-J00070220-00200
4990	1849	9	9	1849	7	23	申时，测雨器水深一寸。	SJW-J00070230-00200
4991	1849	9	13	1849	7	27	未时、申时，测雨器水深八分。四更、五更，测雨器水深二分。	SJW-J00070270-00200
4992	1849	9	15	1849	7	29	自一更至开东，测雨器水深二分。	SJW-J00070290-00200
4993	1849	9	24	1849	8	8	自酉时至人定，测雨器水深一分。自二更至五更，测雨器水深一分。	SJW-J00080080-00200
4994	1849	9	26	1849	8	10	自三更至开东，测雨器水深五分。	SJW-J00080100-00200
4995	1849	9	27	1849	8	11	自开东至未时，测雨器水深一寸二分。	SJW-J00080110-00200
4996	1849	10	13	1849	8	27	五更，测雨器水深二分。	SJW-J00080270-00200
4997	1849	10	19	1849	9	4	自辰时至酉时，测雨器水深二分。	SJW-J00090040-00200
4998	1849	10	20	1849	9	5	自二更至五更，测雨器水深一分。	SJW-J00090050-00200
4999	1849	10	27	1849	9	12	自一更至五更，测雨器水深八分。	SJW-J00090120-00200
5000	1849	11	2	1849	9	18	自人定至五更，测雨器水深四分。	SJW-J00090180-00200
5001	1849	11	30	1849	10	16	自四更至开东，测雨器水深五分。	SJW-J00100160-00200

续表

编号	公历			农历			描述	ID编号
	年	月	日	年	月	日		
5002	1849	12	1	1849	10	17	自开东至人定，测雨器水深七分。自五更至开东，测雨器水深九分。	SJW-J00100170-00200
5003	1849	12	5	1849	10	21	自人定至开东，测雨器水深一寸五分。	SJW-J00100210-00200
5004	1850	1	1	1849	11	19	自三更至五更，测雨器水深一分。	SJW-J00110190-00200
5005	1850	3	9	1850	1	26	自未时至人定，测雨器水深二分。	SJW-J01010260-00200
5006	1850	4	2	1850	2	20	自午时至人定，测雨器水深七分。	SJW-J01020200-00200
5007	1850	4	3	1850	2	21	自辰时至申时，测雨器水深三分。	SJW-J01020210-00200
5008	1850	4	11	1850	2	29	自卯时至申时，测雨器水深二分。	SJW-J01020290-00200
5009	1850	4	13	1850	3	2	自卯时至未时，测雨器水深三分。	SJW-J01030020-00200
5010	1850	4	15	1850	3	4	自卯时至未时，测雨器水深三分。	SJW-J01030040-00200
5011	1850	4	25	1850	3	14	自未时至酉时，测雨器水深一分。	SJW-J01030140-00200
5012	1850	5	5	1850	3	24	自开东至卯时，测雨器水深二分。	SJW-J01030240-00200
5013	1850	5	17	1850	4	6	自卯时至未时，测雨器水深五分。	SJW-J01040060-00200
5014	1850	5	20	1850	4	9	自开东至午时，测雨器水深五分。	SJW-J01040090-00200
5015	1850.	5	26	1850	4	15	自辰时至人定，测雨器水深二寸八分。自人定至开东，测雨器水深八分。	SJW-J01040150-00200
5016	1850	5	29	1850	4	18	自未时至酉时，测雨器水深二分。	SJW-J01040180-00200
5017	1850	6	5	1850	4	25	自午时至人定，测雨器水深二寸八分。	SJW-J01040250-00200
5018	1850	6	5	1850	4	25	自人定至开东，测雨器水深二寸七分。	SJW-J01040250-00300
5019	1850	6	6	1850	4	26	自开东至未时，测雨器水深三分。	SJW-J01040260-00200
5020	1850	6	9	1850	4	29	辰时，测雨器水深一分。	SJW-J01040290-00200
5021	1850	6	12	1850	5	3	自开东，测雨器水深二分。	SJW-J01050030-00200
5022	1850	6	12	1850	5	3	自四更至开东，测雨器水深一分。	SJW-J01050030-00300
5023	1850	6	13	1850	5	4	自开东至午时，测雨器水深三分。	SJW-J01050040-00200
5024	1850	6	20	1850	5	11	自未时至开东，测雨器水深三分。	SJW-J01050110-00200
5025	1850	6	21	1850	5	12	自开东至人定，测雨器水深四分。	SJW-J01050120-00200
5026	1850	6	21	1850	5	12	自五更至开东，测雨器水深四分。	SJW-J01050120-00300
5027	1850	6	23	1850	5	14	自卯时至人定，测雨器水深八分。	SJW-J01050140-00200
5028	1850	6	25	1850	5	16	自人定至开东，测雨器水深一寸。	SJW-J01050160-00200
5029	1850	6	28	1850	5	19	申时、酉时，测雨器水深四分。	SJW-J01050190-00200
5030	1850	7	5	1850	5	26	自巳时至未时，测雨器水深三分。	SJW-J01050260-00200
5031	1850	7	7	1850	5	28	自卯时至酉时，测雨器水深一分。	SJW-J01050280-00200
5032	1850	7	11	1850	6	3	自人定至开东，测雨器水深五分。	SJW-J01060030-00200
5033	1850	7	12	1850	6	4	自酉时至人定，测雨器水深一分。	SJW-J01060040-00200
5034	1850	7	15	1850	6	7	自人定至开东，测雨器水深一寸二分。	SJW-J01060070-00200
5035	1850	7	16	1850	6	8	自开东至人定，测雨器水深二寸八分。	SJW-J01060080-00200
5036	1850	7	16	1850	6	8	自人定至开东，测雨器水深三寸三分。	SJW-J01060080-00300
5037	1850	7	17	1850	6	9	自开东至午时，测雨器水深二分。	SJW-J01060090-00200

续表

编号	公历			农历			描述	ID 编号
	年	月	日	年	月	日		
5038	1850	7	18	1850	6	10	自开东至未时,测雨器水深一分。	SJW-J01060100-00200
5039	1850	7	19	1850	6	11	自四更至开东,测雨器水深一寸四分。	SJW-J01060110-00200
5040	1850	7	20	1850	6	12	自开东至巳时,测雨器水深三分。	SJW-J01060120-00200
5041	1850	7	22	1850	6	14	自人定至开东,测雨器水深七分。	SJW-J01060140-00200
5042	1850	7	23	1850	6	15	自开东至人定,测雨器水深二寸三分。自人定至开东,测雨器水深六分。	SJW-J01060150-00200
5043	1850	7	24	1850	6	16	自开东至人定,测雨器水深八寸。	SJW-J01060160-00200
5044	1850	7	24	1850	6	16	自人定至开东,测雨器水深一寸八分。	SJW-J01060160-00300
5045	1850	7	25	1850	6	17	自开东至人定,测雨器水深四分。	SJW-J01060170-00200
5046	1850	7	25	1850	6	17	自人定至开东,测雨器水深二分。	SJW-J01060170-00300
5047	1850	7	26	1850	6	18	自开东至人定,测雨器水深一寸一分。	SJW-J01060180-00200
5048	1850	7	26	1850	6	18	自人定至开东,测雨器水深二寸。	SJW-J01060180-00300
5049	1850	7	27	1850	6	19	自开东至人定,测雨器水深一寸三分。	SJW-J01060190-00200
5050	1850	7	27	1850	6	19	自人定至五更,测雨器水深二分。	SJW-J01060190-00300
5051	1850	7	30	1850	6	22	自申时至酉时,测雨器水深一分。	SJW-J01060220-00200
5052	1850	7	30	1850	6	22	自人定至开东,测雨器水深二分。	SJW-J01060220-00300
5053	1850	7	31	1850	6	23	自开东至人定,测雨器水深二分。	SJW-J01060230-00200
5054	1850	7	31	1850	6	23	自人定至开东,测雨器水深一分。	SJW-J01060230-00300
5055	1850	8	1	1850	6	24	自开东至人定,测雨器水深七分。	SJW-J01060240-00200
5056	1850	8	1	1850	6	24	自人定至开东,测雨器水深四分。	SJW-J01060240-00300
5057	1850	8	3	1850	6	26	自辰时至酉时,测雨器水深九分。	SJW-J01060260-00200
5058	1850	8	7	1850	6	30	自辰时至人定,测雨器水深一寸二分。	SJW-J01060300-00200
5059	1850	8	7	1850	6	30	自人定至开东,测雨器水深一寸。	SJW-J01060300-00300
5060	1850	8	12	1850	7	5	自酉时至人定,测雨器水深二分。自人定至开东,测雨器水深一寸七分。	SJW-J01070050-00200
5061	1850	8	13	1850	7	6	自开东至申时,测雨器水深二分。	SJW-J01070060-00200
5062	1850	8	16	1850	7	9	四更、五更,测雨器水深一分。	SJW-J01070090-00200
5063	1850	8	17	1850	7	10	自辰时至人定,测雨器水深一寸。自五更至开东,测雨器水深三分。	SJW-J01070100-00200
5064	1850	8	18	1850	7	11	自巳时至申时,测雨器水深二分。	SJW-J01070110-00200
5065	1850	8	25	1850	7	18	自辰时至人定,测雨器水深二分。	SJW-J01070180-00200
5066	1850	8	27	1850	7	20	自卯时至酉时,测雨器水深三寸五分。	SJW-J01070200-00200
5067	1850	8	30	1850	7	23	自开东至未时,测雨器水深二分。自人定至二更,测雨器水深二分。	SJW-J01070230-00200
5068	1850	9	1	1850	7	25	自五更至开东,测雨器水深一分。	SJW-J01070250-00200
5069	1850	9	4	1850	7	28	自五更至开东,测雨器水深四分。	SJW-J01070280-00200
5070	1850	9	5	1850	7	29	自开东至巳时,测雨器水深二分。	SJW-J01070290-00200
5071	1850	9	20	1850	8	15	自辰时至人定,测雨器水深一寸。	SJW-J01080150-00200

续表

编号	公历			农历			描述	ID 编号
	年	月	日	年	月	日		
5072	1850	9	21	1850	8	16	自午时至人定，测雨器水深五分。自人定至开东，测雨器水深二分。	SJW-J01080160-00200
5073	1850	9	22	1850	8	17	自开东至人定，测雨器水深三分。自人定至开东，测雨器水深二分。	SJW-J01080170-00200
5074	1850	9	27	1850	8	22	辰时，测雨器水深二分。	SJW-J01080220-00200
5075	1850	10	11	1850	9	7	自辰时至人定，测雨器水深三分。	SJW-J01090070-00200
5076	1850	10	12	1850	9	8	自开东至午时，测雨器水深二分。	SJW-J01090080-00200
5077	1850	10	13	1850	9	9	自四更至开东，测雨器水深四分。	SJW-J01090090-00200
5078	1850	10	16	1850	9	12	自五更至开东，测雨器水深二分。	SJW-J01090120-00200
5079	1850	10	17	1850	9	13	自开东至酉时，测雨器水深三分。	SJW-J01090130-00200
5080	1850	10	24	1850	9	20	自五更，测雨器水深二分。	SJW-J01090200-00200
5081	1850	11	2	1850	9	29	自人定至四更，测雨器水深三分。	SJW-J01090290-00200
5082	1850	11	4	1850	10	1	四更、五更，测雨器水深二分。	SJW-J01100010-00200
5083	1850	11	7	1850	10	4	自午时至申时，测雨器水深五分。	SJW-J01100040-00200
5084	1850	11	9	1850	10	6	五更，测雨器水深三分。	SJW-J01100060-00200
5085	1850	11	10	1850	10	7	自巳时至申时，测雨器水深一分。	SJW-J01100070-00200
5086	1850	11	10	1850	10	7	自人定至三更，测雨器水深四分。	SJW-J01100070-00300
5087	1850	11	13	1850	10	10	自五更至开东，测雨器水深四分。	SJW-J01100100-00200
5088	1850	11	14	1850	10	11	自开东至人定，测雨器水深七分。	SJW-J01100110-00200
5089	1850	12	12	1850	11	9	自人定至五更，测雨器水深一寸。	SJW-J01110090-00200
5090	1851	3	12	1851	2	10	自申时至人定，测雨器水深一分。	SJW-J02020100-00200
5091	1851	3	18	1851	2	16	自人定至五更，测雨器水深三分。	SJW-J02020160-00200
5092	1851	3	23	1851	2	21	自申时至人定，测雨器水深一分。	SJW-J02020210-00200
5093	1851	3	27	1851	2	25	五更，测雨器水深二分。	SJW-J02020250-00200
5094	1851	3	30	1851	2	28	自二更至开东，测雨器水深一寸一分。	SJW-J02020280-00200
5095	1851	3	31	1851	2	29	自开东至未时，测雨器水深三分。	SJW-J02020290-00200
5096	1851	4	13	1851	3	12	自四更至开东，测雨器水深九分。	SJW-J02030120-00200
5097	1851	4	15	1851	3	14	自三更至开东，测雨器水深四分。	SJW-J02030140-00200
5098	1851	4	25	1851	3	24	自人定至开东，测雨器水深二分。	SJW-J02030240-00200
5099	1851	4	26	1851	3	25	自开东至人定，测雨器水深五分。	SJW-J02030250-00200
5100	1851	4	29	1851	3	28	自人定至开东，测雨器水深六分。	SJW-J02030280-00200
5101	1851	5	8	1851	4	8	自午时至人定，测雨器水深五分。	SJW-J02040080-00200
5102	1851	5	20	1851	4	20	自五更至开东，测雨器水深二分。	SJW-J02040200-00200
5103	1851	5	21	1851	4	21	自五更至午时，测雨器水深一寸五分。	SJW-J02040210-00200
5104	1851	5	25	1851	4	25	自卯时至人定，测雨器水深二分。	SJW-J02040250-00200
5105	1851	5	27	1851	4	27	自五更至是日开东，测雨器水深二分。	SJW-J02040270-00200
5106	1851	5	28	1851	4	28	自五更至开东，测雨器水深二分。	SJW-J02040280-00200
5107	1851	6	8	1851	5	9	自午时至人定，测雨器水深五分。	SJW-J02050090-00200

续表

编号	公历			农历			描述	ID编号
	年	月	日	年	月	日		
5108	1851	6	9	1851	5	10	自人定至开东，测雨器水深一寸三分。	SJW-J02050100-00200
5109	1851	6	28	1851	5	29	自未时至人定，测雨器水深五分。	SJW-J02050290-00200
5110	1851	6	29	1851	6	1	自人定至酉时，测雨器水深二寸七分。	SJW-J02060010-00200
5111	1851	7	1	1851	6	3	自申时至人定，测雨器水深二分。	SJW-J02060030-00200
5112	1851	7	2	1851	6	4	自人定至开东，测雨器水深二寸一分。	SJW-J02060040-00200
5113	1851	7	5	1851	6	7	自辰时至未时，测雨器水深二分。	SJW-J02060070-00200
5114	1851	7	8	1851	6	10	自五更至人定，测雨器水深八分。	SJW-J02060100-00200
5115	1851	7	9	1851	6	11	自人定至开东，测雨器水深三分。	SJW-J02060110-00200
5116	1851	7	12	1851	6	14	自开东至未时，测雨器水深八分。	SJW-J02060140-00200
5117	1851	7	13	1851	6	15	自五更至人定，测雨器水深三分。	SJW-J02060150-00200
5118	1851	7	14	1851	6	16	自开东至人定，测雨器水深三寸。	SJW-J02060160-00200
5119	1851	7	15	1851	6	17	自开东至人定，测雨器水深三分。	SJW-J02060170-01800
5120	1851	7	16	1851	6	18	自人定至五更，测雨器水深一寸。	SJW-J02060180-00200
5121	1851	7	21	1851	6	23	自五更至开东，测雨器水深三分。	SJW-J02060230-00200
5122	1851	7	22	1851	6	24	自开东至申时，测雨器水深八分。	SJW-J02060240-00200
5123	1851	7	25	1851	6	27	自卯时至申时，测雨器水深二分。	SJW-J02060270-00200
5124	1851	7	28	1851	7	1	自开东至未时，测雨器水深一分。	SJW-J02070010-00300
5125	1851	7	30	1851	7	3	自未时至人定，测雨器水深一分。	SJW-J02070030-00200
5126	1851	8	2	1851	7	6	未时，测雨器水深三分。	SJW-J02070060-00200
5127	1851	8	6	1851	7	10	自五更至开东，测雨器水深二分。	SJW-J02070100-00200
5128	1851	8	7	1851	7	11	自五更至开东，测雨器水深二分。	SJW-J02070110-00200
5129	1851	8	10	1851	7	14	自人定至五更，测雨器水深一寸。	SJW-J02070140-00200
5130	1851	8	11	1851	7	15	自开东至人定，测雨器水深四寸。	SJW-J02070150-00200
5131	1851	8	14	1851	7	18	自人定至酉时，测雨器水深二寸五分。	SJW-J02070180-00200
5132	1851	8	15	1851	7	19	自开东至申时，测雨器水深一寸八分。	SJW-J02070190-00200
5133	1851	8	16	1851	7	20	自五更至申时，测雨器水深三寸七分。	SJW-J02070200-00200
5134	1851	8	20	1851	7	24	自卯时至酉时，测雨器水深二分。	SJW-J02070240-00200
5135	1851	8	21	1851	7	25	自四更至午时，测雨器水深八分。	SJW-J02070250-00200
5136	1851	8	24	1851	7	28	自五更至申时，测雨器水深六分。	SJW-J02070280-00200
5137	1851	8	25	1851	7	29	自人定至申时，测雨器水深四寸七分。	SJW-J02070290-00200
5138	1851	8	26	1851	7	30	自人定至巳时，测雨器水深一寸二分。	SJW-J02070300-00200
5139	1851	8	27	1851	8	1	自午时至申时，测雨器水深六分。	SJW-J02080010-00200
5140	1851	8	28	1851	8	2	自人定至申时，测雨器水深二寸二分。	SJW-J02080020-00200
5141	1851	8	30	1851	8	4	自开东至人定，测雨器水深一寸五分。	SJW-J02080040-00200
5142	1851	8	31	1851	8	5	自昨天人定至今天人定，测雨器水深六寸。	SJW-J02080050-00200
5143	1851	9	1	1851	8	6	自酉时至人定，测雨器水深六分。	SJW-J02080060-00200
5144	1851	9	2	1851	8	7	自人定至开东，测雨器水深八分。	SJW-J02080070-00200
5145	1851	9	4	1851	8	9	自五更至人定，测雨器水深三寸二分。	SJW-J02080090-00200

续表

编号	公历			农历			描述	ID 编号
	年	月	日	年	月	日		
5146	1851	9	5	1851	8	10	自人定至午时,测雨器水深一尺一寸四分。	SJW-J02080100-00200
5147	1851	9	6	1851	8	11	自五更至人定,测雨器水深一寸八分。	SJW-J02080110-00200
5148	1851	9	8	1851	8	13	自五更至开东,测雨器水深二分。	SJW-J02080130-00200
5149	1851	9	14	1851	8	19	自四更,测雨器水深七分。	SJW-J02080190-00200
5150	1851	9	18	1851	8	23	自午时至四更,测雨器水深九分。	SJW-J02080230-00200
5151	1851	9	19	1851	8	24	自申时至人定,测雨器水深一分。	SJW-J02080240-00200
5152	1851	10	1	1851	闰 8	7	自五更至人定,测雨器水深四寸六分。	SJW-J02081070-00200
5153	1851	10	2	1851	闰 8	8	自人定至开东,测雨器水深三寸七分。	SJW-J02081080-00200
5154	1851	10	24	1851	9	1	自巳时至三更,测雨器水深七分。	SJW-J02090010-00200
5155	1851	11	3	1851	9	11	自五更至开东,测雨器水深五分。	SJW-J02090110-00200
5156	1851	11	23	1851	10	1	五更,测雨器水深二分。	SJW-J02100010-00200
5157	1852	1	29	1851	12	9	自人定至五更,测雨器水深九分。	SJW-J02120090-00200
5158	1852	4	3	1852	2	14	自人定至开东,测雨器水深二分。	SJW-J03020140-00200
5159	1852	4	20	1852	3	2	自人定至五更,测雨器水深五分。	SJW-J03030020-00200
5160	1852	4	21	1852	3	3	自人定至五更,测雨器水深五分。	SJW-J03030030-00200
5161	1852	5	8	1852	3	20	自巳时至人定,测雨器水深一寸。	SJW-J03030200-00200
5162	1852	5	9	1852	3	21	自人定至开东,测雨器水深六分。	SJW-J03030210-00200
5163	1852	5	11	1852	3	23	自卯时至未时,测雨器水深六分。	SJW-J03030230-00200
5164	1852	5	13	1852	3	25	自五更至开东,测雨器水深三分。	SJW-J03030250-00200
5165	1852	5	25	1852	4	7	自开东至人定,测雨器水深二寸九分。	SJW-J03040070-00200
5166	1852	5	26	1852	4	8	自人定至开东,测雨器水深二分。	SJW-J03040080-00200
5167	1852	5	31	1852	4	13	自寅时至人定,测雨器水深一寸。	SJW-J03040130-00200
5168	1852	6	14	1852	4	27	自开东,测雨器水深五分。	SJW-J03040270-00200
5169	1852	6	15	1852	4	28	自昨天人定至今天人定,测雨器水深二分。	SJW-J03040280-00200
5170	1852	6	17	1852	4	30	自未时至人定,测雨器水深七分。	SJW-J03040300-00200
5171	1852	6	18	1852	5	1	自开东至人定,测雨器水深九分。	SJW-J03050010-00200
5172	1852	6	19	1852	5	2	自人定至开东,测雨器水深二分。	SJW-J03050020-00200
5173	1852	6	20	1852	5	3	自午时至五更,测雨器水深一寸。	SJW-J03050030-00200
5174	1852	6	23	1852	5	6	自申时至五更,测雨器水深一寸一分。	SJW-J03050060-00200
5175	1852	6	26	1852	5	9	自开东至人定,测雨器水深二寸二分。	SJW-J03050090-00200
5176	1852	6	30	1852	5	13	自开东至人定,测雨器水深六分。	SJW-J03050130-00200
5177	1852	7	4	1852	5	17	自开东至酉时,测雨器水深九分。	SJW-J03050170-00200
5178	1852	7	6	1852	5	19	自开东至人定,测雨器水深七分。	SJW-J03050190-00200
5179	1852	7	7	1852	5	20	自昨天人定至今天人定,测雨器水深三分。	SJW-J03050200-00200
5180	1852	7	10	1852	5	23	自申时至人定,测雨器水深二分。	SJW-J03050230-00200
5181	1852	7	11	1852	5	24	自人定至酉时,测雨器水深五分。	SJW-J03050240-00200
5182	1852	7	12	1852	5	25	自开东至人定,测雨器水深二分。	SJW-J03050250-00200
5183	1852	7	13	1852	5	26	自昨天人定至今天人定,测雨器水深四寸七分。	SJW-J03050260-00200

续表

编号	公历			农历			描述	ID 编号
	年	月	日	年	月	日		
5184	1852	7	14	1852	5	27	自昨天人定至今天人定,测雨器水深五寸四分。	SJW-J03050270-00200
5185	1852	7	15	1852	5	28	自人定至辰时,测雨器水深一寸。	SJW-J03050280-00200
5186	1852	7	17	1852	6	1	自人定至开东,测雨器水深二分。	SJW-J03060010-00200
5187	1852	7	18	1852	6	2	自人定至开东,测雨器水深三分。	SJW-J03060020-00200
5188	1852	7	19	1852	6	3	自申时至人定,测雨器水深七寸一分。	SJW-J03060030-00200
5189	1852	7	20	1852	6	4	自开东至人定,测雨器水深二寸一分。	SJW-J03060040-00200
5190	1852	7	21	1852	6	5	自人定至五更,测雨器水深二分。	SJW-J03060050-00200
5191	1852	7	22	1852	6	6	自卯时至酉时,测雨器水深一寸。	SJW-J03060060-00200
5192	1852	7	25	1852	6	9	自三更至开东,测雨器水深一寸二分。	SJW-J03060090-00200
5193	1852	8	8	1852	6	23	自寅时至申时,测雨器水深一寸八分。	SJW-J03060230-00200
5194	1852	8	22	1852	7	8	自人定至开东,测雨器水深一寸四分。	SJW-J03070080-00200
5195	1852	8	28	1852	7	14	自开东至人定,测雨器水深五分。	SJW-J03070140-00200
5196	1852	8	29	1852	7	15	自卯时至人定,测雨器水深八分。	SJW-J03070150-00200
5197	1852	9	2	1852	7	19	自巳时至未时,测雨器水深一寸四分。	SJW-J03070190-00200
5198	1852	9	10	1852	7	27	自午时至人定,测雨器水深二分。	SJW-J03070270-00200
5199	1852	9	11	1852	7	28	自开东至人定,测雨器水深二寸四分。	SJW-J03070280-00200
5200	1852	9	12	1852	7	29	自人定至开东,测雨器水深一寸。	SJW-J03070290-00200
5201	1852	9	17	1852	8	4	自五更至午时,测雨器水深三分。	SJW-J03080040-00200
5202	1852	10	13	1852	9	1	自午时至申时,测雨器水深三分。	SJW-J03090010-00200
5203	1852	11	5	1852	9	24	自开东至酉时,测雨器水深一寸三分。	SJW-J03090240-00200
5204	1852	11	6	1852	9	25	自未时至子时,测雨器水深二分。	SJW-J03090250-00200
5205	1852	11	7	1852	9	26	五更,测雨器水深二分。	SJW-J03090260-00200
5206	1852	11	15	1852	10	4	自五更至开东,测雨器水深一分。	SJW-J03100040-00200
5207	1852	11	16	1852	10	5	自开东至申时,测雨器水深三分。	SJW-J03100050-00200
5208	1852	11	22	1852	10	11	自辰时至人定,测雨器水深六分。	SJW-J03100110-00200
5209	1852	11	23	1852	10	12	午时,测雨器水深一分。	SJW-J03100120-00200
5210	1852	11	28	1852	10	17	自五更至开东,测雨器水深二分。	SJW-J03100170-00200
5211	1852	11	29	1852	10	18	自五更至开东,测雨器水深二分。	SJW-J03100180-00200
5212	1853	1	6	1852	11	27	自人定至五更,测雨器水深一分。	SJW-J03110270-00200
5213	1853	3	3	1853	1	24	五更,测雨器水深一分。	SJW-J04010240-00200
5214	1853	3	8	1853	1	29	自辰时至申时,测雨器水深三分。	SJW-J04010290-00200
5215	1853	3	21	1853	2	12	自申时至人定,测雨器水深一分。	SJW-J04020120-00200
5216	1853	3	25	1853	2	16	自开东至五更,测雨器水深一寸五分。	SJW-J04020160-00200
5217	1853	4	2	1853	2	24	自申时至五更,测雨器水深五分。	SJW-J04020240-00200
5218	1853	4	8	1853	3	1	自开东至人定,测雨器水深二寸六分。	SJW-J04030010-00200
5219	1853	4	11	1853	3	4	自五更至巳时,测雨器水深七分。	SJW-J04030040-00200
5220	1853	4	14	1853	3	7	自巳时至人定,测雨器水深二分。	SJW-J04030070-00200
5221	1853	4	15	1853	3	8	自人定至午时,测雨器水深七分。	SJW-J04030080-00200

续表

编号	公历			农历			描述	ID 编号
	年	月	日	年	月	日		
5222	1853	4	26	1853	3	19	自巳时至未时，测雨器水深二分。	SJW-J04030190-00200
5223	1853	4	30	1853	3	23	自四更至开东，测雨器水深一寸五分。	SJW-J04030230-00200
5224	1853	5	2	1853	3	25	自卯时至辰时，测雨器水深一分。	SJW-J04030250-00200
5225	1853	5	13	1853	4	6	自人定至开东，测雨器水深一寸六分。	SJW-J04040060-00200
5226	1853	5	15	1853	4	8	自去人定至开东，测雨器水深三分。	SJW-J04040080-00200
5227	1853	5	16	1853	4	9	自开东至人定，测雨器水深三分。	SJW-J04040090-00200
5228	1853	5	22	1853	4	15	自二更至酉时，测雨器水深七分。	SJW-J04040150-00200
5229	1853	5	26	1853	4	19	自未时至酉时，测雨器水深一寸二分。	SJW-J04040190-00200
5230	1853	6	21	1853	5	15	自人定至开东，测雨器水深四分。	SJW-J04050150-00200
5231	1853	6	25	1853	5	19	自卯时至申时，测雨器水深六分。	SJW-J04050190-00200
5232	1853	6	29	1853	5	23	自开东至巳时，测雨器水深一分。	SJW-J04050230-00200
5233	1853	7	3	1853	5	27	自巳时至申时，测雨器水深二分。	SJW-J04050270-00200
5234	1853	7	8	1853	6	3	自二更至三更，测雨器水深三分。	SJW-J04060030-00200
5235	1853	7	9	1853	6	4	自卯时至午时，测雨器水深八分。	SJW-J04060040-00200
5236	1853	7	14	1853	6	9	自午时至酉时，测雨器水深五分。	SJW-J04060090-00200
5237	1853	7	15	1853	6	10	自四更至人定，测雨器水深六寸三分。	SJW-J04060100-00200
5238	1853	7	16	1853	6	11	自昨天人定至今天人定，测雨器水深二寸八分。	SJW-J04060110-00200
5239	1853	7	17	1853	6	12	自开东至人定，测雨器水深一寸九分。	SJW-J04060120-00200
5240	1853	7	18	1853	6	13	自开东至卯时，测雨器水深四分。	SJW-J04060130-00200
5241	1853	7	29	1853	6	24	自卯时至酉时，测雨器水深二分。	SJW-J04060240-00200
5242	1853	8	15	1853	7	11	自卯时至巳时，测雨器水深二分。	SJW-J04070110-00200
5243	1853	8	18	1853	7	14	自巳时至酉时，测雨器水深二分。	SJW-J04070140-00200
5244	1853	8	21	1853	7	17	自申时至人定，测雨器水深六分。	SJW-J04070170-00200
5245	1853	8	22	1853	7	18	自酉时至二更，测雨器水深八分。	SJW-J04070180-00200
5246	1853	8	25	1853	7	21	自开东至五更，测雨器水深二寸二分。	SJW-J04070210-00200
5247	1853	8	29	1853	7	25	二更，测雨器水深四分。	SJW-J04070250-00200
5248	1853	8	31	1853	7	27	巳时，测雨器水深一分。	SJW-J04070270-00200
5249	1853	9	1	1853	7	28	自开东至申时，测雨器水深一分。	SJW-J04070280-00200
5250	1853	9	5	1853	8	3	自一更至开东，测雨器水深一分。	SJW-J04080030-00300
5251	1853	9	29	1853	8	27	自五更至开东，测雨器水深一寸五分。	SJW-J04080270-00200
5252	1853	9	30	1853	8	28	自人定至开东，测雨器水深三分。	SJW-J04080280-00200
5253	1853	10	3	1853	9	1	自四更至开东，测雨器水深五分。	SJW-J04090010-00200
5254	1853	10	17	1853	9	15	自巳时至申时，测雨器水深五分。	SJW-J04090150-00200
5255	1853	10	27	1853	9	25	自开东至巳时，测雨器水深四分。	SJW-J04090250-00200
5256	1853	11	1	1853	10	1	自开东至人定，测雨器水深九分。	SJW-J04100010-00200
5257	1853	11	3	1853	10	3	自开东至四更，测雨器水深六分。	SJW-J04100030-00200
5258	1853	11	8	1853	10	8	自辰时至申时，测雨器水深一分。	SJW-J04100080-00200
5259	1853	11	10	1853	10	10	自五更至开东，测雨器水深二分。	SJW-J04100100-00200

续表

编号	公历			农历			描述	ID 编号
	年	月	日	年	月	日		
5260	1853	11	15	1853	10	15	自五更至开东,测雨器水深二分。	SJW-J04100150-00200
5261	1853	11	18	1853	10	18	自三更至开东,测雨器水深三分。	SJW-J04100180-00200
5262	1853	11	27	1853	10	27	自午时至人定,测雨器水深三分。	SJW-J04100270-00200
5263	1854	1	18	1853	12	20	自人定至巳时,测雨器水深一寸四分。	SJW-J04120200-00200
5264	1854	3	5	1854	2	7	自开东至午时,测雨器水深三分。	SJW-J05020070-00200
5265	1854	4	2	1854	3	5	自昨天四更至今天三更,测雨器水深一寸三分。	SJW-J05030050-00200
5266	1854	4	22	1854	3	25	自巳时至未时,测雨器水深五分。	SJW-J05030250-00200
5267	1854	5	8	1854	4	12	自申时至人定,测雨器水深三分。	SJW-J05040120-00200
5268	1854	5	9	1854	4	13	自人定至开东,测雨器水深一寸二分。	SJW-J05040130-00200
5269	1854	5	11	1854	4	15	自申时至人定,测雨器水深八分。	SJW-J05040150-00200
5270	1854	5	12	1854	4	16	自人定至开东,测雨器水深七分。	SJW-J05040160-00200
5271	1854	5	18	1854	4	22	自卯时至酉时,测雨器水深一分。	SJW-J05040220-00200
5272	1854	5	24	1854	4	28	自二更至开东,测雨器水深四分。	SJW-J05040280-00200
5273	1854	6	6	1854	5	11	自三更至开东,测雨器水深四分。	SJW-J05050110-00200
5274	1854	6	23	1854	5	28	自开东至人定,测雨器水深二寸八分。	SJW-J05050280-00200
5275	1854	6	24	1854	5	29	自人定至开东,测雨器水深三分。	SJW-J05050290-00200
5276	1854	6	25	1854	6	1	自五更至人定,测雨器水深五分。	SJW-J05060010-00200
5277	1854	6	26	1854	6	2	自午时至人定,测雨器水深三分。	SJW-J05060020-00200
5278	1854	6	27	1854	6	3	自人定至开东,测雨器水深二分。	SJW-J05060030-00200
5279	1854	6	29	1854	6	5	自开东至人定,测雨器水深二寸四分。	SJW-J05060050-00200
5280	1854	6	30	1854	6	6	自人定至开东,测雨器水深二分。	SJW-J05060060-00200
5281	1854	7	6	1854	6	12	自巳时至酉时,测雨器水深一寸二分。	SJW-J05060120-00200
5282	1854	7	7	1854	6	13	自二更至开东,测雨器水深二分。	SJW-J05060130-00200
5283	1854	7	10	1854	6	16	自三更至今天人定,测雨器水深一寸九分。	SJW-J05060160-00200
5284	1854	7	11	1854	6	17	自二更至今天人定,测雨器水深四寸二分。	SJW-J05060170-00200
5285	1854	7	12	1854	6	18	自二更至今天人定,测雨器水深一寸八分。	SJW-J05060180-00200
5286	1854	7	13	1854	6	19	自人定至今天人定,测雨器水深一寸九分。	SJW-J05060190-00200
5287	1854	7	15	1854	6	21	自未时至人定,测雨器水深五分。	SJW-J05060210-00200
5288	1854	7	16	1854	6	22	自昨天人定至今天人定,测雨器水深七寸三分。	SJW-J05060220-00200
5289	1854	7	17	1854	6	23	自人定至开东,测雨器水深一寸一分。	SJW-J05060230-00200
5290	1854	7	19	1854	6	25	自辰时至人定,测雨器水深二分。	SJW-J05060250-00200
5291	1854	7	20	1854	6	26	自昨天人定至今天人定,测雨器水深一寸五分。	SJW-J05060260-00200
5292	1854	7	21	1854	6	27	自人定至开东,测雨器水深二分。	SJW-J05060270-00200
5293	1854	7	24	1854	6	30	自昨天人定至今天人定,测雨器水深三寸九分。	SJW-J05060300-00200
5294	1854	7	25	1854	7	1	自人定至申时,测雨器水深三寸九分。	SJW-J05070010-00200
5295	1854	7	29	1854	7	5	自二更至今天申时,测雨器水深九分。	SJW-J05070050-00200
5296	1854	8	3	1854	7	10	自午时至人定,测雨器水深六分。	SJW-J05070100-00200
5297	1854	8	6	1854	7	13	自卯时至人定,测雨器水深一寸二分。	SJW-J05070130-00200

续表

编号	公历			农历			描述	ID 编号
	年	月	日	年	月	日		
5298	1854	8	7	1854	7	14	自昨天人定至今天人定，测雨器水深二寸一分。	SJW-J05070140-00200
5299	1854	8	11	1854	7	18	自卯时至人定，测雨器水深一寸八分。	SJW-J05070180-00200
5300	1854	8	12	1854	7	19	自昨天人定至今天人定，测雨器水深六寸五分。	SJW-J05070190-00200
5301	1854	8	14	1854	7	21	自未时至人定，测雨器水深一寸。	SJW-J05070210-00200
5302	1854	8	15	1854	7	22	自人定至开东，测雨器水深三分。	SJW-J05070220-00200
5303	1854	8	17	1854	7	24	自人定至酉时，测雨器水深三寸五分。	SJW-J05070240-00200
5304	1854	8	22	1854	7	29	自四更至开东，测雨器水深三寸四分。	SJW-J05070290-00200
5305	1854	8	28	1854	闰 7	5	自辰时至人定，测雨器水深七分。自人定至开东，测雨器水深四分。	SJW-J05071050-00200
5306	1854	9	6	1854	闰 7	14	自卯时至人定，测雨器水深一寸九分。	SJW-J05071140-00200
5307	1854	9	7	1854	闰 7	15	自卯时至人定，测雨器水深七分。自人定至五更，测雨器水深五分。	SJW-J05071150-00200
5308	1854	9	14	1854	闰 7	22	自卯时至申时，测雨器水深一分。	SJW-J05071220-00200
5309	1854	9	19	1854	闰 7	27	自卯时至人定，测雨器水深八分。	SJW-J05071270-00200
5310	1854	9	21	1854	闰 7	29	自五更至开东，测雨器水深六分。	SJW-J05071290-00200
5311	1854	9	28	1854	8	7	辰时，测雨器水深三分。	SJW-J05080070-00200
5312	1854	10	17	1854	8	26	自午时至人定，测雨器水深一寸五分。	SJW-J05080260-00200
5313	1854	10	18	1854	8	27	自人定至五更，测雨器水深四分。	SJW-J05080270-00200
5314	1854	10	20	1854	8	29	自卯时至申时，测雨器水深一分。	SJW-J05080290-00200
5315	1854	10	28	1854	9	7	自五更至开东，测雨器水深五分。	SJW-J05090070-00200
5316	1854	10	30	1854	9	9	自五更至开东，测雨器水深三分。	SJW-J05090090-00200
5317	1854	11	7	1854	9	17	自人定至开东，测雨器水深二分。	SJW-J05090170-00200
5318	1854	11	20	1854	10	1	自四更至五更，测雨器水深二分。	SJW-J05100010-00200
5319	1854	12	7	1854	10	18	自开东至人定，测雨器水深三分。	SJW-J05100180-00200
5320	1855	1	12	1854	11	24	自三更至开东，测雨器水深五分。	SJW-J05110240-00200
5321	1855	1	13	1854	11	25	自开东至申时，测雨器水深四分。	SJW-J05110250-00200
5322	1855	3	16	1855	1	28	自卯时至申时，测雨器水深一寸五分。	SJW-J06010280-00200
5323	1855	3	29	1855	2	12	自午时至人定，测雨器水深二分。	SJW-J06020120-00200
5324	1855	4	11	1855	2	25	自卯时至人定，测雨器水深四分。	SJW-J06020250-00200
5325	1855	4	12	1855	2	26	自人定至辰时，测雨器水深二寸一分。	SJW-J06020260-00200
5326	1855	4	16	1855	3	1	自开东至人定，测雨器水深二寸二分。	SJW-J06030010-00200
5327	1855	4	17	1855	3	2	自人定至巳时，测雨器水深一寸六分。	SJW-J06030020-00200
5328	1855	4	28	1855	3	13	自卯时至人定，测雨器水深四分。	SJW-J06030130-00200
5329	1855	4	29	1855	3	14	自人定至子时，测雨器水深二寸四分。	SJW-J06030140-00200
5330	1855	5	2	1855	3	17	自巳时至人定，测雨器水深九分。	SJW-J06030170-00200
5331	1855	5	3	1855	3	18	自人定至开东，测雨器水深六分。	SJW-J06030180-00200
5332	1855	5	4	1855	3	19	自聞東至申时，测雨器水深一寸六分。	SJW-J06030190-00200
5333	1855	5	9	1855	3	24	自昨天人定至今天人定，测雨器水深四寸二分。	SJW-J06030240-00200

续表

编号	公历			农历			描述	ID 编号
	年	月	日	年	月	日		
5334	1855	5	13	1855	3	28	自三更至开东，测雨器水深二分。	SJW-J06030280-00200
5335	1855	5	20	1855	4	5	自申时至人定，测雨器水深一分。自人定至开东，测雨器水深二分。	SJW-J06040050-00200
5336	1855	5	22	1855	4	7	自初更至开东，测雨器水深一寸二分。	SJW-J06040070-00200
5337	1855	5	26	1855	4	11	自开东至午时，测雨器水深一寸。	SJW-J06040110-00200
5338	1855	6	2	1855	4	18	自巳时至人定，测雨器水深二寸五分。	SJW-J06040180-00200
5339	1855	6	3	1855	4	19	自开东至申时，测雨器水深一寸二分。	SJW-J06040190-00200
5340	1855	6	6	1855	4	22	自开东至申时，测雨器水深四分。	SJW-J06040220-00200
5341	1855	6	7	1855	4	23	自申时至人定，测雨器水深四分。	SJW-J06040230-00200
5342	1855	6	9	1855	4	25	自辰时至未时，测雨器水深二分。	SJW-J06040250-00200
5343	1855	6	17	1855	5	4	自辰时至巳时，测雨器水深一分。	SJW-J06050040-00200
5344	1855	6	18	1855	5	5	自卯时至巳时，测雨器水深二分。	SJW-J06050050-00200
5345	1855	6	21	1855	5	8	未时，测雨器水深二分。	SJW-J06050080-00200
5346	1855	6	26	1855	5	13	自开东至酉时，测雨器水深三寸八分。	SJW-J06050130-00200
5347	1855	6	27	1855	5	14	自人定至午时，测雨器水深五寸八分。	SJW-J06050140-00200
5348	1855	6	29	1855	5	16	自卯时至人定，测雨器水深一寸五分。	SJW-J06050160-00200
5349	1855	6	30	1855	5	17	自人定至开东，测雨器水深六分。	SJW-J06050170-00200
5350	1855	7	1	1855	5	18	自开东至酉时，测雨器水深五分。	SJW-J06050180-00200
5351	1855	7	3	1855	5	20	自未时至人定，测雨器水深五分。	SJW-J06050200-00200
5352	1855	7	5	1855	5	22	自卯时至酉时，测雨器水深七分。	SJW-J06050220-00200
5353	1855	7	7	1855	5	24	自巳时至人定，测雨器水深四分。	SJW-J06050240-00200
5354	1855	7	8	1855	5	25	自人定至开东，测雨器水深三分。	SJW-J06050250-00200
5355	1855	7	21	1855	6	8	自开东至未时，测雨器水深九分。	SJW-J06060080-00200
5356	1855	8	3	1855	6	21	自五更至人定，测雨器水深四寸三分。	SJW-J06060210-00200
5357	1855	8	4	1855	6	22	自卯时至未时，测雨器水深八分。	SJW-J06060220-00200
5358	1855	8	12	1855	6	30	自开东至午时，测雨器水深六分。	SJW-J06060300-00200
5359	1855	8	15	1855	7	3	自卯时至人定，测雨器水深八分。	SJW-J06070030-00200
5360	1855	8	16	1855	7	4	自昨天人定至今天人定，测雨器水深六分。	SJW-J06070040-00200
5361	1855	8	27	1855	7	15	自二更至四更，测雨器水深八分。	SJW-J06070150-00200
5362	1855	9	12	1855	8	2	申时，测雨器水深五分。	SJW-J06080020-00200
5363	1855	9	17	1855	8	7	自辰时至人定，测雨器水深一寸五分。	SJW-J06080070-00200
5364	1855	9	22	1855	8	12	自五更至申时，测雨器水深一寸。	SJW-J06080120-00200
5365	1855	9	23	1855	8	13	自未时至人定，测雨器水深三分。	SJW-J06080130-00200
5366	1855	9	24	1855	8	14	自昨天人定至今天人定，测雨器水深一寸三分。	SJW-J06080140-00200
5367	1855	9	26	1855	8	16	自人定至开东，测雨器水深二分。	SJW-J06080160-00200
5368	1855	10	7	1855	8	27	自初更至申时，测雨器水深二寸二分。	SJW-J06080270-00200
5369	1855	10	12	1855	9	2	自辰时至未时，测雨器水深一分。	SJW-J06090020-00200
5370	1855	10	16	1855	9	6	五更，测雨器水深三分。	SJW-J06090060-00200

续表

编号	公历			农历			描述	ID编号
	年	月	日	年	月	日		
5371	1855	11	16	1855	10	7	自辰时至人定,测雨器水深六分。	SJW-J06100070-00200
5372	1855	11	17	1855	10	8	自人定至开东,测雨器水深一寸三分。	SJW-J06100080-00200
5373	1855	11	18	1855	10	9	自二更至开东,测雨器水深五分。	SJW-J06100090-00200
5374	1855	12	2	1855	10	23	自二更至三更,测雨器水深一分。	SJW-J06100230-00200
5375	1856	1	20	1855	12	13	五更,测雨器水深一分。	SJW-J06120130-00200
5376	1856	2	15	1856	1	10	自开东至申时,测雨器水深四分。	SJW-J07010100-00200
5377	1856	3	7	1856	2	1	自辰时至酉时,测雨器水深二寸二分。	SJW-J07020010-00200
5378	1856	3	21	1856	2	15	自二更至开东,测雨器水深八分。	SJW-J07020150-00300
5379	1856	3	22	1856	2	16	自开东至酉时,测雨器水深九分。	SJW-J07020160-00200
5380	1856	4	4	1856	2	29	自五更至开东,测雨器水深四分。	SJW-J07020290-00200
5381	1856	4	5	1856	3	1	自五更至开东,测雨器水深四分。	SJW-J07030010-00200
5382	1856	4	17	1856	3	13	自午时至人定,测雨器水深二分。	SJW-J07030130-00200
5383	1856	4	18	1856	3	14	自人定至开东,测雨器水深九分。	SJW-J07030140-00200
5384	1856	4	20	1856	3	16	自辰时至申时,测雨器水深二分。	SJW-J07030160-00200
5385	1856	4	25	1856	3	21	自申时至人定,测雨器水深四分。	SJW-J07030210-00200
5386	1856	4	26	1856	3	22	自未时至酉时,测雨器水深一分。	SJW-J07030220-00200
5387	1856	4	30	1856	3	26	自五更至开东,测雨器水深二分。	SJW-J07030260-00200
5388	1856	5	22	1856	4	19	自人定至开东,测雨器水深五分。自开东至人定,测雨器水深四分。	SJW-J07040190-00200
5389	1856	5	23	1856	4	20	自人定至开东,测雨器水深五分。自开东至午时,测雨器水深一寸。	SJW-J07040200-00200
5390	1856	5	27	1856	4	24	自人定至开东,测雨器水深五分。自开东至未时,测雨器水深九分。	SJW-J07040240-00200
5391	1856	5	31	1856	4	28	自卯时至申时,测雨器水深二分。	SJW-J07040280-00200
5392	1856	6	4	1856	5	2	自五更至午时,测雨器水深五分。	SJW-J07050020-00200
5393	1856	6	23	1856	5	21	自二更至开东,测雨器水深四分。	SJW-J07050210-00200
5394	1856	6	29	1856	5	27	自午时至人定,测雨器水深二寸二分。自人定至五更,测雨器水深五分。	SJW-J07050270-00200
5395	1856	7	2	1856	6	1	自开东至人定,测雨器水深一寸二分。	SJW-J07060010-00200
5396	1856	7	3	1856	6	2	自五更至人定,测雨器水深一寸九分。	SJW-J07060020-00200
5397	1856	7	4	1856	6	3	自昨天人定至今天人定,测雨器水深二寸。	SJW-J07060030-00200
5398	1856	7	8	1856	6	7	自开东至人定,测雨器水深三寸四分。	SJW-J07060070-00200
5399	1856	7	9	1856	6	8	自人定至申时,测雨器水深七分。	SJW-J07060080-00200
5400	1856	7	10	1856	6	9	自开东至酉时,测雨器水深一寸七分。	SJW-J07060090-00200
5401	1856	8	8	1856	7	8	自人定至未时,测雨器水深三寸二分。	SJW-J07070080-00200
5402	1856	8	19	1856	7	19	自人定至巳时,测雨器水深一寸九分。	SJW-J07070190-00200
5403	1856	8	24	1856	7	24	自人定至五更,测雨器水深四分。	SJW-J07070240-00200
5404	1856	8	27	1856	7	27	自开东至申时,测雨器水深一寸三分。	SJW-J07070270-00200

续表

编号	公历			农历			描述	ID 编号
	年	月	日	年	月	日		
5405	1856	8	28	1856	7	28	自五更至人定,测雨器水深三寸二分。	SJW-J07070280-00200
5406	1856	8	29	1856	7	29	自人定至申时,测雨器水深八分。	SJW-J07070290-00200
5407	1856	9	1	1856	8	3	自开东至人定,测雨器水深五寸五分。	SJW-J07080030-00200
5408	1856	9	4	1856	8	6	自辰时至申时,测雨器水深六分。	SJW-J07080060-00200
5409	1856	9	5	1856	8	7	自一更至开东,测雨器水深三分。	SJW-J07080070-00200
5410	1856	9	6	1856	8	8	自午时至人定,测雨器水深五分。	SJW-J07080080-00200
5411	1856	9	7	1856	8	9	自四更至开东,测雨器水深一寸六分。	SJW-J07080090-00200
5412	1856	9	9	1856	8	11	自五更至未时,测雨器水深九分。	SJW-J07080110-00200
5413	1856	9	14	1856	8	16	自开东至申时,测雨器水深一寸二分。	SJW-J07080160-00200
5414	1856	9	22	1856	8	24	自辰时至人定,测雨器水深六分。	SJW-J07080240-00200
5415	1856	9	23	1856	8	25	自人定至开东,测雨器水深二寸七分。	SJW-J07080250-00200
5416	1856	9	28	1856	8	30	自未时至五更,测雨器水深二寸八分。	SJW-J07080300-00200
5417	1856	10	12	1856	9	14	自卯时至申时,测雨器水深二分。	SJW-J07090140-00200
5418	1856	10	20	1856	9	22	自五更至申时,测雨器水深一寸四分。	SJW-J07090220-00200
5419	1856	11	17	1856	10	20	自二更至开东,测雨器水深一寸三分。	SJW-J07100200-00200
5420	1856	12	1	1856	11	4	自人定至四更,测雨器水深六分。	SJW-J07110040-00200
5421	1857	2	22	1857	1	28	自五更至未时,测雨器水深二寸二分。	SJW-J08010280-00200
5422	1857	3	6	1857	2	11	自人定至五更,测雨器水深四分。	SJW-J08020110-00200
5423	1857	3	13	1857	2	18	自五更至开东,测雨器水深五分。	SJW-J08020180-00200
5424	1857	3	14	1857	2	19	自开东至午时,测雨器水深一分。	SJW-J08020190-00200
5425	1857	3	17	1857	2	22	自午时至人定,测雨器水深二分。	SJW-J08020220-00200
5426	1857	3	27	1857	3	2	自开东至未时,测雨器水深一寸。	SJW-J08030020-00200
5427	1857	4	9	1857	3	15	自未时至酉时,测雨器水深一分。	SJW-J08030150-00200
5428	1857	4	11	1857	3	17	自五更至人定,测雨器水深二寸六分。	SJW-J08030170-00200
5429	1857	4	12	1857	3	18	自人定至申时,测雨器水深二寸六分。	SJW-J08030180-00200
5430	1857	4	15	1857	3	21	自卯时至申时,测雨器水深三分。	SJW-J08030210-00200
5431	1857	4	23	1857	3	29	自人定至五更,测雨器水深三分。	SJW-J08030290-00200
5432	1857	5	1	1857	4	8	自开东至未时,测雨器水深一分。	SJW-J08040080-00200
5433	1857	5	2	1857	4	9	自二更至人定,测雨器水深二寸二分。	SJW-J08040090-00200
5434	1857	5	3	1857	4	10	自昨天人定至今天人定,测雨器水深一寸六分。	SJW-J08040100-00200
5435	1857	5	4	1857	4	11	自人定至申时,测雨器水深二寸二分。	SJW-J08040110-00200
5436	1857	5	5	1857	4	12	自申时至五更,测雨器水深六分。	SJW-J08040120-00200
5437	1857	5	6	1857	4	13	自卯时至申时,测雨器水深八分。	SJW-J08040130-00200
5438	1857	5	7	1857	4	14	自巳时至未时,测雨器水深四分。	SJW-J08040140-00200
5439	1857	5	9	1857	4	16	自卯时至申时,测雨器水深二分。	SJW-J08040160-00200
5440	1857	5	12	1857	4	19	自人定至开东,测雨器水深三分。	SJW-J08040190-00200
5441	1857	5	25	1857	5	3	自开东至午时,测雨器水深二分。	SJW-J08050030-00200
5442	1857	6	5	1857	5	14	自五更至辰时,测雨器水深二分。	SJW-J08050140-00200

续表

编号	公历			农历			描述	ID 编号
	年	月	日	年	月	日		
5443	1857	6	8	1857	5	17	自巳时至酉时,测雨器水深三分。	SJW-J08050170-00200
5444	1857	6	10	1857	5	19	自人定至开东,测雨器水深二分。	SJW-J08050190-00200
5445	1857	6	21	1857	5	30	自辰时至人定,测雨器水深五寸八分。	SJW-J08050300-00200
5446	1857	6	22	1857	闰 5	1	自人定至开东,测雨器水深二分。	SJW-J08051010-00200
5447	1857	6	24	1857	闰 5	3	自人定至未时,测雨器水深六分。	SJW-J08051030-00200
5448	1857	6	28	1857	闰 5	7	自五更至酉时,测雨器水深三寸。	SJW-J08051070-00200
5449	1857	6	29	1857	闰 5	8	自四更至开东,测雨器水深六分。	SJW-J08051080-00200
5450	1857	6	30	1857	闰 5	9	自五更至人定,测雨器水深一寸九分。	SJW-J08051090-00200
5451	1857	7	3	1857	闰 5	12	自卯时至人定,测雨器水深一寸四分。	SJW-J08051120-00200
5452	1857	7	4	1857	闰 5	13	自昨天人定至今天人定,测雨器水深八分。	SJW-J08051130-00200
5453	1857	7	5	1857	闰 5	14	自人定至巳时,测雨器水深二寸。	SJW-J08051140-00200
5454	1857	7	7	1857	闰 5	16	自巳时至酉时,测雨器水深二分。	SJW-J08051160-00200
5455	1857	7	11	1857	闰 5	20	自辰时至未时,测雨器水深一寸一分。	SJW-J08051200-00200
5456	1857	7	14	1857	闰 5	23	自巳时至人定,测雨器水深二寸二分。	SJW-J08051230-00200
5457	1857	7	15	1857	闰 5	24	自昨天人定至今天人定,测雨器水深四寸一分。	SJW-J08051240-00200
5458	1857	7	24	1857	6	4	自昨天人定至今天人定,测雨器水深一寸八分。	SJW-J08060040-00200
5459	1857	7	27	1857	6	7	自五更至开东,测雨器水深八分。	SJW-J08060070-00200
5460	1857	7	28	1857	6	8	自二更至人定,测雨器水深六分。	SJW-J08060080-00200
5461	1857	8	6	1857	6	17	自开东至巳时,测雨器水深一分。	SJW-J08060170-00200
5462	1857	8	7	1857	6	18	自开东至三更,测雨器水深七寸五分。	SJW-J08060180-00200
5463	1857	8	9	1857	6	20	自五更至巳时,测雨器水深一寸九分。	SJW-J08060200-00200
5464	1857	8	10	1857	6	21	自开东至辰时,测雨器水深四分。	SJW-J08060210-00200
5465	1857	8	13	1857	6	24	自五更至开东,测雨器水深一分。	SJW-J08060240-00200
5466	1857	8	25	1857	7	6	自五更至巳时,测雨器水深一寸九分。	SJW-J08070060-00200
5467	1857	9	2	1857	7	14	自五更至开东,测雨器水深六分。	SJW-J08070140-00200
5468	1857	9	4	1857	7	16	自四更至人定,测雨器水深三寸四分。	SJW-J08070160-00200
5469	1857	9	5	1857	7	17	自人定至午时,测雨器水深一寸九分。	SJW-J08070170-00200
5470	1857	9	6	1857	7	18	自开东至人定,测雨器水深一寸五分。	SJW-J08070180-00200
5471	1857	9	8	1857	7	20	自卯时至人定,测雨器水深二寸一分。	SJW-J08070200-00200
5472	1857	9	9	1857	7	21	自昨天人定至今天人定,测雨器水深五寸三分。	SJW-J08070210-00200
5473	1857	9	10	1857	7	22	自人定至未时,测雨器水深三寸一分。	SJW-J08070220-00200
5474	1857	10	18	1857	9	1	自五更至开东,测雨器水深三分。自开东至未时,测雨器水深三分。	SJW-J08090010-00200
5475	1857	10	26	1857	9	9	自人定至三更,测雨器水深三分。	SJW-J08090090-00200
5476	1857	12	9	1857	10	24	自巳时至人定,测雨器水深三分。	SJW-J08100240-00200
5477	1857	12	10	1857	10	25	自人定至开东,测雨器水深一寸。	SJW-J08100250-00200
5478	1857	12	22	1857	11	7	自开东至未时,测雨器水深二分。	SJW-J08110070-00200
5479	1858	1	5	1857	11	21	自开东至未时,测雨器水深七分。	SJW-J08110210-00200

续表

编号	公历			农历			描述	ID 编号
	年	月	日	年	月	日		
5480	1858	3	8	1858	1	23	卯时，测雨器水深一分。	SJW-J09010230-00200
5481	1858	3	27	1858	2	13	自五更至开东，测雨器水深二分。	SJW-J09020130-00200
5482	1858	4	1	1858	2	18	自子时至人定，测雨器水深八分。	SJW-J09020180-00200
5483	1858	4	11	1858	2	28	自巳时至人定，测雨器水深二分。	SJW-J09020280-00200
5484	1858	4	14	1858	3	1	自巳时至人定，测雨器水深四分。	SJW-J09030010-00200
5485	1858	4	23	1858	3	10	自开东至人定，测雨器水深一寸四分。	SJW-J09030100-00200
5486	1858	4	24	1858	3	11	自人定至开东，测雨器水深二分。	SJW-J09030110-00200
5487	1858	5	3	1858	3	20	自五更至酉时，测雨器水深六分。	SJW-J09030200-00200
5488	1858	5	7	1858	3	24	自人定至申时，测雨器水深二寸二分。	SJW-J09030240-00200
5489	1858	5	18	1858	4	6	自午时至酉时，测雨器水深一分。	SJW-J09040060-00200
5490	1858	6	2	1858	4	21	自午时至申时，测雨器水深一寸九分。	SJW-J09040210-00200
5491	1858	6	20	1858	5	10	自开东至巳时，测雨器水深一寸四分。	SJW-J09050100-00200
5492	1858	6	23	1858	5	13	自开东至申时，测雨器水深二分。	SJW-J09050130-00200
5493	1858	6	29	1858	5	19	自开东至人定，测雨器水深二寸四分。	SJW-J09050190-00200
5494	1858	6	30	1858	5	20	自开东至辰时，测雨器水深三分。	SJW-J09050200-00200
5495	1858	7	2	1858	5	22	自卯时至酉时，测雨器水深二寸。	SJW-J09050220-00200
5496	1858	7	9	1858	5	29	自寅时至申时，测雨器水深四分。	SJW-J09050290-00200
5497	1858	7	10	1858	5	30	自酉时至人定，测雨器水深一分。	SJW-J09050300-00200
5498	1858	7	11	1858	6	1	自开东至申时，测雨器水深一分。	SJW-J09060010-00200
5499	1858	7	12	1858	6	2	自开东至申时，测雨器水深八分。	SJW-J09060020-00200
5500	1858	7	17	1858	6	7	自开东至人定，测雨器水深二寸一分。	SJW-J09060070-00200
5501	1858	7	18	1858	6	8	自开东至申时，测雨器水深九分。	SJW-J09060080-00200
5502	1858	7	19	1858	6	9	自五更至开东，测雨器水深三分。	SJW-J09060090-00200
5503	1858	7	22	1858	6	12	自五更至人定，测雨器水深四寸五分。	SJW-J09060120-00200
5504	1858	7	23	1858	6	13	自初更至巳时，测雨器水深四寸六分。	SJW-J09060130-00200
5505	1858	8	4	1858	6	25	自开东至午时，测雨器水深三分。	SJW-J09060250-00200
5506	1858	8	6	1858	6	27	自卯时至午时，测雨器水深七分。	SJW-J09060270-00200
5507	1858	8	8	1858	6	29	自辰时至酉时，测雨器水深七分。	SJW-J09060290-00200
5508	1858	8	10	1858	7	2	自开东至申时，测雨器水深四分。	SJW-J09070020-00200
5509	1858	8	11	1858	7	3	自巳时至午时，测雨器水深四分。	SJW-J09070030-00200
5510	1858	8	29	1858	7	21	自辰时至酉时，测雨器水深四分。	SJW-J09070210-00200
5511	1858	8	30	1858	7	22	自开东至四更，测雨器水深五寸八分。	SJW-J09070220-00200
5512	1858	9	3	1858	7	26	自五更至开东，测雨器水深一寸四分。	SJW-J09070260-00200
5513	1858	9	4	1858	7	27	自人定至酉时，测雨器水深二寸五分。	SJW-J09070270-00200
5514	1858	9	15	1858	8	9	自卯时至酉时，测雨器水深一寸八分。	SJW-J09080090-00200
5515	1858	9	19	1858	8	13	自辰时至申时，测雨器水深二分。	SJW-J09080130-00300
5516	1858	9	20	1858	8	14	自辰时至未时，测雨器水深五分。	SJW-J09080140-00300
5517	1858	9	23	1858	8	17	自午时至人定，测雨器水深三分。	SJW-J09080170-00300

续表

编号	公历			农历			描述	ID 编号
	年	月	日	年	月	日		
5518	1858	9	27	1858	8	21	申时，测雨器水深三分。	SJW-J09080210-00300
5519	1858	10	1	1858	8	25	自未时至人定，测雨器水深三分。	SJW-J09080250-00300
5520	1858	10	5	1858	8	29	自酉时至人定，测雨器水深二分。	SJW-J09080290-00400
5521	1858	10	26	1858	9	20	自一更至五更，测雨器水深六分。	SJW-J09090200-00200
5522	1858	10	29	1858	9	23	申时、酉时，测雨器水深三分。	SJW-J09090230-00200
5523	1858	11	6	1858	10	1	自人定至五更，测雨器水深四分。	SJW-J09100010-00200
5524	1858	11	9	1858	10	4	自五更至开东，测雨器水深五分。	SJW-J09100040-00200
5525	1858	11	10	1858	10	5	自开东至申时，测雨器水深三分。	SJW-J09100050-00200
5526	1858	11	11	1858	10	6	五更，测雨器水深四分。	SJW-J09100060-00200
5527	1858	11	14	1858	10	9	自五更至开东，测雨器水深二分。	SJW-J09100090-00200
5528	1858	11	18	1858	10	13	申时、酉时，测雨器水深三分。	SJW-J09100130-00200
5529	1858	11	20	1858	10	15	自五更至开东，测雨器水深一分。	SJW-J09100150-00200
5530	1858	11	24	1858	10	19	自辰时至未时，测雨器水深四分。	SJW-J09100190-00200
5531	1858	12	6	1858	11	2	自人定至三更，测雨器水深二分。	SJW-J09110020-00200
5532	1858	12	21	1858	11	17	自五更至开东，测雨器水深三分。	SJW-J09110170-00200
5533	1858	12	22	1858	11	18	自开东至巳时，测雨器水深一分。	SJW-J09110180-00200
5534	1859	3	25	1859	2	21	自午时至人定，测雨器水深三分。	SJW-J10020210-00200
5535	1859	4	2	1859	2	29	自辰时至未时，测雨器水深六分。	SJW-J10020290-00200
5536	1859	4	7	1859	3	5	自五更至三更，测雨器水深二寸七分。	SJW-J10030050-00200
5537	1859	4	9	1859	3	7	自巳时至申时，测雨器水深二分。	SJW-J10030070-00200
5538	1859	4	15	1859	3	13	自辰时至人定，测雨器水深九分。	SJW-J10030130-00200
5539	1859	4	16	1859	3	14	自人定至开东，测雨器水深七分。	SJW-J10030140-00200
5540	1859	4	19	1859	3	17	自巳时至人定，测雨器水深五分。	SJW-J10030170-00200
5541	1859	4	20	1859	3	18	自人定至午时，测雨器水深一寸四分。	SJW-J10030180-00200
5542	1859	4	26	1859	3	24	自申时至人定，测雨器水深六分。	SJW-J10030240-00200
5543	1859	4	27	1859	3	25	自人定至开东，测雨器水深五分。	SJW-J10030250-00200
5544	1859	5	2	1859	3	30	自申时至人定，测雨器水深三分。	SJW-J10030300-00200
5545	1859	5	6	1859	4	4	自卯时至酉时，测雨器水深六分。	SJW-J10040040-00200
5546	1859	5	11	1859	4	9	自开东至人定，测雨器水深五分。自人定至开东，测雨器水深一寸四分。	SJW-J10040090-00200
5547	1859	5	12	1859	4	10	自开东至巳时，测雨器水深四分。	SJW-J10040100-00200
5548	1859	6	2	1859	5	2	自申时至人定，测雨器水深一分。	SJW-J10050020-00200
5549	1859	6	6	1859	5	6	自二更至开东，测雨器水深七分。	SJW-J10050060-00200
5550	1859	6	14	1859	5	14	自午时至申时，测雨器水深一分。	SJW-J10050140-00200
5551	1859	6	18	1859	5	18	自巳时至人定，测雨器水深一寸四分。自人定至开东，测雨器水深二寸七分。	SJW-J10050180-00200
5552	1859	6	19	1859	5	19	自开东至未时，测雨器水深二分。	SJW-J10050190-00200
5553	1859	6	20	1859	5	20	自寅时至巳时，测雨器水深六分。	SJW-J10050200-00200

续表

编号	公历			农历			描述	ID 编号
	年	月	日	年	月	日		
5554	1859	6	20	1859	5	20	自五更至开东,测雨器水深四分。	SJW-J10050200-00300
5555	1859	6	21	1859	5	21	自四更至开东,测雨器水深二分。	SJW-J10050210-00200
5556	1859	6	23	1859	5	23	自辰时至人定,测雨器水深一寸一分。	SJW-J10050230-00200
5557	1859	6	23	1859	5	23	自人定至开东,测雨器水深六分。	SJW-J10050230-00300
5558	1859	6	26	1859	5	26	自卯时至酉时,测雨器水深七分。	SJW-J10050260-00200
5559	1859	6	28	1859	5	28	自人定至开东,测雨器水深六分。	SJW-J10050280-00200
5560	1859	7	9	1859	6	10	自酉时至人定,测雨器水深五分。	SJW-J10060100-00200
5561	1859	7	10	1859	6	11	午时、未时,测雨器水深一分。	SJW-J10060110-00200
5562	1859	7	15	1859	6	16	自巳时至未时,测雨器水深三分。自二更至开东,测雨器水深一寸八分。	SJW-J10060160-00200
5563	1859	7	16	1859	6	17	自开东至人定,测雨器水深二寸五分。	SJW-J10060170-00200
5564	1859	7	17	1859	6	18	自开东至人定,测雨器水深二分。自人定至开东,测雨器水深一寸三分。	SJW-J10060180-00200
5565	1859	7	18	1859	6	19	自开东至人定,测雨器水深四分。自人定至开东,测雨器水深二分。	SJW-J10060190-00200
5566	1859	7	19	1859	6	20	自开东至申时,测雨器水深一分。	SJW-J10060200-00200
5567	1859	7	21	1859	6	22	自辰时至人定,测雨器水深三分。自人定至开东,测雨器水深三分。	SJW-J10060220-00200
5568	1859	7	22	1859	6	23	自开东至未时,测雨器水深三分。自四更至开东,测雨器水深二分。	SJW-J10060230-00200
5569	1859	7	23	1859	6	24	自开东至人定,测雨器水深一寸八分。	SJW-J10060240-00200
5570	1859	7	24	1859	6	25	自辰时至人定,测雨器水深二分。自人定至开东,测雨器水深四分。	SJW-J10060250-00200
5571	1859	7	25	1859	6	26	自人定至开东,测雨器水深七分。	SJW-J10060260-00200
5572	1859	7	26	1859	6	27	自开东至人定,测雨器水深二寸二分。自人定至开东,测雨器水深二寸四分。	SJW-J10060270-00200
5573	1859	7	27	1859	6	28	自开东至未时,测雨器水深二寸六分。	SJW-J10060280-00200
5574	1859	7	28	1859	6	29	自一更至开东,测雨器水深三分。	SJW-J10060290-00200
5575	1859	7	29	1859	6	30	自五更至开东,测雨器水深二分。	SJW-J10060300-00200
5576	1859	7	30	1859	7	1	自五更至开东,测雨器水深五分。	SJW-J10070010-00200
5577	1859	7	31	1859	7	2	自开东至申时,测雨器水深一寸一分。	SJW-J10070020-00200
5578	1859	8	4	1859	7	6	自开东至午时,测雨器水深一分。	SJW-J10070060-00200
5579	1859	8	6	1859	7	8	自未时至人定,测雨器水深二分。	SJW-J10070080-00200
5580	1859	8	6	1859	7	8	自人定至开东,测雨器水深三寸八分。	SJW-J10070080-00300
5581	1859	8	7	1859	7	9	自开东至未时,测雨器水深二分。	SJW-J10070090-00200
5582	1859	8	8	1859	7	10	自五更至开东,测雨器水深一分。	SJW-J10070100-00200
5583	1859	8	9	1859	7	11	自开东至人定,测雨器水深一寸四分。	SJW-J10070110-00200
5584	1859	8	10	1859	7	12	自开东至未时,测雨器水深七分。	SJW-J10070120-00200

续表

编号	公历			农历			描述	ID 编号
	年	月	日	年	月	日		
5585	1859	8	10	1859	7	12	自二更至开东，测雨器水深八分。	SJW-J10070120-00300
5586	1859	8	11	1859	7	13	自开东至人定，测雨器水深一寸一分。	SJW-J10070130-00200
5587	1859	8	26	1859	7	28	自卯时至申时，测雨器水深三分。	SJW-J10070280-00200
5588	1859	8	29	1859	8	2	辰时、巳时，测雨器水深三分。	SJW-J10080020-00200
5589	1859	8	31	1859	8	4	自辰时至人定，测雨器水深三寸六分。自人定至开东，测雨器水深一寸二分。	SJW-J10080040-00200
5590	1859	9	1	1859	8	5	自开东至午时，测雨器水深二分。	SJW-J10080050-00200
5591	1859	9	3	1859	8	7	自卯时至人定，测雨器水深三寸四分。	SJW-J10080070-00200
5592	1859	9	23	1859	8	27	五更，测雨器水深二分。	SJW-J10080270-00200
5593	1859	10	22	1859	9	27	自人定至三更，测雨器水深二分。	SJW-J10090270-00200
5594	1859	10	27	1859	10	2	五更，测雨器水深四分。	SJW-J10100020-00200
5595	1859	11	13	1859	10	19	自五更至开东，测雨器水深二分。	SJW-J10100190-00200
5596	1859	11	14	1859	10	20	自开东至人定，测雨器水深一寸五分。自人定至四更，测雨器水深三分。	SJW-J10100200-00200
5597	1859	11	22	1859	10	28	自开东至巳时，测雨器水深二分。	SJW-J10100280-00200
5598	1859	11	23	1859	10	29	自五更至开东，测雨器水深三分。	SJW-J10100290-00200
5599	1859	12	3	1859	11	10	自开东至巳时，测雨器水深三分。	SJW-J10110100-00200
5600	1860	3	1	1860	2	9	自四更至开东，测雨器水深一分。	SJW-J11020090-00200
5601	1860	3	2	1860	2	10	自开东至申时，测雨器水深一分。	SJW-J11020100-00200
5602	1860	3	11	1860	2	19	自申时至人定，测雨器水深三分。	SJW-J11020190-00200
5603	1860	3	12	1860	2	20	自人定至五更，测雨器水深一分。	SJW-J11020200-00200
5604	1860	4	8	1860	3	18	自人定至开东，测雨器水深二分。	SJW-J11030180-00200
5605	1860	4	18	1860	3	28	自午时至人定，测雨器水深一寸六分。	SJW-J11030280-00200
5606	1860	4	25	1860	闰3	5	自午时至人定，测雨器水深一寸五分。	SJW-J11031050-00200
5607	1860	4	25	1860	闰3	5	自人定至开东，测雨器水深六分。	SJW-J11031050-00300
5608	1860	5	1	1860	闰3	11	自辰时至人定，测雨器水深一寸二分。	SJW-J11031110-00200
5609	1860	5	9	1860	闰3	19	自开东至申时，测雨器水深一寸二分。	SJW-J11031190-00200
5610	1860	5	13	1860	闰3	23	自午时至人定，测雨器水深三分。	SJW-J11031230-00200
5611	1860	5	15	1860	闰3	25	自三更至开东，测雨器水深四分。	SJW-J11031250-00200
5612	1860	5	27	1860	4	7	自巳时至人定，测雨器水深五分。自人定至开东，测雨器水深五分。	SJW-J11040070-00200
5613	1860	5	28	1860	4	8	自人定至开东，测雨器水深五分。	SJW-J11040080-00200
5614	1860	5	29	1860	4	9	自卯时至酉时，测雨器水深一分。	SJW-J11040090-00200
5615	1860	5	29	1860	4	9	自二更至三更，测雨器水深一分。	SJW-J11040090-00300
5616	1860	6	18	1860	4	29	自人定至开东，测雨器水深五分。自开东至人定，测雨器水深一寸。	SJW-J11040290-00200
5617	1860	6	19	1860	5	1	自人定至开东，测雨器水深五分。	SJW-J11050010-00200
5618	1860	6	23	1860	5	5	自卯时至未时，测雨器水深一寸一分。	SJW-J11050050-00200

续表

编号	公历			农历			描述	ID 编号
	年	月	日	年	月	日		
5619	1860	6	27	1860	5	9	自申时至人定,测雨器水深三分。	SJW-J11050090-00300
5620	1860	7	11	1860	5	23	自巳时至人定,测雨器水深一寸一分。	SJW-J11050230-00300
5621	1860	7	11	1860	5	23	自人定至开东,测雨器水深二寸九分。	SJW-J11050230-00400
5622	1860	7	12	1860	5	24	自开东至人定,测雨器水深三寸三分。	SJW-J11050240-00200
5623	1860	7	12	1860	5	24	自人定至开东,测雨器水深一寸五分。	SJW-J11050240-00400
5624	1860	7	13	1860	5	25	自开东至人定,测雨器水深八分。	SJW-J11050250-00200
5625	1860	7	14	1860	5	26	自开东至人定,测雨器水深四寸四分。	SJW-J11050260-00200
5626	1860	7	14	1860	5	26	自人定至开东,测雨器水深二寸二分。	SJW-J11050260-00400
5627	1860	7	15	1860	5	27	自开东至人定,测雨器水深四寸二分。	SJW-J11050270-00200
5628	1860	7	15	1860	5	27	自人定至开东,测雨器水深七分。	SJW-J11050270-00400
5629	1860	7	16	1860	5	28	自开东至未时,测雨器水深一寸九分。	SJW-J11050280-00200
5630	1860	7	16	1860	5	28	自三更至开东,测雨器水深一寸一分。	SJW-J11050280-00400
5631	1860	7	17	1860	5	29	自卯时至申时,测雨器水深二寸。	SJW-J11050290-00200
5632	1860	7	18	1860	6	1	自开东至人定,测雨器水深二分。	SJW-J11060010-00200
5633	1860	7	18	1860	6	1	自人定至开东,测雨器水深二分。	SJW-J11060010-00300
5634	1860	7	19	1860	6	2	自开东至未时,测雨器水深一寸二分。	SJW-J11060020-00200
5635	1860	7	19	1860	6	2	自三更至开东,测雨器水深一寸九分。	SJW-J11060020-00300
5636	1860	7	21	1860	6	4	自开东至申时,测雨器水深五分。	SJW-J11060040-00200
5637	1860	7	23	1860	6	6	自开东至申时,测雨器水深六分。	SJW-J11060060-00200
5638	1860	7	24	1860	6	7	自开东至人定,测雨器水深一寸一分。	SJW-J11060070-00200
5639	1860	7	24	1860	6	7	自人定至开东,测雨器水深二分。	SJW-J11060070-00300
5640	1860	7	26	1860	6	9	自开东至巳时,测雨器水深七分。	SJW-J11060090-00200
5641	1860	7	27	1860	6	10	自一更至开东,测雨器水深一寸。	SJW-J11060100-00200
5642	1860	7	30	1860	6	13	自未明至人定,测雨器水深一寸。	SJW-J11060130-00200
5643	1860	7	30	1860	6	13	自人定至开东,测雨器水深九分。	SJW-J11060130-00300
5644	1860	8	1	1860	6	15	自辰时至酉时,测雨器水深三分。	SJW-J11060150-00200
5645	1860	8	2	1860	6	16	自申时至酉时,测雨器水深三分。	SJW-J11060160-00200
5646	1860	8	3	1860	6	17	自卯时至人定,测雨器水深三寸一分。	SJW-J11060170-00200
5647	1860	8	5	1860	6	19	自开东至人定,测雨器水深一寸二分。	SJW-J11060190-00200
5648	1860	8	5	1860	6	19	自人定至开东,测雨器水深一分。	SJW-J11060190-00300
5649	1860	8	6	1860	6	20	自辰时至人定,测雨器水深一寸五分。	SJW-J11060200-00200
5650	1860	8	6	1860	6	20	自人定至开东,测雨器水深二分。	SJW-J11060200-00300
5651	1860	8	8	1860	6	22	自开东至未时,测雨器水深四分。	SJW-J11060220-00200
5652	1860	8	9	1860	6	23	自开东至酉时,测雨器水深二寸二分。	SJW-J11060230-00200
5653	1860	8	13	1860	6	27	自巳时至人定,测雨器水深三分。	SJW-J11060270-00200
5654	1860	8	13	1860	6	27	自人定至五更,测雨器水深五分。	SJW-J11060270-00300
5655	1860	8	16	1860	6	30	自开东至酉时,测雨器水深二寸五分。	SJW-J11060300-00200
5656	1860	8	18	1860	7	2	自开东至人定,测雨器水深二分。	SJW-J11070020-00200

续表

编号	公历			农历			描述	ID 编号
	年	月	日	年	月	日		
5657	1860	8	18	1860	7	2	自人定至五更，测雨器水深二分。	SJW-J11070020-00300
5658	1860	8	21	1860	7	5	自辰时至未时，测雨器水深三分。	SJW-J11070050-00200
5659	1860	8	21	1860	7	5	自二更至开东，测雨器水深二分。	SJW-J11070050-00300
5660	1860	8	22	1860	7	6	自开东至申时，测雨器水深五分。	SJW-J11070060-00200
5661	1860	8	23	1860	7	7	自开东至人定，测雨器水深一寸。	SJW-J11070070-00200
5662	1860	8	24	1860	7	8	自开东至人定，测雨器水深九分。	SJW-J11070080-00200
5663	1860	8	24	1860	7	8	自人定至开东，测雨器水深一寸一分。	SJW-J11070080-00300
5664	1860	8	25	1860	7	9	自开东至酉时，测雨器水深四分。	SJW-J11070090-00200
5665	1860	8	27	1860	7	11	自未时至人定，测雨器水深一寸一分。	SJW-J11070110-00200
5666	1860	8	29	1860	7	13	自未时至人定，测雨器水深一寸。	SJW-J11070130-00200
5667	1860	8	30	1860	7	14	自开东至申时，测雨器水深一寸六分。	SJW-J11070140-00200
5668	1860	9	12	1860	7	27	自申时至人定，测雨器水深七分。	SJW-J11070270-00200
5669	1860	9	26	1860	8	12	自人定至五更，测雨器水深八分。	SJW-J11080120-00200
5670	1860	10	1	1860	8	17	自人定至开东，测雨器水深三分。	SJW-J11080170-00200
5671	1860	10	10	1860	8	26	自人定至五更，测雨器水深九分。	SJW-J11080260-00200
5672	1860	10	16	1860	9	3	自午时至人定，测雨器水深五分。	SJW-J11090030-00200
5673	1860	10	18	1860	9	5	自卯时至未时，测雨器水深二分。	SJW-J11090050-00200
5674	1860	10	20	1860	9	7	自五更至开东，测雨器水深三分。	SJW-J11090070-00300
5675	1860	10	25	1860	9	12	未时，测雨器水深一分。四更、五更，测雨器水深一分。	SJW-J11090120-00200
5676	1860	11	3	1860	9	21	自三更至开东，测雨器水深二分。	SJW-J11090210-00300
5677	1860	11	21	1860	10	9	自开东至人定，测雨器水深九分。自人定至五更，测雨器水深一寸一分。	SJW-J11100090-00200
5678	1860	12	13	1860	11	2	自三更至开东，测雨器水深三分。	SJW-J11110020-00200
5679	1860	12	29	1860	11	18	自申时，测雨器水深四分。	SJW-J11110180-00200
5680	1861	2	6	1860	12	27	自人定开东，测雨器水深九分。	SJW-J11120270-00200
5681	1861	2	7	1860	12	28	自开东至申时，测雨器水深四分。	SJW-J11120280-00200
5682	1861	4	7	1861	2	28	自卯时至人定，测雨器水深三分。自人定至开东，测雨器水深四分。	SJW-J12020280-00200
5683	1861	4	20	1861	3	11	自卯时至人定，测雨器水深二分。	SJW-J12030110-00200
5684	1861	4	20	1861	3	11	自人定至五更，测雨器水深一分。	SJW-J12030110-00300
5685	1861	4	24	1861	3	15	自巳时至人定，测雨器水深一寸二分。	SJW-J12030150-00200
5686	1861	4	25	1861	3	16	自卯时至午时，测雨器水深一分。	SJW-J12030160-00200
5687	1861	4	27	1861	3	18	自辰时至人定，测雨器水深一寸三分。	SJW-J12030180-00200
5688	1861	5	5	1861	3	26	自卯时至人定，测雨器水深五分。	SJW-J12030260-00200
5689	1861	5	11	1861	4	2	自开东至酉时，测雨器水深二寸三分。	SJW-J12040020-00300
5690	1861	5	18	1861	4	9	自未时至酉时，测雨器水深三分。	SJW-J12040090-00200
5691	1861	5	19	1861	4	10	自午时至申时，测雨器水深三分。	SJW-J12040100-00200

续表

编号	公历			农历			描述	ID 编号
	年	月	日	年	月	日		
5692	1861	6	18	1861	5	11	自辰时至申时,测雨器水深二分。	SJW-J12050110-00200
5693	1861	6	19	1861	5	12	自辰时至未时,测雨器水深三分。	SJW-J12050120-00200
5694	1861	6	20	1861	5	13	自巳时至人定,测雨器水深一寸三分。自人定至开东,测雨器水深四分。	SJW-J12050130-00200
5695	1861	6	21	1861	5	14	自开东至人定,测雨器水深一寸五分。自人定至开东,测雨器水深一寸八分。	SJW-J12050140-00200
5696	1861	6	22	1861	5	15	自开东至午时,测雨器水深三分。	SJW-J12050150-00200
5697	1861	6	25	1861	5	18	自开东至未时,测雨器水深五寸八分。	SJW-J12050180-00200
5698	1861	6	28	1861	5	21	自卯时至人定,测雨器水深五分。	SJW-J12050210-00200
5699	1861	6	28	1861	5	21	自人定至开东,测雨器水深一寸八分。	SJW-J12050210-00300
5700	1861	6	29	1861	5	22	自开东至午时,测雨器水深四分。	SJW-J12050220-00200
5701	1861	6	30	1861	5	23	自未时至人定,测雨器水深二分。	SJW-J12050230-00200
5702	1861	7	11	1861	6	4	自三更至开东,测雨器水深一分。	SJW-J12060040-00300
5703	1861	7	13	1861	6	6	自辰时至人定,测雨器水深五分。	SJW-J12060060-00200
5704	1861	7	14	1861	6	7	自开东至未时,测雨器水深一寸六分。	SJW-J12060070-00200
5705	1861	7	15	1861	6	8	自辰时至申时,测雨器水深七分。	SJW-J12060080-00200
5706	1861	7	25	1861	6	18	卯时、辰时,测雨器水深二分。	SJW-J12060180-00200
5707	1861	7	26	1861	6	19	自人定,测雨器水深一寸。	SJW-J12060190-00300
5708	1861	7	27	1861	6	20	自开东至申时,测雨器水深三分。	SJW-J12060200-00200
5709	1861	7	27	1861	6	20	自人定至开东,测雨器水深四分。	SJW-J12060200-00400
5710	1861	7	29	1861	6	22	自卯时至人定,测雨器水深五分。	SJW-J12060220-00200
5711	1861	8	2	1861	6	26	自开东至人定,测雨器水深九分。	SJW-J12060260-00200
5712	1861	8	2	1861	6	26	自人定至开东,测雨器水深一寸七分。	SJW-J12060260-00400
5713	1861	8	5	1861	6	29	自午时至人定,测雨器水深四分。	SJW-J12060290-00200
5714	1861	8	15	1861	7	10	申时,测雨器水深一分。	SJW-J12070100-00200
5715	1861	8	18	1861	7	13	未时、申时,测雨器水深一分。	SJW-J12070130-00200
5716	1861	8	18	1861	7	13	自五更至开东,测雨器水深九分。	SJW-J12070130-00400
5717	1861	8	19	1861	7	14	自开东至巳时,测雨器水深七分。	SJW-J12070140-00200
5718	1861	9	6	1861	8	2	申时,测雨器水深二分。	SJW-J12080020-00200
5719	1861	9	7	1861	8	3	自巳时至人定,测雨器水深一分。自三更至开东,测雨器水深二寸七分。	SJW-J12080030-00200
5720	1861	9	8	1861	8	4	自开东至申时,测雨器水深二分。	SJW-J12080040-00200
5721	1861	9	17	1861	8	13	开东,测雨器水深二分。	SJW-J12080130-00200
5722	1861	9	24	1861	8	20	酉时,测雨器水深一分。	SJW-J12080200-00200
5723	1861	9	28	1861	8	24	自午时至人定,测雨器水深一分。自人定至开东,测雨器水深六分。	SJW-J12080240-00200
5724	1861	10	5	1861	9	2	自人定至开东,测雨器水深六分。	SJW-J12090020-00200
5725	1861	10	28	1861	9	25	自卯时至人定,测雨器水深六分。	SJW-J12090250-00200

续表

编号	公历			农历			描述	ID 编号
	年	月	日	年	月	日		
5726	1861	11	6	1861	10	4	自五更至开东，测雨器水深二分。	SJW-J12100040-00200
5727	1861	11	7	1861	10	5	自开东至未时，测雨器水深四分。	SJW-J12100050-00200
5728	1861	11	7	1861	10	5	自人定至开东，测雨器水深七分。	SJW-J12100050-00300
5729	1861	11	14	1861	10	12	自午时至申时，测雨器水深四分。	SJW-J12100120-00200
5730	1861	11	14	1861	10	12	自五更至开东，测雨器水深三分。	SJW-J12100120-00300
5731	1861	11	15	1861	10	13	未时，测雨器水深二分。	SJW-J12100130-00200
5732	1861	11	23	1861	10	21	自五更至开东，测雨器水深六分。	SJW-J12100210-00200
5733	1861	12	1	1861	10	29	自开东至人定，测雨器水深二分。	SJW-J12100290-00200
5734	1862	2	28	1862	1	30	自人定至开东，测雨器水深二分。	SJW-J13010300-00200
5735	1862	3	24	1862	2	24	自未时至人定，测雨器水深一分。	SJW-J13020240-00200
5736	1862	4	3	1862	3	5	自开东至申时，测雨器水深一分。	SJW-J13030050-00200
5737	1862	4	6	1862	3	8	自午时至申时，测雨器水深五分。	SJW-J13030080-00200
5738	1862	4	13	1862	3	15	自午时至人定，测雨器水深八分。	SJW-J13030150-00200
5739	1862	4	16	1862	3	18	自未时至申时，测雨器水深一分。	SJW-J13030180-00200
5740	1862	4	23	1862	3	25	自人定至未时，测雨器水深六分。	SJW-J13030250-00200
5741	1862	4	26	1862	3	28	自五更至未时，测雨器水深二寸二分。	SJW-J13030280-00200
5742	1862	5	1	1862	4	3	自午时至人定，测雨器水深五分。	SJW-J13040030-00200
5743	1862	5	2	1862	4	4	自人定至开东，测雨器水深八分。	SJW-J13040040-00200
5744	1862	5	6	1862	4	8	自人定至开东，测雨器水深一寸三分。	SJW-J13040080-00200
5745	1862	5	7	1862	4	9	自开东至五更，测雨器水深一分。	SJW-J13040090-00200
5746	1862	5	17	1862	4	19	自人定至申时，测雨器水深一分。	SJW-J13040190-00200
5747	1862	5	20	1862	4	22	自开东至申时，测雨器水深四分。	SJW-J13040220-00200
5748	1862	5	28	1862	5	1	自巳时至人定，测雨器水深一分。	SJW-J13050010-00200
5749	1862	5	29	1862	5	2	自人定至未时，测雨器水深一寸五分。	SJW-J13050020-00200
5750	1862	6	14	1862	5	18	自开东至未时，测雨器水深三分。	SJW-J13050180-00200
5751	1862	6	21	1862	5	25	自二更至五更，测雨器水深七分。	SJW-J13050250-00200
5752	1862	7	2	1862	6	6	自人定至五更，测雨器水深一寸一分。	SJW-J13060060-00200
5753	1862	7	3	1862	6	7	自辰时至酉时，测雨器水深二分。	SJW-J13060070-00200
5754	1862	7	6	1862	6	10	自辰时至人定，测雨器水深一寸四分。	SJW-J13060100-00200
5755	1862	7	7	1862	6	11	自人定至申时，测雨器水深四寸七分。	SJW-J13060110-00200
5756	1862	7	8	1862	6	12	自卯时至申时，测雨器水深四分。	SJW-J13060120-00200
5757	1862	7	11	1862	6	15	自开东至人定，测雨器水深三寸二分。	SJW-J13060150-00200
5758	1862	7	12	1862	6	16	自人定至开东，测雨器水深二分。	SJW-J13060160-00200
5759	1862	7	14	1862	6	18	自人定至酉时，测雨器水深六寸七分。	SJW-J13060180-00200
5760	1862	7	15	1862	6	19	自开东至开东，测雨器水深四寸三分。	SJW-J13060190-00200
5761	1862	7	16	1862	6	20	自昨天人定至今天人定，测雨器水深三寸五分。	SJW-J13060200-00200
5762	1862	7	17	1862	6	21	自人定至巳时，测雨器水深四寸二分。	SJW-J13060210-00200
5763	1862	7	22	1862	6	26	自卯时至申时，测雨器水深二寸八分。	SJW-J13060260-00200

续表

编号	公历			农历			描述	ID 编号
	年	月	日	年	月	日		
5764	1862	7	25	1862	6	29	自未时至申时,测雨器水深五分。	SJW-J13060290-00200
5765	1862	7	27	1862	7	1	自巳时至人定,测雨器水深一寸。	SJW-J13070010-00200
5766	1862	7	28	1862	7	2	自人定至酉时,测雨器水深一寸四分。	SJW-J13070020-00200
5767	1862	7	30	1862	7	4	自人定至开东,测雨器水深一分。	SJW-J13070040-00200
5768	1862	7	31	1862	7	5	自未时至人定,测雨器水深一分。	SJW-J13070050-00200
5769	1862	8	1	1862	7	6	自开东至人定,测雨器水深二寸。	SJW-J13070060-00200
5770	1862	8	2	1862	7	7	自人定至申时,测雨器水深二寸五分。	SJW-J13070070-00200
5771	1862	8	4	1862	7	9	自开东至五更,测雨器水深三分。	SJW-J13070090-00200
5772	1862	8	17	1862	7	22	自午时至申时,测雨器水深三分。	SJW-J13070220-00200
5773	1862	8	20	1862	7	25	自未时至酉时,测雨器水深八分。	SJW-J13070250-00200
5774	1862	8	23	1862	7	28	自未时至申时,测雨器水深二分。	SJW-J13070280-00200
5775	1862	8	25	1862	8	1	自四更至开东,测雨器水深二分。	SJW-J13080010-00200
5776	1862	8	26	1862	8	2	自人定至开东,测雨器水深二分。	SJW-J13080020-00200
5777	1862	8	27	1862	8	3	自开东至人定,测雨器水深四分。自一更至五更,测雨器水深六分。	SJW-J13080030-00200
5778	1862	8	29	1862	8	5	自巳时至人定,测雨器水深六分。	SJW-J13080050-00200
5779	1862	8	30	1862	8	6	自申时至人定,测雨器水深二分。自人定至开东,测雨器水深一分。	SJW-J13080060-00200
5780	1862	9	1	1862	8	8	自五更至开东,测雨器水深一分。	SJW-J13080080-00300
5781	1862	9	2	1862	8	9	自开东至人定,测雨器水深二分。自人定至五更,测雨器水深七分。	SJW-J13080090-00200
5782	1862	9	6	1862	8	13	自开东至午时,测雨器水深五分。自五更至开东,测雨器水深四分。	SJW-J13080130-00200
5783	1862	9	7	1862	8	14	自开东至午时,测雨器水深六分。	SJW-J13080140-00200
5784	1862	9	12	1862	8	19	自人定至五更,测雨器水深四寸。	SJW-J13080190-00200
5785	1862	9	14	1862	8	21	自巳时至人定,测雨器水深二分。	SJW-J13080210-00200
5786	1862	9	14	1862	8	21	自人定至五更,测雨器水深一寸六分。	SJW-J13080210-00400
5787	1862	9	18	1862	8	25	自五更至开东,测雨器水深一分。	SJW-J13080250-00300
5788	1862	10	7	1862	闰 8	14	自午时至酉时,测雨器水深五分。	SJW-J13081140-00200
5789	1862	10	13	1862	闰 8	20	申时,测雨器水深二分。	SJW-J13081200-00200
5790	1862	11	24	1862	10	3	自开东至巳时,测雨器水深一分。	SJW-J13100030-00200
5791	1862	12	5	1862	10	14	自巳时至人定,测雨器水深一分。	SJW-J13100140-00200
5792	1862	12	12	1862	10	21	自五更至人定,测雨器水深九分。	SJW-J13100210-00200
5793	1863	2	20	1863	1	3	自人定至开东,测雨器水深一分。	SJW-J14010030-00200
5794	1863	3	2	1863	1	13	自卯时至巳时,测雨器水深二分。	SJW-J14010130-00200
5795	1863	3	10	1863	1	21	自巳时至申时,测雨器水深一分。	SJW-J14010210-00200
5796	1863	3	14	1863	1	25	自开东至酉时,测雨器水深九分。	SJW-J14010250-00200
5797	1863	3	24	1863	2	6	自巳时至申时,测雨器水深三分	SJW-J14020060-00200

续表

编号	公历			农历			描述	ID 编号
	年	月	日	年	月	日		
5798	1863	3	26	1863	2	8	自三更至开东，测雨器水深四分	SJW-J14020080-00200
5799	1863	3	31	1863	2	13	自开东至申时，测雨器水深四分。	SJW-J14020130-00200
5800	1863	4	24	1863	3	7	自午时至人定，测雨器水深二分，	SJW-J14030070-00200
5801	1863	4	25	1863	3	8	自人定至开东，测雨器水深二分。	SJW-J14030080-00200
5802	1863	5	7	1863	3	20	自五更至开东，测雨器水深五分。	SJW-J14030200-00200
5803	1863	5	11	1863	3	24	自人定至五更，测雨器水深一分。	SJW-J14030240-00200
5804	1863	5	17	1863	3	30	自三更至申时，测雨器水深九分。	SJW-J14030300-00200
5805	1863	6	11	1863	4	25	自开东至五更，测雨器水深八分。	SJW-J14040250-00200
5806	1863	6	15	1863	4	29	自开东至人定，测雨器水深一寸七分。	SJW-J14040290-00200
5807	1863	6	16	1863	5	1	自人定至开东，测雨器水深四分。	SJW-J14050010-00200
5808	1863	6	23	1863	5	8	自五更至开东，测雨器水深一分。	SJW-J14050080-00200
5809	1863	6	25	1863	5	10	自巳时至酉时，测雨器水深二分。	SJW-J14050100-00200
5810	1863	6	26	1863	5	11	自开东至巳时，测雨器水深四分。	SJW-J14050110-00200
5811	1863	6	27	1863	5	12	自酉时至人定，测雨器水深四分。	SJW-J14050120-00200
5812	1863	6	28	1863	5	13	自昨天人定至今天人定，测雨器水深一寸八分。	SJW-J14050130-00200
5813	1863	6	29	1863	5	14	自开东至人定，测雨器水深三寸三分。	SJW-J14050140-00200
5814	1863	7	1	1863	5	16	自四更至人定，测雨器水深六分。	SJW-J14050160-00200
5815	1863	7	2	1863	5	17	自开东至人定，测雨器水深四寸。	SJW-J14050170-00200
5816	1863	7	3	1863	5	18	自人定至未时，测雨器水深二寸二分。	SJW-J14050180-00200
5817	1863	7	4	1863	5	19	自五更至申时，测雨器水深五分。	SJW-J14050190-00200
5818	1863	7	7	1863	5	22	自开东至人定，测雨器水深一寸六分。	SJW-J14050220-00200
5819	1863	7	8	1863	5	23	自开东至未时，测雨器水深一分。	SJW-J14050230-00200
5820	1863	7	14	1863	5	29	自四更至人定，测雨器水深一寸三分。	SJW-J14050290-00200
5821	1863	7	16	1863	6	1	自开东至申时，测雨器水深一寸。	SJW-J14060010-00200
5822	1863	7	19	1863	6	4	自申时至人定，测雨器水深一寸七分。	SJW-J14060040-00200
5823	1863	7	20	1863	6	5	自卯时至申时，测雨器水深一寸。	SJW-J14060050-00200
5824	1863	7	21	1863	6	6	自辰时至未时，测雨器水深一分。	SJW-J14060060-00200
5825	1863	7	22	1863	6	7	自开东至巳时，测雨器水深二分。	SJW-J14060070-00200
5826	1863	7	24	1863	6	9	自辰时至申时，测雨器水深七分。	SJW-J14060090-00200
5827	1863	7	25	1863	6	10	自寅时至辰时，测雨器水深二分。	SJW-J14060100-00200
5828	1863	7	27	1863	6	12	自卯时至酉时，测雨器水深四分。	SJW-J14060120-00200
5829	1863	7	28	1863	6	13	自初更至人定，测雨器水深一寸四分。	SJW-J14060130-00200
5830	1863	7	29	1863	6	14	自人定至午时，测雨器水深三寸六分。	SJW-J14060140-00200
5831	1863	7	30	1863	6	15	自午时至人定，测雨器水深八分。	SJW-J14060150-00200
5832	1863	7	31	1863	6	16	自四更至申时，测雨器水深二寸二分。	SJW-J14060160-00200
5833	1863	8	1	1863	6	17	自五更至人定，测雨器水深一寸九分。	SJW-J14060170-00200
5834	1863	8	2	1863	6	18	自昨天人定至今天人定，测雨器水深七寸七分。	SJW-J14060180-00200
5835	1863	8	6	1863	6	22	自未时至人定，测雨器水深一寸三分。	SJW-J14060220-00200

续表

编号	公历			农历			描述	ID 编号
	年	月	日	年	月	日		
5836	1863	8	16	1863	7	3	自二更至开东，测雨器水深三寸七分。	SJW-J14070030-00200
5837	1863	8	21	1863	7	8	自初更至五更，测雨器水深一寸三分。	SJW-J14070080-00200
5838	1863	8	22	1863	7	9	自五更至开东，测雨器水深三分。	SJW-J14070090-00200
5839	1863	8	23	1863	7	10	自三更至未时，测雨器水深一寸五分。	SJW-J14070100-00200
5840	1863	8	25	1863	7	12	自午时至申时，测雨器水深四分。	SJW-J14070120-00200
5841	1863	8	26	1863	7	13	自三更至午时，测雨器水深一寸五分。	SJW-J14070130-00200
5842	1863	8	31	1863	7	18	自一更至酉时，测雨器水深二寸二分。	SJW-J14070180-00200
5843	1863	9	20	1863	8	8	自人定至开东，测雨器水深一寸四分。自开东至申时，测雨器水深二分。	SJW-J14080080-00200
5844	1863	9	30	1863	8	18	自辰时至人定，测雨器水深一分。	SJW-J14080180-00200
5845	1863	10	1	1863	8	19	自未时至人定，测雨器水深七分。	SJW-J14080190-00200
5846	1863	10	21	1863	9	9	五更，测雨器水深二分。	SJW-J14090090-00200
5847	1863	11	10	1863	9	29	自未时至人定，测雨器水深一分。	SJW-J14090290-00200
5848	1863	11	17	1863	10	7	自一更至申时，测雨器水深三分。	SJW-J14100070-00200
5849	1863	11	24	1863	10	14	申时，测雨器水深一分。	SJW-J14100140-00200
5850	1863	12	5	1863	10	25	巳时，测雨器水深二分。	SJW-J14100250-00200
5851	1863	12	7	1863	10	27	自三更至开东，测雨器水深五分。	SJW-J14100270-00200
5852	1863	12	9	1863	10	29	自初更至开东，测雨器水深九分。	SJW-J14100290-00200
5853	1864	2	16	1864	1	9	自未时至人定，测雨器水深三分。自人定至五更，测雨器水深二分。	SJW-K01010090-00200
5854	1864	3	22	1864	2	15	自开东至辰时，测雨器水深一分	SJW-K01020150-00200
5855	1864	3	31	1864	2	24	自辰时至人定，测雨器水深一寸六分。	SJW-K01020240-00200
5856	1864	4	2	1864	2	26	自开东至申时，测雨器水深三分。	SJW-K01020260-00200
5857	1864	4	9	1864	3	4	自午时至人定，测雨器水深六分。	SJW-K01030040-00200
5858	1864	4	18	1864	3	13	自未时至人定，测雨器水深四分。	SJW-K01030130-00200
5859	1864	4	18	1864	3	13	自人定至开东，测雨器水深二寸五分。	SJW-K01030130-00300
5860	1864	4	19	1864	3	14	自开东至申时，测雨器水深七分。	SJW-K01030140-00200
5861	1864	5	9	1864	4	4	自人定至五更，测雨器水深二分。	SJW-K01040040-00300
5862	1864	5	10	1864	4	5	自人定至五更，测雨器水深二分。	SJW-K01040050-00200
5863	1864	5	22	1864	4	17	自五更至开东，测雨器水深一分。	SJW-K01040170-00300
5864	1864	5	29	1864	4	24	自开东至酉时，测雨器水深一寸七分。	SJW-K01040240-00200
5865	1864	6	9	1864	5	6	自开东至人定，测雨器水深二寸一分。	SJW-K01050060-00200
5866	1864	6	18	1864	5	15	自辰时至人定，测雨器水深七分。	SJW-K01050150-00200
5867	1864	6	22	1864	5	19	自人定至五更，测雨器水深二分。	SJW-K01050190-00200
5868	1864	6	23	1864	5	20	自人定至五更，测雨器水深二分，	SJW-K01050200-00200
5869	1864	6	27	1864	5	24	自辰时至巳时，测雨器水深一分。	SJW-K01050240-00200
5870	1864	7	3	1864	5	30	自辰时至未时，测雨器水深三分。	SJW-K01050300-00200
5871	1864	7	5	1864	6	2	自卯时至酉时，测雨器水深一分。	SJW-K01060020-00200

续表

编号	公历			农历			描述	ID 编号
	年	月	日	年	月	日		
5872	1864	7	6	1864	6	3	自卯时至酉时，测雨器水深一寸一分。	SJW-K01060030-00200
5873	1864	7	9	1864	6	6	自昨天人定至今天人定，测雨器水深二寸七分。	SJW-K01060060-00200
5874	1864	7	10	1864	6	7	自巳时至申时，测雨器水深三分。	SJW-K01060070-00200
5875	1864	7	11	1864	6	8	自开东至酉时，测雨器水深一分。	SJW-K01060080-00200
5876	1864	7	13	1864	6	10	自卯时至人定，测雨器水深二寸一分。	SJW-K01060100-00200
5877	1864	7	14	1864	6	11	自昨天人定至今天人定，测雨器水深二寸一分。	SJW-K01060110-00200
5878	1864	7	24	1864	6	21	自辰时至人定，测雨器水深九分。	SJW-K01060210-00200
5879	1864	7	25	1864	6	22	自人定至五更，测雨器水深五分。	SJW-K01060220-00200
5880	1864	8	2	1864	7	1	自卯时至酉时，测雨器水深一寸三分。	SJW-K01070010-00200
5881	1864	8	3	1864	7	2	自卯时至人定，测雨器水深三分。	SJW-K01070020-00200
5882	1864	8	4	1864	7	3	自一更至开东，测雨器水深一寸五分。	SJW-K01070030-00200
5883	1864	8	5	1864	7	4	自未时至人定，测雨器水深五分。	SJW-K01070040-00200
5884	1864	8	6	1864	7	5	自卯时至人定，测雨器水深一寸五分。	SJW-K01070050-00200
5885	1864	8	7	1864	7	6	自三更至开东，测雨器水深三分。	SJW-K01070060-00200
5886	1864	8	8	1864	7	7	自五更至开东，测雨器水深三分。	SJW-K01070070-00200
5887	1864	8	14	1864	7	13	自开东至申时，测雨器水深一分。	SJW-K01070130-00200
5888	1864	8	15	1864	7	14	自二更至五更，测雨器水深三分。	SJW-K01070140-00200
5889	1864	8	17	1864	7	16	自卯时至申时，测雨器水深九分。	SJW-K01070160-00200
5890	1864	8	23	1864	7	22	自卯时至酉时，下雨测雨器水深二分。	SJW-K01070220-00200
5891	1864	8	29	1864	7	28	自开东至申时，测雨器水深三分。	SJW-K01070280-00200
5892	1864	8	31	1864	7	30	自三更至五更，测雨器水深三分。	SJW-K01070300-00200
5893	1864	9	1	1864	8	1	自五更至开东，测雨器水深七分。	SJW-K01080010-00200
5894	1864	9	2	1864	8	2	自开东至酉时，测雨器水深六分。	SJW-K01080020-00200
5895	1864	9	4	1864	8	4	自人定至开东，测雨器水深九分。	SJW-K01080040-00200
5896	1864	9	5	1864	8	5	自开东至未时，测雨器水深一寸。	SJW-K01080050-00200
5897	1864	9	9	1864	8	9	自五更，测雨器水深一寸一分。	SJW-K01080090-00100
5898	1864	9	18	1864	8	18	三更、四更，测雨器水深四分。	SJW-K01080180-00200
5899	1864	10	1	1864	9	1	自卯时至申时，测雨器水深七分。	SJW-K01090010-00200
5900	1864	10	3	1864	9	3	自未时至人定，测雨器水深七分。	SJW-K01090030-00200
5901	1864	10	11	1864	9	11	自人定至巳时，测雨器水深六分。	SJW-K01090110-00200
5902	1864	10	17	1864	9	17	自巳时至酉时，测雨器水深七分。	SJW-K01090170-00200
5903	1864	10	27	1864	9	27	自开东至午时，测雨器水深二分。	SJW-K01090270-00300
5904	1864	10	30	1864	10	1	自午时至申时，测雨器水深三分。	SJW-K01100010-00200
5905	1864	11	13	1864	10	15	自巳时至人定，测雨器水深三分。	SJW-K01100150-00200
5906	1864	11	14	1864	10	16	自初更至开东，测雨器水深七分。自开东至申时，测雨器水深二分。	SJW-K01100160-00200
5907	1864	11	19	1864	10	21	自巳时至酉时，测雨器水深三分。	SJW-K01100210-00200
5908	1864	11	20	1864	10	22	自二更至五更，测雨器水深五分。	SJW-K01100220-00200

续表

编号	公历			农历			描述	ID 编号
	年	月	日	年	月	日		
5909	1864	11	23	1864	10	25	自五更至开东，测雨器水深三分。	SJW-K01100250-00200
5910	1864	11	23	1864	10	25	自开东至未时，测雨器水深五分。	SJW-K01100250-00300
5911	1864	12	3	1864	11	5	自四更至开东，测雨器水深四分。	SJW-K01110050-00200
5912	1864	12	4	1864	11	6	自开东至申时，测雨器水深五分。	SJW-K01110060-00200
5913	1864	12	8	1864	11	10	自人定至开东，测雨器水深三分。	SJW-K01110100-00200
5914	1864	12	16	1864	11	18	自开东至人定，测雨器水深三分。自人定至开东，测雨器水深一寸五分。	SJW-K01110180-00100
5915	1864	12	17	1864	11	19	自开东至申时，测雨器水深七分。	SJW-K01110190-00200
5916	1865	1	15	1864	12	18	自开东至酉时，测雨器水深三分。	SJW-K01120180-00200
5917	1865	1	28	1865	1	2	自辰时至人定，测雨器水深八分。	SJW-K02010020-00200
5918	1865	1	29	1865	1	3	自人定至开东，测雨器水深七分。	SJW-K02010030-00200
5919	1865	2	2	1865	1	7	自辰时至五更，测雨器水深八分。	SJW-K02010070-00200
5920	1865	3	24	1865	2	27	自巳时至酉时，测雨器水深七分。	SJW-K02020270-00200
5921	1865	3	25	1865	2	28	自人定至开东，测雨器水深六分。	SJW-K02020280-00200
5922	1865	4	6	1865	3	11	自三更至五更，测雨器水深三分。	SJW-K02030110-00200
5923	1865	4	7	1865	3	12	自辰时至人定，测雨器水深二寸二分。	SJW-K02030120-00200
5924	1865	4	8	1865	3	13	自寅时至开东，测雨器水深四分。	SJW-K02030130-00200
5925	1865	4	9	1865	3	14	自人定至开东，测雨器水深四分。	SJW-K02030140-00200
5926	1865	4	15	1865	3	20	自辰时至五更，测雨器水深一寸。	SJW-K02030200-00200
5927	1865	4	16	1865	3	21	自人定至五更，测雨器水深二分。	SJW-K02030210-00200
5928	1865	4	18	1865	3	23	自五更至开东，测雨器水深三分。	SJW-K02030230-00200
5929	1865	4	19	1865	3	24	自五更至开东，测雨器水深三分。	SJW-K02030240-00200
5930	1865	4	22	1865	3	27	自辰时至五更，测雨器水深一寸四分。	SJW-K02030270-00200
5931	1865	4	27	1865	4	3	自开东至巳时，测雨器水深二分。	SJW-K02040030-00200
5932	1865	5	2	1865	4	8	自开东至未时，测雨器水深三分。	SJW-K02040080-00200
5933	1865	5	12	1865	4	18	自一更至人定，测雨器水深一寸一分。	SJW-K02040180-00200
5934	1865	5	21	1865	4	27	自未时至人定，测雨器水深五分。	SJW-K02040270-00200
5935	1865	5	22	1865	4	28	自人定至开东，测雨器水深一寸二分。	SJW-K02040280-00200
5936	1865	5	23	1865	4	29	自卯时至申时，测雨器水深三分。	SJW-K02040290-00200
5937	1865	5	30	1865	5	6	自二更至开东，测雨器水深五分。	SJW-K02050060-00200
5938	1865	6	15	1865	5	22	自五更至开东，测雨器水深三分。	SJW-K02050220-00100
5939	1865	6	16	1865	5	23	开东至申时，测雨器水深二寸二分。	SJW-K02050230-00100
5940	1865	6	28	1865	闰 5	6	自未时至人定，测雨器水深一分。	SJW-K02051060-00100
5941	1865	7	6	1865	闰 5	14	自卯时至人定，测雨器水深九分。	SJW-K02051140-00200
5942	1865	7	10	1865	闰 5	18	申时，测雨器水深三分。	SJW-K02051180-00200
5943	1865	7	15	1865	闰 5	23	自人定至开东，测雨器水深九分。	SJW-K02051230-00200
5944	1865	7	16	1865	闰 5	24	自开东至申时，测雨器水深三寸二分。	SJW-K02051240-00200
5945	1865	7	23	1865	6	1	自卯时至申时，测雨器水深三分。	SJW-K02060010-00200

续表

编号	公历			农历			描述	ID编号
	年	月	日	年	月	日		
5946	1865	7	23	1865	6	1	自三更至开东，测雨器水深一寸。	SJW-K02060010-00300
5947	1865	7	24	1865	6	2	自开东至酉时，测雨器水深一寸八分。	SJW-K02060020-00200
5948	1865	7	29	1865	6	7	自人定至四更，测雨器水深三分。	SJW-K02060070-00200
5949	1865	7	31	1865	6	9	未时，测雨器水深二分。	SJW-K02060090-00200
5950	1865	8	4	1865	6	13	自人定至五更，测雨器水深三寸一分。	SJW-K02060130-00200
5951	1865	8	5	1865	6	14	自巳时至申时，测雨器水深二分。	SJW-K02060140-00200
5952	1865	8	9	1865	6	18	自人定至开东，测雨器水深一寸五分。	SJW-K02060180-00200
5953	1865	8	10	1865	6	19	自开东至人定，测雨器水深二寸。自人定至开东，测雨器水深一寸四分。	SJW-K02060190-00200
5954	1865	8	13	1865	6	22	自辰时至人定，测雨器水深二分。自人定至开东，测雨器水深一寸八分。	SJW-K02060220-00200
5955	1865	8	14	1865	6	23	自开东至酉时，测雨器水深四分。	SJW-K02060230-00200
5956	1865	8	15	1865	6	24	自开东至申时，测雨器水深五分。自四更至开东，测雨器水深三分。	SJW-K02060240-00100
5957	1865	8	16	1865	6	25	自开东，测雨器水深五分。	SJW-K02060250-00200
5958	1865	8	17	1865	6	26	自卯时至酉时，测雨器水深二分。自二更至开东，测水器水深三分。	SJW-K02060260-00200
5959	1865	8	18	1865	6	27	自卯时至未时，测雨器水深八分。四更、五更，测雨器水深二分。	SJW-K02060270-00200
5960	1865	8	19	1865	6	28	自未时至人定，测雨器水深二分。自人定至三更，测雨器水深四分。	SJW-K02060280-00200
5961	1865	8	20	1865	6	29	自辰时至人定，测雨器水深一寸三分。自人定至开东，测雨器水深一分。	SJW-K02060290-00200
5962	1865	8	21	1865	7	1	自昨天人定至今天人定，测雨器水深七分。	SJW-K02070010-00200
5963	1865	8	22	1865	7	2	自未时至人定，测雨器水深三分。	SJW-K02070020-00200
5964	1865	8	23	1865	7	3	自人定至开东，测雨器水深一寸。	SJW-K02070030-00200
5965	1865	8	24	1865	7	4	自卯时至人定，测雨器水深五分。	SJW-K02070040-00200
5966	1865	8	25	1865	7	5	自午时至未时，测雨器水深三分。	SJW-K02070050-00200
5967	1865	8	27	1865	7	7	自五更，测雨器水深四分。	SJW-K02070070-00200
5968	1865	8	28	1865	7	8	自午时至人定，测雨器水深四分。	SJW-K02070080-00200
5969	1865	8	29	1865	7	9	自昨天人定至今天人定，测雨器水深九寸八分。	SJW-K02070090-00200
5970	1865	8	30	1865	7	10	自人定至未时，测雨器水深一尺一寸。	SJW-K02070100-00200
5971	1865	9	4	1865	7	15	自巳时至人定，测雨器水深一寸一分。	SJW-K02070150-00200
5972	1865	9	5	1865	7	16	自人定至未时，测雨器水深三寸二分。	SJW-K02070160-00200
5973	1865	9	8	1865	7	19	自五更至午时，测雨器水深七分。	SJW-K02070190-00200
5974	1865	9	10	1865	7	21	自未时至人定，测雨器水深四分。	SJW-K02070210-00200
5975	1865	9	11	1865	7	22	自人定至开东，测雨器水深六分。	SJW-K02070220-00200
5976	1865	9	18	1865	7	29	自卯时至四更，测雨器水深二寸一分。	SJW-K02070290-00200

续表

编号	公历			农历			描述	ID 编号
	年	月	日	年	月	日		
5977	1865	9	23	1865	8	4	自开东至申时，测雨器水深一寸五分。	SJW-K02080040-00200
5978	1865	9	24	1865	8	5	自卯时至未时，测雨器水深七分。	SJW-K02080050-00200
5979	1865	9	30	1865	8	11	自人定至开东，测雨器水深二寸五分。	SJW-K02080110-00200
5980	1865	10	8	1865	8	19	五更，测雨器水深五分。	SJW-K02080190-00200
5981	1865	10	27	1865	9	8	自人定至开东，测雨器水深八分。	SJW-K02090080-00200
5982	1865	10	30	1865	9	11	自未时至人定，测雨器水深二分。	SJW-K02090110-00200
5983	1865	11	1	1865	9	13	自巳时至酉时，测雨器水深四分。	SJW-K02090130-00200
5984	1865	11	3	1865	9	15	自辰时至人定，测雨器水深一寸。	SJW-K02090150-00200
5985	1865	11	4	1865	9	16	自人定至开东，测雨器水深三分。	SJW-K02090160-00200
5986	1865	11	7	1865	9	19	申时，测雨器水深二分。	SJW-K02090190-00200
5987	1865	11	25	1865	10	8	自五更至开东，测雨器水深五分。	SJW-K02100080-00200
5988	1865	12	30	1865	11	13	自开东至人定，测雨器水深一寸一分。	SJW-K02110130-00200
5989	1866	1	31	1865	12	15	自人定至午时，测雨器水深一寸三分。	SJW-K02120150-00200
5990	1866	2	22	1866	1	8	自三更至巳时，测雨器水深八分。	SJW-K03010080-00200
5991	1866	3	17	1866	2	1	自人定至开东，测雨器水深二寸七分。	SJW-K03020010-00100
5992	1866	3	18	1866	2	2	自开东至未时，测雨器水深七分。	SJW-K03020020-00100
5993	1866	4	4	1866	2	19	自五更至开东，测雨器水深一分。	SJW-K03020190-00100
5994	1866	4	5	1866	2	20	自开东至人定，测雨器水深一寸三分。人定至五更，测雨器水深五分。	SJW-K03020200-00200
5995	1866	4	21	1866	3	7	自人定至开东，测雨器水深六分。	SJW-K03030070-00200
5996	1866	5	22	1866	4	9	自卯时至巳时，测雨器水深二分。	SJW-K03040090-00200
5997	1866	5	23	1866	4	10	自未时至人定，测雨器水深二寸五分。	SJW-K03040100-00200
5998	1866	5	24	1866	4	11	自人定至开东，测雨器水深一寸二分。	SJW-K03040110-00200
5999	1866	6	1	1866	4	19	酉时，测雨器水深一分。	SJW-K03040190-00200
6000	1866	6	6	1866	4	24	自人定至五更，测雨器水深一分。	SJW-K03040240-00200
6001	1866	6	14	1866	5	2	自开东至辰时，测雨器水深一分。	SJW-K03050020-00200
6002	1866	6	22	1866	5	10	自昨天人定至今天人定，测雨器水深七分。	SJW-K03050100-00300
6003	1866	6	23	1866	5	11	自开东至辰时，测雨器水深三分。	SJW-K03050110-00200
6004	1866	6	26	1866	5	14	自开东至寅时，测雨器水深一分。	SJW-K03050140-00200
6005	1866	7	10	1866	5	28	自人定至申时，测雨器水深四分。	SJW-K03050280-00200
6006	1866	7	13	1866	6	2	自未时至人定，测雨器水深三分。	SJW-K03060020-00200
6007	1866	7	14	1866	6	3	自人定至申时，测雨器水深一寸三分。	SJW-K03060030-00200
6008	1866	7	15	1866	6	4	自卯时至人定，测雨器水深二寸九分。	SJW-K03060040-00200
6009	1866	7	16	1866	6	5	自开东至申时，测雨器水深三分。	SJW-K03060050-00200
6010	1866	7	18	1866	6	7	自辰时至人定，测雨器水深一寸九分。	SJW-K03060070-00200
6011	1866	7	19	1866	6	8	自三更至酉时，测雨器水深一寸四分。	SJW-K03060080-00200
6012	1866	7	20	1866	6	9	自五更至开东，测雨器水深三分。	SJW-K03060090-00200
6013	1866	7	23	1866	6	12	自辰时至申时，测雨器水深七分。	SJW-K03060120-00200

续表

编号	公历			农历			描述	ID 编号
	年	月	日	年	月	日		
6014	1866	7	25	1866	6	14	自开东至人定，测雨器水深七分。	SJW-K03060140-00200
6015	1866	7	31	1866	6	20	自开东至申时，测雨器水深二寸五分。	SJW-K03060200-00200
6016	1866	8	3	1866	6	23	自五更至午时，测雨器水深二寸六分。	SJW-K03060230-00200
6017	1866	8	7	1866	6	27	自三更至五更，测雨器水深一寸五分。	SJW-K03060270-00200
6018	1866	8	13	1866	7	4	自巳时至人定，测雨器水深五分。	SJW-K03070040-00200
6019	1866	8	13	1866	7	4	自人定至五更，测雨器水深七分。	SJW-K03070040-00300
6020	1866	8	16	1866	7	7	自二更至申时，测雨器水深一寸七分。	SJW-K03070070-00200
6021	1866	8	21	1866	7	12	自卯时至午时，测雨器水深一分。	SJW-K03070120-00200
6022	1866	8	22	1866	7	13	自开东至申时，测雨器水深七分。	SJW-K03070130-00200
6023	1866	8	27	1866	7	18	自开东至申时，测雨器水深一寸二分。	SJW-K03070180-00200
6024	1866	9	8	1866	7	30	自巳时至人定，测雨器水深一寸二分。	SJW-K03070300-00200
6025	1866	10	4	1866	8	26	自人定至三更，测雨器水深三分。	SJW-K03080260-00200
6026	1866	10	14	1866	9	6	自申时至人定，测雨器水深三分。	SJW-K03090060-00200
6027	1866	10	14	1866	9	6	自一更至开东，测雨器水深二分。	SJW-K03090060-00300
6028	1866	11	2	1866	9	25	自三更至五更，测雨器水深七分。	SJW-K03090250-00200
6029	1866	11	22	1866	10	16	自人定至二更，测雨器水深二分。	SJW-K03100160-00200
6030	1867	2	9	1867	1	5	自昨日人定至今日人定，测雨器水深一寸五分。	SJW-K04010050-00200
6031	1867	3	22	1867	2	17	自二更至五更，测雨器水深二分。	SJW-K04020170-00200
6032	1867	4	2	1867	2	28	自卯时至人定，测雨器水深二寸五分。	SJW-K04020280-00200
6033	1867	4	3	1867	2	29	自开东至申时，测雨器水深三分。	SJW-K04020290-00200
6034	1867	4	18	1867	3	14	自三更至开东，测雨器水深二分。	SJW-K04030140-00200
6035	1867	4	27	1867	3	23	自五更至开东，测雨器水深七分。	SJW-K04030230-00200
6036	1867	5	8	1867	4	5	自三更至开东，测雨器水深九分。	SJW-K04040050-00200
6037	1867	5	24	1867	4	21	自人定至酉时，测雨器水深三寸。	SJW-K04040210-00200
6038	1867	6	19	1867	5	18	自卯时至人定，测雨器水深二寸三分。	SJW-K04050180-00200
6039	1867	6	20	1867	5	19	自开东至巳时，测雨器水深二分。	SJW-K04050190-00200
6040	1867	6	26	1867	5	25	自人定至午时，测雨器水深五寸五分。	SJW-K04050250-00200
6041	1867	7	6	1867	6	5	自开东至酉时，测雨器水深一寸八分。	SJW-K04060050-00200
6042	1867	7	13	1867	6	12	自五更至酉时，测雨器水深二分。	SJW-K04060120-00200
6043	1867	7	17	1867	6	16	自开东至人定，测雨器水深三分。	SJW-K04060160-00200
6044	1867	7	18	1867	6	17	自昨天人定至今天人定，测雨器水深三寸六分。	SJW-K04060170-00200
6045	1867	7	21	1867	6	20	自卯时至人定，测雨器水深二寸九分。	SJW-K04060200-00200
6046	1867	7	22	1867	6	21	自昨天人定至今天人定，测雨器水深六分。	SJW-K04060210-00200
6047	1867	7	23	1867	6	22	自昨天人定至今天人定，测雨器水深五寸七分。	SJW-K04060220-00200
6048	1867	7	24	1867	6	23	自昨天人定至今天人定，测雨器水深五寸四分。	SJW-K04060230-00200
6049	1867	7	25	1867	6	24	自人定至酉时，测雨器水深六分。	SJW-K04060240-00200
6050	1867	7	26	1867	6	25	自五更至人定，测雨器水深四寸六分。	SJW-K04060250-00200
6051	1867	7	28	1867	6	27	自四更至午时，测雨器水深一寸九分。	SJW-K04060270-00200

续表

编号	公历			农历			描述	ID 编号
	年	月	日	年	月	日		
6052	1867	7	29	1867	6	28	自二更至辰时，测雨器水深一寸九分。	SJW-K04060280-00200
6053	1867	8	12	1867	7	13	自卯时至人定，测雨器水深二寸八分。	SJW-K04070130-00200
6054	1867	8	13	1867	7	14	自昨天人定至今天人定，测雨器水深二寸七分。	SJW-K04070140-00200
6055	1867	8	19	1867	7	20	自巳时至申时，测雨器水深一寸。	SJW-K04070200-00200
6056	1867	8	20	1867	7	21	自未时至申时，测雨器水深三分。	SJW-K04070210-00200
6057	1867	8	21	1867	7	22	自卯时至人定，测雨器水深六分。	SJW-K04070220-00200
6058	1867	8	24	1867	7	25	自辰时至酉时，测雨器水深一寸一分。	SJW-K04070250-00200
6059	1867	8	25	1867	7	26	自五更至开东，测雨器水深一寸三分。	SJW-K04070260-00200
6060	1867	8	28	1867	7	29	自五更至申时，测雨器水深一寸八分。	SJW-K04070290-00200
6061	1867	8	31	1867	8	3	自四更至人定，测雨器水深三寸一分。	SJW-K04080030-00200
6062	1867	9	1	1867	8	4	自人定至申时，测雨器水深一寸五分。	SJW-K04080040-00200
6063	1867	9	10	1867	8	13	自开东至人定，测雨器水深一寸七分。	SJW-K04080130-00200
6064	1867	9	11	1867	8	14	自人定至开东，测雨器水深二分。	SJW-K04080140-00200
6065	1867	9	13	1867	8	16	自卯时至酉时，测雨器水深五分。	SJW-K04080160-00200
6066	1867	9	28	1867	9	1	自申时至人定，测雨器水深三分。	SJW-K04090010-00200
6067	1867	10	4	1867	9	7	自人定至开东，测雨器水深五分。	SJW-K04090070-00200
6068	1867	10	6	1867	9	9	自人定至二更，测雨器水深二分。	SJW-K04090090-00200
6069	1867	10	13	1867	9	16	自巳时至人定，测雨器水深二分。	SJW-K04090160-00200
6070	1867	10	14	1867	9	17	自人定至酉时，测雨器水深二寸一分。	SJW-K04090170-00200
6071	1867	10	30	1867	10	4	自人定至五更，测雨器水深二分。	SJW-K04100040-00200
6072	1867	11	1	1867	10	6	自人定至五更，测雨器水深二分。	SJW-K04100060-00200
6073	1867	11	2	1867	10	7	自人定至五更，测雨器水深二分。	SJW-K04100070-00200
6074	1867	11	6	1867	10	11	自申时至人定，测雨器水深三分。	SJW-K04100110-00200
6075	1867	11	7	1867	10	12	自巳时至五更，测雨器水深七分。	SJW-K04100120-00200
6076	1867	11	13	1867	10	18	自巳时至五更，测雨器水深六分。	SJW-K04100180-00200
6077	1867	11	24	1867	10	29	自三更至开东，测雨器水深四分。	SJW-K04100290-00200
6078	1867	12	9	1867	11	14	自巳时至未时，测雨器水深一分。	SJW-K04110140-00200
6079	1867	12	16	1867	11	21	自五更至开东，测雨器水深二分。	SJW-K04110210-00200
6080	1867	12	27	1867	12	2	自巳时至申时，测雨器水深一分。	SJW-K04120020-00200
6081	1868	1	7	1867	12	13	自辰时至人定，测雨器水深五分。	SJW-K04120130-00200
6082	1868	1	8	1867	12	14	自开东至人定，测雨器水深五分。	SJW-K04120140-00200
6083	1868	1	22	1867	12	28	自开东至午时，测雨器水深一分。	SJW-K04120280-00200
6084	1868	2	21	1868	1	28	自申时至人定，测雨器水深一分。	SJW-K05010280-00200
6085	1868	2	21	1868	1	28	自人定至开东，测雨器水深六分。	SJW-K05010280-00300
6086	1868	2	22	1868	1	29	自人定至开东，测雨器水深六分。	SJW-K05010290-00200
6087	1868	2	22	1868	1	29	自五更至开东，测雨器水深六分。	SJW-K05010290-00300
6088	1868	3	13	1868	2	20	自开东至人定，测雨器水深九分。	SJW-K05020200-00200

续表

编号	公历			农历			描述	ID 编号
	年	月	日	年	月	日		
6089	1868	3	20	1868	2	27	自人定至开东，测雨器水深一寸七分。自申时至人定，测雨器水深二分。	SJW-K05020270-00200
6090	1868	3	21	1868	2	28	自开东至巳时，测雨器水深四分。	SJW-K05020280-00200
6091	1868	4	11	1868	3	19	自未时至人定，测雨器水深三分。	SJW-K05030190-00200
6092	1868	4	20	1868	3	28	自辰时至申时，测雨器水深七分。	SJW-K05030280-00200
6093	1868	5	2	1868	4	10	自开东至未时，测雨器水深七分。	SJW-K05040100-00200
6094	1868	5	9	1868	4	17	自开东至巳时，测雨器水深一分。	SJW-K05040170-00200
6095	1868	5	12	1868	4	20	自未时至人定，测雨器水深八分。	SJW-K05040200-00200
6096	1868	5	23	1868	闰4	2	自午时至人定，测雨器水深三分。自人定至开东，测雨器水深一寸五分。	SJW-K05041020-00200
6097	1868	5	31	1868	闰4	10	自辰时至人定，测雨器水深一寸三分。	SJW-K05041100-00200
6098	1868	6	1	1868	闰4	11	自开东至午时，测雨器水深三分。	SJW-K05041110-00200
6099	1868	6	4	1868	闰4	14	自巳时至申时，测雨器水深一寸三分。	SJW-K05041140-00200
6100	1868	6	6	1868	闰4	16	自人定至开东，测雨器水深一寸二分。	SJW-K05041160-00200
6101	1868	6	7	1868	闰4	17	自开东至人定，测雨器水深一寸三分。	SJW-K05041170-00200
6102	1868	6	11	1868	闰4	21	自五更至开东，测雨器水深四分。	SJW-K05041210-00200
6103	1868	6	12	1868	闰4	22	自开东至人定，测雨器水深八分。	SJW-K05041220-00200
6104	1868	6	13	1868	闰4	23	自开东至巳时，测雨器水深二分。	SJW-K05041230-00200
6105	1868	6	14	1868	闰4	24	自人定至开东，测雨器水深六分。	SJW-K05041240-00200
6106	1868	6	15	1868	闰4	25	自开东至人定，测雨器水深三寸一分。自人定至开东，测雨器水深五分。	SJW-K05041250-00200
6107	1868	6	16	1868	闰4	26	自二更至开东，测雨器水深四分。	SJW-K05041260-00200
6108	1868	6	22	1868	5	3	自三更至开东，测雨器水深三分。	SJW-K05050030-00200
6109	1868	6	23	1868	5	4	自开东至人定，测雨器水深二寸九分。	SJW-K05050040-00200
6110	1868	7	2	1868	5	13	自卯时至酉时，测雨器水深二分。	SJW-K05050130-00200
6111	1868	7	10	1868	5	21	自酉时人定，测雨器水深一寸四分。自人定至五更，测雨器水深二分。	SJW-K05050210-00200
6112	1868	7	11	1868	5	22	自三更至开东，测雨器水深六分。	SJW-K05050220-00200
6113	1868	7	18	1868	5	29	自开东至申时，测雨器水深三分。自五更至开东，测雨器水深四分。	SJW-K05050290-00200
6114	1868	7	19	1868	5	30	自开东至酉时，测雨器水深九分。	SJW-K05050300-00200
6115	1868	7	20	1868	6	1	自开东至酉时，测雨器水深五分。自人定至五更，测雨器水深五分。	SJW-K05060010-00200
6116	1868	7	21	1868	6	2	自开东至人定，测雨器水深七分。	SJW-K05060020-00200
6117	1868	7	22	1868	6	3	自开东至人定，测雨器水深二寸二分。	SJW-K05060030-00200
6118	1868	7	22	1868	6	3	自人定至开东，测雨器水深八分。	SJW-K05060030-00300
6119	1868	7	23	1868	6	4	自开东至人定，测雨器水深三寸八分。	SJW-K05060040-00200
6120	1868	7	23	1868	6	4	自五更至开东，测雨器水深三寸。	SJW-K05060040-00300

续表

编号	公历			农历			描述	ID 编号
	年	月	日	年	月	日		
6121	1868	7	24	1868	6	5	自开东至人定,测雨器水深三寸二分。	SJW-K05060050-00200
6122	1868	7	25	1868	6	6	自开东至申时,测雨器水深二分。	SJW-K05060060-00200
6123	1868	7	25	1868	6	6	自人定至开东,测雨器水深一分。	SJW-K05060060-00300
6124	1868	7	26	1868	6	7	自开东至申时,测雨器水深二寸二分。	SJW-K05060070-00200
6125	1868	7	27	1868	6	8	自辰时至酉时,测雨器水深一寸五分。	SJW-K05060080-00200
6126	1868	7	28	1868	6	9	自开东至未时,测雨器水深五分。	SJW-K05060090-00200
6127	1868	7	29	1868	6	10	自开东至申时,测雨器水深三分。	SJW-K05060100-00200
6128	1868	7	29	1868	6	10	自五更至开东,测雨器水深四分。	SJW-K05060100-00300
6129	1868	7	30	1868	6	11	自开东至申时,测雨器水深二寸。	SJW-K05060110-00200
6130	1868	7	30	1868	6	11	自五更至开东,测雨器水深一寸六分。	SJW-K05060110-00300
6131	1868	8	1	1868	6	13	自五更至开东,测雨器水深二分。	SJW-K05060130-00200
6132	1868	8	2	1868	6	14	自开东至人定,测雨器水深八分。	SJW-K05060140-00200
6133	1868	8	2	1868	6	14	自人定至开东,测雨器水深五寸九分。	SJW-K05060140-00300
6134	1868	8	3	1868	6	15	自开东至酉时,测雨器水深三寸七分。	SJW-K05060150-00200
6135	1868	8	8	1868	6	20	自开东至人定,测雨器水深一寸九分。	SJW-K05060200-00200
6136	1868	8	8	1868	6	20	自人定至开东,测雨器水深三分。	SJW-K05060200-00300
6137	1868	8	13	1868	6	25	自三更至开东,测雨器水深二分。	SJW-K05060250-00200
6138	1868	8	14	1868	6	26	自开东至人定,测雨器水深一分。	SJW-K05060260-00200
6139	1868	8	14	1868	6	26	自人定至开东,测雨器水深四分。	SJW-K05060260-00300
6140	1868	8	15	1868	6	27	自开东至申时,测雨器水深四分。	SJW-K05060270-00200
6141	1868	8	17	1868	6	29	自人定至开东,测雨器水深一寸。	SJW-K05060290-00200
6142	1868	8	18	1868	7	1	自开东至人定,测雨器水深一寸。	SJW-K05070010-00200
6143	1868	8	18	1868	7	1	自人定至五更,测雨器水深二分。	SJW-K05070010-00300
6144	1868	8	21	1868	7	4	自三更至开东,测雨器水深四分。	SJW-K05070040-00200
6145	1868	8	24	1868	7	7	自巳时至人定,测雨器水深八分。	SJW-K05070070-00200
6146	1868	8	24	1868	7	7	自人定至开东,测雨器水深一寸。	SJW-K05070070-00300
6147	1868	8	25	1868	7	8	自卯时至巳时,测雨器水深八分。	SJW-K05070080-00200
6148	1868	9	10	1868	7	24	自人定至五更,测雨器水深二寸二分。	SJW-K05070240-00200
6149	1868	9	27	1868	8	12	自巳时至未时,测雨器水深三分。	SJW-K05080120-00200
6150	1868	10	1	1868	8	16	自未时至人定,测雨器水深四分。	SJW-K05080160-00200
6151	1868	10	1	1868	8	16	自人定至开东,测雨器水深三分。	SJW-K05080160-00300
6152	1868	10	14	1868	8	29	自辰时至人定,测雨器水深一寸。	SJW-K05080290-00200
6153	1868	10	17	1868	9	2	自三更至五更,测雨器水深二分。	SJW-K05090020-00200
6154	1868	10	20	1868	9	5	申时,测雨器水深三分。	SJW-K05090050-00200
6155	1868	10	31	1868	9	16	自人定至五更,测雨器水深三分。	SJW-K05090160-00200
6156	1868	11	1	1868	9	17	自开东至未时,测雨器水深六分。	SJW-K05090170-00200
6157	1868	11	8	1868	9	24	自辰时至未时,测雨器水深五分。	SJW-K05090240-00200
6158	1868	11	11	1868	9	27	自午时至人定,测雨器水深三分。	SJW-K05090270-00200

续表

编号	公历			农历			描述	ID 编号
	年	月	日	年	月	日		
6159	1868	11	12	1868	9	28	自辰时至酉时,测雨器水深四分。	SJW-K05090280-00200
6160	1868	12	8	1868	10	25	自五更至开东,测雨器水深二分。	SJW-K05100250-00200
6161	1868	12	25	1868	11	12	自人定至五更,测雨器水深七分。	SJW-K05110120-00200
6162	1869	2	12	1869	1	2	自开东至申时,测雨器水深二分。	SJW-K06010020-00200
6163	1869	2	14	1869	1	4	自申时至人定,测雨器水深一分。	SJW-K06010040-00200
6164	1869	3	31	1869	2	19	自五更至开东,测雨器水深一分。	SJW-K06020190-00200
6165	1869	4	1	1869	2	20	自五更至开东,测雨器水深一分。	SJW-K06020200-00200
6166	1869	4	3	1869	2	22	自人定至开东,测雨器水深一分。	SJW-K06020220-00200
6167	1869	4	4	1869	2	23	自人定至开东,测雨器水深一分。	SJW-K06020230-00200
6168	1869	4	16	1869	3	5	自人定至开东,测雨器水深四分。	SJW-K06030050-00200
6169	1869	4	17	1869	3	6	自五更至开东,测雨器水深一分。	SJW-K06030060-00200
6170	1869	4	28	1869	3	17	自开东至五更,测雨器水深二寸一分。	SJW-K06030170-00200
6171	1869	5	2	1869	3	21	自申时至人定,测雨器水深一分。	SJW-K06030210-00200
6172	1869	5	3	1869	3	22	自昨天人定至今天人定,测雨器水深一寸。	SJW-K06030220-00200
6173	1869	5	5	1869	3	24	申时,测雨器水深四分。	SJW-K06030240-00200
6174	1869	5	7	1869	3	26	自五更至辰时,测雨器水深七分。	SJW-K06030260-00200
6175	1869	5	10	1869	3	29	自午时至人定,测雨器水深二分。	SJW-K06030290-00200
6176	1869	5	24	1869	4	13	自一更至开东,测雨器水深三分。	SJW-K06040130-00200
6177	1869	5	29	1869	4	18	自开东至申时,测雨器水深五分。	SJW-K06040180-00200
6178	1869	6	1	1869	4	21	自人定至开东,测雨器水深七分。	SJW-K06040210-00200
6179	1869	6	2	1869	4	22	自人定至开东,测雨器水深七分。	SJW-K06040220-00200
6180	1869	6	6	1869	4	26	自三更至五更,测雨器水深三分。	SJW-K06040260-00200
6181	1869	6	7	1869	4	27	未时,测雨器水深一寸二分。	SJW-K06040270-00200
6182	1869	6	9	1869	4	29	自申时至酉时,测雨器水深二分。	SJW-K06040290-00200
6183	1869	6	11	1869	5	2	自卯时至人定,测雨器水深四分。	SJW-K06050020-00200
6184	1869	6	16	1869	5	7	自申时至五更,测雨器水深一寸三分。	SJW-K06050070-00200
6185	1869	6	29	1869	5	20	自辰时至人定,测雨器水深一寸七分。	SJW-K06050200-00200
6186	1869	6	30	1869	5	21	自人定至开东,测雨器水深一寸四分。	SJW-K06050210-00200
6187	1869	7	4	1869	5	25	自五更至人定,测雨器水深一寸八分。	SJW-K06050250-00200
6188	1869	7	12	1869	6	4	自午时至人定,测雨器水深一寸四分。	SJW-K06060040-00200
6189	1869	7	13	1869	6	5	自开东至人定,测雨器水深一分。	SJW-K06060050-00200
6190	1869	7	15	1869	6	7	自人定至开东,测雨器水深一寸九分。	SJW-K06060070-00200
6191	1869	7	16	1869	6	8	自开东至申时,测雨器水深三分。	SJW-K06060080-00200
6192	1869	7	19	1869	6	11	自卯时至人定,测雨器水深三寸。	SJW-K06060110-00200
6193	1869	7	20	1869	6	12	自辰时至人定,测雨器水深二分。	SJW-K06060120-00200
6194	1869	7	21	1869	6	13	自人定至开东,测雨器水深七分。	SJW-K06060130-00200
6195	1869	7	23	1869	6	15	自开东至申时,测雨器水深五分。	SJW-K06060150-00200
6196	1869	7	25	1869	6	17	自人定至开东,测雨器水深一寸。	SJW-K06060170-00200

续表

编号	公历			农历			描述	ID 编号
	年	月	日	年	月	日		
6197	1869	7	26	1869	6	18	自开东至人定，测雨器水深一寸三分。	SJW-K06060180-00200
6198	1869	7	29	1869	6	21	自五更至开东，测雨器水深四分。	SJW-K06060210-00200
6199	1869	7	30	1869	6	22	自开东至酉时，测雨器水深一寸一分。	SJW-K06060220-00200
6200	1869	8	4	1869	6	27	自申时至人定，测雨器水深一分。	SJW-K06060270-00200
6201	1869	8	13	1869	7	6	自辰时至五更，测雨器水深三寸七分。	SJW-K06070060-00200
6202	1869	8	18	1869	7	11	自四更至开东，测雨器水深二寸五分。	SJW-K06070110-00200
6203	1869	8	21	1869	7	14	自开东至人定，测雨器水深三分。	SJW-K06070140-00200
6204	1869	8	22	1869	7	15	自开东至申时，测雨器水深二分。	SJW-K06070150-00200
6205	1869	8	23	1869	7	16	自开东至人定，测雨器水深七分。	SJW-K06070160-00200
6206	1869	8	29	1869	7	22	开东，测雨器水深二分。	SJW-K06070220-00200
6207	1869	8	30	1869	7	23	自开东至申时，测雨器水深六分。	SJW-K06070230-00200
6208	1869	9	8	1869	8	3	自巳时至申时，测雨器水深五分。	SJW-K06080030-00200
6209	1869	9	11	1869	8	6	申时，测雨器水深二寸五分。	SJW-K06080060-00200
6210	1869	9	15	1869	8	10	自辰时至人定，测雨器水深二寸五分。	SJW-K06080100-00200
6211	1869	9	16	1869	8	11	自人定至开东，测雨器水深八分。	SJW-K06080110-00200
6212	1869	9	23	1869	8	18	五更，测雨器水深三分。	SJW-K06080180-00200
6213	1869	10	10	1869	9	6	自开东至申时，测雨器水深三分。	SJW-K06090060-00200
6214	1869	10	20	1869	9	16	自未时至人定，测雨器水深八分。	SJW-K06090160-00200
6215	1869	11	18	1869	10	15	自人定至五更，测雨器水深一分。	SJW-K06100150-00200
6216	1869	11	28	1869	10	25	未时，测雨器水深二分。	SJW-K06100250-00200
6217	1869	12	16	1869	11	14	自三更至五更，测雨器水深二分。	SJW-K06110140-00200
6218	1870	1	2	1869	12	1	自辰时至未时，测雨器水深四分。	SJW-K06120010-00200
6219	1870	1	10	1869	12	9	自二更至五更，测雨器水深五分。	SJW-K06120090-00200
6220	1870	2	4	1870	1	5	自开东至人定，测雨器水深四分。	SJW-K07010050-00200
6221	1870	4	2	1870	3	2	自四更至开东，测雨器水深三分。	SJW-K07030020-00200
6222	1870	4	3	1870	3	3	自开东至未时，测雨器水深二分。	SJW-K07030030-00200
6223	1870	4	5	1870	3	5	自未时至酉时，测雨器水深二分。	SJW-K07030050-00200
6224	1870	4	8	1870	3	8	自卯时至酉时，测雨器水深二分。	SJW-K07030080-00200
6225	1870	4	10	1870	3	10	自未时至人定，测雨器水深三分。	SJW-K07030100-00200
6226	1870	4	14	1870	3	14	自午时至人定，测雨器水深八分。	SJW-K07030140-00200
6227	1870	4	24	1870	3	24	自巳时至酉时，测雨器水深九分。	SJW-K07030240-00200
6228	1870	5	3	1870	4	3	自午时至人定，测雨器水深一寸八分。	SJW-K07040030-00200
6229	1870	5	12	1870	4	12	自开东至未时，测雨器水深三分。	SJW-K07040120-00200
6230	1870	6	27	1870	5	29	自五更至申时，测雨器水深九分。	SJW-K07050290-00200
6231	1870	6	28	1870	5	30	自未时至酉时，测雨器水深八分。	SJW-K07050300-00200
6232	1870	6	29	1870	6	1	自初更至开东，测雨器水深一寸九分。	SJW-K07060010-00200
6233	1870	7	1	1870	6	3	自初更至开东，测雨器水深五分。	SJW-K07060030-00200
6234	1870	7	12	1870	6	14	自开东至午时，测雨器水深四分。	SJW-K07060140-00200

续表

编号	公历			农历			描述	ID 编号
	年	月	日	年	月	日		
6235	1870	7	18	1870	6	20	自五更至人定，测雨器水深一寸。	SJW-K07060200-00200
6236	1870	7	26	1870	6	28	五更，测雨器水深二分。	SJW-K07060280-00200
6237	1870	8	2	1870	7	6	自人定至开东，测雨器水深九分。	SJW-K07070060-00200
6238	1870	8	20	1870	7	24	自卯时至人定，测雨器水深一寸一分。	SJW-K07070240-00200
6239	1870	8	21	1870	7	25	自昨天人定至今天人定，测雨器水深五寸一分。	SJW-K07070250-00200
6240	1870	8	22	1870	7	26	自昨天人定至今天人定，测雨器水深六寸八分。	SJW-K07070260-00200
6241	1870	8	23	1870	7	27	自开东至未时，测雨器水深八分。	SJW-K07070270-00200
6242	1870	9	16	1870	8	21	自巳时至申时，测雨器水深五分。	SJW-K07080210-00200
6243	1870	9	17	1870	8	22	自一更至开东，测雨器水深一寸八分。	SJW-K07080220-00200
6244	1870	9	26	1870	9	2	自未时至人定，测雨器水深三寸八分。	SJW-K07090020-00200
6245	1870	9	27	1870	9	3	自开东至人定，测雨器水深五分。	SJW-K07090030-00200
6246	1870	9	28	1870	9	4	自开东至酉时，测雨器水深三分。	SJW-K07090040-00200
6247	1870	10	3	1870	9	9	自开东至人定，测雨器水深一分。	SJW-K07090090-00110
6248	1870	10	28	1870	10	5	自开东至人定，测雨器水深三分。	SJW-K07100050-00200
6249	1870	11	1	1870	10	9	自巳时至人定，测雨器水深三分。	SJW-K07100090-00200
6250	1870	12	21	1870	闰 10	29	自辰时至人定，测雨器水深一寸三分。	SJW-K07101290-00200
6251	1870	12	22	1870	11	1	自人定至开东，测雨器水深四分。	SJW-K07110010-00200
6252	1871	3	29	1871	2	9	五更，测雨器水深五分。	SJW-K08020090-00200
6253	1871	4	10	1871	2	21	自五更，测雨器水深七分。	SJW-K08020210-00200
6254	1871	4	12	1871	2	23	自开东至辰时，测雨器水深三分。	SJW-K08020230-00200
6255	1871	4	17	1871	2	28	自五更至申时，测雨器水深一寸。	SJW-K08020280-00200
6256	1871	4	19	1871	2	30	自辰时至人定，测雨器水深三分。	SJW-K08020300-00200
6257	1871	5	1	1871	3	12	自巳时至人定，测雨器水深八分。	SJW-K08030120-00200
6258	1871	5	14	1871	3	25	自三更至五更，测雨器水深四分。	SJW-K08030250-00200
6259	1871	5	16	1871	3	27	自午时至五更，测雨器水深二寸四分。	SJW-K08030270-00200
6260	1871	5	21	1871	4	3	自未时至五更，测雨器水深五分。	SJW-K08040030-00200
6261	1871	5	29	1871	4	11	自辰时至巳时，测雨器水深二分。	SJW-K08040110-00200
6262	1871	6	2	1871	4	15	自辰时至酉时，测雨器水深八分。	SJW-K08040150-00200
6263	1871	6	5	1871	4	18	自五更至开东，测雨器水深二分。	SJW-K08040180-00200
6264	1871	6	16	1871	4	29	自人定至开东，测雨器水深一寸五分。	SJW-K08040290-00200
6265	1871	6	25	1871	5	8	自卯时至人定，测雨器水深一寸。	SJW-K08050080-00200
6266	1871	6	27	1871	5	10	自卯时至人定，测雨器水深七分。	SJW-K08050100-00200
6267	1871	6	29	1871	5	12	自开东至申时，测雨器水深七分。	SJW-K08050120-00200
6268	1871	7	1	1871	5	14	自五更至申时，测雨器水深六分。	SJW-K08050140-00200
6269	1871	7	2	1871	5	15	自开东至人定，测雨器水深二分。	SJW-K08050150-00200
6270	1871	7	22	1871	6	5	自开东至人定，测雨器水深三寸一分。	SJW-K08060050-00200
6271	1871	7	23	1871	6	6	自人定至开东，测雨器水深九寸四分。自开东至申时，测雨器水深二寸六分。	SJW-K08060060-00200

续表

编号	公历			农历			描述	ID 编号
	年	月	日	年	月	日		
6272	1871	7	24	1871	6	7	自三更至开东，测雨器水深一寸一分。自开东至申时，测雨器水深一寸二分。	SJW-K08060070-00200
6273	1871	7	27	1871	6	10	自巳时至人定，测雨器水深一寸。	SJW-K08060100-00200
6274	1871	7	28	1871	6	11	自辰时至酉时，测雨器水深九分。	SJW-K08060110-00200
6275	1871	7	29	1871	6	12	自二更至五更，测雨器水深一寸九分。	SJW-K08060120-00200
6276	1871	7	30	1871	6	13	自一更至五更，测雨器水深三分。	SJW-K08060130-00200
6277	1871	7	31	1871	6	14	自开东至午时，测雨器水深二分。	SJW-K08060140-00200
6278	1871	8	5	1871	6	19	自未时至人定，测雨器水深三分。	SJW-K08060190-00200
6279	1871	8	6	1871	6	20	自人定至开东，测雨器水深一寸三分。	SJW-K08060200-00200
6280	1871	8	7	1871	6	21	自人定至开东，测雨器水深二分。	SJW-K08060210-00200
6281	1871	8	11	1871	6	25	自辰时至酉时，测雨器水深六寸。	SJW-K08060250-00200
6282	1871	8	12	1871	6	26	自一更至开东，测雨器水深四分。	SJW-K08060260-00200
6283	1871	8	13	1871	6	27	自五更至巳时，测雨器水深七分。	SJW-K08060270-00200
6284	1871	8	14	1871	6	28	自卯时至人定，测雨器水深三分。	SJW-K08060280-00200
6285	1871	8	15	1871	6	29	自辰时至午时，测雨器水深一分。	SJW-K08060290-00200
6286	1871	8	16	1871	7	1	自开东至人定，测雨器水深一寸七分。	SJW-K08070010-00200
6287	1871	8	17	1871	7	2	自人定至五更，测雨器水深九寸二分。	SJW-K08070020-00200
6288	1871	8	18	1871	7	3	自辰时至人定，测雨器水深九分。	SJW-K08070030-00200
6289	1871	8	19	1871	7	4	自人定至午时，测雨器水深一寸三分。	SJW-K08070040-00200
6290	1871	8	21	1871	7	6	自卯时至辰时，测雨器水深四分。	SJW-K08070060-00200
6291	1871	8	22	1871	7	7	自二更至开东，测雨器水深五分。	SJW-K08070070-00200
6292	1871	8	23	1871	7	8	自开东至午时，测雨器水深二分。	SJW-K08070080-00200
6293	1871	8	24	1871	7	9	自巳时至人定，测雨器水深三寸。	SJW-K08070090-00200
6294	1871	8	31	1871	7	16	自开东至人定，测雨器水深二寸一分。	SJW-K08070160-00200
6295	1871	9	2	1871	7	18	自三更至开东，测雨器水深三分。	SJW-K08070180-00200
6296	1871	9	15	1871	8	1	自开东至五更，测雨器水深六寸七分。	SJW-K08080010-00200
6297	1871	9	16	1871	8	2	自巳时至人定，测雨器水深二分。	SJW-K08080020-00200
6298	1871	9	17	1871	8	3	自开东至人定，测雨器水深二分。	SJW-K08080030-00200
6299	1871	9	19	1871	8	5	自未时至五更，测雨器水深四分。	SJW-K08080050-00200
6300	1871	9	20	1871	8	6	自巳时至人定，测雨器水深四分。	SJW-K08080060-00200
6301	1871	9	24	1871	8	10	自未时至人定，测雨器水深一寸一分。	SJW-K08080100-00200
6302	1871	9	25	1871	8	11	自开东至申时，测雨器水深一分。	SJW-K08080110-00200
6303	1871	10	1	1871	8	17	自辰时至申时，测雨器水深三分。	SJW-K08080170-00200
6304	1871	10	29	1871	9	16	自三更至开东，测雨器水深八分。	SJW-K08090160-00200
6305	1871	10	30	1871	9	17	自三更至开东，测雨器水深八分。	SJW-K08090170-00200
6306	1871	11	1	1871	9	19	五更，测雨器水深三分。	SJW-K08090190-00200
6307	1871	11	3	1871	9	21	自辰时至申时，测雨器水深一分。	SJW-K08090210-00200
6308	1871	11	5	1871	9	23	自人定至四更，测雨器水深三分。	SJW-K08090230-00200

续表

编号	公历			农历			描述	ID 编号
	年	月	日	年	月	日		
6309	1871	11	12	1871	9	30	自午时至人定，测雨器水深三分。	SJW-K08090300-00200
6310	1871	11	13	1871	10	1	自人定至开东，测雨器水深九分。	SJW-K08100010-00200
6311	1871	11	22	1871	10	10	辰时，测雨器水深一分。	SJW-K08100100-00200
6312	1871	12	27	1871	11	16	自人定至开东，测雨器水深六分。	SJW-K08110160-00200
6313	1872	1	5	1871	11	25	自开东至申时，测雨器水深八分。	SJW-K08110250-00200
6314	1872	3	10	1872	2	2	自开东至未时，测雨器水深三分。	SJW-K09020020-00200
6315	1872	3	13	1872	2	5	自开东至申时，测雨器水深三分。	SJW-K09020050-00200
6316	1872	3	18	1872	2	10	自开东至未时，测雨器水深三分。	SJW-K09020100-00200
6317	1872	3	21	1872	2	13	自开东至人定，测雨器水深九分。	SJW-K09020130-00200
6318	1872	3	25	1872	2	17	自开东至申时，测雨器水深一分。	SJW-K09020170-00200
6319	1872	3	26	1872	2	18	自申时至人定，测雨器水深二分。	SJW-K09020180-00200
6320	1872	3	26	1872	2	18	自人定至五更，测雨器水深三分。	SJW-K09020180-00300
6321	1872	4	1	1872	2	24	自午时至申时，测雨器水深三分。	SJW-K09020240-00200
6322	1872	4	10	1872	3	3	自人定至五更，测雨器水深五分。	SJW-K09030030-00200
6323	1872	4	20	1872	3	13	自一更至开东，测雨器水深一寸一分。	SJW-K09030130-00200
6324	1872	4	21	1872	3	14	自开东至申时，测雨器水深二寸四分。	SJW-K09030140-00200
6325	1872	4	22	1872	3	15	自开东至人定，测雨器水深七分。	SJW-K09030150-00200
6326	1872	4	25	1872	3	18	自午时至人定，测雨器水深七分。	SJW-K09030180-00200
6327	1872	4	25	1872	3	18	自人定至开东，测雨器水深一分。	SJW-K09030180-00300
6328	1872	4	27	1872	3	20	自四更至开东，测雨器水深三分。	SJW-K09030200-00200
6329	1872	4	28	1872	3	21	自开东至人定，测雨器水深一寸三分。	SJW-K09030210-00200
6330	1872	5	16	1872	4	10	自开东至申时，测雨器水深二分。	SJW-K09040100-00200
6331	1872	6	8	1872	5	3	自酉时至人定，测雨器水深四分。	SJW-K09050030-00200
6332	1872	6	15	1872	5	10	自开东至人定，测雨器水深五分。自人定至开东，测雨器水深六分。	SJW-K09050100-00200
6333	1872	6	16	1872	5	11	自开东至人定，测雨器水深四分。	SJW-K09050110-00200
6334	1872	6	29	1872	5	24	自开东至人定，测雨器水深三分。	SJW-K09050240-00200
6335	1872	7	3	1872	5	28	自卯时至酉时，测雨器水深三分。	SJW-K09050280-00200
6336	1872	7	4	1872	5	29	自未时至酉时，测雨器水深二分。	SJW-K09050290-00200
6337	1872	7	6	1872	6	1	自开东至巳时，测雨器水深五分。	SJW-K09060010-00200
6338	1872	7	9	1872	6	4	自开东至酉时，测雨器水深二寸六分。	SJW-K09060040-00200
6339	1872	7	12	1872	6	7	自申时至人定，测雨器水深五分。自人定至开东，测雨器水深五分。	SJW-K09060070-00200
6340	1872	7	13	1872	6	8	自开东至未时，测雨器水深八分。	SJW-K09060080-00200
6341	1872	7	16	1872	6	11	自巳时至酉时，测雨器水深四分。自人定至开东，测雨器水深二分。	SJW-K09060110-00200
6342	1872	7	17	1872	6	12	自三更至开东，测雨器水深一寸一分。	SJW-K09060120-00200
6343	1872	7	18	1872	6	13	自开东至未时，测雨器水深四分。	SJW-K09060130-00200

续表

编号	公历			农历			描述	ID 编号
	年	月	日	年	月	日		
6344	1872	7	26	1872	6	21	自未时至人定，测雨器水深三分。	SJW-K09060210-00200
6345	1872	7	27	1872	6	22	自未时至酉时，测雨器水深一寸一分。	SJW-K09060220-00200
6346	1872	7	28	1872	6	23	自未时至人定，测雨器水深六分。自人定至三更，测雨器水深四分。	SJW-K09060230-00200
6347	1872	8	13	1872	7	10	自五更至开东，测雨器水深二寸九分。	SJW-K09070100-00200
6348	1872	8	14	1872	7	11	自开东至申时，测雨器水深一寸。	SJW-K09070110-00200
6349	1872	8	17	1872	7	14	自午时至未时，测雨器水深五分。	SJW-K09070140-00200
6350	1872	8	18	1872	7	15	自开东至人定，测雨器水深五分。自人定至开东，测雨器水深六分。	SJW-K09070150-00200
6351	1872	8	19	1872	7	16	自开东至申时，测雨器水深八分。	SJW-K09070160-00200
6352	1872	8	21	1872	7	18	自辰时至未时，测雨器水深八分。	SJW-K09070180-00200
6353	1872	8	22	1872	7	19	自卯时至未时，测雨器水深三分。	SJW-K09070190-00200
6354	1872	8	29	1872	7	26	自开东至辰时，测雨器水深四分。	SJW-K09070260-00200
6355	1872	9	7	1872	8	5	自五更至开东，测雨器水深四分。	SJW-K09080050-00200
6356	1872	9	8	1872	8	6	自开东至申时，测雨器水深五分。自人定至开东，测雨器水深三分。	SJW-K09080060-00200
6357	1872	9	29	1872	8	27	自开东至未时，测雨器水深五分。	SJW-K09080270-00200
6358	1872	10	1	1872	8	29	自巳时至未时，测雨器水深三分。	SJW-K09080290-00200
6359	1872	10	5	1872	9	4	五更，测雨器水深九分。	SJW-K09090040-00200
6360	1872	10	15	1872	9	14	自五更至开东，测雨器水深四分。	SJW-K09090140-00200
6361	1872	10	16	1872	9	15	自开东至人定，测雨器水深二寸二分。	SJW-K09090150-00200
6362	1872	10	17	1872	9	16	自二更至开东，测雨器水深二寸二分。	SJW-K09090160-00200
6363	1872	10	18	1872	9	17	自开东至酉时，测雨器水深二寸八分。	SJW-K09090170-00200
6364	1872	10	28	1872	9	27	自五更至开东，测雨器水深三分。	SJW-K09090270-00200
6365	1872	11	9	1872	10	9	自开东至巳时，测雨器水深二分。	SJW-K09100090-00200
6366	1872	11	18	1872	10	18	自人定至开东，测雨器水深二分。	SJW-K09100180-00200
6367	1872	11	19	1872	10	19	自开东至巳时，测雨器水深四分。	SJW-K09100190-00200
6368	1872	11	22	1872	10	22	自巳时至人定，测雨器水深六分。	SJW-K09100220-00200
6369	1872	11	28	1872	10	28	自一更至四更，测雨器水深一分。	SJW-K09100280-00200
6370	1872	11	29	1872	10	29	自辰时至午时，测雨器水深二分。	SJW-K09100290-00200
6371	1872	11	30	1872	10	30	自二更至四更，测雨器水深三分。	SJW-K09100300-00200
6372	1872	12	5	1872	11	5	自五更至开东，测雨器水深七分。	SJW-K09110050-00200
6373	1872	12	10	1872	11	10	自人定至五更，测雨器水深四分。	SJW-K09110100-00200
6374	1873	3	14	1873	2	16	自人定至五更，测雨器水深六分。	SJW-K10020160-00300
6375	1873	3	21	1873	2	23	自开东至未时，测雨器水深一寸三分。	SJW-K10020230-00200
6376	1873	3	31	1873	3	4	自申时至酉时，测雨器水深二分。	SJW-K10030040-00200
6377	1873	4	4	1873	3	8	自五更至开东，测雨器水深三分。	SJW-K10030080-00200
6378	1873	4	8	1873	3	12	自二更至申时，测雨器水深一寸二分。	SJW-K10030120-00200

续表

编号	公历			农历			描述	ID 编号
	年	月	日	年	月	日		
6379	1873	4	13	1873	3	17	自五更至申时,测雨器水深一寸六分。	SJW-K10030170-00200
6380	1873	4	14	1873	3	18	自开东至人定,测雨器水深四分。	SJW-K10030180-00200
6381	1873	4	15	1873	3	19	自人定至开东,测雨器水深二分。	SJW-K10030190-00200
6382	1873	4	23	1873	3	27	自午时至酉时,测雨器水深二分。	SJW-K10030270-00200
6383	1873	4	30	1873	4	4	自开东至巳时,测雨器水深二分。	SJW-K10040040-00200
6384	1873	5	8	1873	4	12	自卯时至人定,测雨器水深一寸一分。	SJW-K10040120-00200
6385	1873	5	9	1873	4	13	自人定至申时,测雨器水深二寸六分。	SJW-K10040130-00200
6386	1873	5	23	1873	4	27	自五更至开东,测雨器水深二分。	SJW-K10040270-00200
6387	1873	5	31	1873	5	6	自午时至人定,测雨器水深三分。	SJW-K10050060-00200
6388	1873	6	1	1873	5	7	自人定至今日未时,测雨器水深九分。	SJW-K10050070-00200
6389	1873	6	2	1873	5	8	自巳时至申时,测雨器水深二分。	SJW-K10050080-00200
6390	1873	6	12	1873	5	18	自人定至开东,测雨器水深二分。	SJW-K10050180-00200
6391	1873	6	17	1873	5	23	自开东至人定,测雨器水深二寸七分。	SJW-K10050230-00200
6392	1873	6	18	1873	5	24	自昨天人定至今天人定,测雨器水深五分。	SJW-K10050240-00200
6393	1873	6	19	1873	5	25	自人定至申时,测雨器水深一寸。	SJW-K10050250-00200
6394	1873	6	23	1873	5	29	自酉时,测雨器水深五分。	SJW-K10050290-00200
6395	1873	6	25	1873	6	1	自开东至酉时,测雨器水深一寸。	SJW-K10060010-00200
6396	1873	7	4	1873	6	10	自二更至开东,测雨器水深一寸四分。	SJW-K10060100-00200
6397	1873	7	5	1873	6	11	自未时至人定,测雨器水深八分。	SJW-K10060110-00200
6398	1873	7	6	1873	6	12	自人定至五更,测雨器水深二寸二分。	SJW-K10060120-00200
6399	1873	7	8	1873	6	14	自辰时至午时,测雨器水深五分。	SJW-K10060140-00200
6400	1873	7	12	1873	6	18	自午时至人定,测雨器水深三分。	SJW-K10060180-00200
6401	1873	7	15	1873	6	21	自五更至人定,测雨器水深一寸一分。	SJW-K10060210-00200
6402	1873	7	16	1873	6	22	自人定至申时,测雨器水深七分。	SJW-K10060220-00200
6403	1873	7	17	1873	6	23	自三更至人定,测雨器水深一寸。	SJW-K10060230-00200
6404	1873	7	18	1873	6	24	自卯时至午时,测雨器水深二分。	SJW-K10060240-00200
6405	1873	7	28	1873	闰 6	5	自四更至开东,测雨器水深一寸一分。	SJW-K10061050-00200
6406	1873	7	29	1873	闰 6	6	自人定至五更,测雨器水深一寸七分。	SJW-K10061060-00200
6407	1873	8	9	1873	闰 6	17	自开东至申时,测雨器水深九分。	SJW-K10061170-00200
6408	1873	8	10	1873	闰 6	18	自四更至酉时,测雨器水深三寸一分。	SJW-K10061180-00200
6409	1873	8	11	1873	闰 6	19	自人定至巳时,测雨器水深二寸七分。	SJW-K10061190-00200
6410	1873	8	15	1873	闰 6	23	午时,测雨器水深三分。	SJW-K10061230-00200
6411	1873	8	18	1873	闰 6	26	自巳时至人定,测雨器水深一寸七分。	SJW-K10061260-00200
6412	1873	8	19	1873	闰 6	27	自人定至开东,测雨器水深一寸三分。	SJW-K10061270-00200
6413	1873	8	24	1873	7	2	自卯时至申时,测雨器水深九分。	SJW-K10070020-00200
6414	1873	8	25	1873	7	3	自五更至未时,测雨器水深二寸三分。	SJW-K10070030-00200
6415	1873	9	4	1873	7	13	自未时至人定,测雨器水深四分。	SJW-K10070130-00200
6416	1873	9	6	1873	7	15	自二更至人定,测雨器水深四寸一分。	SJW-K10070150-00200

续表

编号	公历			农历			描述	ID 编号
	年	月	日	年	月	日		
6417	1873	9	7	1873	7	16	自昨天人定至今天人定,测雨器水深二寸一分。	SJW-K10070160-00200
6418	1873	9	8	1873	7	17	自人定至巳时,测雨器水深二寸六分。	SJW-K10070170-00200
6419	1873	9	10	1873	7	19	自二更至人定,测雨器水深五分。	SJW-K10070190-00200
6420	1873	9	11	1873	7	20	自人定至开东,测雨器水深一寸七分。	SJW-K10070200-00200
6421	1873	9	16	1873	7	25	自开东至人定,测雨器水深一寸四分。	SJW-K10070250-00200
6422	1873	9	24	1873	8	3	自巳时至未时,测雨器水深三分。	SJW-K10080030-00200
6423	1873	10	17	1873	8	26	自辰时至五更,测雨器水深九分。	SJW-K10080260-00200
6424	1873	10	18	1873	8	27	自辰时至人定,测雨器水深二分。	SJW-K10080270-00200
6425	1873	10	20	1873	8	29	自五更至人定,测雨器水深一寸一分。	SJW-K10080290-00200
6426	1873	10	25	1873	9	5	自人定至五更,测雨器水深二分。	SJW-K10090050-00200
6427	1873	10	29	1873	9	9	自五更至未时,测雨器水深二寸五分。	SJW-K10090090-00200
6428	1873	11	1	1873	9	12	自巳时至申时,测雨器水深五分。	SJW-K10090120-00200
6429	1873	11	4	1873	9	15	自四更至五更,测雨器水深八分。	SJW-K10090150-00200
6430	1873	11	7	1873	9	18	自巳时至未时,测雨器水深四分。	SJW-K10090180-00200
6431	1873	11	9	1873	9	20	自五更至开东,测雨器水深三分。	SJW-K10090200-00200
6432	1873	11	10	1873	9	21	自未时至缺时,测雨器水深三分。	SJW-K10090210-00200
6433	1873	11	19	1873	9	30	自五更至巳时,测雨器水深五分。	SJW-K10090300-00200
6434	1873	11	28	1873	10	9	自五更至巳时,测雨器水深四分。	SJW-K10100090-00200
6435	1873	12	2	1873	10	13	自二更至五更,测雨器水深四分。	SJW-K10100130-00200
6436	1873	12	6	1873	10	17	自巳时至未时,测雨器水深三分。	SJW-K10100170-00200
6437	1874	3	4	1874	1	16	自五更至开东,测雨器水深二分。	SJW-K11010160-00200
6438	1874	4	10	1874	2	24	自人定至五更,测雨器水深三分。	SJW-K11020240-00200
6439	1874	4	22	1874	3	7	自开东至人定,测雨器水深八分。	SJW-K11030070-00200
6440	1874	5	2	1874	3	17	自巳时至人定,测雨器水深二寸七分。	SJW-K11030170-00200
6441	1874	5	6	1874	3	21	自申时至人定,测雨器水深三分。自人定至开东,测雨器水深二分。	SJW-K11030210-00110
6442	1874	5	12	1874	3	27	自巳时至申时,测雨器水深三分。	SJW-K11030270-00200
6443	1874	5	19	1874	4	4	自开东至五更,测雨器水深一寸。	SJW-K11040040-00200
6444	1874	5	24	1874	4	9	自人定至酉时,测雨器水深八分。	SJW-K11040090-00200
6445	1874	5	25	1874	4	10	自人定至开东,测雨器水深五分。	SJW-K11040100-00200
6446	1874	5	28	1874	4	13	自未时至人定,测雨器水深四分。	SJW-K11040130-00200
6447	1874	5	29	1874	4	14	自人定至申时,测雨器水深一寸。	SJW-K11040140-00200
6448	1874	5	30	1874	4	15	自开东至申时,测雨器水深五分。	SJW-K11040150-00200
6449	1874	6	4	1874	4	20	自辰时至□时,测雨器水深二分。	SJW-K11040200-00200
6450	1874	6	7	1874	4	23	自辰时至申时,测雨器水深五分。	SJW-K11040230-00200
6451	1874	6	8	1874	4	24	自四更至酉时,测雨器水深三寸五分。	SJW-K11040240-00200
6452	1874	6	14	1874	5	1	自开东至午时,测雨器水深三分。	SJW-K11050010-00200
6453	1874	6	17	1874	5	4	自开东至人定,测雨器水深,三寸二分。	SJW-K11050040-00200

续表

编号	公历			农历			描述	ID 编号
	年	月	日	年	月	日		
6454	1874	6	18	1874	5	5	自人定至开东,测雨器水深三寸七分。	SJW-K11050050-00200
6455	1874	6	25	1874	5	12	自四更至人定,测雨器水深三寸二分。	SJW-K11050120-00200
6456	1874	6	27	1874	5	14	自开东至巳时,测雨器水深一分。	SJW-K11050140-00200
6457	1874	6	28	1874	5	15	自午时至人定,测雨器水深四分。	SJW-K11050150-00200
6458	1874	6	29	1874	5	16	自人定至开东,测雨器水深四分。	SJW-K11050160-00200
6459	1874	7	2	1874	5	19	自卯时至五更,测雨器水深一寸八分。	SJW-K11050190-00200
6460	1874	7	3	1874	5	20	自卯时至人定,测雨器水深三寸一分。	SJW-K11050200-00200
6461	1874	7	4	1874	5	21	自初更至开东,测雨器水深一寸。	SJW-K11050210-00200
6462	1874	7	5	1874	5	22	自人定至开东,测雨器水深七分。	SJW-K11050220-00200
6463	1874	7	6	1874	5	23	自开东至人定,测雨器水深二寸二分。	SJW-K11050230-00200
6464	1874	7	7	1874	5	24	自五更至开东,测雨器水深二分。	SJW-K11050240-00200
6465	1874	7	13	1874	5	30	自开东至人定,测雨器水深一寸五分。	SJW-K11050300-00200
6466	1874	7	14	1874	6	1	自人定至开东,测雨器水深三寸三分。	SJW-K11060010-00200
6467	1874	7	19	1874	6	6	午时,测雨器水深五分。	SJW-K11060060-00200
6468	1874	7	20	1874	6	7	自酉时至人定,测雨器水深六分。	SJW-K11060070-00200
6469	1874	7	29	1874	6	16	自开东至酉时,测雨器水深一寸六分。	SJW-K11060160-00200
6470	1874	7	30	1874	6	17	自人定至开东,测雨器水深一寸六分。自开东至酉时,水深一寸六分。	SJW-K11060170-00200
6471	1874	7	31	1874	6	18	自人定至开东,测雨器水深二寸。自开东至申时,测雨器水深一寸六分。	SJW-K11060180-00200
6472	1874	8	2	1874	6	20	自人定至开东,测雨器水深一寸九分。自开东至申时,测雨器水深九分。	SJW-K11060200-00200
6473	1874	8	4	1874	6	22	自辰时至人定,测雨器水深六分。	SJW-K11060220-00200
6474	1874	8	5	1874	6	23	自人定至开东,测雨器水深一寸。	SJW-K11060230-00200
6475	1874	8	5	1874	6	23	自开东至酉时,测雨器水深一寸二分。	SJW-K11060230-00300
6476	1874	8	6	1874	6	24	自五更至开东,测雨器水深四分。自开东至未时,测雨器水深二寸五分。	SJW-K11060240-00200
6477	1874	8	7	1874	6	25	自四更至开东,测雨器水深三寸三分。自开东至未时,测雨器水深三寸五分。	SJW-K11060250-00200
6478	1874	8	9	1874	6	27	自人定至开东,测雨器水深一分。	SJW-K11060270-00200
6479	1874	8	12	1874	7	1	自卯时至辰时,测雨器水深三分。	SJW-K11070010-00200
6480	1874	8	15	1874	7	4	自卯时至酉时,测雨器水深五分。	SJW-K11070040-00200
6481	1874	8	16	1874	7	5	自人定至五更,测雨器水深一寸。	SJW-K11070050-00200
6482	1874	8	17	1874	7	6	自开东至酉时,测雨器水深五寸八分。	SJW-K11070060-00200
6483	1874	8	19	1874	7	8	自辰时至申时,测雨器水深七分。	SJW-K11070080-00200
6484	1874	8	20	1874	7	9	自人定至开东,测雨器水深一分。自开东至午时,测雨器水深二分。	SJW-K11070090-00200
6485	1874	8	27	1874	7	16	自开东至未时,测雨器水深一寸九分。	SJW-K11070160-00200

续表

编号	公历			农历			描述	ID编号
	年	月	日	年	月	日		
6486	1874	8	31	1874	7	20	自四更至开东,测雨器水深二分。自开东至未时,测雨器水深七分。	SJW-K11070200-00200
6487	1874	9	5	1874	7	25	自辰时至人定,测雨器水深三分。	SJW-K11070250-00200
6488	1874	9	6	1874	7	26	自人定至五更,测雨器水深一寸一分。	SJW-K11070260-00200
6489	1874	9	10	1874	7	30	自二更至开东,测雨器水深八分。自辰时至人定,测雨器水深二分。	SJW-K11070300-00200
6490	1874	9	11	1874	8	1	自五更至开东,测雨器水深二分。	SJW-K11080010-00200
6491	1874	9	14	1874	8	4	自午时至人定,测雨器水深二分。	SJW-K11080040-00200
6492	1874	9	15	1874	8	5	自人定至开东,测雨器水深八分。	SJW-K11080050-00200
6493	1874	9	30	1874	8	20	自开东至申时,测雨器水深三分。	SJW-K11080200-00200
6494	1874	10	14	1874	9	5	自二更至开东,测雨器水深九分。	SJW-K11090050-00200
6495	1874	10	28	1874	9	19	自辰时至五更,测雨器水深六分。	SJW-K11090190-00200
6496	1874	11	10	1874	10	2	自五更至巳时,测雨器水深七分。	SJW-K11100020-00200
6497	1874	11	11	1874	10	3	自二更至三更,测雨器水深一分。	SJW-K11100030-00200
6498	1874	11	22	1874	10	14	自巳时至人定,测雨器水深一寸五分。	SJW-K11100140-00200
6499	1874	11	23	1874	10	15	自未时至人定,测雨器水深六分。	SJW-K11100150-00200
6500	1874	12	9	1874	11	1	自人定至三更,测雨器水深一分。	SJW-K11110010-00200
6501	1874	12	19	1874	11	11	自人定至四更,测雨器水深二分。	SJW-K11110110-00200
6502	1874	12	20	1874	11	12	自人定至五更,测雨器水深二分。	SJW-K11110120-00200
6503	1875	3	12	1875	2	5	自五更至开东,测雨器水深九分。	SJW-K12020050-00200
6504	1875	3	13	1875	2	6	自开东至申时,测雨器水深一寸四分。	SJW-K12020060-00200
6505	1875	3	21	1875	2	14	自申时至人定,测雨器水深七分。	SJW-K12020140-00200
6506	1875	3	25	1875	2	18	自辰时至申时,测雨器水深三分。	SJW-K12020180-00190
6507	1875	4	2	1875	2	26	自午时至申时,测雨器水深六分。	SJW-K12020260-00200
6508	1875	4	4	1875	2	28	自辰时至申时,测雨器水深一寸。	SJW-K12020280-00200
6509	1875	4	10	1875	3	5	自巳时至未时,测雨器水深四分。	SJW-K12030050-00200
6510	1875	4	14	1875	3	9	自卯时至人定,测雨器水深一寸五分。	SJW-K12030090-00200
6511	1875	4	20	1875	3	15	自四更至开东,测雨器水深七分。	SJW-K12030150-00300
6512	1875	4	23	1875	3	18	自辰时至人定,测雨器水深五分。	SJW-K12030180-00200
6513	1875	4	29	1875	3	24	自申时至人定,测雨器水深二分。	SJW-K12030240-00200
6514	1875	4	30	1875	3	25	自人定至开东,测雨器水深三分。	SJW-K12030250-00300
6515	1875	5	6	1875	4	2	自人定至开东,测雨器水深一寸七分。	SJW-K12040020-00200
6516	1875	5	7	1875	4	3	自开东至未时,测雨器水深四分。	SJW-K12040030-00200
6517	1875	5	12	1875	4	8	自辰时至人定,测雨器水深七分。	SJW-K12040080-00200
6518	1875	5	12	1875	4	8	自人定至开东,测雨器水深二寸二分。	SJW-K12040080-00300
6519	1875	5	25	1875	4	21	自一更至开东,测雨器水深一寸。	SJW-K12040210-00200
6520	1875	6	12	1875	5	9	自二更至开东,测雨器水深二寸。	SJW-K12050090-00200
6521	1875	6	12	1875	5	9	自开东至午时,测雨器水深一寸九分。	SJW-K12050090-00300

续表

编号	公历			农历			描述	ID 编号
	年	月	日	年	月	日		
6522	1875	6	14	1875	5	11	自辰时至申时,测雨器水深二分。	SJW-K12050110-00200
6523	1875	6	17	1875	5	14	自人定至开东,测雨器水深一寸五分。	SJW-K12050140-00200
6524	1875	6	17	1875	5	14	自开东至申时,测雨器水深三分。	SJW-K12050140-00300
6525	1875	6	22	1875	5	19	自卯时至巳时,测雨器水深二分。	SJW-K12050190-00200
6526	1875	6	24	1875	5	21	自五更至开东,测雨器水深三分。	SJW-K12050210-00200
6527	1875	6	24	1875	5	21	自开东至酉时,测雨器水深三分。	SJW-K12050210-00300
6528	1875	6	25	1875	5	22	自二更至五更,测雨器水深一寸五分。	SJW-K12050220-00200
6529	1875	6	27	1875	5	24	自开东至未时,测雨器水深五分。	SJW-K12050240-00200
6530	1875	6	30	1875	5	27	自申时至人定,测雨器水深三分。	SJW-K12050270-00200
6531	1875	7	1	1875	5	28	自人定至开东,测雨器水深三寸二分。	SJW-K12050280-00300
6532	1875	7	1	1875	5	28	自开东至人定,测雨器水深四寸。	SJW-K12050280-00400
6533	1875	7	2	1875	5	29	自人定至开东,测雨器水深一寸六分。	SJW-K12050290-00200
6534	1875	7	2	1875	5	29	自开东至人定,测雨器水深一寸一分。	SJW-K12050290-00300
6535	1875	7	3	1875	6	1	自开东至人定,测雨器水深四分。	SJW-K12060010-00200
6536	1875	7	4	1875	6	2	自人定至开东,测雨器水深二分。	SJW-K12060020-00200
6537	1875	7	6	1875	6	4	自酉时至人定,测雨器水深五分。	SJW-K12060040-00200
6538	1875	7	7	1875	6	5	自开东至人定,测雨器水深一寸。	SJW-K12060050-00200
6539	1875	7	16	1875	6	14	自人定至开东,测雨器水深四分。自卯时至人定,测雨器水深五分。	SJW-K12060140-00200
6540	1875	7	17	1875	6	15	自人定至开东,测雨器水深一寸七分。	SJW-K12060150-00200
6541	1875	7	20	1875	6	18	自人定至开东,测雨器水深五分。自开东至未时,测雨器水深六寸八分。	SJW-K12060180-00200
6542	1875	7	24	1875	6	22	自五更至开东,测雨器水深一寸。自开东至申时,测雨器水深一寸六分。	SJW-K12060220-00200
6543	1875	7	27	1875	6	25	自午时至人定,测雨器水深七分。	SJW-K12060250-00200
6544	1875	7	28	1875	6	26	自人定至二更,测雨器水深一分。	SJW-K12060260-00200
6545	1875	7	30	1875	6	28	自开东至申时,测雨器水深七分。	SJW-K12060280-00200
6546	1875	8	4	1875	7	4	自酉时,测雨器水深四分。	SJW-K12070040-00200
6547	1875	8	7	1875	7	7	自午时至申时,测雨器水深四分。	SJW-K12070070-00200
6548	1875	8	8	1875	7	8	自开东至午时,测雨器水深四分。	SJW-K12070080-00200
6549	1875	8	13	1875	7	13	自五更至开东,测雨器水深四分。自开东至辰时,测雨器水深一寸九分。	SJW-K12070130-00200
6550	1875	8	18	1875	7	18	自三更至开东,测雨器水深三寸三分。自开东至人定,测雨器水深六寸八分。	SJW-K12070180-00200
6551	1875	8	19	1875	7	19	自人定至开东,测雨器水深二寸五分。自开东至人定,测雨器水深一寸九分。	SJW-K12070190-00200
6552	1875	8	20	1875	7	20	自人定至开东,测雨器水深七分。自开东至人定,测雨器水深一寸五分。	SJW-K12070200-00200

续表

编号	公历			农历			描述	ID 编号
	年	月	日	年	月	日		
6553	1875	8	21	1875	7	21	自人定至开东,测雨器水深一寸六分。	SJW-K12070210-00200
6554	1875	8	22	1875	7	22	自辰时至人定,测雨器水深三分。	SJW-K12070220-00200
6555	1875	8	23	1875	7	23	自人定至开东,测雨器水深八分。自开东至人定,测雨器水深二寸。	SJW-K12070230-00200
6556	1875	8	24	1875	7	24	自人定至开东,测雨器水深一寸六分。自开东至人定,测雨器水深二寸二分。	SJW-K12070240-00200
6557	1875	8	26	1875	7	26	自开东至人定,测雨器水深八分。	SJW-K12070260-00200
6558	1875	8	27	1875	7	27	自人定至二更,测雨器水深五分。自卯时至人定,测雨器水深二寸八分。	SJW-K12070270-00200
6559	1875	9	6	1875	8	7	自未时至酉时,测雨器水深二分。	SJW-K12080070-00200
6560	1875	9	7	1875	8	8	自一更至开东,测雨器水深二分。	SJW-K12080080-00200
6561	1875	9	30	1875	9	2	自五更至开东,测雨器水深四分。	SJW-K12090020-00200
6562	1875	10	28	1875	9	30	自巳时至申时,测雨器水深七分。	SJW-K12090300-00200
6563	1875	11	9	1875	10	12	自辰时至申时,测雨器水深一分。	SJW-K12100120-00200
6564	1875	11	13	1875	10	16	自五更至开东,测雨器水深二分。	SJW-K12100160-00200
6565	1875	11	21	1875	10	24	自巳时至申时,测雨器水深二分。	SJW-K12100240-00200
6566	1875	11	30	1875	11	3	自五更,测雨器水深二分。	SJW-K12110030-00200
6567	1875	12	27	1875	11	30	自开东至人定,测雨器水深九分。	SJW-K12110300-00200
6568	1876	3	26	1876	3	1	自开东至申时,测雨器水深一寸五分。	SJW-K13030010-00200
6569	1876	4	25	1876	4	2	自开东至申时,测雨器水深一寸一分。	SJW-K13040020-00200
6570	1876	5	17	1876	4	24	自申时至人定,测雨器水深三分。	SJW-K13040240-00200
6571	1876	5	18	1876	4	25	自人定至开东,测雨器水深九分。	SJW-K13040250-00200
6572	1876	5	24	1876	5	2	自未时至酉时,测雨器水深一分。	SJW-K13050020-00200
6573	1876	5	30	1876	5	8	自五更至开东,测雨器水深二分。	SJW-K13050080-00200
6574	1876	6	2	1876	5	11	自人定至四更,测雨器水深二寸九分。	SJW-K13050110-00200
6575	1876	6	3	1876	5	12	自人定至四更,测雨器水深二分。	SJW-K13050120-00200
6576	1876	6	8	1876	5	17	自卯时至人定,测雨器水深一分。	SJW-K13050170-00200
6577	1876	6	10	1876	5	19	申时,测雨器水深二分。	SJW-K13050190-00200
6578	1876	6	25	1876	闰 5	4	自三更至酉时,测雨器水深一寸一分。	SJW-K13051040-00200
6579	1876	7	11	1876	闰 5	20	自卯时至人定,测雨器水深二分。	SJW-K13051200-00200
6580	1876	7	12	1876	闰 5	21	自人定至开东,测雨器水深二分。自开东至人定,测雨器水深二寸四分。	SJW-K13051210-00200
6581	1876	7	15	1876	闰 5	24	自辰时至酉时,测雨器水深三分。	SJW-K13051240-00200
6582	1876	8	5	1876	6	16	自人定至开东,测雨器水深一寸六分。	SJW-K13060160-00200
6583	1876	8	11	1876	6	22	自辰时至酉时,测雨器水深三分。	SJW-K13060220-00190
6584	1876	8	18	1876	6	29	自开东至未时,测雨器水深二分。	SJW-K13060290-00200
6585	1876	9	28	1876	8	11	自三更至五更,测雨器水深四分。	SJW-K13080110-00200
6586	1876	11	11	1876	9	26	自开东至巳时,测雨器水深二分。	SJW-K13090260-00200

续表

编号	公历			农历			描述	ID 编号
	年	月	日	年	月	日		
6587	1876	11	17	1876	10	2	三更,测雨器水深二分。	SJW-K13100020-00200
6588	1876	11	28	1876	10	13	自午时至申时,测雨器水深二分。	SJW-K13100130-00200
6589	1876	12	26	1876	11	11	自申时至人定,测雨器水深四分。	SJW-K13110110-00200
6590	1876	12	28	1876	11	13	五更,测雨器水深一分。	SJW-K13110130-00200
6591	1877	1	25	1876	12	12	自五更至开东,测雨器水深七分。	SJW-K13120120-00200
6592	1877	2	6	1876	12	24	自五更至人定,测雨器水深八分。	SJW-K13120240-00200
6593	1877	3	19	1877	2	5	自一更至开东,测雨器水深五分。	SJW-K14020050-00200
6594	1877	3	20	1877	2	6	自一更至五更,测雨器水深一寸三分。	SJW-K14020060-00200
6595	1877	4	7	1877	2	24	自人定至开东,测雨器水深九分。	SJW-K14020240-00200
6596	1877	4	9	1877	2	26	自巳时至人定,测雨器水深四分。	SJW-K14020260-00200
6597	1877	5	11	1877	3	28	自辰时至人定,测雨器水深一寸三分。	SJW-K14030280-00200
6598	1877	5	11	1877	3	28	自人定至开东,测雨器水深二寸二分。	SJW-K14030280-00300
6599	1877	5	12	1877	3	29	自开东至人定,测雨器水深一寸八分。	SJW-K14030290-00200
6600	1877	5	17	1877	4	5	自辰时至人定,测雨器水深三分。	SJW-K14040050-00200
6601	1877	5	19	1877	4	7	自卯时至巳时,测雨器水深一分。	SJW-K14040070-00200
6602	1877	5	30	1877	4	18	自人定至开东,测雨器水深二分。	SJW-K14040180-00200
6603	1877	6	5	1877	4	24	自开东至午时,测雨器水深八分。	SJW-K14040240-00200
6604	1877	6	8	1877	4	27	自巳时至酉时,测雨器水深四分。	SJW-K14040270-00200
6605	1877	6	11	1877	5	1	自午时至申时,测雨器水深一分。	SJW-K14050010-00200
6606	1877	6	16	1877	5	6	二更,测雨器水深三分。	SJW-K14050060-00200
6607	1877	6	20	1877	5	10	自四更至开东,测雨器水深二寸五分。	SJW-K14050100-00200
6608	1877	6	21	1877	5	11	自开东至申时,测雨器水深一寸三分。	SJW-K14050110-00200
6609	1877	6	24	1877	5	14	自四更至开东,测雨器水深五分。	SJW-K14050140-00200
6610	1877	6	25	1877	5	15	自开东至巳时,测雨器水深三分。	SJW-K14050150-00110
6611	1877	6	26	1877	5	16	自五更至开东,测雨器水深七分。	SJW-K14050160-00200
6612	1877	6	30	1877	5	20	自午时至人定,测雨器水深四分。	SJW-K14050200-00200
6613	1877	7	1	1877	5	21	自开东至午时,测雨器水深二分。	SJW-K14050210-00200
6614	1877	7	1	1877	5	21	自二更至开东,测雨器水深八分。	SJW-K14050210-00210
6615	1877	7	2	1877	5	22	自卯时至酉时,测雨器水深二分。	SJW-K14050220-00200
6616	1877	7	4	1877	5	24	自开东至人定,测雨器水深一寸六分。	SJW-K14050240-00200
6617	1877	7	4	1877	5	24	自人定至开东,测雨器水深一寸九分。	SJW-K14050240-00300
6618	1877	7	5	1877	5	25	自开东至人定,测雨器水深五分。	SJW-K14050250-00200
6619	1877	7	5	1877	5	25	自人定至开东,测雨器水深一寸一分。	SJW-K14050250-00300
6620	1877	7	6	1877	5	26	自开东至申时,测雨器水深四分。	SJW-K14050260-00200
6621	1877	7	7	1877	5	27	自五更至开东,测雨器水深六分。	SJW-K14050270-00200
6622	1877	7	8	1877	5	28	自开东至人定,测雨器水深四寸五分。	SJW-K14050280-00200
6623	1877	7	8	1877	5	28	自人定至开东,测雨器水深三寸。	SJW-K14050280-00210
6624	1877	7	9	1877	5	29	自开东至酉时,测雨器水深一寸。	SJW-K14050290-00200

续表

编号	公历			农历			描述	ID 编号
	年	月	日	年	月	日		
6625	1877	7	12	1877	6	2	自辰时至人定,测雨器水深四分。	SJW-K14060020-00200
6626	1877	7	12	1877	6	2	自人定至开东,测雨器水深一寸三分。	SJW-K14060020-00300
6627	1877	7	13	1877	6	3	自开东至申时,测雨器水深一寸五分。	SJW-K14060030-00200
6628	1877	7	14	1877	6	4	自卯时至人定,测雨器水深一寸四分。	SJW-K14060040-00200
6629	1877	7	15	1877	6	5	自人定至开东,测雨器水深一寸。	SJW-K14060050-00200
6630	1877	7	16	1877	6	6	自开东至酉时,测雨器水深八分。	SJW-K14060060-00200
6631	1877	7	16	1877	6	6	自一更至开东,测雨器水深八分。	SJW-K14060060-00300
6632	1877	7	22	1877	6	12	自申时至人定,测雨器水深五分。	SJW-K14060120-00200
6633	1877	7	22	1877	6	12	自人定至开东,测雨器水深八分。	SJW-K14060120-00300
6634	1877	7	23	1877	6	13	自卯时至酉时,测雨器水深一分。	SJW-K14060130-00200
6635	1877	7	24	1877	6	14	自未时至人定,测雨器水深一寸四分。	SJW-K14060140-00200
6636	1877	7	24	1877	6	14	自人定至二更,测雨器水深三分。	SJW-K14060140-00300
6637	1877	7	26	1877	6	16	自辰时至申时,测雨器水深一分。	SJW-K14060160-00200
6638	1877	7	27	1877	6	17	自申时至酉时,测雨器水深四分。	SJW-K14060170-00200
6639	1877	7	28	1877	6	18	自开东至未时,测雨器水深四分。	SJW-K14060180-00200
6640	1877	7	29	1877	6	19	自辰时至人定,测雨器水深二分。	SJW-K14060190-00200
6641	1877	7	31	1877	6	21	自五更至开东,测雨器水深二分。	SJW-K14060210-00200
6642	1877	8	11	1877	7	3	自辰时至人定,测雨器水深九分。	SJW-K14070030-00200
6643	1877	8	11	1877	7	3	自人定至开东,测雨器水深四分。	SJW-K14070030-00300
6644	1877	8	12	1877	7	4	自开东至酉时,测雨器水深五分。	SJW-K14070040-00200
6645	1877	8	13	1877	7	5	申时,测雨器水深五分。	SJW-K14070050-00200
6646	1877	8	17	1877	7	9	自人定至开东,测雨器水深一寸八分。	SJW-K14070090-00200
6647	1877	8	18	1877	7	10	自开东至人定,测雨器水深二寸九分。	SJW-K14070100-00200
6648	1877	8	22	1877	7	14	自未时至人定,测雨器水深四分。	SJW-K14070140-00200
6649	1877	8	23	1877	7	15	自未时至酉时,测雨器水深一分。	SJW-K14070150-00200
6650	1877	8	30	1877	7	22	自人定至开东,测雨器水深一寸。	SJW-K14070220-00200
6651	1877	8	31	1877	7	23	自卯时至巳时,测雨器水深一寸八分。	SJW-K14070230-00200
6652	1877	9	4	1877	7	27	自午时至人定,测雨器水深三分。	SJW-K14070270-00200
6653	1877	9	8	1877	8	2	自开东至人定,测雨器水深二寸三分。自人定至开东,测雨器水深二分。	SJW-K14080020-00200
6654	1877	9	15	1877	8	9	自卯时至午时,测雨器水深七分。	SJW-K14080090-00200
6655	1877	9	22	1877	8	16	自午时至人定,测雨器水深一寸四分。	SJW-K14080160-00200
6656	1877	9	30	1877	8	24	自卯时至辰时,测雨器水深五分。	SJW-K14080240-00200
6657	1877	10	11	1877	9	5	自卯时至未时,测雨器水深二分。	SJW-K14090050-00200
6658	1877	10	20	1877	9	14	自辰时至申时,测雨器水深七分。	SJW-K14090140-00200
6659	1877	10	22	1877	9	16	自未时至人定,测雨器水深三分。	SJW-K14090160-00200
6660	1877	10	26	1877	9	20	自巳时至申时,测雨器水深二分。	SJW-K14090200-00200
6661	1877	11	2	1877	9	27	自巳时至午时,测雨器水深二分。	SJW-K14090270-00200

续表

编号	公历			农历			描述	ID 编号
	年	月	日	年	月	日		
6662	1877	11	10	1877	10	6	自申时至人定,测雨器水深九分。	SJW-K14100060-00200
6663	1877	11	12	1877	10	8	自五更至开东,测雨器水深三分。	SJW-K14100080-00200
6664	1877	11	15	1877	10	11	自五更至开东,测雨器水深一寸二分。	SJW-K14100110-00200
6665	1877	11	16	1877	10	12	自开东至未时,测雨器水深一寸一分。	SJW-K14100120-00200
6666	1877	11	22	1877	10	18	自五更至开东,测雨器水深七分。	SJW-K14100180-00200
6667	1878	3	11	1878	2	8	自人定至五更,测雨器水深二分。	SJW-K15020080-00200
6668	1878	4	1	1878	2	29	巳时至人定,测雨器水深一寸。	SJW-K15020290-00200
6669	1878	4	2	1878	2	30	自卯时至人定,测雨器水深二分。三更,测雨器水深一分。	SJW-K15020300-00200
6670	1878	4	3	1878	3	1	自人定至三更,测雨器水深一分。	SJW-K15030010-00200
6671	1878	4	10	1878	3	8	自五更至开东,测雨器水深二分。	SJW-K15030080-00200
6672	1878	4	11	1878	3	9	自人定至开东,测雨器水深六分。	SJW-K15030090-00200
6673	1878	4	12	1878	3	10	自开东至人定,测雨器水深三寸三分。自人定至开东,测雨器水深三分。	SJW-K15030100-00200
6674	1878	4	18	1878	3	16	自午时至酉时,测雨器水深七分。	SJW-K15030160-00200
6675	1878	4	18	1878	3	16	自人定至开东,测雨器水深二分。	SJW-K15030160-00300
6676	1878	4	21	1878	3	19	自午时至未时,测雨器水深一分。	SJW-K15030190-00200
6677	1878	4	28	1878	3	26	自卯时至酉时,测雨器水深二分。	SJW-K15030260-00200
6678	1878	5	11	1878	4	10	自人定至开东,测雨器水深四分。	SJW-K15040100-00200
6679	1878	5	12	1878	4	11	自开东至人定,测雨器水深七分。自人定至开东,测雨器水深二分。	SJW-K15040110-00200
6680	1878	5	17	1878	4	16	自申时至人定,测雨器水深一寸五分。自人定至开东,测雨器水深一寸三分。	SJW-K15040160-00200
6681	1878	5	20	1878	4	19	自酉时至人定,测雨器水深二分。自人定至四更,测雨器水深一分。	SJW-K15040190-00200
6682	1878	5	23	1878	4	22	自午时至申时,测雨器水深八分。	SJW-K15040220-00200
6683	1878	5	27	1878	4	26	自卯时至人定,测雨器水深一寸。	SJW-K15040260-00200
6684	1878	6	10	1878	5	10	自卯时至申时,测雨器水深三分。自二更至开东,测雨器水深四分。	SJW-K15050100-00200
6685	1878	6	11	1878	5	11	自五更至开东,测雨器水深一寸。	SJW-K15050110-00200
6686	1878	6	14	1878	5	14	自巳时至人定,测雨器水深三分。	SJW-K15050140-00200
6687	1878	6	20	1878	5	20	自巳时至人定,测雨器水深九分。	SJW-K15050200-00200
6688	1878	6	20	1878	5	20	自人定至开东,测雨器水深一寸五分。	SJW-K15050200-00300
6689	1878	7	1	1878	6	2	自三更至开东,测雨器水深四分。	SJW-K15060020-00200
6690	1878	7	2	1878	6	3	自开东至人定,测雨器水深三寸六分。	SJW-K15060030-00200
6691	1878	7	6	1878	6	7	自午时至人定,测雨器水深一寸六分。自人定至开东,测雨器水深一寸。	SJW-K15060070-00200
6692	1878	7	7	1878	6	8	自开东至未时,测雨器水深一分。	SJW-K15060080-00200

续表

编号	公历			农历			描述	ID 编号
	年	月	日	年	月	日		
6693	1878	7	7	1878	6	8	自三更至开东,测雨器水深三分。	SJW-K15060080-00300
6694	1878	7	8	1878	6	9	自开东至酉时,测雨器水深三分。	SJW-K15060090-00200
6695	1878	7	9	1878	6	10	自开东至酉时,测雨器水深三寸三分。	SJW-K15060100-00200
6696	1878	7	10	1878	6	11	五更,测雨器水深一分。	SJW-K15060110-00200
6697	1878	7	13	1878	6	14	自卯时至酉时,测雨器水深六分。	SJW-K15060140-00200
6698	1878	7	15	1878	6	16	自人定至开东,测雨器水深六分。	SJW-K15060160-00200
6699	1878	7	16	1878	6	17	自开东至人定,测雨器水深五寸五分。	SJW-K15060170-00200
6700	1878	7	16	1878	6	17	自人定至开东,测雨器水深三分。	SJW-K15060170-00300
6701	1878	7	23	1878	6	24	自未时至酉时,测雨器水深一寸。	SJW-K15060240-00200
6702	1878	7	24	1878	6	25	自未时至酉时,测雨器水深三分。	SJW-K15060250-00200
6703	1878	7	24	1878	6	25	自人定至开东,测雨器水深九分。	SJW-K15060250-00300
6704	1878	7	25	1878	6	26	自卯时至申时,测雨器水深九分。	SJW-K15060260-00200
6705	1878	7	26	1878	6	27	自开东至辰时,测雨器水深一分。	SJW-K15060270-00200
6706	1878	7	30	1878	7	1	自五更至开东,测雨器水深五分。	SJW-K15070010-00200
6707	1878	7	31	1878	7	2	自开东至未时,测雨器水深一寸。	SJW-K15070020-00200
6708	1878	8	5	1878	7	7	自辰时至酉时,测雨器水深三分。	SJW-K15070070-00200
6709	1878	8	6	1878	7	8	自开东至未时,测雨器水深七分。	SJW-K15070080-00200
6710	1878	8	9	1878	7	11	自五更至开东,测雨器水深四分。	SJW-K15070110-00200
6711	1878	9	9	1878	8	13	自卯时至午时,测雨器水深三分。	SJW-K15080130-00200
6712	1878	9	10	1878	8	14	自辰时至未时,测雨器水深八分。	SJW-K15080140-00200
6713	1878	9	18	1878	8	22	自巳时至人定,测雨器水深三分。	SJW-K15080220-00200
6714	1878	9	20	1878	8	24	自开东至人定,测雨器水深一寸二分。自人定至开东,测雨器水深二寸六分。	SJW-K15080240-00200
6715	1878	9	21	1878	8	25	自开东至巳时,测雨器水深六分。	SJW-K15080250-00200
6716	1878	9	24	1878	8	28	五更,测雨器水深二分。	SJW-K15080280-00200
6717	1878	9	26	1878	9	1	自辰时至人定,测雨器水深一寸八分。	SJW-K15090010-00200
6718	1878	10	2	1878	9	7	自二更至开东,测雨器水深一寸五分。	SJW-K15090070-00200
6719	1878	10	3	1878	9	8	自开东至申时,测雨器水深九分。	SJW-K15090080-00200
6720	1878	10	4	1878	9	9	自午时至人定,测雨器水深九分。	SJW-K15090090-00200
6721	1878	10	4	1878	9	9	自人定至开东,测雨器水深一寸九分。	SJW-K15090090-00300
6722	1878	10	16	1878	9	21	自五更至开东,测雨器水深二分。	SJW-K15090210-00200
6723	1878	10	17	1878	9	22	自开东至未时,测雨器水深五分。	SJW-K15090220-00200
6724	1878	10	22	1878	9	27	自巳时至人定,测雨器水深五分。	SJW-K15090270-00200
6725	1878	10	27	1878	10	2	自初更至开东,测雨器水深一寸一分。	SJW-K15100020-00200
6726	1878	11	14	1878	10	20	自申时至人定,测雨器水深三分。	SJW-K15100200-00200
6727	1878	11	30	1878	11	7	自一更至五更,测雨器水深一分。	SJW-K15110070-00200
6728	1878	12	4	1878	11	11	自五更至开东,测雨器水深二分。	SJW-K15110110-00200
6729	1878	12	8	1878	11	15	自开东至未时,测雨器水深一分。	SJW-K15110150-00200

续表

编号	公历			农历			描述	ID 编号
	年	月	日	年	月	日		
6730	1879	1	15	1878	12	23	自开东至申时,测雨器水深四分。	SJW-K15120230-00200
6731	1879	1	22	1879	1	1	自三更至开东,测雨器水深三分。	SJW-K16010010-00200
6732	1879	3	25	1879	3	3	自未时至人定,测雨器水深四分。	SJW-K16030030-00200
6733	1879	3	28	1879	3	6	自五更至开东,测雨器水深五分。	SJW-K16030060-00200
6734	1879	3	29	1879	3	7	自开东至未时,测雨器水深一寸五分。	SJW-K16030070-00200
6735	1879	4	24	1879	闰 3	4	自一更至开东,测雨器水深七分。自开东至未时,测雨器水深一寸一分。	SJW-K16031040-00200
6736	1879	5	4	1879	闰 3	14	自午时至人定,测雨器水深一分。	SJW-K16031140-00200
6737	1879	5	7	1879	闰 3	17	自二更至开东,测雨器水深九分。	SJW-K16031170-00200
6738	1879	5	18	1879	闰 3	28	自开东至午时,测雨器水深九分。	SJW-K16031280-00200
6739	1879	5	21	1879	4	1	自巳时至人定,测雨器水深一寸七分。	SJW-K16040010-00200
6740	1879	5	21	1879	4	1	自人定至开东,测雨器水深二分。	SJW-K16040010-00300
6741	1879	5	24	1879	4	4	自午时至人定,测雨器水深五分。自人定至开东,测雨器水深二寸二分。	SJW-K16040040-00200
6742	1879	5	25	1879	4	5	自开东至午时,测雨器水深三分。	SJW-K16040050-00200
6743	1879	6	14	1879	4	25	自三更至开东,测雨器水深六分。	SJW-K16040250-00200
6744	1879	6	18	1879	4	29	自辰时至人定,测雨器水深三寸三分。自人定至开东,测雨器水深三分。	SJW-K16040290-00200
6745	1879	6	20	1879	5	1	自人定至开东,测雨器水深二分。	SJW-K16050010-00200
6746	1879	6	23	1879	5	4	自巳时至人定,测雨器水深九分。自人定至开东,测雨器水深三分。	SJW-K16050040-00200
6747	1879	6	27	1879	5	8	自一更至开东,测雨器水深三分。	SJW-K16050080-00200
6748	1879	6	30	1879	5	11	自卯时至人定,测雨器水深三寸一分。自三更至开东,测雨器水深四寸二分。	SJW-K16050110-00200
6749	1879	7	1	1879	5	12	自开东至辰时,测雨器水深四分。	SJW-K16050120-00200
6750	1879	7	2	1879	5	13	自卯时至人定,测雨器水深二寸二分。	SJW-K16050130-00200
6751	1879	7	2	1879	5	13	自人定至五更,测雨器水深一寸三分。	SJW-K16050130-00300
6752	1879	7	6	1879	5	17	自开东至人定,测雨器水深一分。自人定至开东,测雨器水深一寸。	SJW-K16050170-00200
6753	1879	7	7	1879	5	18	自开东至人定,测雨器水深二寸一分。	SJW-K16050180-00200
6754	1879	7	8	1879	5	19	自酉时至人定,测雨器水深一分。自人定至开东,测雨器水深一寸四分。	SJW-K16050190-00200
6755	1879	7	9	1879	5	20	自开东至酉时,测雨器水深七分。	SJW-K16050200-00200
6756	1879	7	9	1879	5	20	自一更至开东,测雨器水深九分。	SJW-K16050200-00300
6757	1879	7	10	1879	5	21	自开东至午时,测雨器水深七分。	SJW-K16050210-00200
6758	1879	7	11	1879	5	22	自开东至午时,测雨器水深二寸。	SJW-K16050220-00200
6759	1879	7	12	1879	5	23	自五更至开东,测雨器水深三分。	SJW-K16050230-00200

续表

编号	公历			农历			描述	ID 编号
	年	月	日	年	月	日		
6760	1879	7	13	1879	5	24	自开东至人定,测雨器水深七分。	SJW-K16050240-00200
6761	1879	7	15	1879	5	26	自一更至开东,测雨器水深一寸九分。	SJW-K16050260-00200
6762	1879	7	16	1879	5	27	自卯时至申时,测雨器水深三分。	SJW-K16050270-00200
6763	1879	7	18	1879	5	29	自未时至人定,测雨器水深一寸五分。自人定至开东,测雨器水深二寸。	SJW-K16050290-00200
6764	1879	7	19	1879	6	1	自人定至开东,测雨器水深二寸。自开东至酉时,测雨器水深六分。	SJW-K16060010-00200
6765	1879	7	20	1879	6	2	自三更至开东,测雨器水深八分。自开东至人定,测雨器水深四寸。	SJW-K16060020-00200
6766	1879	7	21	1879	6	3	自开东至酉时,测雨器水深八分。	SJW-K16060030-00200
6767	1879	7	22	1879	6	4	自人定至开东,测雨器水深一寸六分。自开东至酉时,测雨器水深五分。	SJW-K16060040-00200
6768	1879	7	23	1879	6	5	自卯时至人定,测雨器水深五分。	SJW-K16060050-00200
6769	1879	7	24	1879	6	6	自卯时至人定,测雨器水深一寸一分。	SJW-K16060060-00200
6770	1879	7	25	1879	6	7	自人定至开东,测雨器水深五分。自开东至午时,测雨器水深三寸五分。	SJW-K16060070-00200
6771	1879	7	27	1879	6	9	自五更至开东,测雨器水深五分。自卯时至人定,测雨器水深二寸七分。	SJW-K16060090-00200
6772	1879	7	28	1879	6	10	自人定至开东,测雨器水深五分。自开东至人定,测雨器水深二寸八分。	SJW-K16060100-00200
6773	1879	7	29	1879	6	11	自人定至开东,测雨器水深五分。自开东至酉时,测雨器水深六寸六分。	SJW-K16060110-00200
6774	1879	7	30	1879	6	12	自五更至开东,测雨器水深一分。自午时至人定,测雨器水深七分。	SJW-K16060120-00200
6775	1879	7	31	1879	6	13	自人定至开东,测雨器水深一分。自未时至人定,测雨器水深五分。自人定至二更,测雨器水深一分。	SJW-K16060130-00200
6776	1879	8	1	1879	6	14	自未时至人定,测雨器水深六分。	SJW-K16060140-00200
6777	1879	8	2	1879	6	15	自卯时至人定,测雨器水深七分。	SJW-K16060150-00200
6778	1879	8	3	1879	6	16	自人定至开东,测雨器水深一寸。自卯时至申时,测雨器水深四分。	SJW-K16060160-00200
6779	1879	8	6	1879	6	19	自卯时至人定,测雨器水深四分。	SJW-K16060190-00200
6780	1879	8	7	1879	6	20	自人定至开东,测雨器水深三分。自开东至人定,测雨器水深二寸。	SJW-K16060200-00200
6781	1879	8	8	1879	6	21	自人定至开东,测雨器水深六寸八分。	SJW-K16060210-00200
6782	1879	8	11	1879	6	24	自开东至申时,测雨器水深四寸九分。	SJW-K16060240-00200
6783	1879	8	12	1879	6	25	自开东至未时,测雨器水深九分。	SJW-K16060250-00200
6784	1879	8	14	1879	6	27	自卯时至申时,洒雨测雨器水深三分。	SJW-K16060270-00200

续表

编号	公历			农历			描述	ID 编号
	年	月	日	年	月	日		
6785	1879	8	16	1879	6	29	自人定至开东，测雨器水深三分。	SJW-K16060290-00200
6786	1879	8	16	1879	6	29	自开东至申时，测雨器水深五分。	SJW-K16060290-00300
6787	1879	8	17	1879	6	30	自开东至午时，测雨器水深四分。	SJW-K16060300-00200
6788	1879	8	20	1879	7	3	自卯时至酉时，测雨器水深二寸五分。自四更至开东，测雨器水深一寸七分。	SJW-K16070030-00200
6789	1879	8	21	1879	7	4	自开东至午时，测雨器水深三分。	SJW-K16070040-00200
6790	1879	8	26	1879	7	9	自三更至开东，测雨器水深一寸一分。	SJW-K16070090-00300
6791	1879	8	27	1879	7	10	自开东至申时，测雨器水深一寸八分。	SJW-K16070100-00200
6792	1879	9	3	1879	7	17	自开东至酉时，测雨器水深四分。	SJW-K16070170-00200
6793	1879	9	19	1879	8	4	自午时至酉时，测雨器水深四分。	SJW-K16080040-00200
6794	1879	9	29	1879	8	14	自辰时至人定，测雨器水深三分。	SJW-K16080140-00200
6795	1879	9	29	1879	8	14	自人定至开东，测雨器水深二寸。	SJW-K16080140-00300
6796	1879	10	5	1879	8	20	自午时至人定，测雨器水深三分。	SJW-K16080200-00200
6797	1879	10	5	1879	8	20	自人定至开东，测雨器水深二分。	SJW-K16080200-00300
6798	1879	10	23	1879	9	9	自人定至开东，测雨器水深一分。	SJW-K16090090-00200
6799	1879	10	24	1879	9	10	自开东至巳时，测雨器水深三分。	SJW-K16090100-00200
6800	1879	10	27	1879	9	13	自开东至酉时，测雨器水深三分。	SJW-K16090130-00200
6801	1879	11	22	1879	10	9	自二更至五更，测雨器水深一分。	SJW-K16100090-00200
6802	1879	12	3	1879	10	20	自一更至五更，测雨器水深二分。	SJW-K16100200-00200
6803	1879	12	5	1879	10	22	自五更至开东，测雨器水深四分。	SJW-K16100220-00200
6804	1879	12	14	1879	11	2	自巳时至申时，测雨器水深二分。	SJW-K16110020-00200
6805	1879	12	18	1879	11	6	自五更至开东，测雨器水深二分。	SJW-K16110060-00200
6806	1879	12	27	1879	11	15	自未时至人定，测雨器水深二分。自人定至开东，测雨器水深三寸五分。	SJW-K16110150-00200
6807	1880	3	16	1880	2	6	自卯时至未时，测雨器水深一分。	SJW-K17020060-00200
6808	1880	3	27	1880	2	17	自开东至巳时，测雨器水深四分。	SJW-K17020170-00200
6809	1880	3	28	1880	2	18	自三更至开东，测雨器水深四分。	SJW-K17020180-00200
6810	1880	3	30	1880	2	20	自人定至四更，测雨器水深五分。	SJW-K17020200-00200
6811	1880	4	9	1880	3	1	自巳时至人定，测雨器水深八分。	SJW-K17030010-00200
6812	1880	4	10	1880	3	2	自人定至开东，测雨器水深八分。自开东至人定，测雨器水深八分。	SJW-K17030020-00200
6813	1880	4	15	1880	3	7	自巳时至人定，测雨器水深九分。	SJW-K17030070-00200
6814	1880	4	16	1880	3	8	自人定至开东，测雨器水深三分。	SJW-K17030080-00200
6815	1880	4	21	1880	3	13	自午时至人定，测雨器水深四分。	SJW-K17030130-00200
6816	1880	4	22	1880	3	14	自人定至开东，测雨器水深一寸一分。自开东至人定，测雨器水深一寸五分。	SJW-K17030140-00200
6817	1880	4	27	1880	3	19	自开东至午时，测雨器水深六分。	SJW-K17030190-00200
6818	1880	5	5	1880	3	27	自卯时至申时，测雨器水深四分。	SJW-K17030270-00200

续表

编号	公历			农历			描述	ID 编号
	年	月	日	年	月	日		
6819	1880	5	12	1880	4	4	自卯时至未时,测雨器水深八分。	SJW-K17040040-00200
6820	1880	5	20	1880	4	12	自未时至人定,测雨器水深一寸六分。	SJW-K17040120-00200
6821	1880	5	21	1880	4	13	自人定至三更,测雨器水深一寸六分。	SJW-K17040130-00200
6822	1880	5	30	1880	4	22	自午时至人定,测雨器水深一寸。	SJW-K17040220-00200
6823	1880	5	31	1880	4	23	自开东至人定,测雨器水深三分。	SJW-K17040230-00200
6824	1880	6	15	1880	5	8	自开东至人定,测雨器水深二寸九分。	SJW-K17050080-00200
6825	1880	6	18	1880	5	11	自未时至酉时,测雨器水深三分。	SJW-K17050110-00200
6826	1880	6	19	1880	5	12	自人定至开东,测雨器水深一分。	SJW-K17050120-00200
6827	1880	6	27	1880	5	20	自午时至人定,测雨器水深九分。	SJW-K17050200-00200
6828	1880	6	27	1880	5	20	自人定至开东,测雨器水深一寸四分。	SJW-K17050200-00300
6829	1880	6	28	1880	5	21	自开东至未时,测雨器水深一寸八分。	SJW-K17050210-00200
6830	1880	6	29	1880	5	22	自巳时至人定,测雨器水深一寸。	SJW-K17050220-00200
6831	1880	6	29	1880	5	22	自人定至开东,测雨器水深一寸三分。	SJW-K17050220-00300
6832	1880	6	30	1880	5	23	自开东至人定,测雨器水深三寸一分。	SJW-K17050230-00200
6833	1880	7	7	1880	6	1	自五更至开东,测雨器水深三分。	SJW-K17060010-00200
6834	1880	7	8	1880	6	2	自开东至午时,测雨器水深五分。	SJW-K17060020-00200
6835	1880	7	9	1880	6	3	自一更至开东,测雨器水深四分。	SJW-K17060030-00200
6836	1880	7	10	1880	6	4	自辰时至人定,测雨器水深九分。自人定至五更,测雨器水深五分。	SJW-K17060040-00200
6837	1880	7	11	1880	6	5	五更,测雨器水深三分。	SJW-K17060050-00200
6838	1880	7	20	1880	6	14	自卯时至午时,测雨器水深四分。	SJW-K17060140-00200
6839	1880	7	24	1880	6	18	自巳时至申时,测雨器水深三分。	SJW-K17060180-00200
6840	1880	7	24	1880	6	18	自一更至开东,测雨器水深二分。	SJW-K17060180-00300
6841	1880	7	31	1880	6	25	自申时至人定,测雨器水深五分。	SJW-K17060250-00200
6842	1880	7	31	1880	6	25	自五更至开东,测雨器水深二分。	SJW-K17060250-00300
6843	1880	8	6	1880	7	1	自人定至开东,测雨器水深五分。	SJW-K17070010-00200
6844	1880	8	7	1880	7	2	自开东至人定,测雨器水深一寸六分。	SJW-K17070020-00200
6845	1880	8	7	1880	7	2	自人定至开东,测雨器水深二分。	SJW-K17070020-00300
6846	1880	8	8	1880	7	3	自开东至未时,测雨器水深二分。	SJW-K17070030-00200
6847	1880	8	10	1880	7	5	开东,测雨器水深四分。	SJW-K17070050-00200
6848	1880	8	13	1880	7	8	自未时至人定,测雨器水深一寸四分。自人定至二更,测雨器水深三分。	SJW-K17070080-00200
6849	1880	8	15	1880	7	10	自巳时至申时,测雨器水深二分。	SJW-K17070100-00200
6850	1880	8	17	1880	7	12	自二更至开东,测雨器水深六分。	SJW-K17070120-00200
6851	1880	8	18	1880	7	13	自辰时至酉时,测雨器水深五分。	SJW-K17070130-00200
6852	1880	8	18	1880	7	13	自人定至开东,测雨器水深六分。	SJW-K17070130-00300
6853	1880	8	28	1880	7	23	未时、申时,测雨器水深五分。	SJW-K17070230-00200
6854	1880	9	2	1880	7	28	酉时,测雨器水深一分。	SJW-K17070280-00200

续表

编号	公历			农历			描述	ID 编号
	年	月	日	年	月	日		
6855	1880	9	4	1880	7	30	自三更至五更,测雨器水深三分。	SJW-K17070300-00200
6856	1880	9	20	1880	8	16	自人定至开东,测雨器水深五分。	SJW-K17080160-00200
6857	1880	9	21	1880	8	17	自开东至人定,测雨器水深一寸。	SJW-K17080170-00200
6858	1880	9	22	1880	8	18	自开东至午时,测雨器水深一分。	SJW-K17080180-00200
6859	1880	10	9	1880	9	6	巳时、午时,测雨器水深一寸八分。	SJW-K17090060-00200
6860	1880	10	22	1880	9	19	未时、申时,测雨器水深二分。	SJW-K17090190-00200
6861	1880	10	24	1880	9	21	自人定至开东,测雨器水深五分。	SJW-K17090210-00200
6862	1880	11	3	1880	10	1	申时,测雨器水深二分。	SJW-K17100010-00200
6863	1880	11	5	1880	10	3	自人定至四更,测雨器水深五分。	SJW-K17100030-00200
6864	1880	11	6	1880	10	4	自五更至开东,测雨器水深五分。	SJW-K17100040-00300
6865	1880	11	7	1880	10	5	自五更至开东,测雨器水深五分。	SJW-K17100050-00200
6866	1880	11	19	1880	10	17	自辰时至申时,测雨器水深二分。	SJW-K17100170-00200
6867	1881	2	23	1881	1	25	自开东至酉时,测雨器水深五分。	SJW-K18010250-00200
6868	1881	2	23	1881	1	25	自人定至开东,测雨器水深五分。	SJW-K18010250-00300
6869	1881	4	1	1881	3	3	自人定至初四日开东,洒雨下雨,测雨器水深无数据。	SJW-K18030030-00200
6870	1881	4	5	1881	3	7	自人定至开东,测雨器水深八分。	SJW-K18030070-00200
6871	1881	4	10	1881	3	12	自开东至人定,测雨器水深一寸七分。	SJW-K18030120-00200
6872	1881	4	19	1881	3	21	自三更至开东,测雨器水深三分。	SJW-K18030210-00200
6873	1881	4	20	1881	3	22	自开东至申时,测雨器水深二分。	SJW-K18030220-00200
6874	1881	4	24	1881	3	26	自一更至开东,测雨器水深九分。	SJW-K18030260-00200
6875	1881	4	25	1881	3	27	自开东至人定,测雨器水深五分。	SJW-K18030270-00200
6876	1881	4	28	1881	4	1	自卯时至午时,测雨器水深三分。	SJW-K18040010-00200
6877	1881	5	1	1881	4	4	自人定至开东,测雨器水深九分。	SJW-K18040040-00200
6878	1881	5	6	1881	4	9	自卯时至人定,测雨器水深二分。	SJW-K18040090-00200
6879	1881	5	7	1881	4	10	自开东至午时,测雨器水深二分。	SJW-K18040100-00200
6880	1881	5	8	1881	4	11	自辰时至未时,测雨器水深三分。	SJW-K18040110-00200
6881	1881	5	19	1881	4	22	自二更至开东,测雨器水深一寸二分。	SJW-K18040220-00200
6882	1881	5	19	1881	4	22	自开东至午时,测雨器水深三分。	SJW-K18040220-00300
6883	1881	5	22	1881	4	25	自巳时至人定,测雨器水深二分。	SJW-K18040250-00200
6884	1881	5	23	1881	4	26	自人定至开东,测雨器水深二分。	SJW-K18040260-00200
6885	1881	6	5	1881	5	9	自开东至午时,测雨器水深八分。	SJW-K18050090-00200
6886	1881	6	11	1881	5	15	自辰时至酉时,测雨器水深二分。	SJW-K18050150-00200
6887	1881	6	13	1881	5	17	自开东至人定,测雨器水深一寸一分。自人定至开东,测雨器水深一寸五分。	SJW-K18050170-00200
6888	1881	7	1	1881	6	6	自未时至人定,测雨器水深三分。	SJW-K18060060-00300
6889	1881	7	2	1881	6	7	自人定至开东,测雨器水深二寸五分。	SJW-K18060070-00300
6890	1881	7	3	1881	6	8	自开东至巳时,测雨器水深二分。	SJW-K18060080-00300
6891	1881	7	6	1881	6	11	自卯时至酉时,测雨器水深九分。	SJW-K18060110-00300

续表

编号	公历			农历			描述	ID 编号
	年	月	日	年	月	日		
6892	1881	7	9	1881	6	14	自巳时至人定,测雨器水深一寸五分。	SJW-K18060140-00300
6893	1881	7	10	1881	6	15	自人定至开东,测雨器水深三分。	SJW-K18060150-00300
6894	1881	7	16	1881	6	21	自人定至开东,测雨器水深一分。	SJW-K18060210-00300
6895	1881	7	17	1881	6	22	自辰时至午时,测雨器水深二分。	SJW-K18060220-00300
6896	1881	7	20	1881	6	25	自辰时至申时,测雨器水深五分。	SJW-K18060250-00300
6897	1881	7	25	1881	6	30	自申时至酉时,测雨器水深一寸五分。	SJW-K18060300-00300
6898	1881	7	26	1881	7	1	自五更至开东,测雨器水深一分。	SJW-K18070010-00200
6899	1881	7	30	1881	7	5	自人定至开东,测雨器水深四寸七分。	SJW-K18070050-00300
6900	1881	8	3	1881	7	9	二更、三更,测雨器水深八分。	SJW-K18070090-00200
6901	1881	8	4	1881	7	10	自人定至开东,测雨器水深一寸四分。	SJW-K18070100-00200
6902	1881	8	5	1881	7	11	自开东至未时,测雨器水深三分。	SJW-K18070110-00200
6903	1881	8	6	1881	7	12	自五更至开东,测雨器水深二分。	SJW-K18070120-00200
6904	1881	8	7	1881	7	13	五更,测雨器水深四分。	SJW-K18070130-00200
6905	1881	8	22	1881	7	28	自卯时至巳时,测雨器水深六分。	SJW-K18070280-00200
6906	1881	8	24	1881	7	30	自开东至申时,测雨器水深四分。	SJW-K18070300-00200
6907	1881	8	26	1881	闰 7	2	自辰时至未时,测雨器水深四分。	SJW-K18071020-00200
6908	1881	8	27	1881	闰 7	3	自未时至人定,测雨器水深一寸二分。	SJW-K18071030-00200
6909	1881	8	28	1881	闰 7	4	自开东至人定,测雨器水深一寸一分。	SJW-K18071040-00200
6910	1881	8	29	1881	闰 7	5	自卯时至酉时,测雨器水深三分。	SJW-K18071050-00200
6911	1881	8	30	1881	闰 7	6	自辰时至人定,测雨器水深一寸。	SJW-K18071060-00200
6912	1881	8	31	1881	闰 7	7	自人定至开东,测雨器水深四分。	SJW-K18071070-00200
6913	1881	9	6	1881	闰 7	13	自午时至人定,测雨器水深一寸四分。	SJW-K18071130-00200
6914	1881	9	7	1881	闰 7	14	自人定至开东,测雨器水深一寸四分。自开东至人定,测雨器水深二寸五分。	SJW-K18071140-00200
6915	1881	9	8	1881	闰 7	15	自人定至开东,测雨器水深七分。自开东至申时,测雨器水深七分。	SJW-K18071150-00200
6916	1881	9	17	1881	闰 7	24	自人定至开东,测雨器水深一寸七分。	SJW-K18071240-00200
6917	1881	9	18	1881	闰 7	25	自人定至开东,测雨器水深四分。	SJW-K18071250-00200
6918	1881	9	26	1881	8	4	自开东至人定,测雨器水深二寸五分。	SJW-K18080040-00200
6919	1881	9	28	1881	8	6	自开东至申时,测雨器水深一分。	SJW-K18080060-00200
6920	1881	10	7	1881	8	15	自人定至开东,测雨器水深一寸二分。	SJW-K18080150-00200
6921	1881	10	8	1881	8	16	自开东至人定,测雨器水深七分。	SJW-K18080160-00200
6922	1881	10	14	1881	8	22	自开东至申时,测雨器水深五分。	SJW-K18080220-00200
6923	1881	10	19	1881	8	27	自三更至开东,测雨器水深四分。	SJW-K18080270-00200
6924	1881	11	4	1881	9	13	自五更至开东,测雨器水深二分。	SJW-K18090130-00200
6925	1881	11	6	1881	9	15	自开东至酉时,测雨器水深四分。	SJW-K18090150-00200
6926	1881	11	7	1881	9	16	自开东至人定,测雨器水深三分。	SJW-K18090160-00200
6927	1881	11	9	1881	9	18	自开东至未时,测雨器水深一寸七分。	SJW-K18090180-00200

续表

编号	公历			农历			描述	ID 编号
	年	月	日	年	月	日		
6928	1881	12	11	1881	10	20	自五更至开东，测雨器水深二分。	SJW-K18100200-00200
6929	1882	1	25	1881	12	6	自人定至开东，测雨器水深一寸一分。	SJW-K18120060-00200
6930	1882	1	30	1881	12	11	自开东至人定，测雨器水深六分。	SJW-K18120110-00200
6931	1882	3	25	1882	2	7	自未时至酉时，测雨器水深一分。	SJW-K19020070-00200
6932	1882	3	31	1882	2	13	自卯时至人定，测雨器水深五分。	SJW-K19020130-00200
6933	1882	4	2	1882	2	15	自开东至巳时，测雨器水深七分。	SJW-K19020150-00200
6934	1882	4	2	1882	2	15	自三更至开东，测雨器水深五分。	SJW-K19020150-00300
6935	1882	4	20	1882	3	3	自人定至开东，测雨器水深五分。	SJW-K19030030-00200
6936	1882	4	21	1882	3	4	自开东至未时，测雨器水深一寸。	SJW-K19030040-00200
6937	1882	4	27	1882	3	10	自开东至酉时，测雨器水深三分。	SJW-K19030100-00200
6938	1882	4	27	1882	3	10	自初更至开东，测雨器水深五分。	SJW-K19030100-00300
6939	1882	4	29	1882	3	12	自巳时至申时，测雨器水深八分。	SJW-K19030120-00200
6940	1882	5	17	1882	4	1	自卯时至人定，测雨器水深三分。	SJW-K19040010-00200
6941	1882	5	20	1882	4	4	自五更至开东，测雨器水深七分。	SJW-K19040040-00300
6942	1882	6	3	1882	4	18	自卯时至人定，测雨器水深三分。自人定至开东，测雨器水深六分。	SJW-K19040180-00300
6943	1882	6	4	1882	4	19	自开东至午时，测雨器水深二分。	SJW-K19040190-00200
6944	1882	6	8	1882	4	23	自辰时至未时，测雨器水深四分。	SJW-K19040230-00200
6945	1882	6	24	1882	5	9	自开东至人定，测雨器水深七分。	SJW-K19050090-00200
6946	1882	7	3	1882	5	18	自申时至酉时，测雨器水深五分。	SJW-K19050180-00200
6947	1882	7	7	1882	5	22	自卯时至午时，测雨器水深三分。	SJW-K19050220-00200
6948	1882	7	16	1882	6	2	自卯时至酉时，测雨器水深二分。自三更至开东，测雨器水深四分。	SJW-K19060020-00200
6949	1882	7	17	1882	6	3	自开东至人定，测雨器水深四分。自人定至开东，测雨器水深二分。	SJW-K19060030-00200
6950	1882	7	18	1882	6	4	自开东至午时，测雨器水深七分。自一更至三更，测雨器水深三分。	SJW-K19060040-00200
6951	1882	7	23	1882	6	9	自四更至开东，测雨器水深一寸。	SJW-K19060090-00200
6952	1882	7	24	1882	6	10	自开东至人定，测雨器水深四寸一分。自人定至开东，测雨器水深三分。	SJW-K19060100-00200
6953	1882	8	2	1882	6	19	自开东至人定，测雨器水深一寸。自人定至开东，测雨器水深二分。	SJW-K19060190-00200
6954	1882	8	3	1882	6	20	自开东至人定，测雨器水深一寸四分。	SJW-K19060200-00200
6955	1882	8	4	1882	6	21	自卯时至人定，测雨器水深一寸二分。自人定至开东，测雨器水深六分。	SJW-K19060210-00200
6956	1882	8	8	1882	6	25	自开东至申时，测雨器水深五分。	SJW-K19060250-00200
6957	1882	8	16	1882	7	3	自五更至开东，测雨器水深五分。	SJW-K19070030-00200
6958	1882	8	16	1882	7	3	自未时至酉时，测雨器水深八分。	SJW-K19070030-00300

续表

编号	公历			农历			描述	ID 编号
	年	月	日	年	月	日		
6959	1882	8	27	1882	7	14	自人定至开东，测雨器水深四分。	SJW-K19070140-00200
6960	1882	8	27	1882	7	14	自开东至未时，测雨器水深七分。	SJW-K19070140-00300
6961	1882	8	31	1882	7	18	自卯时至未时，测雨器水深一分。	SJW-K19070180-00200
6962	1882	9	5	1882	7	23	自开东至酉时，测雨器水深三寸七分。	SJW-K19070230-00200
6963	1882	10	21	1882	9	10	自五更至开东，测雨器水深二分。自开东至人定，测雨器水深一寸四分。	SJW-K19090100-00300
6964	1882	10	22	1882	9	11	自人定至开东，测雨器水深三分。	SJW-K19090110-00200
6965	1882	10	23	1882	9	12	自初更至开东，测雨器水深三分。	SJW-K19090120-00200
6966	1882	10	23	1882	9	12	自开东至申时，测雨器水深二分。	SJW-K19090120-00300
6967	1882	10	28	1882	9	17	自卯时至酉时，测雨器水深四分。	SJW-K19090170-00300
6968	1882	10	31	1882	9	20	自人定至五更，测雨器水深八分。	SJW-K19090200-00300
6969	1882	11	2	1882	9	22	自五更至开东，测雨器水深二分。	SJW-K19090220-00200
6970	1882	11	3	1882	9	23	自开东至酉时，测雨器水深三分。	SJW-K19090230-00300
6971	1882	11	15	1882	10	5	自辰时至申时，测雨器水深一分。	SJW-K19100050-00200
6972	1882	11	28	1882	10	18	自巳时至申时，测雨器水深一分。	SJW-K19100180-00300
6973	1882	12	15	1882	11	6	自午时至人定，测雨器水深三分。	SJW-K19110060-00200
6974	1883	2	23	1883	1	16	自二更至开东，测雨器水深二分。	SJW-K20010160-00200
6975	1883	3	24	1883	2	16	自辰时至人定，测雨器水深九分。	SJW-K20020160-00200
6976	1883	3	30	1883	2	22	自五更至开东，测雨器水深三分。	SJW-K20020220-00200
6977	1883	4	13	1883	3	7	自辰时至未时，测雨器水深四分。	SJW-K20030070-00200
6978	1883	4	27	1883	3	21	自申时至人定，测雨器水深五分。	SJW-K20030210-00200
6979	1883	4	28	1883	3	22	自人定至开东，测雨器水深一寸八分。	SJW-K20030220-00200
6980	1883	5	2	1883	3	26	自未时至人定，测雨器水深三分。	SJW-K20030260-00200
6981	1883	5	4	1883	3	28	自开东至未时，测雨器水深七分。	SJW-K20030280-00200
6982	1883	5	24	1883	4	18	自五更至开东，测雨器水深四分。	SJW-K20040180-00200
6983	1883	5	25	1883	4	19	自人定至五更，测雨器水深二分。	SJW-K20040190-00200
6984	1883	5	31	1883	4	25	自人定至开东，测雨器水深一分。	SJW-K20040250-00200
6985	1883	6	1	1883	4	26	自开东至未时，测雨器水深四分。	SJW-K20040260-00200
6986	1883	6	19	1883	5	15	自二更至开东，测雨器水深一分。	SJW-K20050150-00200
6987	1883	6	19	1883	5	15	自辰时至人定，测雨器水深二分。	SJW-K20050150-00300
6988	1883	6	25	1883	5	21	自一更至开东，测雨器水深四分。	SJW-K20050210-00200
6989	1883	6	28	1883	5	24	自人定至二更，测雨器水深二分。	SJW-K20050240-00200
6990	1883	7	2	1883	5	28	自人定至开东，测雨器水深一寸三分。自开东至人定，测雨器水深七分。	SJW-K20050280-00200
6991	1883	7	13	1883	6	10	自开东至巳时，测雨器水深五分。	SJW-K20060100-00200
6992	1883	7	15	1883	6	12	自开东至未时，测雨器水深九分。	SJW-K20060120-00200

续表

编号	公历			农历			描述	ID 编号
	年	月	日	年	月	日		
6993	1883	7	16	1883	6	13	自申时至人定,测雨器水深二寸二分。	SJW-K20060130-00200
6994	1883	7	17	1883	6	14	自三更至开东,测雨器水深二寸。自开东至申时,测雨器水深八分。	SJW-K20060140-00200
6995	1883	8	4	1883	7	2	自二更至五更,测雨器水深一分。	SJW-K20070020-00200
6996	1883	8	5	1883	7	3	巳时,测雨器水深一分。	SJW-K20070030-00200
6997	1883	8	8	1883	7	6	自五更至开东,测雨器水深一寸二分。	SJW-K20070060-00200
6998	1883	8	8	1883	7	6	未时,测雨器水深一寸。	SJW-K20070060-00300
6999	1883	8	9	1883	7	7	自人定至开东,测雨器水深一分。	SJW-K20070070-00200
7000	1883	8	15	1883	7	13	自午时至酉时,测雨器水深二分。	SJW-K20070130-00200
7001	1883	8	31	1883	7	29	自四更至开东,测雨器水深一寸五分。自开东至申时,测雨器水深三寸。	SJW-K20070290-00200
7002	1883	9	1	1883	8	1	自人定至开东,测雨器水深八分。	SJW-K20080010-00200
7003	1883	9	3	1883	8	3	自开东至午时,测雨器水深一寸一分。	SJW-K20080030-00200
7004	1883	9	5	1883	8	5	自卯时至未时,测雨器水深三分。	SJW-K20080050-00200
7005	1883	9	17	1883	8	17	自五更至开东,测雨器水深五分。自开东至申时,测雨器水深一寸八分。	SJW-K20080170-00200
7006	1883	9	21	1883	8	21	未时,测雨器水深二分。	SJW-K20080210-00200
7007	1883	10	16	1883	9	16	自四更至五更,测雨器水深三分。	SJW-K20090160-00200
7008	1883	10	19	1883	9	19	自开东至人定,测雨器水深一寸。	SJW-K20090190-00200
7009	1883	10	23	1883	9	23	自人定至开东,测雨器水深二分。	SJW-K20090230-00200
7010	1883	10	27	1883	9	27	自午时至人定,测雨器水深五分。	SJW-K20090270-00200
7011	1883	10	28	1883	9	28	自人定至开东,测雨器水深七分。	SJW-K20090280-00200
7012	1883	10	30	1883	9	30	自巳时至人定,测雨器水深一寸。	SJW-K20090300-00200
7013	1883	10	31	1883	10	1	自人定至开东,测雨器水深二分。	SJW-K20100010-00200
7014	1883	11	10	1883	10	11	自卯时至申时,测雨器水深三分。	SJW-K20100110-00200
7015	1883	11	13	1883	10	14	自人定至五更,测雨器水深三分。	SJW-K20100140-00200
7016	1883	11	19	1883	10	20	自人定至五更,测雨器水深三分。	SJW-K20100200-00200
7017	1884	1	4	1883	12	7	自开东至酉时,测雨器水深一寸二分。	SJW-K20120070-00200
7018	1884	3	15	1884	2	18	自三更至开东,测雨器水深四分。	SJW-K21020180-00200
7019	1884	3	31	1884	3	5	自四更至开东,测雨器水深五分。	SJW-K21030050-00200
7020	1884	4	4	1884	3	9	自人定至五更,测雨器水深五分。	SJW-K21030090-00200
7021	1884	4	10	1884	3	15	自人定至开东,测雨器水深五分。	SJW-K21030150-00200
7022	1884	4	24	1884	3	29	自辰时至人定,测雨器水深七八分。	SJW-K21030290-00200
7023	1884	4	24	1884	3	29	自人定至开东,测雨器水深二分。	SJW-K21030290-00300
7024	1884	4	25	1884	4	1	自人定至开东,测雨器水深一寸三分。	SJW-K21040010-00200
7025	1884	5	1	1884	4	7	自人定至开东,测雨器水深二寸。	SJW-K21040070-00200
7026	1884	5	2	1884	4	8	自开东至申时,测雨器水深六分。	SJW-K21040080-00200
7027	1884	5	27	1884	5	3	自二更至开东,测雨器水深一寸三分。	SJW-K21050030-00200

续表

编号	公历			农历			描述	ID 编号
	年	月	日	年	月	日		
7028	1884	5	28	1884	5	4	自开东至卯时，测雨器水深二分。	SJW-K21050040-00200
7029	1884	5	30	1884	5	6	自巳时至酉时，测雨器水深一寸二分。自四更至五更，测雨器水深二分。	SJW-K21050060-00200
7030	1884	6	2	1884	5	9	自开东至酉时，测雨器水深七分。	SJW-K21050090-00200
7031	1884	6	10	1884	5	17	自卯时至人定，测雨器水深九分。	SJW-K21050170-00200
7032	1884	6	13	1884	5	20	自未时至人定，测雨器水深一寸二分。	SJW-K21050200-00200
7033	1884	6	15	1884	5	22	自二更至开东，测雨器水深五分。	SJW-K21050220-00200
7034	1884	6	16	1884	5	23	自开东至申时，测雨器水深六分。	SJW-K21050230-00200
7035	1884	6	20	1884	5	27	自开东至人定，测雨器水深一寸五分。自人定至开东，测雨器水深五分。	SJW-K21050270-00200
7036	1884	6	21	1884	5	28	自一更至开东，测雨器水深一寸四分。	SJW-K21050280-00200
7037	1884	7	6	1884	闰5	14	自开东至午时，测雨器水深一寸三分。	SJW-K21051140-00200
7038	1884	7	12	1884	闰5	20	自开东至人定，测雨器水深一寸三分。	SJW-K21051200-00200
7039	1884	7	19	1884	闰5	27	自开东至酉时，测雨器水深三分。自人定至开东，测雨器水深六分。	SJW-K21051270-00200
7040	1884	7	20	1884	闰5	28	自卯时至午时，测雨器水深三分。	SJW-K21051280-00200
7041	1884	7	23	1884	6	2	一更，测雨器水深四分。	SJW-K21060020-00200
7042	1884	7	24	1884	6	3	自巳时至人定，测雨器水深一寸二分。	SJW-K21060030-00200
7043	1884	7	25	1884	6	4	自人定至开东，测雨器水深二分。	SJW-K21060040-00200
7044	1884	7	25	1884	6	4	自卯时至人定，测雨器水深二寸。	SJW-K21060040-00300
7045	1884	7	27	1884	6	6	自辰时至午时，测雨器水深四分。	SJW-K21060060-00200
7046	1884	7	28	1884	6	7	自酉时至寅正，测雨器水深四分。自寅正至开东，测雨器水深一分。	SJW-K21060070-00200
7047	1884	7	31	1884	6	10	自开东至酉时，测雨器水深八寸。自二更至开东，测雨器水深一寸六分。	SJW-K21060100-00200
7048	1884	8	1	1884	6	11	自开东至人定，测雨器水深五寸三分。自人定至开东，测雨器水深一寸七分。	SJW-K21060110-00200
7049	1884	8	13	1884	6	23	自巳时至未时，测雨器水深一分。	SJW-K21060230-00200
7050	1884	8	17	1884	6	27	自申时至人定，测雨器水深三分。	SJW-K21060270-00200
7051	1884	8	19	1884	6	29	自开东至人定，测雨器水深二寸二分。	SJW-K21060290-00200
7052	1884	8	29	1884	7	9	自未时至人定，测雨器水深一分。	SJW-K21070090-00200
7053	1884	8	29	1884	7	9	自人定至开东，测雨器水深九分。	SJW-K21070090-00300
7054	1884	8	30	1884	7	10	自开东至酉时，测雨器水深二分。	SJW-K21070100-00200
7055	1884	8	31	1884	7	11	自开东至人定，测雨器水深四分。自人定至开东，测雨器水深三分。	SJW-K21070110-00200
7056	1884	9	1	1884	7	12	自开东至申时，测雨器水深四分。	SJW-K21070120-00200
7057	1884	9	3	1884	7	14	自开东至人定，测雨器水深一寸。自人定至五更，测雨器水深一寸二分。	SJW-K21070140-00200

续表

编号	公历			农历			描述	ID 编号
	年	月	日	年	月	日		
7058	1884	9	14	1884	7	25	自开东至申时,测雨器水深二分。	SJW-K21070250-00200
7059	1884	9	18	1884	7	29	四更、五更,测雨器水深三分。	SJW-K21070290-00200
7060	1884	9	19	1884	8	1	自人定至开东,测雨器水深一寸八分。	SJW-K21080010-00200
7061	1884	9	20	1884	8	2	自开东至巳时,测雨器水深二分。	SJW-K21080020-00200
7062	1884	9	24	1884	8	6	自人定至开东,测雨器水深一寸三分。	SJW-K21080060-00200
7063	1884	9	29	1884	8	11	自人定至开东,测雨器水深一寸二分。	SJW-K21080110-00200
7064	1884	9	30	1884	8	12	自开东至巳时,测雨器水深二分。	SJW-K21080120-00200
7065	1884	10	12	1884	8	24	自开东至未时,测雨器水深一寸一分。	SJW-K21080240-00200
7066	1884	10	23	1884	9	5	自卯时至申时,测雨器水深七分。	SJW-K21090050-00200
7067	1884	11	8	1884	9	21	自四更至开东,测雨器水深三分。	SJW-K21090210-00200
7068	1884	11	18	1884	10	1	自辰时至午时,测雨器水深二分。	SJW-K21100010-00200
7069	1885	4	6	1885	2	21	自四更至开东,测雨器水深二分。	SJW-K22020210-00200
7070	1885	4	7	1885	2	22	自开东至人定,测雨器水深三分。自人定至开东,测雨器水深九分。	SJW-K22020220-00200
7071	1885	5	4	1885	3	20	自人定至开东,测雨器水深五分。	SJW-K22030200-00200
7072	1885	5	8	1885	3	24	自午时至酉时,测雨器水深三分。	SJW-K22030240-00200
7073	1885	5	17	1885	4	4	四更、五更,测雨器水深三分。	SJW-K22040040-00200
7074	1885	5	30	1885	4	17	自人定至开东,测雨器水深一寸三分。	SJW-K22040170-00200
7075	1885	7	3	1885	5	21	自人定至开东,测雨器水深二分。	SJW-K22050210-00200
7076	1885	7	5	1885	5	23	自三更至开东,测雨器水深三分。自开东至酉时,测雨器水深一分。	SJW-K22050230-00200
7077	1885	7	10	1885	5	28	自午时至开东,测雨器水深一寸二分。	SJW-K22050280-00200
7078	1885	7	13	1885	6	2	自开东至人定,测雨器水深八分。	SJW-K22060020-00200
7079	1885	7	14	1885	6	3	自开东至酉时,测雨器水深一寸三分。	SJW-K22060030-00200
7080	1885	7	16	1885	6	5	自开东至人定,测雨器水深一尺四寸六分。	SJW-K22060050-00200
7081	1885	7	19	1885	6	8	自开东至人定,测雨器水深四寸五分。自人定至开东,测雨器水深四分。	SJW-K22060080-00200
7082	1885	7	22	1885	6	11	自开东至酉时,测雨器水深九分。	SJW-K22060110-00200
7083	1885	7	25	1885	6	14	自人定至开东,测雨器水深一分。	SJW-K22060140-00200
7084	1885	7	26	1885	6	15	自人定至开东,测雨器水深五分。	SJW-K22060150-00200
7085	1885	8	1	1885	6	21	自开东至人定,测雨器水深一寸五分。自人定至开东,测雨器水深二分。	SJW-K22060210-00200
7086	1885	8	2	1885	6	22	自开东至申时,测雨器水深三分。	SJW-K22060220-00200
7087	1885	8	5	1885	6	25	自未时至酉时,测雨器水深四分。	SJW-K22060250-00200
7088	1885	8	7	1885	6	27	自开东至人定,测雨器水深二寸四分。自人定至开东,测雨器水深一寸。	SJW-K22060270-00200
7089	1885	8	15	1885	7	6	自三更至开东,测雨器水深三分。	SJW-K22070060-00200

续表

编号	公历			农历			描述	ID编号
	年	月	日	年	月	日		
7090	1885	8	16	1885	7	7	自开东至人定,测雨器水深一寸四分。自人定至开东,测雨器水深一寸八分。	SJW-K22070070-00200
7091	1885	8	17	1885	7	8	自开东至人定,测雨器水深六分。自人定至开东,测雨器水深五寸六分。	SJW-K22070080-00200
7092	1885	8	21	1885	7	12	自开东至人定,测雨器水深二分。	SJW-K22070120-00200
7093	1885	8	22	1885	7	13	自开东至午时,测雨器水深五分。自二更至开东,测雨器水深二分。	SJW-K22070130-00200
7094	1885	8	23	1885	7	14	自开东至未时,测雨器水深三分。	SJW-K22070140-00200
7095	1885	8	25	1885	7	16	自开东至午时,测雨器水深七分。	SJW-K22070160-00200
7096	1885	8	27	1885	7	18	自四更至开东,测雨器水深四分。	SJW-K22070180-00200
7097	1885	8	28	1885	7	19	自人定至五更,测雨器水深五分。	SJW-K22070190-00200
7098	1885	9	2	1885	7	24	自开东至人定,测雨器水深五寸三分。	SJW-K22070240-00200
7099	1885	9	3	1885	7	25	自开东至未时,测雨器水深三分。	SJW-K22070250-00200
7100	1885	9	7	1885	7	29	自开东至人定,测雨器水深六分。	SJW-K22070290-00200
7101	1885	9	9	1885	8	1	自人定至五更,测雨器水深二分。	SJW-K22080010-00200
7102	1885	9	13	1885	8	5	自卯时至人定,测雨器水深六分。自人定至开东,测雨器水深一寸。	SJW-K22080050-00200
7103	1885	9	14	1885	8	6	自开东至申时,测雨器水深五分。	SJW-K22080060-00200
7104	1885	9	28	1885	8	20	自申时至人定,测雨器水深七分。	SJW-K22080200-00200
7105	1885	10	25	1885	9	18	自辰时至人定,测雨器水深六分。	SJW-K22090180-00200
7106	1885	11	1	1885	9	25	自四更至开东,测雨器水深四分。	SJW-K22090250-00200
7107	1885	12	23	1885	11	18	自人定至开东,测雨器水深七分。	SJW-K22110180-00200
7108	1885	12	24	1885	11	19	自开东至午时,测雨器水深二分。	SJW-K22110190-00200
7109	1886	4	4	1886	3	1	自卯时至人定,测雨器水深五分。自人定至开东,测雨器水深三分。	SJW-K23030010-00200
7110	1886	4	5	1886	3	2	自开东至未时,测雨器水深二分。	SJW-K23030020-00200
7111	1886	4	10	1886	3	7	自开东至人定,测雨器水深一寸三分。自人定至开东,测雨器水深六分。	SJW-K23030070-00200
7112	1886	4	23	1886	3	20	自五更至开东,测雨器水深五分。	SJW-K23030200-00200
7113	1886	4	24	1886	3	21	自开东至未时,测雨器水深一寸八分。	SJW-K23030210-00200
7114	1886	4	30	1886	3	27	自午时至人定,测雨器水深七分。自人定至开东,测雨器水深四分。	SJW-K23030270-00200
7115	1886	5	1	1886	3	28	自开东至人定,测雨器水深二分。	SJW-K23030280-00200
7116	1886	5	12	1886	4	9	自巳时至人定,测雨器水深一寸五分。	SJW-K23040090-00200
7117	1886	5	17	1886	4	14	自午时至人定,测雨器水深一分。	SJW-K23040140-00200
7118	1886	5	21	1886	4	18	自午时至申时,测雨器水深二分。	SJW-K23040180-00200
7119	1886	5	25	1886	4	22	自卯时至人定,测雨器水深四分。	SJW-K23040220-00200
7120	1886	6	3	1886	5	2	自开东至人定,测雨器水深三分。	SJW-K23050020-00200

续表

编号	公历			农历			描述	ID 编号
	年	月	日	年	月	日		
7121	1886	6	4	1886	5	3	自三更至开东,测雨器水深一分。	SJW-K23050030-00200
7122	1886	6	11	1886	5	10	自卯时至人定,测雨器水深七分。自人定至开东,测雨器水深六分。	SJW-K23050100-00200
7123	1886	6	15	1886	5	14	自人定至开东,测雨器水深一寸。	SJW-K23050140-00200
7124	1886	6	16	1886	5	15	自开东至申时,测雨器水深二寸九分。	SJW-K23050150-00200
7125	1886	6	20	1886	5	19	自四更至开东,测雨器水深三分。	SJW-K23050190-00200
7126	1886	6	21	1886	5	20	自开东至人定,测雨器水深一寸。自人定至开东,测雨器水深三寸七分。	SJW-K23050200-00200
7127	1886	6	22	1886	5	21	自开东至人定,测雨器水深二寸五分。自人定至五更,测雨器水深二分。	SJW-K23050210-00200
7128	1886	6	25	1886	5	24	自开东至人定,测雨器水深三寸。自人定至开东,测雨器水深五分。	SJW-K23050240-00200
7129	1886	6	26	1886	5	25	自开东至人定,测雨器水深三分。	SJW-K23050250-00200
7130	1886	7	9	1886	6	8	自卯时至酉时,测雨器水深一寸六分。	SJW-K23060080-00200
7131	1886	7	13	1886	6	12	自人定至开东,测雨器水深二分。	SJW-K23060120-00200
7132	1886	7	14	1886	6	13	自开东至人定,测雨器水深二分。	SJW-K23060130-00200
7133	1886	7	16	1886	6	15	自开东至酉时,测雨器水深三分。	SJW-K23060150-00200
7134	1886	7	21	1886	6	20	自未时至人定,测雨器水深七分。	SJW-K23060200-00200
7135	1886	7	22	1886	6	21	自巳时至人定,测雨器水深一寸一分。自人定至开东,测雨器水深一寸五分。	SJW-K23060210-00200
7136	1886	7	23	1886	6	22	自开东至人定,测雨器水深一分。自人定至开东,测雨器水深三分。	SJW-K23060220-00200
7137	1886	7	25	1886	6	24	自申时至人定,测雨器水深五分。	SJW-K23060240-00200
7138	1886	7	31	1886	7	1	自人定至开东,测雨器水深七分。	SJW-K23070010-00200
7139	1886	8	1	1886	7	2	自开东至酉时,测雨器水深二寸八分。自二更至开东,测雨器水深一寸六分。	SJW-K23070020-00200
7140	1886	8	2	1886	7	3	自开东至未时,测雨器水深三分。	SJW-K23070030-00200
7141	1886	8	5	1886	7	6	自开东至人定,测雨器水深一寸三分。自人定至开东,测雨器水深一寸六分。	SJW-K23070060-00200
7142	1886	8	15	1886	7	16	自五更至开东,测雨器水深二分。	SJW-K23070160-00200
7143	1886	8	16	1886	7	17	自开东至人定,测雨器水深八分。	SJW-K23070170-00200
7144	1886	8	25	1886	7	26	自开东至午时,测雨器水深七分。自三更至五更,测雨器水深七分。	SJW-K23070260-00200
7145	1886	8	29	1886	8	1	自人定至开东,测雨器水深一寸五分。	SJW-K23080010-00200
7146	1886	9	2	1886	8	5	自三更至开东,测雨器水深八分。	SJW-K23080050-00200
7147	1886	9	3	1886	8	6	自开东至酉时,测雨器水深七分。	SJW-K23080060-00200
7148	1886	9	6	1886	8	9	自开东至人定,测雨器水深九分。	SJW-K23080090-00200
7149	1886	9	6	1886	8	9	自人定至开东,测雨器水深七分。	SJW-K23080090-00300

续表

编号	公历			农历			描述	ID 编号
	年	月	日	年	月	日		
7150	1886	9	7	1886	8	10	自开东至人定,测雨器水深三分。	SJW-K23080100-00200
7151	1886	9	10	1886	8	13	自人定至开东,测雨器水深八分。	SJW-K23080130-00200
7152	1886	9	11	1886	8	14	自开东至未时,测雨器水深一寸五分。	SJW-K23080140-00200
7153	1886	9	28	1886	9	1	自五更至开东,测雨器水深九分。	SJW-K23090010-00200
7154	1886	10	7	1886	9	10	自二更至开东,测雨器水深七分。	SJW-K23090100-00200
7155	1886	10	20	1886	9	23	自人定至五更,测雨器水深二分。	SJW-K23090230-00200
7156	1886	10	28	1886	10	2	自午时至申时,测雨器水深一分。	SJW-K23100020-00200
7157	1886	10	31	1886	10	5	自人定至开东,测雨器水深三分。	SJW-K23100050-00200
7158	1886	11	1	1886	10	6	自开东至申时,测雨器水深六分。	SJW-K23100060-00200
7159	1886	11	20	1886	10	25	自人定至开东,测雨器水深五分。	SJW-K23100250-00200
7160	1886	11	25	1886	10	30	自巳时至申时,测雨器水深三分。	SJW-K23100300-00200
7161	1886	12	13	1886	11	18	自人定至五更,测雨器水深二分。	SJW-K23110180-00200
7162	1887	3	11	1887	2	17	自三更至开东,测雨器水深三分。	SJW-K24020170-00200
7163	1887	4	6	1887	3	13	自未时至人定,测雨器水深五分。	SJW-K24030130-00200
7164	1887	4	10	1887	3	17	自未时至人定,测雨器水深二分。	SJW-K24030170-00200
7165	1887	4	29	1887	4	7	自开东至人定,测雨器水深一寸五分。	SJW-K24040070-00200
7166	1887	5	6	1887	4	14	自昨日人定至开东,测雨器水深七分。	SJW-K24040140-00200
7167	1887	5	6	1887	4	14	自开东至人定,测雨器水深二分。	SJW-K24040140-00300
7168	1887	6	8	1887	闰 4	17	自巳时至人定,测雨器水深七分。	SJW-K24041170-00200
7169	1887	6	14	1887	闰 4	23	自未时至酉时,测雨器水深一寸四分。	SJW-K24041230-00200
7170	1887	7	7	1887	5	17	自午时至人定,测雨器水深八分。	SJW-K24050170-00200
7171	1887	7	8	1887	5	18	自人定至开东,测雨器水深一寸三分。	SJW-K24050180-00200
7172	1887	7	8	1887	5	18	自开东至人定,测雨器水深八分。	SJW-K24050180-00300
7173	1887	7	9	1887	5	19	自人定至开东,测雨器水深五分。	SJW-K24050190-00200
7174	1887	7	10	1887	5	20	自二更至开东,测雨器水深四分。	SJW-K24050200-00200
7175	1887	7	13	1887	5	23	自申时至人定,测雨器水深三分。	SJW-K24050230-00200
7176	1887	7	16	1887	5	26	自二更至开东,测雨器水深五分。	SJW-K24050260-00200
7177	1887	7	16	1887	5	26	自开东至人定,测雨器水深一寸七分。	SJW-K24050260-00300
7178	1887	8	4	1887	6	15	自开东至人定,测雨器水深七分。	SJW-K24060150-00300
7179	1887	8	5	1887	6	16	自人定至开东,测雨器水深一寸五分。	SJW-K24060160-00200
7180	1887	8	10	1887	6	21	五更,测雨器水深五分。	SJW-K24060210-00200
7181	1887	8	14	1887	6	25	自开东至酉时,测雨器水深一寸一分。	SJW-K24060250-00200
7182	1887	8	16	1887	6	27	自午时至未时,测雨器水深二分。	SJW-K24060270-00200
7183	1887	8	17	1887	6	28	自二更至开东,测雨器水深一寸。	SJW-K24060280-00200
7184	1887	8	17	1887	6	28	自开东至人定,测雨器水深二分。	SJW-K24060280-00300
7185	1887	8	18	1887	6	29	自开东至未时,测雨器水深三分。	SJW-K24060290-00200
7186	1887	8	20	1887	7	2	自申时至人定,测雨器水深一寸三分。	SJW-K24070020-00200
7187	1887	8	21	1887	7	3	自人定至开东,测雨器水深二寸三分。	SJW-K24070030-00200

续表

编号	公历			农历			描述	ID 编号
	年	月	日	年	月	日		
7188	1887	8	23	1887	7	5	自四更至开东,测雨器水深六分。	SJW-K24070050-00200
7189	1887	8	26	1887	7	8	自开东至人定,测雨器水深二寸。	SJW-K24070080-00200
7190	1887	8	27	1887	7	9	自开东至申时,测雨器水深一寸九分。	SJW-K24070090-00200
7191	1887	8	30	1887	7	12	自五更,测雨器水深三分。	SJW-K24070120-00200
7192	1887	9	3	1887	7	16	自人定至开东,测雨器水深二分。	SJW-K24070160-00200
7193	1887	9	7	1887	7	20	自卯时至人定,测雨器水深二分。	SJW-K24070200-00200
7194	1887	9	13	1887	7	26	自开东至申时,测雨器水深四分。	SJW-K24070260-00200
7195	1887	10	18	1887	9	2	自卯时至酉时,测雨器水深一寸五分。	SJW-K24090020-00200
7196	1887	11	9	1887	9	24	自未时至人定,测雨器水深六分。	SJW-K24090240-00200
7197	1887	11	15	1887	10	1	自人定至开东,测雨器水深一分。	SJW-K24100010-00200
7198	1887	11	17	1887	10	3	三更、四更,测雨器水深六分。	SJW-K24100030-00200
7199	1887	12	6	1887	10	22	自人定至今日开东,测雨器水深四分。	SJW-K24100220-00200
7200	1888	3	17	1888	2	5	自开东至未时,测雨器水深四分。	SJW-K25020050-00200
7201	1888	4	10	1888	2	29	自辰时至人定,测雨器水深四分。	SJW-K25020290-00200
7202	1888	4	15	1888	3	5	自四更至开东,测雨器水深一寸三分。	SJW-K25030050-00200
7203	1888	4	15	1888	3	5	自开东至申时,测雨器水深九分。	SJW-K25030050-00300
7204	1888	4	28	1888	3	18	自开东至人定,测雨器水深三分。自人定至开东,测雨器水深三分。	SJW-K25030180-00200
7205	1888	5	16	1888	4	6	自辰时至申时,测雨器水深四分。	SJW-K25040060-00200
7206	1888	5	27	1888	4	17	一更,测雨器水深三分。	SJW-K25040170-00200
7207	1888	6	1	1888	4	22	自三更至五更,测雨器水深三分。	SJW-K25040220-00200
7208	1888	6	3	1888	4	24	自午时至酉时,测雨器水深三分。	SJW-K25040240-00200
7209	1888	6	12	1888	5	3	自人定至开东,测雨器水深二分。	SJW-K25050030-00200
7210	1888	7	2	1888	5	23	四更、五更测雨器水深三分。	SJW-K25050230-00200
7211	1888	7	7	1888	5	28	自二更至开东,测雨器水深一寸八分。	SJW-K25050280-00200
7212	1888	7	8	1888	5	29	自开东至人定,测雨器水深八寸一分。自人定至开东,测雨器水深四寸八分。	SJW-K25050290-00200
7213	1888	7	17	1888	6	9	自开东至巳时,测雨器水深六分。	SJW-K25060090-00200
7214	1888	7	24	1888	6	16	自开东至辰时,测雨器水深一尺。	SJW-K25060160-00200
7215	1888	8	8	1888	7	1	自未时至人定,测雨器水深一寸一分。	SJW-K25070010-00200
7216	1888	8	15	1888	7	8	自开东至申时,测雨器水深四分。	SJW-K25070080-00200
7217	1888	8	19	1888	7	12	自人定至开东,测雨器水深七分。	SJW-K25070120-00200
7218	1888	8	28	1888	7	21	申时,测雨器水深二分。	SJW-K25070210-00200
7219	1888	9	3	1888	7	27	自辰时至人定,测雨器水深七寸七分。	SJW-K25070270-00200
7220	1888	9	6	1888	8	1	自三更至开东,测雨器水深二分。	SJW-K25080010-00200
7221	1888	9	19	1888	8	14	自午时至人定,测雨器水深五分。	SJW-K25080140-00200
7222	1888	9	19	1888	8	14	自人定至开东,测雨器水深六分。	SJW-K25080140-00300
7223	1888	9	23	1888	8	18	自辰时至午时,测雨器水深五分。	SJW-K25080180-00200

续表

编号	公历			农历			描述	ID 编号
	年	月	日	年	月	日		
7224	1888	10	10	1888	9	6	四更、五更,测雨器水深二分。	SJW-K25090060-00200
7225	1888	10	15	1888	9	11	三更、四更,测雨器水深二分。	SJW-K25090110-00200
7226	1888	10	17	1888	9	13	自二更至开东,测雨器水深四分。	SJW-K25090130-00200
7227	1888	10	26	1888	9	22	自卯时至巳时,测雨器水深二分。	SJW-K25090220-00200
7228	1888	11	2	1888	9	29	自卯时至人定,测雨器水深五分。	SJW-K25090290-00200
7229	1888	11	3	1888	9	30	自开东至人定,测雨器水深四分。	SJW-K25090300-00200
7230	1888	12	2	1888	10	29	自未时至申时,测雨器水深二分。	SJW-K25100290-00200
7231	1888	12	9	1888	11	7	自辰时至人定,测雨器水深六分。	SJW-K25110070-00200
7232	1889	1	11	1888	12	10	自开东至未时,测雨器水深二分。	SJW-K25120100-00200
7233	1889	4	5	1889	3	6	自三更至开东,测雨器水深三分。	SJW-K26030060-00200
7234	1889	4	18	1889	3	19	自人定至开东,测雨器水深三分。	SJW-K26030190-00200
7235	1889	5	13	1889	4	14	自卯时至人定,测雨器水深二寸二分。	SJW-K26040140-00200
7236	1889	5	13	1889	4	14	自人定至开东,测雨器水深三分。	SJW-K26040140-00300
7237	1889	5	31	1889	5	2	自申时至人定,测雨器水深一分。自人定至四更,测雨器水深四分。	SJW-K26050020-00200
7238	1889	6	12	1889	5	14	自未时至人定,测雨器水深三分。自人定至开东,测雨器水深一分。	SJW-K26050140-00200
7239	1889	6	16	1889	5	18	自开东至人定,测雨器水深一寸八分。自人定至开东,测雨器水深二分。	SJW-K26050180-00200
7240	1889	6	23	1889	5	25	自人定至开东,测雨器水深一寸四分。	SJW-K26050250-00200
7241	1889	6	24	1889	5	26	自开东至人定,测雨器水深二寸二分。自人定至开东,测雨器水深二分。	SJW-K26050260-00200
7242	1889	6	25	1889	5	27	自三更至开东,测雨器水深一分。	SJW-K26050270-00200
7243	1889	6	26	1889	5	28	自开东至申时,测雨器水深一分。自三更至开东,测雨器水深一分。	SJW-K26050280-00200
7244	1889	6	27	1889	5	29	又以礼曹言启曰,五次祈雨祭,观势设行事,已为草记允下矣。四次虔祷后,连得甘澍,测雨器水深,几近五寸,庶可周洽,民事万幸,祈雨祭仍为停止。社稷、北郊报谢祭,谨依礼典,待立秋后设行,而三次祈雨后,三日之内,即得数寸之雨,亦当有报谢之节,南坛、雩祀坛,报谢祭一体设行,何如?传曰,允。	SJW-K26050290-01900
7245	1889	7	1	1889	6	4	自未时至人定,测雨器水深三分。自人定至开东,测雨器水深五分。	SJW-K26060040-00200
7246	1889	7	2	1889	6	5	自人定至开东,测雨器水深五分。自人定至开东,测雨器水深一分。	SJW-K26060050-00200
7247	1889	7	4	1889	6	7	自未时至酉时,测雨器雨水深二分。自二更至开东,测雨器水深五分。	SJW-K26060070-00200

续表

编号	公历			农历			描述	ID 编号
	年	月	日	年	月	日		
7248	1889	7	7	1889	6	10	自巳时至人定,测雨器水深二寸二分。自人定至开东,测雨器水深四分。	SJW-K26060100-00200
7249	1889	7	11	1889	6	14	自卯时至人定,测雨器水深二寸。自人定至开东,测雨器水深一寸六分。	SJW-K26060140-00200
7250	1889	7	12	1889	6	15	自开东至人定,测雨器水深一寸五分。自人定至开东,测雨器水深四分。	SJW-K26060150-00200
7251	1889	7	17	1889	6	20	自人定至开东,测雨器水深三分。	SJW-K26060200-00200
7252	1889	7	21	1889	6	24	自卯时至人定,测雨器水深二寸五分。自人定至开东,测雨器水深二分。	SJW-K26060240-00200
7253	1889	7	22	1889	6	25	自开东至人定,测雨器水深八分。自人定至开东,测雨器水深二寸。	SJW-K26060250-00200
7254	1889	7	23	1889	6	26	自开东至人定,测雨器水深一分。自人定至开东,测雨器水深一分。	SJW-K26060260-00200
7255	1889	7	24	1889	6	27	自人定至开东,测雨器水深二分。	SJW-K26060270-00200
7256	1889	7	27	1889	6	30	自开东至人定,测雨器水深三分。自人定至开东,测雨器水深二寸三分。	SJW-K26060300-00200
7257	1889	7	28	1889	7	1	自开东至人定,测雨器水深八分。自人定至开东,测雨器水深四分。	SJW-K26070010-00200
7258	1889	7	29	1889	7	2	自人定至开东,测雨器水深二分。自开东至人定,测雨器水深一寸四分。	SJW-K26070020-00200
7259	1889	7	30	1889	7	3	自开东至申时,测雨器水深二分。	SJW-K26070030-00200
7260	1889	8	2	1889	7	6	自开东至申时,测雨器水深二分。	SJW-K26070060-00200
7261	1889	8	17	1889	7	21	自巳时至申时,测雨器水深一分。	SJW-K26070210-00200
7262	1889	8	17	1889	7	21	自人定至开东,测雨器水深四分。	SJW-K26070210-00300
7263	1889	8	23	1889	7	27	自辰时至申时,测雨器水深三分。	SJW-K26070270-00200
7264	1889	8	24	1889	7	28	自三更至开东,测雨器水深三分。	SJW-K26070280-00200
7265	1889	9	1	1889	8	7	自开东至申时,测雨器水深九分。	SJW-K26080070-00200
7266	1889	9	2	1889	8	8	自午时至人定,测雨器水深三分。	SJW-K26080080-00200
7267	1889	9	4	1889	8	10	自人定至开东,测雨器水深七分。	SJW-K26080100-00200
7268	1889	9	5	1889	8	11	自开东至人定,测雨器水深二分。	SJW-K26080110-00200
7269	1889	9	19	1889	8	25	自五更至开东,测雨器水深三分。	SJW-K26080250-00200
7270	1889	9	20	1889	8	26	自开东至申时,测雨器水深七分。	SJW-K26080260-00200
7271	1889	10	8	1889	9	14	自五更至开东,测雨器水深二分。	SJW-K26090140-00400
7272	1889	11	25	1889	11	3	自未时至人定,测雨器水深五分。	SJW-K26110030-00200
7273	1889	11	25	1889	11	3	自人定至五更,测雨器水深一寸七分。	SJW-K26110030-00300
7274	1890	2	7	1890	1	18	自人定,测雨器水深四分。	SJW-K27010180-00200
7275	1890	2	15	1890	1	26	自申时至人定,测雨器水深三分。	SJW-K27010260-00200
7276	1890	2	15	1890	1	26	自人定至四更,测雨器水深一分。	SJW-K27010260-00300

续表

编号	公历			农历			描述	ID 编号
	年	月	日	年	月	日		
7277	1890	2	17	1890	1	28	自四更至开东，测雨器水深三分。	SJW-K27010280-00200
7278	1890	3	18	1890	2	28	自一更至五更，测雨器水深三分。	SJW-K27020280-00200
7279	1890	3	23	1890	闰 2	3	自辰时至人定，测雨器水深六分。自人定至开东，测雨器水深二分。	SJW-K27021030-00200
7280	1890	4	4	1890	闰 2	15	自辰时至人定测雨器水深三分。	SJW-K27021150-00200
7281	1890	4	15	1890	闰 2	26	自卯时至未时，测雨器水深三分。	SJW-K27021260-00200
7282	1890	4	19	1890	3	1	自开东至人定，测雨器水深一寸。自人定至开东，测雨器水深二分。	SJW-K27030010-00200
7283	1890	4	26	1890	3	8	自五更至开东，测雨器水深二分。	SJW-K27030080-00200
7284	1890	4	28	1890	3	10	自人定至开东，测雨器水深九分。	SJW-K27030100-00200
7285	1890	4	29	1890	3	11	自开东至人定，测雨器水深四分。	SJW-K27030110-00200
7286	1890	5	20	1890	4	2	自三更至开东，测雨器水深八分。	SJW-K27040020-00200
7287	1890	5	21	1890	4	3	自开东至人定，测雨器水深二寸七分。自人定至五更，测雨器水深一分。	SJW-K27040030-00200
7288	1890	5	29	1890	4	11	自五更至开东，测雨器水深四分。	SJW-K27040110-00200
7289	1890	5	30	1890	4	12	自开东至酉时，测雨器水深八分。	SJW-K27040120-00200
7290	1890	6	13	1890	4	26	自人定至开东，测雨器水深一寸三分。	SJW-K27040260-00300
7291	1890	6	25	1890	5	9	自辰时至人定，测雨器水深一寸。自人定至开东，测雨器水深七分。	SJW-K27050090-00300
7292	1890	6	26	1890	5	10	自开东至人定，测雨器水深四寸三分。自人定至开东，测雨器水深六分。	SJW-K27050100-00300
7293	1890	6	27	1890	5	11	自开东至人定，测雨器水深一寸一分。	SJW-K27050110-00300
7294	1890	6	28	1890	5	12	自开东至酉时，测雨器水深四寸八分。	SJW-K27050120-00300
7295	1890	7	1	1890	5	15	自午时至人定，测雨器水深二分。自人定至开东，测雨器水深七分。	SJW-K27050150-00300
7296	1890	7	11	1890	5	25	自辰时至人定，测雨器水深二寸六分。	SJW-K27050250-00300
7297	1890	7	11	1890	5	25	自人定至开东，测雨器水深三寸。	SJW-K27050250-00400
7298	1890	7	12	1890	5	26	自开东至人定，测雨器水深二寸七分。	SJW-K27050260-00300
7299	1890	7	14	1890	5	28	自卯时至巳时，测雨器水深一分。	SJW-K27050280-00300
7300	1890	7	23	1890	6	7	自卯时至酉时，测雨器水深二分。	SJW-K27060070-00300
7301	1890	7	24	1890	6	8	自辰时至未时，测雨器水深一分。	SJW-K27060080-00300
7302	1890	8	9	1890	6	24	自二更至开东，测雨器水深一寸二分。	SJW-K27060240-00300
7303	1890	8	11	1890	6	26	自人定至五更，测雨器水深四分。	SJW-K27060260-00300
7304	1890	8	17	1890	7	3	自人定至开东，测雨器水深一寸三分。	SJW-K27070030-00300
7305	1890	8	18	1890	7	4	自辰时至酉时，测雨器水深六分。	SJW-K27070040-00300
7306	1890	8	23	1890	7	9	自人定至开东，测雨器水深四分。	SJW-K27070090-00300
7307	1890	8	25	1890	7	11	自人定至三更，测雨器水深一分。	SJW-K27070110-00300
7308	1890	8	28	1890	7	14	自申时至人定，测雨器水深二分。	SJW-K27070140-00300

续表

编号	公历			农历			描述	ID编号
	年	月	日	年	月	日		
7309	1890	8	29	1890	7	15	自午时至人定,测雨器水深三分。	SJW-K27070150-00300
7310	1890	8	29	1890	7	15	自二更至开东,测雨器水深三分。	SJW-K27070150-00400
7311	1890	9	3	1890	7	20	自开东至申时,测雨器水深四分。	SJW-K27070200-00300
7312	1890	10	17	1890	9	4	自开东至人定,测雨器水深七分。	SJW-K27090040-00200
7313	1890	10	22	1890	9	9	自巳时至申时,测雨器水深二分。	SJW-K27090090-00200
7314	1890	10	25	1890	9	12	自人定至开东,测雨器水深三分。	SJW-K27090120-00200
7315	1890	10	31	1890	9	18	自卯时至人定,测雨器水深四分。	SJW-K27090180-00200
7316	1890	11	11	1890	9	29	自人定至开东,测雨器水深八分。	SJW-K27090290-00200
7317	1890	11	26	1890	10	15	自人定至开东,测雨器水深三分。	SJW-K27100150-00200
7318	1890	12	2	1890	10	21	自四更至开东,测雨器水深二分。	SJW-K27100210-00200
7319	1890	12	3	1890	10	22	自人定至开东,测雨器水深三分。	SJW-K27100220-00200
7320	1890	12	22	1890	11	11	自四更至开东,测雨器水深三分。	SJW-K27110110-00200
7321	1891	3	16	1891	2	7	自人定至开东,测雨器水深一寸一分。	SJW-K28020070-00200
7322	1891	4	23	1891	3	15	自开东至酉时,测雨器水深一寸八分。	SJW-K28030150-00200
7323	1891	5	10	1891	4	3	自卯时至未时,测雨器水深四分。	SJW-K28040030-00200
7324	1891	5	15	1891	4	8	三更、四更,测雨器水深四分。	SJW-K28040080-00200
7325	1891	5	23	1891	4	16	自四更至开东,测雨器水深一寸三分。	SJW-K28040160-00200
7326	1891	5	24	1891	4	17	自开东至未时,测雨器水深三寸四分。	SJW-K28040170-00200
7327	1891	6	2	1891	4	26	自卯时至人定,测雨器水深六分。自人定至开东,测雨器水深六分。	SJW-K28040260-00200
7328	1891	6	14	1891	5	8	自巳时至人定,测雨器水深一分。自人定至开东,测雨器水深一寸七分。	SJW-K28050080-00200
7329	1891	6	19	1891	5	13	自未时至酉时,测雨器水深一寸二分。	SJW-K28050130-00200
7330	1891	6	22	1891	5	16	自开东至酉时,测雨器水深六分。	SJW-K28050160-00200
7331	1891	6	29	1891	5	23	自巳时至未时,测雨器水深二分。	SJW-K28050230-00200
7332	1891	6	30	1891	5	24	自开东至申时,测雨器水深六分。	SJW-K28050240-00200
7333	1891	7	10	1891	6	5	自人定至开东,测雨器水深一寸。	SJW-K28060050-00200
7334	1891	7	17	1891	6	12	自巳时至人定,测雨器水深八分。自人定至开东,测雨器水深五分。	SJW-K28060120-00200
7335	1891	7	18	1891	6	13	自人定至开东,测雨器水深五分。	SJW-K28060130-00200
7336	1891	7	19	1891	6	14	自开东至午时,测雨器水深一寸二分。	SJW-K28060140-00200
7337	1891	7	21	1891	6	16	自四更至开东,测雨器水深六分。	SJW-K28060160-00200
7338	1891	7	22	1891	6	17	自人定至开东,测雨器水深三寸八分。	SJW-K28060170-00200
7339	1891	7	23	1891	6	18	自开东至人定,测雨器水深四寸四分。	SJW-K28060180-00200
7340	1891	7	27	1891	6	22	四更、五更,测雨器水深一寸四分。	SJW-K28060220-00200
7341	1891	7	31	1891	6	26	自人定至开东,测雨器水深七分。	SJW-K28060260-00200
7342	1891	8	1	1891	6	27	自开东至人定,测雨器水深二寸八分。自人定至开东,测雨器水深七分。	SJW-K28060270-00200

续表

编号	公历			农历			描述	ID 编号
	年	月	日	年	月	日		
7343	1891	8	2	1891	6	28	自人定至开东，测雨器水深五分。	SJW-K28060280-00200
7344	1891	8	11	1891	7	7	自开东至人定，测雨器水深一寸三分。	SJW-K28070070-00200
7345	1891	8	15	1891	7	11	自辰时至未时，测雨器水深三分。	SJW-K28070110-00200
7346	1891	8	18	1891	7	14	自开东至人定，测雨器水深三寸二分。自人定至开东，测雨器水深六分。	SJW-K28070140-00200
7347	1891	8	31	1891	7	27	自未时至人定，测雨器水深六分。	SJW-K28070270-00200
7348	1891	9	2	1891	7	29	自开东至人定，测雨器水深四寸八分。	SJW-K28070290-00200
7349	1891	9	3	1891	8	1	自开东至申时，测雨器水深二寸七分。自三更至开东，测雨器水深三分。	SJW-K28080010-00200
7350	1891	9	20	1891	8	18	自开东至人定，测雨器水深七分。	SJW-K28080180-00200
7351	1891	9	27	1891	8	25	自巳时至人定，测雨器水深八分。自人定至四更，测雨器水深一寸。	SJW-K28080250-00200
7352	1891	10	6	1891	9	4	自人定至开东，测雨器水深八分。	SJW-K28090040-00200
7353	1891	10	22	1891	9	20	自辰时至申时，测雨器水深五分。	SJW-K28090200-00200
7354	1891	11	8	1891	10	7	自午时至人定，测雨器水深七分，	SJW-K28100070-00200
7355	1891	11	10	1891	10	9	自开东至未时，测雨器水深三分。	SJW-K28100090-00200
7356	1891	12	2	1891	11	2	自三更至开东，测雨器水深五分。	SJW-K28110020-00200
7357	1891	12	3	1891	11	3	自开东至人定，测雨器水深五分。	SJW-K28110030-00200
7358	1891	12	14	1891	11	14	四更、五更，测雨器水深二分。	SJW-K28110140-00200
7359	1891	12	30	1891	11	30	自辰时至人定，测雨器水深九分。自人定至开东，测雨器水深一寸六分。	SJW-K28110300-00200
7360	1892	3	3	1892	2	5	自开东至申时，测雨器水深二分。	SJW-K29020050-00200
7361	1892	4	11	1892	3	15	自人定至三更，测雨器水深四分。	SJW-K29030150-00200
7362	1892	5	15	1892	4	19	自卯时至午时，测雨器水深四分。	SJW-K29040190-00200
7363	1892	5	31	1892	5	6	自人定至开东，测雨器水深六分。	SJW-K29050060-00200
7364	1892	6	22	1892	5	28	自四更至开东，测雨器水深二寸四分。	SJW-K29050280-00200
7365	1892	7	2	1892	6	9	自开东至人定，测雨器水深三分。自人定至开东，测雨器水深五分。	SJW-K29060090-00200
7366	1892	7	3	1892	6	10	自人定至开东，测雨器水深三寸五分。	SJW-K29060100-00200
7367	1892	7	4	1892	6	11	自开东至人定，测雨器水深三寸三分。	SJW-K29060110-00200
7368	1892	7	4	1892	6	11	自人定至四更，测雨器水深八分。	SJW-K29060110-00300
7369	1892	7	29	1892	闰 6	6	自开东至人定，测雨器水深三寸七分。自人定至五更，测雨器水深四寸。	SJW-K29061060-00200
7370	1892	8	6	1892	闰 6	14	自人定至开东，测雨器水深一寸八分。	SJW-K29061140-00200
7371	1892	8	17	1892	闰 6	25	自开东至巳时，测雨器水深二寸一分。	SJW-K29061250-00200
7372	1892	8	19	1892	闰 6	27	自人定至开东，测雨器水深四分。	SJW-K29061270-00200
7373	1892	8	21	1892	闰 6	29	自午时至人定，测雨器水深五寸五分。自人定至开东，测雨器水深二寸一分。	SJW-K29061290-00200

续表

编号	公历			农历			描述	ID 编号
	年	月	日	年	月	日		
7374	1892	8	22	1892	7	1	自开东至人定,测雨器水深四分。	SJW-K29070010-00200
7375	1892	8	22	1892	7	1	自人定至四更,测雨器水深六分。	SJW-K29070010-00300
7376	1892	8	23	1892	7	2	自人定至开东,测雨器水深二寸。	SJW-K29070020-00200
7377	1892	8	24	1892	7	3	自三更至开东,测雨器水深一寸六分。	SJW-K29070030-00200
7378	1892	8	26	1892	7	5	自辰时至申时,测雨器水深二寸一分。	SJW-K29070050-00200
7379	1892	8	26	1892	7	5	自一更至开东,测雨器水深一寸六分。	SJW-K29070050-00300
7380	1892	9	2	1892	7	12	自人定至开东,测雨器水深三分。	SJW-K29070120-00200
7381	1892	9	26	1892	8	6	自人定至开东,测雨器水深一寸。	SJW-K29080060-00200
7382	1892	9	27	1892	8	7	自开东至人定,测雨器水深四分。自人定至开东,测雨器水深一寸一分。	SJW-K29080070-00200
7383	1892	10	12	1892	8	22	自卯时至申时,测雨器水深四分。	SJW-K29080220-00200
7384	1892	10	29	1892	9	9	自卯时至申时,测雨器水深八分。	SJW-K29090090-00200
7385	1892	11	5	1892	9	16	申时、酉时,测雨器水深二分。	SJW-K29090160-00200
7386	1892	11	7	1892	9	18	自申时至人定,测雨器水深四分。	SJW-K29090180-00200
7387	1892	11	9	1892	9	20	自四更至开东,测雨器水深七分。	SJW-K29090200-00200
7388	1893	1	7	1892	11	20	自开东至人定,测雨器水深七分。	SJW-K29110200-00200
7389	1893	4	1	1893	2	15	自辰时至人定,测雨器水深六分。自人定至开东,测雨器水深五分。	SJW-K30020150-00200
7390	1893	5	1	1893	3	16	自人定至开东,测雨器水深五分。	SJW-K30030160-00200
7391	1893	5	2	1893	3	17	自开东至人定,测雨器水深一寸五分。自人定至开东,测雨器水深七分。	SJW-K30030170-00200
7392	1893	5	8	1893	3	23	自人定至开东,测雨器水深二寸二分。自午时至人定,测雨器水深四分。	SJW-K30030230-00200
7393	1893	5	21	1893	4	6	自人定至开东,测雨器水深一寸六分。	SJW-K30040060-00200
7394	1893	6	11	1893	4	27	自人定至开东,测雨器水深一寸二分。	SJW-K30040270-00200
7395	1893	6	12	1893	4	28	自开东至申时,测雨器水深三分。	SJW-K30040280-00200
7396	1893	6	18	1893	5	5	自辰时至人定,测雨器水深二寸一分。自人定至开东,测雨器水深五分。	SJW-K30050050-00200
7397	1893	6	22	1893	5	9	自人定至开东,测雨器水深四分。	SJW-K30050090-00200
7398	1893	6	28	1893	5	15	自未时至人定,测雨器水深五分。	SJW-K30050150-00200
7399	1893	6	30	1893	5	17	自卯时至人定,测雨器水深八分。	SJW-K30050170-00200
7400	1893	7	3	1893	5	20	自人定至开东,测雨器水深二分。	SJW-K30050200-00200
7401	1893	7	15	1893	6	3	自开东至人定,测雨器水深一寸四分。	SJW-K30060030-00200
7402	1893	7	17	1893	6	5	自人定至开东,测雨器水深三分。	SJW-K30060050-00200
7403	1893	7	19	1893	6	7	自人定至开东,测雨器水深一寸三分。	SJW-K30060070-00200
7404	1893	7	31	1893	6	19	自一更至五更,测雨器水深六分。	SJW-K30060190-00200
7405	1893	8	2	1893	6	21	自一更至开东,测雨器水深六分。	SJW-K30060210-00200

续表

编号	公历			农历			描述	ID 编号
	年	月	日	年	月	日		
7406	1893	8	3	1893	6	22	自人定至开东,测雨器水深二寸二分。	SJW-K30060220-00200
7407	1893	8	4	1893	6	23	自人定至开东,测雨器水深七分。	SJW-K30060230-00200
7408	1893	8	5	1893	6	24	自开东至人定,测雨器水深四寸五分。自人定至开东,测雨器水深一寸六分。	SJW-K30060240-00200
7409	1893	8	8	1893	6	27	自五更至开东,测雨器水深五分。	SJW-K30060270-00200
7410	1893	8	9	1893	6	28	自人定至开东,测雨器水深一寸二分。	SJW-K30060280-00200
7411	1893	8	30	1893	7	19	自辰时至人定,测雨器水深六分。	SJW-K30070190-00200
7412	1893	9	1	1893	7	21	自二更至开东,测雨器水深五分。	SJW-K30070210-00200
7413	1893	9	2	1893	7	22	自开东至酉时,测雨器水深一寸五分。自人定至开东,测雨器水深八分。	SJW-K30070220-00200
7414	1893	9	3	1893	7	23	自开东至人定,测雨器水深三寸六分。自人定至开东,测雨器水深一寸三分。	SJW-K30070230-00200
7415	1893	9	8	1893	7	28	自开东至人定,测雨器水深一寸六分。自人定至开东,测雨器水深三分。	SJW-K30070280-00200
7416	1893	9	18	1893	8	9	自开东至人定,测雨器水深九分。	SJW-K30080090-00200
7417	1893	9	18	1893	8	9	自人定至开东,测雨器水深六分。	SJW-K30080090-00300
7418	1893	9	25	1893	8	16	自人定至四更,测雨器水深四分。	SJW-K30080160-00200
7419	1893	10	9	1893	8	30	自人定至开东,测雨器水深一寸三分。	SJW-K30080300-00200
7420	1893	10	17	1893	9	8	自五更至开东,测雨器水深五分。	SJW-K30090080-00200
7421	1893	10	24	1893	9	15	自人定至五更,测雨器水深六分。	SJW-K30090150-00200
7422	1893	10	25	1893	9	16	四更、五更,测雨器水深五分。	SJW-K30090160-00200
7423	1893	11	4	1893	9	26	三更、四更,测雨器水深二分。	SJW-K30090260-00200
7424	1893	11	7	1893	9	29	自三更至开东,测雨器水深五分。	SJW-K30090290-00200
7425	1893	11	10	1893	10	3	自开东至人定,测雨器水深五分。	SJW-K30100030-00200
7426	1893	12	5	1893	10	28	自申时至人定,测雨器水深二分。	SJW-K30100280-00200
7427	1893	12	19	1893	11	12	自四更至开东,测雨器水深一分。	SJW-K30110120-00200
7428	1894	3	2	1894	1	25	自人定至开东,测雨器水深三分。	SJW-K31010250-00200
7429	1894	3	23	1894	2	17	自人定至开东,测雨器水深一寸二分。	SJW-K31020170-00200
7430	1894	3	28	1894	2	22	自未时至酉时,测雨器水深二分。	SJW-K31020220-00200
7431	1894	4	19	1894	3	14	自人定至开东,测雨器水深九分。	SJW-K31030140-00200
7432	1894	5	11	1894	4	7	自人定至开东,测雨器水深二分。	SJW-K31040070-00200
7433	1894	5	22	1894	4	18	自人定至开东,测雨器水深一分。	SJW-K31040180-00200
7434	1894	6	9	1894	5	6	自人定至开东,测雨器水深一寸四分。	SJW-K31050060-00200
7435	1894	6	14	1894	5	11	自卯时至人定,测雨器水深一寸二分。自人定至开东,测雨器水深五寸一分。	SJW-K31050110-00200
7436	1894	6	15	1894	5	12	自开东至人定,测雨器水深二寸五分。	SJW-K31050120-00200

续表

编号	公历			农历			描述	ID 编号
	年	月	日	年	月	日		
7437	1894	6	18	1894	5	15	自午时至人定，测雨器水深一寸八分。自人定至开东，测雨器水深三寸五分。	SJW-K31050150-00200
7438	1894	6	19	1894	5	16	自开东至人定，测雨器水深四分。	SJW-K31050160-00200
7439	1894	6	22	1894	5	19	自卯时至申时，测雨器水深二寸一分。	SJW-K31050190-00200
7440	1894	7	1	1894	5	28	自开东至申时，测雨器水深四分。	SJW-K31050280-00200
7441	1894	7	2	1894	5	29	自开东至未时，测雨器水深五分。	SJW-K31050290-00200
7442	1894	7	20	1894	6	18	自未时至酉时，测雨器水深三分。	SJW-K31060180-00200
7443	1895	3	7	1895	2	11	自未时至人定，测雨器水深三分。自人定至五更，测雨器水深四分。	SJW-K32020110-00200
7444	1895	3	27	1895	3	2	自开东至酉时，测雨器水深五分。自一更至开东，测雨器水深四分。	SJW-K32030020-00200
7445	1895	4	12	1895	3	18	自四更至开东，测雨器水深二分。	SJW-K32030180-00200
7446	1895	4	13	1895	3	19	自开东至午时，测雨器水深三分。	SJW-K32030190-00200
7447	1895	4	23	1895	3	29	自巳时至酉时，测雨器水深五分。	SJW-K32030290-00200
7448	1895	4	29	1895	4	5	自一更至开东，测雨器水深九分。	SJW-K32040050-00200
7449	1895	4	30	1895	4	6	自开东至酉时，测雨器水深一寸三分。	SJW-K32040060-00200
7450	1895	5	2	1895	4	8	自开东至酉时，测雨器水深二分。	SJW-K32040080-00200
7451	1895	5	8	1895	4	14	自开东至酉时，测雨器水深四分。	SJW-K32040140-00200
7452	1895	5	9	1895	4	15	自人定至开东，测雨器水深五分。	SJW-K32040150-00200
7453	1895	5	13	1895	4	19	自巳时至酉时，测雨器水深三分。	SJW-K32040190-00200
7454	1895	5	16	1895	4	22	自卯时至酉时，测雨器水深二寸三分。自人定至开东，测雨器水深六分。	SJW-K32040220-00200
7455	1895	5	19	1895	4	25	自四更至开东，测雨器水深三分。	SJW-K32040250-00200
7456	1895	6	2	1895	5	10	自一更至五更，测雨器水深五分。	SJW-K32050100-00200
7457	1895	6	18	1895	5	26	自卯时至人定，测雨器水深一寸一分。自一更至五更，测雨器水深一分。	SJW-K32050260-00200
7458	1895	6	23	1895	闰5	1	自人定至开东，测雨器水深四分。	SJW-K32051010-00200
7459	1895	7	3	1895	闰5	11	自巳时至申时，测雨器水深二分。	SJW-K32051110-00200
7460	1895	7	15	1895	闰5	23	自开东至未时.测雨器水深二寸八分。	SJW-K32051230-00200
7461	1895	7	27	1895	6	6	自巳时至未时，测雨器水深四分。	SJW-K32060060-00200
7462	1895	7	28	1895	6	7	自开东至辰时，测雨器水深八分。自一更至开东，测雨器水深二寸。	SJW-K32060070-00200
7463	1895	7	29	1895	6	8	自寅时至未时，测雨器水深一寸。	SJW-K32060080-00200
7464	1895	7	29	1895	6	8	自一更至开东，测雨器水深二分。	SJW-K32060080-00300
7465	1895	7	31	1895	6	10	自卯时至戌时，测雨器水深三寸六分。	SJW-K32060100-00200
7466	1895	8	1	1895	6	11	自卯时至酉时，测雨器水深七分。	SJW-K32060110-00200
7467	1895	8	1	1895	6	11	自一更至开东，测雨器水深六寸五分。	SJW-K32060110-00300

续表

编号	公历			农历			描述	ID 编号
	年	月	日	年	月	日		
7468	1895	8	2	1895	6	12	自开东至戌时,测雨器水深一寸三分。	SJW-K32060120-00200
7469	1895	8	2	1895	6	12	自二更至开东,测雨器水深二寸六分。	SJW-K32060120-00300
7470	1895	8	3	1895	6	13	自开东至戌时,测雨器水深一寸三分。	SJW-K32060130-00200
7471	1895	8	6	1895	6	16	自开东至酉时,测雨器水深二寸一分。	SJW-K32060160-00200
7472	1895	8	6	1895	6	16	自一更至开东,测雨器水深五分。	SJW-K32060160-00300
7473	1895	8	9	1895	6	19	自一更至开东,测雨器水深二分。	SJW-K32060190-00200
7474	1895	8	10	1895	6	20	自卯时至酉时,测雨器水深三分。	SJW-K32060200-00200
7475	1895	8	28	1895	7	9	自一更至开东,测雨器水深二分。	SJW-K32070090-00200
7476	1895	8	29	1895	7	10	自开东至酉时,测雨器水深九分。	SJW-K32070100-00200
7477	1895	8	30	1895	7	11	自申时至酉时,测雨器水深三分。自一更至五更,测雨器水深四分。	SJW-K32070110-00200
7478	1895	9	2	1895	7	14	自开东至辰时,测雨器水深一分。自一更至开东,测雨器水深六分。	SJW-K32070140-00200
7479	1895	9	5	1895	7	17	自二更至开东,测雨器水深四分。	SJW-K32070170-00200
7480	1895	9	6	1895	7	18	自开东至申时,测雨器水深一寸八分。	SJW-K32070180-00200
7481	1895	9	15	1895	7	27	自辰时至人定,测雨器水深三分。自人定至开东,测雨器水深二寸五分。	SJW-K32070270-00200
7482	1895	9	30	1895	8	12	自开东至酉时,测雨器水深三分。自一更至五更,测雨器水深一分。	SJW-K32080120-00200
7483	1895	10	23	1895	9	6	自巳时至申时,测雨器水深五分。	SJW-K32090060-00200
7484	1895	11	8	1895	9	22	自五更至二十三日开东,测雨器水深三分。	SJW-K32090220-00200
7485	1896	1	26	1895	12	12	自亥时至寅时,测雨器水深一分。	SJW-K32120120-00300
7486	1896	2	23	1896	1	11	自二更至开东,测雨器水深二分。	SJW-K33010110-00300
7487	1896	3	19	1896	2	6	自丑时至卯时,测雨器水深一分。	SJW-K33020060-00300
7488	1896	4	6	1896	2	24	自戌时至开东,测雨器水深三分。	SJW-K33020240-00300
7489	1896	4	13	1896	3	1	自午时至酉时,测雨器水深二寸三分。	SJW-K33030010-00300
7490	1896	4	17	1896	3	5	自亥时至卯时,测雨器水深二分。	SJW-K33030050-00300
7491	1896	4	18	1896	3	6	自卯时至酉时,测雨器水深一寸九分。	SJW-K33030060-00300
7492	1896	4	24	1896	3	12	自卯时至午时,测雨器水深六分。	SJW-K33030120-00300
7493	1896	4	28	1896	3	16	自卯时至酉时,测雨器水深七分。自酉时至寅时,测雨器水深一分。	SJW-K33030160-00300
7494	1896	5	10	1896	3	28	自戌时至卯时,测雨器水深一寸二分。	SJW-K33030280-00300
7495	1896	5	11	1896	3	29	自卯时至午时,测雨器水深二分。	SJW-K33030290-00300
7496	1896	5	25	1896	4	13	自卯时至酉时,测雨器水深二分。	SJW-K33040130-00300
7497	1896	6	7	1896	4	26	自丑时至寅时,测雨器水深一寸一分。自寅时至戌时,测雨器水深六分。	SJW-K33040260-00300
7498	1896	6	11	1896	5	1	自戌时至亥时,测雨器水深一寸七分。	SJW-K33050010-00300

续表

编号	公历			农历			描述	ID 编号
	年	月	日	年	月	日		
7499	1896	6	12	1896	5	2	自未时至戌时，测雨器水深二分。	SJW-K33050020-00300
7500	1896	6	13	1896	5	3	自辰时至申时，测雨器水深二分。	SJW-K33050030-00300
7501	1896	6	15	1896	5	5	自子时至开东，测雨器水深一分。	SJW-K33050050-00300
7502	1896	6	16	1896	5	6	自未时至酉时，测雨器水深二分。	SJW-K33050060-00300
7503	1896	6	17	1896	5	7	自卯时至酉时，测雨器水深二寸一分。自戌时至寅时，测雨器水深二寸四分。	SJW-K33050070-00300
7504	1896	6	18	1896	5	8	自卯时至戌时，测雨器水深三寸四分。自戌时至寅时，测雨器水深七分。	SJW-K33050080-00300
7505	1896	6	19	1896	5	9	自卯时至未时，测雨器水深三寸五分。自戌时至寅时，测雨器水深四分。	SJW-K33050090-00300
7506	1896	6	26	1896	5	16	自戌时至寅时，测雨器水深二分。	SJW-K33050160-00300
7507	1896	6	27	1896	5	17	自寅时至巳时，测雨器水深二分。	SJW-K33050170-00300
7508	1896	6	29	1896	5	19	自卯时至申时，测雨器水深二分。自戌时至寅时，测雨器水深一寸一分。	SJW-K33050190-00300
7509	1896	7	5	1896	5	25	自辰时至酉时，测水器水深一寸六分。自戌时至寅时，测雨器水深一寸。	SJW-K33050250-00400
7510	1896	7	7	1896	5	27	自卯时至未时，测雨器水深二分。	SJW-K33050270-00300
7511	1896	7	9	1896	5	29	自午时至酉时，测雨器水深四分。	SJW-K33050290-00300
7512	1896	7	13	1896	6	3	自戌时至寅时，测雨器水深三分。	SJW-K33060030-00300
7513	1896	7	17	1896	6	7	自酉时至戌时，测雨器水深七分。	SJW-K33060070-00300
7514	1896	7	18	1896	6	8	自戌时至寅时，测雨器水深一寸。	SJW-K33060080-00300
7515	1896	7	19	1896	6	9	自辰时至酉时，测雨器水深二分。	SJW-K33060090-00300
7516	1896	7	27	1896	6	17	自卯时至酉时，测雨器水深五分。自戌时至丑时，测雨器水深一寸七分。	SJW-K33060170-00300
7517	1896	7	28	1896	6	18	自卯时至酉时，测雨器水深一寸七分。	SJW-K33060180-00300
7518	1896	7	29	1896	6	19	自卯时至巳时，测雨器水深一分。	SJW-K33060190-00300
7519	1896	7	30	1896	6	20	自寅时至酉时，测雨器水深三分。	SJW-K33060200-00300
7520	1896	7	31	1896	6	21	自寅时至酉时，测雨器水深一分。	SJW-K33060210-00300
7521	1896	8	1	1896	6	22	自戌时至寅时，测雨器水深四分。	SJW-K33060220-00300
7522	1896	8	2	1896	6	23	自寅时至酉时，测雨器水深三分。自戌时至寅时，测雨器水深三寸五分。	SJW-K33060230-00300
7523	1896	8	6	1896	6	27	自亥时至寅时，测雨器水深三寸。	SJW-K33060270-00300
7524	1896	8	7	1896	6	28	自卯时至巳时，测雨器水深五分。	SJW-K33060280-00300
7525	1896	8	14	1896	7	6	自午时至酉时，测雨器水深二分。自戌时至丑时，测雨器水深七分。	SJW-K33070060-00300
7526	1896	8	21	1896	7	13	自卯时至酉时，测雨器水深二分。	SJW-K33070130-00300
7527	1896	8	22	1896	7	14	自寅时至申时，测雨器水深一寸三分。	SJW-K33070140-00300
7528	1896	9	11	1896	8	5	自戌时至寅时，测雨器水深二分。	SJW-K33080050-00300

续表

编号	公历			农历			描述	ID 编号
	年	月	日	年	月	日		
7529	1896	9	12	1896	8	6	自辰时至未时,测雨器水深二分。	SJW-K33080060-00300
7530	1896	9	15	1896	8	9	自戌时至亥时,测雨器水深三分。	SJW-K33080090-00300
7531	1896	9	16	1896	8	10	自午时至未时,测雨器水深一分。	SJW-K33080100-00300
7532	1896	9	19	1896	8	13	自丑时至寅时,测雨器水深五分。	SJW-K33080130-00300
7533	1896	9	27	1896	8	21	自戌时至寅时,测雨器水深一分。	SJW-K33080210-00300
7534	1896	10	4	1896	8	28	自子时至卯时,测雨器水深一寸一分。	SJW-K33080280-00300
7535	1896	10	16	1896	9	10	自巳时至申时,测雨器水深一分。	SJW-K33090100-00300
7536	1896	10	18	1896	9	12	自午时至申时,测雨器水深一分。	SJW-K33090120-00300
7537	1896	10	20	1896	9	14	亥时,测雨器水深一分。	SJW-K33090140-00300
7538	1896	10	25	1896	9	19	自卯时至未时,测雨器水深七分。	SJW-K33090190-00300
7539	1896	11	25	1896	10	21	自巳时至酉时,测雨器水深二分。自戌时至丑时,测雨器水深二分。	SJW-K33100210-00300
7540	1896	11	29	1896	10	25	自酉时至亥时,测雨器水深六分。	SJW-K33100250-00300
7541	1896	12	20	1896	11	16	自辰时至申时,测雨器水深二分。	SJW-K33110160-00300
7542	1897	1	5	1896	12	3	自巳时至酉时,测雨器水深三分。自戌时至子时,测雨器水深七分。	SJW-K33120030-00300
7543	1897	2	1	1896	12	30	自辰时至申时,测雨器水深二分。	SJW-K33120300-00300
7544	1897	3	6	1897	2	4	自戌时至开东,测雨器水深一寸三分。	SJW-K34020040-00300
7545	1897	3	27	1897	2	25	自卯时至酉时,测雨器水深三分。	SJW-K34020250-00300
7546	1897	4	2	1897	3	1	自卯时至酉时,测雨器水深三分。	SJW-K34030010-00300
7547	1897	4	13	1897	3	12	自申时至酉时,测雨器水深二分。	SJW-K34030120-00300
7548	1897	4	13	1897	3	12	自酉时至开东,测雨器水深一寸五分。	SJW-K34030120-00400
7549	1897	4	24	1897	3	23	自卯时至午时,测雨器水深二分。	SJW-K34030230-00300
7550	1897	5	14	1897	4	13	自戌时至寅时,测雨器水深八分。	SJW-K34040130-00300
7551	1897	5	24	1897	4	23	自午时至酉时,测雨器水深九分。	SJW-K34040230-00300
7552	1897	5	27	1897	4	26	自午时至酉时,测雨器水深二分。	SJW-K34040260-00300
7553	1897	5	29	1897	4	28	自卯时至午时,测雨器水深一分。	SJW-K34040280-00300
7554	1897	6	2	1897	5	3	自酉时至亥时,测雨器水深一寸五分。	SJW-K34050030-00300
7555	1897	6	10	1897	5	11	自巳时至酉时,测雨器水深二分。自戌时至寅时,测雨器水深二分。	SJW-K34050110-00300
7556	1897	7	6	1897	6	7	自亥时至寅时,测雨器水深五分。	SJW-K34060070-00300
7557	1897	7	7	1897	6	8	自寅时至酉时,测雨器水深二寸五分。自戌时至寅时,测雨器水深二寸六分。	SJW-K34060080-00300
7558	1897	7	7	1897	6	8	掌礼院卿闵泳奎谨奏,圭璧斯举,灵应如响,连日甘霈,测雨器水深已过六寸,惜乾之馀,尚未周洽,而见今油云尚浓,霏洒不止,三次雩祭,观势设行,何如?谨上奏。奉旨依奏。	SJW-K34060080-00500

续表

编号	公历			农历			描述	ID 编号
	年	月	日	年	月	日		
7559	1897	7	8	1897	6	9	自寅时至酉时，测雨器水深四分。	SJW-K34060090-00300
7560	1897	7	9	1897	6	10	自戌时至寅时，测雨器水深六分。	SJW-K34060100-00300
7561	1897	7	10	1897	6	11	自卯时至酉时，测雨器水深一寸一分。自亥时至寅时，测雨器水深三寸。	SJW-K34060110-00300
7562	1897	7	11	1897	6	12	自卯时至酉时，测雨器水深二分。自戌时至寅时，测雨器水深一寸八分。	SJW-K34060120-00300
7563	1897	7	13	1897	6	14	自子时至寅时，测雨器水深七分。	SJW-K34060140-00300
7564	1897	7	14	1897	6	15	自巳时至酉时，测雨器水深二寸七分。自戌时至寅时，测雨器水深二寸四分。	SJW-K34060150-00300
7565	1897	7	15	1897	6	16	自亥时至寅时，测雨器水深一寸七分。	SJW-K34060160-00300
7566	1897	7	16	1897	6	17	自寅时至酉时，测雨器水深二寸三分。自戌时至寅时，测雨器水深二寸。	SJW-K34060170-00300
7567	1897	7	22	1897	6	23	自寅时至酉时，测雨器水深五寸。自酉时至戌时，测雨器水深一寸。	SJW-K34060230-00300
7568	1897	7	25	1897	6	26	自寅时至酉时，测雨器水深二寸。	SJW-K34060260-00300
7569	1897	7	26	1897	6	27	自戌时至寅时，测雨器水深四分。	SJW-K34060270-00300
7570	1897	7	27	1897	6	28	自卯时至酉时，测雨器水深一寸二分。	SJW-K34060280-00300
7571	1897	8	1	1897	7	4	自卯时至酉时，测雨器水深三分。自戌时至寅时，测雨器水深一寸一分。	SJW-K34070040-00300
7572	1897	8	2	1897	7	5	自卯时至巳时，测雨器水深二分。	SJW-K34070050-00300
7573	1897	8	4	1897	7	7	自寅时至卯时，测雨器水深一分。自巳时至未时，测雨器水深二分。	SJW-K34070070-00300
7574	1897	8	6	1897	7	9	自卯时至申时，测雨器水深一寸二分。	SJW-K34070090-00300
7575	1897	8	10	1897	7	13	自未时至酉时，测雨器水深一寸二分。自戌时至丑时，测雨器水深一分。	SJW-K34070130-00300
7576	1897	8	12	1897	7	15	自辰时至酉时，测雨器水深二分。	SJW-K34070150-00300
7577	1897	8	13	1897	7	16	自亥时至卯时，测雨器水深一寸五分。	SJW-K34070160-00300
7578	1897	8	16	1897	7	19	自亥时至寅时，测雨器水深三分。	SJW-K34070190-00300
7579	1897	8	18	1897	7	21	自戌时至寅时，测雨器水深一寸。	SJW-K34070210-00300
7580	1897	8	19	1897	7	22	自卯时至申时，测雨器水深四寸五分。	SJW-K34070220-00300
7581	1897	8	23	1897	7	26	自丑时至卯时，测雨器水深三分。	SJW-K34070260-00300
7582	1897	8	30	1897	8	3	自午时至酉时，测雨器水深三分。自戌时至寅时，测雨器水深一寸八分。	SJW-K34080030-00300
7583	1897	10	11	1897	9	16	自亥时至卯时，测雨器水深四分。	SJW-K34090160-00300
7584	1897	10	23	1897	9	28	寅时，测雨器水深一分。	SJW-K34090280-00300
7585	1897	11	2	1897	10	8	自戌时至丑时，测雨器水深三分。	SJW-K34100080-00300
7586	1897	11	3	1897	10	9	自辰时至申时，测雨器水深二分。自酉时至子时，测雨器水深三分。	SJW-K34100090-00300

续表

编号	公历			农历			描述	ID 编号
	年	月	日	年	月	日		
7587	1897	11	5	1897	10	11	自辰时至申时，测雨器水深七分。自戌时至寅时，测雨器水深二分。	SJW-K34100110-00300
7588	1897	11	6	1897	10	12	自酉时至亥时，测雨器水深三分。	SJW-K34100120-00300
7589	1897	11	8	1897	10	14	自戌时至亥时，测雨器水深一分。	SJW-K34100140-00300
7590	1897	11	23	1897	10	29	自子时至卯时，测雨器水深三分。	SJW-K34100290-00200
7591	1897	11	27	1897	11	4	自辰时至申时，测雨器水深一分。	SJW-K34110040-00200
7592	1898	2	4	1898	1	14	自卯时至酉时，测雨器水深五分。	SJW-K35010140-00200
7593	1898	4	8	1898	3	18	自亥时至卯时，测雨器水深六分。	SJW-K35030180-00200
7594	1898	4	9	1898	3	19	自卯时至未时，测雨器水深一分。	SJW-K35030190-00200
7595	1898	4	19	1898	3	29	自巳时至酉时，测雨器水深二分。自酉时至卯时，测雨器水深二寸八分。	SJW-K35030290-00200
7596	1898	5	17	1898	闰 3	27	自辰时至酉时，测雨器水深九分。	SJW-K35031270-00200
7597	1898	5	27	1898	4	8	自子时至寅时，测雨器水深二分。	SJW-K35040080-00200
7598	1898	6	3	1898	4	15	自未时至酉时，测雨器水深一分。	SJW-K35040150-00200
7599	1898	6	4	1898	4	16	自寅时至巳时，测雨器水深一分。	SJW-K35040160-00200
7600	1898	6	9	1898	4	21	自寅时至酉时，测雨器水深二寸三分。自戌时至寅时，测雨器水深四分。	SJW-K35040210-00200
7601	1898	6	10	1898	4	22	自寅时至酉时，测雨器水深一寸一分。自戌时至寅时，测雨器水深五分。	SJW-K35040220-00200
7602	1898	6	28	1898	5	10	自寅时至戌时，测雨器水深六分。自戌时至寅时，测雨器水深一寸。	SJW-K35050100-00200
7603	1898	7	1	1898	5	13	自丑时至寅时，测雨器水深五分。自寅时至巳时，测雨器水深六分。	SJW-K35050130-00200
7604	1898	7	2	1898	5	14	自午时至酉时，测雨器水深二分。	SJW-K35050140-00200
7605	1898	7	3	1898	5	15	自午时至酉时，测雨器水深三分。	SJW-K35050150-00200
7606	1898	7	5	1898	5	17	自午时至酉时，测雨器水深三分。自戌时至酉时，测雨器水深三寸五分。	SJW-K35050170-00200
7607	1898	7	7	1898	5	19	自午时至酉时，测雨器水深二分。	SJW-K35050190-00200
7608	1898	7	10	1898	5	22	自卯时至未时，测雨器水深一寸五分。	SJW-K35050220-00200
7609	1898	7	11	1898	5	23	自子时至寅时，测雨器水深四寸八分。自卯时至酉时，测雨器水深九分。	SJW-K35050230-00200
7610	1898	7	24	1898	6	6	自卯时至巳时，测雨器水深四分。	SJW-K35060060-00200
7611	1898	8	18	1898	7	2	自戌时至寅时，测雨器水深二分。	SJW-K35070020-00200
7612	1898	8	21	1898	7	5	自卯时至酉时，测雨器水深一寸一分。	SJW-K35070050-00200
7613	1898	8	26	1898	7	10	自亥时至寅时，测雨器水深五分。	SJW-K35070100-00200
7614	1898	8	27	1898	7	11	自卯时至酉时，测雨器水深一寸。	SJW-K35070110-00200
7615	1898	9	2	1898	7	17	自丑时至卯时，测雨器水深三分。	SJW-K35070170-00200

续表

编号	公历			农历			描述	ID 编号
	年	月	日	年	月	日		
7616	1898	9	13	1898	7	28	自卯时至申时，测雨器水深一寸。	SJW-K35070280-00200
7617	1898	9	13	1898	7	28	自酉时至寅时，测雨器水深三寸二分。	SJW-K35070280-00300
7618	1898	9	28	1898	8	13	自辰时至酉时，测雨器水深一寸九分。	SJW-K35080130-00200
7619	1899	2	26	1899	1	17	自酉时至卯时，测雨器水深五分。	SJW-K36010170-00200
7620	1899	2	27	1899	1	18	自卯时至酉时，测雨器水深三分。自酉时至卯时，测雨器水深一寸。	SJW-K36010180-00200
7621	1899	4	20	1899	3	11	自戌时至寅时，测雨器水深三分。	SJW-K36030110-00200
7622	1899	5	31	1899	4	22	自寅时至酉时，测雨器水深一寸三分。自亥时至丑时，测雨器水深七分。	SJW-K36040220-00200
7623	1899	6	1	1899	4	23	自亥时至丑时，测雨器水深七分。	SJW-K36040230-00200
7624	1899	6	2	1899	4	24	自戌时至丑时，测雨器水深一分。	SJW-K36040240-00200
7625	1899	6	5	1899	4	27	自辰时至午时，测雨器水深一分。	SJW-K36040270-00200
7626	1899	6	9	1899	5	2	自卯时至巳时，测雨器水深四分。	SJW-K36050020-00200
7627	1899	6	18	1899	5	11	自戌时至寅时，测雨器水深一寸。	SJW-K36050110-00200
7628	1899	6	19	1899	5	12	自卯时至午时，测雨器水深二分。	SJW-K36050120-00200
7629	1899	6	21	1899	5	14	自午时至酉时，测雨器水深一寸二分。	SJW-K36050140-00200
7630	1899	6	22	1899	5	15	自寅时至戌时，测雨器水深二分。	SJW-K36050150-00200
7631	1899	6	23	1899	5	16	自未时至戌时，测雨器水深二分。	SJW-K36050160-00200
7632	1899	6	27	1899	5	20	自巳时至酉时，测雨器水深一分。	SJW-K36050200-00200
7633	1899	6	29	1899	5	22	自寅时至卯时，测雨器水深一寸二分。	SJW-K36050220-00200
7634	1899	6	30	1899	5	23	自卯时至酉时，测雨器水深六寸三分。	SJW-K36050230-00200
7635	1899	7	2	1899	5	25	自卯时至酉时，测雨器水深八分。	SJW-K36050250-00200
7636	1899	7	6	1899	5	29	自辰时至丑时，测雨器水深二寸。	SJW-K36050290-00200
7637	1899	7	7	1899	5	30	自申时至酉时，测雨器水深八分。	SJW-K36050300-00200
7638	1899	7	13	1899	6	6	自未时至酉时，测雨器水深一分。自戌时至寅时，测雨器水深七分。	SJW-K36060060-00200
7639	1899	7	14	1899	6	7	自卯时至午时，测雨器水深四分。自亥时至寅时，测雨器水深六分。	SJW-K36060070-00200
7640	1899	7	15	1899	6	8	自卯时至酉时，测雨器水深一寸四分。	SJW-K36060080-00200
7641	1899	7	16	1899	6	9	自寅时至未时，测雨器水深二分。	SJW-K36060090-00200
7642	1899	7	29	1899	6	22	自寅时至酉时，测雨器水深二分。自戌时至寅时，测雨器水深一寸四分。	SJW-K36060220-00200
7643	1899	8	4	1899	6	28	自戌时至寅时，测雨器水深三分。	SJW-K36060280-00200
7644	1899	8	5	1899	6	29	自戌时至寅时，测雨器水深二分。	SJW-K36060290-00200
7645	1899	8	10	1899	7	5	自戌时至寅时，测雨器水深一分。	SJW-K36070050-00200
7646	1899	8	11	1899	7	6	自卯时至申时，测雨器水深五分。	SJW-K36070060-00200
7647	1899	8	14	1899	7	9	自卯时至酉时，测雨器水深二寸七分。	SJW-K36070090-00200
7648	1899	8	15	1899	7	10	自戌时至寅时，测雨器水深三分。	SJW-K36070100-00200

续表

编号	公历			农历			描述	ID 编号
	年	月	日	年	月	日		
7649	1899	8	17	1899	7	12	自戌时至子时，测雨器水深一寸三分。	SJW-K36070120-00200
7650	1899	8	20	1899	7	15	自午时至酉时，测雨器水深七分。自戌时至寅时，测雨器水深一寸八分。	SJW-K36070150-00200
7651	1899	8	25	1899	7	20	自戌时至丑时，测雨器水深二寸一分。	SJW-K36070200-00400
7652	1899	8	26	1899	7	21	自卯时至午时，测雨器水深三分。自戌时至子时，测雨器水深一寸四分。	SJW-K36070210-00200
7653	1899	9	1	1899	7	27	自辰时至未时，测雨器水深一分。	SJW-K36070270-00200
7654	1899	9	11	1899	8	7	自子时至丑时，测雨器水深二分。	SJW-K36080070-00200
7655	1899	2	17	1899	1	8	自酉时至丑时，测雨器水深一寸。	SJW-K36110080-00200
7656	1900	3	1	1900	2	1	自卯时至申时，测雨器水深三分。	SJW-K37020010-00200
7657	1900	3	14	1900	2	14	自子时至寅时，测雨器水深七分。	SJW-K37020140-00200
7658	1900	4	1	1900	3	2	自酉时，测雨器水深八分。	SJW-K37030020-00200
7659	1900	4	10	1900	3	11	自戌时至寅时，测雨器水深五分。	SJW-K37030110-00200
7660	1900	4	11	1900	3	12	自巳时至未时，测雨器水深二分。	SJW-K37030120-00200
7661	1900	4	19	1900	3	20	自辰时至酉时，测雨器水深二分。	SJW-K37030200-00200
7662	1900	4	27	1900	3	28	酉时，测雨器水深三分。	SJW-K37030280-00200
7663	1900	5	1	1900	4	3	自酉时至寅时，测雨器水深一寸五分。	SJW-K37040030-00200
7664	1900	5	6	1900	4	8	自酉时至寅时，测雨器水深一寸五分。	SJW-K37040080-00200
7665	1900	5	7	1900	4	9	自卯时至申时，测雨器水深七分。	SJW-K37040090-00200
7666	1900	5	11	1900	4	13	自戌时至寅时，测雨器水深六分。	SJW-K37040130-00200
7667	1900	6	22	1900	5	26	自卯时至酉时，测雨器水深五分。	SJW-K37050260-00200
7668	1900	7	5	1900	6	9	自午时至酉时，测雨器水深一寸六分。自戌时至丑时，测雨器水深一寸三分。	SJW-K37060090-00200
7669	1900	7	6	1900	6	10	自卯时至巳时，测雨器水深二分。	SJW-K37060100-00200
7670	1900	7	14	1900	6	18	自巳时至酉时，测雨器水深三分。自戌时至寅时，测雨器水深三分。	SJW-K37060180-00200
7671	1900	7	15	1900	6	19	自卯时至酉时，测雨器水深三分。	SJW-K37060190-02000
7672	1900	7	17	1900	6	21	自卯时至酉时，测雨器水深七分。自戌时至寅时，测雨器水深一寸。	SJW-K37060210-00200
7673	1900	7	19	1900	6	23	自寅时至酉时，测雨器水深一寸三分。	SJW-K37060230-00200
7674	1900	7	22	1900	6	26	自戌时至亥时，测雨器水深二分。	SJW-K37060260-00200
7675	1900	7	25	1900	6	29	自戌时至丑时，测雨器水深一分。	SJW-K37060290-00200
7676	1900	8	5	1900	7	11	自卯时至酉时，测雨器水深七分。自戌时至丑时，测雨器水深一寸。	SJW-K37070110-00200
7677	1900	8	11	1900	7	17	午时，测雨器水深二分。	SJW-K37070170-00200
7678	1900	8	13	1900	7	19	自卯时至午时，测雨器水深二分。	SJW-K37070190-00200
7679	1900	8	25	1900	8	1	自卯时至未时，测雨器水深八分。	SJW-K37080010-00200

续表

编号	公历			农历			描述	ID 编号
	年	月	日	年	月	日		
7680	1900	9	2	1900	8	9	自丑时至寅时，测雨器水深二分。自卯时至酉时，测雨器水深一分。	SJW-K37080090-00200
7681	1900	9	7	1900	8	14	自卯时至酉时，测雨器水深一寸。	SJW-K37080140-00200
7682	1900	9	18	1900	8	25	自卯时至酉时，测雨器水深二寸八分。自戌时至丑时，测雨器水深三分。	SJW-K37080250-00200
7683	1900	10	19	1900	闰 8	26	自戌时至寅时，测雨器水深一寸。	SJW-K37081260-00500
7684	1900	10	20	1900	闰 8	27	自卯时至酉时，测雨器水深一分。	SJW-K37081270-00200
7685	1901	1	4	1900	11	14	自酉时至卯时，测雨器水深一寸。	SJW-K37110140-00200
7686	1901	1	5	1900	11	15	自辰时至申时，测雨器水深二分。	SJW-K37110150-00200
7687	1901	1	21	1900	12	2	自辰时至未时，测雨器水深三分。	SJW-K37120020-00200
7688	1901	4	2	1901	2	14	自卯时至酉时，测雨器水深四分。自戌时至寅时，测雨器水深九分。	SJW-K38020140-00200
7689	1901	4	25	1901	3	7	自辰时至酉时，测雨器水深二分。	SJW-K38030070-00200
7690	1901	4	26	1901	3	8	自辰时至未时，测雨器水深五分。	SJW-K38030080-00200
7691	1901	5	4	1901	3	16	自子时至卯时，测雨器水深七分。	SJW-K38030160-00200
7692	1901	5	11	1901	3	23	自辰时至酉时，测雨器水深二分。	SJW-K38030230-00200
7693	1901	5	17	1901	3	29	自寅时至午时，测雨器水深一寸四分。	SJW-K38030290-00200
7694	1901	5	21	1901	4	4	自寅时至未时，测雨器水深三分。	SJW-K38040040-00200
7695	1901	6	5	1901	4	19	自戌时至寅时，测雨器水深四分。	SJW-K38040190-00200
7696	1901	6	21	1901	5	6	自戌时至寅时，测雨器水深二分。	SJW-K38050060-00200
7697	1901	6	22	1901	5	7	自戌时至寅时，测雨器水深二分。	SJW-K38050070-00200
7698	1901	7	11	1901	5	26	自寅时至酉时，测雨器水深一寸二分。自戌时至寅时，测雨器水深三分。	SJW-K38050260-00200
7699	1901	7	12	1901	5	27	自戌时至寅时，测雨器水深三分。	SJW-K38050270-00200
7700	1901	7	25	1901	6	10	自卯时至酉时，测雨器水深一寸八分。	SJW-K38060100-00200
7701	1901	8	12	1901	6	28	自亥时至寅时，测雨器水深一分。	SJW-K38060280-00200
7702	1901	8	13	1901	6	29	自戌时至丑时，测雨器水深二分。	SJW-K38060290-00200
7703	1901	8	16	1901	7	3	自丑时至卯时，测雨器水深二寸三分。自卯时至巳时，测雨器水深二分。	SJW-K38070030-00200
7704	1901	8	18	1901	7	5	申时，测雨器水深二分。	SJW-K38070050-00200
7705	1901	8	19	1901	7	6	未时，测雨器水深三分。	SJW-K38070060-00200
7706	1901	8	25	1901	7	12	自寅时至辰时，测雨器水深一分。	SJW-K38070120-00200
7707	1901	9	24	1901	8	12	未时，测雨器水深二分。自酉时至子时，测雨器水深二分。	SJW-K38080120-00200
7708	1901	10	4	1901	8	22	自子时至寅时，测雨器水深四分。	SJW-K38080220-00200
7709	1901	10	12	1901	9	1	自卯时至酉时，测雨器水深五分。	SJW-K38090010-00200
7710	1901	10	23	1901	9	12	自巳时至申时，测雨器水深九分。	SJW-K38090120-00200

续表

编号	公历			农历			描述	ID 编号
	年	月	日	年	月	日		
7711	1901	10	26	1901	9	15	自酉时至亥时,测雨器水深二分。	SJW-K38090150-00200
7712	1901	11	18	1901	10	8	自酉时至亥时,测雨器水深一寸。	SJW-K38100080-00200
7713	1901	11	29	1901	10	19	自戌时至寅时,测雨器水深四分。	SJW-K38100190-00200
7714	1902	3	12	1902	2	3	自酉时至寅时,测雨器水深三分。	SJW-K39020030-00200
7715	1902	3	21	1902	2	12	自卯时至酉时,测雨器水深二分。	SJW-K39020120-00200
7716	1902	3	29	1902	2	20	自未时至酉时,测雨器水深一分.自戌时至寅时,测雨器水深一寸。	SJW-K39020200-01000
7717	1902	4	6	1902	2	28	自酉时至寅时,测雨器水深六分。	SJW-K39020280-00600
7718	1902	4	29	1902	3	22	自卯时至巳时,测雨器水深三分。	SJW-K39030220-00200
7719	1902	5	1	1902	3	24	自酉时至寅时,测雨器水深一寸二分。	SJW-K39030240-00200
7720	1902	5	2	1902	3	25	自寅时至午时,测雨器水深六分。	SJW-K39030250-00200
7721	1902	5	8	1902	4	1	自子时至寅时,测雨器水深九分。	SJW-K39040010-00200
7722	1902	5	11	1902	4	4	申时、酉时,测雨器水深四分。自酉时至子时,测雨器水深二分。	SJW-K39040040-00200
7723	1902	5	22	1902	4	15	自卯时至酉时,测雨器水深一分。	SJW-K39040150-00200
7724	1902	5	25	1902	4	18	自未时至酉时,测雨器水深三分。	SJW-K39040180-00600
7725	1902	5	28	1902	4	21	自酉时至寅时,测雨器水深三分。	SJW-K39040210-00200
7726	1902	6	13	1902	5	8	自辰时至酉时,测雨器水深一分。自戌时至寅时,测雨器水深七分。	SJW-K39050080-00500
7727	1902	6	14	1902	5	9	自寅时至酉时,测雨器水深七分。	SJW-K39050090-00500
7728	1902	6	22	1902	5	17	自戌时至寅时,测雨器水深一寸一分。	SJW-K39050170-00200
7729	1902	6	23	1902	5	18	自卯时至午时,测雨器水深八分。	SJW-K39050180-00200
7730	1902	6	27	1902	5	22	自戌时至寅时,测雨器水深三分。	SJW-K39050220-00200
7731	1902	7	8	1902	6	4	自亥时至丑时,测雨器水深三分。	SJW-K39060040-00200
7732	1902	7	13	1902	6	9	自寅时至午时,测雨器水深二寸七分。自戌时至寅时,测雨器水深三寸五分。	SJW-K39060090-00200
7733	1902	7	14	1902	6	10	自寅时至戌时,测雨器水深一寸六分。自戌时至寅时,测雨器水深六分。	SJW-K39060100-00200
7734	1902	7	17	1902	6	13	自巳时至酉时,测雨器水深一寸三分。自戌时至寅时,测雨器水深一寸八分。	SJW-K39060130-00200
7735	1902	7	23	1902	6	19	自寅时至酉时,测雨器水深八分。	SJW-K39060190-00200
7736	1902	8	10	1902	7	7	自戌时至寅时,测雨器水深三分。	SJW-K39070070-00200
7737	1902	8	15	1902	7	12	自酉时至卯时,测雨器水深二寸。	SJW-K39070120-00200
7738	1902	8	20	1902	7	17	自戌时至卯时,测雨器水深四分。	SJW-K39070170-00200
7739	1902	8	21	1902	7	18	自卯时至酉时,测雨器水深一寸。	SJW-K39070180-00200
7740	1902	8	27	1902	7	24	自辰时至未时,测雨器水深三分。	SJW-K39070240-00200
7741	1902	8	28	1902	7	25	自辰时至酉时,测雨器水深二分。自酉时至子时,测雨器水深一寸五分。	SJW-K39070250-00200

续表

编号	公历			农历			描述	ID 编号
	年	月	日	年	月	日		
7742	1902	9	4	1902	8	3	自辰时至酉时，测雨器水深二分。自戌时至卯时，测雨器水深七分。	SJW-K39080030-00200
7743	1902	9	5	1902	8	4	自辰时至未时，测雨器水深四分。	SJW-K39080040-00200
7744	1902	9	7	1902	8	6	自戌时至寅时，测雨器水深三分。	SJW-K39080060-00200
7745	1902	9	16	1902	8	15	自丑时至卯时，测雨器水深六分。	SJW-K39080150-00200
7746	1902	9	21	1902	8	20	自巳时至酉时，测雨器水深一寸二分。	SJW-K39080200-00200
7747	1902	10	23	1902	9	22	自卯时至酉时，测雨器水深一寸二分。	SJW-K39090220-00200
7748	1902	11	9	1902	10	10	自酉时至卯时，测雨器水深一寸。	SJW-K39100100-00200
7749	1902	11	21	1902	10	22	自子时至卯时，测雨器水深四分。	SJW-K39100220-00200
7750	1902	11	30	1902	11	1	自酉时至丑时，测雨器水深二分。	SJW-K39110010-00200
7751	1902	12	1	1902	11	2	自巳时至申时，测雨器水深四分。	SJW-K39110020-00200
7752	1903	1	25	1902	12	27	自申时至辰时，测雨器水深八分。	SJW-K39120270-00200
7753	1903	2	25	1903	1	28	自酉时至卯时，测雨器水深一寸。	SJW-K40010280-00200
7754	1903	4	13	1903	3	16	自酉时至寅时，测雨器水深四分。	SJW-K40030160-00200
7755	1903	4	24	1903	3	27	自卯时至酉时，测雨器水深二寸三分。自酉时，测雨器水深六分。	SJW-K40030270-00200
7756	1903	5	4	1903	4	8	自卯时至酉时，测雨器水深八分。	SJW-K40040080-00200
7757	1903	5	12	1903	4	16	自午时至酉时，测雨器水深三寸六分。自戌时至丑时，测雨器水深一寸八分。	SJW-K40040160-00200
7758	1903	5	17	1903	4	21	自戌时至寅时，测雨器水深三分。	SJW-K40040210-00200
7759	1903	5	18	1903	4	22	自卯时至酉时，测雨器水深一寸九分。自戌时至丑时，测雨器水深八分。	SJW-K40040220-00200
7760	1903	5	20	1903	4	24	自寅时至申时，测雨器水深八分。	SJW-K40040240-00200
7761	1903	5	29	1903	5	3	自子时至寅时，测雨器水深一寸四分。自卯时至酉时，测雨器水深三寸五分。自戌时至寅时，测雨器水深五分。	SJW-K40050030-00200
7762	1903	5	30	1903	5	4	自卯时至酉时，测雨器水深一寸四分。	SJW-K40050040-00200
7763	1903	7	15	1903	闰 5	21	自巳时至酉时，测雨器水深一寸一分。自亥时至寅时，测雨器水深一寸。	SJW-K40051210-00200
7764	1903	7	16	1903	闰 5	22	自戌时至寅时，测雨器水深一寸六分。	SJW-K40051220-00200
7765	1903	7	17	1903	闰 5	23	自卯时至未时，测雨器水深四寸。	SJW-K40051230-00200
7766	1903	7	18	1903	闰 5	24	自卯时至酉时，测雨器水深九分。自戌时至寅时，测雨器水深二寸。	SJW-K40051240-00200
7767	1903	7	19	1903	闰 5	25	自卯时至酉时，测雨器水深五分。	SJW-K40051250-00300
7768	1903	7	20	1903	闰 5	26	自亥时至寅时，测雨器水深三寸。	SJW-K40051260-00200
7769	1903	7	25	1903	6	2	自戌时至寅时，测雨器水深七分。	SJW-K40060020-00200
7770	1903	7	26	1903	6	3	自卯时至酉时，测雨器水深四分。	SJW-K40060030-00200
7771	1903	8	2	1903	6	10	自戌时至寅时，测雨器水深八分。	SJW-K40060100-00200

续表

编号	公历			农历			描述	ID 编号
	年	月	日	年	月	日		
7772	1903	8	4	1903	6	12	自亥时至卯时，测雨器水深四分。	SJW-K40060120-00200
7773	1903	8	8	1903	6	16	自戌时至寅时，测雨器水深一分。	SJW-K40060160-00200
7774	1903	8	9	1903	6	17	自卯时至酉时，测雨器水深一寸五分。	SJW-K40060170-00200
7775	1903	8	11	1903	6	19	自卯时至申时，测雨器水深五分。自戌时至寅时，测雨器水深一寸八分。	SJW-K40060190-00200
7776	1903	8	17	1903	6	25	自辰时至申时，测雨器水深一寸六分。自戌时至子时，测雨器水深二分。	SJW-K40060250-00200
7777	1903	8	18	1903	6	26	自辰时至午时，测雨器水深二分。	SJW-K40060260-00200
7778	1903	8	22	1903	6	30	自卯时至酉时，测雨器水深一寸。	SJW-K40060300-00200
7779	1903	8	24	1903	7	2	自卯时至酉时，测雨器水深一寸一分。	SJW-K40070020-00200
7780	1903	8	31	1903	7	9	自子时至寅时，测雨器水深七分。	SJW-K40070090-00200
7781	1903	9	2	1903	7	11	自辰时至午时，测雨器水深七分。	SJW-K40070110-00200
7782	1903	9	3	1903	7	12	申时，测雨器水深二分。自酉时至卯时，测雨器水深五寸。	SJW-K40070120-00300
7783	1903	9	5	1903	7	14	自卯时至酉时，测雨器水深五分。	SJW-K40070140-00200
7784	1903	9	7	1903	7	16	自卯时至申时，测雨器水深一寸。	SJW-K40070160-00200
7785	1903	9	15	1903	7	24	自卯时至酉时，测雨器水深一寸。自戌时至卯时，测雨器水深七分。	SJW-K40070240-00200
7786	1903	9	17	1903	7	26	自卯时至酉时，测雨器水深二分。	SJW-K40070260-00200
7787	1903	10	25	1903	9	6	自酉时至卯时，测雨器水深一分。	SJW-K40090060-00200
7788	1903	12	14	1903	10	26	自亥时至辰时，测雨器水深一寸三分。	SJW-K40100260-00200
7789	1904	2	28	1904	1	13	自子时至寅时，测雨器水深五分。	SJW-K41010130-00200
7790	1904	3	4	1904	1	18	自酉时至卯时，测雨器水深六分。	SJW-K41010180-00200
7791	1904	4	12	1904	2	27	自酉时至卯时，测雨器水深一寸。	SJW-K41020270-00200
7792	1904	4	13	1904	2	28	自卯时至申时，测雨器水深二寸。	SJW-K41020280-00200
7793	1904	4	24	1904	3	9	自巳时至酉时，测雨器水深九分。	SJW-K41030090-00200
7794	1904	4	25	1904	3	10	自辰时至酉时，测雨器水深五分。	SJW-K41030100-00300
7795	1904	5	4	1904	3	19	自子时至寅时，测雨器水深三分。	SJW-K41030190-00200
7796	1904	5	4	1904	3	19	自卯时至酉时，测雨器水深五分。	SJW-K41030190-00300
7797	1904	5	11	1904	3	26	自午时至酉时，测雨器水深四分。	SJW-K41030260-00200
7798	1904	5	11	1904	3	26	自戌时至丑时，测雨器水深二分。	SJW-K41030260-00300
7799	1904	5	16	1904	4	2	自戌时至寅时，测雨器水深二分。	SJW-K41040020-00200
7800	1904	5	26	1904	4	12	自戌时至丑时，测雨器水深三分。	SJW-K41040120-00200
7801	1904	5	30	1904	4	16	自戌时至寅时，测雨器水深六分。	SJW-K41040160-00200
7802	1904	6	1	1904	4	18	自戌时至寅时，测雨器水深二分。	SJW-K41040180-00200
7803	1904	6	2	1904	4	19	自亥时至卯时，测雨器水深一寸。	SJW-K41040190-00200
7804	1904	6	30	1904	5	17	自戌时至丑时，测雨器水深三分。	SJW-K41050170-00200
7805	1904	7	1	1904	5	18	自卯时至酉时，测雨器水深八分。	SJW-K41050180-00200

续表

编号	公历			农历			描述	ID 编号
	年	月	日	年	月	日		
7806	1904	7	7	1904	5	24	自寅时至申时，测雨器水深一寸七分。	SJW-K41050240-00200
7807	1904	7	9	1904	5	26	自子时至寅时，测雨器水深八分。	SJW-K41050260-00200
7808	1904	7	14	1904	6	2	自未时至戌时，测雨器水深四分。自戌时至寅时，测雨器水深一寸一分。	SJW-K41060020-00200
7809	1904	7	15	1904	6	3	自戌时至寅时，测雨器水深一寸一分。	SJW-K41060030-00200
7810	1904	7	16	1904	6	4	自寅时至戌时，测雨器水深三寸五分。自戌时至寅时，测雨器水深八分。	SJW-K41060040-00200
7811	1904	7	17	1904	6	5	自寅时至戌时，测雨器水深六分。	SJW-K41060050-00200
7812	1904	7	21	1904	6	9	自寅时至辰时，测雨器水深三分。	SJW-K41060090-00200
7813	1904	7	23	1904	6	11	自申时至酉时，测雨器水深六分。自戌时至寅时，测雨器水深五分。	SJW-K41060110-00200
7814	1904	7	24	1904	6	12	自寅时至午时，测雨器水深二分。	SJW-K41060120-00200
7815	1904	7	26	1904	6	14	自卯时至酉时，测雨器水深九分。自戌时至寅时，测雨器水深四分。	SJW-K41060140-00200
7816	1904	8	7	1904	6	26	酉时，测雨器水深七分。	SJW-K41060260-00200
7817	1904	8	9	1904	6	28	自寅时至申时，测雨器水深八分。	SJW-K41060280-00200
7818	1904	8	10	1904	6	29	自寅时至未时，测雨器水深八分。	SJW-K41060290-00200
7819	1904	8	18	1904	7	8	自卯时至酉时，测雨器水深四寸。自戌时至寅时，测雨器水深三分。	SJW-K41070080-00200
7820	1904	9	5	1904	7	26	自卯时至申时，测雨器水深二分。	SJW-K41070260-00200
7821	1904	10	23	1904	9	15	自戌时至寅时，测雨器水深一寸。	SJW-K41090150-00200
7822	1904	12	10	1904	11	4	自亥时至丑时，测雨器水深四分。	SJW-K41110040-00200
7823	1905	3	30	1905	2	25	自卯时至申时，测雨器水深五分。	SJW-K42020250-00200
7824	1905	3	30	1905	2	25	自酉时至卯时，测雨器水深四分。	SJW-K42020250-00300
7825	1905	4	19	1905	3	15	自酉时至卯时，测雨器水深三分。	SJW-K42030150-00200
7826	1905	4	24	1905	3	20	自巳时至酉时，测雨器水深三分。	SJW-K42030200-00200
7827	1905	4	30	1905	3	26	自巳时至酉时，测雨器水深一寸二分。自戌时至卯时，测雨器水深二分。	SJW-K42030260-00200
7828	1905	5	5	1905	4	2	自午时至酉时，测雨器水深一寸。自戌时至寅时，测雨器水深三寸七分。	SJW-K42040020-00200
7829	1905	5	14	1905	4	11	自卯时至申时，测雨器水深一寸七分。	SJW-K42040110-00200
7830	1905	5	20	1905	4	17	自子时至寅时，测雨器水深四分。卯时，测雨器水深二分。	SJW-K42040170-00200
7831	1905	5	26	1905	4	23	自卯时至未时，测雨器水深九分。自亥时至寅时，测雨器水深三分。	SJW-K42040230-00200
7832	1905	6	4	1905	5	2	自申时至戌时，测雨器水深三分。	SJW-K42050020-00300
7833	1905	6	11	1905	5	9	自戌时至寅时，测雨器水深四分。	SJW-K42050090-00300

续表

编号	公历			农历			描述	ID 编号
	年	月	日	年	月	日		
7834	1905	6	23	1905	5	21	自戌时至亥时,测雨器水深四分。自寅时至酉时,测雨器水深二分。	SJW-K42050210-00200
7835	1905	6	27	1905	5	25	自卯时至申时,测雨器水深二分。	SJW-K42050250-00200
7836	1905	6	30	1905	5	28	自辰时至未时,测雨器水深三分。	SJW-K42050280-00200
7837	1905	7	3	1905	6	1	自寅时至未时,测雨器水深三分。	SJW-K42060010-00400
7838	1905	7	4	1905	6	2	自亥时至丑时,测雨器水深八分。	SJW-K42060020-00200
7839	1905	7	5	1905	6	3	自戌时至丑时,测雨器水深一寸二分。	SJW-K42060030-00200
7840	1905	7	6	1905	6	4	自巳时至酉时,测雨器水深四分。	SJW-K42060040-00200
7841	1905	7	7	1905	6	5	自子时至丑时,测雨器水深七分。	SJW-K42060050-00300
7842	1905	7	7	1905	6	5	自戌时至寅时,测雨器水深一分。	SJW-K42060050-00400
7843	1905	7	9	1905	6	7	自卯时至酉时,测雨器水深二分。	SJW-K42060070-00300
7844	1905	7	9	1905	6	7	自亥时至寅时,测雨器水深二分。	SJW-K42060070-00400
7845	1905	7	10	1905	6	8	自卯时至申时,测雨器水深三寸五分。	SJW-K42060080-00200
7846	1905	7	19	1905	6	17	子时,测雨器水深二分。	SJW-K42060170-00200
7847	1905	7	22	1905	6	20	自午时至酉时,测雨器水深四分。	SJW-K42060200-00200
7848	1905	7	23	1905	6	21	自卯时至午时,测雨器水深四分。	SJW-K42060210-00200
7849	1905	7	24	1905	6	22	自亥时至寅时,测雨器水深四寸二分。	SJW-K42060220-00200
7850	1905	7	25	1905	6	23	自戌时至子时,测雨器水深三分。	SJW-K42060230-00200
7851	1905	7	26	1905	6	24	申时,测雨器水深四分。	SJW-K42060240-00200
7852	1905	7	28	1905	6	26	自卯时至午时,测雨器水深四分。	SJW-K42060260-00200
7853	1905	7	30	1905	6	28	自卯时至酉时,测雨器水深一寸三分。自戌时至寅时,测雨器水深三分。	SJW-K42060280-00200
7854	1905	8	2	1905	7	2	自寅时至酉时,测雨器水深八分。自戌时至寅时,测雨器水深二寸七分。	SJW-K42070020-00200
7855	1905	8	5	1905	7	5	自午时至酉时,测雨器水深三分。自亥时至寅时,测雨器水深七分。	SJW-K42070050-00200
7856	1905	8	11	1905	7	11	自午时至酉时,测雨器水深九分。自酉时至亥时,测雨器水深二寸四分。	SJW-K42070110-00200
7857	1905	8	21	1905	7	21	自午时至未时,测雨器水深一寸五分。	SJW-K42070210-00200
7858	1905	8	29	1905	7	29	自卯时至未时,测雨器水深一寸五分。	SJW-K42070290-00200
7859	1905	9	8	1905	8	10	自酉时至卯时,测雨器水深二寸六分。	SJW-K42080100-00200
7860	1905	9	9	1905	8	11	自卯时至酉时,测雨器水深一寸九分。	SJW-K42080110-00200
7861	1905	9	9	1905	8	11	自亥时至卯时,测雨器水深五分。	SJW-K42080110-00300
7862	1905	9	10	1905	8	12	自卯时至酉时,测雨器水深一寸六分。	SJW-K42080120-00200
7863	1905	9	14	1905	8	16	自卯时至申时,测雨器水深一寸七分。	SJW-K42080160-00200

续表

编号	公历			农历			描述	ID编号
	年	月	日	年	月	日		
7864	1905	9	26	1905	8	28	自辰时至酉时，测雨器水深二寸九分。	SJW-K42080280-00200
7865	1905	10	2	1905	9	4	自子时至丑时，测雨器水深七分。	SJW-K42090040-00200
7866	1905	10	21	1905	9	23	自巳时至酉时，测雨器水深二分。自戌时至寅时，测雨器水深三分。	SJW-K42090230-00200
7867	1905	11	13	1905	10	17	自子初至卯时，测雨器水深一寸二分。自辰时至未时，测雨器水深五分。	SJW-K42100170-00200
7868	1905	12	6	1905	11	10	自酉时至辰时，测雨器水深一寸七分。	SJW-K42110100-00200
7869	1906	1	10	1905	12	16	自申时至辰时，测雨器水深八分。	SJW-K42120160-00200
7870	1906	2	22	1906	1	29	自戌时至卯时，测雨器水深四分。	SJW-K43010290-00200
7871	1906	2	23	1906	2	1	自卯时至酉时，测雨器水深三分。	SJW-K43020010-00200
7872	1906	3	18	1906	2	24	自卯时至酉时，测雨器水深五分。	SJW-K43020240-00200
7873	1906	4	16	1906	3	23	自酉时至寅时，测雨器水深五分。	SJW-K43030230-00200
7874	1906	4	22	1906	3	29	自酉时至卯时，测雨器水深六分。	SJW-K43030290-00200
7875	1906	5	5	1906	4	12	自午时至酉时，测雨器水深二寸。	SJW-K43040120-00200
7876	1906	5	7	1906	4	14	自酉时至卯时，测雨器水深一寸。	SJW-K43040140-00200
7877	1906	5	26	1906	闰4	4	自卯时至酉时，测雨器水深一寸三分。自酉时至卯时，测雨器水深一寸四分。	SJW-K43041040-00200
7878	1906	5	27	1906	闰4	5	自卯时至申时，测雨器水深三分。	SJW-K43041050-00200
7879	1906	6	11	1906	闰4	20	自未时至酉时，测雨器水深三分。	SJW-K43041200-00200
7880	1906	6	29	1906	5	8	自寅时至未时，测雨器水深二分。	SJW-K43050080-00200
7881	1906	6	30	1906	5	9	自戌时至寅时，测雨器水深三分。	SJW-K43050090-00200
7882	1906	7	1	1906	5	10	自寅时至酉时，测雨器水深五分。	SJW-K43050100-00200
7883	1906	7	4	1906	5	13	自戌时至寅时，测雨器水深二分。	SJW-K43050130-00200
7884	1906	7	10	1906	5	19	自寅时至酉时，测雨器水深一寸二分。	SJW-K43050190-00200
7885	1906	8	6	1906	6	17	自卯时至酉时，测雨器水深一寸一分。自酉时至亥时，测雨器水深六分。	SJW-K43060170-00200
7886	1906	8	15	1906	6	26	自申时至酉时，测雨器水深三分。自戌时至寅时，测雨器水深二寸三分。	SJW-K43060260-00200
7887	1906	8	18	1906	6	29	自巳时至未时，测雨器水深二分。	SJW-K43060290-00200
7888	1906	8	23	1906	7	4	自卯时至午时，测雨器水深二分。	SJW-K43070040-00200
7889	1906	8	30	1906	7	11	自午时至酉时，测雨器水深五分。自酉时至寅时，测雨器水深二寸二分。	SJW-K43070110-00200
7890	1906	8	31	1906	7	12	自卯时至酉时，测雨器水深一寸四分。自酉时至卯时，测雨器水深二寸。	SJW-K43070120-00200
7891	1906	9	11	1906	7	23	自卯时至酉时，测雨器水深八分。自酉时至卯时，测雨器水深四寸五分。	SJW-K43070230-00200

续表

编号	公历			农历			描述	ID 编号
	年	月	日	年	月	日		
7892	1906	9	12	1906	7	24	自卯时至酉时,测雨器水深一寸八分。自酉时至亥时,测雨器水深四分。	SJW-K43070240-00200
7893	1906	9	16	1906	7	28	自卯时至酉时,测雨器水深二分。	SJW-K43070280-00200
7894	1906	9	20	1906	8	3	自午时至酉时,测雨器水深二分。	SJW-K43080030-00200
7895	1906	10	5	1906	8	18	自寅时至卯时,测雨器水深五分。	SJW-K43080180-00900
7896	1906	12	18	1906	11	3	自巳时至申时,测雨器水深九分。	SJW-K43110030-00200
7897	1907	3	22	1907	2	9	自亥时至卯时,测雨器水深六分。	SJW-K44020090-00200
7898	1907	4	4	1907	2	22	自戌时至卯时,测雨器水深七分。	SJW-K44020220-00200
7899	1907	4	12	1907	2	30	自酉时至卯时,测雨器水深二寸六分。	SJW-K44020300-00200
7900	1907	4	13	1907	3	1	自卯时至酉时,测雨器水深一寸三分。	SJW-K44030010-00200
7901	1907	4	26	1907	3	14	自丑时至卯时,测雨器水深三分。自卯时至酉时,测雨器水深八分。	SJW-K44030140-00200
7902	1907	4	30	1907	3	18	自卯时至申时,测雨器水深七分。	SJW-K44030180-00200
7903	1907	5	5	1907	3	23	自酉时至卯时,测雨器水深五分。自卯时至酉时,测雨器水深二寸五分。	SJW-K44030230-00200
7904	1907	5	17	1907	4	6	自酉时至寅时,测雨器水深九分。	SJW-K44040060-00200
7905	1907	5	18	1907	4	7	自酉时至丑时,测雨器水深九分。	SJW-K44040070-00200
7906	1907	5	19	1907	4	8	自戌时至寅时,测雨器水深二分。	SJW-K44040080-00200
7907	1907	5	30	1907	4	19	自酉时至寅时,测雨器水深三分。	SJW-K44040190-00200
7908	1907	6	10	1907	4	30	自辰时至申时,测雨器水深六分。	SJW-K44040300-00200
7909	1907	6	12	1907	5	2	自寅时至酉时,测雨器水深四分。自酉时至寅时,测雨器水深七分。	SJW-K44050020-00200
7910	1907	7	1	1907	5	21	自卯时至酉时,测雨器水深一寸三分。	SJW-K44050210-00200
7911	1907	7	2	1907	5	22	自卯时至未时,测雨器水深四分。	SJW-K44050220-00200
7912	1907	7	7	1907	5	27	自卯时至戌时,测雨器水深一寸六分。	SJW-K44050270-00200
7913	1907	7	8	1907	5	28	自戌时至寅时,测雨器水深七分。	SJW-K44050280-00200
7914	1907	7	14	1907	6	5	自酉时至寅时,测雨器水深九分。	SJW-K44060050-00200
7915	1907	7	30	1907	6	21	自午时至酉时,测雨器水深九分。自酉时至戌时,测雨器水深八分。	SJW-K44060210-00200
7916	1907	7	31	1907	6	22	自辰时至申时,测雨器水深一寸三分。	SJW-K44060220-00200
7917	1907	8	1	1907	6	23	自酉时至寅时,测雨器水深二寸三分。	SJW-K44060230-00200
7918	1907	8	6	1907	6	28	自卯时至未时,测雨器水深一寸七分。	SJW-L01060280-00200
7919	1907	8	9	1907	7	1	自巳时至酉时,测雨器水深八分。自酉时至亥时,测雨器水深二分。	SJW-L01070010-00200
7920	1907	8	13	1907	7	5	未时,测雨器水深三分。	SJW-L01070050-00200
7921	1907	8	20	1907	7	12	自卯时至申时,测雨器水深三寸五分。	SJW-L01070120-00200

续表

编号	公历			农历			描述	ID 编号
	年	月	日	年	月	日		
7922	1907	8	24	1907	7	16	自巳时至酉时，测雨器水深五分。	SJW-L01070160-00200
7923	1907	8	29	1907	7	21	自卯时至未时，测雨器水深四分。	SJW-L01070210-00200
7924	1907	10	3	1907	8	26	自酉时至卯时，测雨器水深五分。	SJW-L01080260-00200
7925	1907	10	6	1907	8	29	自巳时至未时，测雨器水深一寸五分。	SJW-L01080290-00200
7926	1907	10	23	1907	9	17	自酉时至寅时，测雨器水深八分。	SJW-L01090170-00200
7927	1907	11	2	1907	9	27	自未时至申时，测雨器水深二分。自申时至戌时，测雨器水深三分。	SJW-L01090270-00200
7928	1907	11	11	1907	10	6	自子时至卯时，测雨器水深三分。自卯时至酉时，测雨器水深七分。	SJW-L01100060-00200
7929	1907	11	23	1907	10	18	自辰时至申时，测雨器水深五分。	SJW-L01100180-00200

第二节　雨天记录

雨天记录表(表 3.2)第 1 列为编号，第 2～4 列为公历年、月、日，第 5～7 列为农历年、月、日，第 8 列为 ID 编号。

表 3.2　雨天记录

编号	公历			农历			ID 编号
	年	月	日	年	月	日	
1	1623	5	8	1623	4	10	SJW-A01040100
2	1623	5	9	1623	4	11	SJW-A01040110
3	1623	5	10	1623	4	12	SJW-A01040120
4	1623	5	23	1623	4	25	SJW-A01040250
5	1623	7	22	1623	6	25	SJW-A01060250
6	1623	7	23	1623	6	26	SJW-A01060260
7	1623	7	24	1623	6	27	SJW-A01060270
8	1623	7	26	1623	6	29	SJW-A01060290
9	1623	7	27	1623	7	1	SJW-A01070010
10	1623	7	29	1623	7	3	SJW-A01070030
11	1623	8	2	1623	7	7	SJW-A01070070
12	1623	8	5	1623	7	10	SJW-A01070100
13	1623	8	10	1623	7	15	SJW-A01070150
14	1623	8	12	1623	7	17	SJW-A01070170
15	1623	8	13	1623	7	18	SJW-A01070180
16	1623	8	15	1623	7	20	SJW-A01070200

续表

编号	公历			农历			ID 编号
	年	月	日	年	月	日	
17	1623	8	16	1623	7	21	SJW-A01070210
18	1623	8	17	1623	7	22	SJW-A01070220
19	1623	8	21	1623	7	26	SJW-A01070260
20	1623	8	22	1623	7	27	SJW-A01070270
21	1623	8	23	1623	7	28	SJW-A01070280
22	1623	8	25	1623	7	30	SJW-A01070300
23	1623	8	27	1623	8	2	SJW-A01080020
24	1623	8	30	1623	8	5	SJW-A01080050
25	1623	8	31	1623	8	6	SJW-A01080060
26	1623	9	1	1623	8	7	SJW-A01080070
27	1623	9	12	1623	8	18	SJW-A01080180
28	1623	9	26	1623	9	3	SJW-A01090030
29	1623	9	29	1623	9	6	SJW-A01090060
30	1623	10	1	1623	9	8	SJW-A01090080
31	1623	10	27	1623	10	4	SJW-A01100040
32	1623	10	28	1623	10	5	SJW-A01100050
33	1623	10	30	1623	10	7	SJW-A01100070
34	1623	11	11	1623	10	19	SJW-A01100190
35	1623	11	12	1623	10	20	SJW-A01100200
36	1623	11	19	1623	10	27	SJW-A01100270
37	1623	11	25	1623	闰 10	4	SJW-A01101040
38	1623	12	6	1623	闰 10	15	SJW-A01101150
39	1625	3	7	1625	1	29	SJW-A03010290
40	1625	3	17	1625	2	9	SJW-A03020090
41	1625	3	25	1625	2	17	SJW-A03020170
42	1625	3	26	1625	2	18	SJW-A03020180
43	1625	3	29	1625	2	21	SJW-A03020210
44	1625	4	3	1625	2	26	SJW-A03020260
45	1625	4	15	1625	3	9	SJW-A03030090
46	1625	4	19	1625	3	13	SJW-A03030130
47	1625	4	20	1625	3	14	SJW-A03030140
48	1625	4	21	1625	3	15	SJW-A03030150
49	1625	4	22	1625	3	16	SJW-A03030160
50	1625	4	26	1625	3	20	SJW-A03030200
51	1625	4	27	1625	3	21	SJW-A03030210
52	1625	4	28	1625	3	22	SJW-A03030220
53	1625	5	10	1625	4	5	SJW-A03040050
54	1625	5	11	1625	4	6	SJW-A03040060

续表

编号	公历			农历			ID编号
	年	月	日	年	月	日	
55	1625	5	20	1625	4	15	SJW-A03040150
56	1625	6	3	1625	4	29	SJW-A03040290
57	1625	6	17	1625	5	13	SJW-A03050130
58	1625	6	18	1625	5	14	SJW-A03050140
59	1625	6	25	1625	5	21	SJW-A03050210
60	1625	6	30	1625	5	26	SJW-A03050260
61	1625	7	1	1625	5	27	SJW-A03050270
62	1625	7	3	1625	5	29	SJW-A03050290
63	1625	7	6	1625	6	3	SJW-A03060030
64	1625	7	8	1625	6	5	SJW-A03060050
65	1625	7	9	1625	6	6	SJW-A03060060
66	1625	7	10	1625	6	7	SJW-A03060070
67	1625	7	11	1625	6	8	SJW-A03060080
68	1625	7	12	1625	6	9	SJW-A03060090
69	1625	7	13	1625	6	10	SJW-A03060100
70	1625	7	14	1625	6	11	SJW-A03060110
71	1625	7	15	1625	6	12	SJW-A03060120
72	1625	7	18	1625	6	15	SJW-A03060150
73	1625	7	28	1625	6	25	SJW-A03060250
74	1625	7	29	1625	6	26	SJW-A03060260
75	1625	7	30	1625	6	27	SJW-A03060270
76	1625	8	10	1625	7	8	SJW-A03070080
77	1625	8	19	1625	7	17	SJW-A03070170
78	1625	8	20	1625	7	18	SJW-A03070180
79	1625	8	21	1625	7	19	SJW-A03070190
80	1625	8	25	1625	7	23	SJW-A03070230
81	1625	8	28	1625	7	26	SJW-A03070260
82	1625	9	5	1625	8	4	SJW-A03080040
83	1625	9	22	1625	8	21	SJW-A03080210
84	1625	10	2	1625	9	2	SJW-A03090020
85	1625	10	4	1625	9	4	SJW-A03090040
86	1625	10	21	1625	9	21	SJW-A03090210
87	1625	10	22	1625	9	22	SJW-A03090220
88	1625	10	25	1625	9	25	SJW-A03090250
89	1625	11	6	1625	10	7	SJW-A03100070
90	1625	11	17	1625	10	18	SJW-A03100180
91	1626	1	11	1625	12	14	SJW-A03120140
92	1626	2	20	1626	1	24	SJW-A04010240

续表

编号	公历			农历			ID 编号
	年	月	日	年	月	日	
93	1626	3	9	1626	2	12	SJW-A04020120
94	1626	3	20	1626	2	23	SJW-A04020230
95	1626	3	24	1626	2	27	SJW-A04020270
96	1626	3	30	1626	3	3	SJW-A04030030
97	1626	4	4	1626	3	8	SJW-A04030080
98	1626	4	10	1626	3	14	SJW-A04030140
99	1626	4	11	1626	3	15	SJW-A04030150
100	1626	4	12	1626	3	16	SJW-A04030160
101	1626	4	29	1626	4	4	SJW-A04040040
102	1626	5	2	1626	4	7	SJW-A04040070
103	1626	5	21	1626	4	26	SJW-A04040260
104	1626	5	27	1626	5	3	SJW-A04050030
105	1626	6	10	1626	5	17	SJW-A04050170
106	1626	6	26	1626	6	3	SJW-A04060030
107	1626	6	27	1626	6	4	SJW-A04060040
108	1626	6	30	1626	6	7	SJW-A04060070
109	1626	7	1	1626	6	8	SJW-A04060080
110	1626	7	15	1626	6	22	SJW-A04060220
111	1626	7	16	1626	6	23	SJW-A04060230
112	1626	7	17	1626	6	24	SJW-A04060240
113	1626	7	30	1626	闰 6	8	SJW-A04061080
114	1626	8	10	1626	闰 6	19	SJW-A04061190
115	1626	8	13	1626	闰 6	22	SJW-A04061220
116	1626	8	14	1626	闰 6	23	SJW-A04061230
117	1626	8	17	1626	闰 6	26	SJW-A04061260
118	1626	8	18	1626	闰 6	27	SJW-A04061270
119	1626	8	22	1626	7	1	SJW-A04070010
120	1626	8	24	1626	7	3	SJW-A04070030
121	1626	8	26	1626	7	5	SJW-A04070050
122	1626	8	31	1626	7	10	SJW-A04070100
123	1626	9	1	1626	7	11	SJW-A04070110
124	1626	9	13	1626	7	23	SJW-A04070230
125	1626	10	9	1626	8	20	SJW-A04080200
126	1626	10	16	1626	8	27	SJW-A04080270
127	1626	10	20	1626	9	1	SJW-A04090010
128	1626	10	26	1626	9	7	SJW-A04090070
129	1626	11	10	1626	9	22	SJW-A04090220
130	1626	11	11	1626	9	23	SJW-A04090230

续表

编号	公历			农历			ID 编号
	年	月	日	年	月	日	
131	1626	11	20	1626	10	2	SJW-A04100020
132	1627	1	2	1626	11	15	SJW-A04110150
133	1627	2	12	1626	12	27	SJW-A04120270
134	1627	2	13	1626	12	28	SJW-A04120280
135	1627	2	14	1626	12	29	SJW-A04120290
136	1627	4	12	1627	2	27	SJW-A05020270
137	1627	6	2	1627	4	19	SJW-A05040190
138	1627	6	3	1627	4	20	SJW-A05040200
139	1627	6	4	1627	4	21	SJW-A05040210
140	1627	6	5	1627	4	22	SJW-A05040220
141	1627	6	8	1627	4	25	SJW-A05040250
142	1627	6	9	1627	4	26	SJW-A05040260
143	1627	6	26	1627	5	14	SJW-A05050140
144	1627	6	27	1627	5	15	SJW-A05050150
145	1627	7	3	1627	5	21	SJW-A05050210
146	1627	7	7	1627	5	25	SJW-A05050250
147	1627	7	9	1627	5	27	SJW-A05050270
148	1627	11	14	1627	10	7	SJW-A05100070
149	1627	12	2	1627	10	25	SJW-A05100250
150	1628	2	11	1628	1	7	SJW-A06010070
151	1628	2	24	1628	1	20	SJW-A06010200
152	1628	3	1	1628	1	26	SJW-A06010260
153	1628	3	11	1628	2	6	SJW-A06020060
154	1628	3	12	1628	2	7	SJW-A06020070
155	1628	3	16	1628	2	11	SJW-A06020110
156	1628	3	22	1628	2	17	SJW-A06020170
157	1628	3	29	1628	2	24	SJW-A06020240
158	1628	4	3	1628	2	29	SJW-A06020290
159	1628	4	17	1628	3	14	SJW-A06030140
160	1628	4	22	1628	3	19	SJW-A06030190
161	1628	4	24	1628	3	21	SJW-A06030210
162	1628	5	9	1628	4	6	SJW-A06040060
163	1628	5	10	1628	4	7	SJW-A06040070
164	1628	5	12	1628	4	9	SJW-A06040090
165	1628	5	16	1628	4	13	SJW-A06040130
166	1628	5	29	1628	4	26	SJW-A06040260
167	1628	6	5	1628	5	4	SJW-A06050040
168	1628	6	12	1628	5	11	SJW-A06050110

续表

编号	公历			农历			ID 编号
	年	月	日	年	月	日	
169	1628	6	21	1628	5	20	SJW-A06050200
170	1628	6	23	1628	5	22	SJW-A06050220
171	1628	6	28	1628	5	27	SJW-A06050270
172	1628	7	2	1628	6	2	SJW-A06060020
173	1628	7	3	1628	6	3	SJW-A06060030
174	1628	7	5	1628	6	5	SJW-A06060050
175	1628	7	24	1628	6	24	SJW-A06060240
176	1628	7	25	1628	6	25	SJW-A06060250
177	1628	7	31	1628	7	1	SJW-A06070010
178	1628	8	13	1628	7	14	SJW-A06070140
179	1628	8	30	1628	8	2	SJW-A06080020
180	1628	9	4	1628	8	7	SJW-A06080070
181	1628	9	6	1628	8	9	SJW-A06080090
182	1628	9	11	1628	8	14	SJW-A06080140
183	1628	10	5	1628	9	9	SJW-A06090090
184	1628	10	6	1628	9	10	SJW-A06090100
185	1628	10	10	1628	9	14	SJW-A06090140
186	1628	10	21	1628	9	25	SJW-A06090250
187	1628	10	22	1628	9	26	SJW-A06090260
188	1628	10	26	1628	9	30	SJW-A06090300
189	1628	10	28	1628	10	2	SJW-A06100020
190	1628	10	30	1628	10	4	SJW-A06100040
191	1628	11	14	1628	10	19	SJW-A06100190
192	1628	11	15	1628	10	20	SJW-A06100200
193	1628	11	18	1628	10	23	SJW-A06100230
194	1628	12	16	1628	11	21	SJW-A06110210
195	1628	12	17	1628	11	22	SJW-A06110220
196	1628	12	19	1628	11	24	SJW-A06110240
197	1628	12	20	1628	11	25	SJW-A06110250
198	1629	1	18	1628	12	25	SJW-A06120250
199	1629	1	29	1629	1	6	SJW-A07010060
200	1629	2	10	1629	1	18	SJW-A07010180
201	1629	2	11	1629	1	19	SJW-A07010190
202	1629	3	18	1629	2	24	SJW-A07020240
203	1629	3	19	1629	2	25	SJW-A07020250
204	1629	3	28	1629	3	4	SJW-A07030040
205	1629	4	4	1629	3	11	SJW-A07030110
206	1629	4	5	1629	3	12	SJW-A07030120

续表

编号	公历			农历			ID 编号
	年	月	日	年	月	日	
207	1629	4	15	1629	3	22	SJW-A07030220
208	1629	4	30	1629	4	8	SJW-A07040080
209	1629	5	1	1629	4	9	SJW-A07040090
210	1629	5	18	1629	4	26	SJW-A07040260
211	1629	5	19	1629	4	27	SJW-A07040270
212	1629	5	27	1629	闰 4	5	SJW-A07041050
213	1629	6	3	1629	闰 4	12	SJW-A07041120
214	1629	6	7	1629	闰 4	16	SJW-A07041160
215	1629	6	29	1629	5	9	SJW-A07050090
216	1629	7	2	1629	5	12	SJW-A07050120
217	1629	7	3	1629	5	13	SJW-A07050130
218	1629	7	7	1629	5	17	SJW-A07050170
219	1629	7	8	1629	5	18	SJW-A07050180
220	1629	7	9	1629	5	19	SJW-A07050190
221	1629	7	10	1629	5	20	SJW-A07050200
222	1629	7	11	1629	5	21	SJW-A07050210
223	1629	7	12	1629	5	22	SJW-A07050220
224	1629	7	17	1629	5	27	SJW-A07050270
225	1629	7	18	1629	5	28	SJW-A07050280
226	1629	7	20	1629	6	1	SJW-A07060010
227	1629	7	23	1629	6	4	SJW-A07060040
228	1629	7	24	1629	6	5	SJW-A07060050
229	1629	7	25	1629	6	6	SJW-A07060060
230	1629	7	31	1629	6	12	SJW-A07060120
231	1629	8	1	1629	6	13	SJW-A07060130
232	1629	8	2	1629	6	14	SJW-A07060140
233	1629	8	17	1629	6	29	SJW-A07060290
234	1629	8	23	1629	7	5	SJW-A07070050
235	1629	9	6	1629	7	19	SJW-A07070190
236	1629	9	7	1629	7	20	SJW-A07070200
237	1629	9	12	1629	7	25	SJW-A07070250
238	1629	9	18	1629	8	2	SJW-A07080020
239	1629	9	27	1629	8	11	SJW-A07080110
240	1629	9	29	1629	8	13	SJW-A07080130
241	1629	10	20	1629	9	5	SJW-A07090050
242	1629	10	24	1629	9	9	SJW-A07090090
243	1629	11	8	1629	9	24	SJW-A07090240
244	1629	11	9	1629	9	25	SJW-A07090250

续表

编号	公历			农历			ID 编号
	年	月	日	年	月	日	
245	1629	11	13	1629	9	29	SJW-A07090290
246	1629	11	23	1629	10	9	SJW-A07100090
247	1629	11	24	1629	10	10	SJW-A07100100
248	1629	11	29	1629	10	15	SJW-A07100150
249	1629	11	30	1629	10	16	SJW-A07100160
250	1629	12	1	1629	10	17	SJW-A07100170
251	1629	12	3	1629	10	19	SJW-A07100190
252	1629	12	15	1629	11	1	SJW-A07110010
253	1630	3	27	1630	2	14	SJW-A08020140
254	1630	4	29	1630	3	17	SJW-A08030170
255	1630	4	30	1630	3	18	SJW-A08030180
256	1630	5	6	1630	3	24	SJW-A08030240
257	1630	5	18	1630	4	7	SJW-A08040070
258	1630	7	14	1630	6	5	SJW-A08060050
259	1630	7	18	1630	6	9	SJW-A08060090
260	1630	7	19	1630	6	10	SJW-A08060100
261	1630	7	20	1630	6	11	SJW-A08060110
262	1630	7	21	1630	6	12	SJW-A08060120
263	1630	7	26	1630	6	17	SJW-A08060170
264	1630	8	1	1630	6	23	SJW-A08060230
265	1630	8	7	1630	6	29	SJW-A08060290
266	1630	8	8	1630	7	1	SJW-A08070010
267	1630	8	22	1630	7	15	SJW-A08070150
268	1630	8	28	1630	7	21	SJW-A08070210
269	1630	9	15	1630	8	9	SJW-A08080090
270	1630	9	16	1630	8	10	SJW-A08080100
271	1630	10	1	1630	8	25	SJW-A08080250
272	1630	10	10	1630	9	5	SJW-A08090050
273	1630	11	8	1630	10	5	SJW-A08100050
274	1630	11	13	1630	10	10	SJW-A08100100
275	1630	11	21	1630	10	18	SJW-A08100180
276	1630	12	11	1630	11	8	SJW-A08110080
277	1630	12	31	1630	11	28	SJW-A08110280
278	1631	1	1	1630	11	29	SJW-A08110290
279	1631	1	10	1630	12	9	SJW-A08120090
280	1631	1	31	1630	12	30	SJW-A08120300
281	1631	3	17	1631	2	15	SJW-A09020150
282	1631	4	8	1631	3	7	SJW-A09030070

续表

编号	公历			农历			ID 编号
	年	月	日	年	月	日	
283	1631	4	11	1631	3	10	SJW-A09030100
284	1631	4	17	1631	3	16	SJW-A09030160
285	1631	4	27	1631	3	26	SJW-A09030260
286	1631	4	30	1631	3	29	SJW-A09030290
287	1631	5	12	1631	4	12	SJW-A09040120
288	1631	5	30	1631	4	30	SJW-A09040300
289	1631	6	15	1631	5	16	SJW-A09050160
290	1631	6	16	1631	5	17	SJW-A09050170
291	1631	7	2	1631	6	4	SJW-A09060040
292	1631	7	5	1631	6	7	SJW-A09060070
293	1631	7	6	1631	6	8	SJW-A09060080
294	1631	7	9	1631	6	11	SJW-A09060110
295	1631	7	19	1631	6	21	SJW-A09060210
296	1631	7	20	1631	6	22	SJW-A09060220
297	1631	7	22	1631	6	24	SJW-A09060240
298	1631	7	23	1631	6	25	SJW-A09060250
299	1631	7	25	1631	6	27	SJW-A09060270
300	1631	7	26	1631	6	28	SJW-A09060280
301	1631	7	27	1631	6	29	SJW-A09060290
302	1631	7	28	1631	6	30	SJW-A09060300
303	1631	7	29	1631	7	1	SJW-A09070010
304	1631	7	30	1631	7	2	SJW-A09070020
305	1631	8	1	1631	7	4	SJW-A09070040
306	1631	8	2	1631	7	5	SJW-A09070050
307	1631	8	3	1631	7	6	SJW-A09070060
308	1631	8	4	1631	7	7	SJW-A09070070
309	1631	8	12	1631	7	15	SJW-A09070150
310	1631	8	14	1631	7	17	SJW-A09070170
311	1631	8	18	1631	7	21	SJW-A09070210
312	1631	8	19	1631	7	22	SJW-A09070220
313	1631	8	20	1631	7	23	SJW-A09070230
314	1631	8	21	1631	7	24	SJW-A09070240
315	1631	8	22	1631	7	25	SJW-A09070250
316	1631	8	30	1631	8	4	SJW-A09080040
317	1631	9	3	1631	8	8	SJW-A09080080
318	1631	9	4	1631	8	9	SJW-A09080090
319	1631	9	7	1631	8	12	SJW-A09080120
320	1631	9	8	1631	8	13	SJW-A09080130

续表

编号	公历			农历			ID 编号
	年	月	日	年	月	日	
321	1631	9	9	1631	8	14	SJW-A09080140
322	1631	9	13	1631	8	18	SJW-A09080180
323	1631	9	14	1631	8	19	SJW-A09080190
324	1631	9	15	1631	8	20	SJW-A09080200
325	1631	9	16	1631	8	21	SJW-A09080210
326	1631	9	20	1631	8	25	SJW-A09080250
327	1631	9	26	1631	9	1	SJW-A09090010
328	1631	10	1	1631	9	6	SJW-A09090060
329	1631	10	3	1631	9	8	SJW-A09090080
330	1631	10	4	1631	9	9	SJW-A09090090
331	1631	10	27	1631	10	3	SJW-A09100030
332	1631	11	2	1631	10	9	SJW-A09100090
333	1631	11	4	1631	10	11	SJW-A09100110
334	1631	11	8	1631	10	15	SJW-A09100150
335	1631	11	9	1631	10	16	SJW-A09100160
336	1632	2	15	1631	12	26	SJW-A09120260
337	1632	4	5	1632	2	16	SJW-A10020160
338	1632	4	6	1632	2	17	SJW-A10020170
339	1632	4	7	1632	2	18	SJW-A10020180
340	1632	4	27	1632	3	9	SJW-A10030090
341	1632	5	1	1632	3	13	SJW-A10030130
342	1632	5	2	1632	3	14	SJW-A10030140
343	1632	5	3	1632	3	15	SJW-A10030150
344	1632	5	7	1632	3	19	SJW-A10030190
345	1632	5	26	1632	4	8	SJW-A10040080
346	1632	5	29	1632	4	11	SJW-A10040110
347	1632	6	6	1632	4	19	SJW-A10040190
348	1632	7	8	1632	5	21	SJW-A10050210
349	1632	7	27	1632	6	11	SJW-A10060110
350	1632	8	3	1632	6	18	SJW-A10060180
351	1632	8	6	1632	6	21	SJW-A10060210
352	1632	8	7	1632	6	22	SJW-A10060220
353	1632	8	8	1632	6	23	SJW-A10060230
354	1632	8	21	1632	7	6	SJW-A10070060
355	1632	8	22	1632	7	7	SJW-A10070070
356	1633	2	11	1633	1	4	SJW-A11010040
357	1633	7	10	1633	6	5	SJW-A11060050
358	1633	7	19	1633	6	14	SJW-A11060140

续表

编号	公历			农历			ID 编号
	年	月	日	年	月	日	
359	1633	7	23	1633	6	18	SJW-A11060180
360	1633	7	24	1633	6	19	SJW-A11060190
361	1633	11	5	1633	10	4	SJW-A11100040
362	1633	11	9	1633	10	8	SJW-A11100080
363	1633	11	10	1633	10	9	SJW-A11100090
364	1634	2	26	1634	1	29	SJW-A12010290
365	1634	3	8	1634	2	9	SJW-A12020090
366	1634	4	6	1634	3	9	SJW-A12030090
367	1634	4	10	1634	3	13	SJW-A12030130
368	1634	4	21	1634	3	24	SJW-A12030240
369	1634	4	26	1634	3	29	SJW-A12030290
370	1634	5	3	1634	4	7	SJW-A12040070
371	1634	5	5	1634	4	9	SJW-A12040090
372	1634	5	19	1634	4	23	SJW-A12040230
373	1634	5	29	1634	5	3	SJW-A12050030
374	1634	6	4	1634	5	9	SJW-A12050090
375	1634	6	7	1634	5	12	SJW-A12050120
376	1634	6	9	1634	5	14	SJW-A12050140
377	1634	6	10	1634	5	15	SJW-A12050150
378	1634	6	18	1634	5	23	SJW-A12050230
379	1634	6	27	1634	6	3	SJW-A12060030
380	1634	6	28	1634	6	4	SJW-A12060040
381	1634	7	5	1634	6	11	SJW-A12060110
382	1634	7	7	1634	6	13	SJW-A12060130
383	1634	7	15	1634	6	21	SJW-A12060210
384	1634	7	16	1634	6	22	SJW-A12060220
385	1634	7	19	1634	6	25	SJW-A12060250
386	1634	7	20	1634	6	26	SJW-A12060260
387	1634	7	21	1634	6	27	SJW-A12060270
388	1634	7	22	1634	6	28	SJW-A12060280
389	1634	7	29	1634	7	5	SJW-A12070050
390	1634	7	30	1634	7	6	SJW-A12070060
391	1634	7	31	1634	7	7	SJW-A12070070
392	1634	8	5	1634	7	12	SJW-A12070120
393	1634	8	11	1634	7	18	SJW-A12070180
394	1634	8	15	1634	7	22	SJW-A12070220
395	1634	8	16	1634	7	23	SJW-A12070230
396	1634	8	18	1634	7	25	SJW-A12070250

续表

编号	公历			农历			ID 编号
	年	月	日	年	月	日	
397	1634	8	19	1634	7	26	SJW-A12070260
398	1634	8	22	1634	7	29	SJW-A12070290
399	1634	8	27	1634	8	5	SJW-A12080050
400	1634	9	4	1634	8	13	SJW-A12080130
401	1634	9	10	1634	8	19	SJW-A12080190
402	1634	9	25	1634	闰 8	4	SJW-A12081040
403	1634	9	28	1634	闰 8	7	SJW-A12081070
404	1634	10	12	1634	闰 8	21	SJW-A12081210
405	1634	10	17	1634	闰 8	26	SJW-A12081260
406	1634	10	18	1634	闰 8	27	SJW-A12081270
407	1634	11	16	1634	9	26	SJW-A12090260
408	1634	11	24	1634	10	4	SJW-A12100040
409	1634	11	29	1634	10	9	SJW-A12100090
410	1634	12	13	1634	10	23	SJW-A12100230
411	1634	12	22	1634	11	3	SJW-A12110030
412	1635	1	6	1634	11	18	SJW-A12110180
413	1635	1	26	1634	12	8	SJW-A12120080
414	1635	2	13	1634	12	26	SJW-A12120260
415	1635	3	14	1635	1	26	SJW-A13010260
416	1635	3	23	1635	2	5	SJW-A13020050
417	1635	4	3	1635	2	16	SJW-A13020160
418	1635	4	7	1635	2	20	SJW-A13020200
419	1635	4	8	1635	2	21	SJW-A13020210
420	1635	4	18	1635	3	2	SJW-A13030020
421	1635	4	22	1635	3	6	SJW-A13030060
422	1635	4	24	1635	3	8	SJW-A13030080
423	1635	4	26	1635	3	10	SJW-A13030100
424	1635	4	30	1635	3	14	SJW-A13030140
425	1635	5	1	1635	3	15	SJW-A13030150
426	1635	5	14	1635	3	28	SJW-A13030280
427	1635	5	17	1635	4	2	SJW-A13040020
428	1635	5	26	1635	4	11	SJW-A13040110
429	1635	6	2	1635	4	18	SJW-A13040180
430	1635	6	8	1635	4	24	SJW-A13040240
431	1635	6	9	1635	4	25	SJW-A13040250
432	1635	6	10	1635	4	26	SJW-A13040260
433	1635	6	12	1635	4	28	SJW-A13040280
434	1635	6	20	1635	5	6	SJW-A13050060

续表

编号	公历			农历			ID 编号
	年	月	日	年	月	日	
435	1635	6	24	1635	5	10	SJW-A13050100
436	1635	7	3	1635	5	19	SJW-A13050190
437	1635	7	10	1635	5	26	SJW-A13050260
438	1635	7	15	1635	6	2	SJW-A13060020
439	1635	7	16	1635	6	3	SJW-A13060030
440	1635	7	17	1635	6	4	SJW-A13060040
441	1635	8	13	1635	7	1	SJW-A13070010
442	1635	8	21	1635	7	9	SJW-A13070090
443	1635	8	24	1635	7	12	SJW-A13070120
444	1635	8	25	1635	7	13	SJW-A13070130
445	1635	9	4	1635	7	23	SJW-A13070230
446	1635	9	5	1635	7	24	SJW-A13070240
447	1635	9	10	1635	7	29	SJW-A13070290
448	1635	10	21	1635	9	11	SJW-A13090110
449	1635	10	22	1635	9	12	SJW-A13090120
450	1635	10	26	1635	9	16	SJW-A13090160
451	1635	10	29	1635	9	19	SJW-A13090190
452	1635	11	2	1635	9	23	SJW-A13090230
453	1635	11	6	1635	9	27	SJW-A13090270
454	1635	11	7	1635	9	28	SJW-A13090280
455	1635	11	9	1635	9	30	SJW-A13090300
456	1635	11	19	1635	10	10	SJW-A13100100
457	1635	11	21	1635	10	12	SJW-A13100120
458	1635	11	22	1635	10	13	SJW-A13100130
459	1635	11	24	1635	10	15	SJW-A13100150
460	1635	11	25	1635	10	16	SJW-A13100160
461	1635	11	27	1635	10	18	SJW-A13100180
462	1635	12	2	1635	10	23	SJW-A13100230
463	1636	1	25	1635	12	18	SJW-A13120180
464	1636	2	3	1635	12	27	SJW-A13120270
465	1636	3	13	1636	2	7	SJW-A14020070
466	1636	3	23	1636	2	17	SJW-A14020170
467	1636	3	26	1636	2	20	SJW-A14020200
468	1636	4	1	1636	2	26	SJW-A14020260
469	1636	4	2	1636	2	27	SJW-A14020270
470	1636	5	6	1636	4	2	SJW-A14040020
471	1636	5	9	1636	4	5	SJW-A14040050
472	1636	5	26	1636	4	22	SJW-A14040220

续表

编号	公历			农历			ID 编号
	年	月	日	年	月	日	
473	1636	5	28	1636	4	24	SJW-A14040240
474	1636	6	8	1636	5	6	SJW-A14050060
475	1636	6	26	1636	5	24	SJW-A14050240
476	1636	7	1	1636	5	29	SJW-A14050290
477	1636	7	2	1636	5	30	SJW-A14050300
478	1636	7	3	1636	6	1	SJW-A14060010
479	1636	7	5	1636	6	3	SJW-A14060030
480	1636	7	6	1636	6	4	SJW-A14060040
481	1636	7	7	1636	6	5	SJW-A14060050
482	1636	7	8	1636	6	6	SJW-A14060060
483	1636	7	9	1636	6	7	SJW-A14060070
484	1636	8	2	1636	7	2	SJW-A14070020
485	1636	8	7	1636	7	7	SJW-A14070070
486	1636	8	8	1636	7	8	SJW-A14070080
487	1636	8	12	1636	7	12	SJW-A14070120
488	1636	8	14	1636	7	14	SJW-A14070140
489	1636	8	15	1636	7	15	SJW-A14070150
490	1636	8	19	1636	7	19	SJW-A14070190
491	1636	8	22	1636	7	22	SJW-A14070220
492	1636	9	1	1636	8	3	SJW-A14080030
493	1636	9	8	1636	8	10	SJW-A14080100
494	1636	9	28	1636	8	30	SJW-A14080300
495	1636	11	15	1636	10	18	SJW-A14100180
496	1636	12	3	1636	11	7	SJW-A14110070
497	1637	1	19	1636	12	24	SJW-A14120240
498	1637	3	1	1637	2	5	SJW-A15020050
499	1637	3	29	1637	3	4	SJW-A15030040
500	1637	4	6	1637	3	12	SJW-A15030120
501	1637	4	7	1637	3	13	SJW-A15030130
502	1637	4	15	1637	3	21	SJW-A15030210
503	1637	4	23	1637	3	29	SJW-A15030290
504	1637	5	7	1637	4	13	SJW-A15040130
505	1637	5	14	1637	4	20	SJW-A15040200
506	1637	5	16	1637	4	22	SJW-A15040220
507	1637	5	21	1637	4	27	SJW-A15040270
508	1637	5	26	1637	闰 4	3	SJW-A15041030
509	1637	6	10	1637	闰 4	18	SJW-A15041180
510	1637	6	12	1637	闰 4	20	SJW-A15041200

续表

编号	公历			农历			ID 编号
	年	月	日	年	月	日	
511	1637	6	13	1637	闰 4	21	SJW-A15041210
512	1637	6	17	1637	闰 4	25	SJW-A15041250
513	1637	6	18	1637	闰 4	26	SJW-A15041260
514	1637	6	19	1637	闰 4	27	SJW-A15041270
515	1637	6	20	1637	闰 4	28	SJW-A15041280
516	1637	6	21	1637	闰 4	29	SJW-A15041290
517	1637	6	22	1637	5	1	SJW-A15050010
518	1637	6	24	1637	5	3	SJW-A15050030
519	1637	7	4	1637	5	13	SJW-A15050130
520	1637	7	5	1637	5	14	SJW-A15050140
521	1637	7	6	1637	5	15	SJW-A15050150
522	1637	7	8	1637	5	17	SJW-A15050170
523	1637	7	12	1637	5	21	SJW-A15050210
524	1637	7	15	1637	5	24	SJW-A15050240
525	1637	7	16	1637	5	25	SJW-A15050250
526	1637	7	17	1637	5	26	SJW-A15050260
527	1637	7	21	1637	5	30	SJW-A15050300
528	1637	7	26	1637	6	5	SJW-A15060050
529	1637	8	2	1637	6	12	SJW-A15060120
530	1637	8	7	1637	6	17	SJW-A15060170
531	1637	8	20	1637	7	1	SJW-A15070010
532	1637	8	22	1637	7	3	SJW-A15070030
533	1637	8	25	1637	7	6	SJW-A15070060
534	1637	8	26	1637	7	7	SJW-A15070070
535	1637	8	29	1637	7	10	SJW-A15070100
536	1637	8	30	1637	7	11	SJW-A15070110
537	1637	9	12	1637	7	24	SJW-A15070240
538	1637	9	20	1637	8	3	SJW-A15080030
539	1637	11	1	1637	9	15	SJW-A15090150
540	1637	11	8	1637	9	22	SJW-A15090220
541	1637	11	17	1637	10	2	SJW-A15100020
542	1637	11	20	1637	10	5	SJW-A15100050
543	1637	12	11	1637	10	26	SJW-A15100260
544	1638	1	11	1637	11	27	SJW-A15110270
545	1638	2	7	1637	12	24	SJW-A15120240
546	1638	2	23	1638	1	10	SJW-A16010100
547	1638	2	28	1638	1	15	SJW-A16010150
548	1638	3	1	1638	1	16	SJW-A16010160

续表

编号	公历			农历			ID 编号
	年	月	日	年	月	日	
549	1638	3	14	1638	1	29	SJW-A16010290
550	1638	3	23	1638	2	8	SJW-A16020080
551	1638	4	20	1638	3	7	SJW-A16030070
552	1638	4	21	1638	3	8	SJW-A16030080
553	1638	5	29	1638	4	16	SJW-A16040160
554	1638	5	31	1638	4	18	SJW-A16040180
555	1638	6	6	1638	4	24	SJW-A16040240
556	1638	6	19	1638	5	8	SJW-A16050080
557	1638	6	20	1638	5	9	SJW-A16050090
558	1638	6	26	1638	5	15	SJW-A16050150
559	1638	7	9	1638	5	28	SJW-A16050280
560	1638	8	24	1638	7	15	SJW-A16070150
561	1638	8	26	1638	7	17	SJW-A16070170
562	1638	8	30	1638	7	21	SJW-A16070210
563	1638	9	1	1638	7	23	SJW-A16070230
564	1638	9	3	1638	7	25	SJW-A16070250
565	1638	9	7	1638	7	29	SJW-A16070290
566	1638	9	12	1638	8	5	SJW-A16080050
567	1638	9	20	1638	8	13	SJW-A16080130
568	1638	10	6	1638	8	29	SJW-A16080290
569	1638	10	13	1638	9	7	SJW-A16090070
570	1638	10	20	1638	9	14	SJW-A16090140
571	1638	11	4	1638	9	29	SJW-A16090290
572	1638	11	13	1638	10	8	SJW-A16100080
573	1638	11	15	1638	10	10	SJW-A16100100
574	1638	12	5	1638	11	1	SJW-A16110010
575	1639	2	22	1639	1	20	SJW-A17010200
576	1639	3	8	1639	2	4	SJW-A17020040
577	1639	3	9	1639	2	5	SJW-A17020050
578	1639	3	24	1639	2	20	SJW-A17020200
579	1639	3	27	1639	2	23	SJW-A17020230
580	1639	3	28	1639	2	24	SJW-A17020240
581	1639	4	5	1639	3	3	SJW-A17030030
582	1639	4	6	1639	3	4	SJW-A17030040
583	1639	4	8	1639	3	6	SJW-A17030060
584	1639	4	10	1639	3	8	SJW-A17030080
585	1639	4	11	1639	3	9	SJW-A17030090
586	1639	4	18	1639	3	16	SJW-A17030160

续表

编号	公历			农历			ID 编号
	年	月	日	年	月	日	
587	1639	4	19	1639	3	17	SJW-A17030170
588	1639	4	23	1639	3	21	SJW-A17030210
589	1639	4	24	1639	3	22	SJW-A17030220
590	1639	5	4	1639	4	2	SJW-A17040020
591	1639	5	25	1639	4	23	SJW-A17040230
592	1639	5	27	1639	4	25	SJW-A17040250
593	1639	6	13	1639	5	13	SJW-A17050130
594	1639	6	14	1639	5	14	SJW-A17050140
595	1639	6	20	1639	5	20	SJW-A17050200
596	1639	6	24	1639	5	24	SJW-A17050240
597	1639	6	25	1639	5	25	SJW-A17050250
598	1639	6	29	1639	5	29	SJW-A17050290
599	1639	7	1	1639	6	1	SJW-A17060010
600	1639	7	4	1639	6	4	SJW-A17060040
601	1639	7	6	1639	6	6	SJW-A17060060
602	1639	7	11	1639	6	11	SJW-A17060110
603	1639	8	6	1639	7	8	SJW-A17070080
604	1639	8	7	1639	7	9	SJW-A17070090
605	1639	8	8	1639	7	10	SJW-A17070100
606	1639	8	9	1639	7	11	SJW-A17070110
607	1639	8	10	1639	7	12	SJW-A17070120
608	1639	8	12	1639	7	14	SJW-A17070140
609	1639	8	13	1639	7	15	SJW-A17070150
610	1639	8	14	1639	7	16	SJW-A17070160
611	1639	8	15	1639	7	17	SJW-A17070170
612	1639	8	16	1639	7	18	SJW-A17070180
613	1639	8	28	1639	7	30	SJW-A17070300
614	1639	8	29	1639	8	1	SJW-A17080010
615	1639	8	30	1639	8	2	SJW-A17080020
616	1639	9	5	1639	8	8	SJW-A17080080
617	1639	9	10	1639	8	13	SJW-A17080130
618	1639	9	14	1639	8	17	SJW-A17080170
619	1639	9	16	1639	8	19	SJW-A17080190
620	1639	9	17	1639	8	20	SJW-A17080200
621	1639	11	15	1639	10	21	SJW-A17100210
622	1639	11	17	1639	10	23	SJW-A17100230
623	1639	12	8	1639	11	14	SJW-A17110140
624	1639	12	18	1639	11	24	SJW-A17110240

续表

编号	公历			农历			ID 编号
	年	月	日	年	月	日	
625	1640	1	20	1639	12	28	SJW-A17120280
626	1640	3	9	1640	闰 1	17	SJW-A18011170
627	1640	3	16	1640	闰 1	24	SJW-A18011240
628	1640	5	23	1640	4	3	SJW-A18040030
629	1640	5	30	1640	4	10	SJW-A18040100
630	1640	6	7	1640	4	18	SJW-A18040180
631	1640	6	10	1640	4	21	SJW-A18040210
632	1640	6	13	1640	4	24	SJW-A18040240
633	1640	7	8	1640	5	20	SJW-A18050200
634	1640	7	10	1640	5	22	SJW-A18050220
635	1640	9	19	1640	8	4	SJW-A18080040
636	1640	9	29	1640	8	14	SJW-A18080140
637	1640	10	18	1640	9	4	SJW-A18090040
638	1640	11	1	1640	9	18	SJW-A18090180
639	1640	11	2	1640	9	19	SJW-A18090190
640	1640	12	3	1640	10	21	SJW-A18100210
641	1640	12	20	1640	11	8	SJW-A18110080
642	1640	12	21	1640	11	9	SJW-A18110090
643	1640	12	28	1640	11	16	SJW-A18110160
644	1641	6	11	1641	5	4	SJW-A19050040
645	1641	6	15	1641	5	8	SJW-A19050080
646	1641	6	16	1641	5	9	SJW-A19050090
647	1641	7	3	1641	5	26	SJW-A19050260
648	1641	7	4	1641	5	27	SJW-A19050270
649	1641	7	18	1641	6	11	SJW-A19060110
650	1641	9	1	1641	7	26	SJW-A19070260
651	1641	9	28	1641	8	24	SJW-A19080240
652	1641	10	3	1641	8	29	SJW-A19080290
653	1641	10	4	1641	8	30	SJW-A19080300
654	1641	10	12	1641	9	8	SJW-A19090080
655	1641	10	28	1641	9	24	SJW-A19090240
656	1642	4	13	1642	3	15	SJW-A20030150
657	1642	4	18	1642	3	20	SJW-A20030200
658	1642	5	3	1642	4	5	SJW-A20040050
659	1642	5	8	1642	4	10	SJW-A20040100
660	1642	5	14	1642	4	16	SJW-A20040160
661	1642	5	16	1642	4	18	SJW-A20040180
662	1642	5	21	1642	4	23	SJW-A20040230

续表

编号	公历			农历			ID 编号
	年	月	日	年	月	日	
663	1642	5	22	1642	4	24	SJW-A20040240
664	1642	5	23	1642	4	25	SJW-A20040250
665	1642	5	25	1642	4	27	SJW-A20040270
666	1642	6	9	1642	5	13	SJW-A20050130
667	1642	6	11	1642	5	15	SJW-A20050150
668	1642	6	17	1642	5	21	SJW-A20050210
669	1642	6	28	1642	6	2	SJW-A20060020
670	1642	6	29	1642	6	3	SJW-A20060030
671	1642	7	4	1642	6	8	SJW-A20060080
672	1642	7	5	1642	6	9	SJW-A20060090
673	1642	7	6	1642	6	10	SJW-A20060100
674	1642	7	7	1642	6	11	SJW-A20060110
675	1642	7	10	1642	6	14	SJW-A20060140
676	1642	7	11	1642	6	15	SJW-A20060150
677	1642	7	23	1642	6	27	SJW-A20060270
678	1642	7	24	1642	6	28	SJW-A20060280
679	1642	7	25	1642	6	29	SJW-A20060290
680	1642	7	26	1642	6	30	SJW-A20060300
681	1642	7	27	1642	7	1	SJW-A20070010
682	1642	7	28	1642	7	2	SJW-A20070020
683	1642	7	29	1642	7	3	SJW-A20070030
684	1642	7	30	1642	7	4	SJW-A20070040
685	1642	8	3	1642	7	8	SJW-A20070080
686	1642	8	7	1642	7	12	SJW-A20070120
687	1642	8	8	1642	7	13	SJW-A20070130
688	1642	8	16	1642	7	21	SJW-A20070210
689	1642	8	17	1642	7	22	SJW-A20070220
690	1642	8	18	1642	7	23	SJW-A20070230
691	1642	8	20	1642	7	25	SJW-A20070250
692	1642	8	26	1642	8	2	SJW-A20080020
693	1642	8	27	1642	8	3	SJW-A20080030
694	1642	8	30	1642	8	6	SJW-A20080060
695	1642	8	31	1642	8	7	SJW-A20080070
696	1642	9	10	1642	8	17	SJW-A20080170
697	1642	9	11	1642	8	18	SJW-A20080180
698	1642	10	10	1642	9	17	SJW-A20090170
699	1642	12	2	1642	11	11	SJW-A20110110
700	1643	3	30	1643	2	11	SJW-A21020110

续表

编号	公历			农历			ID 编号
	年	月	日	年	月	日	
701	1643	4	3	1643	2	15	SJW-A21020150
702	1643	4	4	1643	2	16	SJW-A21020160
703	1643	4	12	1643	2	24	SJW-A21020240
704	1643	4	28	1643	3	11	SJW-A21030110
705	1643	5	29	1643	4	12	SJW-A21040120
706	1644	4	20	1644	3	14	SJW-A22030140
707	1644	5	18	1644	4	13	SJW-A22040130
708	1644	7	14	1644	6	11	SJW-A22060110
709	1644	7	26	1644	6	23	SJW-A22060230
710	1644	7	29	1644	6	26	SJW-A22060260
711	1644	7	30	1644	6	27	SJW-A22060270
712	1644	7	31	1644	6	28	SJW-A22060280
713	1644	8	1	1644	6	29	SJW-A22060290
714	1644	11	23	1644	10	25	SJW-A22100250
715	1645	3	15	1645	2	18	SJW-A23020180
716	1645	3	16	1645	2	19	SJW-A23020190
717	1645	4	13	1645	3	17	SJW-A23030170
718	1645	4	18	1645	3	22	SJW-A23030220
719	1645	5	10	1645	4	15	SJW-A23040150
720	1645	5	23	1645	4	28	SJW-A23040280
721	1645	5	29	1645	5	5	SJW-A23050050
722	1645	6	21	1645	5	28	SJW-A23050280
723	1645	6	22	1645	5	29	SJW-A23050290
724	1645	6	26	1645	6	3	SJW-A23060030
725	1645	6	27	1645	6	4	SJW-A23060040
726	1645	6	30	1645	6	7	SJW-A23060070
727	1645	7	1	1645	6	8	SJW-A23060080
728	1645	7	3	1645	6	10	SJW-A23060100
729	1645	7	11	1645	6	18	SJW-A23060180
730	1645	7	13	1645	6	20	SJW-A23060200
731	1645	7	14	1645	6	21	SJW-A23060210
732	1645	7	15	1645	6	22	SJW-A23060220
733	1645	7	20	1645	6	27	SJW-A23060270
734	1645	8	10	1645	闰 6	19	SJW-A23061190
735	1645	8	15	1645	闰 6	24	SJW-A23061240
736	1645	8	18	1645	闰 6	27	SJW-A23061270
737	1645	8	22	1645	7	2	SJW-A23070020
738	1645	8	25	1645	7	5	SJW-A23070050

续表

编号	公历			农历			ID 编号
	年	月	日	年	月	日	
739	1645	8	27	1645	7	7	SJW-A23070070
740	1645	8	29	1645	7	9	SJW-A23070090
741	1645	8	31	1645	7	11	SJW-A23070110
742	1645	9	4	1645	7	15	SJW-A23070150
743	1645	9	5	1645	7	16	SJW-A23070160
744	1645	9	16	1645	7	27	SJW-A23070270
745	1645	10	27	1645	9	9	SJW-A23090090
746	1645	10	30	1645	9	12	SJW-A23090120
747	1645	11	6	1645	9	19	SJW-A23090190
748	1645	11	9	1645	9	22	SJW-A23090220
749	1645	11	12	1645	9	25	SJW-A23090250
750	1645	11	21	1645	10	4	SJW-A23100040
751	1645	11	26	1645	10	9	SJW-A23100090
752	1645	11	27	1645	10	10	SJW-A23100100
753	1645	12	21	1645	11	4	SJW-A23110040
754	1646	1	6	1645	11	20	SJW-A23110200
755	1646	1	17	1645	12	1	SJW-A23120010
756	1646	2	28	1646	1	13	SJW-A24010130
757	1646	3	1	1646	1	14	SJW-A24010140
758	1646	3	2	1646	1	15	SJW-A24010150
759	1646	3	3	1646	1	16	SJW-A24010160
760	1646	3	4	1646	1	17	SJW-A24010170
761	1646	3	5	1646	1	18	SJW-A24010180
762	1646	3	6	1646	1	19	SJW-A24010190
763	1646	4	16	1646	3	1	SJW-A24030010
764	1646	4	17	1646	3	2	SJW-A24030020
765	1646	4	19	1646	3	4	SJW-A24030040
766	1646	4	20	1646	3	5	SJW-A24030050
767	1646	6	25	1646	5	13	SJW-A24050130
768	1646	6	26	1646	5	14	SJW-A24050140
769	1646	6	27	1646	5	15	SJW-A24050150
770	1646	6	28	1646	5	16	SJW-A24050160
771	1646	6	29	1646	5	17	SJW-A24050170
772	1646	6	30	1646	5	18	SJW-A24050180
773	1646	7	1	1646	5	19	SJW-A24050190
774	1646	7	2	1646	5	20	SJW-A24050200
775	1646	7	6	1646	5	24	SJW-A24050240
776	1646	7	7	1646	5	25	SJW-A24050250

续表

编号	公历			农历			ID 编号
	年	月	日	年	月	日	
777	1646	7	13	1646	6	1	SJW-A24060010
778	1646	7	16	1646	6	4	SJW-A24060040
779	1646	7	20	1646	6	8	SJW-A24060080
780	1646	7	21	1646	6	9	SJW-A24060090
781	1646	7	22	1646	6	10	SJW-A24060100
782	1646	7	24	1646	6	12	SJW-A24060120
783	1646	7	25	1646	6	13	SJW-A24060130
784	1646	7	30	1646	6	18	SJW-A24060180
785	1646	7	31	1646	6	19	SJW-A24060190
786	1646	8	28	1646	7	18	SJW-A24070180
787	1646	8	29	1646	7	19	SJW-A24070190
788	1646	9	9	1646	8	1	SJW-A24080010
789	1646	9	24	1646	8	16	SJW-A24080160
790	1646	10	2	1646	8	24	SJW-A24080240
791	1646	10	17	1646	9	9	SJW-A24090090
792	1646	10	31	1646	9	23	SJW-A24090230
793	1646	11	1	1646	9	24	SJW-A24090240
794	1646	11	4	1646	9	27	SJW-A24090270
795	1646	11	8	1646	10	2	SJW-A24100020
796	1646	11	13	1646	10	7	SJW-A24100070
797	1646	11	21	1646	10	15	SJW-A24100150
798	1646	11	24	1646	10	18	SJW-A24100180
799	1647	1	23	1646	12	18	SJW-A24120180
800	1647	1	24	1646	12	19	SJW-A24120190
801	1647	1	25	1646	12	20	SJW-A24120200
802	1647	4	8	1647	3	4	SJW-A25030040
803	1647	4	12	1647	3	8	SJW-A25030080
804	1647	4	26	1647	3	22	SJW-A25030220
805	1647	9	4	1647	8	6	SJW-A25080060
806	1647	9	9	1647	8	11	SJW-A25080110
807	1647	9	20	1647	8	22	SJW-A25080220
808	1647	9	21	1647	8	23	SJW-A25080230
809	1647	11	6	1647	10	10	SJW-A25100100
810	1647	11	10	1647	10	14	SJW-A25100140
811	1647	11	20	1647	10	24	SJW-A25100240
812	1648	2	7	1648	1	14	SJW-A26010140
813	1648	2	16	1648	1	23	SJW-A26010230
814	1648	2	17	1648	1	24	SJW-A26010240

续表

编号	公历			农历			ID 编号
	年	月	日	年	月	日	
815	1648	2	23	1648	2	1	SJW-A26020010
816	1648	2	26	1648	2	4	SJW-A26020040
817	1648	3	13	1648	2	20	SJW-A26020200
818	1648	3	26	1648	3	3	SJW-A26030030
819	1648	3	31	1648	3	8	SJW-A26030080
820	1648	4	1	1648	3	9	SJW-A26030090
821	1648	4	14	1648	3	22	SJW-A26030220
822	1648	4	18	1648	3	26	SJW-A26030260
823	1648	4	25	1648	闰 3	3	SJW-A26031030
824	1648	5	7	1648	闰 3	15	SJW-A26031150
825	1648	5	11	1648	闰 3	19	SJW-A26031190
826	1648	5	23	1648	4	2	SJW-A26040020
827	1648	5	24	1648	4	3	SJW-A26040030
828	1648	5	27	1648	4	6	SJW-A26040060
829	1648	6	3	1648	4	13	SJW-A26040130
830	1648	6	19	1648	4	29	SJW-A26040290
831	1648	6	22	1648	5	2	SJW-A26050020
832	1648	6	24	1648	5	4	SJW-A26050040
833	1648	6	28	1648	5	8	SJW-A26050080
834	1648	6	29	1648	5	9	SJW-A26050090
835	1648	6	30	1648	5	10	SJW-A26050100
836	1648	7	1	1648	5	11	SJW-A26050110
837	1648	7	3	1648	5	13	SJW-A26050130
838	1648	7	4	1648	5	14	SJW-A26050140
839	1648	7	5	1648	5	15	SJW-A26050150
840	1648	7	7	1648	5	17	SJW-A26050170
841	1648	7	8	1648	5	18	SJW-A26050180
842	1648	8	21	1648	7	3	SJW-A26070030
843	1648	8	23	1648	7	5	SJW-A26070050
844	1648	8	24	1648	7	6	SJW-A26070060
845	1648	9	9	1648	7	22	SJW-A26070220
846	1648	10	2	1648	8	16	SJW-A26080160
847	1648	10	23	1648	9	8	SJW-A26090080
848	1648	11	11	1648	9	27	SJW-A26090270
849	1648	11	21	1648	10	7	SJW-A26100070
850	1648	11	25	1648	10	11	SJW-A26100110
851	1648	12	8	1648	10	24	SJW-A26100240
852	1649	1	3	1648	11	21	SJW-A26110210

续表

编号	公历			农历			ID 编号
	年	月	日	年	月	日	
853	1649	3	15	1649	2	3	SJW-A27020030
854	1649	3	27	1649	2	15	SJW-A27020150
855	1649	4	1	1649	2	20	SJW-A27020200
856	1649	4	19	1649	3	8	SJW-A27030080
857	1649	4	24	1649	3	13	SJW-A27030130
858	1649	4	26	1649	3	15	SJW-A27030150
859	1649	4	30	1649	3	19	SJW-A27030190
860	1649	5	1	1649	3	20	SJW-A27030200
861	1649	5	14	1649	4	4	SJW-A27040040
862	1649	6	23	1649	5	14	SJW-B00050140
863	1649	6	24	1649	5	15	SJW-B00050150
864	1649	6	25	1649	5	16	SJW-B00050160
865	1649	7	14	1649	6	5	SJW-B00060050
866	1649	7	20	1649	6	11	SJW-B00060110
867	1649	7	23	1649	6	14	SJW-B00060140
868	1649	8	3	1649	6	25	SJW-B00060250
869	1649	8	14	1649	7	7	SJW-B00070070
870	1649	8	15	1649	7	8	SJW-B00070080
871	1649	9	4	1649	7	28	SJW-B00070280
872	1649	9	5	1649	7	29	SJW-B00070290
873	1649	9	13	1649	8	7	SJW-B00080070
874	1649	9	16	1649	8	10	SJW-B00080100
875	1649	11	30	1649	10	27	SJW-B00100270
876	1650	6	16	1650	5	18	SJW-B01050180
877	1650	6	29	1650	6	1	SJW-B01060010
878	1650	6	30	1650	6	2	SJW-B01060020
879	1650	7	7	1650	6	9	SJW-B01060090
880	1650	7	8	1650	6	10	SJW-B01060100
881	1650	8	7	1650	7	11	SJW-B01070110
882	1650	8	9	1650	7	13	SJW-B01070130
883	1650	8	13	1650	7	17	SJW-B01070170
884	1650	9	1	1650	8	6	SJW-B01080060
885	1650	9	5	1650	8	10	SJW-B01080100
886	1650	12	1	1650	11	9	SJW-B01110090
887	1651	4	14	1651	2	25	SJW-B02020250
888	1651	4	17	1651	2	28	SJW-B02020280
889	1651	5	15	1651	3	26	SJW-B02030260
890	1651	7	2	1651	5	15	SJW-B02050150

续表

编号	公历			农历			ID 编号
	年	月	日	年	月	日	
891	1651	7	22	1651	6	6	SJW-B02060060
892	1651	8	15	1651	6	30	SJW-B02060300
893	1651	8	17	1651	7	2	SJW-B02070020
894	1651	8	19	1651	7	4	SJW-B02070040
895	1651	8	26	1651	7	11	SJW-B02070110
896	1651	8	30	1651	7	15	SJW-B02070150
897	1651	9	6	1651	7	22	SJW-B02070220
898	1651	9	22	1651	8	8	SJW-B02080080
899	1651	9	23	1651	8	9	SJW-B02080090
900	1651	9	26	1651	8	12	SJW-B02080120
901	1651	11	15	1651	10	3	SJW-B02100030
902	1651	11	18	1651	10	6	SJW-B02100060
903	1651	12	11	1651	10	29	SJW-B02100290
904	1652	2	9	1651	12	30	SJW-B02120300
905	1652	2	9	1652	1	1	SJW-B03010010
906	1652	7	12	1652	6	7	SJW-B03060070
907	1652	8	7	1652	7	4	SJW-B03070040
908	1652	8	14	1652	7	11	SJW-B03070110
909	1652	8	21	1652	7	18	SJW-B03070180
910	1652	11	9	1652	10	9	SJW-B03100090
911	1652	11	13	1652	10	13	SJW-B03100130
912	1652	11	15	1652	10	15	SJW-B03100150
913	1652	11	16	1652	10	16	SJW-B03100160
914	1652	11	22	1652	10	22	SJW-B03100220
915	1653	2	1	1653	1	4	SJW-B04010040
916	1653	4	24	1653	3	27	SJW-B04030270
917	1653	5	4	1653	4	8	SJW-B04040080
918	1653	5	14	1653	4	18	SJW-B04040180
919	1653	5	29	1653	5	3	SJW-B04050030
920	1653	7	8	1653	6	14	SJW-B04060140
921	1653	7	13	1653	6	19	SJW-B04060190
922	1653	7	16	1653	6	22	SJW-B04060220
923	1653	7	17	1653	6	23	SJW-B04060230
924	1653	8	16	1653	7	24	SJW-B04070240
925	1653	8	25	1653	闰 7	3	SJW-B04071030
926	1653	8	27	1653	闰 7	5	SJW-B04071050
927	1653	8	31	1653	闰 7	9	SJW-B04071090
928	1653	9	10	1653	闰 7	19	SJW-B04071190

续表

编号	公历			农历			ID 编号
	年	月	日	年	月	日	
929	1653	10	3	1653	8	12	SJW-B04080120
930	1653	12	13	1653	10	24	SJW-B04100240
931	1654	1	22	1653	12	5	SJW-B04120050
932	1654	2	4	1653	12	18	SJW-B04120180
933	1654	2	28	1654	1	12	SJW-B05010120
934	1654	3	4	1654	1	16	SJW-B05010160
935	1654	3	6	1654	1	18	SJW-B05010180
936	1654	3	16	1654	1	28	SJW-B05010280
937	1654	3	20	1654	2	2	SJW-B05020020
938	1654	3	21	1654	2	3	SJW-B05020030
939	1654	3	24	1654	2	6	SJW-B05020060
940	1654	3	28	1654	2	10	SJW-B05020100
941	1654	4	5	1654	2	18	SJW-B05020180
942	1654	4	6	1654	2	19	SJW-B05020190
943	1654	4	18	1654	3	2	SJW-B05030020
944	1654	5	2	1654	3	16	SJW-B05030160
945	1654	5	10	1654	3	24	SJW-B05030240
946	1654	5	11	1654	3	25	SJW-B05030250
947	1654	5	12	1654	3	26	SJW-B05030260
948	1654	5	17	1654	4	2	SJW-B05040020
949	1654	5	31	1654	4	16	SJW-B05040160
950	1654	6	1	1654	4	17	SJW-B05040170
951	1654	6	7	1654	4	23	SJW-B05040230
952	1654	6	8	1654	4	24	SJW-B05040240
953	1654	6	11	1654	4	27	SJW-B05040270
954	1654	6	15	1654	5	1	SJW-B05050010
955	1654	6	17	1654	5	3	SJW-B05050030
956	1654	6	18	1654	5	4	SJW-B05050040
957	1654	6	19	1654	5	5	SJW-B05050050
958	1654	6	20	1654	5	6	SJW-B05050060
959	1654	6	21	1654	5	7	SJW-B05050070
960	1654	6	25	1654	5	11	SJW-B05050110
961	1654	7	1	1654	5	17	SJW-B05050170
962	1654	7	2	1654	5	18	SJW-B05050180
963	1654	7	4	1654	5	20	SJW-B05050200
964	1654	7	5	1654	5	21	SJW-B05050210
965	1654	7	6	1654	5	22	SJW-B05050220
966	1654	7	7	1654	5	23	SJW-B05050230

续表

编号	公历			农历			ID 编号
	年	月	日	年	月	日	
967	1654	7	11	1654	5	27	SJW-B05050270
968	1654	7	12	1654	5	28	SJW-B05050280
969	1654	7	20	1654	6	7	SJW-B05060070
970	1654	7	23	1654	6	10	SJW-B05060100
971	1654	7	30	1654	6	17	SJW-B05060170
972	1654	8	10	1654	6	28	SJW-B05060280
973	1654	8	11	1654	6	29	SJW-B05060290
974	1654	8	12	1654	7	1	SJW-B05070010
975	1654	8	16	1654	7	5	SJW-B05070050
976	1654	8	17	1654	7	6	SJW-B05070060
977	1654	8	22	1654	7	11	SJW-B05070110
978	1654	8	29	1654	7	18	SJW-B05070180
979	1654	8	30	1654	7	19	SJW-B05070190
980	1654	9	4	1654	7	24	SJW-B05070240
981	1654	9	8	1654	7	28	SJW-B05070280
982	1654	9	9	1654	7	29	SJW-B05070290
983	1654	9	10	1654	7	30	SJW-B05070300
984	1654	11	1	1654	9	23	SJW-B05090230
985	1654	11	2	1654	9	24	SJW-B05090240
986	1654	11	3	1654	9	25	SJW-B05090250
987	1654	11	14	1654	10	6	SJW-B05100060
988	1654	12	5	1654	10	27	SJW-B05100270
989	1655	2	17	1655	1	12	SJW-B06010120
990	1655	2	24	1655	1	19	SJW-B06010190
991	1655	3	2	1655	1	25	SJW-B06010250
992	1655	3	7	1655	1	30	SJW-B06010300
993	1655	3	8	1655	2	1	SJW-B06020010
994	1655	3	14	1655	2	7	SJW-B06020070
995	1655	4	7	1655	3	1	SJW-B06030010
996	1655	4	11	1655	3	5	SJW-B06030050
997	1655	4	24	1655	3	18	SJW-B06030180
998	1655	4	25	1655	3	19	SJW-B06030190
999	1655	4	27	1655	3	21	SJW-B06030210
1000	1655	5	4	1655	3	28	SJW-B06030280
1001	1655	5	5	1655	3	29	SJW-B06030290
1002	1655	5	10	1655	4	5	SJW-B06040050
1003	1655	5	11	1655	4	6	SJW-B06040060
1004	1655	5	14	1655	4	9	SJW-B06040090

续表

编号	公历			农历			ID 编号
	年	月	日	年	月	日	
1005	1655	6	2	1655	4	28	SJW-B06040280
1006	1655	6	6	1655	5	3	SJW-B06050030
1007	1655	6	30	1655	5	27	SJW-B06050270
1008	1655	7	6	1655	6	3	SJW-B06060030
1009	1655	7	7	1655	6	4	SJW-B06060040
1010	1655	7	9	1655	6	6	SJW-B06060060
1011	1655	7	10	1655	6	7	SJW-B06060070
1012	1655	7	18	1655	6	15	SJW-B06060150
1013	1655	7	19	1655	6	16	SJW-B06060160
1014	1655	7	20	1655	6	17	SJW-B06060170
1015	1655	7	21	1655	6	18	SJW-B06060180
1016	1655	7	22	1655	6	19	SJW-B06060190
1017	1655	8	4	1655	7	3	SJW-B06070030
1018	1655	8	5	1655	7	4	SJW-B06070040
1019	1655	8	6	1655	7	5	SJW-B06070050
1020	1655	8	7	1655	7	6	SJW-B06070060
1021	1655	8	18	1655	7	17	SJW-B06070170
1022	1655	8	19	1655	7	18	SJW-B06070180
1023	1655	8	23	1655	7	22	SJW-B06070220
1024	1655	8	25	1655	7	24	SJW-B06070240
1025	1655	8	26	1655	7	25	SJW-B06070250
1026	1655	8	31	1655	8	1	SJW-B06080010
1027	1655	9	1	1655	8	2	SJW-B06080020
1028	1655	10	8	1655	9	9	SJW-B06090090
1029	1655	11	4	1655	10	7	SJW-B06100070
1030	1655	11	17	1655	10	20	SJW-B06100200
1031	1655	11	21	1655	10	24	SJW-B06100240
1032	1655	11	27	1655	10	30	SJW-B06100300
1033	1656	1	1	1655	12	5	SJW-B06120050
1034	1656	1	10	1655	12	14	SJW-B06120140
1035	1656	1	13	1655	12	17	SJW-B06120170
1036	1656	7	22	1656	6	1	SJW-B07060010
1037	1656	7	23	1656	6	2	SJW-B07060020
1038	1656	7	28	1656	6	7	SJW-B07060070
1039	1656	7	29	1656	6	8	SJW-B07060080
1040	1656	7	30	1656	6	9	SJW-B07060090
1041	1656	7	31	1656	6	10	SJW-B07060100
1042	1656	8	2	1656	6	12	SJW-B07060120

续表

编号	公历			农历			ID 编号
	年	月	日	年	月	日	
1043	1656	8	3	1656	6	13	SJW-B07060130
1044	1656	8	4	1656	6	14	SJW-B07060140
1045	1656	8	23	1656	7	4	SJW-B07070040
1046	1656	8	29	1656	7	10	SJW-B07070100
1047	1656	8	30	1656	7	11	SJW-B07070110
1048	1656	8	31	1656	7	12	SJW-B07070120
1049	1656	9	1	1656	7	13	SJW-B07070130
1050	1656	9	16	1656	7	28	SJW-B07070280
1051	1656	9	26	1656	8	9	SJW-B07080090
1052	1656	10	2	1656	8	15	SJW-B07080150
1053	1656	10	14	1656	8	27	SJW-B07080270
1054	1656	10	15	1656	8	28	SJW-B07080280
1055	1657	2	6	1656	12	24	SJW-B07120240
1056	1657	3	4	1657	1	20	SJW-B08010200
1057	1657	3	26	1657	2	12	SJW-B08020120
1058	1657	3	27	1657	2	13	SJW-B08020130
1059	1657	3	28	1657	2	14	SJW-B08020140
1060	1657	3	29	1657	2	15	SJW-B08020150
1061	1657	5	2	1657	3	19	SJW-B08030190
1062	1657	5	3	1657	3	20	SJW-B08030200
1063	1657	5	9	1657	3	26	SJW-B08030260
1064	1657	6	25	1657	5	14	SJW-B08050140
1065	1657	7	4	1657	5	23	SJW-B08050230
1066	1657	8	22	1657	7	13	SJW-B08070130
1067	1657	8	23	1657	7	14	SJW-B08070140
1068	1657	8	29	1657	7	20	SJW-B08070200
1069	1657	9	1	1657	7	23	SJW-B08070230
1070	1657	9	2	1657	7	24	SJW-B08070240
1071	1657	9	3	1657	7	25	SJW-B08070250
1072	1657	9	4	1657	7	26	SJW-B08070260
1073	1657	10	15	1657	9	9	SJW-B08090090
1074	1657	12	18	1657	11	14	SJW-B08110140
1075	1657	12	19	1657	11	15	SJW-B08110150
1076	1658	3	26	1658	2	23	SJW-B09020230
1077	1658	4	16	1658	3	14	SJW-B09030140
1078	1658	4	24	1658	3	22	SJW-B09030220
1079	1658	4	27	1658	3	25	SJW-B09030250
1080	1658	8	4	1658	7	6	SJW-B09070060

续表

编号	公历			农历			ID 编号
	年	月	日	年	月	日	
1081	1658	8	12	1658	7	14	SJW-B09070140
1082	1658	8	21	1658	7	23	SJW-B09070230
1083	1658	9	3	1658	8	6	SJW-B09080060
1084	1658	9	12	1658	8	15	SJW-B09080150
1085	1658	9	15	1658	8	18	SJW-B09080180
1086	1658	10	5	1658	9	9	SJW-B09090090
1087	1658	11	12	1658	10	18	SJW-B09100180
1088	1658	11	20	1658	10	26	SJW-B09100260
1089	1658	12	4	1658	11	10	SJW-B09110100
1090	1658	12	16	1658	11	22	SJW-B09110220
1091	1659	3	2	1659	2	10	SJW-B10020100
1092	1659	3	21	1659	2	29	SJW-B10020290
1093	1659	4	9	1659	3	18	SJW-B10030180
1094	1659	4	24	1659	闰 3	4	SJW-B10031040
1095	1659	5	8	1659	闰 3	18	SJW-B10031180
1096	1659	5	16	1659	闰 3	26	SJW-B10031260
1097	1659	5	19	1659	闰 3	29	SJW-B10031290
1098	1659	5	28	1659	4	8	SJW-B10040080
1099	1659	6	2	1659	4	13	SJW-B10040130
1100	1659	6	5	1659	4	16	SJW-B10040160
1101	1659	6	15	1659	4	26	SJW-B10040260
1102	1659	6	23	1659	5	4	SJW-B10050040
1103	1659	6	30	1659	5	11	SJW-C00050110
1104	1659	7	1	1659	5	12	SJW-C00050120
1105	1659	7	2	1659	5	13	SJW-C00050130
1106	1659	7	4	1659	5	15	SJW-C00050150
1107	1659	7	6	1659	5	17	SJW-C00050170
1108	1659	7	7	1659	5	18	SJW-C00050180
1109	1659	7	8	1659	5	19	SJW-C00050190
1110	1659	7	9	1659	5	20	SJW-C00050200
1111	1659	7	14	1659	5	25	SJW-C00050250
1112	1659	7	16	1659	5	27	SJW-C00050270
1113	1659	7	17	1659	5	28	SJW-C00050280
1114	1659	7	25	1659	6	7	SJW-C00060070
1115	1659	10	16	1659	9	1	SJW-C00090010
1116	1660	5	10	1660	4	2	SJW-C01040020
1117	1660	5	12	1660	4	4	SJW-C01040040
1118	1660	5	13	1660	4	5	SJW-C01040050

续表

编号	公历			农历			ID 编号
	年	月	日	年	月	日	
1119	1660	5	18	1660	4	10	SJW-C01040100
1120	1660	5	21	1660	4	13	SJW-C01040130
1121	1660	5	26	1660	4	18	SJW-C01040180
1122	1660	6	4	1660	4	27	SJW-C01040270
1123	1660	6	11	1660	5	4	SJW-C01050040
1124	1660	6	18	1660	5	11	SJW-C01050110
1125	1660	6	22	1660	5	15	SJW-C01050150
1126	1660	7	8	1660	6	2	SJW-C01060020
1127	1660	7	9	1660	6	3	SJW-C01060030
1128	1660	7	10	1660	6	4	SJW-C01060040
1129	1660	7	15	1660	6	9	SJW-C01060090
1130	1660	7	16	1660	6	10	SJW-C01060100
1131	1660	7	17	1660	6	11	SJW-C01060110
1132	1660	7	18	1660	6	12	SJW-C01060120
1133	1660	7	19	1660	6	13	SJW-C01060130
1134	1660	7	20	1660	6	14	SJW-C01060140
1135	1660	7	23	1660	6	17	SJW-C01060170
1136	1660	8	3	1660	6	28	SJW-C01060280
1137	1660	8	4	1660	6	29	SJW-C01060290
1138	1660	8	5	1660	6	30	SJW-C01060300
1139	1660	8	18	1660	7	13	SJW-C01070130
1140	1660	8	19	1660	7	14	SJW-C01070140
1141	1660	8	31	1660	7	26	SJW-C01070260
1142	1660	9	1	1660	7	27	SJW-C01070270
1143	1660	9	3	1660	7	29	SJW-C01070290
1144	1660	9	5	1660	8	1	SJW-C01080010
1145	1660	9	6	1660	8	2	SJW-C01080020
1146	1660	9	21	1660	8	17	SJW-C01080170
1147	1660	9	22	1660	8	18	SJW-C01080180
1148	1660	10	22	1660	9	19	SJW-C01090190
1149	1660	11	3	1660	10	1	SJW-C01100010
1150	1660	11	5	1660	10	3	SJW-C01100030
1151	1660	11	7	1660	10	5	SJW-C01100050
1152	1660	11	17	1660	10	15	SJW-C01100150
1153	1660	11	25	1660	10	23	SJW-C01100230
1154	1661	1	23	1660	12	23	SJW-C01120230
1155	1661	2	15	1661	1	17	SJW-C02010170
1156	1661	4	15	1661	3	17	SJW-C02030170

续表

编号	公历			农历			ID 编号
	年	月	日	年	月	日	
1157	1661	4	20	1661	3	22	SJW-C02030220
1158	1661	4	23	1661	3	25	SJW-C02030250
1159	1661	6	6	1661	5	10	SJW-C02050100
1160	1661	6	8	1661	5	12	SJW-C02050120
1161	1661	6	18	1661	5	22	SJW-C02050220
1162	1661	6	19	1661	5	23	SJW-C02050230
1163	1661	6	23	1661	5	27	SJW-C02050270
1164	1661	6	26	1661	6	1	SJW-C02060010
1165	1661	7	5	1661	6	10	SJW-C02060100
1166	1661	7	7	1661	6	12	SJW-C02060120
1167	1661	7	9	1661	6	14	SJW-C02060140
1168	1661	7	10	1661	6	15	SJW-C02060150
1169	1661	7	13	1661	6	18	SJW-C02060180
1170	1661	7	14	1661	6	19	SJW-C02060190
1171	1661	7	15	1661	6	20	SJW-C02060200
1172	1661	7	22	1661	6	27	SJW-C02060270
1173	1661	7	23	1661	6	28	SJW-C02060280
1174	1661	8	4	1661	7	10	SJW-C02070100
1175	1661	8	27	1661	闰 7	3	SJW-C02071030
1176	1661	8	29	1661	闰 7	5	SJW-C02071050
1177	1661	9	22	1661	闰 7	29	SJW-C02071290
1178	1661	12	2	1661	10	11	SJW-C02100110
1179	1661	12	27	1661	11	7	SJW-C02110070
1180	1662	1	4	1661	11	15	SJW-C02110150
1181	1662	2	21	1662	1	4	SJW-C03010040
1182	1662	2	22	1662	1	5	SJW-C03010050
1183	1662	3	18	1662	1	29	SJW-C03010290
1184	1662	3	30	1662	2	11	SJW-C03020110
1185	1662	4	5	1662	2	17	SJW-C03020170
1186	1662	4	6	1662	2	18	SJW-C03020180
1187	1662	4	8	1662	2	20	SJW-C03020200
1188	1662	4	9	1662	2	21	SJW-C03020210
1189	1662	4	10	1662	2	22	SJW-C03020220
1190	1662	5	25	1662	4	8	SJW-C03040080
1191	1662	5	30	1662	4	13	SJW-C03040130
1192	1662	6	3	1662	4	17	SJW-C03040170
1193	1662	6	11	1662	4	25	SJW-C03040250
1194	1662	6	16	1662	5	1	SJW-C03050010

续表

编号	公历			农历			ID 编号
	年	月	日	年	月	日	
1195	1662	7	1	1662	5	16	SJW-C03050160
1196	1662	7	2	1662	5	17	SJW-C03050170
1197	1662	7	3	1662	5	18	SJW-C03050180
1198	1662	7	4	1662	5	19	SJW-C03050190
1199	1662	7	6	1662	5	21	SJW-C03050210
1200	1662	7	7	1662	5	22	SJW-C03050220
1201	1662	7	8	1662	5	23	SJW-C03050230
1202	1662	7	9	1662	5	24	SJW-C03050240
1203	1662	7	10	1662	5	25	SJW-C03050250
1204	1662	7	14	1662	5	29	SJW-C03050290
1205	1662	7	18	1662	6	4	SJW-C03060040
1206	1662	7	19	1662	6	5	SJW-C03060050
1207	1662	7	21	1662	6	7	SJW-C03060070
1208	1662	7	23	1662	6	9	SJW-C03060090
1209	1662	7	27	1662	6	13	SJW-C03060130
1210	1662	7	29	1662	6	15	SJW-C03060150
1211	1662	7	31	1662	6	17	SJW-C03060170
1212	1662	8	1	1662	6	18	SJW-C03060180
1213	1662	8	2	1662	6	19	SJW-C03060190
1214	1662	8	3	1662	6	20	SJW-C03060200
1215	1662	8	6	1662	6	23	SJW-C03060230
1216	1662	8	9	1662	6	26	SJW-C03060260
1217	1662	8	10	1662	6	27	SJW-C03060270
1218	1662	8	17	1662	7	4	SJW-C03070040
1219	1662	8	18	1662	7	5	SJW-C03070050
1220	1662	8	19	1662	7	6	SJW-C03070060
1221	1662	8	22	1662	7	9	SJW-C03070090
1222	1662	8	25	1662	7	12	SJW-C03070120
1223	1662	8	29	1662	7	16	SJW-C03070160
1224	1662	9	5	1662	7	23	SJW-C03070230
1225	1662	9	6	1662	7	24	SJW-C03070240
1226	1662	9	7	1662	7	25	SJW-C03070250
1227	1662	9	8	1662	7	26	SJW-C03070260
1228	1662	9	12	1662	8	1	SJW-C03080010
1229	1662	9	16	1662	8	5	SJW-C03080050
1230	1662	9	18	1662	8	7	SJW-C03080070
1231	1662	9	23	1662	8	12	SJW-C03080120
1232	1662	9	27	1662	8	16	SJW-C03080160

续表

编号	公历			农历			ID 编号
	年	月	日	年	月	日	
1233	1662	9	30	1662	8	19	SJW-C03080190
1234	1662	10	6	1662	8	25	SJW-C03080250
1235	1662	10	8	1662	8	27	SJW-C03080270
1236	1662	11	22	1662	10	12	SJW-C03100120
1237	1662	11	25	1662	10	15	SJW-C03100150
1238	1662	11	28	1662	10	18	SJW-C03100180
1239	1663	6	17	1663	5	12	SJW-C04050120
1240	1663	6	18	1663	5	13	SJW-C04050130
1241	1663	6	22	1663	5	17	SJW-C04050170
1242	1663	7	1	1663	5	26	SJW-C04050260
1243	1663	7	5	1663	6	1	SJW-C04060010
1244	1663	7	6	1663	6	2	SJW-C04060020
1245	1663	7	7	1663	6	3	SJW-C04060030
1246	1663	7	8	1663	6	4	SJW-C04060040
1247	1663	7	14	1663	6	10	SJW-C04060100
1248	1663	7	16	1663	6	12	SJW-C04060120
1249	1663	8	11	1663	7	9	SJW-C04070090
1250	1663	8	12	1663	7	10	SJW-C04070100
1251	1663	8	17	1663	7	15	SJW-C04070150
1252	1663	8	22	1663	7	20	SJW-C04070200
1253	1663	8	23	1663	7	21	SJW-C04070210
1254	1663	8	24	1663	7	22	SJW-C04070220
1255	1663	8	25	1663	7	23	SJW-C04070230
1256	1663	9	1	1663	7	30	SJW-C04070300
1257	1663	9	16	1663	8	15	SJW-C04080150
1258	1663	9	17	1663	8	16	SJW-C04080160
1259	1663	11	12	1663	10	13	SJW-C04100130
1260	1663	11	23	1663	10	24	SJW-C04100240
1261	1663	11	26	1663	10	27	SJW-C04100270
1262	1663	11	27	1663	10	28	SJW-C04100280
1263	1663	11	28	1663	10	29	SJW-C04100290
1264	1663	12	7	1663	11	8	SJW-C04110080
1265	1664	1	3	1663	12	6	SJW-C04120060
1266	1664	1	11	1663	12	14	SJW-C04120140
1267	1664	5	22	1664	4	27	SJW-C05040270
1268	1664	5	24	1664	4	29	SJW-C05040290
1269	1664	7	8	1664	6	15	SJW-C05060150
1270	1664	7	9	1664	6	16	SJW-C05060160

续表

编号	公历			农历			ID 编号
	年	月	日	年	月	日	
1271	1664	7	10	1664	6	17	SJW-C05060170
1272	1664	7	11	1664	6	18	SJW-C05060180
1273	1664	7	12	1664	6	19	SJW-C05060190
1274	1664	7	13	1664	6	20	SJW-C05060200
1275	1664	7	14	1664	6	21	SJW-C05060210
1276	1664	7	15	1664	6	22	SJW-C05060220
1277	1664	7	16	1664	6	23	SJW-C05060230
1278	1664	7	17	1664	6	24	SJW-C05060240
1279	1664	7	18	1664	6	25	SJW-C05060250
1280	1664	7	19	1664	6	26	SJW-C05060260
1281	1664	8	5	1664	闰 6	14	SJW-C05061140
1282	1664	8	6	1664	闰 6	15	SJW-C05061150
1283	1664	8	11	1664	闰 6	20	SJW-C05061200
1284	1664	8	13	1664	闰 6	22	SJW-C05061220
1285	1664	8	19	1664	闰 6	28	SJW-C05061280
1286	1664	8	20	1664	闰 6	29	SJW-C05061290
1287	1664	12	3	1664	10	16	SJW-C05100160
1288	1665	2	16	1665	1	2	SJW-C06010020
1289	1665	3	14	1665	1	28	SJW-C06010280
1290	1665	4	4	1665	2	19	SJW-C06020190
1291	1665	4	13	1665	2	28	SJW-C06020280
1292	1665	4	17	1665	3	3	SJW-C06030030
1293	1665	4	28	1665	3	14	SJW-C06030140
1294	1665	5	3	1665	3	19	SJW-C06030190
1295	1665	5	4	1665	3	20	SJW-C06030200
1296	1665	5	10	1665	3	26	SJW-C06030260
1297	1665	5	19	1665	4	5	SJW-C06040050
1298	1665	5	20	1665	4	6	SJW-C06040060
1299	1665	5	23	1665	4	9	SJW-C06040090
1300	1665	5	31	1665	4	17	SJW-C06040170
1301	1665	6	6	1665	4	23	SJW-C06040230
1302	1665	6	15	1665	5	3	SJW-C06050030
1303	1665	6	27	1665	5	15	SJW-C06050150
1304	1665	7	24	1665	6	12	SJW-C06060120
1305	1665	7	25	1665	6	13	SJW-C06060130
1306	1665	7	26	1665	6	14	SJW-C06060140
1307	1665	8	3	1665	6	22	SJW-C06060220
1308	1665	8	10	1665	6	29	SJW-C06060290

续表

编号	公历			农历			ID 编号
	年	月	日	年	月	日	
1309	1665	8	20	1665	7	10	SJW-C06070100
1310	1665	8	31	1665	7	21	SJW-C06070210
1311	1665	9	1	1665	7	22	SJW-C06070220
1312	1665	9	3	1665	7	24	SJW-C06070240
1313	1665	9	12	1665	8	4	SJW-C06080040
1314	1665	9	13	1665	8	5	SJW-C06080050
1315	1665	9	16	1665	8	8	SJW-C06080080
1316	1665	10	22	1665	9	14	SJW-C06090140
1317	1665	11	18	1665	10	12	SJW-C06100120
1318	1665	11	22	1665	10	16	SJW-C06100160
1319	1666	1	17	1665	12	13	SJW-C06120130
1320	1666	2	23	1666	1	20	SJW-C07010200
1321	1666	3	18	1666	2	13	SJW-C07020130
1322	1666	4	7	1666	3	4	SJW-C07030040
1323	1666	4	8	1666	3	5	SJW-C07030050
1324	1666	4	10	1666	3	7	SJW-C07030070
1325	1666	4	26	1666	3	23	SJW-C07030230
1326	1666	4	27	1666	3	24	SJW-C07030240
1327	1666	5	6	1666	4	3	SJW-C07040030
1328	1666	5	6	1666	4	3	SJW-C07040031
1329	1666	5	10	1666	4	7	SJW-C07040070
1330	1666	5	10	1666	4	7	SJW-C07040071
1331	1666	5	13	1666	4	10	SJW-C07040100
1332	1666	5	13	1666	4	10	SJW-C07040101
1333	1666	5	14	1666	4	11	SJW-C07040110
1334	1666	5	14	1666	4	11	SJW-C07040111
1335	1666	5	20	1666	4	17	SJW-C07040170
1336	1666	5	30	1666	4	27	SJW-C07040270
1337	1666	6	2	1666	4	30	SJW-C07040300
1338	1666	6	6	1666	5	4	SJW-C07050040
1339	1666	6	17	1666	5	15	SJW-C07050150
1340	1666	6	19	1666	5	17	SJW-C07050170
1341	1666	6	22	1666	5	20	SJW-C07050200
1342	1666	6	23	1666	5	21	SJW-C07050210
1343	1666	6	26	1666	5	24	SJW-C07050240
1344	1666	6	27	1666	5	25	SJW-C07050250
1345	1666	7	7	1666	6	6	SJW-C07060060
1346	1666	7	10	1666	6	9	SJW-C07060090

续表

编号	公历			农历			ID 编号
	年	月	日	年	月	日	
1347	1666	7	14	1666	6	13	SJW-C07060130
1348	1666	7	15	1666	6	14	SJW-C07060140
1349	1666	7	17	1666	6	16	SJW-C07060160
1350	1666	7	18	1666	6	17	SJW-C07060170
1351	1666	7	21	1666	6	20	SJW-C07060200
1352	1666	7	22	1666	6	21	SJW-C07060210
1353	1666	7	23	1666	6	22	SJW-C07060220
1354	1666	7	24	1666	6	23	SJW-C07060230
1355	1666	7	27	1666	6	26	SJW-C07060260
1356	1666	7	28	1666	6	27	SJW-C07060270
1357	1666	7	29	1666	6	28	SJW-C07060280
1358	1666	8	7	1666	7	7	SJW-C07070070
1359	1666	8	8	1666	7	8	SJW-C07070080
1360	1666	9	12	1666	8	14	SJW-C07080140
1361	1666	9	15	1666	8	17	SJW-C07080170
1362	1666	10	17	1666	9	20	SJW-C07090200
1363	1666	11	1	1666	10	5	SJW-C07100050
1364	1666	11	14	1666	10	18	SJW-C07100180
1365	1666	12	4	1666	11	9	SJW-C07110090
1366	1666	12	21	1666	11	26	SJW-C07110260
1367	1667	4	5	1667	3	13	SJW-C08030130
1368	1667	4	12	1667	3	20	SJW-C08030200
1369	1667	4	17	1667	3	25	SJW-C08030250
1370	1667	4	19	1667	3	27	SJW-C08030270
1371	1667	5	2	1667	4	10	SJW-C08040100
1372	1667	5	3	1667	4	11	SJW-C08040110
1373	1667	5	3	1667	4	11	SJW-C08040111
1374	1667	5	16	1667	4	24	SJW-C08040241
1375	1667	5	19	1667	4	27	SJW-C08040270
1376	1667	6	18	1667	闰 4	27	SJW-C08041270
1377	1667	6	20	1667	闰 4	29	SJW-C08041290
1378	1667	7	7	1667	5	17	SJW-C08050170
1379	1667	7	8	1667	5	18	SJW-C08050180
1380	1667	7	12	1667	5	22	SJW-C08050220
1381	1667	7	13	1667	5	23	SJW-C08050230
1382	1667	7	14	1667	5	24	SJW-C08050240
1383	1667	7	16	1667	5	26	SJW-C08050260
1384	1667	7	20	1667	5	30	SJW-C08050300

续表

编号	公历			农历			ID 编号
	年	月	日	年	月	日	
1385	1667	7	28	1667	6	8	SJW-C08060080
1386	1667	8	1	1667	6	12	SJW-C08060120
1387	1667	8	2	1667	6	13	SJW-C08060130
1388	1667	8	3	1667	6	14	SJW-C08060140
1389	1667	8	7	1667	6	18	SJW-C08060180
1390	1667	8	8	1667	6	19	SJW-C08060190
1391	1667	8	18	1667	6	29	SJW-C08060290
1392	1667	10	8	1667	8	21	SJW-C08080210
1393	1667	10	19	1667	9	3	SJW-C08090030
1394	1667	11	3	1667	9	18	SJW-C08090180
1395	1667	11	18	1667	10	3	SJW-C08100030
1396	1667	11	19	1667	10	4	SJW-C08100040
1397	1667	11	22	1667	10	7	SJW-C08100070
1398	1667	12	16	1667	11	2	SJW-C08110020
1399	1668	1	6	1667	11	23	SJW-C08110230
1400	1668	4	15	1668	3	5	SJW-C09030050
1401	1668	7	18	1668	6	10	SJW-C09060100
1402	1669	1	28	1668	12	27	SJW-C09120270
1403	1669	4	16	1669	3	16	SJW-C10030160
1404	1669	4	16	1669	3	16	SJW-C10030161
1405	1669	4	22	1669	3	22	SJW-C10030220
1406	1669	4	22	1669	3	22	SJW-C10030221
1407	1669	4	24	1669	3	24	SJW-C10030241
1408	1669	5	5	1669	4	6	SJW-C10040060
1409	1669	5	5	1669	4	6	SJW-C10040061
1410	1669	5	14	1669	4	15	SJW-C10040150
1411	1669	5	14	1669	4	15	SJW-C10040151
1412	1669	5	22	1669	4	23	SJW-C10040230
1413	1669	5	27	1669	4	28	SJW-C10040280
1414	1669	6	24	1669	5	26	SJW-C10050260
1415	1669	7	17	1669	6	20	SJW-C10060200
1416	1669	7	18	1669	6	21	SJW-C10060210
1417	1669	7	26	1669	6	29	SJW-C10060290
1418	1669	7	31	1669	7	4	SJW-C10070040
1419	1669	8	1	1669	7	5	SJW-C10070050
1420	1669	8	2	1669	7	6	SJW-C10070060
1421	1669	8	3	1669	7	7	SJW-C10070070
1422	1669	8	7	1669	7	11	SJW-C10070110

续表

编号	公历			农历			ID 编号
	年	月	日	年	月	日	
1423	1669	8	16	1669	7	20	SJW-C10070200
1424	1669	10	10	1669	9	16	SJW-C10090160
1425	1669	11	13	1669	10	20	SJW-C10100200
1426	1669	11	17	1669	10	24	SJW-C10100240
1427	1669	11	29	1669	11	7	SJW-C10110070
1428	1669	12	26	1669	12	4	SJW-C10120040
1429	1670	1	2	1669	12	11	SJW-C10120110
1430	1670	1	10	1669	12	19	SJW-C10120190
1431	1670	3	1	1670	2	10	SJW-C11020100
1432	1670	6	1	1670	4	14	SJW-C11040140
1433	1670	6	25	1670	5	9	SJW-C11050090
1434	1670	7	1	1670	5	15	SJW-C11050150
1435	1670	7	2	1670	5	16	SJW-C11050160
1436	1670	7	8	1670	5	22	SJW-C11050220
1437	1670	7	9	1670	5	23	SJW-C11050230
1438	1670	7	10	1670	5	24	SJW-C11050240
1439	1670	7	11	1670	5	25	SJW-C11050250
1440	1670	7	12	1670	5	26	SJW-C11050260
1441	1670	7	18	1670	6	2	SJW-C11060020
1442	1670	8	18	1670	7	4	SJW-C11070040
1443	1670	10	5	1670	8	22	SJW-C11080220
1444	1670	11	17	1670	10	5	SJW-C11100050
1445	1670	11	22	1670	10	10	SJW-C11100100
1446	1670	12	1	1670	10	19	SJW-C11100190
1447	1670	12	5	1670	10	23	SJW-C11100230
1448	1671	3	26	1671	2	16	SJW-C12020160
1449	1671	4	5	1671	2	26	SJW-C12020260
1450	1671	4	6	1671	2	27	SJW-C12020270
1451	1671	6	10	1671	5	4	SJW-C12050040
1452	1671	6	21	1671	5	15	SJW-C12050150
1453	1671	6	23	1671	5	17	SJW-C12050170
1454	1671	6	29	1671	5	23	SJW-C12050230
1455	1671	6	30	1671	5	24	SJW-C12050240
1456	1671	7	2	1671	5	26	SJW-C12050260
1457	1671	7	23	1671	6	18	SJW-C12060180
1458	1671	7	24	1671	6	19	SJW-C12060190
1459	1671	7	25	1671	6	20	SJW-C12060200
1460	1671	7	28	1671	6	23	SJW-C12060230

续表

编号	公历			农历			ID 编号
	年	月	日	年	月	日	
1461	1671	7	29	1671	6	24	SJW-C12060240
1462	1671	8	3	1671	6	29	SJW-C12060290
1463	1671	8	4	1671	6	30	SJW-C12060300
1464	1671	8	5	1671	7	1	SJW-C12070010
1465	1671	8	10	1671	7	6	SJW-C12070060
1466	1671	8	14	1671	7	10	SJW-C12070100
1467	1671	8	16	1671	7	12	SJW-C12070120
1468	1671	8	23	1671	7	19	SJW-C12070190
1469	1671	8	24	1671	7	20	SJW-C12070200
1470	1671	8	30	1671	7	26	SJW-C12070260
1471	1671	8	31	1671	7	27	SJW-C12070270
1472	1671	9	4	1671	8	2	SJW-C12080020
1473	1671	9	5	1671	8	3	SJW-C12080030
1474	1671	10	4	1671	9	2	SJW-C12090020
1475	1671	10	24	1671	9	22	SJW-C12090220
1476	1671	11	8	1671	10	7	SJW-C12100070
1477	1672	1	7	1671	12	8	SJW-C12120080
1478	1672	1	8	1671	12	9	SJW-C12120090
1479	1672	1	12	1671	12	13	SJW-C12120130
1480	1672	1	22	1671	12	23	SJW-C12120230
1481	1672	3	5	1672	2	7	SJW-C13020070
1482	1672	3	23	1672	2	25	SJW-C13020250
1483	1672	3	24	1672	2	26	SJW-C13020260
1484	1672	3	26	1672	2	28	SJW-C13020280
1485	1672	3	28	1672	2	30	SJW-C13020300
1486	1672	4	4	1672	3	7	SJW-C13030070
1487	1672	4	9	1672	3	12	SJW-C13030120
1488	1672	4	17	1672	3	20	SJW-C13030200
1489	1672	4	22	1672	3	25	SJW-C13030250
1490	1672	6	27	1672	6	3	SJW-C13060030
1491	1672	6	29	1672	6	5	SJW-C13060050
1492	1672	7	7	1672	6	13	SJW-C13060130
1493	1672	7	21	1672	6	27	SJW-C13060270
1494	1672	7	26	1672	7	3	SJW-C13070030
1495	1672	8	12	1672	7	20	SJW-C13070200
1496	1672	8	13	1672	7	21	SJW-C13070210
1497	1672	8	15	1672	7	23	SJW-C13070230
1498	1672	8	16	1672	7	24	SJW-C13070240

续表

编号	公历			农历			ID 编号
	年	月	日	年	月	日	
1499	1672	8	17	1672	7	25	SJW-C13070250
1500	1672	8	19	1672	7	27	SJW-C13070270
1501	1672	8	20	1672	7	28	SJW-C13070280
1502	1672	8	21	1672	7	29	SJW-C13070290
1503	1672	8	22	1672	7	30	SJW-C13070300
1504	1672	8	23	1672	闰 7	1	SJW-C13071010
1505	1672	8	28	1672	闰 7	6	SJW-C13071060
1506	1672	8	29	1672	闰 7	7	SJW-C13071070
1507	1672	9	10	1672	闰 7	19	SJW-C13071190
1508	1672	9	29	1672	8	9	SJW-C13080090
1509	1672	10	4	1672	8	14	SJW-C13080140
1510	1672	10	5	1672	8	15	SJW-C13080150
1511	1672	10	11	1672	8	21	SJW-C13080210
1512	1672	10	15	1672	8	25	SJW-C13080250
1513	1672	10	22	1672	9	2	SJW-C13090020
1514	1672	10	23	1672	9	3	SJW-C13090030
1515	1672	10	29	1672	9	9	SJW-C13090090
1516	1672	11	1	1672	9	12	SJW-C13090120
1517	1672	11	10	1672	9	21	SJW-C13090210
1518	1672	11	28	1672	10	10	SJW-C13100100
1519	1672	11	29	1672	10	11	SJW-C13100110
1520	1672	12	3	1672	10	15	SJW-C13100150
1521	1673	2	19	1673	1	3	SJW-C14010030
1522	1673	3	1	1673	1	13	SJW-C14010130
1523	1673	3	7	1673	1	19	SJW-C14010190
1524	1673	3	13	1673	1	25	SJW-C14010250
1525	1673	3	25	1673	2	8	SJW-C14020080
1526	1673	4	25	1673	3	9	SJW-C14030090
1527	1673	5	2	1673	3	16	SJW-C14030160
1528	1673	5	19	1673	4	4	SJW-C14040040
1529	1673	6	22	1673	5	8	SJW-C14050080
1530	1673	6	23	1673	5	9	SJW-C14050090
1531	1673	6	24	1673	5	10	SJW-C14050100
1532	1673	6	25	1673	5	11	SJW-C14050110
1533	1673	6	26	1673	5	12	SJW-C14050120
1534	1673	7	8	1673	5	24	SJW-C14050240
1535	1673	7	11	1673	5	27	SJW-C14050270
1536	1673	7	17	1673	6	4	SJW-C14060040

续表

编号	公历			农历			ID 编号
	年	月	日	年	月	日	
1537	1673	7	20	1673	6	7	SJW-C14060070
1538	1673	7	21	1673	6	8	SJW-C14060080
1539	1673	8	9	1673	6	27	SJW-C14060270
1540	1673	8	19	1673	7	8	SJW-C14070080
1541	1673	8	20	1673	7	9	SJW-C14070090
1542	1673	8	21	1673	7	10	SJW-C14070100
1543	1673	8	28	1673	7	17	SJW-C14070170
1544	1673	8	29	1673	7	18	SJW-C14070180
1545	1673	8	30	1673	7	19	SJW-C14070190
1546	1673	9	29	1673	8	19	SJW-C14080190
1547	1673	10	20	1673	9	11	SJW-C14090110
1548	1673	11	2	1673	9	24	SJW-C14090240
1549	1673	11	8	1673	9	30	SJW-C14090300
1550	1673	12	13	1673	11	6	SJW-C14110060
1551	1673	12	18	1673	11	11	SJW-C14110110
1552	1673	12	19	1673	11	12	SJW-C14110120
1553	1674	10	6	1674	9	7	SJW-D00090070
1554	1675	2	19	1675	1	25	SJW-D01010250
1555	1675	2	23	1675	1	29	SJW-D01010290
1556	1675	4	19	1675	3	25	SJW-D01030250
1557	1675	4	20	1675	3	26	SJW-D01030260
1558	1675	4	21	1675	3	27	SJW-D01030270
1559	1675	6	27	1675	闰 5	5	SJW-D01051050
1560	1675	7	1	1675	闰 5	9	SJW-D01051090
1561	1675	7	2	1675	闰 5	10	SJW-D01051100
1562	1675	7	4	1675	闰 5	12	SJW-D01051120
1563	1675	7	18	1675	闰 5	26	SJW-D01051260
1564	1675	7	19	1675	闰 5	27	SJW-D01051270
1565	1675	7	20	1675	闰 5	28	SJW-D01051280
1566	1675	7	21	1675	闰 5	29	SJW-D01051290
1567	1675	8	23	1675	7	3	SJW-D01070030
1568	1675	8	28	1675	7	8	SJW-D01070080
1569	1675	9	10	1675	7	21	SJW-D01070210
1570	1675	9	11	1675	7	22	SJW-D01070220
1571	1675	10	9	1675	8	21	SJW-D01080210
1572	1675	10	11	1675	8	23	SJW-D01080230
1573	1675	10	12	1675	8	24	SJW-D01080240
1574	1676	2	23	1676	1	10	SJW-D02010100

续表

编号	公历			农历			ID 编号
	年	月	日	年	月	日	
1575	1676	3	3	1676	1	19	SJW-D02010190
1576	1676	3	7	1676	1	23	SJW-D02010230
1577	1676	3	21	1676	2	8	SJW-D02020080
1578	1676	3	24	1676	2	11	SJW-D02020110
1579	1676	4	20	1676	3	8	SJW-D02030080
1580	1676	4	21	1676	3	9	SJW-D02030090
1581	1676	5	3	1676	3	21	SJW-D02030210
1582	1676	5	11	1676	3	29	SJW-D02030290
1583	1676	6	8	1676	4	27	SJW-D02040270
1584	1676	6	13	1676	5	3	SJW-D02050030
1585	1676	6	21	1676	5	11	SJW-D02050110
1586	1676	6	23	1676	5	13	SJW-D02050130
1587	1676	6	24	1676	5	14	SJW-D02050140
1588	1676	6	27	1676	5	17	SJW-D02050170
1589	1676	6	28	1676	5	18	SJW-D02050180
1590	1676	6	29	1676	5	19	SJW-D02050190
1591	1676	6	30	1676	5	20	SJW-D02050200
1592	1676	7	29	1676	6	19	SJW-D02060190
1593	1676	8	31	1676	7	23	SJW-D02070230
1594	1676	9	1	1676	7	24	SJW-D02070240
1595	1676	9	11	1676	8	4	SJW-D02080040
1596	1676	9	27	1676	8	20	SJW-D02080200
1597	1676	9	30	1676	8	23	SJW-D02080230
1598	1676	10	4	1676	8	27	SJW-D02080270
1599	1676	12	2	1676	10	27	SJW-D02100270
1600	1677	3	22	1677	2	19	SJW-D03020190
1601	1677	4	12	1677	3	11	SJW-D03030110
1602	1677	4	14	1677	3	13	SJW-D03030130
1603	1677	5	7	1677	4	6	SJW-D03040060
1604	1677	6	3	1677	5	4	SJW-D03050040
1605	1677	6	5	1677	5	6	SJW-D03050060
1606	1677	6	6	1677	5	7	SJW-D03050070
1607	1677	6	13	1677	5	14	SJW-D03050140
1608	1677	6	18	1677	5	19	SJW-D03050190
1609	1677	6	19	1677	5	20	SJW-D03050200
1610	1677	6	21	1677	5	22	SJW-D03050220
1611	1677	7	3	1677	6	4	SJW-D03060040
1612	1677	7	17	1677	6	18	SJW-D03060180

续表

编号	公历			农历			ID 编号
	年	月	日	年	月	日	
1613	1677	7	21	1677	6	22	SJW-D03060220
1614	1677	7	23	1677	6	24	SJW-D03060240
1615	1677	8	12	1677	7	14	SJW-D03070140
1616	1677	8	13	1677	7	15	SJW-D03070150
1617	1677	8	15	1677	7	17	SJW-D03070170
1618	1677	8	17	1677	7	19	SJW-D03070190
1619	1677	8	19	1677	7	21	SJW-D03070210
1620	1677	8	21	1677	7	23	SJW-D03070230
1621	1677	9	1	1677	8	5	SJW-D03080050
1622	1677	9	11	1677	8	15	SJW-D03080150
1623	1677	9	16	1677	8	20	SJW-D03080200
1624	1677	9	17	1677	8	21	SJW-D03080210
1625	1678	1	24	1678	1	2	SJW-D04010020
1626	1678	2	28	1678	2	8	SJW-D04020080
1627	1678	3	7	1678	2	15	SJW-D04020150
1628	1678	3	13	1678	2	21	SJW-D04020210
1629	1678	3	26	1678	3	4	SJW-D04030040
1630	1678	3	28	1678	3	6	SJW-D04030060
1631	1678	3	29	1678	3	7	SJW-D04030070
1632	1678	3	30	1678	3	8	SJW-D04030080
1633	1678	4	11	1678	3	20	SJW-D04030200
1634	1678	4	14	1678	3	23	SJW-D04030230
1635	1678	4	20	1678	3	29	SJW-D04030290
1636	1678	4	28	1678	闰 3	8	SJW-D04031080
1637	1678	5	8	1678	闰 3	18	SJW-D04031180
1638	1678	8	31	1678	7	15	SJW-D04070150
1639	1678	11	18	1678	10	5	SJW-D04100050
1640	1678	11	19	1678	10	6	SJW-D04100060
1641	1678	11	27	1678	10	14	SJW-D04100140
1642	1678	12	9	1678	10	26	SJW-D04100260
1643	1679	3	5	1679	1	23	SJW-D05010230
1644	1679	3	11	1679	1	29	SJW-D05010290
1645	1679	3	20	1679	2	9	SJW-D05020090
1646	1679	3	26	1679	2	15	SJW-D05020150
1647	1679	4	7	1679	2	27	SJW-D05020270
1648	1679	4	16	1679	3	6	SJW-D05030060
1649	1679	4	30	1679	3	20	SJW-D05030200
1650	1679	5	1	1679	3	21	SJW-D05030210

续表

编号	公历			农历			ID编号
	年	月	日	年	月	日	
1651	1679	5	8	1679	3	28	SJW-D05030280
1652	1679	5	9	1679	3	29	SJW-D05030290
1653	1679	6	15	1679	5	8	SJW-D05050080
1654	1679	6	19	1679	5	12	SJW-D05050120
1655	1679	6	20	1679	5	13	SJW-D05050130
1656	1679	7	2	1679	5	25	SJW-D05050250
1657	1679	7	5	1679	5	28	SJW-D05050280
1658	1679	7	17	1679	6	10	SJW-D05060100
1659	1679	7	20	1679	6	13	SJW-D05060130
1660	1679	8	4	1679	6	28	SJW-D05060280
1661	1679	8	5	1679	6	29	SJW-D05060290
1662	1679	8	9	1679	7	4	SJW-D05070040
1663	1679	8	24	1679	7	19	SJW-D05070190
1664	1679	8	25	1679	7	20	SJW-D05070200
1665	1679	8	27	1679	7	22	SJW-D05070220
1666	1679	9	8	1679	8	4	SJW-D05080040
1667	1679	9	10	1679	8	6	SJW-D05080060
1668	1679	9	21	1679	8	17	SJW-D05080170
1669	1679	9	27	1679	8	23	SJW-D05080230
1670	1679	10	5	1679	9	1	SJW-D05090010
1671	1679	10	9	1679	9	5	SJW-D05090050
1672	1679	10	10	1679	9	6	SJW-D05090060
1673	1679	10	15	1679	9	11	SJW-D05090110
1674	1679	11	2	1679	9	29	SJW-D05090290
1675	1679	11	29	1679	10	27	SJW-D05100270
1676	1679	12	1	1679	10	29	SJW-D05100290
1677	1679	12	10	1679	11	8	SJW-D05110080
1678	1680	4	14	1680	3	16	SJW-D06030160
1679	1680	6	3	1680	5	7	SJW-D06050070
1680	1680	7	27	1680	7	2	SJW-D06070020
1681	1680	8	9	1680	7	15	SJW-D06070150
1682	1680	8	10	1680	7	16	SJW-D06070160
1683	1680	10	12	1680	闰8	20	SJW-D06081200
1684	1680	10	13	1680	闰8	21	SJW-D06081210
1685	1680	10	23	1680	9	2	SJW-D06090020
1686	1680	11	5	1680	9	15	SJW-D06090150
1687	1680	11	13	1680	9	23	SJW-D06090230
1688	1680	12	11	1680	10	21	SJW-D06100210

续表

编号	公历			农历			ID 编号
	年	月	日	年	月	日	
1689	1681	5	19	1681	4	2	SJW-D07040020
1690	1681	5	28	1681	4	11	SJW-D07040110
1691	1681	5	30	1681	4	13	SJW-D07040130
1692	1681	8	14	1681	7	1	SJW-D07070010
1693	1681	8	15	1681	7	2	SJW-D07070020
1694	1681	8	18	1681	7	5	SJW-D07070050
1695	1681	8	20	1681	7	7	SJW-D07070070
1696	1681	8	21	1681	7	8	SJW-D07070080
1697	1681	9	2	1681	7	20	SJW-D07070200
1698	1681	10	5	1681	8	24	SJW-D07080240
1699	1681	10	8	1681	8	27	SJW-D07080270
1700	1681	11	1	1681	9	22	SJW-D07090220
1701	1681	12	18	1681	11	9	SJW-D07110090
1702	1682	1	16	1681	12	8	SJW-D07120080
1703	1682	2	20	1682	1	14	SJW-D08010140
1704	1682	2	28	1682	1	22	SJW-D08010220
1705	1682	3	21	1682	2	13	SJW-D08020130
1706	1682	3	26	1682	2	18	SJW-D08020180
1707	1682	4	26	1682	3	19	SJW-D08030190
1708	1682	4	29	1682	3	22	SJW-D08030220
1709	1682	5	8	1682	4	2	SJW-D08040020
1710	1682	5	19	1682	4	13	SJW-D08040130
1711	1682	5	20	1682	4	14	SJW-D08040140
1712	1682	5	21	1682	4	15	SJW-D08040150
1713	1682	5	27	1682	4	21	SJW-D08040210
1714	1682	6	10	1682	5	5	SJW-D08050050
1715	1682	6	12	1682	5	7	SJW-D08050070
1716	1682	7	3	1682	5	28	SJW-D08050280
1717	1682	7	12	1682	6	8	SJW-D08060080
1718	1682	7	18	1682	6	14	SJW-D08060140
1719	1682	7	20	1682	6	16	SJW-D08060160
1720	1682	7	23	1682	6	19	SJW-D08060190
1721	1682	7	28	1682	6	24	SJW-D08060240
1722	1682	7	29	1682	6	25	SJW-D08060250
1723	1682	7	30	1682	6	26	SJW-D08060260
1724	1682	8	11	1682	7	9	SJW-D08070090
1725	1682	8	15	1682	7	13	SJW-D08070130
1726	1682	8	16	1682	7	14	SJW-D08070140

续表

编号	公历			农历			ID 编号
	年	月	日	年	月	日	
1727	1682	8	23	1682	7	21	SJW-D08070210
1728	1682	9	2	1682	8	1	SJW-D08080010
1729	1682	9	10	1682	8	9	SJW-D08080090
1730	1682	9	11	1682	8	10	SJW-D08080100
1731	1682	10	7	1682	9	7	SJW-D08090070
1732	1682	10	11	1682	9	11	SJW-D08090110
1733	1682	10	27	1682	9	27	SJW-D08090270
1734	1682	11	5	1682	10	7	SJW-D08100070
1735	1682	11	23	1682	10	25	SJW-D08100250
1736	1682	12	6	1682	11	8	SJW-D08110080
1737	1682	12	12	1682	11	14	SJW-D08110140
1738	1683	8	24	1683	7	3	SJW-D09070030
1739	1683	8	25	1683	7	4	SJW-D09070040
1740	1683	9	16	1683	7	26	SJW-D09070260
1741	1684	6	18	1684	5	6	SJW-D10050060
1742	1684	6	19	1684	5	7	SJW-D10050070
1743	1685	2	19	1685	1	17	SJW-D11010170
1744	1685	2	20	1685	1	18	SJW-D11010180
1745	1685	3	8	1685	2	4	SJW-D11020040
1746	1685	3	17	1685	2	13	SJW-D11020130
1747	1685	3	21	1685	2	17	SJW-D11020170
1748	1685	3	22	1685	2	18	SJW-D11020180
1749	1685	11	29	1685	11	4	SJW-D11110040
1750	1685	12	2	1685	11	7	SJW-D11110070
1751	1686	3	9	1686	2	16	SJW-D12020160
1752	1686	3	10	1686	2	17	SJW-D12020170
1753	1686	3	16	1686	2	23	SJW-D12020230
1754	1686	3	22	1686	2	29	SJW-D12020290
1755	1686	6	22	1686	5	2	SJW-D12050020
1756	1686	7	1	1686	5	11	SJW-D12050110
1757	1686	7	3	1686	5	13	SJW-D12050130
1758	1686	7	4	1686	5	14	SJW-D12050140
1759	1686	7	17	1686	5	27	SJW-D12050270
1760	1686	8	5	1686	6	17	SJW-D12060170
1761	1686	8	27	1686	7	9	SJW-D12070090
1762	1686	8	28	1686	7	10	SJW-D12070100
1763	1686	8	29	1686	7	11	SJW-D12070110
1764	1686	8	30	1686	7	12	SJW-D12070120

续表

编号	公历			农历			ID编号
	年	月	日	年	月	日	
1765	1686	8	31	1686	7	13	SJW-D12070130
1766	1686	11	8	1686	9	23	SJW-D12090230
1767	1686	11	26	1686	10	11	SJW-D12100110
1768	1686	11	27	1686	10	12	SJW-D12100120
1769	1686	12	23	1686	11	9	SJW-D12110090
1770	1687	4	14	1687	3	3	SJW-D13030030
1771	1687	4	15	1687	3	4	SJW-D13030040
1772	1687	5	2	1687	3	21	SJW-D13030210
1773	1687	5	3	1687	3	22	SJW-D13030220
1774	1687	5	7	1687	3	26	SJW-D13030260
1775	1687	6	27	1687	5	18	SJW-D13050180
1776	1687	7	1	1687	5	22	SJW-D13050220
1777	1687	7	3	1687	5	24	SJW-D13050240
1778	1687	7	4	1687	5	25	SJW-D13050250
1779	1687	7	5	1687	5	26	SJW-D13050260
1780	1687	7	6	1687	5	27	SJW-D13050270
1781	1687	7	8	1687	5	29	SJW-D13050290
1782	1687	10	22	1687	9	17	SJW-D13090170
1783	1687	10	23	1687	9	18	SJW-D13090180
1784	1687	10	24	1687	9	19	SJW-D13090190
1785	1687	12	8	1687	11	4	SJW-D13110040
1786	1688	1	2	1687	11	29	SJW-D13110290
1787	1688	2	8	1688	1	7	SJW-D14010070
1788	1688	2	9	1688	1	8	SJW-D14010080
1789	1688	3	23	1688	2	22	SJW-D14020220
1790	1688	3	24	1688	2	23	SJW-D14020230
1791	1688	4	10	1688	3	10	SJW-D14030100
1792	1688	4	13	1688	3	13	SJW-D14030130
1793	1688	4	14	1688	3	14	SJW-D14030140
1794	1688	4	20	1688	3	20	SJW-D14030200
1795	1688	4	26	1688	3	26	SJW-D14030260
1796	1689	3	13	1689	2	22	SJW-D15020220
1797	1689	3	16	1689	2	25	SJW-D15020250
1798	1689	3	17	1689	2	26	SJW-D15020260
1799	1689	3	30	1689	3	10	SJW-D15030100
1800	1689	4	23	1689	闰3	4	SJW-D15031040
1801	1689	4	28	1689	闰3	9	SJW-D15031090
1802	1689	5	24	1689	4	6	SJW-D15040060

续表

编号	公历			农历			ID 编号
	年	月	日	年	月	日	
1803	1689	6	12	1689	4	25	SJW-D15040250
1804	1689	6	25	1689	5	9	SJW-D15050090
1805	1689	6	26	1689	5	10	SJW-D15050100
1806	1689	6	28	1689	5	12	SJW-D15050120
1807	1689	7	1	1689	5	15	SJW-D15050150
1808	1689	7	2	1689	5	16	SJW-D15050160
1809	1689	7	3	1689	5	17	SJW-D15050170
1810	1689	7	9	1689	5	23	SJW-D15050230
1811	1689	7	10	1689	5	24	SJW-D15050240
1812	1689	7	14	1689	5	28	SJW-D15050280
1813	1689	7	15	1689	5	29	SJW-D15050290
1814	1689	7	29	1689	6	13	SJW-D15060130
1815	1689	7	30	1689	6	14	SJW-D15060140
1816	1689	7	31	1689	6	15	SJW-D15060150
1817	1689	8	3	1689	6	18	SJW-D15060180
1818	1689	9	10	1689	7	27	SJW-D15070270
1819	1689	10	22	1689	9	10	SJW-D15090100
1820	1689	10	23	1689	9	11	SJW-D15090110
1821	1689	10	26	1689	9	14	SJW-D15090140
1822	1689	10	27	1689	9	15	SJW-D15090150
1823	1689	11	1	1689	9	20	SJW-D15090200
1824	1689	12	16	1689	11	5	SJW-D15110050
1825	1689	12	19	1689	11	8	SJW-D15110080
1826	1690	1	16	1689	12	7	SJW-D15120070
1827	1690	2	26	1690	1	18	SJW-D16010180
1828	1690	3	19	1690	2	9	SJW-D16020090
1829	1690	3	28	1690	2	18	SJW-D16020180
1830	1690	3	29	1690	2	19	SJW-D16020190
1831	1690	4	1	1690	2	22	SJW-D16020220
1832	1690	4	10	1690	3	2	SJW-D16030020
1833	1690	4	19	1690	3	11	SJW-D16030110
1834	1690	4	26	1690	3	18	SJW-D16030180
1835	1690	4	28	1690	3	20	SJW-D16030200
1836	1690	5	4	1690	3	26	SJW-D16030260
1837	1690	5	14	1690	4	6	SJW-D16040060
1838	1690	5	15	1690	4	7	SJW-D16040070
1839	1690	5	18	1690	4	10	SJW-D16040100
1840	1690	5	26	1690	4	18	SJW-D16040180

续表

编号	公历			农历			ID 编号
	年	月	日	年	月	日	
1841	1690	5	31	1690	4	23	SJW-D16040230
1842	1690	6	17	1690	5	11	SJW-D16050110
1843	1690	7	6	1690	6	1	SJW-D16060010
1844	1690	7	7	1690	6	2	SJW-D16060020
1845	1690	7	15	1690	6	10	SJW-D16060100
1846	1690	7	26	1690	6	21	SJW-D16060210
1847	1690	7	27	1690	6	22	SJW-D16060220
1848	1690	7	29	1690	6	24	SJW-D16060240
1849	1690	7	30	1690	6	25	SJW-D16060250
1850	1690	7	31	1690	6	26	SJW-D16060260
1851	1690	8	9	1690	7	5	SJW-D16070050
1852	1690	8	12	1690	7	8	SJW-D16070080
1853	1690	8	16	1690	7	12	SJW-D16070120
1854	1690	8	23	1690	7	19	SJW-D16070190
1855	1690	9	5	1690	8	3	SJW-D16080030
1856	1690	9	6	1690	8	4	SJW-D16080040
1857	1690	9	15	1690	8	13	SJW-D16080130
1858	1690	9	22	1690	8	20	SJW-D16080200
1859	1690	9	27	1690	8	25	SJW-D16080250
1860	1690	10	1	1690	8	29	SJW-D16080290
1861	1690	11	21	1690	10	21	SJW-D16100210
1862	1690	11	23	1690	10	23	SJW-D16100230
1863	1690	12	11	1690	11	11	SJW-D16110110
1864	1690	12	25	1690	11	25	SJW-D16110250
1865	1691	3	11	1691	2	12	SJW-D17020120
1866	1691	3	22	1691	2	23	SJW-D17020230
1867	1691	3	28	1691	2	29	SJW-D17020290
1868	1691	4	1	1691	3	3	SJW-D17030030
1869	1691	4	9	1691	3	11	SJW-D17030110
1870	1691	4	10	1691	3	12	SJW-D17030120
1871	1691	4	13	1691	3	15	SJW-D17030150
1872	1691	4	17	1691	3	19	SJW-D17030190
1873	1691	4	21	1691	3	23	SJW-D17030230
1874	1691	4	30	1691	4	3	SJW-D17040030
1875	1691	5	3	1691	4	6	SJW-D17040060
1876	1691	5	21	1691	4	24	SJW-D17040240
1877	1691	5	22	1691	4	25	SJW-D17040250
1878	1691	5	26	1691	4	29	SJW-D17040290

续表

编号	公历			农历			ID编号
	年	月	日	年	月	日	
1879	1691	5	27	1691	4	30	SJW-D17040300
1880	1691	6	7	1691	5	11	SJW-D17050110
1881	1691	6	16	1691	5	20	SJW-D17050200
1882	1691	7	28	1691	7	4	SJW-D17070040
1883	1691	7	30	1691	7	6	SJW-D17070060
1884	1691	8	5	1691	7	12	SJW-D17070120
1885	1691	8	10	1691	7	17	SJW-D17070170
1886	1691	8	11	1691	7	18	SJW-D17070180
1887	1691	8	12	1691	7	19	SJW-D17070190
1888	1691	8	13	1691	7	20	SJW-D17070200
1889	1691	8	14	1691	7	21	SJW-D17070210
1890	1691	8	15	1691	7	22	SJW-D17070220
1891	1691	8	20	1691	7	27	SJW-D17070270
1892	1691	8	22	1691	7	29	SJW-D17070290
1893	1691	8	23	1691	7	30	SJW-D17070300
1894	1691	8	31	1691	闰7	8	SJW-D17071080
1895	1691	9	1	1691	闰7	9	SJW-D17071090
1896	1691	9	3	1691	闰7	11	SJW-D17071110
1897	1691	9	4	1691	闰7	12	SJW-D17071120
1898	1691	9	6	1691	闰7	14	SJW-D17071140
1899	1691	9	7	1691	闰7	15	SJW-D17071150
1900	1691	9	8	1691	闰7	16	SJW-D17071160
1901	1691	9	13	1691	闰7	21	SJW-D17071210
1902	1691	9	18	1691	闰7	26	SJW-D17071260
1903	1691	9	23	1691	8	2	SJW-D17080020
1904	1691	9	24	1691	8	3	SJW-D17080030
1905	1691	10	1	1691	8	10	SJW-D17080100
1906	1691	10	6	1691	8	15	SJW-D17080150
1907	1691	10	12	1691	8	21	SJW-D17080210
1908	1691	10	30	1691	9	10	SJW-D17090100
1909	1691	11	2	1691	9	13	SJW-D17090130
1910	1691	11	7	1691	9	18	SJW-D17090180
1911	1691	11	11	1691	9	22	SJW-D17090220
1912	1692	2	17	1692	1	1	SJW-D18010010
1913	1692	3	1	1692	1	14	SJW-D18010140
1914	1692	3	3	1692	1	16	SJW-D18010160
1915	1692	3	22	1692	2	5	SJW-D18020050
1916	1692	3	28	1692	2	11	SJW-D18020110

续表

编号	公历			农历			ID编号
	年	月	日	年	月	日	
1917	1692	4	15	1692	2	29	SJW-D18020290
1918	1692	4	24	1692	3	9	SJW-D18030090
1919	1692	5	7	1692	3	22	SJW-D18030220
1920	1692	5	17	1692	4	2	SJW-D18040020
1921	1692	5	25	1692	4	10	SJW-D18040100
1922	1692	6	2	1692	4	18	SJW-D18040180
1923	1692	6	6	1692	4	22	SJW-D18040220
1924	1692	6	11	1692	4	27	SJW-D18040270
1925	1692	6	20	1692	5	6	SJW-D18050060
1926	1692	6	28	1692	5	14	SJW-D18050140
1927	1692	6	30	1692	5	16	SJW-D18050160
1928	1692	7	5	1692	5	21	SJW-D18050210
1929	1692	7	6	1692	5	22	SJW-D18050220
1930	1692	7	8	1692	5	24	SJW-D18050240
1931	1692	7	9	1692	5	25	SJW-D18050250
1932	1692	7	10	1692	5	26	SJW-D18050260
1933	1692	7	11	1692	5	27	SJW-D18050270
1934	1692	7	14	1692	6	1	SJW-D18060010
1935	1692	7	15	1692	6	2	SJW-D18060020
1936	1692	7	17	1692	6	4	SJW-D18060040
1937	1692	7	18	1692	6	5	SJW-D18060050
1938	1692	7	22	1692	6	9	SJW-D18060090
1939	1692	7	23	1692	6	10	SJW-D18060100
1940	1692	7	26	1692	6	13	SJW-D18060130
1941	1692	7	29	1692	6	16	SJW-D18060160
1942	1692	7	31	1692	6	18	SJW-D18060180
1943	1692	8	1	1692	6	19	SJW-D18060190
1944	1692	8	2	1692	6	20	SJW-D18060200
1945	1692	8	3	1692	6	21	SJW-D18060210
1946	1692	8	7	1692	6	25	SJW-D18060250
1947	1692	8	12	1692	7	1	SJW-D18070010
1948	1692	8	17	1692	7	6	SJW-D18070060
1949	1692	8	18	1692	7	7	SJW-D18070070
1950	1692	8	21	1692	7	10	SJW-D18070100
1951	1692	8	22	1692	7	11	SJW-D18070110
1952	1692	8	23	1692	7	12	SJW-D18070120
1953	1692	8	30	1692	7	19	SJW-D18070190
1954	1692	9	20	1692	8	10	SJW-D18080100

续表

编号	公历			农历			ID 编号
	年	月	日	年	月	日	
1955	1692	11	4	1692	9	26	SJW-D18090260
1956	1693	3	17	1693	2	11	SJW-D19020110
1957	1693	3	25	1693	2	19	SJW-D19020190
1958	1693	3	30	1693	2	24	SJW-D19020240
1959	1693	4	16	1693	3	11	SJW-D19030110
1960	1693	4	18	1693	3	13	SJW-D19030130
1961	1693	4	19	1693	3	14	SJW-D19030140
1962	1693	4	25	1693	3	20	SJW-D19030200
1963	1693	5	4	1693	3	29	SJW-D19030290
1964	1693	5	17	1693	4	13	SJW-D19040130
1965	1693	5	23	1693	4	19	SJW-D19040190
1966	1693	6	5	1693	5	2	SJW-D19050020
1967	1693	7	3	1693	6	1	SJW-D19060010
1968	1693	7	6	1693	6	4	SJW-D19060040
1969	1693	7	7	1693	6	5	SJW-D19060050
1970	1693	7	8	1693	6	6	SJW-D19060060
1971	1693	7	10	1693	6	8	SJW-D19060080
1972	1693	7	11	1693	6	9	SJW-D19060090
1973	1693	7	12	1693	6	10	SJW-D19060100
1974	1693	7	27	1693	6	25	SJW-D19060250
1975	1693	7	28	1693	6	26	SJW-D19060260
1976	1693	7	31	1693	6	29	SJW-D19060290
1977	1693	8	1	1693	6	30	SJW-D19060300
1978	1693	9	5	1693	8	6	SJW-D19080060
1979	1693	9	11	1693	8	12	SJW-D19080120
1980	1693	9	14	1693	8	15	SJW-D19080150
1981	1693	9	17	1693	8	18	SJW-D19080180
1982	1693	9	21	1693	8	22	SJW-D19080220
1983	1693	10	3	1693	9	4	SJW-D19090040
1984	1693	11	5	1693	10	8	SJW-D19100080
1985	1693	11	19	1693	10	22	SJW-D19100220
1986	1693	11	25	1693	10	28	SJW-D19100280
1987	1694	1	31	1694	1	7	SJW-D20010070
1988	1694	2	5	1694	1	12	SJW-D20010120
1989	1694	3	9	1694	2	14	SJW-D20020140
1990	1694	5	31	1694	5	8	SJW-D20050080
1991	1694	6	1	1694	5	9	SJW-D20050090
1992	1694	6	19	1694	5	27	SJW-D20050270

续表

编号	公历			农历			ID 编号
	年	月	日	年	月	日	
1993	1694	6	20	1694	5	28	SJW-D20050280
1994	1694	6	24	1694	闰 5	3	SJW-D20051030
1995	1694	7	3	1694	闰 5	12	SJW-D20051120
1996	1694	7	15	1694	闰 5	24	SJW-D20051240
1997	1694	7	16	1694	闰 5	25	SJW-D20051250
1998	1694	7	17	1694	闰 5	26	SJW-D20051260
1999	1694	7	18	1694	闰 5	27	SJW-D20051270
2000	1694	7	19	1694	闰 5	28	SJW-D20051280
2001	1694	7	20	1694	闰 5	29	SJW-D20051290
2002	1694	7	25	1694	6	4	SJW-D20060040
2003	1694	7	27	1694	6	6	SJW-D20060060
2004	1694	7	28	1694	6	7	SJW-D20060070
2005	1694	7	29	1694	6	8	SJW-D20060080
2006	1694	8	1	1694	6	11	SJW-D20060110
2007	1694	8	2	1694	6	12	SJW-D20060120
2008	1694	8	3	1694	6	13	SJW-D20060130
2009	1694	8	4	1694	6	14	SJW-D20060140
2010	1694	8	9	1694	6	19	SJW-D20060190
2011	1694	8	13	1694	6	23	SJW-D20060230
2012	1694	8	26	1694	7	6	SJW-D20070060
2013	1694	8	27	1694	7	7	SJW-D20070070
2014	1694	8	28	1694	7	8	SJW-D20070080
2015	1694	8	31	1694	7	11	SJW-D20070110
2016	1694	10	2	1694	8	14	SJW-D20080140
2017	1696	4	6	1696	3	5	SJW-D22030050
2018	1696	4	7	1696	3	6	SJW-D22030060
2019	1696	4	15	1696	3	14	SJW-D22030140
2020	1696	5	2	1696	4	2	SJW-D22040020
2021	1696	5	4	1696	4	4	SJW-D22040040
2022	1696	7	7	1696	6	9	SJW-D22060090
2023	1696	7	10	1696	6	12	SJW-D22060120
2024	1696	7	23	1696	6	25	SJW-D22060250
2025	1696	7	24	1696	6	26	SJW-D22060260
2026	1696	11	4	1696	10	10	SJW-D22100100
2027	1697	5	8	1697	闰 3	18	SJW-D23031180
2028	1697	6	12	1697	4	24	SJW-D23040240
2029	1698	3	25	1698	2	14	SJW-D24020140
2030	1698	3	29	1698	2	18	SJW-D24020180

续表

编号	公历			农历			ID 编号
	年	月	日	年	月	日	
2031	1698	3	30	1698	2	19	SJW-D24020190
2032	1698	3	31	1698	2	20	SJW-D24020200
2033	1698	4	29	1698	3	19	SJW-D24030190
2034	1698	6	11	1698	5	4	SJW-D24050040
2035	1698	6	13	1698	5	6	SJW-D24050060
2036	1698	6	14	1698	5	7	SJW-D24050070
2037	1698	7	8	1698	6	1	SJW-D24060010
2038	1698	7	24	1698	6	17	SJW-D24060170
2039	1698	8	15	1698	7	10	SJW-D24070100
2040	1698	8	16	1698	7	11	SJW-D24070110
2041	1698	8	17	1698	7	12	SJW-D24070120
2042	1698	8	19	1698	7	14	SJW-D24070140
2043	1698	8	21	1698	7	16	SJW-D24070160
2044	1698	8	22	1698	7	17	SJW-D24070170
2045	1698	8	23	1698	7	18	SJW-D24070180
2046	1698	8	24	1698	7	19	SJW-D24070190
2047	1698	8	25	1698	7	20	SJW-D24070200
2048	1698	8	26	1698	7	21	SJW-D24070210
2049	1698	9	12	1698	8	9	SJW-D24080090
2050	1698	9	17	1698	8	14	SJW-D24080140
2051	1698	9	19	1698	8	16	SJW-D24080160
2052	1698	9	20	1698	8	17	SJW-D24080170
2053	1698	9	21	1698	8	18	SJW-D24080180
2054	1698	10	8	1698	9	5	SJW-D24090050
2055	1698	10	16	1698	9	13	SJW-D24090130
2056	1698	10	30	1698	9	27	SJW-D24090270
2057	1698	11	21	1698	10	19	SJW-D24100190
2058	1698	11	22	1698	10	20	SJW-D24100200
2059	1699	2	4	1699	1	5	SJW-D25010050
2060	1699	3	8	1699	2	7	SJW-D25020070
2061	1699	10	31	1699	9	9	SJW-D25090090
2062	1700	3	22	1700	2	2	SJW-D26020020
2063	1700	3	28	1700	2	8	SJW-D26020080
2064	1700	4	5	1700	2	16	SJW-D26020160
2065	1700	4	6	1700	2	17	SJW-D26020170
2066	1700	4	11	1700	2	22	SJW-D26020220
2067	1700	4	14	1700	2	25	SJW-D26020250
2068	1700	5	23	1700	4	5	SJW-D26040050

续表

编号	公历			农历			ID 编号
	年	月	日	年	月	日	
2069	1700	5	24	1700	4	6	SJW-D26040060
2070	1700	6	23	1700	5	7	SJW-D26050070
2071	1700	8	3	1700	6	19	SJW-D26060190
2072	1700	8	5	1700	6	21	SJW-D26060210
2073	1700	8	6	1700	6	22	SJW-D26060220
2074	1700	8	10	1700	6	26	SJW-D26060260
2075	1700	9	26	1700	8	14	SJW-D26080140
2076	1700	9	30	1700	8	18	SJW-D26080180
2077	1700	10	18	1700	9	7	SJW-D26090070
2078	1700	10	23	1700	9	12	SJW-D26090120
2079	1701	3	16	1701	2	7	SJW-D27020070
2080	1701	4	11	1701	3	4	SJW-D27030040
2081	1701	7	16	1701	6	11	SJW-D27060110
2082	1701	7	19	1701	6	14	SJW-D27060140
2083	1701	7	21	1701	6	16	SJW-D27060160
2084	1701	7	22	1701	6	17	SJW-D27060170
2085	1701	8	14	1701	7	11	SJW-D27070110
2086	1701	8	21	1701	7	18	SJW-D27070180
2087	1701	9	18	1701	8	16	SJW-D27080160
2088	1701	9	23	1701	8	21	SJW-D27080210
2089	1702	4	26	1702	3	30	SJW-D28030300
2090	1702	5	17	1702	4	21	SJW-D28040210
2091	1702	5	18	1702	4	22	SJW-D28040220
2092	1702	5	21	1702	4	25	SJW-D28040250
2093	1702	5	22	1702	4	26	SJW-D28040260
2094	1702	5	25	1702	4	29	SJW-D28040290
2095	1702	5	26	1702	4	30	SJW-D28040300
2096	1702	6	7	1702	5	12	SJW-D28050120
2097	1702	6	18	1702	5	23	SJW-D28050230
2098	1702	8	6	1702	闰 6	13	SJW-D28061130
2099	1702	8	7	1702	闰 6	14	SJW-D28061140
2100	1702	8	17	1702	闰 6	24	SJW-D28061240
2101	1702	8	18	1702	闰 6	25	SJW-D28061250
2102	1702	8	19	1702	闰 6	26	SJW-D28061260
2103	1702	8	27	1702	7	5	SJW-D28070050
2104	1702	8	31	1702	7	9	SJW-D28070090
2105	1702	9	5	1702	7	14	SJW-D28070140
2106	1702	9	13	1702	7	22	SJW-D28070220

续表

编号	公历			农历			ID 编号
	年	月	日	年	月	日	
2107	1702	9	27	1702	8	6	SJW-D28080060
2108	1702	9	28	1702	8	7	SJW-D28080070
2109	1702	9	30	1702	8	9	SJW-D28080090
2110	1702	10	1	1702	8	10	SJW-D28080100
2111	1702	10	9	1702	8	18	SJW-D28080180
2112	1702	11	24	1702	10	6	SJW-D28100061
2113	1702	11	28	1702	10	10	SJW-D28100100
2114	1702	11	28	1702	10	10	SJW-D28100101
2115	1702	11	30	1702	10	12	SJW-D28100121
2116	1703	1	7	1702	11	20	SJW-D28110200
2117	1703	8	30	1703	7	18	SJW-D29070180
2118	1703	8	31	1703	7	19	SJW-D29070190
2119	1703	9	2	1703	7	21	SJW-D29070210
2120	1704	2	25	1704	1	21	SJW-D30010210
2121	1704	2	26	1704	1	22	SJW-D30010220
2122	1704	2	27	1704	1	23	SJW-D30010230
2123	1704	8	10	1704	7	10	SJW-D30070100
2124	1704	8	11	1704	7	11	SJW-D30070110
2125	1704	8	25	1704	7	25	SJW-D30070250
2126	1704	8	26	1704	7	26	SJW-D30070260
2127	1704	8	27	1704	7	27	SJW-D30070270
2128	1704	10	21	1704	9	23	SJW-D30090230
2129	1704	11	3	1704	10	6	SJW-D30100060
2130	1705	3	26	1705	3	2	SJW-D31030020
2131	1705	3	28	1705	3	4	SJW-D31030040
2132	1705	3	29	1705	3	5	SJW-D31030050
2133	1705	4	22	1705	3	29	SJW-D31030290
2134	1705	7	22	1705	6	2	SJW-D31060020
2135	1705	9	29	1705	8	12	SJW-D31080120
2136	1708	3	15	1708	2	24	SJW-D34020240
2137	1708	3	30	1708	3	9	SJW-D34030090
2138	1708	4	13	1708	3	23	SJW-D34030230
2139	1708	4	17	1708	3	27	SJW-D34030270
2140	1708	5	30	1708	4	11	SJW-D34040110
2141	1708	6	7	1708	4	19	SJW-D34040190
2142	1708	6	29	1708	5	12	SJW-D34050120
2143	1708	7	8	1708	5	21	SJW-D34050210
2144	1708	7	11	1708	5	24	SJW-D34050240

续表

编号	公历			农历			ID 编号
	年	月	日	年	月	日	
2145	1708	7	12	1708	5	25	SJW-D34050250
2146	1708	7	13	1708	5	26	SJW-D34050260
2147	1708	7	14	1708	5	27	SJW-D34050270
2148	1708	7	15	1708	5	28	SJW-D34050280
2149	1708	8	1	1708	6	15	SJW-D34060150
2150	1708	8	4	1708	6	18	SJW-D34060180
2151	1708	8	10	1708	6	24	SJW-D34060240
2152	1708	10	2	1708	8	19	SJW-D34080190
2153	1708	10	10	1708	8	27	SJW-D34080270
2154	1708	10	29	1708	9	16	SJW-D34090160
2155	1708	10	31	1708	9	18	SJW-D34090180
2156	1709	3	2	1709	1	21	SJW-D35010210
2157	1709	3	7	1709	1	26	SJW-D35010260
2158	1709	3	25	1709	2	15	SJW-D35020150
2159	1709	3	27	1709	2	17	SJW-D35020170
2160	1709	3	28	1709	2	18	SJW-D35020180
2161	1709	4	22	1709	3	13	SJW-D35030130
2162	1709	4	23	1709	3	14	SJW-D35030140
2163	1709	4	24	1709	3	15	SJW-D35030150
2164	1709	4	29	1709	3	20	SJW-D35030200
2165	1709	4	30	1709	3	21	SJW-D35030210
2166	1709	5	2	1709	3	23	SJW-D35030230
2167	1709	5	3	1709	3	24	SJW-D35030240
2168	1709	5	13	1709	4	4	SJW-D35040040
2169	1709	5	16	1709	4	7	SJW-D35040070
2170	1709	5	17	1709	4	8	SJW-D35040080
2171	1709	5	23	1709	4	14	SJW-D35040140
2172	1709	5	24	1709	4	15	SJW-D35040150
2173	1709	5	28	1709	4	19	SJW-D35040190
2174	1709	6	5	1709	4	27	SJW-D35040270
2175	1709	6	6	1709	4	28	SJW-D35040280
2176	1709	6	27	1709	5	20	SJW-D35050200
2177	1709	6	28	1709	5	21	SJW-D35050210
2178	1709	7	1	1709	5	24	SJW-D35050240
2179	1709	7	2	1709	5	25	SJW-D35050250
2180	1709	7	3	1709	5	26	SJW-D35050260
2181	1709	7	4	1709	5	27	SJW-D35050270
2182	1709	7	22	1709	6	16	SJW-D35060160

续表

编号	公历			农历			ID 编号
	年	月	日	年	月	日	
2183	1709	7	23	1709	6	17	SJW-D35060170
2184	1709	7	24	1709	6	18	SJW-D35060180
2185	1709	8	14	1709	7	9	SJW-D35070090
2186	1709	8	15	1709	7	10	SJW-D35070100
2187	1709	8	24	1709	7	19	SJW-D35070190
2188	1709	8	27	1709	7	22	SJW-D35070220
2189	1709	8	30	1709	7	25	SJW-D35070250
2190	1709	8	31	1709	7	26	SJW-D35070260
2191	1709	9	1	1709	7	27	SJW-D35070270
2192	1709	9	2	1709	7	28	SJW-D35070280
2193	1709	10	11	1709	9	9	SJW-D35090090
2194	1709	10	12	1709	9	10	SJW-D35090100
2195	1709	10	17	1709	9	15	SJW-D35090150
2196	1709	10	19	1709	9	17	SJW-D35090170
2197	1709	10	27	1709	9	25	SJW-D35090250
2198	1709	10	28	1709	9	26	SJW-D35090260
2199	1709	10	29	1709	9	27	SJW-D35090270
2200	1709	11	6	1709	10	5	SJW-D35100050
2201	1709	11	8	1709	10	7	SJW-D35100070
2202	1710	2	19	1710	1	21	SJW-D36010210
2203	1710	2	21	1710	1	23	SJW-D36010230
2204	1710	3	12	1710	2	13	SJW-D36020130
2205	1710	5	26	1710	4	28	SJW-D36040280
2206	1710	6	2	1710	5	6	SJW-D36050060
2207	1710	6	15	1710	5	19	SJW-D36050190
2208	1710	6	18	1710	5	22	SJW-D36050220
2209	1710	6	21	1710	5	25	SJW-D36050250
2210	1710	6	22	1710	5	26	SJW-D36050260
2211	1710	6	23	1710	5	27	SJW-D36050270
2212	1710	7	13	1710	6	17	SJW-D36060170
2213	1710	7	14	1710	6	18	SJW-D36060180
2214	1710	7	19	1710	6	23	SJW-D36060230
2215	1710	7	21	1710	6	25	SJW-D36060250
2216	1710	7	22	1710	6	26	SJW-D36060260
2217	1710	8	31	1710	闰 7	7	SJW-D36071070
2218	1710	9	1	1710	闰 7	8	SJW-D36071080
2219	1710	9	2	1710	闰 7	9	SJW-D36071090
2220	1710	9	6	1710	闰 7	13	SJW-D36071130

续表

编号	公历			农历			ID 编号
	年	月	日	年	月	日	
2221	1710	9	7	1710	闰 7	14	SJW-D36071140
2222	1710	9	8	1710	闰 7	15	SJW-D36071150
2223	1710	11	14	1710	9	24	SJW-D36090240
2224	1710	12	2	1710	10	12	SJW-D36100120
2225	1710	12	9	1710	10	19	SJW-D36100190
2226	1711	3	14	1711	1	26	SJW-D37010260
2227	1711	3	24	1711	2	6	SJW-D37020060
2228	1711	4	15	1711	2	28	SJW-D37020280
2229	1711	4	28	1711	3	11	SJW-D37030110
2230	1711	4	30	1711	3	13	SJW-D37030130
2231	1711	5	10	1711	3	23	SJW-D37030230
2232	1711	5	11	1711	3	24	SJW-D37030240
2233	1711	5	18	1711	4	2	SJW-D37040020
2234	1711	5	27	1711	4	11	SJW-D37040110
2235	1711	5	31	1711	4	15	SJW-D37040150
2236	1711	6	1	1711	4	16	SJW-D37040160
2237	1711	6	4	1711	4	19	SJW-D37040190
2238	1711	7	21	1711	6	6	SJW-D37060060
2239	1711	7	22	1711	6	7	SJW-D37060070
2240	1711	7	23	1711	6	8	SJW-D37060080
2241	1711	8	8	1711	6	24	SJW-D37060240
2242	1711	8	12	1711	6	28	SJW-D37060280
2243	1711	8	22	1711	7	9	SJW-D37070090
2244	1711	8	24	1711	7	11	SJW-D37070110
2245	1711	9	5	1711	7	23	SJW-D37070230
2246	1711	9	6	1711	7	24	SJW-D37070240
2247	1711	9	15	1711	8	3	SJW-D37080030
2248	1711	9	28	1711	8	16	SJW-D37080160
2249	1711	10	17	1711	9	6	SJW-D37090060
2250	1712	2	13	1712	1	7	SJW-D38010070
2251	1712	3	27	1712	2	21	SJW-D38020210
2252	1712	3	31	1712	2	25	SJW-D38020250
2253	1712	4	3	1712	2	28	SJW-D38020280
2254	1712	4	16	1712	3	11	SJW-D38030110
2255	1712	4	22	1712	3	17	SJW-D38030170
2256	1712	4	26	1712	3	21	SJW-D38030210
2257	1712	4	29	1712	3	24	SJW-D38030240
2258	1712	4	30	1712	3	25	SJW-D38030250

续表

编号	公历			农历			ID 编号
	年	月	日	年	月	日	
2259	1712	5	6	1712	4	2	SJW-D38040020
2260	1712	6	6	1712	5	3	SJW-D38050030
2261	1712	6	7	1712	5	4	SJW-D38050040
2262	1712	6	15	1712	5	12	SJW-D38050120
2263	1712	6	16	1712	5	13	SJW-D38050130
2264	1712	6	19	1712	5	16	SJW-D38050160
2265	1712	6	21	1712	5	18	SJW-D38050180
2266	1712	6	23	1712	5	20	SJW-D38050200
2267	1712	6	25	1712	5	22	SJW-D38050220
2268	1712	6	29	1712	5	26	SJW-D38050260
2269	1712	7	8	1712	6	5	SJW-D38060050
2270	1712	7	11	1712	6	8	SJW-D38060080
2271	1712	7	17	1712	6	14	SJW-D38060140
2272	1712	7	21	1712	6	18	SJW-D38060180
2273	1712	8	17	1712	7	16	SJW-D38070160
2274	1712	8	25	1712	7	24	SJW-D38070240
2275	1712	8	31	1712	7	30	SJW-D38070300
2276	1712	11	2	1712	10	4	SJW-D38100040
2277	1712	11	16	1712	10	18	SJW-D38100180
2278	1713	2	7	1713	1	13	SJW-D39010130
2279	1713	4	28	1713	4	4	SJW-D39040040
2280	1713	4	29	1713	4	5	SJW-D39040050
2281	1713	5	7	1713	4	13	SJW-D39040130
2282	1713	5	9	1713	4	15	SJW-D39040150
2283	1713	5	11	1713	4	17	SJW-D39040170
2284	1713	5	14	1713	4	20	SJW-D39040200
2285	1713	5	24	1713	5	1	SJW-D39050010
2286	1713	5	30	1713	5	7	SJW-D39050070
2287	1713	6	12	1713	5	20	SJW-D39050200
2288	1713	7	7	1713	闰 5	15	SJW-D39051150
2289	1713	7	15	1713	闰 5	23	SJW-D39051230
2290	1713	7	18	1713	闰 5	26	SJW-D39051260
2291	1713	8	30	1713	7	10	SJW-D39070100
2292	1713	9	13	1713	7	24	SJW-D39070240
2293	1713	9	14	1713	7	25	SJW-D39070250
2294	1713	9	15	1713	7	26	SJW-D39070260
2295	1713	9	18	1713	7	29	SJW-D39070290
2296	1714	3	11	1714	1	26	SJW-D40010260

续表

编号	公历			农历			ID 编号
	年	月	日	年	月	日	
2297	1714	4	9	1714	2	25	SJW-D40020250
2298	1714	5	27	1714	4	14	SJW-D40040140
2299	1714	5	30	1714	4	17	SJW-D40040170
2300	1714	6	5	1714	4	23	SJW-D40040230
2301	1714	6	6	1714	4	24	SJW-D40040240
2302	1714	6	10	1714	4	28	SJW-D40040280
2303	1714	6	11	1714	4	29	SJW-D40040290
2304	1714	7	13	1714	6	2	SJW-D40060020
2305	1714	7	15	1714	6	4	SJW-D40060040
2306	1714	7	18	1714	6	7	SJW-D40060070
2307	1714	7	24	1714	6	13	SJW-D40060130
2308	1714	7	25	1714	6	14	SJW-D40060140
2309	1714	7	31	1714	6	20	SJW-D40060200
2310	1714	8	2	1714	6	22	SJW-D40060220
2311	1714	8	5	1714	6	25	SJW-D40060250
2312	1714	8	7	1714	6	27	SJW-D40060270
2313	1714	8	8	1714	6	28	SJW-D40060280
2314	1714	8	9	1714	6	29	SJW-D40060290
2315	1714	9	10	1714	8	2	SJW-D40080020
2316	1714	9	25	1714	8	17	SJW-D40080170
2317	1714	9	26	1714	8	18	SJW-D40080180
2318	1715	3	13	1715	2	8	SJW-D41020080
2319	1715	3	14	1715	2	9	SJW-D41020090
2320	1715	3	16	1715	2	11	SJW-D41020110
2321	1715	3	25	1715	2	20	SJW-D41020200
2322	1715	7	30	1715	7	1	SJW-D41070010
2323	1715	8	2	1715	7	4	SJW-D41070040
2324	1715	8	3	1715	7	5	SJW-D41070050
2325	1715	8	4	1715	7	6	SJW-D41070060
2326	1715	8	5	1715	7	7	SJW-D41070070
2327	1715	8	7	1715	7	9	SJW-D41070090
2328	1715	8	10	1715	7	12	SJW-D41070120
2329	1715	8	13	1715	7	15	SJW-D41070150
2330	1715	8	14	1715	7	16	SJW-D41070160
2331	1715	8	18	1715	7	20	SJW-D41070200
2332	1715	8	21	1715	7	23	SJW-D41070230
2333	1715	8	22	1715	7	24	SJW-D41070240
2334	1716	4	5	1716	3	13	SJW-D42030130

续表

编号	公历			农历			ID 编号
	年	月	日	年	月	日	
2335	1716	4	11	1716	3	19	SJW-D42030190
2336	1716	4	20	1716	3	28	SJW-D42030280
2337	1716	4	22	1716	闰 3	1	SJW-D42031010
2338	1716	4	24	1716	闰 3	3	SJW-D42031030
2339	1716	5	5	1716	闰 3	14	SJW-D42031140
2340	1716	5	10	1716	闰 3	19	SJW-D42031190
2341	1716	5	14	1716	闰 3	23	SJW-D42031230
2342	1716	6	7	1716	4	18	SJW-D42040180
2343	1717	4	22	1717	3	11	SJW-D43030110
2344	1717	4	22	1717	3	11	SJW-D43030111
2345	1717	4	25	1717	3	14	SJW-D43030141
2346	1717	4	26	1717	3	15	SJW-D43030150
2347	1717	5	19	1717	4	9	SJW-D43040090
2348	1717	5	20	1717	4	10	SJW-D43040100
2349	1717	5	21	1717	4	11	SJW-D43040110
2350	1717	5	24	1717	4	14	SJW-D43040140
2351	1717	5	27	1717	4	17	SJW-D43040170
2352	1717	5	31	1717	4	21	SJW-D43040210
2353	1717	6	1	1717	4	22	SJW-D43040220
2354	1717	6	2	1717	4	23	SJW-D43040230
2355	1717	6	4	1717	4	25	SJW-D43040250
2356	1717	6	5	1717	4	26	SJW-D43040260
2357	1717	6	23	1717	5	15	SJW-D43050150
2358	1717	6	25	1717	5	17	SJW-D43050170
2359	1717	7	1	1717	5	23	SJW-D43050230
2360	1717	7	5	1717	5	27	SJW-D43050270
2361	1717	7	6	1717	5	28	SJW-D43050280
2362	1717	7	7	1717	5	29	SJW-D43050290
2363	1717	7	8	1717	5	30	SJW-D43050300
2364	1717	7	11	1717	6	3	SJW-D43060030
2365	1717	7	12	1717	6	4	SJW-D43060040
2366	1717	7	13	1717	6	5	SJW-D43060050
2367	1717	7	14	1717	6	6	SJW-D43060060
2368	1717	7	15	1717	6	7	SJW-D43060070
2369	1717	7	16	1717	6	8	SJW-D43060080
2370	1717	7	17	1717	6	9	SJW-D43060090
2371	1717	7	18	1717	6	10	SJW-D43060100
2372	1717	7	19	1717	6	11	SJW-D43060110

续表

编号	公历			农历			ID 编号
	年	月	日	年	月	日	
2373	1717	7	21	1717	6	13	SJW-D43060130
2374	1717	7	22	1717	6	14	SJW-D43060140
2375	1717	7	23	1717	6	15	SJW-D43060150
2376	1717	7	24	1717	6	16	SJW-D43060160
2377	1717	7	28	1717	6	20	SJW-D43060200
2378	1717	7	29	1717	6	21	SJW-D43060210
2379	1717	7	30	1717	6	22	SJW-D43060220
2380	1717	8	14	1717	7	8	SJW-D43070080
2381	1717	8	15	1717	7	9	SJW-D43070090
2382	1717	8	17	1717	7	11	SJW-D43070110
2383	1717	8	18	1717	7	12	SJW-D43070120
2384	1717	8	25	1717	7	19	SJW-D43070190
2385	1717	8	26	1717	7	20	SJW-D43070200
2386	1717	9	4	1717	7	29	SJW-D43070290
2387	1717	9	7	1717	8	3	SJW-D43080030
2388	1717	9	14	1717	8	10	SJW-D43080100
2389	1717	10	24	1717	9	20	SJW-D43090200
2390	1717	10	31	1717	9	27	SJW-D43090270
2391	1717	11	4	1717	10	2	SJW-D43100020
2392	1717	11	7	1717	10	5	SJW-D43100050
2393	1717	11	10	1717	10	8	SJW-D43100080
2394	1717	11	11	1717	10	9	SJW-D43100090
2395	1717	11	14	1717	10	12	SJW-D43100120
2396	1717	11	21	1717	10	19	SJW-D43100190
2397	1717	11	26	1717	10	24	SJW-D43100240
2398	1717	11	29	1717	10	27	SJW-D43100270
2399	1717	12	8	1717	11	6	SJW-D43110060
2400	1717	12	22	1717	11	20	SJW-D43110200
2401	1718	1	4	1717	12	3	SJW-D43120030
2402	1718	1	16	1717	12	15	SJW-D43120150
2403	1718	2	18	1718	1	19	SJW-D44010190
2404	1718	8	26	1718	8	1	SJW-D44080010
2405	1718	8	27	1718	8	2	SJW-D44080020
2406	1718	8	28	1718	8	3	SJW-D44080030
2407	1718	8	31	1718	8	6	SJW-D44080060
2408	1718	9	3	1718	8	9	SJW-D44080090
2409	1718	9	13	1718	8	19	SJW-D44080190
2410	1718	9	16	1718	8	22	SJW-D44080220

续表

编号	公历			农历			ID 编号
	年	月	日	年	月	日	
2411	1718	10	5	1718	闰 8	12	SJW-D44081120
2412	1718	10	10	1718	闰 8	17	SJW-D44081170
2413	1718	10	22	1718	闰 8	29	SJW-D44081290
2414	1718	10	28	1718	9	5	SJW-D44090050
2415	1718	10	31	1718	9	8	SJW-D44090080
2416	1718	11	1	1718	9	9	SJW-D44090090
2417	1718	11	10	1718	9	18	SJW-D44090180
2418	1718	11	11	1718	9	19	SJW-D44090190
2419	1719	4	3	1719	2	14	SJW-D45020140
2420	1719	4	4	1719	2	15	SJW-D45020150
2421	1719	4	20	1719	3	1	SJW-D45030010
2422	1719	4	21	1719	3	2	SJW-D45030020
2423	1719	5	9	1719	3	20	SJW-D45030200
2424	1719	7	28	1719	6	12	SJW-D45060120
2425	1719	8	5	1719	6	20	SJW-D45060200
2426	1719	10	31	1719	9	19	SJW-D45090190
2427	1719	11	6	1719	9	25	SJW-D45090250
2428	1720	1	31	1719	12	22	SJW-D45120220
2429	1720	7	11	1720	6	7	SJW-D46060070
2430	1720	7	12	1720	6	8	SJW-D46060080
2431	1720	7	13	1720	6	9	SJW-D46060090
2432	1720	7	14	1720	6	10	SJW-D46060100
2433	1720	7	16	1720	6	12	SJW-D46060120
2434	1720	7	18	1720	6	14	SJW-D46060140
2435	1720	7	19	1720	6	15	SJW-D46060150
2436	1720	7	23	1720	6	19	SJW-D46060190
2437	1720	7	24	1720	6	20	SJW-D46060200
2438	1720	8	6	1720	7	3	SJW-E00070030
2439	1720	9	12	1720	8	11	SJW-E00080110
2440	1720	9	18	1720	8	17	SJW-E00080170
2441	1720	9	23	1720	8	22	SJW-E00080220
2442	1720	9	29	1720	8	28	SJW-E00080280
2443	1720	10	12	1720	9	11	SJW-E00090110
2444	1720	10	26	1720	9	25	SJW-E00090250
2445	1720	10	29	1720	9	28	SJW-E00090280
2446	1720	11	9	1720	10	10	SJW-E00100100
2447	1720	11	13	1720	10	14	SJW-E00100140
2448	1720	11	16	1720	10	17	SJW-E00100170

续表

编号	公历			农历			ID 编号
	年	月	日	年	月	日	
2449	1720	12	26	1720	11	27	SJW-E00110270
2450	1720	12	30	1720	12	2	SJW-E00120020
2451	1721	3	13	1721	2	16	SJW-E01020160
2452	1721	5	14	1721	4	19	SJW-E01040190
2453	1721	6	14	1721	5	20	SJW-E01050200
2454	1721	6	16	1721	5	22	SJW-E01050220
2455	1721	7	8	1721	6	14	SJW-E01060140
2456	1721	7	10	1721	6	16	SJW-E01060160
2457	1721	7	15	1721	6	21	SJW-E01060210
2458	1721	7	20	1721	6	26	SJW-E01060260
2459	1721	7	21	1721	6	27	SJW-E01060270
2460	1721	7	22	1721	6	28	SJW-E01060280
2461	1721	7	23	1721	6	29	SJW-E01060290
2462	1721	7	24	1721	闰 6	1	SJW-E01061010
2463	1721	7	26	1721	闰 6	3	SJW-E01061030
2464	1721	8	5	1721	闰 6	13	SJW-E01061130
2465	1721	8	6	1721	闰 6	14	SJW-E01061140
2466	1721	8	11	1721	闰 6	19	SJW-E01061190
2467	1721	8	14	1721	闰 6	22	SJW-E01061220
2468	1721	8	20	1721	闰 6	28	SJW-E01061280
2469	1721	8	30	1721	7	8	SJW-E01070080
2470	1721	8	31	1721	7	9	SJW-E01070090
2471	1721	9	1	1721	7	10	SJW-E01070100
2472	1721	9	2	1721	7	11	SJW-E01070110
2473	1721	9	27	1721	8	7	SJW-E01080070
2474	1721	10	4	1721	8	14	SJW-E01080140
2475	1721	10	11	1721	8	21	SJW-E01080210
2476	1721	10	18	1721	8	28	SJW-E01080280
2477	1721	10	31	1721	9	11	SJW-E01090110
2478	1721	11	1	1721	9	12	SJW-E01090120
2479	1721	11	4	1721	9	15	SJW-E01090150
2480	1721	11	10	1721	9	21	SJW-E01090210
2481	1721	11	11	1721	9	22	SJW-E01090220
2482	1721	11	25	1721	10	7	SJW-E01100070
2483	1721	11	29	1721	10	11	SJW-E01100110
2484	1721	12	3	1721	10	15	SJW-E01100150
2485	1721	12	27	1721	11	9	SJW-E01110090
2486	1722	1	10	1721	11	23	SJW-E01110230

续表

编号	公历			农历			ID 编号
	年	月	日	年	月	日	
2487	1722	3	7	1722	1	20	SJW-E02010200
2488	1722	3	13	1722	1	26	SJW-E02010260
2489	1722	4	1	1722	2	16	SJW-E02020160
2490	1722	4	5	1722	2	20	SJW-E02020200
2491	1722	4	18	1722	3	3	SJW-E02030030
2492	1722	4	27	1722	3	12	SJW-E02030120
2493	1722	5	2	1722	3	17	SJW-E02030170
2494	1722	5	9	1722	3	24	SJW-E02030240
2495	1722	5	10	1722	3	25	SJW-E02030250
2496	1722	5	21	1722	4	7	SJW-E02040070
2497	1722	5	26	1722	4	12	SJW-E02040120
2498	1722	6	1	1722	4	18	SJW-E02040180
2499	1722	6	13	1722	4	30	SJW-E02040300
2500	1722	6	14	1722	5	1	SJW-E02050010
2501	1722	6	19	1722	5	6	SJW-E02050060
2502	1722	6	20	1722	5	7	SJW-E02050070
2503	1722	6	21	1722	5	8	SJW-E02050080
2504	1722	6	25	1722	5	12	SJW-E02050120
2505	1722	6	26	1722	5	13	SJW-E02050130
2506	1722	6	29	1722	5	16	SJW-E02050160
2507	1722	6	30	1722	5	17	SJW-E02050170
2508	1722	7	1	1722	5	18	SJW-E02050180
2509	1722	7	2	1722	5	19	SJW-E02050190
2510	1722	7	3	1722	5	20	SJW-E02050200
2511	1722	7	4	1722	5	21	SJW-E02050210
2512	1722	7	5	1722	5	22	SJW-E02050220
2513	1722	7	10	1722	5	27	SJW-E02050270
2514	1722	7	11	1722	5	28	SJW-E02050280
2515	1722	7	17	1722	6	5	SJW-E02060050
2516	1722	7	19	1722	6	7	SJW-E02060070
2517	1722	7	20	1722	6	8	SJW-E02060080
2518	1722	7	21	1722	6	9	SJW-E02060090
2519	1722	7	22	1722	6	10	SJW-E02060100
2520	1722	8	17	1722	7	6	SJW-E02070060
2521	1722	8	18	1722	7	7	SJW-E02070070
2522	1722	8	28	1722	7	17	SJW-E02070170
2523	1722	8	30	1722	7	19	SJW-E02070190
2524	1722	8	31	1722	7	20	SJW-E02070200

续表

编号	公历			农历			ID 编号
	年	月	日	年	月	日	
2525	1722	9	17	1722	8	7	SJW-E02080070
2526	1722	9	22	1722	8	12	SJW-E02080120
2527	1722	10	26	1722	9	17	SJW-E02090170
2528	1722	10	31	1722	9	22	SJW-E02090220
2529	1722	11	11	1722	10	3	SJW-E02100030
2530	1722	11	12	1722	10	4	SJW-E02100040
2531	1723	1	15	1722	12	9	SJW-E02120090
2532	1723	1	16	1722	12	10	SJW-E02120100
2533	1723	2	15	1723	1	11	SJW-E03010110
2534	1723	3	2	1723	1	26	SJW-E03010260
2535	1723	4	11	1723	3	7	SJW-E03030070
2536	1723	4	17	1723	3	13	SJW-E03030130
2537	1723	4	22	1723	3	18	SJW-E03030180
2538	1723	5	2	1723	3	28	SJW-E03030280
2539	1723	5	5	1723	4	1	SJW-E03040010
2540	1723	5	12	1723	4	8	SJW-E03040080
2541	1723	5	16	1723	4	12	SJW-E03040120
2542	1723	5	19	1723	4	15	SJW-E03040150
2543	1723	5	27	1723	4	23	SJW-E03040230
2544	1723	6	22	1723	5	20	SJW-E03050200
2545	1723	6	30	1723	5	28	SJW-E03050280
2546	1723	7	1	1723	5	29	SJW-E03050290
2547	1723	7	2	1723	6	1	SJW-E03060010
2548	1723	7	3	1723	6	2	SJW-E03060020
2549	1723	7	4	1723	6	3	SJW-E03060030
2550	1723	7	8	1723	6	7	SJW-E03060070
2551	1723	7	9	1723	6	8	SJW-E03060080
2552	1723	7	10	1723	6	9	SJW-E03060090
2553	1723	7	11	1723	6	10	SJW-E03060100
2554	1723	7	12	1723	6	11	SJW-E03060110
2555	1723	7	19	1723	6	18	SJW-E03060180
2556	1723	7	21	1723	6	20	SJW-E03060200
2557	1723	7	24	1723	6	23	SJW-E03060230
2558	1723	8	3	1723	7	3	SJW-E03070030
2559	1723	8	6	1723	7	6	SJW-E03070060
2560	1723	8	12	1723	7	12	SJW-E03070120
2561	1723	8	13	1723	7	13	SJW-E03070130
2562	1723	8	17	1723	7	17	SJW-E03070170

续表

编号	公历			农历			ID 编号
	年	月	日	年	月	日	
2563	1723	8	18	1723	7	18	SJW-E03070180
2564	1723	8	22	1723	7	22	SJW-E03070220
2565	1723	8	23	1723	7	23	SJW-E03070230
2566	1723	8	27	1723	7	27	SJW-E03070270
2567	1723	8	28	1723	7	28	SJW-E03070280
2568	1723	9	1	1723	8	2	SJW-E03080020
2569	1723	10	10	1723	9	12	SJW-E03090120
2570	1723	10	25	1723	9	27	SJW-E03090270
2571	1723	11	2	1723	10	5	SJW-E03100050
2572	1723	11	14	1723	10	17	SJW-E03100170
2573	1723	11	15	1723	10	18	SJW-E03100180
2574	1723	12	1	1723	11	4	SJW-E03110040
2575	1724	1	7	1723	12	12	SJW-E03120120
2576	1724	1	25	1723	12	30	SJW-E03120300
2577	1724	2	16	1724	1	22	SJW-E04010220
2578	1724	2	26	1724	2	3	SJW-E04020030
2579	1724	3	5	1724	2	11	SJW-E04020110
2580	1724	3	8	1724	2	14	SJW-E04020140
2581	1724	3	11	1724	2	17	SJW-E04020170
2582	1724	3	16	1724	2	22	SJW-E04020220
2583	1724	3	26	1724	3	2	SJW-E04030020
2584	1724	3	28	1724	3	4	SJW-E04030040
2585	1724	4	3	1724	3	10	SJW-E04030100
2586	1724	4	9	1724	3	16	SJW-E04030160
2587	1724	4	11	1724	3	18	SJW-E04030180
2588	1724	4	19	1724	3	26	SJW-E04030260
2589	1724	4	25	1724	4	3	SJW-E04040030
2590	1724	5	3	1724	4	11	SJW-E04040110
2591	1724	5	6	1724	4	14	SJW-E04040140
2592	1724	5	16	1724	4	24	SJW-E04040240
2593	1724	6	1	1724	闰 4	10	SJW-E04041100
2594	1724	6	7	1724	闰 4	16	SJW-E04041160
2595	1724	6	8	1724	闰 4	17	SJW-E04041170
2596	1724	6	9	1724	闰 4	18	SJW-E04041180
2597	1724	6	10	1724	闰 4	19	SJW-E04041190
2598	1724	6	14	1724	闰 4	23	SJW-E04041230
2599	1724	6	15	1724	闰 4	24	SJW-E04041240
2600	1724	6	16	1724	闰 4	25	SJW-E04041250

续表

编号	公历			农历			ID 编号
	年	月	日	年	月	日	
2601	1724	6	23	1724	5	3	SJW-E04050030
2602	1724	6	25	1724	5	5	SJW-E04050050
2603	1724	6	26	1724	5	6	SJW-E04050060
2604	1724	7	1	1724	5	11	SJW-E04050110
2605	1724	7	2	1724	5	12	SJW-E04050120
2606	1724	7	4	1724	5	14	SJW-E04050140
2607	1724	7	5	1724	5	15	SJW-E04050150
2608	1724	7	6	1724	5	16	SJW-E04050160
2609	1724	7	7	1724	5	17	SJW-E04050170
2610	1724	7	8	1724	5	18	SJW-E04050180
2611	1724	7	9	1724	5	19	SJW-E04050190
2612	1724	7	10	1724	5	20	SJW-E04050200
2613	1724	7	12	1724	5	22	SJW-E04050220
2614	1724	7	13	1724	5	23	SJW-E04050230
2615	1724	7	14	1724	5	24	SJW-E04050240
2616	1724	7	15	1724	5	25	SJW-E04050250
2617	1724	7	16	1724	5	26	SJW-E04050260
2618	1724	7	21	1724	6	2	SJW-E04060020
2619	1724	7	22	1724	6	3	SJW-E04060030
2620	1724	7	23	1724	6	4	SJW-E04060040
2621	1724	7	24	1724	6	5	SJW-E04060050
2622	1724	7	25	1724	6	6	SJW-E04060060
2623	1724	7	26	1724	6	7	SJW-E04060070
2624	1724	7	30	1724	6	11	SJW-E04060110
2625	1724	7	31	1724	6	12	SJW-E04060120
2626	1724	8	3	1724	6	15	SJW-E04060150
2627	1724	8	5	1724	6	17	SJW-E04060170
2628	1724	8	8	1724	6	20	SJW-E04060200
2629	1724	8	11	1724	6	23	SJW-E04060230
2630	1724	8	16	1724	6	28	SJW-E04060280
2631	1724	9	1	1724	7	14	SJW-E04070140
2632	1724	9	6	1724	7	19	SJW-E04070190
2633	1724	9	7	1724	7	20	SJW-E04070200
2634	1724	9	15	1724	7	28	SJW-E04070280
2635	1724	9	20	1724	8	4	SJW-E04080040
2636	1724	10	9	1724	8	23	SJW-E04080230
2637	1724	10	10	1724	8	24	SJW-E04080240
2638	1724	10	11	1724	8	25	SJW-E04080250

续表

编号	公历			农历			ID 编号
	年	月	日	年	月	日	
2639	1724	10	15	1724	8	29	SJW-E04080290
2640	1724	10	19	1724	9	3	SJW-F00090030
2641	1724	10	31	1724	9	15	SJW-F00090150
2642	1724	11	11	1724	9	26	SJW-F00090260
2643	1724	11	19	1724	10	4	SJW-F00100040
2644	1724	11	23	1724	10	8	SJW-F00100080
2645	1724	11	28	1724	10	13	SJW-F00100130
2646	1724	12	19	1724	11	4	SJW-F00110040
2647	1725	1	2	1724	11	18	SJW-F00110180
2648	1725	1	10	1724	11	26	SJW-F00110260
2649	1725	1	25	1724	12	12	SJW-F00120120
2650	1725	1	29	1724	12	16	SJW-F00120160
2651	1725	3	2	1725	1	18	SJW-F01010180
2652	1725	3	8	1725	1	24	SJW-F01010240
2653	1725	3	9	1725	1	25	SJW-F01010250
2654	1725	3	10	1725	1	26	SJW-F01010260
2655	1725	4	4	1725	2	22	SJW-F01020220
2656	1725	4	11	1725	2	29	SJW-F01020290
2657	1725	4	22	1725	3	10	SJW-F01030100
2658	1725	4	24	1725	3	12	SJW-F01030120
2659	1725	5	4	1725	3	22	SJW-F01030220
2660	1725	5	15	1725	4	4	SJW-F01040040
2661	1725	5	23	1725	4	12	SJW-F01040120
2662	1725	5	29	1725	4	18	SJW-F01040180
2663	1725	5	30	1725	4	19	SJW-F01040190
2664	1725	6	6	1725	4	26	SJW-F01040260
2665	1725	6	9	1725	4	29	SJW-F01040290
2666	1725	6	11	1725	5	1	SJW-F01050010
2667	1725	6	12	1725	5	2	SJW-F01050020
2668	1725	6	18	1725	5	8	SJW-F01050080
2669	1725	6	19	1725	5	9	SJW-F01050090
2670	1725	6	20	1725	5	10	SJW-F01050100
2671	1725	6	21	1725	5	11	SJW-F01050110
2672	1725	6	23	1725	5	13	SJW-F01050130
2673	1725	6	24	1725	5	14	SJW-F01050140
2674	1725	6	25	1725	5	15	SJW-F01050150
2675	1725	6	26	1725	5	16	SJW-F01050160
2676	1725	6	27	1725	5	17	SJW-F01050170

续表

编号	公历			农历			ID 编号
	年	月	日	年	月	日	
2677	1725	7	2	1725	5	22	SJW-F01050220
2678	1725	7	4	1725	5	24	SJW-F01050240
2679	1725	7	20	1725	6	11	SJW-F01060110
2680	1725	7	22	1725	6	13	SJW-F01060130
2681	1725	7	24	1725	6	15	SJW-F01060150
2682	1725	7	25	1725	6	16	SJW-F01060160
2683	1725	7	29	1725	6	20	SJW-F01060200
2684	1725	8	11	1725	7	4	SJW-F01070040
2685	1725	8	12	1725	7	5	SJW-F01070050
2686	1725	8	13	1725	7	6	SJW-F01070060
2687	1725	8	26	1725	7	19	SJW-F01070190
2688	1725	8	27	1725	7	20	SJW-F01070200
2689	1725	8	30	1725	7	23	SJW-F01070230
2690	1725	9	2	1725	7	26	SJW-F01070260
2691	1725	9	3	1725	7	27	SJW-F01070270
2692	1725	9	8	1725	8	2	SJW-F01080020
2693	1725	9	12	1725	8	6	SJW-F01080060
2694	1725	9	20	1725	8	14	SJW-F01080140
2695	1725	11	2	1725	9	28	SJW-F01090280
2696	1725	11	11	1725	10	7	SJW-F01100070
2697	1725	11	28	1725	10	24	SJW-F01100240
2698	1725	12	1	1725	10	27	SJW-F01100270
2699	1725	12	2	1725	10	28	SJW-F01100280
2700	1725	12	5	1725	11	1	SJW-F01110010
2701	1725	12	11	1725	11	7	SJW-F01110070
2702	1725	12	14	1725	11	10	SJW-F01110100
2703	1725	12	20	1725	11	16	SJW-F01110160
2704	1726	3	7	1726	2	4	SJW-F02020040
2705	1726	3	8	1726	2	5	SJW-F02020050
2706	1726	3	15	1726	2	12	SJW-F02020120
2707	1726	4	2	1726	3	1	SJW-F02030010
2708	1726	4	6	1726	3	5	SJW-F02030050
2709	1726	4	7	1726	3	6	SJW-F02030060
2710	1726	4	11	1726	3	10	SJW-F02030100
2711	1726	4	12	1726	3	11	SJW-F02030110
2712	1726	4	16	1726	3	15	SJW-F02030150
2713	1726	4	17	1726	3	16	SJW-F02030160
2714	1726	4	22	1726	3	21	SJW-F02030210

续表

编号	公历			农历			ID 编号
	年	月	日	年	月	日	
2715	1726	4	29	1726	3	28	SJW-F02030280
2716	1726	5	12	1726	4	11	SJW-F02040110
2717	1726	5	18	1726	4	17	SJW-F02040170
2718	1726	5	20	1726	4	19	SJW-F02040190
2719	1726	5	21	1726	4	20	SJW-F02040200
2720	1726	5	30	1726	4	29	SJW-F02040290
2721	1726	5	31	1726	5	1	SJW-F02050010
2722	1726	6	8	1726	5	9	SJW-F02050090
2723	1726	6	9	1726	5	10	SJW-F02050100
2724	1726	6	12	1726	5	13	SJW-F02050130
2725	1726	6	16	1726	5	17	SJW-F02050170
2726	1726	6	17	1726	5	18	SJW-F02050180
2727	1726	6	28	1726	5	29	SJW-F02050290
2728	1726	6	29	1726	5	30	SJW-F02050300
2729	1726	6	30	1726	6	1	SJW-F02060010
2730	1726	7	4	1726	6	5	SJW-F02060050
2731	1726	7	5	1726	6	6	SJW-F02060060
2732	1726	7	7	1726	6	8	SJW-F02060080
2733	1726	7	8	1726	6	9	SJW-F02060090
2734	1726	7	9	1726	6	10	SJW-F02060100
2735	1726	7	10	1726	6	11	SJW-F02060110
2736	1726	7	17	1726	6	18	SJW-F02060180
2737	1726	7	18	1726	6	19	SJW-F02060190
2738	1726	7	19	1726	6	20	SJW-F02060200
2739	1726	7	20	1726	6	21	SJW-F02060210
2740	1726	7	28	1726	6	29	SJW-F02060290
2741	1726	7	29	1726	7	1	SJW-F02070010
2742	1726	7	30	1726	7	2	SJW-F02070020
2743	1726	8	2	1726	7	5	SJW-F02070050
2744	1726	8	11	1726	7	14	SJW-F02070140
2745	1726	8	12	1726	7	15	SJW-F02070150
2746	1726	8	13	1726	7	16	SJW-F02070160
2747	1726	8	21	1726	7	24	SJW-F02070240
2748	1726	8	22	1726	7	25	SJW-F02070250
2749	1726	8	23	1726	7	26	SJW-F02070260
2750	1726	8	28	1726	8	2	SJW-F02080020
2751	1726	8	29	1726	8	3	SJW-F02080030
2752	1726	8	30	1726	8	4	SJW-F02080040

续表

编号	公历			农历			ID 编号
	年	月	日	年	月	日	
2753	1726	9	1	1726	8	6	SJW-F02080060
2754	1726	9	6	1726	8	11	SJW-F02080110
2755	1726	9	8	1726	8	13	SJW-F02080130
2756	1726	9	9	1726	8	14	SJW-F02080140
2757	1726	9	10	1726	8	15	SJW-F02080150
2758	1726	9	13	1726	8	18	SJW-F02080180
2759	1726	9	15	1726	8	20	SJW-F02080200
2760	1726	9	19	1726	8	24	SJW-F02080240
2761	1726	9	21	1726	8	26	SJW-F02080260
2762	1726	9	27	1726	9	2	SJW-F02090020
2763	1726	10	4	1726	9	9	SJW-F02090090
2764	1726	10	6	1726	9	11	SJW-F02090110
2765	1726	10	18	1726	9	23	SJW-F02090230
2766	1726	10	19	1726	9	24	SJW-F02090240
2767	1726	10	22	1726	9	27	SJW-F02090270
2768	1726	10	28	1726	10	4	SJW-F02100040
2769	1726	10	31	1726	10	7	SJW-F02100070
2770	1726	11	1	1726	10	8	SJW-F02100080
2771	1726	11	21	1726	10	28	SJW-F02100280
2772	1726	11	25	1726	11	2	SJW-F02110020
2773	1726	12	24	1726	12	2	SJW-F02120020
2774	1727	1	5	1726	12	14	SJW-F02120140
2775	1727	1	6	1726	12	15	SJW-F02120150
2776	1727	2	22	1727	2	2	SJW-F03020020
2777	1727	2	23	1727	2	3	SJW-F03020030
2778	1727	4	1	1727	3	10	SJW-F03030100
2779	1727	4	6	1727	3	15	SJW-F03030150
2780	1727	4	9	1727	3	18	SJW-F03030180
2781	1727	4	13	1727	3	22	SJW-F03030220
2782	1727	4	24	1727	闰 3	4	SJW-F03031040
2783	1727	5	2	1727	闰 3	12	SJW-F03031120
2784	1727	5	14	1727	闰 3	24	SJW-F03031240
2785	1727	5	18	1727	闰 3	28	SJW-F03031280
2786	1727	5	19	1727	闰 3	29	SJW-F03031290
2787	1727	5	20	1727	闰 3	30	SJW-F03031300
2788	1727	5	21	1727	4	1	SJW-F03040010
2789	1727	5	22	1727	4	2	SJW-F03040020
2790	1727	5	24	1727	4	4	SJW-F03040040

续表

编号	公历			农历			ID 编号
	年	月	日	年	月	日	
2791	1727	6	18	1727	4	29	SJW-F03040290
2792	1727	6	20	1727	5	2	SJW-F03050020
2793	1727	6	21	1727	5	3	SJW-F03050030
2794	1727	6	22	1727	5	4	SJW-F03050040
2795	1727	6	23	1727	5	5	SJW-F03050050
2796	1727	6	24	1727	5	6	SJW-F03050060
2797	1727	6	25	1727	5	7	SJW-F03050070
2798	1727	6	26	1727	5	8	SJW-F03050080
2799	1727	6	29	1727	5	11	SJW-F03050110
2800	1727	7	3	1727	5	15	SJW-F03050150
2801	1727	7	8	1727	5	20	SJW-F03050200
2802	1727	7	9	1727	5	21	SJW-F03050210
2803	1727	7	10	1727	5	22	SJW-F03050220
2804	1727	7	11	1727	5	23	SJW-F03050230
2805	1727	7	12	1727	5	24	SJW-F03050240
2806	1727	7	13	1727	5	25	SJW-F03050250
2807	1727	7	14	1727	5	26	SJW-F03050260
2808	1727	7	15	1727	5	27	SJW-F03050270
2809	1727	7	16	1727	5	28	SJW-F03050280
2810	1727	7	17	1727	5	29	SJW-F03050290
2811	1727	7	18	1727	5	30	SJW-F03050300
2812	1727	7	22	1727	6	4	SJW-F03060040
2813	1727	7	23	1727	6	5	SJW-F03060050
2814	1727	7	31	1727	6	13	SJW-F03060130
2815	1727	8	1	1727	6	14	SJW-F03060140
2816	1727	8	2	1727	6	15	SJW-F03060150
2817	1727	8	6	1727	6	19	SJW-F03060190
2818	1727	8	7	1727	6	20	SJW-F03060200
2819	1727	8	9	1727	6	22	SJW-F03060220
2820	1727	8	14	1727	6	27	SJW-F03060270
2821	1727	8	15	1727	6	28	SJW-F03060280
2822	1727	8	16	1727	6	29	SJW-F03060290
2823	1727	9	8	1727	7	23	SJW-F03070230
2824	1727	9	11	1727	7	26	SJW-F03070260
2825	1727	9	22	1727	8	8	SJW-F03080080
2826	1727	10	3	1727	8	19	SJW-F03080190
2827	1727	10	11	1727	8	27	SJW-F03080270
2828	1727	10	29	1727	9	15	SJW-F03090150

续表

编号	公历			农历			ID 编号
	年	月	日	年	月	日	
2829	1727	10	31	1727	9	17	SJW-F03090170
2830	1727	11	11	1727	9	28	SJW-F03090280
2831	1727	11	16	1727	10	4	SJW-F03100040
2832	1727	11	21	1727	10	9	SJW-F03100090
2833	1727	12	4	1727	10	22	SJW-F03100220
2834	1727	12	5	1727	10	23	SJW-F03100230
2835	1727	12	29	1727	11	17	SJW-F03110170
2836	1727	12	30	1727	11	18	SJW-F03110180
2837	1728	1	18	1727	12	8	SJW-F03120080
2838	1728	2	9	1727	12	30	SJW-F03120300
2839	1728	2	27	1728	1	18	SJW-F04010180
2840	1728	2	28	1728	1	19	SJW-F04010190
2841	1728	3	6	1728	1	26	SJW-F04010260
2842	1728	3	24	1728	2	14	SJW-F04020140
2843	1728	3	28	1728	2	18	SJW-F04020180
2844	1728	4	1	1728	2	22	SJW-F04020220
2845	1728	4	2	1728	2	23	SJW-F04020230
2846	1728	4	8	1728	2	29	SJW-F04020290
2847	1728	4	13	1728	3	5	SJW-F04030050
2848	1728	4	17	1728	3	9	SJW-F04030090
2849	1728	4	22	1728	3	14	SJW-F04030140
2850	1728	4	23	1728	3	15	SJW-F04030150
2851	1728	5	7	1728	3	29	SJW-F04030290
2852	1728	5	12	1728	4	4	SJW-F04040040
2853	1728	5	15	1728	4	7	SJW-F04040070
2854	1728	6	8	1728	5	1	SJW-F04050010
2855	1728	6	9	1728	5	2	SJW-F04050020
2856	1728	6	13	1728	5	6	SJW-F04050060
2857	1728	6	17	1728	5	10	SJW-F04050100
2858	1728	6	18	1728	5	11	SJW-F04050110
2859	1728	6	20	1728	5	13	SJW-F04050130
2860	1728	6	21	1728	5	14	SJW-F04050140
2861	1728	6	25	1728	5	18	SJW-F04050180
2862	1728	6	26	1728	5	19	SJW-F04050190
2863	1728	6	30	1728	5	23	SJW-F04050230
2864	1728	7	1	1728	5	24	SJW-F04050240
2865	1728	7	2	1728	5	25	SJW-F04050250
2866	1728	7	6	1728	5	29	SJW-F04050290

续表

编号	公历			农历			ID编号
	年	月	日	年	月	日	
2867	1728	7	8	1728	6	2	SJW-F04060020
2868	1728	7	12	1728	6	6	SJW-F04060060
2869	1728	7	15	1728	6	9	SJW-F04060090
2870	1728	7	16	1728	6	10	SJW-F04060100
2871	1728	7	21	1728	6	15	SJW-F04060150
2872	1728	7	26	1728	6	20	SJW-F04060200
2873	1728	7	27	1728	6	21	SJW-F04060210
2874	1728	7	29	1728	6	23	SJW-F04060230
2875	1728	7	30	1728	6	24	SJW-F04060240
2876	1728	7	31	1728	6	25	SJW-F04060250
2877	1728	8	1	1728	6	26	SJW-F04060260
2878	1728	8	4	1728	6	29	SJW-F04060290
2879	1728	8	5	1728	6	30	SJW-F04060300
2880	1728	8	7	1728	7	2	SJW-F04070020
2881	1728	8	8	1728	7	3	SJW-F04070030
2882	1728	8	22	1728	7	17	SJW-F04070170
2883	1728	8	23	1728	7	18	SJW-F04070180
2884	1728	8	24	1728	7	19	SJW-F04070190
2885	1728	8	26	1728	7	21	SJW-F04070210
2886	1728	8	27	1728	7	22	SJW-F04070220
2887	1728	8	28	1728	7	23	SJW-F04070230
2888	1728	8	29	1728	7	24	SJW-F04070240
2889	1728	8	30	1728	7	25	SJW-F04070250
2890	1728	8	31	1728	7	26	SJW-F04070260
2891	1728	9	1	1728	7	27	SJW-F04070270
2892	1728	9	2	1728	7	28	SJW-F04070280
2893	1728	9	3	1728	7	29	SJW-F04070290
2894	1728	9	19	1728	8	16	SJW-F04080160
2895	1728	9	21	1728	8	18	SJW-F04080180
2896	1728	9	27	1728	8	24	SJW-F04080240
2897	1728	9	28	1728	8	25	SJW-F04080250
2898	1728	10	6	1728	9	4	SJW-F04090040
2899	1728	10	18	1728	9	16	SJW-F04090160
2900	1728	10	21	1728	9	19	SJW-F04090190
2901	1728	10	22	1728	9	20	SJW-F04090200
2902	1728	10	25	1728	9	23	SJW-F04090230
2903	1728	10	27	1728	9	25	SJW-F04090250
2904	1728	11	16	1728	10	15	SJW-F04100150

续表

编号	公历			农历			ID 编号
	年	月	日	年	月	日	
2905	1728	11	17	1728	10	16	SJW-F04100160
2906	1728	12	3	1728	11	3	SJW-F04110030
2907	1728	12	7	1728	11	7	SJW-F04110070
2908	1728	12	24	1728	11	24	SJW-F04110240
2909	1729	4	9	1729	3	12	SJW-F05030120
2910	1729	4	10	1729	3	13	SJW-F05030130
2911	1729	5	2	1729	4	5	SJW-F05040050
2912	1729	5	6	1729	4	9	SJW-F05040090
2913	1729	5	10	1729	4	13	SJW-F05040130
2914	1729	6	2	1729	5	6	SJW-F05050060
2915	1729	6	3	1729	5	7	SJW-F05050070
2916	1729	6	16	1729	5	20	SJW-F05050200
2917	1729	6	16	1729	5	20	SJW-F05050201
2918	1729	6	30	1729	6	5	SJW-F05060050
2919	1729	7	1	1729	6	6	SJW-F05060060
2920	1729	7	2	1729	6	7	SJW-F05060070
2921	1729	7	3	1729	6	8	SJW-F05060080
2922	1729	7	5	1729	6	10	SJW-F05060100
2923	1729	7	6	1729	6	11	SJW-F05060110
2924	1729	7	15	1729	6	20	SJW-F05060200
2925	1729	7	16	1729	6	21	SJW-F05060210
2926	1729	7	25	1729	6	30	SJW-F05060300
2927	1729	7	26	1729	7	1	SJW-F05070010
2928	1729	7	27	1729	7	2	SJW-F05070020
2929	1729	8	4	1729	7	10	SJW-F05070100
2930	1729	8	5	1729	7	11	SJW-F05070110
2931	1729	8	12	1729	7	18	SJW-F05070180
2932	1729	8	13	1729	7	19	SJW-F05070190
2933	1729	8	14	1729	7	20	SJW-F05070200
2934	1729	8	15	1729	7	21	SJW-F05070210
2935	1729	8	17	1729	7	23	SJW-F05070230
2936	1729	8	19	1729	7	25	SJW-F05070250
2937	1729	8	20	1729	7	26	SJW-F05070260
2938	1729	8	21	1729	7	27	SJW-F05070270
2939	1729	8	22	1729	7	28	SJW-F05070280
2940	1729	8	23	1729	7	29	SJW-F05070290
2941	1729	8	27	1729	闰 7	4	SJW-F05071040
2942	1729	8	28	1729	闰 7	5	SJW-F05071050

续表

编号	公历			农历			ID 编号
	年	月	日	年	月	日	
2943	1729	8	29	1729	闰 7	6	SJW-F05071060
2944	1729	8	30	1729	闰 7	7	SJW-F05071070
2945	1729	9	1	1729	闰 7	9	SJW-F05071090
2946	1729	9	20	1729	闰 7	28	SJW-F05071280
2947	1729	9	21	1729	闰 7	29	SJW-F05071290
2948	1729	9	25	1729	8	3	SJW-F05080030
2949	1729	10	11	1729	8	19	SJW-F05080190
2950	1729	10	17	1729	8	25	SJW-F05080250
2951	1729	10	24	1729	9	3	SJW-F05090030
2952	1729	10	30	1729	9	9	SJW-F05090090
2953	1729	11	3	1729	9	13	SJW-F05090130
2954	1729	11	7	1729	9	17	SJW-F05090170
2955	1729	11	22	1729	10	2	SJW-F05100020
2956	1729	11	27	1729	10	7	SJW-F05100070
2957	1729	12	14	1729	10	24	SJW-F05100240
2958	1729	12	31	1729	11	12	SJW-F05110120
2959	1730	1	4	1729	11	16	SJW-F05110160
2960	1730	3	5	1730	1	17	SJW-F06010170
2961	1730	3	10	1730	1	22	SJW-F06010220
2962	1730	3	11	1730	1	23	SJW-F06010230
2963	1730	4	17	1730	3	1	SJW-F06030010
2964	1730	4	23	1730	3	7	SJW-F06030070
2965	1730	4	25	1730	3	9	SJW-F06030090
2966	1730	4	28	1730	3	12	SJW-F06030120
2967	1730	5	2	1730	3	16	SJW-F06030160
2968	1730	5	9	1730	3	23	SJW-F06030230
2969	1730	5	12	1730	3	26	SJW-F06030260
2970	1730	5	25	1730	4	9	SJW-F06040090
2971	1730	5	31	1730	4	15	SJW-F06040150
2972	1730	6	3	1730	4	18	SJW-F06040180
2973	1730	6	6	1730	4	21	SJW-F06040210
2974	1730	6	11	1730	4	26	SJW-F06040260
2975	1730	6	20	1730	5	6	SJW-F06050060
2976	1730	6	25	1730	5	11	SJW-F06050110
2977	1730	6	28	1730	5	14	SJW-F06050140
2978	1730	6	29	1730	5	15	SJW-F06050150
2979	1730	7	1	1730	5	17	SJW-F06050170
2980	1730	7	2	1730	5	18	SJW-F06050180

续表

编号	公历			农历			ID 编号
	年	月	日	年	月	日	
2981	1730	7	8	1730	5	24	SJW-F06050240
2982	1730	7	9	1730	5	25	SJW-F06050250
2983	1730	7	13	1730	5	29	SJW-F06050290
2984	1730	7	14	1730	5	30	SJW-F06050300
2985	1730	9	21	1730	8	10	SJW-F06080100
2986	1730	9	22	1730	8	11	SJW-F06080110
2987	1730	9	23	1730	8	12	SJW-F06080120
2988	1730	10	6	1730	8	25	SJW-F06080250
2989	1730	10	24	1730	9	13	SJW-F06090130
2990	1730	11	6	1730	9	26	SJW-F06090260
2991	1730	11	12	1730	10	3	SJW-F06100030
2992	1730	11	20	1730	10	11	SJW-F06100110
2993	1730	11	30	1730	10	21	SJW-F06100210
2994	1731	1	10	1730	12	3	SJW-F06120030
2995	1731	3	1	1731	1	23	SJW-F07010230
2996	1731	3	2	1731	1	24	SJW-F07010240
2997	1731	3	7	1731	1	29	SJW-F07010290
2998	1731	3	14	1731	2	7	SJW-F07020070
2999	1731	4	3	1731	2	27	SJW-F07020270
3000	1731	4	12	1731	3	6	SJW-F07030060
3001	1731	4	24	1731	3	18	SJW-F07030180
3002	1731	4	25	1731	3	19	SJW-F07030190
3003	1731	5	11	1731	4	6	SJW-F07040060
3004	1731	5	12	1731	4	7	SJW-F07040070
3005	1731	5	13	1731	4	8	SJW-F07040080
3006	1731	5	18	1731	4	13	SJW-F07040130
3007	1731	6	5	1731	5	1	SJW-F07050010
3008	1731	7	11	1731	6	8	SJW-F07060080
3009	1731	7	16	1731	6	13	SJW-F07060130
3010	1731	7	17	1731	6	14	SJW-F07060140
3011	1731	7	18	1731	6	15	SJW-F07060150
3012	1731	7	19	1731	6	16	SJW-F07060160
3013	1731	7	20	1731	6	17	SJW-F07060170
3014	1731	7	21	1731	6	18	SJW-F07060180
3015	1731	7	22	1731	6	19	SJW-F07060190
3016	1731	7	23	1731	6	20	SJW-F07060200
3017	1731	7	24	1731	6	21	SJW-F07060210
3018	1731	7	26	1731	6	23	SJW-F07060230

续表

编号	公历			农历			ID 编号
	年	月	日	年	月	日	
3019	1731	7	27	1731	6	24	SJW-F07060240
3020	1731	8	4	1731	7	2	SJW-F07070020
3021	1731	8	5	1731	7	3	SJW-F07070030
3022	1731	8	6	1731	7	4	SJW-F07070040
3023	1731	8	7	1731	7	5	SJW-F07070050
3024	1731	8	8	1731	7	6	SJW-F07070060
3025	1731	8	17	1731	7	15	SJW-F07070150
3026	1731	8	20	1731	7	18	SJW-F07070180
3027	1731	8	21	1731	7	19	SJW-F07070190
3028	1731	8	25	1731	7	23	SJW-F07070230
3029	1731	8	26	1731	7	24	SJW-F07070240
3030	1731	8	29	1731	7	27	SJW-F07070270
3031	1731	8	31	1731	7	29	SJW-F07070290
3032	1731	9	3	1731	8	3	SJW-F07080030
3033	1731	9	19	1731	8	19	SJW-F07080190
3034	1731	9	20	1731	8	20	SJW-F07080200
3035	1731	9	21	1731	8	21	SJW-F07080210
3036	1731	10	6	1731	9	6	SJW-F07090060
3037	1731	10	9	1731	9	9	SJW-F07090090
3038	1731	10	19	1731	9	19	SJW-F07090190
3039	1731	10	25	1731	9	25	SJW-F07090250
3040	1731	11	8	1731	10	9	SJW-F07100090
3041	1731	11	30	1731	11	2	SJW-F07110020
3042	1731	12	5	1731	11	7	SJW-F07110070
3043	1731	12	11	1731	11	13	SJW-F07110130
3044	1732	4	2	1732	3	8	SJW-F08030080
3045	1732	4	4	1732	3	10	SJW-F08030100
3046	1732	4	10	1732	3	16	SJW-F08030160
3047	1732	4	13	1732	3	19	SJW-F08030190
3048	1732	4	16	1732	3	22	SJW-F08030220
3049	1732	4	30	1732	4	6	SJW-F08040060
3050	1732	5	1	1732	4	7	SJW-F08040070
3051	1732	5	11	1732	4	17	SJW-F08040170
3052	1732	5	18	1732	4	24	SJW-F08040240
3053	1732	5	24	1732	5	1	SJW-F08050010
3054	1732	5	26	1732	5	3	SJW-F08050030
3055	1732	5	31	1732	5	8	SJW-F08050080
3056	1732	6	22	1732	闰 5	1	SJW-F08051010

续表

编号	公历			农历			ID 编号
	年	月	日	年	月	日	
3057	1732	7	7	1732	闰 5	16	SJW-F08051160
3058	1732	7	10	1732	闰 5	19	SJW-F08051190
3059	1732	7	12	1732	闰 5	21	SJW-F08051210
3060	1732	7	13	1732	闰 5	22	SJW-F08051220
3061	1732	7	14	1732	闰 5	23	SJW-F08051230
3062	1732	7	20	1732	闰 5	29	SJW-F08051290
3063	1732	7	27	1732	6	6	SJW-F08060060
3064	1732	8	11	1732	6	21	SJW-F08060210
3065	1732	8	12	1732	6	22	SJW-F08060220
3066	1732	8	14	1732	6	24	SJW-F08060240
3067	1732	8	18	1732	6	28	SJW-F08060280
3068	1732	8	22	1732	7	3	SJW-F08070030
3069	1732	8	23	1732	7	4	SJW-F08070040
3070	1732	8	25	1732	7	6	SJW-F08070060
3071	1732	8	26	1732	7	7	SJW-F08070070
3072	1732	8	27	1732	7	8	SJW-F08070080
3073	1732	8	30	1732	7	11	SJW-F08070110
3074	1732	8	31	1732	7	12	SJW-F08070120
3075	1732	9	3	1732	7	15	SJW-F08070150
3076	1732	9	6	1732	7	18	SJW-F08070180
3077	1732	9	9	1732	7	21	SJW-F08070210
3078	1732	9	10	1732	7	22	SJW-F08070220
3079	1732	9	13	1732	7	25	SJW-F08070250
3080	1732	9	21	1732	8	3	SJW-F08080030
3081	1732	9	24	1732	8	6	SJW-F08080060
3082	1732	9	25	1732	8	7	SJW-F08080070
3083	1732	10	8	1732	8	20	SJW-F08080200
3084	1732	10	9	1732	8	21	SJW-F08080210
3085	1732	10	12	1732	8	24	SJW-F08080240
3086	1732	11	1	1732	9	14	SJW-F08090140
3087	1732	11	8	1732	9	21	SJW-F08090210
3088	1732	11	9	1732	9	22	SJW-F08090220
3089	1732	11	16	1732	9	29	SJW-F08090290
3090	1732	11	22	1732	10	5	SJW-F08100050
3091	1732	11	26	1732	10	9	SJW-F08100090
3092	1732	12	2	1732	10	15	SJW-F08100150
3093	1732	12	29	1732	11	13	SJW-F08110130
3094	1733	2	26	1733	1	13	SJW-F09010130

续表

编号	公历			农历			ID 编号
	年	月	日	年	月	日	
3095	1733	3	1	1733	1	16	SJW-F09010160
3096	1733	3	5	1733	1	20	SJW-F09010200
3097	1733	3	21	1733	2	6	SJW-F09020060
3098	1733	3	26	1733	2	11	SJW-F09020110
3099	1733	3	29	1733	2	14	SJW-F09020140
3100	1733	3	30	1733	2	15	SJW-F09020150
3101	1733	4	8	1733	2	24	SJW-F09020240
3102	1733	4	19	1733	3	6	SJW-F09030060
3103	1733	4	23	1733	3	10	SJW-F09030100
3104	1733	4	25	1733	3	12	SJW-F09030120
3105	1733	4	26	1733	3	13	SJW-F09030130
3106	1733	4	27	1733	3	14	SJW-F09030140
3107	1733	5	4	1733	3	21	SJW-F09030210
3108	1733	5	5	1733	3	22	SJW-F09030220
3109	1733	5	10	1733	3	27	SJW-F09030270
3110	1733	5	14	1733	4	1	SJW-F09040010
3111	1733	5	16	1733	4	3	SJW-F09040030
3112	1733	5	24	1733	4	11	SJW-F09040110
3113	1733	6	10	1733	4	28	SJW-F09040280
3114	1733	6	11	1733	4	29	SJW-F09040290
3115	1733	6	15	1733	5	4	SJW-F09050040
3116	1733	6	19	1733	5	8	SJW-F09050080
3117	1733	6	24	1733	5	13	SJW-F09050130
3118	1733	7	4	1733	5	23	SJW-F09050230
3119	1733	7	7	1733	5	26	SJW-F09050260
3120	1733	7	8	1733	5	27	SJW-F09050270
3121	1733	7	9	1733	5	28	SJW-F09050280
3122	1733	7	11	1733	6	1	SJW-F09060010
3123	1733	7	12	1733	6	2	SJW-F09060020
3124	1733	7	17	1733	6	7	SJW-F09060070
3125	1733	7	18	1733	6	8	SJW-F09060080
3126	1733	7	26	1733	6	16	SJW-F09060160
3127	1733	7	27	1733	6	17	SJW-F09060170
3128	1733	7	28	1733	6	18	SJW-F09060180
3129	1733	7	29	1733	6	19	SJW-F09060190
3130	1733	7	30	1733	6	20	SJW-F09060200
3131	1733	8	12	1733	7	3	SJW-F09070030
3132	1733	8	13	1733	7	4	SJW-F09070040

续表

编号	公历			农历			ID 编号
	年	月	日	年	月	日	
3133	1733	8	14	1733	7	5	SJW-F09070050
3134	1733	8	16	1733	7	7	SJW-F09070070
3135	1733	8	17	1733	7	8	SJW-F09070080
3136	1733	8	20	1733	7	11	SJW-F09070110
3137	1733	8	23	1733	7	14	SJW-F09070140
3138	1733	8	25	1733	7	16	SJW-F09070160
3139	1733	8	27	1733	7	18	SJW-F09070180
3140	1733	8	29	1733	7	20	SJW-F09070200
3141	1733	8	30	1733	7	21	SJW-F09070210
3142	1733	9	6	1733	7	28	SJW-F09070280
3143	1733	9	9	1733	8	2	SJW-F09080020
3144	1733	9	13	1733	8	6	SJW-F09080060
3145	1733	9	22	1733	8	15	SJW-F09080150
3146	1733	9	23	1733	8	16	SJW-F09080160
3147	1733	9	24	1733	8	17	SJW-F09080170
3148	1733	9	25	1733	8	18	SJW-F09080180
3149	1733	9	26	1733	8	19	SJW-F09080190
3150	1733	10	1	1733	8	24	SJW-F09080240
3151	1733	10	18	1733	9	11	SJW-F09090110
3152	1733	10	20	1733	9	13	SJW-F09090130
3153	1733	10	23	1733	9	16	SJW-F09090160
3154	1733	11	24	1733	10	18	SJW-F09100180
3155	1733	11	28	1733	10	22	SJW-F09100220
3156	1733	12	9	1733	11	4	SJW-F09110040
3157	1734	2	2	1733	12	29	SJW-F09120290
3158	1734	3	11	1734	2	7	SJW-F10020070
3159	1734	3	12	1734	2	8	SJW-F10020080
3160	1734	3	22	1734	2	18	SJW-F10020180
3161	1734	3	23	1734	2	19	SJW-F10020190
3162	1734	3	24	1734	2	20	SJW-F10020200
3163	1734	4	3	1734	2	30	SJW-F10020300
3164	1734	4	8	1734	3	5	SJW-F10030050
3165	1734	4	13	1734	3	10	SJW-F10030100
3166	1734	4	14	1734	3	11	SJW-F10030110
3167	1734	4	15	1734	3	12	SJW-F10030120
3168	1734	4	16	1734	3	13	SJW-F10030130
3169	1734	4	22	1734	3	19	SJW-F10030190
3170	1734	4	29	1734	3	26	SJW-F10030260

续表

编号	公历			农历			ID 编号
	年	月	日	年	月	日	
3171	1734	5	1	1734	3	28	SJW-F10030280
3172	1734	5	4	1734	4	2	SJW-F10040020
3173	1734	5	20	1734	4	18	SJW-F10040180
3174	1734	5	27	1734	4	25	SJW-F10040250
3175	1734	5	30	1734	4	28	SJW-F10040280
3176	1734	6	5	1734	5	4	SJW-F10050040
3177	1734	6	6	1734	5	5	SJW-F10050050
3178	1734	6	7	1734	5	6	SJW-F10050060
3179	1734	6	18	1734	5	17	SJW-F10050170
3180	1734	6	19	1734	5	18	SJW-F10050180
3181	1734	6	22	1734	5	21	SJW-F10050210
3182	1734	7	1	1734	6	1	SJW-F10060010
3183	1734	7	2	1734	6	2	SJW-F10060020
3184	1734	7	4	1734	6	4	SJW-F10060040
3185	1734	7	8	1734	6	8	SJW-F10060080
3186	1734	7	10	1734	6	10	SJW-F10060100
3187	1734	7	13	1734	6	13	SJW-F10060130
3188	1734	7	14	1734	6	14	SJW-F10060140
3189	1734	7	17	1734	6	17	SJW-F10060170
3190	1734	7	18	1734	6	18	SJW-F10060180
3191	1734	7	23	1734	6	23	SJW-F10060230
3192	1734	7	24	1734	6	24	SJW-F10060240
3193	1734	7	29	1734	6	29	SJW-F10060290
3194	1734	8	2	1734	7	4	SJW-F10070040
3195	1734	8	6	1734	7	8	SJW-F10070080
3196	1734	8	7	1734	7	9	SJW-F10070090
3197	1734	8	8	1734	7	10	SJW-F10070100
3198	1734	8	9	1734	7	11	SJW-F10070110
3199	1734	9	1	1734	8	4	SJW-F10080040
3200	1734	9	2	1734	8	5	SJW-F10080050
3201	1734	9	6	1734	8	9	SJW-F10080090
3202	1734	9	8	1734	8	11	SJW-F10080110
3203	1734	9	23	1734	8	26	SJW-F10080260
3204	1734	10	5	1734	9	9	SJW-F10090090
3205	1734	10	18	1734	9	22	SJW-F10090220
3206	1734	10	26	1734	9	30	SJW-F10090300
3207	1734	10	27	1734	10	1	SJW-F10100010
3208	1734	11	5	1734	10	10	SJW-F10100100

续表

编号	公历			农历			ID 编号
	年	月	日	年	月	日	
3209	1734	11	7	1734	10	12	SJW-F10100120
3210	1734	11	8	1734	10	13	SJW-F10100130
3211	1734	11	10	1734	10	15	SJW-F10100150
3212	1734	11	17	1734	10	22	SJW-F10100220
3213	1734	11	20	1734	10	25	SJW-F10100250
3214	1734	11	24	1734	10	29	SJW-F10100290
3215	1734	12	3	1734	11	9	SJW-F10110090
3216	1734	12	4	1734	11	10	SJW-F10110100
3217	1734	12	19	1734	11	25	SJW-F10110250
3218	1734	12	24	1734	11	30	SJW-F10110300
3219	1734	12	28	1734	12	4	SJW-F10120040
3220	1735	1	14	1734	12	21	SJW-F10120210
3221	1735	2	19	1735	1	27	SJW-F11010270
3222	1735	2	20	1735	1	28	SJW-F11010280
3223	1735	3	3	1735	2	9	SJW-F11020090
3224	1735	3	4	1735	2	10	SJW-F11020100
3225	1735	3	7	1735	2	13	SJW-F11020130
3226	1735	3	13	1735	2	19	SJW-F11020190
3227	1735	3	17	1735	2	23	SJW-F11020230
3228	1735	4	3	1735	3	11	SJW-F11030110
3229	1735	4	16	1735	3	24	SJW-F11030240
3230	1735	4	27	1735	4	5	SJW-F11040050
3231	1735	4	29	1735	4	7	SJW-F11040070
3232	1735	5	3	1735	4	11	SJW-F11040110
3233	1735	5	9	1735	4	17	SJW-F11040170
3234	1735	5	11	1735	4	19	SJW-F11040190
3235	1735	5	20	1735	4	28	SJW-F11040280
3236	1735	5	23	1735	闰 4	2	SJW-F11041020
3237	1735	5	28	1735	闰 4	7	SJW-F11041070
3238	1735	6	4	1735	闰 4	14	SJW-F11041140
3239	1735	6	7	1735	闰 4	17	SJW-F11041170
3240	1735	6	24	1735	5	4	SJW-F11050040
3241	1735	6	26	1735	5	6	SJW-F11050060
3242	1735	6	27	1735	5	7	SJW-F11050070
3243	1735	6	28	1735	5	8	SJW-F11050080
3244	1735	7	2	1735	5	12	SJW-F11050120
3245	1735	7	3	1735	5	13	SJW-F11050130
3246	1735	7	8	1735	5	18	SJW-F11050180

续表

编号	公历			农历			ID 编号
	年	月	日	年	月	日	
3247	1735	7	12	1735	5	22	SJW-F11050220
3248	1735	7	13	1735	5	23	SJW-F11050230
3249	1735	7	16	1735	5	26	SJW-F11050260
3250	1735	7	17	1735	5	27	SJW-F11050270
3251	1735	7	19	1735	5	29	SJW-F11050290
3252	1735	7	20	1735	6	1	SJW-F11060010
3253	1735	7	21	1735	6	2	SJW-F11060020
3254	1735	7	22	1735	6	3	SJW-F11060030
3255	1735	7	23	1735	6	4	SJW-F11060040
3256	1735	7	24	1735	6	5	SJW-F11060050
3257	1735	8	5	1735	6	17	SJW-F11060170
3258	1735	8	6	1735	6	18	SJW-F11060180
3259	1735	8	7	1735	6	19	SJW-F11060190
3260	1735	8	12	1735	6	24	SJW-F11060240
3261	1735	8	14	1735	6	26	SJW-F11060260
3262	1735	8	15	1735	6	27	SJW-F11060270
3263	1735	8	16	1735	6	28	SJW-F11060280
3264	1735	8	17	1735	6	29	SJW-F11060290
3265	1735	8	27	1735	7	10	SJW-F11070100
3266	1735	8	28	1735	7	11	SJW-F11070110
3267	1735	9	6	1735	7	20	SJW-F11070200
3268	1735	9	7	1735	7	21	SJW-F11070210
3269	1735	9	8	1735	7	22	SJW-F11070220
3270	1735	9	15	1735	7	29	SJW-F11070290
3271	1735	9	28	1735	8	13	SJW-F11080130
3272	1735	10	5	1735	8	20	SJW-F11080200
3273	1735	10	16	1735	9	1	SJW-F11090010
3274	1735	10	17	1735	9	2	SJW-F11090020
3275	1735	10	24	1735	9	9	SJW-F11090090
3276	1735	11	1	1735	9	17	SJW-F11090170
3277	1735	11	7	1735	9	23	SJW-F11090230
3278	1735	12	16	1735	11	3	SJW-F11110030
3279	1736	2	1	1735	12	20	SJW-F11120200
3280	1736	2	5	1735	12	24	SJW-F11120240
3281	1736	2	25	1736	1	14	SJW-F12010140
3282	1736	3	2	1736	1	20	SJW-F12010200
3283	1736	3	5	1736	1	23	SJW-F12010230
3284	1736	3	9	1736	1	27	SJW-F12010270

续表

编号	公历			农历			ID 编号
	年	月	日	年	月	日	
3285	1736	3	19	1736	2	8	SJW-F12020080
3286	1736	3	23	1736	2	12	SJW-F12020120
3287	1736	3	23	1736	2	12	SJW-F12020121
3288	1736	3	24	1736	2	13	SJW-F12020130
3289	1736	3	30	1736	2	19	SJW-F12020190
3290	1736	4	1	1736	2	21	SJW-F12020210
3291	1736	4	7	1736	2	27	SJW-F12020270
3292	1736	4	8	1736	2	28	SJW-F12020280
3293	1736	4	12	1736	3	2	SJW-F12030020
3294	1736	4	13	1736	3	3	SJW-F12030030
3295	1736	4	18	1736	3	8	SJW-F12030080
3296	1736	4	19	1736	3	9	SJW-F12030090
3297	1736	4	20	1736	3	10	SJW-F12030100
3298	1736	4	23	1736	3	13	SJW-F12030130
3299	1736	4	25	1736	3	15	SJW-F12030150
3300	1736	4	27	1736	3	17	SJW-F12030170
3301	1736	5	7	1736	3	27	SJW-F12030270
3302	1736	5	12	1736	4	2	SJW-F12040020
3303	1736	5	12	1736	4	2	SJW-F12040021
3304	1736	5	13	1736	4	3	SJW-F12040030
3305	1736	5	17	1736	4	7	SJW-F12040070
3306	1736	5	21	1736	4	11	SJW-F12040110
3307	1736	5	23	1736	4	13	SJW-F12040130
3308	1736	5	31	1736	4	21	SJW-F12040210
3309	1736	6	1	1736	4	22	SJW-F12040220
3310	1736	6	8	1736	4	29	SJW-F12040290
3311	1736	6	9	1736	5	1	SJW-F12050010
3312	1736	6	14	1736	5	6	SJW-F12050060
3313	1736	6	15	1736	5	7	SJW-F12050070
3314	1736	6	18	1736	5	10	SJW-F12050100
3315	1736	6	25	1736	5	17	SJW-F12050170
3316	1736	6	25	1736	5	17	SJW-F12050171
3317	1736	6	27	1736	5	19	SJW-F12050190
3318	1736	6	30	1736	5	22	SJW-F12050220
3319	1736	7	6	1736	5	28	SJW-F12050280
3320	1736	7	17	1736	6	9	SJW-F12060090
3321	1736	7	18	1736	6	10	SJW-F12060100
3322	1736	7	19	1736	6	11	SJW-F12060110

续表

编号	公历			农历			ID 编号
	年	月	日	年	月	日	
3323	1736	7	23	1736	6	15	SJW-F12060150
3324	1736	7	25	1736	6	17	SJW-F12060170
3325	1736	7	26	1736	6	18	SJW-F12060180
3326	1736	7	27	1736	6	19	SJW-F12060190
3327	1736	7	28	1736	6	20	SJW-F12060200
3328	1736	7	30	1736	6	22	SJW-F12060220
3329	1736	7	31	1736	6	23	SJW-F12060230
3330	1736	8	1	1736	6	24	SJW-F12060240
3331	1736	8	2	1736	6	25	SJW-F12060250
3332	1736	8	3	1736	6	26	SJW-F12060260
3333	1736	8	6	1736	6	29	SJW-F12060290
3334	1736	8	8	1736	7	2	SJW-F12070020
3335	1736	8	9	1736	7	3	SJW-F12070030
3336	1736	8	11	1736	7	5	SJW-F12070050
3337	1736	8	16	1736	7	10	SJW-F12070100
3338	1736	9	7	1736	8	3	SJW-F12080030
3339	1736	9	19	1736	8	15	SJW-F12080150
3340	1736	9	20	1736	8	16	SJW-F12080160
3341	1736	9	25	1736	8	21	SJW-F12080210
3342	1736	9	26	1736	8	22	SJW-F12080220
3343	1736	9	27	1736	8	23	SJW-F12080230
3344	1736	10	5	1736	9	1	SJW-F12090010
3345	1736	10	6	1736	9	2	SJW-F12090020
3346	1736	10	8	1736	9	4	SJW-F12090040
3347	1736	10	12	1736	9	8	SJW-F12090080
3348	1736	10	14	1736	9	10	SJW-F12090100
3349	1736	10	19	1736	9	15	SJW-F12090150
3350	1736	10	25	1736	9	21	SJW-F12090210
3351	1736	11	19	1736	10	17	SJW-F12100170
3352	1736	12	1	1736	10	29	SJW-F12100290
3353	1737	1	2	1736	12	2	SJW-F12120020
3354	1737	3	16	1737	2	16	SJW-F13020160
3355	1737	3	19	1737	2	19	SJW-F13020190
3356	1737	3	20	1737	2	20	SJW-F13020200
3357	1737	3	21	1737	2	21	SJW-F13020210
3358	1737	3	25	1737	2	25	SJW-F13020250
3359	1737	3	26	1737	2	26	SJW-F13020260
3360	1737	3	28	1737	2	28	SJW-F13020280

续表

编号	公历			农历			ID 编号
	年	月	日	年	月	日	
3361	1737	3	29	1737	2	29	SJW-F13020290
3362	1737	4	7	1737	3	8	SJW-F13030080
3363	1737	4	10	1737	3	11	SJW-F13030110
3364	1737	4	15	1737	3	16	SJW-F13030160
3365	1737	4	19	1737	3	20	SJW-F13030200
3366	1737	5	7	1737	4	8	SJW-F13040080
3367	1737	5	16	1737	4	17	SJW-F13040170
3368	1737	5	21	1737	4	22	SJW-F13040220
3369	1737	5	22	1737	4	23	SJW-F13040230
3370	1737	5	23	1737	4	24	SJW-F13040240
3371	1737	5	25	1737	4	26	SJW-F13040260
3372	1737	5	26	1737	4	27	SJW-F13040270
3373	1737	6	1	1737	5	4	SJW-F13050040
3374	1737	6	15	1737	5	18	SJW-F13050180
3375	1737	6	23	1737	5	26	SJW-F13050260
3376	1737	6	29	1737	6	2	SJW-F13060020
3377	1737	7	3	1737	6	6	SJW-F13060060
3378	1737	7	10	1737	6	13	SJW-F13060130
3379	1737	7	11	1737	6	14	SJW-F13060140
3380	1737	7	12	1737	6	15	SJW-F13060150
3381	1737	7	13	1737	6	16	SJW-F13060160
3382	1737	7	14	1737	6	17	SJW-F13060170
3383	1737	8	6	1737	7	11	SJW-F13070110
3384	1737	8	8	1737	7	13	SJW-F13070130
3385	1737	8	11	1737	7	16	SJW-F13070160
3386	1737	8	12	1737	7	17	SJW-F13070170
3387	1737	8	15	1737	7	20	SJW-F13070200
3388	1737	8	17	1737	7	22	SJW-F13070220
3389	1737	8	18	1737	7	23	SJW-F13070230
3390	1737	8	20	1737	7	25	SJW-F13070250
3391	1737	8	21	1737	7	26	SJW-F13070260
3392	1737	8	22	1737	7	27	SJW-F13070270
3393	1737	9	1	1737	8	7	SJW-F13080070
3394	1737	9	11	1737	8	17	SJW-F13080170
3395	1737	9	15	1737	8	21	SJW-F13080210
3396	1737	9	25	1737	9	2	SJW-F13090020
3397	1737	9	26	1737	9	3	SJW-F13090030
3398	1737	10	10	1737	9	17	SJW-F13090170

续表

编号	公历			农历			ID 编号
	年	月	日	年	月	日	
3399	1737	10	13	1737	9	20	SJW-F13090200
3400	1737	10	21	1737	9	28	SJW-F13090280
3401	1737	10	22	1737	9	29	SJW-F13090290
3402	1737	10	28	1737	闰 9	5	SJW-F13091050
3403	1737	11	7	1737	闰 9	15	SJW-F13091150
3404	1737	11	13	1737	闰 9	21	SJW-F13091210
3405	1737	11	27	1737	10	6	SJW-F13100060
3406	1737	11	28	1737	10	7	SJW-F13100070
3407	1737	12	1	1737	10	10	SJW-F13100100
3408	1737	12	2	1737	10	11	SJW-F13100110
3409	1737	12	7	1737	10	16	SJW-F13100160
3410	1737	12	27	1737	11	7	SJW-F13110070
3411	1738	1	5	1737	11	16	SJW-F13110160
3412	1738	1	12	1737	11	23	SJW-F13110230
3413	1738	2	28	1738	1	10	SJW-F14010100
3414	1738	3	10	1738	1	20	SJW-F14010200
3415	1738	3	14	1738	1	24	SJW-F14010240
3416	1738	3	31	1738	2	12	SJW-F14020120
3417	1738	4	8	1738	2	20	SJW-F14020200
3418	1738	4	9	1738	2	21	SJW-F14020210
3419	1738	4	18	1738	2	30	SJW-F14020300
3420	1738	4	19	1738	3	1	SJW-F14030010
3421	1738	4	26	1738	3	8	SJW-F14030080
3422	1738	4	30	1738	3	12	SJW-F14030120
3423	1738	5	10	1738	3	22	SJW-F14030220
3424	1738	5	18	1738	3	30	SJW-F14030300
3425	1738	5	19	1738	4	1	SJW-F14040010
3426	1738	5	23	1738	4	5	SJW-F14040050
3427	1738	5	30	1738	4	12	SJW-F14040120
3428	1738	6	11	1738	4	24	SJW-F14040240
3429	1738	6	15	1738	4	28	SJW-F14040280
3430	1738	7	6	1738	5	20	SJW-F14050200
3431	1738	7	7	1738	5	21	SJW-F14050210
3432	1738	7	10	1738	5	24	SJW-F14050240
3433	1738	7	11	1738	5	25	SJW-F14050250
3434	1738	7	14	1738	5	28	SJW-F14050280
3435	1738	7	15	1738	5	29	SJW-F14050290
3436	1738	7	18	1738	6	2	SJW-F14060020

续表

编号	公历			农历			ID编号
	年	月	日	年	月	日	
3437	1738	7	21	1738	6	5	SJW-F14060050
3438	1738	7	22	1738	6	6	SJW-F14060060
3439	1738	7	24	1738	6	8	SJW-F14060080
3440	1738	7	28	1738	6	12	SJW-F14060120
3441	1738	7	29	1738	6	13	SJW-F14060130
3442	1738	7	30	1738	6	14	SJW-F14060140
3443	1738	7	31	1738	6	15	SJW-F14060150
3444	1738	8	5	1738	6	20	SJW-F14060200
3445	1738	8	14	1738	6	29	SJW-F14060290
3446	1738	8	19	1738	7	5	SJW-F14070050
3447	1738	8	22	1738	7	8	SJW-F14070080
3448	1738	8	23	1738	7	9	SJW-F14070090
3449	1738	8	28	1738	7	14	SJW-F14070140
3450	1738	9	8	1738	7	25	SJW-F14070250
3451	1738	9	9	1738	7	26	SJW-F14070260
3452	1738	9	10	1738	7	27	SJW-F14070270
3453	1738	10	5	1738	8	22	SJW-F14080220
3454	1738	10	15	1738	9	3	SJW-F14090030
3455	1738	10	16	1738	9	4	SJW-F14090040
3456	1738	10	19	1738	9	7	SJW-F14090070
3457	1738	10	23	1738	9	11	SJW-F14090110
3458	1738	11	3	1738	9	22	SJW-F14090220
3459	1738	11	10	1738	9	29	SJW-F14090290
3460	1738	11	11	1738	9	30	SJW-F14090300
3461	1738	11	20	1738	10	9	SJW-F14100090
3462	1738	11	25	1738	10	14	SJW-F14100140
3463	1738	11	29	1738	10	18	SJW-F14100180
3464	1739	3	13	1739	2	4	SJW-F15020040
3465	1739	3	23	1739	2	14	SJW-F15020140
3466	1739	3	29	1739	2	20	SJW-F15020200
3467	1739	4	2	1739	2	24	SJW-F15020240
3468	1739	4	9	1739	3	2	SJW-F15030020
3469	1739	4	13	1739	3	6	SJW-F15030060
3470	1739	4	20	1739	3	13	SJW-F15030130
3471	1739	5	2	1739	3	25	SJW-F15030250
3472	1739	5	3	1739	3	26	SJW-F15030260
3473	1739	5	4	1739	3	27	SJW-F15030270
3474	1739	5	6	1739	3	29	SJW-F15030290

续表

编号	公历			农历			ID 编号
	年	月	日	年	月	日	
3475	1739	5	14	1739	4	7	SJW-F15040070
3476	1739	5	15	1739	4	8	SJW-F15040080
3477	1739	5	18	1739	4	11	SJW-F15040110
3478	1739	5	25	1739	4	18	SJW-F15040180
3479	1739	5	26	1739	4	19	SJW-F15040190
3480	1739	6	13	1739	5	8	SJW-F15050080
3481	1739	6	15	1739	5	10	SJW-F15050100
3482	1739	6	24	1739	5	19	SJW-F15050190
3483	1739	6	25	1739	5	20	SJW-F15050200
3484	1739	6	26	1739	5	21	SJW-F15050210
3485	1739	6	27	1739	5	22	SJW-F15050220
3486	1739	6	28	1739	5	23	SJW-F15050230
3487	1739	7	1	1739	5	26	SJW-F15050260
3488	1739	7	5	1739	5	30	SJW-F15050300
3489	1739	7	6	1739	6	1	SJW-F15060010
3490	1739	7	7	1739	6	2	SJW-F15060020
3491	1739	7	8	1739	6	3	SJW-F15060030
3492	1739	7	12	1739	6	7	SJW-F15060070
3493	1739	7	13	1739	6	8	SJW-F15060080
3494	1739	7	16	1739	6	11	SJW-F15060110
3495	1739	7	21	1739	6	16	SJW-F15060160
3496	1739	7	22	1739	6	17	SJW-F15060170
3497	1739	7	23	1739	6	18	SJW-F15060180
3498	1739	7	25	1739	6	20	SJW-F15060200
3499	1739	7	26	1739	6	21	SJW-F15060210
3500	1739	7	27	1739	6	22	SJW-F15060220
3501	1739	7	28	1739	6	23	SJW-F15060230
3502	1739	7	30	1739	6	25	SJW-F15060250
3503	1739	7	31	1739	6	26	SJW-F15060260
3504	1739	8	13	1739	7	10	SJW-F15070100
3505	1739	8	17	1739	7	14	SJW-F15070140
3506	1739	8	19	1739	7	16	SJW-F15070160
3507	1739	8	23	1739	7	20	SJW-F15070200
3508	1739	8	24	1739	7	21	SJW-F15070210
3509	1739	8	25	1739	7	22	SJW-F15070220
3510	1739	8	26	1739	7	23	SJW-F15070230
3511	1739	8	27	1739	7	24	SJW-F15070240
3512	1739	9	5	1739	8	3	SJW-F15080030

续表

编号	公历			农历			ID 编号
	年	月	日	年	月	日	
3513	1739	9	5	1739	8	3	SJW-F15080031
3514	1739	9	6	1739	8	4	SJW-F15080040
3515	1739	9	13	1739	8	11	SJW-F15080110
3516	1739	9	22	1739	8	20	SJW-F15080200
3517	1739	10	1	1739	8	29	SJW-F15080290
3518	1739	10	11	1739	9	9	SJW-F15090090
3519	1739	10	15	1739	9	13	SJW-F15090130
3520	1739	11	3	1739	10	3	SJW-F15100030
3521	1739	11	13	1739	10	13	SJW-F15100130
3522	1739	11	21	1739	10	21	SJW-F15100210
3523	1739	11	23	1739	10	23	SJW-F15100230
3524	1739	12	3	1739	11	3	SJW-F15110030
3525	1739	12	8	1739	11	8	SJW-F15110080
3526	1739	12	12	1739	11	12	SJW-F15110120
3527	1739	12	13	1739	11	13	SJW-F15110130
3528	1739	12	16	1739	11	16	SJW-F15110160
3529	1739	12	21	1739	11	21	SJW-F15110210
3530	1739	12	22	1739	11	22	SJW-F15110220
3531	1740	1	28	1739	12	30	SJW-F15120300
3532	1740	3	16	1740	2	19	SJW-F16020190
3533	1740	3	20	1740	2	23	SJW-F16020230
3534	1740	3	21	1740	2	24	SJW-F16020240
3535	1740	3	22	1740	2	25	SJW-F16020250
3536	1740	4	5	1740	3	9	SJW-F16030090
3537	1740	4	11	1740	3	15	SJW-F16030150
3538	1740	4	19	1740	3	23	SJW-F16030230
3539	1740	5	2	1740	4	7	SJW-F16040070
3540	1740	5	7	1740	4	12	SJW-F16040120
3541	1740	5	9	1740	4	14	SJW-F16040140
3542	1740	5	10	1740	4	15	SJW-F16040150
3543	1740	5	19	1740	4	24	SJW-F16040240
3544	1740	5	20	1740	4	25	SJW-F16040250
3545	1740	5	22	1740	4	27	SJW-F16040270
3546	1740	5	24	1740	4	29	SJW-F16040290
3547	1740	5	30	1740	5	6	SJW-F16050060
3548	1740	5	31	1740	5	7	SJW-F16050070
3549	1740	6	1	1740	5	8	SJW-F16050080
3550	1740	6	4	1740	5	11	SJW-F16050110

续表

编号	公历			农历			ID 编号
	年	月	日	年	月	日	
3551	1740	6	6	1740	5	13	SJW-F16050130
3552	1740	6	7	1740	5	14	SJW-F16050140
3553	1740	6	10	1740	5	17	SJW-F16050170
3554	1740	6	11	1740	5	18	SJW-F16050180
3555	1740	6	18	1740	5	25	SJW-F16050250
3556	1740	6	21	1740	5	28	SJW-F16050280
3557	1740	6	23	1740	5	30	SJW-F16050300
3558	1740	6	24	1740	6	1	SJW-F16060010
3559	1740	6	26	1740	6	3	SJW-F16060030
3560	1740	6	29	1740	6	6	SJW-F16060060
3561	1740	7	1	1740	6	8	SJW-F16060080
3562	1740	7	7	1740	6	14	SJW-F16060140
3563	1740	7	11	1740	6	18	SJW-F16060180
3564	1740	7	12	1740	6	19	SJW-F16060190
3565	1740	7	15	1740	6	22	SJW-F16060220
3566	1740	7	17	1740	6	24	SJW-F16060240
3567	1740	7	18	1740	6	25	SJW-F16060250
3568	1740	7	22	1740	6	29	SJW-F16060290
3569	1740	7	23	1740	6	30	SJW-F16060300
3570	1740	7	25	1740	闰 6	2	SJW-F16061020
3571	1740	7	27	1740	闰 6	4	SJW-F16061040
3572	1740	7	28	1740	闰 6	5	SJW-F16061050
3573	1740	7	29	1740	闰 6	6	SJW-F16061060
3574	1740	7	30	1740	闰 6	7	SJW-F16061070
3575	1740	8	6	1740	闰 6	14	SJW-F16061140
3576	1740	8	12	1740	闰 6	20	SJW-F16061200
3577	1740	8	13	1740	闰 6	21	SJW-F16061210
3578	1740	8	14	1740	闰 6	22	SJW-F16061220
3579	1740	8	19	1740	闰 6	27	SJW-F16061270
3580	1740	8	26	1740	7	5	SJW-F16070050
3581	1740	8	27	1740	7	6	SJW-F16070060
3582	1740	8	28	1740	7	7	SJW-F16070070
3583	1740	9	2	1740	7	12	SJW-F16070120
3584	1740	9	5	1740	7	15	SJW-F16070150
3585	1740	9	9	1740	7	19	SJW-F16070190
3586	1740	9	10	1740	7	20	SJW-F16070200
3587	1740	9	11	1740	7	21	SJW-F16070210
3588	1740	9	12	1740	7	22	SJW-F16070220

续表

编号	公历			农历			ID编号
	年	月	日	年	月	日	
3589	1740	9	17	1740	7	27	SJW-F16070270
3590	1740	10	12	1740	8	22	SJW-F16080220
3591	1740	10	14	1740	8	24	SJW-F16080240
3592	1740	10	15	1740	8	25	SJW-F16080250
3593	1740	10	19	1740	8	29	SJW-F16080290
3594	1740	10	19	1740	8	29	SJW-F16080291
3595	1740	10	22	1740	9	2	SJW-F16090021
3596	1740	10	30	1740	9	10	SJW-F16090100
3597	1740	11	1	1740	9	12	SJW-F16090120
3598	1740	11	4	1740	9	15	SJW-F16090150
3599	1740	11	7	1740	9	18	SJW-F16090180
3600	1740	11	8	1740	9	19	SJW-F16090190
3601	1740	11	10	1740	9	21	SJW-F16090210
3602	1740	11	14	1740	9	25	SJW-F16090250
3603	1741	2	6	1740	12	21	SJW-F16120210
3604	1741	2	19	1741	1	4	SJW-F17010040
3605	1741	2	25	1741	1	10	SJW-F17010100
3606	1741	3	14	1741	1	27	SJW-F17010270
3607	1741	3	15	1741	1	28	SJW-F17010280
3608	1741	3	18	1741	2	2	SJW-F17020020
3609	1741	3	26	1741	2	10	SJW-F17020100
3610	1741	4	2	1741	2	17	SJW-F17020170
3611	1741	4	5	1741	2	20	SJW-F17020200
3612	1741	4	13	1741	2	28	SJW-F17020280
3613	1741	4	14	1741	2	29	SJW-F17020290
3614	1741	4	19	1741	3	4	SJW-F17030040
3615	1741	4	24	1741	3	9	SJW-F17030090
3616	1741	5	1	1741	3	16	SJW-F17030160
3617	1741	5	7	1741	3	22	SJW-F17030220
3618	1741	5	18	1741	4	4	SJW-F17040040
3619	1741	5	26	1741	4	12	SJW-F17040120
3620	1741	5	29	1741	4	15	SJW-F17040150
3621	1741	5	30	1741	4	16	SJW-F17040160
3622	1741	6	4	1741	4	21	SJW-F17040210
3623	1741	6	7	1741	4	24	SJW-F17040240
3624	1741	6	11	1741	4	28	SJW-F17040280
3625	1741	6	14	1741	5	2	SJW-F17050020
3626	1741	6	17	1741	5	5	SJW-F17050050

续表

编号	公历			农历			ID 编号
	年	月	日	年	月	日	
3627	1741	6	18	1741	5	6	SJW-F17050060
3628	1741	6	19	1741	5	7	SJW-F17050070
3629	1741	6	22	1741	5	10	SJW-F17050100
3630	1741	6	23	1741	5	11	SJW-F17050110
3631	1741	6	27	1741	5	15	SJW-F17050150
3632	1741	6	28	1741	5	16	SJW-F17050160
3633	1741	7	4	1741	5	22	SJW-F17050220
3634	1741	7	9	1741	5	27	SJW-F17050270
3635	1741	7	10	1741	5	28	SJW-F17050280
3636	1741	7	15	1741	6	3	SJW-F17060030
3637	1741	7	18	1741	6	6	SJW-F17060060
3638	1741	7	22	1741	6	10	SJW-F17060100
3639	1741	7	23	1741	6	11	SJW-F17060110
3640	1741	7	24	1741	6	12	SJW-F17060120
3641	1741	7	25	1741	6	13	SJW-F17060130
3642	1741	7	26	1741	6	14	SJW-F17060140
3643	1741	7	27	1741	6	15	SJW-F17060150
3644	1741	7	31	1741	6	19	SJW-F17060190
3645	1741	8	4	1741	6	23	SJW-F17060230
3646	1741	8	5	1741	6	24	SJW-F17060240
3647	1741	8	12	1741	7	2	SJW-F17070020
3648	1741	8	13	1741	7	3	SJW-F17070030
3649	1741	8	15	1741	7	5	SJW-F17070050
3650	1741	8	18	1741	7	8	SJW-F17070080
3651	1741	8	19	1741	7	9	SJW-F17070090
3652	1741	8	20	1741	7	10	SJW-F17070100
3653	1741	8	21	1741	7	11	SJW-F17070110
3654	1741	8	22	1741	7	12	SJW-F17070120
3655	1741	8	23	1741	7	13	SJW-F17070130
3656	1741	8	27	1741	7	17	SJW-F17070170
3657	1741	8	30	1741	7	20	SJW-F17070200
3658	1741	8	31	1741	7	21	SJW-F17070210
3659	1741	9	15	1741	8	6	SJW-F17080060
3660	1741	9	22	1741	8	13	SJW-F17080130
3661	1741	10	2	1741	8	23	SJW-F17080230
3662	1741	10	8	1741	8	29	SJW-F17080290
3663	1741	10	23	1741	9	14	SJW-F17090140
3664	1741	10	26	1741	9	17	SJW-F17090170

续表

编号	公历			农历			ID 编号
	年	月	日	年	月	日	
3665	1741	10	28	1741	9	19	SJW-F17090190
3666	1741	11	3	1741	9	25	SJW-F17090250
3667	1741	11	7	1741	9	29	SJW-F17090290
3668	1741	11	13	1741	10	6	SJW-F17100060
3669	1741	11	15	1741	10	8	SJW-F17100080
3670	1741	12	1	1741	10	24	SJW-F17100240
3671	1741	12	16	1741	11	9	SJW-F17110090
3672	1741	12	22	1741	11	15	SJW-F17110150
3673	1742	1	19	1741	12	13	SJW-F17120130
3674	1742	1	28	1741	12	22	SJW-F17120220
3675	1742	1	29	1741	12	23	SJW-F17120230
3676	1742	2	14	1742	1	10	SJW-F18010100
3677	1742	3	17	1742	2	11	SJW-F18020110
3678	1742	3	22	1742	2	16	SJW-F18020160
3679	1742	3	23	1742	2	17	SJW-F18020170
3680	1742	3	27	1742	2	21	SJW-F18020210
3681	1742	4	5	1742	3	1	SJW-F18030010
3682	1742	4	10	1742	3	6	SJW-F18030060
3683	1742	4	18	1742	3	14	SJW-F18030140
3684	1742	4	22	1742	3	18	SJW-F18030180
3685	1742	4	23	1742	3	19	SJW-F18030190
3686	1742	4	24	1742	3	20	SJW-F18030200
3687	1742	4	26	1742	3	22	SJW-F18030220
3688	1742	5	1	1742	3	27	SJW-F18030270
3689	1742	5	9	1742	4	5	SJW-F18040050
3690	1742	5	12	1742	4	8	SJW-F18040080
3691	1742	5	21	1742	4	17	SJW-F18040170
3692	1742	6	6	1742	5	4	SJW-F18050040
3693	1742	6	11	1742	5	9	SJW-F18050090
3694	1742	6	16	1742	5	14	SJW-F18050140
3695	1742	6	20	1742	5	18	SJW-F18050180
3696	1742	6	21	1742	5	19	SJW-F18050190
3697	1742	6	22	1742	5	20	SJW-F18050200
3698	1742	6	24	1742	5	22	SJW-F18050220
3699	1742	6	27	1742	5	25	SJW-F18050250
3700	1742	7	1	1742	5	29	SJW-F18050290
3701	1742	7	7	1742	6	6	SJW-F18060060
3702	1742	7	15	1742	6	14	SJW-F18060140

续表

编号	公历			农历			ID 编号
	年	月	日	年	月	日	
3703	1742	7	16	1742	6	15	SJW-F18060150
3704	1742	7	17	1742	6	16	SJW-F18060160
3705	1742	7	18	1742	6	17	SJW-F18060170
3706	1742	7	19	1742	6	18	SJW-F18060180
3707	1742	7	20	1742	6	19	SJW-F18060190
3708	1742	7	21	1742	6	20	SJW-F18060200
3709	1742	7	22	1742	6	21	SJW-F18060210
3710	1742	7	23	1742	6	22	SJW-F18060220
3711	1742	7	27	1742	6	26	SJW-F18060260
3712	1742	7	28	1742	6	27	SJW-F18060270
3713	1742	7	29	1742	6	28	SJW-F18060280
3714	1742	8	2	1742	7	2	SJW-F18070020
3715	1742	8	5	1742	7	5	SJW-F18070050
3716	1742	8	8	1742	7	8	SJW-F18070080
3717	1742	8	18	1742	7	18	SJW-F18070180
3718	1742	8	19	1742	7	19	SJW-F18070190
3719	1742	8	20	1742	7	20	SJW-F18070200
3720	1742	8	24	1742	7	24	SJW-F18070240
3721	1742	8	25	1742	7	25	SJW-F18070250
3722	1742	9	8	1742	8	10	SJW-F18080100
3723	1742	9	12	1742	8	14	SJW-F18080140
3724	1742	9	16	1742	8	18	SJW-F18080180
3725	1742	9	20	1742	8	22	SJW-F18080220
3726	1742	9	29	1742	9	1	SJW-F18090010
3727	1742	10	1	1742	9	3	SJW-F18090030
3728	1742	10	2	1742	9	4	SJW-F18090040
3729	1742	10	7	1742	9	9	SJW-F18090090
3730	1742	11	8	1742	10	12	SJW-F18100120
3731	1742	11	11	1742	10	15	SJW-F18100150
3732	1742	11	13	1742	10	17	SJW-F18100170
3733	1742	12	5	1742	11	9	SJW-F18110090
3734	1742	12	10	1742	11	14	SJW-F18110140
3735	1743	2	1	1743	1	7	SJW-F19010070
3736	1743	2	2	1743	1	8	SJW-F19010080
3737	1743	2	3	1743	1	9	SJW-F19010090
3738	1743	2	4	1743	1	10	SJW-F19010100
3739	1743	3	16	1743	2	21	SJW-F19020210
3740	1743	3	20	1743	2	25	SJW-F19020250

续表

编号	公历			农历			ID 编号
	年	月	日	年	月	日	
3741	1743	3	25	1743	2	30	SJW-F19020300
3742	1743	4	5	1743	3	11	SJW-F19030110
3743	1743	5	10	1743	4	17	SJW-F19040170
3744	1743	5	22	1743	4	29	SJW-F19040290
3745	1743	5	29	1743	闰 4	6	SJW-F19041060
3746	1743	5	30	1743	闰 4	7	SJW-F19041070
3747	1743	6	4	1743	闰 4	12	SJW-F19041120
3748	1743	6	5	1743	闰 4	13	SJW-F19041130
3749	1743	6	7	1743	闰 4	15	SJW-F19041150
3750	1743	6	19	1743	闰 4	27	SJW-F19041270
3751	1743	6	21	1743	闰 4	29	SJW-F19041290
3752	1743	6	26	1743	5	5	SJW-F19050050
3753	1743	6	28	1743	5	7	SJW-F19050070
3754	1743	7	8	1743	5	17	SJW-F19050170
3755	1743	7	9	1743	5	18	SJW-F19050180
3756	1743	7	13	1743	5	22	SJW-F19050220
3757	1743	7	14	1743	5	23	SJW-F19050230
3758	1743	7	27	1743	6	7	SJW-F19060070
3759	1743	8	2	1743	6	13	SJW-F19060130
3760	1743	8	3	1743	6	14	SJW-F19060140
3761	1743	8	5	1743	6	16	SJW-F19060160
3762	1743	8	7	1743	6	18	SJW-F19060180
3763	1743	8	12	1743	6	23	SJW-F19060230
3764	1743	8	13	1743	6	24	SJW-F19060240
3765	1743	8	16	1743	6	27	SJW-F19060270
3766	1743	8	29	1743	7	11	SJW-F19070110
3767	1743	9	3	1743	7	16	SJW-F19070160
3768	1743	9	6	1743	7	19	SJW-F19070190
3769	1743	9	9	1743	7	22	SJW-F19070220
3770	1743	9	27	1743	8	10	SJW-F19080100
3771	1743	10	8	1743	8	21	SJW-F19080210
3772	1743	10	11	1743	8	24	SJW-F19080240
3773	1743	10	12	1743	8	25	SJW-F19080250
3774	1743	10	22	1743	9	6	SJW-F19090060
3775	1743	10	24	1743	9	8	SJW-F19090080
3776	1743	11	24	1743	10	9	SJW-F19100090
3777	1743	12	30	1743	11	15	SJW-F19110150
3778	1744	1	7	1743	11	23	SJW-F19110230

续表

编号	公历			农历			ID 编号
	年	月	日	年	月	日	
3779	1744	2	13	1744	1	1	SJW-F20010010
3780	1744	2	18	1744	1	6	SJW-F20010060
3781	1744	3	1	1744	1	18	SJW-F20010180
3782	1744	4	1	1744	2	19	SJW-F20020190
3783	1744	4	3	1744	2	21	SJW-F20020210
3784	1744	4	16	1744	3	4	SJW-F20030040
3785	1744	5	2	1744	3	20	SJW-F20030200
3786	1744	5	3	1744	3	21	SJW-F20030210
3787	1744	5	6	1744	3	24	SJW-F20030240
3788	1744	5	7	1744	3	25	SJW-F20030250
3789	1744	5	10	1744	3	28	SJW-F20030280
3790	1744	5	15	1744	4	4	SJW-F20040040
3791	1744	5	18	1744	4	7	SJW-F20040070
3792	1744	5	21	1744	4	10	SJW-F20040100
3793	1744	6	7	1744	4	27	SJW-F20040270
3794	1744	6	28	1744	5	18	SJW-F20050180
3795	1744	6	29	1744	5	19	SJW-F20050190
3796	1744	6	30	1744	5	20	SJW-F20050200
3797	1744	7	7	1744	5	27	SJW-F20050270
3798	1744	7	9	1744	5	29	SJW-F20050290
3799	1744	7	10	1744	6	1	SJW-F20060010
3800	1744	7	11	1744	6	2	SJW-F20060020
3801	1744	7	16	1744	6	7	SJW-F20060070
3802	1744	7	17	1744	6	8	SJW-F20060080
3803	1744	7	18	1744	6	9	SJW-F20060090
3804	1744	7	20	1744	6	11	SJW-F20060110
3805	1744	7	21	1744	6	12	SJW-F20060120
3806	1744	7	22	1744	6	13	SJW-F20060130
3807	1744	7	24	1744	6	15	SJW-F20060150
3808	1744	7	25	1744	6	16	SJW-F20060160
3809	1744	7	26	1744	6	17	SJW-F20060170
3810	1744	7	27	1744	6	18	SJW-F20060180
3811	1744	7	28	1744	6	19	SJW-F20060190
3812	1744	8	2	1744	6	24	SJW-F20060240
3813	1744	8	3	1744	6	25	SJW-F20060250
3814	1744	8	5	1744	6	27	SJW-F20060270
3815	1744	8	7	1744	6	29	SJW-F20060290
3816	1744	8	12	1744	7	5	SJW-F20070050

续表

编号	公历			农历			ID 编号
	年	月	日	年	月	日	
3817	1744	8	18	1744	7	11	SJW-F20070110
3818	1744	8	19	1744	7	12	SJW-F20070120
3819	1744	8	21	1744	7	14	SJW-F20070140
3820	1744	8	22	1744	7	15	SJW-F20070150
3821	1744	8	23	1744	7	16	SJW-F20070160
3822	1744	8	25	1744	7	18	SJW-F20070180
3823	1744	8	27	1744	7	20	SJW-F20070200
3824	1744	9	4	1744	7	28	SJW-F20070280
3825	1744	9	16	1744	8	11	SJW-F20080110
3826	1744	9	19	1744	8	14	SJW-F20080140
3827	1744	10	7	1744	9	2	SJW-F20090020
3828	1744	10	8	1744	9	3	SJW-F20090030
3829	1744	10	18	1744	9	13	SJW-F20090130
3830	1744	10	19	1744	9	14	SJW-F20090140
3831	1744	10	23	1744	9	18	SJW-F20090180
3832	1744	10	26	1744	9	21	SJW-F20090210
3833	1744	10	30	1744	9	25	SJW-F20090250
3834	1744	11	13	1744	10	10	SJW-F20100100
3835	1744	11	14	1744	10	11	SJW-F20100110
3836	1744	11	29	1744	10	26	SJW-F20100260
3837	1744	12	6	1744	11	3	SJW-F20110030
3838	1744	12	30	1744	11	27	SJW-F20110270
3839	1744	12	31	1744	11	28	SJW-F20110280
3840	1745	3	10	1745	2	8	SJW-F21020080
3841	1745	3	27	1745	2	25	SJW-F21020250
3842	1745	3	31	1745	2	29	SJW-F21020290
3843	1745	4	8	1745	3	7	SJW-F21030070
3844	1745	4	9	1745	3	8	SJW-F21030080
3845	1745	4	12	1745	3	11	SJW-F21030110
3846	1745	4	15	1745	3	14	SJW-F21030140
3847	1745	4	16	1745	3	15	SJW-F21030150
3848	1745	4	19	1745	3	18	SJW-F21030180
3849	1745	4	22	1745	3	21	SJW-F21030210
3850	1745	5	12	1745	4	11	SJW-F21040110
3851	1745	5	13	1745	4	12	SJW-F21040120
3852	1745	5	17	1745	4	16	SJW-F21040160
3853	1745	5	20	1745	4	19	SJW-F21040190
3854	1745	5	26	1745	4	25	SJW-F21040250

续表

编号	公历			农历			ID 编号
	年	月	日	年	月	日	
3855	1745	5	30	1745	4	29	SJW-F21040290
3856	1745	6	4	1745	5	5	SJW-F21050050
3857	1745	6	5	1745	5	6	SJW-F21050060
3858	1745	6	6	1745	5	7	SJW-F21050070
3859	1745	6	8	1745	5	9	SJW-F21050090
3860	1745	6	25	1745	5	26	SJW-F21050260
3861	1745	6	27	1745	5	28	SJW-F21050280
3862	1745	7	9	1745	6	10	SJW-F21060100
3863	1745	7	10	1745	6	11	SJW-F21060110
3864	1745	7	11	1745	6	12	SJW-F21060120
3865	1745	7	13	1745	6	14	SJW-F21060140
3866	1745	7	14	1745	6	15	SJW-F21060150
3867	1745	7	17	1745	6	18	SJW-F21060180
3868	1745	7	18	1745	6	19	SJW-F21060190
3869	1745	7	19	1745	6	20	SJW-F21060200
3870	1745	7	22	1745	6	23	SJW-F21060230
3871	1745	7	24	1745	6	25	SJW-F21060250
3872	1745	7	25	1745	6	26	SJW-F21060260
3873	1745	7	30	1745	7	2	SJW-F21070020
3874	1745	8	2	1745	7	5	SJW-F21070050
3875	1745	8	3	1745	7	6	SJW-F21070060
3876	1745	8	4	1745	7	7	SJW-F21070070
3877	1745	8	8	1745	7	11	SJW-F21070110
3878	1745	8	9	1745	7	12	SJW-F21070120
3879	1745	8	11	1745	7	14	SJW-F21070140
3880	1745	8	14	1745	7	17	SJW-F21070170
3881	1745	8	15	1745	7	18	SJW-F21070180
3882	1745	8	16	1745	7	19	SJW-F21070190
3883	1745	8	18	1745	7	21	SJW-F21070210
3884	1745	8	19	1745	7	22	SJW-F21070220
3885	1745	8	20	1745	7	23	SJW-F21070230
3886	1745	8	21	1745	7	24	SJW-F21070240
3887	1745	8	22	1745	7	25	SJW-F21070250
3888	1745	8	24	1745	7	27	SJW-F21070270
3889	1745	8	25	1745	7	28	SJW-F21070280
3890	1745	8	26	1745	7	29	SJW-F21070290
3891	1745	8	27	1745	8	1	SJW-F21080010
3892	1745	9	1	1745	8	6	SJW-F21080060

续表

编号	公历			农历			ID 编号
	年	月	日	年	月	日	
3893	1745	9	2	1745	8	7	SJW-F21080070
3894	1745	9	3	1745	8	8	SJW-F21080080
3895	1745	9	4	1745	8	9	SJW-F21080090
3896	1745	9	7	1745	8	12	SJW-F21080120
3897	1745	9	8	1745	8	13	SJW-F21080130
3898	1745	9	9	1745	8	14	SJW-F21080140
3899	1745	9	10	1745	8	15	SJW-F21080150
3900	1745	10	8	1745	9	13	SJW-F21090130
3901	1745	11	10	1745	10	17	SJW-F21100170
3902	1745	11	15	1745	10	22	SJW-F21100220
3903	1745	11	16	1745	10	23	SJW-F21100230
3904	1745	11	20	1745	10	27	SJW-F21100270
3905	1745	11	21	1745	10	28	SJW-F21100280
3906	1745	11	29	1745	11	7	SJW-F21110070
3907	1745	12	2	1745	11	10	SJW-F21110100
3908	1745	12	3	1745	11	11	SJW-F21110110
3909	1745	12	12	1745	11	20	SJW-F21110200
3910	1745	12	30	1745	12	8	SJW-F21120080
3911	1745	12	31	1745	12	9	SJW-F21120090
3912	1746	2	4	1746	1	14	SJW-F22010140
3913	1746	2	28	1746	2	9	SJW-F22020090
3914	1746	3	1	1746	2	10	SJW-F22020100
3915	1746	3	18	1746	2	27	SJW-F22020270
3916	1746	3	19	1746	2	28	SJW-F22020280
3917	1746	4	6	1746	3	16	SJW-F22030160
3918	1746	4	7	1746	3	17	SJW-F22030170
3919	1746	4	16	1746	3	26	SJW-F22030260
3920	1746	4	21	1746	闰 3	1	SJW-F22031010
3921	1746	5	15	1746	闰 3	25	SJW-F22031250
3922	1746	5	18	1746	闰 3	28	SJW-F22031280
3923	1746	5	19	1746	闰 3	29	SJW-F22031290
3924	1746	6	5	1746	4	17	SJW-F22040170
3925	1746	6	9	1746	4	21	SJW-F22040210
3926	1746	6	20	1746	5	2	SJW-F22050020
3927	1746	6	23	1746	5	5	SJW-F22050050
3928	1746	6	24	1746	5	6	SJW-F22050060
3929	1746	6	27	1746	5	9	SJW-F22050090
3930	1746	6	28	1746	5	10	SJW-F22050100

续表

编号	公历			农历			ID 编号
	年	月	日	年	月	日	
3931	1746	6	29	1746	5	11	SJW-F22050110
3932	1746	7	1	1746	5	13	SJW-F22050130
3933	1746	7	7	1746	5	19	SJW-F22050190
3934	1746	7	8	1746	5	20	SJW-F22050200
3935	1746	7	12	1746	5	24	SJW-F22050240
3936	1746	7	13	1746	5	25	SJW-F22050250
3937	1746	7	14	1746	5	26	SJW-F22050260
3938	1746	7	15	1746	5	27	SJW-F22050270
3939	1746	7	21	1746	6	4	SJW-F22060040
3940	1746	7	22	1746	6	5	SJW-F22060050
3941	1746	7	24	1746	6	7	SJW-F22060070
3942	1746	7	25	1746	6	8	SJW-F22060080
3943	1746	8	4	1746	6	18	SJW-F22060180
3944	1746	8	5	1746	6	19	SJW-F22060190
3945	1746	8	6	1746	6	20	SJW-F22060200
3946	1746	8	7	1746	6	21	SJW-F22060210
3947	1746	8	11	1746	6	25	SJW-F22060250
3948	1746	8	13	1746	6	27	SJW-F22060270
3949	1746	8	14	1746	6	28	SJW-F22060280
3950	1746	8	17	1746	7	1	SJW-F22070010
3951	1746	8	18	1746	7	2	SJW-F22070020
3952	1746	8	19	1746	7	3	SJW-F22070030
3953	1746	8	22	1746	7	6	SJW-F22070060
3954	1746	8	23	1746	7	7	SJW-F22070070
3955	1746	8	24	1746	7	8	SJW-F22070080
3956	1746	8	25	1746	7	9	SJW-F22070090
3957	1746	8	27	1746	7	11	SJW-F22070110
3958	1746	8	29	1746	7	13	SJW-F22070130
3959	1746	8	30	1746	7	14	SJW-F22070140
3960	1746	8	31	1746	7	15	SJW-F22070150
3961	1746	9	5	1746	7	20	SJW-F22070200
3962	1746	9	6	1746	7	21	SJW-F22070210
3963	1746	9	18	1746	8	4	SJW-F22080040
3964	1746	9	19	1746	8	5	SJW-F22080050
3965	1746	9	26	1746	8	12	SJW-F22080120
3966	1746	9	27	1746	8	13	SJW-F22080130
3967	1746	9	29	1746	8	15	SJW-F22080150
3968	1746	10	1	1746	8	17	SJW-F22080170

续表

编号	公历			农历			ID 编号
	年	月	日	年	月	日	
3969	1746	10	6	1746	8	22	SJW-F22080220
3970	1746	10	8	1746	8	24	SJW-F22080240
3971	1746	11	3	1746	9	20	SJW-F22090200
3972	1746	11	5	1746	9	22	SJW-F22090220
3973	1746	11	6	1746	9	23	SJW-F22090230
3974	1746	11	14	1746	10	2	SJW-F22100020
3975	1746	11	29	1746	10	17	SJW-F22100170
3976	1746	12	1	1746	10	19	SJW-F22100190
3977	1746	12	3	1746	10	21	SJW-F22100210
3978	1746	12	5	1746	10	23	SJW-F22100230
3979	1746	12	16	1746	11	5	SJW-F22110050
3980	1746	12	24	1746	11	13	SJW-F22110130
3981	1746	12	27	1746	11	16	SJW-F22110160
3982	1747	2	3	1746	12	24	SJW-F22120240
3983	1747	2	21	1747	1	13	SJW-F23010130
3984	1747	3	10	1747	1	30	SJW-F23010300
3985	1747	3	28	1747	2	18	SJW-F23020180
3986	1747	3	29	1747	2	19	SJW-F23020190
3987	1747	4	3	1747	2	24	SJW-F23020240
3988	1747	4	8	1747	2	29	SJW-F23020290
3989	1747	4	13	1747	3	4	SJW-F23030040
3990	1747	4	14	1747	3	5	SJW-F23030050
3991	1747	4	17	1747	3	8	SJW-F23030080
3992	1747	4	20	1747	3	11	SJW-F23030110
3993	1747	5	10	1747	4	2	SJW-F23040020
3994	1747	5	16	1747	4	8	SJW-F23040080
3995	1747	5	28	1747	4	20	SJW-F23040200
3996	1747	5	31	1747	4	23	SJW-F23040230
3997	1747	6	25	1747	5	18	SJW-F23050180
3998	1747	6	26	1747	5	19	SJW-F23050190
3999	1747	7	2	1747	5	25	SJW-F23050250
4000	1747	7	4	1747	5	27	SJW-F23050270
4001	1747	7	5	1747	5	28	SJW-F23050280
4002	1747	7	6	1747	5	29	SJW-F23050290
4003	1747	7	7	1747	5	30	SJW-F23050300
4004	1747	7	9	1747	6	2	SJW-F23060020
4005	1747	7	10	1747	6	3	SJW-F23060030
4006	1747	7	13	1747	6	6	SJW-F23060060

续表

编号	公历			农历			ID 编号
	年	月	日	年	月	日	
4007	1747	7	14	1747	6	7	SJW-F23060070
4008	1747	7	17	1747	6	10	SJW-F23060100
4009	1747	7	20	1747	6	13	SJW-F23060130
4010	1747	7	21	1747	6	14	SJW-F23060140
4011	1747	7	23	1747	6	16	SJW-F23060160
4012	1747	7	24	1747	6	17	SJW-F23060170
4013	1747	7	26	1747	6	19	SJW-F23060190
4014	1747	7	28	1747	6	21	SJW-F23060210
4015	1747	7	29	1747	6	22	SJW-F23060220
4016	1747	7	30	1747	6	23	SJW-F23060230
4017	1747	7	31	1747	6	24	SJW-F23060240
4018	1747	8	13	1747	7	8	SJW-F23070080
4019	1747	8	17	1747	7	12	SJW-F23070120
4020	1747	8	18	1747	7	13	SJW-F23070130
4021	1747	8	20	1747	7	15	SJW-F23070150
4022	1747	8	21	1747	7	16	SJW-F23070160
4023	1747	8	23	1747	7	18	SJW-F23070180
4024	1747	8	24	1747	7	19	SJW-F23070190
4025	1747	8	28	1747	7	23	SJW-F23070230
4026	1747	9	13	1747	8	9	SJW-F23080090
4027	1747	9	26	1747	8	22	SJW-F23080220
4028	1747	9	27	1747	8	23	SJW-F23080230
4029	1747	10	8	1747	9	5	SJW-F23090050
4030	1747	10	11	1747	9	8	SJW-F23090080
4031	1747	11	16	1747	10	14	SJW-F23100140
4032	1747	12	2	1747	11	1	SJW-F23110010
4033	1747	12	20	1747	11	19	SJW-F23110190
4034	1748	2	22	1748	1	24	SJW-F24010240
4035	1748	2	23	1748	1	25	SJW-F24010250
4036	1748	2	24	1748	1	26	SJW-F24010260
4037	1748	3	5	1748	2	7	SJW-F24020070
4038	1748	3	8	1748	2	10	SJW-F24020100
4039	1748	3	16	1748	2	18	SJW-F24020180
4040	1748	3	29	1748	3	1	SJW-F24030010
4041	1748	3	31	1748	3	3	SJW-F24030030
4042	1748	4	1	1748	3	4	SJW-F24030040
4043	1748	4	4	1748	3	7	SJW-F24030070
4044	1748	4	16	1748	3	19	SJW-F24030190

续表

编号	公历			农历			ID 编号
	年	月	日	年	月	日	
4045	1748	4	19	1748	3	22	SJW-F24030220
4046	1748	4	30	1748	4	4	SJW-F24040040
4047	1748	5	1	1748	4	5	SJW-F24040050
4048	1748	5	2	1748	4	6	SJW-F24040060
4049	1748	5	6	1748	4	10	SJW-F24040100
4050	1748	5	8	1748	4	12	SJW-F24040120
4051	1748	5	9	1748	4	13	SJW-F24040130
4052	1748	5	17	1748	4	21	SJW-F24040210
4053	1748	5	23	1748	4	27	SJW-F24040270
4054	1748	5	26	1748	4	30	SJW-F24040300
4055	1748	5	31	1748	5	5	SJW-F24050050
4056	1748	6	1	1748	5	6	SJW-F24050060
4057	1748	6	2	1748	5	7	SJW-F24050070
4058	1748	6	12	1748	5	17	SJW-F24050170
4059	1748	6	14	1748	5	19	SJW-F24050190
4060	1748	6	25	1748	5	30	SJW-F24050300
4061	1748	7	1	1748	6	6	SJW-F24060060
4062	1748	7	5	1748	6	10	SJW-F24060100
4063	1748	7	6	1748	6	11	SJW-F24060110
4064	1748	7	7	1748	6	12	SJW-F24060120
4065	1748	7	9	1748	6	14	SJW-F24060140
4066	1748	7	10	1748	6	15	SJW-F24060150
4067	1748	7	11	1748	6	16	SJW-F24060160
4068	1748	7	12	1748	6	17	SJW-F24060170
4069	1748	7	13	1748	6	18	SJW-F24060180
4070	1748	7	14	1748	6	19	SJW-F24060190
4071	1748	7	15	1748	6	20	SJW-F24060200
4072	1748	7	16	1748	6	21	SJW-F24060210
4073	1748	7	17	1748	6	22	SJW-F24060220
4074	1748	7	19	1748	6	24	SJW-F24060240
4075	1748	7	19	1748	6	24	SJW-F24060241
4076	1748	7	20	1748	6	25	SJW-F24060250
4077	1748	7	20	1748	6	25	SJW-F24060251
4078	1748	7	21	1748	6	26	SJW-F24060260
4079	1748	7	22	1748	6	27	SJW-F24060270
4080	1748	7	26	1748	7	2	SJW-F24070020
4081	1748	7	27	1748	7	3	SJW-F24070030
4082	1748	7	28	1748	7	4	SJW-F24070040

续表

编号	公历			农历			ID 编号
	年	月	日	年	月	日	
4083	1748	7	29	1748	7	5	SJW-F24070050
4084	1748	7	30	1748	7	6	SJW-F24070060
4085	1748	7	31	1748	7	7	SJW-F24070070
4086	1748	8	6	1748	7	13	SJW-F24070130
4087	1748	8	7	1748	7	14	SJW-F24070140
4088	1748	8	8	1748	7	15	SJW-F24070150
4089	1748	8	22	1748	7	29	SJW-F24070290
4090	1748	9	2	1748	闰 7	10	SJW-F24071100
4091	1748	9	5	1748	闰 7	13	SJW-F24071130
4092	1748	9	14	1748	闰 7	22	SJW-F24071220
4093	1748	9	15	1748	闰 7	23	SJW-F24071230
4094	1748	9	18	1748	闰 7	26	SJW-F24071260
4095	1748	9	25	1748	8	3	SJW-F24080030
4096	1748	9	27	1748	8	5	SJW-F24080050
4097	1748	10	5	1748	8	13	SJW-F24080130
4098	1748	10	31	1748	9	10	SJW-F24090100
4099	1748	11	3	1748	9	13	SJW-F24090130
4100	1748	11	28	1748	10	8	SJW-F24100080
4101	1748	12	1	1748	10	11	SJW-F24100110
4102	1748	12	4	1748	10	14	SJW-F24100140
4103	1748	12	19	1748	10	29	SJW-F24100290
4104	1749	1	26	1748	12	8	SJW-F24120080
4105	1749	3	1	1749	1	13	SJW-F25010130
4106	1749	3	11	1749	1	23	SJW-F25010230
4107	1749	3	13	1749	1	25	SJW-F25010250
4108	1749	3	21	1749	2	4	SJW-F25020040
4109	1749	4	13	1749	2	27	SJW-F25020270
4110	1749	4	16	1749	2	30	SJW-F25020300
4111	1749	4	21	1749	3	5	SJW-F25030050
4112	1749	4	25	1749	3	9	SJW-F25030090
4113	1749	4	26	1749	3	10	SJW-F25030100
4114	1749	4	30	1749	3	14	SJW-F25030140
4115	1749	5	2	1749	3	16	SJW-F25030160
4116	1749	5	4	1749	3	18	SJW-F25030180
4117	1749	5	5	1749	3	19	SJW-F25030190
4118	1749	5	13	1749	3	27	SJW-F25030270
4119	1749	5	24	1749	4	9	SJW-F25040090
4120	1749	5	27	1749	4	12	SJW-F25040120

续表

编号	公历			农历			ID 编号
	年	月	日	年	月	日	
4121	1749	6	5	1749	4	21	SJW-F25040210
4122	1749	6	9	1749	4	25	SJW-F25040250
4123	1749	6	18	1749	5	4	SJW-F25050040
4124	1749	6	20	1749	5	6	SJW-F25050060
4125	1749	6	22	1749	5	8	SJW-F25050080
4126	1749	6	24	1749	5	10	SJW-F25050100
4127	1749	6	25	1749	5	11	SJW-F25050110
4128	1749	7	3	1749	5	19	SJW-F25050190
4129	1749	7	4	1749	5	20	SJW-F25050200
4130	1749	7	5	1749	5	21	SJW-F25050210
4131	1749	7	7	1749	5	23	SJW-F25050230
4132	1749	7	11	1749	5	27	SJW-F25050270
4133	1749	7	12	1749	5	28	SJW-F25050280
4134	1749	7	13	1749	5	29	SJW-F25050290
4135	1749	7	15	1749	6	2	SJW-F25060020
4136	1749	7	16	1749	6	3	SJW-F25060030
4137	1749	7	18	1749	6	5	SJW-F25060050
4138	1749	7	22	1749	6	9	SJW-F25060090
4139	1749	7	23	1749	6	10	SJW-F25060100
4140	1749	7	25	1749	6	12	SJW-F25060120
4141	1749	7	27	1749	6	14	SJW-F25060140
4142	1749	7	31	1749	6	18	SJW-F25060180
4143	1749	8	2	1749	6	20	SJW-F25060200
4144	1749	8	18	1749	7	6	SJW-F25070060
4145	1749	8	20	1749	7	8	SJW-F25070080
4146	1749	8	21	1749	7	9	SJW-F25070090
4147	1749	8	23	1749	7	11	SJW-F25070110
4148	1749	8	24	1749	7	12	SJW-F25070120
4149	1749	8	26	1749	7	14	SJW-F25070140
4150	1749	9	1	1749	7	20	SJW-F25070200
4151	1749	9	9	1749	7	28	SJW-F25070280
4152	1749	9	10	1749	7	29	SJW-F25070290
4153	1749	9	11	1749	7	30	SJW-F25070300
4154	1749	10	5	1749	8	24	SJW-F25080240
4155	1749	11	9	1749	9	30	SJW-F25090300
4156	1749	11	11	1749	10	2	SJW-F25100020
4157	1749	11	24	1749	10	15	SJW-F25100150
4158	1749	11	30	1749	10	21	SJW-F25100210

续表

编号	公历			农历			ID 编号
	年	月	日	年	月	日	
4159	1749	12	26	1749	11	17	SJW-F25110170
4160	1750	1	14	1749	12	7	SJW-F25120070
4161	1750	2	14	1750	1	8	SJW-F26010080
4162	1750	2	17	1750	1	11	SJW-F26010110
4163	1750	2	19	1750	1	13	SJW-F26010130
4164	1750	2	26	1750	1	20	SJW-F26010200
4165	1750	2	27	1750	1	21	SJW-F26010210
4166	1750	3	10	1750	2	3	SJW-F26020030
4167	1750	3	27	1750	2	20	SJW-F26020200
4168	1750	4	3	1750	2	27	SJW-F26020270
4169	1750	4	4	1750	2	28	SJW-F26020280
4170	1750	4	12	1750	3	6	SJW-F26030060
4171	1750	4	13	1750	3	7	SJW-F26030070
4172	1750	4	20	1750	3	14	SJW-F26030140
4173	1750	4	21	1750	3	15	SJW-F26030150
4174	1750	4	26	1750	3	20	SJW-F26030200
4175	1750	5	8	1750	4	3	SJW-F26040030
4176	1750	5	11	1750	4	6	SJW-F26040060
4177	1750	5	21	1750	4	16	SJW-F26040160
4178	1750	5	23	1750	4	18	SJW-F26040180
4179	1750	5	24	1750	4	19	SJW-F26040190
4180	1750	5	30	1750	4	25	SJW-F26040250
4181	1750	6	7	1750	5	4	SJW-F26050040
4182	1750	6	11	1750	5	8	SJW-F26050080
4183	1750	6	12	1750	5	9	SJW-F26050090
4184	1750	6	18	1750	5	15	SJW-F26050150
4185	1750	6	25	1750	5	22	SJW-F26050220
4186	1750	6	26	1750	5	23	SJW-F26050230
4187	1750	7	1	1750	5	28	SJW-F26050280
4188	1750	7	3	1750	5	30	SJW-F26050300
4189	1750	7	5	1750	6	2	SJW-F26060020
4190	1750	7	6	1750	6	3	SJW-F26060030
4191	1750	7	7	1750	6	4	SJW-F26060040
4192	1750	7	8	1750	6	5	SJW-F26060050
4193	1750	7	12	1750	6	9	SJW-F26060090
4194	1750	7	13	1750	6	10	SJW-F26060100
4195	1750	7	14	1750	6	11	SJW-F26060110
4196	1750	7	16	1750	6	13	SJW-F26060130

续表

编号	公历			农历			ID 编号
	年	月	日	年	月	日	
4197	1750	7	17	1750	6	14	SJW-F26060140
4198	1750	7	19	1750	6	16	SJW-F26060160
4199	1750	7	20	1750	6	17	SJW-F26060170
4200	1750	7	21	1750	6	18	SJW-F26060180
4201	1750	7	22	1750	6	19	SJW-F26060190
4202	1750	7	23	1750	6	20	SJW-F26060200
4203	1750	7	27	1750	6	24	SJW-F26060240
4204	1750	7	28	1750	6	25	SJW-F26060250
4205	1750	7	29	1750	6	26	SJW-F26060260
4206	1750	8	4	1750	7	3	SJW-F26070030
4207	1750	8	13	1750	7	12	SJW-F26070120
4208	1750	8	14	1750	7	13	SJW-F26070130
4209	1750	8	18	1750	7	17	SJW-F26070170
4210	1750	8	19	1750	7	18	SJW-F26070180
4211	1750	8	22	1750	7	21	SJW-F26070210
4212	1750	8	24	1750	7	23	SJW-F26070230
4213	1750	8	27	1750	7	26	SJW-F26070260
4214	1750	8	28	1750	7	27	SJW-F26070270
4215	1750	9	3	1750	8	3	SJW-F26080030
4216	1750	9	9	1750	8	9	SJW-F26080090
4217	1750	9	10	1750	8	10	SJW-F26080100
4218	1750	9	11	1750	8	11	SJW-F26080110
4219	1750	9	12	1750	8	12	SJW-F26080120
4220	1750	9	17	1750	8	17	SJW-F26080170
4221	1750	9	18	1750	8	18	SJW-F26080180
4222	1750	9	30	1750	9	1	SJW-F26090010
4223	1750	10	1	1750	9	2	SJW-F26090020
4224	1750	10	2	1750	9	3	SJW-F26090030
4225	1750	10	5	1750	9	6	SJW-F26090060
4226	1750	10	6	1750	9	7	SJW-F26090070
4227	1750	10	12	1750	9	13	SJW-F26090130
4228	1750	10	13	1750	9	14	SJW-F26090140
4229	1750	10	17	1750	9	18	SJW-F26090180
4230	1750	10	22	1750	9	23	SJW-F26090230
4231	1750	10	30	1750	10	1	SJW-F26100010
4232	1750	11	2	1750	10	4	SJW-F26100040
4233	1750	11	4	1750	10	6	SJW-F26100060
4234	1750	11	10	1750	10	12	SJW-F26100120

续表

编号	公历			农历			ID 编号
	年	月	日	年	月	日	
4235	1750	11	12	1750	10	14	SJW-F26100140
4236	1750	11	17	1750	10	19	SJW-F26100190
4237	1750	11	26	1750	10	28	SJW-F26100280
4238	1750	11	28	1750	10	30	SJW-F26100300
4239	1750	12	1	1750	11	3	SJW-F26110030
4240	1750	12	3	1750	11	5	SJW-F26110050
4241	1750	12	14	1750	11	16	SJW-F26110160
4242	1750	12	18	1750	11	20	SJW-F26110200
4243	1751	1	19	1750	12	22	SJW-F26120220
4244	1751	3	9	1751	2	12	SJW-F27020120
4245	1751	3	11	1751	2	14	SJW-F27020140
4246	1751	3	21	1751	2	24	SJW-F27020240
4247	1751	3	22	1751	2	25	SJW-F27020250
4248	1751	3	25	1751	2	28	SJW-F27020280
4249	1751	4	6	1751	3	11	SJW-F27030110
4250	1751	4	10	1751	3	15	SJW-F27030150
4251	1751	4	11	1751	3	16	SJW-F27030160
4252	1751	4	14	1751	3	19	SJW-F27030190
4253	1751	4	15	1751	3	20	SJW-F27030200
4254	1751	4	16	1751	3	21	SJW-F27030210
4255	1751	4	17	1751	3	22	SJW-F27030220
4256	1751	5	4	1751	4	9	SJW-F27040090
4257	1751	5	4	1751	4	9	SJW-F27040091
4258	1751	5	5	1751	4	10	SJW-F27040100
4259	1751	5	8	1751	4	13	SJW-F27040130
4260	1751	5	12	1751	4	17	SJW-F27040170
4261	1751	5	19	1751	4	24	SJW-F27040240
4262	1751	6	3	1751	5	10	SJW-F27050100
4263	1751	6	4	1751	5	11	SJW-F27050110
4264	1751	6	15	1751	5	22	SJW-F27050220
4265	1751	6	16	1751	5	23	SJW-F27050230
4266	1751	6	21	1751	5	28	SJW-F27050280
4267	1751	6	24	1751	闰 5	2	SJW-F27051020
4268	1751	6	28	1751	闰 5	6	SJW-F27051060
4269	1751	6	30	1751	闰 5	8	SJW-F27051080
4270	1751	7	3	1751	闰 5	11	SJW-F27051110
4271	1751	7	4	1751	闰 5	12	SJW-F27051120
4272	1751	7	9	1751	闰 5	17	SJW-F27051170

续表

编号	公历			农历			ID 编号
	年	月	日	年	月	日	
4273	1751	7	11	1751	闰 5	19	SJW-F27051190
4274	1751	7	12	1751	闰 5	20	SJW-F27051200
4275	1751	7	13	1751	闰 5	21	SJW-F27051210
4276	1751	7	14	1751	闰 5	22	SJW-F27051220
4277	1751	7	15	1751	闰 5	23	SJW-F27051230
4278	1751	7	16	1751	闰 5	24	SJW-F27051240
4279	1751	7	17	1751	闰 5	25	SJW-F27051250
4280	1751	7	23	1751	6	1	SJW-F27060010
4281	1751	7	24	1751	6	2	SJW-F27060020
4282	1751	7	27	1751	6	5	SJW-F27060050
4283	1751	7	30	1751	6	8	SJW-F27060080
4284	1751	7	31	1751	6	9	SJW-F27060090
4285	1751	8	15	1751	6	24	SJW-F27060240
4286	1751	8	20	1751	6	29	SJW-F27060290
4287	1751	8	24	1751	7	4	SJW-F27070040
4288	1751	8	26	1751	7	6	SJW-F27070060
4289	1751	8	27	1751	7	7	SJW-F27070070
4290	1751	8	28	1751	7	8	SJW-F27070080
4291	1751	8	29	1751	7	9	SJW-F27070090
4292	1751	8	30	1751	7	10	SJW-F27070100
4293	1751	8	31	1751	7	11	SJW-F27070110
4294	1751	9	1	1751	7	12	SJW-F27070120
4295	1751	9	5	1751	7	16	SJW-F27070160
4296	1751	9	6	1751	7	17	SJW-F27070170
4297	1751	9	17	1751	7	28	SJW-F27070280
4298	1751	9	26	1751	8	8	SJW-F27080080
4299	1751	10	26	1751	9	8	SJW-F27090080
4300	1751	11	2	1751	9	15	SJW-F27090150
4301	1751	11	17	1751	9	30	SJW-F27090300
4302	1751	12	8	1751	10	21	SJW-F27100210
4303	1752	2	18	1752	1	4	SJW-F28010040
4304	1752	3	14	1752	1	29	SJW-F28010290
4305	1752	3	27	1752	2	12	SJW-F28020120
4306	1752	4	1	1752	2	17	SJW-F28020170
4307	1752	4	10	1752	2	26	SJW-F28020260
4308	1752	4	13	1752	2	29	SJW-F28020290
4309	1752	4	15	1752	3	2	SJW-F28030020
4310	1752	4	18	1752	3	5	SJW-F28030050

续表

编号	公历			农历			ID 编号
	年	月	日	年	月	日	
4311	1752	4	19	1752	3	6	SJW-F28030060
4312	1752	4	27	1752	3	14	SJW-F28030140
4313	1752	5	1	1752	3	18	SJW-F28030180
4314	1752	5	2	1752	3	19	SJW-F28030190
4315	1752	5	7	1752	3	24	SJW-F28030240
4316	1752	5	12	1752	3	29	SJW-F28030290
4317	1752	5	14	1752	4	1	SJW-F28040010
4318	1752	5	19	1752	4	6	SJW-F28040060
4319	1752	5	20	1752	4	7	SJW-F28040070
4320	1752	5	21	1752	4	8	SJW-F28040080
4321	1752	6	6	1752	4	24	SJW-F28040240
4322	1752	6	7	1752	4	25	SJW-F28040250
4323	1752	6	8	1752	4	26	SJW-F28040260
4324	1752	6	9	1752	4	27	SJW-F28040270
4325	1752	6	10	1752	4	28	SJW-F28040280
4326	1752	6	14	1752	5	3	SJW-F28050030
4327	1752	6	16	1752	5	5	SJW-F28050050
4328	1752	6	17	1752	5	6	SJW-F28050060
4329	1752	6	19	1752	5	8	SJW-F28050080
4330	1752	6	21	1752	5	10	SJW-F28050100
4331	1752	6	25	1752	5	14	SJW-F28050140
4332	1752	6	29	1752	5	18	SJW-F28050180
4333	1752	6	30	1752	5	19	SJW-F28050190
4334	1752	7	1	1752	5	20	SJW-F28050200
4335	1752	7	2	1752	5	21	SJW-F28050210
4336	1752	7	3	1752	5	22	SJW-F28050220
4337	1752	7	5	1752	5	24	SJW-F28050240
4338	1752	7	11	1752	6	1	SJW-F28060010
4339	1752	7	12	1752	6	2	SJW-F28060020
4340	1752	7	13	1752	6	3	SJW-F28060030
4341	1752	7	14	1752	6	4	SJW-F28060040
4342	1752	7	15	1752	6	5	SJW-F28060050
4343	1752	7	16	1752	6	6	SJW-F28060060
4344	1752	7	17	1752	6	7	SJW-F28060070
4345	1752	7	18	1752	6	8	SJW-F28060080
4346	1752	7	23	1752	6	13	SJW-F28060130
4347	1752	7	24	1752	6	14	SJW-F28060140
4348	1752	7	25	1752	6	15	SJW-F28060150

续表

编号	公历			农历			ID 编号
	年	月	日	年	月	日	
4349	1752	8	6	1752	6	27	SJW-F28060270
4350	1752	8	9	1752	7	1	SJW-F28070010
4351	1752	8	19	1752	7	11	SJW-F28070110
4352	1752	8	21	1752	7	13	SJW-F28070130
4353	1752	8	22	1752	7	14	SJW-F28070140
4354	1752	8	23	1752	7	15	SJW-F28070150
4355	1752	8	28	1752	7	20	SJW-F28070200
4356	1752	8	29	1752	7	21	SJW-F28070210
4357	1752	9	13	1752	8	6	SJW-F28080060
4358	1752	9	14	1752	8	7	SJW-F28080070
4359	1752	9	15	1752	8	8	SJW-F28080080
4360	1752	10	28	1752	9	22	SJW-F28090220
4361	1752	11	6	1752	10	1	SJW-F28100010
4362	1752	11	15	1752	10	10	SJW-F28100100
4363	1752	12	7	1752	11	2	SJW-F28110020
4364	1753	2	6	1753	1	4	SJW-F29010040
4365	1753	3	4	1753	1	30	SJW-F29010300
4366	1753	3	13	1753	2	9	SJW-F29020090
4367	1753	3	19	1753	2	15	SJW-F29020150
4368	1753	3	23	1753	2	19	SJW-F29020190
4369	1753	3	26	1753	2	22	SJW-F29020220
4370	1753	3	27	1753	2	23	SJW-F29020230
4371	1753	4	5	1753	3	2	SJW-F29030020
4372	1753	4	8	1753	3	5	SJW-F29030050
4373	1753	4	11	1753	3	8	SJW-F29030080
4374	1753	4	20	1753	3	17	SJW-F29030170
4375	1753	5	6	1753	4	4	SJW-F29040040
4376	1753	5	13	1753	4	11	SJW-F29040110
4377	1753	5	29	1753	4	27	SJW-F29040270
4378	1753	5	30	1753	4	28	SJW-F29040280
4379	1753	6	6	1753	5	5	SJW-F29050050
4380	1753	6	11	1753	5	10	SJW-F29050100
4381	1753	6	11	1753	5	10	SJW-F29050101
4382	1753	6	13	1753	5	12	SJW-F29050120
4383	1753	6	25	1753	5	24	SJW-F29050240
4384	1753	6	29	1753	5	28	SJW-F29050281
4385	1753	7	3	1753	6	3	SJW-F29060030
4386	1753	7	10	1753	6	10	SJW-F29060100

续表

编号	公历			农历			ID 编号
	年	月	日	年	月	日	
4387	1753	7	11	1753	6	11	SJW-F29060110
4388	1753	7	12	1753	6	12	SJW-F29060120
4389	1753	7	14	1753	6	14	SJW-F29060140
4390	1753	7	15	1753	6	15	SJW-F29060150
4391	1753	7	16	1753	6	16	SJW-F29060160
4392	1753	7	18	1753	6	18	SJW-F29060180
4393	1753	7	19	1753	6	19	SJW-F29060190
4394	1753	7	21	1753	6	21	SJW-F29060210
4395	1753	7	22	1753	6	22	SJW-F29060220
4396	1753	7	24	1753	6	24	SJW-F29060240
4397	1753	7	26	1753	6	26	SJW-F29060260
4398	1753	7	29	1753	6	29	SJW-F29060290
4399	1753	7	31	1753	7	2	SJW-F29070020
4400	1753	8	1	1753	7	3	SJW-F29070030
4401	1753	8	4	1753	7	6	SJW-F29070060
4402	1753	8	6	1753	7	8	SJW-F29070080
4403	1753	8	10	1753	7	12	SJW-F29070120
4404	1753	8	11	1753	7	13	SJW-F29070130
4405	1753	8	12	1753	7	14	SJW-F29070140
4406	1753	8	16	1753	7	18	SJW-F29070180
4407	1753	8	17	1753	7	19	SJW-F29070190
4408	1753	8	18	1753	7	20	SJW-F29070200
4409	1753	8	20	1753	7	22	SJW-F29070220
4410	1753	8	21	1753	7	23	SJW-F29070230
4411	1753	8	26	1753	7	28	SJW-F29070280
4412	1753	8	27	1753	7	29	SJW-F29070290
4413	1753	9	6	1753	8	10	SJW-F29080100
4414	1753	9	18	1753	8	22	SJW-F29080220
4415	1753	9	19	1753	8	23	SJW-F29080230
4416	1753	9	21	1753	8	25	SJW-F29080250
4417	1753	9	28	1753	9	2	SJW-F29090020
4418	1753	10	15	1753	9	19	SJW-F29090190
4419	1753	10	25	1753	9	29	SJW-F29090290
4420	1753	10	31	1753	10	6	SJW-F29100060
4421	1753	11	1	1753	10	7	SJW-F29100070
4422	1753	11	3	1753	10	9	SJW-F29100090
4423	1753	11	4	1753	10	10	SJW-F29100100
4424	1753	11	16	1753	10	22	SJW-F29100220

续表

编号	公历			农历			ID 编号
	年	月	日	年	月	日	
4425	1753	11	25	1753	11	1	SJW-F29110010
4426	1753	12	2	1753	11	8	SJW-F29110080
4427	1753	12	11	1753	11	17	SJW-F29110170
4428	1753	12	27	1753	12	4	SJW-F29120040
4429	1753	12	28	1753	12	5	SJW-F29120050
4430	1754	2	7	1754	1	16	SJW-F30010160
4431	1754	2	28	1754	2	7	SJW-F30020070
4432	1754	3	12	1754	2	19	SJW-F30020190
4433	1754	4	15	1754	3	23	SJW-F30030230
4434	1754	4	17	1754	3	25	SJW-F30030250
4435	1754	5	10	1754	4	19	SJW-F30040190
4436	1754	5	20	1754	4	29	SJW-F30040290
4437	1754	5	21	1754	4	30	SJW-F30040300
4438	1754	5	27	1754	闰 4	6	SJW-F30041060
4439	1754	5	30	1754	闰 4	9	SJW-F30041090
4440	1754	6	2	1754	闰 4	12	SJW-F30041120
4441	1754	6	7	1754	闰 4	17	SJW-F30041170
4442	1754	6	11	1754	闰 4	21	SJW-F30041210
4443	1754	6	13	1754	闰 4	23	SJW-F30041230
4444	1754	6	15	1754	闰 4	25	SJW-F30041250
4445	1754	6	16	1754	闰 4	26	SJW-F30041260
4446	1754	6	18	1754	闰 4	28	SJW-F30041280
4447	1754	6	19	1754	闰 4	29	SJW-F30041290
4448	1754	6	26	1754	5	7	SJW-F30050070
4449	1754	6	27	1754	5	8	SJW-F30050080
4450	1754	7	2	1754	5	13	SJW-F30050130
4451	1754	7	5	1754	5	16	SJW-F30050160
4452	1754	7	6	1754	5	17	SJW-F30050170
4453	1754	7	7	1754	5	18	SJW-F30050180
4454	1754	7	8	1754	5	19	SJW-F30050190
4455	1754	7	9	1754	5	20	SJW-F30050200
4456	1754	7	11	1754	5	22	SJW-F30050220
4457	1754	7	15	1754	5	26	SJW-F30050260
4458	1754	7	16	1754	5	27	SJW-F30050270
4459	1754	7	23	1754	6	4	SJW-F30060040
4460	1754	7	24	1754	6	5	SJW-F30060050
4461	1754	7	29	1754	6	10	SJW-F30060100
4462	1754	8	1	1754	6	13	SJW-F30060130

续表

编号	公历			农历			ID 编号
	年	月	日	年	月	日	
4463	1754	8	2	1754	6	14	SJW-F30060140
4464	1754	8	5	1754	6	17	SJW-F30060170
4465	1754	8	12	1754	6	24	SJW-F30060240
4466	1754	8	13	1754	6	25	SJW-F30060250
4467	1754	8	28	1754	7	11	SJW-F30070110
4468	1754	9	18	1754	8	2	SJW-F30080020
4469	1754	9	19	1754	8	3	SJW-F30080030
4470	1754	9	22	1754	8	6	SJW-F30080060
4471	1754	9	28	1754	8	12	SJW-F30080120
4472	1754	9	29	1754	8	13	SJW-F30080130
4473	1754	9	30	1754	8	14	SJW-F30080140
4474	1754	10	22	1754	9	7	SJW-F30090070
4475	1754	10	23	1754	9	8	SJW-F30090080
4476	1754	10	29	1754	9	14	SJW-F30090140
4477	1754	11	3	1754	9	19	SJW-F30090190
4478	1754	11	5	1754	9	21	SJW-F30090210
4479	1754	11	6	1754	9	22	SJW-F30090220
4480	1754	11	9	1754	9	25	SJW-F30090250
4481	1754	11	20	1754	10	7	SJW-F30100070
4482	1754	12	1	1754	10	18	SJW-F30100180
4483	1754	12	2	1754	10	19	SJW-F30100190
4484	1754	12	6	1754	10	23	SJW-F30100230
4485	1754	12	11	1754	10	28	SJW-F30100280
4486	1754	12	15	1754	11	2	SJW-F30110020
4487	1754	12	31	1754	11	18	SJW-F30110180
4488	1755	3	14	1755	2	2	SJW-F31020020
4489	1755	3	22	1755	2	10	SJW-F31020100
4490	1755	3	23	1755	2	11	SJW-F31020110
4491	1755	3	24	1755	2	12	SJW-F31020120
4492	1755	3	25	1755	2	13	SJW-F31020130
4493	1755	4	1	1755	2	20	SJW-F31020200
4494	1755	4	2	1755	2	21	SJW-F31020210
4495	1755	4	3	1755	2	22	SJW-F31020220
4496	1755	4	6	1755	2	25	SJW-F31020250
4497	1755	4	9	1755	2	28	SJW-F31020280
4498	1755	4	10	1755	2	29	SJW-F31020290
4499	1755	4	21	1755	3	11	SJW-F31030110
4500	1755	5	8	1755	3	28	SJW-F31030280

续表

编号	公历			农历			ID 编号
	年	月	日	年	月	日	
4501	1755	5	18	1755	4	8	SJW-F31040080
4502	1755	5	19	1755	4	9	SJW-F31040090
4503	1755	5	20	1755	4	10	SJW-F31040100
4504	1755	5	23	1755	4	13	SJW-F31040130
4505	1755	5	24	1755	4	14	SJW-F31040140
4506	1755	5	29	1755	4	19	SJW-F31040190
4507	1755	5	30	1755	4	20	SJW-F31040200
4508	1755	5	31	1755	4	21	SJW-F31040210
4509	1755	6	2	1755	4	23	SJW-F31040230
4510	1755	6	8	1755	4	29	SJW-F31040290
4511	1755	6	10	1755	5	1	SJW-F31050010
4512	1755	6	16	1755	5	7	SJW-F31050070
4513	1755	6	20	1755	5	11	SJW-F31050110
4514	1755	6	21	1755	5	12	SJW-F31050120
4515	1755	6	27	1755	5	18	SJW-F31050180
4516	1755	6	28	1755	5	19	SJW-F31050190
4517	1755	6	29	1755	5	20	SJW-F31050200
4518	1755	6	30	1755	5	21	SJW-F31050210
4519	1755	7	1	1755	5	22	SJW-F31050220
4520	1755	7	2	1755	5	23	SJW-F31050230
4521	1755	7	3	1755	5	24	SJW-F31050240
4522	1755	7	5	1755	5	26	SJW-F31050260
4523	1755	7	8	1755	5	29	SJW-F31050290
4524	1755	7	18	1755	6	10	SJW-F31060100
4525	1755	7	22	1755	6	14	SJW-F31060140
4526	1755	7	23	1755	6	15	SJW-F31060150
4527	1755	7	25	1755	6	17	SJW-F31060170
4528	1755	7	27	1755	6	19	SJW-F31060190
4529	1755	7	29	1755	6	21	SJW-F31060210
4530	1755	7	29	1755	6	21	SJW-F31060211
4531	1755	7	30	1755	6	22	SJW-F31060220
4532	1755	7	31	1755	6	23	SJW-F31060230
4533	1755	8	3	1755	6	26	SJW-F31060260
4534	1755	8	4	1755	6	27	SJW-F31060270
4535	1755	8	12	1755	7	5	SJW-F31070050
4536	1755	8	13	1755	7	6	SJW-F31070060
4537	1755	8	21	1755	7	14	SJW-F31070140
4538	1755	8	22	1755	7	15	SJW-F31070150

续表

编号	公历			农历			ID 编号
	年	月	日	年	月	日	
4539	1755	8	23	1755	7	16	SJW-F31070160
4540	1755	8	26	1755	7	19	SJW-F31070190
4541	1755	8	27	1755	7	20	SJW-F31070200
4542	1755	8	28	1755	7	21	SJW-F31070210
4543	1755	8	30	1755	7	23	SJW-F31070230
4544	1755	9	1	1755	7	25	SJW-F31070250
4545	1755	9	3	1755	7	27	SJW-F31070270
4546	1755	9	4	1755	7	28	SJW-F31070280
4547	1755	9	4	1755	7	28	SJW-F31070281
4548	1755	9	9	1755	8	4	SJW-F31080040
4549	1755	9	13	1755	8	8	SJW-F31080080
4550	1755	9	18	1755	8	13	SJW-F31080130
4551	1755	9	29	1755	8	24	SJW-F31080240
4552	1755	9	30	1755	8	25	SJW-F31080250
4553	1755	10	6	1755	9	1	SJW-F31090010
4554	1755	10	10	1755	9	5	SJW-F31090050
4555	1755	10	15	1755	9	10	SJW-F31090100
4556	1755	10	26	1755	9	21	SJW-F31090210
4557	1755	11	15	1755	10	12	SJW-F31100120
4558	1755	11	22	1755	10	19	SJW-F31100190
4559	1755	11	26	1755	10	23	SJW-F31100230
4560	1755	12	7	1755	11	5	SJW-F31110050
4561	1756	1	1	1755	11	30	SJW-F31110300
4562	1756	2	10	1756	1	11	SJW-F32010110
4563	1756	2	15	1756	1	16	SJW-F32010160
4564	1756	2	16	1756	1	17	SJW-F32010170
4565	1756	3	21	1756	2	21	SJW-F32020210
4566	1756	3	25	1756	2	25	SJW-F32020250
4567	1756	3	29	1756	2	29	SJW-F32020290
4568	1756	4	3	1756	3	4	SJW-F32030040
4569	1756	4	4	1756	3	5	SJW-F32030050
4570	1756	4	22	1756	3	23	SJW-F32030230
4571	1756	4	28	1756	3	29	SJW-F32030290
4572	1756	4	29	1756	4	1	SJW-F32040010
4573	1756	5	9	1756	4	11	SJW-F32040110
4574	1756	5	15	1756	4	17	SJW-F32040170
4575	1756	6	1	1756	5	4	SJW-F32050040
4576	1756	6	9	1756	5	12	SJW-F32050120

续表

编号	公历			农历			ID 编号
	年	月	日	年	月	日	
4577	1756	6	13	1756	5	16	SJW-F32050160
4578	1756	6	14	1756	5	17	SJW-F32050170
4579	1756	6	15	1756	5	18	SJW-F32050180
4580	1756	6	17	1756	5	20	SJW-F32050200
4581	1756	6	18	1756	5	21	SJW-F32050210
4582	1756	6	19	1756	5	22	SJW-F32050220
4583	1756	6	20	1756	5	23	SJW-F32050230
4584	1756	6	22	1756	5	25	SJW-F32050250
4585	1756	6	25	1756	5	28	SJW-F32050280
4586	1756	7	7	1756	6	11	SJW-F32060110
4587	1756	7	9	1756	6	13	SJW-F32060130
4588	1756	7	11	1756	6	15	SJW-F32060150
4589	1756	7	14	1756	6	18	SJW-F32060180
4590	1756	7	15	1756	6	19	SJW-F32060190
4591	1756	7	16	1756	6	20	SJW-F32060200
4592	1756	7	17	1756	6	21	SJW-F32060210
4593	1756	7	18	1756	6	22	SJW-F32060220
4594	1756	7	19	1756	6	23	SJW-F32060230
4595	1756	7	24	1756	6	28	SJW-F32060280
4596	1756	7	25	1756	6	29	SJW-F32060290
4597	1756	7	27	1756	7	1	SJW-F32070010
4598	1756	7	28	1756	7	2	SJW-F32070020
4599	1756	7	31	1756	7	5	SJW-F32070050
4600	1756	8	6	1756	7	11	SJW-F32070110
4601	1756	8	7	1756	7	12	SJW-F32070120
4602	1756	8	8	1756	7	13	SJW-F32070130
4603	1756	8	11	1756	7	16	SJW-F32070160
4604	1756	8	18	1756	7	23	SJW-F32070230
4605	1756	8	19	1756	7	24	SJW-F32070240
4606	1756	8	20	1756	7	25	SJW-F32070250
4607	1756	8	21	1756	7	26	SJW-F32070260
4608	1756	8	22	1756	7	27	SJW-F32070270
4609	1756	8	24	1756	7	29	SJW-F32070290
4610	1756	8	25	1756	7	30	SJW-F32070300
4611	1756	8	29	1756	8	4	SJW-F32080040
4612	1756	9	6	1756	8	12	SJW-F32080120
4613	1756	9	9	1756	8	15	SJW-F32080150
4614	1756	9	10	1756	8	16	SJW-F32080160

续表

编号	公历			农历			ID 编号
	年	月	日	年	月	日	
4615	1756	9	11	1756	8	17	SJW-F32080170
4616	1756	9	14	1756	8	20	SJW-F32080200
4617	1756	9	15	1756	8	21	SJW-F32080210
4618	1756	9	17	1756	8	23	SJW-F32080230
4619	1756	9	18	1756	8	24	SJW-F32080240
4620	1756	9	21	1756	8	27	SJW-F32080270
4621	1756	9	25	1756	9	2	SJW-F32090020
4622	1756	9	26	1756	9	3	SJW-F32090030
4623	1756	10	16	1756	9	23	SJW-F32090230
4624	1756	10	17	1756	9	24	SJW-F32090240
4625	1756	10	20	1756	9	27	SJW-F32090270
4626	1756	10	21	1756	9	28	SJW-F32090280
4627	1756	11	1	1756	闰 9	9	SJW-F32091090
4628	1756	11	12	1756	闰 9	20	SJW-F32091200
4629	1756	11	21	1756	闰 9	29	SJW-F32091290
4630	1756	11	26	1756	10	5	SJW-F32100050
4631	1757	3	26	1757	2	7	SJW-F33020070
4632	1757	3	28	1757	2	9	SJW-F33020090
4633	1757	4	6	1757	2	18	SJW-F33020180
4634	1757	4	7	1757	2	19	SJW-F33020190
4635	1757	4	15	1757	2	27	SJW-F33020270
4636	1757	4	16	1757	2	28	SJW-F33020280
4637	1757	4	23	1757	3	6	SJW-F33030060
4638	1757	5	1	1757	3	14	SJW-F33030140
4639	1757	5	27	1757	4	10	SJW-F33040100
4640	1757	6	8	1757	4	22	SJW-F33040220
4641	1757	6	12	1757	4	26	SJW-F33040260
4642	1757	7	3	1757	5	18	SJW-F33050180
4643	1757	7	4	1757	5	19	SJW-F33050190
4644	1757	7	6	1757	5	21	SJW-F33050210
4645	1757	7	8	1757	5	23	SJW-F33050230
4646	1757	7	9	1757	5	24	SJW-F33050240
4647	1757	7	13	1757	5	28	SJW-F33050280
4648	1757	7	20	1757	6	5	SJW-F33060050
4649	1757	7	21	1757	6	6	SJW-F33060060
4650	1757	7	23	1757	6	8	SJW-F33060080
4651	1757	7	24	1757	6	9	SJW-F33060090
4652	1757	7	31	1757	6	16	SJW-F33060160

续表

编号	公历			农历			ID 编号
	年	月	日	年	月	日	
4653	1757	8	18	1757	7	4	SJW-F33070040
4654	1757	8	19	1757	7	5	SJW-F33070050
4655	1757	8	20	1757	7	6	SJW-F33070060
4656	1757	8	22	1757	7	8	SJW-F33070080
4657	1757	8	25	1757	7	11	SJW-F33070110
4658	1757	8	26	1757	7	12	SJW-F33070120
4659	1757	8	27	1757	7	13	SJW-F33070130
4660	1757	8	28	1757	7	14	SJW-F33070140
4661	1757	8	29	1757	7	15	SJW-F33070150
4662	1757	8	30	1757	7	16	SJW-F33070160
4663	1757	9	3	1757	7	20	SJW-F33070200
4664	1757	9	7	1757	7	24	SJW-F33070240
4665	1757	9	8	1757	7	25	SJW-F33070250
4666	1757	9	9	1757	7	26	SJW-F33070260
4667	1757	9	10	1757	7	27	SJW-F33070270
4668	1757	9	11	1757	7	28	SJW-F33070280
4669	1757	9	13	1757	8	1	SJW-F33080010
4670	1757	9	17	1757	8	5	SJW-F33080050
4671	1757	9	30	1757	8	18	SJW-F33080180
4672	1757	10	1	1757	8	19	SJW-F33080190
4673	1757	10	25	1757	9	13	SJW-F33090130
4674	1757	10	31	1757	9	19	SJW-F33090190
4675	1757	11	18	1757	10	7	SJW-F33100070
4676	1757	11	19	1757	10	8	SJW-F33100080
4677	1757	11	25	1757	10	14	SJW-F33100140
4678	1757	11	28	1757	10	17	SJW-F33100170
4679	1757	12	6	1757	10	25	SJW-F33100250
4680	1757	12	7	1757	10	26	SJW-F33100260
4681	1757	12	17	1757	11	7	SJW-F33110070
4682	1757	12	29	1757	11	19	SJW-F33110190
4683	1758	2	20	1758	1	13	SJW-F34010130
4684	1758	3	6	1758	1	27	SJW-F34010270
4685	1758	3	7	1758	1	28	SJW-F34010280
4686	1758	3	16	1758	2	8	SJW-F34020080
4687	1758	3	17	1758	2	9	SJW-F34020090
4688	1758	3	23	1758	2	15	SJW-F34020150
4689	1758	3	31	1758	2	23	SJW-F34020230
4690	1758	4	1	1758	2	24	SJW-F34020240

续表

编号	公历			农历			ID 编号
	年	月	日	年	月	日	
4691	1758	4	8	1758	3	1	SJW-F34030010
4692	1758	4	10	1758	3	3	SJW-F34030030
4693	1758	4	12	1758	3	5	SJW-F34030050
4694	1758	4	15	1758	3	8	SJW-F34030080
4695	1758	4	20	1758	3	13	SJW-F34030130
4696	1758	4	24	1758	3	17	SJW-F34030170
4697	1758	4	27	1758	3	20	SJW-F34030200
4698	1758	5	6	1758	3	29	SJW-F34030290
4699	1758	5	7	1758	4	1	SJW-F34040010
4700	1758	5	8	1758	4	2	SJW-F34040020
4701	1758	5	22	1758	4	16	SJW-F34040160
4702	1758	5	26	1758	4	20	SJW-F34040200
4703	1758	6	10	1758	5	5	SJW-F34050050
4704	1758	6	11	1758	5	6	SJW-F34050060
4705	1758	6	14	1758	5	9	SJW-F34050090
4706	1758	6	21	1758	5	16	SJW-F34050160
4707	1758	6	23	1758	5	18	SJW-F34050180
4708	1758	6	30	1758	5	25	SJW-F34050250
4709	1758	7	1	1758	5	26	SJW-F34050260
4710	1758	7	2	1758	5	27	SJW-F34050270
4711	1758	7	2	1758	5	27	SJW-F34050271
4712	1758	7	3	1758	5	28	SJW-F34050280
4713	1758	7	14	1758	6	10	SJW-F34060100
4714	1758	7	15	1758	6	11	SJW-F34060110
4715	1758	7	17	1758	6	13	SJW-F34060130
4716	1758	7	18	1758	6	14	SJW-F34060140
4717	1758	7	20	1758	6	16	SJW-F34060160
4718	1758	7	21	1758	6	17	SJW-F34060170
4719	1758	7	25	1758	6	21	SJW-F34060210
4720	1758	7	26	1758	6	22	SJW-F34060220
4721	1758	7	27	1758	6	23	SJW-F34060230
4722	1758	7	28	1758	6	24	SJW-F34060240
4723	1758	7	29	1758	6	25	SJW-F34060250
4724	1758	7	30	1758	6	26	SJW-F34060260
4725	1758	7	31	1758	6	27	SJW-F34060270
4726	1758	8	3	1758	6	30	SJW-F34060300
4727	1758	8	4	1758	7	1	SJW-F34070010
4728	1758	8	7	1758	7	4	SJW-F34070040

续表

编号	公历			农历			ID 编号
	年	月	日	年	月	日	
4729	1758	8	8	1758	7	5	SJW-F34070050
4730	1758	8	9	1758	7	6	SJW-F34070060
4731	1758	8	10	1758	7	7	SJW-F34070070
4732	1758	8	11	1758	7	8	SJW-F34070080
4733	1758	8	12	1758	7	9	SJW-F34070090
4734	1758	8	17	1758	7	14	SJW-F34070140
4735	1758	8	18	1758	7	15	SJW-F34070150
4736	1758	8	24	1758	7	21	SJW-F34070210
4737	1758	8	25	1758	7	22	SJW-F34070220
4738	1758	9	1	1758	7	29	SJW-F34070290
4739	1758	9	2	1758	8	1	SJW-F34080010
4740	1758	9	3	1758	8	2	SJW-F34080020
4741	1758	9	4	1758	8	3	SJW-F34080030
4742	1758	9	5	1758	8	4	SJW-F34080040
4743	1758	9	14	1758	8	13	SJW-F34080130
4744	1758	9	15	1758	8	14	SJW-F34080140
4745	1758	9	17	1758	8	16	SJW-F34080160
4746	1758	9	19	1758	8	18	SJW-F34080180
4747	1758	11	6	1758	10	6	SJW-F34100060
4748	1758	11	11	1758	10	11	SJW-F34100110
4749	1758	11	18	1758	10	18	SJW-F34100180
4750	1758	11	28	1758	10	28	SJW-F34100280
4751	1758	12	2	1758	11	2	SJW-F34110020
4752	1758	12	5	1758	11	5	SJW-F34110050
4753	1758	12	23	1758	11	23	SJW-F34110230
4754	1759	3	7	1759	2	9	SJW-F35020090
4755	1759	3	9	1759	2	11	SJW-F35020110
4756	1759	3	25	1759	2	27	SJW-F35020270
4757	1759	4	12	1759	3	16	SJW-F35030161
4758	1759	4	17	1759	3	21	SJW-F35030210
4759	1759	4	20	1759	3	24	SJW-F35030240
4760	1759	4	21	1759	3	25	SJW-F35030250
4761	1759	4	22	1759	3	26	SJW-F35030260
4762	1759	4	23	1759	3	27	SJW-F35030270
4763	1759	5	5	1759	4	9	SJW-F35040090
4764	1759	5	10	1759	4	14	SJW-F35040140
4765	1759	5	12	1759	4	16	SJW-F35040160
4766	1759	5	15	1759	4	19	SJW-F35040190

续表

编号	公历			农历			ID 编号
	年	月	日	年	月	日	
4767	1759	5	16	1759	4	20	SJW-F35040200
4768	1759	5	20	1759	4	24	SJW-F35040240
4769	1759	5	21	1759	4	25	SJW-F35040250
4770	1759	6	4	1759	5	10	SJW-F35050100
4771	1759	6	5	1759	5	11	SJW-F35050110
4772	1759	6	8	1759	5	14	SJW-F35050140
4773	1759	6	22	1759	5	28	SJW-F35050280
4774	1759	6	27	1759	6	3	SJW-F35060030
4775	1759	7	6	1759	6	12	SJW-F35060120
4776	1759	7	6	1759	6	12	SJW-F35060121
4777	1759	7	7	1759	6	13	SJW-F35060130
4778	1759	7	7	1759	6	13	SJW-F35060131
4779	1759	7	8	1759	6	14	SJW-F35060140
4780	1759	7	8	1759	6	14	SJW-F35060141
4781	1759	7	9	1759	6	15	SJW-F35060150
4782	1759	7	9	1759	6	15	SJW-F35060151
4783	1759	7	10	1759	6	16	SJW-F35060160
4784	1759	7	10	1759	6	16	SJW-F35060161
4785	1759	7	11	1759	6	17	SJW-F35060170
4786	1759	7	11	1759	6	17	SJW-F35060171
4787	1759	7	12	1759	6	18	SJW-F35060180
4788	1759	7	12	1759	6	18	SJW-F35060181
4789	1759	7	13	1759	6	19	SJW-F35060190
4790	1759	7	13	1759	6	19	SJW-F35060191
4791	1759	7	14	1759	6	20	SJW-F35060200
4792	1759	7	14	1759	6	20	SJW-F35060201
4793	1759	7	15	1759	6	21	SJW-F35060210
4794	1759	7	16	1759	6	22	SJW-F35060220
4795	1759	7	18	1759	6	24	SJW-F35060240
4796	1759	7	19	1759	6	25	SJW-F35060250
4797	1759	7	20	1759	6	26	SJW-F35060260
4798	1759	7	21	1759	6	27	SJW-F35060270
4799	1759	7	22	1759	6	28	SJW-F35060280
4800	1759	7	30	1759	闰6	7	SJW-F35061070
4801	1759	8	2	1759	闰6	10	SJW-F35061100
4802	1759	8	6	1759	闰6	14	SJW-F35061140
4803	1759	8	17	1759	闰6	25	SJW-F35061250
4804	1759	8	22	1759	闰6	30	SJW-F35061300

续表

编号	公历			农历			ID 编号
	年	月	日	年	月	日	
4805	1759	8	25	1759	7	3	SJW-F35070030
4806	1759	8	29	1759	7	7	SJW-F35070070
4807	1759	8	30	1759	7	8	SJW-F35070080
4808	1759	9	1	1759	7	10	SJW-F35070100
4809	1759	9	3	1759	7	12	SJW-F35070120
4810	1759	9	4	1759	7	13	SJW-F35070130
4811	1759	9	13	1759	7	22	SJW-F35070220
4812	1759	9	20	1759	7	29	SJW-F35070290
4813	1759	9	24	1759	8	4	SJW-F35080040
4814	1759	9	25	1759	8	5	SJW-F35080050
4815	1759	9	30	1759	8	10	SJW-F35080100
4816	1759	10	3	1759	8	13	SJW-F35080130
4817	1759	10	12	1759	8	22	SJW-F35080220
4818	1759	10	18	1759	8	28	SJW-F35080280
4819	1759	10	23	1759	9	3	SJW-F35090030
4820	1759	11	2	1759	9	13	SJW-F35090130
4821	1759	11	12	1759	9	23	SJW-F35090230
4822	1759	11	16	1759	9	27	SJW-F35090270
4823	1759	11	20	1759	10	1	SJW-F35100010
4824	1760	1	28	1759	12	11	SJW-F35120110
4825	1760	1	29	1759	12	12	SJW-F35120120
4826	1760	1	30	1759	12	13	SJW-F35120130
4827	1760	2	19	1760	1	3	SJW-F36010030
4828	1760	2	27	1760	1	11	SJW-F36010110
4829	1760	3	24	1760	2	8	SJW-F36020080
4830	1760	3	30	1760	2	14	SJW-F36020140
4831	1760	4	3	1760	2	18	SJW-F36020180
4832	1760	4	8	1760	2	23	SJW-F36020230
4833	1760	4	15	1760	2	30	SJW-F36020300
4834	1760	4	16	1760	3	1	SJW-F36030010
4835	1760	4	24	1760	3	9	SJW-F36030090
4836	1760	5	5	1760	3	20	SJW-F36030200
4837	1760	5	10	1760	3	25	SJW-F36030250
4838	1760	5	13	1760	3	28	SJW-F36030280
4839	1760	5	14	1760	3	29	SJW-F36030290
4840	1760	5	23	1760	4	9	SJW-F36040090
4841	1760	6	8	1760	4	25	SJW-F36040250
4842	1760	6	8	1760	4	25	SJW-F36040251

续表

编号	公历			农历			ID 编号
	年	月	日	年	月	日	
4843	1760	6	10	1760	4	27	SJW-F36040270
4844	1760	6	12	1760	4	29	SJW-F36040290
4845	1760	6	25	1760	5	13	SJW-F36050130
4846	1760	6	30	1760	5	18	SJW-F36050180
4847	1760	7	1	1760	5	19	SJW-F36050190
4848	1760	7	2	1760	5	20	SJW-F36050200
4849	1760	7	4	1760	5	22	SJW-F36050220
4850	1760	7	6	1760	5	24	SJW-F36050240
4851	1760	7	9	1760	5	27	SJW-F36050270
4852	1760	7	10	1760	5	28	SJW-F36050280
4853	1760	7	15	1760	6	4	SJW-F36060040
4854	1760	7	19	1760	6	8	SJW-F36060080
4855	1760	7	20	1760	6	9	SJW-F36060090
4856	1760	7	22	1760	6	11	SJW-F36060110
4857	1760	7	23	1760	6	12	SJW-F36060120
4858	1760	7	26	1760	6	15	SJW-F36060150
4859	1760	7	27	1760	6	16	SJW-F36060160
4860	1760	7	28	1760	6	17	SJW-F36060170
4861	1760	8	1	1760	6	21	SJW-F36060210
4862	1760	8	2	1760	6	22	SJW-F36060220
4863	1760	8	4	1760	6	24	SJW-F36060240
4864	1760	8	5	1760	6	25	SJW-F36060250
4865	1760	8	8	1760	6	28	SJW-F36060280
4866	1760	8	9	1760	6	29	SJW-F36060290
4867	1760	8	12	1760	7	2	SJW-F36070020
4868	1760	8	15	1760	7	5	SJW-F36070050
4869	1760	8	18	1760	7	8	SJW-F36070080
4870	1760	8	20	1760	7	10	SJW-F36070100
4871	1760	8	20	1760	7	10	SJW-F36070101
4872	1760	8	21	1760	7	11	SJW-F36070110
4873	1760	8	21	1760	7	11	SJW-F36070111
4874	1760	8	25	1760	7	15	SJW-F36070150
4875	1760	8	25	1760	7	15	SJW-F36070151
4876	1760	8	26	1760	7	16	SJW-F36070160
4877	1760	8	26	1760	7	16	SJW-F36070161
4878	1760	9	3	1760	7	24	SJW-F36070240
4879	1760	9	9	1760	8	1	SJW-F36080010
4880	1760	9	10	1760	8	2	SJW-F36080020

续表

编号	公历			农历			ID 编号
	年	月	日	年	月	日	
4881	1760	9	15	1760	8	7	SJW-F36080070
4882	1760	9	16	1760	8	8	SJW-F36080080
4883	1760	9	17	1760	8	9	SJW-F36080090
4884	1760	10	9	1760	9	1	SJW-F36090010
4885	1760	10	15	1760	9	7	SJW-F36090070
4886	1760	10	16	1760	9	8	SJW-F36090080
4887	1760	10	21	1760	9	13	SJW-F36090130
4888	1760	10	26	1760	9	18	SJW-F36090180
4889	1760	10	28	1760	9	20	SJW-F36090200
4890	1760	10	31	1760	9	23	SJW-F36090230
4891	1760	10	31	1760	9	23	SJW-F36090231
4892	1760	11	1	1760	9	24	SJW-F36090240
4893	1760	11	5	1760	9	28	SJW-F36090280
4894	1760	11	5	1760	9	28	SJW-F36090281
4895	1760	11	9	1760	10	2	SJW-F36100020
4896	1760	11	13	1760	10	6	SJW-F36100060
4897	1760	11	17	1760	10	10	SJW-F36100100
4898	1760	11	17	1760	10	10	SJW-F36100101
4899	1760	11	21	1760	10	14	SJW-F36100140
4900	1760	11	27	1760	10	20	SJW-F36100200
4901	1760	12	6	1760	10	29	SJW-F36100290
4902	1760	12	6	1760	10	29	SJW-F36100291
4903	1760	12	15	1760	11	9	SJW-F36110091
4904	1760	12	29	1760	11	23	SJW-F36110230
4905	1760	12	29	1760	11	23	SJW-F36110231
4906	1761	1	14	1760	12	9	SJW-F36120090
4907	1761	1	14	1760	12	9	SJW-F36120091
4908	1761	1	22	1760	12	17	SJW-F36120170
4909	1761	1	22	1760	12	17	SJW-F36120171
4910	1761	2	22	1761	1	18	SJW-F37010180
4911	1761	2	22	1761	1	18	SJW-F37010181
4912	1761	2	24	1761	1	20	SJW-F37010200
4913	1761	2	24	1761	1	20	SJW-F37010201
4914	1761	3	1	1761	1	25	SJW-F37010250
4915	1761	3	1	1761	1	25	SJW-F37010251
4916	1761	3	14	1761	2	8	SJW-F37020080
4917	1761	3	14	1761	2	8	SJW-F37020081
4918	1761	3	16	1761	2	10	SJW-F37020100

续表

编号	公历			农历			ID 编号
	年	月	日	年	月	日	
4919	1761	3	16	1761	2	10	SJW-F37020101
4920	1761	3	26	1761	2	20	SJW-F37020200
4921	1761	3	26	1761	2	20	SJW-F37020201
4922	1761	3	31	1761	2	25	SJW-F37020250
4923	1761	3	31	1761	2	25	SJW-F37020251
4924	1761	4	12	1761	3	8	SJW-F37030080
4925	1761	4	12	1761	3	8	SJW-F37030081
4926	1761	4	22	1761	3	18	SJW-F37030180
4927	1761	4	22	1761	3	18	SJW-F37030181
4928	1761	4	23	1761	3	19	SJW-F37030190
4929	1761	4	23	1761	3	19	SJW-F37030191
4930	1761	4	24	1761	3	20	SJW-F37030200
4931	1761	4	24	1761	3	20	SJW-F37030201
4932	1761	4	27	1761	3	23	SJW-F37030230
4933	1761	4	27	1761	3	23	SJW-F37030231
4934	1761	5	6	1761	4	2	SJW-F37040020
4935	1761	5	6	1761	4	2	SJW-F37040021
4936	1761	5	7	1761	4	3	SJW-F37040030
4937	1761	5	7	1761	4	3	SJW-F37040031
4938	1761	5	11	1761	4	7	SJW-F37040070
4939	1761	5	11	1761	4	7	SJW-F37040071
4940	1761	5	17	1761	4	13	SJW-F37040131
4941	1761	5	18	1761	4	14	SJW-F37040140
4942	1761	5	23	1761	4	19	SJW-F37040190
4943	1761	5	23	1761	4	19	SJW-F37040191
4944	1761	6	1	1761	4	28	SJW-F37040280
4945	1761	6	1	1761	4	28	SJW-F37040281
4946	1761	6	2	1761	4	29	SJW-F37040290
4947	1761	6	2	1761	4	29	SJW-F37040291
4948	1761	6	9	1761	5	7	SJW-F37050070
4949	1761	6	10	1761	5	8	SJW-F37050081
4950	1761	6	11	1761	5	9	SJW-F37050090
4951	1761	6	11	1761	5	9	SJW-F37050091
4952	1761	6	12	1761	5	10	SJW-F37050100
4953	1761	6	12	1761	5	10	SJW-F37050101
4954	1761	6	22	1761	5	20	SJW-F37050200
4955	1761	6	22	1761	5	20	SJW-F37050201
4956	1761	6	29	1761	5	27	SJW-F37050270

续表

编号	公历			农历			ID 编号
	年	月	日	年	月	日	
4957	1761	6	29	1761	5	27	SJW-F37050271
4958	1761	6	30	1761	5	28	SJW-F37050280
4959	1761	6	30	1761	5	28	SJW-F37050281
4960	1761	7	5	1761	6	4	SJW-F37060040
4961	1761	7	5	1761	6	4	SJW-F37060041
4962	1761	7	6	1761	6	5	SJW-F37060050
4963	1761	7	6	1761	6	5	SJW-F37060051
4964	1761	7	11	1761	6	10	SJW-F37060100
4965	1761	7	11	1761	6	10	SJW-F37060101
4966	1761	7	12	1761	6	11	SJW-F37060110
4967	1761	7	12	1761	6	11	SJW-F37060111
4968	1761	7	13	1761	6	12	SJW-F37060120
4969	1761	7	13	1761	6	12	SJW-F37060121
4970	1761	7	16	1761	6	15	SJW-F37060150
4971	1761	7	16	1761	6	15	SJW-F37060151
4972	1761	7	17	1761	6	16	SJW-F37060160
4973	1761	7	17	1761	6	16	SJW-F37060161
4974	1761	7	18	1761	6	17	SJW-F37060170
4975	1761	7	18	1761	6	17	SJW-F37060171
4976	1761	7	31	1761	7	1	SJW-F37070010
4977	1761	7	31	1761	7	1	SJW-F37070011
4978	1761	8	2	1761	7	3	SJW-F37070030
4979	1761	8	8	1761	7	9	SJW-F37070090
4980	1761	8	9	1761	7	10	SJW-F37070101
4981	1761	8	19	1761	7	20	SJW-F37070200
4982	1761	8	19	1761	7	20	SJW-F37070201
4983	1761	8	19	1761	7	20	SJW-F37070202
4984	1761	8	20	1761	7	21	SJW-F37070210
4985	1761	8	20	1761	7	21	SJW-F37070211
4986	1761	8	22	1761	7	23	SJW-F37070231
4987	1761	8	23	1761	7	24	SJW-F37070240
4988	1761	8	23	1761	7	24	SJW-F37070241
4989	1761	8	24	1761	7	25	SJW-F37070250
4990	1761	8	24	1761	7	25	SJW-F37070251
4991	1761	8	25	1761	7	26	SJW-F37070260
4992	1761	8	25	1761	7	26	SJW-F37070261
4993	1761	8	28	1761	7	29	SJW-F37070290
4994	1761	8	28	1761	7	29	SJW-F37070291

续表

编号	公历			农历			ID 编号
	年	月	日	年	月	日	
4995	1761	8	30	1761	8	1	SJW-F37080010
4996	1761	8	31	1761	8	2	SJW-F37080020
4997	1761	8	31	1761	8	2	SJW-F37080021
4998	1761	9	3	1761	8	5	SJW-F37080050
4999	1761	9	6	1761	8	8	SJW-F37080080
5000	1761	9	7	1761	8	9	SJW-F37080090
5001	1761	9	7	1761	8	9	SJW-F37080091
5002	1761	9	8	1761	8	10	SJW-F37080100
5003	1761	9	8	1761	8	10	SJW-F37080101
5004	1761	9	10	1761	8	12	SJW-F37080120
5005	1761	9	10	1761	8	12	SJW-F37080121
5006	1761	9	12	1761	8	14	SJW-F37080141
5007	1761	9	19	1761	8	21	SJW-F37080210
5008	1761	9	19	1761	8	21	SJW-F37080211
5009	1761	9	20	1761	8	22	SJW-F37080220
5010	1761	9	20	1761	8	22	SJW-F37080221
5011	1761	9	22	1761	8	24	SJW-F37080240
5012	1761	9	22	1761	8	24	SJW-F37080241
5013	1761	9	26	1761	8	28	SJW-F37080281
5014	1761	9	27	1761	8	29	SJW-F37080290
5015	1761	9	27	1761	8	29	SJW-F37080291
5016	1761	9	29	1761	9	2	SJW-F37090021
5017	1761	10	9	1761	9	12	SJW-F37090120
5018	1761	10	9	1761	9	12	SJW-F37090121
5019	1761	10	11	1761	9	14	SJW-F37090140
5020	1761	10	12	1761	9	15	SJW-F37090150
5021	1761	10	18	1761	9	21	SJW-F37090211
5022	1761	10	28	1761	10	1	SJW-F37100010
5023	1761	10	28	1761	10	1	SJW-F37100011
5024	1761	10	30	1761	10	3	SJW-F37100030
5025	1761	11	9	1761	10	13	SJW-F37100130
5026	1761	11	9	1761	10	13	SJW-F37100131
5027	1761	11	10	1761	10	14	SJW-F37100140
5028	1761	11	14	1761	10	18	SJW-F37100180
5029	1761	11	14	1761	10	18	SJW-F37100181
5030	1761	11	15	1761	10	19	SJW-F37100190
5031	1761	11	16	1761	10	20	SJW-F37100200
5032	1761	11	16	1761	10	20	SJW-F37100201

续表

编号	公历			农历			ID 编号
	年	月	日	年	月	日	
5033	1761	11	24	1761	10	28	SJW-F37100280
5034	1761	11	24	1761	10	28	SJW-F37100281
5035	1761	11	25	1761	10	29	SJW-F37100290
5036	1761	11	29	1761	11	4	SJW-F37110040
5037	1761	11	29	1761	11	4	SJW-F37110041
5038	1761	12	4	1761	11	9	SJW-F37110090
5039	1761	12	4	1761	11	9	SJW-F37110091
5040	1762	3	2	1762	2	7	SJW-F38020070
5041	1762	3	5	1762	2	10	SJW-F38020100
5042	1762	3	5	1762	2	10	SJW-F38020101
5043	1762	3	28	1762	3	4	SJW-F38030041
5044	1762	4	3	1762	3	10	SJW-F38030100
5045	1762	4	3	1762	3	10	SJW-F38030101
5046	1762	4	7	1762	3	14	SJW-F38030140
5047	1762	4	7	1762	3	14	SJW-F38030141
5048	1762	4	12	1762	3	19	SJW-F38030191
5049	1762	4	20	1762	3	27	SJW-F38030270
5050	1762	4	20	1762	3	27	SJW-F38030271
5051	1762	4	26	1762	4	3	SJW-F38040030
5052	1762	4	27	1762	4	4	SJW-F38040040
5053	1762	4	27	1762	4	4	SJW-F38040041
5054	1762	5	4	1762	4	11	SJW-F38040110
5055	1762	5	4	1762	4	11	SJW-F38040111
5056	1762	5	13	1762	4	20	SJW-F38040200
5057	1762	5	13	1762	4	20	SJW-F38040201
5058	1762	5	16	1762	4	23	SJW-F38040230
5059	1762	5	16	1762	4	23	SJW-F38040231
5060	1762	5	19	1762	4	26	SJW-F38040260
5061	1762	5	19	1762	4	26	SJW-F38040261
5062	1762	5	20	1762	4	27	SJW-F38040270
5063	1762	5	20	1762	4	27	SJW-F38040271
5064	1762	5	27	1762	5	4	SJW-F38050040
5065	1762	5	28	1762	5	5	SJW-F38050050
5066	1762	6	1	1762	5	9	SJW-F38050090
5067	1762	6	2	1762	5	10	SJW-F38050100
5068	1762	6	3	1762	5	11	SJW-F38050110
5069	1762	6	3	1762	5	11	SJW-F38050111
5070	1762	6	4	1762	5	12	SJW-F38050120

续表

编号	公历			农历			ID 编号
	年	月	日	年	月	日	
5071	1762	6	6	1762	5	14	SJW-F38050140
5072	1762	6	6	1762	5	14	SJW-F38050141
5073	1762	6	15	1762	5	23	SJW-F38050230
5074	1762	6	21	1762	5	29	SJW-F38050290
5075	1762	6	21	1762	5	29	SJW-F38050291
5076	1762	6	22	1762	闰 5	1	SJW-F38051010
5077	1762	6	22	1762	闰 5	1	SJW-F38051011
5078	1762	6	23	1762	闰 5	2	SJW-F38051020
5079	1762	6	23	1762	闰 5	2	SJW-F38051021
5080	1762	6	25	1762	闰 5	4	SJW-F38051040
5081	1762	6	25	1762	闰 5	4	SJW-F38051041
5082	1762	6	26	1762	闰 5	5	SJW-F38051050
5083	1762	6	26	1762	闰 5	5	SJW-F38051051
5084	1762	6	28	1762	闰 5	7	SJW-F38051070
5085	1762	7	1	1762	闰 5	10	SJW-F38051100
5086	1762	7	1	1762	闰 5	10	SJW-F38051101
5087	1762	7	2	1762	闰 5	11	SJW-F38051110
5088	1762	7	2	1762	闰 5	11	SJW-F38051111
5089	1762	7	11	1762	闰 5	20	SJW-F38051200
5090	1762	7	14	1762	闰 5	23	SJW-F38051230
5091	1762	7	16	1762	闰 5	25	SJW-F38051250
5092	1762	7	26	1762	6	6	SJW-F38060060
5093	1762	7	27	1762	6	7	SJW-F38060070
5094	1762	7	30	1762	6	10	SJW-F38060100
5095	1762	7	30	1762	6	10	SJW-F38060101
5096	1762	8	1	1762	6	12	SJW-F38060121
5097	1762	8	3	1762	6	14	SJW-F38060140
5098	1762	8	3	1762	6	14	SJW-F38060141
5099	1762	8	6	1762	6	17	SJW-F38060170
5100	1762	8	8	1762	6	19	SJW-F38060190
5101	1762	8	12	1762	6	23	SJW-F38060230
5102	1762	8	14	1762	6	25	SJW-F38060250
5103	1762	8	17	1762	6	28	SJW-F38060280
5104	1762	8	18	1762	6	29	SJW-F38060290
5105	1762	8	24	1762	7	6	SJW-F38070060
5106	1762	8	28	1762	7	10	SJW-F38070100
5107	1762	8	31	1762	7	13	SJW-F38070130
5108	1762	9	1	1762	7	14	SJW-F38070140

续表

编号	公历			农历			ID 编号
	年	月	日	年	月	日	
5109	1762	9	9	1762	7	22	SJW-F38070220
5110	1762	9	12	1762	7	25	SJW-F38070250
5111	1762	9	13	1762	7	26	SJW-F38070260
5112	1762	9	14	1762	7	27	SJW-F38070270
5113	1762	9	28	1762	8	11	SJW-F38080110
5114	1762	10	3	1762	8	16	SJW-F38080160
5115	1762	10	4	1762	8	17	SJW-F38080170
5116	1762	10	10	1762	8	23	SJW-F38080230
5117	1762	10	21	1762	9	5	SJW-F38090050
5118	1762	10	26	1762	9	10	SJW-F38090100
5119	1762	10	27	1762	9	11	SJW-F38090110
5120	1762	10	30	1762	9	14	SJW-F38090140
5121	1762	10	31	1762	9	15	SJW-F38090150
5122	1762	11	13	1762	9	28	SJW-F38090280
5123	1762	11	14	1762	9	29	SJW-F38090290
5124	1762	11	15	1762	9	30	SJW-F38090300
5125	1762	11	18	1762	10	3	SJW-F38100030
5126	1762	11	19	1762	10	4	SJW-F38100040
5127	1762	12	2	1762	10	17	SJW-F38100170
5128	1762	12	9	1762	10	24	SJW-F38100240
5129	1763	3	1	1763	1	17	SJW-F39010170
5130	1763	3	2	1763	1	18	SJW-F39010180
5131	1763	3	10	1763	1	26	SJW-F39010260
5132	1763	3	19	1763	2	5	SJW-F39020050
5133	1763	3	24	1763	2	10	SJW-F39020100
5134	1763	3	27	1763	2	13	SJW-F39020130
5135	1763	3	30	1763	2	16	SJW-F39020160
5136	1763	4	2	1763	2	19	SJW-F39020190
5137	1763	4	13	1763	3	1	SJW-F39030010
5138	1763	4	28	1763	3	16	SJW-F39030160
5139	1763	5	4	1763	3	22	SJW-F39030220
5140	1763	5	5	1763	3	23	SJW-F39030230
5141	1763	5	6	1763	3	24	SJW-F39030240
5142	1763	5	7	1763	3	25	SJW-F39030250
5143	1763	5	8	1763	3	26	SJW-F39030260
5144	1763	5	9	1763	3	27	SJW-F39030270
5145	1763	5	30	1763	4	18	SJW-F39040180
5146	1763	6	11	1763	5	1	SJW-F39050010

续表

编号	公历			农历			ID 编号
	年	月	日	年	月	日	
5147	1763	6	13	1763	5	3	SJW-F39050030
5148	1763	6	21	1763	5	11	SJW-F39050110
5149	1763	6	22	1763	5	12	SJW-F39050120
5150	1763	7	2	1763	5	22	SJW-F39050220
5151	1763	7	4	1763	5	24	SJW-F39050240
5152	1763	7	5	1763	5	25	SJW-F39050250
5153	1763	7	6	1763	5	26	SJW-F39050260
5154	1763	7	15	1763	6	5	SJW-F39060050
5155	1763	7	16	1763	6	6	SJW-F39060060
5156	1763	7	18	1763	6	8	SJW-F39060080
5157	1763	7	19	1763	6	9	SJW-F39060090
5158	1763	7	20	1763	6	10	SJW-F39060100
5159	1763	7	21	1763	6	11	SJW-F39060110
5160	1763	7	22	1763	6	12	SJW-F39060120
5161	1763	7	23	1763	6	13	SJW-F39060130
5162	1763	7	24	1763	6	14	SJW-F39060140
5163	1763	7	25	1763	6	15	SJW-F39060150
5164	1763	7	26	1763	6	16	SJW-F39060160
5165	1763	8	2	1763	6	23	SJW-F39060230
5166	1763	8	3	1763	6	24	SJW-F39060240
5167	1763	8	4	1763	6	25	SJW-F39060250
5168	1763	8	5	1763	6	26	SJW-F39060260
5169	1763	8	12	1763	7	4	SJW-F39070040
5170	1763	8	15	1763	7	7	SJW-F39070070
5171	1763	8	18	1763	7	10	SJW-F39070100
5172	1763	8	22	1763	7	14	SJW-F39070140
5173	1763	8	26	1763	7	18	SJW-F39070180
5174	1763	8	30	1763	7	22	SJW-F39070220
5175	1763	9	3	1763	7	26	SJW-F39070260
5176	1763	9	4	1763	7	27	SJW-F39070270
5177	1763	9	5	1763	7	28	SJW-F39070280
5178	1763	9	6	1763	7	29	SJW-F39070290
5179	1763	9	9	1763	8	3	SJW-F39080030
5180	1763	9	13	1763	8	7	SJW-F39080070
5181	1763	9	14	1763	8	8	SJW-F39080080
5182	1763	10	9	1763	9	3	SJW-F39090030
5183	1763	10	10	1763	9	4	SJW-F39090040
5184	1763	10	11	1763	9	5	SJW-F39090050

续表

编号	公历			农历			ID 编号
	年	月	日	年	月	日	
5185	1763	10	19	1763	9	13	SJW-F39090130
5186	1763	10	23	1763	9	17	SJW-F39090170
5187	1763	10	31	1763	9	25	SJW-F39090250
5188	1763	11	5	1763	10	1	SJW-F39100010
5189	1763	11	7	1763	10	3	SJW-F39100030
5190	1763	11	12	1763	10	8	SJW-F39100080
5191	1763	11	13	1763	10	9	SJW-F39100090
5192	1763	11	16	1763	10	12	SJW-F39100120
5193	1763	11	23	1763	10	19	SJW-F39100190
5194	1763	11	25	1763	10	21	SJW-F39100210
5195	1764	1	10	1763	12	8	SJW-F39120080
5196	1764	2	7	1764	1	6	SJW-F40010060
5197	1764	3	2	1764	1	30	SJW-F40010300
5198	1764	3	12	1764	2	10	SJW-F40020100
5199	1764	3	24	1764	2	22	SJW-F40020220
5200	1764	4	2	1764	3	2	SJW-F40030020
5201	1764	4	5	1764	3	5	SJW-F40030050
5202	1764	4	6	1764	3	6	SJW-F40030060
5203	1764	4	9	1764	3	9	SJW-F40030090
5204	1764	4	11	1764	3	11	SJW-F40030110
5205	1764	4	24	1764	3	24	SJW-F40030240
5206	1764	4	28	1764	3	28	SJW-F40030280
5207	1764	5	5	1764	4	5	SJW-F40040050
5208	1764	5	13	1764	4	13	SJW-F40040130
5209	1764	5	14	1764	4	14	SJW-F40040140
5210	1764	5	25	1764	4	25	SJW-F40040250
5211	1764	5	29	1764	4	29	SJW-F40040290
5212	1764	6	9	1764	5	10	SJW-F40050100
5213	1764	6	11	1764	5	12	SJW-F40050120
5214	1764	6	16	1764	5	17	SJW-F40050170
5215	1764	6	23	1764	5	24	SJW-F40050240
5216	1764	7	1	1764	6	3	SJW-F40060030
5217	1764	7	2	1764	6	4	SJW-F40060040
5218	1764	7	6	1764	6	8	SJW-F40060080
5219	1764	7	8	1764	6	10	SJW-F40060100
5220	1764	7	9	1764	6	11	SJW-F40060110
5221	1764	7	11	1764	6	13	SJW-F40060130
5222	1764	7	12	1764	6	14	SJW-F40060140

续表

编号	公历			农历			ID 编号
	年	月	日	年	月	日	
5223	1764	7	13	1764	6	15	SJW-F40060150
5224	1764	7	24	1764	6	26	SJW-F40060260
5225	1764	8	8	1764	7	11	SJW-F40070110
5226	1764	8	18	1764	7	21	SJW-F40070210
5227	1764	8	24	1764	7	27	SJW-F40070270
5228	1764	8	25	1764	7	28	SJW-F40070280
5229	1764	8	26	1764	7	29	SJW-F40070290
5230	1764	8	27	1764	8	1	SJW-F40080010
5231	1764	8	31	1764	8	5	SJW-F40080050
5232	1764	9	1	1764	8	6	SJW-F40080060
5233	1764	9	2	1764	8	7	SJW-F40080070
5234	1764	9	4	1764	8	9	SJW-F40080090
5235	1764	9	5	1764	8	10	SJW-F40080100
5236	1764	9	6	1764	8	11	SJW-F40080110
5237	1764	9	7	1764	8	12	SJW-F40080120
5238	1764	9	9	1764	8	14	SJW-F40080140
5239	1764	9	18	1764	8	23	SJW-F40080230
5240	1764	9	19	1764	8	24	SJW-F40080240
5241	1764	9	20	1764	8	25	SJW-F40080250
5242	1764	9	21	1764	8	26	SJW-F40080260
5243	1764	9	23	1764	8	28	SJW-F40080280
5244	1764	10	8	1764	9	13	SJW-F40090130
5245	1764	10	29	1764	10	5	SJW-F40100050
5246	1764	10	30	1764	10	6	SJW-F40100060
5247	1764	11	5	1764	10	12	SJW-F40100120
5248	1764	11	15	1764	10	22	SJW-F40100220
5249	1764	12	2	1764	11	10	SJW-F40110100
5250	1764	12	5	1764	11	13	SJW-F40110130
5251	1764	12	10	1764	11	18	SJW-F40110180
5252	1764	12	12	1764	11	20	SJW-F40110200
5253	1765	2	21	1765	2	2	SJW-F41020020
5254	1765	2	25	1765	2	6	SJW-F41020060
5255	1765	3	1	1765	2	10	SJW-F41020100
5256	1765	3	2	1765	2	11	SJW-F41020110
5257	1765	3	8	1765	2	17	SJW-F41020170
5258	1765	3	9	1765	2	18	SJW-F41020180
5259	1765	3	22	1765	闰 2	2	SJW-F41021020
5260	1765	3	30	1765	闰 2	10	SJW-F41021100

续表

编号	公历			农历			ID 编号
	年	月	日	年	月	日	
5261	1765	4	6	1765	闰 2	17	SJW-F41021170
5262	1765	4	9	1765	闰 2	20	SJW-F41021200
5263	1765	4	11	1765	闰 2	22	SJW-F41021220
5264	1765	4	27	1765	3	8	SJW-F41030080
5265	1765	5	1	1765	3	12	SJW-F41030120
5266	1765	5	4	1765	3	15	SJW-F41030150
5267	1765	5	5	1765	3	16	SJW-F41030160
5268	1765	5	7	1765	3	18	SJW-F41030180
5269	1765	5	8	1765	3	19	SJW-F41030190
5270	1765	5	9	1765	3	20	SJW-F41030200
5271	1765	5	10	1765	3	21	SJW-F41030210
5272	1765	5	30	1765	4	11	SJW-F41040110
5273	1765	5	31	1765	4	12	SJW-F41040120
5274	1765	6	15	1765	4	27	SJW-F41040270
5275	1765	6	16	1765	4	28	SJW-F41040280
5276	1765	6	17	1765	4	29	SJW-F41040290
5277	1765	6	21	1765	5	4	SJW-F41050040
5278	1765	6	23	1765	5	6	SJW-F41050060
5279	1765	6	24	1765	5	7	SJW-F41050070
5280	1765	6	30	1765	5	13	SJW-F41050130
5281	1765	7	1	1765	5	14	SJW-F41050140
5282	1765	7	2	1765	5	15	SJW-F41050150
5283	1765	7	5	1765	5	18	SJW-F41050180
5284	1765	7	6	1765	5	19	SJW-F41050190
5285	1765	7	8	1765	5	21	SJW-F41050210
5286	1765	7	9	1765	5	22	SJW-F41050220
5287	1765	7	10	1765	5	23	SJW-F41050230
5288	1765	7	11	1765	5	24	SJW-F41050240
5289	1765	7	19	1765	6	2	SJW-F41060020
5290	1765	7	25	1765	6	8	SJW-F41060080
5291	1765	7	26	1765	6	9	SJW-F41060090
5292	1765	7	27	1765	6	10	SJW-F41060100
5293	1765	7	28	1765	6	11	SJW-F41060110
5294	1765	7	29	1765	6	12	SJW-F41060120
5295	1765	8	11	1765	6	25	SJW-F41060250
5296	1765	8	17	1765	7	2	SJW-F41070020
5297	1765	8	18	1765	7	3	SJW-F41070030
5298	1765	8	19	1765	7	4	SJW-F41070040

续表

编号	公历			农历			ID 编号
	年	月	日	年	月	日	
5299	1765	8	29	1765	7	14	SJW-F41070140
5300	1765	9	2	1765	7	18	SJW-F41070180
5301	1765	9	4	1765	7	20	SJW-F41070200
5302	1765	9	5	1765	7	21	SJW-F41070210
5303	1765	9	6	1765	7	22	SJW-F41070220
5304	1765	9	15	1765	8	1	SJW-F41080010
5305	1765	9	20	1765	8	6	SJW-F41080060
5306	1765	9	30	1765	8	16	SJW-F41080160
5307	1765	10	10	1765	8	26	SJW-F41080260
5308	1765	10	13	1765	8	29	SJW-F41080290
5309	1765	10	14	1765	8	30	SJW-F41080300
5310	1765	10	22	1765	9	8	SJW-F41090080
5311	1765	10	25	1765	9	11	SJW-F41090110
5312	1765	11	3	1765	9	20	SJW-F41090200
5313	1765	11	6	1765	9	23	SJW-F41090230
5314	1765	11	9	1765	9	26	SJW-F41090260
5315	1765	11	15	1765	10	3	SJW-F41100030
5316	1765	11	19	1765	10	7	SJW-F41100070
5317	1765	11	26	1765	10	14	SJW-F41100140
5318	1765	12	3	1765	10	21	SJW-F41100210
5319	1765	12	4	1765	10	22	SJW-F41100220
5320	1765	12	7	1765	10	25	SJW-F41100250
5321	1766	2	24	1766	1	16	SJW-F42010160
5322	1766	3	29	1766	2	19	SJW-F42020190
5323	1766	4	5	1766	2	26	SJW-F42020260
5324	1766	4	11	1766	3	3	SJW-F42030030
5325	1766	4	18	1766	3	10	SJW-F42030100
5326	1766	4	20	1766	3	12	SJW-F42030120
5327	1766	4	21	1766	3	13	SJW-F42030130
5328	1766	4	29	1766	3	21	SJW-F42030210
5329	1766	4	30	1766	3	22	SJW-F42030220
5330	1766	5	1	1766	3	23	SJW-F42030230
5331	1766	5	10	1766	4	2	SJW-F42040020
5332	1766	5	11	1766	4	3	SJW-F42040030
5333	1766	5	21	1766	4	13	SJW-F42040130
5334	1766	5	25	1766	4	17	SJW-F42040170
5335	1766	5	26	1766	4	18	SJW-F42040180
5336	1766	5	31	1766	4	23	SJW-F42040230

续表

编号	公历			农历			ID 编号
	年	月	日	年	月	日	
5337	1766	6	3	1766	4	26	SJW-F42040260
5338	1766	6	5	1766	4	28	SJW-F42040280
5339	1766	6	14	1766	5	8	SJW-F42050080
5340	1766	6	16	1766	5	10	SJW-F42050100
5341	1766	6	25	1766	5	19	SJW-F42050190
5342	1766	6	26	1766	5	20	SJW-F42050200
5343	1766	6	27	1766	5	21	SJW-F42050210
5344	1766	6	28	1766	5	22	SJW-F42050220
5345	1766	7	1	1766	5	25	SJW-F42050250
5346	1766	7	9	1766	6	3	SJW-F42060030
5347	1766	7	10	1766	6	4	SJW-F42060040
5348	1766	7	20	1766	6	14	SJW-F42060140
5349	1766	7	21	1766	6	15	SJW-F42060150
5350	1766	7	23	1766	6	17	SJW-F42060170
5351	1766	7	24	1766	6	18	SJW-F42060180
5352	1766	7	25	1766	6	19	SJW-F42060190
5353	1766	7	26	1766	6	20	SJW-F42060200
5354	1766	7	27	1766	6	21	SJW-F42060210
5355	1766	7	29	1766	6	23	SJW-F42060230
5356	1766	8	5	1766	6	30	SJW-F42060300
5357	1766	8	6	1766	7	1	SJW-F42070010
5358	1766	8	7	1766	7	2	SJW-F42070020
5359	1766	8	10	1766	7	5	SJW-F42070050
5360	1766	8	21	1766	7	16	SJW-F42070160
5361	1766	8	22	1766	7	17	SJW-F42070170
5362	1766	8	23	1766	7	18	SJW-F42070180
5363	1766	8	31	1766	7	26	SJW-F42070260
5364	1766	9	4	1766	8	1	SJW-F42080010
5365	1766	9	5	1766	8	2	SJW-F42080020
5366	1766	9	16	1766	8	13	SJW-F42080130
5367	1766	9	17	1766	8	14	SJW-F42080140
5368	1766	9	18	1766	8	15	SJW-F42080150
5369	1766	10	13	1766	9	10	SJW-F42090100
5370	1766	10	30	1766	9	27	SJW-F42090270
5371	1766	11	6	1766	10	5	SJW-F42100050
5372	1766	11	20	1766	10	19	SJW-F42100190
5373	1766	11	30	1766	10	29	SJW-F42100290
5374	1766	12	4	1766	11	3	SJW-F42110030

续表

编号	公历			农历			ID 编号
	年	月	日	年	月	日	
5375	1766	12	10	1766	11	9	SJW-F42110090
5376	1767	3	9	1767	2	10	SJW-F43020100
5377	1767	4	21	1767	3	23	SJW-F43030230
5378	1767	5	6	1767	4	9	SJW-F43040090
5379	1767	5	7	1767	4	10	SJW-F43040100
5380	1767	5	11	1767	4	14	SJW-F43040140
5381	1767	5	12	1767	4	15	SJW-F43040150
5382	1767	5	14	1767	4	17	SJW-F43040170
5383	1767	5	17	1767	4	20	SJW-F43040200
5384	1767	5	28	1767	5	1	SJW-F43050010
5385	1767	5	29	1767	5	2	SJW-F43050020
5386	1767	6	1	1767	5	5	SJW-F43050050
5387	1767	6	26	1767	6	1	SJW-F43060010
5388	1767	7	3	1767	6	8	SJW-F43060080
5389	1767	7	5	1767	6	10	SJW-F43060100
5390	1767	7	8	1767	6	13	SJW-F43060130
5391	1767	7	9	1767	6	14	SJW-F43060140
5392	1767	7	10	1767	6	15	SJW-F43060150
5393	1767	7	26	1767	7	1	SJW-F43070010
5394	1767	7	27	1767	7	2	SJW-F43070020
5395	1767	7	28	1767	7	3	SJW-F43070030
5396	1767	7	30	1767	7	5	SJW-F43070050
5397	1767	7	31	1767	7	6	SJW-F43070060
5398	1767	8	9	1767	7	15	SJW-F43070150
5399	1767	8	11	1767	7	17	SJW-F43070170
5400	1767	8	12	1767	7	18	SJW-F43070180
5401	1767	8	15	1767	7	21	SJW-F43070210
5402	1767	8	16	1767	7	22	SJW-F43070220
5403	1767	8	27	1767	闰 7	4	SJW-F43071040
5404	1767	8	31	1767	闰 7	8	SJW-F43071080
5405	1767	9	4	1767	闰 7	12	SJW-F43071120
5406	1767	9	7	1767	闰 7	15	SJW-F43071150
5407	1767	9	13	1767	闰 7	21	SJW-F43071210
5408	1767	9	18	1767	闰 7	26	SJW-F43071260
5409	1767	9	19	1767	闰 7	27	SJW-F43071270
5410	1767	9	23	1767	8	1	SJW-F43080010
5411	1767	10	5	1767	8	13	SJW-F43080130
5412	1767	10	8	1767	8	16	SJW-F43080160

续表

编号	公历			农历			ID 编号
	年	月	日	年	月	日	
5413	1767	10	12	1767	8	20	SJW-F43080200
5414	1767	10	13	1767	8	21	SJW-F43080210
5415	1767	11	9	1767	9	18	SJW-F43090180
5416	1767	11	16	1767	9	25	SJW-F43090250
5417	1767	11	22	1767	10	2	SJW-F43100020
5418	1767	12	5	1767	10	15	SJW-F43100150
5419	1767	12	9	1767	10	19	SJW-F43100190
5420	1767	12	29	1767	11	9	SJW-F43110090
5421	1768	1	8	1767	11	19	SJW-F43110190
5422	1768	2	20	1768	1	3	SJW-F44010030
5423	1768	3	12	1768	1	24	SJW-F44010240
5424	1768	3	20	1768	2	3	SJW-F44020030
5425	1768	4	3	1768	2	17	SJW-F44020170
5426	1768	4	6	1768	2	20	SJW-F44020200
5427	1768	4	9	1768	2	23	SJW-F44020230
5428	1768	4	14	1768	2	28	SJW-F44020280
5429	1768	4	21	1768	3	5	SJW-F44030050
5430	1768	4	28	1768	3	12	SJW-F44030120
5431	1768	5	22	1768	4	7	SJW-F44040070
5432	1768	5	23	1768	4	8	SJW-F44040080
5433	1768	6	3	1768	4	19	SJW-F44040190
5434	1768	6	9	1768	4	25	SJW-F44040250
5435	1768	6	10	1768	4	26	SJW-F44040260
5436	1768	6	18	1768	5	4	SJW-F44050040
5437	1768	6	19	1768	5	5	SJW-F44050050
5438	1768	6	21	1768	5	7	SJW-F44050070
5439	1768	7	5	1768	5	21	SJW-F44050210
5440	1768	7	6	1768	5	22	SJW-F44050220
5441	1768	7	7	1768	5	23	SJW-F44050230
5442	1768	7	8	1768	5	24	SJW-F44050240
5443	1768	7	9	1768	5	25	SJW-F44050250
5444	1768	7	17	1768	6	4	SJW-F44060040
5445	1768	7	18	1768	6	5	SJW-F44060050
5446	1768	7	20	1768	6	7	SJW-F44060070
5447	1768	7	20	1768	6	7	SJW-F44060071
5448	1768	7	25	1768	6	12	SJW-F44060120
5449	1768	8	14	1768	7	3	SJW-F44070030
5450	1768	8	16	1768	7	5	SJW-F44070050

续表

编号	公历			农历			ID 编号
	年	月	日	年	月	日	
5451	1768	8	19	1768	7	8	SJW-F44070080
5452	1768	8	20	1768	7	9	SJW-F44070090
5453	1768	8	24	1768	7	13	SJW-F44070130
5454	1768	8	27	1768	7	16	SJW-F44070160
5455	1768	8	30	1768	7	19	SJW-F44070190
5456	1768	9	11	1768	8	1	SJW-F44080010
5457	1768	9	12	1768	8	2	SJW-F44080020
5458	1768	9	13	1768	8	3	SJW-F44080030
5459	1768	9	14	1768	8	4	SJW-F44080040
5460	1768	9	17	1768	8	7	SJW-F44080070
5461	1768	9	18	1768	8	8	SJW-F44080080
5462	1768	9	23	1768	8	13	SJW-F44080130
5463	1768	9	24	1768	8	14	SJW-F44080140
5464	1768	9	25	1768	8	15	SJW-F44080150
5465	1768	9	26	1768	8	16	SJW-F44080160
5466	1768	9	28	1768	8	18	SJW-F44080180
5467	1768	9	29	1768	8	19	SJW-F44080190
5468	1768	9	30	1768	8	20	SJW-F44080200
5469	1768	10	9	1768	8	29	SJW-F44080290
5470	1768	10	10	1768	8	30	SJW-F44080300
5471	1768	10	14	1768	9	4	SJW-F44090040
5472	1768	10	31	1768	9	21	SJW-F44090210
5473	1768	11	1	1768	9	22	SJW-F44090220
5474	1768	11	6	1768	9	27	SJW-F44090270
5475	1768	11	10	1768	10	2	SJW-F44100020
5476	1768	11	20	1768	10	12	SJW-F44100120
5477	1768	12	1	1768	10	23	SJW-F44100230
5478	1768	12	7	1768	10	29	SJW-F44100290
5479	1768	12	17	1768	11	9	SJW-F44110090
5480	1768	12	18	1768	11	10	SJW-F44110100
5481	1768	12	24	1768	11	16	SJW-F44110160
5482	1768	12	28	1768	11	20	SJW-F44110200
5483	1769	2	22	1769	1	16	SJW-F45010160
5484	1769	2	28	1769	1	22	SJW-F45010220
5485	1769	3	11	1769	2	4	SJW-F45020040
5486	1769	3	12	1769	2	5	SJW-F45020050
5487	1769	3	23	1769	2	16	SJW-F45020160
5488	1769	3	30	1769	2	23	SJW-F45020230

续表

编号	公历			农历			ID 编号
	年	月	日	年	月	日	
5489	1769	4	7	1769	3	1	SJW-F45030010
5490	1769	4	12	1769	3	6	SJW-F45030060
5491	1769	4	24	1769	3	18	SJW-F45030180
5492	1769	4	30	1769	3	24	SJW-F45030240
5493	1769	5	1	1769	3	25	SJW-F45030250
5494	1769	5	8	1769	4	3	SJW-F45040030
5495	1769	5	9	1769	4	4	SJW-F45040040
5496	1769	5	12	1769	4	7	SJW-F45040070
5497	1769	5	28	1769	4	23	SJW-F45040230
5498	1769	6	3	1769	4	29	SJW-F45040290
5499	1769	6	9	1769	5	6	SJW-F45050060
5500	1769	6	14	1769	5	11	SJW-F45050110
5501	1769	6	18	1769	5	15	SJW-F45050150
5502	1769	6	19	1769	5	16	SJW-F45050160
5503	1769	6	20	1769	5	17	SJW-F45050170
5504	1769	6	22	1769	5	19	SJW-F45050190
5505	1769	6	23	1769	5	20	SJW-F45050200
5506	1769	6	26	1769	5	23	SJW-F45050230
5507	1769	6	27	1769	5	24	SJW-F45050240
5508	1769	7	1	1769	5	28	SJW-F45050280
5509	1769	7	2	1769	5	29	SJW-F45050290
5510	1769	7	10	1769	6	8	SJW-F45060080
5511	1769	7	11	1769	6	9	SJW-F45060090
5512	1769	7	13	1769	6	11	SJW-F45060110
5513	1769	7	15	1769	6	13	SJW-F45060130
5514	1769	7	18	1769	6	16	SJW-F45060160
5515	1769	7	19	1769	6	17	SJW-F45060170
5516	1769	7	20	1769	6	18	SJW-F45060180
5517	1769	7	22	1769	6	20	SJW-F45060200
5518	1769	7	24	1769	6	22	SJW-F45060220
5519	1769	7	26	1769	6	24	SJW-F45060240
5520	1769	7	28	1769	6	26	SJW-F45060260
5521	1769	7	29	1769	6	27	SJW-F45060270
5522	1769	7	30	1769	6	28	SJW-F45060280
5523	1769	7	31	1769	6	29	SJW-F45060290
5524	1769	8	5	1769	7	4	SJW-F45070040
5525	1769	8	6	1769	7	5	SJW-F45070050
5526	1769	8	7	1769	7	6	SJW-F45070060

续表

编号	公历			农历			ID 编号
	年	月	日	年	月	日	
5527	1769	8	8	1769	7	7	SJW-F45070070
5528	1769	8	12	1769	7	11	SJW-F45070110
5529	1769	8	14	1769	7	13	SJW-F45070130
5530	1769	8	16	1769	7	15	SJW-F45070150
5531	1769	8	17	1769	7	16	SJW-F45070160
5532	1769	8	21	1769	7	20	SJW-F45070200
5533	1769	8	23	1769	7	22	SJW-F45070220
5534	1769	8	27	1769	7	26	SJW-F45070260
5535	1769	8	28	1769	7	27	SJW-F45070270
5536	1769	9	6	1769	8	7	SJW-F45080070
5537	1769	9	7	1769	8	8	SJW-F45080080
5538	1769	9	11	1769	8	12	SJW-F45080120
5539	1769	9	12	1769	8	13	SJW-F45080130
5540	1769	9	13	1769	8	14	SJW-F45080140
5541	1769	9	20	1769	8	21	SJW-F45080210
5542	1769	9	21	1769	8	22	SJW-F45080220
5543	1769	9	22	1769	8	23	SJW-F45080230
5544	1769	10	4	1769	9	5	SJW-F45090050
5545	1769	10	7	1769	9	8	SJW-F45090080
5546	1769	10	20	1769	9	21	SJW-F45090210
5547	1769	11	5	1769	10	8	SJW-F45100080
5548	1769	11	22	1769	10	25	SJW-F45100250
5549	1769	11	27	1769	10	30	SJW-F45100300
5550	1769	11	29	1769	11	2	SJW-F45110020
5551	1769	12	6	1769	11	9	SJW-F45110090
5552	1769	12	18	1769	11	21	SJW-F45110210
5553	1769	12	20	1769	11	23	SJW-F45110230
5554	1770	2	12	1770	1	17	SJW-F46010170
5555	1770	2	13	1770	1	18	SJW-F46010180
5556	1770	2	14	1770	1	19	SJW-F46010190
5557	1770	3	5	1770	2	9	SJW-F46020090
5558	1770	3	22	1770	2	26	SJW-F46020260
5559	1770	3	23	1770	2	27	SJW-F46020270
5560	1770	3	28	1770	3	2	SJW-F46030020
5561	1770	4	4	1770	3	9	SJW-F46030090
5562	1770	4	9	1770	3	14	SJW-F46030140
5563	1770	4	10	1770	3	15	SJW-F46030150
5564	1770	4	14	1770	3	19	SJW-F46030190

续表

编号	公历			农历			ID 编号
	年	月	日	年	月	日	
5565	1770	4	16	1770	3	21	SJW-F46030210
5566	1770	4	21	1770	3	26	SJW-F46030260
5567	1770	4	28	1770	4	3	SJW-F46040030
5568	1770	5	3	1770	4	8	SJW-F46040080
5569	1770	5	4	1770	4	9	SJW-F46040090
5570	1770	5	13	1770	4	18	SJW-F46040180
5571	1770	5	18	1770	4	23	SJW-F46040230
5572	1770	5	28	1770	5	4	SJW-F46050040
5573	1770	6	7	1770	5	14	SJW-F46050140
5574	1770	6	9	1770	5	16	SJW-F46050160
5575	1770	6	13	1770	5	20	SJW-F46050200
5576	1770	6	21	1770	5	28	SJW-F46050280
5577	1770	6	22	1770	5	29	SJW-F46050290
5578	1770	6	27	1770	闰 5	5	SJW-F46051050
5579	1770	6	28	1770	闰 5	6	SJW-F46051060
5580	1770	7	1	1770	闰 5	9	SJW-F46051090
5581	1770	7	2	1770	闰 5	10	SJW-F46051100
5582	1770	7	5	1770	闰 5	13	SJW-F46051130
5583	1770	7	6	1770	闰 5	14	SJW-F46051140
5584	1770	7	7	1770	闰 5	15	SJW-F46051150
5585	1770	7	10	1770	闰 5	18	SJW-F46051180
5586	1770	7	11	1770	闰 5	19	SJW-F46051190
5587	1770	7	12	1770	闰 5	20	SJW-F46051200
5588	1770	7	13	1770	闰 5	21	SJW-F46051210
5589	1770	7	14	1770	闰 5	22	SJW-F46051220
5590	1770	7	16	1770	闰 5	24	SJW-F46051240
5591	1770	7	17	1770	闰 5	25	SJW-F46051250
5592	1770	7	22	1770	6	1	SJW-F46060010
5593	1770	7	23	1770	6	2	SJW-F46060020
5594	1770	7	24	1770	6	3	SJW-F46060030
5595	1770	7	26	1770	6	5	SJW-F46060050
5596	1770	7	27	1770	6	6	SJW-F46060060
5597	1770	7	28	1770	6	7	SJW-F46060070
5598	1770	7	30	1770	6	9	SJW-F46060090
5599	1770	8	14	1770	6	24	SJW-F46060240
5600	1770	8	15	1770	6	25	SJW-F46060250
5601	1770	8	18	1770	6	28	SJW-F46060280
5602	1770	8	19	1770	6	29	SJW-F46060290

续表

编号	公历			农历			ID 编号
	年	月	日	年	月	日	
5603	1770	8	20	1770	6	30	SJW-F46060300
5604	1770	8	21	1770	7	1	SJW-F46070010
5605	1770	8	22	1770	7	2	SJW-F46070020
5606	1770	8	23	1770	7	3	SJW-F46070030
5607	1770	8	28	1770	7	8	SJW-F46070080
5608	1770	9	9	1770	7	20	SJW-F46070200
5609	1770	9	10	1770	7	21	SJW-F46070210
5610	1770	9	13	1770	7	24	SJW-F46070240
5611	1770	9	15	1770	7	26	SJW-F46070260
5612	1770	9	17	1770	7	28	SJW-F46070280
5613	1770	9	18	1770	7	29	SJW-F46070290
5614	1770	9	22	1770	8	4	SJW-F46080040
5615	1770	9	29	1770	8	11	SJW-F46080110
5616	1770	10	5	1770	8	17	SJW-F46080170
5617	1770	10	6	1770	8	18	SJW-F46080180
5618	1770	10	17	1770	8	29	SJW-F46080290
5619	1770	10	19	1770	9	1	SJW-F46090010
5620	1770	10	20	1770	9	2	SJW-F46090020
5621	1770	10	21	1770	9	3	SJW-F46090030
5622	1770	10	22	1770	9	4	SJW-F46090040
5623	1770	11	2	1770	9	15	SJW-F46090150
5624	1770	11	3	1770	9	16	SJW-F46090160
5625	1770	11	6	1770	9	19	SJW-F46090190
5626	1770	11	11	1770	9	24	SJW-F46090240
5627	1770	11	17	1770	10	1	SJW-F46100010
5628	1770	11	23	1770	10	7	SJW-F46100070
5629	1770	11	27	1770	10	11	SJW-F46100110
5630	1770	12	5	1770	10	19	SJW-F46100190
5631	1770	12	7	1770	10	21	SJW-F46100210
5632	1771	1	28	1770	12	13	SJW-F46120130
5633	1771	2	9	1770	12	25	SJW-F46120250
5634	1771	3	8	1771	1	22	SJW-F47010220
5635	1771	3	9	1771	1	23	SJW-F47010230
5636	1771	3	10	1771	1	24	SJW-F47010240
5637	1771	3	12	1771	1	26	SJW-F47010260
5638	1771	3	13	1771	1	27	SJW-F47010270
5639	1771	3	14	1771	1	28	SJW-F47010280
5640	1771	3	19	1771	2	4	SJW-F47020040

续表

编号	公历			农历			ID 编号
	年	月	日	年	月	日	
5641	1771	3	20	1771	2	5	SJW-F47020050
5642	1771	3	22	1771	2	7	SJW-F47020070
5643	1771	3	25	1771	2	10	SJW-F47020100
5644	1771	3	31	1771	2	16	SJW-F47020160
5645	1771	4	2	1771	2	18	SJW-F47020180
5646	1771	4	12	1771	2	28	SJW-F47020280
5647	1771	4	16	1771	3	2	SJW-F47030020
5648	1771	4	21	1771	3	7	SJW-F47030070
5649	1771	4	22	1771	3	8	SJW-F47030080
5650	1771	5	4	1771	3	20	SJW-F47030200
5651	1771	5	5	1771	3	21	SJW-F47030210
5652	1771	5	9	1771	3	25	SJW-F47030250
5653	1771	5	20	1771	4	7	SJW-F47040070
5654	1771	5	24	1771	4	11	SJW-F47040110
5655	1771	5	25	1771	4	12	SJW-F47040120
5656	1771	5	27	1771	4	14	SJW-F47040140
5657	1771	5	30	1771	4	17	SJW-F47040170
5658	1771	6	17	1771	5	5	SJW-F47050050
5659	1771	6	18	1771	5	6	SJW-F47050060
5660	1771	6	21	1771	5	9	SJW-F47050090
5661	1771	6	22	1771	5	10	SJW-F47050100
5662	1771	6	24	1771	5	12	SJW-F47050120
5663	1771	6	25	1771	5	13	SJW-F47050130
5664	1771	6	26	1771	5	14	SJW-F47050140
5665	1771	6	28	1771	5	16	SJW-F47050160
5666	1771	7	4	1771	5	22	SJW-F47050220
5667	1771	7	8	1771	5	26	SJW-F47050260
5668	1771	7	15	1771	6	4	SJW-F47060040
5669	1771	7	19	1771	6	8	SJW-F47060080
5670	1771	7	25	1771	6	14	SJW-F47060140
5671	1771	7	26	1771	6	15	SJW-F47060150
5672	1771	7	27	1771	6	16	SJW-F47060160
5673	1771	7	28	1771	6	17	SJW-F47060170
5674	1771	7	29	1771	6	18	SJW-F47060180
5675	1771	8	10	1771	7	1	SJW-F47070010
5676	1771	8	16	1771	7	7	SJW-F47070070
5677	1771	8	27	1771	7	18	SJW-F47070180
5678	1771	8	31	1771	7	22	SJW-F47070220

续表

编号	公历			农历			ID 编号
	年	月	日	年	月	日	
5679	1771	9	6	1771	7	28	SJW-F47070280
5680	1771	9	9	1771	8	1	SJW-F47080010
5681	1771	9	13	1771	8	5	SJW-F47080050
5682	1771	9	22	1771	8	14	SJW-F47080140
5683	1771	9	26	1771	8	18	SJW-F47080180
5684	1771	9	27	1771	8	19	SJW-F47080190
5685	1771	9	28	1771	8	20	SJW-F47080200
5686	1771	10	3	1771	8	25	SJW-F47080250
5687	1771	10	14	1771	9	7	SJW-F47090070
5688	1771	10	15	1771	9	8	SJW-F47090080
5689	1771	10	21	1771	9	14	SJW-F47090140
5690	1771	11	14	1771	10	8	SJW-F47100080
5691	1771	11	19	1771	10	13	SJW-F47100130
5692	1771	11	22	1771	10	16	SJW-F47100160
5693	1771	11	24	1771	10	18	SJW-F47100180
5694	1771	11	25	1771	10	19	SJW-F47100190
5695	1771	12	21	1771	11	16	SJW-F47110160
5696	1772	2	16	1772	1	13	SJW-F48010130
5697	1772	2	20	1772	1	17	SJW-F48010170
5698	1772	2	29	1772	1	26	SJW-F48010260
5699	1772	3	13	1772	2	10	SJW-F48020100
5700	1772	3	14	1772	2	11	SJW-F48020110
5701	1772	3	16	1772	2	13	SJW-F48020130
5702	1772	3	20	1772	2	17	SJW-F48020170
5703	1772	3	26	1772	2	23	SJW-F48020230
5704	1772	3	27	1772	2	24	SJW-F48020240
5705	1772	3	31	1772	2	28	SJW-F48020280
5706	1772	5	7	1772	4	5	SJW-F48040050
5707	1772	5	8	1772	4	6	SJW-F48040060
5708	1772	5	15	1772	4	13	SJW-F48040130
5709	1772	5	17	1772	4	15	SJW-F48040150
5710	1772	5	25	1772	4	23	SJW-F48040230
5711	1772	5	30	1772	4	28	SJW-F48040280
5712	1772	6	9	1772	5	9	SJW-F48050090
5713	1772	6	18	1772	5	18	SJW-F48050180
5714	1772	6	23	1772	5	23	SJW-F48050230
5715	1772	6	25	1772	5	25	SJW-F48050250
5716	1772	6	29	1772	5	29	SJW-F48050290

续表

编号	公历			农历			ID 编号
	年	月	日	年	月	日	
5717	1772	6	30	1772	5	30	SJW-F48050300
5718	1772	8	3	1772	7	5	SJW-F48070050
5719	1772	8	4	1772	7	6	SJW-F48070060
5720	1772	8	5	1772	7	7	SJW-F48070070
5721	1772	8	6	1772	7	8	SJW-F48070080
5722	1772	8	16	1772	7	18	SJW-F48070180
5723	1772	8	17	1772	7	19	SJW-F48070190
5724	1772	8	18	1772	7	20	SJW-F48070200
5725	1772	8	19	1772	7	21	SJW-F48070210
5726	1772	8	24	1772	7	26	SJW-F48070260
5727	1772	8	25	1772	7	27	SJW-F48070270
5728	1772	9	27	1772	9	1	SJW-F48090010
5729	1772	10	20	1772	9	24	SJW-F48090240
5730	1772	10	22	1772	9	26	SJW-F48090260
5731	1772	10	26	1772	10	1	SJW-F48100010
5732	1772	10	30	1772	10	5	SJW-F48100050
5733	1772	11	9	1772	10	15	SJW-F48100150
5734	1772	11	18	1772	10	24	SJW-F48100240
5735	1772	11	19	1772	10	25	SJW-F48100250
5736	1772	11	24	1772	10	30	SJW-F48100300
5737	1772	12	21	1772	11	27	SJW-F48110270
5738	1773	2	26	1773	2	6	SJW-F49020060
5739	1773	2	28	1773	2	8	SJW-F49020080
5740	1773	3	4	1773	2	12	SJW-F49020120
5741	1773	3	19	1773	2	27	SJW-F49020270
5742	1773	3	30	1773	3	8	SJW-F49030080
5743	1773	3	31	1773	3	9	SJW-F49030090
5744	1773	4	13	1773	3	22	SJW-F49030220
5745	1773	4	15	1773	3	24	SJW-F49030240
5746	1773	4	16	1773	3	25	SJW-F49030250
5747	1773	4	17	1773	3	26	SJW-F49030260
5748	1773	4	19	1773	3	28	SJW-F49030280
5749	1773	4	23	1773	闰 3	2	SJW-F49031020
5750	1773	4	24	1773	闰 3	3	SJW-F49031030
5751	1773	4	29	1773	闰 3	8	SJW-F49031080
5752	1773	6	3	1773	4	14	SJW-F49040140
5753	1773	6	11	1773	4	22	SJW-F49040220
5754	1773	6	12	1773	4	23	SJW-F49040230

续表

编号	公历			农历			ID 编号
	年	月	日	年	月	日	
5755	1773	6	13	1773	4	24	SJW-F49040240
5756	1773	6	17	1773	4	28	SJW-F49040280
5757	1773	6	18	1773	4	29	SJW-F49040290
5758	1773	6	23	1773	5	4	SJW-F49050040
5759	1773	6	24	1773	5	5	SJW-F49050050
5760	1773	6	29	1773	5	10	SJW-F49050100
5761	1773	6	30	1773	5	11	SJW-F49050110
5762	1773	7	1	1773	5	12	SJW-F49050120
5763	1773	7	4	1773	5	15	SJW-F49050150
5764	1773	7	5	1773	5	16	SJW-F49050160
5765	1773	7	17	1773	5	28	SJW-F49050280
5766	1773	7	23	1773	6	4	SJW-F49060040
5767	1773	7	24	1773	6	5	SJW-F49060050
5768	1773	7	25	1773	6	6	SJW-F49060060
5769	1773	7	26	1773	6	7	SJW-F49060070
5770	1773	8	2	1773	6	14	SJW-F49060140
5771	1773	8	15	1773	6	27	SJW-F49060270
5772	1773	8	20	1773	7	3	SJW-F49070030
5773	1773	8	22	1773	7	5	SJW-F49070050
5774	1773	8	23	1773	7	6	SJW-F49070060
5775	1773	8	24	1773	7	7	SJW-F49070070
5776	1773	8	25	1773	7	8	SJW-F49070080
5777	1773	9	2	1773	7	16	SJW-F49070160
5778	1773	9	6	1773	7	20	SJW-F49070200
5779	1773	9	8	1773	7	22	SJW-F49070220
5780	1773	9	11	1773	7	25	SJW-F49070250
5781	1773	9	12	1773	7	26	SJW-F49070260
5782	1773	9	19	1773	8	4	SJW-F49080040
5783	1773	10	6	1773	8	21	SJW-F49080210
5784	1773	10	17	1773	9	2	SJW-F49090020
5785	1773	10	20	1773	9	5	SJW-F49090050
5786	1773	10	23	1773	9	8	SJW-F49090080
5787	1773	10	24	1773	9	9	SJW-F49090090
5788	1773	10	26	1773	9	11	SJW-F49090110
5789	1773	11	10	1773	9	26	SJW-F49090260
5790	1773	11	13	1773	9	29	SJW-F49090290
5791	1774	2	16	1774	1	6	SJW-F50010060
5792	1774	3	8	1774	1	26	SJW-F50010260

续表

编号	公历			农历			ID 编号
	年	月	日	年	月	日	
5793	1774	3	16	1774	2	5	SJW-F50020050
5794	1774	3	30	1774	2	19	SJW-F50020190
5795	1774	4	13	1774	3	3	SJW-F50030030
5796	1774	4	14	1774	3	4	SJW-F50030040
5797	1774	4	15	1774	3	5	SJW-F50030050
5798	1774	4	19	1774	3	9	SJW-F50030090
5799	1774	4	20	1774	3	10	SJW-F50030100
5800	1774	4	21	1774	3	11	SJW-F50030110
5801	1774	4	26	1774	3	16	SJW-F50030160
5802	1774	5	9	1774	3	29	SJW-F50030290
5803	1774	5	14	1774	4	5	SJW-F50040050
5804	1774	5	18	1774	4	9	SJW-F50040090
5805	1774	5	19	1774	4	10	SJW-F50040100
5806	1774	6	9	1774	5	1	SJW-F50050010
5807	1774	6	10	1774	5	2	SJW-F50050020
5808	1774	6	12	1774	5	4	SJW-F50050040
5809	1774	6	26	1774	5	18	SJW-F50050180
5810	1774	7	1	1774	5	23	SJW-F50050230
5811	1774	7	3	1774	5	25	SJW-F50050250
5812	1774	7	8	1774	5	30	SJW-F50050300
5813	1774	7	10	1774	6	2	SJW-F50060020
5814	1774	7	11	1774	6	3	SJW-F50060030
5815	1774	7	14	1774	6	6	SJW-F50060060
5816	1774	7	21	1774	6	13	SJW-F50060130
5817	1774	7	24	1774	6	16	SJW-F50060160
5818	1774	7	26	1774	6	18	SJW-F50060180
5819	1774	7	27	1774	6	19	SJW-F50060190
5820	1774	7	28	1774	6	20	SJW-F50060200
5821	1774	7	29	1774	6	21	SJW-F50060210
5822	1774	7	30	1774	6	22	SJW-F50060220
5823	1774	8	3	1774	6	26	SJW-F50060260
5824	1774	8	4	1774	6	27	SJW-F50060270
5825	1774	8	6	1774	6	29	SJW-F50060290
5826	1774	8	8	1774	7	2	SJW-F50070020
5827	1774	8	9	1774	7	3	SJW-F50070030
5828	1774	8	10	1774	7	4	SJW-F50070040
5829	1774	8	11	1774	7	5	SJW-F50070050
5830	1774	8	14	1774	7	8	SJW-F50070080

续表

编号	公历			农历			ID 编号
	年	月	日	年	月	日	
5831	1774	8	19	1774	7	13	SJW-F50070130
5832	1774	8	22	1774	7	16	SJW-F50070160
5833	1774	8	23	1774	7	17	SJW-F50070170
5834	1774	8	24	1774	7	18	SJW-F50070180
5835	1774	9	7	1774	8	2	SJW-F50080020
5836	1774	9	11	1774	8	6	SJW-F50080060
5837	1774	9	12	1774	8	7	SJW-F50080070
5838	1774	9	19	1774	8	14	SJW-F50080140
5839	1774	10	5	1774	9	1	SJW-F50090010
5840	1774	10	6	1774	9	2	SJW-F50090020
5841	1774	10	10	1774	9	6	SJW-F50090060
5842	1774	10	17	1774	9	13	SJW-F50090130
5843	1774	10	24	1774	9	20	SJW-F50090200
5844	1774	11	1	1774	9	28	SJW-F50090280
5845	1774	12	2	1774	10	29	SJW-F50100290
5846	1774	12	20	1774	11	18	SJW-F50110180
5847	1775	1	6	1774	12	5	SJW-F50120050
5848	1775	3	30	1775	2	29	SJW-F51020290
5849	1775	4	1	1775	3	2	SJW-F51030020
5850	1775	4	6	1775	3	7	SJW-F51030070
5851	1775	4	10	1775	3	11	SJW-F51030110
5852	1775	4	23	1775	3	24	SJW-F51030240
5853	1775	4	24	1775	3	25	SJW-F51030250
5854	1775	4	27	1775	3	28	SJW-F51030280
5855	1775	5	15	1775	4	16	SJW-F51040160
5856	1775	5	16	1775	4	17	SJW-F51040170
5857	1775	6	5	1775	5	8	SJW-F51050080
5858	1775	6	13	1775	5	16	SJW-F51050160
5859	1775	6	15	1775	5	18	SJW-F51050180
5860	1775	6	18	1775	5	21	SJW-F51050210
5861	1775	6	19	1775	5	22	SJW-F51050220
5862	1775	6	21	1775	5	24	SJW-F51050240
5863	1775	6	26	1775	5	29	SJW-F51050290
5864	1775	6	27	1775	5	30	SJW-F51050300
5865	1775	6	28	1775	6	1	SJW-F51060010
5866	1775	6	29	1775	6	2	SJW-F51060020
5867	1775	6	30	1775	6	3	SJW-F51060030
5868	1775	7	6	1775	6	9	SJW-F51060090

续表

编号	公历			农历			ID 编号
	年	月	日	年	月	日	
5869	1775	7	7	1775	6	10	SJW-F51060100
5870	1775	7	8	1775	6	11	SJW-F51060110
5871	1775	7	10	1775	6	13	SJW-F51060130
5872	1775	7	12	1775	6	15	SJW-F51060150
5873	1775	7	14	1775	6	17	SJW-F51060170
5874	1775	7	15	1775	6	18	SJW-F51060180
5875	1775	7	17	1775	6	20	SJW-F51060200
5876	1775	7	19	1775	6	22	SJW-F51060220
5877	1775	7	25	1775	6	28	SJW-F51060280
5878	1775	7	27	1775	7	1	SJW-F51070010
5879	1775	9	3	1775	8	9	SJW-F51080090
5880	1775	9	10	1775	8	16	SJW-F51080160
5881	1775	9	30	1775	9	6	SJW-F51090060
5882	1775	10	6	1775	9	12	SJW-F51090120
5883	1775	10	7	1775	9	13	SJW-F51090130
5884	1775	10	9	1775	9	15	SJW-F51090150
5885	1775	10	11	1775	9	17	SJW-F51090170
5886	1775	10	16	1775	9	22	SJW-F51090220
5887	1775	10	21	1775	9	27	SJW-F51090270
5888	1775	11	1	1775	10	9	SJW-F51100090
5889	1775	11	28	1775	闰 10	6	SJW-F51101060
5890	1775	11	30	1775	闰 10	8	SJW-F51101080
5891	1775	12	2	1775	闰 10	10	SJW-F51101100
5892	1775	12	3	1775	闰 10	11	SJW-F51101110
5893	1775	12	20	1775	闰 10	28	SJW-F51101280
5894	1775	12	27	1775	11	6	SJW-F51110060
5895	1776	1	6	1775	11	16	SJW-F51110160
5896	1776	2	9	1775	12	20	SJW-F51120200
5897	1776	3	11	1776	1	22	SJW-F52010220
5898	1776	3	13	1776	1	24	SJW-F52010240
5899	1776	3	14	1776	1	25	SJW-F52010250
5900	1776	3	21	1776	2	2	SJW-F52020020
5901	1776	3	24	1776	2	5	SJW-F52020050
5902	1776	4	8	1776	2	20	SJW-F52020200
5903	1776	4	12	1776	2	24	SJW-F52020240
5904	1776	4	19	1776	3	2	SJW-F52030020
5905	1776	4	27	1776	3	10	SJW-F52030100
5906	1776	4	28	1776	3	11	SJW-F52030110

续表

编号	公历			农历			ID 编号
	年	月	日	年	月	日	
5907	1776	5	1	1776	3	14	SJW-F52030140
5908	1776	5	6	1776	3	19	SJW-F52030190
5909	1776	5	13	1776	3	26	SJW-F52030260
5910	1776	5	14	1776	3	27	SJW-F52030270
5911	1776	5	15	1776	3	28	SJW-F52030280
5912	1776	5	19	1776	4	2	SJW-G00040020
5913	1776	5	21	1776	4	4	SJW-G00040040
5914	1776	5	22	1776	4	5	SJW-G00040050
5915	1776	5	23	1776	4	6	SJW-G00040060
5916	1776	5	25	1776	4	8	SJW-G00040080
5917	1776	5	28	1776	4	11	SJW-G00040110
5918	1776	6	4	1776	4	18	SJW-G00040180
5919	1776	6	11	1776	4	25	SJW-G00040250
5920	1776	6	14	1776	4	28	SJW-G00040280
5921	1776	6	18	1776	5	3	SJW-G00050030
5922	1776	6	26	1776	5	11	SJW-G00050110
5923	1776	6	29	1776	5	14	SJW-G00050140
5924	1776	7	1	1776	5	16	SJW-G00050160
5925	1776	7	4	1776	5	19	SJW-G00050190
5926	1776	7	7	1776	5	22	SJW-G00050220
5927	1776	7	12	1776	5	27	SJW-G00050270
5928	1776	7	13	1776	5	28	SJW-G00050280
5929	1776	7	14	1776	5	29	SJW-G00050290
5930	1776	7	18	1776	6	4	SJW-G00060040
5931	1776	7	21	1776	6	7	SJW-G00060070
5932	1776	7	22	1776	6	8	SJW-G00060080
5933	1776	7	23	1776	6	9	SJW-G00060090
5934	1776	7	24	1776	6	10	SJW-G00060100
5935	1776	7	27	1776	6	13	SJW-G00060130
5936	1776	7	28	1776	6	14	SJW-G00060140
5937	1776	7	31	1776	6	17	SJW-G00060170
5938	1776	8	1	1776	6	18	SJW-G00060180
5939	1776	8	9	1776	6	26	SJW-G00060260
5940	1776	8	14	1776	7	1	SJW-G00070010
5941	1776	8	15	1776	7	2	SJW-G00070020
5942	1776	8	20	1776	7	7	SJW-G00070070
5943	1776	8	21	1776	7	8	SJW-G00070080
5944	1776	8	23	1776	7	10	SJW-G00070100

续表

编号	公历			农历			ID 编号
	年	月	日	年	月	日	
5945	1776	8	26	1776	7	13	SJW-G00070130
5946	1776	9	4	1776	7	22	SJW-G00070220
5947	1776	9	5	1776	7	23	SJW-G00070230
5948	1776	9	6	1776	7	24	SJW-G00070240
5949	1776	9	7	1776	7	25	SJW-G00070250
5950	1776	9	9	1776	7	27	SJW-G00070270
5951	1776	9	10	1776	7	28	SJW-G00070280
5952	1776	9	11	1776	7	29	SJW-G00070290
5953	1776	10	11	1776	8	29	SJW-G00080290
5954	1776	10	14	1776	9	3	SJW-G00090030
5955	1776	10	28	1776	9	17	SJW-G00090170
5956	1776	11	4	1776	9	24	SJW-G00090240
5957	1776	11	5	1776	9	25	SJW-G00090250
5958	1776	12	3	1776	10	23	SJW-G00100230
5959	1776	12	9	1776	10	29	SJW-G00100290
5960	1776	12	14	1776	11	4	SJW-G00110040
5961	1776	12	15	1776	11	5	SJW-G00110050
5962	1776	12	22	1776	11	12	SJW-G00110120
5963	1777	2	14	1777	1	7	SJW-G01010070
5964	1777	2	25	1777	1	18	SJW-G01010180
5965	1777	3	5	1777	1	26	SJW-G01010260
5966	1777	3	6	1777	1	27	SJW-G01010270
5967	1777	3	16	1777	2	8	SJW-G01020080
5968	1777	3	20	1777	2	12	SJW-G01020120
5969	1777	4	6	1777	2	29	SJW-G01020290
5970	1777	4	13	1777	3	6	SJW-G01030060
5971	1777	4	14	1777	3	7	SJW-G01030070
5972	1777	5	3	1777	3	26	SJW-G01030260
5973	1777	5	4	1777	3	27	SJW-G01030270
5974	1777	5	5	1777	3	28	SJW-G01030280
5975	1777	5	17	1777	4	11	SJW-G01040110
5976	1777	6	2	1777	4	27	SJW-G01040270
5977	1777	6	3	1777	4	28	SJW-G01040280
5978	1777	6	8	1777	5	4	SJW-G01050040
5979	1777	6	20	1777	5	16	SJW-G01050160
5980	1777	6	25	1777	5	21	SJW-G01050210
5981	1777	6	29	1777	5	25	SJW-G01050250
5982	1777	6	30	1777	5	26	SJW-G01050260

续表

编号	公历			农历			ID 编号
	年	月	日	年	月	日	
5983	1777	8	4	1777	7	2	SJW-G01070020
5984	1777	8	5	1777	7	3	SJW-G01070030
5985	1777	8	6	1777	7	4	SJW-G01070040
5986	1777	8	7	1777	7	5	SJW-G01070050
5987	1777	8	13	1777	7	11	SJW-G01070110
5988	1777	8	14	1777	7	12	SJW-G01070120
5989	1777	8	15	1777	7	13	SJW-G01070130
5990	1777	8	16	1777	7	14	SJW-G01070140
5991	1777	8	17	1777	7	15	SJW-G01070150
5992	1777	8	18	1777	7	16	SJW-G01070160
5993	1777	8	24	1777	7	22	SJW-G01070220
5994	1777	8	28	1777	7	26	SJW-G01070260
5995	1777	8	29	1777	7	27	SJW-G01070270
5996	1777	9	2	1777	8	1	SJW-G01080010
5997	1777	9	5	1777	8	4	SJW-G01080040
5998	1777	9	6	1777	8	5	SJW-G01080050
5999	1777	9	10	1777	8	9	SJW-G01080090
6000	1777	9	11	1777	8	10	SJW-G01080100
6001	1777	9	15	1777	8	14	SJW-G01080140
6002	1777	9	16	1777	8	15	SJW-G01080150
6003	1777	9	21	1777	8	20	SJW-G01080200
6004	1777	9	25	1777	8	24	SJW-G01080240
6005	1777	9	26	1777	8	25	SJW-G01080250
6006	1777	9	27	1777	8	26	SJW-G01080260
6007	1777	10	22	1777	9	22	SJW-G01090220
6008	1777	11	6	1777	10	7	SJW-G01100070
6009	1777	11	19	1777	10	20	SJW-G01100200
6010	1777	11	29	1777	10	30	SJW-G01100300
6011	1777	11	30	1777	11	1	SJW-G01110010
6012	1778	2	8	1778	1	12	SJW-G02010120
6013	1778	2	14	1778	1	18	SJW-G02010180
6014	1778	4	22	1778	3	26	SJW-G02030260
6015	1778	5	5	1778	4	9	SJW-G02040090
6016	1778	5	10	1778	4	14	SJW-G02040140
6017	1778	6	9	1778	5	15	SJW-G02050150
6018	1778	6	23	1778	5	29	SJW-G02050290
6019	1778	6	24	1778	6	1	SJW-G02060010
6020	1778	6	25	1778	6	2	SJW-G02060020

续表

编号	公历			农历			ID 编号
	年	月	日	年	月	日	
6021	1778	6	26	1778	6	3	SJW-G02060030
6022	1778	6	27	1778	6	4	SJW-G02060040
6023	1778	7	3	1778	6	10	SJW-G02060100
6024	1778	7	4	1778	6	11	SJW-G02060110
6025	1778	7	5	1778	6	12	SJW-G02060120
6026	1778	7	9	1778	6	16	SJW-G02060160
6027	1778	7	12	1778	6	19	SJW-G02060190
6028	1778	7	13	1778	6	20	SJW-G02060200
6029	1778	7	16	1778	6	23	SJW-G02060230
6030	1778	7	18	1778	6	25	SJW-G02060250
6031	1778	7	19	1778	6	26	SJW-G02060260
6032	1778	7	20	1778	6	27	SJW-G02060270
6033	1778	7	21	1778	6	28	SJW-G02060280
6034	1778	7	22	1778	6	29	SJW-G02060290
6035	1778	7	23	1778	6	30	SJW-G02060300
6036	1778	7	24	1778	闰 6	1	SJW-G02061010
6037	1778	7	26	1778	闰 6	3	SJW-G02061030
6038	1778	7	27	1778	闰 6	4	SJW-G02061040
6039	1778	7	30	1778	闰 6	7	SJW-G02061070
6040	1778	8	11	1778	闰 6	19	SJW-G02061190
6041	1778	8	12	1778	闰 6	20	SJW-G02061200
6042	1778	8	13	1778	闰 6	21	SJW-G02061210
6043	1778	8	21	1778	闰 6	29	SJW-G02061290
6044	1778	8	22	1778	7	1	SJW-G02070010
6045	1778	8	25	1778	7	4	SJW-G02070040
6046	1778	8	26	1778	7	5	SJW-G02070050
6047	1778	8	27	1778	7	6	SJW-G02070060
6048	1778	8	28	1778	7	7	SJW-G02070070
6049	1778	8	31	1778	7	10	SJW-G02070100
6050	1778	9	1	1778	7	11	SJW-G02070110
6051	1778	9	2	1778	7	12	SJW-G02070120
6052	1778	9	6	1778	7	16	SJW-G02070160
6053	1778	9	7	1778	7	17	SJW-G02070170
6054	1778	9	8	1778	7	18	SJW-G02070180
6055	1778	9	12	1778	7	22	SJW-G02070220
6056	1778	9	13	1778	7	23	SJW-G02070230
6057	1778	9	17	1778	7	27	SJW-G02070270
6058	1778	9	28	1778	8	8	SJW-G02080080

续表

编号	公历			农历			ID 编号
	年	月	日	年	月	日	
6059	1778	10	12	1778	8	22	SJW-G02080220
6060	1778	10	14	1778	8	24	SJW-G02080240
6061	1778	10	29	1778	9	10	SJW-G02090100
6062	1778	10	30	1778	9	11	SJW-G02090110
6063	1778	11	7	1778	9	19	SJW-G02090190
6064	1778	11	9	1778	9	21	SJW-G02090210
6065	1778	11	13	1778	9	25	SJW-G02090250
6066	1778	11	23	1778	10	5	SJW-G02100050
6067	1778	12	6	1778	10	18	SJW-G02100180
6068	1779	2	4	1778	12	18	SJW-G02120180
6069	1779	2	14	1778	12	28	SJW-G02120280
6070	1779	3	1	1779	1	14	SJW-G03010140
6071	1779	3	2	1779	1	15	SJW-G03010150
6072	1779	3	19	1779	2	2	SJW-G03020020
6073	1779	3	25	1779	2	8	SJW-G03020080
6074	1779	3	26	1779	2	9	SJW-G03020090
6075	1779	3	30	1779	2	13	SJW-G03020130
6076	1779	4	5	1779	2	19	SJW-G03020190
6077	1779	4	6	1779	2	20	SJW-G03020200
6078	1779	4	7	1779	2	21	SJW-G03020210
6079	1779	4	10	1779	2	24	SJW-G03020240
6080	1779	4	18	1779	3	3	SJW-G03030030
6081	1779	4	19	1779	3	4	SJW-G03030040
6082	1779	4	21	1779	3	6	SJW-G03030060
6083	1779	4	29	1779	3	14	SJW-G03030140
6084	1779	5	2	1779	3	17	SJW-G03030170
6085	1779	5	10	1779	3	25	SJW-G03030250
6086	1779	5	11	1779	3	26	SJW-G03030260
6087	1779	5	24	1779	4	9	SJW-G03040090
6088	1779	6	12	1779	4	28	SJW-G03040280
6089	1779	6	16	1779	5	3	SJW-G03050030
6090	1779	6	20	1779	5	7	SJW-G03050070
6091	1779	6	23	1779	5	10	SJW-G03050100
6092	1779	6	24	1779	5	11	SJW-G03050110
6093	1779	6	25	1779	5	12	SJW-G03050120
6094	1779	6	26	1779	5	13	SJW-G03050130
6095	1779	6	29	1779	5	16	SJW-G03050160
6096	1779	6	30	1779	5	17	SJW-G03050170

续表

编号	公历			农历			ID 编号
	年	月	日	年	月	日	
6097	1779	7	11	1779	5	28	SJW-G03050280
6098	1779	7	14	1779	6	2	SJW-G03060020
6099	1779	7	18	1779	6	6	SJW-G03060060
6100	1779	7	19	1779	6	7	SJW-G03060070
6101	1779	7	22	1779	6	10	SJW-G03060100
6102	1779	7	29	1779	6	17	SJW-G03060170
6103	1779	7	30	1779	6	18	SJW-G03060180
6104	1779	7	31	1779	6	19	SJW-G03060190
6105	1779	8	1	1779	6	20	SJW-G03060200
6106	1779	8	2	1779	6	21	SJW-G03060210
6107	1779	8	3	1779	6	22	SJW-G03060220
6108	1779	8	4	1779	6	23	SJW-G03060230
6109	1779	8	11	1779	6	30	SJW-G03060300
6110	1779	8	15	1779	7	4	SJW-G03070040
6111	1779	8	18	1779	7	7	SJW-G03070070
6112	1779	8	22	1779	7	11	SJW-G03070110
6113	1779	8	23	1779	7	12	SJW-G03070120
6114	1779	8	29	1779	7	18	SJW-G03070180
6115	1779	9	8	1779	7	28	SJW-G03070280
6116	1779	9	12	1779	8	3	SJW-G03080030
6117	1779	9	16	1779	8	7	SJW-G03080070
6118	1779	9	27	1779	8	18	SJW-G03080180
6119	1779	10	3	1779	8	24	SJW-G03080240
6120	1779	10	6	1779	8	27	SJW-G03080270
6121	1779	10	16	1779	9	7	SJW-G03090070
6122	1779	10	23	1779	9	14	SJW-G03090140
6123	1779	10	27	1779	9	18	SJW-G03090180
6124	1779	10	28	1779	9	19	SJW-G03090190
6125	1779	11	2	1779	9	24	SJW-G03090240
6126	1779	11	26	1779	10	19	SJW-G03100190
6127	1780	2	2	1779	12	27	SJW-G03120270
6128	1780	3	4	1780	1	29	SJW-G04010290
6129	1780	3	11	1780	2	6	SJW-G04020060
6130	1780	3	23	1780	2	18	SJW-G04020180
6131	1780	3	24	1780	2	19	SJW-G04020190
6132	1780	4	1	1780	2	27	SJW-G04020270
6133	1780	4	2	1780	2	28	SJW-G04020280
6134	1780	4	17	1780	3	13	SJW-G04030130

续表

编号	公历			农历			ID 编号
	年	月	日	年	月	日	
6135	1780	4	24	1780	3	20	SJW-G04030200
6136	1780	5	4	1780	4	1	SJW-G04040010
6137	1780	5	7	1780	4	4	SJW-G04040040
6138	1780	5	24	1780	4	21	SJW-G04040210
6139	1780	6	16	1780	5	14	SJW-G04050140
6140	1780	6	24	1780	5	22	SJW-G04050220
6141	1780	6	29	1780	5	27	SJW-G04050270
6142	1780	7	1	1780	5	29	SJW-G04050290
6143	1780	7	2	1780	6	1	SJW-G04060010
6144	1780	7	12	1780	6	11	SJW-G04060110
6145	1780	7	13	1780	6	12	SJW-G04060120
6146	1780	7	16	1780	6	15	SJW-G04060150
6147	1780	7	17	1780	6	16	SJW-G04060160
6148	1780	7	19	1780	6	18	SJW-G04060180
6149	1780	7	20	1780	6	19	SJW-G04060190
6150	1780	7	26	1780	6	25	SJW-G04060250
6151	1780	7	27	1780	6	26	SJW-G04060260
6152	1780	7	31	1780	7	1	SJW-G04070010
6153	1780	8	1	1780	7	2	SJW-G04070020
6154	1780	8	2	1780	7	3	SJW-G04070030
6155	1780	8	3	1780	7	4	SJW-G04070040
6156	1780	8	4	1780	7	5	SJW-G04070050
6157	1780	8	23	1780	7	24	SJW-G04070240
6158	1780	8	24	1780	7	25	SJW-G04070250
6159	1780	8	28	1780	7	29	SJW-G04070290
6160	1780	9	1	1780	8	3	SJW-G04080030
6161	1780	9	3	1780	8	5	SJW-G04080050
6162	1780	9	4	1780	8	6	SJW-G04080060
6163	1780	9	6	1780	8	8	SJW-G04080080
6164	1780	9	12	1780	8	14	SJW-G04080140
6165	1780	9	22	1780	8	24	SJW-G04080240
6166	1780	9	23	1780	8	25	SJW-G04080250
6167	1780	10	11	1780	9	14	SJW-G04090140
6168	1780	10	17	1780	9	20	SJW-G04090200
6169	1780	10	23	1780	9	26	SJW-G04090260
6170	1780	11	5	1780	10	9	SJW-G04100090
6171	1780	11	6	1780	10	10	SJW-G04100100
6172	1780	11	7	1780	10	11	SJW-G04100110

续表

编号	公历			农历			ID 编号
	年	月	日	年	月	日	
6173	1780	11	8	1780	10	12	SJW-G04100120
6174	1780	11	12	1780	10	16	SJW-G04100160
6175	1780	11	17	1780	10	21	SJW-G04100210
6176	1780	11	23	1780	10	27	SJW-G04100270
6177	1780	11	26	1780	11	1	SJW-G04110010
6178	1780	11	27	1780	11	2	SJW-G04110020
6179	1781	1	6	1780	12	12	SJW-G04120120
6180	1781	2	16	1781	1	24	SJW-G05010240
6181	1781	2	17	1781	1	25	SJW-G05010250
6182	1781	2	20	1781	1	28	SJW-G05010280
6183	1781	3	2	1781	2	8	SJW-G05020080
6184	1781	3	4	1781	2	10	SJW-G05020100
6185	1781	3	11	1781	2	17	SJW-G05020170
6186	1781	3	15	1781	2	21	SJW-G05020210
6187	1781	3	30	1781	3	6	SJW-G05030060
6188	1781	4	13	1781	3	20	SJW-G05030200
6189	1781	4	14	1781	3	21	SJW-G05030210
6190	1781	5	4	1781	4	11	SJW-G05040110
6191	1781	5	8	1781	4	15	SJW-G05040150
6192	1781	5	9	1781	4	16	SJW-G05040160
6193	1781	5	10	1781	4	17	SJW-G05040170
6194	1781	5	13	1781	4	20	SJW-G05040200
6195	1781	5	14	1781	4	21	SJW-G05040210
6196	1781	5	19	1781	4	26	SJW-G05040260
6197	1781	5	26	1781	5	4	SJW-G05050040
6198	1781	5	27	1781	5	5	SJW-G05050050
6199	1781	5	29	1781	5	7	SJW-G05050070
6200	1781	6	5	1781	5	14	SJW-G05050140
6201	1781	6	17	1781	5	26	SJW-G05050260
6202	1781	6	18	1781	5	27	SJW-G05050270
6203	1781	6	26	1781	闰 5	5	SJW-G05051050
6204	1781	6	28	1781	闰 5	7	SJW-G05051070
6205	1781	6	29	1781	闰 5	8	SJW-G05051080
6206	1781	7	2	1781	闰 5	11	SJW-G05051110
6207	1781	7	3	1781	闰 5	12	SJW-G05051120
6208	1781	7	7	1781	闰 5	16	SJW-G05051160
6209	1781	7	8	1781	闰 5	17	SJW-G05051170
6210	1781	7	9	1781	闰 5	18	SJW-G05051180

续表

编号	公历			农历			ID 编号
	年	月	日	年	月	日	
6211	1781	7	10	1781	闰 5	19	SJW-G05051190
6212	1781	7	11	1781	闰 5	20	SJW-G05051200
6213	1781	7	12	1781	闰 5	21	SJW-G05051210
6214	1781	7	13	1781	闰 5	22	SJW-G05051220
6215	1781	7	14	1781	闰 5	23	SJW-G05051230
6216	1781	7	15	1781	闰 5	24	SJW-G05051240
6217	1781	7	17	1781	闰 5	26	SJW-G05051260
6218	1781	7	18	1781	闰 5	27	SJW-G05051270
6219	1781	7	20	1781	闰 5	29	SJW-G05051290
6220	1781	7	24	1781	6	4	SJW-G05060040
6221	1781	7	25	1781	6	5	SJW-G05060050
6222	1781	7	26	1781	6	6	SJW-G05060060
6223	1781	7	27	1781	6	7	SJW-G05060070
6224	1781	8	5	1781	6	16	SJW-G05060160
6225	1781	8	6	1781	6	17	SJW-G05060170
6226	1781	8	9	1781	6	20	SJW-G05060200
6227	1781	8	10	1781	6	21	SJW-G05060210
6228	1781	8	13	1781	6	24	SJW-G05060240
6229	1781	8	20	1781	7	2	SJW-G05070020
6230	1781	8	23	1781	7	5	SJW-G05070050
6231	1781	8	24	1781	7	6	SJW-G05070060
6232	1781	8	27	1781	7	9	SJW-G05070090
6233	1781	8	28	1781	7	10	SJW-G05070100
6234	1781	8	29	1781	7	11	SJW-G05070110
6235	1781	9	2	1781	7	15	SJW-G05070150
6236	1781	9	8	1781	7	21	SJW-G05070210
6237	1781	9	9	1781	7	22	SJW-G05070220
6238	1781	9	11	1781	7	24	SJW-G05070240
6239	1781	9	19	1781	8	2	SJW-G05080020
6240	1781	9	20	1781	8	3	SJW-G05080030
6241	1781	9	21	1781	8	4	SJW-G05080040
6242	1781	9	22	1781	8	5	SJW-G05080050
6243	1781	9	27	1781	8	10	SJW-G05080100
6244	1781	10	24	1781	9	8	SJW-G05090080
6245	1781	10	27	1781	9	11	SJW-G05090110
6246	1781	11	4	1781	9	19	SJW-G05090190
6247	1781	11	11	1781	9	26	SJW-G05090260
6248	1781	11	15	1781	9	30	SJW-G05090300

续表

编号	公历			农历			ID 编号
	年	月	日	年	月	日	
6249	1781	11	27	1781	10	12	SJW-G05100120
6250	1781	11	29	1781	10	14	SJW-G05100140
6251	1781	11	30	1781	10	15	SJW-G05100150
6252	1781	12	2	1781	10	17	SJW-G05100170
6253	1781	12	27	1781	11	13	SJW-G05110130
6254	1781	12	29	1781	11	15	SJW-G05110150
6255	1782	1	25	1781	12	12	SJW-G05120120
6256	1782	2	13	1782	1	2	SJW-G06010020
6257	1782	3	3	1782	1	20	SJW-G06010200
6258	1782	3	7	1782	1	24	SJW-G06010240
6259	1782	3	13	1782	1	30	SJW-G06010300
6260	1782	3	21	1782	2	8	SJW-G06020080
6261	1782	3	26	1782	2	13	SJW-G06020130
6262	1782	3	30	1782	2	17	SJW-G06020170
6263	1782	4	13	1782	3	1	SJW-G06030010
6264	1782	4	26	1782	3	14	SJW-G06030140
6265	1782	5	7	1782	3	25	SJW-G06030250
6266	1782	5	17	1782	4	6	SJW-G06040060
6267	1782	5	18	1782	4	7	SJW-G06040070
6268	1782	5	24	1782	4	13	SJW-G06040130
6269	1782	5	25	1782	4	14	SJW-G06040140
6270	1782	5	27	1782	4	16	SJW-G06040160
6271	1782	6	2	1782	4	22	SJW-G06040220
6272	1782	6	10	1782	4	30	SJW-G06040300
6273	1782	6	22	1782	5	12	SJW-G06050120
6274	1782	7	3	1782	5	23	SJW-G06050230
6275	1782	7	10	1782	6	1	SJW-G06060010
6276	1782	7	11	1782	6	2	SJW-G06060020
6277	1782	7	12	1782	6	3	SJW-G06060030
6278	1782	7	15	1782	6	6	SJW-G06060060
6279	1782	7	16	1782	6	7	SJW-G06060070
6280	1782	7	18	1782	6	9	SJW-G06060090
6281	1782	7	20	1782	6	11	SJW-G06060110
6282	1782	7	23	1782	6	14	SJW-G06060140
6283	1782	7	24	1782	6	15	SJW-G06060150
6284	1782	7	30	1782	6	21	SJW-G06060210
6285	1782	8	11	1782	7	3	SJW-G06070030
6286	1782	8	13	1782	7	5	SJW-G06070050

续表

编号	公历			农历			ID 编号
	年	月	日	年	月	日	
6287	1782	8	14	1782	7	6	SJW-G06070060
6288	1782	8	17	1782	7	9	SJW-G06070090
6289	1782	8	18	1782	7	10	SJW-G06070100
6290	1782	8	19	1782	7	11	SJW-G06070110
6291	1782	8	20	1782	7	12	SJW-G06070120
6292	1782	8	21	1782	7	13	SJW-G06070130
6293	1782	8	22	1782	7	14	SJW-G06070140
6294	1782	9	2	1782	7	25	SJW-G06070250
6295	1782	9	13	1782	8	7	SJW-G06080070
6296	1782	9	14	1782	8	8	SJW-G06080080
6297	1782	9	16	1782	8	10	SJW-G06080100
6298	1782	9	20	1782	8	14	SJW-G06080140
6299	1782	9	21	1782	8	15	SJW-G06080150
6300	1782	9	25	1782	8	19	SJW-G06080190
6301	1782	9	26	1782	8	20	SJW-G06080200
6302	1782	10	8	1782	9	2	SJW-G06090020
6303	1782	10	23	1782	9	17	SJW-G06090170
6304	1782	11	9	1782	10	5	SJW-G06100050
6305	1782	11	19	1782	10	15	SJW-G06100150
6306	1782	11	25	1782	10	21	SJW-G06100210
6307	1782	11	30	1782	10	26	SJW-G06100260
6308	1782	12	2	1782	10	28	SJW-G06100280
6309	1782	12	7	1782	11	3	SJW-G06110030
6310	1782	12	13	1782	11	9	SJW-G06110090
6311	1782	12	20	1782	11	16	SJW-G06110160
6312	1783	3	7	1783	2	5	SJW-G07020050
6313	1783	3	10	1783	2	8	SJW-G07020080
6314	1783	3	19	1783	2	17	SJW-G07020170
6315	1783	4	2	1783	3	1	SJW-G07030010
6316	1783	4	3	1783	3	2	SJW-G07030020
6317	1783	4	29	1783	3	28	SJW-G07030280
6318	1783	4	30	1783	3	29	SJW-G07030290
6319	1783	5	6	1783	4	6	SJW-G07040060
6320	1783	5	8	1783	4	8	SJW-G07040080
6321	1783	5	23	1783	4	23	SJW-G07040230
6322	1783	5	28	1783	4	28	SJW-G07040280
6323	1783	6	6	1783	5	7	SJW-G07050070
6324	1783	6	7	1783	5	8	SJW-G07050080

续表

编号	公历			农历			ID 编号
	年	月	日	年	月	日	
6325	1783	6	9	1783	5	10	SJW-G07050100
6326	1783	6	12	1783	5	13	SJW-G07050130
6327	1783	6	17	1783	5	18	SJW-G07050180
6328	1783	6	26	1783	5	27	SJW-G07050270
6329	1783	7	2	1783	6	3	SJW-G07060030
6330	1783	7	8	1783	6	9	SJW-G07060090
6331	1783	7	9	1783	6	10	SJW-G07060100
6332	1783	7	11	1783	6	12	SJW-G07060120
6333	1783	7	13	1783	6	14	SJW-G07060140
6334	1783	7	14	1783	6	15	SJW-G07060150
6335	1783	7	31	1783	7	3	SJW-G07070030
6336	1783	8	2	1783	7	5	SJW-G07070050
6337	1783	8	3	1783	7	6	SJW-G07070060
6338	1783	8	4	1783	7	7	SJW-G07070070
6339	1783	8	5	1783	7	8	SJW-G07070080
6340	1783	8	6	1783	7	9	SJW-G07070090
6341	1783	8	7	1783	7	10	SJW-G07070100
6342	1783	8	8	1783	7	11	SJW-G07070110
6343	1783	8	16	1783	7	19	SJW-G07070190
6344	1783	8	17	1783	7	20	SJW-G07070200
6345	1783	8	18	1783	7	21	SJW-G07070210
6346	1783	8	19	1783	7	22	SJW-G07070220
6347	1783	8	20	1783	7	23	SJW-G07070230
6348	1783	8	21	1783	7	24	SJW-G07070240
6349	1783	8	26	1783	7	29	SJW-G07070290
6350	1783	9	10	1783	8	14	SJW-G07080140
6351	1783	9	15	1783	8	19	SJW-G07080190
6352	1783	9	23	1783	8	27	SJW-G07080270
6353	1783	9	28	1783	9	3	SJW-G07090030
6354	1783	10	13	1783	9	18	SJW-G07090180
6355	1783	10	16	1783	9	21	SJW-G07090210
6356	1783	10	25	1783	9	30	SJW-G07090300
6357	1783	12	10	1783	11	17	SJW-G07110170
6358	1784	1	25	1784	1	4	SJW-G08010040
6359	1784	2	7	1784	1	17	SJW-G08010170
6360	1784	2	17	1784	1	27	SJW-G08010270
6361	1784	2	23	1784	2	3	SJW-G08020030
6362	1784	3	1	1784	2	10	SJW-G08020100

续表

编号	公历			农历			ID 编号
	年	月	日	年	月	日	
6363	1784	3	28	1784	3	8	SJW-G08030080
6364	1784	3	29	1784	3	9	SJW-G08030090
6365	1784	4	1	1784	3	12	SJW-G08030120
6366	1784	4	4	1784	3	15	SJW-G08030150
6367	1784	4	5	1784	3	16	SJW-G08030160
6368	1784	4	17	1784	3	28	SJW-G08030280
6369	1784	4	24	1784	闰 3	5	SJW-G08031050
6370	1784	4	25	1784	闰 3	6	SJW-G08031060
6371	1784	4	26	1784	闰 3	7	SJW-G08031070
6372	1784	5	9	1784	闰 3	20	SJW-G08031200
6373	1784	5	10	1784	闰 3	21	SJW-G08031210
6374	1784	5	12	1784	闰 3	23	SJW-G08031230
6375	1784	5	13	1784	闰 3	24	SJW-G08031240
6376	1784	5	18	1784	闰 3	29	SJW-G08031290
6377	1784	5	20	1784	4	2	SJW-G08040020
6378	1784	5	29	1784	4	11	SJW-G08040110
6379	1784	6	2	1784	4	15	SJW-G08040150
6380	1784	6	6	1784	4	19	SJW-G08040190
6381	1784	6	7	1784	4	20	SJW-G08040200
6382	1784	6	8	1784	4	21	SJW-G08040210
6383	1784	6	9	1784	4	22	SJW-G08040220
6384	1784	6	18	1784	5	1	SJW-G08050010
6385	1784	6	25	1784	5	8	SJW-G08050080
6386	1784	6	26	1784	5	9	SJW-G08050090
6387	1784	7	3	1784	5	16	SJW-G08050160
6388	1784	7	4	1784	5	17	SJW-G08050170
6389	1784	7	5	1784	5	18	SJW-G08050180
6390	1784	7	7	1784	5	20	SJW-G08050200
6391	1784	7	9	1784	5	22	SJW-G08050220
6392	1784	7	11	1784	5	24	SJW-G08050240
6393	1784	7	12	1784	5	25	SJW-G08050250
6394	1784	7	13	1784	5	26	SJW-G08050260
6395	1784	7	18	1784	6	2	SJW-G08060020
6396	1784	7	19	1784	6	3	SJW-G08060030
6397	1784	7	20	1784	6	4	SJW-G08060040
6398	1784	7	28	1784	6	12	SJW-G08060120
6399	1784	7	29	1784	6	13	SJW-G08060130
6400	1784	7	30	1784	6	14	SJW-G08060140

续表

编号	公历			农历			ID 编号
	年	月	日	年	月	日	
6401	1784	8	2	1784	6	17	SJW-G08060170
6402	1784	8	4	1784	6	19	SJW-G08060190
6403	1784	8	13	1784	6	28	SJW-G08060280
6404	1784	8	14	1784	6	29	SJW-G08060290
6405	1784	8	22	1784	7	7	SJW-G08070070
6406	1784	8	27	1784	7	12	SJW-G08070120
6407	1784	8	28	1784	7	13	SJW-G08070130
6408	1784	8	29	1784	7	14	SJW-G08070140
6409	1784	8	30	1784	7	15	SJW-G08070150
6410	1784	8	31	1784	7	16	SJW-G08070160
6411	1784	9	2	1784	7	18	SJW-G08070180
6412	1784	9	3	1784	7	19	SJW-G08070190
6413	1784	9	4	1784	7	20	SJW-G08070200
6414	1784	9	5	1784	7	21	SJW-G08070210
6415	1784	9	7	1784	7	23	SJW-G08070230
6416	1784	9	8	1784	7	24	SJW-G08070240
6417	1784	9	13	1784	7	29	SJW-G08070290
6418	1784	9	14	1784	7	30	SJW-G08070300
6419	1784	9	15	1784	8	1	SJW-G08080010
6420	1784	9	26	1784	8	12	SJW-G08080120
6421	1784	10	22	1784	9	9	SJW-G08090090
6422	1784	10	23	1784	9	10	SJW-G08090100
6423	1784	10	24	1784	9	11	SJW-G08090110
6424	1784	11	4	1784	9	22	SJW-G08090220
6425	1784	11	11	1784	9	29	SJW-G08090290
6426	1784	11	16	1784	10	4	SJW-G08100040
6427	1784	11	17	1784	10	5	SJW-G08100050
6428	1784	11	24	1784	10	12	SJW-G08100120
6429	1784	12	2	1784	10	20	SJW-G08100200
6430	1785	3	9	1785	1	29	SJW-G09010290
6431	1785	3	25	1785	2	15	SJW-G09020150
6432	1785	3	26	1785	2	16	SJW-G09020160
6433	1785	4	1	1785	2	22	SJW-G09020220
6434	1785	4	11	1785	3	3	SJW-G09030030
6435	1785	4	20	1785	3	12	SJW-G09030120
6436	1785	4	21	1785	3	13	SJW-G09030130
6437	1785	4	24	1785	3	16	SJW-G09030160
6438	1785	4	26	1785	3	18	SJW-G09030180

续表

编号	公历			农历			ID 编号
	年	月	日	年	月	日	
6439	1785	4	27	1785	3	19	SJW-G09030190
6440	1785	5	7	1785	3	29	SJW-G09030290
6441	1785	5	12	1785	4	4	SJW-G09040040
6442	1785	5	18	1785	4	10	SJW-G09040100
6443	1785	5	19	1785	4	11	SJW-G09040110
6444	1785	6	2	1785	4	25	SJW-G09040250
6445	1785	6	9	1785	5	3	SJW-G09050030
6446	1785	6	12	1785	5	6	SJW-G09050060
6447	1785	6	13	1785	5	7	SJW-G09050070
6448	1785	6	14	1785	5	8	SJW-G09050080
6449	1785	6	15	1785	5	9	SJW-G09050090
6450	1785	6	16	1785	5	10	SJW-G09050100
6451	1785	6	19	1785	5	13	SJW-G09050130
6452	1785	6	20	1785	5	14	SJW-G09050140
6453	1785	6	22	1785	5	16	SJW-G09050160
6454	1785	6	28	1785	5	22	SJW-G09050220
6455	1785	6	30	1785	5	24	SJW-G09050240
6456	1785	7	1	1785	5	25	SJW-G09050250
6457	1785	7	2	1785	5	26	SJW-G09050260
6458	1785	7	3	1785	5	27	SJW-G09050270
6459	1785	7	4	1785	5	28	SJW-G09050280
6460	1785	7	5	1785	5	29	SJW-G09050290
6461	1785	7	6	1785	6	1	SJW-G09060010
6462	1785	7	9	1785	6	4	SJW-G09060040
6463	1785	7	10	1785	6	5	SJW-G09060050
6464	1785	7	11	1785	6	6	SJW-G09060060
6465	1785	7	12	1785	6	7	SJW-G09060070
6466	1785	7	24	1785	6	19	SJW-G09060190
6467	1785	7	25	1785	6	20	SJW-G09060200
6468	1785	7	26	1785	6	21	SJW-G09060210
6469	1785	8	6	1785	7	2	SJW-G09070020
6470	1785	8	9	1785	7	5	SJW-G09070050
6471	1785	8	10	1785	7	6	SJW-G09070060
6472	1785	8	11	1785	7	7	SJW-G09070070
6473	1785	8	21	1785	7	17	SJW-G09070170
6474	1785	8	28	1785	7	24	SJW-G09070240
6475	1785	9	2	1785	7	29	SJW-G09070290
6476	1785	9	3	1785	7	30	SJW-G09070300

续表

编号	公历			农历			ID 编号
	年	月	日	年	月	日	
6477	1785	9	8	1785	8	5	SJW-G09080050
6478	1785	9	9	1785	8	6	SJW-G09080060
6479	1785	9	10	1785	8	7	SJW-G09080070
6480	1785	9	11	1785	8	8	SJW-G09080080
6481	1785	10	20	1785	9	18	SJW-G09090180
6482	1785	10	21	1785	9	19	SJW-G09090190
6483	1785	11	9	1785	10	8	SJW-G09100080
6484	1785	11	10	1785	10	9	SJW-G09100090
6485	1785	11	25	1785	10	24	SJW-G09100240
6486	1785	12	11	1785	11	10	SJW-G09110100
6487	1785	12	25	1785	11	24	SJW-G09110240
6488	1786	3	8	1786	2	9	SJW-G10020090
6489	1786	3	14	1786	2	15	SJW-G10020150
6490	1786	3	31	1786	3	2	SJW-G10030020
6491	1786	4	9	1786	3	11	SJW-G10030110
6492	1786	4	10	1786	3	12	SJW-G10030120
6493	1786	4	24	1786	3	26	SJW-G10030260
6494	1786	5	8	1786	4	11	SJW-G10040110
6495	1786	5	14	1786	4	17	SJW-G10040170
6496	1786	5	23	1786	4	26	SJW-G10040260
6497	1786	6	1	1786	5	6	SJW-G10050060
6498	1786	6	15	1786	5	20	SJW-G10050200
6499	1786	6	16	1786	5	21	SJW-G10050210
6500	1786	6	26	1786	6	1	SJW-G10060010
6501	1786	6	27	1786	6	2	SJW-G10060020
6502	1786	7	4	1786	6	9	SJW-G10060090
6503	1786	7	9	1786	6	14	SJW-G10060140
6504	1786	7	12	1786	6	17	SJW-G10060170
6505	1786	7	13	1786	6	18	SJW-G10060180
6506	1786	7	15	1786	6	20	SJW-G10060200
6507	1786	7	20	1786	6	25	SJW-G10060250
6508	1786	7	23	1786	6	28	SJW-G10060280
6509	1786	7	24	1786	6	29	SJW-G10060290
6510	1786	7	28	1786	7	4	SJW-G10070040
6511	1786	7	29	1786	7	5	SJW-G10070050
6512	1786	7	31	1786	7	7	SJW-G10070070
6513	1786	8	1	1786	7	8	SJW-G10070080
6514	1786	8	3	1786	7	10	SJW-G10070100

续表

编号	公历			农历			ID 编号
	年	月	日	年	月	日	
6515	1786	8	14	1786	7	21	SJW-G10070210
6516	1786	8	19	1786	7	26	SJW-G10070260
6517	1786	8	31	1786	闰 7	8	SJW-G10071080
6518	1786	9	3	1786	闰 7	11	SJW-G10071110
6519	1786	9	4	1786	闰 7	12	SJW-G10071120
6520	1786	9	12	1786	闰 7	20	SJW-G10071200
6521	1786	9	13	1786	闰 7	21	SJW-G10071210
6522	1786	9	20	1786	闰 7	28	SJW-G10071280
6523	1786	10	22	1786	9	1	SJW-G10090010
6524	1786	11	5	1786	9	15	SJW-G10090150
6525	1786	11	10	1786	9	20	SJW-G10090200
6526	1786	12	8	1786	10	18	SJW-G10100180
6527	1786	12	29	1786	11	9	SJW-G10110090
6528	1786	12	30	1786	11	10	SJW-G10110100
6529	1787	2	1	1786	12	14	SJW-G10120140
6530	1787	3	5	1787	1	16	SJW-G11010160
6531	1787	3	6	1787	1	17	SJW-G11010170
6532	1787	3	16	1787	1	27	SJW-G11010270
6533	1787	3	17	1787	1	28	SJW-G11010280
6534	1787	3	31	1787	2	13	SJW-G11020130
6535	1787	4	18	1787	3	1	SJW-G11030010
6536	1787	4	24	1787	3	7	SJW-G11030070
6537	1787	4	28	1787	3	11	SJW-G11030110
6538	1787	5	2	1787	3	15	SJW-G11030150
6539	1787	5	3	1787	3	16	SJW-G11030160
6540	1787	5	10	1787	3	23	SJW-G11030230
6541	1787	5	20	1787	4	4	SJW-G11040040
6542	1787	5	21	1787	4	5	SJW-G11040050
6543	1787	5	27	1787	4	11	SJW-G11040110
6544	1787	6	3	1787	4	18	SJW-G11040180
6545	1787	6	4	1787	4	19	SJW-G11040190
6546	1787	6	8	1787	4	23	SJW-G11040230
6547	1787	6	14	1787	4	29	SJW-G11040290
6548	1787	6	17	1787	5	3	SJW-G11050030
6549	1787	6	23	1787	5	9	SJW-G11050090
6550	1787	6	24	1787	5	10	SJW-G11050100
6551	1787	6	25	1787	5	11	SJW-G11050110
6552	1787	6	27	1787	5	13	SJW-G11050130

续表

编号	公历			农历			ID 编号
	年	月	日	年	月	日	
6553	1787	6	28	1787	5	14	SJW-G11050140
6554	1787	6	29	1787	5	15	SJW-G11050150
6555	1787	6	30	1787	5	16	SJW-G11050160
6556	1787	7	2	1787	5	18	SJW-G11050180
6557	1787	7	4	1787	5	20	SJW-G11050200
6558	1787	7	6	1787	5	22	SJW-G11050220
6559	1787	7	7	1787	5	23	SJW-G11050230
6560	1787	7	8	1787	5	24	SJW-G11050240
6561	1787	7	9	1787	5	25	SJW-G11050250
6562	1787	7	10	1787	5	26	SJW-G11050260
6563	1787	7	11	1787	5	27	SJW-G11050270
6564	1787	7	12	1787	5	28	SJW-G11050280
6565	1787	7	13	1787	5	29	SJW-G11050290
6566	1787	7	17	1787	6	3	SJW-G11060030
6567	1787	7	18	1787	6	4	SJW-G11060040
6568	1787	7	20	1787	6	6	SJW-G11060060
6569	1787	7	27	1787	6	13	SJW-G11060130
6570	1787	7	28	1787	6	14	SJW-G11060140
6571	1787	7	29	1787	6	15	SJW-G11060150
6572	1787	7	31	1787	6	17	SJW-G11060170
6573	1787	8	3	1787	6	20	SJW-G11060200
6574	1787	8	4	1787	6	21	SJW-G11060210
6575	1787	8	5	1787	6	22	SJW-G11060220
6576	1787	8	6	1787	6	23	SJW-G11060230
6577	1787	8	7	1787	6	24	SJW-G11060240
6578	1787	8	8	1787	6	25	SJW-G11060250
6579	1787	8	13	1787	7	1	SJW-G11070010
6580	1787	8	14	1787	7	2	SJW-G11070020
6581	1787	8	15	1787	7	3	SJW-G11070030
6582	1787	8	16	1787	7	4	SJW-G11070040
6583	1787	8	17	1787	7	5	SJW-G11070050
6584	1787	8	21	1787	7	9	SJW-G11070090
6585	1787	8	22	1787	7	10	SJW-G11070100
6586	1787	8	24	1787	7	12	SJW-G11070120
6587	1787	8	28	1787	7	16	SJW-G11070160
6588	1787	9	1	1787	7	20	SJW-G11070200
6589	1787	9	2	1787	7	21	SJW-G11070210
6590	1787	9	5	1787	7	24	SJW-G11070240

续表

编号	公历			农历			ID 编号
	年	月	日	年	月	日	
6591	1787	9	10	1787	7	29	SJW-G11070290
6592	1787	9	13	1787	8	2	SJW-G11080020
6593	1787	9	19	1787	8	8	SJW-G11080080
6594	1787	10	4	1787	8	23	SJW-G11080230
6595	1787	10	5	1787	8	24	SJW-G11080240
6596	1787	10	13	1787	9	3	SJW-G11090030
6597	1787	10	16	1787	9	6	SJW-G11090060
6598	1787	10	19	1787	9	9	SJW-G11090090
6599	1787	11	4	1787	9	25	SJW-G11090250
6600	1787	11	11	1787	10	2	SJW-G11100020
6601	1787	11	23	1787	10	14	SJW-G11100140
6602	1787	11	29	1787	10	20	SJW-G11100200
6603	1787	11	30	1787	10	21	SJW-G11100210
6604	1788	1	9	1787	12	2	SJW-G11120020
6605	1788	3	21	1788	2	14	SJW-G12020140
6606	1788	3	30	1788	2	23	SJW-G12020230
6607	1788	4	10	1788	3	5	SJW-G12030050
6608	1788	4	25	1788	3	20	SJW-G12030200
6609	1788	4	26	1788	3	21	SJW-G12030210
6610	1788	5	1	1788	3	26	SJW-G12030260
6611	1788	5	5	1788	3	30	SJW-G12030300
6612	1788	5	6	1788	4	1	SJW-G12040010
6613	1788	5	12	1788	4	7	SJW-G12040070
6614	1788	5	17	1788	4	12	SJW-G12040120
6615	1788	5	18	1788	4	13	SJW-G12040130
6616	1788	5	23	1788	4	18	SJW-G12040180
6617	1788	5	29	1788	4	24	SJW-G12040240
6618	1788	5	30	1788	4	25	SJW-G12040250
6619	1788	5	31	1788	4	26	SJW-G12040260
6620	1788	6	2	1788	4	28	SJW-G12040280
6621	1788	6	4	1788	5	1	SJW-G12050010
6622	1788	6	9	1788	5	6	SJW-G12050060
6623	1788	6	9	1788	5	6	SJW-G12050061
6624	1788	6	12	1788	5	9	SJW-G12050090
6625	1788	6	12	1788	5	9	SJW-G12050091
6626	1788	6	13	1788	5	10	SJW-G12050100
6627	1788	6	13	1788	5	10	SJW-G12050101
6628	1788	6	14	1788	5	11	SJW-G12050110

续表

编号	公历			农历			ID 编号
	年	月	日	年	月	日	
6629	1788	6	22	1788	5	19	SJW-G12050190
6630	1788	6	25	1788	5	22	SJW-G12050220
6631	1788	6	26	1788	5	23	SJW-G12050230
6632	1788	7	1	1788	5	28	SJW-G12050280
6633	1788	7	3	1788	5	30	SJW-G12050300
6634	1788	7	6	1788	6	3	SJW-G12060030
6635	1788	7	8	1788	6	5	SJW-G12060050
6636	1788	7	12	1788	6	9	SJW-G12060090
6637	1788	7	13	1788	6	10	SJW-G12060100
6638	1788	7	15	1788	6	12	SJW-G12060120
6639	1788	7	16	1788	6	13	SJW-G12060130
6640	1788	7	17	1788	6	14	SJW-G12060140
6641	1788	7	18	1788	6	15	SJW-G12060150
6642	1788	7	23	1788	6	20	SJW-G12060200
6643	1788	7	24	1788	6	21	SJW-G12060210
6644	1788	7	29	1788	6	26	SJW-G12060260
6645	1788	7	30	1788	6	27	SJW-G12060270
6646	1788	7	31	1788	6	28	SJW-G12060280
6647	1788	8	1	1788	6	29	SJW-G12060290
6648	1788	8	3	1788	7	2	SJW-G12070020
6649	1788	8	7	1788	7	6	SJW-G12070060
6650	1788	8	8	1788	7	7	SJW-G12070070
6651	1788	8	22	1788	7	21	SJW-G12070210
6652	1788	8	31	1788	8	1	SJW-G12080010
6653	1788	9	1	1788	8	2	SJW-G12080020
6654	1788	9	8	1788	8	9	SJW-G12080090
6655	1788	9	9	1788	8	10	SJW-G12080100
6656	1788	9	10	1788	8	11	SJW-G12080110
6657	1788	9	11	1788	8	12	SJW-G12080120
6658	1788	9	27	1788	8	28	SJW-G12080280
6659	1788	10	2	1788	9	4	SJW-G12090040
6660	1788	11	18	1788	10	21	SJW-G12100210
6661	1789	3	24	1789	2	28	SJW-G13020280
6662	1789	3	30	1789	3	4	SJW-G13030040
6663	1789	3	31	1789	3	5	SJW-G13030050
6664	1789	4	5	1789	3	10	SJW-G13030100
6665	1789	4	16	1789	3	21	SJW-G13030210
6666	1789	4	17	1789	3	22	SJW-G13030220

续表

编号	公历			农历			ID 编号
	年	月	日	年	月	日	
6667	1789	4	21	1789	3	26	SJW-G13030260
6668	1789	4	22	1789	3	27	SJW-G13030270
6669	1789	4	23	1789	3	28	SJW-G13030280
6670	1789	4	30	1789	4	6	SJW-G13040060
6671	1789	5	4	1789	4	10	SJW-G13040100
6672	1789	5	7	1789	4	13	SJW-G13040130
6673	1789	5	8	1789	4	14	SJW-G13040140
6674	1789	5	12	1789	4	18	SJW-G13040180
6675	1789	5	17	1789	4	23	SJW-G13040230
6676	1789	6	12	1789	5	19	SJW-G13050190
6677	1789	6	13	1789	5	20	SJW-G13050200
6678	1789	6	14	1789	5	21	SJW-G13050210
6679	1789	6	15	1789	5	22	SJW-G13050220
6680	1789	6	16	1789	5	23	SJW-G13050230
6681	1789	6	30	1789	闰 5	8	SJW-G13051080
6682	1789	7	4	1789	闰 5	12	SJW-G13051120
6683	1789	7	8	1789	闰 5	16	SJW-G13051160
6684	1789	7	11	1789	闰 5	19	SJW-G13051190
6685	1789	7	12	1789	闰 5	20	SJW-G13051200
6686	1789	7	16	1789	闰 5	24	SJW-G13051240
6687	1789	7	18	1789	闰 5	26	SJW-G13051260
6688	1789	7	22	1789	6	1	SJW-G13060010
6689	1789	7	23	1789	6	2	SJW-G13060020
6690	1789	7	24	1789	6	3	SJW-G13060030
6691	1789	7	25	1789	6	4	SJW-G13060040
6692	1789	7	26	1789	6	5	SJW-G13060050
6693	1789	7	27	1789	6	6	SJW-G13060060
6694	1789	7	28	1789	6	7	SJW-G13060070
6695	1789	7	30	1789	6	9	SJW-G13060090
6696	1789	7	31	1789	6	10	SJW-G13060100
6697	1789	8	1	1789	6	11	SJW-G13060110
6698	1789	8	2	1789	6	12	SJW-G13060120
6699	1789	8	4	1789	6	14	SJW-G13060140
6700	1789	8	14	1789	6	24	SJW-G13060240
6701	1789	8	20	1789	6	30	SJW-G13060300
6702	1789	8	21	1789	7	1	SJW-G13070010
6703	1789	8	22	1789	7	2	SJW-G13070020
6704	1789	8	23	1789	7	3	SJW-G13070030

续表

编号	公历			农历			ID 编号
	年	月	日	年	月	日	
6705	1789	8	27	1789	7	7	SJW-G13070070
6706	1789	8	29	1789	7	9	SJW-G13070090
6707	1789	8	30	1789	7	10	SJW-G13070100
6708	1789	9	1	1789	7	12	SJW-G13070120
6709	1789	9	2	1789	7	13	SJW-G13070130
6710	1789	9	4	1789	7	15	SJW-G13070150
6711	1789	9	9	1789	7	20	SJW-G13070200
6712	1789	9	10	1789	7	21	SJW-G13070210
6713	1789	9	12	1789	7	23	SJW-G13070230
6714	1789	9	16	1789	7	27	SJW-G13070270
6715	1789	9	17	1789	7	28	SJW-G13070280
6716	1789	10	1	1789	8	13	SJW-G13080130
6717	1789	10	11	1789	8	23	SJW-G13080230
6718	1789	11	3	1789	9	16	SJW-G13090160
6719	1789	11	21	1789	10	5	SJW-G13100050
6720	1789	11	28	1789	10	12	SJW-G13100120
6721	1789	12	7	1789	10	21	SJW-G13100210
6722	1789	12	31	1789	11	15	SJW-G13110150
6723	1790	3	11	1790	1	26	SJW-G14010260
6724	1790	3	13	1790	1	28	SJW-G14010280
6725	1790	3	15	1790	1	30	SJW-G14010300
6726	1790	3	24	1790	2	9	SJW-G14020090
6727	1790	3	26	1790	2	11	SJW-G14020110
6728	1790	3	31	1790	2	16	SJW-G14020160
6729	1790	4	6	1790	2	22	SJW-G14020220
6730	1790	4	14	1790	3	1	SJW-G14030010
6731	1790	4	20	1790	3	7	SJW-G14030070
6732	1790	5	4	1790	3	21	SJW-G14030210
6733	1790	5	8	1790	3	25	SJW-G14030250
6734	1790	5	9	1790	3	26	SJW-G14030260
6735	1790	5	26	1790	4	13	SJW-G14040130
6736	1790	5	29	1790	4	16	SJW-G14040160
6737	1790	6	25	1790	5	13	SJW-G14050130
6738	1790	6	26	1790	5	14	SJW-G14050140
6739	1790	6	27	1790	5	15	SJW-G14050150
6740	1790	6	28	1790	5	16	SJW-G14050160
6741	1790	6	29	1790	5	17	SJW-G14050170
6742	1790	6	30	1790	5	18	SJW-G14050180

续表

编号	公历			农历			ID 编号
	年	月	日	年	月	日	
6743	1790	7	1	1790	5	19	SJW-G14050190
6744	1790	7	2	1790	5	20	SJW-G14050200
6745	1790	7	3	1790	5	21	SJW-G14050210
6746	1790	7	6	1790	5	24	SJW-G14050240
6747	1790	7	7	1790	5	25	SJW-G14050250
6748	1790	7	8	1790	5	26	SJW-G14050260
6749	1790	7	9	1790	5	27	SJW-G14050270
6750	1790	7	24	1790	6	13	SJW-G14060130
6751	1790	7	25	1790	6	14	SJW-G14060140
6752	1790	7	26	1790	6	15	SJW-G14060150
6753	1790	7	27	1790	6	16	SJW-G14060160
6754	1790	7	28	1790	6	17	SJW-G14060170
6755	1790	7	30	1790	6	19	SJW-G14060190
6756	1790	7	31	1790	6	20	SJW-G14060200
6757	1790	8	1	1790	6	21	SJW-G14060210
6758	1790	8	2	1790	6	22	SJW-G14060220
6759	1790	8	3	1790	6	23	SJW-G14060230
6760	1790	8	9	1790	6	29	SJW-G14060290
6761	1790	8	14	1790	7	5	SJW-G14070050
6762	1790	8	23	1790	7	14	SJW-G14070140
6763	1790	8	24	1790	7	15	SJW-G14070150
6764	1790	8	26	1790	7	17	SJW-G14070170
6765	1790	8	28	1790	7	19	SJW-G14070190
6766	1790	8	29	1790	7	20	SJW-G14070200
6767	1790	9	5	1790	7	27	SJW-G14070270
6768	1790	9	6	1790	7	28	SJW-G14070280
6769	1790	9	14	1790	8	6	SJW-G14080060
6770	1790	9	17	1790	8	9	SJW-G14080090
6771	1790	9	21	1790	8	13	SJW-G14080130
6772	1790	11	15	1790	10	9	SJW-G14100090
6773	1790	11	23	1790	10	17	SJW-G14100170
6774	1790	12	26	1790	11	21	SJW-G14110210
6775	1791	1	21	1790	12	17	SJW-G14120170
6776	1791	2	18	1791	1	16	SJW-G15010160
6777	1791	3	3	1791	1	29	SJW-G15010290
6778	1791	3	14	1791	2	10	SJW-G15020100
6779	1791	3	31	1791	2	27	SJW-G15020270
6780	1791	4	1	1791	2	28	SJW-G15020280

续表

编号	公历			农历			ID 编号
	年	月	日	年	月	日	
6781	1791	4	11	1791	3	9	SJW-G15030090
6782	1791	4	13	1791	3	11	SJW-G15030110
6783	1791	4	23	1791	3	21	SJW-G15030210
6784	1791	4	28	1791	3	26	SJW-G15030260
6785	1791	5	1	1791	3	29	SJW-G15030290
6786	1791	5	12	1791	4	10	SJW-G15040100
6787	1791	5	13	1791	4	11	SJW-G15040110
6788	1791	5	14	1791	4	12	SJW-G15040120
6789	1791	5	21	1791	4	19	SJW-G15040190
6790	1791	5	24	1791	4	22	SJW-G15040220
6791	1791	6	3	1791	5	2	SJW-G15050020
6792	1791	6	4	1791	5	3	SJW-G15050030
6793	1791	6	6	1791	5	5	SJW-G15050050
6794	1791	6	28	1791	5	27	SJW-G15050270
6795	1791	6	29	1791	5	28	SJW-G15050280
6796	1791	7	2	1791	6	2	SJW-G15060020
6797	1791	7	3	1791	6	3	SJW-G15060030
6798	1791	7	5	1791	6	5	SJW-G15060050
6799	1791	7	7	1791	6	7	SJW-G15060070
6800	1791	7	10	1791	6	10	SJW-G15060100
6801	1791	7	11	1791	6	11	SJW-G15060110
6802	1791	7	12	1791	6	12	SJW-G15060120
6803	1791	7	13	1791	6	13	SJW-G15060130
6804	1791	7	14	1791	6	14	SJW-G15060140
6805	1791	7	15	1791	6	15	SJW-G15060150
6806	1791	7	16	1791	6	16	SJW-G15060160
6807	1791	7	17	1791	6	17	SJW-G15060170
6808	1791	7	18	1791	6	18	SJW-G15060180
6809	1791	7	22	1791	6	22	SJW-G15060220
6810	1791	7	24	1791	6	24	SJW-G15060240
6811	1791	7	26	1791	6	26	SJW-G15060260
6812	1791	7	27	1791	6	27	SJW-G15060270
6813	1791	7	31	1791	7	1	SJW-G15070010
6814	1791	8	1	1791	7	2	SJW-G15070020
6815	1791	8	9	1791	7	10	SJW-G15070100
6816	1791	8	11	1791	7	12	SJW-G15070120
6817	1791	8	12	1791	7	13	SJW-G15070130
6818	1791	8	13	1791	7	14	SJW-G15070140

续表

编号	公历			农历			ID 编号
	年	月	日	年	月	日	
6819	1791	8	14	1791	7	15	SJW-G15070150
6820	1791	8	16	1791	7	17	SJW-G15070170
6821	1791	8	18	1791	7	19	SJW-G15070190
6822	1791	8	19	1791	7	20	SJW-G15070200
6823	1791	8	20	1791	7	21	SJW-G15070210
6824	1791	8	21	1791	7	22	SJW-G15070220
6825	1791	8	26	1791	7	27	SJW-G15070270
6826	1791	8	27	1791	7	28	SJW-G15070280
6827	1791	8	28	1791	7	29	SJW-G15070290
6828	1791	8	29	1791	8	1	SJW-G15080010
6829	1791	8	31	1791	8	3	SJW-G15080030
6830	1791	9	9	1791	8	12	SJW-G15080120
6831	1791	9	11	1791	8	14	SJW-G15080140
6832	1791	9	14	1791	8	17	SJW-G15080170
6833	1791	9	15	1791	8	18	SJW-G15080180
6834	1791	9	16	1791	8	19	SJW-G15080190
6835	1791	9	17	1791	8	20	SJW-G15080200
6836	1791	9	20	1791	8	23	SJW-G15080230
6837	1791	9	23	1791	8	26	SJW-G15080260
6838	1791	9	24	1791	8	27	SJW-G15080270
6839	1791	9	29	1791	9	2	SJW-G15090020
6840	1791	10	2	1791	9	5	SJW-G15090050
6841	1791	10	3	1791	9	6	SJW-G15090060
6842	1791	10	5	1791	9	8	SJW-G15090080
6843	1791	10	16	1791	9	19	SJW-G15090190
6844	1791	10	17	1791	9	20	SJW-G15090200
6845	1791	10	22	1791	9	25	SJW-G15090250
6846	1791	10	30	1791	10	4	SJW-G15100040
6847	1791	11	3	1791	10	8	SJW-G15100080
6848	1791	11	4	1791	10	9	SJW-G15100090
6849	1791	11	27	1791	11	2	SJW-G15110020
6850	1791	11	28	1791	11	3	SJW-G15110030
6851	1791	12	2	1791	11	7	SJW-G15110070
6852	1791	12	6	1791	11	11	SJW-G15110110
6853	1792	3	27	1792	3	5	SJW-G16030050
6854	1792	3	31	1792	3	9	SJW-G16030090
6855	1792	4	12	1792	3	21	SJW-G16030210
6856	1792	4	16	1792	3	25	SJW-G16030250

续表

编号	公历			农历			ID 编号
	年	月	日	年	月	日	
6857	1792	4	27	1792	4	7	SJW-G16040070
6858	1792	5	5	1792	4	15	SJW-G16040150
6859	1792	5	26	1792	闰 4	6	SJW-G16041060
6860	1792	5	31	1792	闰 4	11	SJW-G16041110
6861	1792	6	10	1792	闰 4	21	SJW-G16041210
6862	1792	6	11	1792	闰 4	22	SJW-G16041220
6863	1792	6	21	1792	5	3	SJW-G16050030
6864	1792	6	22	1792	5	4	SJW-G16050040
6865	1792	6	25	1792	5	7	SJW-G16050070
6866	1792	6	26	1792	5	8	SJW-G16050080
6867	1792	6	27	1792	5	9	SJW-G16050090
6868	1792	6	30	1792	5	12	SJW-G16050120
6869	1792	7	1	1792	5	13	SJW-G16050130
6870	1792	7	2	1792	5	14	SJW-G16050140
6871	1792	7	3	1792	5	15	SJW-G16050150
6872	1792	7	4	1792	5	16	SJW-G16050160
6873	1792	7	11	1792	5	23	SJW-G16050230
6874	1792	7	12	1792	5	24	SJW-G16050240
6875	1792	7	13	1792	5	25	SJW-G16050250
6876	1792	7	16	1792	5	28	SJW-G16050280
6877	1792	7	17	1792	5	29	SJW-G16050290
6878	1792	7	19	1792	6	1	SJW-G16060010
6879	1792	7	20	1792	6	2	SJW-G16060020
6880	1792	7	21	1792	6	3	SJW-G16060030
6881	1792	7	24	1792	6	6	SJW-G16060060
6882	1792	7	25	1792	6	7	SJW-G16060070
6883	1792	7	26	1792	6	8	SJW-G16060080
6884	1792	7	28	1792	6	10	SJW-G16060100
6885	1792	7	29	1792	6	11	SJW-G16060110
6886	1792	7	30	1792	6	12	SJW-G16060120
6887	1792	7	31	1792	6	13	SJW-G16060130
6888	1792	8	2	1792	6	15	SJW-G16060150
6889	1792	8	3	1792	6	16	SJW-G16060160
6890	1792	8	4	1792	6	17	SJW-G16060170
6891	1792	8	5	1792	6	18	SJW-G16060180
6892	1792	8	7	1792	6	20	SJW-G16060200
6893	1792	8	11	1792	6	24	SJW-G16060240
6894	1792	8	12	1792	6	25	SJW-G16060250

续表

编号	公历			农历			ID 编号
	年	月	日	年	月	日	
6895	1792	9	3	1792	7	17	SJW-G16070170
6896	1792	9	6	1792	7	20	SJW-G16070200
6897	1792	9	9	1792	7	23	SJW-G16070230
6898	1792	9	10	1792	7	24	SJW-G16070240
6899	1792	9	12	1792	7	26	SJW-G16070260
6900	1792	9	15	1792	7	29	SJW-G16070290
6901	1792	9	28	1792	8	13	SJW-G16080130
6902	1792	9	30	1792	8	15	SJW-G16080150
6903	1792	10	1	1792	8	16	SJW-G16080160
6904	1792	10	13	1792	8	28	SJW-G16080280
6905	1792	10	15	1792	8	30	SJW-G16080300
6906	1792	11	8	1792	9	24	SJW-G16090240
6907	1792	12	14	1792	11	1	SJW-G16110010
6908	1793	3	16	1793	2	5	SJW-G17020050
6909	1793	3	17	1793	2	6	SJW-G17020060
6910	1793	3	27	1793	2	16	SJW-G17020160
6911	1793	4	4	1793	2	24	SJW-G17020240
6912	1793	4	6	1793	2	26	SJW-G17020260
6913	1793	4	12	1793	3	2	SJW-G17030020
6914	1793	4	30	1793	3	20	SJW-G17030200
6915	1793	5	3	1793	3	23	SJW-G17030230
6916	1793	5	4	1793	3	24	SJW-G17030240
6917	1793	5	5	1793	3	25	SJW-G17030250
6918	1793	5	13	1793	4	4	SJW-G17040040
6919	1793	5	14	1793	4	5	SJW-G17040050
6920	1793	5	16	1793	4	7	SJW-G17040070
6921	1793	5	31	1793	4	22	SJW-G17040220
6922	1793	6	1	1793	4	23	SJW-G17040230
6923	1793	6	7	1793	4	29	SJW-G17040290
6924	1793	6	24	1793	5	17	SJW-G17050170
6925	1793	6	27	1793	5	20	SJW-G17050200
6926	1793	7	5	1793	5	28	SJW-G17050280
6927	1793	7	6	1793	5	29	SJW-G17050290
6928	1793	7	10	1793	6	3	SJW-G17060030
6929	1793	7	15	1793	6	8	SJW-G17060080
6930	1793	7	16	1793	6	9	SJW-G17060090
6931	1793	7	28	1793	6	21	SJW-G17060210
6932	1793	7	29	1793	6	22	SJW-G17060220

续表

编号	公历			农历			ID 编号
	年	月	日	年	月	日	
6933	1793	7	30	1793	6	23	SJW-G17060230
6934	1793	8	4	1793	6	28	SJW-G17060280
6935	1793	8	19	1793	7	13	SJW-G17070130
6936	1793	8	21	1793	7	15	SJW-G17070150
6937	1793	8	28	1793	7	22	SJW-G17070220
6938	1793	9	3	1793	7	28	SJW-G17070280
6939	1793	9	5	1793	8	1	SJW-G17080010
6940	1793	9	7	1793	8	3	SJW-G17080030
6941	1793	9	8	1793	8	4	SJW-G17080040
6942	1793	9	10	1793	8	6	SJW-G17080060
6943	1793	9	14	1793	8	10	SJW-G17080100
6944	1793	9	21	1793	8	17	SJW-G17080170
6945	1793	10	10	1793	9	6	SJW-G17090060
6946	1793	10	12	1793	9	8	SJW-G17090080
6947	1793	10	21	1793	9	17	SJW-G17090170
6948	1793	10	30	1793	9	26	SJW-G17090260
6949	1793	11	3	1793	9	30	SJW-G17090300
6950	1793	11	9	1793	10	6	SJW-G17100060
6951	1793	12	7	1793	11	5	SJW-G17110050
6952	1793	12	20	1793	11	18	SJW-G17110180
6953	1794	1	1	1793	11	30	SJW-G17110300
6954	1794	1	5	1793	12	4	SJW-G17120040
6955	1794	2	1	1794	1	2	SJW-G18010020
6956	1794	3	9	1794	2	8	SJW-G18020080
6957	1794	3	29	1794	2	28	SJW-G18020280
6958	1794	3	30	1794	2	29	SJW-G18020290
6959	1794	4	5	1794	3	6	SJW-G18030060
6960	1794	4	17	1794	3	18	SJW-G18030180
6961	1794	4	19	1794	3	20	SJW-G18030200
6962	1794	4	22	1794	3	23	SJW-G18030230
6963	1794	5	3	1794	4	5	SJW-G18040050
6964	1794	5	4	1794	4	6	SJW-G18040060
6965	1794	5	5	1794	4	7	SJW-G18040070
6966	1794	5	6	1794	4	8	SJW-G18040080
6967	1794	5	8	1794	4	10	SJW-G18040100
6968	1794	5	12	1794	4	14	SJW-G18040140
6969	1794	5	13	1794	4	15	SJW-G18040150
6970	1794	5	24	1794	4	26	SJW-G18040260

续表

编号	公历			农历			ID 编号
	年	月	日	年	月	日	
6971	1794	6	2	1794	5	5	SJW-G18050050
6972	1794	6	10	1794	5	13	SJW-G18050130
6973	1794	6	11	1794	5	14	SJW-G18050140
6974	1794	6	14	1794	5	17	SJW-G18050170
6975	1794	6	17	1794	5	20	SJW-G18050200
6976	1794	6	19	1794	5	22	SJW-G18050220
6977	1794	6	21	1794	5	24	SJW-G18050240
6978	1794	6	24	1794	5	27	SJW-G18050270
6979	1794	6	25	1794	5	28	SJW-G18050280
6980	1794	6	30	1794	6	4	SJW-G18060040
6981	1794	7	1	1794	6	5	SJW-G18060050
6982	1794	7	2	1794	6	6	SJW-G18060060
6983	1794	7	3	1794	6	7	SJW-G18060070
6984	1794	7	4	1794	6	8	SJW-G18060080
6985	1794	7	7	1794	6	11	SJW-G18060110
6986	1794	7	8	1794	6	12	SJW-G18060120
6987	1794	7	9	1794	6	13	SJW-G18060130
6988	1794	7	10	1794	6	14	SJW-G18060140
6989	1794	7	11	1794	6	15	SJW-G18060150
6990	1794	7	12	1794	6	16	SJW-G18060160
6991	1794	7	13	1794	6	17	SJW-G18060170
6992	1794	8	22	1794	7	27	SJW-G18070270
6993	1794	8	27	1794	8	3	SJW-G18080030
6994	1794	8	28	1794	8	4	SJW-G18080040
6995	1794	8	29	1794	8	5	SJW-G18080050
6996	1794	9	9	1794	8	16	SJW-G18080160
6997	1794	9	21	1794	8	28	SJW-G18080280
6998	1794	9	22	1794	8	29	SJW-G18080290
6999	1794	9	28	1794	9	5	SJW-G18090050
7000	1794	9	29	1794	9	6	SJW-G18090060
7001	1794	9	30	1794	9	7	SJW-G18090070
7002	1794	10	3	1794	9	10	SJW-G18090100
7003	1794	10	14	1794	9	21	SJW-G18090210
7004	1794	11	9	1794	10	17	SJW-G18100170
7005	1794	11	11	1794	10	19	SJW-G18100190
7006	1794	11	16	1794	10	24	SJW-G18100240
7007	1794	11	17	1794	10	25	SJW-G18100250
7008	1794	11	20	1794	10	28	SJW-G18100280

续表

编号	公历			农历			ID 编号
	年	月	日	年	月	日	
7009	1794	11	26	1794	11	4	SJW-G18110040
7010	1794	11	29	1794	11	7	SJW-G18110070
7011	1794	11	30	1794	11	8	SJW-G18110080
7012	1794	12	7	1794	11	15	SJW-G18110150
7013	1794	12	8	1794	11	16	SJW-G18110160
7014	1794	12	11	1794	11	19	SJW-G18110190
7015	1794	12	12	1794	11	20	SJW-G18110200
7016	1794	12	16	1794	11	24	SJW-G18110240
7017	1795	1	17	1794	12	27	SJW-G18120270
7018	1795	2	13	1795	1	24	SJW-G19010240
7019	1795	2	26	1795	2	8	SJW-G19020080
7020	1795	3	1	1795	2	11	SJW-G19020110
7021	1795	3	6	1795	2	16	SJW-G19020160
7022	1795	3	11	1795	2	21	SJW-G19020210
7023	1795	4	20	1795	3	2	SJW-G19030020
7024	1795	4	30	1795	3	12	SJW-G19030120
7025	1795	5	7	1795	3	19	SJW-G19030190
7026	1795	5	8	1795	3	20	SJW-G19030200
7027	1795	5	10	1795	3	22	SJW-G19030220
7028	1795	5	18	1795	4	1	SJW-G19040010
7029	1795	5	25	1795	4	8	SJW-G19040080
7030	1795	6	11	1795	4	25	SJW-G19040250
7031	1795	6	13	1795	4	27	SJW-G19040270
7032	1795	6	17	1795	5	1	SJW-G19050010
7033	1795	6	18	1795	5	2	SJW-G19050020
7034	1795	6	19	1795	5	3	SJW-G19050030
7035	1795	6	27	1795	5	11	SJW-G19050110
7036	1795	6	30	1795	5	14	SJW-G19050140
7037	1795	7	1	1795	5	15	SJW-G19050150
7038	1795	7	5	1795	5	19	SJW-G19050190
7039	1795	7	6	1795	5	20	SJW-G19050200
7040	1795	7	7	1795	5	21	SJW-G19050210
7041	1795	7	16	1795	6	1	SJW-G19060010
7042	1795	7	20	1795	6	5	SJW-G19060050
7043	1795	7	21	1795	6	6	SJW-G19060060
7044	1795	7	22	1795	6	7	SJW-G19060070
7045	1795	7	27	1795	6	12	SJW-G19060120
7046	1795	7	28	1795	6	13	SJW-G19060130

续表

编号	公历			农历			ID 编号
	年	月	日	年	月	日	
7047	1795	7	29	1795	6	14	SJW-G19060140
7048	1795	8	3	1795	6	19	SJW-G19060190
7049	1795	8	4	1795	6	20	SJW-G19060200
7050	1795	8	5	1795	6	21	SJW-G19060210
7051	1795	8	6	1795	6	22	SJW-G19060220
7052	1795	8	9	1795	6	25	SJW-G19060250
7053	1795	8	10	1795	6	26	SJW-G19060260
7054	1795	8	17	1795	7	3	SJW-G19070030
7055	1795	8	18	1795	7	4	SJW-G19070040
7056	1795	8	27	1795	7	13	SJW-G19070130
7057	1795	8	30	1795	7	16	SJW-G19070160
7058	1795	9	23	1795	8	11	SJW-G19080110
7059	1795	10	10	1795	8	28	SJW-G19080280
7060	1795	10	14	1795	9	2	SJW-G19090020
7061	1795	10	28	1795	9	16	SJW-G19090160
7062	1795	11	1	1795	9	20	SJW-G19090200
7063	1795	11	4	1795	9	23	SJW-G19090230
7064	1795	11	12	1795	10	2	SJW-G19100020
7065	1795	11	25	1795	10	15	SJW-G19100150
7066	1795	11	26	1795	10	16	SJW-G19100160
7067	1795	11	27	1795	10	17	SJW-G19100170
7068	1795	11	28	1795	10	18	SJW-G19100180
7069	1796	2	15	1796	1	7	SJW-G20010070
7070	1796	3	2	1796	1	23	SJW-G20010230
7071	1796	3	11	1796	2	3	SJW-G20020030
7072	1796	3	12	1796	2	4	SJW-G20020040
7073	1796	3	17	1796	2	9	SJW-G20020090
7074	1796	3	19	1796	2	11	SJW-G20020110
7075	1796	3	22	1796	2	14	SJW-G20020140
7076	1796	3	23	1796	2	15	SJW-G20020150
7077	1796	3	25	1796	2	17	SJW-G20020170
7078	1796	3	26	1796	2	18	SJW-G20020180
7079	1796	4	3	1796	2	26	SJW-G20020260
7080	1796	4	4	1796	2	27	SJW-G20020270
7081	1796	4	6	1796	2	29	SJW-G20020290
7082	1796	4	12	1796	3	5	SJW-G20030050
7083	1796	4	17	1796	3	10	SJW-G20030100
7084	1796	4	18	1796	3	11	SJW-G20030110

续表

编号	公历			农历			ID 编号
	年	月	日	年	月	日	
7085	1796	4	21	1796	3	14	SJW-G20030140
7086	1796	4	25	1796	3	18	SJW-G20030180
7087	1796	5	1	1796	3	24	SJW-G20030240
7088	1796	5	11	1796	4	5	SJW-G20040050
7089	1796	5	13	1796	4	7	SJW-G20040070
7090	1796	5	17	1796	4	11	SJW-G20040110
7091	1796	5	31	1796	4	25	SJW-G20040250
7092	1796	6	1	1796	4	26	SJW-G20040260
7093	1796	6	3	1796	4	28	SJW-G20040280
7094	1796	6	6	1796	5	2	SJW-G20050020
7095	1796	6	7	1796	5	3	SJW-G20050030
7096	1796	6	14	1796	5	10	SJW-G20050100
7097	1796	6	15	1796	5	11	SJW-G20050110
7098	1796	6	22	1796	5	18	SJW-G20050180
7099	1796	6	26	1796	5	22	SJW-G20050220
7100	1796	6	29	1796	5	25	SJW-G20050250
7101	1796	6	30	1796	5	26	SJW-G20050260
7102	1796	7	6	1796	6	2	SJW-G20060020
7103	1796	7	7	1796	6	3	SJW-G20060030
7104	1796	7	9	1796	6	5	SJW-G20060050
7105	1796	7	10	1796	6	6	SJW-G20060060
7106	1796	7	11	1796	6	7	SJW-G20060070
7107	1796	7	16	1796	6	12	SJW-G20060120
7108	1796	7	17	1796	6	13	SJW-G20060130
7109	1796	8	1	1796	6	28	SJW-G20060280
7110	1796	8	3	1796	7	1	SJW-G20070010
7111	1796	8	7	1796	7	5	SJW-G20070050
7112	1796	8	10	1796	7	8	SJW-G20070080
7113	1796	8	16	1796	7	14	SJW-G20070140
7114	1796	8	18	1796	7	16	SJW-G20070160
7115	1796	8	20	1796	7	18	SJW-G20070180
7116	1796	8	21	1796	7	19	SJW-G20070190
7117	1796	8	24	1796	7	22	SJW-G20070220
7118	1796	9	13	1796	8	13	SJW-G20080130
7119	1796	9	14	1796	8	14	SJW-G20080140
7120	1796	9	19	1796	8	19	SJW-G20080190
7121	1796	9	27	1796	8	27	SJW-G20080270
7122	1796	10	12	1796	9	12	SJW-G20090120

续表

编号	公历			农历			ID 编号
	年	月	日	年	月	日	
7123	1796	10	16	1796	9	16	SJW-G20090160
7124	1796	10	18	1796	9	18	SJW-G20090180
7125	1796	10	27	1796	9	27	SJW-G20090270
7126	1796	10	28	1796	9	28	SJW-G20090280
7127	1796	10	29	1796	9	29	SJW-G20090290
7128	1796	11	12	1796	10	13	SJW-G20100130
7129	1796	11	21	1796	10	22	SJW-G20100220
7130	1796	11	26	1796	10	27	SJW-G20100270
7131	1796	11	27	1796	10	28	SJW-G20100280
7132	1797	1	15	1796	12	18	SJW-G20120180
7133	1797	3	27	1797	2	29	SJW-G21020290
7134	1797	3	28	1797	3	1	SJW-G21030010
7135	1797	4	3	1797	3	7	SJW-G21030070
7136	1797	4	13	1797	3	17	SJW-G21030170
7137	1797	4	14	1797	3	18	SJW-G21030180
7138	1797	4	17	1797	3	21	SJW-G21030210
7139	1797	4	20	1797	3	24	SJW-G21030240
7140	1797	4	30	1797	4	4	SJW-G21040040
7141	1797	6	1	1797	5	7	SJW-G21050070
7142	1797	6	7	1797	5	13	SJW-G21050130
7143	1797	6	13	1797	5	19	SJW-G21050190
7144	1797	6	15	1797	5	21	SJW-G21050210
7145	1797	6	16	1797	5	22	SJW-G21050220
7146	1797	6	19	1797	5	25	SJW-G21050250
7147	1797	6	20	1797	5	26	SJW-G21050260
7148	1797	6	22	1797	5	28	SJW-G21050280
7149	1797	6	29	1797	6	5	SJW-G21060050
7150	1797	7	3	1797	6	9	SJW-G21060090
7151	1797	7	4	1797	6	10	SJW-G21060100
7152	1797	7	5	1797	6	11	SJW-G21060110
7153	1797	7	6	1797	6	12	SJW-G21060120
7154	1797	7	7	1797	6	13	SJW-G21060130
7155	1797	7	8	1797	6	14	SJW-G21060140
7156	1797	7	9	1797	6	15	SJW-G21060150
7157	1797	7	10	1797	6	16	SJW-G21060160
7158	1797	7	19	1797	6	25	SJW-G21060250
7159	1797	7	20	1797	6	26	SJW-G21060260
7160	1797	7	27	1797	闰 6	4	SJW-G21061040

续表

编号	公历			农历			ID 编号
	年	月	日	年	月	日	
7161	1797	7	28	1797	闰 6	5	SJW-G21061050
7162	1797	8	5	1797	闰 6	13	SJW-G21061130
7163	1797	8	7	1797	闰 6	15	SJW-G21061150
7164	1797	8	8	1797	闰 6	16	SJW-G21061160
7165	1797	8	17	1797	闰 6	25	SJW-G21061250
7166	1797	8	19	1797	闰 6	27	SJW-G21061270
7167	1797	8	20	1797	闰 6	28	SJW-G21061280
7168	1797	8	26	1797	7	5	SJW-G21070050
7169	1797	8	27	1797	7	6	SJW-G21070060
7170	1797	8	31	1797	7	10	SJW-G21070100
7171	1797	9	7	1797	7	17	SJW-G21070170
7172	1797	9	12	1797	7	22	SJW-G21070220
7173	1797	9	16	1797	7	26	SJW-G21070260
7174	1797	9	18	1797	7	28	SJW-G21070280
7175	1797	9	25	1797	8	6	SJW-G21080060
7176	1797	10	13	1797	8	24	SJW-G21080240
7177	1797	11	4	1797	9	16	SJW-G21090160
7178	1797	11	6	1797	9	18	SJW-G21090180
7179	1797	11	19	1797	10	2	SJW-G21100020
7180	1797	11	26	1797	10	9	SJW-G21100090
7181	1797	11	27	1797	10	10	SJW-G21100100
7182	1797	11	28	1797	10	11	SJW-G21100110
7183	1797	12	8	1797	10	21	SJW-G21100210
7184	1798	2	19	1798	1	4	SJW-G22010040
7185	1798	3	31	1798	2	15	SJW-G22020150
7186	1798	4	13	1798	2	28	SJW-G22020280
7187	1798	4	14	1798	2	29	SJW-G22020290
7188	1798	4	19	1798	3	4	SJW-G22030040
7189	1798	5	6	1798	3	21	SJW-G22030210
7190	1798	6	4	1798	4	20	SJW-G22040200
7191	1798	6	17	1798	5	4	SJW-G22050040
7192	1798	6	30	1798	5	17	SJW-G22050170
7193	1798	7	1	1798	5	18	SJW-G22050180
7194	1798	7	6	1798	5	23	SJW-G22050230
7195	1798	7	7	1798	5	24	SJW-G22050240
7196	1798	7	8	1798	5	25	SJW-G22050250
7197	1798	7	9	1798	5	26	SJW-G22050260
7198	1798	7	10	1798	5	27	SJW-G22050270

续表

编号	公历			农历			ID编号
	年	月	日	年	月	日	
7199	1798	7	11	1798	5	28	SJW-G22050280
7200	1798	7	13	1798	6	1	SJW-G22060010
7201	1798	7	17	1798	6	5	SJW-G22060050
7202	1798	7	18	1798	6	6	SJW-G22060060
7203	1798	7	19	1798	6	7	SJW-G22060070
7204	1798	7	20	1798	6	8	SJW-G22060080
7205	1798	7	21	1798	6	9	SJW-G22060090
7206	1798	7	23	1798	6	11	SJW-G22060110
7207	1798	7	26	1798	6	14	SJW-G22060140
7208	1798	7	27	1798	6	15	SJW-G22060150
7209	1798	7	30	1798	6	18	SJW-G22060180
7210	1798	7	31	1798	6	19	SJW-G22060190
7211	1798	8	4	1798	6	23	SJW-G22060230
7212	1798	8	10	1798	6	29	SJW-G22060290
7213	1798	8	11	1798	6	30	SJW-G22060300
7214	1798	8	29	1798	7	18	SJW-G22070180
7215	1798	9	2	1798	7	22	SJW-G22070220
7216	1798	9	5	1798	7	25	SJW-G22070250
7217	1798	9	6	1798	7	26	SJW-G22070260
7218	1798	9	10	1798	8	1	SJW-G22080010
7219	1798	9	11	1798	8	2	SJW-G22080020
7220	1798	9	15	1798	8	6	SJW-G22080060
7221	1798	9	19	1798	8	10	SJW-G22080100
7222	1798	9	21	1798	8	12	SJW-G22080120
7223	1798	11	12	1798	10	5	SJW-G22100050
7224	1798	11	15	1798	10	8	SJW-G22100080
7225	1798	11	20	1798	10	13	SJW-G22100130
7226	1798	11	24	1798	10	17	SJW-G22100170
7227	1798	12	6	1798	10	29	SJW-G22100290
7228	1798	12	7	1798	11	1	SJW-G22110010
7229	1798	12	10	1798	11	4	SJW-G22110040
7230	1798	12	21	1798	11	15	SJW-G22110150
7231	1798	12	25	1798	11	19	SJW-G22110190
7232	1799	1	1	1798	11	26	SJW-G22110260
7233	1799	3	23	1799	2	18	SJW-G23020180
7234	1799	4	23	1799	3	19	SJW-G23030190
7235	1799	4	25	1799	3	21	SJW-G23030210
7236	1799	4	29	1799	3	25	SJW-G23030250

续表

编号	公历			农历			ID 编号
	年	月	日	年	月	日	
7237	1799	5	1	1799	3	27	SJW-G23030270
7238	1799	5	3	1799	3	29	SJW-G23030290
7239	1799	5	4	1799	3	30	SJW-G23030300
7240	1799	5	19	1799	4	15	SJW-G23040150
7241	1799	6	1	1799	4	28	SJW-G23040280
7242	1799	6	4	1799	5	2	SJW-G23050020
7243	1799	6	5	1799	5	3	SJW-G23050030
7244	1799	6	19	1799	5	17	SJW-G23050170
7245	1799	6	30	1799	5	28	SJW-G23050280
7246	1799	7	1	1799	5	29	SJW-G23050290
7247	1799	7	2	1799	5	30	SJW-G23050300
7248	1799	7	7	1799	6	5	SJW-G23060050
7249	1799	7	8	1799	6	6	SJW-G23060060
7250	1799	7	11	1799	6	9	SJW-G23060090
7251	1799	7	12	1799	6	10	SJW-G23060100
7252	1799	7	13	1799	6	11	SJW-G23060110
7253	1799	7	14	1799	6	12	SJW-G23060120
7254	1799	7	15	1799	6	13	SJW-G23060130
7255	1799	7	16	1799	6	14	SJW-G23060140
7256	1799	7	27	1799	6	25	SJW-G23060250
7257	1799	7	29	1799	6	27	SJW-G23060270
7258	1799	7	31	1799	6	29	SJW-G23060290
7259	1799	8	1	1799	7	1	SJW-G23070010
7260	1799	8	11	1799	7	11	SJW-G23070110
7261	1799	8	12	1799	7	12	SJW-G23070120
7262	1799	8	14	1799	7	14	SJW-G23070140
7263	1799	8	15	1799	7	15	SJW-G23070150
7264	1799	8	17	1799	7	17	SJW-G23070170
7265	1799	8	18	1799	7	18	SJW-G23070180
7266	1799	8	19	1799	7	19	SJW-G23070190
7267	1799	8	23	1799	7	23	SJW-G23070230
7268	1799	8	24	1799	7	24	SJW-G23070240
7269	1799	8	26	1799	7	26	SJW-G23070260
7270	1799	8	27	1799	7	27	SJW-G23070270
7271	1799	8	28	1799	7	28	SJW-G23070280
7272	1799	9	3	1799	8	4	SJW-G23080040
7273	1799	9	10	1799	8	11	SJW-G23080110
7274	1799	10	8	1799	9	10	SJW-G23090100

续表

编号	公历			农历			ID 编号
	年	月	日	年	月	日	
7275	1799	10	24	1799	9	26	SJW-G23090260
7276	1799	10	27	1799	9	29	SJW-G23090290
7277	1799	10	28	1799	9	30	SJW-G23090300
7278	1799	11	7	1799	10	10	SJW-G23100100
7279	1799	11	12	1799	10	15	SJW-G23100150
7280	1799	12	6	1799	11	10	SJW-G23110100
7281	1799	12	14	1799	11	18	SJW-G23110180
7282	1800	1	5	1799	12	11	SJW-G23120110
7283	1800	3	14	1800	2	19	SJW-G24020190
7284	1800	3	24	1800	2	29	SJW-G24020290
7285	1800	4	2	1800	3	9	SJW-G24030090
7286	1800	4	4	1800	3	11	SJW-G24030110
7287	1800	4	5	1800	3	12	SJW-G24030120
7288	1800	4	6	1800	3	13	SJW-G24030130
7289	1800	5	1	1800	4	8	SJW-G24040080
7290	1800	5	10	1800	4	17	SJW-G24040170
7291	1800	5	27	1800	闰 4	4	SJW-G24041040
7292	1800	5	29	1800	闰 4	6	SJW-G24041060
7293	1800	6	17	1800	闰 4	25	SJW-G24041250
7294	1800	6	23	1800	5	2	SJW-G24050020
7295	1800	6	24	1800	5	3	SJW-G24050030
7296	1800	6	25	1800	5	4	SJW-G24050040
7297	1800	7	4	1800	5	13	SJW-G24050130
7298	1800	7	5	1800	5	14	SJW-G24050140
7299	1800	7	8	1800	5	17	SJW-G24050170
7300	1800	7	14	1800	5	23	SJW-G24050230
7301	1800	7	16	1800	5	25	SJW-G24050250
7302	1800	7	17	1800	5	26	SJW-G24050260
7303	1800	7	18	1800	5	27	SJW-G24050270
7304	1800	7	22	1800	6	1	SJW-G24060010
7305	1800	7	23	1800	6	2	SJW-G24060020
7306	1800	7	25	1800	6	4	SJW-G24060040
7307	1800	7	26	1800	6	5	SJW-G24060050
7308	1800	8	4	1800	6	14	SJW-G24060140
7309	1800	8	7	1800	6	17	SJW-G24060170
7310	1800	8	10	1800	6	20	SJW-G24060200
7311	1800	8	11	1800	6	21	SJW-G24060210
7312	1800	8	14	1800	6	24	SJW-G24060240

续表

编号	公历			农历			ID 编号
	年	月	日	年	月	日	
7313	1800	8	16	1800	6	26	SJW-G24060260
7314	1800	8	18	1800	6	28	SJW-G24060280
7315	1800	8	20	1800	7	1	SJW-H00070010
7316	1800	8	21	1800	7	2	SJW-H00070020
7317	1800	8	22	1800	7	3	SJW-H00070030
7318	1800	8	23	1800	7	4	SJW-H00070040
7319	1800	8	27	1800	7	8	SJW-H00070080
7320	1800	8	28	1800	7	9	SJW-H00070090
7321	1800	8	29	1800	7	10	SJW-H00070100
7322	1800	9	1	1800	7	13	SJW-H00070130
7323	1800	9	2	1800	7	14	SJW-H00070140
7324	1800	9	3	1800	7	15	SJW-H00070150
7325	1800	9	5	1800	7	17	SJW-H00070170
7326	1800	9	6	1800	7	18	SJW-H00070180
7327	1800	9	9	1800	7	21	SJW-H00070210
7328	1800	9	12	1800	7	24	SJW-H00070240
7329	1800	9	13	1800	7	25	SJW-H00070250
7330	1800	9	20	1800	8	2	SJW-H00080020
7331	1800	10	4	1800	8	16	SJW-H00080160
7332	1800	10	10	1800	8	22	SJW-H00080220
7333	1800	10	11	1800	8	23	SJW-H00080230
7334	1800	10	27	1800	9	10	SJW-H00090100
7335	1800	11	12	1800	9	26	SJW-H00090260
7336	1800	11	30	1800	10	14	SJW-H00100140
7337	1800	12	15	1800	10	29	SJW-H00100290
7338	1801	2	21	1801	1	9	SJW-H01010090
7339	1801	2	27	1801	1	15	SJW-H01010150
7340	1801	3	22	1801	2	9	SJW-H01020090
7341	1801	4	11	1801	2	29	SJW-H01020290
7342	1801	4	25	1801	3	13	SJW-H01030130
7343	1801	5	6	1801	3	24	SJW-H01030240
7344	1801	5	10	1801	3	28	SJW-H01030280
7345	1801	5	16	1801	4	4	SJW-H01040040
7346	1801	5	18	1801	4	6	SJW-H01040060
7347	1801	6	3	1801	4	22	SJW-H01040220
7348	1801	6	20	1801	5	10	SJW-H01050100
7349	1801	6	21	1801	5	11	SJW-H01050110
7350	1801	6	22	1801	5	12	SJW-H01050120

续表

编号	公历			农历			ID 编号
	年	月	日	年	月	日	
7351	1801	6	27	1801	5	17	SJW-H01050170
7352	1801	6	29	1801	5	19	SJW-H01050190
7353	1801	6	30	1801	5	20	SJW-H01050200
7354	1801	7	1	1801	5	21	SJW-H01050210
7355	1801	7	3	1801	5	23	SJW-H01050230
7356	1801	7	4	1801	5	24	SJW-H01050240
7357	1801	7	6	1801	5	26	SJW-H01050260
7358	1801	7	7	1801	5	27	SJW-H01050270
7359	1801	7	8	1801	5	28	SJW-H01050280
7360	1801	7	21	1801	6	11	SJW-H01060110
7361	1801	7	22	1801	6	12	SJW-H01060120
7362	1801	7	24	1801	6	14	SJW-H01060140
7363	1801	7	29	1801	6	19	SJW-H01060190
7364	1801	8	7	1801	6	28	SJW-H01060280
7365	1801	8	8	1801	6	29	SJW-H01060290
7366	1801	8	9	1801	7	1	SJW-H01070010
7367	1801	8	13	1801	7	5	SJW-H01070050
7368	1801	8	14	1801	7	6	SJW-H01070060
7369	1801	8	15	1801	7	7	SJW-H01070070
7370	1801	8	31	1801	7	23	SJW-H01070230
7371	1801	9	5	1801	7	28	SJW-H01070280
7372	1801	9	11	1801	8	4	SJW-H01080040
7373	1801	9	21	1801	8	14	SJW-H01080140
7374	1801	9	22	1801	8	15	SJW-H01080150
7375	1801	10	5	1801	8	28	SJW-H01080280
7376	1801	10	8	1801	9	1	SJW-H01090010
7377	1801	10	14	1801	9	7	SJW-H01090070
7378	1801	10	26	1801	9	19	SJW-H01090190
7379	1801	10	29	1801	9	22	SJW-H01090220
7380	1801	11	7	1801	10	2	SJW-H01100020
7381	1801	11	13	1801	10	8	SJW-H01100080
7382	1801	11	23	1801	10	18	SJW-H01100180
7383	1801	11	25	1801	10	20	SJW-H01100200
7384	1801	11	26	1801	10	21	SJW-H01100210
7385	1801	12	4	1801	10	29	SJW-H01100290
7386	1802	1	13	1801	12	10	SJW-H01120100
7387	1802	3	7	1802	2	4	SJW-H02020040
7388	1802	3	23	1802	2	20	SJW-H02020200

续表

编号	公历			农历			ID 编号
	年	月	日	年	月	日	
7389	1802	4	7	1802	3	6	SJW-H02030060
7390	1802	4	18	1802	3	17	SJW-H02030170
7391	1802	4	21	1802	3	20	SJW-H02030200
7392	1802	4	22	1802	3	21	SJW-H02030210
7393	1802	4	26	1802	3	25	SJW-H02030250
7394	1802	4	29	1802	3	28	SJW-H02030280
7395	1802	5	10	1802	4	9	SJW-H02040090
7396	1802	5	14	1802	4	13	SJW-H02040130
7397	1802	5	17	1802	4	16	SJW-H02040160
7398	1802	5	19	1802	4	18	SJW-H02040180
7399	1802	6	10	1802	5	11	SJW-H02050110
7400	1802	6	12	1802	5	13	SJW-H02050130
7401	1802	6	14	1802	5	15	SJW-H02050150
7402	1802	6	15	1802	5	16	SJW-H02050160
7403	1802	6	16	1802	5	17	SJW-H02050170
7404	1802	6	18	1802	5	19	SJW-H02050190
7405	1802	6	19	1802	5	20	SJW-H02050200
7406	1802	6	20	1802	5	21	SJW-H02050210
7407	1802	6	21	1802	5	22	SJW-H02050220
7408	1802	6	30	1802	6	1	SJW-H02060010
7409	1802	7	1	1802	6	2	SJW-H02060020
7410	1802	7	3	1802	6	4	SJW-H02060040
7411	1802	7	6	1802	6	7	SJW-H02060070
7412	1802	7	7	1802	6	8	SJW-H02060080
7413	1802	7	8	1802	6	9	SJW-H02060090
7414	1802	7	9	1802	6	10	SJW-H02060100
7415	1802	7	10	1802	6	11	SJW-H02060110
7416	1802	7	11	1802	6	12	SJW-H02060120
7417	1802	7	12	1802	6	13	SJW-H02060130
7418	1802	8	3	1802	7	6	SJW-H02070060
7419	1802	8	5	1802	7	8	SJW-H02070080
7420	1802	8	6	1802	7	9	SJW-H02070090
7421	1802	8	11	1802	7	14	SJW-H02070140
7422	1802	8	12	1802	7	15	SJW-H02070150
7423	1802	8	15	1802	7	18	SJW-H02070180
7424	1802	8	18	1802	7	21	SJW-H02070210
7425	1802	8	19	1802	7	22	SJW-H02070220
7426	1802	8	20	1802	7	23	SJW-H02070230

续表

编号	公历			农历			ID 编号
	年	月	日	年	月	日	
7427	1802	8	21	1802	7	24	SJW-H02070240
7428	1802	8	26	1802	7	29	SJW-H02070290
7429	1802	9	5	1802	8	9	SJW-H02080090
7430	1802	9	11	1802	8	15	SJW-H02080150
7431	1802	9	18	1802	8	22	SJW-H02080220
7432	1802	9	24	1802	8	28	SJW-H02080280
7433	1802	10	1	1802	9	5	SJW-H02090050
7434	1802	10	7	1802	9	11	SJW-H02090110
7435	1802	10	20	1802	9	24	SJW-H02090240
7436	1802	10	24	1802	9	28	SJW-H02090280
7437	1802	10	25	1802	9	29	SJW-H02090290
7438	1802	10	30	1802	10	4	SJW-H02100040
7439	1802	11	3	1802	10	8	SJW-H02100080
7440	1802	11	6	1802	10	11	SJW-H02100110
7441	1802	11	10	1802	10	15	SJW-H02100150
7442	1802	11	11	1802	10	16	SJW-H02100160
7443	1802	11	22	1802	10	27	SJW-H02100270
7444	1802	11	25	1802	11	1	SJW-H02110010
7445	1802	11	28	1802	11	4	SJW-H02110040
7446	1802	11	29	1802	11	5	SJW-H02110050
7447	1802	12	26	1802	12	2	SJW-H02120020
7448	1802	12	28	1802	12	4	SJW-H02120040
7449	1803	1	9	1802	12	16	SJW-H02120160
7450	1803	1	31	1803	1	9	SJW-H03010090
7451	1803	2	15	1803	1	24	SJW-H03010240
7452	1803	2	18	1803	1	27	SJW-H03010270
7453	1803	3	25	1803	闰 2	3	SJW-H03021030
7454	1803	3	26	1803	闰 2	4	SJW-H03021040
7455	1803	3	27	1803	闰 2	5	SJW-H03021050
7456	1803	3	30	1803	闰 2	8	SJW-H03021080
7457	1803	4	13	1803	闰 2	22	SJW-H03021220
7458	1803	4	17	1803	闰 2	26	SJW-H03021260
7459	1803	4	26	1803	3	6	SJW-H03030060
7460	1803	5	13	1803	3	23	SJW-H03030230
7461	1803	5	25	1803	4	5	SJW-H03040050
7462	1803	5	31	1803	4	11	SJW-H03040110
7463	1803	6	1	1803	4	12	SJW-H03040120
7464	1803	6	9	1803	4	20	SJW-H03040200

续表

编号	公历			农历			ID 编号
	年	月	日	年	月	日	
7465	1803	6	15	1803	4	26	SJW-H03040260
7466	1803	6	20	1803	5	2	SJW-H03050020
7467	1803	6	22	1803	5	4	SJW-H03050040
7468	1803	7	11	1803	5	23	SJW-H03050230
7469	1803	7	12	1803	5	24	SJW-H03050240
7470	1803	7	13	1803	5	25	SJW-H03050250
7471	1803	7	14	1803	5	26	SJW-H03050260
7472	1803	7	15	1803	5	27	SJW-H03050270
7473	1803	7	16	1803	5	28	SJW-H03050280
7474	1803	7	18	1803	5	30	SJW-H03050300
7475	1803	7	19	1803	6	1	SJW-H03060010
7476	1803	7	22	1803	6	4	SJW-H03060040
7477	1803	7	28	1803	6	10	SJW-H03060100
7478	1803	7	29	1803	6	11	SJW-H03060110
7479	1803	8	22	1803	7	6	SJW-H03070060
7480	1803	8	27	1803	7	11	SJW-H03070110
7481	1803	8	28	1803	7	12	SJW-H03070120
7482	1803	8	29	1803	7	13	SJW-H03070130
7483	1803	8	30	1803	7	14	SJW-H03070140
7484	1803	9	3	1803	7	18	SJW-H03070180
7485	1803	9	4	1803	7	19	SJW-H03070190
7486	1803	9	5	1803	7	20	SJW-H03070200
7487	1803	9	24	1803	8	9	SJW-H03080090
7488	1803	9	27	1803	8	12	SJW-H03080120
7489	1803	10	2	1803	8	17	SJW-H03080170
7490	1803	10	3	1803	8	18	SJW-H03080180
7491	1803	10	4	1803	8	19	SJW-H03080190
7492	1803	10	17	1803	9	2	SJW-H03090020
7493	1803	10	18	1803	9	3	SJW-H03090030
7494	1803	10	19	1803	9	4	SJW-H03090040
7495	1803	10	25	1803	9	10	SJW-H03090100
7496	1803	10	30	1803	9	15	SJW-H03090150
7497	1803	11	15	1803	10	2	SJW-H03100020
7498	1803	11	16	1803	10	3	SJW-H03100030
7499	1803	11	21	1803	10	8	SJW-H03100080
7500	1803	11	22	1803	10	9	SJW-H03100090
7501	1803	11	23	1803	10	10	SJW-H03100100
7502	1803	11	27	1803	10	14	SJW-H03100140

续表

编号	公历			农历			ID 编号
	年	月	日	年	月	日	
7503	1803	12	26	1803	11	13	SJW-H03110130
7504	1803	12	30	1803	11	17	SJW-H03110170
7505	1804	2	10	1803	12	29	SJW-H03120290
7506	1804	3	22	1804	2	11	SJW-H04020110
7507	1804	3	27	1804	2	16	SJW-H04020160
7508	1804	4	4	1804	2	24	SJW-H04020240
7509	1804	4	5	1804	2	25	SJW-H04020250
7510	1804	4	17	1804	3	8	SJW-H04030080
7511	1804	4	18	1804	3	9	SJW-H04030090
7512	1804	4	22	1804	3	13	SJW-H04030130
7513	1804	4	24	1804	3	15	SJW-H04030150
7514	1804	4	26	1804	3	17	SJW-H04030170
7515	1804	5	5	1804	3	26	SJW-H04030260
7516	1804	5	10	1804	4	2	SJW-H04040020
7517	1804	5	11	1804	4	3	SJW-H04040030
7518	1804	5	31	1804	4	23	SJW-H04040230
7519	1804	6	17	1804	5	10	SJW-H04050100
7520	1804	6	22	1804	5	15	SJW-H04050150
7521	1804	7	1	1804	5	24	SJW-H04050240
7522	1804	7	2	1804	5	25	SJW-H04050250
7523	1804	7	3	1804	5	26	SJW-H04050260
7524	1804	7	4	1804	5	27	SJW-H04050270
7525	1804	7	5	1804	5	28	SJW-H04050280
7526	1804	7	6	1804	5	29	SJW-H04050290
7527	1804	7	11	1804	6	5	SJW-H04060050
7528	1804	7	15	1804	6	9	SJW-H04060090
7529	1804	7	16	1804	6	10	SJW-H04060100
7530	1804	7	19	1804	6	13	SJW-H04060130
7531	1804	7	20	1804	6	14	SJW-H04060140
7532	1804	7	21	1804	6	15	SJW-H04060150
7533	1804	7	22	1804	6	16	SJW-H04060160
7534	1804	7	23	1804	6	17	SJW-H04060170
7535	1804	7	24	1804	6	18	SJW-H04060180
7536	1804	7	25	1804	6	19	SJW-H04060190
7537	1804	7	27	1804	6	21	SJW-H04060210
7538	1804	7	28	1804	6	22	SJW-H04060220
7539	1804	7	29	1804	6	23	SJW-H04060230
7540	1804	7	31	1804	6	25	SJW-H04060250

续表

编号	公历			农历			ID 编号
	年	月	日	年	月	日	
7541	1804	8	6	1804	7	2	SJW-H04070020
7542	1804	8	7	1804	7	3	SJW-H04070030
7543	1804	8	9	1804	7	5	SJW-H04070050
7544	1804	8	10	1804	7	6	SJW-H04070060
7545	1804	8	15	1804	7	11	SJW-H04070110
7546	1804	8	16	1804	7	12	SJW-H04070120
7547	1804	8	19	1804	7	15	SJW-H04070150
7548	1804	8	28	1804	7	24	SJW-H04070240
7549	1804	9	20	1804	8	17	SJW-H04080170
7550	1804	9	25	1804	8	22	SJW-H04080220
7551	1804	9	28	1804	8	25	SJW-H04080250
7552	1804	10	9	1804	9	6	SJW-H04090060
7553	1804	10	20	1804	9	17	SJW-H04090170
7554	1804	11	9	1804	10	8	SJW-H04100080
7555	1804	11	12	1804	10	11	SJW-H04100110
7556	1804	12	15	1804	11	14	SJW-H04110140
7557	1804	12	29	1804	11	28	SJW-H04110280
7558	1804	12	30	1804	11	29	SJW-H04110290
7559	1805	1	20	1804	12	20	SJW-H04120200
7560	1805	2	25	1805	1	26	SJW-H05010260
7561	1805	2	26	1805	1	27	SJW-H05010270
7562	1805	2	27	1805	1	28	SJW-H05010280
7563	1805	3	3	1805	2	3	SJW-H05020030
7564	1805	3	4	1805	2	4	SJW-H05020040
7565	1805	3	14	1805	2	14	SJW-H05020140
7566	1805	3	17	1805	2	17	SJW-H05020170
7567	1805	3	18	1805	2	18	SJW-H05020180
7568	1805	3	24	1805	2	24	SJW-H05020240
7569	1805	3	26	1805	2	26	SJW-H05020260
7570	1805	4	5	1805	3	6	SJW-H05030060
7571	1805	4	19	1805	3	20	SJW-H05030200
7572	1805	4	20	1805	3	21	SJW-H05030210
7573	1805	4	28	1805	3	29	SJW-H05030290
7574	1805	5	11	1805	4	13	SJW-H05040130
7575	1805	5	12	1805	4	14	SJW-H05040140
7576	1805	5	18	1805	4	20	SJW-H05040200
7577	1805	5	30	1805	5	2	SJW-H05050020
7578	1805	6	4	1805	5	7	SJW-H05050070

续表

编号	公历			农历			ID 编号
	年	月	日	年	月	日	
7579	1805	6	10	1805	5	13	SJW-H05050130
7580	1805	6	28	1805	6	2	SJW-H05060020
7581	1805	6	29	1805	6	3	SJW-H05060030
7582	1805	7	4	1805	6	8	SJW-H05060080
7583	1805	7	5	1805	6	9	SJW-H05060090
7584	1805	7	8	1805	6	12	SJW-H05060120
7585	1805	7	9	1805	6	13	SJW-H05060130
7586	1805	7	10	1805	6	14	SJW-H05060140
7587	1805	7	11	1805	6	15	SJW-H05060150
7588	1805	7	12	1805	6	16	SJW-H05060160
7589	1805	7	13	1805	6	17	SJW-H05060170
7590	1805	7	14	1805	6	18	SJW-H05060180
7591	1805	8	1	1805	闰 6	7	SJW-H05061070
7592	1805	8	4	1805	闰 6	10	SJW-H05061100
7593	1805	8	8	1805	闰 6	14	SJW-H05061140
7594	1805	8	12	1805	闰 6	18	SJW-H05061180
7595	1805	8	13	1805	闰 6	19	SJW-H05061190
7596	1805	8	15	1805	闰 6	21	SJW-H05061210
7597	1805	8	17	1805	闰 6	23	SJW-H05061230
7598	1805	8	19	1805	闰 6	25	SJW-H05061250
7599	1805	8	20	1805	闰 6	26	SJW-H05061260
7600	1805	8	24	1805	7	1	SJW-H05070010
7601	1805	8	25	1805	7	2	SJW-H05070020
7602	1805	8	29	1805	7	6	SJW-H05070060
7603	1805	9	1	1805	7	9	SJW-H05070090
7604	1805	9	2	1805	7	10	SJW-H05070100
7605	1805	9	3	1805	7	11	SJW-H05070110
7606	1805	9	4	1805	7	12	SJW-H05070120
7607	1805	9	9	1805	7	17	SJW-H05070170
7608	1805	9	21	1805	7	29	SJW-H05070290
7609	1805	10	1	1805	8	9	SJW-H05080090
7610	1805	10	10	1805	8	18	SJW-H05080180
7611	1805	10	11	1805	8	19	SJW-H05080190
7612	1805	10	13	1805	8	21	SJW-H05080210
7613	1805	10	31	1805	9	10	SJW-H05090100
7614	1805	11	6	1805	9	16	SJW-H05090160
7615	1805	11	7	1805	9	17	SJW-H05090170
7616	1805	11	13	1805	9	23	SJW-H05090230

续表

编号	公历			农历			ID 编号
	年	月	日	年	月	日	
7617	1805	11	16	1805	9	26	SJW-H05090260
7618	1805	11	17	1805	9	27	SJW-H05090270
7619	1805	12	15	1805	10	25	SJW-H05100250
7620	1806	1	14	1805	11	25	SJW-H05110250
7621	1806	2	15	1805	12	27	SJW-H05120270
7622	1806	3	18	1806	1	29	SJW-H06010290
7623	1806	3	22	1806	2	3	SJW-H06020030
7624	1806	3	29	1806	2	10	SJW-H06020100
7625	1806	3	30	1806	2	11	SJW-H06020110
7626	1806	4	4	1806	2	16	SJW-H06020160
7627	1806	4	14	1806	2	26	SJW-H06020260
7628	1806	4	20	1806	3	2	SJW-H06030020
7629	1806	4	21	1806	3	3	SJW-H06030030
7630	1806	4	27	1806	3	9	SJW-H06030090
7631	1806	4	28	1806	3	10	SJW-H06030100
7632	1806	4	30	1806	3	12	SJW-H06030120
7633	1806	5	7	1806	3	19	SJW-H06030190
7634	1806	5	13	1806	3	25	SJW-H06030250
7635	1806	5	14	1806	3	26	SJW-H06030260
7636	1806	5	15	1806	3	27	SJW-H06030270
7637	1806	5	17	1806	3	29	SJW-H06030290
7638	1806	5	22	1806	4	5	SJW-H06040050
7639	1806	6	7	1806	4	21	SJW-H06040210
7640	1806	6	13	1806	4	27	SJW-H06040270
7641	1806	6	14	1806	4	28	SJW-H06040280
7642	1806	6	15	1806	4	29	SJW-H06040290
7643	1806	6	16	1806	4	30	SJW-H06040300
7644	1806	6	18	1806	5	2	SJW-H06050020
7645	1806	6	19	1806	5	3	SJW-H06050030
7646	1806	6	20	1806	5	4	SJW-H06050040
7647	1806	6	21	1806	5	5	SJW-H06050050
7648	1806	6	24	1806	5	8	SJW-H06050080
7649	1806	7	4	1806	5	18	SJW-H06050180
7650	1806	7	12	1806	5	26	SJW-H06050260
7651	1806	8	8	1806	6	24	SJW-H06060240
7652	1806	8	10	1806	6	26	SJW-H06060260
7653	1806	8	13	1806	6	29	SJW-H06060290
7654	1806	8	14	1806	7	1	SJW-H06070010

续表

编号	公历			农历			ID 编号
	年	月	日	年	月	日	
7655	1806	8	15	1806	7	2	SJW-H06070020
7656	1806	8	16	1806	7	3	SJW-H06070030
7657	1806	8	17	1806	7	4	SJW-H06070040
7658	1806	8	18	1806	7	5	SJW-H06070050
7659	1806	8	26	1806	7	13	SJW-H06070130
7660	1806	8	27	1806	7	14	SJW-H06070140
7661	1806	8	28	1806	7	15	SJW-H06070150
7662	1806	8	31	1806	7	18	SJW-H06070180
7663	1806	9	4	1806	7	22	SJW-H06070220
7664	1806	9	7	1806	7	25	SJW-H06070250
7665	1806	9	9	1806	7	27	SJW-H06070270
7666	1806	9	10	1806	7	28	SJW-H06070280
7667	1806	9	11	1806	7	29	SJW-H06070290
7668	1806	9	13	1806	8	2	SJW-H06080020
7669	1806	10	2	1806	8	21	SJW-H06080210
7670	1806	10	12	1806	9	1	SJW-H06090010
7671	1806	10	17	1806	9	6	SJW-H06090060
7672	1806	10	24	1806	9	13	SJW-H06090130
7673	1806	11	8	1806	9	28	SJW-H06090280
7674	1806	11	12	1806	10	3	SJW-H06100030
7675	1806	11	14	1806	10	5	SJW-H06100050
7676	1806	11	15	1806	10	6	SJW-H06100060
7677	1806	11	16	1806	10	7	SJW-H06100070
7678	1806	12	2	1806	10	23	SJW-H06100230
7679	1807	3	21	1807	2	13	SJW-H07020130
7680	1807	4	19	1807	3	12	SJW-H07030120
7681	1807	4	20	1807	3	13	SJW-H07030130
7682	1807	5	14	1807	4	7	SJW-H07040070
7683	1807	5	21	1807	4	14	SJW-H07040140
7684	1807	5	29	1807	4	22	SJW-H07040220
7685	1807	6	14	1807	5	9	SJW-H07050090
7686	1807	6	15	1807	5	10	SJW-H07050100
7687	1807	6	16	1807	5	11	SJW-H07050110
7688	1807	6	24	1807	5	19	SJW-H07050190
7689	1807	6	25	1807	5	20	SJW-H07050200
7690	1807	7	1	1807	5	26	SJW-H07050260
7691	1807	7	2	1807	5	27	SJW-H07050270
7692	1807	7	11	1807	6	7	SJW-H07060070

续表

编号	公历			农历			ID 编号
	年	月	日	年	月	日	
7693	1807	7	12	1807	6	8	SJW-H07060080
7694	1807	7	13	1807	6	9	SJW-H07060090
7695	1807	7	20	1807	6	16	SJW-H07060160
7696	1807	7	21	1807	6	17	SJW-H07060170
7697	1807	7	23	1807	6	19	SJW-H07060190
7698	1807	7	25	1807	6	21	SJW-H07060210
7699	1807	7	30	1807	6	26	SJW-H07060260
7700	1807	8	2	1807	6	29	SJW-H07060290
7701	1807	8	3	1807	6	30	SJW-H07060300
7702	1807	8	4	1807	7	1	SJW-H07070010
7703	1807	8	5	1807	7	2	SJW-H07070020
7704	1807	8	6	1807	7	3	SJW-H07070030
7705	1807	8	7	1807	7	4	SJW-H07070040
7706	1807	8	13	1807	7	10	SJW-H07070100
7707	1807	8	16	1807	7	13	SJW-H07070130
7708	1807	8	17	1807	7	14	SJW-H07070140
7709	1807	8	21	1807	7	18	SJW-H07070180
7710	1807	8	22	1807	7	19	SJW-H07070190
7711	1807	8	29	1807	7	26	SJW-H07070260
7712	1807	8	31	1807	7	28	SJW-H07070280
7713	1807	9	15	1807	8	14	SJW-H07080140
7714	1807	9	28	1807	8	27	SJW-H07080270
7715	1807	10	6	1807	9	6	SJW-H07090060
7716	1807	10	7	1807	9	7	SJW-H07090070
7717	1807	10	9	1807	9	9	SJW-H07090090
7718	1807	10	18	1807	9	18	SJW-H07090180
7719	1807	10	25	1807	9	25	SJW-H07090250
7720	1807	11	8	1807	10	9	SJW-H07100090
7721	1807	11	12	1807	10	13	SJW-H07100130
7722	1807	11	16	1807	10	17	SJW-H07100170
7723	1807	11	17	1807	10	18	SJW-H07100180
7724	1807	11	22	1807	10	23	SJW-H07100230
7725	1807	12	4	1807	11	6	SJW-H07110060
7726	1808	3	4	1808	2	8	SJW-H08020080
7727	1808	3	21	1808	2	25	SJW-H08020250
7728	1808	3	25	1808	2	29	SJW-H08020290
7729	1808	3	26	1808	2	30	SJW-H08020300
7730	1808	4	5	1808	3	10	SJW-H08030100

续表

编号	公历			农历			ID 编号
	年	月	日	年	月	日	
7731	1808	4	6	1808	3	11	SJW-H08030110
7732	1808	4	17	1808	3	22	SJW-H08030220
7733	1808	4	20	1808	3	25	SJW-H08030250
7734	1808	5	3	1808	4	8	SJW-H08040080
7735	1808	5	4	1808	4	9	SJW-H08040090
7736	1808	5	14	1808	4	19	SJW-H08040190
7737	1808	5	24	1808	4	29	SJW-H08040290
7738	1808	6	1	1808	5	8	SJW-H08050080
7739	1808	6	10	1808	5	17	SJW-H08050170
7740	1808	6	15	1808	5	22	SJW-H08050220
7741	1808	6	16	1808	5	23	SJW-H08050230
7742	1808	6	17	1808	5	24	SJW-H08050240
7743	1808	6	22	1808	5	29	SJW-H08050290
7744	1808	7	5	1808	闰 5	12	SJW-H08051120
7745	1808	7	16	1808	闰 5	23	SJW-H08051230
7746	1808	7	17	1808	闰 5	24	SJW-H08051240
7747	1808	7	18	1808	闰 5	25	SJW-H08051250
7748	1808	7	19	1808	闰 5	26	SJW-H08051260
7749	1808	7	20	1808	闰 5	27	SJW-H08051270
7750	1808	7	21	1808	闰 5	28	SJW-H08051280
7751	1808	7	22	1808	闰 5	29	SJW-H08051290
7752	1808	7	24	1808	6	2	SJW-H08060020
7753	1808	7	27	1808	6	5	SJW-H08060050
7754	1808	7	30	1808	6	8	SJW-H08060080
7755	1808	7	31	1808	6	9	SJW-H08060090
7756	1808	8	2	1808	6	11	SJW-H08060110
7757	1808	8	24	1808	7	3	SJW-H08070030
7758	1808	8	28	1808	7	7	SJW-H08070070
7759	1808	8	29	1808	7	8	SJW-H08070080
7760	1808	8	30	1808	7	9	SJW-H08070090
7761	1808	8	31	1808	7	10	SJW-H08070100
7762	1808	9	9	1808	7	19	SJW-H08070190
7763	1808	9	14	1808	7	24	SJW-H08070240
7764	1808	9	17	1808	7	27	SJW-H08070270
7765	1808	9	18	1808	7	28	SJW-H08070280
7766	1808	10	1	1808	8	12	SJW-H08080120
7767	1808	10	8	1808	8	19	SJW-H08080190
7768	1808	10	22	1808	9	3	SJW-H08090030

续表

编号	公历			农历			ID 编号
	年	月	日	年	月	日	
7769	1808	10	25	1808	9	6	SJW-H08090060
7770	1808	10	31	1808	9	12	SJW-H08090120
7771	1808	11	1	1808	9	13	SJW-H08090130
7772	1808	11	12	1808	9	24	SJW-H08090240
7773	1808	11	23	1808	10	6	SJW-H08100060
7774	1808	12	3	1808	10	16	SJW-H08100160
7775	1809	1	24	1808	12	9	SJW-H08120090
7776	1809	3	13	1809	1	28	SJW-H09010280
7777	1809	3	21	1809	2	6	SJW-H09020060
7778	1809	3	22	1809	2	7	SJW-H09020070
7779	1809	3	28	1809	2	13	SJW-H09020130
7780	1809	3	31	1809	2	16	SJW-H09020160
7781	1809	4	12	1809	2	28	SJW-H09020280
7782	1809	4	17	1809	3	3	SJW-H09030030
7783	1809	4	24	1809	3	10	SJW-H09030100
7784	1809	4	28	1809	3	14	SJW-H09030140
7785	1809	5	2	1809	3	18	SJW-H09030180
7786	1809	5	7	1809	3	23	SJW-H09030230
7787	1809	5	10	1809	3	26	SJW-H09030260
7788	1809	5	19	1809	4	6	SJW-H09040060
7789	1809	5	20	1809	4	7	SJW-H09040070
7790	1809	5	24	1809	4	11	SJW-H09040110
7791	1809	5	29	1809	4	16	SJW-H09040160
7792	1809	6	12	1809	4	30	SJW-H09040300
7793	1809	6	17	1809	5	5	SJW-H09050050
7794	1809	6	25	1809	5	13	SJW-H09050130
7795	1809	7	3	1809	5	21	SJW-H09050210
7796	1809	7	7	1809	5	25	SJW-H09050250
7797	1809	7	9	1809	5	27	SJW-H09050270
7798	1809	7	22	1809	6	10	SJW-H09060100
7799	1809	7	23	1809	6	11	SJW-H09060110
7800	1809	7	24	1809	6	12	SJW-H09060120
7801	1809	7	26	1809	6	14	SJW-H09060140
7802	1809	7	29	1809	6	17	SJW-H09060170
7803	1809	7	30	1809	6	18	SJW-H09060180
7804	1809	7	31	1809	6	19	SJW-H09060190
7805	1809	8	6	1809	6	25	SJW-H09060250
7806	1809	8	7	1809	6	26	SJW-H09060260

续表

编号	公历			农历			ID 编号
	年	月	日	年	月	日	
7807	1809	8	9	1809	6	28	SJW-H09060280
7808	1809	8	10	1809	6	29	SJW-H09060290
7809	1809	8	13	1809	7	3	SJW-H09070030
7810	1809	8	15	1809	7	5	SJW-H09070050
7811	1809	8	22	1809	7	12	SJW-H09070120
7812	1809	9	1	1809	7	22	SJW-H09070220
7813	1809	9	9	1809	7	30	SJW-H09070300
7814	1809	9	15	1809	8	6	SJW-H09080060
7815	1809	9	16	1809	8	7	SJW-H09080070
7816	1809	9	17	1809	8	8	SJW-H09080080
7817	1809	9	18	1809	8	9	SJW-H09080090
7818	1809	9	26	1809	8	17	SJW-H09080170
7819	1809	10	9	1809	9	1	SJW-H09090010
7820	1809	10	21	1809	9	13	SJW-H09090130
7821	1809	11	3	1809	9	26	SJW-H09090260
7822	1809	11	19	1809	10	12	SJW-H09100120
7823	1810	1	18	1809	12	14	SJW-H09120140
7824	1810	2	25	1810	1	22	SJW-H10010220
7825	1810	4	9	1810	3	6	SJW-H10030060
7826	1810	4	10	1810	3	7	SJW-H10030070
7827	1810	4	11	1810	3	8	SJW-H10030080
7828	1810	4	12	1810	3	9	SJW-H10030090
7829	1810	4	25	1810	3	22	SJW-H10030220
7830	1810	4	26	1810	3	23	SJW-H10030230
7831	1810	5	4	1810	4	2	SJW-H10040020
7832	1810	5	5	1810	4	3	SJW-H10040030
7833	1810	5	6	1810	4	4	SJW-H10040040
7834	1810	5	10	1810	4	8	SJW-H10040080
7835	1810	5	15	1810	4	13	SJW-H10040130
7836	1810	5	18	1810	4	16	SJW-H10040160
7837	1810	5	20	1810	4	18	SJW-H10040180
7838	1810	5	30	1810	4	28	SJW-H10040280
7839	1810	5	31	1810	4	29	SJW-H10040290
7840	1810	6	6	1810	5	5	SJW-H10050050
7841	1810	6	11	1810	5	10	SJW-H10050100
7842	1810	6	12	1810	5	11	SJW-H10050110
7843	1810	6	26	1810	5	25	SJW-H10050250
7844	1810	6	30	1810	5	29	SJW-H10050290

续表

编号	公历			农历			ID 编号
	年	月	日	年	月	日	
7845	1810	7	8	1810	6	7	SJW-H10060070
7846	1810	7	12	1810	6	11	SJW-H10060110
7847	1810	7	15	1810	6	14	SJW-H10060140
7848	1810	7	16	1810	6	15	SJW-H10060150
7849	1810	7	17	1810	6	16	SJW-H10060160
7850	1810	7	18	1810	6	17	SJW-H10060170
7851	1810	7	20	1810	6	19	SJW-H10060190
7852	1810	7	21	1810	6	20	SJW-H10060200
7853	1810	7	23	1810	6	22	SJW-H10060220
7854	1810	7	24	1810	6	23	SJW-H10060230
7855	1810	7	29	1810	6	28	SJW-H10060280
7856	1810	8	2	1810	7	3	SJW-H10070030
7857	1810	8	4	1810	7	5	SJW-H10070050
7858	1810	8	5	1810	7	6	SJW-H10070060
7859	1810	8	6	1810	7	7	SJW-H10070070
7860	1810	8	8	1810	7	9	SJW-H10070090
7861	1810	8	20	1810	7	21	SJW-H10070210
7862	1810	8	22	1810	7	23	SJW-H10070230
7863	1810	8	28	1810	7	29	SJW-H10070290
7864	1810	8	30	1810	8	1	SJW-H10080010
7865	1810	8	31	1810	8	2	SJW-H10080020
7866	1810	9	3	1810	8	5	SJW-H10080050
7867	1810	9	4	1810	8	6	SJW-H10080060
7868	1810	9	7	1810	8	9	SJW-H10080090
7869	1810	9	24	1810	8	26	SJW-H10080260
7870	1810	9	25	1810	8	27	SJW-H10080270
7871	1810	9	26	1810	8	28	SJW-H10080280
7872	1810	10	12	1810	9	14	SJW-H10090140
7873	1810	10	28	1810	10	1	SJW-H10100010
7874	1810	10	30	1810	10	3	SJW-H10100030
7875	1810	11	11	1810	10	15	SJW-H10100150
7876	1810	11	13	1810	10	17	SJW-H10100170
7877	1810	11	14	1810	10	18	SJW-H10100180
7878	1810	12	19	1810	11	23	SJW-H10110230
7879	1810	12	20	1810	11	24	SJW-H10110240
7880	1811	3	13	1811	2	19	SJW-H11020190
7881	1811	3	17	1811	2	23	SJW-H11020230
7882	1811	3	26	1811	3	3	SJW-H11030030

续表

编号	公历			农历			ID 编号
	年	月	日	年	月	日	
7883	1811	3	27	1811	3	4	SJW-H11030040
7884	1811	4	13	1811	3	21	SJW-H11030210
7885	1811	4	21	1811	3	29	SJW-H11030290
7886	1811	5	1	1811	闰 3	9	SJW-H11031090
7887	1811	5	16	1811	闰 3	24	SJW-H11031240
7888	1811	6	27	1811	5	7	SJW-H11050070
7889	1811	6	30	1811	5	10	SJW-H11050100
7890	1811	7	1	1811	5	11	SJW-H11050110
7891	1811	7	4	1811	5	14	SJW-H11050140
7892	1811	7	5	1811	5	15	SJW-H11050150
7893	1811	7	8	1811	5	18	SJW-H11050180
7894	1811	7	9	1811	5	19	SJW-H11050190
7895	1811	7	14	1811	5	24	SJW-H11050240
7896	1811	7	18	1811	5	28	SJW-H11050280
7897	1811	7	21	1811	6	2	SJW-H11060020
7898	1811	7	26	1811	6	7	SJW-H11060070
7899	1811	7	28	1811	6	9	SJW-H11060090
7900	1811	7	30	1811	6	11	SJW-H11060110
7901	1811	7	31	1811	6	12	SJW-H11060120
7902	1811	8	2	1811	6	14	SJW-H11060140
7903	1811	8	4	1811	6	16	SJW-H11060160
7904	1811	8	5	1811	6	17	SJW-H11060170
7905	1811	8	6	1811	6	18	SJW-H11060180
7906	1811	8	15	1811	6	27	SJW-H11060270
7907	1811	8	27	1811	7	9	SJW-H11070090
7908	1811	8	28	1811	7	10	SJW-H11070100
7909	1811	8	30	1811	7	12	SJW-H11070120
7910	1811	9	8	1811	7	21	SJW-H11070210
7911	1811	9	9	1811	7	22	SJW-H11070220
7912	1811	9	14	1811	7	27	SJW-H11070270
7913	1811	9	15	1811	7	28	SJW-H11070280
7914	1811	10	2	1811	8	15	SJW-H11080150
7915	1811	10	5	1811	8	18	SJW-H11080180
7916	1811	11	3	1811	9	18	SJW-H11090180
7917	1811	11	23	1811	10	8	SJW-H11100080
7918	1811	12	8	1811	10	23	SJW-H11100230
7919	1811	12	14	1811	10	29	SJW-H11100290
7920	1811	12	17	1811	11	2	SJW-H11110020

续表

编号	公历			农历			ID 编号
	年	月	日	年	月	日	
7921	1812	1	17	1811	12	4	SJW-H11120040
7922	1812	2	7	1811	12	25	SJW-H11120250
7923	1812	2	8	1811	12	26	SJW-H11120260
7924	1812	2	13	1812	1	1	SJW-H12010010
7925	1812	3	10	1812	1	27	SJW-H12010270
7926	1812	3	11	1812	1	28	SJW-H12010280
7927	1812	3	12	1812	1	29	SJW-H12010290
7928	1812	3	13	1812	2	1	SJW-H12020010
7929	1812	3	15	1812	2	3	SJW-H12020030
7930	1812	4	10	1812	2	29	SJW-H12020290
7931	1812	4	17	1812	3	7	SJW-H12030070
7932	1812	4	18	1812	3	8	SJW-H12030080
7933	1812	4	22	1812	3	12	SJW-H12030120
7934	1812	4	24	1812	3	14	SJW-H12030140
7935	1812	5	1	1812	3	21	SJW-H12030210
7936	1812	5	10	1812	3	30	SJW-H12030300
7937	1812	6	2	1812	4	23	SJW-H12040230
7938	1812	6	7	1812	4	28	SJW-H12040280
7939	1812	6	8	1812	4	29	SJW-H12040290
7940	1812	6	12	1812	5	4	SJW-H12050040
7941	1812	6	17	1812	5	9	SJW-H12050090
7942	1812	6	29	1812	5	21	SJW-H12050210
7943	1812	7	1	1812	5	23	SJW-H12050230
7944	1812	7	2	1812	5	24	SJW-H12050240
7945	1812	7	5	1812	5	27	SJW-H12050270
7946	1812	7	10	1812	6	2	SJW-H12060020
7947	1812	7	11	1812	6	3	SJW-H12060030
7948	1812	7	13	1812	6	5	SJW-H12060050
7949	1812	7	14	1812	6	6	SJW-H12060060
7950	1812	8	4	1812	6	27	SJW-H12060270
7951	1812	8	10	1812	7	4	SJW-H12070040
7952	1812	8	12	1812	7	6	SJW-H12070060
7953	1812	8	14	1812	7	8	SJW-H12070080
7954	1812	8	17	1812	7	11	SJW-H12070110
7955	1812	9	1	1812	7	26	SJW-H12070260
7956	1812	9	12	1812	8	7	SJW-H12080070
7957	1812	9	23	1812	8	18	SJW-H12080180
7958	1812	10	5	1812	9	1	SJW-H12090010

续表

编号	公历			农历			ID 编号
	年	月	日	年	月	日	
7959	1812	10	12	1812	9	8	SJW-H12090080
7960	1812	10	22	1812	9	18	SJW-H12090180
7961	1812	10	26	1812	9	22	SJW-H12090220
7962	1812	10	30	1812	9	26	SJW-H12090260
7963	1812	10	31	1812	9	27	SJW-H12090270
7964	1812	11	1	1812	9	28	SJW-H12090280
7965	1812	11	14	1812	10	11	SJW-H12100110
7966	1812	11	26	1812	10	23	SJW-H12100230
7967	1812	12	8	1812	11	5	SJW-H12110050
7968	1813	3	12	1813	2	10	SJW-H13020100
7969	1813	3	16	1813	2	14	SJW-H13020140
7970	1813	3	25	1813	2	23	SJW-H13020230
7971	1813	3	27	1813	2	25	SJW-H13020250
7972	1813	4	24	1813	3	24	SJW-H13030240
7973	1813	4	25	1813	3	25	SJW-H13030250
7974	1813	5	1	1813	4	1	SJW-H13040010
7975	1813	5	2	1813	4	2	SJW-H13040020
7976	1813	5	13	1813	4	13	SJW-H13040130
7977	1813	5	21	1813	4	21	SJW-H13040210
7978	1813	6	11	1813	5	13	SJW-H13050130
7979	1813	6	12	1813	5	14	SJW-H13050140
7980	1813	6	13	1813	5	15	SJW-H13050150
7981	1813	6	21	1813	5	23	SJW-H13050230
7982	1813	7	1	1813	6	4	SJW-H13060040
7983	1813	7	10	1813	6	13	SJW-H13060130
7984	1813	7	11	1813	6	14	SJW-H13060140
7985	1813	7	12	1813	6	15	SJW-H13060150
7986	1813	7	13	1813	6	16	SJW-H13060160
7987	1813	7	14	1813	6	17	SJW-H13060170
7988	1813	7	15	1813	6	18	SJW-H13060180
7989	1813	7	23	1813	6	26	SJW-H13060260
7990	1813	7	29	1813	7	3	SJW-H13070030
7991	1813	7	30	1813	7	4	SJW-H13070040
7992	1813	7	31	1813	7	5	SJW-H13070050
7993	1813	8	6	1813	7	11	SJW-H13070110
7994	1813	8	7	1813	7	12	SJW-H13070120
7995	1813	8	9	1813	7	14	SJW-H13070140
7996	1813	8	10	1813	7	15	SJW-H13070150

续表

编号	公历			农历			ID 编号
	年	月	日	年	月	日	
7997	1813	8	11	1813	7	16	SJW-H13070160
7998	1813	8	17	1813	7	22	SJW-H13070220
7999	1813	8	19	1813	7	24	SJW-H13070240
8000	1813	8	20	1813	7	25	SJW-H13070250
8001	1813	8	29	1813	8	4	SJW-H13080040
8002	1813	9	8	1813	8	14	SJW-H13080140
8003	1813	9	10	1813	8	16	SJW-H13080160
8004	1813	9	11	1813	8	17	SJW-H13080170
8005	1813	9	12	1813	8	18	SJW-H13080180
8006	1813	9	17	1813	8	23	SJW-H13080230
8007	1813	9	19	1813	8	25	SJW-H13080250
8008	1813	10	6	1813	9	13	SJW-H13090130
8009	1813	10	10	1813	9	17	SJW-H13090170
8010	1813	10	11	1813	9	18	SJW-H13090180
8011	1813	10	12	1813	9	19	SJW-H13090190
8012	1813	10	24	1813	10	1	SJW-H13100010
8013	1813	10	29	1813	10	6	SJW-H13100060
8014	1813	11	20	1813	10	28	SJW-H13100280
8015	1813	11	25	1813	11	3	SJW-H13110030
8016	1813	12	9	1813	11	17	SJW-H13110170
8017	1813	12	22	1813	11	30	SJW-H13110300
8018	1813	12	27	1813	12	5	SJW-H13120050
8019	1814	3	5	1814	2	14	SJW-H14020140
8020	1814	3	14	1814	2	23	SJW-H14020230
8021	1814	3	19	1814	2	28	SJW-H14020280
8022	1814	4	24	1814	3	5	SJW-H14030050
8023	1814	5	9	1814	3	20	SJW-H14030200
8024	1814	5	10	1814	3	21	SJW-H14030210
8025	1814	5	14	1814	3	25	SJW-H14030250
8026	1814	5	18	1814	3	29	SJW-H14030290
8027	1814	5	19	1814	3	30	SJW-H14030300
8028	1814	5	26	1814	4	7	SJW-H14040070
8029	1814	5	30	1814	4	11	SJW-H14040110
8030	1814	6	1	1814	4	13	SJW-H14040130
8031	1814	6	8	1814	4	20	SJW-H14040200
8032	1814	6	17	1814	4	29	SJW-H14040290
8033	1814	7	7	1814	5	20	SJW-H14050200
8034	1814	7	8	1814	5	21	SJW-H14050210

续表

编号	公历			农历			ID 编号
	年	月	日	年	月	日	
8035	1814	7	10	1814	5	23	SJW-H14050230
8036	1814	7	11	1814	5	24	SJW-H14050240
8037	1814	7	12	1814	5	25	SJW-H14050250
8038	1814	7	13	1814	5	26	SJW-H14050260
8039	1814	7	20	1814	6	4	SJW-H14060040
8040	1814	7	21	1814	6	5	SJW-H14060050
8041	1814	7	23	1814	6	7	SJW-H14060070
8042	1814	7	26	1814	6	10	SJW-H14060100
8043	1814	7	28	1814	6	12	SJW-H14060120
8044	1814	7	29	1814	6	13	SJW-H14060130
8045	1814	7	30	1814	6	14	SJW-H14060140
8046	1814	7	31	1814	6	15	SJW-H14060150
8047	1814	8	1	1814	6	16	SJW-H14060160
8048	1814	8	3	1814	6	18	SJW-H14060180
8049	1814	8	7	1814	6	22	SJW-H14060220
8050	1814	8	8	1814	6	23	SJW-H14060230
8051	1814	8	10	1814	6	25	SJW-H14060250
8052	1814	8	16	1814	7	2	SJW-H14070020
8053	1814	8	18	1814	7	4	SJW-H14070040
8054	1814	8	19	1814	7	5	SJW-H14070050
8055	1814	8	20	1814	7	6	SJW-H14070060
8056	1814	8	21	1814	7	7	SJW-H14070070
8057	1814	8	22	1814	7	8	SJW-H14070080
8058	1814	8	30	1814	7	16	SJW-H14070160
8059	1814	8	31	1814	7	17	SJW-H14070170
8060	1814	9	5	1814	7	22	SJW-H14070220
8061	1814	9	7	1814	7	24	SJW-H14070240
8062	1814	9	27	1814	8	14	SJW-H14080140
8063	1814	10	8	1814	8	25	SJW-H14080250
8064	1814	10	14	1814	9	2	SJW-H14090020
8065	1814	11	13	1814	10	2	SJW-H14100020
8066	1814	11	26	1814	10	15	SJW-H14100150
8067	1814	11	27	1814	10	16	SJW-H14100160
8068	1814	11	28	1814	10	17	SJW-H14100170
8069	1814	12	6	1814	10	25	SJW-H14100250
8070	1814	12	15	1814	11	4	SJW-H14110040
8071	1815	3	27	1815	2	17	SJW-H15020170
8072	1815	3	30	1815	2	20	SJW-H15020200

续表

编号	公历			农历			ID 编号
	年	月	日	年	月	日	
8073	1815	3	31	1815	2	21	SJW-H15020210
8074	1815	4	6	1815	2	27	SJW-H15020270
8075	1815	4	9	1815	2	30	SJW-H15020300
8076	1815	4	21	1815	3	12	SJW-H15030120
8077	1815	4	22	1815	3	13	SJW-H15030130
8078	1815	5	14	1815	4	6	SJW-H15040060
8079	1815	5	25	1815	4	17	SJW-H15040170
8080	1815	6	2	1815	4	25	SJW-H15040250
8081	1815	6	19	1815	5	13	SJW-H15050130
8082	1815	6	22	1815	5	16	SJW-H15050160
8083	1815	6	28	1815	5	22	SJW-H15050220
8084	1815	7	3	1815	5	27	SJW-H15050270
8085	1815	7	4	1815	5	28	SJW-H15050280
8086	1815	7	6	1815	5	30	SJW-H15050300
8087	1815	7	7	1815	6	1	SJW-H15060010
8088	1815	7	8	1815	6	2	SJW-H15060020
8089	1815	7	9	1815	6	3	SJW-H15060030
8090	1815	7	10	1815	6	4	SJW-H15060040
8091	1815	7	14	1815	6	8	SJW-H15060080
8092	1815	7	15	1815	6	9	SJW-H15060090
8093	1815	7	16	1815	6	10	SJW-H15060100
8094	1815	7	18	1815	6	12	SJW-H15060120
8095	1815	7	20	1815	6	14	SJW-H15060140
8096	1815	7	26	1815	6	20	SJW-H15060200
8097	1815	8	11	1815	7	7	SJW-H15070070
8098	1815	8	20	1815	7	16	SJW-H15070160
8099	1815	8	21	1815	7	17	SJW-H15070170
8100	1815	8	25	1815	7	21	SJW-H15070210
8101	1815	8	26	1815	7	22	SJW-H15070220
8102	1815	8	28	1815	7	24	SJW-H15070240
8103	1815	8	31	1815	7	27	SJW-H15070270
8104	1815	9	1	1815	7	28	SJW-H15070280
8105	1815	9	11	1815	8	9	SJW-H15080090
8106	1815	9	12	1815	8	10	SJW-H15080100
8107	1815	9	18	1815	8	16	SJW-H15080160
8108	1815	10	2	1815	8	30	SJW-H15080300
8109	1815	10	3	1815	9	1	SJW-H15090010
8110	1815	10	9	1815	9	7	SJW-H15090070

续表

编号	公历			农历			ID 编号
	年	月	日	年	月	日	
8111	1815	10	12	1815	9	10	SJW-H15090100
8112	1815	10	15	1815	9	13	SJW-H15090130
8113	1815	10	16	1815	9	14	SJW-H15090140
8114	1815	10	18	1815	9	16	SJW-H15090160
8115	1815	10	23	1815	9	21	SJW-H15090210
8116	1815	10	31	1815	9	29	SJW-H15090290
8117	1816	2	27	1816	1	30	SJW-H16010300
8118	1816	2	29	1816	2	2	SJW-H16020020
8119	1816	3	1	1816	2	3	SJW-H16020030
8120	1816	3	14	1816	2	16	SJW-H16020160
8121	1816	3	26	1816	2	28	SJW-H16020280
8122	1816	4	1	1816	3	4	SJW-H16030040
8123	1816	4	4	1816	3	7	SJW-H16030070
8124	1816	4	9	1816	3	12	SJW-H16030120
8125	1816	4	10	1816	3	13	SJW-H16030130
8126	1816	4	12	1816	3	15	SJW-H16030150
8127	1816	4	13	1816	3	16	SJW-H16030160
8128	1816	4	30	1816	4	4	SJW-H16040040
8129	1816	5	1	1816	4	5	SJW-H16040050
8130	1816	5	4	1816	4	8	SJW-H16040080
8131	1816	5	10	1816	4	14	SJW-H16040140
8132	1816	5	11	1816	4	15	SJW-H16040150
8133	1816	5	12	1816	4	16	SJW-H16040160
8134	1816	5	19	1816	4	23	SJW-H16040230
8135	1816	6	1	1816	5	6	SJW-H16050060
8136	1816	6	2	1816	5	7	SJW-H16050070
8137	1816	6	24	1816	5	29	SJW-H16050290
8138	1816	6	25	1816	6	1	SJW-H16060010
8139	1816	6	28	1816	6	4	SJW-H16060040
8140	1816	6	30	1816	6	6	SJW-H16060060
8141	1816	7	1	1816	6	7	SJW-H16060070
8142	1816	7	4	1816	6	10	SJW-H16060100
8143	1816	7	9	1816	6	15	SJW-H16060150
8144	1816	7	10	1816	6	16	SJW-H16060160
8145	1816	7	11	1816	6	17	SJW-H16060170
8146	1816	7	16	1816	6	22	SJW-H16060220
8147	1816	7	17	1816	6	23	SJW-H16060230
8148	1816	7	20	1816	6	26	SJW-H16060260

续表

编号	公历			农历			ID 编号
	年	月	日	年	月	日	
8149	1816	7	21	1816	6	27	SJW-H16060270
8150	1816	7	25	1816	闰 6	1	SJW-H16061010
8151	1816	8	6	1816	闰 6	13	SJW-H16061130
8152	1816	8	7	1816	闰 6	14	SJW-H16061140
8153	1816	8	8	1816	闰 6	15	SJW-H16061150
8154	1816	8	12	1816	闰 6	19	SJW-H16061190
8155	1816	8	13	1816	闰 6	20	SJW-H16061200
8156	1816	8	14	1816	闰 6	21	SJW-H16061210
8157	1816	8	15	1816	闰 6	22	SJW-H16061220
8158	1816	8	16	1816	闰 6	23	SJW-H16061230
8159	1816	8	17	1816	闰 6	24	SJW-H16061240
8160	1816	8	18	1816	闰 6	25	SJW-H16061250
8161	1816	8	19	1816	闰 6	26	SJW-H16061260
8162	1816	8	20	1816	闰 6	27	SJW-H16061270
8163	1816	9	3	1816	7	12	SJW-H16070120
8164	1816	9	11	1816	7	20	SJW-H16070200
8165	1816	9	14	1816	7	23	SJW-H16070230
8166	1816	9	15	1816	7	24	SJW-H16070240
8167	1816	9	22	1816	8	2	SJW-H16080020
8168	1816	9	23	1816	8	3	SJW-H16080030
8169	1816	10	9	1816	8	19	SJW-H16080190
8170	1816	10	27	1816	9	7	SJW-H16090070
8171	1816	11	5	1816	9	16	SJW-H16090160
8172	1816	11	12	1816	9	23	SJW-H16090230
8173	1816	11	13	1816	9	24	SJW-H16090240
8174	1816	11	19	1816	10	1	SJW-H16100010
8175	1816	11	20	1816	10	2	SJW-H16100020
8176	1816	11	23	1816	10	5	SJW-H16100050
8177	1816	11	29	1816	10	11	SJW-H16100110
8178	1817	3	6	1817	1	19	SJW-H17010190
8179	1817	3	8	1817	1	21	SJW-H17010210
8180	1817	3	12	1817	1	25	SJW-H17010250
8181	1817	4	1	1817	2	15	SJW-H17020150
8182	1817	4	18	1817	3	3	SJW-H17030030
8183	1817	4	21	1817	3	6	SJW-H17030060
8184	1817	4	22	1817	3	7	SJW-H17030070
8185	1817	4	26	1817	3	11	SJW-H17030110
8186	1817	4	29	1817	3	14	SJW-H17030140

续表

编号	公历			农历			ID 编号
	年	月	日	年	月	日	
8187	1817	5	7	1817	3	22	SJW-H17030220
8188	1817	5	11	1817	3	26	SJW-H17030260
8189	1817	5	15	1817	3	30	SJW-H17030300
8190	1817	5	27	1817	4	12	SJW-H17040120
8191	1817	6	6	1817	4	22	SJW-H17040220
8192	1817	6	8	1817	4	24	SJW-H17040240
8193	1817	6	9	1817	4	25	SJW-H17040250
8194	1817	6	25	1817	5	11	SJW-H17050110
8195	1817	6	27	1817	5	13	SJW-H17050130
8196	1817	6	28	1817	5	14	SJW-H17050140
8197	1817	7	1	1817	5	17	SJW-H17050170
8198	1817	7	4	1817	5	20	SJW-H17050200
8199	1817	7	6	1817	5	22	SJW-H17050220
8200	1817	7	7	1817	5	23	SJW-H17050230
8201	1817	7	8	1817	5	24	SJW-H17050240
8202	1817	7	10	1817	5	26	SJW-H17050260
8203	1817	7	15	1817	6	2	SJW-H17060020
8204	1817	7	16	1817	6	3	SJW-H17060030
8205	1817	7	17	1817	6	4	SJW-H17060040
8206	1817	7	23	1817	6	10	SJW-H17060100
8207	1817	7	24	1817	6	11	SJW-H17060110
8208	1817	7	25	1817	6	12	SJW-H17060120
8209	1817	8	3	1817	6	21	SJW-H17060210
8210	1817	8	4	1817	6	22	SJW-H17060220
8211	1817	8	6	1817	6	24	SJW-H17060240
8212	1817	8	7	1817	6	25	SJW-H17060250
8213	1817	8	10	1817	6	28	SJW-H17060280
8214	1817	8	11	1817	6	29	SJW-H17060290
8215	1817	8	17	1817	7	5	SJW-H17070050
8216	1817	8	18	1817	7	6	SJW-H17070060
8217	1817	8	19	1817	7	7	SJW-H17070070
8218	1817	8	20	1817	7	8	SJW-H17070080
8219	1817	8	25	1817	7	13	SJW-H17070130
8220	1817	8	26	1817	7	14	SJW-H17070140
8221	1817	8	27	1817	7	15	SJW-H17070150
8222	1817	9	5	1817	7	24	SJW-H17070240
8223	1817	9	8	1817	7	27	SJW-H17070270
8224	1817	9	17	1817	8	7	SJW-H17080070

续表

编号	公历			农历			ID 编号
	年	月	日	年	月	日	
8225	1817	9	27	1817	8	17	SJW-H17080170
8226	1817	10	14	1817	9	4	SJW-H17090040
8227	1817	11	1	1817	9	22	SJW-H17090220
8228	1817	11	2	1817	9	23	SJW-H17090230
8229	1817	11	14	1817	10	6	SJW-H17100060
8230	1817	11	25	1817	10	17	SJW-H17100170
8231	1817	12	12	1817	11	5	SJW-H17110050
8232	1817	12	24	1817	11	17	SJW-H17110170
8233	1818	2	25	1818	1	21	SJW-H18010210
8234	1818	4	9	1818	3	5	SJW-H18030050
8235	1818	4	10	1818	3	6	SJW-H18030060
8236	1818	4	29	1818	3	25	SJW-H18030250
8237	1818	5	5	1818	4	1	SJW-H18040010
8238	1818	5	8	1818	4	4	SJW-H18040040
8239	1818	5	16	1818	4	12	SJW-H18040120
8240	1818	5	19	1818	4	15	SJW-H18040150
8241	1818	5	20	1818	4	16	SJW-H18040160
8242	1818	5	26	1818	4	22	SJW-H18040220
8243	1818	5	27	1818	4	23	SJW-H18040230
8244	1818	5	31	1818	4	27	SJW-H18040270
8245	1818	6	26	1818	5	23	SJW-H18050230
8246	1818	7	3	1818	6	1	SJW-H18060010
8247	1818	7	4	1818	6	2	SJW-H18060020
8248	1818	7	5	1818	6	3	SJW-H18060030
8249	1818	7	9	1818	6	7	SJW-H18060070
8250	1818	7	10	1818	6	8	SJW-H18060080
8251	1818	7	11	1818	6	9	SJW-H18060090
8252	1818	7	12	1818	6	10	SJW-H18060100
8253	1818	7	13	1818	6	11	SJW-H18060110
8254	1818	7	14	1818	6	12	SJW-H18060120
8255	1818	7	17	1818	6	15	SJW-H18060150
8256	1818	7	18	1818	6	16	SJW-H18060160
8257	1818	7	19	1818	6	17	SJW-H18060170
8258	1818	7	22	1818	6	20	SJW-H18060200
8259	1818	8	2	1818	7	1	SJW-H18070010
8260	1818	8	11	1818	7	10	SJW-H18070100
8261	1818	8	16	1818	7	15	SJW-H18070150
8262	1818	8	17	1818	7	16	SJW-H18070160

续表

编号	公历			农历			ID 编号
	年	月	日	年	月	日	
8263	1818	8	20	1818	7	19	SJW-H18070190
8264	1818	8	23	1818	7	22	SJW-H18070220
8265	1818	8	24	1818	7	23	SJW-H18070230
8266	1818	8	25	1818	7	24	SJW-H18070240
8267	1818	8	27	1818	7	26	SJW-H18070260
8268	1818	8	29	1818	7	28	SJW-H18070280
8269	1818	8	31	1818	7	30	SJW-H18070300
8270	1818	9	4	1818	8	4	SJW-H18080040
8271	1818	9	5	1818	8	5	SJW-H18080050
8272	1818	9	10	1818	8	10	SJW-H18080100
8273	1818	9	12	1818	8	12	SJW-H18080120
8274	1818	9	13	1818	8	13	SJW-H18080130
8275	1818	9	18	1818	8	18	SJW-H18080180
8276	1818	9	19	1818	8	19	SJW-H18080190
8277	1818	10	8	1818	9	9	SJW-H18090090
8278	1818	10	11	1818	9	12	SJW-H18090120
8279	1818	10	21	1818	9	22	SJW-H18090220
8280	1818	10	24	1818	9	25	SJW-H18090250
8281	1818	10	31	1818	10	2	SJW-H18100020
8282	1818	11	11	1818	10	13	SJW-H18100130
8283	1818	11	19	1818	10	21	SJW-H18100210
8284	1818	11	23	1818	10	25	SJW-H18100250
8285	1818	12	29	1818	12	3	SJW-H18120030
8286	1818	12	30	1818	12	4	SJW-H18120040
8287	1819	3	2	1819	2	7	SJW-H19020070
8288	1819	3	6	1819	2	11	SJW-H19020110
8289	1819	3	17	1819	2	22	SJW-H19020220
8290	1819	3	25	1819	2	30	SJW-H19020300
8291	1819	3	31	1819	3	6	SJW-H19030060
8292	1819	4	7	1819	3	13	SJW-H19030130
8293	1819	5	5	1819	4	12	SJW-H19040120
8294	1819	5	7	1819	4	14	SJW-H19040140
8295	1819	6	5	1819	闰 4	13	SJW-H19041130
8296	1819	6	11	1819	闰 4	19	SJW-H19041190
8297	1819	6	12	1819	闰 4	20	SJW-H19041200
8298	1819	6	14	1819	闰 4	22	SJW-H19041220
8299	1819	6	20	1819	闰 4	28	SJW-H19041280
8300	1819	6	28	1819	5	7	SJW-H19050070

续表

编号	公历			农历			ID 编号
	年	月	日	年	月	日	
8301	1819	6	29	1819	5	8	SJW-H19050080
8302	1819	7	6	1819	5	15	SJW-H19050150
8303	1819	7	7	1819	5	16	SJW-H19050160
8304	1819	7	8	1819	5	17	SJW-H19050170
8305	1819	7	9	1819	5	18	SJW-H19050180
8306	1819	7	10	1819	5	19	SJW-H19050190
8307	1819	7	11	1819	5	20	SJW-H19050200
8308	1819	7	15	1819	5	24	SJW-H19050240
8309	1819	7	19	1819	5	28	SJW-H19050280
8310	1819	7	20	1819	5	29	SJW-H19050290
8311	1819	7	21	1819	5	30	SJW-H19050300
8312	1819	7	22	1819	6	1	SJW-H19060010
8313	1819	7	26	1819	6	5	SJW-H19060050
8314	1819	7	30	1819	6	9	SJW-H19060090
8315	1819	7	31	1819	6	10	SJW-H19060100
8316	1819	8	2	1819	6	12	SJW-H19060120
8317	1819	8	5	1819	6	15	SJW-H19060150
8318	1819	8	16	1819	6	26	SJW-H19060260
8319	1819	8	17	1819	6	27	SJW-H19060270
8320	1819	8	23	1819	7	3	SJW-H19070030
8321	1819	8	28	1819	7	8	SJW-H19070080
8322	1819	8	29	1819	7	9	SJW-H19070090
8323	1819	8	30	1819	7	10	SJW-H19070100
8324	1819	8	31	1819	7	11	SJW-H19070110
8325	1819	9	1	1819	7	12	SJW-H19070120
8326	1819	9	2	1819	7	13	SJW-H19070130
8327	1819	9	4	1819	7	15	SJW-H19070150
8328	1819	9	5	1819	7	16	SJW-H19070160
8329	1819	9	8	1819	7	19	SJW-H19070190
8330	1819	9	10	1819	7	21	SJW-H19070210
8331	1819	9	12	1819	7	23	SJW-H19070230
8332	1819	9	13	1819	7	24	SJW-H19070240
8333	1819	9	17	1819	7	28	SJW-H19070280
8334	1819	9	18	1819	7	29	SJW-H19070290
8335	1819	9	19	1819	8	1	SJW-H19080010
8336	1819	10	23	1819	9	5	SJW-H19090050
8337	1819	10	24	1819	9	6	SJW-H19090060
8338	1819	11	13	1819	9	26	SJW-H19090260

续表

编号	公历			农历			ID 编号
	年	月	日	年	月	日	
8339	1819	11	16	1819	9	29	SJW-H19090290
8340	1819	11	19	1819	10	2	SJW-H19100020
8341	1819	12	18	1819	11	2	SJW-H19110020
8342	1819	12	25	1819	11	9	SJW-H19110090
8343	1819	12	31	1819	11	15	SJW-H19110150
8344	1820	2	5	1819	12	21	SJW-H19120210
8345	1820	2	6	1819	12	22	SJW-H19120220
8346	1820	2	12	1819	12	28	SJW-H19120280
8347	1820	2	13	1819	12	29	SJW-H19120290
8348	1820	2	22	1820	1	9	SJW-H20010090
8349	1820	2	23	1820	1	10	SJW-H20010100
8350	1820	4	1	1820	2	19	SJW-H20020190
8351	1820	4	6	1820	2	24	SJW-H20020240
8352	1820	4	8	1820	2	26	SJW-H20020260
8353	1820	4	20	1820	3	8	SJW-H20030080
8354	1820	4	26	1820	3	14	SJW-H20030140
8355	1820	4	27	1820	3	15	SJW-H20030150
8356	1820	5	11	1820	3	29	SJW-H20030290
8357	1820	5	19	1820	4	8	SJW-H20040080
8358	1820	6	1	1820	4	21	SJW-H20040210
8359	1820	6	2	1820	4	22	SJW-H20040220
8360	1820	6	3	1820	4	23	SJW-H20040230
8361	1820	6	20	1820	5	10	SJW-H20050100
8362	1820	6	25	1820	5	15	SJW-H20050150
8363	1820	6	27	1820	5	17	SJW-H20050170
8364	1820	6	28	1820	5	18	SJW-H20050180
8365	1820	6	29	1820	5	19	SJW-H20050190
8366	1820	6	30	1820	5	20	SJW-H20050200
8367	1820	7	1	1820	5	21	SJW-H20050210
8368	1820	7	4	1820	5	24	SJW-H20050240
8369	1820	7	8	1820	5	28	SJW-H20050280
8370	1820	7	9	1820	5	29	SJW-H20050290
8371	1820	7	11	1820	6	2	SJW-H20060020
8372	1820	7	13	1820	6	4	SJW-H20060040
8373	1820	7	14	1820	6	5	SJW-H20060050
8374	1820	7	15	1820	6	6	SJW-H20060060
8375	1820	7	16	1820	6	7	SJW-H20060070
8376	1820	7	17	1820	6	8	SJW-H20060080

续表

编号	公历			农历			ID 编号
	年	月	日	年	月	日	
8377	1820	7	18	1820	6	9	SJW-H20060090
8378	1820	7	21	1820	6	12	SJW-H20060120
8379	1820	7	25	1820	6	16	SJW-H20060160
8380	1820	7	26	1820	6	17	SJW-H20060170
8381	1820	7	27	1820	6	18	SJW-H20060180
8382	1820	7	29	1820	6	20	SJW-H20060200
8383	1820	7	30	1820	6	21	SJW-H20060210
8384	1820	8	4	1820	6	26	SJW-H20060260
8385	1820	8	7	1820	6	29	SJW-H20060290
8386	1820	8	10	1820	7	2	SJW-H20070020
8387	1820	8	11	1820	7	3	SJW-H20070030
8388	1820	8	28	1820	7	20	SJW-H20070200
8389	1820	8	31	1820	7	23	SJW-H20070230
8390	1820	9	1	1820	7	24	SJW-H20070240
8391	1820	9	2	1820	7	25	SJW-H20070250
8392	1820	9	3	1820	7	26	SJW-H20070260
8393	1820	9	6	1820	7	29	SJW-H20070290
8394	1820	9	7	1820	8	1	SJW-H20080010
8395	1820	9	8	1820	8	2	SJW-H20080020
8396	1820	9	9	1820	8	3	SJW-H20080030
8397	1820	9	21	1820	8	15	SJW-H20080150
8398	1820	9	22	1820	8	16	SJW-H20080160
8399	1820	9	25	1820	8	19	SJW-H20080190
8400	1820	10	18	1820	9	12	SJW-H20090120
8401	1820	10	24	1820	9	18	SJW-H20090180
8402	1820	10	26	1820	9	20	SJW-H20090200
8403	1820	11	10	1820	10	5	SJW-H20100050
8404	1820	11	11	1820	10	6	SJW-H20100060
8405	1820	11	28	1820	10	23	SJW-H20100230
8406	1821	3	29	1821	2	26	SJW-H21020260
8407	1821	4	7	1821	3	6	SJW-H21030060
8408	1821	4	24	1821	3	23	SJW-H21030230
8409	1821	4	25	1821	3	24	SJW-H21030240
8410	1821	4	26	1821	3	25	SJW-H21030250
8411	1821	4	30	1821	3	29	SJW-H21030290
8412	1821	5	8	1821	4	7	SJW-H21040070
8413	1821	5	16	1821	4	15	SJW-H21040150
8414	1821	5	17	1821	4	16	SJW-H21040160

续表

编号	公历			农历			ID 编号
	年	月	日	年	月	日	
8415	1821	5	24	1821	4	23	SJW-H21040230
8416	1821	5	26	1821	4	25	SJW-H21040250
8417	1821	6	18	1821	5	19	SJW-H21050190
8418	1821	6	25	1821	5	26	SJW-H21050260
8419	1821	6	28	1821	5	29	SJW-H21050290
8420	1821	6	29	1821	6	1	SJW-H21060010
8421	1821	6	30	1821	6	2	SJW-H21060020
8422	1821	7	1	1821	6	3	SJW-H21060030
8423	1821	7	2	1821	6	4	SJW-H21060040
8424	1821	7	3	1821	6	5	SJW-H21060050
8425	1821	7	4	1821	6	6	SJW-H21060060
8426	1821	7	6	1821	6	8	SJW-H21060080
8427	1821	7	7	1821	6	9	SJW-H21060090
8428	1821	7	8	1821	6	10	SJW-H21060100
8429	1821	7	9	1821	6	11	SJW-H21060110
8430	1821	7	10	1821	6	12	SJW-H21060120
8431	1821	7	11	1821	6	13	SJW-H21060130
8432	1821	7	12	1821	6	14	SJW-H21060140
8433	1821	7	13	1821	6	15	SJW-H21060150
8434	1821	7	14	1821	6	16	SJW-H21060160
8435	1821	7	16	1821	6	18	SJW-H21060180
8436	1821	7	17	1821	6	19	SJW-H21060190
8437	1821	7	19	1821	6	21	SJW-H21060210
8438	1821	7	20	1821	6	22	SJW-H21060220
8439	1821	7	21	1821	6	23	SJW-H21060230
8440	1821	7	22	1821	6	24	SJW-H21060240
8441	1821	7	25	1821	6	27	SJW-H21060270
8442	1821	7	26	1821	6	28	SJW-H21060280
8443	1821	7	27	1821	6	29	SJW-H21060290
8444	1821	7	29	1821	7	1	SJW-H21070010
8445	1821	7	30	1821	7	2	SJW-H21070020
8446	1821	7	31	1821	7	3	SJW-H21070030
8447	1821	8	1	1821	7	4	SJW-H21070040
8448	1821	8	2	1821	7	5	SJW-H21070050
8449	1821	8	3	1821	7	6	SJW-H21070060
8450	1821	8	4	1821	7	7	SJW-H21070070
8451	1821	8	5	1821	7	8	SJW-H21070080
8452	1821	8	6	1821	7	9	SJW-H21070090

续表

编号	公历			农历			ID 编号
	年	月	日	年	月	日	
8453	1821	8	7	1821	7	10	SJW-H21070100
8454	1821	8	8	1821	7	11	SJW-H21070110
8455	1821	8	11	1821	7	14	SJW-H21070140
8456	1821	8	17	1821	7	20	SJW-H21070200
8457	1821	8	18	1821	7	21	SJW-H21070210
8458	1821	8	19	1821	7	22	SJW-H21070220
8459	1821	8	29	1821	8	3	SJW-H21080030
8460	1821	8	30	1821	8	4	SJW-H21080040
8461	1821	8	31	1821	8	5	SJW-H21080050
8462	1821	9	6	1821	8	11	SJW-H21080110
8463	1821	9	7	1821	8	12	SJW-H21080120
8464	1821	9	8	1821	8	13	SJW-H21080130
8465	1821	9	10	1821	8	15	SJW-H21080150
8466	1821	9	11	1821	8	16	SJW-H21080160
8467	1821	9	14	1821	8	19	SJW-H21080190
8468	1821	9	18	1821	8	23	SJW-H21080230
8469	1821	9	26	1821	9	1	SJW-H21090010
8470	1821	9	29	1821	9	4	SJW-H21090040
8471	1821	10	3	1821	9	8	SJW-H21090080
8472	1821	10	7	1821	9	12	SJW-H21090120
8473	1821	10	13	1821	9	18	SJW-H21090180
8474	1821	10	14	1821	9	19	SJW-H21090190
8475	1821	10	21	1821	9	26	SJW-H21090260
8476	1821	10	23	1821	9	28	SJW-H21090280
8477	1821	11	9	1821	10	15	SJW-H21100150
8478	1821	11	10	1821	10	16	SJW-H21100160
8479	1821	11	11	1821	10	17	SJW-H21100170
8480	1821	12	16	1821	11	22	SJW-H21110220
8481	1822	3	8	1822	2	15	SJW-H22020150
8482	1822	3	23	1822	3	1	SJW-H22030010
8483	1822	3	29	1822	3	7	SJW-H22030070
8484	1822	4	5	1822	3	14	SJW-H22030140
8485	1822	4	18	1822	3	27	SJW-H22030270
8486	1822	4	19	1822	3	28	SJW-H22030280
8487	1822	4	26	1822	闰 3	5	SJW-H22031050
8488	1822	4	28	1822	闰 3	7	SJW-H22031070
8489	1822	5	6	1822	闰 3	15	SJW-H22031150
8490	1822	5	27	1822	4	7	SJW-H22040070

续表

编号	公历			农历			ID 编号
	年	月	日	年	月	日	
8491	1822	5	29	1822	4	9	SJW-H22040090
8492	1822	6	3	1822	4	14	SJW-H22040140
8493	1822	6	5	1822	4	16	SJW-H22040160
8494	1822	6	19	1822	5	1	SJW-H22050010
8495	1822	6	24	1822	5	6	SJW-H22050060
8496	1822	6	27	1822	5	9	SJW-H22050090
8497	1822	6	28	1822	5	10	SJW-H22050100
8498	1822	6	29	1822	5	11	SJW-H22050110
8499	1822	7	3	1822	5	15	SJW-H22050150
8500	1822	7	5	1822	5	17	SJW-H22050170
8501	1822	7	12	1822	5	24	SJW-H22050240
8502	1822	7	21	1822	6	4	SJW-H22060040
8503	1822	7	25	1822	6	8	SJW-H22060080
8504	1822	7	31	1822	6	14	SJW-H22060140
8505	1822	8	1	1822	6	15	SJW-H22060150
8506	1822	8	7	1822	6	21	SJW-H22060210
8507	1822	8	19	1822	7	3	SJW-H22070030
8508	1822	8	20	1822	7	4	SJW-H22070040
8509	1822	8	22	1822	7	6	SJW-H22070060
8510	1822	8	29	1822	7	13	SJW-H22070130
8511	1822	9	1	1822	7	16	SJW-H22070160
8512	1822	9	16	1822	8	2	SJW-H22080020
8513	1822	9	22	1822	8	8	SJW-H22080080
8514	1822	9	23	1822	8	9	SJW-H22080090
8515	1822	9	25	1822	8	11	SJW-H22080110
8516	1822	10	8	1822	8	24	SJW-H22080240
8517	1822	10	16	1822	9	2	SJW-H22090020
8518	1822	11	1	1822	9	18	SJW-H22090180
8519	1822	11	10	1822	9	27	SJW-H22090270
8520	1822	11	26	1822	10	13	SJW-H22100130
8521	1822	11	28	1822	10	15	SJW-H22100150
8522	1822	12	7	1822	10	24	SJW-H22100240
8523	1823	1	7	1822	11	26	SJW-H22110260
8524	1823	2	15	1823	1	5	SJW-H23010050
8525	1823	2	16	1823	1	6	SJW-H23010060
8526	1823	3	19	1823	2	7	SJW-H23020070
8527	1823	3	20	1823	2	8	SJW-H23020080
8528	1823	4	11	1823	3	1	SJW-H23030010

续表

编号	公历			农历			ID 编号
	年	月	日	年	月	日	
8529	1823	4	13	1823	3	3	SJW-H23030030
8530	1823	4	27	1823	3	17	SJW-H23030170
8531	1823	5	4	1823	3	24	SJW-H23030240
8532	1823	5	9	1823	3	29	SJW-H23030290
8533	1823	5	11	1823	4	1	SJW-H23040010
8534	1823	5	14	1823	4	4	SJW-H23040040
8535	1823	5	15	1823	4	5	SJW-H23040050
8536	1823	5	27	1823	4	17	SJW-H23040170
8537	1823	6	13	1823	5	5	SJW-H23050050
8538	1823	6	20	1823	5	12	SJW-H23050120
8539	1823	6	22	1823	5	14	SJW-H23050140
8540	1823	6	23	1823	5	15	SJW-H23050150
8541	1823	6	24	1823	5	16	SJW-H23050160
8542	1823	6	25	1823	5	17	SJW-H23050170
8543	1823	6	27	1823	5	19	SJW-H23050190
8544	1823	7	1	1823	5	23	SJW-H23050230
8545	1823	7	2	1823	5	24	SJW-H23050240
8546	1823	7	5	1823	5	27	SJW-H23050270
8547	1823	7	6	1823	5	28	SJW-H23050280
8548	1823	7	7	1823	5	29	SJW-H23050290
8549	1823	7	8	1823	6	1	SJW-H23060010
8550	1823	7	15	1823	6	8	SJW-H23060080
8551	1823	7	16	1823	6	9	SJW-H23060090
8552	1823	8	2	1823	6	26	SJW-H23060260
8553	1823	8	15	1823	7	10	SJW-H23070100
8554	1823	8	16	1823	7	11	SJW-H23070110
8555	1823	8	22	1823	7	17	SJW-H23070170
8556	1823	8	23	1823	7	18	SJW-H23070180
8557	1823	8	24	1823	7	19	SJW-H23070190
8558	1823	8	25	1823	7	20	SJW-H23070200
8559	1823	8	28	1823	7	23	SJW-H23070230
8560	1823	8	31	1823	7	26	SJW-H23070260
8561	1823	9	1	1823	7	27	SJW-H23070270
8562	1823	9	2	1823	7	28	SJW-H23070280
8563	1823	9	3	1823	7	29	SJW-H23070290
8564	1823	9	6	1823	8	2	SJW-H23080020
8565	1823	9	8	1823	8	4	SJW-H23080040
8566	1823	9	19	1823	8	15	SJW-H23080150

续表

编号	公历			农历			ID 编号
	年	月	日	年	月	日	
8567	1823	9	20	1823	8	16	SJW-H23080160
8568	1823	9	28	1823	8	24	SJW-H23080240
8569	1823	10	3	1823	8	29	SJW-H23080290
8570	1823	10	19	1823	9	16	SJW-H23090160
8571	1823	10	20	1823	9	17	SJW-H23090170
8572	1823	11	2	1823	9	30	SJW-H23090300
8573	1823	11	5	1823	10	3	SJW-H23100030
8574	1823	12	7	1823	11	6	SJW-H23110060
8575	1824	2	25	1824	1	26	SJW-H24010260
8576	1824	2	26	1824	1	27	SJW-H24010270
8577	1824	3	4	1824	2	4	SJW-H24020040
8578	1824	3	5	1824	2	5	SJW-H24020050
8579	1824	3	8	1824	2	8	SJW-H24020080
8580	1824	3	10	1824	2	10	SJW-H24020100
8581	1824	3	15	1824	2	15	SJW-H24020150
8582	1824	3	27	1824	2	27	SJW-H24020270
8583	1824	3	31	1824	3	2	SJW-H24030020
8584	1824	4	6	1824	3	8	SJW-H24030080
8585	1824	4	7	1824	3	9	SJW-H24030090
8586	1824	4	14	1824	3	16	SJW-H24030160
8587	1824	5	1	1824	4	3	SJW-H24040030
8588	1824	5	2	1824	4	4	SJW-H24040040
8589	1824	5	22	1824	4	24	SJW-H24040240
8590	1824	5	27	1824	4	29	SJW-H24040290
8591	1824	5	30	1824	5	3	SJW-H24050030
8592	1824	6	5	1824	5	9	SJW-H24050090
8593	1824	6	7	1824	5	11	SJW-H24050110
8594	1824	6	8	1824	5	12	SJW-H24050120
8595	1824	6	12	1824	5	16	SJW-H24050160
8596	1824	6	14	1824	5	18	SJW-H24050180
8597	1824	6	16	1824	5	20	SJW-H24050200
8598	1824	6	17	1824	5	21	SJW-H24050210
8599	1824	7	2	1824	6	6	SJW-H24060060
8600	1824	7	3	1824	6	7	SJW-H24060070
8601	1824	7	8	1824	6	12	SJW-H24060120
8602	1824	7	10	1824	6	14	SJW-H24060140
8603	1824	7	13	1824	6	17	SJW-H24060170
8604	1824	7	14	1824	6	18	SJW-H24060180

续表

编号	公历			农历			ID 编号
	年	月	日	年	月	日	
8605	1824	7	15	1824	6	19	SJW-H24060190
8606	1824	7	18	1824	6	22	SJW-H24060220
8607	1824	7	25	1824	6	29	SJW-H24060290
8608	1824	7	27	1824	7	2	SJW-H24070020
8609	1824	7	28	1824	7	3	SJW-H24070030
8610	1824	7	31	1824	7	6	SJW-H24070060
8611	1824	8	2	1824	7	8	SJW-H24070080
8612	1824	8	4	1824	7	10	SJW-H24070100
8613	1824	8	5	1824	7	11	SJW-H24070110
8614	1824	8	6	1824	7	12	SJW-H24070120
8615	1824	8	21	1824	7	27	SJW-H24070270
8616	1824	8	22	1824	7	28	SJW-H24070280
8617	1824	8	25	1824	闰 7	2	SJW-H24071020
8618	1824	8	26	1824	闰 7	3	SJW-H24071030
8619	1824	8	27	1824	闰 7	4	SJW-H24071040
8620	1824	9	1	1824	闰 7	9	SJW-H24071090
8621	1824	9	2	1824	闰 7	10	SJW-H24071100
8622	1824	10	8	1824	8	16	SJW-H24080160
8623	1824	10	10	1824	8	18	SJW-H24080180
8624	1824	10	12	1824	8	20	SJW-H24080200
8625	1824	10	14	1824	8	22	SJW-H24080220
8626	1824	10	20	1824	8	28	SJW-H24080280
8627	1824	10	21	1824	8	29	SJW-H24080290
8628	1824	10	22	1824	9	1	SJW-H24090010
8629	1824	11	1	1824	9	11	SJW-H24090110
8630	1824	11	2	1824	9	12	SJW-H24090120
8631	1824	11	24	1824	10	4	SJW-H24100040
8632	1824	11	29	1824	10	9	SJW-H24100090
8633	1824	12	3	1824	10	13	SJW-H24100130
8634	1824	12	5	1824	10	15	SJW-H24100150
8635	1824	12	7	1824	10	17	SJW-H24100170
8636	1824	12	30	1824	11	11	SJW-H24110110
8637	1825	4	5	1825	2	17	SJW-H25020170
8638	1825	4	18	1825	3	1	SJW-H25030010
8639	1825	4	28	1825	3	11	SJW-H25030110
8640	1825	5	13	1825	3	26	SJW-H25030260
8641	1825	5	21	1825	4	4	SJW-H25040040
8642	1825	5	25	1825	4	8	SJW-H25040080

续表

编号	公历			农历			ID 编号
	年	月	日	年	月	日	
8643	1825	5	29	1825	4	12	SJW-H25040120
8644	1825	5	30	1825	4	13	SJW-H25040130
8645	1825	6	13	1825	4	27	SJW-H25040270
8646	1825	7	1	1825	5	16	SJW-H25050160
8647	1825	7	2	1825	5	17	SJW-H25050170
8648	1825	7	18	1825	6	3	SJW-H25060030
8649	1825	7	24	1825	6	9	SJW-H25060090
8650	1825	7	26	1825	6	11	SJW-H25060110
8651	1825	7	27	1825	6	12	SJW-H25060120
8652	1825	7	28	1825	6	13	SJW-H25060130
8653	1825	7	31	1825	6	16	SJW-H25060160
8654	1825	8	1	1825	6	17	SJW-H25060170
8655	1825	8	4	1825	6	20	SJW-H25060200
8656	1825	8	5	1825	6	21	SJW-H25060210
8657	1825	8	12	1825	6	28	SJW-H25060280
8658	1825	8	20	1825	7	7	SJW-H25070070
8659	1825	8	24	1825	7	11	SJW-H25070110
8660	1825	8	25	1825	7	12	SJW-H25070120
8661	1825	8	27	1825	7	14	SJW-H25070140
8662	1825	8	28	1825	7	15	SJW-H25070150
8663	1825	8	29	1825	7	16	SJW-H25070160
8664	1825	8	30	1825	7	17	SJW-H25070170
8665	1825	8	31	1825	7	18	SJW-H25070180
8666	1825	9	2	1825	7	20	SJW-H25070200
8667	1825	9	4	1825	7	22	SJW-H25070220
8668	1825	9	9	1825	7	27	SJW-H25070270
8669	1825	9	14	1825	8	3	SJW-H25080030
8670	1825	10	15	1825	9	4	SJW-H25090040
8671	1825	10	31	1825	9	20	SJW-H25090200
8672	1825	11	24	1825	10	15	SJW-H25100150
8673	1825	12	1	1825	10	22	SJW-H25100220
8674	1825	12	11	1825	11	2	SJW-H25110020
8675	1826	2	20	1826	1	14	SJW-H26010140
8676	1826	2	21	1826	1	15	SJW-H26010150
8677	1826	3	29	1826	2	21	SJW-H26020210
8678	1826	3	31	1826	2	23	SJW-H26020230
8679	1826	4	3	1826	2	26	SJW-H26020260
8680	1826	4	7	1826	3	1	SJW-H26030010

续表

编号	公历			农历			ID 编号
	年	月	日	年	月	日	
8681	1826	4	29	1826	3	23	SJW-H26030230
8682	1826	5	7	1826	4	1	SJW-H26040010
8683	1826	5	8	1826	4	2	SJW-H26040020
8684	1826	5	19	1826	4	13	SJW-H26040130
8685	1826	5	25	1826	4	19	SJW-H26040190
8686	1826	6	7	1826	5	2	SJW-H26050020
8687	1826	6	8	1826	5	3	SJW-H26050030
8688	1826	6	10	1826	5	5	SJW-H26050050
8689	1826	6	11	1826	5	6	SJW-H26050060
8690	1826	6	12	1826	5	7	SJW-H26050070
8691	1826	6	14	1826	5	9	SJW-H26050090
8692	1826	6	15	1826	5	10	SJW-H26050100
8693	1826	6	16	1826	5	11	SJW-H26050110
8694	1826	6	17	1826	5	12	SJW-H26050120
8695	1826	6	30	1826	5	25	SJW-H26050250
8696	1826	7	1	1826	5	26	SJW-H26050260
8697	1826	7	2	1826	5	27	SJW-H26050270
8698	1826	7	3	1826	5	28	SJW-H26050280
8699	1826	7	4	1826	5	29	SJW-H26050290
8700	1826	7	5	1826	6	1	SJW-H26060010
8701	1826	7	6	1826	6	2	SJW-H26060020
8702	1826	7	7	1826	6	3	SJW-H26060030
8703	1826	7	8	1826	6	4	SJW-H26060040
8704	1826	7	12	1826	6	8	SJW-H26060080
8705	1826	7	16	1826	6	12	SJW-H26060120
8706	1826	7	17	1826	6	13	SJW-H26060130
8707	1826	7	25	1826	6	21	SJW-H26060210
8708	1826	7	26	1826	6	22	SJW-H26060220
8709	1826	8	3	1826	6	30	SJW-H26060300
8710	1826	8	11	1826	7	8	SJW-H26070080
8711	1826	8	14	1826	7	11	SJW-H26070110
8712	1826	8	17	1826	7	14	SJW-H26070140
8713	1826	8	18	1826	7	15	SJW-H26070150
8714	1826	8	19	1826	7	16	SJW-H26070160
8715	1826	8	20	1826	7	17	SJW-H26070170
8716	1826	8	24	1826	7	21	SJW-H26070210
8717	1826	8	28	1826	7	25	SJW-H26070250
8718	1826	8	29	1826	7	26	SJW-H26070260

续表

编号	公历			农历			ID 编号
	年	月	日	年	月	日	
8719	1826	9	4	1826	8	3	SJW-H26080030
8720	1826	9	5	1826	8	4	SJW-H26080040
8721	1826	9	11	1826	8	10	SJW-H26080100
8722	1826	9	20	1826	8	19	SJW-H26080190
8723	1826	9	27	1826	8	26	SJW-H26080260
8724	1826	10	2	1826	9	2	SJW-H26090020
8725	1826	12	3	1826	11	5	SJW-H26110050
8726	1826	12	6	1826	11	8	SJW-H26110080
8727	1826	12	21	1826	11	23	SJW-H26110230
8728	1827	3	25	1827	2	28	SJW-H27020280
8729	1827	4	8	1827	3	13	SJW-H27030130
8730	1827	4	18	1827	3	23	SJW-H27030230
8731	1827	4	25	1827	3	30	SJW-H27030300
8732	1827	5	7	1827	4	12	SJW-H27040120
8733	1827	5	8	1827	4	13	SJW-H27040130
8734	1827	5	12	1827	4	17	SJW-H27040170
8735	1827	5	14	1827	4	19	SJW-H27040190
8736	1827	5	21	1827	4	26	SJW-H27040260
8737	1827	5	26	1827	5	1	SJW-H27050010
8738	1827	6	3	1827	5	9	SJW-H27050090
8739	1827	6	9	1827	5	15	SJW-H27050150
8740	1827	6	13	1827	5	19	SJW-H27050190
8741	1827	6	17	1827	5	23	SJW-H27050230
8742	1827	6	22	1827	5	28	SJW-H27050280
8743	1827	6	26	1827	闰 5	3	SJW-H27051030
8744	1827	6	28	1827	闰 5	5	SJW-H27051050
8745	1827	7	3	1827	闰 5	10	SJW-H27051100
8746	1827	7	4	1827	闰 5	11	SJW-H27051110
8747	1827	7	9	1827	闰 5	16	SJW-H27051160
8748	1827	7	10	1827	闰 5	17	SJW-H27051170
8749	1827	7	11	1827	闰 5	18	SJW-H27051180
8750	1827	7	12	1827	闰 5	19	SJW-H27051190
8751	1827	7	22	1827	闰 5	29	SJW-H27051290
8752	1827	7	23	1827	闰 5	30	SJW-H27051300
8753	1827	7	24	1827	6	1	SJW-H27060010
8754	1827	8	5	1827	6	13	SJW-H27060130
8755	1827	8	12	1827	6	20	SJW-H27060200
8756	1827	8	13	1827	6	21	SJW-H27060210

续表

编号	公历			农历			ID 编号
	年	月	日	年	月	日	
8757	1827	8	15	1827	6	23	SJW-H27060230
8758	1827	8	16	1827	6	24	SJW-H27060240
8759	1827	8	18	1827	6	26	SJW-H27060260
8760	1827	9	21	1827	8	1	SJW-H27080010
8761	1827	9	22	1827	8	2	SJW-H27080020
8762	1827	9	23	1827	8	3	SJW-H27080030
8763	1827	9	24	1827	8	4	SJW-H27080040
8764	1827	9	25	1827	8	5	SJW-H27080050
8765	1827	9	26	1827	8	6	SJW-H27080060
8766	1827	9	27	1827	8	7	SJW-H27080070
8767	1827	10	1	1827	8	11	SJW-H27080110
8768	1827	10	12	1827	8	22	SJW-H27080220
8769	1827	10	27	1827	9	8	SJW-H27090080
8770	1827	11	9	1827	9	21	SJW-H27090210
8771	1827	11	15	1827	9	27	SJW-H27090270
8772	1827	11	16	1827	9	28	SJW-H27090280
8773	1827	11	18	1827	9	30	SJW-H27090300
8774	1827	11	21	1827	10	3	SJW-H27100030
8775	1827	12	6	1827	10	18	SJW-H27100180
8776	1827	12	19	1827	11	2	SJW-H27110020
8777	1828	1	5	1827	11	19	SJW-H27110190
8778	1828	1	24	1827	12	8	SJW-H27120080
8779	1828	3	22	1828	2	7	SJW-H28020070
8780	1828	3	24	1828	2	9	SJW-H28020090
8781	1828	3	28	1828	2	13	SJW-H28020130
8782	1828	3	29	1828	2	14	SJW-H28020140
8783	1828	4	11	1828	2	27	SJW-H28020270
8784	1828	4	17	1828	3	4	SJW-H28030040
8785	1828	5	8	1828	3	25	SJW-H28030250
8786	1828	5	15	1828	4	2	SJW-H28040020
8787	1828	5	19	1828	4	6	SJW-H28040060
8788	1828	5	27	1828	4	14	SJW-H28040140
8789	1828	6	8	1828	4	26	SJW-H28040260
8790	1828	6	16	1828	5	5	SJW-H28050050
8791	1828	6	23	1828	5	12	SJW-H28050120
8792	1828	6	24	1828	5	13	SJW-H28050130
8793	1828	6	25	1828	5	14	SJW-H28050140
8794	1828	7	3	1828	5	22	SJW-H28050220

续表

编号	公历			农历			ID 编号
	年	月	日	年	月	日	
8795	1828	7	4	1828	5	23	SJW-H28050230
8796	1828	7	9	1828	5	28	SJW-H28050280
8797	1828	7	15	1828	6	4	SJW-H28060040
8798	1828	7	16	1828	6	5	SJW-H28060050
8799	1828	7	18	1828	6	7	SJW-H28060070
8800	1828	7	19	1828	6	8	SJW-H28060080
8801	1828	7	20	1828	6	9	SJW-H28060090
8802	1828	7	21	1828	6	10	SJW-H28060100
8803	1828	8	1	1828	6	21	SJW-H28060210
8804	1828	8	2	1828	6	22	SJW-H28060220
8805	1828	8	4	1828	6	24	SJW-H28060240
8806	1828	8	6	1828	6	26	SJW-H28060260
8807	1828	8	13	1828	7	3	SJW-H28070030
8808	1828	8	14	1828	7	4	SJW-H28070040
8809	1828	8	17	1828	7	7	SJW-H28070070
8810	1828	8	18	1828	7	8	SJW-H28070080
8811	1828	8	19	1828	7	9	SJW-H28070090
8812	1828	8	20	1828	7	10	SJW-H28070100
8813	1828	8	23	1828	7	13	SJW-H28070130
8814	1828	8	26	1828	7	16	SJW-H28070160
8815	1828	8	27	1828	7	17	SJW-H28070170
8816	1828	8	30	1828	7	20	SJW-H28070200
8817	1828	9	2	1828	7	23	SJW-H28070230
8818	1828	9	3	1828	7	24	SJW-H28070240
8819	1828	9	6	1828	7	27	SJW-H28070270
8820	1828	9	13	1828	8	5	SJW-H28080050
8821	1828	9	14	1828	8	6	SJW-H28080060
8822	1828	9	17	1828	8	9	SJW-H28080090
8823	1828	9	20	1828	8	12	SJW-H28080120
8824	1828	10	22	1828	9	14	SJW-H28090140
8825	1828	11	7	1828	10	1	SJW-H28100010
8826	1828	11	11	1828	10	5	SJW-H28100050
8827	1828	11	21	1828	10	15	SJW-H28100150
8828	1828	12	22	1828	11	16	SJW-H28110160
8829	1829	3	13	1829	2	9	SJW-H29020090
8830	1829	3	19	1829	2	15	SJW-H29020150
8831	1829	3	20	1829	2	16	SJW-H29020160
8832	1829	4	6	1829	3	3	SJW-H29030030

续表

编号	公历			农历			ID 编号
	年	月	日	年	月	日	
8833	1829	4	12	1829	3	9	SJW-H29030090
8834	1829	4	16	1829	3	13	SJW-H29030130
8835	1829	4	28	1829	3	25	SJW-H29030250
8836	1829	5	6	1829	4	4	SJW-H29040040
8837	1829	5	7	1829	4	5	SJW-H29040050
8838	1829	5	12	1829	4	10	SJW-H29040100
8839	1829	5	19	1829	4	17	SJW-H29040170
8840	1829	5	20	1829	4	18	SJW-H29040180
8841	1829	5	29	1829	4	27	SJW-H29040270
8842	1829	6	23	1829	5	22	SJW-H29050220
8843	1829	6	28	1829	5	27	SJW-H29050270
8844	1829	7	3	1829	6	3	SJW-H29060030
8845	1829	7	4	1829	6	4	SJW-H29060040
8846	1829	7	6	1829	6	6	SJW-H29060060
8847	1829	7	8	1829	6	8	SJW-H29060080
8848	1829	7	10	1829	6	10	SJW-H29060100
8849	1829	7	11	1829	6	11	SJW-H29060110
8850	1829	7	27	1829	6	27	SJW-H29060270
8851	1829	7	28	1829	6	28	SJW-H29060280
8852	1829	7	29	1829	6	29	SJW-H29060290
8853	1829	7	30	1829	6	30	SJW-H29060300
8854	1829	8	1	1829	7	2	SJW-H29070020
8855	1829	8	13	1829	7	14	SJW-H29070140
8856	1829	8	14	1829	7	15	SJW-H29070150
8857	1829	9	4	1829	8	7	SJW-H29080070
8858	1829	9	5	1829	8	8	SJW-H29080080
8859	1829	9	6	1829	8	9	SJW-H29080090
8860	1829	9	16	1829	8	19	SJW-H29080190
8861	1829	10	3	1829	9	6	SJW-H29090060
8862	1829	10	4	1829	9	7	SJW-H29090070
8863	1829	10	20	1829	9	23	SJW-H29090230
8864	1829	10	21	1829	9	24	SJW-H29090240
8865	1829	12	28	1829	12	3	SJW-H29120030
8866	1830	3	7	1830	2	13	SJW-H30020130
8867	1830	3	20	1830	2	26	SJW-H30020260
8868	1830	4	1	1830	3	9	SJW-H30030090
8869	1830	4	19	1830	3	27	SJW-H30030270
8870	1830	4	21	1830	3	29	SJW-H30030290

续表

编号	公历			农历			ID 编号
	年	月	日	年	月	日	
8871	1830	4	22	1830	3	30	SJW-H30030300
8872	1830	4	24	1830	4	2	SJW-H30040020
8873	1830	5	10	1830	4	18	SJW-H30040180
8874	1830	5	27	1830	闰 4	6	SJW-H30041060
8875	1830	5	28	1830	闰 4	7	SJW-H30041070
8876	1830	6	5	1830	闰 4	15	SJW-H30041150
8877	1830	6	7	1830	闰 4	17	SJW-H30041170
8878	1830	6	27	1830	5	8	SJW-H30050080
8879	1830	6	28	1830	5	9	SJW-H30050090
8880	1830	7	3	1830	5	14	SJW-H30050140
8881	1830	7	5	1830	5	16	SJW-H30050160
8882	1830	7	8	1830	5	19	SJW-H30050190
8883	1830	7	9	1830	5	20	SJW-H30050200
8884	1830	7	10	1830	5	21	SJW-H30050210
8885	1830	7	14	1830	5	25	SJW-H30050250
8886	1830	7	15	1830	5	26	SJW-H30050260
8887	1830	7	16	1830	5	27	SJW-H30050270
8888	1830	7	17	1830	5	28	SJW-H30050280
8889	1830	7	18	1830	5	29	SJW-H30050290
8890	1830	7	26	1830	6	7	SJW-H30060070
8891	1830	7	31	1830	6	12	SJW-H30060120
8892	1830	8	4	1830	6	16	SJW-H30060160
8893	1830	8	5	1830	6	17	SJW-H30060170
8894	1830	8	11	1830	6	23	SJW-H30060230
8895	1830	8	20	1830	7	3	SJW-H30070030
8896	1830	8	22	1830	7	5	SJW-H30070050
8897	1830	8	23	1830	7	6	SJW-H30070060
8898	1830	8	24	1830	7	7	SJW-H30070070
8899	1830	8	30	1830	7	13	SJW-H30070130
8900	1830	8	31	1830	7	14	SJW-H30070140
8901	1830	9	6	1830	7	20	SJW-H30070200
8902	1830	9	7	1830	7	21	SJW-H30070210
8903	1830	9	8	1830	7	22	SJW-H30070220
8904	1830	10	1	1830	8	15	SJW-H30080150
8905	1830	10	4	1830	8	18	SJW-H30080180
8906	1830	10	11	1830	8	25	SJW-H30080250
8907	1830	10	12	1830	8	26	SJW-H30080260
8908	1830	10	24	1830	9	8	SJW-H30090080

续表

编号	公历			农历			ID 编号
	年	月	日	年	月	日	
8909	1830	10	25	1830	9	9	SJW-H30090090
8910	1830	10	27	1830	9	11	SJW-H30090110
8911	1830	10	30	1830	9	14	SJW-H30090140
8912	1830	11	9	1830	9	24	SJW-H30090240
8913	1830	12	14	1830	10	30	SJW-H30100300
8914	1831	2	23	1831	1	11	SJW-H31010110
8915	1831	3	26	1831	2	13	SJW-H31020130
8916	1831	4	13	1831	3	2	SJW-H31030020
8917	1831	4	17	1831	3	6	SJW-H31030060
8918	1831	4	22	1831	3	11	SJW-H31030110
8919	1831	4	23	1831	3	12	SJW-H31030120
8920	1831	4	30	1831	3	19	SJW-H31030190
8921	1831	5	1	1831	3	20	SJW-H31030200
8922	1831	5	8	1831	3	27	SJW-H31030270
8923	1831	5	22	1831	4	11	SJW-H31040110
8924	1831	5	24	1831	4	13	SJW-H31040130
8925	1831	7	17	1831	6	9	SJW-H31060090
8926	1831	7	21	1831	6	13	SJW-H31060130
8927	1831	7	25	1831	6	17	SJW-H31060170
8928	1831	7	26	1831	6	18	SJW-H31060180
8929	1831	8	7	1831	6	30	SJW-H31060300
8930	1831	8	10	1831	7	3	SJW-H31070030
8931	1831	8	12	1831	7	5	SJW-H31070050
8932	1831	8	13	1831	7	6	SJW-H31070060
8933	1831	8	14	1831	7	7	SJW-H31070070
8934	1831	8	15	1831	7	8	SJW-H31070080
8935	1831	8	16	1831	7	9	SJW-H31070090
8936	1831	8	30	1831	7	23	SJW-H31070230
8937	1831	8	31	1831	7	24	SJW-H31070240
8938	1831	9	1	1831	7	25	SJW-H31070250
8939	1831	9	5	1831	7	29	SJW-H31070290
8940	1831	9	13	1831	8	8	SJW-H31080080
8941	1831	9	15	1831	8	10	SJW-H31080100
8942	1831	10	12	1831	9	7	SJW-H31090070
8943	1831	10	13	1831	9	8	SJW-H31090080
8944	1831	10	14	1831	9	9	SJW-H31090090
8945	1831	11	5	1831	10	2	SJW-H31100020
8946	1832	1	15	1831	12	13	SJW-H31120130

续表

编号	公历			农历			ID 编号
	年	月	日	年	月	日	
8947	1832	2	26	1832	1	25	SJW-H32010250
8948	1832	4	4	1832	3	4	SJW-H32030040
8949	1832	4	6	1832	3	6	SJW-H32030060
8950	1832	4	26	1832	3	26	SJW-H32030260
8951	1832	4	29	1832	3	29	SJW-H32030290
8952	1832	5	19	1832	4	20	SJW-H32040200
8953	1832	6	5	1832	5	7	SJW-H32050070
8954	1832	6	10	1832	5	12	SJW-H32050120
8955	1832	6	15	1832	5	17	SJW-H32050170
8956	1832	7	4	1832	6	7	SJW-H32060070
8957	1832	7	5	1832	6	8	SJW-H32060080
8958	1832	7	9	1832	6	12	SJW-H32060120
8959	1832	7	13	1832	6	16	SJW-H32060160
8960	1832	7	14	1832	6	17	SJW-H32060170
8961	1832	7	15	1832	6	18	SJW-H32060180
8962	1832	7	18	1832	6	21	SJW-H32060210
8963	1832	7	19	1832	6	22	SJW-H32060220
8964	1832	7	20	1832	6	23	SJW-H32060230
8965	1832	7	21	1832	6	24	SJW-H32060240
8966	1832	7	22	1832	6	25	SJW-H32060250
8967	1832	7	24	1832	6	27	SJW-H32060270
8968	1832	7	25	1832	6	28	SJW-H32060280
8969	1832	7	26	1832	6	29	SJW-H32060290
8970	1832	7	27	1832	7	1	SJW-H32070010
8971	1832	7	28	1832	7	2	SJW-H32070020
8972	1832	7	29	1832	7	3	SJW-H32070030
8973	1832	7	30	1832	7	4	SJW-H32070040
8974	1832	7	31	1832	7	5	SJW-H32070050
8975	1832	8	6	1832	7	11	SJW-H32070110
8976	1832	8	9	1832	7	14	SJW-H32070140
8977	1832	8	10	1832	7	15	SJW-H32070150
8978	1832	8	23	1832	7	28	SJW-H32070280
8979	1832	8	24	1832	7	29	SJW-H32070290
8980	1832	8	25	1832	7	30	SJW-H32070300
8981	1832	8	26	1832	8	1	SJW-H32080010
8982	1832	8	27	1832	8	2	SJW-H32080020
8983	1832	8	28	1832	8	3	SJW-H32080030
8984	1832	9	1	1832	8	7	SJW-H32080070

续表

编号	公历			农历			ID 编号
	年	月	日	年	月	日	
8985	1832	9	2	1832	8	8	SJW-H32080080
8986	1832	9	3	1832	8	9	SJW-H32080090
8987	1832	9	4	1832	8	10	SJW-H32080100
8988	1832	9	7	1832	8	13	SJW-H32080130
8989	1832	9	8	1832	8	14	SJW-H32080140
8990	1832	9	11	1832	8	17	SJW-H32080170
8991	1832	9	12	1832	8	18	SJW-H32080180
8992	1832	9	13	1832	8	19	SJW-H32080190
8993	1832	9	19	1832	8	25	SJW-H32080250
8994	1832	9	23	1832	8	29	SJW-H32080290
8995	1832	9	24	1832	9	1	SJW-H32090010
8996	1832	10	21	1832	9	28	SJW-H32090280
8997	1832	11	6	1832	闰 9	14	SJW-H32091140
8998	1832	11	12	1832	闰 9	20	SJW-H32091200
8999	1832	11	13	1832	闰 9	21	SJW-H32091210
9000	1832	11	24	1832	10	3	SJW-H32100030
9001	1832	11	25	1832	10	4	SJW-H32100040
9002	1832	12	13	1832	10	22	SJW-H32100220
9003	1833	3	24	1833	2	4	SJW-H33020040
9004	1833	4	5	1833	2	16	SJW-H33020160
9005	1833	4	12	1833	2	23	SJW-H33020230
9006	1833	4	15	1833	2	26	SJW-H33020260
9007	1833	4	30	1833	3	11	SJW-H33030110
9008	1833	5	1	1833	3	12	SJW-H33030120
9009	1833	5	2	1833	3	13	SJW-H33030130
9010	1833	5	18	1833	3	29	SJW-H33030290
9011	1833	5	21	1833	4	3	SJW-H33040030
9012	1833	5	26	1833	4	8	SJW-H33040080
9013	1833	6	5	1833	4	18	SJW-H33040180
9014	1833	6	6	1833	4	19	SJW-H33040190
9015	1833	6	11	1833	4	24	SJW-H33040240
9016	1833	6	17	1833	4	30	SJW-H33040300
9017	1833	6	26	1833	5	9	SJW-H33050090
9018	1833	7	12	1833	5	25	SJW-H33050250
9019	1833	7	15	1833	5	28	SJW-H33050280
9020	1833	7	19	1833	6	3	SJW-H33060030
9021	1833	7	20	1833	6	4	SJW-H33060040
9022	1833	7	24	1833	6	8	SJW-H33060080

续表

编号	公历			农历			ID 编号
	年	月	日	年	月	日	
9023	1833	7	25	1833	6	9	SJW-H33060090
9024	1833	7	26	1833	6	10	SJW-H33060100
9025	1833	7	27	1833	6	11	SJW-H33060110
9026	1833	7	28	1833	6	12	SJW-H33060120
9027	1833	8	7	1833	6	22	SJW-H33060220
9028	1833	8	10	1833	6	25	SJW-H33060250
9029	1833	8	11	1833	6	26	SJW-H33060260
9030	1833	8	13	1833	6	28	SJW-H33060280
9031	1833	8	14	1833	6	29	SJW-H33060290
9032	1833	8	16	1833	7	2	SJW-H33070020
9033	1833	8	17	1833	7	3	SJW-H33070030
9034	1833	8	19	1833	7	5	SJW-H33070050
9035	1833	8	20	1833	7	6	SJW-H33070060
9036	1833	8	22	1833	7	8	SJW-H33070080
9037	1833	8	24	1833	7	10	SJW-H33070100
9038	1833	8	27	1833	7	13	SJW-H33070130
9039	1833	8	28	1833	7	14	SJW-H33070140
9040	1833	9	1	1833	7	18	SJW-H33070180
9041	1833	9	8	1833	7	25	SJW-H33070250
9042	1833	9	18	1833	8	5	SJW-H33080050
9043	1833	11	1	1833	9	20	SJW-H33090200
9044	1833	11	4	1833	9	23	SJW-H33090230
9045	1833	11	5	1833	9	24	SJW-H33090240
9046	1833	11	24	1833	10	13	SJW-H33100130
9047	1833	12	6	1833	10	25	SJW-H33100250
9048	1834	3	2	1834	1	22	SJW-H34010220
9049	1834	3	3	1834	1	23	SJW-H34010230
9050	1834	3	21	1834	2	12	SJW-H34020120
9051	1834	4	18	1834	3	10	SJW-H34030100
9052	1834	4	25	1834	3	17	SJW-H34030170
9053	1834	5	1	1834	3	23	SJW-H34030230
9054	1834	5	14	1834	4	6	SJW-H34040060
9055	1834	5	15	1834	4	7	SJW-H34040070
9056	1834	5	16	1834	4	8	SJW-H34040080
9057	1834	5	28	1834	4	20	SJW-H34040200
9058	1834	6	8	1834	5	2	SJW-H34050020
9059	1834	6	11	1834	5	5	SJW-H34050050
9060	1834	6	12	1834	5	6	SJW-H34050060

续表

编号	公历			农历			ID 编号
	年	月	日	年	月	日	
9061	1834	6	13	1834	5	7	SJW-H34050070
9062	1834	6	14	1834	5	8	SJW-H34050080
9063	1834	6	16	1834	5	10	SJW-H34050100
9064	1834	6	28	1834	5	22	SJW-H34050220
9065	1834	7	2	1834	5	26	SJW-H34050260
9066	1834	7	3	1834	5	27	SJW-H34050270
9067	1834	7	8	1834	6	2	SJW-H34060020
9068	1834	7	11	1834	6	5	SJW-H34060050
9069	1834	7	13	1834	6	7	SJW-H34060070
9070	1834	7	14	1834	6	8	SJW-H34060080
9071	1834	7	16	1834	6	10	SJW-H34060100
9072	1834	7	17	1834	6	11	SJW-H34060110
9073	1834	7	18	1834	6	12	SJW-H34060120
9074	1834	7	19	1834	6	13	SJW-H34060130
9075	1834	7	23	1834	6	17	SJW-H34060170
9076	1834	8	19	1834	7	15	SJW-H34070150
9077	1834	8	24	1834	7	20	SJW-H34070200
9078	1834	8	28	1834	7	24	SJW-H34070240
9079	1834	8	30	1834	7	26	SJW-H34070260
9080	1834	8	31	1834	7	27	SJW-H34070270
9081	1834	9	1	1834	7	28	SJW-H34070280
9082	1834	9	2	1834	7	29	SJW-H34070290
9083	1834	9	3	1834	8	1	SJW-H34080010
9084	1834	9	4	1834	8	2	SJW-H34080020
9085	1834	9	5	1834	8	3	SJW-H34080030
9086	1834	9	6	1834	8	4	SJW-H34080040
9087	1834	9	7	1834	8	5	SJW-H34080050
9088	1834	9	12	1834	8	10	SJW-H34080100
9089	1834	9	13	1834	8	11	SJW-H34080110
9090	1834	9	17	1834	8	15	SJW-H34080150
9091	1834	9	20	1834	8	18	SJW-H34080180
9092	1834	9	27	1834	8	25	SJW-H34080250
9093	1834	10	5	1834	9	3	SJW-H34090030
9094	1834	10	10	1834	9	8	SJW-H34090080
9095	1834	10	11	1834	9	9	SJW-H34090090
9096	1834	10	14	1834	9	12	SJW-H34090120
9097	1834	10	20	1834	9	18	SJW-H34090180
9098	1834	11	12	1834	10	12	SJW-H34100120

续表

编号	公历			农历			ID 编号
	年	月	日	年	月	日	
9099	1834	11	15	1834	10	15	SJW-H34100150
9100	1834	11	20	1834	10	20	SJW-H34100200
9101	1834	12	7	1834	11	7	SJW-H34110070
9102	1834	12	13	1834	11	13	SJW-H34110130
9103	1834	12	22	1834	11	22	SJW-I00110220
9104	1835	3	14	1835	2	16	SJW-I01020160
9105	1835	3	21	1835	2	23	SJW-I01020230
9106	1835	4	16	1835	3	19	SJW-I01030190
9107	1835	4	26	1835	3	29	SJW-I01030290
9108	1835	4	27	1835	3	30	SJW-I01030300
9109	1835	4	28	1835	4	1	SJW-I01040010
9110	1835	4	29	1835	4	2	SJW-I01040020
9111	1835	5	8	1835	4	11	SJW-I01040110
9112	1835	5	15	1835	4	18	SJW-I01040180
9113	1835	5	17	1835	4	20	SJW-I01040200
9114	1835	5	19	1835	4	22	SJW-I01040220
9115	1835	6	6	1835	5	11	SJW-I01050110
9116	1835	6	20	1835	5	25	SJW-I01050250
9117	1835	6	24	1835	5	29	SJW-I01050290
9118	1835	6	27	1835	6	2	SJW-I01060020
9119	1835	6	28	1835	6	3	SJW-I01060030
9120	1835	6	29	1835	6	4	SJW-I01060040
9121	1835	6	30	1835	6	5	SJW-I01060050
9122	1835	7	1	1835	6	6	SJW-I01060060
9123	1835	7	4	1835	6	9	SJW-I01060090
9124	1835	7	10	1835	6	15	SJW-I01060150
9125	1835	7	11	1835	6	16	SJW-I01060160
9126	1835	7	12	1835	6	17	SJW-I01060170
9127	1835	7	14	1835	6	19	SJW-I01060190
9128	1835	7	15	1835	6	20	SJW-I01060200
9129	1835	7	18	1835	6	23	SJW-I01060230
9130	1835	7	20	1835	6	25	SJW-I01060250
9131	1835	7	21	1835	6	26	SJW-I01060260
9132	1835	7	27	1835	闰 6	2	SJW-I01061020
9133	1835	7	28	1835	闰 6	3	SJW-I01061030
9134	1835	7	29	1835	闰 6	4	SJW-I01061040
9135	1835	7	31	1835	闰 6	6	SJW-I01061060
9136	1835	8	2	1835	闰 6	8	SJW-I01061080

续表

编号	公历			农历			ID 编号
	年	月	日	年	月	日	
9137	1835	8	3	1835	闰 6	9	SJW-I01061090
9138	1835	8	4	1835	闰 6	10	SJW-I01061100
9139	1835	8	5	1835	闰 6	11	SJW-I01061110
9140	1835	8	6	1835	闰 6	12	SJW-I01061120
9141	1835	8	7	1835	闰 6	13	SJW-I01061130
9142	1835	8	9	1835	闰 6	15	SJW-I01061150
9143	1835	8	10	1835	闰 6	16	SJW-I01061160
9144	1835	8	17	1835	闰 6	23	SJW-I01061230
9145	1835	8	18	1835	闰 6	24	SJW-I01061240
9146	1835	8	19	1835	闰 6	25	SJW-I01061250
9147	1835	8	21	1835	闰 6	27	SJW-I01061270
9148	1835	8	22	1835	闰 6	28	SJW-I01061280
9149	1835	8	23	1835	闰 6	29	SJW-I01061290
9150	1835	8	24	1835	7	1	SJW-I01070010
9151	1835	8	25	1835	7	2	SJW-I01070020
9152	1835	8	26	1835	7	3	SJW-I01070030
9153	1835	8	27	1835	7	4	SJW-I01070040
9154	1835	8	30	1835	7	7	SJW-I01070070
9155	1835	9	21	1835	7	29	SJW-I01070290
9156	1835	9	26	1835	8	5	SJW-I01080050
9157	1835	9	27	1835	8	6	SJW-I01080060
9158	1835	10	4	1835	8	13	SJW-I01080130
9159	1835	10	20	1835	8	29	SJW-I01080290
9160	1835	10	29	1835	9	8	SJW-I01090080
9161	1835	11	2	1835	9	12	SJW-I01090120
9162	1835	12	1	1835	10	12	SJW-I01100120
9163	1835	12	17	1835	10	28	SJW-I01100280
9164	1836	3	7	1836	1	20	SJW-I02010200
9165	1836	3	20	1836	2	4	SJW-I02020040
9166	1836	3	27	1836	2	11	SJW-I02020110
9167	1836	4	14	1836	2	29	SJW-I02020290
9168	1836	4	15	1836	2	30	SJW-I02020300
9169	1836	4	26	1836	3	11	SJW-I02030110
9170	1836	4	27	1836	3	12	SJW-I02030120
9171	1836	5	22	1836	4	8	SJW-I02040080
9172	1836	5	28	1836	4	14	SJW-I02040140
9173	1836	6	10	1836	4	27	SJW-I02040270
9174	1836	6	11	1836	4	28	SJW-I02040280

续表

编号	公历			农历			ID 编号
	年	月	日	年	月	日	
9175	1836	6	12	1836	4	29	SJW-I02040290
9176	1836	6	15	1836	5	2	SJW-I02050020
9177	1836	6	16	1836	5	3	SJW-I02050030
9178	1836	6	24	1836	5	11	SJW-I02050110
9179	1836	6	25	1836	5	12	SJW-I02050120
9180	1836	6	28	1836	5	15	SJW-I02050150
9181	1836	7	2	1836	5	19	SJW-I02050190
9182	1836	7	10	1836	5	27	SJW-I02050270
9183	1836	7	12	1836	5	29	SJW-I02050290
9184	1836	7	13	1836	5	30	SJW-I02050300
9185	1836	7	14	1836	6	1	SJW-I02060010
9186	1836	7	17	1836	6	4	SJW-I02060040
9187	1836	7	18	1836	6	5	SJW-I02060050
9188	1836	7	20	1836	6	7	SJW-I02060070
9189	1836	7	23	1836	6	10	SJW-I02060100
9190	1836	7	27	1836	6	14	SJW-I02060140
9191	1836	7	28	1836	6	15	SJW-I02060150
9192	1836	7	29	1836	6	16	SJW-I02060160
9193	1836	7	30	1836	6	17	SJW-I02060170
9194	1836	7	31	1836	6	18	SJW-I02060180
9195	1836	8	2	1836	6	20	SJW-I02060200
9196	1836	8	3	1836	6	21	SJW-I02060210
9197	1836	8	5	1836	6	23	SJW-I02060230
9198	1836	8	6	1836	6	24	SJW-I02060240
9199	1836	8	7	1836	6	25	SJW-I02060250
9200	1836	9	20	1836	8	10	SJW-I02080100
9201	1836	9	29	1836	8	19	SJW-I02080190
9202	1836	11	3	1836	9	25	SJW-I02090250
9203	1836	11	5	1836	9	27	SJW-I02090270
9204	1836	11	23	1836	10	15	SJW-I02100150
9205	1836	11	30	1836	10	22	SJW-I02100220
9206	1837	3	16	1837	2	10	SJW-I03020100
9207	1837	3	26	1837	2	20	SJW-I03020200
9208	1837	4	22	1837	3	18	SJW-I03030180
9209	1837	4	22	1837	3	18	SJW-I03030181
9210	1837	4	23	1837	3	19	SJW-I03030190
9211	1837	4	23	1837	3	19	SJW-I03030191
9212	1837	4	24	1837	3	20	SJW-I03030200

续表

编号	公历			农历			ID 编号
	年	月	日	年	月	日	
9213	1837	4	24	1837	3	20	SJW-I03030201
9214	1837	5	1	1837	3	27	SJW-I03030270
9215	1837	5	19	1837	4	15	SJW-I03040150
9216	1837	6	4	1837	5	2	SJW-I03050020
9217	1837	6	9	1837	5	7	SJW-I03050070
9218	1837	6	21	1837	5	19	SJW-I03050190
9219	1837	6	28	1837	5	26	SJW-I03050260
9220	1837	6	29	1837	5	27	SJW-I03050270
9221	1837	7	1	1837	5	29	SJW-I03050290
9222	1837	7	2	1837	5	30	SJW-I03050300
9223	1837	7	3	1837	6	1	SJW-I03060010
9224	1837	7	4	1837	6	2	SJW-I03060020
9225	1837	7	10	1837	6	8	SJW-I03060080
9226	1837	7	13	1837	6	11	SJW-I03060110
9227	1837	7	14	1837	6	12	SJW-I03060120
9228	1837	7	15	1837	6	13	SJW-I03060130
9229	1837	7	18	1837	6	16	SJW-I03060160
9230	1837	7	20	1837	6	18	SJW-I03060180
9231	1837	8	9	1837	7	9	SJW-I03070090
9232	1837	8	10	1837	7	10	SJW-I03070100
9233	1837	8	14	1837	7	14	SJW-I03070140
9234	1837	8	16	1837	7	16	SJW-I03070160
9235	1837	8	17	1837	7	17	SJW-I03070170
9236	1837	8	18	1837	7	18	SJW-I03070180
9237	1837	8	25	1837	7	25	SJW-I03070250
9238	1837	8	26	1837	7	26	SJW-I03070260
9239	1837	8	27	1837	7	27	SJW-I03070270
9240	1837	9	2	1837	8	3	SJW-I03080030
9241	1837	9	14	1837	8	15	SJW-I03080150
9242	1837	9	16	1837	8	17	SJW-I03080170
9243	1837	10	2	1837	9	3	SJW-I03090030
9244	1837	11	3	1837	10	6	SJW-I03100060
9245	1837	11	14	1837	10	17	SJW-I03100170
9246	1837	11	17	1837	10	20	SJW-I03100200
9247	1837	12	29	1837	12	3	SJW-I03120030
9248	1837	12	30	1837	12	4	SJW-I03120040
9249	1838	1	1	1837	12	6	SJW-I03120060
9250	1838	3	2	1838	2	7	SJW-I04020070

续表

编号	公历			农历			ID 编号
	年	月	日	年	月	日	
9251	1838	3	12	1838	2	17	SJW-I04020170
9252	1838	3	14	1838	2	19	SJW-I04020190
9253	1838	3	26	1838	3	1	SJW-I04030010
9254	1838	3	30	1838	3	5	SJW-I04030050
9255	1838	4	19	1838	3	25	SJW-I04030250
9256	1838	5	10	1838	4	17	SJW-I04040170
9257	1838	5	11	1838	4	18	SJW-I04040180
9258	1838	5	16	1838	4	23	SJW-I04040230
9259	1838	5	20	1838	4	27	SJW-I04040270
9260	1838	6	6	1838	闰 4	14	SJW-I04041140
9261	1838	6	24	1838	5	3	SJW-I04050030
9262	1838	7	15	1838	5	24	SJW-I04050240
9263	1838	7	18	1838	5	27	SJW-I04050270
9264	1838	7	19	1838	5	28	SJW-I04050280
9265	1838	7	23	1838	6	3	SJW-I04060030
9266	1838	7	24	1838	6	4	SJW-I04060040
9267	1838	7	27	1838	6	7	SJW-I04060070
9268	1838	7	28	1838	6	8	SJW-I04060080
9269	1838	7	29	1838	6	9	SJW-I04060090
9270	1838	8	2	1838	6	13	SJW-I04060130
9271	1838	8	3	1838	6	14	SJW-I04060140
9272	1838	8	4	1838	6	15	SJW-I04060150
9273	1838	8	5	1838	6	16	SJW-I04060160
9274	1838	8	7	1838	6	18	SJW-I04060180
9275	1838	8	11	1838	6	22	SJW-I04060220
9276	1838	8	21	1838	7	2	SJW-I04070020
9277	1838	8	22	1838	7	3	SJW-I04070030
9278	1838	8	23	1838	7	4	SJW-I04070040
9279	1838	8	24	1838	7	5	SJW-I04070050
9280	1838	8	29	1838	7	10	SJW-I04070100
9281	1838	8	30	1838	7	11	SJW-I04070110
9282	1838	9	5	1838	7	17	SJW-I04070170
9283	1838	9	11	1838	7	23	SJW-I04070230
9284	1838	9	12	1838	7	24	SJW-I04070240
9285	1838	9	13	1838	7	25	SJW-I04070250
9286	1838	9	14	1838	7	26	SJW-I04070260
9287	1838	9	21	1838	8	3	SJW-I04080030
9288	1838	10	4	1838	8	16	SJW-I04080160

续表

编号	公历			农历			ID 编号
	年	月	日	年	月	日	
9289	1838	10	16	1838	8	28	SJW-I04080280
9290	1838	10	29	1838	9	12	SJW-I04090120
9291	1838	10	31	1838	9	14	SJW-I04090140
9292	1838	11	6	1838	9	20	SJW-I04090200
9293	1838	11	8	1838	9	22	SJW-I04090220
9294	1838	11	12	1838	9	26	SJW-I04090260
9295	1838	11	25	1838	10	9	SJW-I04100090
9296	1838	12	22	1838	11	6	SJW-I04110060
9297	1838	12	27	1838	11	11	SJW-I04110110
9298	1838	12	31	1838	11	15	SJW-I04110150
9299	1839	2	12	1838	12	29	SJW-I04120290
9300	1839	3	19	1839	2	5	SJW-I05020050
9301	1839	3	22	1839	2	8	SJW-I05020080
9302	1839	3	23	1839	2	9	SJW-I05020090
9303	1839	3	24	1839	2	10	SJW-I05020100
9304	1839	4	4	1839	2	21	SJW-I05020210
9305	1839	4	5	1839	2	22	SJW-I05020220
9306	1839	4	13	1839	2	30	SJW-I05020300
9307	1839	4	14	1839	3	1	SJW-I05030010
9308	1839	4	19	1839	3	6	SJW-I05030060
9309	1839	4	22	1839	3	9	SJW-I05030090
9310	1839	4	24	1839	3	11	SJW-I05030110
9311	1839	5	6	1839	3	23	SJW-I05030230
9312	1839	5	8	1839	3	25	SJW-I05030250
9313	1839	5	19	1839	4	7	SJW-I05040070
9314	1839	5	20	1839	4	8	SJW-I05040080
9315	1839	5	22	1839	4	10	SJW-I05040100
9316	1839	5	28	1839	4	16	SJW-I05040160
9317	1839	5	29	1839	4	17	SJW-I05040170
9318	1839	5	30	1839	4	18	SJW-I05040180
9319	1839	6	7	1839	4	26	SJW-I05040260
9320	1839	6	8	1839	4	27	SJW-I05040270
9321	1839	6	12	1839	5	2	SJW-I05050020
9322	1839	6	19	1839	5	9	SJW-I05050090
9323	1839	6	20	1839	5	10	SJW-I05050100
9324	1839	6	21	1839	5	11	SJW-I05050110
9325	1839	6	22	1839	5	12	SJW-I05050120
9326	1839	6	25	1839	5	15	SJW-I05050150

续表

编号	公历			农历			ID 编号
	年	月	日	年	月	日	
9327	1839	6	26	1839	5	16	SJW-I05050160
9328	1839	6	28	1839	5	18	SJW-I05050180
9329	1839	6	29	1839	5	19	SJW-I05050190
9330	1839	6	30	1839	5	20	SJW-I05050200
9331	1839	7	2	1839	5	22	SJW-I05050220
9332	1839	7	5	1839	5	25	SJW-I05050250
9333	1839	7	6	1839	5	26	SJW-I05050260
9334	1839	7	7	1839	5	27	SJW-I05050270
9335	1839	7	10	1839	5	30	SJW-I05050300
9336	1839	7	11	1839	6	1	SJW-I05060010
9337	1839	7	12	1839	6	2	SJW-I05060020
9338	1839	7	13	1839	6	3	SJW-I05060030
9339	1839	7	16	1839	6	6	SJW-I05060060
9340	1839	7	18	1839	6	8	SJW-I05060080
9341	1839	7	31	1839	6	21	SJW-I05060210
9342	1839	8	1	1839	6	22	SJW-I05060220
9343	1839	8	2	1839	6	23	SJW-I05060230
9344	1839	8	3	1839	6	24	SJW-I05060240
9345	1839	8	5	1839	6	26	SJW-I05060260
9346	1839	8	8	1839	6	29	SJW-I05060290
9347	1839	8	9	1839	7	1	SJW-I05070010
9348	1839	8	11	1839	7	3	SJW-I05070030
9349	1839	8	14	1839	7	6	SJW-I05070060
9350	1839	8	19	1839	7	11	SJW-I05070110
9351	1839	8	22	1839	7	14	SJW-I05070140
9352	1839	8	26	1839	7	18	SJW-I05070180
9353	1839	8	27	1839	7	19	SJW-I05070190
9354	1839	8	28	1839	7	20	SJW-I05070200
9355	1839	8	29	1839	7	21	SJW-I05070210
9356	1839	9	7	1839	7	30	SJW-I05070300
9357	1839	9	10	1839	8	3	SJW-I05080030
9358	1839	9	22	1839	8	15	SJW-I05080150
9359	1839	10	10	1839	9	4	SJW-I05090040
9360	1839	11	23	1839	10	18	SJW-I05100180
9361	1839	11	24	1839	10	19	SJW-I05100190
9362	1839	11	28	1839	10	23	SJW-I05100230
9363	1839	12	13	1839	11	8	SJW-I05110080
9364	1840	3	9	1840	2	6	SJW-I06020060

续表

编号	公历			农历			ID 编号
	年	月	日	年	月	日	
9365	1840	3	27	1840	2	24	SJW-I06020240
9366	1840	4	10	1840	3	9	SJW-I06030090
9367	1840	4	11	1840	3	10	SJW-I06030100
9368	1840	4	21	1840	3	20	SJW-I06030200
9369	1840	4	22	1840	3	21	SJW-I06030210
9370	1840	4	23	1840	3	22	SJW-I06030220
9371	1840	5	2	1840	4	1	SJW-I06040010
9372	1840	5	12	1840	4	11	SJW-I06040110
9373	1840	5	18	1840	4	17	SJW-I06040170
9374	1840	5	24	1840	4	23	SJW-I06040230
9375	1840	5	29	1840	4	28	SJW-I06040280
9376	1840	6	9	1840	5	10	SJW-I06050100
9377	1840	6	10	1840	5	11	SJW-I06050110
9378	1840	6	17	1840	5	18	SJW-I06050180
9379	1840	6	21	1840	5	22	SJW-I06050220
9380	1840	6	28	1840	5	29	SJW-I06050290
9381	1840	6	30	1840	6	2	SJW-I06060020
9382	1840	7	2	1840	6	4	SJW-I06060040
9383	1840	7	4	1840	6	6	SJW-I06060060
9384	1840	7	5	1840	6	7	SJW-I06060070
9385	1840	7	16	1840	6	18	SJW-I06060180
9386	1840	7	22	1840	6	24	SJW-I06060240
9387	1840	7	23	1840	6	25	SJW-I06060250
9388	1840	7	25	1840	6	27	SJW-I06060270
9389	1840	7	26	1840	6	28	SJW-I06060280
9390	1840	7	29	1840	7	1	SJW-I06070010
9391	1840	7	30	1840	7	2	SJW-I06070020
9392	1840	8	4	1840	7	7	SJW-I06070070
9393	1840	8	5	1840	7	8	SJW-I06070080
9394	1840	8	6	1840	7	9	SJW-I06070090
9395	1840	8	16	1840	7	19	SJW-I06070190
9396	1840	8	29	1840	8	3	SJW-I06080030
9397	1840	9	2	1840	8	7	SJW-I06080070
9398	1840	9	4	1840	8	9	SJW-I06080090
9399	1840	9	13	1840	8	18	SJW-I06080180
9400	1840	9	15	1840	8	20	SJW-I06080200
9401	1840	9	21	1840	8	26	SJW-I06080260
9402	1840	10	11	1840	9	16	SJW-I06090160

续表

编号	公历			农历			ID 编号
	年	月	日	年	月	日	
9403	1840	10	12	1840	9	17	SJW-I06090170
9404	1840	10	13	1840	9	18	SJW-I06090180
9405	1840	10	19	1840	9	24	SJW-I06090240
9406	1840	11	1	1840	10	8	SJW-I06100080
9407	1840	11	6	1840	10	13	SJW-I06100130
9408	1840	11	7	1840	10	14	SJW-I06100140
9409	1840	11	17	1840	10	24	SJW-I06100240
9410	1840	11	21	1840	10	28	SJW-I06100280
9411	1840	11	22	1840	10	29	SJW-I06100290
9412	1840	11	24	1840	11	1	SJW-I06110010
9413	1840	12	3	1840	11	10	SJW-I06110100
9414	1840	12	6	1840	11	13	SJW-I06110130
9415	1841	3	5	1841	2	13	SJW-I07020130
9416	1841	4	24	1841	闰 3	4	SJW-I07031040
9417	1841	4	29	1841	闰 3	9	SJW-I07031090
9418	1841	5	1	1841	闰 3	11	SJW-I07031110
9419	1841	5	2	1841	闰 3	12	SJW-I07031120
9420	1841	5	29	1841	4	9	SJW-I07040090
9421	1841	5	30	1841	4	10	SJW-I07040100
9422	1841	5	31	1841	4	11	SJW-I07040110
9423	1841	6	2	1841	4	13	SJW-I07040130
9424	1841	6	4	1841	4	15	SJW-I07040150
9425	1841	6	5	1841	4	16	SJW-I07040160
9426	1841	6	8	1841	4	19	SJW-I07040190
9427	1841	6	19	1841	5	1	SJW-I07050010
9428	1841	6	23	1841	5	5	SJW-I07050050
9429	1841	6	29	1841	5	11	SJW-I07050110
9430	1841	6	30	1841	5	12	SJW-I07050120
9431	1841	7	4	1841	5	16	SJW-I07050160
9432	1841	7	8	1841	5	20	SJW-I07050200
9433	1841	7	9	1841	5	21	SJW-I07050210
9434	1841	7	15	1841	5	27	SJW-I07050270
9435	1841	7	16	1841	5	28	SJW-I07050280
9436	1841	7	17	1841	5	29	SJW-I07050290
9437	1841	8	20	1841	7	4	SJW-I07070040
9438	1841	8	22	1841	7	6	SJW-I07070060
9439	1841	8	23	1841	7	7	SJW-I07070070
9440	1841	8	24	1841	7	8	SJW-I07070080

续表

编号	公历			农历			ID 编号
	年	月	日	年	月	日	
9441	1841	8	27	1841	7	11	SJW-I07070110
9442	1841	8	28	1841	7	12	SJW-I07070120
9443	1841	8	31	1841	7	15	SJW-I07070150
9444	1841	9	1	1841	7	16	SJW-I07070160
9445	1841	9	2	1841	7	17	SJW-I07070170
9446	1841	9	3	1841	7	18	SJW-I07070180
9447	1841	9	7	1841	7	22	SJW-I07070220
9448	1841	9	12	1841	7	27	SJW-I07070270
9449	1841	9	14	1841	7	29	SJW-I07070290
9450	1841	10	6	1841	8	22	SJW-I07080220
9451	1841	10	11	1841	8	27	SJW-I07080270
9452	1841	10	12	1841	8	28	SJW-I07080280
9453	1841	10	20	1841	9	6	SJW-I07090060
9454	1841	10	21	1841	9	7	SJW-I07090070
9455	1841	10	26	1841	9	12	SJW-I07090120
9456	1841	10	30	1841	9	16	SJW-I07090160
9457	1841	11	8	1841	9	25	SJW-I07090250
9458	1841	11	11	1841	9	28	SJW-I07090280
9459	1842	1	27	1841	12	17	SJW-I07120170
9460	1842	2	14	1842	1	5	SJW-I08010050
9461	1842	2	15	1842	1	6	SJW-I08010060
9462	1842	3	24	1842	2	13	SJW-I08020130
9463	1842	3	25	1842	2	14	SJW-I08020140
9464	1842	4	2	1842	2	22	SJW-I08020220
9465	1842	4	9	1842	2	29	SJW-I08020290
9466	1842	4	17	1842	3	7	SJW-I08030070
9467	1842	4	27	1842	3	17	SJW-I08030170
9468	1842	5	6	1842	3	26	SJW-I08030260
9469	1842	6	7	1842	4	29	SJW-I08040290
9470	1842	6	14	1842	5	6	SJW-I08050060
9471	1842	6	21	1842	5	13	SJW-I08050130
9472	1842	6	30	1842	5	22	SJW-I08050220
9473	1842	7	7	1842	5	29	SJW-I08050290
9474	1842	7	8	1842	6	1	SJW-I08060010
9475	1842	7	11	1842	6	4	SJW-I08060040
9476	1842	7	12	1842	6	5	SJW-I08060050
9477	1842	7	13	1842	6	6	SJW-I08060060
9478	1842	7	17	1842	6	10	SJW-I08060100

续表

编号	公历			农历			ID 编号
	年	月	日	年	月	日	
9479	1842	7	18	1842	6	11	SJW-I08060110
9480	1842	7	20	1842	6	13	SJW-I08060130
9481	1842	7	23	1842	6	16	SJW-I08060160
9482	1842	7	24	1842	6	17	SJW-I08060170
9483	1842	7	25	1842	6	18	SJW-I08060180
9484	1842	7	26	1842	6	19	SJW-I08060190
9485	1842	7	27	1842	6	20	SJW-I08060200
9486	1842	7	28	1842	6	21	SJW-I08060210
9487	1842	7	29	1842	6	22	SJW-I08060220
9488	1842	8	2	1842	6	26	SJW-I08060260
9489	1842	8	4	1842	6	28	SJW-I08060280
9490	1842	8	7	1842	7	2	SJW-I08070020
9491	1842	8	8	1842	7	3	SJW-I08070030
9492	1842	8	14	1842	7	9	SJW-I08070090
9493	1842	8	15	1842	7	10	SJW-I08070100
9494	1842	8	17	1842	7	12	SJW-I08070120
9495	1842	8	18	1842	7	13	SJW-I08070130
9496	1842	8	21	1842	7	16	SJW-I08070160
9497	1842	8	22	1842	7	17	SJW-I08070170
9498	1842	8	26	1842	7	21	SJW-I08070210
9499	1842	8	27	1842	7	22	SJW-I08070220
9500	1842	9	6	1842	8	2	SJW-I08080020
9501	1842	9	8	1842	8	4	SJW-I08080040
9502	1842	9	10	1842	8	6	SJW-I08080060
9503	1842	9	13	1842	8	9	SJW-I08080090
9504	1842	9	24	1842	8	20	SJW-I08080200
9505	1842	9	25	1842	8	21	SJW-I08080210
9506	1842	10	11	1842	9	8	SJW-I08090080
9507	1842	10	26	1842	9	23	SJW-I08090230
9508	1842	10	29	1842	9	26	SJW-I08090260
9509	1842	11	1	1842	9	29	SJW-I08090290
9510	1842	11	3	1842	10	1	SJW-I08100010
9511	1842	11	4	1842	10	2	SJW-I08100020
9512	1842	11	8	1842	10	6	SJW-I08100060
9513	1842	11	12	1842	10	10	SJW-I08100100
9514	1842	11	16	1842	10	14	SJW-I08100140
9515	1842	12	1	1842	10	29	SJW-I08100290
9516	1842	12	17	1842	11	16	SJW-I08110160

续表

编号	公历			农历			ID 编号
	年	月	日	年	月	日	
9517	1842	12	21	1842	11	20	SJW-I08110200
9518	1842	12	22	1842	11	21	SJW-I08110210
9519	1842	12	23	1842	11	22	SJW-I08110220
9520	1842	12	24	1842	11	23	SJW-I08110230
9521	1843	3	19	1843	2	19	SJW-I09020190
9522	1843	3	31	1843	3	1	SJW-I09030010
9523	1843	4	4	1843	3	5	SJW-I09030050
9524	1843	4	17	1843	3	18	SJW-I09030180
9525	1843	5	6	1843	4	7	SJW-I09040070
9526	1843	5	10	1843	4	11	SJW-I09040110
9527	1843	5	20	1843	4	21	SJW-I09040210
9528	1843	5	25	1843	4	26	SJW-I09040260
9529	1843	6	7	1843	5	10	SJW-I09050100
9530	1843	6	22	1843	5	25	SJW-I09050250
9531	1843	6	23	1843	5	26	SJW-I09050260
9532	1843	6	28	1843	6	1	SJW-I09060010
9533	1843	6	29	1843	6	2	SJW-I09060020
9534	1843	7	5	1843	6	8	SJW-I09060080
9535	1843	7	6	1843	6	9	SJW-I09060090
9536	1843	7	7	1843	6	10	SJW-I09060100
9537	1843	7	11	1843	6	14	SJW-I09060140
9538	1843	7	13	1843	6	16	SJW-I09060160
9539	1843	7	14	1843	6	17	SJW-I09060170
9540	1843	7	16	1843	6	19	SJW-I09060190
9541	1843	7	17	1843	6	20	SJW-I09060200
9542	1843	7	18	1843	6	21	SJW-I09060210
9543	1843	7	19	1843	6	22	SJW-I09060220
9544	1843	7	20	1843	6	23	SJW-I09060230
9545	1843	7	21	1843	6	24	SJW-I09060240
9546	1843	7	24	1843	6	27	SJW-I09060270
9547	1843	7	26	1843	6	29	SJW-I09060290
9548	1843	7	31	1843	7	5	SJW-I09070050
9549	1843	8	1	1843	7	6	SJW-I09070060
9550	1843	8	2	1843	7	7	SJW-I09070070
9551	1843	8	3	1843	7	8	SJW-I09070080
9552	1843	8	10	1843	7	15	SJW-I09070150
9553	1843	8	11	1843	7	16	SJW-I09070160
9554	1843	8	16	1843	7	21	SJW-I09070210

续表

编号	公历			农历			ID 编号
	年	月	日	年	月	日	
9555	1843	8	17	1843	7	22	SJW-I09070220
9556	1843	8	20	1843	7	25	SJW-I09070250
9557	1843	8	21	1843	7	26	SJW-I09070260
9558	1843	8	22	1843	7	27	SJW-I09070270
9559	1843	8	26	1843	闰 7	2	SJW-I09071020
9560	1843	8	27	1843	闰 7	3	SJW-I09071030
9561	1843	8	28	1843	闰 7	4	SJW-I09071040
9562	1843	8	29	1843	闰 7	5	SJW-I09071050
9563	1843	8	30	1843	闰 7	6	SJW-I09071060
9564	1843	9	1	1843	闰 7	8	SJW-I09071080
9565	1843	9	2	1843	闰 7	9	SJW-I09071090
9566	1843	9	3	1843	闰 7	10	SJW-I09071100
9567	1843	9	7	1843	闰 7	14	SJW-I09071140
9568	1843	9	8	1843	闰 7	15	SJW-I09071150
9569	1843	9	9	1843	闰 7	16	SJW-I09071160
9570	1843	9	26	1843	8	3	SJW-I09080030
9571	1843	10	1	1843	8	8	SJW-I09080080
9572	1843	10	2	1843	8	9	SJW-I09080090
9573	1843	10	3	1843	8	10	SJW-I09080100
9574	1843	10	16	1843	8	23	SJW-I09080230
9575	1843	10	17	1843	8	24	SJW-I09080240
9576	1843	10	18	1843	8	25	SJW-I09080250
9577	1843	10	21	1843	8	28	SJW-I09080280
9578	1843	10	25	1843	9	3	SJW-I09090030
9579	1843	11	1	1843	9	10	SJW-I09090100
9580	1843	11	4	1843	9	13	SJW-I09090130
9581	1843	11	9	1843	9	18	SJW-I09090180
9582	1843	11	17	1843	9	26	SJW-I09090260
9583	1843	12	28	1843	11	8	SJW-I09110080
9584	1844	1	5	1843	11	16	SJW-I09110160
9585	1844	3	16	1844	1	28	SJW-I10010280
9586	1844	3	19	1844	2	1	SJW-I10020010
9587	1844	3	31	1844	2	13	SJW-I10020130
9588	1844	4	1	1844	2	14	SJW-I10020140
9589	1844	4	8	1844	2	21	SJW-I10020210
9590	1844	4	15	1844	2	28	SJW-I10020280
9591	1844	4	19	1844	3	2	SJW-I10030020
9592	1844	4	20	1844	3	3	SJW-I10030030

续表

编号	公历			农历			ID 编号
	年	月	日	年	月	日	
9593	1844	4	26	1844	3	9	SJW-I10030090
9594	1844	5	7	1844	3	20	SJW-I10030200
9595	1844	5	8	1844	3	21	SJW-I10030210
9596	1844	5	9	1844	3	22	SJW-I10030220
9597	1844	5	17	1844	4	1	SJW-I10040010
9598	1844	5	20	1844	4	4	SJW-I10040040
9599	1844	5	31	1844	4	15	SJW-I10040150
9600	1844	6	3	1844	4	18	SJW-I10040180
9601	1844	6	5	1844	4	20	SJW-I10040200
9602	1844	6	6	1844	4	21	SJW-I10040210
9603	1844	6	16	1844	5	1	SJW-I10050010
9604	1844	6	17	1844	5	2	SJW-I10050020
9605	1844	6	18	1844	5	3	SJW-I10050030
9606	1844	6	19	1844	5	4	SJW-I10050040
9607	1844	6	23	1844	5	8	SJW-I10050080
9608	1844	6	30	1844	5	15	SJW-I10050150
9609	1844	7	3	1844	5	18	SJW-I10050180
9610	1844	7	4	1844	5	19	SJW-I10050190
9611	1844	7	5	1844	5	20	SJW-I10050200
9612	1844	7	6	1844	5	21	SJW-I10050210
9613	1844	7	7	1844	5	22	SJW-I10050220
9614	1844	7	8	1844	5	23	SJW-I10050230
9615	1844	7	9	1844	5	24	SJW-I10050240
9616	1844	7	10	1844	5	25	SJW-I10050250
9617	1844	7	12	1844	5	27	SJW-I10050270
9618	1844	7	13	1844	5	28	SJW-I10050280
9619	1844	7	16	1844	6	2	SJW-I10060020
9620	1844	7	19	1844	6	5	SJW-I10060050
9621	1844	7	20	1844	6	6	SJW-I10060060
9622	1844	7	21	1844	6	7	SJW-I10060070
9623	1844	7	23	1844	6	9	SJW-I10060090
9624	1844	7	27	1844	6	13	SJW-I10060130
9625	1844	7	28	1844	6	14	SJW-I10060140
9626	1844	7	29	1844	6	15	SJW-I10060150
9627	1844	7	30	1844	6	16	SJW-I10060160
9628	1844	8	3	1844	6	20	SJW-I10060200
9629	1844	8	4	1844	6	21	SJW-I10060210
9630	1844	8	5	1844	6	22	SJW-I10060220

续表

编号	公历			农历			ID 编号
	年	月	日	年	月	日	
9631	1844	8	14	1844	7	1	SJW-I10070010
9632	1844	8	15	1844	7	2	SJW-I10070020
9633	1844	8	18	1844	7	5	SJW-I10070050
9634	1844	8	19	1844	7	6	SJW-I10070060
9635	1844	8	22	1844	7	9	SJW-I10070090
9636	1844	8	24	1844	7	11	SJW-I10070110
9637	1844	8	28	1844	7	15	SJW-I10070150
9638	1844	8	29	1844	7	16	SJW-I10070160
9639	1844	8	30	1844	7	17	SJW-I10070170
9640	1844	8	31	1844	7	18	SJW-I10070180
9641	1844	9	4	1844	7	22	SJW-I10070220
9642	1844	9	23	1844	8	12	SJW-I10080120
9643	1844	9	24	1844	8	13	SJW-I10080130
9644	1844	10	4	1844	8	23	SJW-I10080230
9645	1844	10	12	1844	9	1	SJW-I10090010
9646	1844	10	12	1844	9	1	SJW-I10090011
9647	1844	10	18	1844	9	7	SJW-I10090070
9648	1844	10	23	1844	9	12	SJW-I10090120
9649	1844	10	25	1844	9	14	SJW-I10090140
9650	1844	10	30	1844	9	19	SJW-I10090190
9651	1844	11	11	1844	10	2	SJW-I10100020
9652	1844	11	11	1844	10	2	SJW-I10100021
9653	1844	11	24	1844	10	15	SJW-I10100150
9654	1844	11	24	1844	10	15	SJW-I10100151
9655	1844	11	25	1844	10	16	SJW-I10100160
9656	1844	11	25	1844	10	16	SJW-I10100161
9657	1844	11	29	1844	10	20	SJW-I10100200
9658	1844	11	29	1844	10	20	SJW-I10100201
9659	1844	11	30	1844	10	21	SJW-I10100210
9660	1844	11	30	1844	10	21	SJW-I10100211
9661	1844	12	11	1844	11	2	SJW-I10110020
9662	1845	1	20	1844	12	13	SJW-I10120130
9663	1845	3	21	1845	2	14	SJW-I11020140
9664	1845	3	25	1845	2	18	SJW-I11020180
9665	1845	3	26	1845	2	19	SJW-I11020190
9666	1845	3	27	1845	2	20	SJW-I11020200
9667	1845	4	4	1845	2	28	SJW-I11020280
9668	1845	4	5	1845	2	29	SJW-I11020290

续表

编号	公历			农历			ID 编号
	年	月	日	年	月	日	
9669	1845	4	10	1845	3	4	SJW-I11030040
9670	1845	4	16	1845	3	10	SJW-I11030100
9671	1845	4	27	1845	3	21	SJW-I11030210
9672	1845	4	28	1845	3	22	SJW-I11030220
9673	1845	5	7	1845	4	2	SJW-I11040020
9674	1845	5	8	1845	4	3	SJW-I11040030
9675	1845	6	8	1845	5	4	SJW-I11050040
9676	1845	6	23	1845	5	19	SJW-I11050190
9677	1845	6	24	1845	5	20	SJW-I11050200
9678	1845	6	30	1845	5	26	SJW-I11050260
9679	1845	7	1	1845	5	27	SJW-I11050270
9680	1845	7	7	1845	6	3	SJW-I11060030
9681	1845	7	11	1845	6	7	SJW-I11060070
9682	1845	7	20	1845	6	16	SJW-I11060160
9683	1845	7	21	1845	6	17	SJW-I11060170
9684	1845	7	22	1845	6	18	SJW-I11060180
9685	1845	7	23	1845	6	19	SJW-I11060190
9686	1845	7	25	1845	6	21	SJW-I11060210
9687	1845	7	26	1845	6	22	SJW-I11060220
9688	1845	8	1	1845	6	28	SJW-I11060280
9689	1845	8	2	1845	6	29	SJW-I11060290
9690	1845	8	5	1845	7	3	SJW-I11070030
9691	1845	8	6	1845	7	4	SJW-I11070040
9692	1845	8	9	1845	7	7	SJW-I11070070
9693	1845	8	10	1845	7	8	SJW-I11070080
9694	1845	8	13	1845	7	11	SJW-I11070110
9695	1845	8	14	1845	7	12	SJW-I11070120
9696	1845	8	17	1845	7	15	SJW-I11070150
9697	1845	9	1	1845	7	30	SJW-I11070300
9698	1845	10	11	1845	9	11	SJW-I11090110
9699	1845	10	22	1845	9	22	SJW-I11090220
9700	1845	10	23	1845	9	23	SJW-I11090230
9701	1845	10	29	1845	9	29	SJW-I11090290
9702	1845	11	2	1845	10	3	SJW-I11100030
9703	1845	12	2	1845	11	4	SJW-I11110040
9704	1845	12	3	1845	11	5	SJW-I11110050
9705	1846	2	23	1846	1	28	SJW-I12010280
9706	1846	3	10	1846	2	13	SJW-I12020130

续表

编号	公历			农历			ID 编号
	年	月	日	年	月	日	
9707	1846	3	14	1846	2	17	SJW-I12020170
9708	1846	4	4	1846	3	9	SJW-I12030090
9709	1846	4	5	1846	3	10	SJW-I12030100
9710	1846	4	11	1846	3	16	SJW-I12030160
9711	1846	4	15	1846	3	20	SJW-I12030200
9712	1846	4	25	1846	3	30	SJW-I12030300
9713	1846	4	26	1846	4	1	SJW-I12040010
9714	1846	4	30	1846	4	5	SJW-I12040050
9715	1846	5	1	1846	4	6	SJW-I12040060
9716	1846	5	8	1846	4	13	SJW-I12040130
9717	1846	5	13	1846	4	18	SJW-I12040180
9718	1846	5	14	1846	4	19	SJW-I12040190
9719	1846	5	19	1846	4	24	SJW-I12040240
9720	1846	5	20	1846	4	25	SJW-I12040250
9721	1846	5	21	1846	4	26	SJW-I12040260
9722	1846	5	23	1846	4	28	SJW-I12040280
9723	1846	6	8	1846	5	15	SJW-I12050150
9724	1846	6	9	1846	5	16	SJW-I12050160
9725	1846	6	17	1846	5	24	SJW-I12050240
9726	1846	6	19	1846	5	26	SJW-I12050260
9727	1846	6	24	1846	闰 5	1	SJW-I12051010
9728	1846	6	25	1846	闰 5	2	SJW-I12051020
9729	1846	6	26	1846	闰 5	3	SJW-I12051030
9730	1846	6	27	1846	闰 5	4	SJW-I12051040
9731	1846	6	28	1846	闰 5	5	SJW-I12051050
9732	1846	6	30	1846	闰 5	7	SJW-I12051070
9733	1846	7	3	1846	闰 5	10	SJW-I12051100
9734	1846	7	8	1846	闰 5	15	SJW-I12051150
9735	1846	7	9	1846	闰 5	16	SJW-I12051160
9736	1846	7	10	1846	闰 5	17	SJW-I12051170
9737	1846	7	11	1846	闰 5	18	SJW-I12051180
9738	1846	7	13	1846	闰 5	20	SJW-I12051200
9739	1846	7	17	1846	闰 5	24	SJW-I12051240
9740	1846	7	18	1846	闰 5	25	SJW-I12051250
9741	1846	7	19	1846	闰 5	26	SJW-I12051260
9742	1846	7	21	1846	闰 5	28	SJW-I12051280
9743	1846	7	22	1846	闰 5	29	SJW-I12051290
9744	1846	7	23	1846	6	1	SJW-I12060010

续表

编号	公历			农历			ID 编号
	年	月	日	年	月	日	
9745	1846	7	25	1846	6	3	SJW-I12060030
9746	1846	7	26	1846	6	4	SJW-I12060040
9747	1846	7	27	1846	6	5	SJW-I12060050
9748	1846	7	28	1846	6	6	SJW-I12060060
9749	1846	7	29	1846	6	7	SJW-I12060070
9750	1846	7	30	1846	6	8	SJW-I12060080
9751	1846	7	31	1846	6	9	SJW-I12060090
9752	1846	8	2	1846	6	11	SJW-I12060110
9753	1846	8	3	1846	6	12	SJW-I12060120
9754	1846	8	12	1846	6	21	SJW-I12060210
9755	1846	8	13	1846	6	22	SJW-I12060220
9756	1846	8	15	1846	6	24	SJW-I12060240
9757	1846	8	22	1846	7	1	SJW-I12070010
9758	1846	8	23	1846	7	2	SJW-I12070020
9759	1846	8	24	1846	7	3	SJW-I12070030
9760	1846	8	26	1846	7	5	SJW-I12070050
9761	1846	8	27	1846	7	6	SJW-I12070060
9762	1846	8	28	1846	7	7	SJW-I12070070
9763	1846	8	30	1846	7	9	SJW-I12070090
9764	1846	8	31	1846	7	10	SJW-I12070100
9765	1846	9	1	1846	7	11	SJW-I12070110
9766	1846	9	3	1846	7	13	SJW-I12070130
9767	1846	9	5	1846	7	15	SJW-I12070150
9768	1846	9	11	1846	7	21	SJW-I12070210
9769	1846	9	12	1846	7	22	SJW-I12070220
9770	1846	9	13	1846	7	23	SJW-I12070230
9771	1846	9	14	1846	7	24	SJW-I12070240
9772	1846	9	15	1846	7	25	SJW-I12070250
9773	1846	9	17	1846	7	27	SJW-I12070270
9774	1846	11	6	1846	9	18	SJW-I12090180
9775	1847	1	7	1846	11	21	SJW-I12110210
9776	1847	3	7	1847	1	21	SJW-I13010210
9777	1847	4	19	1847	3	5	SJW-I13030050
9778	1847	4	20	1847	3	6	SJW-I13030060
9779	1847	4	25	1847	3	11	SJW-I13030110
9780	1847	4	29	1847	3	15	SJW-I13030150
9781	1847	4	30	1847	3	16	SJW-I13030160
9782	1847	5	2	1847	3	18	SJW-I13030180

续表

编号	公历			农历			ID 编号
	年	月	日	年	月	日	
9783	1847	5	8	1847	3	24	SJW-I13030240
9784	1847	5	9	1847	3	25	SJW-I13030250
9785	1847	5	18	1847	4	5	SJW-I13040050
9786	1847	5	19	1847	4	6	SJW-I13040060
9787	1847	6	7	1847	4	25	SJW-I13040250
9788	1847	6	8	1847	4	26	SJW-I13040260
9789	1847	6	12	1847	4	30	SJW-I13040300
9790	1847	6	13	1847	5	1	SJW-I13050010
9791	1847	6	18	1847	5	6	SJW-I13050060
9792	1847	6	19	1847	5	7	SJW-I13050070
9793	1847	6	20	1847	5	8	SJW-I13050080
9794	1847	6	27	1847	5	15	SJW-I13050150
9795	1847	6	28	1847	5	16	SJW-I13050160
9796	1847	7	1	1847	5	19	SJW-I13050190
9797	1847	7	2	1847	5	20	SJW-I13050200
9798	1847	7	4	1847	5	22	SJW-I13050220
9799	1847	7	5	1847	5	23	SJW-I13050230
9800	1847	7	7	1847	5	25	SJW-I13050250
9801	1847	7	8	1847	5	26	SJW-I13050260
9802	1847	7	13	1847	6	2	SJW-I13060020
9803	1847	7	14	1847	6	3	SJW-I13060030
9804	1847	7	24	1847	6	13	SJW-I13060130
9805	1847	7	25	1847	6	14	SJW-I13060140
9806	1847	7	26	1847	6	15	SJW-I13060150
9807	1847	7	30	1847	6	19	SJW-I13060190
9808	1847	8	1	1847	6	21	SJW-I13060210
9809	1847	8	2	1847	6	22	SJW-I13060220
9810	1847	8	3	1847	6	23	SJW-I13060230
9811	1847	8	9	1847	6	29	SJW-I13060290
9812	1847	8	10	1847	6	30	SJW-I13060300
9813	1847	8	15	1847	7	5	SJW-I13070050
9814	1847	8	16	1847	7	6	SJW-I13070060
9815	1847	8	20	1847	7	10	SJW-I13070100
9816	1847	8	21	1847	7	11	SJW-I13070110
9817	1847	8	27	1847	7	17	SJW-I13070170
9818	1847	9	1	1847	7	22	SJW-I13070220
9819	1847	9	3	1847	7	24	SJW-I13070240
9820	1847	9	4	1847	7	25	SJW-I13070250

续表

编号	公历			农历			ID 编号
	年	月	日	年	月	日	
9821	1847	9	5	1847	7	26	SJW-I13070260
9822	1847	9	6	1847	7	27	SJW-I13070270
9823	1847	9	7	1847	7	28	SJW-I13070280
9824	1847	9	8	1847	7	29	SJW-I13070290
9825	1847	9	9	1847	8	1	SJW-I13080010
9826	1847	9	10	1847	8	2	SJW-I13080020
9827	1847	9	19	1847	8	11	SJW-I13080110
9828	1847	9	26	1847	8	18	SJW-I13080180
9829	1847	9	27	1847	8	19	SJW-I13080190
9830	1847	11	17	1847	10	10	SJW-I13100100
9831	1847	11	20	1847	10	13	SJW-I13100130
9832	1847	12	1	1847	10	24	SJW-I13100240
9833	1847	12	22	1847	11	15	SJW-I13110150
9834	1848	2	15	1848	1	11	SJW-I14010110
9835	1848	3	16	1848	2	12	SJW-I14020120
9836	1848	3	31	1848	2	27	SJW-I14020270
9837	1848	4	5	1848	3	2	SJW-I14030020
9838	1848	4	6	1848	3	3	SJW-I14030030
9839	1848	4	18	1848	3	15	SJW-I14030150
9840	1848	4	24	1848	3	21	SJW-I14030210
9841	1848	5	17	1848	4	15	SJW-I14040150
9842	1848	5	24	1848	4	22	SJW-I14040220
9843	1848	5	28	1848	4	26	SJW-I14040260
9844	1848	6	1	1848	5	1	SJW-I14050010
9845	1848	6	4	1848	5	4	SJW-I14050040
9846	1848	6	6	1848	5	6	SJW-I14050060
9847	1848	6	10	1848	5	10	SJW-I14050100
9848	1848	6	30	1848	5	30	SJW-I14050300
9849	1848	7	3	1848	6	3	SJW-I14060030
9850	1848	7	4	1848	6	4	SJW-I14060040
9851	1848	7	5	1848	6	5	SJW-I14060050
9852	1848	7	6	1848	6	6	SJW-I14060060
9853	1848	7	11	1848	6	11	SJW-I14060110
9854	1848	7	12	1848	6	12	SJW-I14060120
9855	1848	7	27	1848	6	27	SJW-I14060270
9856	1848	7	28	1848	6	28	SJW-I14060280
9857	1848	7	29	1848	6	29	SJW-I14060290
9858	1848	7	30	1848	7	1	SJW-I14070010

续表

编号	公历			农历			ID 编号
	年	月	日	年	月	日	
9859	1848	8	1	1848	7	3	SJW-I14070030
9860	1848	8	2	1848	7	4	SJW-I14070040
9861	1848	8	8	1848	7	10	SJW-I14070100
9862	1848	8	9	1848	7	11	SJW-I14070110
9863	1848	8	10	1848	7	12	SJW-I14070120
9864	1848	8	12	1848	7	14	SJW-I14070140
9865	1848	8	13	1848	7	15	SJW-I14070150
9866	1848	8	14	1848	7	16	SJW-I14070160
9867	1848	8	22	1848	7	24	SJW-I14070240
9868	1848	8	25	1848	7	27	SJW-I14070270
9869	1848	8	29	1848	8	1	SJW-I14080010
9870	1848	8	30	1848	8	2	SJW-I14080020
9871	1848	9	1	1848	8	4	SJW-I14080040
9872	1848	9	2	1848	8	5	SJW-I14080050
9873	1848	9	23	1848	8	26	SJW-I14080260
9874	1848	9	26	1848	8	29	SJW-I14080290
9875	1848	9	28	1848	9	2	SJW-I14090020
9876	1848	10	1	1848	9	5	SJW-I14090050
9877	1848	10	12	1848	9	16	SJW-I14090160
9878	1848	10	22	1848	9	26	SJW-I14090260
9879	1848	10	30	1848	10	4	SJW-I14100040
9880	1848	10	31	1848	10	5	SJW-I14100050
9881	1848	11	8	1848	10	13	SJW-I14100130
9882	1848	11	10	1848	10	15	SJW-I14100150
9883	1848	11	24	1848	10	29	SJW-I14100290
9884	1848	11	27	1848	11	2	SJW-I14110020
9885	1848	12	8	1848	11	13	SJW-I14110130
9886	1849	2	21	1849	1	29	SJW-I15010290
9887	1849	2	23	1849	2	1	SJW-I15020010
9888	1849	3	12	1849	2	18	SJW-I15020180
9889	1849	3	13	1849	2	19	SJW-I15020190
9890	1849	3	22	1849	2	28	SJW-I15020280
9891	1849	3	28	1849	3	5	SJW-I15030050
9892	1849	3	31	1849	3	8	SJW-I15030080
9893	1849	4	1	1849	3	9	SJW-I15030090
9894	1849	4	8	1849	3	16	SJW-I15030160
9895	1849	4	9	1849	3	17	SJW-I15030170
9896	1849	4	10	1849	3	18	SJW-I15030180

续表

编号	公历			农历			ID 编号
	年	月	日	年	月	日	
9897	1849	4	11	1849	3	19	SJW-I15030190
9898	1849	4	15	1849	3	23	SJW-I15030230
9899	1849	4	16	1849	3	24	SJW-I15030240
9900	1849	4	25	1849	4	3	SJW-I15040030
9901	1849	5	2	1849	4	10	SJW-I15040100
9902	1849	5	14	1849	4	22	SJW-I15040220
9903	1849	5	15	1849	4	23	SJW-I15040230
9904	1849	5	20	1849	4	28	SJW-I15040280
9905	1849	5	21	1849	4	29	SJW-I15040290
9906	1849	5	22	1849	闰 4	1	SJW-I15041010
9907	1849	5	23	1849	闰 4	2	SJW-I15041020
9908	1849	5	31	1849	闰 4	10	SJW-I15041100
9909	1849	6	1	1849	闰 4	11	SJW-I15041110
9910	1849	6	12	1849	闰 4	22	SJW-I15041220
9911	1849	6	13	1849	闰 4	23	SJW-I15041230
9912	1849	6	17	1849	闰 4	27	SJW-I15041270
9913	1849	6	24	1849	5	5	SJW-I15050050
9914	1849	7	1	1849	5	12	SJW-I15050120
9915	1849	7	11	1849	5	22	SJW-I15050220
9916	1849	7	12	1849	5	23	SJW-I15050230
9917	1849	7	16	1849	5	27	SJW-I15050270
9918	1849	7	18	1849	5	29	SJW-I15050290
9919	1849	7	19	1849	5	30	SJW-I15050300
9920	1849	7	20	1849	6	1	SJW-I15060010
9921	1849	7	25	1849	6	6	SJW-I15060060
9922	1849	8	3	1849	6	15	SJW-J00060150
9923	1849	8	7	1849	6	19	SJW-J00060190
9924	1849	8	8	1849	6	20	SJW-J00060200
9925	1849	8	9	1849	6	21	SJW-J00060210
9926	1849	8	10	1849	6	22	SJW-J00060220
9927	1849	8	13	1849	6	25	SJW-J00060250
9928	1849	8	14	1849	6	26	SJW-J00060260
9929	1849	8	20	1849	7	3	SJW-J00070030
9930	1849	8	21	1849	7	4	SJW-J00070040
9931	1849	8	23	1849	7	6	SJW-J00070060
9932	1849	8	26	1849	7	9	SJW-J00070090
9933	1849	8	27	1849	7	10	SJW-J00070100
9934	1849	8	29	1849	7	12	SJW-J00070120

续表

编号	公历			农历			ID 编号
	年	月	日	年	月	日	
9935	1849	8	31	1849	7	14	SJW-J00070140
9936	1849	9	8	1849	7	22	SJW-J00070220
9937	1849	9	9	1849	7	23	SJW-J00070230
9938	1849	9	13	1849	7	27	SJW-J00070270
9939	1849	9	15	1849	7	29	SJW-J00070290
9940	1849	9	24	1849	8	8	SJW-J00080080
9941	1849	9	26	1849	8	10	SJW-J00080100
9942	1849	9	27	1849	8	11	SJW-J00080110
9943	1849	10	13	1849	8	27	SJW-J00080270
9944	1849	10	19	1849	9	4	SJW-J00090040
9945	1849	10	20	1849	9	5	SJW-J00090050
9946	1849	10	27	1849	9	12	SJW-J00090120
9947	1849	11	2	1849	9	18	SJW-J00090180
9948	1849	11	30	1849	10	16	SJW-J00100160
9949	1849	12	1	1849	10	17	SJW-J00100170
9950	1849	12	5	1849	10	21	SJW-J00100210
9951	1850	1	1	1849	11	19	SJW-J00110190
9952	1850	3	9	1850	1	26	SJW-J01010260
9953	1850	4	2	1850	2	20	SJW-J01020200
9954	1850	4	11	1850	2	29	SJW-J01020290
9955	1850	4	13	1850	3	2	SJW-J01030020
9956	1850	4	15	1850	3	4	SJW-J01030040
9957	1850	4	25	1850	3	14	SJW-J01030140
9958	1850	5	5	1850	3	24	SJW-J01030240
9959	1850	5	17	1850	4	6	SJW-J01040060
9960	1850	5	20	1850	4	9	SJW-J01040090
9961	1850	5	26	1850	4	15	SJW-J01040150
9962	1850	5	29	1850	4	18	SJW-J01040180
9963	1850	6	5	1850	4	25	SJW-J01040250
9964	1850	6	6	1850	4	26	SJW-J01040260
9965	1850	6	8	1850	4	28	SJW-J01040280
9966	1850	6	9	1850	4	29	SJW-J01040290
9967	1850	6	12	1850	5	3	SJW-J01050030
9968	1850	6	13	1850	5	4	SJW-J01050040
9969	1850	6	20	1850	5	11	SJW-J01050110
9970	1850	6	21	1850	5	12	SJW-J01050120
9971	1850	6	23	1850	5	14	SJW-J01050140
9972	1850	6	25	1850	5	16	SJW-J01050160

续表

编号	公历			农历			ID 编号
	年	月	日	年	月	日	
9973	1850	6	28	1850	5	19	SJW-J01050190
9974	1850	7	5	1850	5	26	SJW-J01050260
9975	1850	7	7	1850	5	28	SJW-J01050280
9976	1850	7	11	1850	6	3	SJW-J01060030
9977	1850	7	12	1850	6	4	SJW-J01060040
9978	1850	7	15	1850	6	7	SJW-J01060070
9979	1850	7	16	1850	6	8	SJW-J01060080
9980	1850	7	17	1850	6	9	SJW-J01060090
9981	1850	7	18	1850	6	10	SJW-J01060100
9982	1850	7	19	1850	6	11	SJW-J01060110
9983	1850	7	20	1850	6	12	SJW-J01060120
9984	1850	7	22	1850	6	14	SJW-J01060140
9985	1850	7	23	1850	6	15	SJW-J01060150
9986	1850	7	24	1850	6	16	SJW-J01060160
9987	1850	7	25	1850	6	17	SJW-J01060170
9988	1850	7	26	1850	6	18	SJW-J01060180
9989	1850	7	27	1850	6	19	SJW-J01060190
9990	1850	7	30	1850	6	22	SJW-J01060220
9991	1850	7	31	1850	6	23	SJW-J01060230
9992	1850	8	1	1850	6	24	SJW-J01060240
9993	1850	8	2	1850	6	25	SJW-J01060250
9994	1850	8	3	1850	6	26	SJW-J01060260
9995	1850	8	7	1850	6	30	SJW-J01060300
9996	1850	8	8	1850	7	1	SJW-J01070010
9997	1850	8	12	1850	7	5	SJW-J01070050
9998	1850	8	13	1850	7	6	SJW-J01070060
9999	1850	8	16	1850	7	9	SJW-J01070090
10000	1850	8	17	1850	7	10	SJW-J01070100
10001	1850	8	18	1850	7	11	SJW-J01070110
10002	1850	8	25	1850	7	18	SJW-J01070180
10003	1850	8	27	1850	7	20	SJW-J01070200
10004	1850	8	30	1850	7	23	SJW-J01070230
10005	1850	9	1	1850	7	25	SJW-J01070250
10006	1850	9	4	1850	7	28	SJW-J01070280
10007	1850	9	5	1850	7	29	SJW-J01070290
10008	1850	9	20	1850	8	15	SJW-J01080150
10009	1850	9	21	1850	8	16	SJW-J01080160
10010	1850	9	22	1850	8	17	SJW-J01080170

续表

编号	公历			农历			ID 编号
	年	月	日	年	月	日	
10011	1850	9	27	1850	8	22	SJW-J01080220
10012	1850	10	11	1850	9	7	SJW-J01090070
10013	1850	10	12	1850	9	8	SJW-J01090080
10014	1850	10	16	1850	9	12	SJW-J01090120
10015	1850	10	17	1850	9	13	SJW-J01090130
10016	1850	10	24	1850	9	20	SJW-J01090200
10017	1850	11	2	1850	9	29	SJW-J01090290
10018	1850	11	4	1850	10	1	SJW-J01100010
10019	1850	11	7	1850	10	4	SJW-J01100040
10020	1850	11	10	1850	10	7	SJW-J01100070
10021	1850	11	13	1850	10	10	SJW-J01100100
10022	1850	11	14	1850	10	11	SJW-J01100110
10023	1851	3	12	1851	2	10	SJW-J02020100
10024	1851	3	18	1851	2	16	SJW-J02020160
10025	1851	3	23	1851	2	21	SJW-J02020210
10026	1851	3	27	1851	2	25	SJW-J02020250
10027	1851	3	30	1851	2	28	SJW-J02020280
10028	1851	3	31	1851	2	29	SJW-J02020290
10029	1851	4	13	1851	3	12	SJW-J02030120
10030	1851	4	15	1851	3	14	SJW-J02030140
10031	1851	4	25	1851	3	24	SJW-J02030240
10032	1851	4	26	1851	3	25	SJW-J02030250
10033	1851	4	29	1851	3	28	SJW-J02030280
10034	1851	5	8	1851	4	8	SJW-J02040080
10035	1851	5	20	1851	4	20	SJW-J02040200
10036	1851	5	21	1851	4	21	SJW-J02040210
10037	1851	5	25	1851	4	25	SJW-J02040250
10038	1851	5	27	1851	4	27	SJW-J02040270
10039	1851	5	28	1851	4	28	SJW-J02040280
10040	1851	6	8	1851	5	9	SJW-J02050090
10041	1851	6	9	1851	5	10	SJW-J02050100
10042	1851	6	28	1851	5	29	SJW-J02050290
10043	1851	6	29	1851	6	1	SJW-J02060010
10044	1851	7	1	1851	6	3	SJW-J02060030
10045	1851	7	2	1851	6	4	SJW-J02060040
10046	1851	7	5	1851	6	7	SJW-J02060070
10047	1851	7	8	1851	6	10	SJW-J02060100
10048	1851	7	9	1851	6	11	SJW-J02060110

续表

编号	公历			农历			ID 编号
	年	月	日	年	月	日	
10049	1851	7	12	1851	6	14	SJW-J02060140
10050	1851	7	13	1851	6	15	SJW-J02060150
10051	1851	7	14	1851	6	16	SJW-J02060160
10052	1851	7	15	1851	6	17	SJW-J02060170
10053	1851	7	16	1851	6	18	SJW-J02060180
10054	1851	7	21	1851	6	23	SJW-J02060230
10055	1851	7	22	1851	6	24	SJW-J02060240
10056	1851	7	25	1851	6	27	SJW-J02060270
10057	1851	7	28	1851	7	1	SJW-J02070010
10058	1851	7	30	1851	7	3	SJW-J02070030
10059	1851	8	2	1851	7	6	SJW-J02070060
10060	1851	8	6	1851	7	10	SJW-J02070100
10061	1851	8	7	1851	7	11	SJW-J02070110
10062	1851	8	10	1851	7	14	SJW-J02070140
10063	1851	8	11	1851	7	15	SJW-J02070150
10064	1851	8	14	1851	7	18	SJW-J02070180
10065	1851	8	15	1851	7	19	SJW-J02070190
10066	1851	8	16	1851	7	20	SJW-J02070200
10067	1851	8	20	1851	7	24	SJW-J02070240
10068	1851	8	21	1851	7	25	SJW-J02070250
10069	1851	8	24	1851	7	28	SJW-J02070280
10070	1851	8	25	1851	7	29	SJW-J02070290
10071	1851	8	26	1851	7	30	SJW-J02070300
10072	1851	8	27	1851	8	1	SJW-J02080010
10073	1851	8	28	1851	8	2	SJW-J02080020
10074	1851	8	30	1851	8	4	SJW-J02080040
10075	1851	8	31	1851	8	5	SJW-J02080050
10076	1851	9	1	1851	8	6	SJW-J02080060
10077	1851	9	2	1851	8	7	SJW-J02080070
10078	1851	9	4	1851	8	9	SJW-J02080090
10079	1851	9	5	1851	8	10	SJW-J02080100
10080	1851	9	6	1851	8	11	SJW-J02080110
10081	1851	9	8	1851	8	13	SJW-J02080130
10082	1851	9	13	1851	8	18	SJW-J02080180
10083	1851	9	14	1851	8	19	SJW-J02080190
10084	1851	9	18	1851	8	23	SJW-J02080230
10085	1851	9	19	1851	8	24	SJW-J02080240
10086	1851	10	1	1851	闰 8	7	SJW-J02081070

续表

编号	公历			农历			ID 编号
	年	月	日	年	月	日	
10087	1851	10	2	1851	闰 8	8	SJW-J02081080
10088	1851	10	24	1851	9	1	SJW-J02090010
10089	1851	10	24	1851	9	1	SJW-J02090011
10090	1851	11	3	1851	9	11	SJW-J02090110
10091	1851	11	3	1851	9	11	SJW-J02090111
10092	1852	1	29	1851	12	9	SJW-J02120090
10093	1852	4	20	1852	3	2	SJW-J03030020
10094	1852	4	21	1852	3	3	SJW-J03030030
10095	1852	5	8	1852	3	20	SJW-J03030200
10096	1852	5	9	1852	3	21	SJW-J03030210
10097	1852	5	13	1852	3	25	SJW-J03030250
10098	1852	5	25	1852	4	7	SJW-J03040070
10099	1852	5	26	1852	4	8	SJW-J03040080
10100	1852	5	31	1852	4	13	SJW-J03040130
10101	1852	6	14	1852	4	27	SJW-J03040270
10102	1852	6	15	1852	4	28	SJW-J03040280
10103	1852	6	17	1852	4	30	SJW-J03040300
10104	1852	6	19	1852	5	2	SJW-J03050020
10105	1852	6	20	1852	5	3	SJW-J03050030
10106	1852	6	23	1852	5	6	SJW-J03050060
10107	1852	6	30	1852	5	13	SJW-J03050130
10108	1852	7	4	1852	5	17	SJW-J03050170
10109	1852	7	6	1852	5	19	SJW-J03050190
10110	1852	7	7	1852	5	20	SJW-J03050200
10111	1852	7	10	1852	5	23	SJW-J03050230
10112	1852	7	11	1852	5	24	SJW-J03050240
10113	1852	7	12	1852	5	25	SJW-J03050250
10114	1852	7	13	1852	5	26	SJW-J03050260
10115	1852	7	14	1852	5	27	SJW-J03050270
10116	1852	7	15	1852	5	28	SJW-J03050280
10117	1852	7	17	1852	6	1	SJW-J03060010
10118	1852	7	18	1852	6	2	SJW-J03060020
10119	1852	7	19	1852	6	3	SJW-J03060030
10120	1852	7	20	1852	6	4	SJW-J03060040
10121	1852	7	21	1852	6	5	SJW-J03060050
10122	1852	7	22	1852	6	6	SJW-J03060060
10123	1852	7	25	1852	6	9	SJW-J03060090
10124	1852	8	8	1852	6	23	SJW-J03060230

续表

编号	公历			农历			ID 编号
	年	月	日	年	月	日	
10125	1852	8	22	1852	7	8	SJW-J03070080
10126	1852	8	28	1852	7	14	SJW-J03070140
10127	1852	8	29	1852	7	15	SJW-J03070150
10128	1852	9	2	1852	7	19	SJW-J03070190
10129	1852	9	10	1852	7	27	SJW-J03070270
10130	1852	9	11	1852	7	28	SJW-J03070280
10131	1852	9	12	1852	7	29	SJW-J03070290
10132	1852	9	17	1852	8	4	SJW-J03080040
10133	1852	10	13	1852	9	1	SJW-J03090010
10134	1852	11	5	1852	9	24	SJW-J03090240
10135	1852	11	6	1852	9	25	SJW-J03090250
10136	1852	11	7	1852	9	26	SJW-J03090260
10137	1852	11	15	1852	10	4	SJW-J03100040
10138	1852	11	16	1852	10	5	SJW-J03100050
10139	1852	11	22	1852	10	11	SJW-J03100110
10140	1852	11	23	1852	10	12	SJW-J03100120
10141	1852	11	28	1852	10	17	SJW-J03100170
10142	1852	11	29	1852	10	18	SJW-J03100180
10143	1853	1	6	1852	11	27	SJW-J03110270
10144	1853	3	3	1853	1	24	SJW-J04010240
10145	1853	3	8	1853	1	29	SJW-J04010290
10146	1853	3	21	1853	2	12	SJW-J04020120
10147	1853	3	25	1853	2	16	SJW-J04020160
10148	1853	4	2	1853	2	24	SJW-J04020240
10149	1853	4	8	1853	3	1	SJW-J04030010
10150	1853	4	11	1853	3	4	SJW-J04030040
10151	1853	4	14	1853	3	7	SJW-J04030070
10152	1853	4	15	1853	3	8	SJW-J04030080
10153	1853	4	26	1853	3	19	SJW-J04030190
10154	1853	4	30	1853	3	23	SJW-J04030230
10155	1853	5	2	1853	3	25	SJW-J04030250
10156	1853	5	13	1853	4	6	SJW-J04040060
10157	1853	5	15	1853	4	8	SJW-J04040080
10158	1853	5	16	1853	4	9	SJW-J04040090
10159	1853	5	22	1853	4	15	SJW-J04040150
10160	1853	5	26	1853	4	19	SJW-J04040190
10161	1853	6	21	1853	5	15	SJW-J04050150
10162	1853	6	25	1853	5	19	SJW-J04050190

续表

编号	公历			农历			ID 编号
	年	月	日	年	月	日	
10163	1853	6	29	1853	5	23	SJW-J04050230
10164	1853	7	3	1853	5	27	SJW-J04050270
10165	1853	7	8	1853	6	3	SJW-J04060030
10166	1853	7	9	1853	6	4	SJW-J04060040
10167	1853	7	14	1853	6	9	SJW-J04060090
10168	1853	7	15	1853	6	10	SJW-J04060100
10169	1853	7	16	1853	6	11	SJW-J04060110
10170	1853	7	17	1853	6	12	SJW-J04060120
10171	1853	7	18	1853	6	13	SJW-J04060130
10172	1853	7	29	1853	6	24	SJW-J04060240
10173	1853	8	15	1853	7	11	SJW-J04070110
10174	1853	8	18	1853	7	14	SJW-J04070140
10175	1853	8	21	1853	7	17	SJW-J04070170
10176	1853	8	22	1853	7	18	SJW-J04070180
10177	1853	8	25	1853	7	21	SJW-J04070210
10178	1853	8	29	1853	7	25	SJW-J04070250
10179	1853	8	31	1853	7	27	SJW-J04070270
10180	1853	9	1	1853	7	28	SJW-J04070280
10181	1853	9	5	1853	8	3	SJW-J04080030
10182	1853	9	29	1853	8	27	SJW-J04080270
10183	1853	9	30	1853	8	28	SJW-J04080280
10184	1853	10	3	1853	9	1	SJW-J04090010
10185	1853	10	17	1853	9	15	SJW-J04090150
10186	1853	10	27	1853	9	25	SJW-J04090250
10187	1853	11	1	1853	10	1	SJW-J04100010
10188	1853	11	3	1853	10	3	SJW-J04100030
10189	1853	11	8	1853	10	8	SJW-J04100080
10190	1853	11	10	1853	10	10	SJW-J04100100
10191	1853	11	15	1853	10	15	SJW-J04100150
10192	1853	11	18	1853	10	18	SJW-J04100180
10193	1853	11	27	1853	10	27	SJW-J04100270
10194	1854	1	18	1853	12	20	SJW-J04120200
10195	1854	4	2	1854	3	5	SJW-J05030050
10196	1854	4	22	1854	3	25	SJW-J05030250
10197	1854	5	8	1854	4	12	SJW-J05040120
10198	1854	5	9	1854	4	13	SJW-J05040130
10199	1854	5	11	1854	4	15	SJW-J05040150
10200	1854	5	18	1854	4	22	SJW-J05040220

续表

编号	公历			农历			ID 编号
	年	月	日	年	月	日	
10201	1854	5	24	1854	4	28	SJW-J05040280
10202	1854	6	6	1854	5	11	SJW-J05050110
10203	1854	6	23	1854	5	28	SJW-J05050280
10204	1854	6	24	1854	5	29	SJW-J05050290
10205	1854	6	25	1854	6	1	SJW-J05060010
10206	1854	6	26	1854	6	2	SJW-J05060020
10207	1854	6	27	1854	6	3	SJW-J05060030
10208	1854	6	29	1854	6	5	SJW-J05060050
10209	1854	6	30	1854	6	6	SJW-J05060060
10210	1854	7	6	1854	6	12	SJW-J05060120
10211	1854	7	7	1854	6	13	SJW-J05060130
10212	1854	7	10	1854	6	16	SJW-J05060160
10213	1854	7	11	1854	6	17	SJW-J05060170
10214	1854	7	12	1854	6	18	SJW-J05060180
10215	1854	7	13	1854	6	19	SJW-J05060190
10216	1854	7	15	1854	6	21	SJW-J05060210
10217	1854	7	16	1854	6	22	SJW-J05060220
10218	1854	7	17	1854	6	23	SJW-J05060230
10219	1854	7	19	1854	6	25	SJW-J05060250
10220	1854	7	20	1854	6	26	SJW-J05060260
10221	1854	7	21	1854	6	27	SJW-J05060270
10222	1854	7	24	1854	6	30	SJW-J05060300
10223	1854	7	25	1854	7	1	SJW-J05070010
10224	1854	7	29	1854	7	5	SJW-J05070050
10225	1854	8	3	1854	7	10	SJW-J05070100
10226	1854	8	6	1854	7	13	SJW-J05070130
10227	1854	8	7	1854	7	14	SJW-J05070140
10228	1854	8	11	1854	7	18	SJW-J05070180
10229	1854	8	12	1854	7	19	SJW-J05070190
10230	1854	8	14	1854	7	21	SJW-J05070210
10231	1854	8	15	1854	7	22	SJW-J05070220
10232	1854	8	17	1854	7	24	SJW-J05070240
10233	1854	8	22	1854	7	29	SJW-J05070290
10234	1854	8	28	1854	闰 7	5	SJW-J05071050
10235	1854	9	6	1854	闰 7	14	SJW-J05071140
10236	1854	9	7	1854	闰 7	15	SJW-J05071150
10237	1854	9	14	1854	闰 7	22	SJW-J05071220
10238	1854	9	19	1854	闰 7	27	SJW-J05071270

续表

编号	公历			农历			ID 编号
	年	月	日	年	月	日	
10239	1854	9	21	1854	闰 7	29	SJW-J05071290
10240	1854	9	28	1854	8	7	SJW-J05080070
10241	1854	10	17	1854	8	26	SJW-J05080260
10242	1854	10	18	1854	8	27	SJW-J05080270
10243	1854	10	20	1854	8	29	SJW-J05080290
10244	1854	10	28	1854	9	7	SJW-J05090070
10245	1854	10	30	1854	9	9	SJW-J05090090
10246	1854	11	7	1854	9	17	SJW-J05090170
10247	1854	11	20	1854	10	1	SJW-J05100010
10248	1854	12	7	1854	10	18	SJW-J05100180
10249	1855	2	24	1855	1	8	SJW-J06010080
10250	1855	3	16	1855	1	28	SJW-J06010280
10251	1855	3	29	1855	2	12	SJW-J06020120
10252	1855	4	11	1855	2	25	SJW-J06020250
10253	1855	4	12	1855	2	26	SJW-J06020260
10254	1855	4	16	1855	3	1	SJW-J06030010
10255	1855	4	17	1855	3	2	SJW-J06030020
10256	1855	4	28	1855	3	13	SJW-J06030130
10257	1855	4	29	1855	3	14	SJW-J06030140
10258	1855	5	2	1855	3	17	SJW-J06030170
10259	1855	5	3	1855	3	18	SJW-J06030180
10260	1855	5	4	1855	3	19	SJW-J06030190
10261	1855	5	9	1855	3	24	SJW-J06030240
10262	1855	5	13	1855	3	28	SJW-J06030280
10263	1855	5	20	1855	4	5	SJW-J06040050
10264	1855	5	26	1855	4	11	SJW-J06040110
10265	1855	6	2	1855	4	18	SJW-J06040180
10266	1855	6	3	1855	4	19	SJW-J06040190
10267	1855	6	6	1855	4	22	SJW-J06040220
10268	1855	6	7	1855	4	23	SJW-J06040230
10269	1855	6	9	1855	4	25	SJW-J06040250
10270	1855	6	17	1855	5	4	SJW-J06050040
10271	1855	6	18	1855	5	5	SJW-J06050050
10272	1855	6	21	1855	5	8	SJW-J06050080
10273	1855	6	26	1855	5	13	SJW-J06050130
10274	1855	6	27	1855	5	14	SJW-J06050140
10275	1855	6	29	1855	5	16	SJW-J06050160
10276	1855	6	30	1855	5	17	SJW-J06050170

续表

编号	公历			农历			ID 编号
	年	月	日	年	月	日	
10277	1855	7	1	1855	5	18	SJW-J06050180
10278	1855	7	3	1855	5	20	SJW-J06050200
10279	1855	7	5	1855	5	22	SJW-J06050220
10280	1855	7	7	1855	5	24	SJW-J06050240
10281	1855	7	8	1855	5	25	SJW-J06050250
10282	1855	7	21	1855	6	8	SJW-J06060080
10283	1855	8	3	1855	6	21	SJW-J06060210
10284	1855	8	4	1855	6	22	SJW-J06060220
10285	1855	8	12	1855	6	30	SJW-J06060300
10286	1855	8	16	1855	7	4	SJW-J06070040
10287	1855	8	27	1855	7	15	SJW-J06070150
10288	1855	9	12	1855	8	2	SJW-J06080020
10289	1855	9	17	1855	8	7	SJW-J06080070
10290	1855	9	22	1855	8	12	SJW-J06080120
10291	1855	9	23	1855	8	13	SJW-J06080130
10292	1855	9	24	1855	8	14	SJW-J06080140
10293	1855	9	26	1855	8	16	SJW-J06080160
10294	1855	10	7	1855	8	27	SJW-J06080270
10295	1855	10	12	1855	9	2	SJW-J06090020
10296	1855	10	16	1855	9	6	SJW-J06090060
10297	1855	11	16	1855	10	7	SJW-J06100070
10298	1855	11	17	1855	10	8	SJW-J06100080
10299	1855	11	18	1855	10	9	SJW-J06100090
10300	1855	11	20	1855	10	11	SJW-J06100110
10301	1855	12	2	1855	10	23	SJW-J06100230
10302	1856	2	15	1856	1	10	SJW-J07010100
10303	1856	3	7	1856	2	1	SJW-J07020010
10304	1856	3	21	1856	2	15	SJW-J07020150
10305	1856	3	22	1856	2	16	SJW-J07020160
10306	1856	4	4	1856	2	29	SJW-J07020290
10307	1856	4	5	1856	3	1	SJW-J07030010
10308	1856	4	17	1856	3	13	SJW-J07030130
10309	1856	4	18	1856	3	14	SJW-J07030140
10310	1856	4	20	1856	3	16	SJW-J07030160
10311	1856	4	25	1856	3	21	SJW-J07030210
10312	1856	4	26	1856	3	22	SJW-J07030220
10313	1856	4	30	1856	3	26	SJW-J07030260
10314	1856	5	22	1856	4	19	SJW-J07040190

续表

编号	公历			农历			ID 编号
	年	月	日	年	月	日	
10315	1856	5	23	1856	4	20	SJW-J07040200
10316	1856	5	27	1856	4	24	SJW-J07040240
10317	1856	5	31	1856	4	28	SJW-J07040280
10318	1856	6	4	1856	5	2	SJW-J07050020
10319	1856	6	23	1856	5	21	SJW-J07050210
10320	1856	6	29	1856	5	27	SJW-J07050270
10321	1856	7	2	1856	6	1	SJW-J07060010
10322	1856	7	3	1856	6	2	SJW-J07060020
10323	1856	7	4	1856	6	3	SJW-J07060030
10324	1856	7	8	1856	6	7	SJW-J07060070
10325	1856	7	9	1856	6	8	SJW-J07060080
10326	1856	7	10	1856	6	9	SJW-J07060090
10327	1856	8	8	1856	7	8	SJW-J07070080
10328	1856	8	16	1856	7	16	SJW-J07070160
10329	1856	8	19	1856	7	19	SJW-J07070190
10330	1856	8	24	1856	7	24	SJW-J07070240
10331	1856	8	27	1856	7	27	SJW-J07070270
10332	1856	8	28	1856	7	28	SJW-J07070280
10333	1856	8	29	1856	7	29	SJW-J07070290
10334	1856	9	1	1856	8	3	SJW-J07080030
10335	1856	9	4	1856	8	6	SJW-J07080060
10336	1856	9	5	1856	8	7	SJW-J07080070
10337	1856	9	6	1856	8	8	SJW-J07080080
10338	1856	9	7	1856	8	9	SJW-J07080090
10339	1856	9	9	1856	8	11	SJW-J07080110
10340	1856	9	14	1856	8	16	SJW-J07080160
10341	1856	9	22	1856	8	24	SJW-J07080240
10342	1856	9	23	1856	8	25	SJW-J07080250
10343	1856	9	28	1856	8	30	SJW-J07080300
10344	1856	10	12	1856	9	14	SJW-J07090140
10345	1856	10	20	1856	9	22	SJW-J07090220
10346	1856	11	17	1856	10	20	SJW-J07100200
10347	1856	12	1	1856	11	4	SJW-J07110040
10348	1857	3	6	1857	2	11	SJW-J08020110
10349	1857	3	13	1857	2	18	SJW-J08020180
10350	1857	3	14	1857	2	19	SJW-J08020190
10351	1857	3	17	1857	2	22	SJW-J08020220
10352	1857	3	27	1857	3	2	SJW-J08030020

续表

编号	公历			农历			ID 编号
	年	月	日	年	月	日	
10353	1857	4	9	1857	3	15	SJW-J08030150
10354	1857	4	11	1857	3	17	SJW-J08030170
10355	1857	4	12	1857	3	18	SJW-J08030180
10356	1857	4	15	1857	3	21	SJW-J08030210
10357	1857	4	23	1857	3	29	SJW-J08030290
10358	1857	5	1	1857	4	8	SJW-J08040080
10359	1857	5	2	1857	4	9	SJW-J08040090
10360	1857	5	3	1857	4	10	SJW-J08040100
10361	1857	5	4	1857	4	11	SJW-J08040110
10362	1857	5	5	1857	4	12	SJW-J08040120
10363	1857	5	6	1857	4	13	SJW-J08040130
10364	1857	5	7	1857	4	14	SJW-J08040140
10365	1857	5	9	1857	4	16	SJW-J08040160
10366	1857	5	12	1857	4	19	SJW-J08040190
10367	1857	5	25	1857	5	3	SJW-J08050030
10368	1857	6	5	1857	5	14	SJW-J08050140
10369	1857	6	8	1857	5	17	SJW-J08050170
10370	1857	6	10	1857	5	19	SJW-J08050190
10371	1857	6	21	1857	5	30	SJW-J08050300
10372	1857	6	22	1857	闰 5	1	SJW-J08051010
10373	1857	6	24	1857	闰 5	3	SJW-J08051030
10374	1857	6	28	1857	闰 5	7	SJW-J08051070
10375	1857	6	29	1857	闰 5	8	SJW-J08051080
10376	1857	6	30	1857	闰 5	9	SJW-J08051090
10377	1857	7	3	1857	闰 5	12	SJW-J08051120
10378	1857	7	4	1857	闰 5	13	SJW-J08051130
10379	1857	7	5	1857	闰 5	14	SJW-J08051140
10380	1857	7	7	1857	闰 5	16	SJW-J08051160
10381	1857	7	11	1857	闰 5	20	SJW-J08051200
10382	1857	7	14	1857	闰 5	23	SJW-J08051230
10383	1857	7	15	1857	闰 5	24	SJW-J08051240
10384	1857	7	16	1857	闰 5	25	SJW-J08051250
10385	1857	7	24	1857	6	4	SJW-J08060040
10386	1857	7	27	1857	6	7	SJW-J08060070
10387	1857	7	28	1857	6	8	SJW-J08060080
10388	1857	8	6	1857	6	17	SJW-J08060170
10389	1857	8	7	1857	6	18	SJW-J08060180
10390	1857	8	9	1857	6	20	SJW-J08060200

续表

编号	公历			农历			ID 编号
	年	月	日	年	月	日	
10391	1857	8	10	1857	6	21	SJW-J08060210
10392	1857	8	13	1857	6	24	SJW-J08060240
10393	1857	8	25	1857	7	6	SJW-J08070060
10394	1857	9	2	1857	7	14	SJW-J08070140
10395	1857	9	4	1857	7	16	SJW-J08070160
10396	1857	9	5	1857	7	17	SJW-J08070170
10397	1857	9	6	1857	7	18	SJW-J08070180
10398	1857	9	8	1857	7	20	SJW-J08070200
10399	1857	9	9	1857	7	21	SJW-J08070210
10400	1857	9	10	1857	7	22	SJW-J08070220
10401	1857	10	18	1857	9	1	SJW-J08090010
10402	1857	10	26	1857	9	9	SJW-J08090090
10403	1857	12	9	1857	10	24	SJW-J08100240
10404	1857	12	10	1857	10	25	SJW-J08100250
10405	1857	12	22	1857	11	7	SJW-J08110070
10406	1858	1	5	1857	11	21	SJW-J08110210
10407	1858	3	8	1858	1	23	SJW-J09010230
10408	1858	3	17	1858	2	3	SJW-J09020030
10409	1858	4	1	1858	2	18	SJW-J09020180
10410	1858	4	11	1858	2	28	SJW-J09020280
10411	1858	4	14	1858	3	1	SJW-J09030010
10412	1858	4	23	1858	3	10	SJW-J09030100
10413	1858	4	24	1858	3	11	SJW-J09030110
10414	1858	4	26	1858	3	13	SJW-J09030130
10415	1858	5	3	1858	3	20	SJW-J09030200
10416	1858	5	6	1858	3	23	SJW-J09030230
10417	1858	5	7	1858	3	24	SJW-J09030240
10418	1858	5	10	1858	3	27	SJW-J09030270
10419	1858	6	8	1858	4	27	SJW-J09040270
10420	1858	6	20	1858	5	10	SJW-J09050100
10421	1858	6	23	1858	5	13	SJW-J09050130
10422	1858	6	29	1858	5	19	SJW-J09050190
10423	1858	6	30	1858	5	20	SJW-J09050200
10424	1858	7	2	1858	5	22	SJW-J09050220
10425	1858	7	9	1858	5	29	SJW-J09050290
10426	1858	7	10	1858	5	30	SJW-J09050300
10427	1858	7	11	1858	6	1	SJW-J09060010
10428	1858	7	12	1858	6	2	SJW-J09060020

续表

编号	公历			农历			ID 编号
	年	月	日	年	月	日	
10429	1858	7	17	1858	6	7	SJW-J09060070
10430	1858	7	18	1858	6	8	SJW-J09060080
10431	1858	7	19	1858	6	9	SJW-J09060090
10432	1858	7	22	1858	6	12	SJW-J09060120
10433	1858	8	4	1858	6	25	SJW-J09060250
10434	1858	8	8	1858	6	29	SJW-J09060290
10435	1858	8	10	1858	7	2	SJW-J09070020
10436	1858	8	11	1858	7	3	SJW-J09070030
10437	1858	8	30	1858	7	22	SJW-J09070220
10438	1858	9	2	1858	7	25	SJW-J09070250
10439	1858	9	4	1858	7	27	SJW-J09070270
10440	1858	9	15	1858	8	9	SJW-J09080090
10441	1858	9	19	1858	8	13	SJW-J09080130
10442	1858	9	20	1858	8	14	SJW-J09080140
10443	1858	9	23	1858	8	17	SJW-J09080170
10444	1858	9	27	1858	8	21	SJW-J09080210
10445	1858	10	1	1858	8	25	SJW-J09080250
10446	1858	10	5	1858	8	29	SJW-J09080290
10447	1858	10	22	1858	9	16	SJW-J09090160
10448	1858	10	29	1858	9	23	SJW-J09090230
10449	1858	11	6	1858	10	1	SJW-J09100010
10450	1858	11	9	1858	10	4	SJW-J09100040
10451	1858	11	10	1858	10	5	SJW-J09100050
10452	1858	11	18	1858	10	13	SJW-J09100130
10453	1858	11	24	1858	10	19	SJW-J09100190
10454	1858	12	6	1858	11	2	SJW-J09110020
10455	1858	12	21	1858	11	17	SJW-J09110170
10456	1858	12	22	1858	11	18	SJW-J09110180
10457	1859	4	7	1859	3	5	SJW-J10030050
10458	1859	4	9	1859	3	7	SJW-J10030070
10459	1859	4	15	1859	3	13	SJW-J10030130
10460	1859	4	19	1859	3	17	SJW-J10030170
10461	1859	4	20	1859	3	18	SJW-J10030180
10462	1859	4	26	1859	3	24	SJW-J10030240
10463	1859	4	27	1859	3	25	SJW-J10030250
10464	1859	5	2	1859	3	30	SJW-J10030300
10465	1859	5	4	1859	4	2	SJW-J10040020
10466	1859	5	6	1859	4	4	SJW-J10040040

续表

编号	公历			农历			ID 编号
	年	月	日	年	月	日	
10467	1859	5	11	1859	4	9	SJW-J10040090
10468	1859	5	12	1859	4	10	SJW-J10040100
10469	1859	6	2	1859	5	2	SJW-J10050020
10470	1859	6	6	1859	5	6	SJW-J10050060
10471	1859	6	14	1859	5	14	SJW-J10050140
10472	1859	6	18	1859	5	18	SJW-J10050180
10473	1859	6	19	1859	5	19	SJW-J10050190
10474	1859	6	20	1859	5	20	SJW-J10050200
10475	1859	6	21	1859	5	21	SJW-J10050210
10476	1859	6	23	1859	5	23	SJW-J10050230
10477	1859	6	26	1859	5	26	SJW-J10050260
10478	1859	6	28	1859	5	28	SJW-J10050280
10479	1859	7	9	1859	6	10	SJW-J10060100
10480	1859	7	10	1859	6	11	SJW-J10060110
10481	1859	7	15	1859	6	16	SJW-J10060160
10482	1859	7	16	1859	6	17	SJW-J10060170
10483	1859	7	17	1859	6	18	SJW-J10060180
10484	1859	7	18	1859	6	19	SJW-J10060190
10485	1859	7	19	1859	6	20	SJW-J10060200
10486	1859	7	21	1859	6	22	SJW-J10060220
10487	1859	7	22	1859	6	23	SJW-J10060230
10488	1859	7	23	1859	6	24	SJW-J10060240
10489	1859	7	24	1859	6	25	SJW-J10060250
10490	1859	7	25	1859	6	26	SJW-J10060260
10491	1859	7	26	1859	6	27	SJW-J10060270
10492	1859	7	27	1859	6	28	SJW-J10060280
10493	1859	7	28	1859	6	29	SJW-J10060290
10494	1859	7	29	1859	6	30	SJW-J10060300
10495	1859	7	31	1859	7	2	SJW-J10070020
10496	1859	8	4	1859	7	6	SJW-J10070060
10497	1859	8	6	1859	7	8	SJW-J10070080
10498	1859	8	7	1859	7	9	SJW-J10070090
10499	1859	8	10	1859	7	12	SJW-J10070120
10500	1859	8	11	1859	7	13	SJW-J10070130
10501	1859	8	26	1859	7	28	SJW-J10070280
10502	1859	8	29	1859	8	2	SJW-J10080020
10503	1859	8	31	1859	8	4	SJW-J10080040
10504	1859	9	1	1859	8	5	SJW-J10080050

续表

编号	公历			农历			ID 编号
	年	月	日	年	月	日	
10505	1859	9	3	1859	8	7	SJW-J10080070
10506	1859	9	23	1859	8	27	SJW-J10080270
10507	1859	10	22	1859	9	27	SJW-J10090270
10508	1859	10	27	1859	10	2	SJW-J10100020
10509	1859	11	13	1859	10	19	SJW-J10100190
10510	1859	11	14	1859	10	20	SJW-J10100200
10511	1859	11	22	1859	10	28	SJW-J10100280
10512	1860	3	1	1860	2	9	SJW-J11020090
10513	1860	3	2	1860	2	10	SJW-J11020100
10514	1860	3	11	1860	2	19	SJW-J11020190
10515	1860	3	12	1860	2	20	SJW-J11020200
10516	1860	4	8	1860	3	18	SJW-J11030180
10517	1860	4	18	1860	3	28	SJW-J11030280
10518	1860	4	25	1860	闰 3	5	SJW-J11031050
10519	1860	4	30	1860	闰 3	10	SJW-J11031100
10520	1860	5	1	1860	闰 3	11	SJW-J11031110
10521	1860	5	9	1860	闰 3	19	SJW-J11031190
10522	1860	5	13	1860	闰 3	23	SJW-J11031230
10523	1860	5	27	1860	4	7	SJW-J11040070
10524	1860	5	28	1860	4	8	SJW-J11040080
10525	1860	5	29	1860	4	9	SJW-J11040090
10526	1860	6	18	1860	4	29	SJW-J11040290
10527	1860	6	19	1860	5	1	SJW-J11050010
10528	1860	6	23	1860	5	5	SJW-J11050050
10529	1860	6	27	1860	5	9	SJW-J11050090
10530	1860	7	11	1860	5	23	SJW-J11050230
10531	1860	7	12	1860	5	24	SJW-J11050240
10532	1860	7	13	1860	5	25	SJW-J11050250
10533	1860	7	14	1860	5	26	SJW-J11050260
10534	1860	7	15	1860	5	27	SJW-J11050270
10535	1860	7	16	1860	5	28	SJW-J11050280
10536	1860	7	17	1860	5	29	SJW-J11050290
10537	1860	7	18	1860	6	1	SJW-J11060010
10538	1860	7	19	1860	6	2	SJW-J11060020
10539	1860	7	21	1860	6	4	SJW-J11060040
10540	1860	7	23	1860	6	6	SJW-J11060060
10541	1860	7	24	1860	6	7	SJW-J11060070
10542	1860	7	26	1860	6	9	SJW-J11060090

续表

编号	公历			农历			ID 编号
	年	月	日	年	月	日	
10543	1860	7	27	1860	6	10	SJW-J11060100
10544	1860	7	30	1860	6	13	SJW-J11060130
10545	1860	8	1	1860	6	15	SJW-J11060150
10546	1860	8	2	1860	6	16	SJW-J11060160
10547	1860	8	3	1860	6	17	SJW-J11060170
10548	1860	8	5	1860	6	19	SJW-J11060190
10549	1860	8	6	1860	6	20	SJW-J11060200
10550	1860	8	8	1860	6	22	SJW-J11060220
10551	1860	8	9	1860	6	23	SJW-J11060230
10552	1860	8	13	1860	6	27	SJW-J11060270
10553	1860	8	16	1860	6	30	SJW-J11060300
10554	1860	8	18	1860	7	2	SJW-J11070020
10555	1860	8	21	1860	7	5	SJW-J11070050
10556	1860	8	22	1860	7	6	SJW-J11070060
10557	1860	8	23	1860	7	7	SJW-J11070070
10558	1860	8	24	1860	7	8	SJW-J11070080
10559	1860	8	25	1860	7	9	SJW-J11070090
10560	1860	8	27	1860	7	11	SJW-J11070110
10561	1860	8	28	1860	7	12	SJW-J11070120
10562	1860	8	29	1860	7	13	SJW-J11070130
10563	1860	8	30	1860	7	14	SJW-J11070140
10564	1860	9	12	1860	7	27	SJW-J11070270
10565	1860	10	1	1860	8	17	SJW-J11080170
10566	1860	10	10	1860	8	26	SJW-J11080260
10567	1860	10	16	1860	9	3	SJW-J11090030
10568	1860	10	18	1860	9	5	SJW-J11090050
10569	1860	10	25	1860	9	12	SJW-J11090120
10570	1860	11	21	1860	10	9	SJW-J11100090
10571	1860	12	13	1860	11	2	SJW-J11110020
10572	1860	12	29	1860	11	18	SJW-J11110180
10573	1861	2	7	1860	12	28	SJW-J11120280
10574	1861	2	24	1861	1	15	SJW-J12010150
10575	1861	4	7	1861	2	28	SJW-J12020280
10576	1861	4	20	1861	3	11	SJW-J12030110
10577	1861	4	24	1861	3	15	SJW-J12030150
10578	1861	4	25	1861	3	16	SJW-J12030160
10579	1861	4	27	1861	3	18	SJW-J12030180
10580	1861	5	5	1861	3	26	SJW-J12030260

续表

编号	公历			农历			ID 编号
	年	月	日	年	月	日	
10581	1861	5	11	1861	4	2	SJW-J12040020
10582	1861	5	18	1861	4	9	SJW-J12040090
10583	1861	5	19	1861	4	10	SJW-J12040100
10584	1861	6	18	1861	5	11	SJW-J12050110
10585	1861	6	19	1861	5	12	SJW-J12050120
10586	1861	6	20	1861	5	13	SJW-J12050130
10587	1861	6	21	1861	5	14	SJW-J12050140
10588	1861	6	22	1861	5	15	SJW-J12050150
10589	1861	6	25	1861	5	18	SJW-J12050180
10590	1861	6	28	1861	5	21	SJW-J12050210
10591	1861	6	29	1861	5	22	SJW-J12050220
10592	1861	6	30	1861	5	23	SJW-J12050230
10593	1861	7	11	1861	6	4	SJW-J12060040
10594	1861	7	13	1861	6	6	SJW-J12060060
10595	1861	7	14	1861	6	7	SJW-J12060070
10596	1861	7	15	1861	6	8	SJW-J12060080
10597	1861	7	25	1861	6	18	SJW-J12060180
10598	1861	7	26	1861	6	19	SJW-J12060190
10599	1861	7	27	1861	6	20	SJW-J12060200
10600	1861	7	29	1861	6	22	SJW-J12060220
10601	1861	8	2	1861	6	26	SJW-J12060260
10602	1861	8	5	1861	6	29	SJW-J12060290
10603	1861	8	15	1861	7	10	SJW-J12070100
10604	1861	8	18	1861	7	13	SJW-J12070130
10605	1861	8	19	1861	7	14	SJW-J12070140
10606	1861	9	6	1861	8	2	SJW-J12080020
10607	1861	9	7	1861	8	3	SJW-J12080030
10608	1861	9	8	1861	8	4	SJW-J12080040
10609	1861	9	28	1861	8	24	SJW-J12080240
10610	1861	10	5	1861	9	2	SJW-J12090020
10611	1861	10	28	1861	9	25	SJW-J12090250
10612	1861	11	6	1861	10	4	SJW-J12100040
10613	1861	11	7	1861	10	5	SJW-J12100050
10614	1861	11	14	1861	10	12	SJW-J12100120
10615	1861	11	15	1861	10	13	SJW-J12100130
10616	1861	11	23	1861	10	21	SJW-J12100210
10617	1861	11	30	1861	10	28	SJW-J12100280
10618	1861	12	1	1861	10	29	SJW-J12100290

续表

编号	公历			农历			ID 编号
	年	月	日	年	月	日	
10619	1862	2	28	1862	1	30	SJW-J13010300
10620	1862	3	24	1862	2	24	SJW-J13020240
10621	1862	4	3	1862	3	5	SJW-J13030050
10622	1862	4	6	1862	3	8	SJW-J13030080
10623	1862	4	13	1862	3	15	SJW-J13030150
10624	1862	4	16	1862	3	18	SJW-J13030180
10625	1862	4	23	1862	3	25	SJW-J13030250
10626	1862	4	26	1862	3	28	SJW-J13030280
10627	1862	5	1	1862	4	3	SJW-J13040030
10628	1862	5	2	1862	4	4	SJW-J13040040
10629	1862	5	6	1862	4	8	SJW-J13040080
10630	1862	5	7	1862	4	9	SJW-J13040090
10631	1862	5	17	1862	4	19	SJW-J13040190
10632	1862	5	20	1862	4	22	SJW-J13040220
10633	1862	5	28	1862	5	1	SJW-J13050010
10634	1862	6	14	1862	5	18	SJW-J13050180
10635	1862	6	21	1862	5	25	SJW-J13050250
10636	1862	7	2	1862	6	6	SJW-J13060060
10637	1862	7	3	1862	6	7	SJW-J13060070
10638	1862	7	6	1862	6	10	SJW-J13060100
10639	1862	7	7	1862	6	11	SJW-J13060110
10640	1862	7	8	1862	6	12	SJW-J13060120
10641	1862	7	11	1862	6	15	SJW-J13060150
10642	1862	7	12	1862	6	16	SJW-J13060160
10643	1862	7	14	1862	6	18	SJW-J13060180
10644	1862	7	15	1862	6	19	SJW-J13060190
10645	1862	7	16	1862	6	20	SJW-J13060200
10646	1862	7	17	1862	6	21	SJW-J13060210
10647	1862	7	22	1862	6	26	SJW-J13060260
10648	1862	7	25	1862	6	29	SJW-J13060290
10649	1862	7	27	1862	7	1	SJW-J13070010
10650	1862	7	28	1862	7	2	SJW-J13070020
10651	1862	7	30	1862	7	4	SJW-J13070040
10652	1862	7	31	1862	7	5	SJW-J13070050
10653	1862	8	1	1862	7	6	SJW-J13070060
10654	1862	8	2	1862	7	7	SJW-J13070070
10655	1862	8	4	1862	7	9	SJW-J13070090
10656	1862	8	17	1862	7	22	SJW-J13070220

续表

编号	公历			农历			ID 编号
	年	月	日	年	月	日	
10657	1862	8	20	1862	7	25	SJW-J13070250
10658	1862	8	23	1862	7	28	SJW-J13070280
10659	1862	8	25	1862	8	1	SJW-J13080010
10660	1862	8	26	1862	8	2	SJW-J13080020
10661	1862	8	27	1862	8	3	SJW-J13080030
10662	1862	8	29	1862	8	5	SJW-J13080050
10663	1862	8	30	1862	8	6	SJW-J13080060
10664	1862	9	1	1862	8	8	SJW-J13080080
10665	1862	9	2	1862	8	9	SJW-J13080090
10666	1862	9	3	1862	8	10	SJW-J13080100
10667	1862	9	6	1862	8	13	SJW-J13080130
10668	1862	9	7	1862	8	14	SJW-J13080140
10669	1862	9	14	1862	8	21	SJW-J13080210
10670	1862	9	18	1862	8	25	SJW-J13080250
10671	1862	10	7	1862	闰 8	14	SJW-J13081140
10672	1862	10	13	1862	闰 8	20	SJW-J13081200
10673	1862	11	24	1862	10	3	SJW-J13100030
10674	1862	12	5	1862	10	14	SJW-J13100140
10675	1862	12	12	1862	10	21	SJW-J13100210
10676	1863	2	20	1863	1	3	SJW-J14010030
10677	1863	3	2	1863	1	13	SJW-J14010130
10678	1863	3	10	1863	1	21	SJW-J14010210
10679	1863	3	14	1863	1	25	SJW-J14010250
10680	1863	3	24	1863	2	6	SJW-J14020060
10681	1863	3	26	1863	2	8	SJW-J14020080
10682	1863	3	31	1863	2	13	SJW-J14020130
10683	1863	4	24	1863	3	7	SJW-J14030070
10684	1863	4	25	1863	3	8	SJW-J14030080
10685	1863	5	7	1863	3	20	SJW-J14030200
10686	1863	5	11	1863	3	24	SJW-J14030240
10687	1863	5	17	1863	3	30	SJW-J14030300
10688	1863	6	11	1863	4	25	SJW-J14040250
10689	1863	6	15	1863	4	29	SJW-J14040290
10690	1863	6	16	1863	5	1	SJW-J14050010
10691	1863	6	23	1863	5	8	SJW-J14050080
10692	1863	6	25	1863	5	10	SJW-J14050100
10693	1863	6	26	1863	5	11	SJW-J14050110
10694	1863	6	27	1863	5	12	SJW-J14050120

续表

编号	公历			农历			ID 编号
	年	月	日	年	月	日	
10695	1863	6	28	1863	5	13	SJW-J14050130
10696	1863	6	29	1863	5	14	SJW-J14050140
10697	1863	7	1	1863	5	16	SJW-J14050160
10698	1863	7	2	1863	5	17	SJW-J14050170
10699	1863	7	3	1863	5	18	SJW-J14050180
10700	1863	7	4	1863	5	19	SJW-J14050190
10701	1863	7	7	1863	5	22	SJW-J14050220
10702	1863	7	8	1863	5	23	SJW-J14050230
10703	1863	7	14	1863	5	29	SJW-J14050290
10704	1863	7	16	1863	6	1	SJW-J14060010
10705	1863	7	19	1863	6	4	SJW-J14060040
10706	1863	7	20	1863	6	5	SJW-J14060050
10707	1863	7	21	1863	6	6	SJW-J14060060
10708	1863	7	22	1863	6	7	SJW-J14060070
10709	1863	7	24	1863	6	9	SJW-J14060090
10710	1863	7	25	1863	6	10	SJW-J14060100
10711	1863	7	27	1863	6	12	SJW-J14060120
10712	1863	7	28	1863	6	13	SJW-J14060130
10713	1863	7	29	1863	6	14	SJW-J14060140
10714	1863	7	30	1863	6	15	SJW-J14060150
10715	1863	7	31	1863	6	16	SJW-J14060160
10716	1863	8	1	1863	6	17	SJW-J14060170
10717	1863	8	2	1863	6	18	SJW-J14060180
10718	1863	8	6	1863	6	22	SJW-J14060220
10719	1863	8	16	1863	7	3	SJW-J14070030
10720	1863	8	21	1863	7	8	SJW-J14070080
10721	1863	8	22	1863	7	9	SJW-J14070090
10722	1863	8	23	1863	7	10	SJW-J14070100
10723	1863	8	25	1863	7	12	SJW-J14070120
10724	1863	8	26	1863	7	13	SJW-J14070130
10725	1863	8	31	1863	7	18	SJW-J14070180
10726	1863	9	20	1863	8	8	SJW-J14080080
10727	1863	9	30	1863	8	18	SJW-J14080180
10728	1863	10	1	1863	8	19	SJW-J14080190
10729	1863	10	21	1863	9	9	SJW-J14090090
10730	1863	11	10	1863	9	29	SJW-J14090290
10731	1863	11	17	1863	10	7	SJW-J14100070
10732	1863	11	24	1863	10	14	SJW-J14100140

续表

编号	公历			农历			ID 编号
	年	月	日	年	月	日	
10733	1863	12	5	1863	10	25	SJW-J14100250
10734	1863	12	7	1863	10	27	SJW-J14100270
10735	1863	12	9	1863	10	29	SJW-J14100290
10736	1864	2	16	1864	1	9	SJW-K01010090
10737	1864	3	22	1864	2	15	SJW-K01020150
10738	1864	3	31	1864	2	24	SJW-K01020240
10739	1864	4	1	1864	2	25	SJW-K01020250
10740	1864	4	2	1864	2	26	SJW-K01020260
10741	1864	4	9	1864	3	4	SJW-K01030040
10742	1864	4	18	1864	3	13	SJW-K01030130
10743	1864	4	19	1864	3	14	SJW-K01030140
10744	1864	5	9	1864	4	4	SJW-K01040040
10745	1864	5	22	1864	4	17	SJW-K01040170
10746	1864	5	29	1864	4	24	SJW-K01040240
10747	1864	6	9	1864	5	6	SJW-K01050060
10748	1864	6	18	1864	5	15	SJW-K01050150
10749	1864	6	22	1864	5	19	SJW-K01050190
10750	1864	6	23	1864	5	20	SJW-K01050200
10751	1864	6	27	1864	5	24	SJW-K01050240
10752	1864	7	3	1864	5	30	SJW-K01050300
10753	1864	7	5	1864	6	2	SJW-K01060020
10754	1864	7	6	1864	6	3	SJW-K01060030
10755	1864	7	9	1864	6	6	SJW-K01060060
10756	1864	7	10	1864	6	7	SJW-K01060070
10757	1864	7	11	1864	6	8	SJW-K01060080
10758	1864	7	13	1864	6	10	SJW-K01060100
10759	1864	7	14	1864	6	11	SJW-K01060110
10760	1864	7	18	1864	6	15	SJW-K01060150
10761	1864	7	24	1864	6	21	SJW-K01060210
10762	1864	7	25	1864	6	22	SJW-K01060220
10763	1864	8	2	1864	7	1	SJW-K01070010
10764	1864	8	3	1864	7	2	SJW-K01070020
10765	1864	8	4	1864	7	3	SJW-K01070030
10766	1864	8	5	1864	7	4	SJW-K01070040
10767	1864	8	6	1864	7	5	SJW-K01070050
10768	1864	8	7	1864	7	6	SJW-K01070060
10769	1864	8	8	1864	7	7	SJW-K01070070
10770	1864	8	14	1864	7	13	SJW-K01070130

续表

编号	公历			农历			ID 编号
	年	月	日	年	月	日	
10771	1864	8	15	1864	7	14	SJW-K01070140
10772	1864	8	17	1864	7	16	SJW-K01070160
10773	1864	8	23	1864	7	22	SJW-K01070220
10774	1864	8	29	1864	7	28	SJW-K01070280
10775	1864	9	2	1864	8	2	SJW-K01080020
10776	1864	9	4	1864	8	4	SJW-K01080040
10777	1864	9	18	1864	8	18	SJW-K01080180
10778	1864	10	1	1864	9	1	SJW-K01090010
10779	1864	10	3	1864	9	3	SJW-K01090030
10780	1864	10	10	1864	9	10	SJW-K01090100
10781	1864	10	11	1864	9	11	SJW-K01090110
10782	1864	10	17	1864	9	17	SJW-K01090170
10783	1864	10	27	1864	9	27	SJW-K01090270
10784	1864	10	30	1864	10	1	SJW-K01100010
10785	1864	11	13	1864	10	15	SJW-K01100150
10786	1864	11	19	1864	10	21	SJW-K01100210
10787	1864	11	20	1864	10	22	SJW-K01100220
10788	1864	11	23	1864	10	25	SJW-K01100250
10789	1864	12	3	1864	11	5	SJW-K01110050
10790	1864	12	4	1864	11	6	SJW-K01110060
10791	1864	12	8	1864	11	10	SJW-K01110100
10792	1864	12	16	1864	11	18	SJW-K01110180
10793	1864	12	17	1864	11	19	SJW-K01110190
10794	1865	1	15	1864	12	18	SJW-K01120180
10795	1865	1	28	1865	1	2	SJW-K02010020
10796	1865	1	29	1865	1	3	SJW-K02010030
10797	1865	2	2	1865	1	7	SJW-K02010070
10798	1865	3	24	1865	2	27	SJW-K02020270
10799	1865	3	25	1865	2	28	SJW-K02020280
10800	1865	4	6	1865	3	11	SJW-K02030110
10801	1865	4	7	1865	3	12	SJW-K02030120
10802	1865	4	8	1865	3	13	SJW-K02030130
10803	1865	4	15	1865	3	20	SJW-K02030200
10804	1865	4	18	1865	3	23	SJW-K02030230
10805	1865	4	19	1865	3	24	SJW-K02030240
10806	1865	4	22	1865	3	27	SJW-K02030270
10807	1865	4	27	1865	4	3	SJW-K02040030
10808	1865	5	2	1865	4	8	SJW-K02040080

续表

编号	公历			农历			ID 编号
	年	月	日	年	月	日	
10809	1865	5	12	1865	4	18	SJW-K02040180
10810	1865	5	22	1865	4	28	SJW-K02040280
10811	1865	5	23	1865	4	29	SJW-K02040290
10812	1865	5	30	1865	5	6	SJW-K02050060
10813	1865	6	15	1865	5	22	SJW-K02050220
10814	1865	6	16	1865	5	23	SJW-K02050230
10815	1865	6	28	1865	闰 5	6	SJW-K02051060
10816	1865	7	6	1865	闰 5	14	SJW-K02051140
10817	1865	7	10	1865	闰 5	18	SJW-K02051180
10818	1865	7	16	1865	闰 5	24	SJW-K02051240
10819	1865	7	23	1865	6	1	SJW-K02060010
10820	1865	7	24	1865	6	2	SJW-K02060020
10821	1865	7	29	1865	6	7	SJW-K02060070
10822	1865	7	31	1865	6	9	SJW-K02060090
10823	1865	8	4	1865	6	13	SJW-K02060130
10824	1865	8	5	1865	6	14	SJW-K02060140
10825	1865	8	9	1865	6	18	SJW-K02060180
10826	1865	8	10	1865	6	19	SJW-K02060190
10827	1865	8	11	1865	6	20	SJW-K02060200
10828	1865	8	13	1865	6	22	SJW-K02060220
10829	1865	8	14	1865	6	23	SJW-K02060230
10830	1865	8	15	1865	6	24	SJW-K02060240
10831	1865	8	16	1865	6	25	SJW-K02060250
10832	1865	8	17	1865	6	26	SJW-K02060260
10833	1865	8	18	1865	6	27	SJW-K02060270
10834	1865	8	19	1865	6	28	SJW-K02060280
10835	1865	8	20	1865	6	29	SJW-K02060290
10836	1865	8	21	1865	7	1	SJW-K02070010
10837	1865	8	22	1865	7	2	SJW-K02070020
10838	1865	8	24	1865	7	4	SJW-K02070040
10839	1865	8	25	1865	7	5	SJW-K02070050
10840	1865	8	27	1865	7	7	SJW-K02070070
10841	1865	8	28	1865	7	8	SJW-K02070080
10842	1865	8	29	1865	7	9	SJW-K02070090
10843	1865	8	30	1865	7	10	SJW-K02070100
10844	1865	9	4	1865	7	15	SJW-K02070150
10845	1865	9	5	1865	7	16	SJW-K02070160
10846	1865	9	8	1865	7	19	SJW-K02070190

续表

编号	公历			农历			ID 编号
	年	月	日	年	月	日	
10847	1865	9	10	1865	7	21	SJW-K02070210
10848	1865	9	11	1865	7	22	SJW-K02070220
10849	1865	9	18	1865	7	29	SJW-K02070290
10850	1865	9	23	1865	8	4	SJW-K02080040
10851	1865	9	24	1865	8	5	SJW-K02080050
10852	1865	9	29	1865	8	10	SJW-K02080100
10853	1865	9	30	1865	8	11	SJW-K02080110
10854	1865	10	8	1865	8	19	SJW-K02080190
10855	1865	10	27	1865	9	8	SJW-K02090080
10856	1865	10	30	1865	9	11	SJW-K02090110
10857	1865	11	1	1865	9	13	SJW-K02090130
10858	1865	11	3	1865	9	15	SJW-K02090150
10859	1865	11	7	1865	9	19	SJW-K02090190
10860	1865	11	25	1865	10	8	SJW-K02100080
10861	1865	12	30	1865	11	13	SJW-K02110130
10862	1866	1	31	1865	12	15	SJW-K02120150
10863	1866	3	17	1866	2	1	SJW-K03020010
10864	1866	3	18	1866	2	2	SJW-K03020020
10865	1866	4	5	1866	2	20	SJW-K03020200
10866	1866	5	22	1866	4	9	SJW-K03040090
10867	1866	5	23	1866	4	10	SJW-K03040100
10868	1866	6	1	1866	4	19	SJW-K03040190
10869	1866	6	6	1866	4	24	SJW-K03040240
10870	1866	6	14	1866	5	2	SJW-K03050020
10871	1866	6	22	1866	5	10	SJW-K03050100
10872	1866	6	23	1866	5	11	SJW-K03050110
10873	1866	6	26	1866	5	14	SJW-K03050140
10874	1866	7	10	1866	5	28	SJW-K03050280
10875	1866	7	13	1866	6	2	SJW-K03060020
10876	1866	7	14	1866	6	3	SJW-K03060030
10877	1866	7	15	1866	6	4	SJW-K03060040
10878	1866	7	16	1866	6	5	SJW-K03060050
10879	1866	7	18	1866	6	7	SJW-K03060070
10880	1866	7	19	1866	6	8	SJW-K03060080
10881	1866	7	20	1866	6	9	SJW-K03060090
10882	1866	7	23	1866	6	12	SJW-K03060120
10883	1866	7	25	1866	6	14	SJW-K03060140
10884	1866	7	31	1866	6	20	SJW-K03060200

续表

编号	公历			农历			ID 编号
	年	月	日	年	月	日	
10885	1866	8	3	1866	6	23	SJW-K03060230
10886	1866	8	7	1866	6	27	SJW-K03060270
10887	1866	8	13	1866	7	4	SJW-K03070040
10888	1866	8	15	1866	7	6	SJW-K03070060
10889	1866	8	16	1866	7	7	SJW-K03070070
10890	1866	8	21	1866	7	12	SJW-K03070120
10891	1866	8	22	1866	7	13	SJW-K03070130
10892	1866	8	27	1866	7	18	SJW-K03070180
10893	1866	9	8	1866	7	30	SJW-K03070300
10894	1866	10	4	1866	8	26	SJW-K03080260
10895	1866	10	14	1866	9	6	SJW-K03090060
10896	1866	11	3	1866	9	26	SJW-K03090260
10897	1866	11	22	1866	10	16	SJW-K03100160
10898	1866	11	25	1866	10	19	SJW-K03100190
10899	1867	1	15	1866	12	10	SJW-K03120100
10900	1867	2	9	1867	1	5	SJW-K04010050
10901	1867	2	10	1867	1	6	SJW-K04010060
10902	1867	3	22	1867	2	17	SJW-K04020170
10903	1867	4	2	1867	2	28	SJW-K04020280
10904	1867	4	3	1867	2	29	SJW-K04020290
10905	1867	4	18	1867	3	14	SJW-K04030140
10906	1867	4	27	1867	3	23	SJW-K04030230
10907	1867	5	8	1867	4	5	SJW-K04040050
10908	1867	5	23	1867	4	20	SJW-K04040200
10909	1867	5	24	1867	4	21	SJW-K04040210
10910	1867	6	19	1867	5	18	SJW-K04050180
10911	1867	6	20	1867	5	19	SJW-K04050190
10912	1867	6	25	1867	5	24	SJW-K04050240
10913	1867	6	26	1867	5	25	SJW-K04050250
10914	1867	7	6	1867	6	5	SJW-K04060050
10915	1867	7	13	1867	6	12	SJW-K04060120
10916	1867	7	17	1867	6	16	SJW-K04060160
10917	1867	7	18	1867	6	17	SJW-K04060170
10918	1867	7	21	1867	6	20	SJW-K04060200
10919	1867	7	22	1867	6	21	SJW-K04060210
10920	1867	7	23	1867	6	22	SJW-K04060220
10921	1867	7	24	1867	6	23	SJW-K04060230
10922	1867	7	25	1867	6	24	SJW-K04060240

续表

编号	公历			农历			ID 编号
	年	月	日	年	月	日	
10923	1867	7	26	1867	6	25	SJW-K04060250
10924	1867	7	28	1867	6	27	SJW-K04060270
10925	1867	7	29	1867	6	28	SJW-K04060280
10926	1867	8	12	1867	7	13	SJW-K04070130
10927	1867	8	13	1867	7	14	SJW-K04070140
10928	1867	8	19	1867	7	20	SJW-K04070200
10929	1867	8	20	1867	7	21	SJW-K04070210
10930	1867	8	21	1867	7	22	SJW-K04070220
10931	1867	8	24	1867	7	25	SJW-K04070250
10932	1867	8	25	1867	7	26	SJW-K04070260
10933	1867	8	31	1867	8	3	SJW-K04080030
10934	1867	9	1	1867	8	4	SJW-K04080040
10935	1867	9	10	1867	8	13	SJW-K04080130
10936	1867	9	11	1867	8	14	SJW-K04080140
10937	1867	9	13	1867	8	16	SJW-K04080160
10938	1867	9	28	1867	9	1	SJW-K04090010
10939	1867	10	4	1867	9	7	SJW-K04090070
10940	1867	10	6	1867	9	9	SJW-K04090090
10941	1867	10	13	1867	9	16	SJW-K04090160
10942	1867	10	14	1867	9	17	SJW-K04090170
10943	1867	10	30	1867	10	4	SJW-K04100040
10944	1867	11	1	1867	10	6	SJW-K04100060
10945	1867	11	2	1867	10	7	SJW-K04100070
10946	1867	11	6	1867	10	11	SJW-K04100110
10947	1867	11	7	1867	10	12	SJW-K04100120
10948	1867	11	13	1867	10	18	SJW-K04100180
10949	1867	11	24	1867	10	29	SJW-K04100290
10950	1867	12	9	1867	11	14	SJW-K04110140
10951	1867	12	27	1867	12	2	SJW-K04120020
10952	1868	1	7	1867	12	13	SJW-K04120130
10953	1868	1	8	1867	12	14	SJW-K04120140
10954	1868	1	22	1867	12	28	SJW-K04120280
10955	1868	2	21	1868	1	28	SJW-K05010280
10956	1868	2	22	1868	1	29	SJW-K05010290
10957	1868	3	13	1868	2	20	SJW-K05020200
10958	1868	3	20	1868	2	27	SJW-K05020270
10959	1868	3	21	1868	2	28	SJW-K05020280
10960	1868	4	9	1868	3	17	SJW-K05030170

续表

编号	公历			农历			ID 编号
	年	月	日	年	月	日	
10961	1868	4	11	1868	3	19	SJW-K05030190
10962	1868	4	14	1868	3	22	SJW-K05030220
10963	1868	4	20	1868	3	28	SJW-K05030280
10964	1868	5	2	1868	4	10	SJW-K05040100
10965	1868	5	9	1868	4	17	SJW-K05040170
10966	1868	5	12	1868	4	20	SJW-K05040200
10967	1868	5	23	1868	闰 4	2	SJW-K05041020
10968	1868	5	31	1868	闰 4	10	SJW-K05041100
10969	1868	6	1	1868	闰 4	11	SJW-K05041110
10970	1868	6	4	1868	闰 4	14	SJW-K05041140
10971	1868	6	6	1868	闰 4	16	SJW-K05041160
10972	1868	6	7	1868	闰 4	17	SJW-K05041170
10973	1868	6	11	1868	闰 4	21	SJW-K05041210
10974	1868	6	12	1868	闰 4	22	SJW-K05041220
10975	1868	6	13	1868	闰 4	23	SJW-K05041230
10976	1868	6	14	1868	闰 4	24	SJW-K05041240
10977	1868	6	15	1868	闰 4	25	SJW-K05041250
10978	1868	6	16	1868	闰 4	26	SJW-K05041260
10979	1868	6	22	1868	5	3	SJW-K05050030
10980	1868	6	23	1868	5	4	SJW-K05050040
10981	1868	6	30	1868	5	11	SJW-K05050110
10982	1868	7	10	1868	5	21	SJW-K05050210
10983	1868	7	11	1868	5	22	SJW-K05050220
10984	1868	7	18	1868	5	29	SJW-K05050290
10985	1868	7	19	1868	5	30	SJW-K05050300
10986	1868	7	20	1868	6	1	SJW-K05060010
10987	1868	7	21	1868	6	2	SJW-K05060020
10988	1868	7	22	1868	6	3	SJW-K05060030
10989	1868	7	23	1868	6	4	SJW-K05060040
10990	1868	7	24	1868	6	5	SJW-K05060050
10991	1868	7	25	1868	6	6	SJW-K05060060
10992	1868	7	26	1868	6	7	SJW-K05060070
10993	1868	7	27	1868	6	8	SJW-K05060080
10994	1868	7	28	1868	6	9	SJW-K05060090
10995	1868	7	29	1868	6	10	SJW-K05060100
10996	1868	7	30	1868	6	11	SJW-K05060110
10997	1868	8	1	1868	6	13	SJW-K05060130
10998	1868	8	2	1868	6	14	SJW-K05060140

续表

编号	公历			农历			ID 编号
	年	月	日	年	月	日	
10999	1868	8	3	1868	6	15	SJW-K05060150
11000	1868	8	8	1868	6	20	SJW-K05060200
11001	1868	8	13	1868	6	25	SJW-K05060250
11002	1868	8	14	1868	6	26	SJW-K05060260
11003	1868	8	15	1868	6	27	SJW-K05060270
11004	1868	8	17	1868	6	29	SJW-K05060290
11005	1868	10	14	1868	8	29	SJW-K05080290
11006	1868	10	17	1868	9	2	SJW-K05090020
11007	1868	10	20	1868	9	5	SJW-K05090050
11008	1868	10	31	1868	9	16	SJW-K05090160
11009	1868	11	1	1868	9	17	SJW-K05090170
11010	1868	11	8	1868	9	24	SJW-K05090240
11011	1868	11	11	1868	9	27	SJW-K05090270
11012	1868	11	12	1868	9	28	SJW-K05090280
11013	1868	12	2	1868	10	19	SJW-K05100190
11014	1868	12	8	1868	10	25	SJW-K05100250
11015	1868	12	25	1868	11	12	SJW-K05110120
11016	1869	2	12	1869	1	2	SJW-K06010020
11017	1869	2	14	1869	1	4	SJW-K06010040
11018	1869	3	19	1869	2	7	SJW-K06020070
11019	1869	3	31	1869	2	19	SJW-K06020190
11020	1869	4	1	1869	2	20	SJW-K06020200
11021	1869	4	3	1869	2	22	SJW-K06020220
11022	1869	4	16	1869	3	5	SJW-K06030050
11023	1869	4	17	1869	3	6	SJW-K06030060
11024	1869	4	28	1869	3	17	SJW-K06030170
11025	1869	5	2	1869	3	21	SJW-K06030210
11026	1869	5	3	1869	3	22	SJW-K06030220
11027	1869	5	5	1869	3	24	SJW-K06030240
11028	1869	5	7	1869	3	26	SJW-K06030260
11029	1869	5	10	1869	3	29	SJW-K06030290
11030	1869	5	29	1869	4	18	SJW-K06040180
11031	1869	6	1	1869	4	21	SJW-K06040210
11032	1869	6	6	1869	4	26	SJW-K06040260
11033	1869	6	7	1869	4	27	SJW-K06040270
11034	1869	6	9	1869	4	29	SJW-K06040290
11035	1869	6	11	1869	5	2	SJW-K06050020
11036	1869	6	16	1869	5	7	SJW-K06050070

续表

编号	公历			农历			ID 编号
	年	月	日	年	月	日	
11037	1869	6	29	1869	5	20	SJW-K06050200
11038	1869	6	30	1869	5	21	SJW-K06050210
11039	1869	7	4	1869	5	25	SJW-K06050250
11040	1869	7	12	1869	6	4	SJW-K06060040
11041	1869	7	13	1869	6	5	SJW-K06060050
11042	1869	7	15	1869	6	7	SJW-K06060070
11043	1869	7	16	1869	6	8	SJW-K06060080
11044	1869	7	19	1869	6	11	SJW-K06060110
11045	1869	7	20	1869	6	12	SJW-K06060120
11046	1869	7	21	1869	6	13	SJW-K06060130
11047	1869	7	23	1869	6	15	SJW-K06060150
11048	1869	7	25	1869	6	17	SJW-K06060170
11049	1869	7	26	1869	6	18	SJW-K06060180
11050	1869	7	29	1869	6	21	SJW-K06060210
11051	1869	7	30	1869	6	22	SJW-K06060220
11052	1869	8	4	1869	6	27	SJW-K06060270
11053	1869	8	13	1869	7	6	SJW-K06070060
11054	1869	8	18	1869	7	11	SJW-K06070110
11055	1869	8	21	1869	7	14	SJW-K06070140
11056	1869	8	22	1869	7	15	SJW-K06070150
11057	1869	8	23	1869	7	16	SJW-K06070160
11058	1869	8	29	1869	7	22	SJW-K06070220
11059	1869	8	30	1869	7	23	SJW-K06070230
11060	1869	9	8	1869	8	3	SJW-K06080030
11061	1869	9	11	1869	8	6	SJW-K06080060
11062	1869	9	15	1869	8	10	SJW-K06080100
11063	1869	9	16	1869	8	11	SJW-K06080110
11064	1869	9	20	1869	8	15	SJW-K06080150
11065	1869	9	23	1869	8	18	SJW-K06080180
11066	1869	10	10	1869	9	6	SJW-K06090060
11067	1869	10	20	1869	9	16	SJW-K06090160
11068	1869	11	18	1869	10	15	SJW-K06100150
11069	1869	11	28	1869	10	25	SJW-K06100250
11070	1869	12	16	1869	11	14	SJW-K06110140
11071	1870	1	2	1869	12	1	SJW-K06120010
11072	1870	1	10	1869	12	9	SJW-K06120090
11073	1870	2	4	1870	1	5	SJW-K07010050
11074	1870	4	2	1870	3	2	SJW-K07030020

续表

编号	公历			农历			ID 编号
	年	月	日	年	月	日	
11075	1870	4	3	1870	3	3	SJW-K07030030
11076	1870	4	5	1870	3	5	SJW-K07030050
11077	1870	4	8	1870	3	8	SJW-K07030080
11078	1870	4	10	1870	3	10	SJW-K07030100
11079	1870	4	14	1870	3	14	SJW-K07030140
11080	1870	4	24	1870	3	24	SJW-K07030240
11081	1870	5	3	1870	4	3	SJW-K07040030
11082	1870	5	12	1870	4	12	SJW-K07040120
11083	1870	6	7	1870	5	9	SJW-K07050090
11084	1870	6	16	1870	5	18	SJW-K07050180
11085	1870	6	21	1870	5	23	SJW-K07050230
11086	1870	6	24	1870	5	26	SJW-K07050260
11087	1870	6	27	1870	5	29	SJW-K07050290
11088	1870	6	28	1870	5	30	SJW-K07050300
11089	1870	6	29	1870	6	1	SJW-K07060010
11090	1870	7	1	1870	6	3	SJW-K07060030
11091	1870	7	12	1870	6	14	SJW-K07060140
11092	1870	7	18	1870	6	20	SJW-K07060200
11093	1870	7	26	1870	6	28	SJW-K07060280
11094	1870	8	2	1870	7	6	SJW-K07070060
11095	1870	8	20	1870	7	24	SJW-K07070240
11096	1870	8	21	1870	7	25	SJW-K07070250
11097	1870	8	22	1870	7	26	SJW-K07070260
11098	1870	8	23	1870	7	27	SJW-K07070270
11099	1870	9	5	1870	8	10	SJW-K07080100
11100	1870	9	16	1870	8	21	SJW-K07080210
11101	1870	9	17	1870	8	22	SJW-K07080220
11102	1870	9	21	1870	8	26	SJW-K07080260
11103	1870	9	22	1870	8	27	SJW-K07080270
11104	1870	9	26	1870	9	2	SJW-K07090020
11105	1870	9	27	1870	9	3	SJW-K07090030
11106	1870	9	28	1870	9	4	SJW-K07090040
11107	1870	10	3	1870	9	9	SJW-K07090090
11108	1870	10	28	1870	10	5	SJW-K07100050
11109	1870	11	1	1870	10	9	SJW-K07100090
11110	1870	11	25	1870	闰 10	3	SJW-K07101030
11111	1870	12	1	1870	闰 10	9	SJW-K07101090
11112	1870	12	21	1870	闰 10	29	SJW-K07101290

续表

编号	公历			农历			ID 编号
	年	月	日	年	月	日	
11113	1870	12	22	1870	11	1	SJW-K07110010
11114	1871	3	29	1871	2	9	SJW-K08020090
11115	1871	4	10	1871	2	21	SJW-K08020210
11116	1871	4	12	1871	2	23	SJW-K08020230
11117	1871	4	17	1871	2	28	SJW-K08020280
11118	1871	4	19	1871	2	30	SJW-K08020300
11119	1871	5	1	1871	3	12	SJW-K08030120
11120	1871	5	14	1871	3	25	SJW-K08030250
11121	1871	5	16	1871	3	27	SJW-K08030270
11122	1871	5	21	1871	4	3	SJW-K08040030
11123	1871	5	29	1871	4	11	SJW-K08040110
11124	1871	6	1	1871	4	14	SJW-K08040140
11125	1871	6	2	1871	4	15	SJW-K08040150
11126	1871	6	5	1871	4	18	SJW-K08040180
11127	1871	6	16	1871	4	29	SJW-K08040290
11128	1871	6	25	1871	5	8	SJW-K08050080
11129	1871	6	27	1871	5	10	SJW-K08050100
11130	1871	6	29	1871	5	12	SJW-K08050120
11131	1871	7	1	1871	5	14	SJW-K08050140
11132	1871	7	2	1871	5	15	SJW-K08050150
11133	1871	7	22	1871	6	5	SJW-K08060050
11134	1871	7	23	1871	6	6	SJW-K08060060
11135	1871	7	24	1871	6	7	SJW-K08060070
11136	1871	7	27	1871	6	10	SJW-K08060100
11137	1871	7	28	1871	6	11	SJW-K08060110
11138	1871	7	29	1871	6	12	SJW-K08060120
11139	1871	7	30	1871	6	13	SJW-K08060130
11140	1871	7	31	1871	6	14	SJW-K08060140
11141	1871	8	5	1871	6	19	SJW-K08060190
11142	1871	8	6	1871	6	20	SJW-K08060200
11143	1871	8	7	1871	6	21	SJW-K08060210
11144	1871	8	11	1871	6	25	SJW-K08060250
11145	1871	8	12	1871	6	26	SJW-K08060260
11146	1871	8	13	1871	6	27	SJW-K08060270
11147	1871	8	14	1871	6	28	SJW-K08060280
11148	1871	8	15	1871	6	29	SJW-K08060290
11149	1871	8	16	1871	7	1	SJW-K08070010
11150	1871	8	17	1871	7	2	SJW-K08070020

续表

编号	公历			农历			ID 编号
	年	月	日	年	月	日	
11151	1871	8	18	1871	7	3	SJW-K08070030
11152	1871	8	19	1871	7	4	SJW-K08070040
11153	1871	8	21	1871	7	6	SJW-K08070060
11154	1871	8	22	1871	7	7	SJW-K08070070
11155	1871	8	23	1871	7	8	SJW-K08070080
11156	1871	8	24	1871	7	9	SJW-K08070090
11157	1871	8	31	1871	7	16	SJW-K08070160
11158	1871	9	2	1871	7	18	SJW-K08070180
11159	1871	9	15	1871	8	1	SJW-K08080010
11160	1871	9	16	1871	8	2	SJW-K08080020
11161	1871	9	17	1871	8	3	SJW-K08080030
11162	1871	9	19	1871	8	5	SJW-K08080050
11163	1871	9	20	1871	8	6	SJW-K08080060
11164	1871	9	24	1871	8	10	SJW-K08080100
11165	1871	9	25	1871	8	11	SJW-K08080110
11166	1871	10	1	1871	8	17	SJW-K08080170
11167	1871	10	29	1871	9	16	SJW-K08090160
11168	1871	10	30	1871	9	17	SJW-K08090170
11169	1871	11	1	1871	9	19	SJW-K08090190
11170	1871	11	3	1871	9	21	SJW-K08090210
11171	1871	11	5	1871	9	23	SJW-K08090230
11172	1871	11	12	1871	9	30	SJW-K08090300
11173	1871	11	13	1871	10	1	SJW-K08100010
11174	1871	11	22	1871	10	10	SJW-K08100100
11175	1871	12	27	1871	11	16	SJW-K08110160
11176	1872	1	5	1871	11	25	SJW-K08110250
11177	1872	3	10	1872	2	2	SJW-K09020020
11178	1872	3	13	1872	2	5	SJW-K09020050
11179	1872	3	18	1872	2	10	SJW-K09020100
11180	1872	3	21	1872	2	13	SJW-K09020130
11181	1872	3	25	1872	2	17	SJW-K09020170
11182	1872	3	26	1872	2	18	SJW-K09020180
11183	1872	4	1	1872	2	24	SJW-K09020240
11184	1872	4	10	1872	3	3	SJW-K09030030
11185	1872	4	20	1872	3	13	SJW-K09030130
11186	1872	4	21	1872	3	14	SJW-K09030140
11187	1872	4	22	1872	3	15	SJW-K09030150
11188	1872	4	25	1872	3	18	SJW-K09030180

续表

编号	公历			农历			ID 编号
	年	月	日	年	月	日	
11189	1872	4	27	1872	3	20	SJW-K09030200
11190	1872	4	28	1872	3	21	SJW-K09030210
11191	1872	5	9	1872	4	3	SJW-K09040030
11192	1872	5	15	1872	4	9	SJW-K09040090
11193	1872	5	16	1872	4	10	SJW-K09040100
11194	1872	5	28	1872	4	22	SJW-K09040220
11195	1872	5	29	1872	4	23	SJW-K09040230
11196	1872	6	8	1872	5	3	SJW-K09050030
11197	1872	6	15	1872	5	10	SJW-K09050100
11198	1872	6	16	1872	5	11	SJW-K09050110
11199	1872	6	29	1872	5	24	SJW-K09050240
11200	1872	7	3	1872	5	28	SJW-K09050280
11201	1872	7	4	1872	5	29	SJW-K09050290
11202	1872	7	6	1872	6	1	SJW-K09060010
11203	1872	7	9	1872	6	4	SJW-K09060040
11204	1872	7	12	1872	6	7	SJW-K09060070
11205	1872	7	13	1872	6	8	SJW-K09060080
11206	1872	7	16	1872	6	11	SJW-K09060110
11207	1872	7	17	1872	6	12	SJW-K09060120
11208	1872	7	18	1872	6	13	SJW-K09060130
11209	1872	7	26	1872	6	21	SJW-K09060210
11210	1872	7	27	1872	6	22	SJW-K09060220
11211	1872	7	28	1872	6	23	SJW-K09060230
11212	1872	8	13	1872	7	10	SJW-K09070100
11213	1872	8	14	1872	7	11	SJW-K09070110
11214	1872	8	17	1872	7	14	SJW-K09070140
11215	1872	8	18	1872	7	15	SJW-K09070150
11216	1872	8	19	1872	7	16	SJW-K09070160
11217	1872	8	21	1872	7	18	SJW-K09070180
11218	1872	8	22	1872	7	19	SJW-K09070190
11219	1872	8	29	1872	7	26	SJW-K09070260
11220	1872	9	7	1872	8	5	SJW-K09080050
11221	1872	9	8	1872	8	6	SJW-K09080060
11222	1872	9	9	1872	8	7	SJW-K09080070
11223	1872	9	29	1872	8	27	SJW-K09080270
11224	1872	10	1	1872	8	29	SJW-K09080290
11225	1872	10	5	1872	9	4	SJW-K09090040
11226	1872	10	15	1872	9	14	SJW-K09090140

续表

编号	公历			农历			ID 编号
	年	月	日	年	月	日	
11227	1872	10	16	1872	9	15	SJW-K09090150
11228	1872	10	17	1872	9	16	SJW-K09090160
11229	1872	10	18	1872	9	17	SJW-K09090170
11230	1872	10	28	1872	9	27	SJW-K09090270
11231	1872	10	29	1872	9	28	SJW-K09090280
11232	1872	11	9	1872	10	9	SJW-K09100090
11233	1872	11	15	1872	10	15	SJW-K09100150
11234	1872	11	18	1872	10	18	SJW-K09100180
11235	1872	11	19	1872	10	19	SJW-K09100190
11236	1872	11	22	1872	10	22	SJW-K09100220
11237	1872	11	28	1872	10	28	SJW-K09100280
11238	1872	11	29	1872	10	29	SJW-K09100290
11239	1872	11	30	1872	10	30	SJW-K09100300
11240	1872	12	3	1872	11	3	SJW-K09110030
11241	1872	12	5	1872	11	5	SJW-K09110050
11242	1872	12	6	1872	11	6	SJW-K09110060
11243	1872	12	10	1872	11	10	SJW-K09110100
11244	1872	12	28	1872	11	28	SJW-K09110280
11245	1873	3	21	1873	2	23	SJW-K10020230
11246	1873	3	31	1873	3	4	SJW-K10030040
11247	1873	4	4	1873	3	8	SJW-K10030080
11248	1873	4	13	1873	3	17	SJW-K10030170
11249	1873	4	14	1873	3	18	SJW-K10030180
11250	1873	4	15	1873	3	19	SJW-K10030190
11251	1873	4	16	1873	3	20	SJW-K10030200
11252	1873	4	23	1873	3	27	SJW-K10030270
11253	1873	5	8	1873	4	12	SJW-K10040120
11254	1873	5	9	1873	4	13	SJW-K10040130
11255	1873	5	23	1873	4	27	SJW-K10040270
11256	1873	6	1	1873	5	7	SJW-K10050070
11257	1873	6	2	1873	5	8	SJW-K10050080
11258	1873	6	17	1873	5	23	SJW-K10050230
11259	1873	6	18	1873	5	24	SJW-K10050240
11260	1873	6	19	1873	5	25	SJW-K10050250
11261	1873	6	20	1873	5	26	SJW-K10050260
11262	1873	6	23	1873	5	29	SJW-K10050290
11263	1873	6	25	1873	6	1	SJW-K10060010
11264	1873	7	12	1873	6	18	SJW-K10060180

续表

编号	公历			农历			ID 编号
	年	月	日	年	月	日	
11265	1873	7	15	1873	6	21	SJW-K10060210
11266	1873	7	16	1873	6	22	SJW-K10060220
11267	1873	7	17	1873	6	23	SJW-K10060230
11268	1873	7	18	1873	6	24	SJW-K10060240
11269	1873	7	28	1873	闰 6	5	SJW-K10061050
11270	1873	7	29	1873	闰 6	6	SJW-K10061060
11271	1873	8	9	1873	闰 6	17	SJW-K10061170
11272	1873	8	10	1873	闰 6	18	SJW-K10061180
11273	1873	8	11	1873	闰 6	19	SJW-K10061190
11274	1873	8	19	1873	闰 6	27	SJW-K10061270
11275	1873	8	24	1873	7	2	SJW-K10070020
11276	1873	8	25	1873	7	3	SJW-K10070030
11277	1873	9	4	1873	7	13	SJW-K10070130
11278	1873	9	6	1873	7	15	SJW-K10070150
11279	1873	9	7	1873	7	16	SJW-K10070160
11280	1873	9	10	1873	7	19	SJW-K10070190
11281	1873	9	11	1873	7	20	SJW-K10070200
11282	1873	9	16	1873	7	25	SJW-K10070250
11283	1873	9	24	1873	8	3	SJW-K10080030
11284	1873	10	17	1873	8	26	SJW-K10080260
11285	1873	10	20	1873	8	29	SJW-K10080290
11286	1873	10	29	1873	9	9	SJW-K10090090
11287	1873	11	1	1873	9	12	SJW-K10090120
11288	1873	11	4	1873	9	15	SJW-K10090150
11289	1873	11	7	1873	9	18	SJW-K10090180
11290	1873	11	9	1873	9	20	SJW-K10090200
11291	1873	11	10	1873	9	21	SJW-K10090210
11292	1873	11	19	1873	9	30	SJW-K10090300
11293	1873	11	28	1873	10	9	SJW-K10100090
11294	1873	12	2	1873	10	13	SJW-K10100130
11295	1873	12	6	1873	10	17	SJW-K10100170
11296	1873	12	20	1873	11	1	SJW-K10110010
11297	1873	12	24	1873	11	5	SJW-K10110050
11298	1874	3	4	1874	1	16	SJW-K11010160
11299	1874	3	25	1874	2	8	SJW-K11020080
11300	1874	4	10	1874	2	24	SJW-K11020240
11301	1874	4	22	1874	3	7	SJW-K11030070
11302	1874	5	2	1874	3	17	SJW-K11030170

续表

编号	公历			农历			ID 编号
	年	月	日	年	月	日	
11303	1874	5	6	1874	3	21	SJW-K11030210
11304	1874	5	19	1874	4	4	SJW-K11040040
11305	1874	5	25	1874	4	10	SJW-K11040100
11306	1874	5	28	1874	4	13	SJW-K11040130
11307	1874	5	30	1874	4	15	SJW-K11040150
11308	1874	6	4	1874	4	20	SJW-K11040200
11309	1874	6	7	1874	4	23	SJW-K11040230
11310	1874	6	8	1874	4	24	SJW-K11040240
11311	1874	6	13	1874	4	29	SJW-K11040290
11312	1874	6	14	1874	5	1	SJW-K11050010
11313	1874	6	17	1874	5	4	SJW-K11050040
11314	1874	6	18	1874	5	5	SJW-K11050050
11315	1874	6	25	1874	5	12	SJW-K11050120
11316	1874	6	27	1874	5	14	SJW-K11050140
11317	1874	6	28	1874	5	15	SJW-K11050150
11318	1874	6	29	1874	5	16	SJW-K11050160
11319	1874	7	2	1874	5	19	SJW-K11050190
11320	1874	7	3	1874	5	20	SJW-K11050200
11321	1874	7	4	1874	5	21	SJW-K11050210
11322	1874	7	5	1874	5	22	SJW-K11050220
11323	1874	7	6	1874	5	23	SJW-K11050230
11324	1874	7	7	1874	5	24	SJW-K11050240
11325	1874	7	13	1874	5	30	SJW-K11050300
11326	1874	7	14	1874	6	1	SJW-K11060010
11327	1874	7	19	1874	6	6	SJW-K11060060
11328	1874	7	20	1874	6	7	SJW-K11060070
11329	1874	7	29	1874	6	16	SJW-K11060160
11330	1874	7	30	1874	6	17	SJW-K11060170
11331	1874	7	31	1874	6	18	SJW-K11060180
11332	1874	8	2	1874	6	20	SJW-K11060200
11333	1874	8	4	1874	6	22	SJW-K11060220
11334	1874	8	5	1874	6	23	SJW-K11060230
11335	1874	8	6	1874	6	24	SJW-K11060240
11336	1874	8	7	1874	6	25	SJW-K11060250
11337	1874	8	9	1874	6	27	SJW-K11060270
11338	1874	8	12	1874	7	1	SJW-K11070010
11339	1874	8	15	1874	7	4	SJW-K11070040
11340	1874	8	16	1874	7	5	SJW-K11070050

续表

编号	公历			农历			ID 编号
	年	月	日	年	月	日	
11341	1874	8	17	1874	7	6	SJW-K11070060
11342	1874	8	19	1874	7	8	SJW-K11070080
11343	1874	8	20	1874	7	9	SJW-K11070090
11344	1874	8	27	1874	7	16	SJW-K11070160
11345	1874	8	31	1874	7	20	SJW-K11070200
11346	1874	9	5	1874	7	25	SJW-K11070250
11347	1874	9	6	1874	7	26	SJW-K11070260
11348	1874	9	10	1874	7	30	SJW-K11070300
11349	1874	9	11	1874	8	1	SJW-K11080010
11350	1874	9	14	1874	8	4	SJW-K11080040
11351	1874	9	15	1874	8	5	SJW-K11080050
11352	1874	9	30	1874	8	20	SJW-K11080200
11353	1874	10	14	1874	9	5	SJW-K11090050
11354	1874	10	28	1874	9	19	SJW-K11090190
11355	1874	11	10	1874	10	2	SJW-K11100020
11356	1874	11	11	1874	10	3	SJW-K11100030
11357	1874	11	22	1874	10	14	SJW-K11100140
11358	1874	11	23	1874	10	15	SJW-K11100150
11359	1874	12	9	1874	11	1	SJW-K11110010
11360	1874	12	19	1874	11	11	SJW-K11110110
11361	1874	12	20	1874	11	12	SJW-K11110120
11362	1875	3	11	1875	2	4	SJW-K12020040
11363	1875	3	12	1875	2	5	SJW-K12020050
11364	1875	3	13	1875	2	6	SJW-K12020060
11365	1875	3	25	1875	2	18	SJW-K12020180
11366	1875	4	2	1875	2	26	SJW-K12020260
11367	1875	4	4	1875	2	28	SJW-K12020280
11368	1875	4	10	1875	3	5	SJW-K12030050
11369	1875	4	14	1875	3	9	SJW-K12030090
11370	1875	4	20	1875	3	15	SJW-K12030150
11371	1875	4	23	1875	3	18	SJW-K12030180
11372	1875	4	29	1875	3	24	SJW-K12030240
11373	1875	4	30	1875	3	25	SJW-K12030250
11374	1875	5	6	1875	4	2	SJW-K12040020
11375	1875	5	7	1875	4	3	SJW-K12040030
11376	1875	5	12	1875	4	8	SJW-K12040080
11377	1875	5	13	1875	4	9	SJW-K12040090
11378	1875	5	22	1875	4	18	SJW-K12040180

续表

编号	公历			农历			ID 编号
	年	月	日	年	月	日	
11379	1875	5	25	1875	4	21	SJW-K12040210
11380	1875	5	26	1875	4	22	SJW-K12040220
11381	1875	5	27	1875	4	23	SJW-K12040230
11382	1875	5	28	1875	4	24	SJW-K12040240
11383	1875	6	12	1875	5	9	SJW-K12050090
11384	1875	6	14	1875	5	11	SJW-K12050110
11385	1875	6	17	1875	5	14	SJW-K12050140
11386	1875	6	24	1875	5	21	SJW-K12050210
11387	1875	6	27	1875	5	24	SJW-K12050240
11388	1875	6	27	1875	5	24	SJW-K12050241
11389	1875	6	30	1875	5	27	SJW-K12050270
11390	1875	6	30	1875	5	27	SJW-K12050271
11391	1875	7	1	1875	5	28	SJW-K12050280
11392	1875	7	1	1875	5	28	SJW-K12050281
11393	1875	7	2	1875	5	29	SJW-K12050290
11394	1875	7	2	1875	5	29	SJW-K12050291
11395	1875	7	3	1875	6	1	SJW-K12060010
11396	1875	7	3	1875	6	1	SJW-K12060011
11397	1875	7	4	1875	6	2	SJW-K12060020
11398	1875	7	4	1875	6	2	SJW-K12060021
11399	1875	7	7	1875	6	5	SJW-K12060050
11400	1875	7	7	1875	6	5	SJW-K12060051
11401	1875	7	16	1875	6	14	SJW-K12060140
11402	1875	7	20	1875	6	18	SJW-K12060180
11403	1875	7	24	1875	6	22	SJW-K12060220
11404	1875	7	27	1875	6	25	SJW-K12060250
11405	1875	7	30	1875	6	28	SJW-K12060280
11406	1875	8	4	1875	7	4	SJW-K12070040
11407	1875	8	7	1875	7	7	SJW-K12070070
11408	1875	8	8	1875	7	8	SJW-K12070080
11409	1875	8	13	1875	7	13	SJW-K12070130
11410	1875	8	18	1875	7	18	SJW-K12070180
11411	1875	8	19	1875	7	19	SJW-K12070190
11412	1875	8	20	1875	7	20	SJW-K12070200
11413	1875	8	22	1875	7	22	SJW-K12070220
11414	1875	8	23	1875	7	23	SJW-K12070230
11415	1875	8	24	1875	7	24	SJW-K12070240
11416	1875	8	26	1875	7	26	SJW-K12070260

续表

编号	公历			农历			ID 编号
	年	月	日	年	月	日	
11417	1875	8	27	1875	7	27	SJW-K12070270
11418	1875	9	6	1875	8	7	SJW-K12080070
11419	1875	9	30	1875	9	2	SJW-K12090020
11420	1875	11	9	1875	10	12	SJW-K12100120
11421	1875	11	21	1875	10	24	SJW-K12100240
11422	1876	3	17	1876	2	22	SJW-K13020220
11423	1876	3	26	1876	3	1	SJW-K13030010
11424	1876	4	25	1876	4	2	SJW-K13040020
11425	1876	5	17	1876	4	24	SJW-K13040240
11426	1876	5	18	1876	4	25	SJW-K13040250
11427	1876	5	24	1876	5	2	SJW-K13050020
11428	1876	5	30	1876	5	8	SJW-K13050080
11429	1876	6	2	1876	5	11	SJW-K13050110
11430	1876	6	3	1876	5	12	SJW-K13050120
11431	1876	6	8	1876	5	17	SJW-K13050170
11432	1876	6	10	1876	5	19	SJW-K13050190
11433	1876	6	25	1876	闰 5	4	SJW-K13051040
11434	1876	7	11	1876	闰 5	20	SJW-K13051200
11435	1876	7	12	1876	闰 5	21	SJW-K13051210
11436	1876	7	15	1876	闰 5	24	SJW-K13051240
11437	1876	7	23	1876	6	3	SJW-K13060030
11438	1876	8	6	1876	6	17	SJW-K13060170
11439	1876	8	7	1876	6	18	SJW-K13060180
11440	1876	8	9	1876	6	20	SJW-K13060200
11441	1876	8	10	1876	6	21	SJW-K13060210
11442	1876	8	11	1876	6	22	SJW-K13060220
11443	1876	8	16	1876	6	27	SJW-K13060270
11444	1876	8	17	1876	6	28	SJW-K13060280
11445	1876	8	18	1876	6	29	SJW-K13060290
11446	1876	9	3	1876	7	16	SJW-K13070160
11447	1876	9	6	1876	7	19	SJW-K13070190
11448	1876	9	7	1876	7	20	SJW-K13070200
11449	1876	9	26	1876	8	9	SJW-K13080090
11450	1876	9	27	1876	8	10	SJW-K13080100
11451	1876	9	28	1876	8	11	SJW-K13080110
11452	1876	11	11	1876	9	26	SJW-K13090260
11453	1876	11	17	1876	10	2	SJW-K13100020
11454	1876	11	28	1876	10	13	SJW-K13100130

续表

编号	公历			农历			ID 编号
	年	月	日	年	月	日	
11455	1876	12	26	1876	11	11	SJW-K13110110
11456	1876	12	28	1876	11	13	SJW-K13110130
11457	1877	1	25	1876	12	12	SJW-K13120120
11458	1877	2	6	1876	12	24	SJW-K13120240
11459	1877	2	23	1877	1	11	SJW-K14010110
11460	1877	3	19	1877	2	5	SJW-K14020050
11461	1877	3	20	1877	2	6	SJW-K14020060
11462	1877	4	7	1877	2	24	SJW-K14020240
11463	1877	4	9	1877	2	26	SJW-K14020260
11464	1877	4	17	1877	3	4	SJW-K14030040
11465	1877	4	23	1877	3	10	SJW-K14030100
11466	1877	4	24	1877	3	11	SJW-K14030110
11467	1877	4	26	1877	3	13	SJW-K14030130
11468	1877	4	27	1877	3	14	SJW-K14030140
11469	1877	4	30	1877	3	17	SJW-K14030170
11470	1877	5	4	1877	3	21	SJW-K14030210
11471	1877	5	11	1877	3	28	SJW-K14030280
11472	1877	5	12	1877	3	29	SJW-K14030290
11473	1877	5	17	1877	4	5	SJW-K14040050
11474	1877	5	19	1877	4	7	SJW-K14040070
11475	1877	6	5	1877	4	24	SJW-K14040240
11476	1877	6	8	1877	4	27	SJW-K14040270
11477	1877	6	11	1877	5	1	SJW-K14050010
11478	1877	6	16	1877	5	6	SJW-K14050060
11479	1877	6	20	1877	5	10	SJW-K14050100
11480	1877	6	21	1877	5	11	SJW-K14050110
11481	1877	6	24	1877	5	14	SJW-K14050140
11482	1877	6	25	1877	5	15	SJW-K14050150
11483	1877	6	26	1877	5	16	SJW-K14050160
11484	1877	6	30	1877	5	20	SJW-K14050200
11485	1877	7	1	1877	5	21	SJW-K14050210
11486	1877	7	2	1877	5	22	SJW-K14050220
11487	1877	7	4	1877	5	24	SJW-K14050240
11488	1877	7	5	1877	5	25	SJW-K14050250
11489	1877	7	6	1877	5	26	SJW-K14050260
11490	1877	7	7	1877	5	27	SJW-K14050270
11491	1877	7	8	1877	5	28	SJW-K14050280
11492	1877	7	9	1877	5	29	SJW-K14050290

续表

编号	公历			农历			ID 编号
	年	月	日	年	月	日	
11493	1877	7	12	1877	6	2	SJW-K14060020
11494	1877	7	13	1877	6	3	SJW-K14060030
11495	1877	7	14	1877	6	4	SJW-K14060040
11496	1877	7	15	1877	6	5	SJW-K14060050
11497	1877	7	16	1877	6	6	SJW-K14060060
11498	1877	7	22	1877	6	12	SJW-K14060120
11499	1877	7	23	1877	6	13	SJW-K14060130
11500	1877	7	24	1877	6	14	SJW-K14060140
11501	1877	7	26	1877	6	16	SJW-K14060160
11502	1877	7	27	1877	6	17	SJW-K14060170
11503	1877	7	28	1877	6	18	SJW-K14060180
11504	1877	7	29	1877	6	19	SJW-K14060190
11505	1877	7	31	1877	6	21	SJW-K14060210
11506	1877	8	10	1877	7	2	SJW-K14070020
11507	1877	8	11	1877	7	3	SJW-K14070030
11508	1877	8	12	1877	7	4	SJW-K14070040
11509	1877	8	13	1877	7	5	SJW-K14070050
11510	1877	8	17	1877	7	9	SJW-K14070090
11511	1877	8	18	1877	7	10	SJW-K14070100
11512	1877	8	22	1877	7	14	SJW-K14070140
11513	1877	8	23	1877	7	15	SJW-K14070150
11514	1877	8	30	1877	7	22	SJW-K14070220
11515	1877	8	31	1877	7	23	SJW-K14070230
11516	1877	9	4	1877	7	27	SJW-K14070270
11517	1877	9	8	1877	8	2	SJW-K14080020
11518	1877	9	15	1877	8	9	SJW-K14080090
11519	1877	9	22	1877	8	16	SJW-K14080160
11520	1877	9	30	1877	8	24	SJW-K14080240
11521	1877	10	10	1877	9	4	SJW-K14090040
11522	1877	10	11	1877	9	5	SJW-K14090050
11523	1877	10	14	1877	9	8	SJW-K14090080
11524	1877	10	20	1877	9	14	SJW-K14090140
11525	1877	10	22	1877	9	16	SJW-K14090160
11526	1877	10	26	1877	9	20	SJW-K14090200
11527	1877	11	2	1877	9	27	SJW-K14090270
11528	1877	11	10	1877	10	6	SJW-K14100060
11529	1877	11	15	1877	10	11	SJW-K14100110
11530	1877	11	16	1877	10	12	SJW-K14100120

续表

编号	公历			农历			ID 编号
	年	月	日	年	月	日	
11531	1877	11	22	1877	10	18	SJW-K14100180
11532	1878	3	11	1878	2	8	SJW-K15020080
11533	1878	3	25	1878	2	22	SJW-K15020220
11534	1878	4	1	1878	2	29	SJW-K15020290
11535	1878	4	2	1878	2	30	SJW-K15020300
11536	1878	4	3	1878	3	1	SJW-K15030010
11537	1878	4	10	1878	3	8	SJW-K15030080
11538	1878	4	11	1878	3	9	SJW-K15030090
11539	1878	4	12	1878	3	10	SJW-K15030100
11540	1878	4	18	1878	3	16	SJW-K15030160
11541	1878	4	21	1878	3	19	SJW-K15030190
11542	1878	4	28	1878	3	26	SJW-K15030260
11543	1878	5	11	1878	4	10	SJW-K15040100
11544	1878	5	12	1878	4	11	SJW-K15040110
11545	1878	5	17	1878	4	16	SJW-K15040160
11546	1878	5	20	1878	4	19	SJW-K15040190
11547	1878	5	23	1878	4	22	SJW-K15040220
11548	1878	5	27	1878	4	26	SJW-K15040260
11549	1878	6	10	1878	5	10	SJW-K15050100
11550	1878	6	11	1878	5	11	SJW-K15050110
11551	1878	6	14	1878	5	14	SJW-K15050140
11552	1878	6	20	1878	5	20	SJW-K15050200
11553	1878	7	2	1878	6	3	SJW-K15060030
11554	1878	7	6	1878	6	7	SJW-K15060070
11555	1878	7	7	1878	6	8	SJW-K15060080
11556	1878	7	8	1878	6	9	SJW-K15060090
11557	1878	7	9	1878	6	10	SJW-K15060100
11558	1878	7	10	1878	6	11	SJW-K15060110
11559	1878	7	13	1878	6	14	SJW-K15060140
11560	1878	7	15	1878	6	16	SJW-K15060160
11561	1878	7	16	1878	6	17	SJW-K15060170
11562	1878	7	23	1878	6	24	SJW-K15060240
11563	1878	7	24	1878	6	25	SJW-K15060250
11564	1878	7	25	1878	6	26	SJW-K15060260
11565	1878	7	26	1878	6	27	SJW-K15060270
11566	1878	7	31	1878	7	2	SJW-K15070020
11567	1878	8	5	1878	7	7	SJW-K15070070
11568	1878	8	6	1878	7	8	SJW-K15070080

续表

编号	公历			农历			ID 编号
	年	月	日	年	月	日	
11569	1878	8	9	1878	7	11	SJW-K15070110
11570	1878	9	9	1878	8	13	SJW-K15080130
11571	1878	9	10	1878	8	14	SJW-K15080140
11572	1878	9	18	1878	8	22	SJW-K15080220
11573	1878	9	20	1878	8	24	SJW-K15080240
11574	1878	9	21	1878	8	25	SJW-K15080250
11575	1878	9	24	1878	8	28	SJW-K15080280
11576	1878	9	26	1878	9	1	SJW-K15090010
11577	1878	10	2	1878	9	7	SJW-K15090070
11578	1878	10	3	1878	9	8	SJW-K15090080
11579	1878	10	4	1878	9	9	SJW-K15090090
11580	1878	10	16	1878	9	21	SJW-K15090210
11581	1878	10	17	1878	9	22	SJW-K15090220
11582	1878	10	22	1878	9	27	SJW-K15090270
11583	1878	10	27	1878	10	2	SJW-K15100020
11584	1878	11	14	1878	10	20	SJW-K15100200
11585	1878	11	30	1878	11	7	SJW-K15110070
11586	1878	12	4	1878	11	11	SJW-K15110110
11587	1878	12	8	1878	11	15	SJW-K15110150
11588	1879	1	15	1878	12	23	SJW-K15120230
11589	1879	2	28	1879	2	8	SJW-K16020080
11590	1879	3	25	1879	3	3	SJW-K16030030
11591	1879	3	29	1879	3	7	SJW-K16030070
11592	1879	3	30	1879	3	8	SJW-K16030080
11593	1879	4	1	1879	3	10	SJW-K16030100
11594	1879	4	24	1879	闰 3	4	SJW-K16031040
11595	1879	5	2	1879	闰 3	12	SJW-K16031120
11596	1879	5	4	1879	闰 3	14	SJW-K16031140
11597	1879	5	18	1879	闰 3	28	SJW-K16031280
11598	1879	5	21	1879	4	1	SJW-K16040010
11599	1879	5	24	1879	4	4	SJW-K16040040
11600	1879	5	25	1879	4	5	SJW-K16040050
11601	1879	6	14	1879	4	25	SJW-K16040250
11602	1879	6	18	1879	4	29	SJW-K16040290
11603	1879	6	20	1879	5	1	SJW-K16050010
11604	1879	6	23	1879	5	4	SJW-K16050040
11605	1879	6	27	1879	5	8	SJW-K16050080
11606	1879	6	30	1879	5	11	SJW-K16050110

续表

编号	公历			农历			ID 编号
	年	月	日	年	月	日	
11607	1879	7	1	1879	5	12	SJW-K16050120
11608	1879	7	2	1879	5	13	SJW-K16050130
11609	1879	7	6	1879	5	17	SJW-K16050170
11610	1879	7	7	1879	5	18	SJW-K16050180
11611	1879	7	8	1879	5	19	SJW-K16050190
11612	1879	7	9	1879	5	20	SJW-K16050200
11613	1879	7	10	1879	5	21	SJW-K16050210
11614	1879	7	11	1879	5	22	SJW-K16050220
11615	1879	7	12	1879	5	23	SJW-K16050230
11616	1879	7	13	1879	5	24	SJW-K16050240
11617	1879	7	15	1879	5	26	SJW-K16050260
11618	1879	7	16	1879	5	27	SJW-K16050270
11619	1879	7	18	1879	5	29	SJW-K16050290
11620	1879	7	19	1879	6	1	SJW-K16060010
11621	1879	7	20	1879	6	2	SJW-K16060020
11622	1879	7	21	1879	6	3	SJW-K16060030
11623	1879	7	22	1879	6	4	SJW-K16060040
11624	1879	7	23	1879	6	5	SJW-K16060050
11625	1879	7	24	1879	6	6	SJW-K16060060
11626	1879	7	25	1879	6	7	SJW-K16060070
11627	1879	7	28	1879	6	10	SJW-K16060100
11628	1879	7	29	1879	6	11	SJW-K16060110
11629	1879	7	30	1879	6	12	SJW-K16060120
11630	1879	7	31	1879	6	13	SJW-K16060130
11631	1879	8	1	1879	6	14	SJW-K16060140
11632	1879	8	2	1879	6	15	SJW-K16060150
11633	1879	8	3	1879	6	16	SJW-K16060160
11634	1879	8	6	1879	6	19	SJW-K16060190
11635	1879	8	7	1879	6	20	SJW-K16060200
11636	1879	8	8	1879	6	21	SJW-K16060210
11637	1879	8	11	1879	6	24	SJW-K16060240
11638	1879	8	12	1879	6	25	SJW-K16060250
11639	1879	8	14	1879	6	27	SJW-K16060270
11640	1879	8	16	1879	6	29	SJW-K16060290
11641	1879	8	17	1879	6	30	SJW-K16060300
11642	1879	8	20	1879	7	3	SJW-K16070030
11643	1879	8	21	1879	7	4	SJW-K16070040
11644	1879	8	26	1879	7	9	SJW-K16070090

续表

编号	公历			农历			ID 编号
	年	月	日	年	月	日	
11645	1879	8	27	1879	7	10	SJW-K16070100
11646	1879	9	3	1879	7	17	SJW-K16070170
11647	1879	9	19	1879	8	4	SJW-K16080040
11648	1879	9	29	1879	8	14	SJW-K16080140
11649	1879	10	5	1879	8	20	SJW-K16080200
11650	1879	10	23	1879	9	9	SJW-K16090090
11651	1879	10	24	1879	9	10	SJW-K16090100
11652	1879	10	27	1879	9	13	SJW-K16090130
11653	1879	11	1	1879	9	18	SJW-K16090180
11654	1879	11	22	1879	10	9	SJW-K16100090
11655	1879	12	3	1879	10	20	SJW-K16100200
11656	1879	12	5	1879	10	22	SJW-K16100220
11657	1879	12	14	1879	11	2	SJW-K16110020
11658	1879	12	18	1879	11	6	SJW-K16110060
11659	1880	3	27	1880	2	17	SJW-K17020170
11660	1880	3	30	1880	2	20	SJW-K17020200
11661	1880	4	9	1880	3	1	SJW-K17030010
11662	1880	4	10	1880	3	2	SJW-K17030020
11663	1880	4	15	1880	3	7	SJW-K17030070
11664	1880	4	16	1880	3	8	SJW-K17030080
11665	1880	4	21	1880	3	13	SJW-K17030130
11666	1880	4	22	1880	3	14	SJW-K17030140
11667	1880	4	27	1880	3	19	SJW-K17030190
11668	1880	4	28	1880	3	20	SJW-K17030200
11669	1880	5	5	1880	3	27	SJW-K17030270
11670	1880	5	12	1880	4	4	SJW-K17040040
11671	1880	5	20	1880	4	12	SJW-K17040120
11672	1880	5	21	1880	4	13	SJW-K17040130
11673	1880	5	30	1880	4	22	SJW-K17040220
11674	1880	5	31	1880	4	23	SJW-K17040230
11675	1880	6	15	1880	5	8	SJW-K17050080
11676	1880	6	18	1880	5	11	SJW-K17050110
11677	1880	6	19	1880	5	12	SJW-K17050120
11678	1880	6	28	1880	5	21	SJW-K17050210
11679	1880	6	29	1880	5	22	SJW-K17050220
11680	1880	6	30	1880	5	23	SJW-K17050230
11681	1880	7	7	1880	6	1	SJW-K17060010
11682	1880	7	8	1880	6	2	SJW-K17060020

续表

编号	公历			农历			ID 编号
	年	月	日	年	月	日	
11683	1880	7	9	1880	6	3	SJW-K17060030
11684	1880	7	10	1880	6	4	SJW-K17060040
11685	1880	7	11	1880	6	5	SJW-K17060050
11686	1880	7	20	1880	6	14	SJW-K17060140
11687	1880	7	24	1880	6	18	SJW-K17060180
11688	1880	7	31	1880	6	25	SJW-K17060250
11689	1880	8	7	1880	7	2	SJW-K17070020
11690	1880	8	8	1880	7	3	SJW-K17070030
11691	1880	8	10	1880	7	5	SJW-K17070050
11692	1880	8	13	1880	7	8	SJW-K17070080
11693	1880	8	15	1880	7	10	SJW-K17070100
11694	1880	8	17	1880	7	12	SJW-K17070120
11695	1880	8	18	1880	7	13	SJW-K17070130
11696	1880	8	28	1880	7	23	SJW-K17070230
11697	1880	9	2	1880	7	28	SJW-K17070280
11698	1880	9	4	1880	7	30	SJW-K17070300
11699	1880	9	8	1880	8	4	SJW-K17080040
11700	1880	9	13	1880	8	9	SJW-K17080090
11701	1880	9	21	1880	8	17	SJW-K17080170
11702	1880	9	22	1880	8	18	SJW-K17080180
11703	1880	10	9	1880	9	6	SJW-K17090060
11704	1880	10	24	1880	9	21	SJW-K17090210
11705	1880	11	2	1880	9	30	SJW-K17090300
11706	1880	11	5	1880	10	3	SJW-K17100030
11707	1880	11	19	1880	10	17	SJW-K17100170
11708	1881	2	23	1881	1	25	SJW-K18010250
11709	1881	2	24	1881	1	26	SJW-K18010260
11710	1881	4	1	1881	3	3	SJW-K18030030
11711	1881	4	5	1881	3	7	SJW-K18030070
11712	1881	4	10	1881	3	12	SJW-K18030120
11713	1881	4	19	1881	3	21	SJW-K18030210
11714	1881	4	20	1881	3	22	SJW-K18030220
11715	1881	4	24	1881	3	26	SJW-K18030260
11716	1881	4	25	1881	3	27	SJW-K18030270
11717	1881	4	28	1881	4	1	SJW-K18040010
11718	1881	5	1	1881	4	4	SJW-K18040040
11719	1881	5	6	1881	4	9	SJW-K18040090
11720	1881	5	7	1881	4	10	SJW-K18040100

续表

编号	公历			农历			ID 编号
	年	月	日	年	月	日	
11721	1881	5	8	1881	4	11	SJW-K18040110
11722	1881	5	19	1881	4	22	SJW-K18040220
11723	1881	5	22	1881	4	25	SJW-K18040250
11724	1881	5	23	1881	4	26	SJW-K18040260
11725	1881	6	5	1881	5	9	SJW-K18050090
11726	1881	6	11	1881	5	15	SJW-K18050150
11727	1881	6	13	1881	5	17	SJW-K18050170
11728	1881	6	14	1881	5	18	SJW-K18050180
11729	1881	7	1	1881	6	6	SJW-K18060060
11730	1881	7	2	1881	6	7	SJW-K18060070
11731	1881	7	3	1881	6	8	SJW-K18060080
11732	1881	7	9	1881	6	14	SJW-K18060140
11733	1881	7	10	1881	6	15	SJW-K18060150
11734	1881	7	16	1881	6	21	SJW-K18060210
11735	1881	7	17	1881	6	22	SJW-K18060220
11736	1881	7	26	1881	7	1	SJW-K18070010
11737	1881	7	30	1881	7	5	SJW-K18070050
11738	1881	8	4	1881	7	10	SJW-K18070100
11739	1881	8	5	1881	7	11	SJW-K18070110
11740	1881	8	6	1881	7	12	SJW-K18070120
11741	1881	8	7	1881	7	13	SJW-K18070130
11742	1881	8	22	1881	7	28	SJW-K18070280
11743	1881	8	24	1881	7	30	SJW-K18070300
11744	1881	8	26	1881	闰 7	2	SJW-K18071020
11745	1881	8	27	1881	闰 7	3	SJW-K18071030
11746	1881	8	28	1881	闰 7	4	SJW-K18071040
11747	1881	8	29	1881	闰 7	5	SJW-K18071050
11748	1881	8	30	1881	闰 7	6	SJW-K18071060
11749	1881	8	31	1881	闰 7	7	SJW-K18071070
11750	1881	9	6	1881	闰 7	13	SJW-K18071130
11751	1881	9	7	1881	闰 7	14	SJW-K18071140
11752	1881	9	8	1881	闰 7	15	SJW-K18071150
11753	1881	9	17	1881	闰 7	24	SJW-K18071240
11754	1881	9	18	1881	闰 7	25	SJW-K18071250
11755	1881	9	26	1881	8	4	SJW-K18080040
11756	1881	9	28	1881	8	6	SJW-K18080060
11757	1881	10	7	1881	8	15	SJW-K18080150
11758	1881	10	14	1881	8	22	SJW-K18080220

续表

编号	公历			农历			ID 编号
	年	月	日	年	月	日	
11759	1881	10	19	1881	8	27	SJW-K18080270
11760	1881	11	6	1881	9	15	SJW-K18090150
11761	1881	11	7	1881	9	16	SJW-K18090160
11762	1881	11	9	1881	9	18	SJW-K18090180
11763	1882	1	25	1881	12	6	SJW-K18120060
11764	1882	3	25	1882	2	7	SJW-K19020070
11765	1882	3	31	1882	2	13	SJW-K19020130
11766	1882	4	2	1882	2	15	SJW-K19020150
11767	1882	4	21	1882	3	4	SJW-K19030040
11768	1882	4	27	1882	3	10	SJW-K19030100
11769	1882	4	29	1882	3	12	SJW-K19030120
11770	1882	5	17	1882	4	1	SJW-K19040010
11771	1882	5	20	1882	4	4	SJW-K19040040
11772	1882	6	3	1882	4	18	SJW-K19040180
11773	1882	6	4	1882	4	19	SJW-K19040190
11774	1882	6	8	1882	4	23	SJW-K19040230
11775	1882	7	3	1882	5	18	SJW-K19050180
11776	1882	7	7	1882	5	22	SJW-K19050220
11777	1882	7	16	1882	6	2	SJW-K19060020
11778	1882	7	17	1882	6	3	SJW-K19060030
11779	1882	7	18	1882	6	4	SJW-K19060040
11780	1882	7	24	1882	6	10	SJW-K19060100
11781	1882	8	2	1882	6	19	SJW-K19060190
11782	1882	8	3	1882	6	20	SJW-K19060200
11783	1882	8	4	1882	6	21	SJW-K19060210
11784	1882	8	8	1882	6	25	SJW-K19060250
11785	1882	8	9	1882	6	26	SJW-K19060260
11786	1882	8	16	1882	7	3	SJW-K19070030
11787	1882	8	27	1882	7	14	SJW-K19070140
11788	1882	8	31	1882	7	18	SJW-K19070180
11789	1882	9	5	1882	7	23	SJW-K19070230
11790	1882	10	21	1882	9	10	SJW-K19090100
11791	1882	10	22	1882	9	11	SJW-K19090110
11792	1882	10	23	1882	9	12	SJW-K19090120
11793	1882	10	28	1882	9	17	SJW-K19090170
11794	1882	10	31	1882	9	20	SJW-K19090200
11795	1882	11	2	1882	9	22	SJW-K19090220
11796	1882	11	3	1882	9	23	SJW-K19090230

续表

编号	公历			农历			ID 编号
	年	月	日	年	月	日	
11797	1882	11	15	1882	10	5	SJW-K19100050
11798	1882	11	28	1882	10	18	SJW-K19100180
11799	1882	12	15	1882	11	6	SJW-K19110060
11800	1883	2	16	1883	1	9	SJW-K20010090
11801	1883	2	18	1883	1	11	SJW-K20010110
11802	1883	2	23	1883	1	16	SJW-K20010160
11803	1883	3	24	1883	2	16	SJW-K20020160
11804	1883	3	30	1883	2	22	SJW-K20020220
11805	1883	4	13	1883	3	7	SJW-K20030070
11806	1883	4	27	1883	3	21	SJW-K20030210
11807	1883	4	28	1883	3	22	SJW-K20030220
11808	1883	5	2	1883	3	26	SJW-K20030260
11809	1883	5	4	1883	3	28	SJW-K20030280
11810	1883	5	11	1883	4	5	SJW-K20040050
11811	1883	5	24	1883	4	18	SJW-K20040180
11812	1883	5	25	1883	4	19	SJW-K20040190
11813	1883	5	31	1883	4	25	SJW-K20040250
11814	1883	6	1	1883	4	26	SJW-K20040260
11815	1883	6	19	1883	5	15	SJW-K20050150
11816	1883	6	25	1883	5	21	SJW-K20050210
11817	1883	6	27	1883	5	23	SJW-K20050230
11818	1883	7	2	1883	5	28	SJW-K20050280
11819	1883	7	13	1883	6	10	SJW-K20060100
11820	1883	7	15	1883	6	12	SJW-K20060120
11821	1883	7	16	1883	6	13	SJW-K20060130
11822	1883	7	17	1883	6	14	SJW-K20060140
11823	1883	7	19	1883	6	16	SJW-K20060160
11824	1883	7	20	1883	6	17	SJW-K20060170
11825	1883	7	21	1883	6	18	SJW-K20060180
11826	1883	7	23	1883	6	20	SJW-K20060200
11827	1883	8	4	1883	7	2	SJW-K20070020
11828	1883	8	5	1883	7	3	SJW-K20070030
11829	1883	8	8	1883	7	6	SJW-K20070060
11830	1883	8	9	1883	7	7	SJW-K20070070
11831	1883	8	15	1883	7	13	SJW-K20070130
11832	1883	8	31	1883	7	29	SJW-K20070290
11833	1883	9	1	1883	8	1	SJW-K20080010
11834	1883	9	3	1883	8	3	SJW-K20080030

续表

编号	公历			农历			ID 编号
	年	月	日	年	月	日	
11835	1883	9	5	1883	8	5	SJW-K20080050
11836	1883	9	7	1883	8	7	SJW-K20080070
11837	1883	9	17	1883	8	17	SJW-K20080170
11838	1883	9	21	1883	8	21	SJW-K20080210
11839	1883	10	15	1883	9	15	SJW-K20090150
11840	1883	10	16	1883	9	16	SJW-K20090160
11841	1883	10	19	1883	9	19	SJW-K20090190
11842	1883	10	27	1883	9	27	SJW-K20090270
11843	1883	10	30	1883	9	30	SJW-K20090300
11844	1883	10	31	1883	10	1	SJW-K20100010
11845	1883	11	10	1883	10	11	SJW-K20100110
11846	1883	11	13	1883	10	14	SJW-K20100140
11847	1884	1	4	1883	12	7	SJW-K20120070
11848	1884	3	15	1884	2	18	SJW-K21020180
11849	1884	3	31	1884	3	5	SJW-K21030050
11850	1884	4	4	1884	3	9	SJW-K21030090
11851	1884	4	10	1884	3	15	SJW-K21030150
11852	1884	4	24	1884	3	29	SJW-K21030290
11853	1884	4	25	1884	4	1	SJW-K21040010
11854	1884	5	2	1884	4	8	SJW-K21040080
11855	1884	5	17	1884	4	23	SJW-K21040230
11856	1884	5	18	1884	4	24	SJW-K21040240
11857	1884	5	27	1884	5	3	SJW-K21050030
11858	1884	5	28	1884	5	4	SJW-K21050040
11859	1884	5	30	1884	5	6	SJW-K21050060
11860	1884	6	2	1884	5	9	SJW-K21050090
11861	1884	6	10	1884	5	17	SJW-K21050170
11862	1884	6	13	1884	5	20	SJW-K21050200
11863	1884	6	15	1884	5	22	SJW-K21050220
11864	1884	6	16	1884	5	23	SJW-K21050230
11865	1884	6	20	1884	5	27	SJW-K21050270
11866	1884	6	21	1884	5	28	SJW-K21050280
11867	1884	7	5	1884	闰 5	13	SJW-K21051130
11868	1884	7	6	1884	闰 5	14	SJW-K21051140
11869	1884	7	12	1884	闰 5	20	SJW-K21051200
11870	1884	7	19	1884	闰 5	27	SJW-K21051270
11871	1884	7	20	1884	闰 5	28	SJW-K21051280
11872	1884	7	23	1884	6	2	SJW-K21060020

续表

编号	公历			农历			ID 编号
	年	月	日	年	月	日	
11873	1884	7	24	1884	6	3	SJW-K21060030
11874	1884	7	25	1884	6	4	SJW-K21060040
11875	1884	7	27	1884	6	6	SJW-K21060060
11876	1884	7	28	1884	6	7	SJW-K21060070
11877	1884	7	31	1884	6	10	SJW-K21060100
11878	1884	8	1	1884	6	11	SJW-K21060110
11879	1884	8	13	1884	6	23	SJW-K21060230
11880	1884	8	17	1884	6	27	SJW-K21060270
11881	1884	8	19	1884	6	29	SJW-K21060290
11882	1884	8	29	1884	7	9	SJW-K21070090
11883	1884	8	30	1884	7	10	SJW-K21070100
11884	1884	8	31	1884	7	11	SJW-K21070110
11885	1884	9	1	1884	7	12	SJW-K21070120
11886	1884	9	3	1884	7	14	SJW-K21070140
11887	1884	9	14	1884	7	25	SJW-K21070250
11888	1884	9	18	1884	7	29	SJW-K21070290
11889	1884	9	19	1884	8	1	SJW-K21080010
11890	1884	9	20	1884	8	2	SJW-K21080020
11891	1884	9	24	1884	8	6	SJW-K21080060
11892	1884	9	29	1884	8	11	SJW-K21080110
11893	1884	9	30	1884	8	12	SJW-K21080120
11894	1884	10	12	1884	8	24	SJW-K21080240
11895	1884	11	8	1884	9	21	SJW-K21090210
11896	1884	11	18	1884	10	1	SJW-K21100010
11897	1884	11	23	1884	10	6	SJW-K21100060
11898	1885	4	6	1885	2	21	SJW-K22020210
11899	1885	4	7	1885	2	22	SJW-K22020220
11900	1885	4	13	1885	2	28	SJW-K22020280
11901	1885	4	19	1885	3	5	SJW-K22030050
11902	1885	5	8	1885	3	24	SJW-K22030240
11903	1885	5	17	1885	4	4	SJW-K22040040
11904	1885	5	30	1885	4	17	SJW-K22040170
11905	1885	5	31	1885	4	18	SJW-K22040180
11906	1885	6	3	1885	4	21	SJW-K22040210
11907	1885	7	3	1885	5	21	SJW-K22050210
11908	1885	7	5	1885	5	23	SJW-K22050230
11909	1885	7	10	1885	5	28	SJW-K22050280
11910	1885	7	13	1885	6	2	SJW-K22060020

续表

编号	公历			农历			ID 编号
	年	月	日	年	月	日	
11911	1885	7	14	1885	6	3	SJW-K22060030
11912	1885	7	16	1885	6	5	SJW-K22060050
11913	1885	7	17	1885	6	6	SJW-K22060060
11914	1885	7	18	1885	6	7	SJW-K22060070
11915	1885	7	19	1885	6	8	SJW-K22060080
11916	1885	7	22	1885	6	11	SJW-K22060110
11917	1885	7	25	1885	6	14	SJW-K22060140
11918	1885	7	26	1885	6	15	SJW-K22060150
11919	1885	7	28	1885	6	17	SJW-K22060170
11920	1885	7	31	1885	6	20	SJW-K22060200
11921	1885	8	1	1885	6	21	SJW-K22060210
11922	1885	8	2	1885	6	22	SJW-K22060220
11923	1885	8	5	1885	6	25	SJW-K22060250
11924	1885	8	15	1885	7	6	SJW-K22070060
11925	1885	8	16	1885	7	7	SJW-K22070070
11926	1885	8	17	1885	7	8	SJW-K22070080
11927	1885	8	21	1885	7	12	SJW-K22070120
11928	1885	8	22	1885	7	13	SJW-K22070130
11929	1885	8	23	1885	7	14	SJW-K22070140
11930	1885	8	25	1885	7	16	SJW-K22070160
11931	1885	8	27	1885	7	18	SJW-K22070180
11932	1885	8	28	1885	7	19	SJW-K22070190
11933	1885	9	2	1885	7	24	SJW-K22070240
11934	1885	9	3	1885	7	25	SJW-K22070250
11935	1885	9	7	1885	7	29	SJW-K22070290
11936	1885	9	9	1885	8	1	SJW-K22080010
11937	1885	9	13	1885	8	5	SJW-K22080050
11938	1885	9	14	1885	8	6	SJW-K22080060
11939	1885	9	28	1885	8	20	SJW-K22080200
11940	1885	10	25	1885	9	18	SJW-K22090180
11941	1885	11	1	1885	9	25	SJW-K22090250
11942	1885	11	22	1885	10	16	SJW-K22100160
11943	1885	12	23	1885	11	18	SJW-K22110180
11944	1885	12	24	1885	11	19	SJW-K22110190
11945	1886	4	4	1886	3	1	SJW-K23030010
11946	1886	4	5	1886	3	2	SJW-K23030020
11947	1886	4	10	1886	3	7	SJW-K23030070
11948	1886	4	23	1886	3	20	SJW-K23030200

续表

编号	公历			农历			ID 编号
	年	月	日	年	月	日	
11949	1886	4	24	1886	3	21	SJW-K23030210
11950	1886	4	30	1886	3	27	SJW-K23030270
11951	1886	5	1	1886	3	28	SJW-K23030280
11952	1886	5	12	1886	4	9	SJW-K23040090
11953	1886	5	17	1886	4	14	SJW-K23040140
11954	1886	5	21	1886	4	18	SJW-K23040180
11955	1886	5	25	1886	4	22	SJW-K23040220
11956	1886	6	3	1886	5	2	SJW-K23050020
11957	1886	6	4	1886	5	3	SJW-K23050030
11958	1886	6	11	1886	5	10	SJW-K23050100
11959	1886	6	15	1886	5	14	SJW-K23050140
11960	1886	6	16	1886	5	15	SJW-K23050150
11961	1886	6	20	1886	5	19	SJW-K23050190
11962	1886	6	21	1886	5	20	SJW-K23050200
11963	1886	6	22	1886	5	21	SJW-K23050210
11964	1886	6	25	1886	5	24	SJW-K23050240
11965	1886	6	26	1886	5	25	SJW-K23050250
11966	1886	7	9	1886	6	8	SJW-K23060080
11967	1886	7	13	1886	6	12	SJW-K23060120
11968	1886	7	14	1886	6	13	SJW-K23060130
11969	1886	7	16	1886	6	15	SJW-K23060150
11970	1886	7	18	1886	6	17	SJW-K23060170
11971	1886	7	21	1886	6	20	SJW-K23060200
11972	1886	7	22	1886	6	21	SJW-K23060210
11973	1886	7	23	1886	6	22	SJW-K23060220
11974	1886	7	25	1886	6	24	SJW-K23060240
11975	1886	7	31	1886	7	1	SJW-K23070010
11976	1886	8	1	1886	7	2	SJW-K23070020
11977	1886	8	2	1886	7	3	SJW-K23070030
11978	1886	8	5	1886	7	6	SJW-K23070060
11979	1886	8	15	1886	7	16	SJW-K23070160
11980	1886	8	16	1886	7	17	SJW-K23070170
11981	1886	8	25	1886	7	26	SJW-K23070260
11982	1886	8	29	1886	8	1	SJW-K23080010
11983	1886	9	2	1886	8	5	SJW-K23080050
11984	1886	9	3	1886	8	6	SJW-K23080060
11985	1886	9	6	1886	8	9	SJW-K23080090
11986	1886	9	7	1886	8	10	SJW-K23080100

续表

编号	公历			农历			ID 编号
	年	月	日	年	月	日	
11987	1886	9	10	1886	8	13	SJW-K23080130
11988	1886	9	11	1886	8	14	SJW-K23080140
11989	1886	9	14	1886	8	17	SJW-K23080170
11990	1886	9	28	1886	9	1	SJW-K23090010
11991	1886	10	7	1886	9	10	SJW-K23090100
11992	1886	10	20	1886	9	23	SJW-K23090230
11993	1886	10	28	1886	10	2	SJW-K23100020
11994	1886	10	31	1886	10	5	SJW-K23100050
11995	1886	11	1	1886	10	6	SJW-K23100060
11996	1886	11	20	1886	10	25	SJW-K23100250
11997	1886	12	13	1886	11	18	SJW-K23110180
11998	1887	3	11	1887	2	17	SJW-K24020170
11999	1887	4	6	1887	3	13	SJW-K24030130
12000	1887	4	10	1887	3	17	SJW-K24030170
12001	1887	4	29	1887	4	7	SJW-K24040070
12002	1887	5	6	1887	4	14	SJW-K24040140
12003	1887	6	8	1887	闰 4	17	SJW-K24041170
12004	1887	6	14	1887	闰 4	23	SJW-K24041230
12005	1887	7	7	1887	5	17	SJW-K24050170
12006	1887	7	8	1887	5	18	SJW-K24050180
12007	1887	7	9	1887	5	19	SJW-K24050190
12008	1887	7	10	1887	5	20	SJW-K24050200
12009	1887	7	13	1887	5	23	SJW-K24050230
12010	1887	7	16	1887	5	26	SJW-K24050260
12011	1887	8	4	1887	6	15	SJW-K24060150
12012	1887	8	10	1887	6	21	SJW-K24060210
12013	1887	8	14	1887	6	25	SJW-K24060250
12014	1887	8	16	1887	6	27	SJW-K24060270
12015	1887	8	17	1887	6	28	SJW-K24060280
12016	1887	8	18	1887	6	29	SJW-K24060290
12017	1887	8	20	1887	7	2	SJW-K24070020
12018	1887	8	21	1887	7	3	SJW-K24070030
12019	1887	8	23	1887	7	5	SJW-K24070050
12020	1887	8	26	1887	7	8	SJW-K24070080
12021	1887	8	27	1887	7	9	SJW-K24070090
12022	1887	8	30	1887	7	12	SJW-K24070120
12023	1887	9	3	1887	7	16	SJW-K24070160
12024	1887	9	7	1887	7	20	SJW-K24070200

续表

编号	公历			农历			ID 编号
	年	月	日	年	月	日	
12025	1887	9	13	1887	7	26	SJW-K24070260
12026	1887	10	18	1887	9	2	SJW-K24090020
12027	1887	11	9	1887	9	24	SJW-K24090240
12028	1887	11	15	1887	10	1	SJW-K24100010
12029	1887	11	17	1887	10	3	SJW-K24100030
12030	1888	3	17	1888	2	5	SJW-K25020050
12031	1888	4	10	1888	2	29	SJW-K25020290
12032	1888	4	15	1888	3	5	SJW-K25030050
12033	1888	5	16	1888	4	6	SJW-K25040060
12034	1888	5	27	1888	4	17	SJW-K25040170
12035	1888	5	31	1888	4	21	SJW-K25040210
12036	1888	6	1	1888	4	22	SJW-K25040220
12037	1888	6	3	1888	4	24	SJW-K25040240
12038	1888	6	14	1888	5	5	SJW-K25050050
12039	1888	6	15	1888	5	6	SJW-K25050060
12040	1888	7	7	1888	5	28	SJW-K25050280
12041	1888	7	8	1888	5	29	SJW-K25050290
12042	1888	7	17	1888	6	9	SJW-K25060090
12043	1888	7	24	1888	6	16	SJW-K25060160
12044	1888	8	8	1888	7	1	SJW-K25070010
12045	1888	8	15	1888	7	8	SJW-K25070080
12046	1888	8	19	1888	7	12	SJW-K25070120
12047	1888	8	26	1888	7	19	SJW-K25070190
12048	1888	8	28	1888	7	21	SJW-K25070210
12049	1888	9	3	1888	7	27	SJW-K25070270
12050	1888	9	6	1888	8	1	SJW-K25080010
12051	1888	9	19	1888	8	14	SJW-K25080140
12052	1888	9	23	1888	8	18	SJW-K25080180
12053	1888	10	10	1888	9	6	SJW-K25090060
12054	1888	10	15	1888	9	11	SJW-K25090110
12055	1888	10	17	1888	9	13	SJW-K25090130
12056	1888	10	26	1888	9	22	SJW-K25090220
12057	1888	11	2	1888	9	29	SJW-K25090290
12058	1888	11	3	1888	9	30	SJW-K25090300
12059	1888	12	2	1888	10	29	SJW-K25100290
12060	1888	12	9	1888	11	7	SJW-K25110070
12061	1889	1	11	1888	12	10	SJW-K25120100
12062	1889	3	26	1889	2	25	SJW-K26020250

续表

编号	公历			农历			ID 编号
	年	月	日	年	月	日	
12063	1889	4	18	1889	3	19	SJW-K26030190
12064	1889	5	13	1889	4	14	SJW-K26040140
12065	1889	5	31	1889	5	2	SJW-K26050020
12066	1889	6	12	1889	5	14	SJW-K26050140
12067	1889	6	16	1889	5	18	SJW-K26050180
12068	1889	6	23	1889	5	25	SJW-K26050250
12069	1889	6	24	1889	5	26	SJW-K26050260
12070	1889	6	25	1889	5	27	SJW-K26050270
12071	1889	6	26	1889	5	28	SJW-K26050280
12072	1889	7	2	1889	6	5	SJW-K26060050
12073	1889	7	4	1889	6	7	SJW-K26060070
12074	1889	7	7	1889	6	10	SJW-K26060100
12075	1889	7	11	1889	6	14	SJW-K26060140
12076	1889	7	12	1889	6	15	SJW-K26060150
12077	1889	7	17	1889	6	20	SJW-K26060200
12078	1889	7	21	1889	6	24	SJW-K26060240
12079	1889	7	22	1889	6	25	SJW-K26060250
12080	1889	7	23	1889	6	26	SJW-K26060260
12081	1889	7	24	1889	6	27	SJW-K26060270
12082	1889	7	27	1889	6	30	SJW-K26060300
12083	1889	7	28	1889	7	1	SJW-K26070010
12084	1889	7	29	1889	7	2	SJW-K26070020
12085	1889	7	30	1889	7	3	SJW-K26070030
12086	1889	8	2	1889	7	6	SJW-K26070060
12087	1889	8	17	1889	7	21	SJW-K26070210
12088	1889	8	23	1889	7	27	SJW-K26070270
12089	1889	8	24	1889	7	28	SJW-K26070280
12090	1889	9	1	1889	8	7	SJW-K26080070
12091	1889	9	2	1889	8	8	SJW-K26080080
12092	1889	9	4	1889	8	10	SJW-K26080100
12093	1889	9	5	1889	8	11	SJW-K26080110
12094	1889	9	20	1889	8	26	SJW-K26080260
12095	1889	10	8	1889	9	14	SJW-K26090140
12096	1889	10	20	1889	9	26	SJW-K26090260
12097	1889	11	25	1889	11	3	SJW-K26110030
12098	1890	2	7	1890	1	18	SJW-K27010180
12099	1890	2	15	1890	1	26	SJW-K27010260
12100	1890	2	17	1890	1	28	SJW-K27010280

续表

编号	公历			农历			ID 编号
	年	月	日	年	月	日	
12101	1890	3	18	1890	2	28	SJW-K27020280
12102	1890	3	23	1890	闰 2	3	SJW-K27021030
12103	1890	4	4	1890	闰 2	15	SJW-K27021150
12104	1890	4	15	1890	闰 2	26	SJW-K27021260
12105	1890	4	19	1890	3	1	SJW-K27030010
12106	1890	4	26	1890	3	8	SJW-K27030080
12107	1890	4	28	1890	3	10	SJW-K27030100
12108	1890	4	29	1890	3	11	SJW-K27030110
12109	1890	5	20	1890	4	2	SJW-K27040020
12110	1890	5	21	1890	4	3	SJW-K27040030
12111	1890	5	29	1890	4	11	SJW-K27040110
12112	1890	5	30	1890	4	12	SJW-K27040120
12113	1890	6	5	1890	4	18	SJW-K27040180
12114	1890	6	13	1890	4	26	SJW-K27040260
12115	1890	6	23	1890	5	7	SJW-K27050070
12116	1890	6	25	1890	5	9	SJW-K27050090
12117	1890	6	26	1890	5	10	SJW-K27050100
12118	1890	6	27	1890	5	11	SJW-K27050110
12119	1890	6	28	1890	5	12	SJW-K27050120
12120	1890	7	1	1890	5	15	SJW-K27050150
12121	1890	7	11	1890	5	25	SJW-K27050250
12122	1890	7	12	1890	5	26	SJW-K27050260
12123	1890	7	14	1890	5	28	SJW-K27050280
12124	1890	7	23	1890	6	7	SJW-K27060070
12125	1890	7	24	1890	6	8	SJW-K27060080
12126	1890	8	9	1890	6	24	SJW-K27060240
12127	1890	8	11	1890	6	26	SJW-K27060260
12128	1890	8	15	1890	6	30	SJW-K27060300
12129	1890	8	17	1890	7	3	SJW-K27070030
12130	1890	8	18	1890	7	4	SJW-K27070040
12131	1890	8	23	1890	7	9	SJW-K27070090
12132	1890	8	25	1890	7	11	SJW-K27070110
12133	1890	8	28	1890	7	14	SJW-K27070140
12134	1890	8	29	1890	7	15	SJW-K27070150
12135	1890	9	2	1890	7	19	SJW-K27070190
12136	1890	9	3	1890	7	20	SJW-K27070200
12137	1890	10	17	1890	9	4	SJW-K27090040
12138	1890	10	22	1890	9	9	SJW-K27090090

续表

编号	公历			农历			ID 编号
	年	月	日	年	月	日	
12139	1890	10	25	1890	9	12	SJW-K27090120
12140	1890	10	31	1890	9	18	SJW-K27090180
12141	1890	11	11	1890	9	29	SJW-K27090290
12142	1890	11	26	1890	10	15	SJW-K27100150
12143	1890	12	2	1890	10	21	SJW-K27100210
12144	1890	12	3	1890	10	22	SJW-K27100220
12145	1890	12	22	1890	11	11	SJW-K27110110
12146	1891	1	29	1890	12	20	SJW-K27120200
12147	1891	1	30	1890	12	21	SJW-K27120210
12148	1891	2	5	1890	12	27	SJW-K27120270
12149	1891	2	27	1891	1	19	SJW-K28010190
12150	1891	3	9	1891	1	29	SJW-K28010290
12151	1891	3	16	1891	2	7	SJW-K28020070
12152	1891	4	23	1891	3	15	SJW-K28030150
12153	1891	5	10	1891	4	3	SJW-K28040030
12154	1891	5	15	1891	4	8	SJW-K28040080
12155	1891	5	23	1891	4	16	SJW-K28040160
12156	1891	5	24	1891	4	17	SJW-K28040170
12157	1891	6	2	1891	4	26	SJW-K28040260
12158	1891	6	14	1891	5	8	SJW-K28050080
12159	1891	6	19	1891	5	13	SJW-K28050130
12160	1891	6	22	1891	5	16	SJW-K28050160
12161	1891	6	29	1891	5	23	SJW-K28050230
12162	1891	6	30	1891	5	24	SJW-K28050240
12163	1891	7	10	1891	6	5	SJW-K28060050
12164	1891	7	17	1891	6	12	SJW-K28060120
12165	1891	7	18	1891	6	13	SJW-K28060130
12166	1891	7	19	1891	6	14	SJW-K28060140
12167	1891	7	21	1891	6	16	SJW-K28060160
12168	1891	7	22	1891	6	17	SJW-K28060170
12169	1891	7	23	1891	6	18	SJW-K28060180
12170	1891	7	27	1891	6	22	SJW-K28060220
12171	1891	7	31	1891	6	26	SJW-K28060260
12172	1891	8	2	1891	6	28	SJW-K28060280
12173	1891	8	3	1891	6	29	SJW-K28060290
12174	1891	8	9	1891	7	5	SJW-K28070050
12175	1891	8	11	1891	7	7	SJW-K28070070
12176	1891	8	12	1891	7	8	SJW-K28070080

续表

编号	公历			农历			ID 编号
	年	月	日	年	月	日	
12177	1891	8	18	1891	7	14	SJW-K28070140
12178	1891	8	31	1891	7	27	SJW-K28070270
12179	1891	9	2	1891	7	29	SJW-K28070290
12180	1891	9	3	1891	8	1	SJW-K28080010
12181	1891	9	19	1891	8	17	SJW-K28080170
12182	1891	9	20	1891	8	18	SJW-K28080180
12183	1891	9	27	1891	8	25	SJW-K28080250
12184	1891	10	6	1891	9	4	SJW-K28090040
12185	1891	10	22	1891	9	20	SJW-K28090200
12186	1891	11	8	1891	10	7	SJW-K28100070
12187	1891	11	9	1891	10	8	SJW-K28100080
12188	1891	11	10	1891	10	9	SJW-K28100090
12189	1891	12	3	1891	11	3	SJW-K28110030
12190	1891	12	7	1891	11	7	SJW-K28110070
12191	1891	12	14	1891	11	14	SJW-K28110140
12192	1891	12	30	1891	11	30	SJW-K28110300
12193	1892	3	3	1892	2	5	SJW-K29020050
12194	1892	4	1	1892	3	5	SJW-K29030050
12195	1892	4	2	1892	3	6	SJW-K29030060
12196	1892	4	11	1892	3	15	SJW-K29030150
12197	1892	5	15	1892	4	19	SJW-K29040190
12198	1892	5	31	1892	5	6	SJW-K29050060
12199	1892	6	16	1892	5	22	SJW-K29050220
12200	1892	6	22	1892	5	28	SJW-K29050280
12201	1892	7	2	1892	6	9	SJW-K29060090
12202	1892	7	3	1892	6	10	SJW-K29060100
12203	1892	7	4	1892	6	11	SJW-K29060110
12204	1892	7	27	1892	闰 6	4	SJW-K29061040
12205	1892	7	29	1892	闰 6	6	SJW-K29061060
12206	1892	8	6	1892	闰 6	14	SJW-K29061140
12207	1892	8	17	1892	闰 6	25	SJW-K29061250
12208	1892	8	19	1892	闰 6	27	SJW-K29061270
12209	1892	8	21	1892	闰 6	29	SJW-K29061290
12210	1892	8	22	1892	7	1	SJW-K29070010
12211	1892	8	23	1892	7	2	SJW-K29070020
12212	1892	8	24	1892	7	3	SJW-K29070030
12213	1892	8	26	1892	7	5	SJW-K29070050
12214	1892	9	2	1892	7	12	SJW-K29070120

续表

编号	公历			农历			ID 编号
	年	月	日	年	月	日	
12215	1892	9	27	1892	8	7	SJW-K29080070
12216	1892	10	12	1892	8	22	SJW-K29080220
12217	1892	10	29	1892	9	9	SJW-K29090090
12218	1892	11	5	1892	9	16	SJW-K29090160
12219	1892	11	7	1892	9	18	SJW-K29090180
12220	1892	11	9	1892	9	20	SJW-K29090200
12221	1892	11	14	1892	9	25	SJW-K29090250
12222	1892	11	23	1892	10	5	SJW-K29100050
12223	1893	1	7	1892	11	20	SJW-K29110200
12224	1893	1	9	1892	11	22	SJW-K29110220
12225	1893	4	1	1893	2	15	SJW-K30020150
12226	1893	4	23	1893	3	8	SJW-K30030080
12227	1893	5	2	1893	3	17	SJW-K30030170
12228	1893	5	21	1893	4	6	SJW-K30040060
12229	1893	6	11	1893	4	27	SJW-K30040270
12230	1893	6	12	1893	4	28	SJW-K30040280
12231	1893	6	18	1893	5	5	SJW-K30050050
12232	1893	6	22	1893	5	9	SJW-K30050090
12233	1893	6	28	1893	5	15	SJW-K30050150
12234	1893	6	30	1893	5	17	SJW-K30050170
12235	1893	7	2	1893	5	19	SJW-K30050190
12236	1893	7	3	1893	5	20	SJW-K30050200
12237	1893	7	15	1893	6	3	SJW-K30060030
12238	1893	7	16	1893	6	4	SJW-K30060040
12239	1893	7	17	1893	6	5	SJW-K30060050
12240	1893	7	19	1893	6	7	SJW-K30060070
12241	1893	7	31	1893	6	19	SJW-K30060190
12242	1893	8	2	1893	6	21	SJW-K30060210
12243	1893	8	3	1893	6	22	SJW-K30060220
12244	1893	8	4	1893	6	23	SJW-K30060230
12245	1893	8	5	1893	6	24	SJW-K30060240
12246	1893	8	8	1893	6	27	SJW-K30060270
12247	1893	8	9	1893	6	28	SJW-K30060280
12248	1893	8	30	1893	7	19	SJW-K30070190
12249	1893	9	1	1893	7	21	SJW-K30070210
12250	1893	9	2	1893	7	22	SJW-K30070220
12251	1893	9	3	1893	7	23	SJW-K30070230
12252	1893	9	8	1893	7	28	SJW-K30070280

续表

编号	公历			农历			ID 编号
	年	月	日	年	月	日	
12253	1893	9	18	1893	8	9	SJW-K30080090
12254	1893	9	25	1893	8	16	SJW-K30080160
12255	1893	9	27	1893	8	18	SJW-K30080180
12256	1893	10	9	1893	8	30	SJW-K30080300
12257	1893	10	17	1893	9	8	SJW-K30090080
12258	1893	10	24	1893	9	15	SJW-K30090150
12259	1893	10	25	1893	9	16	SJW-K30090160
12260	1893	11	4	1893	9	26	SJW-K30090260
12261	1893	11	7	1893	9	29	SJW-K30090290
12262	1893	11	10	1893	10	3	SJW-K30100030
12263	1893	11	21	1893	10	14	SJW-K30100140
12264	1893	12	5	1893	10	28	SJW-K30100280
12265	1893	12	19	1893	11	12	SJW-K30110120
12266	1894	3	2	1894	1	25	SJW-K31010250
12267	1894	3	23	1894	2	17	SJW-K31020170
12268	1894	3	28	1894	2	22	SJW-K31020220
12269	1894	4	12	1894	3	7	SJW-K31030070
12270	1894	4	19	1894	3	14	SJW-K31030140
12271	1894	5	3	1894	3	28	SJW-K31030280
12272	1894	5	6	1894	4	2	SJW-K31040020
12273	1894	5	11	1894	4	7	SJW-K31040070
12274	1894	5	22	1894	4	18	SJW-K31040180
12275	1894	6	9	1894	5	6	SJW-K31050060
12276	1894	6	10	1894	5	7	SJW-K31050070
12277	1894	6	14	1894	5	11	SJW-K31050110
12278	1894	6	15	1894	5	12	SJW-K31050120
12279	1894	6	18	1894	5	15	SJW-K31050150
12280	1894	6	19	1894	5	16	SJW-K31050160
12281	1894	6	22	1894	5	19	SJW-K31050190
12282	1894	7	1	1894	5	28	SJW-K31050280
12283	1894	7	2	1894	5	29	SJW-K31050290
12284	1894	7	20	1894	6	18	SJW-K31060180
12285	1894	8	31	1894	8	1	SJW-K31080010
12286	1895	3	7	1895	2	11	SJW-K32020110
12287	1895	3	26	1895	3	1	SJW-K32030010
12288	1895	3	27	1895	3	2	SJW-K32030020
12289	1895	4	12	1895	3	18	SJW-K32030180
12290	1895	4	13	1895	3	19	SJW-K32030190

续表

编号	公历			农历			ID 编号
	年	月	日	年	月	日	
12291	1895	4	23	1895	3	29	SJW-K32030290
12292	1895	4	29	1895	4	5	SJW-K32040050
12293	1895	4	30	1895	4	6	SJW-K32040060
12294	1895	5	2	1895	4	8	SJW-K32040080
12295	1895	5	8	1895	4	14	SJW-K32040140
12296	1895	5	9	1895	4	15	SJW-K32040150
12297	1895	5	13	1895	4	19	SJW-K32040190
12298	1895	5	16	1895	4	22	SJW-K32040220
12299	1895	5	19	1895	4	25	SJW-K32040250
12300	1895	6	2	1895	5	10	SJW-K32050100
12301	1895	6	23	1895	闰 5	1	SJW-K32051010
12302	1895	7	3	1895	闰 5	11	SJW-K32051110
12303	1895	7	15	1895	闰 5	23	SJW-K32051230
12304	1895	7	27	1895	6	6	SJW-K32060060
12305	1895	7	28	1895	6	7	SJW-K32060070
12306	1895	7	29	1895	6	8	SJW-K32060080
12307	1895	7	31	1895	6	10	SJW-K32060100
12308	1895	8	1	1895	6	11	SJW-K32060110
12309	1895	8	2	1895	6	12	SJW-K32060120
12310	1895	8	3	1895	6	13	SJW-K32060130
12311	1895	8	6	1895	6	16	SJW-K32060160
12312	1895	8	9	1895	6	19	SJW-K32060190
12313	1895	8	10	1895	6	20	SJW-K32060200
12314	1895	8	28	1895	7	9	SJW-K32070090
12315	1895	8	29	1895	7	10	SJW-K32070100
12316	1895	8	30	1895	7	11	SJW-K32070110
12317	1895	9	2	1895	7	14	SJW-K32070140
12318	1895	9	5	1895	7	17	SJW-K32070170
12319	1895	9	6	1895	7	18	SJW-K32070180
12320	1895	9	15	1895	7	27	SJW-K32070270
12321	1895	9	30	1895	8	12	SJW-K32080120
12322	1895	10	23	1895	9	6	SJW-K32090060
12323	1895	11	8	1895	9	22	SJW-K32090220
12324	1896	1	26	1895	12	12	SJW-K32120120
12325	1896	2	23	1896	1	11	SJW-K33010110
12326	1896	3	18	1896	2	5	SJW-K33020050
12327	1896	3	19	1896	2	6	SJW-K33020060
12328	1896	4	18	1896	3	6	SJW-K33030060

续表

编号	公历			农历			ID 编号
	年	月	日	年	月	日	
12329	1896	4	24	1896	3	12	SJW-K33030120
12330	1896	4	28	1896	3	16	SJW-K33030160
12331	1896	5	10	1896	3	28	SJW-K33030280
12332	1896	5	11	1896	3	29	SJW-K33030290
12333	1896	5	25	1896	4	13	SJW-K33040130
12334	1896	6	11	1896	5	1	SJW-K33050010
12335	1896	6	16	1896	5	6	SJW-K33050060
12336	1896	6	17	1896	5	7	SJW-K33050070
12337	1896	6	18	1896	5	8	SJW-K33050080
12338	1896	6	19	1896	5	9	SJW-K33050090
12339	1896	6	26	1896	5	16	SJW-K33050160
12340	1896	6	27	1896	5	17	SJW-K33050170
12341	1896	6	28	1896	5	18	SJW-K33050180
12342	1896	6	29	1896	5	19	SJW-K33050190
12343	1896	7	4	1896	5	24	SJW-K33050240
12344	1896	7	5	1896	5	25	SJW-K33050250
12345	1896	7	7	1896	5	27	SJW-K33050270
12346	1896	7	9	1896	5	29	SJW-K33050290
12347	1896	7	13	1896	6	3	SJW-K33060030
12348	1896	7	14	1896	6	4	SJW-K33060040
12349	1896	7	17	1896	6	7	SJW-K33060070
12350	1896	7	18	1896	6	8	SJW-K33060080
12351	1896	7	19	1896	6	9	SJW-K33060090
12352	1896	7	27	1896	6	17	SJW-K33060170
12353	1896	7	28	1896	6	18	SJW-K33060180
12354	1896	7	29	1896	6	19	SJW-K33060190
12355	1896	7	30	1896	6	20	SJW-K33060200
12356	1896	7	31	1896	6	21	SJW-K33060210
12357	1896	8	1	1896	6	22	SJW-K33060220
12358	1896	8	2	1896	6	23	SJW-K33060230
12359	1896	8	7	1896	6	28	SJW-K33060280
12360	1896	8	14	1896	7	6	SJW-K33070060
12361	1896	8	21	1896	7	13	SJW-K33070130
12362	1896	8	22	1896	7	14	SJW-K33070140
12363	1896	8	30	1896	7	22	SJW-K33070220
12364	1896	9	4	1896	7	27	SJW-K33070270
12365	1896	9	11	1896	8	5	SJW-K33080050
12366	1896	9	12	1896	8	6	SJW-K33080060

续表

编号	公历			农历			ID 编号
	年	月	日	年	月	日	
12367	1896	9	13	1896	8	7	SJW-K33080070
12368	1896	9	15	1896	8	9	SJW-K33080090
12369	1896	9	16	1896	8	10	SJW-K33080100
12370	1896	9	19	1896	8	13	SJW-K33080130
12371	1896	9	27	1896	8	21	SJW-K33080210
12372	1896	10	4	1896	8	28	SJW-K33080280
12373	1896	10	16	1896	9	10	SJW-K33090100
12374	1896	10	18	1896	9	12	SJW-K33090120
12375	1896	10	20	1896	9	14	SJW-K33090140
12376	1896	10	25	1896	9	19	SJW-K33090190
12377	1896	11	25	1896	10	21	SJW-K33100210
12378	1896	12	20	1896	11	16	SJW-K33110160
12379	1897	1	5	1896	12	3	SJW-K33120030
12380	1897	2	1	1896	12	30	SJW-K33120300
12381	1897	3	6	1897	2	4	SJW-K34020040
12382	1897	4	2	1897	3	1	SJW-K34030010
12383	1897	4	13	1897	3	12	SJW-K34030120
12384	1897	5	14	1897	4	13	SJW-K34040130
12385	1897	5	29	1897	4	28	SJW-K34040280
12386	1897	6	2	1897	5	3	SJW-K34050030
12387	1897	6	9	1897	5	10	SJW-K34050100
12388	1897	6	10	1897	5	11	SJW-K34050110
12389	1897	7	6	1897	6	7	SJW-K34060070
12390	1897	7	7	1897	6	8	SJW-K34060080
12391	1897	7	8	1897	6	9	SJW-K34060090
12392	1897	7	9	1897	6	10	SJW-K34060100
12393	1897	7	10	1897	6	11	SJW-K34060110
12394	1897	7	11	1897	6	12	SJW-K34060120
12395	1897	7	13	1897	6	14	SJW-K34060140
12396	1897	7	14	1897	6	15	SJW-K34060150
12397	1897	7	15	1897	6	16	SJW-K34060160
12398	1897	7	16	1897	6	17	SJW-K34060170
12399	1897	7	22	1897	6	23	SJW-K34060230
12400	1897	7	25	1897	6	26	SJW-K34060260
12401	1897	7	26	1897	6	27	SJW-K34060270
12402	1897	7	27	1897	6	28	SJW-K34060280
12403	1897	8	1	1897	7	4	SJW-K34070040
12404	1897	8	2	1897	7	5	SJW-K34070050

续表

编号	公历			农历			ID 编号
	年	月	日	年	月	日	
12405	1897	8	4	1897	7	7	SJW-K34070070
12406	1897	8	6	1897	7	9	SJW-K34070090
12407	1897	8	10	1897	7	13	SJW-K34070130
12408	1897	8	12	1897	7	15	SJW-K34070150
12409	1897	8	13	1897	7	16	SJW-K34070160
12410	1897	8	16	1897	7	19	SJW-K34070190
12411	1897	8	18	1897	7	21	SJW-K34070210
12412	1897	8	19	1897	7	22	SJW-K34070220
12413	1897	8	23	1897	7	26	SJW-K34070260
12414	1897	8	28	1897	8	1	SJW-K34080010
12415	1897	8	30	1897	8	3	SJW-K34080030
12416	1897	9	11	1897	8	15	SJW-K34080150
12417	1897	10	11	1897	9	16	SJW-K34090160
12418	1897	10	23	1897	9	28	SJW-K34090280
12419	1897	11	2	1897	10	8	SJW-K34100080
12420	1897	11	3	1897	10	9	SJW-K34100090
12421	1897	11	5	1897	10	11	SJW-K34100110
12422	1897	11	6	1897	10	12	SJW-K34100120
12423	1897	11	8	1897	10	14	SJW-K34100140
12424	1897	11	11	1897	10	17	SJW-K34100170
12425	1897	11	16	1897	10	22	SJW-K34100220
12426	1897	11	22	1897	10	28	SJW-K34100280
12427	1897	11	23	1897	10	29	SJW-K34100290
12428	1897	11	27	1897	11	4	SJW-K34110040
12429	1898	2	4	1898	1	14	SJW-K35010140
12430	1898	3	23	1898	3	2	SJW-K35030020
12431	1898	4	8	1898	3	18	SJW-K35030180
12432	1898	4	9	1898	3	19	SJW-K35030190
12433	1898	4	19	1898	3	29	SJW-K35030290
12434	1898	4	24	1898	闰 3	4	SJW-K35031040
12435	1898	5	27	1898	4	8	SJW-K35040080
12436	1898	6	3	1898	4	15	SJW-K35040150
12437	1898	6	4	1898	4	16	SJW-K35040160
12438	1898	6	5	1898	4	17	SJW-K35040170
12439	1898	6	9	1898	4	21	SJW-K35040210
12440	1898	6	10	1898	4	22	SJW-K35040220
12441	1898	6	11	1898	4	23	SJW-K35040230
12442	1898	6	28	1898	5	10	SJW-K35050100

续表

编号	公历			农历			ID 编号
	年	月	日	年	月	日	
12443	1898	7	1	1898	5	13	SJW-K35050130
12444	1898	7	2	1898	5	14	SJW-K35050140
12445	1898	7	3	1898	5	15	SJW-K35050150
12446	1898	7	5	1898	5	17	SJW-K35050170
12447	1898	7	7	1898	5	19	SJW-K35050190
12448	1898	7	8	1898	5	20	SJW-K35050200
12449	1898	7	10	1898	5	22	SJW-K35050220
12450	1898	7	11	1898	5	23	SJW-K35050230
12451	1898	7	23	1898	6	5	SJW-K35060050
12452	1898	7	24	1898	6	6	SJW-K35060060
12453	1898	7	25	1898	6	7	SJW-K35060070
12454	1898	7	28	1898	6	10	SJW-K35060100
12455	1898	8	3	1898	6	16	SJW-K35060160
12456	1898	8	4	1898	6	17	SJW-K35060170
12457	1898	8	10	1898	6	23	SJW-K35060230
12458	1898	8	11	1898	6	24	SJW-K35060240
12459	1898	8	12	1898	6	25	SJW-K35060250
12460	1898	8	14	1898	6	27	SJW-K35060270
12461	1898	8	15	1898	6	28	SJW-K35060280
12462	1898	8	18	1898	7	2	SJW-K35070020
12463	1898	8	21	1898	7	5	SJW-K35070050
12464	1898	8	26	1898	7	10	SJW-K35070100
12465	1898	8	27	1898	7	11	SJW-K35070110
12466	1898	9	2	1898	7	17	SJW-K35070170
12467	1898	9	13	1898	7	28	SJW-K35070280
12468	1898	9	28	1898	8	13	SJW-K35080130
12469	1899	2	26	1899	1	17	SJW-K36010170
12470	1899	2	27	1899	1	18	SJW-K36010180
12471	1899	2	28	1899	1	19	SJW-K36010190
12472	1899	4	20	1899	3	11	SJW-K36030110
12473	1899	4	25	1899	3	16	SJW-K36030160
12474	1899	5	4	1899	3	25	SJW-K36030250
12475	1899	5	31	1899	4	22	SJW-K36040220
12476	1899	6	2	1899	4	24	SJW-K36040240
12477	1899	6	5	1899	4	27	SJW-K36040270
12478	1899	6	9	1899	5	2	SJW-K36050020
12479	1899	6	18	1899	5	11	SJW-K36050110
12480	1899	6	19	1899	5	12	SJW-K36050120

续表

编号	公历			农历			ID 编号
	年	月	日	年	月	日	
12481	1899	6	21	1899	5	14	SJW-K36050140
12482	1899	6	22	1899	5	15	SJW-K36050150
12483	1899	6	23	1899	5	16	SJW-K36050160
12484	1899	6	27	1899	5	20	SJW-K36050200
12485	1899	6	29	1899	5	22	SJW-K36050220
12486	1899	6	30	1899	5	23	SJW-K36050230
12487	1899	7	2	1899	5	25	SJW-K36050250
12488	1899	7	6	1899	5	29	SJW-K36050290
12489	1899	7	7	1899	5	30	SJW-K36050300
12490	1899	7	13	1899	6	6	SJW-K36060060
12491	1899	7	14	1899	6	7	SJW-K36060070
12492	1899	7	15	1899	6	8	SJW-K36060080
12493	1899	7	16	1899	6	9	SJW-K36060090
12494	1899	7	29	1899	6	22	SJW-K36060220
12495	1899	8	4	1899	6	28	SJW-K36060280
12496	1899	8	5	1899	6	29	SJW-K36060290
12497	1899	8	10	1899	7	5	SJW-K36070050
12498	1899	8	11	1899	7	6	SJW-K36070060
12499	1899	8	14	1899	7	9	SJW-K36070090
12500	1899	8	15	1899	7	10	SJW-K36070100
12501	1899	8	17	1899	7	12	SJW-K36070120
12502	1899	8	20	1899	7	15	SJW-K36070150
12503	1899	8	25	1899	7	20	SJW-K36070200
12504	1899	8	26	1899	7	21	SJW-K36070210
12505	1899	9	1	1899	7	27	SJW-K36070270
12506	1899	9	11	1899	8	7	SJW-K36080070
12507	1899	12	10	1899	11	8	SJW-K36110080
12508	1900	3	1	1900	2	1	SJW-K37020010
12509	1900	3	14	1900	2	14	SJW-K37020140
12510	1900	3	30	1900	2	30	SJW-K37020300
12511	1900	4	1	1900	3	2	SJW-K37030020
12512	1900	4	10	1900	3	11	SJW-K37030110
12513	1900	4	11	1900	3	12	SJW-K37030120
12514	1900	4	19	1900	3	20	SJW-K37030200
12515	1900	4	27	1900	3	28	SJW-K37030280
12516	1900	5	1	1900	4	3	SJW-K37040030
12517	1900	5	6	1900	4	8	SJW-K37040080
12518	1900	5	7	1900	4	9	SJW-K37040090

续表

编号	公历			农历			ID 编号
	年	月	日	年	月	日	
12519	1900	5	11	1900	4	13	SJW-K37040130
12520	1900	6	22	1900	5	26	SJW-K37050260
12521	1900	7	5	1900	6	9	SJW-K37060090
12522	1900	7	6	1900	6	10	SJW-K37060100
12523	1900	7	14	1900	6	18	SJW-K37060180
12524	1900	7	17	1900	6	21	SJW-K37060210
12525	1900	7	19	1900	6	23	SJW-K37060230
12526	1900	7	22	1900	6	26	SJW-K37060260
12527	1900	7	25	1900	6	29	SJW-K37060290
12528	1900	8	5	1900	7	11	SJW-K37070110
12529	1900	8	11	1900	7	17	SJW-K37070170
12530	1900	8	13	1900	7	19	SJW-K37070190
12531	1900	8	25	1900	8	1	SJW-K37080010
12532	1900	9	2	1900	8	9	SJW-K37080090
12533	1900	9	7	1900	8	14	SJW-K37080140
12534	1900	9	18	1900	8	25	SJW-K37080250
12535	1900	10	20	1900	闰 8	27	SJW-K37081270
12536	1901	3	15	1901	1	25	SJW-K38010250
12537	1901	4	2	1901	2	14	SJW-K38020140
12538	1901	4	25	1901	3	7	SJW-K38030070
12539	1901	4	26	1901	3	8	SJW-K38030080
12540	1901	5	4	1901	3	16	SJW-K38030160
12541	1901	5	11	1901	3	23	SJW-K38030230
12542	1901	5	17	1901	3	29	SJW-K38030290
12543	1901	5	21	1901	4	4	SJW-K38040040
12544	1901	6	5	1901	4	19	SJW-K38040190
12545	1901	6	21	1901	5	6	SJW-K38050060
12546	1901	7	11	1901	5	26	SJW-K38050260
12547	1901	7	25	1901	6	10	SJW-K38060100
12548	1901	8	12	1901	6	28	SJW-K38060280
12549	1901	8	13	1901	6	29	SJW-K38060290
12550	1901	8	14	1901	7	1	SJW-K38070010
12551	1901	8	16	1901	7	3	SJW-K38070030
12552	1901	8	18	1901	7	5	SJW-K38070050
12553	1901	8	19	1901	7	6	SJW-K38070060
12554	1901	8	25	1901	7	12	SJW-K38070120
12555	1901	9	24	1901	8	12	SJW-K38080120
12556	1901	9	25	1901	8	13	SJW-K38080130

续表

编号	公历			农历			ID 编号
	年	月	日	年	月	日	
12557	1901	10	4	1901	8	22	SJW-K38080220
12558	1901	10	12	1901	9	1	SJW-K38090010
12559	1901	10	23	1901	9	12	SJW-K38090120
12560	1901	10	26	1901	9	15	SJW-K38090150
12561	1901	11	18	1901	10	8	SJW-K38100080
12562	1901	11	29	1901	10	19	SJW-K38100190
12563	1902	3	21	1902	2	12	SJW-K39020120
12564	1902	3	29	1902	2	20	SJW-K39020200
12565	1902	4	6	1902	2	28	SJW-K39020280
12566	1902	4	29	1902	3	22	SJW-K39030220
12567	1902	5	1	1902	3	24	SJW-K39030240
12568	1902	5	2	1902	3	25	SJW-K39030250
12569	1902	5	8	1902	4	1	SJW-K39040010
12570	1902	5	11	1902	4	4	SJW-K39040040
12571	1902	5	22	1902	4	15	SJW-K39040150
12572	1902	5	25	1902	4	18	SJW-K39040180
12573	1902	5	28	1902	4	21	SJW-K39040210
12574	1902	6	13	1902	5	8	SJW-K39050080
12575	1902	6	14	1902	5	9	SJW-K39050090
12576	1902	6	22	1902	5	17	SJW-K39050170
12577	1902	6	23	1902	5	18	SJW-K39050180
12578	1902	6	27	1902	5	22	SJW-K39050220
12579	1902	6	28	1902	5	23	SJW-K39050230
12580	1902	7	8	1902	6	4	SJW-K39060040
12581	1902	7	13	1902	6	9	SJW-K39060090
12582	1902	7	14	1902	6	10	SJW-K39060100
12583	1902	7	17	1902	6	13	SJW-K39060130
12584	1902	7	23	1902	6	19	SJW-K39060190
12585	1903	9	15	1903	7	24	SJW-K40070240
12586	1903	9	16	1903	7	25	SJW-K40070250
12587	1903	10	7	1903	8	17	SJW-K40080170
12588	1904	5	4	1904	3	19	SJW-K41030190
12589	1904	5	11	1904	3	26	SJW-K41030260
12590	1904	5	30	1904	4	16	SJW-K41040160
12591	1904	5	31	1904	4	17	SJW-K41040170
12592	1904	7	1	1904	5	18	SJW-K41050180
12593	1904	7	16	1904	6	4	SJW-K41060040
12594	1904	7	17	1904	6	5	SJW-K41060050

续表

编号	公历			农历			ID 编号
	年	月	日	年	月	日	
12595	1904	11	13	1904	10	7	SJW-K41100070
12596	1904	11	21	1904	10	15	SJW-K41100150
12597	1905	3	13	1905	2	8	SJW-K42020080
12598	1905	3	30	1905	2	25	SJW-K42020250
12599	1905	4	2	1905	2	28	SJW-K42020280
12600	1905	4	22	1905	3	18	SJW-K42030180
12601	1905	4	24	1905	3	20	SJW-K42030200
12602	1905	4	30	1905	3	26	SJW-K42030260
12603	1905	5	5	1905	4	2	SJW-K42040020
12604	1905	5	14	1905	4	11	SJW-K42040110
12605	1905	5	17	1905	4	14	SJW-K42040140
12606	1905	5	20	1905	4	17	SJW-K42040170
12607	1905	5	22	1905	4	19	SJW-K42040190
12608	1905	5	26	1905	4	23	SJW-K42040230
12609	1905	5	27	1905	4	24	SJW-K42040240
12610	1905	6	2	1905	4	30	SJW-K42040300
12611	1905	6	20	1905	5	18	SJW-K42050180
12612	1905	6	24	1905	5	22	SJW-K42050220
12613	1905	6	27	1905	5	25	SJW-K42050250
12614	1905	6	30	1905	5	28	SJW-K42050280
12615	1905	7	7	1905	6	5	SJW-K42060050
12616	1905	7	8	1905	6	6	SJW-K42060060
12617	1905	7	9	1905	6	7	SJW-K42060070
12618	1905	7	10	1905	6	8	SJW-K42060080
12619	1905	7	11	1905	6	9	SJW-K42060090
12620	1905	7	13	1905	6	11	SJW-K42060110
12621	1905	7	14	1905	6	12	SJW-K42060120
12622	1905	7	23	1905	6	21	SJW-K42060210
12623	1905	8	2	1905	7	2	SJW-K42070020
12624	1905	8	29	1905	7	29	SJW-K42070290
12625	1905	9	2	1905	8	4	SJW-K42080040
12626	1905	9	3	1905	8	5	SJW-K42080050
12627	1905	9	8	1905	8	10	SJW-K42080100
12628	1905	9	9	1905	8	11	SJW-K42080110
12629	1905	9	13	1905	8	15	SJW-K42080150
12630	1905	9	14	1905	8	16	SJW-K42080160
12631	1905	9	26	1905	8	28	SJW-K42080280
12632	1905	10	10	1905	9	12	SJW-K42090120

续表

编号	公历			农历			ID 编号
	年	月	日	年	月	日	
12633	1905	10	20	1905	9	22	SJW-K42090220
12634	1905	10	21	1905	9	23	SJW-K42090230
12635	1905	12	7	1905	11	11	SJW-K42110110
12636	1905	12	29	1905	12	4	SJW-K42120040
12637	1906	2	22	1906	1	29	SJW-K43010290
12638	1906	2	23	1906	2	1	SJW-K43020010
12639	1906	3	18	1906	2	24	SJW-K43020240
12640	1906	4	22	1906	3	29	SJW-K43030290
12641	1906	5	5	1906	4	12	SJW-K43040120
12642	1906	5	7	1906	4	14	SJW-K43040140
12643	1906	5	26	1906	闰 4	4	SJW-K43041040
12644	1906	5	27	1906	闰 4	5	SJW-K43041050
12645	1906	6	11	1906	闰 4	20	SJW-K43041200
12646	1906	6	28	1906	5	7	SJW-K43050070
12647	1906	6	29	1906	5	8	SJW-K43050080
12648	1906	6	30	1906	5	9	SJW-K43050090
12649	1906	7	4	1906	5	13	SJW-K43050130
12650	1906	7	10	1906	5	19	SJW-K43050190
12651	1906	8	6	1906	6	17	SJW-K43060170
12652	1906	8	13	1906	6	24	SJW-K43060240
12653	1906	8	18	1906	6	29	SJW-K43060290
12654	1906	8	19	1906	6	30	SJW-K43060300
12655	1906	8	23	1906	7	4	SJW-K43070040
12656	1906	8	31	1906	7	12	SJW-K43070120
12657	1906	9	6	1906	7	18	SJW-K43070180
12658	1906	9	12	1906	7	24	SJW-K43070240
12659	1906	9	16	1906	7	28	SJW-K43070280
12660	1906	9	20	1906	8	3	SJW-K43080030
12661	1906	10	2	1906	8	15	SJW-K43080150
12662	1906	10	5	1906	8	18	SJW-K43080180
12663	1906	10	16	1906	8	29	SJW-K43080290
12664	1906	11	7	1906	9	21	SJW-K43090210
12665	1906	12	18	1906	11	3	SJW-K43110030
12666	1907	1	20	1906	12	7	SJW-K43120070
12667	1907	1	26	1906	12	13	SJW-K43120130
12668	1907	3	22	1907	2	9	SJW-K44020090
12669	1907	4	4	1907	2	22	SJW-K44020220
12670	1907	4	13	1907	3	1	SJW-K44030010

续表

编号	公历			农历			ID 编号
	年	月	日	年	月	日	
12671	1907	4	26	1907	3	14	SJW-K44030140
12672	1907	4	30	1907	3	18	SJW-K44030180
12673	1907	5	5	1907	3	23	SJW-K44030230
12674	1907	5	17	1907	4	6	SJW-K44040060
12675	1907	5	18	1907	4	7	SJW-K44040070
12676	1907	5	19	1907	4	8	SJW-K44040080
12677	1907	5	30	1907	4	19	SJW-K44040190
12678	1907	6	7	1907	4	27	SJW-K44040270
12679	1907	6	10	1907	4	30	SJW-K44040300
12680	1907	6	11	1907	5	1	SJW-K44050010
12681	1907	6	12	1907	5	2	SJW-K44050020
12682	1907	7	1	1907	5	21	SJW-K44050210
12683	1907	7	2	1907	5	22	SJW-K44050220
12684	1907	7	7	1907	5	27	SJW-K44050270
12685	1907	7	8	1907	5	28	SJW-K44050280
12686	1907	7	14	1907	6	5	SJW-K44060050
12687	1907	7	30	1907	6	21	SJW-K44060210
12688	1907	7	31	1907	6	22	SJW-K44060220
12689	1907	8	1	1907	6	23	SJW-K44060230
12690	1907	8	9	1907	7	1	SJW-L01070010
12691	1907	8	13	1907	7	5	SJW-L01070050
12692	1907	8	20	1907	7	12	SJW-L01070120
12693	1907	8	29	1907	7	21	SJW-L01070210
12694	1907	9	5	1907	7	28	SJW-L01070280
12695	1907	9	24	1907	8	17	SJW-L01080170
12696	1907	10	12	1907	9	6	SJW-L01090060
12697	1907	10	28	1907	9	22	SJW-L01090220
12698	1907	11	2	1907	9	27	SJW-L01090270
12699	1907	11	11	1907	10	6	SJW-L01100060
12700	1907	11	23	1907	10	18	SJW-L01100180
12701	1908	1	19	1907	12	16	SJW-L01120160
12702	1908	2	28	1908	1	27	SJW-L02010270
12703	1908	2	29	1908	1	28	SJW-L02010280
12704	1908	4	12	1908	3	12	SJW-L02030120
12705	1908	4	21	1908	3	21	SJW-L02030210
12706	1908	5	22	1908	4	23	SJW-L02040230
12707	1908	5	27	1908	4	28	SJW-L02040280
12708	1908	6	18	1908	5	20	SJW-L02050200

续表

编号	公历			农历			ID 编号
	年	月	日	年	月	日	
12709	1908	6	19	1908	5	21	SJW-L02050210
12710	1908	6	25	1908	5	27	SJW-L02050270
12711	1908	6	28	1908	5	30	SJW-L02050300
12712	1908	7	9	1908	6	11	SJW-L02060110
12713	1908	7	10	1908	6	12	SJW-L02060120
12714	1908	7	20	1908	6	22	SJW-L02060220
12715	1908	7	21	1908	6	23	SJW-L02060230
12716	1908	7	22	1908	6	24	SJW-L02060240
12717	1908	7	23	1908	6	25	SJW-L02060250
12718	1908	7	24	1908	6	26	SJW-L02060260
12719	1908	7	25	1908	6	27	SJW-L02060270
12720	1908	7	26	1908	6	28	SJW-L02060280
12721	1908	7	27	1908	6	29	SJW-L02060290
12722	1908	7	28	1908	7	1	SJW-L02070010
12723	1908	7	29	1908	7	2	SJW-L02070020
12724	1908	7	30	1908	7	3	SJW-L02070030
12725	1908	7	31	1908	7	4	SJW-L02070040
12726	1908	8	25	1908	7	29	SJW-L02070290
12727	1908	8	26	1908	7	30	SJW-L02070300
12728	1908	8	27	1908	8	1	SJW-L02080010
12729	1908	9	15	1908	8	20	SJW-L02080200
12730	1908	10	6	1908	9	12	SJW-L02090120
12731	1908	10	25	1908	10	1	SJW-L02100010
12732	1908	11	8	1908	10	15	SJW-L02100150
12733	1908	11	26	1908	11	3	SJW-L02110030
12734	1909	2	19	1909	1	29	SJW-L03010290
12735	1909	3	12	1909	2	21	SJW-L03020210
12736	1909	3	23	1909	闰 2	2	SJW-L03021020
12737	1909	4	14	1909	闰 2	24	SJW-L03021240
12738	1909	4	18	1909	闰 2	28	SJW-L03021280
12739	1909	5	11	1909	3	22	SJW-L03030220
12740	1909	6	4	1909	4	17	SJW-L03040170
12741	1909	6	5	1909	4	18	SJW-L03040180
12742	1909	6	28	1909	5	11	SJW-L03050110
12743	1909	7	6	1909	5	19	SJW-L03050190
12744	1909	7	12	1909	5	25	SJW-L03050250

续表

编号	公历			农历			ID 编号
	年	月	日	年	月	日	
12745	1909	7	14	1909	5	27	SJW-L03050270
12746	1909	7	18	1909	6	2	SJW-L03060020
12747	1909	7	20	1909	6	4	SJW-L03060040
12748	1909	8	2	1909	6	17	SJW-L03060170
12749	1909	8	13	1909	6	28	SJW-L03060280
12750	1909	8	14	1909	6	29	SJW-L03060290
12751	1909	8	15	1909	6	30	SJW-L03060300
12752	1909	8	25	1909	7	10	SJW-L03070100
12753	1909	8	26	1909	7	11	SJW-L03070110
12754	1909	9	15	1909	8	2	SJW-L03080020
12755	1909	9	16	1909	8	3	SJW-L03080030
12756	1909	10	19	1909	9	6	SJW-L03090060
12757	1909	11	9	1909	9	27	SJW-L03090270
12758	1909	12	30	1909	11	18	SJW-L03110180
12759	1909	12	31	1909	11	19	SJW-L03110190
12760	1910	1	8	1909	11	27	SJW-L03110270
12761	1910	3	15	1910	2	5	SJW-L04020050
12762	1910	3	26	1910	2	16	SJW-L04020160
12763	1910	4	14	1910	3	5	SJW-L04030050
12764	1910	4	24	1910	3	15	SJW-L04030150
12765	1910	6	3	1910	4	26	SJW-L04040260
12766	1910	6	19	1910	5	13	SJW-L04050130
12767	1910	7	2	1910	5	26	SJW-L04050260
12768	1910	7	6	1910	5	30	SJW-L04050300
12769	1910	7	7	1910	6	1	SJW-L04060010
12770	1910	7	8	1910	6	2	SJW-L04060020
12771	1910	7	9	1910	6	3	SJW-L04060030
12772	1910	7	16	1910	6	10	SJW-L04060100
12773	1910	7	17	1910	6	11	SJW-L04060110
12774	1910	7	18	1910	6	12	SJW-L04060120
12775	1910	7	19	1910	6	13	SJW-L04060130
12776	1910	7	22	1910	6	16	SJW-L04060160
12777	1910	7	24	1910	6	18	SJW-L04060180
12778	1910	7	26	1910	6	20	SJW-L04060200
12779	1910	8	26	1910	7	22	SJW-L04070220
12780	1910	8	28	1910	7	24	SJW-L04070240

第三节　雪天记录

雪天记录表(表 3.3)第 1 列为编号,第 2～4 列为公历年、月、日,第 5～7 列为农历年、月、日,第 8 列为 ID 编号。

表 3.3　雪天记录

编号	公历			农历			ID 编号
	年	月	日	年	月	日	
1	1623	11	22	1623	闰 10	1	SJW-A01101010
2	1623	12	7	1623	闰 10	16	SJW-A01101160
3	1625	12	15	1625	11	16	SJW-A03110160
4	1626	1	11	1625	12	14	SJW-A03120140
5	1626	1	14	1625	12	17	SJW-A03120170
6	1626	2	8	1626	1	12	SJW-A04010120
7	1626	2	25	1626	1	29	SJW-A04010290
8	1626	3	1	1626	2	4	SJW-A04020040
9	1626	3	7	1626	2	10	SJW-A04020100
10	1626	3	9	1626	2	12	SJW-A04020120
11	1626	3	11	1626	2	14	SJW-A04020140
12	1627	1	2	1626	11	15	SJW-A04110150
13	1627	1	17	1626	12	1	SJW-A04120010
14	1627	1	19	1626	12	3	SJW-A04120030
15	1627	2	10	1626	12	25	SJW-A04120250
16	1627	2	14	1626	12	29	SJW-A04120290
17	1628	3	24	1628	2	19	SJW-A06020190
18	1628	11	26	1628	11	1	SJW-A06110010
19	1628	12	9	1628	11	14	SJW-A06110140
20	1628	12	26	1628	12	2	SJW-A06120020
21	1629	1	12	1628	12	19	SJW-A06120190
22	1629	1	30	1629	1	7	SJW-A07010070
23	1629	1	31	1629	1	8	SJW-A07010080
24	1629	2	15	1629	1	23	SJW-A07010230
25	1629	2	21	1629	1	29	SJW-A07010290
26	1629	2	22	1629	1	30	SJW-A07010300
27	1629	3	18	1629	2	24	SJW-A07020240
28	1629	3	20	1629	2	26	SJW-A07020260
29	1629	12	21	1629	11	7	SJW-A07110070
30	1629	12	27	1629	11	13	SJW-A07110130
31	1630	2	11	1629	12	30	SJW-A07120300

续表

编号	公历			农历			ID 编号
	年	月	日	年	月	日	
32	1630	12	11	1630	11	8	SJW-A08110080
33	1630	12	22	1630	11	19	SJW-A08110190
34	1630	12	26	1630	11	23	SJW-A08110230
35	1631	1	6	1630	12	5	SJW-A08120050
36	1631	2	16	1631	1	16	SJW-A09010160
37	1631	4	2	1631	3	1	SJW-A09030010
38	1631	12	16	1631	11	24	SJW-A09110240
39	1631	12	17	1631	11	25	SJW-A09110250
40	1631	12	18	1631	11	26	SJW-A09110260
41	1631	12	29	1631	闰 11	7	SJW-A09111070
42	1631	12	30	1631	闰 11	8	SJW-A09111080
43	1631	12	31	1631	闰 11	9	SJW-A09111090
44	1632	1	1	1631	闰 11	10	SJW-A09111100
45	1632	1	10	1631	闰 11	19	SJW-A09111190
46	1632	1	12	1631	闰 11	21	SJW-A09111210
47	1632	1	21	1631	12	1	SJW-A09120010
48	1634	1	25	1633	12	26	SJW-A11120260
49	1634	1	29	1634	1	1	SJW-A12010010
50	1634	1	30	1634	1	2	SJW-A12010020
51	1634	2	3	1634	1	6	SJW-A12010060
52	1634	2	23	1634	1	26	SJW-A12010260
53	1634	2	24	1634	1	27	SJW-A12010270
54	1634	3	8	1634	2	9	SJW-A12020090
55	1634	12	19	1634	10	29	SJW-A12100290
56	1634	12	22	1634	11	3	SJW-A12110030
57	1634	12	24	1634	11	5	SJW-A12110050
58	1634	12	25	1634	11	6	SJW-A12110060
59	1634	12	28	1634	11	9	SJW-A12110090
60	1635	1	15	1634	11	27	SJW-A12110270
61	1635	1	21	1634	12	3	SJW-A12120030
62	1635	1	26	1634	12	8	SJW-A12120080
63	1635	1	31	1634	12	13	SJW-A12120130
64	1635	2	6	1634	12	19	SJW-A12120190
65	1635	2	8	1634	12	21	SJW-A12120210
66	1635	3	4	1635	1	16	SJW-A13010160
67	1635	11	12	1635	10	3	SJW-A13100030
68	1635	11	27	1635	10	18	SJW-A13100180
69	1635	11	29	1635	10	20	SJW-A13100200

续表

编号	公历			农历			ID 编号
	年	月	日	年	月	日	
70	1635	12	19	1635	11	11	SJW-A13110110
71	1636	1	5	1635	11	28	SJW-A13110280
72	1636	1	10	1635	12	3	SJW-A13120030
73	1636	2	17	1636	1	11	SJW-A14010110
74	1636	2	28	1636	1	22	SJW-A14010220
75	1636	12	5	1636	11	9	SJW-A14110090
76	1636	12	31	1636	12	5	SJW-A14120050
77	1637	1	4	1636	12	9	SJW-A14120090
78	1637	1	19	1636	12	24	SJW-A14120240
79	1637	1	30	1637	1	5	SJW-A15010050
80	1637	1	31	1637	1	6	SJW-A15010060
81	1637	2	2	1637	1	8	SJW-A15010080
82	1637	2	10	1637	1	16	SJW-A15010160
83	1637	2	14	1637	1	20	SJW-A15010200
84	1637	3	3	1637	2	7	SJW-A15020070
85	1637	3	17	1637	2	21	SJW-A15020210
86	1637	4	9	1637	3	15	SJW-A15030150
87	1637	10	30	1637	9	13	SJW-A15090130
88	1637	11	25	1637	10	10	SJW-A15100100
89	1637	12	3	1637	10	18	SJW-A15100180
90	1637	12	11	1637	10	26	SJW-A15100260
91	1637	12	20	1637	11	5	SJW-A15110050
92	1637	12	26	1637	11	11	SJW-A15110110
93	1638	1	1	1637	11	17	SJW-A15110170
94	1638	1	11	1637	11	27	SJW-A15110270
95	1638	1	14	1637	11	30	SJW-A15110300
96	1638	1	20	1637	12	6	SJW-A15120060
97	1638	1	29	1637	12	15	SJW-A15120150
98	1638	2	6	1637	12	23	SJW-A15120230
99	1638	2	18	1638	1	5	SJW-A16010050
100	1638	3	23	1638	2	8	SJW-A16020080
101	1639	2	10	1639	1	8	SJW-A17010080
102	1639	2	22	1639	1	20	SJW-A17010200
103	1639	2	25	1639	1	23	SJW-A17010230
104	1639	2	26	1639	1	24	SJW-A17010240
105	1639	3	9	1639	2	5	SJW-A17020050
106	1639	3	27	1639	2	23	SJW-A17020230
107	1639	11	15	1639	10	21	SJW-A17100210

续表

编号	公历			农历			ID 编号
	年	月	日	年	月	日	
108	1639	11	28	1639	11	4	SJW-A17110040
109	1639	11	30	1639	11	6	SJW-A17110060
110	1639	12	3	1639	11	9	SJW-A17110090
111	1639	12	28	1639	12	5	SJW-A17120050
112	1640	1	20	1639	12	28	SJW-A17120280
113	1640	1	23	1640	1	1	SJW-A18010010
114	1640	1	30	1640	1	8	SJW-A18010080
115	1640	2	2	1640	1	11	SJW-A18010110
116	1640	2	3	1640	1	12	SJW-A18010120
117	1640	3	16	1640	闰 1	24	SJW-A18011240
118	1640	3	17	1640	闰 1	25	SJW-A18011250
119	1640	12	3	1640	10	21	SJW-A18100210
120	1640	12	21	1640	11	9	SJW-A18110090
121	1640	12	23	1640	11	11	SJW-A18110110
122	1640	12	28	1640	11	16	SJW-A18110160
123	1641	1	2	1640	11	21	SJW-A18110210
124	1641	11	28	1641	10	26	SJW-A19100260
125	1641	12	2	1641	10	30	SJW-A19100300
126	1642	1	19	1641	12	19	SJW-A19120190
127	1642	2	9	1642	1	11	SJW-A20010110
128	1642	2	10	1642	1	12	SJW-A20010120
129	1642	2	11	1642	1	13	SJW-A20010130
130	1642	2	13	1642	1	15	SJW-A20010150
131	1642	3	10	1642	2	10	SJW-A20020100
132	1642	12	20	1642	11	29	SJW-A20110290
133	1643	1	6	1642	闰 11	16	SJW-A20111160
134	1643	1	14	1642	闰 11	24	SJW-A20111240
135	1643	1	17	1642	闰 11	27	SJW-A20111270
136	1643	1	24	1642	12	5	SJW-A20120050
137	1643	2	21	1643	1	3	SJW-A21010030
138	1643	2	22	1643	1	4	SJW-A21010040
139	1644	2	11	1644	1	4	SJW-A22010040
140	1644	3	16	1644	2	8	SJW-A22020080
141	1644	12	5	1644	11	7	SJW-A22110070
142	1644	12	6	1644	11	8	SJW-A22110080
143	1645	2	4	1645	1	8	SJW-A23010080
144	1645	2	26	1645	2	1	SJW-A23020010
145	1645	3	4	1645	2	7	SJW-A23020070

续表

编号	公历			农历			ID 编号
	年	月	日	年	月	日	
146	1645	4	4	1645	3	8	SJW-A23030080
147	1645	5	3	1645	4	8	SJW-A23040080
148	1645	11	23	1645	10	6	SJW-A23100060
149	1645	11	26	1645	10	9	SJW-A23100090
150	1645	11	27	1645	10	10	SJW-A23100100
151	1645	11	30	1645	10	13	SJW-A23100130
152	1645	12	1	1645	10	14	SJW-A23100140
153	1645	12	21	1645	11	4	SJW-A23110040
154	1646	1	31	1645	12	15	SJW-A23120150
155	1646	12	13	1646	11	7	SJW-A24110070
156	1646	12	21	1646	11	15	SJW-A24110150
157	1646	12	29	1646	11	23	SJW-A24110230
158	1647	1	8	1646	12	3	SJW-A24120030
159	1647	1	16	1646	12	11	SJW-A24120110
160	1648	2	10	1648	1	17	SJW-A26010170
161	1648	2	11	1648	1	18	SJW-A26010180
162	1648	3	7	1648	2	14	SJW-A26020140
163	1648	3	10	1648	2	17	SJW-A26020170
164	1648	12	4	1648	10	20	SJW-A26100200
165	1648	12	5	1648	10	21	SJW-A26100210
166	1648	12	19	1648	11	6	SJW-A26110060
167	1649	1	3	1648	11	21	SJW-A26110210
168	1649	1	4	1648	11	22	SJW-A26110220
169	1649	1	21	1648	12	9	SJW-A26120090
170	1649	3	24	1649	2	12	SJW-A27020120
171	1649	11	23	1649	10	20	SJW-B00100200
172	1649	12	16	1649	11	13	SJW-B00110130
173	1649	12	17	1649	11	14	SJW-B00110140
174	1650	1	9	1649	12	8	SJW-B00120080
175	1650	12	9	1650	11	17	SJW-B01110170
176	1653	2	2	1653	1	5	SJW-B04010050
177	1653	2	16	1653	1	19	SJW-B04010190
178	1653	12	6	1653	10	17	SJW-B04100170
179	1654	1	1	1653	11	13	SJW-B04110130
180	1654	1	6	1653	11	18	SJW-B04110180
181	1654	1	8	1653	11	20	SJW-B04110200
182	1654	1	27	1653	12	10	SJW-B04120100
183	1654	2	4	1653	12	18	SJW-B04120180

续表

编号	公历			农历			ID 编号
	年	月	日	年	月	日	
184	1654	2	20	1654	1	4	SJW-B05010040
185	1654	2	25	1654	1	9	SJW-B05010090
186	1654	11	15	1654	10	7	SJW-B05100070
187	1654	11	26	1654	10	18	SJW-B05100180
188	1654	12	13	1654	11	5	SJW-B05110050
189	1654	12	28	1654	11	20	SJW-B05110200
190	1655	1	9	1654	12	2	SJW-B05120020
191	1655	1	24	1654	12	17	SJW-B05120170
192	1655	1	25	1654	12	18	SJW-B05120180
193	1655	2	17	1655	1	12	SJW-B06010120
194	1655	2	18	1655	1	13	SJW-B06010130
195	1655	2	19	1655	1	14	SJW-B06010140
196	1655	12	8	1655	11	11	SJW-B06110110
197	1656	1	1	1655	12	5	SJW-B06120050
198	1656	2	6	1656	1	12	SJW-B07010120
199	1657	1	23	1656	12	10	SJW-B07120100
200	1657	2	8	1656	12	26	SJW-B07120260
201	1657	2	24	1657	1	12	SJW-B08010120
202	1657	12	9	1657	11	5	SJW-B08110050
203	1658	1	19	1657	12	16	SJW-B08120160
204	1658	3	26	1658	2	23	SJW-B09020230
205	1658	3	27	1658	2	24	SJW-B09020240
206	1658	4	10	1658	3	8	SJW-B09030080
207	1659	1	4	1658	12	12	SJW-B09120120
208	1659	1	20	1658	12	28	SJW-B09120280
209	1659	11	25	1659	10	12	SJW-C00100120
210	1659	12	16	1659	11	3	SJW-C00110030
211	1660	1	6	1659	11	24	SJW-C00110240
212	1660	2	1	1659	12	21	SJW-C00120210
213	1660	12	26	1660	11	25	SJW-C01110250
214	1661	12	15	1661	10	24	SJW-C02100240
215	1662	1	2	1661	11	13	SJW-C02110130
216	1662	1	6	1661	11	17	SJW-C02110170
217	1662	2	21	1662	1	4	SJW-C03010040
218	1662	3	12	1662	1	23	SJW-C03010230
219	1662	3	30	1662	2	11	SJW-C03020110
220	1662	12	20	1662	11	10	SJW-C03110100
221	1662	12	25	1662	11	15	SJW-C03110150

续表

编号	公历			农历			ID 编号
	年	月	日	年	月	日	
222	1663	1	6	1662	11	27	SJW-C03110270
223	1663	1	12	1662	12	4	SJW-C03120040
224	1663	1	24	1662	12	16	SJW-C03120160
225	1664	1	16	1663	12	19	SJW-C04120190
226	1664	1	24	1663	12	27	SJW-C04120270
227	1664	1	28	1664	1	1	SJW-C05010010
228	1664	12	7	1664	10	20	SJW-C05100200
229	1664	12	24	1664	11	8	SJW-C05110080
230	1665	2	16	1665	1	2	SJW-C06010020
231	1665	2	17	1665	1	3	SJW-C06010030
232	1665	2	24	1665	1	10	SJW-C06010100
233	1665	12	15	1665	11	9	SJW-C06110090
234	1666	1	17	1665	12	13	SJW-C06120130
235	1666	2	10	1666	1	7	SJW-C07010070
236	1666	3	19	1666	2	14	SJW-C07020140
237	1666	11	14	1666	10	18	SJW-C07100180
238	1666	12	6	1666	11	11	SJW-C07110110
239	1667	2	25	1667	2	3	SJW-C08020030
240	1667	3	3	1667	2	9	SJW-C08020090
241	1667	3	5	1667	2	11	SJW-C08020110
242	1667	11	16	1667	10	1	SJW-C08100010
243	1667	11	18	1667	10	3	SJW-C08100030
244	1667	11	22	1667	10	7	SJW-C08100070
245	1667	11	25	1667	10	10	SJW-C08100100
246	1667	12	20	1667	11	6	SJW-C08110060
247	1667	12	24	1667	11	10	SJW-C08110100
248	1667	12	29	1667	11	15	SJW-C08110150
249	1668	1	12	1667	11	29	SJW-C08110290
250	1668	1	21	1667	12	8	SJW-C08120080
251	1668	1	22	1667	12	9	SJW-C08120090
252	1669	2	5	1669	1	5	SJW-C10010050
253	1669	2	8	1669	1	8	SJW-C10010080
254	1669	2	15	1669	1	15	SJW-C10010150
255	1669	12	11	1669	11	19	SJW-C10110190
256	1669	12	12	1669	11	20	SJW-C10110200
257	1669	12	29	1669	12	7	SJW-C10120070
258	1670	2	25	1670	2	6	SJW-C11020060
259	1670	12	19	1670	11	8	SJW-C11110080

续表

编号	公历			农历			ID 编号
	年	月	日	年	月	日	
260	1670	12	23	1670	11	12	SJW-C11110120
261	1671	1	1	1670	11	21	SJW-C11110210
262	1671	3	4	1671	1	24	SJW-C12010240
263	1672	1	8	1671	12	9	SJW-C12120090
264	1672	1	12	1671	12	13	SJW-C12120130
265	1672	1	18	1671	12	19	SJW-C12120190
266	1672	1	26	1671	12	27	SJW-C12120270
267	1672	2	3	1672	1	5	SJW-C13010050
268	1672	2	23	1672	1	25	SJW-C13010250
269	1672	3	13	1672	2	15	SJW-C13020150
270	1672	3	14	1672	2	16	SJW-C13020160
271	1672	3	16	1672	2	18	SJW-C13020180
272	1672	11	26	1672	10	8	SJW-C13100080
273	1672	12	13	1672	10	25	SJW-C13100250
274	1672	12	30	1672	11	12	SJW-C13110120
275	1672	12	31	1672	11	13	SJW-C13110130
276	1673	1	1	1672	11	14	SJW-C13110140
277	1673	1	2	1672	11	15	SJW-C13110150
278	1673	1	7	1672	11	20	SJW-C13110200
279	1673	1	29	1672	12	12	SJW-C13120120
280	1673	2	3	1672	12	17	SJW-C13120170
281	1673	2	13	1672	12	27	SJW-C13120270
282	1673	3	1	1673	1	13	SJW-C14010130
283	1673	11	27	1673	10	19	SJW-C14100190
284	1673	12	6	1673	10	28	SJW-C14100280
285	1673	12	19	1673	11	12	SJW-C14110120
286	1673	12	29	1673	11	22	SJW-C14110220
287	1674	1	23	1673	12	17	SJW-C14120170
288	1675	2	17	1675	1	23	SJW-D01010230
289	1675	2	23	1675	1	29	SJW-D01010290
290	1676	12	12	1676	11	8	SJW-D02110080
291	1679	1	6	1678	11	24	SJW-D04110240
292	1679	1	23	1678	12	12	SJW-D04120120
293	1679	1	26	1678	12	15	SJW-D04120150
294	1679	1	29	1678	12	18	SJW-D04120180
295	1679	2	26	1679	1	16	SJW-D05010160
296	1679	2	27	1679	1	17	SJW-D05010170
297	1679	3	1	1679	1	19	SJW-D05010190

续表

编号	公历			农历			ID 编号
	年	月	日	年	月	日	
298	1679	3	5	1679	1	23	SJW-D05010230
299	1679	3	6	1679	1	24	SJW-D05010240
300	1679	3	7	1679	1	25	SJW-D05010250
301	1679	11	27	1679	10	25	SJW-D05100250
302	1679	12	13	1679	11	11	SJW-D05110110
303	1679	12	23	1679	11	21	SJW-D05110210
304	1679	12	28	1679	11	26	SJW-D05110260
305	1681	1	7	1680	11	18	SJW-D06110180
306	1681	2	16	1680	12	28	SJW-D06120280
307	1681	12	12	1681	11	3	SJW-D07110030
308	1681	12	27	1681	11	18	SJW-D07110180
309	1682	1	1	1681	11	23	SJW-D07110230
310	1682	1	6	1681	11	28	SJW-D07110280
311	1682	1	8	1681	11	30	SJW-D07110300
312	1682	1	10	1681	12	2	SJW-D07120020
313	1682	1	18	1681	12	10	SJW-D07120100
314	1682	1	22	1681	12	14	SJW-D07120140
315	1682	1	27	1681	12	19	SJW-D07120190
316	1682	2	11	1682	1	5	SJW-D08010050
317	1682	3	23	1682	2	15	SJW-D08020150
318	1682	12	5	1682	11	7	SJW-D08110070
319	1682	12	12	1682	11	14	SJW-D08110140
320	1682	12	17	1682	11	19	SJW-D08110190
321	1683	1	21	1682	12	24	SJW-D08120240
322	1684	2	5	1683	12	20	SJW-D09120200
323	1685	2	20	1685	1	18	SJW-D11010180
324	1685	2	23	1685	1	21	SJW-D11010210
325	1685	3	1	1685	1	27	SJW-D11010270
326	1686	1	6	1685	12	12	SJW-D11120120
327	1686	1	16	1685	12	22	SJW-D11120220
328	1686	2	10	1686	1	18	SJW-D12010180
329	1686	2	19	1686	1	27	SJW-D12010270
330	1686	12	18	1686	11	4	SJW-D12110040
331	1686	12	29	1686	11	15	SJW-D12110150
332	1687	12	8	1687	11	4	SJW-D13110040
333	1687	12	9	1687	11	5	SJW-D13110050
334	1687	12	12	1687	11	8	SJW-D13110080
335	1688	1	2	1687	11	29	SJW-D13110290

续表

编号	公历			农历			ID 编号
	年	月	日	年	月	日	
336	1688	2	2	1688	1	1	SJW-D14010010
337	1688	3	13	1688	2	12	SJW-D14020120
338	1688	12	12	1688	11	20	SJW-D14110200
339	1688	12	13	1688	11	21	SJW-D14110210
340	1689	1	25	1689	1	5	SJW-D15010050
341	1689	12	13	1689	11	2	SJW-D15110020
342	1689	12	14	1689	11	3	SJW-D15110030
343	1689	12	28	1689	11	17	SJW-D15110170
344	1689	12	31	1689	11	20	SJW-D15110200
345	1690	1	16	1689	12	7	SJW-D15120070
346	1690	1	21	1689	12	12	SJW-D15120120
347	1690	1	25	1689	12	16	SJW-D15120160
348	1690	2	16	1690	1	8	SJW-D16010080
349	1690	11	26	1690	10	26	SJW-D16100260
350	1690	12	11	1690	11	11	SJW-D16110110
351	1690	12	25	1690	11	25	SJW-D16110250
352	1691	1	22	1690	12	24	SJW-D16120240
353	1691	1	27	1690	12	29	SJW-D16120290
354	1691	2	1	1691	1	4	SJW-D17010040
355	1691	11	13	1691	9	24	SJW-D17090240
356	1692	3	3	1692	1	16	SJW-D18010160
357	1692	3	9	1692	1	22	SJW-D18010220
358	1692	3	10	1692	1	23	SJW-D18010230
359	1692	3	19	1692	2	2	SJW-D18020020
360	1692	4	10	1692	2	24	SJW-D18020240
361	1693	1	19	1692	12	14	SJW-D18120140
362	1694	1	3	1693	12	8	SJW-D19120080
363	1694	2	12	1694	1	19	SJW-D20010190
364	1694	2	18	1694	1	25	SJW-D20010250
365	1694	12	29	1694	11	13	SJW-D20110130
366	1694	12	31	1694	11	15	SJW-D20110150
367	1695	1	29	1694	12	15	SJW-D20120150
368	1698	1	20	1697	12	9	SJW-D23120090
369	1698	1	24	1697	12	13	SJW-D23120130
370	1698	2	2	1697	12	22	SJW-D23120220
371	1698	3	18	1698	2	7	SJW-D24020070
372	1698	11	24	1698	10	22	SJW-D24100220
373	1699	1	12	1698	12	12	SJW-D24120120

续表

编号	公历			农历			ID 编号
	年	月	日	年	月	日	
374	1699	3	18	1699	2	17	SJW-D25020170
375	1701	3	1	1701	1	22	SJW-D27010220
376	1702	11	24	1702	10	6	SJW-D28100061
377	1702	12	5	1702	10	17	SJW-D28100170
378	1702	12	23	1702	11	5	SJW-D28110050
379	1703	1	12	1702	11	25	SJW-D28110250
380	1703	2	28	1703	1	13	SJW-D29010130
381	1704	2	20	1704	1	16	SJW-D30010160
382	1705	1	11	1704	12	16	SJW-D30120160
383	1705	1	12	1704	12	17	SJW-D30120170
384	1705	1	13	1704	12	18	SJW-D30120180
385	1705	1	14	1704	12	19	SJW-D30120190
386	1705	1	17	1704	12	22	SJW-D30120220
387	1705	3	31	1705	3	7	SJW-D31030070
388	1705	12	9	1705	10	24	SJW-D31100240
389	1708	2	26	1708	2	6	SJW-D34020060
390	1708	3	30	1708	3	9	SJW-D34030090
391	1708	12	18	1708	11	7	SJW-D34110070
392	1709	3	30	1709	2	20	SJW-D35020200
393	1709	4	5	1709	2	26	SJW-D35020260
394	1710	2	21	1710	1	23	SJW-D36010230
395	1710	2	22	1710	1	24	SJW-D36010240
396	1710	12	7	1710	10	17	SJW-D36100170
397	1710	12	22	1710	11	3	SJW-D36110030
398	1710	12	30	1710	11	11	SJW-D36110110
399	1711	2	14	1710	12	27	SJW-D36120270
400	1711	2	15	1710	12	28	SJW-D36120280
401	1712	1	10	1711	12	3	SJW-D37120030
402	1712	1	13	1711	12	6	SJW-D37120060
403	1712	1	14	1711	12	7	SJW-D37120070
404	1712	1	20	1711	12	13	SJW-D37120130
405	1712	1	27	1711	12	20	SJW-D37120200
406	1712	3	2	1712	1	25	SJW-D38010250
407	1712	12	11	1712	11	14	SJW-D38110140
408	1712	12	23	1712	11	26	SJW-D38110260
409	1713	1	16	1712	12	20	SJW-D38120200
410	1713	2	8	1713	1	14	SJW-D39010140
411	1713	2	19	1713	1	25	SJW-D39010250

续表

编号	公历			农历			ID 编号
	年	月	日	年	月	日	
412	1713	11	25	1713	10	8	SJW-D39100080
413	1713	12	4	1713	10	17	SJW-D39100170
414	1713	12	5	1713	10	18	SJW-D39100180
415	1714	1	1	1713	11	15	SJW-D39110150
416	1714	3	7	1714	1	22	SJW-D40010220
417	1715	1	16	1714	12	11	SJW-D40120110
418	1715	1	18	1714	12	13	SJW-D40120130
419	1715	1	20	1714	12	15	SJW-D40120150
420	1715	3	16	1715	2	11	SJW-D41020110
421	1716	2	8	1716	1	16	SJW-D42010160
422	1716	2	11	1716	1	19	SJW-D42010190
423	1717	11	29	1717	10	27	SJW-D43100270
424	1717	12	8	1717	11	6	SJW-D43110060
425	1718	2	7	1718	1	8	SJW-D44010080
426	1718	2	20	1718	1	21	SJW-D44010210
427	1719	1	6	1718	11	16	SJW-D44110160
428	1719	3	14	1719	1	24	SJW-D45010240
429	1719	3	20	1719	1	30	SJW-D45010300
430	1719	3	28	1719	2	8	SJW-D45020080
431	1719	4	1	1719	2	12	SJW-D45020120
432	1720	1	31	1719	12	22	SJW-D45120220
433	1720	2	2	1719	12	24	SJW-D45120240
434	1720	2	23	1720	1	16	SJW-D46010160
435	1720	3	19	1720	2	11	SJW-D46020110
436	1720	11	24	1720	10	25	SJW-E00100250
437	1720	12	10	1720	11	11	SJW-E00110110
438	1720	12	14	1720	11	15	SJW-E00110150
439	1720	12	31	1720	12	3	SJW-E00120030
440	1721	1	25	1720	12	28	SJW-E00120280
441	1721	3	19	1721	2	22	SJW-E01020220
442	1721	12	15	1721	10	27	SJW-E01100270
443	1721	12	17	1721	10	29	SJW-E01100290
444	1721	12	19	1721	11	1	SJW-E01110010
445	1721	12	20	1721	11	2	SJW-E01110020
446	1721	12	21	1721	11	3	SJW-E01110030
447	1721	12	22	1721	11	4	SJW-E01110040
448	1722	1	1	1721	11	14	SJW-E01110140
449	1722	1	31	1721	12	15	SJW-E01120150

续表

编号	公历			农历			ID 编号
	年	月	日	年	月	日	
450	1722	2	1	1721	12	16	SJW-E01120160
451	1722	2	19	1722	1	4	SJW-E02010040
452	1722	2	21	1722	1	6	SJW-E02010060
453	1722	2	24	1722	1	9	SJW-E02010090
454	1722	3	2	1722	1	15	SJW-E02010150
455	1722	3	15	1722	1	28	SJW-E02010280
456	1722	11	27	1722	10	19	SJW-E02100190
457	1722	12	4	1722	10	26	SJW-E02100260
458	1722	12	14	1722	11	7	SJW-E02110070
459	1722	12	20	1722	11	13	SJW-E02110130
460	1722	12	30	1722	11	23	SJW-E02110230
461	1723	1	1	1722	11	25	SJW-E02110250
462	1723	1	6	1722	11	30	SJW-E02110300
463	1723	1	8	1722	12	2	SJW-E02120020
464	1723	1	27	1722	12	21	SJW-E02120210
465	1723	2	25	1723	1	21	SJW-E03010210
466	1723	3	1	1723	1	25	SJW-E03010250
467	1723	3	9	1723	2	3	SJW-E03020030
468	1723	11	16	1723	10	19	SJW-E03100190
469	1723	11	28	1723	11	1	SJW-E03110010
470	1723	12	3	1723	11	6	SJW-E03110060
471	1723	12	4	1723	11	7	SJW-E03110070
472	1723	12	8	1723	11	11	SJW-E03110110
473	1723	12	21	1723	11	24	SJW-E03110240
474	1723	12	25	1723	11	28	SJW-E03110280
475	1723	12	27	1723	12	1	SJW-E03120010
476	1723	12	28	1723	12	2	SJW-E03120020
477	1723	12	30	1723	12	4	SJW-E03120040
478	1724	1	1	1723	12	6	SJW-E03120060
479	1724	2	2	1724	1	8	SJW-E04010080
480	1724	2	18	1724	1	24	SJW-E04010240
481	1724	2	25	1724	2	2	SJW-E04020020
482	1724	3	1	1724	2	7	SJW-E04020070
483	1724	3	2	1724	2	8	SJW-E04020080
484	1724	3	4	1724	2	10	SJW-E04020100
485	1724	3	9	1724	2	15	SJW-E04020150
486	1724	3	21	1724	2	27	SJW-E04020270
487	1724	4	11	1724	3	18	SJW-E04030180

续表

编号	公历			农历			ID 编号
	年	月	日	年	月	日	
488	1724	10	10	1724	8	24	SJW-E04080240
489	1724	12	4	1724	10	19	SJW-F00100190
490	1724	12	24	1724	11	9	SJW-F00110090
491	1724	12	26	1724	11	11	SJW-F00110110
492	1725	1	6	1724	11	22	SJW-F00110220
493	1725	1	13	1724	11	29	SJW-F00110290
494	1725	1	26	1724	12	13	SJW-F00120130
495	1725	10	28	1725	9	23	SJW-F01090230
496	1725	11	26	1725	10	22	SJW-F01100220
497	1725	12	15	1725	11	11	SJW-F01110110
498	1725	12	17	1725	11	13	SJW-F01110130
499	1725	12	20	1725	11	16	SJW-F01110160
500	1726	1	7	1725	12	5	SJW-F01120050
501	1726	1	10	1725	12	8	SJW-F01120080
502	1726	2	17	1726	1	16	SJW-F02010160
503	1726	2	26	1726	1	25	SJW-F02010250
504	1726	4	6	1726	3	5	SJW-F02030050
505	1726	11	11	1726	10	18	SJW-F02100180
506	1726	11	30	1726	11	7	SJW-F02110070
507	1726	12	14	1726	11	21	SJW-F02110210
508	1726	12	17	1726	11	24	SJW-F02110240
509	1726	12	18	1726	11	25	SJW-F02110250
510	1726	12	28	1726	12	6	SJW-F02120060
511	1727	1	10	1726	12	19	SJW-F02120190
512	1727	1	18	1726	12	27	SJW-F02120270
513	1727	1	23	1727	1	2	SJW-F03010020
514	1727	1	26	1727	1	5	SJW-F03010050
515	1727	3	1	1727	2	9	SJW-F03020090
516	1727	3	21	1727	2	29	SJW-F03020290
517	1727	3	22	1727	2	30	SJW-F03020300
518	1727	11	18	1727	10	6	SJW-F03100060
519	1727	12	2	1727	10	20	SJW-F03100200
520	1727	12	5	1727	10	23	SJW-F03100230
521	1727	12	7	1727	10	25	SJW-F03100250
522	1727	12	20	1727	11	8	SJW-F03110080
523	1727	12	31	1727	11	19	SJW-F03110190
524	1728	1	7	1727	11	26	SJW-F03110260
525	1728	1	10	1727	11	29	SJW-F03110290

续表

编号	公历			农历			ID 编号
	年	月	日	年	月	日	
526	1728	1	12	1727	12	2	SJW-F03120020
527	1728	1	21	1727	12	11	SJW-F03120110
528	1728	1	27	1727	12	17	SJW-F03120170
529	1728	2	27	1728	1	18	SJW-F04010180
530	1728	3	28	1728	2	18	SJW-F04020180
531	1728	11	27	1728	10	26	SJW-F04100260
532	1728	12	10	1728	11	10	SJW-F04110100
533	1728	12	15	1728	11	15	SJW-F04110150
534	1728	12	18	1728	11	18	SJW-F04110180
535	1728	12	25	1728	11	25	SJW-F04110250
536	1728	12	29	1728	11	29	SJW-F04110290
537	1729	1	1	1728	12	2	SJW-F04120020
538	1729	1	2	1728	12	3	SJW-F04120030
539	1729	1	5	1728	12	6	SJW-F04120060
540	1729	1	19	1728	12	20	SJW-F04120200
541	1729	1	21	1728	12	22	SJW-F04120220
542	1729	1	22	1728	12	23	SJW-F04120230
543	1729	1	24	1728	12	25	SJW-F04120250
544	1729	1	28	1728	12	29	SJW-F04120290
545	1729	2	1	1729	1	4	SJW-F05010040
546	1729	2	2	1729	1	5	SJW-F05010050
547	1729	2	17	1729	1	20	SJW-F05010200
548	1729	2	20	1729	1	23	SJW-F05010230
549	1729	2	24	1729	1	27	SJW-F05010270
550	1729	3	13	1729	2	14	SJW-F05020140
551	1729	12	26	1729	11	7	SJW-F05110070
552	1730	2	17	1730	1	1	SJW-F06010010
553	1730	2	26	1730	1	10	SJW-F06010100
554	1730	3	1	1730	1	13	SJW-F06010130
555	1730	3	5	1730	1	17	SJW-F06010170
556	1730	3	19	1730	2	1	SJW-F06020010
557	1730	3	19	1730	2	1	SJW-F06020011
558	1730	3	21	1730	2	3	SJW-F06020030
559	1730	3	21	1730	2	3	SJW-F06020031
560	1730	3	23	1730	2	5	SJW-F06020050
561	1730	3	31	1730	2	13	SJW-F06020130
562	1730	11	30	1730	10	21	SJW-F06100210
563	1730	12	4	1730	10	25	SJW-F06100250

续表

编号	公历			农历			ID 编号
	年	月	日	年	月	日	
564	1730	12	5	1730	10	26	SJW-F06100260
565	1730	12	15	1730	11	6	SJW-F06110060
566	1730	12	31	1730	11	22	SJW-F06110220
567	1731	1	17	1730	12	10	SJW-F06120100
568	1731	1	30	1730	12	23	SJW-F06120230
569	1731	2	24	1731	1	18	SJW-F07010180
570	1731	3	9	1731	2	2	SJW-F07020020
571	1731	3	13	1731	2	6	SJW-F07020060
572	1731	3	15	1731	2	8	SJW-F07020080
573	1731	3	19	1731	2	12	SJW-F07020120
574	1731	3	20	1731	2	13	SJW-F07020130
575	1731	12	12	1731	11	14	SJW-F07110140
576	1731	12	16	1731	11	18	SJW-F07110180
577	1732	1	15	1731	12	18	SJW-F07120180
578	1732	1	18	1731	12	21	SJW-F07120210
579	1732	1	19	1731	12	22	SJW-F07120220
580	1732	2	10	1732	1	15	SJW-F08010150
581	1732	3	7	1732	2	11	SJW-F08020110
582	1732	11	17	1732	9	30	SJW-F08090300
583	1732	12	3	1732	10	16	SJW-F08100160
584	1732	12	11	1732	10	24	SJW-F08100240
585	1732	12	13	1732	10	26	SJW-F08100260
586	1732	12	20	1732	11	4	SJW-F08110040
587	1732	12	29	1732	11	13	SJW-F08110130
588	1733	1	11	1732	11	26	SJW-F08110260
589	1733	1	14	1732	11	29	SJW-F08110290
590	1733	1	15	1732	11	30	SJW-F08110300
591	1733	1	18	1732	12	3	SJW-F08120030
592	1733	2	18	1733	1	5	SJW-F09010050
593	1733	2	26	1733	1	13	SJW-F09010130
594	1733	3	1	1733	1	16	SJW-F09010160
595	1733	12	21	1733	11	16	SJW-F09110160
596	1733	12	27	1733	11	22	SJW-F09110220
597	1734	2	14	1734	1	11	SJW-F10010110
598	1734	11	20	1734	10	25	SJW-F10100250
599	1734	12	12	1734	11	18	SJW-F10110180
600	1734	12	13	1734	11	19	SJW-F10110190
601	1734	12	17	1734	11	23	SJW-F10110230

续表

编号	公历			农历			ID 编号
	年	月	日	年	月	日	
602	1734	12	27	1734	12	3	SJW-F10120030
603	1735	1	2	1734	12	9	SJW-F10120090
604	1735	1	8	1734	12	15	SJW-F10120150
605	1735	1	27	1735	1	4	SJW-F11010040
606	1735	1	29	1735	1	6	SJW-F11010060
607	1735	2	4	1735	1	12	SJW-F11010120
608	1735	2	15	1735	1	23	SJW-F11010230
609	1735	3	7	1735	2	13	SJW-F11020130
610	1735	3	21	1735	2	27	SJW-F11020270
611	1735	12	16	1735	11	3	SJW-F11110030
612	1735	12	20	1735	11	7	SJW-F11110070
613	1735	12	26	1735	11	13	SJW-F11110130
614	1735	12	30	1735	11	17	SJW-F11110170
615	1736	1	22	1735	12	10	SJW-F11120100
616	1736	2	25	1736	1	14	SJW-F12010140
617	1736	11	7	1736	10	5	SJW-F12100050
618	1736	12	8	1736	11	7	SJW-F12110070
619	1736	12	13	1736	11	12	SJW-F12110120
620	1736	12	15	1736	11	14	SJW-F12110140
621	1736	12	19	1736	11	18	SJW-F12110180
622	1736	12	24	1736	11	23	SJW-F12110230
623	1737	1	19	1736	12	19	SJW-F12120190
624	1737	1	21	1736	12	21	SJW-F12120210
625	1737	1	26	1736	12	26	SJW-F12120260
626	1737	1	30	1736	12	30	SJW-F12120300
627	1737	2	1	1737	1	2	SJW-F13010020
628	1737	2	6	1737	1	7	SJW-F13010070
629	1737	2	12	1737	1	13	SJW-F13010130
630	1737	3	6	1737	2	6	SJW-F13020060
631	1737	12	27	1737	11	7	SJW-F13110070
632	1738	1	12	1737	11	23	SJW-F13110230
633	1738	1	29	1737	12	10	SJW-F13120100
634	1738	2	6	1737	12	18	SJW-F13120180
635	1738	2	15	1737	12	27	SJW-F13120270
636	1738	3	8	1738	1	18	SJW-F14010180
637	1738	3	9	1738	1	19	SJW-F14010190
638	1738	3	22	1738	2	3	SJW-F14020030
639	1738	11	21	1738	10	10	SJW-F14100100

续表

编号	公历			农历			ID 编号
	年	月	日	年	月	日	
640	1738	12	20	1738	11	10	SJW-F14110100
641	1738	12	21	1738	11	11	SJW-F14110110
642	1738	12	23	1738	11	13	SJW-F14110130
643	1738	12	24	1738	11	14	SJW-F14110140
644	1739	1	3	1738	11	24	SJW-F14110240
645	1739	1	12	1738	12	3	SJW-F14120030
646	1739	1	14	1738	12	5	SJW-F14120050
647	1739	1	16	1738	12	7	SJW-F14120070
648	1739	1	23	1738	12	14	SJW-F14120140
649	1739	2	12	1739	1	5	SJW-F15010050
650	1739	2	20	1739	1	13	SJW-F15010130
651	1739	11	21	1739	10	21	SJW-F15100210
652	1739	11	26	1739	10	26	SJW-F15100260
653	1739	12	26	1739	11	26	SJW-F15110260
654	1739	12	28	1739	11	28	SJW-F15110280
655	1739	12	30	1739	12	1	SJW-F15120010
656	1740	1	4	1739	12	6	SJW-F15120060
657	1740	1	6	1739	12	8	SJW-F15120080
658	1740	1	20	1739	12	22	SJW-F15120220
659	1740	1	23	1739	12	25	SJW-F15120250
660	1740	1	29	1740	1	1	SJW-F16010010
661	1740	2	12	1740	1	15	SJW-F16010150
662	1740	3	3	1740	2	6	SJW-F16020060
663	1740	3	28	1740	3	1	SJW-F16030010
664	1740	4	13	1740	3	17	SJW-F16030170
665	1740	4	14	1740	3	18	SJW-F16030180
666	1740	10	31	1740	9	11	SJW-F16090110
667	1740	11	1	1740	9	12	SJW-F16090120
668	1740	12	2	1740	10	14	SJW-F16100140
669	1740	12	8	1740	10	20	SJW-F16100200
670	1741	1	17	1740	12	1	SJW-F16120010
671	1741	1	21	1740	12	5	SJW-F16120050
672	1741	2	6	1740	12	21	SJW-F16120210
673	1741	2	7	1740	12	22	SJW-F16120220
674	1741	2	13	1740	12	28	SJW-F16120280
675	1741	2	28	1741	1	13	SJW-F17010130
676	1741	12	1	1741	10	24	SJW-F17100240
677	1741	12	26	1741	11	19	SJW-F17110190

续表

编号	公历			农历			ID 编号
	年	月	日	年	月	日	
678	1741	12	30	1741	11	23	SJW-F17110230
679	1742	1	1	1741	11	25	SJW-F17110250
680	1742	1	19	1741	12	13	SJW-F17120130
681	1742	1	22	1741	12	16	SJW-F17120160
682	1742	2	22	1742	1	18	SJW-F18010180
683	1742	3	14	1742	2	8	SJW-F18020080
684	1742	3	31	1742	2	25	SJW-F18020250
685	1742	11	28	1742	11	2	SJW-F18110020
686	1742	11	29	1742	11	3	SJW-F18110030
687	1742	12	17	1742	11	21	SJW-F18110210
688	1743	1	7	1742	12	12	SJW-F18120120
689	1743	1	13	1742	12	18	SJW-F18120180
690	1743	1	14	1742	12	19	SJW-F18120190
691	1743	1	22	1742	12	27	SJW-F18120270
692	1743	1	24	1742	12	29	SJW-F18120290
693	1743	2	10	1743	1	16	SJW-F19010160
694	1743	2	18	1743	1	24	SJW-F19010240
695	1743	2	21	1743	1	27	SJW-F19010270
696	1743	2	28	1743	2	5	SJW-F19020050
697	1743	11	28	1743	10	13	SJW-F19100130
698	1743	12	21	1743	11	6	SJW-F19110060
699	1743	12	25	1743	11	10	SJW-F19110100
700	1743	12	29	1743	11	14	SJW-F19110140
701	1744	1	1	1743	11	17	SJW-F19110170
702	1744	1	8	1743	11	24	SJW-F19110240
703	1744	1	16	1743	12	2	SJW-F19120020
704	1744	1	19	1743	12	5	SJW-F19120050
705	1744	1	20	1743	12	6	SJW-F19120060
706	1744	1	21	1743	12	7	SJW-F19120070
707	1744	1	25	1743	12	11	SJW-F19120110
708	1744	2	1	1743	12	18	SJW-F19120180
709	1744	2	13	1744	1	1	SJW-F20010010
710	1744	2	19	1744	1	7	SJW-F20010070
711	1744	2	20	1744	1	8	SJW-F20010080
712	1744	3	2	1744	1	19	SJW-F20010190
713	1744	12	10	1744	11	7	SJW-F20110070
714	1744	12	29	1744	11	26	SJW-F20110260
715	1745	1	2	1744	11	30	SJW-F20110300

续表

编号	公历			农历			ID 编号
	年	月	日	年	月	日	
716	1745	1	11	1744	12	9	SJW-F20120090
717	1745	1	29	1744	12	27	SJW-F20120270
718	1745	2	3	1745	1	3	SJW-F21010030
719	1745	2	15	1745	1	15	SJW-F21010150
720	1745	2	16	1745	1	16	SJW-F21010160
721	1745	2	17	1745	1	17	SJW-F21010170
722	1745	3	10	1745	2	8	SJW-F21020080
723	1745	3	11	1745	2	9	SJW-F21020090
724	1745	3	12	1745	2	10	SJW-F21020100
725	1745	4	12	1745	3	11	SJW-F21030110
726	1745	12	3	1745	11	11	SJW-F21110110
727	1745	12	5	1745	11	13	SJW-F21110130
728	1745	12	12	1745	11	20	SJW-F21110200
729	1746	1	25	1746	1	4	SJW-F22010040
730	1746	2	11	1746	1	21	SJW-F22010210
731	1746	2	16	1746	1	26	SJW-F22010260
732	1746	2	25	1746	2	6	SJW-F22020060
733	1746	3	16	1746	2	25	SJW-F22020250
734	1746	3	19	1746	2	28	SJW-F22020280
735	1746	11	6	1746	9	23	SJW-F22090230
736	1746	11	13	1746	10	1	SJW-F22100010
737	1746	11	17	1746	10	5	SJW-F22100050
738	1746	12	8	1746	10	26	SJW-F22100260
739	1747	1	2	1746	11	22	SJW-F22110220
740	1747	1	7	1746	11	27	SJW-F22110270
741	1747	3	2	1747	1	22	SJW-F23010220
742	1747	3	7	1747	1	27	SJW-F23010270
743	1747	3	13	1747	2	3	SJW-F23020030
744	1748	1	3	1747	12	3	SJW-F23120030
745	1748	2	4	1748	1	6	SJW-F24010060
746	1748	2	5	1748	1	7	SJW-F24010070
747	1748	3	13	1748	2	15	SJW-F24020150
748	1748	3	31	1748	3	3	SJW-F24030030
749	1748	4	1	1748	3	4	SJW-F24030040
750	1748	12	8	1748	10	18	SJW-F24100180
751	1748	12	19	1748	10	29	SJW-F24100290
752	1748	12	22	1748	11	3	SJW-F24110030
753	1748	12	24	1748	11	5	SJW-F24110050

续表

编号	公历			农历			ID 编号
	年	月	日	年	月	日	
754	1749	1	1	1748	11	13	SJW-F24110130
755	1749	1	4	1748	11	16	SJW-F24110160
756	1749	1	27	1748	12	9	SJW-F24120090
757	1749	1	28	1748	12	10	SJW-F24120100
758	1749	2	1	1748	12	14	SJW-F24120140
759	1749	2	12	1748	12	25	SJW-F24120250
760	1749	2	15	1748	12	28	SJW-F24120280
761	1750	1	4	1749	11	26	SJW-F25110260
762	1750	1	12	1749	12	5	SJW-F25120050
763	1750	1	18	1749	12	11	SJW-F25120110
764	1750	1	26	1749	12	19	SJW-F25120190
765	1750	2	28	1750	1	22	SJW-F26010220
766	1750	4	14	1750	3	8	SJW-F26030080
767	1750	11	11	1750	10	13	SJW-F26100130
768	1750	11	21	1750	10	23	SJW-F26100230
769	1750	11	23	1750	10	25	SJW-F26100250
770	1750	11	29	1750	11	1	SJW-F26110010
771	1750	12	6	1750	11	8	SJW-F26110080
772	1750	12	16	1750	11	18	SJW-F26110180
773	1750	12	17	1750	11	19	SJW-F26110190
774	1750	12	20	1750	11	22	SJW-F26110220
775	1751	1	16	1750	12	19	SJW-F26120190
776	1751	1	19	1750	12	22	SJW-F26120220
777	1751	1	25	1750	12	28	SJW-F26120280
778	1751	2	3	1751	1	8	SJW-F27010080
779	1751	2	6	1751	1	11	SJW-F27010110
780	1751	2	7	1751	1	12	SJW-F27010120
781	1751	3	29	1751	3	3	SJW-F27030030
782	1751	4	6	1751	3	11	SJW-F27030110
783	1751	4	11	1751	3	16	SJW-F27030160
784	1751	12	2	1751	10	15	SJW-F27100150
785	1751	12	3	1751	10	16	SJW-F27100160
786	1751	12	9	1751	10	22	SJW-F27100220
787	1751	12	22	1751	11	5	SJW-F27110050
788	1751	12	25	1751	11	8	SJW-F27110080
789	1752	1	4	1751	11	18	SJW-F27110180
790	1752	1	18	1751	12	3	SJW-F27120030
791	1752	1	19	1751	12	4	SJW-F27120040

续表

编号	公历			农历			ID 编号
	年	月	日	年	月	日	
792	1752	2	13	1751	12	29	SJW-F27120290
793	1752	2	14	1751	12	30	SJW-F27120300
794	1752	12	14	1752	11	9	SJW-F28110090
795	1752	12	21	1752	11	16	SJW-F28110160
796	1752	12	25	1752	11	20	SJW-F28110200
797	1753	1	2	1752	11	28	SJW-F28110280
798	1753	1	5	1752	12	2	SJW-F28120020
799	1753	1	8	1752	12	5	SJW-F28120050
800	1753	1	11	1752	12	8	SJW-F28120080
801	1753	1	13	1752	12	10	SJW-F28120100
802	1753	1	20	1752	12	17	SJW-F28120170
803	1753	2	6	1753	1	4	SJW-F29010040
804	1753	2	23	1753	1	21	SJW-F29010210
805	1753	2	24	1753	1	22	SJW-F29010220
806	1753	3	4	1753	1	30	SJW-F29010300
807	1753	3	13	1753	2	9	SJW-F29020090
808	1753	3	22	1753	2	18	SJW-F29020180
809	1753	3	23	1753	2	19	SJW-F29020190
810	1753	11	24	1753	10	30	SJW-F29100300
811	1753	11	29	1753	11	5	SJW-F29110050
812	1753	12	14	1753	11	20	SJW-F29110200
813	1754	1	10	1753	12	18	SJW-F29120180
814	1754	1	12	1753	12	20	SJW-F29120200
815	1754	1	13	1753	12	21	SJW-F29120210
816	1754	1	16	1753	12	24	SJW-F29120240
817	1754	1	19	1753	12	27	SJW-F29120270
818	1754	2	4	1754	1	13	SJW-F30010130
819	1754	2	12	1754	1	21	SJW-F30010210
820	1754	2	19	1754	1	28	SJW-F30010280
821	1754	2	21	1754	1	30	SJW-F30010300
822	1754	3	18	1754	2	25	SJW-F30020250
823	1754	12	4	1754	10	21	SJW-F30100210
824	1754	12	11	1754	10	28	SJW-F30100280
825	1754	12	22	1754	11	9	SJW-F30110090
826	1755	1	1	1754	11	19	SJW-F30110190
827	1755	1	29	1754	12	18	SJW-F30120180
828	1755	2	14	1755	1	4	SJW-F31010040
829	1755	3	4	1755	1	22	SJW-F31010220

续表

编号	公历			农历			ID 编号
	年	月	日	年	月	日	
830	1755	3	12	1755	1	30	SJW-F31010300
831	1755	3	18	1755	2	6	SJW-F31020060
832	1755	11	30	1755	10	27	SJW-F31100270
833	1755	12	2	1755	10	29	SJW-F31100290
834	1755	12	25	1755	11	23	SJW-F31110230
835	1756	1	5	1755	12	4	SJW-F31120040
836	1756	1	9	1755	12	8	SJW-F31120080
837	1756	1	17	1755	12	16	SJW-F31120160
838	1756	1	18	1755	12	17	SJW-F31120170
839	1756	1	21	1755	12	20	SJW-F31120200
840	1756	1	31	1756	1	1	SJW-F32010010
841	1756	2	29	1756	1	30	SJW-F32010300
842	1756	3	7	1756	2	7	SJW-F32020070
843	1756	11	7	1756	闰 9	15	SJW-F32091150
844	1756	12	3	1756	10	12	SJW-F32100120
845	1756	12	4	1756	10	13	SJW-F32100130
846	1756	12	18	1756	10	27	SJW-F32100270
847	1757	1	6	1756	11	17	SJW-F32110170
848	1757	1	10	1756	11	21	SJW-F32110210
849	1757	1	15	1756	11	26	SJW-F32110260
850	1757	1	16	1756	11	27	SJW-F32110270
851	1757	1	26	1756	12	7	SJW-F32120070
852	1757	2	6	1756	12	18	SJW-F32120180
853	1757	2	13	1756	12	25	SJW-F32120250
854	1757	2	23	1757	1	6	SJW-F33010060
855	1757	3	12	1757	1	23	SJW-F33010230
856	1757	3	13	1757	1	24	SJW-F33010240
857	1757	3	16	1757	1	27	SJW-F33010270
858	1757	12	13	1757	11	3	SJW-F33110030
859	1758	1	15	1757	12	6	SJW-F33120060
860	1758	2	4	1757	12	26	SJW-F33120260
861	1758	3	8	1758	1	29	SJW-F34010290
862	1758	3	28	1758	2	20	SJW-F34020200
863	1758	10	27	1758	9	26	SJW-F34090260
864	1758	12	23	1758	11	23	SJW-F34110230
865	1758	12	30	1758	12	1	SJW-F34120010
866	1759	1	29	1759	1	1	SJW-F35010010
867	1759	2	2	1759	1	5	SJW-F35010050

续表

编号	公历			农历			ID 编号
	年	月	日	年	月	日	
868	1759	2	3	1759	1	6	SJW-F35010060
869	1759	2	16	1759	1	19	SJW-F35010190
870	1759	3	7	1759	2	9	SJW-F35020090
871	1759	3	9	1759	2	11	SJW-F35020110
872	1759	3	13	1759	2	15	SJW-F35020150
873	1759	3	15	1759	2	17	SJW-F35020170
874	1759	3	19	1759	2	21	SJW-F35020210
875	1759	3	29	1759	3	2	SJW-F35030020
876	1759	12	7	1759	10	18	SJW-F35100180
877	1760	1	5	1759	11	18	SJW-F35110180
878	1760	1	6	1759	11	19	SJW-F35110190
879	1760	1	7	1759	11	20	SJW-F35110200
880	1760	1	16	1759	11	29	SJW-F35110290
881	1760	1	30	1759	12	13	SJW-F35120130
882	1760	2	6	1759	12	20	SJW-F35120200
883	1760	2	16	1759	12	30	SJW-F35120300
884	1760	2	25	1760	1	9	SJW-F36010090
885	1760	3	3	1760	1	16	SJW-F36010160
886	1760	11	27	1760	10	20	SJW-F36100200
887	1760	11	27	1760	10	20	SJW-F36100201
888	1760	11	28	1760	10	21	SJW-F36100210
889	1760	12	1	1760	10	24	SJW-F36100241
890	1760	12	11	1760	11	5	SJW-F36110050
891	1760	12	11	1760	11	5	SJW-F36110051
892	1761	1	3	1760	11	28	SJW-F36110281
893	1761	1	22	1760	12	17	SJW-F36120170
894	1761	1	22	1760	12	17	SJW-F36120171
895	1761	1	27	1760	12	22	SJW-F36120220
896	1761	1	27	1760	12	22	SJW-F36120221
897	1761	2	1	1760	12	27	SJW-F36120270
898	1761	2	1	1760	12	27	SJW-F36120271
899	1761	2	5	1761	1	1	SJW-F37010010
900	1761	2	15	1761	1	11	SJW-F37010110
901	1761	2	15	1761	1	11	SJW-F37010111
902	1761	2	17	1761	1	13	SJW-F37010130
903	1761	2	17	1761	1	13	SJW-F37010131
904	1761	2	19	1761	1	15	SJW-F37010150
905	1761	2	19	1761	1	15	SJW-F37010151

续表

编号	公历			农历			ID 编号
	年	月	日	年	月	日	
906	1761	2	22	1761	1	18	SJW-F37010180
907	1761	2	22	1761	1	18	SJW-F37010181
908	1761	2	24	1761	1	20	SJW-F37010200
909	1761	2	24	1761	1	20	SJW-F37010201
910	1761	2	25	1761	1	21	SJW-F37010210
911	1761	2	25	1761	1	21	SJW-F37010211
912	1761	12	1	1761	11	6	SJW-F37110060
913	1761	12	1	1761	11	6	SJW-F37110061
914	1761	12	2	1761	11	7	SJW-F37110070
915	1761	12	2	1761	11	7	SJW-F37110071
916	1761	12	11	1761	11	16	SJW-F37110160
917	1761	12	11	1761	11	16	SJW-F37110161
918	1761	12	18	1761	11	23	SJW-F37110230
919	1761	12	18	1761	11	23	SJW-F37110231
920	1761	12	19	1761	11	24	SJW-F37110240
921	1761	12	19	1761	11	24	SJW-F37110241
922	1761	12	24	1761	11	29	SJW-F37110290
923	1761	12	24	1761	11	29	SJW-F37110291
924	1761	12	30	1761	12	5	SJW-F37120050
925	1761	12	30	1761	12	5	SJW-F37120051
926	1762	1	17	1761	12	23	SJW-F37120230
927	1762	1	31	1762	1	7	SJW-F38010070
928	1762	2	4	1762	1	11	SJW-F38010110
929	1762	2	5	1762	1	12	SJW-F38010120
930	1762	2	23	1762	1	30	SJW-F38010300
931	1762	2	23	1762	1	30	SJW-F38010301
932	1762	2	27	1762	2	4	SJW-F38020040
933	1762	2	27	1762	2	4	SJW-F38020041
934	1762	3	2	1762	2	7	SJW-F38020070
935	1762	3	2	1762	2	7	SJW-F38020071
936	1762	3	5	1762	2	10	SJW-F38020100
937	1762	3	5	1762	2	10	SJW-F38020101
938	1762	3	10	1762	2	15	SJW-F38020150
939	1762	3	17	1762	2	22	SJW-F38020220
940	1762	3	17	1762	2	22	SJW-F38020221
941	1762	3	18	1762	2	23	SJW-F38020230
942	1762	3	18	1762	2	23	SJW-F38020231
943	1762	3	19	1762	2	24	SJW-F38020240

续表

编号	公历			农历			ID 编号
	年	月	日	年	月	日	
944	1762	3	19	1762	2	24	SJW-F38020241
945	1762	3	20	1762	2	25	SJW-F38020250
946	1762	4	3	1762	3	10	SJW-F38030101
947	1762	11	16	1762	10	1	SJW-F38100010
948	1762	11	18	1762	10	3	SJW-F38100030
949	1762	11	19	1762	10	4	SJW-F38100040
950	1762	12	24	1762	11	10	SJW-F38110100
951	1763	1	1	1762	11	18	SJW-F38110180
952	1763	1	29	1762	12	16	SJW-F38120160
953	1763	2	7	1762	12	25	SJW-F38120250
954	1763	2	10	1762	12	28	SJW-F38120280
955	1763	4	2	1763	2	19	SJW-F39020190
956	1763	11	28	1763	10	24	SJW-F39100240
957	1763	12	18	1763	11	14	SJW-F39110140
958	1763	12	23	1763	11	19	SJW-F39110190
959	1763	12	24	1763	11	20	SJW-F39110200
960	1764	1	11	1763	12	9	SJW-F39120090
961	1764	1	14	1763	12	12	SJW-F39120120
962	1764	1	15	1763	12	13	SJW-F39120130
963	1764	1	24	1763	12	22	SJW-F39120220
964	1764	1	25	1763	12	23	SJW-F39120230
965	1764	2	3	1764	1	2	SJW-F40010020
966	1764	2	7	1764	1	6	SJW-F40010060
967	1764	2	8	1764	1	7	SJW-F40010070
968	1764	2	16	1764	1	15	SJW-F40010150
969	1764	2	21	1764	1	20	SJW-F40010200
970	1764	3	13	1764	2	11	SJW-F40020110
971	1764	11	6	1764	10	13	SJW-F40100130
972	1764	12	26	1764	12	4	SJW-F40120040
973	1765	1	11	1764	12	20	SJW-F40120200
974	1765	1	30	1765	1	10	SJW-F41010100
975	1765	2	2	1765	1	13	SJW-F41010130
976	1765	3	15	1765	2	24	SJW-F41020240
977	1765	12	16	1765	11	5	SJW-F41110050
978	1765	12	22	1765	11	11	SJW-F41110110
979	1765	12	25	1765	11	14	SJW-F41110140
980	1766	1	11	1765	12	1	SJW-F41120010
981	1766	1	17	1765	12	7	SJW-F41120070

续表

编号	公历			农历			ID 编号
	年	月	日	年	月	日	
982	1766	2	7	1765	12	28	SJW-F41120280
983	1766	2	10	1766	1	2	SJW-F42010020
984	1766	2	13	1766	1	5	SJW-F42010050
985	1766	2	18	1766	1	10	SJW-F42010100
986	1766	2	24	1766	1	16	SJW-F42010160
987	1766	2	25	1766	1	17	SJW-F42010170
988	1766	3	2	1766	1	22	SJW-F42010220
989	1766	3	31	1766	2	21	SJW-F42020210
990	1766	4	1	1766	2	22	SJW-F42020220
991	1766	12	13	1766	11	12	SJW-F42110120
992	1766	12	22	1766	11	21	SJW-F42110210
993	1767	1	2	1766	12	2	SJW-F42120020
994	1767	1	9	1766	12	9	SJW-F42120090
995	1767	1	10	1766	12	10	SJW-F42120100
996	1767	1	11	1766	12	11	SJW-F42120110
997	1767	1	14	1766	12	14	SJW-F42120140
998	1767	1	20	1766	12	20	SJW-F42120200
999	1767	1	24	1766	12	24	SJW-F42120240
1000	1767	2	17	1767	1	19	SJW-F43010190
1001	1767	2	19	1767	1	21	SJW-F43010210
1002	1767	12	20	1767	10	30	SJW-F43100300
1003	1768	1	2	1767	11	13	SJW-F43110130
1004	1768	1	8	1767	11	19	SJW-F43110190
1005	1768	2	13	1767	12	25	SJW-F43120250
1006	1768	2	18	1768	1	1	SJW-F44010010
1007	1768	2	23	1768	1	6	SJW-F44010060
1008	1768	2	24	1768	1	7	SJW-F44010070
1009	1768	3	7	1768	1	19	SJW-F44010190
1010	1768	3	8	1768	1	20	SJW-F44010200
1011	1768	3	13	1768	1	25	SJW-F44010250
1012	1768	3	16	1768	1	28	SJW-F44010280
1013	1768	3	20	1768	2	3	SJW-F44020030
1014	1768	3	26	1768	2	9	SJW-F44020090
1015	1768	11	14	1768	10	6	SJW-F44100060
1016	1768	11	29	1768	10	21	SJW-F44100210
1017	1768	12	3	1768	10	25	SJW-F44100250
1018	1768	12	16	1768	11	8	SJW-F44110080
1019	1769	1	2	1768	11	25	SJW-F44110250

续表

编号	公历			农历			ID 编号
	年	月	日	年	月	日	
1020	1769	1	16	1768	12	9	SJW-F44120090
1021	1769	1	25	1768	12	18	SJW-F44120180
1022	1769	2	5	1768	12	29	SJW-F44120290
1023	1769	2	12	1769	1	6	SJW-F45010060
1024	1769	3	23	1769	2	16	SJW-F45020160
1025	1770	1	1	1769	12	5	SJW-F45120050
1026	1770	1	9	1769	12	13	SJW-F45120130
1027	1770	1	16	1769	12	20	SJW-F45120200
1028	1770	1	17	1769	12	21	SJW-F45120210
1029	1770	2	3	1770	1	8	SJW-F46010080
1030	1770	2	4	1770	1	9	SJW-F46010090
1031	1770	2	12	1770	1	17	SJW-F46010170
1032	1770	11	5	1770	9	18	SJW-F46090180
1033	1770	12	2	1770	10	16	SJW-F46100160
1034	1770	12	15	1770	10	29	SJW-F46100290
1035	1771	1	10	1770	11	25	SJW-F46110250
1036	1771	1	13	1770	11	28	SJW-F46110280
1037	1771	2	1	1770	12	17	SJW-F46120170
1038	1771	2	3	1770	12	19	SJW-F46120190
1039	1771	2	10	1770	12	26	SJW-F46120260
1040	1771	2	25	1771	1	11	SJW-F47010110
1041	1771	3	14	1771	1	28	SJW-F47010280
1042	1771	3	15	1771	1	29	SJW-F47010290
1043	1771	3	17	1771	2	2	SJW-F47020020
1044	1771	4	17	1771	3	3	SJW-F47030030
1045	1771	4	18	1771	3	4	SJW-F47030040
1046	1771	11	27	1771	10	21	SJW-F47100210
1047	1771	12	5	1771	10	29	SJW-F47100290
1048	1771	12	16	1771	11	11	SJW-F47110110
1049	1771	12	28	1771	11	23	SJW-F47110230
1050	1772	1	3	1771	11	29	SJW-F47110290
1051	1772	1	5	1771	12	1	SJW-F47120010
1052	1772	1	10	1771	12	6	SJW-F47120060
1053	1772	1	22	1771	12	18	SJW-F47120180
1054	1772	1	24	1771	12	20	SJW-F47120200
1055	1772	11	28	1772	11	4	SJW-F48110040
1056	1772	12	2	1772	11	8	SJW-F48110080
1057	1772	12	5	1772	11	11	SJW-F48110110

续表

编号	公历			农历			ID 编号
	年	月	日	年	月	日	
1058	1772	12	10	1772	11	16	SJW-F48110160
1059	1773	1	12	1772	12	20	SJW-F48120200
1060	1773	1	19	1772	12	27	SJW-F48120270
1061	1773	1	24	1773	1	2	SJW-F49010020
1062	1773	1	30	1773	1	8	SJW-F49010080
1063	1773	2	26	1773	2	6	SJW-F49020060
1064	1773	11	26	1773	10	13	SJW-F49100130
1065	1773	12	11	1773	10	28	SJW-F49100280
1066	1773	12	22	1773	11	9	SJW-F49110090
1067	1774	1	1	1773	11	19	SJW-F49110190
1068	1774	1	4	1773	11	22	SJW-F49110220
1069	1774	1	8	1773	11	26	SJW-F49110260
1070	1774	2	1	1773	12	21	SJW-F49120210
1071	1774	2	3	1773	12	23	SJW-F49120230
1072	1774	2	14	1774	1	4	SJW-F50010040
1073	1774	3	6	1774	1	24	SJW-F50010240
1074	1774	3	9	1774	1	27	SJW-F50010270
1075	1774	3	13	1774	2	2	SJW-F50020020
1076	1774	11	18	1774	10	15	SJW-F50100150
1077	1774	11	20	1774	10	17	SJW-F50100170
1078	1774	12	2	1774	10	29	SJW-F50100290
1079	1774	12	4	1774	11	2	SJW-F50110020
1080	1774	12	15	1774	11	13	SJW-F50110130
1081	1774	12	20	1774	11	18	SJW-F50110180
1082	1774	12	29	1774	11	27	SJW-F50110270
1083	1775	1	6	1774	12	5	SJW-F50120050
1084	1775	2	14	1775	1	15	SJW-F51010150
1085	1775	2	17	1775	1	18	SJW-F51010180
1086	1775	2	18	1775	1	19	SJW-F51010190
1087	1775	3	5	1775	2	4	SJW-F51020040
1088	1775	3	8	1775	2	7	SJW-F51020070
1089	1775	3	9	1775	2	8	SJW-F51020080
1090	1775	3	18	1775	2	17	SJW-F51020170
1091	1775	3	25	1775	2	24	SJW-F51020240
1092	1775	4	1	1775	3	2	SJW-F51030020
1093	1775	12	17	1775	闰 10	25	SJW-F51101250
1094	1776	1	11	1775	11	21	SJW-F51110210
1095	1776	1	12	1775	11	22	SJW-F51110220

续表

编号	公历			农历			ID编号
	年	月	日	年	月	日	
1096	1776	1	16	1775	11	26	SJW-F51110260
1097	1776	1	22	1775	12	2	SJW-F51120020
1098	1776	1	31	1775	12	11	SJW-F51120110
1099	1776	2	12	1775	12	23	SJW-F51120230
1100	1776	2	14	1775	12	25	SJW-F51120250
1101	1776	3	7	1776	1	18	SJW-F52010180
1102	1776	11	26	1776	10	16	SJW-G00100160
1103	1776	11	27	1776	10	17	SJW-G00100170
1104	1776	12	23	1776	11	13	SJW-G00110130
1105	1776	12	25	1776	11	15	SJW-G00110150
1106	1777	1	7	1776	11	28	SJW-G00110280
1107	1777	1	9	1776	12	1	SJW-G00120010
1108	1777	2	11	1777	1	4	SJW-G01010040
1109	1777	2	25	1777	1	18	SJW-G01010180
1110	1777	3	7	1777	1	28	SJW-G01010280
1111	1777	11	19	1777	10	20	SJW-G01100200
1112	1777	12	7	1777	11	8	SJW-G01110080
1113	1777	12	11	1777	11	12	SJW-G01110120
1114	1778	1	16	1777	12	18	SJW-G01120180
1115	1778	1	23	1777	12	25	SJW-G01120250
1116	1778	2	2	1778	1	6	SJW-G02010060
1117	1778	2	25	1778	1	29	SJW-G02010290
1118	1778	3	9	1778	2	11	SJW-G02020110
1119	1778	12	13	1778	10	25	SJW-G02100250
1120	1778	12	21	1778	11	3	SJW-G02110030
1121	1779	1	25	1778	12	8	SJW-G02120080
1122	1779	12	5	1779	10	28	SJW-G03100280
1123	1780	1	5	1779	11	29	SJW-G03110290
1124	1780	1	20	1779	12	14	SJW-G03120140
1125	1780	2	6	1780	1	2	SJW-G04010020
1126	1780	2	9	1780	1	5	SJW-G04010050
1127	1781	1	30	1781	1	7	SJW-G05010070
1128	1781	2	1	1781	1	9	SJW-G05010090
1129	1781	2	2	1781	1	10	SJW-G05010100
1130	1781	2	11	1781	1	19	SJW-G05010190
1131	1782	1	3	1781	11	20	SJW-G05110200
1132	1782	1	4	1781	11	21	SJW-G05110210
1133	1782	1	9	1781	11	26	SJW-G05110260

续表

编号	公历			农历			ID 编号
	年	月	日	年	月	日	
1134	1782	1	25	1781	12	12	SJW-G05120120
1135	1782	1	26	1781	12	13	SJW-G05120130
1136	1782	2	10	1781	12	28	SJW-G05120280
1137	1782	12	26	1782	11	22	SJW-G06110220
1138	1783	1	24	1782	12	22	SJW-G06120220
1139	1783	2	16	1783	1	15	SJW-G07010150
1140	1783	2	26	1783	1	25	SJW-G07010250
1141	1783	11	20	1783	10	26	SJW-G07100260
1142	1783	12	1	1783	11	8	SJW-G07110080
1143	1784	1	4	1783	12	12	SJW-G07120120
1144	1784	2	12	1784	1	22	SJW-G08010220
1145	1784	3	13	1784	2	22	SJW-G08020220
1146	1784	12	18	1784	11	7	SJW-G08110070
1147	1784	12	20	1784	11	9	SJW-G08110090
1148	1784	12	22	1784	11	11	SJW-G08110110
1149	1785	1	3	1784	11	23	SJW-G08110230
1150	1785	1	17	1784	12	7	SJW-G08120070
1151	1785	2	25	1785	1	17	SJW-G09010170
1152	1785	3	19	1785	2	9	SJW-G09020090
1153	1785	12	11	1785	11	10	SJW-G09110100
1154	1785	12	15	1785	11	14	SJW-G09110140
1155	1785	12	19	1785	11	18	SJW-G09110180
1156	1785	12	20	1785	11	19	SJW-G09110190
1157	1785	12	25	1785	11	24	SJW-G09110240
1158	1785	12	26	1785	11	25	SJW-G09110250
1159	1785	12	29	1785	11	28	SJW-G09110280
1160	1786	1	2	1785	12	3	SJW-G09120030
1161	1786	1	22	1785	12	23	SJW-G09120230
1162	1786	2	4	1786	1	6	SJW-G10010060
1163	1786	11	14	1786	9	24	SJW-G10090240
1164	1786	11	24	1786	10	4	SJW-G10100040
1165	1786	12	9	1786	10	19	SJW-G10100190
1166	1787	1	3	1786	11	14	SJW-G10110140
1167	1787	1	24	1786	12	6	SJW-G10120060
1168	1787	1	25	1786	12	7	SJW-G10120070
1169	1787	1	27	1786	12	9	SJW-G10120090
1170	1787	3	24	1787	2	6	SJW-G11020060
1171	1787	11	27	1787	10	18	SJW-G11100180

续表

编号	公历			农历			ID 编号
	年	月	日	年	月	日	
1172	1788	2	6	1787	12	30	SJW-G11120300
1173	1788	3	12	1788	2	5	SJW-G12020050
1174	1790	2	21	1790	1	8	SJW-G14010080
1175	1791	1	7	1790	12	3	SJW-G14120030
1176	1791	12	21	1791	11	26	SJW-G15110260
1177	1792	1	3	1791	12	10	SJW-G15120100
1178	1792	1	5	1791	12	12	SJW-G15120120
1179	1792	2	28	1792	2	7	SJW-G16020070
1180	1792	2	29	1792	2	8	SJW-G16020080
1181	1792	12	15	1792	11	2	SJW-G16110020
1182	1794	2	6	1794	1	7	SJW-G18010070
1183	1794	2	21	1794	1	22	SJW-G18010220
1184	1794	11	16	1794	10	24	SJW-G18100240
1185	1794	12	4	1794	11	12	SJW-G18110120
1186	1794	12	26	1794	12	5	SJW-G18120050
1187	1794	12	30	1794	12	9	SJW-G18120090
1188	1795	1	2	1794	12	12	SJW-G18120120
1189	1795	1	16	1794	12	26	SJW-G18120260
1190	1795	2	18	1795	1	29	SJW-G19010290
1191	1795	11	28	1795	10	18	SJW-G19100180
1192	1795	12	20	1795	11	10	SJW-G19110100
1193	1796	11	30	1796	11	2	SJW-G20110020
1194	1796	12	1	1796	11	3	SJW-G20110030
1195	1796	12	4	1796	11	6	SJW-G20110060
1196	1796	12	12	1796	11	14	SJW-G20110140
1197	1796	12	14	1796	11	16	SJW-G20110160
1198	1796	12	15	1796	11	17	SJW-G20110170
1199	1796	12	26	1796	11	28	SJW-G20110280
1200	1797	1	17	1796	12	20	SJW-G20120200
1201	1797	2	5	1797	1	9	SJW-G21010090
1202	1797	11	27	1797	10	10	SJW-G21100100
1203	1797	12	8	1797	10	21	SJW-G21100210
1204	1797	12	10	1797	10	23	SJW-G21100230
1205	1798	1	5	1797	11	19	SJW-G21110190
1206	1798	1	13	1797	11	27	SJW-G21110270
1207	1798	1	16	1797	11	30	SJW-G21110300
1208	1798	1	18	1797	12	2	SJW-G21120020
1209	1798	2	9	1797	12	24	SJW-G21120240

续表

编号	公历			农历			ID 编号
	年	月	日	年	月	日	
1210	1800	3	16	1800	2	21	SJW-G24020210
1211	1800	10	30	1800	9	13	SJW-H00090130
1212	1800	12	23	1800	11	8	SJW-H00110080
1213	1801	2	4	1800	12	21	SJW-H00120210
1214	1801	2	23	1801	1	11	SJW-H01010110
1215	1801	11	17	1801	10	12	SJW-H01100120
1216	1801	12	8	1801	11	3	SJW-H01110030
1217	1801	12	21	1801	11	16	SJW-H01110160
1218	1802	12	1	1802	11	7	SJW-H02110070
1219	1802	12	10	1802	11	16	SJW-H02110160
1220	1802	12	15	1802	11	21	SJW-H02110210
1221	1802	12	16	1802	11	22	SJW-H02110220
1222	1802	12	26	1802	12	2	SJW-H02120020
1223	1802	12	30	1802	12	6	SJW-H02120060
1224	1803	1	5	1802	12	12	SJW-H02120120
1225	1803	1	9	1802	12	16	SJW-H02120160
1226	1803	1	10	1802	12	17	SJW-H02120170
1227	1803	2	15	1803	1	24	SJW-H03010240
1228	1803	2	17	1803	1	26	SJW-H03010260
1229	1803	2	18	1803	1	27	SJW-H03010270
1230	1803	2	19	1803	1	28	SJW-H03010280
1231	1803	2	24	1803	2	3	SJW-H03020030
1232	1803	3	2	1803	2	9	SJW-H03020090
1233	1803	11	25	1803	10	12	SJW-H03100120
1234	1804	1	13	1803	12	1	SJW-H03120010
1235	1804	2	10	1803	12	29	SJW-H03120290
1236	1804	2	17	1804	1	7	SJW-H04010070
1237	1804	2	26	1804	1	16	SJW-H04010160
1238	1805	1	5	1804	12	5	SJW-H04120050
1239	1805	1	9	1804	12	9	SJW-H04120090
1240	1805	2	26	1805	1	27	SJW-H05010270
1241	1805	2	27	1805	1	28	SJW-H05010280
1242	1806	1	25	1805	12	6	SJW-H05120060
1243	1806	2	4	1805	12	16	SJW-H05120160
1244	1806	2	5	1805	12	17	SJW-H05120170
1245	1807	2	12	1807	1	6	SJW-H07010060
1246	1807	12	13	1807	11	15	SJW-H07110150
1247	1807	12	15	1807	11	17	SJW-H07110170

续表

编号	公历			农历			ID编号
	年	月	日	年	月	日	
1248	1808	2	16	1808	1	20	SJW-H08010200
1249	1808	3	7	1808	2	11	SJW-H08020110
1250	1808	3	23	1808	2	27	SJW-H08020270
1251	1809	1	28	1808	12	13	SJW-H08120130
1252	1809	1	29	1808	12	14	SJW-H08120140
1253	1809	2	1	1808	12	17	SJW-H08120170
1254	1809	3	1	1809	1	16	SJW-H09010160
1255	1810	1	18	1809	12	14	SJW-H09120140
1256	1810	1	30	1809	12	26	SJW-H09120260
1257	1810	2	8	1810	1	5	SJW-H10010050
1258	1810	11	19	1810	10	23	SJW-H10100230
1259	1811	1	2	1810	12	8	SJW-H10120080
1260	1811	12	19	1811	11	4	SJW-H11110040
1261	1812	1	17	1811	12	4	SJW-H11120040
1262	1812	2	6	1811	12	24	SJW-H11120240
1263	1812	2	7	1811	12	25	SJW-H11120250
1264	1812	2	15	1812	1	3	SJW-H12010030
1265	1812	2	16	1812	1	4	SJW-H12010040
1266	1812	12	26	1812	11	23	SJW-H12110230
1267	1813	4	16	1813	3	16	SJW-H13030160
1268	1814	3	17	1814	2	26	SJW-H14020260
1269	1814	11	22	1814	10	11	SJW-H14100110
1270	1815	11	16	1815	10	16	SJW-H15100160
1271	1816	3	1	1816	2	3	SJW-H16020030
1272	1820	2	6	1819	12	22	SJW-H19120220
1273	1821	1	19	1820	12	16	SJW-H20120160
1274	1821	12	26	1821	12	3	SJW-H21120030
1275	1824	1	18	1823	12	18	SJW-H23120180
1276	1824	11	13	1824	9	23	SJW-H24090230
1277	1824	11	14	1824	9	24	SJW-H24090240
1278	1824	12	13	1824	10	23	SJW-H24100230
1279	1825	1	10	1824	11	22	SJW-H24110220
1280	1826	12	7	1826	11	9	SJW-H26110090
1281	1827	1	6	1826	12	9	SJW-H26120090
1282	1827	1	16	1826	12	19	SJW-H26120190
1283	1827	1	27	1827	1	1	SJW-H27010010
1284	1827	2	1	1827	1	6	SJW-H27010060
1285	1827	2	6	1827	1	11	SJW-H27010110

续表

编号	公历			农历			ID 编号
	年	月	日	年	月	日	
1286	1827	11	15	1827	9	27	SJW-H27090270
1287	1827	12	8	1827	10	20	SJW-H27100200
1288	1828	2	9	1827	12	24	SJW-H27120240
1289	1828	2	12	1827	12	27	SJW-H27120270
1290	1829	1	6	1828	12	2	SJW-H28120020
1291	1829	1	7	1828	12	3	SJW-H28120030
1292	1829	1	9	1828	12	5	SJW-H28120050
1293	1829	1	11	1828	12	7	SJW-H28120070
1294	1829	2	16	1829	1	13	SJW-H29010130
1295	1829	12	21	1829	11	26	SJW-H29110260
1296	1830	2	12	1830	1	19	SJW-H30010190
1297	1830	2	13	1830	1	20	SJW-H30010200
1298	1830	3	21	1830	2	27	SJW-H30020270
1299	1830	12	31	1830	11	17	SJW-H30110170
1300	1831	3	7	1831	1	23	SJW-H31010230
1301	1831	3	14	1831	2	1	SJW-H31020010
1302	1831	12	12	1831	11	9	SJW-H31110090
1303	1832	1	3	1831	12	1	SJW-H31120010
1304	1832	2	11	1832	1	10	SJW-H32010100
1305	1832	2	27	1832	1	26	SJW-H32010260
1306	1833	1	10	1832	11	20	SJW-H32110200
1307	1833	1	25	1832	12	5	SJW-H32120050
1308	1833	2	6	1832	12	17	SJW-H32120170
1309	1833	3	4	1833	1	13	SJW-H33010130
1310	1833	3	27	1833	2	7	SJW-H33020070
1311	1833	12	29	1833	11	19	SJW-H33110190
1312	1834	1	7	1833	11	28	SJW-H33110280
1313	1834	2	7	1833	12	29	SJW-H33120290
1314	1834	12	2	1834	11	2	SJW-H34110020
1315	1834	12	7	1834	11	7	SJW-H34110070
1316	1834	12	18	1834	11	18	SJW-I00110180
1317	1834	12	22	1834	11	22	SJW-I00110220
1318	1834	12	26	1834	11	26	SJW-I00110260
1319	1835	1	5	1834	12	7	SJW-I00120070
1320	1835	1	10	1834	12	12	SJW-I00120120
1321	1835	1	23	1834	12	25	SJW-I00120250
1322	1835	1	26	1834	12	28	SJW-I00120280
1323	1835	2	10	1835	1	13	SJW-I01010130

续表

编号	公历			农历			ID 编号
	年	月	日	年	月	日	
1324	1835	3	8	1835	2	10	SJW-I01020100
1325	1836	1	16	1835	11	28	SJW-I01110280
1326	1836	1	18	1835	12	1	SJW-I01120010
1327	1836	2	14	1835	12	28	SJW-I01120280
1328	1836	2	22	1836	1	6	SJW-I02010060
1329	1836	11	25	1836	10	17	SJW-I02100170
1330	1836	12	9	1836	11	2	SJW-I02110020
1331	1837	1	25	1836	12	19	SJW-I02120190
1332	1837	2	11	1837	1	7	SJW-I03010070
1333	1837	2	15	1837	1	11	SJW-I03010110
1334	1837	2	16	1837	1	12	SJW-I03010120
1335	1837	3	18	1837	2	12	SJW-I03020120
1336	1837	12	8	1837	11	11	SJW-I03110110
1337	1838	1	7	1837	12	12	SJW-I03120120
1338	1838	1	8	1837	12	13	SJW-I03120130
1339	1838	1	9	1837	12	14	SJW-I03120140
1340	1838	1	17	1837	12	22	SJW-I03120220
1341	1838	1	18	1837	12	23	SJW-I03120230
1342	1838	1	25	1837	12	30	SJW-I03120300
1343	1838	2	1	1838	1	7	SJW-I04010070
1344	1838	3	5	1838	2	10	SJW-I04020100
1345	1838	12	6	1838	10	20	SJW-I04100200
1346	1839	1	14	1838	11	29	SJW-I04110290
1347	1839	1	16	1838	12	2	SJW-I04120020
1348	1839	1	21	1838	12	7	SJW-I04120070
1349	1839	2	5	1838	12	22	SJW-I04120220
1350	1839	12	16	1839	11	11	SJW-I05110110
1351	1840	1	4	1839	11	30	SJW-I05110300
1352	1840	2	4	1840	1	2	SJW-I06010020
1353	1840	2	24	1840	1	22	SJW-I06010220
1354	1840	12	25	1840	12	2	SJW-I06120020
1355	1841	1	6	1840	12	14	SJW-I06120140
1356	1841	1	8	1840	12	16	SJW-I06120160
1357	1841	2	18	1841	1	27	SJW-I07010270
1358	1841	3	11	1841	2	19	SJW-I07020190
1359	1841	11	23	1841	10	11	SJW-I07100110

续表

编号	公历			农历			ID 编号
	年	月	日	年	月	日	
1360	1841	12	18	1841	11	6	SJW-I07110060
1361	1841	12	30	1841	11	18	SJW-I07110180
1362	1842	1	4	1841	11	23	SJW-I07110230
1363	1842	1	11	1841	11	30	SJW-I07110300
1364	1842	1	14	1841	12	4	SJW-I07120040
1365	1842	1	30	1841	12	20	SJW-I07120200
1366	1842	1	31	1841	12	21	SJW-I07120210
1367	1842	2	5	1841	12	26	SJW-I07120260
1368	1842	4	3	1842	2	23	SJW-I08020230
1369	1842	12	7	1842	11	6	SJW-I08110060
1370	1843	1	18	1842	12	18	SJW-I08120180
1371	1843	1	21	1842	12	21	SJW-I08120210
1372	1843	1	26	1842	12	26	SJW-I08120260
1373	1843	1	29	1842	12	29	SJW-I08120290
1374	1843	2	3	1843	1	5	SJW-I09010050
1375	1843	3	1	1843	2	1	SJW-I09020010
1376	1843	12	21	1843	11	1	SJW-I09110010
1377	1844	1	2	1843	11	13	SJW-I09110130
1378	1844	1	13	1843	11	24	SJW-I09110240
1379	1844	1	17	1843	11	28	SJW-I09110280
1380	1844	1	26	1843	12	7	SJW-I09120070
1381	1844	2	13	1843	12	25	SJW-I09120250
1382	1844	2	25	1844	1	8	SJW-I10010080
1383	1844	2	27	1844	1	10	SJW-I10010100
1384	1844	11	17	1844	10	8	SJW-I10100080
1385	1844	11	17	1844	10	8	SJW-I10100081
1386	1845	1	2	1844	11	24	SJW-I10110240
1387	1845	1	8	1844	12	1	SJW-I10120010
1388	1845	2	7	1845	1	1	SJW-I11010010
1389	1845	2	19	1845	1	13	SJW-I11010130
1390	1845	3	7	1845	1	29	SJW-I11010290
1391	1845	3	18	1845	2	11	SJW-I11020110
1392	1845	3	28	1845	2	21	SJW-I11020210
1393	1845	12	2	1845	11	4	SJW-I11110040
1394	1845	12	3	1845	11	5	SJW-I11110050
1395	1846	1	2	1845	12	5	SJW-I11120050

续表

编号	公历			农历			ID编号
	年	月	日	年	月	日	
1396	1846	1	16	1845	12	19	SJW-I11120190
1397	1846	1	17	1845	12	20	SJW-I11120200
1398	1846	1	19	1845	12	22	SJW-I11120220
1399	1846	2	14	1846	1	19	SJW-I12010190
1400	1846	2	16	1846	1	21	SJW-I12010210
1401	1847	1	18	1846	12	2	SJW-I12120020
1402	1847	3	2	1847	1	16	SJW-I13010160
1403	1847	12	4	1847	10	27	SJW-I13100270
1404	1847	12	26	1847	11	19	SJW-I13110190
1405	1847	12	28	1847	11	21	SJW-I13110210
1406	1848	1	1	1847	11	25	SJW-I13110250
1407	1848	1	5	1847	11	29	SJW-I13110290
1408	1848	1	8	1847	12	3	SJW-I13120030
1409	1848	1	22	1847	12	17	SJW-I13120170
1410	1848	11	12	1848	10	17	SJW-I14100170
1411	1848	11	29	1848	11	4	SJW-I14110040
1412	1848	12	4	1848	11	9	SJW-I14110090
1413	1848	12	10	1848	11	15	SJW-I14110150
1414	1849	1	10	1848	12	16	SJW-I14120160
1415	1849	1	19	1848	12	25	SJW-I14120250
1416	1849	2	10	1849	1	18	SJW-I15010180
1417	1849	2	13	1849	1	21	SJW-I15010210
1418	1849	3	14	1849	2	20	SJW-I15020200
1419	1850	1	3	1849	11	21	SJW-J00110210
1420	1850	11	16	1850	10	13	SJW-J01100130
1421	1850	12	24	1850	11	21	SJW-J01110210
1422	1851	1	6	1850	12	5	SJW-J01120050
1423	1851	1	7	1850	12	6	SJW-J01120060
1424	1851	1	11	1850	12	10	SJW-J01120100
1425	1853	12	8	1853	11	8	SJW-J04110080
1426	1858	1	16	1857	12	2	SJW-J08120020
1427	1858	1	24	1857	12	10	SJW-J08120100
1428	1858	11	28	1858	10	23	SJW-J09100230
1429	1858	12	14	1858	11	10	SJW-J09110100
1430	1859	1	4	1858	12	1	SJW-J09120010
1431	1859	1	5	1858	12	2	SJW-J09120020

续表

编号	公历			农历			ID 编号
	年	月	日	年	月	日	
1432	1859	1	27	1858	12	24	SJW-J09120240
1433	1859	11	24	1859	11	1	SJW-J10110010
1434	1859	12	26	1859	12	3	SJW-J10120030
1435	1860	3	23	1860	3	2	SJW-J11030020
1436	1864	2	24	1864	1	17	SJW-K01010170
1437	1864	3	1	1864	1	23	SJW-K01010230
1438	1866	2	11	1865	12	26	SJW-K02120260
1439	1866	2	12	1865	12	27	SJW-K02120270
1440	1866	11	25	1866	10	19	SJW-K03100190
1441	1870	2	8	1870	1	9	SJW-K07010090
1442	1870	2	10	1870	1	11	SJW-K07010110
1443	1870	2	20	1870	1	21	SJW-K07010210
1444	1870	2	22	1870	1	23	SJW-K07010230
1445	1870	3	6	1870	2	5	SJW-K07020050
1446	1871	2	14	1870	12	25	SJW-K07120250
1447	1873	1	3	1872	12	5	SJW-K09120050
1448	1873	1	4	1872	12	6	SJW-K09120060
1449	1873	1	26	1872	12	28	SJW-K09120280
1450	1873	2	11	1873	1	14	SJW-K10010140
1451	1873	2	16	1873	1	19	SJW-K10010190
1452	1873	11	20	1873	10	1	SJW-K10100010
1453	1873	12	10	1873	10	21	SJW-K10100210
1454	1873	12	30	1873	11	11	SJW-K10110110
1455	1874	1	1	1873	11	13	SJW-K10110130
1456	1874	1	6	1873	11	18	SJW-K10110180
1457	1874	1	9	1873	11	21	SJW-K10110210
1458	1874	1	29	1873	12	12	SJW-K10120120
1459	1874	1	30	1873	12	13	SJW-K10120130
1460	1874	2	6	1873	12	20	SJW-K10120200
1461	1877	11	18	1877	10	14	SJW-K14100140
1462	1885	11	19	1885	10	13	SJW-K22100130
1463	1886	11	23	1886	10	28	SJW-K23100280
1464	1888	11	22	1888	10	19	SJW-K25100190
1465	1889	1	2	1888	12	1	SJW-K25120010
1466	1889	1	4	1888	12	3	SJW-K25120030
1467	1889	3	9	1889	2	8	SJW-K26020080

续表

编号	公历			农历			ID 编号
	年	月	日	年	月	日	
1468	1889	3	11	1889	2	10	SJW-K26020100
1469	1890	12	15	1890	11	4	SJW-K27110040
1470	1890	12	31	1890	11	20	SJW-K27110200
1471	1893	1	12	1892	11	25	SJW-K29110250
1472	1897	12	12	1897	11	19	SJW-K34110190
1473	1898	1	6	1897	12	14	SJW-K34120140
1474	1898	1	7	1897	12	15	SJW-K34120150
1475	1900	1	10	1899	12	10	SJW-K36120100
1476	1900	1	23	1899	12	23	SJW-K36120230
1477	1901	2	6	1900	12	18	SJW-K37120180
1478	1901	3	12	1901	1	22	SJW-K38010220
1479	1901	11	19	1901	10	9	SJW-K38100090
1480	1904	3	1	1904	1	15	SJW-K41010150
1481	1905	2	6	1905	1	3	SJW-K42010030
1482	1905	2	26	1905	1	23	SJW-K42010230
1483	1905	4	22	1905	3	18	SJW-K42030180
1484	1905	12	24	1905	11	28	SJW-K42110280
1485	1906	1	2	1905	12	8	SJW-K42120080
1486	1906	1	14	1905	12	20	SJW-K42120200
1487	1906	1	18	1905	12	24	SJW-K42120240
1488	1906	2	6	1906	1	13	SJW-K43010130
1489	1906	3	5	1906	2	11	SJW-K43020110
1490	1906	3	23	1906	2	29	SJW-K43020290
1491	1906	12	8	1906	10	23	SJW-K43100230
1492	1906	12	27	1906	11	12	SJW-K43110120
1493	1906	12	30	1906	11	15	SJW-K43110150
1494	1907	1	29	1906	12	16	SJW-K43120160
1495	1907	2	22	1907	1	10	SJW-K44010100
1496	1907	11	26	1907	10	21	SJW-L01100210
1497	1908	11	10	1908	10	17	SJW-L02100170
1498	1908	11	14	1908	10	21	SJW-L02100210
1499	1908	12	22	1908	11	29	SJW-L02110290
1500	1909	2	12	1909	1	22	SJW-L03010220
1501	1909	11	29	1909	10	17	SJW-L03100170
1502	1909	12	8	1909	10	26	SJW-L03100260
1503	1910	1	21	1909	12	11	SJW-L03120110

第四节 阴天记录

阴天记录表(表 3.4)第 1 列为编号,第 2～4 列为公历年、月、日,第 5～7 列为农历年、月、日,第 8 列为 ID 编号。

表 3.4 阴天记录

编号	公历			农历			ID 编号
	年	月	日	年	月	日	
1	1623	5	8	1623	4	10	SJW-A01040100
2	1623	5	9	1623	4	11	SJW-A01040110
3	1623	5	11	1623	4	13	SJW-A01040130
4	1623	5	16	1623	4	18	SJW-A01040180
5	1623	5	23	1623	4	25	SJW-A01040250
6	1623	7	28	1623	7	2	SJW-A01070020
7	1623	7	29	1623	7	3	SJW-A01070030
8	1623	8	1	1623	7	6	SJW-A01070060
9	1623	8	2	1623	7	7	SJW-A01070070
10	1623	8	3	1623	7	8	SJW-A01070080
11	1623	8	4	1623	7	9	SJW-A01070090
12	1623	8	6	1623	7	11	SJW-A01070110
13	1623	8	9	1623	7	14	SJW-A01070140
14	1623	8	10	1623	7	15	SJW-A01070150
15	1623	8	12	1623	7	17	SJW-A01070170
16	1623	8	13	1623	7	18	SJW-A01070180
17	1623	8	14	1623	7	19	SJW-A01070190
18	1623	8	16	1623	7	21	SJW-A01070210
19	1623	8	21	1623	7	26	SJW-A01070260
20	1623	8	22	1623	7	27	SJW-A01070270
21	1623	8	23	1623	7	28	SJW-A01070280
22	1623	8	26	1623	8	1	SJW-A01080010
23	1623	8	27	1623	8	2	SJW-A01080020
24	1623	8	28	1623	8	3	SJW-A01080030
25	1623	9	1	1623	8	7	SJW-A01080070
26	1623	9	2	1623	8	8	SJW-A01080080
27	1623	9	3	1623	8	9	SJW-A01080090
28	1623	9	13	1623	8	19	SJW-A01080190
29	1623	9	26	1623	9	3	SJW-A01090030
30	1623	9	29	1623	9	6	SJW-A01090060
31	1623	10	1	1623	9	8	SJW-A01090080

续表

编号	公历			农历			ID 编号
	年	月	日	年	月	日	
32	1623	10	5	1623	9	12	SJW-A01090120
33	1623	10	26	1623	10	3	SJW-A01100030
34	1623	10	27	1623	10	4	SJW-A01100040
35	1623	10	28	1623	10	5	SJW-A01100050
36	1623	10	30	1623	10	7	SJW-A01100070
37	1623	10	31	1623	10	8	SJW-A01100080
38	1623	11	3	1623	10	11	SJW-A01100110
39	1623	11	19	1623	10	27	SJW-A01100270
40	1623	11	22	1623	闰 10	1	SJW-A01101010
41	1623	11	25	1623	闰 10	4	SJW-A01101040
42	1623	12	6	1623	闰 10	15	SJW-A01101150
43	1623	12	7	1623	闰 10	16	SJW-A01101160
44	1625	2	25	1625	1	19	SJW-A03010190
45	1625	3	4	1625	1	26	SJW-A03010260
46	1625	3	7	1625	1	29	SJW-A03010290
47	1625	3	12	1625	2	4	SJW-A03020040
48	1625	3	18	1625	2	10	SJW-A03020100
49	1625	3	19	1625	2	11	SJW-A03020110
50	1625	3	24	1625	2	16	SJW-A03020160
51	1625	3	27	1625	2	19	SJW-A03020190
52	1625	4	11	1625	3	5	SJW-A03030050
53	1625	5	5	1625	3	29	SJW-A03030290
54	1625	5	10	1625	4	5	SJW-A03040050
55	1625	5	29	1625	4	24	SJW-A03040240
56	1625	6	22	1625	5	18	SJW-A03050180
57	1625	6	23	1625	5	19	SJW-A03050190
58	1625	6	24	1625	5	20	SJW-A03050200
59	1625	7	17	1625	6	14	SJW-A03060140
60	1625	7	27	1625	6	24	SJW-A03060240
61	1625	8	29	1625	7	27	SJW-A03070270
62	1625	9	4	1625	8	3	SJW-A03080030
63	1625	9	6	1625	8	5	SJW-A03080050
64	1625	10	4	1625	9	4	SJW-A03090040
65	1625	10	17	1625	9	17	SJW-A03090170
66	1625	10	24	1625	9	24	SJW-A03090240
67	1625	11	9	1625	10	10	SJW-A03100100
68	1625	11	21	1625	10	22	SJW-A03100220
69	1625	11	22	1625	10	23	SJW-A03100230

续表

编号	公历			农历			ID 编号
	年	月	日	年	月	日	
70	1625	11	25	1625	10	26	SJW-A03100260
71	1625	12	1	1625	11	2	SJW-A03110020
72	1625	12	23	1625	11	24	SJW-A03110240
73	1626	4	21	1626	3	25	SJW-A04030250
74	1626	4	25	1626	3	29	SJW-A04030290
75	1626	4	30	1626	4	5	SJW-A04040050
76	1626	5	8	1626	4	13	SJW-A04040130
77	1626	5	9	1626	4	14	SJW-A04040140
78	1626	5	10	1626	4	15	SJW-A04040150
79	1626	5	16	1626	4	21	SJW-A04040210
80	1626	6	9	1626	5	16	SJW-A04050160
81	1626	6	10	1626	5	17	SJW-A04050170
82	1626	6	16	1626	5	23	SJW-A04050230
83	1626	6	24	1626	6	1	SJW-A04060010
84	1626	6	26	1626	6	3	SJW-A04060030
85	1626	6	28	1626	6	5	SJW-A04060050
86	1626	6	29	1626	6	6	SJW-A04060060
87	1626	6	30	1626	6	7	SJW-A04060070
88	1626	7	1	1626	6	8	SJW-A04060080
89	1626	7	2	1626	6	9	SJW-A04060090
90	1626	7	4	1626	6	11	SJW-A04060110
91	1626	7	5	1626	6	12	SJW-A04060120
92	1626	7	6	1626	6	13	SJW-A04060130
93	1626	7	7	1626	6	14	SJW-A04060140
94	1626	7	28	1626	闰 6	6	SJW-A04061060
95	1626	7	31	1626	闰 6	9	SJW-A04061090
96	1626	8	1	1626	闰 6	10	SJW-A04061100
97	1626	8	6	1626	闰 6	15	SJW-A04061150
98	1626	8	7	1626	闰 6	16	SJW-A04061160
99	1626	8	8	1626	闰 6	17	SJW-A04061170
100	1626	8	11	1626	闰 6	20	SJW-A04061200
101	1626	8	12	1626	闰 6	21	SJW-A04061210
102	1626	8	15	1626	闰 6	24	SJW-A04061240
103	1626	10	2	1626	8	13	SJW-A04080130
104	1626	10	9	1626	8	20	SJW-A04080200
105	1626	10	27	1626	9	8	SJW-A04090080
106	1626	12	5	1626	10	17	SJW-A04100170
107	1626	12	6	1626	10	18	SJW-A04100180

续表

编号	公历			农历			ID 编号
	年	月	日	年	月	日	
108	1626	12	7	1626	10	19	SJW-A04100190
109	1626	12	8	1626	10	20	SJW-A04100200
110	1626	12	15	1626	10	27	SJW-A04100270
111	1626	12	29	1626	11	11	SJW-A04110110
112	1626	12	30	1626	11	12	SJW-A04110120
113	1627	1	16	1626	11	29	SJW-A04110290
114	1627	1	18	1626	12	2	SJW-A04120020
115	1627	2	4	1626	12	19	SJW-A04120190
116	1627	2	5	1626	12	20	SJW-A04120200
117	1627	2	25	1627	1	10	SJW-A05010100
118	1627	2	26	1627	1	11	SJW-A05010110
119	1627	2	27	1627	1	12	SJW-A05010120
120	1627	3	6	1627	1	19	SJW-A05010190
121	1627	3	7	1627	1	20	SJW-A05010200
122	1627	3	15	1627	1	28	SJW-A05010280
123	1627	3	16	1627	1	29	SJW-A05010290
124	1627	3	17	1627	2	1	SJW-A05020010
125	1627	3	22	1627	2	6	SJW-A05020060
126	1627	3	23	1627	2	7	SJW-A05020070
127	1627	3	28	1627	2	12	SJW-A05020120
128	1627	3	29	1627	2	13	SJW-A05020130
129	1627	3	30	1627	2	14	SJW-A05020140
130	1627	4	2	1627	2	17	SJW-A05020170
131	1627	4	3	1627	2	18	SJW-A05020180
132	1627	4	5	1627	2	20	SJW-A05020200
133	1627	4	6	1627	2	21	SJW-A05020210
134	1627	4	7	1627	2	22	SJW-A05020220
135	1627	4	8	1627	2	23	SJW-A05020230
136	1627	4	9	1627	2	24	SJW-A05020240
137	1627	4	15	1627	2	30	SJW-A05020300
138	1627	5	7	1627	3	22	SJW-A05030220
139	1627	5	8	1627	3	23	SJW-A05030230
140	1627	5	14	1627	3	29	SJW-A05030290
141	1627	5	21	1627	4	7	SJW-A05040070
142	1627	5	22	1627	4	8	SJW-A05040080
143	1627	5	29	1627	4	15	SJW-A05040150
144	1627	5	30	1627	4	16	SJW-A05040160
145	1627	5	31	1627	4	17	SJW-A05040170

续表

编号	公历			农历			ID 编号
	年	月	日	年	月	日	
146	1627	6	6	1627	4	23	SJW-A05040230
147	1627	6	7	1627	4	24	SJW-A05040240
148	1627	6	11	1627	4	28	SJW-A05040280
149	1627	6	12	1627	4	29	SJW-A05040290
150	1627	6	13	1627	5	1	SJW-A05050010
151	1627	6	14	1627	5	2	SJW-A05050020
152	1627	6	15	1627	5	3	SJW-A05050030
153	1627	7	2	1627	5	20	SJW-A05050200
154	1627	7	13	1627	6	1	SJW-A05060010
155	1627	7	14	1627	6	2	SJW-A05060020
156	1627	7	15	1627	6	3	SJW-A05060030
157	1627	7	17	1627	6	5	SJW-A05060050
158	1627	7	18	1627	6	6	SJW-A05060060
159	1627	7	19	1627	6	7	SJW-A05060070
160	1627	7	20	1627	6	8	SJW-A05060080
161	1627	7	23	1627	6	11	SJW-A05060110
162	1627	7	28	1627	6	16	SJW-A05060160
163	1627	7	30	1627	6	18	SJW-A05060180
164	1627	7	31	1627	6	19	SJW-A05060190
165	1627	8	1	1627	6	20	SJW-A05060200
166	1627	8	2	1627	6	21	SJW-A05060210
167	1627	8	3	1627	6	22	SJW-A05060220
168	1627	8	4	1627	6	23	SJW-A05060230
169	1627	8	5	1627	6	24	SJW-A05060240
170	1627	8	7	1627	6	26	SJW-A05060260
171	1627	8	8	1627	6	27	SJW-A05060270
172	1627	8	10	1627	6	29	SJW-A05060290
173	1627	8	11	1627	7	1	SJW-A05070010
174	1627	8	15	1627	7	5	SJW-A05070050
175	1627	8	19	1627	7	9	SJW-A05070090
176	1627	8	20	1627	7	10	SJW-A05070100
177	1627	8	21	1627	7	11	SJW-A05070110
178	1627	8	28	1627	7	18	SJW-A05070180
179	1627	9	2	1627	7	23	SJW-A05070230
180	1627	9	3	1627	7	24	SJW-A05070240
181	1627	9	8	1627	7	29	SJW-A05070290
182	1627	9	9	1627	8	1	SJW-A05080010
183	1627	9	17	1627	8	9	SJW-A05080090

续表

编号	公历			农历			ID 编号
	年	月	日	年	月	日	
184	1627	9	23	1627	8	15	SJW-A05080150
185	1627	9	24	1627	8	16	SJW-A05080160
186	1627	10	1	1627	8	23	SJW-A05080230
187	1627	10	4	1627	8	26	SJW-A05080260
188	1627	10	28	1627	9	20	SJW-A05090200
189	1627	10	29	1627	9	21	SJW-A05090210
190	1627	11	2	1627	9	25	SJW-A05090250
191	1627	11	7	1627	9	30	SJW-A05090300
192	1627	11	12	1627	10	5	SJW-A05100050
193	1627	11	24	1627	10	17	SJW-A05100170
194	1627	11	27	1627	10	20	SJW-A05100200
195	1627	12	21	1627	11	14	SJW-A05110140
196	1627	12	24	1627	11	17	SJW-A05110170
197	1627	12	25	1627	11	18	SJW-A05110180
198	1628	1	11	1627	12	5	SJW-A05120050
199	1628	1	12	1627	12	6	SJW-A05120060
200	1628	2	1	1627	12	26	SJW-A05120260
201	1628	2	11	1628	1	7	SJW-A06010070
202	1628	2	13	1628	1	9	SJW-A06010090
203	1628	2	18	1628	1	14	SJW-A06010140
204	1628	2	19	1628	1	15	SJW-A06010150
205	1628	2	24	1628	1	20	SJW-A06010200
206	1628	2	28	1628	1	24	SJW-A06010240
207	1628	3	2	1628	1	27	SJW-A06010270
208	1628	3	17	1628	2	12	SJW-A06020120
209	1628	4	3	1628	2	29	SJW-A06020290
210	1628	4	4	1628	3	1	SJW-A06030010
211	1628	4	18	1628	3	15	SJW-A06030150
212	1628	5	16	1628	4	13	SJW-A06040130
213	1628	7	4	1628	6	4	SJW-A06060040
214	1628	7	28	1628	6	28	SJW-A06060280
215	1628	7	31	1628	7	1	SJW-A06070010
216	1628	9	4	1628	8	7	SJW-A06080070
217	1628	9	6	1628	8	9	SJW-A06080090
218	1628	11	13	1628	10	18	SJW-A06100180
219	1628	11	17	1628	10	22	SJW-A06100220
220	1628	11	18	1628	10	23	SJW-A06100230
221	1628	12	1	1628	11	6	SJW-A06110060

续表

编号	公历			农历			ID 编号
	年	月	日	年	月	日	
222	1628	12	9	1628	11	14	SJW-A06110140
223	1628	12	16	1628	11	21	SJW-A06110210
224	1628	12	18	1628	11	23	SJW-A06110230
225	1628	12	19	1628	11	24	SJW-A06110240
226	1628	12	21	1628	11	26	SJW-A06110260
227	1629	1	30	1629	1	7	SJW-A07010070
228	1629	2	6	1629	1	14	SJW-A07010140
229	1629	2	15	1629	1	23	SJW-A07010230
230	1629	2	21	1629	1	29	SJW-A07010290
231	1629	3	28	1629	3	4	SJW-A07030040
232	1629	3	29	1629	3	5	SJW-A07030050
233	1629	3	30	1629	3	6	SJW-A07030060
234	1629	4	4	1629	3	11	SJW-A07030110
235	1629	5	1	1629	4	9	SJW-A07040090
236	1629	5	18	1629	4	26	SJW-A07040260
237	1629	5	19	1629	4	27	SJW-A07040270
238	1629	5	22	1629	4	30	SJW-A07040300
239	1629	6	3	1629	闰 4	12	SJW-A07041120
240	1629	6	30	1629	5	10	SJW-A07050100
241	1629	7	13	1629	5	23	SJW-A07050230
242	1629	7	22	1629	6	3	SJW-A07060030
243	1629	7	31	1629	6	12	SJW-A07060120
244	1629	8	27	1629	7	9	SJW-A07070090
245	1629	9	3	1629	7	16	SJW-A07070160
246	1629	9	4	1629	7	17	SJW-A07070170
247	1629	9	8	1629	7	21	SJW-A07070210
248	1629	9	10	1629	7	23	SJW-A07070230
249	1629	9	11	1629	7	24	SJW-A07070240
250	1629	10	2	1629	8	16	SJW-A07080160
251	1629	10	4	1629	8	18	SJW-A07080180
252	1629	10	16	1629	9	1	SJW-A07090010
253	1629	11	13	1629	9	29	SJW-A07090290
254	1629	11	24	1629	10	10	SJW-A07100100
255	1629	11	29	1629	10	15	SJW-A07100150
256	1629	12	1	1629	10	17	SJW-A07100170
257	1629	12	3	1629	10	19	SJW-A07100190
258	1629	12	16	1629	11	2	SJW-A07110020
259	1630	2	20	1630	1	9	SJW-A08010090

续表

编号	公历			农历			ID 编号
	年	月	日	年	月	日	
260	1630	2	24	1630	1	13	SJW-A08010130
261	1630	2	26	1630	1	15	SJW-A08010150
262	1630	2	27	1630	1	16	SJW-A08010160
263	1630	2	28	1630	1	17	SJW-A08010170
264	1630	3	1	1630	1	18	SJW-A08010180
265	1630	3	2	1630	1	19	SJW-A08010190
266	1630	3	7	1630	1	24	SJW-A08010240
267	1630	3	8	1630	1	25	SJW-A08010250
268	1630	3	14	1630	2	1	SJW-A08020010
269	1630	3	21	1630	2	8	SJW-A08020080
270	1630	3	22	1630	2	9	SJW-A08020090
271	1630	3	29	1630	2	16	SJW-A08020160
272	1630	4	1	1630	2	19	SJW-A08020190
273	1630	4	8	1630	2	26	SJW-A08020260
274	1630	4	9	1630	2	27	SJW-A08020270
275	1630	4	13	1630	3	1	SJW-A08030010
276	1630	4	14	1630	3	2	SJW-A08030020
277	1630	4	17	1630	3	5	SJW-A08030050
278	1630	5	3	1630	3	21	SJW-A08030210
279	1630	5	16	1630	4	5	SJW-A08040050
280	1630	6	11	1630	5	1	SJW-A08050010
281	1630	6	16	1630	5	6	SJW-A08050060
282	1630	6	17	1630	5	7	SJW-A08050070
283	1630	6	18	1630	5	8	SJW-A08050080
284	1630	6	19	1630	5	9	SJW-A08050090
285	1630	6	24	1630	5	14	SJW-A08050140
286	1630	6	25	1630	5	15	SJW-A08050150
287	1630	6	26	1630	5	16	SJW-A08050160
288	1630	6	29	1630	5	19	SJW-A08050190
289	1630	6	30	1630	5	20	SJW-A08050200
290	1630	7	3	1630	5	23	SJW-A08050230
291	1630	7	5	1630	5	25	SJW-A08050250
292	1630	7	6	1630	5	26	SJW-A08050260
293	1630	7	8	1630	5	28	SJW-A08050280
294	1630	7	10	1630	6	1	SJW-A08060010
295	1630	7	12	1630	6	3	SJW-A08060030
296	1630	7	13	1630	6	4	SJW-A08060040
297	1630	7	15	1630	6	6	SJW-A08060060

续表

编号	公历			农历			ID 编号
	年	月	日	年	月	日	
298	1630	7	19	1630	6	10	SJW-A08060100
299	1630	8	4	1630	6	26	SJW-A08060260
300	1630	8	7	1630	6	29	SJW-A08060290
301	1630	8	29	1630	7	22	SJW-A08070220
302	1630	10	11	1630	9	6	SJW-A08090060
303	1630	10	21	1630	9	16	SJW-A08090160
304	1630	10	31	1630	9	26	SJW-A08090260
305	1630	12	3	1630	10	30	SJW-A08100300
306	1630	12	4	1630	11	1	SJW-A08110010
307	1631	1	11	1630	12	10	SJW-A08120100
308	1631	2	7	1631	1	7	SJW-A09010070
309	1631	2	14	1631	1	14	SJW-A09010140
310	1631	3	17	1631	2	15	SJW-A09020150
311	1631	4	2	1631	3	1	SJW-A09030010
312	1631	6	6	1631	5	7	SJW-A09050070
313	1631	6	12	1631	5	13	SJW-A09050130
314	1631	7	1	1631	6	3	SJW-A09060030
315	1631	7	6	1631	6	8	SJW-A09060080
316	1631	7	7	1631	6	9	SJW-A09060090
317	1631	7	20	1631	6	22	SJW-A09060220
318	1631	7	23	1631	6	25	SJW-A09060250
319	1631	8	1	1631	7	4	SJW-A09070040
320	1631	8	2	1631	7	5	SJW-A09070050
321	1631	8	11	1631	7	14	SJW-A09070140
322	1631	8	21	1631	7	24	SJW-A09070240
323	1631	8	22	1631	7	25	SJW-A09070250
324	1631	9	27	1631	9	2	SJW-A09090020
325	1631	10	27	1631	10	3	SJW-A09100030
326	1631	11	2	1631	10	9	SJW-A09100090
327	1631	11	4	1631	10	11	SJW-A09100110
328	1631	11	8	1631	10	15	SJW-A09100150
329	1631	11	9	1631	10	16	SJW-A09100160
330	1631	12	11	1631	11	19	SJW-A09110190
331	1632	2	15	1631	12	26	SJW-A09120260
332	1632	2	22	1632	1	3	SJW-A10010030
333	1632	2	23	1632	1	4	SJW-A10010040
334	1632	2	24	1632	1	5	SJW-A10010050
335	1632	2	28	1632	1	9	SJW-A10010090

续表

编号	公历			农历			ID 编号
	年	月	日	年	月	日	
336	1632	3	1	1632	1	11	SJW-A10010110
337	1632	3	5	1632	1	15	SJW-A10010150
338	1632	3	8	1632	1	18	SJW-A10010180
339	1632	3	14	1632	1	24	SJW-A10010240
340	1632	3	18	1632	1	28	SJW-A10010280
341	1632	3	24	1632	2	4	SJW-A10020040
342	1632	3	25	1632	2	5	SJW-A10020050
343	1632	3	26	1632	2	6	SJW-A10020060
344	1632	4	7	1632	2	18	SJW-A10020180
345	1632	4	12	1632	2	23	SJW-A10020230
346	1632	4	17	1632	2	28	SJW-A10020280
347	1632	4	26	1632	3	8	SJW-A10030080
348	1632	5	16	1632	3	28	SJW-A10030280
349	1632	5	20	1632	4	2	SJW-A10040020
350	1632	5	26	1632	4	8	SJW-A10040080
351	1632	5	28	1632	4	10	SJW-A10040100
352	1632	5	29	1632	4	11	SJW-A10040110
353	1632	6	17	1632	4	30	SJW-A10040300
354	1632	6	19	1632	5	2	SJW-A10050020
355	1632	6	20	1632	5	3	SJW-A10050030
356	1632	6	21	1632	5	4	SJW-A10050040
357	1632	6	23	1632	5	6	SJW-A10050060
358	1632	6	26	1632	5	9	SJW-A10050090
359	1632	6	27	1632	5	10	SJW-A10050100
360	1632	6	28	1632	5	11	SJW-A10050110
361	1632	6	29	1632	5	12	SJW-A10050120
362	1632	6	30	1632	5	13	SJW-A10050130
363	1632	7	1	1632	5	14	SJW-A10050140
364	1632	7	2	1632	5	15	SJW-A10050150
365	1632	7	3	1632	5	16	SJW-A10050160
366	1632	7	4	1632	5	17	SJW-A10050170
367	1632	7	5	1632	5	18	SJW-A10050180
368	1632	7	6	1632	5	19	SJW-A10050190
369	1632	7	7	1632	5	20	SJW-A10050200
370	1632	7	9	1632	5	22	SJW-A10050220
371	1632	7	15	1632	5	28	SJW-A10050280
372	1632	8	3	1632	6	18	SJW-A10060180
373	1632	8	10	1632	6	25	SJW-A10060250

续表

编号	公历			农历			ID 编号
	年	月	日	年	月	日	
374	1632	8	20	1632	7	5	SJW-A10070050
375	1632	8	24	1632	7	9	SJW-A10070090
376	1632	9	1	1632	7	17	SJW-A10070170
377	1632	9	2	1632	7	18	SJW-A10070180
378	1632	9	3	1632	7	19	SJW-A10070190
379	1632	9	5	1632	7	21	SJW-A10070210
380	1632	9	6	1632	7	22	SJW-A10070220
381	1632	9	7	1632	7	23	SJW-A10070230
382	1632	9	13	1632	7	29	SJW-A10070290
383	1632	9	19	1632	8	6	SJW-A10080060
384	1632	9	21	1632	8	8	SJW-A10080080
385	1632	10	5	1632	8	22	SJW-A10080220
386	1632	10	6	1632	8	23	SJW-A10080230
387	1632	10	7	1632	8	24	SJW-A10080240
388	1632	10	22	1632	9	9	SJW-A10090090
389	1632	10	30	1632	9	17	SJW-A10090170
390	1632	11	1	1632	9	19	SJW-A10090190
391	1632	11	3	1632	9	21	SJW-A10090210
392	1632	11	4	1632	9	22	SJW-A10090220
393	1632	11	5	1632	9	23	SJW-A10090230
394	1632	11	6	1632	9	24	SJW-A10090240
395	1632	11	8	1632	9	26	SJW-A10090260
396	1632	11	9	1632	9	27	SJW-A10090270
397	1632	11	10	1632	9	28	SJW-A10090280
398	1632	11	13	1632	10	2	SJW-A10100020
399	1632	11	14	1632	10	3	SJW-A10100030
400	1632	11	19	1632	10	8	SJW-A10100080
401	1632	11	25	1632	10	14	SJW-A10100140
402	1632	11	30	1632	10	19	SJW-A10100190
403	1632	12	5	1632	10	24	SJW-A10100240
404	1632	12	7	1632	10	26	SJW-A10100260
405	1632	12	10	1632	10	29	SJW-A10100290
406	1632	12	12	1632	11	1	SJW-A10110010
407	1632	12	16	1632	11	5	SJW-A10110050
408	1632	12	17	1632	11	6	SJW-A10110060
409	1632	12	23	1632	11	12	SJW-A10110120
410	1633	1	8	1632	11	28	SJW-A10110280
411	1633	1	17	1632	12	8	SJW-A10120080

续表

编号	公历			农历			ID 编号
	年	月	日	年	月	日	
412	1633	1	18	1632	12	9	SJW-A10120090
413	1633	1	19	1632	12	10	SJW-A10120100
414	1633	1	28	1632	12	19	SJW-A10120190
415	1633	2	2	1632	12	24	SJW-A10120240
416	1633	2	11	1633	1	4	SJW-A11010040
417	1633	2	12	1633	1	5	SJW-A11010050
418	1633	2	13	1633	1	6	SJW-A11010060
419	1633	2	23	1633	1	16	SJW-A11010160
420	1633	2	24	1633	1	17	SJW-A11010170
421	1633	2	28	1633	1	21	SJW-A11010210
422	1633	3	6	1633	1	27	SJW-A11010270
423	1633	3	7	1633	1	28	SJW-A11010280
424	1633	3	13	1633	2	4	SJW-A11020040
425	1633	3	14	1633	2	5	SJW-A11020050
426	1633	3	17	1633	2	8	SJW-A11020080
427	1633	3	19	1633	2	10	SJW-A11020100
428	1633	3	23	1633	2	14	SJW-A11020140
429	1633	3	24	1633	2	15	SJW-A11020150
430	1633	3	29	1633	2	20	SJW-A11020200
431	1633	3	30	1633	2	21	SJW-A11020210
432	1633	3	31	1633	2	22	SJW-A11020220
433	1633	4	1	1633	2	23	SJW-A11020230
434	1633	4	2	1633	2	24	SJW-A11020240
435	1633	4	3	1633	2	25	SJW-A11020250
436	1633	4	6	1633	2	28	SJW-A11020280
437	1633	4	7	1633	2	29	SJW-A11020290
438	1633	4	8	1633	3	1	SJW-A11030010
439	1633	4	16	1633	3	9	SJW-A11030090
440	1633	4	17	1633	3	10	SJW-A11030100
441	1633	4	23	1633	3	16	SJW-A11030160
442	1633	4	24	1633	3	17	SJW-A11030170
443	1633	5	4	1633	3	27	SJW-A11030270
444	1633	5	8	1633	4	1	SJW-A11040010
445	1633	5	10	1633	4	3	SJW-A11040030
446	1633	5	13	1633	4	6	SJW-A11040060
447	1633	5	14	1633	4	7	SJW-A11040070
448	1633	5	15	1633	4	8	SJW-A11040080
449	1633	5	22	1633	4	15	SJW-A11040150

续表

编号	公历			农历			ID 编号
	年	月	日	年	月	日	
450	1633	5	23	1633	4	16	SJW-A11040160
451	1633	5	25	1633	4	18	SJW-A11040180
452	1633	6	4	1633	4	28	SJW-A11040280
453	1633	6	5	1633	4	29	SJW-A11040290
454	1633	6	7	1633	5	1	SJW-A11050010
455	1633	6	8	1633	5	2	SJW-A11050020
456	1633	6	9	1633	5	3	SJW-A11050030
457	1633	6	10	1633	5	4	SJW-A11050040
458	1633	6	12	1633	5	6	SJW-A11050060
459	1633	6	17	1633	5	11	SJW-A11050110
460	1633	6	21	1633	5	15	SJW-A11050150
461	1633	7	2	1633	5	26	SJW-A11050260
462	1633	7	8	1633	6	3	SJW-A11060030
463	1633	7	9	1633	6	4	SJW-A11060040
464	1633	7	13	1633	6	8	SJW-A11060080
465	1633	7	25	1633	6	20	SJW-A11060200
466	1633	8	5	1633	7	1	SJW-A11070010
467	1633	8	6	1633	7	2	SJW-A11070020
468	1633	8	8	1633	7	4	SJW-A11070040
469	1633	8	12	1633	7	8	SJW-A11070080
470	1633	8	13	1633	7	9	SJW-A11070090
471	1633	8	14	1633	7	10	SJW-A11070100
472	1633	8	15	1633	7	11	SJW-A11070110
473	1633	8	16	1633	7	12	SJW-A11070120
474	1633	8	17	1633	7	13	SJW-A11070130
475	1633	8	18	1633	7	14	SJW-A11070140
476	1633	8	21	1633	7	17	SJW-A11070170
477	1633	8	22	1633	7	18	SJW-A11070180
478	1633	8	23	1633	7	19	SJW-A11070190
479	1633	8	24	1633	7	20	SJW-A11070200
480	1633	8	25	1633	7	21	SJW-A11070210
481	1633	8	27	1633	7	23	SJW-A11070230
482	1633	9	1	1633	7	28	SJW-A11070280
483	1633	9	2	1633	7	29	SJW-A11070290
484	1633	9	3	1633	8	1	SJW-A11080010
485	1633	9	4	1633	8	2	SJW-A11080020
486	1633	9	5	1633	8	3	SJW-A11080030
487	1633	9	17	1633	8	15	SJW-A11080150

续表

编号	公历			农历			ID 编号
	年	月	日	年	月	日	
488	1633	9	18	1633	8	16	SJW-A11080160
489	1633	9	30	1633	8	28	SJW-A11080280
490	1633	10	2	1633	8	30	SJW-A11080300
491	1633	10	3	1633	9	1	SJW-A11090010
492	1633	10	11	1633	9	9	SJW-A11090090
493	1633	10	20	1633	9	18	SJW-A11090180
494	1633	10	28	1633	9	26	SJW-A11090260
495	1633	11	22	1633	10	21	SJW-A11100210
496	1633	11	23	1633	10	22	SJW-A11100220
497	1633	12	7	1633	11	7	SJW-A11110070
498	1633	12	8	1633	11	8	SJW-A11110080
499	1633	12	10	1633	11	10	SJW-A11110100
500	1633	12	12	1633	11	12	SJW-A11110120
501	1633	12	17	1633	11	17	SJW-A11110170
502	1633	12	18	1633	11	18	SJW-A11110180
503	1633	12	21	1633	11	21	SJW-A11110210
504	1634	1	19	1633	12	20	SJW-A11120200
505	1634	1	21	1633	12	22	SJW-A11120220
506	1634	1	24	1633	12	25	SJW-A11120250
507	1634	1	27	1633	12	28	SJW-A11120280
508	1634	1	29	1634	1	1	SJW-A12010010
509	1634	1	30	1634	1	2	SJW-A12010020
510	1634	2	10	1634	1	13	SJW-A12010130
511	1634	2	23	1634	1	26	SJW-A12010260
512	1634	3	14	1634	2	15	SJW-A12020150
513	1634	3	18	1634	2	19	SJW-A12020190
514	1634	3	23	1634	2	24	SJW-A12020240
515	1634	4	3	1634	3	6	SJW-A12030060
516	1634	4	4	1634	3	7	SJW-A12030070
517	1634	4	13	1634	3	16	SJW-A12030160
518	1634	5	3	1634	4	7	SJW-A12040070
519	1634	5	7	1634	4	11	SJW-A12040110
520	1634	5	17	1634	4	21	SJW-A12040210
521	1634	5	20	1634	4	24	SJW-A12040240
522	1634	5	28	1634	5	2	SJW-A12050020
523	1634	6	4	1634	5	9	SJW-A12050090
524	1634	7	10	1634	6	16	SJW-A12060160
525	1634	7	14	1634	6	20	SJW-A12060200

续表

编号	公历			农历			ID 编号
	年	月	日	年	月	日	
526	1634	8	7	1634	7	14	SJW-A12070140
527	1634	8	23	1634	8	1	SJW-A12080010
528	1634	9	13	1634	8	22	SJW-A12080220
529	1634	9	14	1634	8	23	SJW-A12080230
530	1634	10	13	1634	闰 8	22	SJW-A12081220
531	1634	10	14	1634	闰 8	23	SJW-A12081230
532	1634	11	27	1634	10	7	SJW-A12100070
533	1634	12	3	1634	10	13	SJW-A12100130
534	1635	1	2	1634	11	14	SJW-A12110140
535	1635	1	5	1634	11	17	SJW-A12110170
536	1635	1	10	1634	11	22	SJW-A12110220
537	1635	1	27	1634	12	9	SJW-A12120090
538	1635	3	23	1635	2	5	SJW-A13020050
539	1635	3	30	1635	2	12	SJW-A13020120
540	1635	3	31	1635	2	13	SJW-A13020130
541	1635	4	4	1635	2	17	SJW-A13020170
542	1635	4	13	1635	2	26	SJW-A13020260
543	1635	5	2	1635	3	16	SJW-A13030160
544	1635	5	3	1635	3	17	SJW-A13030170
545	1635	5	20	1635	4	5	SJW-A13040050
546	1635	6	3	1635	4	19	SJW-A13040190
547	1635	6	4	1635	4	20	SJW-A13040200
548	1635	6	17	1635	5	3	SJW-A13050030
549	1635	6	20	1635	5	6	SJW-A13050060
550	1635	6	24	1635	5	10	SJW-A13050100
551	1635	7	8	1635	5	24	SJW-A13050240
552	1635	8	4	1635	6	22	SJW-A13060220
553	1635	9	8	1635	7	27	SJW-A13070270
554	1635	9	14	1635	8	4	SJW-A13080040
555	1635	9	16	1635	8	6	SJW-A13080060
556	1635	10	20	1635	9	10	SJW-A13090100
557	1635	10	25	1635	9	15	SJW-A13090150
558	1635	11	3	1635	9	24	SJW-A13090240
559	1635	12	2	1635	10	23	SJW-A13100230
560	1635	12	16	1635	11	8	SJW-A13110080
561	1635	12	28	1635	11	20	SJW-A13110200
562	1635	12	30	1635	11	22	SJW-A13110220
563	1636	1	3	1635	11	26	SJW-A13110260

续表

编号	公历			农历			ID 编号
	年	月	日	年	月	日	
564	1636	1	9	1635	12	2	SJW-A13120020
565	1636	1	16	1635	12	9	SJW-A13120090
566	1636	1	25	1635	12	18	SJW-A13120180
567	1636	1	26	1635	12	19	SJW-A13120190
568	1636	1	27	1635	12	20	SJW-A13120200
569	1636	1	28	1635	12	21	SJW-A13120210
570	1636	1	29	1635	12	22	SJW-A13120220
571	1636	2	8	1636	1	2	SJW-A14010020
572	1636	2	21	1636	1	15	SJW-A14010150
573	1636	2	28	1636	1	22	SJW-A14010220
574	1636	3	1	1636	1	24	SJW-A14010240
575	1636	3	3	1636	1	26	SJW-A14010260
576	1636	3	5	1636	1	28	SJW-A14010280
577	1636	3	8	1636	2	2	SJW-A14020020
578	1636	3	13	1636	2	7	SJW-A14020070
579	1636	3	21	1636	2	15	SJW-A14020150
580	1636	3	23	1636	2	17	SJW-A14020170
581	1636	3	24	1636	2	18	SJW-A14020180
582	1636	3	26	1636	2	20	SJW-A14020200
583	1636	3	27	1636	2	21	SJW-A14020210
584	1636	3	28	1636	2	22	SJW-A14020220
585	1636	4	19	1636	3	14	SJW-A14030140
586	1636	4	21	1636	3	16	SJW-A14030160
587	1636	4	27	1636	3	22	SJW-A14030220
588	1636	5	2	1636	3	27	SJW-A14030270
589	1636	5	3	1636	3	28	SJW-A14030280
590	1636	5	9	1636	4	5	SJW-A14040050
591	1636	5	11	1636	4	7	SJW-A14040070
592	1636	5	13	1636	4	9	SJW-A14040090
593	1636	5	14	1636	4	10	SJW-A14040100
594	1636	6	2	1636	4	29	SJW-A14040290
595	1636	6	16	1636	5	14	SJW-A14050140
596	1636	6	17	1636	5	15	SJW-A14050150
597	1636	6	18	1636	5	16	SJW-A14050160
598	1636	6	20	1636	5	18	SJW-A14050180
599	1636	6	21	1636	5	19	SJW-A14050190
600	1636	6	23	1636	5	21	SJW-A14050210
601	1636	6	24	1636	5	22	SJW-A14050220

续表

编号	公历			农历			ID 编号
	年	月	日	年	月	日	
602	1636	6	25	1636	5	23	SJW-A14050230
603	1636	6	26	1636	5	24	SJW-A14050240
604	1636	6	27	1636	5	25	SJW-A14050250
605	1636	6	30	1636	5	28	SJW-A14050280
606	1636	7	4	1636	6	2	SJW-A14060020
607	1636	7	10	1636	6	8	SJW-A14060080
608	1636	7	11	1636	6	9	SJW-A14060090
609	1636	7	12	1636	6	10	SJW-A14060100
610	1636	7	15	1636	6	13	SJW-A14060130
611	1636	7	16	1636	6	14	SJW-A14060140
612	1636	7	17	1636	6	15	SJW-A14060150
613	1636	7	21	1636	6	19	SJW-A14060190
614	1636	7	22	1636	6	20	SJW-A14060200
615	1636	7	23	1636	6	21	SJW-A14060210
616	1636	7	24	1636	6	22	SJW-A14060220
617	1636	7	27	1636	6	25	SJW-A14060250
618	1636	8	7	1636	7	7	SJW-A14070070
619	1636	8	11	1636	7	11	SJW-A14070110
620	1636	8	18	1636	7	18	SJW-A14070180
621	1636	8	21	1636	7	21	SJW-A14070210
622	1636	8	27	1636	7	27	SJW-A14070270
623	1636	8	28	1636	7	28	SJW-A14070280
624	1636	8	29	1636	7	29	SJW-A14070290
625	1636	9	29	1636	9	1	SJW-A14090010
626	1636	9	30	1636	9	2	SJW-A14090020
627	1636	10	5	1636	9	7	SJW-A14090070
628	1636	10	16	1636	9	18	SJW-A14090180
629	1636	11	11	1636	10	14	SJW-A14100140
630	1636	11	21	1636	10	24	SJW-A14100240
631	1636	12	5	1636	11	9	SJW-A14110090
632	1636	12	19	1636	11	23	SJW-A14110230
633	1636	12	30	1636	12	4	SJW-A14120040
634	1637	1	6	1636	12	11	SJW-A14120110
635	1637	1	27	1637	1	2	SJW-A15010020
636	1637	2	2	1637	1	8	SJW-A15010080
637	1637	2	14	1637	1	20	SJW-A15010200
638	1637	2	21	1637	1	27	SJW-A15010270
639	1637	3	2	1637	2	6	SJW-A15020060

续表

编号	公历			农历			ID 编号
	年	月	日	年	月	日	
640	1637	3	25	1637	2	29	SJW-A15020290
641	1637	4	3	1637	3	9	SJW-A15030090
642	1637	4	13	1637	3	19	SJW-A15030190
643	1637	4	15	1637	3	21	SJW-A15030210
644	1637	5	8	1637	4	14	SJW-A15040140
645	1637	5	9	1637	4	15	SJW-A15040150
646	1637	5	14	1637	4	20	SJW-A15040200
647	1637	5	16	1637	4	22	SJW-A15040220
648	1637	5	25	1637	闰 4	2	SJW-A15041020
649	1637	5	27	1637	闰 4	4	SJW-A15041040
650	1637	6	9	1637	闰 4	17	SJW-A15041170
651	1637	6	11	1637	闰 4	19	SJW-A15041190
652	1637	6	12	1637	闰 4	20	SJW-A15041200
653	1637	6	18	1637	闰 4	26	SJW-A15041260
654	1637	6	26	1637	5	5	SJW-A15050050
655	1637	6	28	1637	5	7	SJW-A15050070
656	1637	7	1	1637	5	10	SJW-A15050100
657	1637	7	2	1637	5	11	SJW-A15050110
658	1637	7	3	1637	5	12	SJW-A15050120
659	1637	7	4	1637	5	13	SJW-A15050130
660	1637	7	9	1637	5	18	SJW-A15050180
661	1637	7	13	1637	5	22	SJW-A15050220
662	1637	7	18	1637	5	27	SJW-A15050270
663	1637	7	20	1637	5	29	SJW-A15050290
664	1637	8	8	1637	6	18	SJW-A15060180
665	1637	8	9	1637	6	19	SJW-A15060190
666	1637	8	12	1637	6	22	SJW-A15060220
667	1637	8	24	1637	7	5	SJW-A15070050
668	1637	8	25	1637	7	6	SJW-A15070060
669	1637	8	27	1637	7	8	SJW-A15070080
670	1637	8	31	1637	7	12	SJW-A15070120
671	1637	9	2	1637	7	14	SJW-A15070140
672	1637	9	9	1637	7	21	SJW-A15070210
673	1637	9	10	1637	7	22	SJW-A15070220
674	1637	9	11	1637	7	23	SJW-A15070230
675	1637	9	15	1637	7	27	SJW-A15070270
676	1637	9	16	1637	7	28	SJW-A15070280
677	1637	9	17	1637	7	29	SJW-A15070290

续表

编号	公历			农历			ID 编号
	年	月	日	年	月	日	
678	1637	10	2	1637	8	15	SJW-A15080150
679	1637	10	18	1637	9	1	SJW-A15090010
680	1637	10	19	1637	9	2	SJW-A15090020
681	1637	10	23	1637	9	6	SJW-A15090060
682	1637	10	31	1637	9	14	SJW-A15090140
683	1637	11	5	1637	9	19	SJW-A15090190
684	1637	11	6	1637	9	20	SJW-A15090200
685	1637	11	18	1637	10	3	SJW-A15100030
686	1637	12	3	1637	10	18	SJW-A15100180
687	1637	12	4	1637	10	19	SJW-A15100190
688	1637	12	7	1637	10	22	SJW-A15100220
689	1637	12	17	1637	11	2	SJW-A15110020
690	1638	1	3	1637	11	19	SJW-A15110190
691	1638	1	15	1637	12	1	SJW-A15120010
692	1638	2	2	1637	12	19	SJW-A15120190
693	1638	2	12	1637	12	29	SJW-A15120290
694	1638	3	15	1638	1	30	SJW-A16010300
695	1638	3	17	1638	2	2	SJW-A16020020
696	1638	3	21	1638	2	6	SJW-A16020060
697	1638	3	25	1638	2	10	SJW-A16020100
698	1638	3	26	1638	2	11	SJW-A16020110
699	1638	4	9	1638	2	25	SJW-A16020250
700	1638	4	11	1638	2	27	SJW-A16020270
701	1638	5	15	1638	4	2	SJW-A16040020
702	1638	5	24	1638	4	11	SJW-A16040110
703	1638	5	28	1638	4	15	SJW-A16040150
704	1638	5	30	1638	4	17	SJW-A16040170
705	1638	6	11	1638	4	29	SJW-A16040290
706	1638	6	21	1638	5	10	SJW-A16050100
707	1638	6	25	1638	5	14	SJW-A16050140
708	1638	7	3	1638	5	22	SJW-A16050220
709	1638	7	12	1638	6	2	SJW-A16060020
710	1638	7	13	1638	6	3	SJW-A16060030
711	1638	7	14	1638	6	4	SJW-A16060040
712	1638	7	15	1638	6	5	SJW-A16060050
713	1638	7	16	1638	6	6	SJW-A16060060
714	1638	7	18	1638	6	8	SJW-A16060080
715	1638	7	19	1638	6	9	SJW-A16060090

续表

编号	公历			农历			ID 编号
	年	月	日	年	月	日	
716	1638	7	21	1638	6	11	SJW-A16060110
717	1638	7	28	1638	6	18	SJW-A16060180
718	1638	8	4	1638	6	25	SJW-A16060250
719	1638	8	5	1638	6	26	SJW-A16060260
720	1638	9	5	1638	7	27	SJW-A16070270
721	1638	9	21	1638	8	14	SJW-A16080140
722	1638	10	19	1638	9	13	SJW-A16090130
723	1638	10	25	1638	9	19	SJW-A16090190
724	1638	11	11	1638	10	6	SJW-A16100060
725	1638	12	6	1638	11	2	SJW-A16110020
726	1638	12	11	1638	11	7	SJW-A16110070
727	1638	12	18	1638	11	14	SJW-A16110140
728	1638	12	19	1638	11	15	SJW-A16110150
729	1638	12	31	1638	11	27	SJW-A16110270
730	1639	1	1	1638	11	28	SJW-A16110280
731	1639	1	6	1638	12	3	SJW-A16120030
732	1639	1	10	1638	12	7	SJW-A16120070
733	1639	1	12	1638	12	9	SJW-A16120090
734	1639	1	13	1638	12	10	SJW-A16120100
735	1639	1	15	1638	12	12	SJW-A16120120
736	1639	1	16	1638	12	13	SJW-A16120130
737	1639	1	17	1638	12	14	SJW-A16120140
738	1639	1	18	1638	12	15	SJW-A16120150
739	1639	1	24	1638	12	21	SJW-A16120210
740	1639	2	3	1639	1	1	SJW-A17010010
741	1639	2	10	1639	1	8	SJW-A17010080
742	1639	2	13	1639	1	11	SJW-A17010110
743	1639	2	22	1639	1	20	SJW-A17010200
744	1639	3	8	1639	2	4	SJW-A17020040
745	1639	3	9	1639	2	5	SJW-A17020050
746	1639	3	11	1639	2	7	SJW-A17020070
747	1639	3	13	1639	2	9	SJW-A17020090
748	1639	3	24	1639	2	20	SJW-A17020200
749	1639	3	28	1639	2	24	SJW-A17020240
750	1639	4	6	1639	3	4	SJW-A17030040
751	1639	4	8	1639	3	6	SJW-A17030060
752	1639	4	9	1639	3	7	SJW-A17030070
753	1639	4	10	1639	3	8	SJW-A17030080

续表

编号	公历			农历			ID 编号
	年	月	日	年	月	日	
754	1639	4	11	1639	3	9	SJW-A17030090
755	1639	4	15	1639	3	13	SJW-A17030130
756	1639	4	18	1639	3	16	SJW-A17030160
757	1639	4	19	1639	3	17	SJW-A17030170
758	1639	4	23	1639	3	21	SJW-A17030210
759	1639	5	1	1639	3	29	SJW-A17030290
760	1639	5	5	1639	4	3	SJW-A17040030
761	1639	5	20	1639	4	18	SJW-A17040180
762	1639	5	21	1639	4	19	SJW-A17040190
763	1639	5	25	1639	4	23	SJW-A17040230
764	1639	5	28	1639	4	26	SJW-A17040260
765	1639	6	8	1639	5	8	SJW-A17050080
766	1639	6	9	1639	5	9	SJW-A17050090
767	1639	6	13	1639	5	13	SJW-A17050130
768	1639	6	14	1639	5	14	SJW-A17050140
769	1639	6	15	1639	5	15	SJW-A17050150
770	1639	6	25	1639	5	25	SJW-A17050250
771	1639	6	26	1639	5	26	SJW-A17050260
772	1639	6	27	1639	5	27	SJW-A17050270
773	1639	7	6	1639	6	6	SJW-A17060060
774	1639	7	13	1639	6	13	SJW-A17060130
775	1639	7	14	1639	6	14	SJW-A17060140
776	1639	7	29	1639	6	29	SJW-A17060290
777	1639	8	11	1639	7	13	SJW-A17070130
778	1639	8	29	1639	8	1	SJW-A17080010
779	1639	9	13	1639	8	16	SJW-A17080160
780	1639	9	15	1639	8	18	SJW-A17080180
781	1639	9	19	1639	8	22	SJW-A17080220
782	1639	10	7	1639	9	11	SJW-A17090110
783	1639	11	16	1639	10	22	SJW-A17100220
784	1639	11	24	1639	10	30	SJW-A17100300
785	1639	11	28	1639	11	4	SJW-A17110040
786	1639	12	3	1639	11	9	SJW-A17110090
787	1639	12	7	1639	11	13	SJW-A17110130
788	1639	12	12	1639	11	18	SJW-A17110180
789	1639	12	21	1639	11	27	SJW-A17110270
790	1639	12	28	1639	12	5	SJW-A17120050
791	1640	1	10	1639	12	18	SJW-A17120180

续表

编号	公历			农历			ID 编号
	年	月	日	年	月	日	
792	1640	1	20	1639	12	28	SJW-A17120280
793	1640	1	29	1640	1	7	SJW-A18010070
794	1640	2	2	1640	1	11	SJW-A18010110
795	1640	2	9	1640	1	18	SJW-A18010180
796	1640	2	12	1640	1	21	SJW-A18010210
797	1640	2	15	1640	1	24	SJW-A18010240
798	1640	2	20	1640	1	29	SJW-A18010290
799	1640	2	21	1640	1	30	SJW-A18010300
800	1640	2	23	1640	闰 1	2	SJW-A18011020
801	1640	3	11	1640	闰 1	19	SJW-A18011190
802	1640	3	18	1640	闰 1	26	SJW-A18011260
803	1640	3	21	1640	闰 1	29	SJW-A18011290
804	1640	3	28	1640	2	7	SJW-A18020070
805	1640	3	29	1640	2	8	SJW-A18020080
806	1640	3	30	1640	2	9	SJW-A18020090
807	1640	4	9	1640	2	19	SJW-A18020190
808	1640	4	12	1640	2	22	SJW-A18020220
809	1640	4	13	1640	2	23	SJW-A18020230
810	1640	4	15	1640	2	25	SJW-A18020250
811	1640	4	19	1640	2	29	SJW-A18020290
812	1640	4	20	1640	2	30	SJW-A18020300
813	1640	4	21	1640	3	1	SJW-A18030010
814	1640	4	26	1640	3	6	SJW-A18030060
815	1640	5	1	1640	3	11	SJW-A18030110
816	1640	5	7	1640	3	17	SJW-A18030170
817	1640	5	12	1640	3	22	SJW-A18030220
818	1640	5	18	1640	3	28	SJW-A18030280
819	1640	5	20	1640	3	30	SJW-A18030300
820	1640	5	24	1640	4	4	SJW-A18040040
821	1640	6	21	1640	5	3	SJW-A18050030
822	1640	6	22	1640	5	4	SJW-A18050040
823	1640	6	23	1640	5	5	SJW-A18050050
824	1640	6	29	1640	5	11	SJW-A18050110
825	1640	7	26	1640	6	8	SJW-A18060080
826	1640	8	6	1640	6	19	SJW-A18060190
827	1640	8	7	1640	6	20	SJW-A18060200
828	1640	8	8	1640	6	21	SJW-A18060210
829	1640	8	13	1640	6	26	SJW-A18060260

续表

编号	公历			农历			ID 编号
	年	月	日	年	月	日	
830	1640	8	19	1640	7	3	SJW-A18070030
831	1640	8	20	1640	7	4	SJW-A18070040
832	1640	8	21	1640	7	5	SJW-A18070050
833	1640	8	26	1640	7	10	SJW-A18070100
834	1640	8	27	1640	7	11	SJW-A18070110
835	1640	8	28	1640	7	12	SJW-A18070120
836	1640	8	29	1640	7	13	SJW-A18070130
837	1640	8	30	1640	7	14	SJW-A18070140
838	1640	9	2	1640	7	17	SJW-A18070170
839	1640	9	7	1640	7	22	SJW-A18070220
840	1640	9	17	1640	8	2	SJW-A18080020
841	1640	9	18	1640	8	3	SJW-A18080030
842	1640	9	20	1640	8	5	SJW-A18080050
843	1640	9	27	1640	8	12	SJW-A18080120
844	1640	9	30	1640	8	15	SJW-A18080150
845	1640	10	8	1640	8	23	SJW-A18080230
846	1640	11	3	1640	9	20	SJW-A18090200
847	1640	11	19	1640	10	7	SJW-A18100070
848	1640	11	20	1640	10	8	SJW-A18100080
849	1640	11	23	1640	10	11	SJW-A18100110
850	1640	11	30	1640	10	18	SJW-A18100180
851	1640	12	1	1640	10	19	SJW-A18100190
852	1640	12	14	1640	11	2	SJW-A18110020
853	1640	12	15	1640	11	3	SJW-A18110030
854	1640	12	23	1640	11	11	SJW-A18110110
855	1640	12	26	1640	11	14	SJW-A18110140
856	1641	1	1	1640	11	20	SJW-A18110200
857	1641	1	11	1640	12	1	SJW-A18120010
858	1641	1	30	1640	12	20	SJW-A18120200
859	1641	1	31	1640	12	21	SJW-A18120210
860	1641	2	1	1640	12	22	SJW-A18120220
861	1641	2	2	1640	12	23	SJW-A18120230
862	1641	2	26	1641	1	17	SJW-A19010170
863	1641	3	1	1641	1	20	SJW-A19010200
864	1641	3	9	1641	1	28	SJW-A19010280
865	1641	3	12	1641	2	2	SJW-A19020020
866	1641	3	15	1641	2	5	SJW-A19020050
867	1641	3	16	1641	2	6	SJW-A19020060

续表

编号	公历			农历			ID 编号
	年	月	日	年	月	日	
868	1641	3	26	1641	2	16	SJW-A19020160
869	1641	4	5	1641	2	26	SJW-A19020260
870	1641	4	13	1641	3	4	SJW-A19030040
871	1641	4	22	1641	3	13	SJW-A19030130
872	1641	5	4	1641	3	25	SJW-A19030250
873	1641	5	20	1641	4	11	SJW-A19040110
874	1641	6	1	1641	4	23	SJW-A19040230
875	1641	6	24	1641	5	17	SJW-A19050170
876	1641	6	28	1641	5	21	SJW-A19050210
877	1641	6	30	1641	5	23	SJW-A19050230
878	1641	7	4	1641	5	27	SJW-A19050270
879	1641	7	8	1641	6	1	SJW-A19060010
880	1641	7	9	1641	6	2	SJW-A19060020
881	1641	7	10	1641	6	3	SJW-A19060030
882	1641	7	11	1641	6	4	SJW-A19060040
883	1641	7	12	1641	6	5	SJW-A19060050
884	1641	7	15	1641	6	8	SJW-A19060080
885	1641	7	16	1641	6	9	SJW-A19060090
886	1641	7	17	1641	6	10	SJW-A19060100
887	1641	7	21	1641	6	14	SJW-A19060140
888	1641	7	28	1641	6	21	SJW-A19060210
889	1641	7	29	1641	6	22	SJW-A19060220
890	1641	8	3	1641	6	27	SJW-A19060270
891	1641	8	4	1641	6	28	SJW-A19060280
892	1641	8	14	1641	7	8	SJW-A19070080
893	1641	8	15	1641	7	9	SJW-A19070090
894	1641	8	17	1641	7	11	SJW-A19070110
895	1641	8	18	1641	7	12	SJW-A19070120
896	1641	8	19	1641	7	13	SJW-A19070130
897	1641	8	29	1641	7	23	SJW-A19070230
898	1641	9	2	1641	7	27	SJW-A19070270
899	1641	9	7	1641	8	3	SJW-A19080030
900	1641	9	10	1641	8	6	SJW-A19080060
901	1641	9	15	1641	8	11	SJW-A19080110
902	1641	9	29	1641	8	25	SJW-A19080250
903	1641	10	2	1641	8	28	SJW-A19080280
904	1641	10	5	1641	9	1	SJW-A19090010
905	1641	10	10	1641	9	6	SJW-A19090060

续表

编号	公历			农历			ID 编号
	年	月	日	年	月	日	
906	1641	10	26	1641	9	22	SJW-A19090220
907	1641	11	14	1641	10	12	SJW-A19100120
908	1641	11	16	1641	10	14	SJW-A19100140
909	1641	11	17	1641	10	15	SJW-A19100150
910	1641	11	20	1641	10	18	SJW-A19100180
911	1641	12	5	1641	11	3	SJW-A19110030
912	1641	12	7	1641	11	5	SJW-A19110050
913	1641	12	11	1641	11	9	SJW-A19110090
914	1641	12	17	1641	11	15	SJW-A19110150
915	1641	12	26	1641	11	24	SJW-A19110240
916	1641	12	29	1641	11	27	SJW-A19110270
917	1642	1	6	1641	12	6	SJW-A19120060
918	1642	1	11	1641	12	11	SJW-A19120110
919	1642	2	2	1642	1	4	SJW-A20010040
920	1642	3	18	1642	2	18	SJW-A20020180
921	1642	3	19	1642	2	19	SJW-A20020190
922	1642	3	22	1642	2	22	SJW-A20020220
923	1642	3	27	1642	2	27	SJW-A20020270
924	1642	4	8	1642	3	10	SJW-A20030100
925	1642	4	27	1642	3	29	SJW-A20030290
926	1642	5	2	1642	4	4	SJW-A20040040
927	1642	5	13	1642	4	15	SJW-A20040150
928	1642	5	24	1642	4	26	SJW-A20040260
929	1642	6	10	1642	5	14	SJW-A20050140
930	1642	6	20	1642	5	24	SJW-A20050240
931	1642	6	22	1642	5	26	SJW-A20050260
932	1642	6	30	1642	6	4	SJW-A20060040
933	1642	7	18	1642	6	22	SJW-A20060220
934	1642	7	20	1642	6	24	SJW-A20060240
935	1642	8	11	1642	7	16	SJW-A20070160
936	1642	9	9	1642	8	16	SJW-A20080160
937	1642	10	2	1642	9	9	SJW-A20090090
938	1642	10	8	1642	9	15	SJW-A20090150
939	1642	11	13	1642	10	21	SJW-A20100210
940	1642	11	17	1642	10	25	SJW-A20100250
941	1642	11	18	1642	10	26	SJW-A20100260
942	1642	11	23	1642	11	2	SJW-A20110020
943	1642	11	26	1642	11	5	SJW-A20110050

续表

编号	公历			农历			ID 编号
	年	月	日	年	月	日	
944	1642	11	30	1642	11	9	SJW-A20110090
945	1642	12	8	1642	11	17	SJW-A20110170
946	1642	12	14	1642	11	23	SJW-A20110230
947	1642	12	26	1642	闰 11	5	SJW-A20111050
948	1642	12	28	1642	闰 11	7	SJW-A20111070
949	1643	1	3	1642	闰 11	13	SJW-A20111130
950	1643	1	4	1642	闰 11	14	SJW-A20111140
951	1643	1	10	1642	闰 11	20	SJW-A20111200
952	1643	1	14	1642	闰 11	24	SJW-A20111240
953	1643	2	23	1643	1	5	SJW-A21010050
954	1643	2	24	1643	1	6	SJW-A21010060
955	1643	3	4	1643	1	14	SJW-A21010140
956	1643	3	24	1643	2	5	SJW-A21020050
957	1643	3	30	1643	2	11	SJW-A21020110
958	1643	4	6	1643	2	18	SJW-A21020180
959	1643	4	12	1643	2	24	SJW-A21020240
960	1643	4	14	1643	2	26	SJW-A21020260
961	1643	4	18	1643	3	1	SJW-A21030010
962	1643	5	5	1643	3	18	SJW-A21030180
963	1643	5	6	1643	3	19	SJW-A21030190
964	1643	5	18	1643	4	1	SJW-A21040010
965	1643	5	20	1643	4	3	SJW-A21040030
966	1643	5	23	1643	4	6	SJW-A21040060
967	1643	5	28	1643	4	11	SJW-A21040110
968	1643	5	30	1643	4	13	SJW-A21040130
969	1643	6	3	1643	4	17	SJW-A21040170
970	1643	6	4	1643	4	18	SJW-A21040180
971	1643	6	5	1643	4	19	SJW-A21040190
972	1643	6	8	1643	4	22	SJW-A21040220
973	1643	6	9	1643	4	23	SJW-A21040230
974	1643	6	11	1643	4	25	SJW-A21040250
975	1643	6	12	1643	4	26	SJW-A21040260
976	1643	6	13	1643	4	27	SJW-A21040270
977	1643	6	17	1643	5	2	SJW-A21050020
978	1643	6	18	1643	5	3	SJW-A21050030
979	1643	6	19	1643	5	4	SJW-A21050040
980	1643	6	20	1643	5	5	SJW-A21050050
981	1643	6	23	1643	5	8	SJW-A21050080

续表

编号	公历			农历			ID 编号
	年	月	日	年	月	日	
982	1643	6	28	1643	5	13	SJW-A21050130
983	1643	6	29	1643	5	14	SJW-A21050140
984	1643	6	30	1643	5	15	SJW-A21050150
985	1643	7	1	1643	5	16	SJW-A21050160
986	1643	7	4	1643	5	19	SJW-A21050190
987	1643	7	5	1643	5	20	SJW-A21050200
988	1643	7	9	1643	5	24	SJW-A21050240
989	1643	7	11	1643	5	26	SJW-A21050260
990	1643	7	25	1643	6	10	SJW-A21060100
991	1643	7	27	1643	6	12	SJW-A21060120
992	1643	7	28	1643	6	13	SJW-A21060130
993	1643	7	29	1643	6	14	SJW-A21060140
994	1643	8	7	1643	6	23	SJW-A21060230
995	1643	8	11	1643	6	27	SJW-A21060270
996	1643	8	14	1643	7	1	SJW-A21070010
997	1643	8	25	1643	7	12	SJW-A21070120
998	1643	8	26	1643	7	13	SJW-A21070130
999	1643	8	27	1643	7	14	SJW-A21070140
1000	1643	8	29	1643	7	16	SJW-A21070160
1001	1643	8	30	1643	7	17	SJW-A21070170
1002	1643	9	4	1643	7	22	SJW-A21070220
1003	1643	9	7	1643	7	25	SJW-A21070250
1004	1643	9	16	1643	8	4	SJW-A21080040
1005	1643	9	25	1643	8	13	SJW-A21080130
1006	1643	9	26	1643	8	14	SJW-A21080140
1007	1643	9	27	1643	8	15	SJW-A21080150
1008	1643	9	28	1643	8	16	SJW-A21080160
1009	1643	9	29	1643	8	17	SJW-A21080170
1010	1643	10	10	1643	8	28	SJW-A21080280
1011	1643	10	30	1643	9	18	SJW-A21090180
1012	1643	10	31	1643	9	19	SJW-A21090190
1013	1643	11	25	1643	10	15	SJW-A21100150
1014	1643	11	28	1643	10	18	SJW-A21100180
1015	1643	12	1	1643	10	21	SJW-A21100210
1016	1643	12	10	1643	10	30	SJW-A21100300
1017	1643	12	11	1643	11	1	SJW-A21110010
1018	1643	12	21	1643	11	11	SJW-A21110110
1019	1643	12	22	1643	11	12	SJW-A21110120

续表

编号	公历			农历			ID 编号
	年	月	日	年	月	日	
1020	1644	1	7	1643	11	28	SJW-A21110280
1021	1644	1	8	1643	11	29	SJW-A21110290
1022	1644	1	31	1643	12	22	SJW-A21120220
1023	1644	2	3	1643	12	25	SJW-A21120250
1024	1644	2	19	1644	1	12	SJW-A22010120
1025	1644	3	8	1644	1	30	SJW-A22010300
1026	1644	3	30	1644	2	22	SJW-A22020220
1027	1644	3	31	1644	2	23	SJW-A22020230
1028	1644	4	18	1644	3	12	SJW-A22030120
1029	1644	4	19	1644	3	13	SJW-A22030130
1030	1644	5	3	1644	3	27	SJW-A22030270
1031	1644	5	14	1644	4	9	SJW-A22040090
1032	1644	6	7	1644	5	3	SJW-A22050030
1033	1644	6	12	1644	5	8	SJW-A22050080
1034	1644	6	13	1644	5	9	SJW-A22050090
1035	1644	6	14	1644	5	10	SJW-A22050100
1036	1644	6	15	1644	5	11	SJW-A22050110
1037	1644	6	22	1644	5	18	SJW-A22050180
1038	1644	6	23	1644	5	19	SJW-A22050190
1039	1644	6	24	1644	5	20	SJW-A22050200
1040	1644	6	25	1644	5	21	SJW-A22050210
1041	1644	6	26	1644	5	22	SJW-A22050220
1042	1644	6	28	1644	5	24	SJW-A22050240
1043	1644	7	2	1644	5	28	SJW-A22050280
1044	1644	7	4	1644	6	1	SJW-A22060010
1045	1644	7	5	1644	6	2	SJW-A22060020
1046	1644	7	6	1644	6	3	SJW-A22060030
1047	1644	7	7	1644	6	4	SJW-A22060040
1048	1644	7	8	1644	6	5	SJW-A22060050
1049	1644	7	9	1644	6	6	SJW-A22060060
1050	1644	7	10	1644	6	7	SJW-A22060070
1051	1644	7	16	1644	6	13	SJW-A22060130
1052	1644	7	19	1644	6	16	SJW-A22060160
1053	1644	7	24	1644	6	21	SJW-A22060210
1054	1644	7	25	1644	6	22	SJW-A22060220
1055	1644	7	28	1644	6	25	SJW-A22060250
1056	1644	8	3	1644	7	2	SJW-A22070020
1057	1644	8	4	1644	7	3	SJW-A22070030

续表

编号	公历			农历			ID 编号
	年	月	日	年	月	日	
1058	1644	8	5	1644	7	4	SJW-A22070040
1059	1644	8	6	1644	7	5	SJW-A22070050
1060	1644	8	8	1644	7	7	SJW-A22070070
1061	1644	8	9	1644	7	8	SJW-A22070080
1062	1644	8	10	1644	7	9	SJW-A22070090
1063	1644	8	12	1644	7	11	SJW-A22070110
1064	1644	8	22	1644	7	21	SJW-A22070210
1065	1644	8	23	1644	7	22	SJW-A22070220
1066	1644	8	28	1644	7	27	SJW-A22070270
1067	1644	8	29	1644	7	28	SJW-A22070280
1068	1644	8	30	1644	7	29	SJW-A22070290
1069	1644	9	8	1644	8	8	SJW-A22080080
1070	1644	9	15	1644	8	15	SJW-A22080150
1071	1644	10	1	1644	9	1	SJW-A22090010
1072	1644	10	10	1644	9	10	SJW-A22090100
1073	1644	10	15	1644	9	15	SJW-A22090150
1074	1644	10	16	1644	9	16	SJW-A22090160
1075	1644	10	24	1644	9	24	SJW-A22090240
1076	1644	11	16	1644	10	18	SJW-A22100180
1077	1644	11	24	1644	10	26	SJW-A22100260
1078	1644	11	25	1644	10	27	SJW-A22100270
1079	1644	11	27	1644	10	29	SJW-A22100290
1080	1644	11	28	1644	10	30	SJW-A22100300
1081	1644	11	29	1644	11	1	SJW-A22110010
1082	1644	12	2	1644	11	4	SJW-A22110040
1083	1644	12	8	1644	11	10	SJW-A22110100
1084	1644	12	13	1644	11	15	SJW-A22110150
1085	1644	12	14	1644	11	16	SJW-A22110160
1086	1644	12	31	1644	12	3	SJW-A22120030
1087	1645	1	9	1644	12	12	SJW-A22120120
1088	1645	1	11	1644	12	14	SJW-A22120140
1089	1645	1	16	1644	12	19	SJW-A22120190
1090	1645	1	18	1644	12	21	SJW-A22120210
1091	1645	1	24	1644	12	27	SJW-A22120270
1092	1645	2	2	1645	1	6	SJW-A23010060
1093	1645	2	21	1645	1	25	SJW-A23010250
1094	1645	3	2	1645	2	5	SJW-A23020050
1095	1645	3	3	1645	2	6	SJW-A23020060

续表

编号	公历			农历			ID 编号
	年	月	日	年	月	日	
1096	1645	3	17	1645	2	20	SJW-A23020200
1097	1645	4	13	1645	3	17	SJW-A23030170
1098	1645	4	19	1645	3	23	SJW-A23030230
1099	1645	5	8	1645	4	13	SJW-A23040130
1100	1645	6	14	1645	5	21	SJW-A23050210
1101	1645	6	20	1645	5	27	SJW-A23050270
1102	1645	6	25	1645	6	2	SJW-A23060020
1103	1645	7	2	1645	6	9	SJW-A23060090
1104	1645	7	19	1645	6	26	SJW-A23060260
1105	1645	7	22	1645	6	29	SJW-A23060290
1106	1645	8	6	1645	闰 6	15	SJW-A23061150
1107	1645	8	26	1645	7	6	SJW-A23070060
1108	1645	9	3	1645	7	14	SJW-A23070140
1109	1645	9	7	1645	7	18	SJW-A23070180
1110	1645	9	8	1645	7	19	SJW-A23070190
1111	1645	9	13	1645	7	24	SJW-A23070240
1112	1645	9	14	1645	7	25	SJW-A23070250
1113	1645	9	25	1645	8	6	SJW-A23080060
1114	1645	9	26	1645	8	7	SJW-A23080070
1115	1645	10	4	1645	8	15	SJW-A23080150
1116	1645	10	14	1645	8	25	SJW-A23080250
1117	1645	10	31	1645	9	13	SJW-A23090130
1118	1645	11	7	1645	9	20	SJW-A23090200
1119	1645	12	6	1645	10	19	SJW-A23100190
1120	1645	12	20	1645	11	3	SJW-A23110030
1121	1645	12	26	1645	11	9	SJW-A23110090
1122	1646	1	14	1645	11	28	SJW-A23110280
1123	1646	2	15	1645	12	30	SJW-A23120300
1124	1646	2	21	1646	1	6	SJW-A24010060
1125	1646	2	22	1646	1	7	SJW-A24010070
1126	1646	3	10	1646	1	23	SJW-A24010230
1127	1646	3	11	1646	1	24	SJW-A24010240
1128	1646	3	16	1646	1	29	SJW-A24010290
1129	1646	3	23	1646	2	7	SJW-A24020070
1130	1646	3	26	1646	2	10	SJW-A24020100
1131	1646	3	27	1646	2	11	SJW-A24020110
1132	1646	3	28	1646	2	12	SJW-A24020120
1133	1646	3	30	1646	2	14	SJW-A24020140

续表

编号	公历			农历			ID 编号
	年	月	日	年	月	日	
1134	1646	3	31	1646	2	15	SJW-A24020150
1135	1646	4	1	1646	2	16	SJW-A24020160
1136	1646	4	4	1646	2	19	SJW-A24020190
1137	1646	4	14	1646	2	29	SJW-A24020290
1138	1646	4	15	1646	2	30	SJW-A24020300
1139	1646	4	18	1646	3	3	SJW-A24030030
1140	1646	4	24	1646	3	9	SJW-A24030090
1141	1646	4	25	1646	3	10	SJW-A24030100
1142	1646	4	28	1646	3	13	SJW-A24030130
1143	1646	5	2	1646	3	17	SJW-A24030170
1144	1646	5	20	1646	4	6	SJW-A24040060
1145	1646	5	21	1646	4	7	SJW-A24040070
1146	1646	6	9	1646	4	26	SJW-A24040260
1147	1646	6	13	1646	5	1	SJW-A24050010
1148	1646	7	8	1646	5	26	SJW-A24050260
1149	1646	7	17	1646	6	5	SJW-A24060050
1150	1646	7	18	1646	6	6	SJW-A24060060
1151	1646	7	23	1646	6	11	SJW-A24060110
1152	1646	9	3	1646	7	24	SJW-A24070240
1153	1646	9	4	1646	7	25	SJW-A24070250
1154	1646	9	8	1646	7	29	SJW-A24070290
1155	1646	9	25	1646	8	17	SJW-A24080170
1156	1646	9	27	1646	8	19	SJW-A24080190
1157	1646	10	14	1646	9	6	SJW-A24090060
1158	1646	10	21	1646	9	13	SJW-A24090130
1159	1646	11	14	1646	10	8	SJW-A24100080
1160	1646	11	17	1646	10	11	SJW-A24100110
1161	1646	11	26	1646	10	20	SJW-A24100200
1162	1646	12	30	1646	11	24	SJW-A24110240
1163	1647	1	1	1646	11	26	SJW-A24110260
1164	1647	1	2	1646	11	27	SJW-A24110270
1165	1647	1	8	1646	12	3	SJW-A24120030
1166	1647	1	12	1646	12	7	SJW-A24120070
1167	1647	1	13	1646	12	8	SJW-A24120080
1168	1647	1	18	1646	12	13	SJW-A24120130
1169	1647	1	28	1646	12	23	SJW-A24120230
1170	1647	1	29	1646	12	24	SJW-A24120240
1171	1647	2	4	1646	12	30	SJW-A24120300

续表

编号	公历			农历			ID 编号
	年	月	日	年	月	日	
1172	1647	2	5	1647	1	1	SJW-A25010010
1173	1647	2	6	1647	1	2	SJW-A25010020
1174	1647	2	14	1647	1	10	SJW-A25010100
1175	1647	2	19	1647	1	15	SJW-A25010150
1176	1647	2	21	1647	1	17	SJW-A25010170
1177	1647	2	22	1647	1	18	SJW-A25010180
1178	1647	3	3	1647	1	27	SJW-A25010270
1179	1647	3	6	1647	2	1	SJW-A25020010
1180	1647	3	15	1647	2	10	SJW-A25020100
1181	1647	3	16	1647	2	11	SJW-A25020110
1182	1647	4	2	1647	2	28	SJW-A25020280
1183	1647	4	3	1647	2	29	SJW-A25020290
1184	1647	4	7	1647	3	3	SJW-A25030030
1185	1647	4	9	1647	3	5	SJW-A25030050
1186	1647	4	25	1647	3	21	SJW-A25030210
1187	1647	4	27	1647	3	23	SJW-A25030230
1188	1647	6	29	1647	5	27	SJW-A25050270
1189	1647	6	30	1647	5	28	SJW-A25050280
1190	1647	7	1	1647	5	29	SJW-A25050290
1191	1647	7	2	1647	6	1	SJW-A25060010
1192	1647	7	3	1647	6	2	SJW-A25060020
1193	1647	7	4	1647	6	3	SJW-A25060030
1194	1647	7	6	1647	6	5	SJW-A25060050
1195	1647	7	9	1647	6	8	SJW-A25060080
1196	1647	7	10	1647	6	9	SJW-A25060090
1197	1647	7	12	1647	6	11	SJW-A25060110
1198	1647	7	13	1647	6	12	SJW-A25060120
1199	1647	7	14	1647	6	13	SJW-A25060130
1200	1647	7	15	1647	6	14	SJW-A25060140
1201	1647	7	16	1647	6	15	SJW-A25060150
1202	1647	7	17	1647	6	16	SJW-A25060160
1203	1647	7	19	1647	6	18	SJW-A25060180
1204	1647	7	20	1647	6	19	SJW-A25060190
1205	1647	7	21	1647	6	20	SJW-A25060200
1206	1647	7	22	1647	6	21	SJW-A25060210
1207	1647	7	23	1647	6	22	SJW-A25060220
1208	1647	7	24	1647	6	23	SJW-A25060230
1209	1647	7	25	1647	6	24	SJW-A25060240

续表

编号	公历			农历			ID 编号
	年	月	日	年	月	日	
1210	1647	7	26	1647	6	25	SJW-A25060250
1211	1647	7	27	1647	6	26	SJW-A25060260
1212	1647	8	10	1647	7	10	SJW-A25070100
1213	1647	8	11	1647	7	11	SJW-A25070110
1214	1647	8	12	1647	7	12	SJW-A25070120
1215	1647	8	13	1647	7	13	SJW-A25070130
1216	1647	8	14	1647	7	14	SJW-A25070140
1217	1647	8	19	1647	7	19	SJW-A25070190
1218	1647	8	20	1647	7	20	SJW-A25070200
1219	1647	8	26	1647	7	26	SJW-A25070260
1220	1647	8	27	1647	7	27	SJW-A25070270
1221	1647	9	18	1647	8	20	SJW-A25080200
1222	1647	9	19	1647	8	21	SJW-A25080210
1223	1647	9	20	1647	8	22	SJW-A25080220
1224	1647	9	26	1647	8	28	SJW-A25080280
1225	1647	9	27	1647	8	29	SJW-A25080290
1226	1647	9	28	1647	9	1	SJW-A25090010
1227	1647	10	7	1647	9	10	SJW-A25090100
1228	1647	10	20	1647	9	23	SJW-A25090230
1229	1647	10	27	1647	9	30	SJW-A25090300
1230	1647	11	6	1647	10	10	SJW-A25100100
1231	1647	11	8	1647	10	12	SJW-A25100120
1232	1647	11	9	1647	10	13	SJW-A25100130
1233	1647	11	11	1647	10	15	SJW-A25100150
1234	1647	11	13	1647	10	17	SJW-A25100170
1235	1647	11	20	1647	10	24	SJW-A25100240
1236	1647	11	25	1647	10	29	SJW-A25100290
1237	1647	12	5	1647	11	10	SJW-A25110100
1238	1647	12	6	1647	11	11	SJW-A25110110
1239	1647	12	10	1647	11	15	SJW-A25110150
1240	1647	12	14	1647	11	19	SJW-A25110190
1241	1647	12	15	1647	11	20	SJW-A25110200
1242	1647	12	17	1647	11	22	SJW-A25110220
1243	1647	12	23	1647	11	28	SJW-A25110280
1244	1647	12	25	1647	11	30	SJW-A25110300
1245	1647	12	26	1647	12	1	SJW-A25120010
1246	1647	12	28	1647	12	3	SJW-A25120030
1247	1647	12	30	1647	12	5	SJW-A25120050

续表

编号	公历			农历			ID 编号
	年	月	日	年	月	日	
1248	1648	1	1	1647	12	7	SJW-A25120070
1249	1648	1	8	1647	12	14	SJW-A25120140
1250	1648	2	7	1648	1	14	SJW-A26010140
1251	1648	2	8	1648	1	15	SJW-A26010150
1252	1648	2	16	1648	1	23	SJW-A26010230
1253	1648	2	18	1648	1	25	SJW-A26010250
1254	1648	2	20	1648	1	27	SJW-A26010270
1255	1648	2	26	1648	2	4	SJW-A26020040
1256	1648	3	3	1648	2	10	SJW-A26020100
1257	1648	3	5	1648	2	12	SJW-A26020120
1258	1648	3	10	1648	2	17	SJW-A26020170
1259	1648	3	21	1648	2	28	SJW-A26020280
1260	1648	3	23	1648	2	30	SJW-A26020300
1261	1648	4	5	1648	3	13	SJW-A26030130
1262	1648	4	7	1648	3	15	SJW-A26030150
1263	1648	4	13	1648	3	21	SJW-A26030210
1264	1648	4	14	1648	3	22	SJW-A26030220
1265	1648	4	25	1648	闰 3	3	SJW-A26031030
1266	1648	4	26	1648	闰 3	4	SJW-A26031040
1267	1648	4	28	1648	闰 3	6	SJW-A26031060
1268	1648	5	3	1648	闰 3	11	SJW-A26031110
1269	1648	5	7	1648	闰 3	15	SJW-A26031150
1270	1648	6	8	1648	4	18	SJW-A26040180
1271	1648	6	20	1648	4	30	SJW-A26040300
1272	1648	6	26	1648	5	6	SJW-A26050060
1273	1648	6	27	1648	5	7	SJW-A26050070
1274	1648	6	29	1648	5	9	SJW-A26050090
1275	1648	6	30	1648	5	10	SJW-A26050100
1276	1648	7	2	1648	5	12	SJW-A26050120
1277	1648	7	3	1648	5	13	SJW-A26050130
1278	1648	7	7	1648	5	17	SJW-A26050170
1279	1648	7	8	1648	5	18	SJW-A26050180
1280	1648	7	12	1648	5	22	SJW-A26050220
1281	1648	7	13	1648	5	23	SJW-A26050230
1282	1648	7	16	1648	5	26	SJW-A26050260
1283	1648	7	17	1648	5	27	SJW-A26050270
1284	1648	7	19	1648	5	29	SJW-A26050290
1285	1648	7	20	1648	6	1	SJW-A26060010

续表

编号	公历			农历			ID编号
	年	月	日	年	月	日	
1286	1648	7	21	1648	6	2	SJW-A26060020
1287	1648	7	22	1648	6	3	SJW-A26060030
1288	1648	7	23	1648	6	4	SJW-A26060040
1289	1648	7	24	1648	6	5	SJW-A26060050
1290	1648	7	25	1648	6	6	SJW-A26060060
1291	1648	7	26	1648	6	7	SJW-A26060070
1292	1648	7	27	1648	6	8	SJW-A26060080
1293	1648	8	10	1648	6	22	SJW-A26060220
1294	1648	8	11	1648	6	23	SJW-A26060230
1295	1648	8	12	1648	6	24	SJW-A26060240
1296	1648	8	13	1648	6	25	SJW-A26060250
1297	1648	8	18	1648	6	30	SJW-A26060300
1298	1648	8	25	1648	7	7	SJW-A26070070
1299	1648	9	7	1648	7	20	SJW-A26070200
1300	1648	9	9	1648	7	22	SJW-A26070220
1301	1648	9	16	1648	7	29	SJW-A26070290
1302	1648	9	19	1648	8	3	SJW-A26080030
1303	1648	9	20	1648	8	4	SJW-A26080040
1304	1648	9	23	1648	8	7	SJW-A26080070
1305	1648	10	2	1648	8	16	SJW-A26080160
1306	1648	10	8	1648	8	22	SJW-A26080220
1307	1648	10	22	1648	9	7	SJW-A26090070
1308	1648	10	23	1648	9	8	SJW-A26090080
1309	1648	10	24	1648	9	9	SJW-A26090090
1310	1648	11	13	1648	9	29	SJW-A26090290
1311	1648	11	21	1648	10	7	SJW-A26100070
1312	1648	11	22	1648	10	8	SJW-A26100080
1313	1648	12	3	1648	10	19	SJW-A26100190
1314	1648	12	6	1648	10	22	SJW-A26100220
1315	1648	12	12	1648	10	28	SJW-A26100280
1316	1648	12	17	1648	11	4	SJW-A26110040
1317	1648	12	18	1648	11	5	SJW-A26110050
1318	1648	12	19	1648	11	6	SJW-A26110060
1319	1648	12	27	1648	11	14	SJW-A26110140
1320	1649	1	2	1648	11	20	SJW-A26110200
1321	1649	1	4	1648	11	22	SJW-A26110220
1322	1649	1	7	1648	11	25	SJW-A26110250
1323	1649	1	12	1648	11	30	SJW-A26110300

续表

编号	公历			农历			ID 编号
	年	月	日	年	月	日	
1324	1649	1	13	1648	12	1	SJW-A26120010
1325	1649	1	18	1648	12	6	SJW-A26120060
1326	1649	1	20	1648	12	8	SJW-A26120080
1327	1649	2	8	1648	12	27	SJW-A26120270
1328	1649	2	20	1649	1	10	SJW-A27010100
1329	1649	2	21	1649	1	11	SJW-A27010110
1330	1649	2	24	1649	1	14	SJW-A27010140
1331	1649	3	1	1649	1	19	SJW-A27010190
1332	1649	3	3	1649	1	21	SJW-A27010210
1333	1649	3	5	1649	1	23	SJW-A27010230
1334	1649	3	10	1649	1	28	SJW-A27010280
1335	1649	3	12	1649	1	30	SJW-A27010300
1336	1649	3	16	1649	2	4	SJW-A27020040
1337	1649	3	18	1649	2	6	SJW-A27020060
1338	1649	3	26	1649	2	14	SJW-A27020140
1339	1649	3	28	1649	2	16	SJW-A27020160
1340	1649	4	9	1649	2	28	SJW-A27020280
1341	1649	4	12	1649	3	1	SJW-A27030010
1342	1649	5	2	1649	3	21	SJW-A27030210
1343	1649	5	7	1649	3	26	SJW-A27030260
1344	1649	5	20	1649	4	10	SJW-A27040100
1345	1649	5	21	1649	4	11	SJW-A27040110
1346	1649	6	14	1649	5	5	SJW-A27050050
1347	1649	6	15	1649	5	6	SJW-A27050060
1348	1649	6	17	1649	5	8	SJW-A27050080
1349	1649	6	18	1649	5	9	SJW-A27050090
1350	1649	6	19	1649	5	10	SJW-A27050100
1351	1649	6	20	1649	5	11	SJW-A27050110
1352	1649	6	21	1649	5	12	SJW-A27050120
1353	1649	6	27	1649	5	18	SJW-B00050180
1354	1649	6	28	1649	5	19	SJW-B00050190
1355	1649	7	6	1649	5	27	SJW-B00050270
1356	1649	7	8	1649	5	29	SJW-B00050290
1357	1649	7	10	1649	6	1	SJW-B00060010
1358	1649	7	11	1649	6	2	SJW-B00060020
1359	1649	7	12	1649	6	3	SJW-B00060030
1360	1649	7	16	1649	6	7	SJW-B00060070
1361	1649	7	18	1649	6	9	SJW-B00060090

续表

编号	公历			农历			ID 编号
	年	月	日	年	月	日	
1362	1649	7	19	1649	6	10	SJW-B00060100
1363	1649	7	21	1649	6	12	SJW-B00060120
1364	1649	7	22	1649	6	13	SJW-B00060130
1365	1649	7	24	1649	6	15	SJW-B00060150
1366	1649	7	26	1649	6	17	SJW-B00060170
1367	1649	7	27	1649	6	18	SJW-B00060180
1368	1649	7	28	1649	6	19	SJW-B00060190
1369	1649	7	31	1649	6	22	SJW-B00060220
1370	1649	8	4	1649	6	26	SJW-B00060260
1371	1649	8	9	1649	7	2	SJW-B00070020
1372	1649	8	10	1649	7	3	SJW-B00070030
1373	1649	8	13	1649	7	6	SJW-B00070060
1374	1649	8	19	1649	7	12	SJW-B00070120
1375	1649	8	20	1649	7	13	SJW-B00070130
1376	1649	8	25	1649	7	18	SJW-B00070180
1377	1649	8	30	1649	7	23	SJW-B00070230
1378	1649	9	3	1649	7	27	SJW-B00070270
1379	1649	9	10	1649	8	4	SJW-B00080040
1380	1649	11	2	1649	9	28	SJW-B00090280
1381	1649	11	7	1649	10	4	SJW-B00100040
1382	1649	11	17	1649	10	14	SJW-B00100140
1383	1649	11	29	1649	10	26	SJW-B00100260
1384	1649	12	2	1649	10	29	SJW-B00100290
1385	1649	12	3	1649	10	30	SJW-B00100300
1386	1649	12	16	1649	11	13	SJW-B00110130
1387	1649	12	18	1649	11	15	SJW-B00110150
1388	1649	12	19	1649	11	16	SJW-B00110160
1389	1649	12	26	1649	11	23	SJW-B00110230
1390	1650	1	3	1649	12	2	SJW-B00120020
1391	1650	1	7	1649	12	6	SJW-B00120060
1392	1650	1	11	1649	12	10	SJW-B00120100
1393	1650	1	18	1649	12	17	SJW-B00120170
1394	1650	1	20	1649	12	19	SJW-B00120190
1395	1650	1	22	1649	12	21	SJW-B00120210
1396	1650	2	7	1650	1	7	SJW-B01010070
1397	1650	2	8	1650	1	8	SJW-B01010080
1398	1650	2	26	1650	1	26	SJW-B01010260
1399	1650	3	3	1650	2	2	SJW-B01020020

续表

编号	公历			农历			ID 编号
	年	月	日	年	月	日	
1400	1650	3	4	1650	2	3	SJW-B01020030
1401	1650	3	10	1650	2	9	SJW-B01020090
1402	1650	3	14	1650	2	13	SJW-B01020130
1403	1650	3	15	1650	2	14	SJW-B01020140
1404	1650	3	16	1650	2	15	SJW-B01020150
1405	1650	3	20	1650	2	19	SJW-B01020190
1406	1650	3	28	1650	2	27	SJW-B01020270
1407	1650	4	12	1650	3	12	SJW-B01030120
1408	1650	4	13	1650	3	13	SJW-B01030130
1409	1650	4	14	1650	3	14	SJW-B01030140
1410	1650	4	23	1650	3	23	SJW-B01030230
1411	1650	4	24	1650	3	24	SJW-B01030240
1412	1650	5	6	1650	4	6	SJW-B01040060
1413	1650	5	12	1650	4	12	SJW-B01040120
1414	1650	5	15	1650	4	15	SJW-B01040150
1415	1650	6	3	1650	5	5	SJW-B01050050
1416	1650	6	4	1650	5	6	SJW-B01050060
1417	1650	6	17	1650	5	19	SJW-B01050190
1418	1650	6	18	1650	5	20	SJW-B01050200
1419	1650	6	19	1650	5	21	SJW-B01050210
1420	1650	6	22	1650	5	24	SJW-B01050240
1421	1650	7	14	1650	6	16	SJW-B01060160
1422	1650	7	16	1650	6	18	SJW-B01060180
1423	1650	8	8	1650	7	12	SJW-B01070120
1424	1650	8	10	1650	7	14	SJW-B01070140
1425	1650	8	11	1650	7	15	SJW-B01070150
1426	1650	8	16	1650	7	20	SJW-B01070200
1427	1650	8	19	1650	7	23	SJW-B01070230
1428	1650	8	21	1650	7	25	SJW-B01070250
1429	1650	8	22	1650	7	26	SJW-B01070260
1430	1650	8	30	1650	8	4	SJW-B01080040
1431	1650	8	31	1650	8	5	SJW-B01080050
1432	1650	9	2	1650	8	7	SJW-B01080070
1433	1650	9	4	1650	8	9	SJW-B01080090
1434	1650	9	10	1650	8	15	SJW-B01080150
1435	1650	9	11	1650	8	16	SJW-B01080160
1436	1650	9	23	1650	8	28	SJW-B01080280
1437	1650	9	25	1650	8	30	SJW-B01080300

续表

编号	公历			农历			ID 编号
	年	月	日	年	月	日	
1438	1650	10	12	1650	9	17	SJW-B01090170
1439	1650	10	18	1650	9	23	SJW-B01090230
1440	1650	11	6	1650	10	13	SJW-B01100130
1441	1650	11	13	1650	10	20	SJW-B01100200
1442	1650	11	14	1650	10	21	SJW-B01100210
1443	1650	11	16	1650	10	23	SJW-B01100230
1444	1650	11	17	1650	10	24	SJW-B01100240
1445	1650	11	25	1650	11	3	SJW-B01110030
1446	1650	12	6	1650	11	14	SJW-B01110140
1447	1650	12	24	1650	闰 11	2	SJW-B01111020
1448	1650	12	30	1650	闰 11	8	SJW-B01120050
1449	1650	12	31	1650	闰 11	9	SJW-B01111080
1450	1651	1	13	1650	闰 11	22	SJW-B01111090
1451	1651	1	25	1650	12	5	SJW-B01120150
1452	1651	2	4	1650	12	15	SJW-B01120160
1453	1651	2	5	1650	12	16	SJW-B01120200
1454	1651	2	9	1650	12	20	SJW-B01120210
1455	1651	2	10	1650	12	21	SJW-B01111220
1456	1651	2	11	1650	12	22	SJW-B01120220
1457	1651	2	23	1651	1	4	SJW-B02010040
1458	1651	3	8	1651	1	17	SJW-B02010170
1459	1651	3	9	1651	1	18	SJW-B02010180
1460	1651	3	10	1651	1	19	SJW-B02010190
1461	1651	3	11	1651	1	20	SJW-B02010200
1462	1651	3	13	1651	1	22	SJW-B02010220
1463	1651	3	21	1651	2	1	SJW-B02020010
1464	1651	3	22	1651	2	2	SJW-B02020020
1465	1651	3	23	1651	2	3	SJW-B02020030
1466	1651	3	24	1651	2	4	SJW-B02020040
1467	1651	4	4	1651	2	15	SJW-B02020150
1468	1651	4	5	1651	2	16	SJW-B02020160
1469	1651	4	22	1651	3	3	SJW-B02030030
1470	1651	4	24	1651	3	5	SJW-B02030050
1471	1651	4	30	1651	3	11	SJW-B02030110
1472	1651	5	1	1651	3	12	SJW-B02030120
1473	1651	5	2	1651	3	13	SJW-B02030130
1474	1651	5	11	1651	3	22	SJW-B02030220
1475	1651	5	12	1651	3	23	SJW-B02030230

续表

编号	公历			农历			ID 编号
	年	月	日	年	月	日	
1476	1651	5	13	1651	3	24	SJW-B02030240
1477	1651	5	24	1651	4	6	SJW-B02040060
1478	1651	5	25	1651	4	7	SJW-B02040070
1479	1651	5	28	1651	4	10	SJW-B02040100
1480	1651	5	29	1651	4	11	SJW-B02040110
1481	1651	6	1	1651	4	14	SJW-B02040140
1482	1651	6	10	1651	4	23	SJW-B02040230
1483	1651	6	24	1651	5	7	SJW-B02050070
1484	1651	6	26	1651	5	9	SJW-B02050090
1485	1651	6	27	1651	5	10	SJW-B02050100
1486	1651	6	30	1651	5	13	SJW-B02050130
1487	1651	7	1	1651	5	14	SJW-B02050140
1488	1651	7	11	1651	5	24	SJW-B02050240
1489	1651	7	15	1651	5	28	SJW-B02050280
1490	1651	7	16	1651	5	29	SJW-B02050290
1491	1651	7	17	1651	6	1	SJW-B02060010
1492	1651	7	18	1651	6	2	SJW-B02060020
1493	1651	7	19	1651	6	3	SJW-B02060030
1494	1651	7	20	1651	6	4	SJW-B02060040
1495	1651	7	21	1651	6	5	SJW-B02060050
1496	1651	7	28	1651	6	12	SJW-B02060120
1497	1651	8	3	1651	6	18	SJW-B02060180
1498	1651	8	14	1651	6	29	SJW-B02060290
1499	1651	8	16	1651	7	1	SJW-B02070010
1500	1651	8	18	1651	7	3	SJW-B02070030
1501	1651	8	25	1651	7	10	SJW-B02070100
1502	1651	8	29	1651	7	14	SJW-B02070140
1503	1651	8	31	1651	7	16	SJW-B02070160
1504	1651	9	1	1651	7	17	SJW-B02070170
1505	1651	9	29	1651	8	15	SJW-B02080150
1506	1651	10	7	1651	8	23	SJW-B02080230
1507	1651	10	12	1651	8	28	SJW-B02080280
1508	1651	10	21	1651	9	8	SJW-B02090080
1509	1651	10	22	1651	9	9	SJW-B02090090
1510	1651	10	26	1651	9	13	SJW-B02090130
1511	1651	10	29	1651	9	16	SJW-B02090160
1512	1651	11	6	1651	9	24	SJW-B02090240
1513	1651	11	7	1651	9	25	SJW-B02090250

续表

编号	公历			农历			ID 编号
	年	月	日	年	月	日	
1514	1651	11	9	1651	9	27	SJW-B02090270
1515	1651	11	21	1651	10	9	SJW-B02100090
1516	1651	11	24	1651	10	12	SJW-B02100120
1517	1651	12	3	1651	10	21	SJW-B02100210
1518	1651	12	10	1651	10	28	SJW-B02100280
1519	1651	12	22	1651	11	10	SJW-B02110100
1520	1651	12	25	1651	11	13	SJW-B02110130
1521	1652	1	2	1651	11	21	SJW-B02110210
1522	1652	1	4	1651	11	23	SJW-B02110230
1523	1652	2	10	1652	1	2	SJW-B03010020
1524	1652	2	26	1652	1	18	SJW-B03010180
1525	1652	3	8	1652	1	29	SJW-B03010290
1526	1652	3	10	1652	2	1	SJW-B03020010
1527	1652	3	11	1652	2	2	SJW-B03020020
1528	1652	3	18	1652	2	9	SJW-B03020090
1529	1652	3	28	1652	2	19	SJW-B03020190
1530	1652	3	29	1652	2	20	SJW-B03020200
1531	1652	3	30	1652	2	21	SJW-B03020210
1532	1652	4	4	1652	2	26	SJW-B03020260
1533	1652	4	15	1652	3	8	SJW-B03030080
1534	1652	4	26	1652	3	19	SJW-B03030190
1535	1652	5	2	1652	3	25	SJW-B03030250
1536	1652	5	24	1652	4	17	SJW-B03040170
1537	1652	5	29	1652	4	22	SJW-B03040220
1538	1652	6	3	1652	4	27	SJW-B03040270
1539	1652	6	4	1652	4	28	SJW-B03040280
1540	1652	6	5	1652	4	29	SJW-B03040290
1541	1652	6	7	1652	5	2	SJW-B03050020
1542	1652	6	8	1652	5	3	SJW-B03050030
1543	1652	6	10	1652	5	5	SJW-B03050050
1544	1652	6	13	1652	5	8	SJW-B03050080
1545	1652	6	14	1652	5	9	SJW-B03050090
1546	1652	6	16	1652	5	11	SJW-B03050110
1547	1652	6	18	1652	5	13	SJW-B03050130
1548	1652	6	19	1652	5	14	SJW-B03050140
1549	1652	6	20	1652	5	15	SJW-B03050150
1550	1652	6	22	1652	5	17	SJW-B03050170
1551	1652	6	23	1652	5	18	SJW-B03050180

续表

编号	公历			农历			ID 编号
	年	月	日	年	月	日	
1552	1652	6	24	1652	5	19	SJW-B03050190
1553	1652	6	25	1652	5	20	SJW-B03050200
1554	1652	6	26	1652	5	21	SJW-B03050210
1555	1652	6	29	1652	5	24	SJW-B03050240
1556	1652	7	1	1652	5	26	SJW-B03050260
1557	1652	7	7	1652	6	2	SJW-B03060020
1558	1652	7	8	1652	6	3	SJW-B03060030
1559	1652	7	13	1652	6	8	SJW-B03060080
1560	1652	7	18	1652	6	13	SJW-B03060130
1561	1652	7	19	1652	6	14	SJW-B03060140
1562	1652	7	20	1652	6	15	SJW-B03060150
1563	1652	7	24	1652	6	19	SJW-B03060190
1564	1652	7	25	1652	6	20	SJW-B03060200
1565	1652	7	27	1652	6	22	SJW-B03060220
1566	1652	8	6	1652	7	3	SJW-B03070030
1567	1652	8	9	1652	7	6	SJW-B03070060
1568	1652	8	13	1652	7	10	SJW-B03070100
1569	1652	9	1	1652	7	29	SJW-B03070290
1570	1652	9	2	1652	7	30	SJW-B03070300
1571	1652	9	3	1652	8	1	SJW-B03080010
1572	1652	9	5	1652	8	3	SJW-B03080030
1573	1652	9	16	1652	8	14	SJW-B03080140
1574	1652	9	17	1652	8	15	SJW-B03080150
1575	1652	9	22	1652	8	20	SJW-B03080200
1576	1652	9	23	1652	8	21	SJW-B03080210
1577	1652	9	26	1652	8	24	SJW-B03080240
1578	1652	9	27	1652	8	25	SJW-B03080250
1579	1652	10	12	1652	9	10	SJW-B03090100
1580	1652	10	19	1652	9	17	SJW-B03090170
1581	1652	10	20	1652	9	18	SJW-B03090180
1582	1652	10	24	1652	9	22	SJW-B03090220
1583	1652	10	25	1652	9	23	SJW-B03090230
1584	1652	10	29	1652	9	27	SJW-B03090270
1585	1652	11	7	1652	10	7	SJW-B03100070
1586	1652	12	13	1652	11	13	SJW-B03110130
1587	1653	1	2	1652	12	3	SJW-B03120030
1588	1653	1	9	1652	12	10	SJW-B03120100
1589	1653	2	1	1653	1	4	SJW-B04010040

续表

编号	公历			农历			ID 编号
	年	月	日	年	月	日	
1590	1653	2	2	1653	1	5	SJW-B04010050
1591	1653	2	13	1653	1	16	SJW-B04010160
1592	1653	2	16	1653	1	19	SJW-B04010190
1593	1653	2	17	1653	1	20	SJW-B04010200
1594	1653	2	28	1653	2	1	SJW-B04020010
1595	1653	3	2	1653	2	3	SJW-B04020030
1596	1653	3	14	1653	2	15	SJW-B04020150
1597	1653	3	20	1653	2	21	SJW-B04020210
1598	1653	3	28	1653	2	29	SJW-B04020290
1599	1653	4	1	1653	3	4	SJW-B04030040
1600	1653	4	2	1653	3	5	SJW-B04030050
1601	1653	4	9	1653	3	12	SJW-B04030120
1602	1653	4	10	1653	3	13	SJW-B04030130
1603	1653	4	13	1653	3	16	SJW-B04030160
1604	1653	4	17	1653	3	20	SJW-B04030200
1605	1653	4	20	1653	3	23	SJW-B04030230
1606	1653	5	1	1653	4	5	SJW-B04040050
1607	1653	5	3	1653	4	7	SJW-B04040070
1608	1653	5	5	1653	4	9	SJW-B04040090
1609	1653	5	14	1653	4	18	SJW-B04040180
1610	1653	5	20	1653	4	24	SJW-B04040240
1611	1653	5	21	1653	4	25	SJW-B04040250
1612	1653	5	25	1653	4	29	SJW-B04040290
1613	1653	5	26	1653	4	30	SJW-B04040300
1614	1653	5	27	1653	5	1	SJW-B04050010
1615	1653	5	28	1653	5	2	SJW-B04050020
1616	1653	6	3	1653	5	8	SJW-B04050080
1617	1653	6	9	1653	5	14	SJW-B04050140
1618	1653	6	16	1653	5	21	SJW-B04050210
1619	1653	6	18	1653	5	23	SJW-B04050230
1620	1653	6	21	1653	5	26	SJW-B04050260
1621	1653	6	23	1653	5	28	SJW-B04050280
1622	1653	6	26	1653	6	2	SJW-B04060020
1623	1653	7	2	1653	6	8	SJW-B04060080
1624	1653	7	5	1653	6	11	SJW-B04060110
1625	1653	7	6	1653	6	12	SJW-B04060120
1626	1653	7	9	1653	6	15	SJW-B04060150
1627	1653	7	14	1653	6	20	SJW-B04060200

续表

编号	公历			农历			ID 编号
	年	月	日	年	月	日	
1628	1653	7	15	1653	6	21	SJW-B04060210
1629	1653	8	12	1653	7	20	SJW-B04070200
1630	1653	8	13	1653	7	21	SJW-B04070210
1631	1653	8	14	1653	7	22	SJW-B04070220
1632	1653	8	15	1653	7	23	SJW-B04070230
1633	1653	8	19	1653	7	27	SJW-B04070270
1634	1653	8	26	1653	闰 7	4	SJW-B04071040
1635	1653	8	29	1653	闰 7	7	SJW-B04071070
1636	1653	9	5	1653	闰 7	14	SJW-B04071140
1637	1653	9	7	1653	闰 7	16	SJW-B04071160
1638	1653	9	12	1653	闰 7	21	SJW-B04071210
1639	1653	9	13	1653	闰 7	22	SJW-B04071220
1640	1653	9	14	1653	闰 7	23	SJW-B04071230
1641	1653	9	26	1653	8	5	SJW-B04080050
1642	1653	9	27	1653	8	6	SJW-B04080060
1643	1653	11	7	1653	9	18	SJW-B04090180
1644	1653	11	24	1653	10	5	SJW-B04100050
1645	1653	11	26	1653	10	7	SJW-B04100070
1646	1653	12	14	1653	10	25	SJW-B04100250
1647	1653	12	23	1653	11	4	SJW-B04110040
1648	1654	1	5	1653	11	17	SJW-B04110170
1649	1654	1	10	1653	11	22	SJW-B04110220
1650	1654	1	17	1653	11	29	SJW-B04110290
1651	1654	1	21	1653	12	4	SJW-B04120040
1652	1654	1	30	1653	12	13	SJW-B04120130
1653	1654	1	31	1653	12	14	SJW-B04120140
1654	1654	2	11	1653	12	25	SJW-B04120250
1655	1654	3	3	1654	1	15	SJW-B05010150
1656	1654	3	7	1654	1	19	SJW-B05010190
1657	1654	3	8	1654	1	20	SJW-B05010200
1658	1654	3	9	1654	1	21	SJW-B05010210
1659	1654	3	29	1654	2	11	SJW-B05020110
1660	1654	4	7	1654	2	20	SJW-B05020200
1661	1654	4	9	1654	2	22	SJW-B05020220
1662	1654	4	15	1654	2	28	SJW-B05020280
1663	1654	4	17	1654	3	1	SJW-B05030010
1664	1654	5	18	1654	4	3	SJW-B05040030
1665	1654	6	22	1654	5	8	SJW-B05050080

续表

编号	公历			农历			ID 编号
	年	月	日	年	月	日	
1666	1654	6	23	1654	5	9	SJW-B05050090
1667	1654	6	30	1654	5	16	SJW-B05050160
1668	1654	7	3	1654	5	19	SJW-B05050190
1669	1654	7	13	1654	5	29	SJW-B05050290
1670	1654	7	14	1654	6	1	SJW-B05060010
1671	1654	7	15	1654	6	2	SJW-B05060020
1672	1654	7	21	1654	6	8	SJW-B05060080
1673	1654	7	22	1654	6	9	SJW-B05060090
1674	1654	7	23	1654	6	10	SJW-B05060100
1675	1654	8	16	1654	7	5	SJW-B05070050
1676	1654	8	18	1654	7	7	SJW-B05070070
1677	1654	8	28	1654	7	17	SJW-B05070170
1678	1654	9	5	1654	7	25	SJW-B05070250
1679	1654	9	6	1654	7	26	SJW-B05070260
1680	1654	9	7	1654	7	27	SJW-B05070270
1681	1654	9	8	1654	7	28	SJW-B05070280
1682	1654	9	9	1654	7	29	SJW-B05070290
1683	1654	9	15	1654	8	5	SJW-B05080050
1684	1654	9	16	1654	8	6	SJW-B05080060
1685	1654	9	17	1654	8	7	SJW-B05080070
1686	1654	9	18	1654	8	8	SJW-B05080080
1687	1654	9	19	1654	8	9	SJW-B05080090
1688	1654	9	22	1654	8	12	SJW-B05080120
1689	1654	9	23	1654	8	13	SJW-B05080130
1690	1654	9	29	1654	8	19	SJW-B05080190
1691	1654	10	4	1654	8	24	SJW-B05080240
1692	1654	10	5	1654	8	25	SJW-B05080250
1693	1654	10	16	1654	9	7	SJW-B05090070
1694	1654	11	6	1654	9	28	SJW-B05090280
1695	1654	11	30	1654	10	22	SJW-B05100220
1696	1654	12	16	1654	11	8	SJW-B05110080
1697	1654	12	28	1654	11	20	SJW-B05110200
1698	1655	1	1	1654	11	24	SJW-B05110240
1699	1655	1	2	1654	11	25	SJW-B05110250
1700	1655	2	7	1655	1	2	SJW-B06010020
1701	1655	2	15	1655	1	10	SJW-B06010100
1702	1655	2	20	1655	1	15	SJW-B06010150
1703	1655	2	24	1655	1	19	SJW-B06010190

续表

编号	公历			农历			ID 编号
	年	月	日	年	月	日	
1704	1655	2	25	1655	1	20	SJW-B06010200
1705	1655	3	1	1655	1	24	SJW-B06010240
1706	1655	3	2	1655	1	25	SJW-B06010250
1707	1655	3	3	1655	1	26	SJW-B06010260
1708	1655	3	7	1655	1	30	SJW-B06010300
1709	1655	3	8	1655	2	1	SJW-B06020010
1710	1655	3	10	1655	2	3	SJW-B06020030
1711	1655	3	13	1655	2	6	SJW-B06020060
1712	1655	3	14	1655	2	7	SJW-B06020070
1713	1655	3	15	1655	2	8	SJW-B06020080
1714	1655	4	5	1655	2	29	SJW-B06020290
1715	1655	4	6	1655	2	30	SJW-B06020300
1716	1655	4	7	1655	3	1	SJW-B06030010
1717	1655	4	8	1655	3	2	SJW-B06030020
1718	1655	4	9	1655	3	3	SJW-B06030030
1719	1655	4	10	1655	3	4	SJW-B06030040
1720	1655	4	11	1655	3	5	SJW-B06030050
1721	1655	4	15	1655	3	9	SJW-B06030090
1722	1655	4	17	1655	3	11	SJW-B06030110
1723	1655	4	24	1655	3	18	SJW-B06030180
1724	1655	4	25	1655	3	19	SJW-B06030190
1725	1655	4	26	1655	3	20	SJW-B06030200
1726	1655	4	27	1655	3	21	SJW-B06030210
1727	1655	5	9	1655	4	4	SJW-B06040040
1728	1655	5	14	1655	4	9	SJW-B06040090
1729	1655	5	30	1655	4	25	SJW-B06040250
1730	1655	6	2	1655	4	28	SJW-B06040280
1731	1655	6	3	1655	4	29	SJW-B06040290
1732	1655	6	5	1655	5	2	SJW-B06050020
1733	1655	6	6	1655	5	3	SJW-B06050030
1734	1655	6	8	1655	5	5	SJW-B06050050
1735	1655	6	12	1655	5	9	SJW-B06050090
1736	1655	6	14	1655	5	11	SJW-B06050110
1737	1655	6	17	1655	5	14	SJW-B06050140
1738	1655	6	30	1655	5	27	SJW-B06050270
1739	1655	7	8	1655	6	5	SJW-B06060050
1740	1655	7	9	1655	6	6	SJW-B06060060
1741	1655	7	17	1655	6	14	SJW-B06060140

续表

编号	公历			农历			ID 编号
	年	月	日	年	月	日	
1742	1655	7	23	1655	6	20	SJW-B06060200
1743	1655	8	20	1655	7	19	SJW-B06070190
1744	1655	8	31	1655	8	1	SJW-B06080010
1745	1655	9	15	1655	8	16	SJW-B06080160
1746	1655	9	25	1655	8	26	SJW-B06080260
1747	1655	10	8	1655	9	9	SJW-B06090090
1748	1655	10	29	1655	10	1	SJW-B06100010
1749	1655	10	30	1655	10	2	SJW-B06100020
1750	1655	10	31	1655	10	3	SJW-B06100030
1751	1655	11	6	1655	10	9	SJW-B06100090
1752	1655	11	11	1655	10	14	SJW-B06100140
1753	1655	11	16	1655	10	19	SJW-B06100190
1754	1655	11	17	1655	10	20	SJW-B06100200
1755	1655	11	21	1655	10	24	SJW-B06100240
1756	1655	11	26	1655	10	29	SJW-B06100290
1757	1655	11	27	1655	10	30	SJW-B06100300
1758	1655	12	8	1655	11	11	SJW-B06110110
1759	1655	12	9	1655	11	12	SJW-B06110120
1760	1655	12	11	1655	11	14	SJW-B06110140
1761	1655	12	12	1655	11	15	SJW-B06110150
1762	1655	12	22	1655	11	25	SJW-B06110250
1763	1655	12	29	1655	12	2	SJW-B06120020
1764	1655	12	30	1655	12	3	SJW-B06120030
1765	1656	1	1	1655	12	5	SJW-B06120050
1766	1656	2	4	1656	1	10	SJW-B07010100
1767	1656	2	5	1656	1	11	SJW-B07010110
1768	1656	2	20	1656	1	26	SJW-B07010260
1769	1656	2	22	1656	1	28	SJW-B07010280
1770	1656	2	25	1656	2	1	SJW-B07020010
1771	1656	3	2	1656	2	7	SJW-B07020070
1772	1656	3	8	1656	2	13	SJW-B07020130
1773	1656	3	9	1656	2	14	SJW-B07020140
1774	1656	3	17	1656	2	22	SJW-B07020220
1775	1656	3	24	1656	2	29	SJW-B07020290
1776	1656	3	25	1656	2	30	SJW-B07020300
1777	1656	3	26	1656	3	1	SJW-B07030010
1778	1656	3	27	1656	3	2	SJW-B07030020
1779	1656	3	28	1656	3	3	SJW-B07030030

续表

编号	公历			农历			ID 编号
	年	月	日	年	月	日	
1780	1656	3	29	1656	3	4	SJW-B07030040
1781	1656	3	30	1656	3	5	SJW-B07030050
1782	1656	3	31	1656	3	6	SJW-B07030060
1783	1656	4	1	1656	3	7	SJW-B07030070
1784	1656	4	4	1656	3	10	SJW-B07030100
1785	1656	4	10	1656	3	16	SJW-B07030160
1786	1656	4	20	1656	3	26	SJW-B07030260
1787	1656	4	22	1656	3	28	SJW-B07030280
1788	1656	4	25	1656	4	2	SJW-B07040020
1789	1656	4	26	1656	4	3	SJW-B07040030
1790	1656	4	27	1656	4	4	SJW-B07040040
1791	1656	5	21	1656	4	28	SJW-B07040280
1792	1656	5	29	1656	5	6	SJW-B07050060
1793	1656	6	22	1656	闰 5	1	SJW-B07051010
1794	1656	6	25	1656	闰 5	4	SJW-B07051040
1795	1656	6	26	1656	闰 5	5	SJW-B07051050
1796	1656	7	4	1656	闰 5	13	SJW-B07051130
1797	1656	7	6	1656	闰 5	15	SJW-B07051150
1798	1656	7	9	1656	闰 5	18	SJW-B07051180
1799	1656	7	10	1656	闰 5	19	SJW-B07051190
1800	1656	7	11	1656	闰 5	20	SJW-B07051200
1801	1656	7	13	1656	闰 5	22	SJW-B07051220
1802	1656	7	14	1656	闰 5	23	SJW-B07051230
1803	1656	7	16	1656	闰 5	25	SJW-B07051250
1804	1656	7	17	1656	闰 5	26	SJW-B07051260
1805	1656	7	18	1656	闰 5	27	SJW-B07051270
1806	1656	7	19	1656	闰 5	28	SJW-B07051280
1807	1656	7	20	1656	闰 5	29	SJW-B07051290
1808	1656	7	21	1656	闰 5	30	SJW-B07051300
1809	1656	7	22	1656	6	1	SJW-B07060010
1810	1656	7	24	1656	6	3	SJW-B07060030
1811	1656	7	27	1656	6	6	SJW-B07060060
1812	1656	8	1	1656	6	11	SJW-B07060110
1813	1656	8	17	1656	6	27	SJW-B07060270
1814	1656	8	20	1656	7	1	SJW-B07070010
1815	1656	8	21	1656	7	2	SJW-B07070020
1816	1656	8	22	1656	7	3	SJW-B07070030
1817	1656	8	23	1656	7	4	SJW-B07070040

续表

编号	公历			农历			ID 编号
	年	月	日	年	月	日	
1818	1656	8	27	1656	7	8	SJW-B07070080
1819	1656	8	30	1656	7	11	SJW-B07070110
1820	1656	9	2	1656	7	14	SJW-B07070140
1821	1656	9	6	1656	7	18	SJW-B07070180
1822	1656	9	14	1656	7	26	SJW-B07070260
1823	1656	9	27	1656	8	10	SJW-B07080100
1824	1656	9	30	1656	8	13	SJW-B07080130
1825	1656	10	1	1656	8	14	SJW-B07080140
1826	1656	10	3	1656	8	16	SJW-B07080160
1827	1656	10	7	1656	8	20	SJW-B07080200
1828	1656	10	8	1656	8	21	SJW-B07080210
1829	1656	10	27	1656	9	10	SJW-B07090100
1830	1656	11	8	1656	9	22	SJW-B07090220
1831	1656	11	9	1656	9	23	SJW-B07090230
1832	1656	11	13	1656	9	27	SJW-B07090270
1833	1656	11	19	1656	10	4	SJW-B07100040
1834	1656	11	20	1656	10	5	SJW-B07100050
1835	1656	11	21	1656	10	6	SJW-B07100060
1836	1656	11	22	1656	10	7	SJW-B07100070
1837	1656	11	23	1656	10	8	SJW-B07100080
1838	1656	11	27	1656	10	12	SJW-B07100120
1839	1656	12	7	1656	10	22	SJW-B07100220
1840	1656	12	12	1656	10	27	SJW-B07100270
1841	1656	12	18	1656	11	3	SJW-B07110030
1842	1656	12	31	1656	11	16	SJW-B07110160
1843	1657	1	8	1656	11	24	SJW-B07110240
1844	1657	1	9	1656	11	25	SJW-B07110250
1845	1657	1	19	1656	12	6	SJW-B07120060
1846	1657	1	26	1656	12	13	SJW-B07120130
1847	1657	2	5	1656	12	23	SJW-B07120230
1848	1657	3	3	1657	1	19	SJW-B08010190
1849	1657	3	17	1657	2	3	SJW-B08020030
1850	1657	3	18	1657	2	4	SJW-B08020040
1851	1657	4	3	1657	2	20	SJW-B08020200
1852	1657	4	16	1657	3	3	SJW-B08030030
1853	1657	4	20	1657	3	7	SJW-B08030070
1854	1657	4	28	1657	3	15	SJW-B08030150
1855	1657	4	30	1657	3	17	SJW-B08030170

续表

编号	公历			农历			ID编号
	年	月	日	年	月	日	
1856	1657	5	4	1657	3	21	SJW-B08030210
1857	1657	5	21	1657	4	9	SJW-B08040090
1858	1657	5	22	1657	4	10	SJW-B08040100
1859	1657	5	23	1657	4	11	SJW-B08040110
1860	1657	5	24	1657	4	12	SJW-B08040120
1861	1657	6	4	1657	4	23	SJW-B08040230
1862	1657	6	5	1657	4	24	SJW-B08040240
1863	1657	6	6	1657	4	25	SJW-B08040250
1864	1657	6	9	1657	4	28	SJW-B08040280
1865	1657	6	11	1657	4	30	SJW-B08040300
1866	1657	6	17	1657	5	6	SJW-B08050060
1867	1657	6	18	1657	5	7	SJW-B08050070
1868	1657	6	21	1657	5	10	SJW-B08050100
1869	1657	6	23	1657	5	12	SJW-B08050120
1870	1657	6	24	1657	5	13	SJW-B08050130
1871	1657	6	29	1657	5	18	SJW-B08050180
1872	1657	6	30	1657	5	19	SJW-B08050190
1873	1657	7	1	1657	5	20	SJW-B08050200
1874	1657	7	3	1657	5	22	SJW-B08050220
1875	1657	7	6	1657	5	25	SJW-B08050250
1876	1657	7	7	1657	5	26	SJW-B08050260
1877	1657	7	11	1657	6	1	SJW-B08060010
1878	1657	7	15	1657	6	5	SJW-B08060050
1879	1657	7	18	1657	6	8	SJW-B08060080
1880	1657	7	19	1657	6	9	SJW-B08060090
1881	1657	8	7	1657	6	28	SJW-B08060280
1882	1657	8	8	1657	6	29	SJW-B08060290
1883	1657	8	9	1657	6	30	SJW-B08060300
1884	1657	8	17	1657	7	8	SJW-B08070080
1885	1657	9	9	1657	8	2	SJW-B08080020
1886	1657	9	11	1657	8	4	SJW-B08080040
1887	1657	9	12	1657	8	5	SJW-B08080050
1888	1657	9	15	1657	8	8	SJW-B08080080
1889	1657	9	18	1657	8	11	SJW-B08080110
1890	1657	9	19	1657	8	12	SJW-B08080120
1891	1657	9	21	1657	8	14	SJW-B08080140
1892	1657	9	22	1657	8	15	SJW-B08080150
1893	1657	9	23	1657	8	16	SJW-B08080160

续表

编号	公历			农历			ID 编号
	年	月	日	年	月	日	
1894	1657	9	28	1657	8	21	SJW-B08080210
1895	1657	11	1	1657	9	26	SJW-B08090260
1896	1657	11	10	1657	10	5	SJW-B08100050
1897	1657	11	17	1657	10	12	SJW-B08100120
1898	1657	11	19	1657	10	14	SJW-B08100140
1899	1657	12	1	1657	10	26	SJW-B08100260
1900	1657	12	3	1657	10	28	SJW-B08100280
1901	1657	12	26	1657	11	22	SJW-B08110220
1902	1658	1	4	1657	12	1	SJW-B08120010
1903	1658	1	5	1657	12	2	SJW-B08120020
1904	1658	1	6	1657	12	3	SJW-B08120030
1905	1658	1	10	1657	12	7	SJW-B08120070
1906	1658	1	12	1657	12	9	SJW-B08120090
1907	1658	1	17	1657	12	14	SJW-B08120140
1908	1658	1	19	1657	12	16	SJW-B08120160
1909	1658	1	21	1657	12	18	SJW-B08120180
1910	1658	2	18	1658	1	17	SJW-B09010170
1911	1658	2	20	1658	1	19	SJW-B09010190
1912	1658	2	23	1658	1	22	SJW-B09010220
1913	1658	2	25	1658	1	24	SJW-B09010240
1914	1658	2	26	1658	1	25	SJW-B09010250
1915	1658	2	28	1658	1	27	SJW-B09010270
1916	1658	3	1	1658	1	28	SJW-B09010280
1917	1658	3	2	1658	1	29	SJW-B09010290
1918	1658	3	3	1658	1	30	SJW-B09010300
1919	1658	3	7	1658	2	4	SJW-B09020040
1920	1658	3	10	1658	2	7	SJW-B09020070
1921	1658	3	11	1658	2	8	SJW-B09020080
1922	1658	3	13	1658	2	10	SJW-B09020100
1923	1658	3	15	1658	2	12	SJW-B09020120
1924	1658	3	23	1658	2	20	SJW-B09020200
1925	1658	3	31	1658	2	28	SJW-B09020280
1926	1658	4	8	1658	3	6	SJW-B09030060
1927	1658	4	12	1658	3	10	SJW-B09030100
1928	1658	4	13	1658	3	11	SJW-B09030110
1929	1658	4	14	1658	3	12	SJW-B09030120
1930	1658	4	17	1658	3	15	SJW-B09030150
1931	1658	4	23	1658	3	21	SJW-B09030210

续表

编号	公历			农历			ID 编号
	年	月	日	年	月	日	
1932	1658	4	30	1658	3	28	SJW-B09030280
1933	1658	5	1	1658	3	29	SJW-B09030290
1934	1658	5	5	1658	4	4	SJW-B09040040
1935	1658	5	9	1658	4	8	SJW-B09040080
1936	1658	5	10	1658	4	9	SJW-B09040090
1937	1658	5	14	1658	4	13	SJW-B09040130
1938	1658	5	24	1658	4	23	SJW-B09040230
1939	1658	6	5	1658	5	5	SJW-B09050050
1940	1658	6	6	1658	5	6	SJW-B09050060
1941	1658	6	12	1658	5	12	SJW-B09050120
1942	1658	6	15	1658	5	15	SJW-B09050150
1943	1658	6	25	1658	5	25	SJW-B09050250
1944	1658	6	26	1658	5	26	SJW-B09050260
1945	1658	6	28	1658	5	28	SJW-B09050280
1946	1658	7	8	1658	6	8	SJW-B09060080
1947	1658	7	10	1658	6	10	SJW-B09060100
1948	1658	7	11	1658	6	11	SJW-B09060110
1949	1658	7	14	1658	6	14	SJW-B09060140
1950	1658	7	15	1658	6	15	SJW-B09060150
1951	1658	7	18	1658	6	18	SJW-B09060180
1952	1658	7	19	1658	6	19	SJW-B09060190
1953	1658	8	5	1658	7	7	SJW-B09070070
1954	1658	8	31	1658	8	3	SJW-B09080030
1955	1658	9	1	1658	8	4	SJW-B09080040
1956	1658	9	5	1658	8	8	SJW-B09080080
1957	1658	9	6	1658	8	9	SJW-B09080090
1958	1658	9	7	1658	8	10	SJW-B09080100
1959	1658	9	21	1658	8	24	SJW-B09080240
1960	1658	11	1	1658	10	7	SJW-B09100070
1961	1658	11	3	1658	10	9	SJW-B09100090
1962	1658	11	7	1658	10	13	SJW-B09100130
1963	1658	11	8	1658	10	14	SJW-B09100140
1964	1658	11	20	1658	10	26	SJW-B09100260
1965	1658	11	21	1658	10	27	SJW-B09100270
1966	1658	12	8	1658	11	14	SJW-B09110140
1967	1658	12	25	1658	12	2	SJW-B09120020
1968	1658	12	30	1658	12	7	SJW-B09120070
1969	1659	1	10	1658	12	18	SJW-B09120180

续表

编号	公历			农历			ID 编号
	年	月	日	年	月	日	
1970	1659	1	26	1659	1	4	SJW-B10010040
1971	1659	1	27	1659	1	5	SJW-B10010050
1972	1659	1	28	1659	1	6	SJW-B10010060
1973	1659	1	29	1659	1	7	SJW-B10010070
1974	1659	2	5	1659	1	14	SJW-B10010140
1975	1659	2	6	1659	1	15	SJW-B10010150
1976	1659	3	1	1659	2	9	SJW-B10020090
1977	1659	3	12	1659	2	20	SJW-B10020200
1978	1659	3	15	1659	2	23	SJW-B10020230
1979	1659	3	24	1659	3	2	SJW-B10030020
1980	1659	3	25	1659	3	3	SJW-B10030030
1981	1659	3	26	1659	3	4	SJW-B10030040
1982	1659	3	27	1659	3	5	SJW-B10030050
1983	1659	3	28	1659	3	6	SJW-B10030060
1984	1659	3	29	1659	3	7	SJW-B10030070
1985	1659	3	30	1659	3	8	SJW-B10030080
1986	1659	3	31	1659	3	9	SJW-B10030090
1987	1659	4	6	1659	3	15	SJW-B10030150
1988	1659	4	7	1659	3	16	SJW-B10030160
1989	1659	4	9	1659	3	18	SJW-B10030180
1990	1659	4	17	1659	3	26	SJW-B10030260
1991	1659	4	19	1659	3	28	SJW-B10030280
1992	1659	4	28	1659	闰 3	8	SJW-B10031080
1993	1659	4	30	1659	闰 3	10	SJW-B10031100
1994	1659	5	5	1659	闰 3	15	SJW-B10031150
1995	1659	5	8	1659	闰 3	18	SJW-B10031180
1996	1659	5	15	1659	闰 3	25	SJW-B10031250
1997	1659	5	17	1659	闰 3	27	SJW-B10031270
1998	1659	5	18	1659	闰 3	28	SJW-B10031280
1999	1659	6	1	1659	4	12	SJW-B10040120
2000	1659	6	4	1659	4	15	SJW-B10040150
2001	1659	6	8	1659	4	19	SJW-B10040190
2002	1659	6	11	1659	4	22	SJW-B10040220
2003	1659	6	16	1659	4	27	SJW-B10040270
2004	1659	6	22	1659	5	3	SJW-B10050030
2005	1659	6	24	1659	5	5	SJW-B10050050
2006	1659	7	15	1659	5	26	SJW-C00050260
2007	1659	7	19	1659	6	1	SJW-C00060010

续表

编号	公历			农历			ID 编号
	年	月	日	年	月	日	
2008	1659	7	20	1659	6	2	SJW-C00060020
2009	1659	7	21	1659	6	3	SJW-C00060030
2010	1659	7	22	1659	6	4	SJW-C00060040
2011	1659	7	23	1659	6	5	SJW-C00060050
2012	1659	7	24	1659	6	6	SJW-C00060060
2013	1659	7	26	1659	6	8	SJW-C00060080
2014	1659	7	27	1659	6	9	SJW-C00060090
2015	1659	7	29	1659	6	11	SJW-C00060110
2016	1659	7	30	1659	6	12	SJW-C00060120
2017	1659	7	31	1659	6	13	SJW-C00060130
2018	1659	8	5	1659	6	18	SJW-C00060180
2019	1659	8	8	1659	6	21	SJW-C00060210
2020	1659	8	10	1659	6	23	SJW-C00060230
2021	1659	8	14	1659	6	27	SJW-C00060270
2022	1659	8	29	1659	7	12	SJW-C00070120
2023	1659	8	30	1659	7	13	SJW-C00070130
2024	1659	9	7	1659	7	21	SJW-C00070210
2025	1659	9	12	1659	7	26	SJW-C00070260
2026	1659	9	13	1659	7	27	SJW-C00070270
2027	1659	9	17	1659	8	2	SJW-C00080020
2028	1659	9	18	1659	8	3	SJW-C00080030
2029	1659	9	21	1659	8	6	SJW-C00080060
2030	1659	10	8	1659	8	23	SJW-C00080230
2031	1659	10	9	1659	8	24	SJW-C00080240
2032	1659	10	16	1659	9	1	SJW-C00090010
2033	1659	10	28	1659	9	13	SJW-C00090130
2034	1659	10	30	1659	9	15	SJW-C00090150
2035	1659	11	1	1659	9	17	SJW-C00090170
2036	1659	11	22	1659	10	9	SJW-C00100090
2037	1659	12	9	1659	10	26	SJW-C00100260
2038	1660	1	19	1659	12	8	SJW-C00120080
2039	1660	1	25	1659	12	14	SJW-C00120140
2040	1660	2	9	1659	12	29	SJW-C00120290
2041	1660	2	16	1660	1	6	SJW-C01010060
2042	1660	2	25	1660	1	15	SJW-C01010150
2043	1660	2	26	1660	1	16	SJW-C01010160
2044	1660	4	1	1660	2	22	SJW-C01020220
2045	1660	4	2	1660	2	23	SJW-C01020230

续表

编号	公历			农历			ID 编号
	年	月	日	年	月	日	
2046	1660	4	6	1660	2	27	SJW-C01020270
2047	1660	4	7	1660	2	28	SJW-C01020280
2048	1660	4	20	1660	3	11	SJW-C01030110
2049	1660	4	26	1660	3	17	SJW-C01030170
2050	1660	5	2	1660	3	23	SJW-C01030230
2051	1660	5	3	1660	3	24	SJW-C01030240
2052	1660	5	8	1660	3	29	SJW-C01030290
2053	1660	5	11	1660	4	3	SJW-C01040030
2054	1660	5	27	1660	4	19	SJW-C01040190
2055	1660	5	28	1660	4	20	SJW-C01040200
2056	1660	6	15	1660	5	8	SJW-C01050080
2057	1660	6	26	1660	5	19	SJW-C01050190
2058	1660	7	7	1660	6	1	SJW-C01060010
2059	1660	7	9	1660	6	3	SJW-C01060030
2060	1660	7	13	1660	6	7	SJW-C01060070
2061	1660	7	22	1660	6	16	SJW-C01060160
2062	1660	7	24	1660	6	18	SJW-C01060180
2063	1660	8	3	1660	6	28	SJW-C01060280
2064	1660	8	19	1660	7	14	SJW-C01070140
2065	1660	8	23	1660	7	18	SJW-C01070180
2066	1660	8	24	1660	7	19	SJW-C01070190
2067	1660	9	2	1660	7	28	SJW-C01070280
2068	1660	9	24	1660	8	20	SJW-C01080200
2069	1660	10	8	1660	9	5	SJW-C01090050
2070	1660	10	20	1660	9	17	SJW-C01090170
2071	1660	10	28	1660	9	25	SJW-C01090250
2072	1660	10	29	1660	9	26	SJW-C01090260
2073	1660	10	31	1660	9	28	SJW-C01090280
2074	1660	11	9	1660	10	7	SJW-C01100070
2075	1660	11	10	1660	10	8	SJW-C01100080
2076	1660	11	12	1660	10	10	SJW-C01100100
2077	1660	11	28	1660	10	26	SJW-C01100260
2078	1660	12	4	1660	11	3	SJW-C01110030
2079	1660	12	6	1660	11	5	SJW-C01110050
2080	1660	12	9	1660	11	8	SJW-C01110080
2081	1660	12	10	1660	11	9	SJW-C01110090
2082	1660	12	12	1660	11	11	SJW-C01110110
2083	1660	12	14	1660	11	13	SJW-C01110130

续表

编号	公历			农历			ID 编号
	年	月	日	年	月	日	
2084	1660	12	18	1660	11	17	SJW-C01110170
2085	1660	12	27	1660	11	26	SJW-C01110260
2086	1661	1	6	1660	12	6	SJW-C01120060
2087	1661	1	14	1660	12	14	SJW-C01120140
2088	1661	1	22	1660	12	22	SJW-C01120220
2089	1661	2	10	1661	1	12	SJW-C02010120
2090	1661	2	15	1661	1	17	SJW-C02010170
2091	1661	2	28	1661	1	30	SJW-C02010300
2092	1661	3	10	1661	2	10	SJW-C02020100
2093	1661	3	13	1661	2	13	SJW-C02020130
2094	1661	3	20	1661	2	20	SJW-C02020200
2095	1661	3	21	1661	2	21	SJW-C02020210
2096	1661	3	25	1661	2	25	SJW-C02020250
2097	1661	4	4	1661	3	6	SJW-C02030060
2098	1661	4	8	1661	3	10	SJW-C02030100
2099	1661	4	9	1661	3	11	SJW-C02030110
2100	1661	4	10	1661	3	12	SJW-C02030120
2101	1661	5	11	1661	4	13	SJW-C02040130
2102	1661	5	23	1661	4	25	SJW-C02040250
2103	1661	5	28	1661	5	1	SJW-C02050010
2104	1661	5	29	1661	5	2	SJW-C02050020
2105	1661	6	20	1661	5	24	SJW-C02050240
2106	1661	7	8	1661	6	13	SJW-C02060130
2107	1661	7	11	1661	6	16	SJW-C02060160
2108	1661	7	12	1661	6	17	SJW-C02060170
2109	1661	7	16	1661	6	21	SJW-C02060210
2110	1661	7	18	1661	6	23	SJW-C02060230
2111	1661	7	21	1661	6	26	SJW-C02060260
2112	1661	7	28	1661	7	3	SJW-C02070030
2113	1661	7	30	1661	7	5	SJW-C02070050
2114	1661	8	1	1661	7	7	SJW-C02070070
2115	1661	8	4	1661	7	10	SJW-C02070100
2116	1661	8	11	1661	7	17	SJW-C02070170
2117	1661	8	16	1661	7	22	SJW-C02070220
2118	1661	8	20	1661	7	26	SJW-C02070260
2119	1661	8	25	1661	闰 7	1	SJW-C02071010
2120	1661	8	28	1661	闰 7	4	SJW-C02071040
2121	1661	8	30	1661	闰 7	6	SJW-C02071060

续表

编号	公历			农历			ID 编号
	年	月	日	年	月	日	
2122	1661	8	31	1661	闰 7	7	SJW-C02071070
2123	1661	9	3	1661	闰 7	10	SJW-C02071100
2124	1661	9	4	1661	闰 7	11	SJW-C02071110
2125	1661	9	8	1661	闰 7	15	SJW-C02071150
2126	1661	9	12	1661	闰 7	19	SJW-C02071190
2127	1661	9	13	1661	闰 7	20	SJW-C02071200
2128	1661	9	22	1661	闰 7	29	SJW-C02071290
2129	1661	10	2	1661	8	10	SJW-C02080100
2130	1661	10	3	1661	8	11	SJW-C02080110
2131	1661	11	4	1661	9	13	SJW-C02090130
2132	1661	11	6	1661	9	15	SJW-C02090150
2133	1661	11	7	1661	9	16	SJW-C02090160
2134	1661	11	14	1661	9	23	SJW-C02090230
2135	1661	12	13	1661	10	22	SJW-C02100220
2136	1661	12	15	1661	10	24	SJW-C02100240
2137	1661	12	16	1661	10	25	SJW-C02100250
2138	1662	1	15	1661	11	26	SJW-C02110260
2139	1662	1	29	1661	12	10	SJW-C02120100
2140	1662	1	31	1661	12	12	SJW-C02120120
2141	1662	2	1	1661	12	13	SJW-C02120130
2142	1662	2	2	1661	12	14	SJW-C02120140
2143	1662	2	7	1661	12	19	SJW-C02120190
2144	1662	2	11	1661	12	23	SJW-C02120230
2145	1662	2	16	1661	12	28	SJW-C02120280
2146	1662	2	17	1661	12	29	SJW-C02120290
2147	1662	2	24	1662	1	7	SJW-C03010070
2148	1662	3	1	1662	1	12	SJW-C03010120
2149	1662	3	13	1662	1	24	SJW-C03010240
2150	1662	3	19	1662	1	30	SJW-C03010300
2151	1662	4	4	1662	2	16	SJW-C03020160
2152	1662	4	7	1662	2	19	SJW-C03020190
2153	1662	4	8	1662	2	20	SJW-C03020200
2154	1662	5	7	1662	3	20	SJW-C03030200
2155	1662	5	8	1662	3	21	SJW-C03030210
2156	1662	5	9	1662	3	22	SJW-C03030220
2157	1662	5	16	1662	3	29	SJW-C03030290
2158	1662	5	17	1662	3	30	SJW-C03030300
2159	1662	5	20	1662	4	3	SJW-C03040030

续表

编号	公历			农历			ID 编号
	年	月	日	年	月	日	
2160	1662	6	1	1662	4	15	SJW-C03040150
2161	1662	6	3	1662	4	17	SJW-C03040170
2162	1662	6	4	1662	4	18	SJW-C03040180
2163	1662	6	10	1662	4	24	SJW-C03040240
2164	1662	6	19	1662	5	4	SJW-C03050040
2165	1662	6	29	1662	5	14	SJW-C03050140
2166	1662	7	1	1662	5	16	SJW-C03050160
2167	1662	7	5	1662	5	20	SJW-C03050200
2168	1662	7	18	1662	6	4	SJW-C03060040
2169	1662	8	16	1662	7	3	SJW-C03070030
2170	1662	9	11	1662	7	29	SJW-C03070290
2171	1662	9	13	1662	8	2	SJW-C03080020
2172	1662	9	19	1662	8	8	SJW-C03080080
2173	1662	9	22	1662	8	11	SJW-C03080110
2174	1662	9	27	1662	8	16	SJW-C03080160
2175	1662	10	5	1662	8	24	SJW-C03080240
2176	1662	10	6	1662	8	25	SJW-C03080250
2177	1662	10	7	1662	8	26	SJW-C03080260
2178	1662	10	9	1662	8	28	SJW-C03080280
2179	1662	10	15	1662	9	4	SJW-C03090040
2180	1662	10	17	1662	9	6	SJW-C03090060
2181	1662	11	5	1662	9	25	SJW-C03090250
2182	1662	12	6	1662	10	26	SJW-C03100260
2183	1662	12	9	1662	10	29	SJW-C03100290
2184	1663	1	1	1662	11	22	SJW-C03110220
2185	1663	1	4	1662	11	25	SJW-C03110250
2186	1663	1	23	1662	12	15	SJW-C03120150
2187	1663	2	8	1663	1	1	SJW-C04010010
2188	1663	2	16	1663	1	9	SJW-C04010090
2189	1663	2	18	1663	1	11	SJW-C04010110
2190	1663	2	21	1663	1	14	SJW-C04010140
2191	1663	2	22	1663	1	15	SJW-C04010150
2192	1663	3	5	1663	1	26	SJW-C04010260
2193	1663	3	7	1663	1	28	SJW-C04010280
2194	1663	3	8	1663	1	29	SJW-C04010290
2195	1663	3	9	1663	1	30	SJW-C04010300
2196	1663	3	12	1663	2	3	SJW-C04020030
2197	1663	3	13	1663	2	4	SJW-C04020040

续表

编号	公历			农历			ID 编号
	年	月	日	年	月	日	
2198	1663	3	14	1663	2	5	SJW-C04020050
2199	1663	3	24	1663	2	15	SJW-C04020150
2200	1663	4	4	1663	2	26	SJW-C04020260
2201	1663	4	14	1663	3	7	SJW-C04030070
2202	1663	4	16	1663	3	9	SJW-C04030090
2203	1663	4	25	1663	3	18	SJW-C04030180
2204	1663	5	2	1663	3	25	SJW-C04030250
2205	1663	5	5	1663	3	28	SJW-C04030280
2206	1663	5	7	1663	4	1	SJW-C04040010
2207	1663	5	8	1663	4	2	SJW-C04040020
2208	1663	5	9	1663	4	3	SJW-C04040030
2209	1663	5	10	1663	4	4	SJW-C04040040
2210	1663	5	16	1663	4	10	SJW-C04040100
2211	1663	5	23	1663	4	17	SJW-C04040170
2212	1663	5	24	1663	4	18	SJW-C04040180
2213	1663	6	1	1663	4	26	SJW-C04040260
2214	1663	6	4	1663	4	29	SJW-C04040290
2215	1663	6	10	1663	5	5	SJW-C04050050
2216	1663	6	17	1663	5	12	SJW-C04050120
2217	1663	6	18	1663	5	13	SJW-C04050130
2218	1663	6	19	1663	5	14	SJW-C04050140
2219	1663	6	20	1663	5	15	SJW-C04050150
2220	1663	6	23	1663	5	18	SJW-C04050180
2221	1663	6	24	1663	5	19	SJW-C04050190
2222	1663	6	25	1663	5	20	SJW-C04050200
2223	1663	6	26	1663	5	21	SJW-C04050210
2224	1663	6	27	1663	5	22	SJW-C04050220
2225	1663	7	1	1663	5	26	SJW-C04050260
2226	1663	7	2	1663	5	27	SJW-C04050270
2227	1663	7	3	1663	5	28	SJW-C04050280
2228	1663	7	4	1663	5	29	SJW-C04050290
2229	1663	7	5	1663	6	1	SJW-C04060010
2230	1663	7	6	1663	6	2	SJW-C04060020
2231	1663	7	7	1663	6	3	SJW-C04060030
2232	1663	7	8	1663	6	4	SJW-C04060040
2233	1663	7	12	1663	6	8	SJW-C04060080
2234	1663	7	14	1663	6	10	SJW-C04060100
2235	1663	7	15	1663	6	11	SJW-C04060110

续表

编号	公历			农历			ID 编号
	年	月	日	年	月	日	
2236	1663	7	16	1663	6	12	SJW-C04060120
2237	1663	8	25	1663	7	23	SJW-C04070230
2238	1663	8	31	1663	7	29	SJW-C04070290
2239	1663	9	6	1663	8	5	SJW-C04080050
2240	1663	9	7	1663	8	6	SJW-C04080060
2241	1663	9	16	1663	8	15	SJW-C04080150
2242	1663	9	17	1663	8	16	SJW-C04080160
2243	1663	9	22	1663	8	21	SJW-C04080210
2244	1663	10	1	1663	9	1	SJW-C04090010
2245	1663	10	2	1663	9	2	SJW-C04090020
2246	1663	10	3	1663	9	3	SJW-C04090030
2247	1663	10	5	1663	9	5	SJW-C04090050
2248	1663	10	7	1663	9	7	SJW-C04090070
2249	1663	10	12	1663	9	12	SJW-C04090120
2250	1663	10	13	1663	9	13	SJW-C04090130
2251	1663	10	25	1663	9	25	SJW-C04090250
2252	1663	11	19	1663	10	20	SJW-C04100200
2253	1663	11	23	1663	10	24	SJW-C04100240
2254	1663	11	26	1663	10	27	SJW-C04100270
2255	1663	11	27	1663	10	28	SJW-C04100280
2256	1663	11	28	1663	10	29	SJW-C04100290
2257	1663	12	5	1663	11	6	SJW-C04110060
2258	1663	12	7	1663	11	8	SJW-C04110080
2259	1663	12	14	1663	11	15	SJW-C04110150
2260	1663	12	15	1663	11	16	SJW-C04110160
2261	1663	12	16	1663	11	17	SJW-C04110170
2262	1663	12	23	1663	11	24	SJW-C04110240
2263	1664	1	6	1663	12	9	SJW-C04120090
2264	1664	1	11	1663	12	14	SJW-C04120140
2265	1664	1	12	1663	12	15	SJW-C04120150
2266	1664	1	16	1663	12	19	SJW-C04120190
2267	1664	1	18	1663	12	21	SJW-C04120210
2268	1664	1	24	1663	12	27	SJW-C04120270
2269	1664	1	30	1664	1	3	SJW-C05010030
2270	1664	1	31	1664	1	4	SJW-C05010040
2271	1664	2	2	1664	1	6	SJW-C05010060
2272	1664	2	3	1664	1	7	SJW-C05010070
2273	1664	2	9	1664	1	13	SJW-C05010130

续表

编号	公历			农历			ID 编号
	年	月	日	年	月	日	
2274	1664	2	18	1664	1	22	SJW-C05010220
2275	1664	2	20	1664	1	24	SJW-C05010240
2276	1664	2	21	1664	1	25	SJW-C05010250
2277	1664	2	23	1664	1	27	SJW-C05010270
2278	1664	3	3	1664	2	6	SJW-C05020060
2279	1664	3	10	1664	2	13	SJW-C05020130
2280	1664	3	12	1664	2	15	SJW-C05020150
2281	1664	3	13	1664	2	16	SJW-C05020160
2282	1664	3	14	1664	2	17	SJW-C05020170
2283	1664	3	15	1664	2	18	SJW-C05020180
2284	1664	3	16	1664	2	19	SJW-C05020190
2285	1664	4	1	1664	3	6	SJW-C05030060
2286	1664	4	13	1664	3	18	SJW-C05030180
2287	1664	4	14	1664	3	19	SJW-C05030190
2288	1664	4	15	1664	3	20	SJW-C05030200
2289	1664	4	16	1664	3	21	SJW-C05030210
2290	1664	4	17	1664	3	22	SJW-C05030220
2291	1664	4	18	1664	3	23	SJW-C05030230
2292	1664	4	19	1664	3	24	SJW-C05030240
2293	1664	5	14	1664	4	19	SJW-C05040190
2294	1664	5	27	1664	5	3	SJW-C05050030
2295	1664	5	30	1664	5	6	SJW-C05050060
2296	1664	6	4	1664	5	11	SJW-C05050110
2297	1664	6	5	1664	5	12	SJW-C05050120
2298	1664	6	11	1664	5	18	SJW-C05050180
2299	1664	6	16	1664	5	23	SJW-C05050230
2300	1664	6	17	1664	5	24	SJW-C05050240
2301	1664	6	23	1664	5	30	SJW-C05050300
2302	1664	6	26	1664	6	3	SJW-C05060030
2303	1664	7	6	1664	6	13	SJW-C05060130
2304	1664	7	7	1664	6	14	SJW-C05060140
2305	1664	7	20	1664	6	27	SJW-C05060270
2306	1664	7	25	1664	闰 6	3	SJW-C05061030
2307	1664	8	4	1664	闰 6	13	SJW-C05061130
2308	1664	8	7	1664	闰 6	16	SJW-C05061160
2309	1664	8	8	1664	闰 6	17	SJW-C05061170
2310	1664	8	21	1664	7	1	SJW-C05070010
2311	1664	8	27	1664	7	7	SJW-C05070070

续表

编号	公历			农历			ID 编号
	年	月	日	年	月	日	
2312	1664	8	28	1664	7	8	SJW-C05070080
2313	1664	8	30	1664	7	10	SJW-C05070100
2314	1664	9	1	1664	7	12	SJW-C05070120
2315	1664	9	2	1664	7	13	SJW-C05070130
2316	1664	9	7	1664	7	18	SJW-C05070180
2317	1664	9	12	1664	7	23	SJW-C05070230
2318	1664	9	18	1664	7	29	SJW-C05070290
2319	1664	9	24	1664	8	5	SJW-C05080050
2320	1664	10	13	1664	8	24	SJW-C05080240
2321	1664	10	23	1664	9	5	SJW-C05090050
2322	1664	10	24	1664	9	6	SJW-C05090060
2323	1664	11	15	1664	9	28	SJW-C05090280
2324	1664	11	16	1664	9	29	SJW-C05090290
2325	1664	11	18	1664	10	1	SJW-C05100010
2326	1664	11	29	1664	10	12	SJW-C05100120
2327	1664	12	1	1664	10	14	SJW-C05100140
2328	1664	12	14	1664	10	27	SJW-C05100270
2329	1665	1	2	1664	11	17	SJW-C05110170
2330	1665	1	15	1664	11	30	SJW-C05110300
2331	1665	1	16	1664	12	1	SJW-C05120010
2332	1665	2	3	1664	12	19	SJW-C05120190
2333	1665	3	19	1665	2	3	SJW-C06020030
2334	1665	3	20	1665	2	4	SJW-C06020040
2335	1665	3	21	1665	2	5	SJW-C06020050
2336	1665	3	28	1665	2	12	SJW-C06020120
2337	1665	4	1	1665	2	16	SJW-C06020160
2338	1665	4	5	1665	2	20	SJW-C06020200
2339	1665	4	12	1665	2	27	SJW-C06020270
2340	1665	4	27	1665	3	13	SJW-C06030130
2341	1665	4	28	1665	3	14	SJW-C06030140
2342	1665	4	29	1665	3	15	SJW-C06030150
2343	1665	5	4	1665	3	20	SJW-C06030200
2344	1665	5	5	1665	3	21	SJW-C06030210
2345	1665	5	11	1665	3	27	SJW-C06030270
2346	1665	5	14	1665	3	30	SJW-C06030300
2347	1665	5	18	1665	4	4	SJW-C06040040
2348	1665	5	19	1665	4	5	SJW-C06040050
2349	1665	5	23	1665	4	9	SJW-C06040090

续表

编号	公历			农历			ID 编号
	年	月	日	年	月	日	
2350	1665	5	31	1665	4	17	SJW-C06040170
2351	1665	6	6	1665	4	23	SJW-C06040230
2352	1665	6	14	1665	5	2	SJW-C06050020
2353	1665	6	15	1665	5	3	SJW-C06050031
2354	1665	6	16	1665	5	4	SJW-C06050041
2355	1665	6	17	1665	5	5	SJW-C06050051
2356	1665	6	18	1665	5	6	SJW-C06050061
2357	1665	7	24	1665	6	12	SJW-C06060120
2358	1665	7	27	1665	6	15	SJW-C06060150
2359	1665	8	2	1665	6	21	SJW-C06060210
2360	1665	8	4	1665	6	23	SJW-C06060230
2361	1665	8	7	1665	6	26	SJW-C06060260
2362	1665	8	11	1665	7	1	SJW-C06070010
2363	1665	8	21	1665	7	11	SJW-C06070110
2364	1665	8	26	1665	7	16	SJW-C06070160
2365	1665	8	28	1665	7	18	SJW-C06070180
2366	1665	8	30	1665	7	20	SJW-C06070200
2367	1665	9	2	1665	7	23	SJW-C06070230
2368	1665	9	5	1665	7	26	SJW-C06070260
2369	1665	10	22	1665	9	14	SJW-C06090140
2370	1665	11	20	1665	10	14	SJW-C06100140
2371	1665	11	25	1665	10	19	SJW-C06100190
2372	1665	12	22	1665	11	16	SJW-C06110160
2373	1666	1	16	1665	12	12	SJW-C06120120
2374	1666	2	10	1666	1	7	SJW-C07010070
2375	1666	2	16	1666	1	13	SJW-C07010130
2376	1666	2	18	1666	1	15	SJW-C07010150
2377	1666	2	22	1666	1	19	SJW-C07010190
2378	1666	2	23	1666	1	20	SJW-C07010200
2379	1666	2	24	1666	1	21	SJW-C07010210
2380	1666	2	25	1666	1	22	SJW-C07010220
2381	1666	2	26	1666	1	23	SJW-C07010230
2382	1666	2	27	1666	1	24	SJW-C07010240
2383	1666	3	11	1666	2	6	SJW-C07020060
2384	1666	3	22	1666	2	17	SJW-C07020170
2385	1666	4	26	1666	3	23	SJW-C07030230
2386	1666	4	28	1666	3	25	SJW-C07030250
2387	1666	4	30	1666	3	27	SJW-C07030270

续表

编号	公历			农历			ID 编号
	年	月	日	年	月	日	
2388	1666	5	1	1666	3	28	SJW-C07030280
2389	1666	5	6	1666	4	3	SJW-C07040030
2390	1666	5	10	1666	4	7	SJW-C07040070
2391	1666	5	11	1666	4	8	SJW-C07040080
2392	1666	5	11	1666	4	8	SJW-C07040081
2393	1666	6	2	1666	4	30	SJW-C07040300
2394	1666	6	3	1666	5	1	SJW-C07050010
2395	1666	6	4	1666	5	2	SJW-C07050020
2396	1666	6	5	1666	5	3	SJW-C07050030
2397	1666	6	6	1666	5	4	SJW-C07050040
2398	1666	6	7	1666	5	5	SJW-C07050050
2399	1666	6	17	1666	5	15	SJW-C07050150
2400	1666	6	19	1666	5	17	SJW-C07050170
2401	1666	6	20	1666	5	18	SJW-C07050180
2402	1666	6	28	1666	5	26	SJW-C07050260
2403	1666	7	6	1666	6	5	SJW-C07060050
2404	1666	7	7	1666	6	6	SJW-C07060060
2405	1666	7	8	1666	6	7	SJW-C07060070
2406	1666	7	9	1666	6	8	SJW-C07060080
2407	1666	7	10	1666	6	9	SJW-C07060090
2408	1666	7	11	1666	6	10	SJW-C07060100
2409	1666	7	14	1666	6	13	SJW-C07060130
2410	1666	7	15	1666	6	14	SJW-C07060140
2411	1666	7	16	1666	6	15	SJW-C07060150
2412	1666	7	17	1666	6	16	SJW-C07060160
2413	1666	7	18	1666	6	17	SJW-C07060170
2414	1666	7	20	1666	6	19	SJW-C07060190
2415	1666	7	21	1666	6	20	SJW-C07060200
2416	1666	7	22	1666	6	21	SJW-C07060210
2417	1666	7	23	1666	6	22	SJW-C07060220
2418	1666	7	24	1666	6	23	SJW-C07060230
2419	1666	7	30	1666	6	29	SJW-C07060290
2420	1666	9	7	1666	8	9	SJW-C07080090
2421	1666	9	8	1666	8	10	SJW-C07080100
2422	1666	9	15	1666	8	17	SJW-C07080170
2423	1666	9	27	1666	8	29	SJW-C07080290
2424	1666	10	22	1666	9	25	SJW-C07090250
2425	1666	10	29	1666	10	2	SJW-C07100020

续表

编号	公历			农历			ID 编号
	年	月	日	年	月	日	
2426	1666	11	10	1666	10	14	SJW-C07100140
2427	1666	11	18	1666	10	22	SJW-C07100220
2428	1666	11	23	1666	10	27	SJW-C07100270
2429	1666	11	26	1666	11	1	SJW-C07110010
2430	1666	11	27	1666	11	2	SJW-C07110020
2431	1666	12	21	1666	11	26	SJW-C07110260
2432	1666	12	26	1666	12	1	SJW-C07120010
2433	1667	1	1	1666	12	7	SJW-C07120070
2434	1667	1	3	1666	12	9	SJW-C07120090
2435	1667	1	6	1666	12	12	SJW-C07120120
2436	1667	1	8	1666	12	14	SJW-C07120140
2437	1667	1	9	1666	12	15	SJW-C07120150
2438	1667	1	25	1667	1	2	SJW-C08010020
2439	1667	1	29	1667	1	6	SJW-C08010060
2440	1667	1	30	1667	1	7	SJW-C08010070
2441	1667	1	31	1667	1	8	SJW-C08010080
2442	1667	2	7	1667	1	15	SJW-C08010150
2443	1667	2	9	1667	1	17	SJW-C08010170
2444	1667	2	12	1667	1	20	SJW-C08010200
2445	1667	3	4	1667	2	10	SJW-C08020100
2446	1667	3	6	1667	2	12	SJW-C08020120
2447	1667	3	25	1667	3	2	SJW-C08030020
2448	1667	4	5	1667	3	13	SJW-C08030130
2449	1667	4	13	1667	3	21	SJW-C08030210
2450	1667	4	19	1667	3	27	SJW-C08030270
2451	1667	4	26	1667	4	4	SJW-C08040040
2452	1667	5	4	1667	4	12	SJW-C08040120
2453	1667	5	4	1667	4	12	SJW-C08040121
2454	1667	5	7	1667	4	15	SJW-C08040150
2455	1667	5	7	1667	4	15	SJW-C08040151
2456	1667	5	10	1667	4	18	SJW-C08040181
2457	1667	5	13	1667	4	21	SJW-C08040210
2458	1667	5	13	1667	4	21	SJW-C08040211
2459	1667	5	14	1667	4	22	SJW-C08040220
2460	1667	5	14	1667	4	22	SJW-C08040221
2461	1667	5	19	1667	4	27	SJW-C08040271
2462	1667	6	7	1667	闰 4	16	SJW-C08041160
2463	1667	6	17	1667	闰 4	26	SJW-C08041260

续表

编号	公历			农历			ID编号
	年	月	日	年	月	日	
2464	1667	7	4	1667	5	14	SJW-C08050140
2465	1667	7	5	1667	5	15	SJW-C08050150
2466	1667	7	7	1667	5	17	SJW-C08050170
2467	1667	7	11	1667	5	21	SJW-C08050210
2468	1667	7	12	1667	5	22	SJW-C08050220
2469	1667	7	17	1667	5	27	SJW-C08050270
2470	1667	7	19	1667	5	29	SJW-C08050290
2471	1667	7	27	1667	6	7	SJW-C08060070
2472	1667	7	30	1667	6	10	SJW-C08060100
2473	1667	7	31	1667	6	11	SJW-C08060110
2474	1667	8	1	1667	6	12	SJW-C08060120
2475	1667	8	5	1667	6	16	SJW-C08060160
2476	1667	8	6	1667	6	17	SJW-C08060170
2477	1667	8	7	1667	6	18	SJW-C08060180
2478	1667	9	7	1667	7	20	SJW-C08070200
2479	1667	9	20	1667	8	3	SJW-C08080030
2480	1667	10	5	1667	8	18	SJW-C08080180
2481	1667	11	29	1667	10	14	SJW-C08100140
2482	1667	12	8	1667	10	23	SJW-C08100230
2483	1667	12	17	1667	11	3	SJW-C08110030
2484	1668	1	1	1667	11	18	SJW-C08110180
2485	1668	1	5	1667	11	22	SJW-C08110220
2486	1668	1	7	1667	11	24	SJW-C08110240
2487	1668	2	17	1668	1	6	SJW-C09010060
2488	1668	3	18	1668	2	6	SJW-C09020060
2489	1668	3	21	1668	2	9	SJW-C09020090
2490	1668	3	23	1668	2	11	SJW-C09020110
2491	1668	3	31	1668	2	19	SJW-C09020190
2492	1668	4	5	1668	2	24	SJW-C09020240
2493	1668	4	14	1668	3	4	SJW-C09030040
2494	1668	4	22	1668	3	12	SJW-C09030120
2495	1668	4	30	1668	3	20	SJW-C09030200
2496	1668	5	3	1668	3	23	SJW-C09030230
2497	1668	5	10	1668	3	30	SJW-C09030300
2498	1668	5	11	1668	4	1	SJW-C09040010
2499	1668	5	12	1668	4	2	SJW-C09040020
2500	1668	5	14	1668	4	4	SJW-C09040040
2501	1668	5	17	1668	4	7	SJW-C09040070

续表

编号	公历			农历			ID 编号
	年	月	日	年	月	日	
2502	1668	5	18	1668	4	8	SJW-C09040080
2503	1668	5	19	1668	4	9	SJW-C09040090
2504	1668	5	20	1668	4	10	SJW-C09040100
2505	1668	5	21	1668	4	11	SJW-C09040110
2506	1668	5	28	1668	4	18	SJW-C09040180
2507	1668	5	29	1668	4	19	SJW-C09040190
2508	1668	5	30	1668	4	20	SJW-C09040200
2509	1668	6	4	1668	4	25	SJW-C09040250
2510	1668	6	9	1668	5	1	SJW-C09050010
2511	1668	6	12	1668	5	4	SJW-C09050040
2512	1668	6	13	1668	5	5	SJW-C09050050
2513	1668	6	14	1668	5	6	SJW-C09050060
2514	1668	6	15	1668	5	7	SJW-C09050070
2515	1668	6	18	1668	5	10	SJW-C09050100
2516	1668	6	26	1668	5	18	SJW-C09050180
2517	1668	7	2	1668	5	24	SJW-C09050240
2518	1668	7	3	1668	5	25	SJW-C09050250
2519	1668	7	4	1668	5	26	SJW-C09050260
2520	1668	7	5	1668	5	27	SJW-C09050270
2521	1668	7	6	1668	5	28	SJW-C09050280
2522	1668	7	7	1668	5	29	SJW-C09050290
2523	1668	7	8	1668	5	30	SJW-C09050300
2524	1668	7	9	1668	6	1	SJW-C09060010
2525	1668	7	10	1668	6	2	SJW-C09060020
2526	1668	7	11	1668	6	3	SJW-C09060030
2527	1668	7	13	1668	6	5	SJW-C09060050
2528	1668	7	14	1668	6	6	SJW-C09060060
2529	1668	7	15	1668	6	7	SJW-C09060070
2530	1668	7	27	1668	6	19	SJW-C09060190
2531	1668	7	28	1668	6	20	SJW-C09060200
2532	1668	8	7	1668	6	30	SJW-C09060300
2533	1668	8	8	1668	7	1	SJW-C09070010
2534	1668	8	18	1668	7	11	SJW-C09070110
2535	1668	8	30	1668	7	23	SJW-C09070230
2536	1668	9	1	1668	7	25	SJW-C09070250
2537	1668	9	2	1668	7	26	SJW-C09070260
2538	1668	9	3	1668	7	27	SJW-C09070270
2539	1668	9	4	1668	7	28	SJW-C09070280

续表

编号	公历			农历			ID 编号
	年	月	日	年	月	日	
2540	1668	9	5	1668	7	29	SJW-C09070290
2541	1668	9	10	1668	8	5	SJW-C09080050
2542	1668	9	21	1668	8	16	SJW-C09080160
2543	1668	9	26	1668	8	21	SJW-C09080210
2544	1668	10	2	1668	8	27	SJW-C09080270
2545	1668	10	8	1668	9	3	SJW-C09090030
2546	1668	10	13	1668	9	8	SJW-C09090080
2547	1668	10	14	1668	9	9	SJW-C09090090
2548	1668	10	15	1668	9	10	SJW-C09090100
2549	1668	10	17	1668	9	12	SJW-C09090120
2550	1668	10	21	1668	9	16	SJW-C09090160
2551	1668	10	26	1668	9	21	SJW-C09090210
2552	1668	10	27	1668	9	22	SJW-C09090220
2553	1668	11	1	1668	9	27	SJW-C09090270
2554	1668	11	4	1668	10	1	SJW-C09100010
2555	1668	11	14	1668	10	11	SJW-C09100110
2556	1668	11	19	1668	10	16	SJW-C09100160
2557	1668	11	20	1668	10	17	SJW-C09100170
2558	1668	11	27	1668	10	24	SJW-C09100240
2559	1668	11	30	1668	10	27	SJW-C09100270
2560	1668	12	5	1668	11	2	SJW-C09110020
2561	1668	12	6	1668	11	3	SJW-C09110030
2562	1668	12	8	1668	11	5	SJW-C09110050
2563	1668	12	12	1668	11	9	SJW-C09110090
2564	1668	12	24	1668	11	21	SJW-C09110210
2565	1668	12	25	1668	11	22	SJW-C09110220
2566	1668	12	27	1668	11	24	SJW-C09110240
2567	1669	1	4	1668	12	3	SJW-C09120030
2568	1669	1	5	1668	12	4	SJW-C09120040
2569	1669	1	27	1668	12	26	SJW-C09120260
2570	1669	3	31	1669	2	30	SJW-C10020300
2571	1669	4	1	1669	3	1	SJW-C10030010
2572	1669	4	7	1669	3	7	SJW-C10030070
2573	1669	4	10	1669	3	10	SJW-C10030100
2574	1669	4	12	1669	3	12	SJW-C10030120
2575	1669	4	13	1669	3	13	SJW-C10030130
2576	1669	4	24	1669	3	24	SJW-C10030240
2577	1669	4	25	1669	3	25	SJW-C10030250

续表

编号	公历			农历			ID 编号
	年	月	日	年	月	日	
2578	1669	4	28	1669	3	28	SJW-C10030280
2579	1669	4	29	1669	3	29	SJW-C10030290
2580	1669	4	29	1669	3	29	SJW-C10030291
2581	1669	5	3	1669	4	4	SJW-C10040040
2582	1669	5	4	1669	4	5	SJW-C10040050
2583	1669	5	4	1669	4	5	SJW-C10040051
2584	1669	5	21	1669	4	22	SJW-C10040220
2585	1669	5	26	1669	4	27	SJW-C10040270
2586	1669	6	19	1669	5	21	SJW-C10050210
2587	1669	6	25	1669	5	27	SJW-C10050270
2588	1669	6	26	1669	5	28	SJW-C10050280
2589	1669	6	27	1669	5	29	SJW-C10050290
2590	1669	6	30	1669	6	3	SJW-C10060030
2591	1669	7	6	1669	6	9	SJW-C10060090
2592	1669	7	7	1669	6	10	SJW-C10060100
2593	1669	7	8	1669	6	11	SJW-C10060110
2594	1669	7	9	1669	6	12	SJW-C10060120
2595	1669	7	10	1669	6	13	SJW-C10060130
2596	1669	7	11	1669	6	14	SJW-C10060140
2597	1669	7	13	1669	6	16	SJW-C10060160
2598	1669	7	15	1669	6	18	SJW-C10060180
2599	1669	7	16	1669	6	19	SJW-C10060190
2600	1669	7	21	1669	6	24	SJW-C10060240
2601	1669	7	22	1669	6	25	SJW-C10060250
2602	1669	7	24	1669	6	27	SJW-C10060270
2603	1669	7	25	1669	6	28	SJW-C10060280
2604	1669	8	4	1669	7	8	SJW-C10070080
2605	1669	8	5	1669	7	9	SJW-C10070090
2606	1669	8	6	1669	7	10	SJW-C10070100
2607	1669	8	17	1669	7	21	SJW-C10070210
2608	1669	8	26	1669	8	1	SJW-C10080010
2609	1669	8	27	1669	8	2	SJW-C10080020
2610	1669	8	31	1669	8	6	SJW-C10080060
2611	1669	9	12	1669	8	18	SJW-C10080180
2612	1669	9	13	1669	8	19	SJW-C10080190
2613	1669	9	21	1669	8	27	SJW-C10080270
2614	1669	10	20	1669	9	26	SJW-C10090260
2615	1669	11	17	1669	10	24	SJW-C10100240

续表

编号	公历			农历			ID 编号
	年	月	日	年	月	日	
2616	1669	11	18	1669	10	25	SJW-C10100250
2617	1669	11	21	1669	10	28	SJW-C10100280
2618	1669	11	27	1669	11	5	SJW-C10110050
2619	1669	12	6	1669	11	14	SJW-C10110140
2620	1669	12	13	1669	11	21	SJW-C10110210
2621	1669	12	17	1669	11	25	SJW-C10110250
2622	1669	12	18	1669	11	26	SJW-C10110260
2623	1669	12	19	1669	11	27	SJW-C10110270
2624	1669	12	23	1669	12	1	SJW-C10120010
2625	1669	12	28	1669	12	6	SJW-C10120060
2626	1669	12	30	1669	12	8	SJW-C10120080
2627	1670	1	1	1669	12	10	SJW-C10120100
2628	1670	1	4	1669	12	13	SJW-C10120130
2629	1670	1	8	1669	12	17	SJW-C10120170
2630	1670	1	9	1669	12	18	SJW-C10120180
2631	1670	1	10	1669	12	19	SJW-C10120190
2632	1670	1	11	1669	12	20	SJW-C10120200
2633	1670	1	23	1670	1	3	SJW-C11010030
2634	1670	2	1	1670	1	12	SJW-C11010120
2635	1670	2	5	1670	1	16	SJW-C11010160
2636	1670	2	9	1670	1	20	SJW-C11010200
2637	1670	2	21	1670	2	2	SJW-C11020020
2638	1670	2	27	1670	2	8	SJW-C11020080
2639	1670	3	15	1670	2	24	SJW-C11020240
2640	1670	3	16	1670	2	25	SJW-C11020250
2641	1670	3	17	1670	2	26	SJW-C11020260
2642	1670	3	19	1670	2	28	SJW-C11020280
2643	1670	3	20	1670	2	29	SJW-C11020290
2644	1670	4	6	1670	闰 2	17	SJW-C11021170
2645	1670	4	9	1670	闰 2	20	SJW-C11021200
2646	1670	4	12	1670	闰 2	23	SJW-C11021230
2647	1670	4	17	1670	闰 2	28	SJW-C11021280
2648	1670	4	24	1670	3	5	SJW-C11030050
2649	1670	5	2	1670	3	13	SJW-C11030130
2650	1670	5	14	1670	3	25	SJW-C11030250
2651	1670	5	18	1670	3	29	SJW-C11030290
2652	1670	5	19	1670	4	1	SJW-C11040010
2653	1670	5	20	1670	4	2	SJW-C11040020

续表

编号	公历			农历			ID 编号
	年	月	日	年	月	日	
2654	1670	5	21	1670	4	3	SJW-C11040030
2655	1670	6	30	1670	5	14	SJW-C11050140
2656	1670	7	3	1670	5	17	SJW-C11050170
2657	1670	7	5	1670	5	19	SJW-C11050190
2658	1670	7	7	1670	5	21	SJW-C11050210
2659	1670	7	12	1670	5	26	SJW-C11050260
2660	1670	7	17	1670	6	1	SJW-C11060010
2661	1670	7	22	1670	6	6	SJW-C11060060
2662	1670	7	23	1670	6	7	SJW-C11060070
2663	1670	7	28	1670	6	12	SJW-C11060120
2664	1670	7	29	1670	6	13	SJW-C11060130
2665	1670	7	30	1670	6	14	SJW-C11060140
2666	1670	7	31	1670	6	15	SJW-C11060150
2667	1670	8	1	1670	6	16	SJW-C11060160
2668	1670	8	2	1670	6	17	SJW-C11060170
2669	1670	8	4	1670	6	19	SJW-C11060190
2670	1670	8	5	1670	6	20	SJW-C11060200
2671	1670	8	6	1670	6	21	SJW-C11060210
2672	1670	8	10	1670	6	25	SJW-C11060250
2673	1670	8	11	1670	6	26	SJW-C11060260
2674	1670	9	10	1670	7	27	SJW-C11070270
2675	1670	9	12	1670	7	29	SJW-C11070290
2676	1670	9	13	1670	7	30	SJW-C11070300
2677	1670	9	15	1670	8	2	SJW-C11080020
2678	1670	9	22	1670	8	9	SJW-C11080090
2679	1670	9	23	1670	8	10	SJW-C11080100
2680	1670	9	27	1670	8	14	SJW-C11080140
2681	1670	9	28	1670	8	15	SJW-C11080150
2682	1670	10	4	1670	8	21	SJW-C11080210
2683	1670	10	15	1670	9	2	SJW-C11090020
2684	1670	10	28	1670	9	15	SJW-C11090150
2685	1670	10	31	1670	9	18	SJW-C11090180
2686	1670	11	1	1670	9	19	SJW-C11090190
2687	1670	11	3	1670	9	21	SJW-C11090210
2688	1670	11	9	1670	9	27	SJW-C11090270
2689	1670	11	10	1670	9	28	SJW-C11090280
2690	1670	11	12	1670	9	30	SJW-C11090300
2691	1670	11	24	1670	10	12	SJW-C11100120

续表

编号	公历			农历			ID 编号
	年	月	日	年	月	日	
2692	1670	12	2	1670	10	20	SJW-C11100200
2693	1670	12	17	1670	11	6	SJW-C11110060
2694	1670	12	21	1670	11	10	SJW-C11110100
2695	1670	12	29	1670	11	18	SJW-C11110180
2696	1670	12	30	1670	11	19	SJW-C11110190
2697	1671	1	15	1670	12	5	SJW-C11120050
2698	1671	1	21	1670	12	11	SJW-C11120110
2699	1671	1	23	1670	12	13	SJW-C11120130
2700	1671	1	24	1670	12	14	SJW-C11120140
2701	1671	2	15	1671	1	7	SJW-C12010070
2702	1671	2	26	1671	1	18	SJW-C12010180
2703	1671	2	27	1671	1	19	SJW-C12010190
2704	1671	3	7	1671	1	27	SJW-C12010270
2705	1671	3	11	1671	2	1	SJW-C12020010
2706	1671	3	12	1671	2	2	SJW-C12020020
2707	1671	3	16	1671	2	6	SJW-C12020060
2708	1671	3	18	1671	2	8	SJW-C12020080
2709	1671	3	21	1671	2	11	SJW-C12020110
2710	1671	3	22	1671	2	12	SJW-C12020120
2711	1671	3	23	1671	2	13	SJW-C12020130
2712	1671	3	24	1671	2	14	SJW-C12020140
2713	1671	3	31	1671	2	21	SJW-C12020210
2714	1671	4	4	1671	2	25	SJW-C12020250
2715	1671	4	7	1671	2	28	SJW-C12020280
2716	1671	4	9	1671	3	1	SJW-C12030010
2717	1671	4	15	1671	3	7	SJW-C12030070
2718	1671	4	17	1671	3	9	SJW-C12030090
2719	1671	5	9	1671	4	1	SJW-C12040010
2720	1671	5	10	1671	4	2	SJW-C12040020
2721	1671	5	11	1671	4	3	SJW-C12040030
2722	1671	5	12	1671	4	4	SJW-C12040040
2723	1671	5	25	1671	4	17	SJW-C12040170
2724	1671	5	30	1671	4	22	SJW-C12040220
2725	1671	5	31	1671	4	23	SJW-C12040230
2726	1671	6	5	1671	4	28	SJW-C12040280
2727	1671	6	6	1671	4	29	SJW-C12040290
2728	1671	6	8	1671	5	2	SJW-C12050020
2729	1671	6	11	1671	5	5	SJW-C12050050

续表

编号	公历			农历			ID 编号
	年	月	日	年	月	日	
2730	1671	7	1	1671	5	25	SJW-C12050250
2731	1671	7	3	1671	5	27	SJW-C12050270
2732	1671	7	4	1671	5	28	SJW-C12050280
2733	1671	7	5	1671	5	29	SJW-C12050290
2734	1671	7	6	1671	6	1	SJW-C12060010
2735	1671	7	7	1671	6	2	SJW-C12060020
2736	1671	7	10	1671	6	5	SJW-C12060050
2737	1671	7	16	1671	6	11	SJW-C12060110
2738	1671	7	17	1671	6	12	SJW-C12060120
2739	1671	7	18	1671	6	13	SJW-C12060130
2740	1671	7	19	1671	6	14	SJW-C12060140
2741	1671	7	20	1671	6	15	SJW-C12060150
2742	1671	8	7	1671	7	3	SJW-C12070030
2743	1671	8	8	1671	7	4	SJW-C12070040
2744	1671	8	11	1671	7	7	SJW-C12070070
2745	1671	8	12	1671	7	8	SJW-C12070080
2746	1671	8	13	1671	7	9	SJW-C12070090
2747	1671	8	19	1671	7	15	SJW-C12070150
2748	1671	8	22	1671	7	18	SJW-C12070180
2749	1671	8	25	1671	7	21	SJW-C12070210
2750	1671	9	3	1671	8	1	SJW-C12080010
2751	1671	9	12	1671	8	10	SJW-C12080100
2752	1671	9	22	1671	8	20	SJW-C12080200
2753	1671	9	24	1671	8	22	SJW-C12080220
2754	1671	9	29	1671	8	27	SJW-C12080270
2755	1671	10	23	1671	9	21	SJW-C12090210
2756	1671	10	30	1671	9	28	SJW-C12090280
2757	1671	11	5	1671	10	4	SJW-C12100040
2758	1671	11	20	1671	10	19	SJW-C12100190
2759	1671	11	24	1671	10	23	SJW-C12100230
2760	1671	11	28	1671	10	27	SJW-C12100270
2761	1671	12	2	1671	11	2	SJW-C12110020
2762	1671	12	3	1671	11	3	SJW-C12110030
2763	1671	12	17	1671	11	17	SJW-C12110170
2764	1671	12	18	1671	11	18	SJW-C12110180
2765	1671	12	21	1671	11	21	SJW-C12110210
2766	1671	12	22	1671	11	22	SJW-C12110220
2767	1671	12	25	1671	11	25	SJW-C12110250

续表

编号	公历			农历			ID 编号
	年	月	日	年	月	日	
2768	1671	12	29	1671	11	29	SJW-C12110290
2769	1672	1	1	1671	12	2	SJW-C12120020
2770	1672	1	6	1671	12	7	SJW-C12120070
2771	1672	1	7	1671	12	8	SJW-C12120080
2772	1672	1	9	1671	12	10	SJW-C12120100
2773	1672	1	10	1671	12	11	SJW-C12120110
2774	1672	1	11	1671	12	12	SJW-C12120120
2775	1672	1	15	1671	12	16	SJW-C12120160
2776	1672	1	31	1672	1	2	SJW-C13010020
2777	1672	2	1	1672	1	3	SJW-C13010030
2778	1672	2	2	1672	1	4	SJW-C13010040
2779	1672	2	11	1672	1	13	SJW-C13010130
2780	1672	2	13	1672	1	15	SJW-C13010150
2781	1672	2	15	1672	1	17	SJW-C13010170
2782	1672	2	16	1672	1	18	SJW-C13010180
2783	1672	2	17	1672	1	19	SJW-C13010190
2784	1672	2	18	1672	1	20	SJW-C13010200
2785	1672	2	25	1672	1	27	SJW-C13010270
2786	1672	2	27	1672	1	29	SJW-C13010290
2787	1672	2	28	1672	2	1	SJW-C13020010
2788	1672	3	4	1672	2	6	SJW-C13020060
2789	1672	3	6	1672	2	8	SJW-C13020080
2790	1672	3	13	1672	2	15	SJW-C13020150
2791	1672	3	22	1672	2	24	SJW-C13020240
2792	1672	3	28	1672	2	30	SJW-C13020300
2793	1672	3	30	1672	3	2	SJW-C13030020
2794	1672	4	2	1672	3	5	SJW-C13030050
2795	1672	4	5	1672	3	8	SJW-C13030080
2796	1672	4	18	1672	3	21	SJW-C13030210
2797	1672	4	21	1672	3	24	SJW-C13030240
2798	1672	4	23	1672	3	26	SJW-C13030260
2799	1672	4	27	1672	4	1	SJW-C13040010
2800	1672	5	9	1672	4	13	SJW-C13040130
2801	1672	5	19	1672	4	23	SJW-C13040230
2802	1672	5	23	1672	4	27	SJW-C13040270
2803	1672	5	24	1672	4	28	SJW-C13040280
2804	1672	5	25	1672	4	29	SJW-C13040290
2805	1672	5	29	1672	5	3	SJW-C13050030

续表

编号	公历			农历			ID 编号
	年	月	日	年	月	日	
2806	1672	5	31	1672	5	5	SJW-C13050050
2807	1672	6	11	1672	5	16	SJW-C13050160
2808	1672	6	12	1672	5	17	SJW-C13050170
2809	1672	6	16	1672	5	21	SJW-C13050210
2810	1672	6	25	1672	6	1	SJW-C13060010
2811	1672	6	26	1672	6	2	SJW-C13060020
2812	1672	6	27	1672	6	3	SJW-C13060030
2813	1672	6	30	1672	6	6	SJW-C13060060
2814	1672	7	13	1672	6	19	SJW-C13060190
2815	1672	7	14	1672	6	20	SJW-C13060200
2816	1672	7	16	1672	6	22	SJW-C13060220
2817	1672	7	17	1672	6	23	SJW-C13060230
2818	1672	7	18	1672	6	24	SJW-C13060240
2819	1672	7	19	1672	6	25	SJW-C13060250
2820	1672	7	21	1672	6	27	SJW-C13060270
2821	1672	7	22	1672	6	28	SJW-C13060280
2822	1672	7	24	1672	7	1	SJW-C13070010
2823	1672	7	25	1672	7	2	SJW-C13070020
2824	1672	7	27	1672	7	4	SJW-C13070040
2825	1672	7	28	1672	7	5	SJW-C13070050
2826	1672	7	29	1672	7	6	SJW-C13070060
2827	1672	8	11	1672	7	19	SJW-C13070190
2828	1672	10	28	1672	9	8	SJW-C13090080
2829	1672	10	29	1672	9	9	SJW-C13090090
2830	1672	11	1	1672	9	12	SJW-C13090120
2831	1672	11	9	1672	9	20	SJW-C13090200
2832	1672	11	10	1672	9	21	SJW-C13090210
2833	1672	11	19	1672	10	1	SJW-C13100010
2834	1672	11	20	1672	10	2	SJW-C13100020
2835	1672	11	22	1672	10	4	SJW-C13100040
2836	1672	11	28	1672	10	10	SJW-C13100100
2837	1672	11	29	1672	10	11	SJW-C13100110
2838	1672	12	12	1672	10	24	SJW-C13100240
2839	1672	12	29	1672	11	11	SJW-C13110110
2840	1672	12	30	1672	11	12	SJW-C13110120
2841	1673	1	2	1672	11	15	SJW-C13110150
2842	1673	1	17	1672	11	30	SJW-C13110300
2843	1673	1	26	1672	12	9	SJW-C13120090

续表

编号	公历			农历			ID 编号
	年	月	日	年	月	日	
2844	1673	1	28	1672	12	11	SJW-C13120110
2845	1673	1	29	1672	12	12	SJW-C13120120
2846	1673	2	13	1672	12	27	SJW-C13120270
2847	1673	2	20	1673	1	4	SJW-C14010040
2848	1673	3	7	1673	1	19	SJW-C14010190
2849	1673	3	19	1673	2	2	SJW-C14020020
2850	1673	3	20	1673	2	3	SJW-C14020030
2851	1673	3	25	1673	2	8	SJW-C14020080
2852	1673	3	29	1673	2	12	SJW-C14020120
2853	1673	3	30	1673	2	13	SJW-C14020130
2854	1673	3	31	1673	2	14	SJW-C14020140
2855	1673	4	1	1673	2	15	SJW-C14020150
2856	1673	4	2	1673	2	16	SJW-C14020160
2857	1673	4	6	1673	2	20	SJW-C14020201
2858	1673	4	8	1673	2	22	SJW-C14020220
2859	1673	4	15	1673	2	29	SJW-C14020290
2860	1673	4	28	1673	3	12	SJW-C14030120
2861	1673	4	29	1673	3	13	SJW-C14030130
2862	1673	5	1	1673	3	15	SJW-C14030150
2863	1673	5	8	1673	3	22	SJW-C14030220
2864	1673	5	27	1673	4	12	SJW-C14040120
2865	1673	6	2	1673	4	18	SJW-C14040180
2866	1673	6	22	1673	5	8	SJW-C14050080
2867	1673	6	23	1673	5	9	SJW-C14050090
2868	1673	6	24	1673	5	10	SJW-C14050100
2869	1673	6	25	1673	5	11	SJW-C14050110
2870	1673	6	26	1673	5	12	SJW-C14050120
2871	1673	6	27	1673	5	13	SJW-C14050130
2872	1673	6	28	1673	5	14	SJW-C14050140
2873	1673	7	2	1673	5	18	SJW-C14050180
2874	1673	7	3	1673	5	19	SJW-C14050190
2875	1673	7	4	1673	5	20	SJW-C14050200
2876	1673	7	5	1673	5	21	SJW-C14050210
2877	1673	7	10	1673	5	26	SJW-C14050260
2878	1673	7	11	1673	5	27	SJW-C14050270
2879	1673	7	13	1673	5	29	SJW-C14050290
2880	1673	7	14	1673	6	1	SJW-C14060010
2881	1673	7	18	1673	6	5	SJW-C14060050

续表

编号	公历			农历			ID 编号
	年	月	日	年	月	日	
2882	1673	7	19	1673	6	6	SJW-C14060060
2883	1673	7	21	1673	6	8	SJW-C14060080
2884	1673	7	22	1673	6	9	SJW-C14060090
2885	1673	7	23	1673	6	10	SJW-C14060100
2886	1673	7	24	1673	6	11	SJW-C14060110
2887	1673	7	27	1673	6	14	SJW-C14060140
2888	1673	7	29	1673	6	16	SJW-C14060160
2889	1673	7	30	1673	6	17	SJW-C14060170
2890	1673	7	31	1673	6	18	SJW-C14060180
2891	1673	8	5	1673	6	23	SJW-C14060230
2892	1673	8	6	1673	6	24	SJW-C14060240
2893	1673	8	7	1673	6	25	SJW-C14060250
2894	1673	8	8	1673	6	26	SJW-C14060260
2895	1673	8	18	1673	7	7	SJW-C14070070
2896	1673	9	18	1673	8	8	SJW-C14080080
2897	1673	9	26	1673	8	16	SJW-C14080160
2898	1673	9	27	1673	8	17	SJW-C14080170
2899	1673	9	28	1673	8	18	SJW-C14080180
2900	1673	10	9	1673	8	29	SJW-C14080290
2901	1673	10	12	1673	9	3	SJW-C14090030
2902	1673	10	14	1673	9	5	SJW-C14090050
2903	1673	10	28	1673	9	19	SJW-C14090190
2904	1673	11	6	1673	9	28	SJW-C14090280
2905	1673	11	21	1673	10	13	SJW-C14100130
2906	1673	11	23	1673	10	15	SJW-C14100150
2907	1673	11	27	1673	10	19	SJW-C14100190
2908	1673	12	5	1673	10	27	SJW-C14100270
2909	1673	12	6	1673	10	28	SJW-C14100280
2910	1673	12	12	1673	11	5	SJW-C14110050
2911	1673	12	18	1673	11	11	SJW-C14110110
2912	1674	1	26	1673	12	20	SJW-C14120200
2913	1674	2	6	1674	1	1	SJW-C15010010
2914	1674	2	7	1674	1	2	SJW-C15010020
2915	1674	2	8	1674	1	3	SJW-C15010030
2916	1674	2	18	1674	1	13	SJW-C15010130
2917	1674	2	19	1674	1	14	SJW-C15010140
2918	1674	2	21	1674	1	16	SJW-C15010160
2919	1674	2	24	1674	1	19	SJW-C15010190

续表

编号	公历			农历			ID 编号
	年	月	日	年	月	日	
2920	1674	2	27	1674	1	22	SJW-C15010220
2921	1674	3	5	1674	1	28	SJW-C15010280
2922	1674	3	7	1674	2	1	SJW-C15020010
2923	1674	3	12	1674	2	6	SJW-C15020060
2924	1674	3	13	1674	2	7	SJW-C15020070
2925	1674	3	15	1674	2	9	SJW-C15020090
2926	1674	3	18	1674	2	12	SJW-C15020120
2927	1674	3	21	1674	2	15	SJW-C15020150
2928	1674	3	25	1674	2	19	SJW-C15020190
2929	1674	3	26	1674	2	20	SJW-C15020200
2930	1674	3	29	1674	2	23	SJW-C15020230
2931	1674	3	31	1674	2	25	SJW-C15020250
2932	1674	4	7	1674	3	2	SJW-C15030020
2933	1674	4	8	1674	3	3	SJW-C15030030
2934	1674	4	10	1674	3	5	SJW-C15030050
2935	1674	4	14	1674	3	9	SJW-C15030090
2936	1674	4	15	1674	3	10	SJW-C15030100
2937	1674	4	16	1674	3	11	SJW-C15030110
2938	1674	4	18	1674	3	13	SJW-C15030130
2939	1674	4	28	1674	3	23	SJW-C15030230
2940	1674	5	2	1674	3	27	SJW-C15030270
2941	1674	5	3	1674	3	28	SJW-C15030280
2942	1674	5	11	1674	4	6	SJW-C15040060
2943	1674	5	12	1674	4	7	SJW-C15040070
2944	1674	5	15	1674	4	10	SJW-C15040100
2945	1674	5	26	1674	4	21	SJW-C15040210
2946	1674	6	10	1674	5	7	SJW-C15050070
2947	1674	6	26	1674	5	23	SJW-C15050230
2948	1674	6	27	1674	5	24	SJW-C15050240
2949	1674	6	28	1674	5	25	SJW-C15050250
2950	1674	6	29	1674	5	26	SJW-C15050260
2951	1674	6	30	1674	5	27	SJW-C15050270
2952	1674	7	1	1674	5	28	SJW-C15050280
2953	1674	7	2	1674	5	29	SJW-C15050290
2954	1674	7	3	1674	5	30	SJW-C15050300
2955	1674	7	4	1674	6	1	SJW-C15060010
2956	1674	7	5	1674	6	2	SJW-C15060020
2957	1674	7	6	1674	6	3	SJW-C15060030

续表

编号	公历			农历			ID 编号
	年	月	日	年	月	日	
2958	1674	7	7	1674	6	4	SJW-C15060040
2959	1674	7	8	1674	6	5	SJW-C15060050
2960	1674	7	9	1674	6	6	SJW-C15060060
2961	1674	7	10	1674	6	7	SJW-C15060070
2962	1674	7	11	1674	6	8	SJW-C15060080
2963	1674	7	12	1674	6	9	SJW-C15060090
2964	1674	7	14	1674	6	11	SJW-C15060110
2965	1674	7	16	1674	6	13	SJW-C15060130
2966	1674	7	17	1674	6	14	SJW-C15060140
2967	1674	7	18	1674	6	15	SJW-C15060150
2968	1674	7	19	1674	6	16	SJW-C15060160
2969	1674	7	21	1674	6	18	SJW-C15060180
2970	1674	7	22	1674	6	19	SJW-C15060190
2971	1674	7	24	1674	6	21	SJW-C15060210
2972	1674	7	25	1674	6	22	SJW-C15060220
2973	1674	7	26	1674	6	23	SJW-C15060230
2974	1674	7	28	1674	6	25	SJW-C15060250
2975	1674	8	1	1674	6	29	SJW-C15060290
2976	1674	8	3	1674	7	2	SJW-C15070020
2977	1674	8	4	1674	7	3	SJW-C15070030
2978	1674	8	5	1674	7	4	SJW-C15070040
2979	1674	8	7	1674	7	6	SJW-C15070060
2980	1674	8	13	1674	7	12	SJW-C15070120
2981	1674	8	14	1674	7	13	SJW-C15070130
2982	1674	8	15	1674	7	14	SJW-C15070140
2983	1674	8	16	1674	7	15	SJW-C15070150
2984	1674	8	17	1674	7	16	SJW-C15070160
2985	1674	8	22	1674	7	21	SJW-C15070210
2986	1674	8	24	1674	7	23	SJW-C15070230
2987	1674	8	25	1674	7	24	SJW-C15070240
2988	1674	8	26	1674	7	25	SJW-C15070250
2989	1674	8	27	1674	7	26	SJW-C15070260
2990	1674	8	28	1674	7	27	SJW-C15070270
2991	1674	9	7	1674	8	8	SJW-C15080080
2992	1674	9	14	1674	8	15	SJW-C15080150
2993	1674	9	15	1674	8	16	SJW-C15080160
2994	1674	9	16	1674	8	17	SJW-C15080170
2995	1674	9	17	1674	8	18	SJW-C15080180

续表

编号	公历			农历			ID 编号
	年	月	日	年	月	日	
2996	1674	9	19	1674	8	20	SJW-C15080200
2997	1674	9	24	1674	8	25	SJW-D00080250
2998	1674	9	26	1674	8	27	SJW-D00080270
2999	1674	9	28	1674	8	29	SJW-D00080290
3000	1674	9	29	1674	8	30	SJW-D00080300
3001	1674	9	30	1674	9	1	SJW-D00090010
3002	1674	10	10	1674	9	11	SJW-D00090110
3003	1674	10	16	1674	9	17	SJW-D00090170
3004	1674	11	15	1674	10	18	SJW-D00100180
3005	1674	11	20	1674	10	23	SJW-D00100230
3006	1674	11	21	1674	10	24	SJW-D00100240
3007	1674	11	22	1674	10	25	SJW-D00100250
3008	1674	11	24	1674	10	27	SJW-D00100270
3009	1674	12	1	1674	11	5	SJW-D00110050
3010	1674	12	8	1674	11	12	SJW-D00110120
3011	1674	12	11	1674	11	15	SJW-D00110150
3012	1674	12	13	1674	11	17	SJW-D00110170
3013	1674	12	14	1674	11	18	SJW-D00110180
3014	1674	12	22	1674	11	26	SJW-D00110260
3015	1674	12	27	1674	12	1	SJW-D00120010
3016	1675	1	3	1674	12	8	SJW-D00120080
3017	1675	1	12	1674	12	17	SJW-D00120170
3018	1675	1	13	1674	12	18	SJW-D00120180
3019	1675	2	7	1675	1	13	SJW-D01010130
3020	1675	3	12	1675	2	17	SJW-D01020170
3021	1675	3	15	1675	2	20	SJW-D01020200
3022	1675	3	17	1675	2	22	SJW-D01020220
3023	1675	3	18	1675	2	23	SJW-D01020230
3024	1675	3	26	1675	3	1	SJW-D01030010
3025	1675	4	1	1675	3	7	SJW-D01030070
3026	1675	4	2	1675	3	8	SJW-D01030080
3027	1675	4	3	1675	3	9	SJW-D01030090
3028	1675	4	4	1675	3	10	SJW-D01030100
3029	1675	4	8	1675	3	14	SJW-D01030140
3030	1675	4	14	1675	3	20	SJW-D01030200
3031	1675	4	15	1675	3	21	SJW-D01030210
3032	1675	4	16	1675	3	22	SJW-D01030220
3033	1675	4	26	1675	4	2	SJW-D01040020

续表

编号	公历			农历			ID 编号
	年	月	日	年	月	日	
3034	1675	5	15	1675	4	21	SJW-D01040210
3035	1675	5	18	1675	4	24	SJW-D01040240
3036	1675	5	30	1675	5	6	SJW-D01050060
3037	1675	5	31	1675	5	7	SJW-D01050070
3038	1675	7	5	1675	闰 5	13	SJW-D01051130
3039	1675	7	6	1675	闰 5	14	SJW-D01051140
3040	1675	7	7	1675	闰 5	15	SJW-D01051150
3041	1675	7	22	1675	闰 5	30	SJW-D01051300
3042	1675	8	3	1675	6	12	SJW-D01060120
3043	1675	9	17	1675	7	28	SJW-D01070280
3044	1675	9	18	1675	7	29	SJW-D01070290
3045	1675	10	2	1675	8	14	SJW-D01080140
3046	1675	11	3	1675	9	16	SJW-D01090160
3047	1675	11	4	1675	9	17	SJW-D01090170
3048	1675	11	8	1675	9	21	SJW-D01090210
3049	1675	11	13	1675	9	26	SJW-D01090260
3050	1675	11	26	1675	10	10	SJW-D01100100
3051	1675	12	3	1675	10	17	SJW-D01100170
3052	1675	12	6	1675	10	20	SJW-D01100200
3053	1675	12	8	1675	10	22	SJW-D01100220
3054	1675	12	17	1675	11	1	SJW-D01110010
3055	1675	12	20	1675	11	4	SJW-D01110040
3056	1675	12	21	1675	11	5	SJW-D01110050
3057	1675	12	22	1675	11	6	SJW-D01110060
3058	1675	12	23	1675	11	7	SJW-D01110070
3059	1675	12	27	1675	11	11	SJW-D01110110
3060	1675	12	28	1675	11	12	SJW-D01110120
3061	1675	12	29	1675	11	13	SJW-D01110130
3062	1676	1	3	1675	11	18	SJW-D01110180
3063	1676	1	4	1675	11	19	SJW-D01110190
3064	1676	1	7	1675	11	22	SJW-D01110220
3065	1676	1	12	1675	11	27	SJW-D01110270
3066	1676	1	22	1675	12	8	SJW-D01120080
3067	1676	1	23	1675	12	9	SJW-D01120090
3068	1676	1	24	1675	12	10	SJW-D01120100
3069	1676	1	25	1675	12	11	SJW-D01120110
3070	1676	1	26	1675	12	12	SJW-D01120120
3071	1676	1	31	1675	12	17	SJW-D01120170

续表

编号	公历			农历			ID 编号
	年	月	日	年	月	日	
3072	1676	2	1	1675	12	18	SJW-D01120180
3073	1676	2	5	1675	12	22	SJW-D01120220
3074	1676	3	3	1676	1	19	SJW-D02010190
3075	1676	3	9	1676	1	25	SJW-D02010250
3076	1676	3	11	1676	1	27	SJW-D02010270
3077	1676	3	12	1676	1	28	SJW-D02010280
3078	1676	3	13	1676	1	29	SJW-D02010290
3079	1676	3	14	1676	2	1	SJW-D02020010
3080	1676	3	15	1676	2	2	SJW-D02020020
3081	1676	3	25	1676	2	12	SJW-D02020120
3082	1676	4	1	1676	2	19	SJW-D02020190
3083	1676	4	6	1676	2	24	SJW-D02020240
3084	1676	4	15	1676	3	3	SJW-D02030030
3085	1676	4	23	1676	3	11	SJW-D02030110
3086	1676	5	4	1676	3	22	SJW-D02030220
3087	1676	5	5	1676	3	23	SJW-D02030230
3088	1676	5	13	1676	4	1	SJW-D02040010
3089	1676	5	14	1676	4	2	SJW-D02040020
3090	1676	5	17	1676	4	5	SJW-D02040050
3091	1676	5	26	1676	4	14	SJW-D02040140
3092	1676	5	27	1676	4	15	SJW-D02040150
3093	1676	6	4	1676	4	23	SJW-D02040230
3094	1676	6	10	1676	4	29	SJW-D02040290
3095	1676	6	30	1676	5	20	SJW-D02050200
3096	1676	7	3	1676	5	23	SJW-D02050230
3097	1676	7	9	1676	5	29	SJW-D02050290
3098	1676	7	11	1676	6	1	SJW-D02060010
3099	1676	7	12	1676	6	2	SJW-D02060020
3100	1676	7	15	1676	6	5	SJW-D02060050
3101	1676	7	16	1676	6	6	SJW-D02060060
3102	1676	7	17	1676	6	7	SJW-D02060070
3103	1676	7	18	1676	6	8	SJW-D02060080
3104	1676	7	20	1676	6	10	SJW-D02060100
3105	1676	7	21	1676	6	11	SJW-D02060110
3106	1676	7	22	1676	6	12	SJW-D02060120
3107	1676	7	23	1676	6	13	SJW-D02060130
3108	1676	7	24	1676	6	14	SJW-D02060140
3109	1676	7	25	1676	6	15	SJW-D02060150

续表

编号	公历			农历			ID 编号
	年	月	日	年	月	日	
3110	1676	7	27	1676	6	17	SJW-D02060170
3111	1676	7	30	1676	6	20	SJW-D02060200
3112	1676	7	31	1676	6	21	SJW-D02060210
3113	1676	8	1	1676	6	22	SJW-D02060220
3114	1676	8	7	1676	6	28	SJW-D02060280
3115	1676	8	9	1676	7	1	SJW-D02070010
3116	1676	8	10	1676	7	2	SJW-D02070020
3117	1676	8	16	1676	7	8	SJW-D02070080
3118	1676	8	17	1676	7	9	SJW-D02070090
3119	1676	8	18	1676	7	10	SJW-D02070100
3120	1676	8	19	1676	7	11	SJW-D02070110
3121	1676	8	20	1676	7	12	SJW-D02070120
3122	1676	8	22	1676	7	14	SJW-D02070140
3123	1676	8	23	1676	7	15	SJW-D02070150
3124	1676	8	24	1676	7	16	SJW-D02070160
3125	1676	8	26	1676	7	18	SJW-D02070180
3126	1676	8	27	1676	7	19	SJW-D02070190
3127	1676	8	28	1676	7	20	SJW-D02070200
3128	1676	9	2	1676	7	25	SJW-D02070250
3129	1676	9	3	1676	7	26	SJW-D02070260
3130	1676	9	10	1676	8	3	SJW-D02080030
3131	1676	10	22	1676	9	16	SJW-D02090160
3132	1676	11	9	1676	10	4	SJW-D02100040
3133	1676	11	20	1676	10	15	SJW-D02100150
3134	1676	11	30	1676	10	25	SJW-D02100250
3135	1676	12	3	1676	10	28	SJW-D02100280
3136	1676	12	22	1676	11	18	SJW-D02110180
3137	1676	12	23	1676	11	19	SJW-D02110190
3138	1676	12	26	1676	11	22	SJW-D02110220
3139	1676	12	30	1676	11	26	SJW-D02110260
3140	1676	12	31	1676	11	27	SJW-D02110270
3141	1677	1	17	1676	12	14	SJW-D02120140
3142	1677	1	18	1676	12	15	SJW-D02120150
3143	1677	1	22	1676	12	19	SJW-D02120190
3144	1677	1	26	1676	12	23	SJW-D02120230
3145	1677	1	27	1676	12	24	SJW-D02120240
3146	1677	1	28	1676	12	25	SJW-D02120250
3147	1677	2	2	1677	1	1	SJW-D03010010

续表

编号	公历			农历			ID 编号
	年	月	日	年	月	日	
3148	1677	2	14	1677	1	13	SJW-D03010130
3149	1677	2	15	1677	1	14	SJW-D03010140
3150	1677	2	22	1677	1	21	SJW-D03010210
3151	1677	2	26	1677	1	25	SJW-D03010250
3152	1677	3	4	1677	2	1	SJW-D03020010
3153	1677	3	5	1677	2	2	SJW-D03020020
3154	1677	3	23	1677	2	20	SJW-D03020200
3155	1677	3	25	1677	2	22	SJW-D03020220
3156	1677	3	30	1677	2	27	SJW-D03020270
3157	1677	3	31	1677	2	28	SJW-D03020280
3158	1677	4	1	1677	2	29	SJW-D03020290
3159	1677	4	3	1677	3	2	SJW-D03030020
3160	1677	4	4	1677	3	3	SJW-D03030030
3161	1677	4	13	1677	3	12	SJW-D03030120
3162	1677	4	25	1677	3	24	SJW-D03030240
3163	1677	4	28	1677	3	27	SJW-D03030270
3164	1677	4	30	1677	3	29	SJW-D03030290
3165	1677	6	8	1677	5	9	SJW-D03050090
3166	1677	6	18	1677	5	19	SJW-D03050190
3167	1677	6	19	1677	5	20	SJW-D03050200
3168	1677	6	23	1677	5	24	SJW-D03050240
3169	1677	6	24	1677	5	25	SJW-D03050250
3170	1677	6	25	1677	5	26	SJW-D03050260
3171	1677	6	28	1677	5	29	SJW-D03050290
3172	1677	7	1	1677	6	2	SJW-D03060020
3173	1677	7	25	1677	6	26	SJW-D03060260
3174	1677	7	28	1677	6	29	SJW-D03060290
3175	1677	7	29	1677	6	30	SJW-D03060300
3176	1677	7	30	1677	7	1	SJW-D03070010
3177	1677	8	9	1677	7	11	SJW-D03070110
3178	1677	8	31	1677	8	4	SJW-D03080040
3179	1677	9	2	1677	8	6	SJW-D03080060
3180	1677	9	4	1677	8	8	SJW-D03080080
3181	1677	9	13	1677	8	17	SJW-D03080170
3182	1677	10	2	1677	9	6	SJW-D03090060
3183	1677	10	11	1677	9	15	SJW-D03090150
3184	1677	10	17	1677	9	21	SJW-D03090210
3185	1677	10	19	1677	9	23	SJW-D03090230

续表

编号	公历			农历			ID 编号
	年	月	日	年	月	日	
3186	1677	10	21	1677	9	25	SJW-D03090250
3187	1677	11	2	1677	10	8	SJW-D03100080
3188	1677	11	5	1677	10	11	SJW-D03100110
3189	1677	11	9	1677	10	15	SJW-D03100150
3190	1677	11	15	1677	10	21	SJW-D03100210
3191	1677	11	20	1677	10	26	SJW-D03100260
3192	1677	11	21	1677	10	27	SJW-D03100270
3193	1677	11	22	1677	10	28	SJW-D03100280
3194	1677	11	23	1677	10	29	SJW-D03100290
3195	1677	11	25	1677	11	1	SJW-D03110010
3196	1677	11	30	1677	11	6	SJW-D03110060
3197	1677	12	5	1677	11	11	SJW-D03110110
3198	1677	12	23	1677	11	29	SJW-D03110290
3199	1677	12	24	1677	12	1	SJW-D03120010
3200	1677	12	27	1677	12	4	SJW-D03120040
3201	1678	1	1	1677	12	9	SJW-D03120090
3202	1678	1	6	1677	12	14	SJW-D03120140
3203	1678	1	8	1677	12	16	SJW-D03120160
3204	1678	1	15	1677	12	23	SJW-D03120230
3205	1678	1	16	1677	12	24	SJW-D03120240
3206	1678	1	18	1677	12	26	SJW-D03120260
3207	1678	2	5	1678	1	14	SJW-D04010140
3208	1678	2	11	1678	1	20	SJW-D04010200
3209	1678	2	14	1678	1	23	SJW-D04010230
3210	1678	2	26	1678	2	6	SJW-D04020060
3211	1678	4	2	1678	3	11	SJW-D04030110
3212	1678	4	3	1678	3	12	SJW-D04030120
3213	1678	4	10	1678	3	19	SJW-D04030190
3214	1678	5	4	1678	闰 3	14	SJW-D04031140
3215	1678	5	11	1678	闰 3	21	SJW-D04031210
3216	1678	5	12	1678	闰 3	22	SJW-D04031220
3217	1678	6	16	1678	4	28	SJW-D04040280
3218	1678	6	21	1678	5	3	SJW-D04050030
3219	1678	6	29	1678	5	11	SJW-D04050110
3220	1678	7	1	1678	5	13	SJW-D04050130
3221	1678	7	6	1678	5	18	SJW-D04050180
3222	1678	7	12	1678	5	24	SJW-D04050240
3223	1678	7	16	1678	5	28	SJW-D04050280

续表

编号	公历			农历			ID 编号
	年	月	日	年	月	日	
3224	1678	7	24	1678	6	6	SJW-D04060060
3225	1678	7	25	1678	6	7	SJW-D04060070
3226	1678	7	26	1678	6	8	SJW-D04060080
3227	1678	8	5	1678	6	18	SJW-D04060180
3228	1678	8	10	1678	6	23	SJW-D04060230
3229	1678	8	15	1678	6	28	SJW-D04060280
3230	1678	8	17	1678	7	1	SJW-D04070010
3231	1678	8	18	1678	7	2	SJW-D04070020
3232	1678	9	10	1678	7	25	SJW-D04070250
3233	1678	9	11	1678	7	26	SJW-D04070260
3234	1678	9	12	1678	7	27	SJW-D04070270
3235	1678	9	13	1678	7	28	SJW-D04070280
3236	1678	9	15	1678	7	30	SJW-D04070300
3237	1678	11	5	1678	9	21	SJW-D04090210
3238	1678	12	16	1678	11	3	SJW-D04110030
3239	1679	2	8	1678	12	28	SJW-D04120280
3240	1679	3	3	1679	1	21	SJW-D05010210
3241	1679	3	27	1679	2	16	SJW-D05020160
3242	1679	4	10	1679	2	30	SJW-D05020300
3243	1679	5	7	1679	3	27	SJW-D05030270
3244	1679	5	13	1679	4	4	SJW-D05040040
3245	1679	5	31	1679	4	22	SJW-D05040220
3246	1679	6	28	1679	5	21	SJW-D05050210
3247	1679	7	2	1679	5	25	SJW-D05050250
3248	1679	7	11	1679	6	4	SJW-D05060040
3249	1679	7	12	1679	6	5	SJW-D05060050
3250	1679	7	13	1679	6	6	SJW-D05060060
3251	1679	8	11	1679	7	6	SJW-D05070060
3252	1679	9	5	1679	8	1	SJW-D05080010
3253	1679	9	28	1679	8	24	SJW-D05080240
3254	1679	10	2	1679	8	28	SJW-D05080280
3255	1679	10	6	1679	9	2	SJW-D05090020
3256	1679	11	3	1679	10	1	SJW-D05100010
3257	1679	11	5	1679	10	3	SJW-D05100030
3258	1679	11	6	1679	10	4	SJW-D05100040
3259	1679	11	10	1679	10	8	SJW-D05100080
3260	1679	11	17	1679	10	15	SJW-D05100150
3261	1679	11	18	1679	10	16	SJW-D05100160

续表

编号	公历			农历			ID 编号
	年	月	日	年	月	日	
3262	1679	11	22	1679	10	20	SJW-D05100200
3263	1680	2	1	1680	1	2	SJW-D06010020
3264	1680	2	6	1680	1	7	SJW-D06010070
3265	1680	2	10	1680	1	11	SJW-D06010110
3266	1680	2	14	1680	1	15	SJW-D06010150
3267	1680	2	15	1680	1	16	SJW-D06010160
3268	1680	2	17	1680	1	18	SJW-D06010180
3269	1680	2	19	1680	1	20	SJW-D06010200
3270	1680	2	21	1680	1	22	SJW-D06010220
3271	1680	2	24	1680	1	25	SJW-D06010250
3272	1680	3	2	1680	2	2	SJW-D06020020
3273	1680	3	7	1680	2	7	SJW-D06020070
3274	1680	3	8	1680	2	8	SJW-D06020080
3275	1680	3	11	1680	2	11	SJW-D06020110
3276	1680	3	12	1680	2	12	SJW-D06020120
3277	1680	3	28	1680	2	28	SJW-D06020280
3278	1680	4	7	1680	3	9	SJW-D06030090
3279	1680	4	10	1680	3	12	SJW-D06030120
3280	1680	4	16	1680	3	18	SJW-D06030180
3281	1680	4	29	1680	4	1	SJW-D06040010
3282	1680	4	30	1680	4	2	SJW-D06040020
3283	1680	5	4	1680	4	6	SJW-D06040060
3284	1680	5	6	1680	4	8	SJW-D06040080
3285	1680	5	16	1680	4	18	SJW-D06040180
3286	1680	5	20	1680	4	22	SJW-D06040220
3287	1680	5	27	1680	4	29	SJW-D06040290
3288	1680	6	2	1680	5	6	SJW-D06050060
3289	1680	6	14	1680	5	18	SJW-D06050180
3290	1680	6	15	1680	5	19	SJW-D06050190
3291	1680	6	17	1680	5	21	SJW-D06050210
3292	1680	6	20	1680	5	24	SJW-D06050240
3293	1680	6	21	1680	5	25	SJW-D06050250
3294	1680	7	8	1680	6	13	SJW-D06060130
3295	1680	7	10	1680	6	15	SJW-D06060150
3296	1680	7	13	1680	6	18	SJW-D06060180
3297	1680	7	19	1680	6	24	SJW-D06060240
3298	1680	7	20	1680	6	25	SJW-D06060250
3299	1680	7	21	1680	6	26	SJW-D06060260

续表

编号	公历			农历			ID 编号
	年	月	日	年	月	日	
3300	1680	7	24	1680	6	29	SJW-D06060290
3301	1680	7	25	1680	6	30	SJW-D06060300
3302	1680	8	3	1680	7	9	SJW-D06070090
3303	1680	8	21	1680	7	27	SJW-D06070270
3304	1680	8	26	1680	8	3	SJW-D06080030
3305	1680	8	27	1680	8	4	SJW-D06080040
3306	1680	8	31	1680	8	8	SJW-D06080080
3307	1680	9	1	1680	8	9	SJW-D06080090
3308	1680	9	2	1680	8	10	SJW-D06080100
3309	1680	9	5	1680	8	13	SJW-D06080130
3310	1680	9	6	1680	8	14	SJW-D06080140
3311	1680	9	7	1680	8	15	SJW-D06080150
3312	1680	9	17	1680	8	25	SJW-D06080250
3313	1680	9	18	1680	8	26	SJW-D06080260
3314	1680	9	23	1680	闰 8	1	SJW-D06081010
3315	1680	10	10	1680	闰 8	18	SJW-D06081180
3316	1680	12	15	1680	10	25	SJW-D06100250
3317	1680	12	16	1680	10	26	SJW-D06100260
3318	1680	12	19	1680	10	29	SJW-D06100290
3319	1680	12	23	1680	11	3	SJW-D06110030
3320	1680	12	31	1680	11	11	SJW-D06110110
3321	1681	1	1	1680	11	12	SJW-D06110120
3322	1681	1	14	1680	11	25	SJW-D06110250
3323	1681	1	15	1680	11	26	SJW-D06110260
3324	1681	2	15	1680	12	27	SJW-D06120270
3325	1681	2	17	1680	12	29	SJW-D06120290
3326	1681	2	20	1681	1	3	SJW-D07010030
3327	1681	3	4	1681	1	15	SJW-D07010150
3328	1681	3	6	1681	1	17	SJW-D07010170
3329	1681	3	12	1681	1	23	SJW-D07010230
3330	1681	3	22	1681	2	3	SJW-D07020030
3331	1681	3	23	1681	2	4	SJW-D07020040
3332	1681	3	25	1681	2	6	SJW-D07020060
3333	1681	3	29	1681	2	10	SJW-D07020100
3334	1681	4	12	1681	2	24	SJW-D07020240
3335	1681	4	16	1681	2	28	SJW-D07020280
3336	1681	4	17	1681	2	29	SJW-D07020290
3337	1681	4	27	1681	3	10	SJW-D07030100

续表

编号	公历			农历			ID 编号
	年	月	日	年	月	日	
3338	1681	4	30	1681	3	13	SJW-D07030130
3339	1681	5	6	1681	3	19	SJW-D07030190
3340	1681	5	27	1681	4	10	SJW-D07040100
3341	1681	5	29	1681	4	12	SJW-D07040120
3342	1681	6	12	1681	4	26	SJW-D07040260
3343	1681	6	13	1681	4	27	SJW-D07040270
3344	1681	6	14	1681	4	28	SJW-D07040280
3345	1681	6	22	1681	5	7	SJW-D07050070
3346	1681	6	24	1681	5	9	SJW-D07050090
3347	1681	7	1	1681	5	16	SJW-D07050160
3348	1681	7	3	1681	5	18	SJW-D07050180
3349	1681	7	7	1681	5	22	SJW-D07050220
3350	1681	7	8	1681	5	23	SJW-D07050230
3351	1681	7	18	1681	6	4	SJW-D07060040
3352	1681	7	19	1681	6	5	SJW-D07060050
3353	1681	7	20	1681	6	6	SJW-D07060060
3354	1681	7	24	1681	6	10	SJW-D07060100
3355	1681	7	25	1681	6	11	SJW-D07060110
3356	1681	7	28	1681	6	14	SJW-D07060140
3357	1681	7	31	1681	6	17	SJW-D07060170
3358	1681	8	6	1681	6	23	SJW-D07060230
3359	1681	8	10	1681	6	27	SJW-D07060270
3360	1681	8	27	1681	7	14	SJW-D07070140
3361	1681	8	28	1681	7	15	SJW-D07070150
3362	1681	9	16	1681	8	5	SJW-D07080050
3363	1681	10	1	1681	8	20	SJW-D07080200
3364	1681	10	14	1681	9	4	SJW-D07090040
3365	1681	10	15	1681	9	5	SJW-D07090050
3366	1681	10	26	1681	9	16	SJW-D07090160
3367	1681	11	17	1681	10	8	SJW-D07100080
3368	1681	11	26	1681	10	17	SJW-D07100170
3369	1681	12	16	1681	11	7	SJW-D07110070
3370	1681	12	19	1681	11	10	SJW-D07110100
3371	1681	12	21	1681	11	12	SJW-D07110120
3372	1682	1	14	1681	12	6	SJW-D07120060
3373	1682	1	17	1681	12	9	SJW-D07120090
3374	1682	1	22	1681	12	14	SJW-D07120140
3375	1682	1	24	1681	12	16	SJW-D07120160

续表

编号	公历			农历			ID 编号
	年	月	日	年	月	日	
3376	1682	2	14	1682	1	8	SJW-D08010080
3377	1682	2	16	1682	1	10	SJW-D08010100
3378	1682	2	22	1682	1	16	SJW-D08010160
3379	1682	3	1	1682	1	23	SJW-D08010230
3380	1682	3	5	1682	1	27	SJW-D08010270
3381	1682	3	22	1682	2	14	SJW-D08020140
3382	1682	3	25	1682	2	17	SJW-D08020170
3383	1682	4	1	1682	2	24	SJW-D08020240
3384	1682	4	8	1682	3	1	SJW-D08030010
3385	1682	4	11	1682	3	4	SJW-D08030040
3386	1682	4	25	1682	3	18	SJW-D08030180
3387	1682	5	1	1682	3	24	SJW-D08030240
3388	1682	7	2	1682	5	27	SJW-D08050270
3389	1682	7	4	1682	5	29	SJW-D08050290
3390	1682	7	5	1682	6	1	SJW-D08060010
3391	1682	7	6	1682	6	2	SJW-D08060020
3392	1682	7	7	1682	6	3	SJW-D08060030
3393	1682	7	8	1682	6	4	SJW-D08060040
3394	1682	7	9	1682	6	5	SJW-D08060050
3395	1682	7	13	1682	6	9	SJW-D08060090
3396	1682	7	14	1682	6	10	SJW-D08060100
3397	1682	7	15	1682	6	11	SJW-D08060110
3398	1682	7	16	1682	6	12	SJW-D08060120
3399	1682	7	17	1682	6	13	SJW-D08060130
3400	1682	7	31	1682	6	27	SJW-D08060270
3401	1682	8	3	1682	7	1	SJW-D08070010
3402	1682	8	4	1682	7	2	SJW-D08070020
3403	1682	8	14	1682	7	12	SJW-D08070120
3404	1682	8	28	1682	7	26	SJW-D08070260
3405	1682	8	29	1682	7	27	SJW-D08070270
3406	1682	8	30	1682	7	28	SJW-D08070280
3407	1682	9	15	1682	8	14	SJW-D08080140
3408	1682	9	16	1682	8	15	SJW-D08080150
3409	1682	9	21	1682	8	20	SJW-D08080200
3410	1682	10	15	1682	9	15	SJW-D08090150
3411	1682	10	20	1682	9	20	SJW-D08090200
3412	1682	11	7	1682	10	9	SJW-D08100090
3413	1682	11	11	1682	10	13	SJW-D08100130

续表

编号	公历			农历			ID 编号
	年	月	日	年	月	日	
3414	1682	11	19	1682	10	21	SJW-D08100210
3415	1682	11	23	1682	10	25	SJW-D08100250
3416	1682	12	6	1682	11	8	SJW-D08110080
3417	1683	1	1	1682	12	4	SJW-D08120040
3418	1683	1	2	1682	12	5	SJW-D08120050
3419	1683	1	7	1682	12	10	SJW-D08120100
3420	1683	1	9	1682	12	12	SJW-D08120120
3421	1683	1	16	1682	12	19	SJW-D08120190
3422	1683	1	20	1682	12	23	SJW-D08120230
3423	1683	1	26	1682	12	29	SJW-D08120290
3424	1683	2	2	1683	1	7	SJW-D09010070
3425	1683	2	5	1683	1	10	SJW-D09010100
3426	1683	3	8	1683	2	11	SJW-D09020110
3427	1683	3	16	1683	2	19	SJW-D09020190
3428	1683	3	17	1683	2	20	SJW-D09020200
3429	1683	3	24	1683	2	27	SJW-D09020270
3430	1683	3	27	1683	2	30	SJW-D09020300
3431	1683	3	28	1683	3	1	SJW-D09030010
3432	1683	3	29	1683	3	2	SJW-D09030020
3433	1683	4	7	1683	3	11	SJW-D09030110
3434	1683	4	8	1683	3	12	SJW-D09030120
3435	1683	4	27	1683	4	1	SJW-D09040010
3436	1683	4	29	1683	4	3	SJW-D09040030
3437	1683	5	5	1683	4	9	SJW-D09040090
3438	1683	5	6	1683	4	10	SJW-D09040100
3439	1683	5	7	1683	4	11	SJW-D09040110
3440	1683	5	8	1683	4	12	SJW-D09040120
3441	1683	5	9	1683	4	13	SJW-D09040130
3442	1683	5	12	1683	4	16	SJW-D09040160
3443	1683	5	14	1683	4	18	SJW-D09040180
3444	1683	5	17	1683	4	21	SJW-D09040210
3445	1683	5	24	1683	4	28	SJW-D09040280
3446	1683	5	25	1683	4	29	SJW-D09040290
3447	1683	6	2	1683	5	8	SJW-D09050080
3448	1683	6	6	1683	5	12	SJW-D09050120
3449	1683	6	9	1683	5	15	SJW-D09050150
3450	1683	6	18	1683	5	24	SJW-D09050240
3451	1683	6	25	1683	6	1	SJW-D09060010

续表

编号	公历			农历			ID 编号
	年	月	日	年	月	日	
3452	1683	7	2	1683	6	8	SJW-D09060080
3453	1683	7	3	1683	6	9	SJW-D09060090
3454	1683	7	8	1683	6	14	SJW-D09060140
3455	1683	7	9	1683	6	15	SJW-D09060150
3456	1683	7	11	1683	6	17	SJW-D09060170
3457	1683	7	14	1683	6	20	SJW-D09060200
3458	1683	7	16	1683	6	22	SJW-D09060220
3459	1683	7	17	1683	6	23	SJW-D09060230
3460	1683	7	18	1683	6	24	SJW-D09060240
3461	1683	7	19	1683	6	25	SJW-D09060250
3462	1683	7	20	1683	6	26	SJW-D09060260
3463	1683	7	25	1683	闰 6	2	SJW-D09061020
3464	1683	7	26	1683	闰 6	3	SJW-D09061030
3465	1683	7	27	1683	闰 6	4	SJW-D09061040
3466	1683	7	28	1683	闰 6	5	SJW-D09061050
3467	1683	7	29	1683	闰 6	6	SJW-D09061060
3468	1683	7	30	1683	闰 6	7	SJW-D09061070
3469	1683	7	31	1683	闰 6	8	SJW-D09061080
3470	1683	8	1	1683	闰 6	9	SJW-D09061090
3471	1683	8	6	1683	闰 6	14	SJW-D09061140
3472	1683	8	7	1683	闰 6	15	SJW-D09061150
3473	1683	8	8	1683	闰 6	16	SJW-D09061160
3474	1683	8	10	1683	闰 6	18	SJW-D09061180
3475	1683	8	16	1683	闰 6	24	SJW-D09061240
3476	1683	8	19	1683	闰 6	27	SJW-D09061270
3477	1683	8	24	1683	7	3	SJW-D09070030
3478	1683	8	25	1683	7	4	SJW-D09070040
3479	1683	8	26	1683	7	5	SJW-D09070050
3480	1683	8	27	1683	7	6	SJW-D09070060
3481	1683	8	31	1683	7	10	SJW-D09070100
3482	1683	9	4	1683	7	14	SJW-D09070140
3483	1683	9	7	1683	7	17	SJW-D09070170
3484	1683	9	9	1683	7	19	SJW-D09070190
3485	1683	9	10	1683	7	20	SJW-D09070200
3486	1683	9	16	1683	7	26	SJW-D09070260
3487	1683	9	30	1683	8	10	SJW-D09080100
3488	1683	10	1	1683	8	11	SJW-D09080110
3489	1683	10	4	1683	8	14	SJW-D09080140

续表

编号	公历			农历			ID 编号
	年	月	日	年	月	日	
3490	1683	10	25	1683	9	6	SJW-D09090060
3491	1683	11	2	1683	9	14	SJW-D09090140
3492	1683	11	3	1683	9	15	SJW-D09090150
3493	1683	11	11	1683	9	23	SJW-D09090230
3494	1683	11	12	1683	9	24	SJW-D09090240
3495	1683	12	13	1683	10	26	SJW-D09100260
3496	1683	12	14	1683	10	27	SJW-D09100270
3497	1683	12	20	1683	11	3	SJW-D09110030
3498	1683	12	21	1683	11	4	SJW-D09110040
3499	1683	12	26	1683	11	9	SJW-D09110090
3500	1683	12	27	1683	11	10	SJW-D09110100
3501	1683	12	28	1683	11	11	SJW-D09110110
3502	1684	1	21	1683	12	5	SJW-D09120050
3503	1684	1	26	1683	12	10	SJW-D09120100
3504	1684	2	5	1683	12	20	SJW-D09120200
3505	1684	2	8	1683	12	23	SJW-D09120230
3506	1684	2	18	1684	1	4	SJW-D10010040
3507	1684	2	22	1684	1	8	SJW-D10010080
3508	1684	2	23	1684	1	9	SJW-D10010090
3509	1684	3	7	1684	1	22	SJW-D10010220
3510	1684	3	13	1684	1	28	SJW-D10010280
3511	1684	3	25	1684	2	10	SJW-D10020100
3512	1684	3	28	1684	2	13	SJW-D10020130
3513	1684	3	30	1684	2	15	SJW-D10020150
3514	1684	3	31	1684	2	16	SJW-D10020160
3515	1684	4	2	1684	2	18	SJW-D10020180
3516	1684	4	16	1684	3	2	SJW-D10030020
3517	1684	4	23	1684	3	9	SJW-D10030090
3518	1684	4	30	1684	3	16	SJW-D10030160
3519	1684	5	1	1684	3	17	SJW-D10030170
3520	1684	5	8	1684	3	24	SJW-D10030240
3521	1684	5	10	1684	3	26	SJW-D10030260
3522	1684	5	20	1684	4	7	SJW-D10040070
3523	1684	5	21	1684	4	8	SJW-D10040080
3524	1684	5	22	1684	4	9	SJW-D10040090
3525	1684	5	26	1684	4	13	SJW-D10040130
3526	1684	5	27	1684	4	14	SJW-D10040140
3527	1684	5	28	1684	4	15	SJW-D10040150

续表

编号	公历			农历			ID 编号
	年	月	日	年	月	日	
3528	1684	5	30	1684	4	17	SJW-D10040170
3529	1684	6	3	1684	4	21	SJW-D10040210
3530	1684	6	4	1684	4	22	SJW-D10040220
3531	1684	6	5	1684	4	23	SJW-D10040230
3532	1684	6	13	1684	5	1	SJW-D10050010
3533	1684	6	14	1684	5	2	SJW-D10050020
3534	1684	6	16	1684	5	4	SJW-D10050040
3535	1684	6	17	1684	5	5	SJW-D10050050
3536	1684	6	23	1684	5	11	SJW-D10050110
3537	1684	7	1	1684	5	19	SJW-D10050190
3538	1684	7	2	1684	5	20	SJW-D10050200
3539	1684	7	3	1684	5	21	SJW-D10050210
3540	1684	7	4	1684	5	22	SJW-D10050220
3541	1684	7	5	1684	5	23	SJW-D10050230
3542	1684	7	6	1684	5	24	SJW-D10050240
3543	1684	7	7	1684	5	25	SJW-D10050250
3544	1684	7	11	1684	5	29	SJW-D10050290
3545	1684	7	12	1684	6	1	SJW-D10060010
3546	1684	7	13	1684	6	2	SJW-D10060020
3547	1684	7	14	1684	6	3	SJW-D10060030
3548	1684	7	15	1684	6	4	SJW-D10060040
3549	1684	7	16	1684	6	5	SJW-D10060050
3550	1684	7	17	1684	6	6	SJW-D10060060
3551	1684	7	26	1684	6	15	SJW-D10060150
3552	1684	7	29	1684	6	18	SJW-D10060180
3553	1684	7	30	1684	6	19	SJW-D10060190
3554	1684	8	14	1684	7	4	SJW-D10070040
3555	1684	8	22	1684	7	12	SJW-D10070120
3556	1684	8	23	1684	7	13	SJW-D10070130
3557	1684	8	27	1684	7	17	SJW-D10070170
3558	1684	9	1	1684	7	22	SJW-D10070220
3559	1684	9	5	1684	7	26	SJW-D10070260
3560	1684	9	6	1684	7	27	SJW-D10070270
3561	1684	9	11	1684	8	3	SJW-D10080030
3562	1684	9	13	1684	8	5	SJW-D10080050
3563	1684	9	15	1684	8	7	SJW-D10080070
3564	1684	9	16	1684	8	8	SJW-D10080080
3565	1684	9	27	1684	8	19	SJW-D10080190

续表

编号	公历			农历			ID 编号
	年	月	日	年	月	日	
3566	1684	9	28	1684	8	20	SJW-D10080200
3567	1684	9	29	1684	8	21	SJW-D10080210
3568	1684	10	16	1684	9	8	SJW-D10090080
3569	1684	10	29	1684	9	21	SJW-D10090210
3570	1684	11	1	1684	9	24	SJW-D10090240
3571	1684	11	9	1684	10	3	SJW-D10100030
3572	1684	11	18	1684	10	12	SJW-D10100120
3573	1684	11	19	1684	10	13	SJW-D10100130
3574	1684	12	1	1684	10	25	SJW-D10100250
3575	1684	12	13	1684	11	8	SJW-D10110080
3576	1684	12	22	1684	11	17	SJW-D10110170
3577	1684	12	28	1684	11	23	SJW-D10110230
3578	1684	12	30	1684	11	25	SJW-D10110250
3579	1685	1	1	1684	11	27	SJW-D10110270
3580	1685	1	2	1684	11	28	SJW-D10110280
3581	1685	1	8	1684	12	4	SJW-D10120040
3582	1685	1	20	1684	12	16	SJW-D10120160
3583	1685	1	23	1684	12	19	SJW-D10120190
3584	1685	1	28	1684	12	24	SJW-D10120240
3585	1685	2	3	1685	1	1	SJW-D11010010
3586	1685	2	22	1685	1	20	SJW-D11010200
3587	1685	3	6	1685	2	2	SJW-D11020020
3588	1685	3	30	1685	2	26	SJW-D11020260
3589	1685	4	16	1685	3	13	SJW-D11030130
3590	1685	4	17	1685	3	14	SJW-D11030140
3591	1685	4	20	1685	3	17	SJW-D11030170
3592	1685	4	22	1685	3	19	SJW-D11030190
3593	1685	4	23	1685	3	20	SJW-D11030200
3594	1685	4	27	1685	3	24	SJW-D11030240
3595	1685	4	28	1685	3	25	SJW-D11030250
3596	1685	5	9	1685	4	7	SJW-D11040070
3597	1685	5	16	1685	4	14	SJW-D11040140
3598	1685	5	24	1685	4	22	SJW-D11040220
3599	1685	5	30	1685	4	28	SJW-D11040280
3600	1685	5	31	1685	4	29	SJW-D11040290
3601	1685	6	4	1685	5	3	SJW-D11050030
3602	1685	6	5	1685	5	4	SJW-D11050040
3603	1685	6	10	1685	5	9	SJW-D11050090

续表

编号	公历			农历			ID 编号
	年	月	日	年	月	日	
3604	1685	6	19	1685	5	18	SJW-D11050180
3605	1685	6	20	1685	5	19	SJW-D11050190
3606	1685	6	21	1685	5	20	SJW-D11050200
3607	1685	6	22	1685	5	21	SJW-D11050210
3608	1685	6	23	1685	5	22	SJW-D11050220
3609	1685	6	24	1685	5	23	SJW-D11050230
3610	1685	6	30	1685	5	29	SJW-D11050290
3611	1685	7	4	1685	6	3	SJW-D11060030
3612	1685	7	5	1685	6	4	SJW-D11060040
3613	1685	7	8	1685	6	7	SJW-D11060070
3614	1685	7	9	1685	6	8	SJW-D11060080
3615	1685	7	10	1685	6	9	SJW-D11060090
3616	1685	7	12	1685	6	11	SJW-D11060110
3617	1685	7	13	1685	6	12	SJW-D11060120
3618	1685	7	14	1685	6	13	SJW-D11060130
3619	1685	7	17	1685	6	16	SJW-D11060160
3620	1685	7	29	1685	6	28	SJW-D11060280
3621	1685	8	15	1685	7	16	SJW-D11070160
3622	1685	8	16	1685	7	17	SJW-D11070170
3623	1685	8	17	1685	7	18	SJW-D11070180
3624	1685	8	18	1685	7	19	SJW-D11070190
3625	1685	8	19	1685	7	20	SJW-D11070200
3626	1685	8	20	1685	7	21	SJW-D11070210
3627	1685	8	26	1685	7	27	SJW-D11070270
3628	1685	8	27	1685	7	28	SJW-D11070280
3629	1685	9	1	1685	8	3	SJW-D11080030
3630	1685	9	3	1685	8	5	SJW-D11080050
3631	1685	9	4	1685	8	6	SJW-D11080060
3632	1685	9	5	1685	8	7	SJW-D11080070
3633	1685	9	6	1685	8	8	SJW-D11080080
3634	1685	9	7	1685	8	9	SJW-D11080090
3635	1685	9	8	1685	8	10	SJW-D11080100
3636	1685	9	9	1685	8	11	SJW-D11080110
3637	1685	9	10	1685	8	12	SJW-D11080120
3638	1685	9	13	1685	8	15	SJW-D11080150
3639	1685	9	15	1685	8	17	SJW-D11080170
3640	1685	9	19	1685	8	21	SJW-D11080210
3641	1685	9	20	1685	8	22	SJW-D11080220

续表

编号	公历			农历			ID 编号
	年	月	日	年	月	日	
3642	1685	9	22	1685	8	24	SJW-D11080240
3643	1685	9	27	1685	8	29	SJW-D11080290
3644	1685	9	28	1685	9	1	SJW-D11090010
3645	1685	10	8	1685	9	11	SJW-D11090110
3646	1685	10	18	1685	9	21	SJW-D11090210
3647	1685	10	21	1685	9	24	SJW-D11090240
3648	1685	10	22	1685	9	25	SJW-D11090250
3649	1685	10	25	1685	9	28	SJW-D11090280
3650	1685	10	27	1685	9	30	SJW-D11090300
3651	1685	10	29	1685	10	2	SJW-D11100020
3652	1685	11	17	1685	10	21	SJW-D11100210
3653	1685	11	28	1685	11	3	SJW-D11110030
3654	1685	12	3	1685	11	8	SJW-D11110080
3655	1685	12	7	1685	11	12	SJW-D11110120
3656	1685	12	8	1685	11	13	SJW-D11110130
3657	1685	12	15	1685	11	20	SJW-D11110200
3658	1685	12	26	1685	12	1	SJW-D11120010
3659	1686	1	2	1685	12	8	SJW-D11120080
3660	1686	1	3	1685	12	9	SJW-D11120090
3661	1686	1	15	1685	12	21	SJW-D11120210
3662	1686	1	28	1686	1	5	SJW-D12010050
3663	1686	2	9	1686	1	17	SJW-D12010170
3664	1686	2	11	1686	1	19	SJW-D12010190
3665	1686	2	19	1686	1	27	SJW-D12010270
3666	1686	2	26	1686	2	5	SJW-D12020050
3667	1686	3	10	1686	2	17	SJW-D12020170
3668	1686	3	29	1686	3	6	SJW-D12030060
3669	1686	3	30	1686	3	7	SJW-D12030070
3670	1686	4	10	1686	3	18	SJW-D12030180
3671	1686	4	19	1686	3	27	SJW-D12030270
3672	1686	4	22	1686	3	30	SJW-D12030300
3673	1686	4	23	1686	4	1	SJW-D12040010
3674	1686	5	5	1686	4	13	SJW-D12040130
3675	1686	5	15	1686	4	23	SJW-D12040230
3676	1686	5	16	1686	4	24	SJW-D12040240
3677	1686	5	20	1686	4	28	SJW-D12040280
3678	1686	5	24	1686	闰 4	3	SJW-D12041030
3679	1686	5	26	1686	闰 4	5	SJW-D12041050

续表

编号	公历			农历			ID 编号
	年	月	日	年	月	日	
3680	1686	5	31	1686	闰 4	10	SJW-D12041100
3681	1686	6	3	1686	闰 4	13	SJW-D12041130
3682	1686	6	4	1686	闰 4	14	SJW-D12041140
3683	1686	6	5	1686	闰 4	15	SJW-D12041150
3684	1686	6	6	1686	闰 4	16	SJW-D12041160
3685	1686	6	7	1686	闰 4	17	SJW-D12041170
3686	1686	7	5	1686	5	15	SJW-D12050150
3687	1686	7	6	1686	5	16	SJW-D12050160
3688	1686	7	7	1686	5	17	SJW-D12050170
3689	1686	7	9	1686	5	19	SJW-D12050190
3690	1686	7	11	1686	5	21	SJW-D12050210
3691	1686	7	12	1686	5	22	SJW-D12050220
3692	1686	7	13	1686	5	23	SJW-D12050230
3693	1686	7	16	1686	5	26	SJW-D12050260
3694	1686	7	18	1686	5	28	SJW-D12050280
3695	1686	7	26	1686	6	7	SJW-D12060070
3696	1686	8	8	1686	6	20	SJW-D12060200
3697	1686	8	17	1686	6	29	SJW-D12060290
3698	1686	8	18	1686	6	30	SJW-D12060300
3699	1686	8	20	1686	7	2	SJW-D12070020
3700	1686	8	21	1686	7	3	SJW-D12070030
3701	1686	8	25	1686	7	7	SJW-D12070070
3702	1686	8	26	1686	7	8	SJW-D12070080
3703	1686	9	1	1686	7	14	SJW-D12070140
3704	1686	9	20	1686	8	3	SJW-D12080030
3705	1686	9	21	1686	8	4	SJW-D12080040
3706	1686	9	23	1686	8	6	SJW-D12080060
3707	1686	9	24	1686	8	7	SJW-D12080070
3708	1686	9	25	1686	8	8	SJW-D12080080
3709	1686	10	21	1686	9	5	SJW-D12090050
3710	1686	11	9	1686	9	24	SJW-D12090240
3711	1686	11	22	1686	10	7	SJW-D12100070
3712	1686	11	27	1686	10	12	SJW-D12100120
3713	1686	12	18	1686	11	4	SJW-D12110040
3714	1686	12	21	1686	11	7	SJW-D12110070
3715	1686	12	22	1686	11	8	SJW-D12110080
3716	1686	12	24	1686	11	10	SJW-D12110100
3717	1687	1	5	1686	11	22	SJW-D12110220

续表

编号	公历			农历			ID 编号
	年	月	日	年	月	日	
3718	1687	1	9	1686	11	26	SJW-D12110260
3719	1687	1	14	1686	12	1	SJW-D12120010
3720	1687	1	15	1686	12	2	SJW-D12120020
3721	1687	1	28	1686	12	15	SJW-D12120150
3722	1687	2	1	1686	12	19	SJW-D12120190
3723	1687	2	4	1686	12	22	SJW-D12120220
3724	1687	2	5	1686	12	23	SJW-D12120230
3725	1687	2	6	1686	12	24	SJW-D12120240
3726	1687	2	7	1686	12	25	SJW-D12120250
3727	1687	2	8	1686	12	26	SJW-D12120260
3728	1687	2	9	1686	12	27	SJW-D12120270
3729	1687	3	24	1687	2	12	SJW-D13020120
3730	1687	3	29	1687	2	17	SJW-D13020170
3731	1687	3	30	1687	2	18	SJW-D13020180
3732	1687	4	4	1687	2	23	SJW-D13020230
3733	1687	4	10	1687	2	29	SJW-D13020290
3734	1687	4	26	1687	3	15	SJW-D13030150
3735	1687	5	18	1687	4	8	SJW-D13040080
3736	1687	5	19	1687	4	9	SJW-D13040090
3737	1687	5	20	1687	4	10	SJW-D13040100
3738	1687	5	28	1687	4	18	SJW-D13040180
3739	1687	6	3	1687	4	24	SJW-D13040240
3740	1687	6	4	1687	4	25	SJW-D13040250
3741	1687	6	6	1687	4	27	SJW-D13040270
3742	1687	6	15	1687	5	6	SJW-D13050060
3743	1687	6	16	1687	5	7	SJW-D13050070
3744	1687	6	17	1687	5	8	SJW-D13050080
3745	1687	6	20	1687	5	11	SJW-D13050110
3746	1687	6	28	1687	5	19	SJW-D13050190
3747	1687	6	29	1687	5	20	SJW-D13050200
3748	1687	7	2	1687	5	23	SJW-D13050230
3749	1687	7	9	1687	6	1	SJW-D13060010
3750	1687	7	11	1687	6	3	SJW-D13060030
3751	1687	7	14	1687	6	6	SJW-D13060060
3752	1687	7	15	1687	6	7	SJW-D13060070
3753	1687	7	16	1687	6	8	SJW-D13060080
3754	1687	7	17	1687	6	9	SJW-D13060090
3755	1687	7	18	1687	6	10	SJW-D13060100

续表

编号	公历			农历			ID 编号
	年	月	日	年	月	日	
3756	1687	7	19	1687	6	11	SJW-D13060110
3757	1687	7	20	1687	6	12	SJW-D13060120
3758	1687	7	21	1687	6	13	SJW-D13060130
3759	1687	7	22	1687	6	14	SJW-D13060140
3760	1687	7	25	1687	6	17	SJW-D13060170
3761	1687	7	26	1687	6	18	SJW-D13060180
3762	1687	7	27	1687	6	19	SJW-D13060190
3763	1687	7	28	1687	6	20	SJW-D13060200
3764	1687	7	30	1687	6	22	SJW-D13060220
3765	1687	7	31	1687	6	23	SJW-D13060230
3766	1687	8	1	1687	6	24	SJW-D13060240
3767	1687	8	2	1687	6	25	SJW-D13060250
3768	1687	8	4	1687	6	27	SJW-D13060270
3769	1687	8	5	1687	6	28	SJW-D13060280
3770	1687	8	6	1687	6	29	SJW-D13060290
3771	1687	8	7	1687	6	30	SJW-D13060300
3772	1687	8	8	1687	7	1	SJW-D13070010
3773	1687	8	9	1687	7	2	SJW-D13070020
3774	1687	8	10	1687	7	3	SJW-D13070030
3775	1687	8	20	1687	7	13	SJW-D13070130
3776	1687	8	21	1687	7	14	SJW-D13070140
3777	1687	8	22	1687	7	15	SJW-D13070150
3778	1687	8	30	1687	7	23	SJW-D13070230
3779	1687	9	5	1687	7	29	SJW-D13070290
3780	1687	9	14	1687	8	8	SJW-D13080080
3781	1687	9	20	1687	8	14	SJW-D13080140
3782	1687	10	11	1687	9	6	SJW-D13090060
3783	1687	10	12	1687	9	7	SJW-D13090070
3784	1687	10	13	1687	9	8	SJW-D13090080
3785	1687	11	2	1687	9	28	SJW-D13090280
3786	1687	11	22	1687	10	18	SJW-D13100180
3787	1687	11	23	1687	10	19	SJW-D13100190
3788	1687	11	24	1687	10	20	SJW-D13100200
3789	1687	11	25	1687	10	21	SJW-D13100210
3790	1687	11	27	1687	10	23	SJW-D13100230
3791	1687	12	11	1687	11	7	SJW-D13110070
3792	1687	12	12	1687	11	8	SJW-D13110080
3793	1688	1	12	1687	12	10	SJW-D13120100

续表

编号	公历			农历			ID 编号
	年	月	日	年	月	日	
3794	1688	1	13	1687	12	11	SJW-D13120110
3795	1688	1	23	1687	12	21	SJW-D13120210
3796	1688	3	1	1688	1	29	SJW-D14010290
3797	1688	3	11	1688	2	10	SJW-D14020100
3798	1688	3	18	1688	2	17	SJW-D14020170
3799	1688	3	25	1688	2	24	SJW-D14020240
3800	1688	3	31	1688	2	30	SJW-D14020300
3801	1688	4	5	1688	3	5	SJW-D14030050
3802	1688	4	8	1688	3	8	SJW-D14030080
3803	1688	4	11	1688	3	11	SJW-D14030110
3804	1688	4	24	1688	3	24	SJW-D14030240
3805	1688	4	27	1688	3	27	SJW-D14030270
3806	1688	5	4	1688	4	5	SJW-D14040050
3807	1688	5	5	1688	4	6	SJW-D14040060
3808	1688	5	8	1688	4	9	SJW-D14040090
3809	1688	5	10	1688	4	11	SJW-D14040110
3810	1688	5	11	1688	4	12	SJW-D14040120
3811	1688	5	15	1688	4	16	SJW-D14040160
3812	1688	5	16	1688	4	17	SJW-D14040170
3813	1688	5	20	1688	4	21	SJW-D14040210
3814	1688	5	21	1688	4	22	SJW-D14040220
3815	1688	5	22	1688	4	23	SJW-D14040230
3816	1688	5	25	1688	4	26	SJW-D14040260
3817	1688	5	26	1688	4	27	SJW-D14040270
3818	1688	6	2	1688	5	5	SJW-D14050050
3819	1688	6	9	1688	5	12	SJW-D14050120
3820	1688	6	18	1688	5	21	SJW-D14050210
3821	1688	6	23	1688	5	26	SJW-D14050260
3822	1688	6	24	1688	5	27	SJW-D14050270
3823	1688	6	28	1688	6	1	SJW-D14060010
3824	1688	6	29	1688	6	2	SJW-D14060020
3825	1688	6	30	1688	6	3	SJW-D14060030
3826	1688	7	1	1688	6	4	SJW-D14060040
3827	1688	7	2	1688	6	5	SJW-D14060050
3828	1688	7	3	1688	6	6	SJW-D14060060
3829	1688	7	4	1688	6	7	SJW-D14060070
3830	1688	7	5	1688	6	8	SJW-D14060080
3831	1688	7	6	1688	6	9	SJW-D14060090

续表

编号	公历			农历			ID 编号
	年	月	日	年	月	日	
3832	1688	7	7	1688	6	10	SJW-D14060100
3833	1688	7	8	1688	6	11	SJW-D14060110
3834	1688	7	9	1688	6	12	SJW-D14060120
3835	1688	7	10	1688	6	13	SJW-D14060130
3836	1688	7	11	1688	6	14	SJW-D14060140
3837	1688	7	13	1688	6	16	SJW-D14060160
3838	1688	7	15	1688	6	18	SJW-D14060180
3839	1688	7	16	1688	6	19	SJW-D14060190
3840	1688	7	18	1688	6	21	SJW-D14060210
3841	1688	7	19	1688	6	22	SJW-D14060220
3842	1688	7	22	1688	6	25	SJW-D14060250
3843	1688	7	23	1688	6	26	SJW-D14060260
3844	1688	7	24	1688	6	27	SJW-D14060270
3845	1688	7	28	1688	7	2	SJW-D14070020
3846	1688	8	2	1688	7	7	SJW-D14070070
3847	1688	8	3	1688	7	8	SJW-D14070080
3848	1688	8	4	1688	7	9	SJW-D14070090
3849	1688	8	6	1688	7	11	SJW-D14070110
3850	1688	8	8	1688	7	13	SJW-D14070130
3851	1688	8	9	1688	7	14	SJW-D14070140
3852	1688	8	10	1688	7	15	SJW-D14070150
3853	1688	8	11	1688	7	16	SJW-D14070160
3854	1688	8	12	1688	7	17	SJW-D14070170
3855	1688	8	13	1688	7	18	SJW-D14070180
3856	1688	8	23	1688	7	28	SJW-D14070280
3857	1688	9	3	1688	8	9	SJW-D14080090
3858	1688	9	4	1688	8	10	SJW-D14080100
3859	1688	10	1	1688	9	8	SJW-D14090080
3860	1688	10	8	1688	9	15	SJW-D14090150
3861	1688	10	27	1688	10	4	SJW-D14100040
3862	1688	11	7	1688	10	15	SJW-D14100150
3863	1688	11	8	1688	10	16	SJW-D14100160
3864	1688	11	11	1688	10	19	SJW-D14100190
3865	1688	11	28	1688	11	6	SJW-D14110060
3866	1688	11	29	1688	11	7	SJW-D14110070
3867	1688	12	1	1688	11	9	SJW-D14110090
3868	1688	12	3	1688	11	11	SJW-D14110110
3869	1688	12	5	1688	11	13	SJW-D14110130

续表

编号	公历			农历			ID 编号
	年	月	日	年	月	日	
3870	1688	12	10	1688	11	18	SJW-D14110180
3871	1688	12	11	1688	11	19	SJW-D14110190
3872	1688	12	21	1688	11	29	SJW-D14110290
3873	1688	12	25	1688	12	3	SJW-D14120030
3874	1688	12	26	1688	12	4	SJW-D14120040
3875	1688	12	29	1688	12	7	SJW-D14120070
3876	1688	12	30	1688	12	8	SJW-D14120080
3877	1689	1	1	1688	12	10	SJW-D14120100
3878	1689	1	2	1688	12	11	SJW-D14120110
3879	1689	1	5	1688	12	14	SJW-D14120140
3880	1689	1	6	1688	12	15	SJW-D14120150
3881	1689	1	12	1688	12	21	SJW-D14120210
3882	1689	2	28	1689	2	9	SJW-D15020090
3883	1689	3	10	1689	2	19	SJW-D15020190
3884	1689	3	13	1689	2	22	SJW-D15020220
3885	1689	3	18	1689	2	27	SJW-D15020270
3886	1689	4	27	1689	闰 3	8	SJW-D15031080
3887	1689	5	4	1689	闰 3	15	SJW-D15031150
3888	1689	5	11	1689	闰 3	22	SJW-D15031220
3889	1689	5	16	1689	闰 3	27	SJW-D15031270
3890	1689	6	8	1689	4	21	SJW-D15040210
3891	1689	6	9	1689	4	22	SJW-D15040220
3892	1689	6	10	1689	4	23	SJW-D15040230
3893	1689	6	14	1689	4	27	SJW-D15040270
3894	1689	6	18	1689	5	2	SJW-D15050020
3895	1689	6	19	1689	5	3	SJW-D15050030
3896	1689	6	20	1689	5	4	SJW-D15050040
3897	1689	6	27	1689	5	11	SJW-D15050110
3898	1689	6	30	1689	5	14	SJW-D15050140
3899	1689	7	12	1689	5	26	SJW-D15050260
3900	1689	7	17	1689	6	1	SJW-D15060010
3901	1689	7	18	1689	6	2	SJW-D15060020
3902	1689	7	19	1689	6	3	SJW-D15060030
3903	1689	7	20	1689	6	4	SJW-D15060040
3904	1689	7	24	1689	6	8	SJW-D15060080
3905	1689	8	1	1689	6	16	SJW-D15060160
3906	1689	8	2	1689	6	17	SJW-D15060170
3907	1689	8	10	1689	6	25	SJW-D15060250

续表

编号	公历			农历			ID 编号
	年	月	日	年	月	日	
3908	1689	8	14	1689	6	29	SJW-D15060290
3909	1689	9	12	1689	7	29	SJW-D15070290
3910	1689	9	13	1689	8	1	SJW-D15080010
3911	1689	9	14	1689	8	2	SJW-D15080020
3912	1689	9	15	1689	8	3	SJW-D15080030
3913	1689	9	16	1689	8	4	SJW-D15080040
3914	1689	9	18	1689	8	6	SJW-D15080060
3915	1689	9	19	1689	8	7	SJW-D15080070
3916	1689	9	20	1689	8	8	SJW-D15080080
3917	1689	9	22	1689	8	10	SJW-D15080100
3918	1689	9	25	1689	8	13	SJW-D15080130
3919	1689	9	28	1689	8	16	SJW-D15080160
3920	1689	9	29	1689	8	17	SJW-D15080170
3921	1689	10	4	1689	8	22	SJW-D15080220
3922	1689	10	7	1689	8	25	SJW-D15080250
3923	1689	11	1	1689	9	20	SJW-D15090200
3924	1689	11	2	1689	9	21	SJW-D15090210
3925	1689	12	7	1689	10	26	SJW-D15100260
3926	1690	1	6	1689	11	26	SJW-D15110260
3927	1690	1	7	1689	11	27	SJW-D15110270
3928	1690	1	9	1689	11	29	SJW-D15110290
3929	1690	1	17	1689	12	8	SJW-D15120080
3930	1690	1	21	1689	12	12	SJW-D15120120
3931	1690	2	16	1690	1	8	SJW-D16010080
3932	1690	2	20	1690	1	12	SJW-D16010120
3933	1690	2	21	1690	1	13	SJW-D16010130
3934	1690	2	28	1690	1	20	SJW-D16010200
3935	1690	3	10	1690	1	30	SJW-D16010300
3936	1690	3	16	1690	2	6	SJW-D16020060
3937	1690	4	14	1690	3	6	SJW-D16030060
3938	1690	4	18	1690	3	10	SJW-D16030100
3939	1690	4	22	1690	3	14	SJW-D16030140
3940	1690	5	1	1690	3	23	SJW-D16030230
3941	1690	5	11	1690	4	3	SJW-D16040030
3942	1690	6	5	1690	4	28	SJW-D16040280
3943	1690	6	6	1690	4	29	SJW-D16040290
3944	1690	6	9	1690	5	3	SJW-D16050030
3945	1690	6	11	1690	5	5	SJW-D16050050

续表

编号	公历			农历			ID 编号
	年	月	日	年	月	日	
3946	1690	6	14	1690	5	8	SJW-D16050080
3947	1690	6	15	1690	5	9	SJW-D16050090
3948	1690	6	16	1690	5	10	SJW-D16050100
3949	1690	6	20	1690	5	14	SJW-D16050140
3950	1690	7	1	1690	5	25	SJW-D16050250
3951	1690	7	2	1690	5	26	SJW-D16050260
3952	1690	7	3	1690	5	27	SJW-D16050270
3953	1690	7	4	1690	5	28	SJW-D16050280
3954	1690	7	5	1690	5	29	SJW-D16050290
3955	1690	7	6	1690	6	1	SJW-D16060010
3956	1690	7	26	1690	6	21	SJW-D16060210
3957	1690	7	28	1690	6	23	SJW-D16060230
3958	1690	7	30	1690	6	25	SJW-D16060250
3959	1690	8	9	1690	7	5	SJW-D16070050
3960	1690	8	12	1690	7	8	SJW-D16070080
3961	1690	8	16	1690	7	12	SJW-D16070120
3962	1690	8	23	1690	7	19	SJW-D16070190
3963	1690	8	24	1690	7	20	SJW-D16070200
3964	1690	9	4	1690	8	2	SJW-D16080020
3965	1690	9	7	1690	8	5	SJW-D16080050
3966	1690	9	15	1690	8	13	SJW-D16080130
3967	1690	9	27	1690	8	25	SJW-D16080250
3968	1690	9	28	1690	8	26	SJW-D16080260
3969	1690	10	11	1690	9	10	SJW-D16090100
3970	1690	10	16	1690	9	15	SJW-D16090150
3971	1690	10	29	1690	9	28	SJW-D16090280
3972	1690	11	12	1690	10	12	SJW-D16100120
3973	1690	11	16	1690	10	16	SJW-D16100160
3974	1690	11	21	1690	10	21	SJW-D16100210
3975	1690	11	22	1690	10	22	SJW-D16100220
3976	1690	11	23	1690	10	23	SJW-D16100230
3977	1690	11	26	1690	10	26	SJW-D16100260
3978	1690	12	5	1690	11	5	SJW-D16110050
3979	1690	12	6	1690	11	6	SJW-D16110060
3980	1690	12	7	1690	11	7	SJW-D16110070
3981	1690	12	15	1690	11	15	SJW-D16110150
3982	1690	12	20	1690	11	20	SJW-D16110200
3983	1691	1	2	1690	12	4	SJW-D16120040

续表

编号	公历			农历			ID 编号
	年	月	日	年	月	日	
3984	1691	1	6	1690	12	8	SJW-D16120080
3985	1691	1	12	1690	12	14	SJW-D16120140
3986	1691	1	21	1690	12	23	SJW-D16120230
3987	1691	1	23	1690	12	25	SJW-D16120250
3988	1691	1	26	1690	12	28	SJW-D16120280
3989	1691	1	27	1690	12	29	SJW-D16120290
3990	1691	1	30	1691	1	2	SJW-D17010020
3991	1691	1	31	1691	1	3	SJW-D17010030
3992	1691	2	18	1691	1	21	SJW-D17010210
3993	1691	2	19	1691	1	22	SJW-D17010220
3994	1691	2	20	1691	1	23	SJW-D17010230
3995	1691	3	11	1691	2	12	SJW-D17020120
3996	1691	3	25	1691	2	26	SJW-D17020260
3997	1691	3	26	1691	2	27	SJW-D17020270
3998	1691	3	27	1691	2	28	SJW-D17020280
3999	1691	4	2	1691	3	4	SJW-D17030040
4000	1691	4	14	1691	3	16	SJW-D17030160
4001	1691	4	17	1691	3	19	SJW-D17030190
4002	1691	4	18	1691	3	20	SJW-D17030200
4003	1691	4	20	1691	3	22	SJW-D17030220
4004	1691	5	4	1691	4	7	SJW-D17040070
4005	1691	5	5	1691	4	8	SJW-D17040080
4006	1691	5	6	1691	4	9	SJW-D17040090
4007	1691	5	10	1691	4	13	SJW-D17040130
4008	1691	5	20	1691	4	23	SJW-D17040230
4009	1691	5	25	1691	4	28	SJW-D17040280
4010	1691	6	16	1691	5	20	SJW-D17050200
4011	1691	6	17	1691	5	21	SJW-D17050210
4012	1691	6	25	1691	5	29	SJW-D17050290
4013	1691	6	26	1691	6	1	SJW-D17060010
4014	1691	6	27	1691	6	2	SJW-D17060020
4015	1691	6	28	1691	6	3	SJW-D17060030
4016	1691	7	1	1691	6	6	SJW-D17060060
4017	1691	7	2	1691	6	7	SJW-D17060070
4018	1691	7	3	1691	6	8	SJW-D17060080
4019	1691	7	4	1691	6	9	SJW-D17060090
4020	1691	7	5	1691	6	10	SJW-D17060100
4021	1691	7	6	1691	6	11	SJW-D17060110

续表

编号	公历			农历			ID 编号
	年	月	日	年	月	日	
4022	1691	7	7	1691	6	12	SJW-D17060120
4023	1691	7	8	1691	6	13	SJW-D17060130
4024	1691	7	11	1691	6	16	SJW-D17060160
4025	1691	7	12	1691	6	17	SJW-D17060170
4026	1691	7	16	1691	6	21	SJW-D17060210
4027	1691	7	22	1691	6	27	SJW-D17060270
4028	1691	7	26	1691	7	2	SJW-D17070020
4029	1691	8	7	1691	7	14	SJW-D17070140
4030	1691	8	11	1691	7	18	SJW-D17070180
4031	1691	8	12	1691	7	19	SJW-D17070190
4032	1691	8	19	1691	7	26	SJW-D17070260
4033	1691	8	24	1691	闰 7	1	SJW-D17071010
4034	1691	8	31	1691	闰 7	8	SJW-D17071080
4035	1691	9	2	1691	闰 7	10	SJW-D17071100
4036	1691	9	3	1691	闰 7	11	SJW-D17071110
4037	1691	9	6	1691	闰 7	14	SJW-D17071140
4038	1691	9	7	1691	闰 7	15	SJW-D17071150
4039	1691	9	18	1691	闰 7	26	SJW-D17071260
4040	1691	9	26	1691	8	5	SJW-D17080050
4041	1691	9	27	1691	8	6	SJW-D17080060
4042	1691	9	28	1691	8	7	SJW-D17080070
4043	1691	10	1	1691	8	10	SJW-D17080100
4044	1691	10	4	1691	8	13	SJW-D17080130
4045	1691	10	5	1691	8	14	SJW-D17080140
4046	1691	10	11	1691	8	20	SJW-D17080200
4047	1691	10	23	1691	9	3	SJW-D17090030
4048	1691	10	31	1691	9	11	SJW-D17090110
4049	1691	11	1	1691	9	12	SJW-D17090120
4050	1691	11	2	1691	9	13	SJW-D17090130
4051	1692	2	23	1692	1	7	SJW-D18010070
4052	1692	2	28	1692	1	12	SJW-D18010120
4053	1692	2	29	1692	1	13	SJW-D18010130
4054	1692	3	1	1692	1	14	SJW-D18010140
4055	1692	3	5	1692	1	18	SJW-D18010180
4056	1692	3	9	1692	1	22	SJW-D18010220
4057	1692	3	10	1692	1	23	SJW-D18010230
4058	1692	3	11	1692	1	24	SJW-D18010240
4059	1692	3	13	1692	1	26	SJW-D18010260

续表

编号	公历			农历			ID 编号
	年	月	日	年	月	日	
4060	1692	3	16	1692	1	29	SJW-D18010290
4061	1692	3	21	1692	2	4	SJW-D18020040
4062	1692	3	22	1692	2	5	SJW-D18020050
4063	1692	3	23	1692	2	6	SJW-D18020060
4064	1692	3	24	1692	2	7	SJW-D18020070
4065	1692	4	5	1692	2	19	SJW-D18020190
4066	1692	4	9	1692	2	23	SJW-D18020230
4067	1692	5	6	1692	3	21	SJW-D18030210
4068	1692	5	23	1692	4	8	SJW-D18040080
4069	1692	5	25	1692	4	10	SJW-D18040100
4070	1692	6	7	1692	4	23	SJW-D18040230
4071	1692	6	20	1692	5	6	SJW-D18050060
4072	1692	6	21	1692	5	7	SJW-D18050070
4073	1692	6	28	1692	5	14	SJW-D18050140
4074	1692	7	6	1692	5	22	SJW-D18050220
4075	1692	7	7	1692	5	23	SJW-D18050230
4076	1692	7	8	1692	5	24	SJW-D18050240
4077	1692	7	9	1692	5	25	SJW-D18050250
4078	1692	7	12	1692	5	28	SJW-D18050280
4079	1692	7	20	1692	6	7	SJW-D18060070
4080	1692	7	21	1692	6	8	SJW-D18060080
4081	1692	7	24	1692	6	11	SJW-D18060110
4082	1692	7	25	1692	6	12	SJW-D18060120
4083	1692	7	27	1692	6	14	SJW-D18060140
4084	1692	8	6	1692	6	24	SJW-D18060240
4085	1692	8	11	1692	6	29	SJW-D18060290
4086	1692	8	13	1692	7	2	SJW-D18070020
4087	1692	8	22	1692	7	11	SJW-D18070110
4088	1692	8	30	1692	7	19	SJW-D18070190
4089	1692	9	20	1692	8	10	SJW-D18080100
4090	1692	9	27	1692	8	17	SJW-D18080170
4091	1692	9	28	1692	8	18	SJW-D18080180
4092	1692	9	29	1692	8	19	SJW-D18080190
4093	1692	10	29	1692	9	20	SJW-D18090200
4094	1692	11	10	1692	10	3	SJW-D18100030
4095	1692	11	14	1692	10	7	SJW-D18100070
4096	1692	11	16	1692	10	9	SJW-D18100090
4097	1692	11	17	1692	10	10	SJW-D18100100

续表

编号	公历			农历			ID 编号
	年	月	日	年	月	日	
4098	1692	11	18	1692	10	11	SJW-D18100110
4099	1692	11	21	1692	10	14	SJW-D18100140
4100	1692	11	22	1692	10	15	SJW-D18100150
4101	1692	11	24	1692	10	17	SJW-D18100170
4102	1692	12	27	1692	11	20	SJW-D18110200
4103	1693	1	8	1692	12	3	SJW-D18120030
4104	1693	1	13	1692	12	8	SJW-D18120080
4105	1693	1	14	1692	12	9	SJW-D18120090
4106	1693	2	3	1692	12	29	SJW-D18120290
4107	1693	2	4	1692	12	30	SJW-D18120300
4108	1693	2	14	1693	1	10	SJW-D19010100
4109	1693	2	20	1693	1	16	SJW-D19010160
4110	1693	2	22	1693	1	18	SJW-D19010180
4111	1693	3	10	1693	2	4	SJW-D19020040
4112	1693	3	12	1693	2	6	SJW-D19020060
4113	1693	3	17	1693	2	11	SJW-D19020110
4114	1693	3	18	1693	2	12	SJW-D19020120
4115	1693	3	24	1693	2	18	SJW-D19020180
4116	1693	3	29	1693	2	23	SJW-D19020230
4117	1693	3	30	1693	2	24	SJW-D19020240
4118	1693	4	9	1693	3	4	SJW-D19030040
4119	1693	4	21	1693	3	16	SJW-D19030160
4120	1693	4	25	1693	3	20	SJW-D19030200
4121	1693	5	1	1693	3	26	SJW-D19030260
4122	1693	6	8	1693	5	5	SJW-D19050050
4123	1693	6	9	1693	5	6	SJW-D19050060
4124	1693	6	11	1693	5	8	SJW-D19050080
4125	1693	6	14	1693	5	11	SJW-D19050110
4126	1693	6	15	1693	5	12	SJW-D19050120
4127	1693	6	16	1693	5	13	SJW-D19050130
4128	1693	6	20	1693	5	17	SJW-D19050170
4129	1693	6	24	1693	5	21	SJW-D19050210
4130	1693	6	25	1693	5	22	SJW-D19050220
4131	1693	6	26	1693	5	23	SJW-D19050230
4132	1693	6	27	1693	5	24	SJW-D19050240
4133	1693	6	29	1693	5	26	SJW-D19050260
4134	1693	7	1	1693	5	28	SJW-D19050280
4135	1693	7	2	1693	5	29	SJW-D19050290

续表

编号	公历			农历			ID 编号
	年	月	日	年	月	日	
4136	1693	7	3	1693	6	1	SJW-D19060010
4137	1693	7	7	1693	6	5	SJW-D19060050
4138	1693	7	9	1693	6	7	SJW-D19060070
4139	1693	7	13	1693	6	11	SJW-D19060110
4140	1693	7	17	1693	6	15	SJW-D19060150
4141	1693	7	27	1693	6	25	SJW-D19060250
4142	1693	8	1	1693	6	30	SJW-D19060300
4143	1693	8	2	1693	7	1	SJW-D19070010
4144	1693	8	4	1693	7	3	SJW-D19070030
4145	1693	8	8	1693	7	7	SJW-D19070070
4146	1693	8	11	1693	7	10	SJW-D19070100
4147	1693	8	13	1693	7	12	SJW-D19070120
4148	1693	8	14	1693	7	13	SJW-D19070130
4149	1693	8	15	1693	7	14	SJW-D19070140
4150	1693	8	17	1693	7	16	SJW-D19070160
4151	1693	8	23	1693	7	22	SJW-D19070220
4152	1693	8	24	1693	7	23	SJW-D19070230
4153	1693	8	25	1693	7	24	SJW-D19070240
4154	1693	9	6	1693	8	7	SJW-D19080070
4155	1693	9	8	1693	8	9	SJW-D19080090
4156	1693	9	13	1693	8	14	SJW-D19080140
4157	1693	9	15	1693	8	16	SJW-D19080160
4158	1693	10	2	1693	9	3	SJW-D19090030
4159	1693	10	4	1693	9	5	SJW-D19090050
4160	1693	10	5	1693	9	6	SJW-D19090060
4161	1693	10	6	1693	9	7	SJW-D19090070
4162	1693	10	11	1693	9	12	SJW-D19090120
4163	1693	11	6	1693	10	9	SJW-D19100090
4164	1693	11	24	1693	10	27	SJW-D19100270
4165	1693	11	29	1693	11	3	SJW-D19110030
4166	1693	11	30	1693	11	4	SJW-D19110040
4167	1693	12	5	1693	11	9	SJW-D19110090
4168	1693	12	7	1693	11	11	SJW-D19110110
4169	1693	12	20	1693	11	24	SJW-D19110240
4170	1693	12	25	1693	11	29	SJW-D19110290
4171	1693	12	27	1693	12	1	SJW-D19120010
4172	1693	12	28	1693	12	2	SJW-D19120020
4173	1693	12	29	1693	12	3	SJW-D19120030

续表

编号	公历			农历			ID 编号
	年	月	日	年	月	日	
4174	1694	1	17	1693	12	22	SJW-D19120220
4175	1694	1	21	1693	12	26	SJW-D19120260
4176	1694	1	26	1694	1	2	SJW-D20010020
4177	1694	2	1	1694	1	8	SJW-D20010080
4178	1694	2	3	1694	1	10	SJW-D20010100
4179	1694	2	13	1694	1	20	SJW-D20010200
4180	1694	2	14	1694	1	21	SJW-D20010210
4181	1694	3	4	1694	2	9	SJW-D20020090
4182	1694	3	11	1694	2	16	SJW-D20020160
4183	1694	3	12	1694	2	17	SJW-D20020170
4184	1694	3	13	1694	2	18	SJW-D20020180
4185	1694	3	15	1694	2	20	SJW-D20020200
4186	1694	3	26	1694	3	1	SJW-D20030010
4187	1694	3	27	1694	3	2	SJW-D20030020
4188	1694	4	1	1694	3	7	SJW-D20030070
4189	1694	4	16	1694	3	22	SJW-D20030220
4190	1694	4	23	1694	3	29	SJW-D20030290
4191	1694	4	25	1694	4	2	SJW-D20040020
4192	1694	4	30	1694	4	7	SJW-D20040070
4193	1694	5	4	1694	4	11	SJW-D20040110
4194	1694	5	9	1694	4	16	SJW-D20040160
4195	1694	5	12	1694	4	19	SJW-D20040190
4196	1694	5	18	1694	4	25	SJW-D20040250
4197	1694	5	22	1694	4	29	SJW-D20040290
4198	1694	5	26	1694	5	3	SJW-D20050030
4199	1694	6	11	1694	5	19	SJW-D20050190
4200	1694	6	17	1694	5	25	SJW-D20050250
4201	1694	6	23	1694	闰 5	2	SJW-D20051020
4202	1694	6	25	1694	闰 5	4	SJW-D20051040
4203	1694	6	30	1694	闰 5	9	SJW-D20051090
4204	1694	7	6	1694	闰 5	15	SJW-D20051150
4205	1694	7	7	1694	闰 5	16	SJW-D20051160
4206	1694	7	13	1694	闰 5	22	SJW-D20051220
4207	1694	7	19	1694	闰 5	28	SJW-D20051280
4208	1694	7	26	1694	6	5	SJW-D20060050
4209	1694	7	29	1694	6	8	SJW-D20060080
4210	1694	8	3	1694	6	13	SJW-D20060130
4211	1694	8	8	1694	6	18	SJW-D20060180

续表

编号	公历			农历			ID 编号
	年	月	日	年	月	日	
4212	1694	8	18	1694	6	28	SJW-D20060280
4213	1694	8	22	1694	7	2	SJW-D20070020
4214	1694	8	23	1694	7	3	SJW-D20070030
4215	1694	8	28	1694	7	8	SJW-D20070080
4216	1694	9	12	1694	7	23	SJW-D20070230
4217	1694	9	13	1694	7	24	SJW-D20070240
4218	1694	9	29	1694	8	11	SJW-D20080110
4219	1694	11	14	1694	9	27	SJW-D20090270
4220	1694	11	17	1694	10	1	SJW-D20100010
4221	1694	11	19	1694	10	3	SJW-D20100030
4222	1694	11	20	1694	10	4	SJW-D20100040
4223	1694	11	26	1694	10	10	SJW-D20100100
4224	1694	12	8	1694	10	22	SJW-D20100220
4225	1694	12	11	1694	10	25	SJW-D20100250
4226	1694	12	13	1694	10	27	SJW-D20100270
4227	1694	12	14	1694	10	28	SJW-D20100280
4228	1694	12	18	1694	11	2	SJW-D20110020
4229	1694	12	19	1694	11	3	SJW-D20110030
4230	1694	12	20	1694	11	4	SJW-D20110040
4231	1694	12	25	1694	11	9	SJW-D20110090
4232	1695	1	3	1694	11	18	SJW-D20110180
4233	1695	1	6	1694	11	21	SJW-D20110210
4234	1695	1	20	1694	12	6	SJW-D20120060
4235	1695	1	27	1694	12	13	SJW-D20120130
4236	1695	1	29	1694	12	15	SJW-D20120150
4237	1695	2	3	1694	12	20	SJW-D20120200
4238	1695	2	5	1694	12	22	SJW-D20120220
4239	1695	2	6	1694	12	23	SJW-D20120230
4240	1696	2	14	1696	1	12	SJW-D22010120
4241	1696	3	20	1696	2	18	SJW-D22020180
4242	1696	3	29	1696	2	27	SJW-D22020270
4243	1696	3	30	1696	2	28	SJW-D22020280
4244	1696	3	31	1696	2	29	SJW-D22020290
4245	1696	4	2	1696	3	1	SJW-D22030010
4246	1696	4	15	1696	3	14	SJW-D22030140
4247	1696	4	24	1696	3	23	SJW-D22030230
4248	1696	4	25	1696	3	24	SJW-D22030240
4249	1696	4	30	1696	3	29	SJW-D22030290

续表

编号	公历			农历			ID 编号
	年	月	日	年	月	日	
4250	1696	5	1	1696	4	1	SJW-D22040010
4251	1696	5	7	1696	4	7	SJW-D22040070
4252	1696	5	15	1696	4	15	SJW-D22040150
4253	1696	5	17	1696	4	17	SJW-D22040170
4254	1696	5	29	1696	4	29	SJW-D22040290
4255	1696	6	2	1696	5	3	SJW-D22050030
4256	1696	6	6	1696	5	7	SJW-D22050070
4257	1696	6	7	1696	5	8	SJW-D22050080
4258	1696	6	11	1696	5	12	SJW-D22050120
4259	1696	6	20	1696	5	21	SJW-D22050210
4260	1696	6	21	1696	5	22	SJW-D22050220
4261	1696	6	22	1696	5	23	SJW-D22050230
4262	1696	6	23	1696	5	24	SJW-D22050240
4263	1696	6	24	1696	5	25	SJW-D22050250
4264	1696	6	25	1696	5	26	SJW-D22050260
4265	1696	6	26	1696	5	27	SJW-D22050270
4266	1696	6	27	1696	5	28	SJW-D22050280
4267	1696	6	28	1696	5	29	SJW-D22050290
4268	1696	6	30	1696	6	2	SJW-D22060020
4269	1696	7	1	1696	6	3	SJW-D22060030
4270	1696	7	2	1696	6	4	SJW-D22060040
4271	1696	7	3	1696	6	5	SJW-D22060050
4272	1696	7	4	1696	6	6	SJW-D22060060
4273	1696	7	5	1696	6	7	SJW-D22060070
4274	1696	7	13	1696	6	15	SJW-D22060150
4275	1696	7	14	1696	6	16	SJW-D22060160
4276	1696	7	15	1696	6	17	SJW-D22060170
4277	1696	7	17	1696	6	19	SJW-D22060190
4278	1696	7	22	1696	6	24	SJW-D22060240
4279	1696	8	4	1696	7	7	SJW-D22070070
4280	1696	8	6	1696	7	9	SJW-D22070090
4281	1696	8	7	1696	7	10	SJW-D22070100
4282	1696	8	9	1696	7	12	SJW-D22070120
4283	1696	8	12	1696	7	15	SJW-D22070150
4284	1696	8	13	1696	7	16	SJW-D22070160
4285	1696	9	4	1696	8	9	SJW-D22080090
4286	1696	9	7	1696	8	12	SJW-D22080120
4287	1696	9	19	1696	8	24	SJW-D22080240

续表

编号	公历			农历			ID 编号
	年	月	日	年	月	日	
4288	1696	9	20	1696	8	25	SJW-D22080250
4289	1696	9	22	1696	8	27	SJW-D22080270
4290	1696	9	23	1696	8	28	SJW-D22080280
4291	1696	10	3	1696	9	8	SJW-D22090080
4292	1696	10	9	1696	9	14	SJW-D22090140
4293	1696	10	22	1696	9	27	SJW-D22090270
4294	1696	10	23	1696	9	28	SJW-D22090280
4295	1696	11	6	1696	10	12	SJW-D22100120
4296	1696	11	17	1696	10	23	SJW-D22100230
4297	1696	11	24	1696	10	30	SJW-D22100300
4298	1696	12	1	1696	11	7	SJW-D22110070
4299	1696	12	2	1696	11	8	SJW-D22110080
4300	1696	12	5	1696	11	11	SJW-D22110110
4301	1696	12	21	1696	11	27	SJW-D22110270
4302	1696	12	27	1696	12	4	SJW-D22120040
4303	1697	1	6	1696	12	14	SJW-D22120140
4304	1697	1	9	1696	12	17	SJW-D22120170
4305	1697	1	12	1696	12	20	SJW-D22120200
4306	1697	1	13	1696	12	21	SJW-D22120210
4307	1697	1	14	1696	12	22	SJW-D22120220
4308	1697	1	25	1697	1	3	SJW-D23010030
4309	1697	1	30	1697	1	8	SJW-D23010080
4310	1697	2	12	1697	1	21	SJW-D23010210
4311	1697	2	15	1697	1	24	SJW-D23010240
4312	1697	2	25	1697	2	5	SJW-D23020050
4313	1697	2	27	1697	2	7	SJW-D23020070
4314	1697	3	8	1697	2	16	SJW-D23020160
4315	1697	3	23	1697	3	1	SJW-D23030010
4316	1697	3	24	1697	3	2	SJW-D23030020
4317	1697	3	29	1697	3	7	SJW-D23030070
4318	1697	4	9	1697	3	18	SJW-D23030180
4319	1697	4	12	1697	3	21	SJW-D23030210
4320	1697	4	14	1697	3	23	SJW-D23030230
4321	1697	4	16	1697	3	25	SJW-D23030250
4322	1697	4	17	1697	3	26	SJW-D23030260
4323	1697	4	21	1697	闰 3	1	SJW-D23031010
4324	1697	4	24	1697	闰 3	4	SJW-D23031040
4325	1697	4	27	1697	闰 3	7	SJW-D23031070

续表

编号	公历			农历			ID 编号
	年	月	日	年	月	日	
4326	1697	4	28	1697	闰 3	8	SJW-D23031080
4327	1697	5	9	1697	闰 3	19	SJW-D23031190
4328	1697	5	17	1697	闰 3	27	SJW-D23031270
4329	1697	5	26	1697	4	7	SJW-D23040070
4330	1697	5	27	1697	4	8	SJW-D23040080
4331	1697	6	5	1697	4	17	SJW-D23040170
4332	1697	6	7	1697	4	19	SJW-D23040190
4333	1697	6	8	1697	4	20	SJW-D23040200
4334	1697	6	20	1697	5	2	SJW-D23050020
4335	1697	6	22	1697	5	4	SJW-D23050040
4336	1697	6	23	1697	5	5	SJW-D23050050
4337	1697	6	26	1697	5	8	SJW-D23050080
4338	1697	6	29	1697	5	11	SJW-D23050110
4339	1697	6	30	1697	5	12	SJW-D23050120
4340	1697	7	1	1697	5	13	SJW-D23050130
4341	1697	7	2	1697	5	14	SJW-D23050140
4342	1697	7	4	1697	5	16	SJW-D23050160
4343	1697	7	6	1697	5	18	SJW-D23050180
4344	1697	7	7	1697	5	19	SJW-D23050190
4345	1697	7	13	1697	5	25	SJW-D23050250
4346	1697	7	14	1697	5	26	SJW-D23050260
4347	1697	7	17	1697	5	29	SJW-D23050290
4348	1697	7	20	1697	6	3	SJW-D23060030
4349	1697	7	21	1697	6	4	SJW-D23060040
4350	1697	7	22	1697	6	5	SJW-D23060050
4351	1697	7	23	1697	6	6	SJW-D23060060
4352	1697	7	24	1697	6	7	SJW-D23060070
4353	1697	7	25	1697	6	8	SJW-D23060080
4354	1697	7	26	1697	6	9	SJW-D23060090
4355	1697	7	27	1697	6	10	SJW-D23060100
4356	1697	7	31	1697	6	14	SJW-D23060140
4357	1697	8	1	1697	6	15	SJW-D23060150
4358	1697	8	2	1697	6	16	SJW-D23060160
4359	1697	8	3	1697	6	17	SJW-D23060170
4360	1697	8	4	1697	6	18	SJW-D23060180
4361	1697	8	7	1697	6	21	SJW-D23060210
4362	1697	8	8	1697	6	22	SJW-D23060220
4363	1697	8	11	1697	6	25	SJW-D23060250

续表

编号	公历			农历			ID 编号
	年	月	日	年	月	日	
4364	1697	8	14	1697	6	28	SJW-D23060280
4365	1697	8	15	1697	6	29	SJW-D23060290
4366	1697	8	25	1697	7	9	SJW-D23070090
4367	1697	8	26	1697	7	10	SJW-D23070100
4368	1697	9	19	1697	8	5	SJW-D23080050
4369	1697	9	20	1697	8	6	SJW-D23080060
4370	1697	9	30	1697	8	16	SJW-D23080160
4371	1697	10	3	1697	8	19	SJW-D23080190
4372	1697	10	11	1697	8	27	SJW-D23080270
4373	1697	10	22	1697	9	8	SJW-D23090080
4374	1697	12	4	1697	10	21	SJW-D23100210
4375	1697	12	8	1697	10	25	SJW-D23100250
4376	1697	12	17	1697	11	5	SJW-D23110050
4377	1697	12	22	1697	11	10	SJW-D23110100
4378	1697	12	26	1697	11	14	SJW-D23110140
4379	1697	12	30	1697	11	18	SJW-D23110180
4380	1697	12	31	1697	11	19	SJW-D23110190
4381	1698	1	3	1697	11	22	SJW-D23110220
4382	1698	1	16	1697	12	5	SJW-D23120050
4383	1698	2	11	1698	1	1	SJW-D24010010
4384	1698	2	12	1698	1	2	SJW-D24010020
4385	1698	2	19	1698	1	9	SJW-D24010090
4386	1698	2	21	1698	1	11	SJW-D24010110
4387	1698	2	24	1698	1	14	SJW-D24010140
4388	1698	2	27	1698	1	17	SJW-D24010170
4389	1698	2	28	1698	1	18	SJW-D24010180
4390	1698	3	1	1698	1	19	SJW-D24010190
4391	1698	3	7	1698	1	25	SJW-D24010250
4392	1698	3	8	1698	1	26	SJW-D24010260
4393	1698	3	9	1698	1	27	SJW-D24010270
4394	1698	3	14	1698	2	3	SJW-D24020030
4395	1698	3	15	1698	2	4	SJW-D24020040
4396	1698	3	16	1698	2	5	SJW-D24020050
4397	1698	3	17	1698	2	6	SJW-D24020060
4398	1698	3	19	1698	2	8	SJW-D24020080
4399	1698	3	26	1698	2	15	SJW-D24020150
4400	1698	3	28	1698	2	17	SJW-D24020170
4401	1698	4	1	1698	2	21	SJW-D24020210

续表

编号	公历			农历			ID 编号
	年	月	日	年	月	日	
4402	1698	4	2	1698	2	22	SJW-D24020220
4403	1698	4	19	1698	3	9	SJW-D24030090
4404	1698	4	20	1698	3	10	SJW-D24030100
4405	1698	5	6	1698	3	26	SJW-D24030260
4406	1698	5	7	1698	3	27	SJW-D24030270
4407	1698	5	12	1698	4	3	SJW-D24040030
4408	1698	5	19	1698	4	10	SJW-D24040100
4409	1698	6	7	1698	4	29	SJW-D24040290
4410	1698	6	8	1698	5	1	SJW-D24050010
4411	1698	6	10	1698	5	3	SJW-D24050030
4412	1698	6	11	1698	5	4	SJW-D24050040
4413	1698	7	3	1698	5	26	SJW-D24050260
4414	1698	7	4	1698	5	27	SJW-D24050270
4415	1698	7	5	1698	5	28	SJW-D24050280
4416	1698	7	7	1698	5	30	SJW-D24050300
4417	1698	7	9	1698	6	2	SJW-D24060020
4418	1698	7	10	1698	6	3	SJW-D24060030
4419	1698	7	11	1698	6	4	SJW-D24060040
4420	1698	7	12	1698	6	5	SJW-D24060050
4421	1698	7	13	1698	6	6	SJW-D24060060
4422	1698	7	14	1698	6	7	SJW-D24060070
4423	1698	7	15	1698	6	8	SJW-D24060080
4424	1698	7	17	1698	6	10	SJW-D24060100
4425	1698	7	18	1698	6	11	SJW-D24060110
4426	1698	7	19	1698	6	12	SJW-D24060120
4427	1698	7	22	1698	6	15	SJW-D24060150
4428	1698	7	27	1698	6	20	SJW-D24060200
4429	1698	7	29	1698	6	22	SJW-D24060220
4430	1698	7	30	1698	6	23	SJW-D24060230
4431	1698	7	31	1698	6	24	SJW-D24060240
4432	1698	8	2	1698	6	26	SJW-D24060260
4433	1698	9	15	1698	8	12	SJW-D24080120
4434	1698	9	22	1698	8	19	SJW-D24080190
4435	1698	9	25	1698	8	22	SJW-D24080220
4436	1698	10	18	1698	9	15	SJW-D24090150
4437	1698	10	29	1698	9	26	SJW-D24090260
4438	1698	11	2	1698	9	30	SJW-D24090300
4439	1698	11	14	1698	10	12	SJW-D24100120

续表

编号	公历			农历			ID 编号
	年	月	日	年	月	日	
4440	1698	11	21	1698	10	19	SJW-D24100190
4441	1698	11	27	1698	10	25	SJW-D24100250
4442	1698	12	1	1698	10	29	SJW-D24100290
4443	1698	12	2	1698	11	1	SJW-D24110010
4444	1698	12	3	1698	11	2	SJW-D24110020
4445	1698	12	4	1698	11	3	SJW-D24110030
4446	1698	12	5	1698	11	4	SJW-D24110040
4447	1698	12	11	1698	11	10	SJW-D24110100
4448	1698	12	12	1698	11	11	SJW-D24110110
4449	1698	12	15	1698	11	14	SJW-D24110140
4450	1698	12	16	1698	11	15	SJW-D24110150
4451	1698	12	20	1698	11	19	SJW-D24110190
4452	1698	12	28	1698	11	27	SJW-D24110270
4453	1699	1	15	1698	12	15	SJW-D24120150
4454	1699	2	1	1699	1	2	SJW-D25010020
4455	1699	3	3	1699	2	2	SJW-D25020020
4456	1699	3	12	1699	2	11	SJW-D25020110
4457	1699	3	14	1699	2	13	SJW-D25020130
4458	1699	3	17	1699	2	16	SJW-D25020160
4459	1699	3	21	1699	2	20	SJW-D25020200
4460	1699	3	22	1699	2	21	SJW-D25020210
4461	1699	3	23	1699	2	22	SJW-D25020220
4462	1699	3	27	1699	2	26	SJW-D25020260
4463	1699	4	6	1699	3	7	SJW-D25030070
4464	1699	4	16	1699	3	17	SJW-D25030170
4465	1699	4	20	1699	3	21	SJW-D25030210
4466	1699	4	21	1699	3	22	SJW-D25030220
4467	1699	4	22	1699	3	23	SJW-D25030230
4468	1699	4	23	1699	3	24	SJW-D25030240
4469	1699	4	30	1699	4	1	SJW-D25040010
4470	1699	5	1	1699	4	2	SJW-D25040020
4471	1699	5	2	1699	4	3	SJW-D25040030
4472	1699	5	4	1699	4	5	SJW-D25040050
4473	1699	5	6	1699	4	7	SJW-D25040070
4474	1699	5	7	1699	4	8	SJW-D25040080
4475	1699	5	10	1699	4	11	SJW-D25040110
4476	1699	5	19	1699	4	20	SJW-D25040200
4477	1699	5	20	1699	4	21	SJW-D25040210

续表

编号	公历			农历			ID 编号
	年	月	日	年	月	日	
4478	1699	5	31	1699	5	3	SJW-D25050030
4479	1699	6	24	1699	5	27	SJW-D25050270
4480	1699	6	25	1699	5	28	SJW-D25050280
4481	1699	7	1	1699	6	5	SJW-D25060050
4482	1699	7	3	1699	6	7	SJW-D25060070
4483	1699	7	4	1699	6	8	SJW-D25060080
4484	1699	7	5	1699	6	9	SJW-D25060090
4485	1699	7	6	1699	6	10	SJW-D25060100
4486	1699	7	7	1699	6	11	SJW-D25060110
4487	1699	7	10	1699	6	14	SJW-D25060140
4488	1699	7	11	1699	6	15	SJW-D25060150
4489	1699	7	12	1699	6	16	SJW-D25060160
4490	1699	7	15	1699	6	19	SJW-D25060190
4491	1699	7	17	1699	6	21	SJW-D25060210
4492	1699	7	18	1699	6	22	SJW-D25060220
4493	1699	7	19	1699	6	23	SJW-D25060230
4494	1699	7	30	1699	7	4	SJW-D25070040
4495	1699	7	31	1699	7	5	SJW-D25070050
4496	1699	8	2	1699	7	7	SJW-D25070070
4497	1699	8	3	1699	7	8	SJW-D25070080
4498	1699	8	4	1699	7	9	SJW-D25070090
4499	1699	8	5	1699	7	10	SJW-D25070100
4500	1699	8	6	1699	7	11	SJW-D25070110
4501	1699	8	7	1699	7	12	SJW-D25070120
4502	1699	8	8	1699	7	13	SJW-D25070130
4503	1699	8	9	1699	7	14	SJW-D25070140
4504	1699	8	10	1699	7	15	SJW-D25070150
4505	1699	8	11	1699	7	16	SJW-D25070160
4506	1699	8	12	1699	7	17	SJW-D25070170
4507	1699	8	14	1699	7	19	SJW-D25070190
4508	1699	8	15	1699	7	20	SJW-D25070200
4509	1699	8	18	1699	7	23	SJW-D25070230
4510	1699	8	19	1699	7	24	SJW-D25070240
4511	1699	8	24	1699	7	29	SJW-D25070290
4512	1699	8	28	1699	闰 7	4	SJW-D25071040
4513	1699	8	29	1699	闰 7	5	SJW-D25071050
4514	1699	8	30	1699	闰 7	6	SJW-D25071060
4515	1699	8	31	1699	闰 7	7	SJW-D25071070

续表

编号	公历			农历			ID 编号
	年	月	日	年	月	日	
4516	1699	9	2	1699	闰 7	9	SJW-D25071090
4517	1699	9	3	1699	闰 7	10	SJW-D25071100
4518	1699	9	4	1699	闰 7	11	SJW-D25071110
4519	1699	9	7	1699	闰 7	14	SJW-D25071140
4520	1699	9	12	1699	闰 7	19	SJW-D25071190
4521	1699	9	14	1699	闰 7	21	SJW-D25071210
4522	1699	9	21	1699	闰 7	28	SJW-D25071280
4523	1699	9	22	1699	闰 7	29	SJW-D25071290
4524	1699	9	23	1699	8	1	SJW-D25080010
4525	1699	9	27	1699	8	5	SJW-D25080050
4526	1699	10	18	1699	8	26	SJW-D25080260
4527	1699	10	29	1699	9	7	SJW-D25090070
4528	1699	11	11	1699	9	20	SJW-D25090200
4529	1699	11	20	1699	9	29	SJW-D25090290
4530	1699	11	26	1699	10	6	SJW-D25100060
4531	1699	11	27	1699	10	7	SJW-D25100070
4532	1699	11	30	1699	10	10	SJW-D25100100
4533	1699	12	7	1699	10	17	SJW-D25100170
4534	1699	12	16	1699	10	26	SJW-D25100260
4535	1699	12	17	1699	10	27	SJW-D25100270
4536	1699	12	18	1699	10	28	SJW-D25100280
4537	1699	12	19	1699	10	29	SJW-D25100290
4538	1700	1	3	1699	11	14	SJW-D25110140
4539	1700	1	4	1699	11	15	SJW-D25110150
4540	1700	1	6	1699	11	17	SJW-D25110170
4541	1700	1	8	1699	11	19	SJW-D25110190
4542	1700	1	12	1699	11	23	SJW-D25110230
4543	1700	1	16	1699	11	27	SJW-D25110270
4544	1700	1	29	1699	12	10	SJW-D25120100
4545	1700	2	5	1699	12	17	SJW-D25120170
4546	1700	2	6	1699	12	18	SJW-D25120180
4547	1700	2	14	1699	12	26	SJW-D25120260
4548	1700	2	15	1699	12	27	SJW-D25120270
4549	1700	2	20	1700	1	2	SJW-D26010020
4550	1700	2	25	1700	1	7	SJW-D26010070
4551	1700	2	26	1700	1	8	SJW-D26010080
4552	1700	3	3	1700	1	13	SJW-D26010130
4553	1700	3	4	1700	1	14	SJW-D26010140

续表

编号	公历			农历			ID 编号
	年	月	日	年	月	日	
4554	1700	3	5	1700	1	15	SJW-D26010150
4555	1700	3	8	1700	1	18	SJW-D26010180
4556	1700	3	14	1700	1	24	SJW-D26010240
4557	1700	3	18	1700	1	28	SJW-D26010280
4558	1700	3	27	1700	2	7	SJW-D26020070
4559	1700	4	19	1700	3	1	SJW-D26030010
4560	1700	4	20	1700	3	2	SJW-D26030020
4561	1700	4	21	1700	3	3	SJW-D26030030
4562	1700	4	26	1700	3	8	SJW-D26030080
4563	1700	5	2	1700	3	14	SJW-D26030140
4564	1700	5	3	1700	3	15	SJW-D26030150
4565	1700	5	4	1700	3	16	SJW-D26030160
4566	1700	5	8	1700	3	20	SJW-D26030200
4567	1700	5	9	1700	3	21	SJW-D26030210
4568	1700	5	13	1700	3	25	SJW-D26030250
4569	1700	5	21	1700	4	3	SJW-D26040030
4570	1700	5	22	1700	4	4	SJW-D26040040
4571	1700	6	5	1700	4	18	SJW-D26040180
4572	1700	6	22	1700	5	6	SJW-D26050060
4573	1700	6	29	1700	5	13	SJW-D26050130
4574	1700	7	3	1700	5	17	SJW-D26050170
4575	1700	7	4	1700	5	18	SJW-D26050180
4576	1700	7	5	1700	5	19	SJW-D26050190
4577	1700	7	6	1700	5	20	SJW-D26050200
4578	1700	7	8	1700	5	22	SJW-D26050220
4579	1700	7	9	1700	5	23	SJW-D26050230
4580	1700	7	10	1700	5	24	SJW-D26050240
4581	1700	7	11	1700	5	25	SJW-D26050250
4582	1700	7	12	1700	5	26	SJW-D26050260
4583	1700	7	13	1700	5	27	SJW-D26050270
4584	1700	7	14	1700	5	28	SJW-D26050280
4585	1700	7	26	1700	6	11	SJW-D26060110
4586	1700	8	4	1700	6	20	SJW-D26060200
4587	1700	8	7	1700	6	23	SJW-D26060230
4588	1700	8	8	1700	6	24	SJW-D26060240
4589	1700	8	9	1700	6	25	SJW-D26060250
4590	1700	8	16	1700	7	2	SJW-D26070020
4591	1700	8	17	1700	7	3	SJW-D26070030

续表

编号	公历			农历			ID 编号
	年	月	日	年	月	日	
4592	1700	9	10	1700	7	27	SJW-D26070270
4593	1700	10	12	1700	9	1	SJW-D26090010
4594	1700	10	16	1700	9	5	SJW-D26090050
4595	1700	10	21	1700	9	10	SJW-D26090100
4596	1700	10	22	1700	9	11	SJW-D26090110
4597	1700	11	11	1700	10	1	SJW-D26100010
4598	1700	11	12	1700	10	2	SJW-D26100020
4599	1700	11	18	1700	10	8	SJW-D26100080
4600	1700	11	24	1700	10	14	SJW-D26100140
4601	1700	12	3	1700	10	23	SJW-D26100230
4602	1700	12	18	1700	11	9	SJW-D26110090
4603	1701	1	11	1700	12	3	SJW-D26120030
4604	1701	1	12	1700	12	4	SJW-D26120040
4605	1701	1	24	1700	12	16	SJW-D26120160
4606	1701	1	25	1700	12	17	SJW-D26120170
4607	1701	1	26	1700	12	18	SJW-D26120180
4608	1701	2	3	1700	12	26	SJW-D26120260
4609	1701	2	4	1700	12	27	SJW-D26120270
4610	1701	2	12	1701	1	5	SJW-D27010050
4611	1701	2	18	1701	1	11	SJW-D27010110
4612	1701	2	22	1701	1	15	SJW-D27010150
4613	1701	3	17	1701	2	8	SJW-D27020080
4614	1701	3	20	1701	2	11	SJW-D27020110
4615	1701	3	30	1701	2	21	SJW-D27020210
4616	1701	4	30	1701	3	23	SJW-D27030230
4617	1701	5	2	1701	3	25	SJW-D27030250
4618	1701	5	7	1701	3	30	SJW-D27030300
4619	1701	5	12	1701	4	5	SJW-D27040050
4620	1701	5	15	1701	4	8	SJW-D27040080
4621	1701	6	14	1701	5	9	SJW-D27050090
4622	1701	6	15	1701	5	10	SJW-D27050100
4623	1701	6	16	1701	5	11	SJW-D27050110
4624	1701	6	26	1701	5	21	SJW-D27050210
4625	1701	7	1	1701	5	26	SJW-D27050260
4626	1701	7	2	1701	5	27	SJW-D27050270
4627	1701	7	3	1701	5	28	SJW-D27050280
4628	1701	7	4	1701	5	29	SJW-D27050290
4629	1701	7	5	1701	5	30	SJW-D27050300

续表

编号	公历			农历			ID 编号
	年	月	日	年	月	日	
4630	1701	7	6	1701	6	1	SJW-D27060010
4631	1701	7	7	1701	6	2	SJW-D27060020
4632	1701	7	8	1701	6	3	SJW-D27060030
4633	1701	7	9	1701	6	4	SJW-D27060040
4634	1701	7	10	1701	6	5	SJW-D27060050
4635	1701	7	11	1701	6	6	SJW-D27060060
4636	1701	7	12	1701	6	7	SJW-D27060070
4637	1701	7	13	1701	6	8	SJW-D27060080
4638	1701	7	14	1701	6	9	SJW-D27060090
4639	1701	7	15	1701	6	10	SJW-D27060100
4640	1701	7	27	1701	6	22	SJW-D27060220
4641	1701	7	29	1701	6	24	SJW-D27060240
4642	1701	7	30	1701	6	25	SJW-D27060250
4643	1701	7	31	1701	6	26	SJW-D27060260
4644	1701	8	2	1701	6	28	SJW-D27060280
4645	1701	8	3	1701	6	29	SJW-D27060290
4646	1701	8	4	1701	7	1	SJW-D27070010
4647	1701	8	5	1701	7	2	SJW-D27070020
4648	1701	8	11	1701	7	8	SJW-D27070080
4649	1701	8	15	1701	7	12	SJW-D27070120
4650	1701	8	16	1701	7	13	SJW-D27070130
4651	1701	8	25	1701	7	22	SJW-D27070220
4652	1701	8	28	1701	7	25	SJW-D27070250
4653	1701	8	30	1701	7	27	SJW-D27070270
4654	1701	8	31	1701	7	28	SJW-D27070280
4655	1701	9	4	1701	8	2	SJW-D27080020
4656	1701	9	7	1701	8	5	SJW-D27080050
4657	1701	9	28	1701	8	26	SJW-D27080260
4658	1701	9	29	1701	8	27	SJW-D27080270
4659	1701	9	30	1701	8	28	SJW-D27080280
4660	1701	10	18	1701	9	17	SJW-D27090170
4661	1701	11	3	1701	10	4	SJW-D27100040
4662	1701	11	8	1701	10	9	SJW-D27100090
4663	1701	11	12	1701	10	13	SJW-D27100130
4664	1701	11	18	1701	10	19	SJW-D27100190
4665	1701	11	30	1701	11	1	SJW-D27110010
4666	1701	12	2	1701	11	3	SJW-D27110030
4667	1701	12	3	1701	11	4	SJW-D27110040

续表

编号	公历			农历			ID 编号
	年	月	日	年	月	日	
4668	1701	12	15	1701	11	16	SJW-D27110160
4669	1701	12	17	1701	11	18	SJW-D27110180
4670	1701	12	28	1701	11	29	SJW-D27110290
4671	1702	1	1	1701	12	4	SJW-D27120040
4672	1702	1	6	1701	12	9	SJW-D27120090
4673	1702	1	11	1701	12	14	SJW-D27120140
4674	1702	1	23	1701	12	26	SJW-D27120260
4675	1702	1	30	1702	1	3	SJW-D28010030
4676	1702	2	14	1702	1	18	SJW-D28010180
4677	1702	2	23	1702	1	27	SJW-D28010270
4678	1702	2	24	1702	1	28	SJW-D28010280
4679	1702	2	27	1702	2	1	SJW-D28020010
4680	1702	3	6	1702	2	8	SJW-D28020080
4681	1702	3	31	1702	3	4	SJW-D28030040
4682	1702	4	5	1702	3	9	SJW-D28030090
4683	1702	4	10	1702	3	14	SJW-D28030140
4684	1702	4	11	1702	3	15	SJW-D28030150
4685	1702	4	12	1702	3	16	SJW-D28030160
4686	1702	4	19	1702	3	23	SJW-D28030230
4687	1702	4	26	1702	3	30	SJW-D28030300
4688	1702	5	3	1702	4	7	SJW-D28040070
4689	1702	5	27	1702	5	1	SJW-D28050010
4690	1702	5	28	1702	5	2	SJW-D28050020
4691	1702	6	8	1702	5	13	SJW-D28050130
4692	1702	6	18	1702	5	23	SJW-D28050230
4693	1702	6	19	1702	5	24	SJW-D28050240
4694	1702	6	20	1702	5	25	SJW-D28050250
4695	1702	6	21	1702	5	26	SJW-D28050260
4696	1702	6	22	1702	5	27	SJW-D28050270
4697	1702	6	23	1702	5	28	SJW-D28050280
4698	1702	6	29	1702	6	5	SJW-D28060050
4699	1702	7	1	1702	6	7	SJW-D28060070
4700	1702	7	2	1702	6	8	SJW-D28060080
4701	1702	7	8	1702	6	14	SJW-D28060140
4702	1702	7	9	1702	6	15	SJW-D28060150
4703	1702	7	10	1702	6	16	SJW-D28060160
4704	1702	7	11	1702	6	17	SJW-D28060170
4705	1702	7	12	1702	6	18	SJW-D28060180

续表

编号	公历			农历			ID 编号
	年	月	日	年	月	日	
4706	1702	7	13	1702	6	19	SJW-D28060190
4707	1702	7	16	1702	6	22	SJW-D28060220
4708	1702	7	17	1702	6	23	SJW-D28060230
4709	1702	7	18	1702	6	24	SJW-D28060240
4710	1702	7	19	1702	6	25	SJW-D28060250
4711	1702	7	27	1702	闰 6	3	SJW-D28061030
4712	1702	7	28	1702	闰 6	4	SJW-D28061040
4713	1702	7	29	1702	闰 6	5	SJW-D28061050
4714	1702	7	30	1702	闰 6	6	SJW-D28061060
4715	1702	7	31	1702	闰 6	7	SJW-D28061070
4716	1702	8	3	1702	闰 6	10	SJW-D28061100
4717	1702	8	4	1702	闰 6	11	SJW-D28061110
4718	1702	8	5	1702	闰 6	12	SJW-D28061120
4719	1702	8	8	1702	闰 6	15	SJW-D28061150
4720	1702	8	9	1702	闰 6	16	SJW-D28061160
4721	1702	8	10	1702	闰 6	17	SJW-D28061170
4722	1702	8	24	1702	7	2	SJW-D28070020
4723	1702	9	15	1702	7	24	SJW-D28070240
4724	1702	10	25	1702	9	5	SJW-D28090050
4725	1702	10	26	1702	9	6	SJW-D28090060
4726	1702	10	28	1702	9	8	SJW-D28090080
4727	1702	10	29	1702	9	9	SJW-D28090090
4728	1702	11	1	1702	9	12	SJW-D28090120
4729	1702	11	9	1702	9	20	SJW-D28090200
4730	1702	11	12	1702	9	23	SJW-D28090230
4731	1702	11	14	1702	9	25	SJW-D28090250
4732	1702	11	16	1702	9	27	SJW-D28090270
4733	1702	11	20	1702	10	2	SJW-D28100020
4734	1702	11	22	1702	10	4	SJW-D28100040
4735	1702	11	23	1702	10	5	SJW-D28100050
4736	1702	11	23	1702	10	5	SJW-D28100051
4737	1702	11	24	1702	10	6	SJW-D28100060
4738	1702	11	25	1702	10	7	SJW-D28100070
4739	1702	11	28	1702	10	10	SJW-D28100100
4740	1702	11	29	1702	10	11	SJW-D28100110
4741	1702	11	29	1702	10	11	SJW-D28100111
4742	1702	11	30	1702	10	12	SJW-D28100120
4743	1702	12	8	1702	10	20	SJW-D28100200

续表

编号	公历			农历			ID 编号
	年	月	日	年	月	日	
4744	1702	12	12	1702	10	24	SJW-D28100240
4745	1702	12	15	1702	10	27	SJW-D28100270
4746	1702	12	23	1702	11	5	SJW-D28110050
4747	1702	12	24	1702	11	6	SJW-D28110060
4748	1702	12	30	1702	11	12	SJW-D28110120
4749	1703	1	5	1702	11	18	SJW-D28110180
4750	1703	1	6	1702	11	19	SJW-D28110190
4751	1703	1	9	1702	11	22	SJW-D28110220
4752	1703	1	10	1702	11	23	SJW-D28110230
4753	1703	1	13	1702	11	26	SJW-D28110260
4754	1703	1	15	1702	11	28	SJW-D28110280
4755	1703	1	17	1702	12	1	SJW-D28120010
4756	1703	2	3	1702	12	18	SJW-D28120180
4757	1703	2	9	1702	12	24	SJW-D28120240
4758	1703	3	4	1703	1	17	SJW-D29010170
4759	1703	3	5	1703	1	18	SJW-D29010180
4760	1703	3	13	1703	1	26	SJW-D29010260
4761	1703	3	14	1703	1	27	SJW-D29010270
4762	1703	3	16	1703	1	29	SJW-D29010290
4763	1703	3	17	1703	2	1	SJW-D29020010
4764	1703	3	19	1703	2	3	SJW-D29020030
4765	1703	3	20	1703	2	4	SJW-D29020040
4766	1703	3	21	1703	2	5	SJW-D29020050
4767	1703	3	22	1703	2	6	SJW-D29020060
4768	1703	3	27	1703	2	11	SJW-D29020110
4769	1703	3	31	1703	2	15	SJW-D29020150
4770	1703	4	1	1703	2	16	SJW-D29020160
4771	1703	4	2	1703	2	17	SJW-D29020170
4772	1703	4	4	1703	2	19	SJW-D29020190
4773	1703	4	8	1703	2	23	SJW-D29020230
4774	1703	4	13	1703	2	28	SJW-D29020280
4775	1703	4	19	1703	3	4	SJW-D29030040
4776	1703	4	20	1703	3	5	SJW-D29030050
4777	1703	4	21	1703	3	6	SJW-D29030060
4778	1703	4	26	1703	3	11	SJW-D29030110
4779	1703	4	28	1703	3	13	SJW-D29030130
4780	1703	4	29	1703	3	14	SJW-D29030140
4781	1703	4	30	1703	3	15	SJW-D29030150

续表

编号	公历			农历			ID 编号
	年	月	日	年	月	日	
4782	1703	5	1	1703	3	16	SJW-D29030160
4783	1703	5	4	1703	3	19	SJW-D29030190
4784	1703	5	9	1703	3	24	SJW-D29030240
4785	1703	5	10	1703	3	25	SJW-D29030250
4786	1703	5	11	1703	3	26	SJW-D29030260
4787	1703	5	14	1703	3	29	SJW-D29030290
4788	1703	5	15	1703	3	30	SJW-D29030300
4789	1703	5	16	1703	4	1	SJW-D29040010
4790	1703	5	20	1703	4	5	SJW-D29040050
4791	1703	5	21	1703	4	6	SJW-D29040060
4792	1703	5	22	1703	4	7	SJW-D29040070
4793	1703	5	29	1703	4	14	SJW-D29040140
4794	1703	5	31	1703	4	16	SJW-D29040160
4795	1703	6	2	1703	4	18	SJW-D29040180
4796	1703	6	3	1703	4	19	SJW-D29040190
4797	1703	6	6	1703	4	22	SJW-D29040220
4798	1703	6	18	1703	5	5	SJW-D29050050
4799	1703	6	19	1703	5	6	SJW-D29050060
4800	1703	6	20	1703	5	7	SJW-D29050070
4801	1703	6	21	1703	5	8	SJW-D29050080
4802	1703	6	22	1703	5	9	SJW-D29050090
4803	1703	6	24	1703	5	11	SJW-D29050110
4804	1703	6	25	1703	5	12	SJW-D29050120
4805	1703	6	26	1703	5	13	SJW-D29050130
4806	1703	6	27	1703	5	14	SJW-D29050140
4807	1703	6	29	1703	5	16	SJW-D29050160
4808	1703	6	30	1703	5	17	SJW-D29050170
4809	1703	7	1	1703	5	18	SJW-D29050180
4810	1703	7	2	1703	5	19	SJW-D29050190
4811	1703	7	5	1703	5	22	SJW-D29050220
4812	1703	7	9	1703	5	26	SJW-D29050260
4813	1703	7	12	1703	5	29	SJW-D29050290
4814	1703	7	13	1703	5	30	SJW-D29050300
4815	1703	7	14	1703	6	1	SJW-D29060010
4816	1703	7	15	1703	6	2	SJW-D29060020
4817	1703	7	16	1703	6	3	SJW-D29060030
4818	1703	7	17	1703	6	4	SJW-D29060040
4819	1703	7	18	1703	6	5	SJW-D29060050

续表

编号	公历			农历			ID 编号
	年	月	日	年	月	日	
4820	1703	7	23	1703	6	10	SJW-D29060100
4821	1703	7	24	1703	6	11	SJW-D29060110
4822	1703	7	25	1703	6	12	SJW-D29060120
4823	1703	7	26	1703	6	13	SJW-D29060130
4824	1703	7	27	1703	6	14	SJW-D29060140
4825	1703	8	2	1703	6	20	SJW-D29060200
4826	1703	8	17	1703	7	5	SJW-D29070050
4827	1703	8	27	1703	7	15	SJW-D29070150
4828	1703	8	28	1703	7	16	SJW-D29070160
4829	1703	8	30	1703	7	18	SJW-D29070180
4830	1703	9	6	1703	7	25	SJW-D29070250
4831	1703	9	7	1703	7	26	SJW-D29070260
4832	1703	9	8	1703	7	27	SJW-D29070270
4833	1703	9	9	1703	7	28	SJW-D29070280
4834	1703	9	11	1703	8	1	SJW-D29080010
4835	1703	9	12	1703	8	2	SJW-D29080020
4836	1703	9	18	1703	8	8	SJW-D29080080
4837	1703	9	27	1703	8	17	SJW-D29080170
4838	1703	9	28	1703	8	18	SJW-D29080180
4839	1703	10	2	1703	8	22	SJW-D29080220
4840	1703	10	8	1703	8	28	SJW-D29080280
4841	1703	10	15	1703	9	5	SJW-D29090050
4842	1703	10	18	1703	9	8	SJW-D29090080
4843	1703	10	22	1703	9	12	SJW-D29090120
4844	1703	10	24	1703	9	14	SJW-D29090140
4845	1703	11	1	1703	9	22	SJW-D29090220
4846	1703	11	8	1703	9	29	SJW-D29090290
4847	1703	11	22	1703	10	14	SJW-D29100140
4848	1703	11	27	1703	10	19	SJW-D29100190
4849	1703	11	29	1703	10	21	SJW-D29100210
4850	1703	12	6	1703	10	28	SJW-D29100280
4851	1703	12	9	1703	11	2	SJW-D29110020
4852	1703	12	24	1703	11	17	SJW-D29110170
4853	1703	12	25	1703	11	18	SJW-D29110180
4854	1703	12	27	1703	11	20	SJW-D29110200
4855	1703	12	31	1703	11	24	SJW-D29110240
4856	1704	1	1	1703	11	25	SJW-D29110250
4857	1704	1	5	1703	11	29	SJW-D29110290

续表

编号	公历			农历			ID 编号
	年	月	日	年	月	日	
4858	1704	1	9	1703	12	3	SJW-D29120030
4859	1704	1	17	1703	12	11	SJW-D29120110
4860	1704	1	20	1703	12	14	SJW-D29120140
4861	1704	1	24	1703	12	18	SJW-D29120180
4862	1704	2	4	1703	12	29	SJW-D29120290
4863	1704	2	20	1704	1	16	SJW-D30010160
4864	1704	2	25	1704	1	21	SJW-D30010210
4865	1704	2	26	1704	1	22	SJW-D30010220
4866	1704	2	27	1704	1	23	SJW-D30010230
4867	1704	2	28	1704	1	24	SJW-D30010240
4868	1704	3	1	1704	1	26	SJW-D30010260
4869	1704	3	3	1704	1	28	SJW-D30010280
4870	1704	3	13	1704	2	8	SJW-D30020080
4871	1704	3	14	1704	2	9	SJW-D30020090
4872	1704	3	17	1704	2	12	SJW-D30020120
4873	1704	3	18	1704	2	13	SJW-D30020130
4874	1704	3	21	1704	2	16	SJW-D30020160
4875	1704	3	22	1704	2	17	SJW-D30020170
4876	1704	3	23	1704	2	18	SJW-D30020180
4877	1704	3	29	1704	2	24	SJW-D30020240
4878	1704	4	1	1704	2	27	SJW-D30020270
4879	1704	4	3	1704	2	29	SJW-D30020290
4880	1704	4	18	1704	3	15	SJW-D30030150
4881	1704	4	27	1704	3	24	SJW-D30030240
4882	1704	5	2	1704	3	29	SJW-D30030290
4883	1704	5	3	1704	3	30	SJW-D30030300
4884	1704	5	4	1704	4	1	SJW-D30040010
4885	1704	5	13	1704	4	10	SJW-D30040100
4886	1704	5	15	1704	4	12	SJW-D30040120
4887	1704	5	22	1704	4	19	SJW-D30040190
4888	1704	6	7	1704	5	6	SJW-D30050060
4889	1704	6	11	1704	5	10	SJW-D30050100
4890	1704	6	12	1704	5	11	SJW-D30050110
4891	1704	6	18	1704	5	17	SJW-D30050170
4892	1704	6	29	1704	5	28	SJW-D30050280
4893	1704	7	6	1704	6	5	SJW-D30060050
4894	1704	7	7	1704	6	6	SJW-D30060060
4895	1704	7	11	1704	6	10	SJW-D30060100

续表

编号	公历			农历			ID 编号
	年	月	日	年	月	日	
4896	1704	7	12	1704	6	11	SJW-D30060110
4897	1704	7	13	1704	6	12	SJW-D30060120
4898	1704	7	15	1704	6	14	SJW-D30060140
4899	1704	7	20	1704	6	19	SJW-D30060190
4900	1704	7	21	1704	6	20	SJW-D30060200
4901	1704	7	22	1704	6	21	SJW-D30060210
4902	1704	7	26	1704	6	25	SJW-D30060250
4903	1704	8	1	1704	7	1	SJW-D30070010
4904	1704	8	2	1704	7	2	SJW-D30070020
4905	1704	8	8	1704	7	8	SJW-D30070080
4906	1704	8	9	1704	7	9	SJW-D30070090
4907	1704	8	10	1704	7	10	SJW-D30070100
4908	1704	8	11	1704	7	11	SJW-D30070110
4909	1704	8	15	1704	7	15	SJW-D30070150
4910	1704	9	3	1704	8	5	SJW-D30080050
4911	1704	9	30	1704	9	2	SJW-D30090020
4912	1704	10	5	1704	9	7	SJW-D30090070
4913	1704	10	12	1704	9	14	SJW-D30090140
4914	1704	10	17	1704	9	19	SJW-D30090190
4915	1704	10	31	1704	10	3	SJW-D30100030
4916	1704	11	2	1704	10	5	SJW-D30100050
4917	1704	11	8	1704	10	11	SJW-D30100110
4918	1704	11	19	1704	10	22	SJW-D30100220
4919	1704	11	22	1704	10	25	SJW-D30100250
4920	1704	12	1	1704	11	5	SJW-D30110050
4921	1704	12	2	1704	11	6	SJW-D30110060
4922	1704	12	3	1704	11	7	SJW-D30110070
4923	1704	12	4	1704	11	8	SJW-D30110080
4924	1704	12	19	1704	11	23	SJW-D30110230
4925	1705	1	10	1704	12	15	SJW-D30120150
4926	1705	1	23	1704	12	28	SJW-D30120280
4927	1705	2	5	1705	1	12	SJW-D31010120
4928	1705	2	6	1705	1	13	SJW-D31010130
4929	1705	2	12	1705	1	19	SJW-D31010190
4930	1705	2	22	1705	1	29	SJW-D31010290
4931	1705	3	4	1705	2	10	SJW-D31020100
4932	1705	3	14	1705	2	20	SJW-D31020200
4933	1705	3	15	1705	2	21	SJW-D31020210

续表

编号	公历			农历			ID 编号
	年	月	日	年	月	日	
4934	1705	3	20	1705	2	26	SJW-D31020260
4935	1705	3	30	1705	3	6	SJW-D31030060
4936	1705	4	1	1705	3	8	SJW-D31030080
4937	1705	4	2	1705	3	9	SJW-D31030090
4938	1705	4	3	1705	3	10	SJW-D31030100
4939	1705	4	15	1705	3	22	SJW-D31030220
4940	1705	4	25	1705	4	3	SJW-D31040030
4941	1705	5	8	1705	4	16	SJW-D31040160
4942	1705	5	9	1705	4	17	SJW-D31040170
4943	1705	5	22	1705	4	30	SJW-D31040300
4944	1705	5	23	1705	闰 4	1	SJW-D31041010
4945	1705	6	5	1705	闰 4	14	SJW-D31041140
4946	1705	6	6	1705	闰 4	15	SJW-D31041150
4947	1705	6	8	1705	闰 4	17	SJW-D31041170
4948	1705	6	14	1705	闰 4	23	SJW-D31041230
4949	1705	7	8	1705	5	18	SJW-D31050180
4950	1705	7	12	1705	5	22	SJW-D31050220
4951	1705	7	13	1705	5	23	SJW-D31050230
4952	1705	7	21	1705	6	1	SJW-D31060010
4953	1705	7	24	1705	6	4	SJW-D31060040
4954	1705	7	25	1705	6	5	SJW-D31060050
4955	1705	7	26	1705	6	6	SJW-D31060060
4956	1705	7	27	1705	6	7	SJW-D31060070
4957	1705	7	28	1705	6	8	SJW-D31060080
4958	1705	7	29	1705	6	9	SJW-D31060090
4959	1705	8	2	1705	6	13	SJW-D31060130
4960	1705	8	3	1705	6	14	SJW-D31060140
4961	1705	8	7	1705	6	18	SJW-D31060180
4962	1705	8	8	1705	6	19	SJW-D31060190
4963	1705	8	16	1705	6	27	SJW-D31060270
4964	1705	8	18	1705	6	29	SJW-D31060290
4965	1705	8	19	1705	7	1	SJW-D31070010
4966	1705	8	23	1705	7	5	SJW-D31070050
4967	1705	8	25	1705	7	7	SJW-D31070070
4968	1705	8	28	1705	7	10	SJW-D31070100
4969	1705	8	29	1705	7	11	SJW-D31070110
4970	1705	9	2	1705	7	15	SJW-D31070150
4971	1705	9	3	1705	7	16	SJW-D31070160

续表

编号	公历			农历			ID 编号
	年	月	日	年	月	日	
4972	1705	9	4	1705	7	17	SJW-D31070170
4973	1705	9	9	1705	7	22	SJW-D31070220
4974	1705	9	10	1705	7	23	SJW-D31070230
4975	1705	9	14	1705	7	27	SJW-D31070270
4976	1705	9	15	1705	7	28	SJW-D31070280
4977	1705	9	16	1705	7	29	SJW-D31070290
4978	1705	10	5	1705	8	18	SJW-D31080180
4979	1705	10	13	1705	8	26	SJW-D31080260
4980	1705	12	4	1705	10	19	SJW-D31100190
4981	1705	12	18	1705	11	3	SJW-D31110030
4982	1705	12	25	1705	11	10	SJW-D31110100
4983	1706	1	2	1705	11	18	SJW-D31110180
4984	1706	1	6	1705	11	22	SJW-D31110220
4985	1706	1	9	1705	11	25	SJW-D31110250
4986	1706	1	11	1705	11	27	SJW-D31110270
4987	1706	1	13	1705	11	29	SJW-D31110290
4988	1706	1	15	1705	12	1	SJW-D31120010
4989	1706	1	20	1705	12	6	SJW-D31120060
4990	1706	1	26	1705	12	12	SJW-D31120120
4991	1706	2	2	1705	12	19	SJW-D31120190
4992	1706	2	5	1705	12	22	SJW-D31120220
4993	1706	2	12	1705	12	29	SJW-D31120290
4994	1706	2	13	1706	1	1	SJW-D32010010
4995	1706	3	2	1706	1	18	SJW-D32010180
4996	1706	3	5	1706	1	21	SJW-D32010210
4997	1706	3	6	1706	1	22	SJW-D32010220
4998	1706	3	20	1706	2	6	SJW-D32020060
4999	1706	3	22	1706	2	8	SJW-D32020080
5000	1706	3	23	1706	2	9	SJW-D32020090
5001	1706	3	25	1706	2	11	SJW-D32020110
5002	1706	4	3	1706	2	20	SJW-D32020200
5003	1706	4	4	1706	2	21	SJW-D32020210
5004	1706	4	11	1706	2	28	SJW-D32020280
5005	1706	4	20	1706	3	8	SJW-D32030080
5006	1706	4	24	1706	3	12	SJW-D32030120
5007	1706	4	28	1706	3	16	SJW-D32030160
5008	1706	4	29	1706	3	17	SJW-D32030170
5009	1706	5	8	1706	3	26	SJW-D32030260

续表

编号	公历			农历			ID 编号
	年	月	日	年	月	日	
5010	1706	5	17	1706	4	6	SJW-D32040060
5011	1706	5	18	1706	4	7	SJW-D32040070
5012	1706	5	26	1706	4	15	SJW-D32040150
5013	1706	6	8	1706	4	28	SJW-D32040280
5014	1706	6	18	1706	5	8	SJW-D32050080
5015	1706	6	19	1706	5	9	SJW-D32050090
5016	1706	6	24	1706	5	14	SJW-D32050140
5017	1706	6	25	1706	5	15	SJW-D32050150
5018	1706	6	28	1706	5	18	SJW-D32050180
5019	1706	6	29	1706	5	19	SJW-D32050190
5020	1706	6	30	1706	5	20	SJW-D32050200
5021	1706	7	2	1706	5	22	SJW-D32050220
5022	1706	7	5	1706	5	25	SJW-D32050250
5023	1706	7	6	1706	5	26	SJW-D32050260
5024	1706	7	7	1706	5	27	SJW-D32050270
5025	1706	7	9	1706	5	29	SJW-D32050290
5026	1706	7	10	1706	6	1	SJW-D32060010
5027	1706	7	11	1706	6	2	SJW-D32060020
5028	1706	7	12	1706	6	3	SJW-D32060030
5029	1706	7	16	1706	6	7	SJW-D32060070
5030	1706	7	17	1706	6	8	SJW-D32060080
5031	1706	7	18	1706	6	9	SJW-D32060090
5032	1706	7	23	1706	6	14	SJW-D32060140
5033	1706	7	24	1706	6	15	SJW-D32060150
5034	1706	7	28	1706	6	19	SJW-D32060190
5035	1706	8	1	1706	6	23	SJW-D32060230
5036	1706	8	2	1706	6	24	SJW-D32060240
5037	1706	8	3	1706	6	25	SJW-D32060250
5038	1706	8	5	1706	6	27	SJW-D32060270
5039	1706	8	6	1706	6	28	SJW-D32060280
5040	1706	8	15	1706	7	8	SJW-D32070080
5041	1706	8	26	1706	7	19	SJW-D32070190
5042	1706	8	27	1706	7	20	SJW-D32070200
5043	1706	9	6	1706	7	30	SJW-D32070300
5044	1706	9	11	1706	8	5	SJW-D32080050
5045	1706	9	13	1706	8	7	SJW-D32080070
5046	1706	9	14	1706	8	8	SJW-D32080080
5047	1706	9	16	1706	8	10	SJW-D32080100

续表

编号	公历			农历			ID 编号
	年	月	日	年	月	日	
5048	1706	9	17	1706	8	11	SJW-D32080110
5049	1706	9	25	1706	8	19	SJW-D32080190
5050	1706	9	27	1706	8	21	SJW-D32080210
5051	1706	10	30	1706	9	24	SJW-D32090240
5052	1706	11	1	1706	9	26	SJW-D32090260
5053	1706	11	2	1706	9	27	SJW-D32090270
5054	1706	11	14	1706	10	10	SJW-D32100100
5055	1706	11	17	1706	10	13	SJW-D32100130
5056	1706	11	19	1706	10	15	SJW-D32100150
5057	1706	11	23	1706	10	19	SJW-D32100190
5058	1706	11	27	1706	10	23	SJW-D32100230
5059	1706	12	2	1706	10	28	SJW-D32100280
5060	1706	12	8	1706	11	4	SJW-D32110040
5061	1706	12	15	1706	11	11	SJW-D32110110
5062	1706	12	18	1706	11	14	SJW-D32110140
5063	1706	12	21	1706	11	17	SJW-D32110170
5064	1706	12	22	1706	11	18	SJW-D32110180
5065	1706	12	27	1706	11	23	SJW-D32110230
5066	1707	1	17	1706	12	14	SJW-D32120140
5067	1707	1	21	1706	12	18	SJW-D32120180
5068	1707	1	22	1706	12	19	SJW-D32120190
5069	1707	1	23	1706	12	20	SJW-D32120200
5070	1707	1	24	1706	12	21	SJW-D32120210
5071	1707	1	30	1706	12	27	SJW-D32120270
5072	1707	2	8	1707	1	6	SJW-D33010060
5073	1707	2	12	1707	1	10	SJW-D33010100
5074	1707	2	15	1707	1	13	SJW-D33010130
5075	1707	3	5	1707	2	2	SJW-D33020020
5076	1707	3	6	1707	2	3	SJW-D33020030
5077	1707	3	7	1707	2	4	SJW-D33020040
5078	1707	3	9	1707	2	6	SJW-D33020060
5079	1707	3	10	1707	2	7	SJW-D33020070
5080	1707	3	28	1707	2	25	SJW-D33020250
5081	1707	4	14	1707	3	12	SJW-D33030120
5082	1707	4	23	1707	3	21	SJW-D33030210
5083	1707	4	30	1707	3	28	SJW-D33030280
5084	1707	5	7	1707	4	6	SJW-D33040060
5085	1707	5	13	1707	4	12	SJW-D33040120

续表

编号	公历			农历			ID 编号
	年	月	日	年	月	日	
5086	1707	5	17	1707	4	16	SJW-D33040160
5087	1707	5	18	1707	4	17	SJW-D33040170
5088	1707	5	19	1707	4	18	SJW-D33040180
5089	1707	5	20	1707	4	19	SJW-D33040190
5090	1707	5	25	1707	4	24	SJW-D33040240
5091	1707	5	28	1707	4	27	SJW-D33040270
5092	1707	5	29	1707	4	28	SJW-D33040280
5093	1707	6	5	1707	5	6	SJW-D33050060
5094	1707	6	19	1707	5	20	SJW-D33050200
5095	1707	7	1	1707	6	2	SJW-D33060020
5096	1707	7	2	1707	6	3	SJW-D33060030
5097	1707	7	3	1707	6	4	SJW-D33060040
5098	1707	7	4	1707	6	5	SJW-D33060050
5099	1707	7	5	1707	6	6	SJW-D33060060
5100	1707	7	6	1707	6	7	SJW-D33060070
5101	1707	7	7	1707	6	8	SJW-D33060080
5102	1707	7	8	1707	6	9	SJW-D33060090
5103	1707	7	9	1707	6	10	SJW-D33060100
5104	1707	7	10	1707	6	11	SJW-D33060110
5105	1707	7	11	1707	6	12	SJW-D33060120
5106	1707	7	12	1707	6	13	SJW-D33060130
5107	1707	7	13	1707	6	14	SJW-D33060140
5108	1707	7	14	1707	6	15	SJW-D33060150
5109	1707	7	15	1707	6	16	SJW-D33060160
5110	1707	7	17	1707	6	18	SJW-D33060180
5111	1707	7	18	1707	6	19	SJW-D33060190
5112	1707	7	19	1707	6	20	SJW-D33060200
5113	1707	7	21	1707	6	22	SJW-D33060220
5114	1707	7	22	1707	6	23	SJW-D33060230
5115	1707	7	23	1707	6	24	SJW-D33060240
5116	1707	7	24	1707	6	25	SJW-D33060250
5117	1707	7	25	1707	6	26	SJW-D33060260
5118	1707	7	26	1707	6	27	SJW-D33060270
5119	1707	7	28	1707	6	29	SJW-D33060290
5120	1707	7	29	1707	7	1	SJW-D33070010
5121	1707	8	5	1707	7	8	SJW-D33070080
5122	1707	8	13	1707	7	16	SJW-D33070160
5123	1707	8	19	1707	7	22	SJW-D33070220

续表

编号	公历			农历			ID 编号
	年	月	日	年	月	日	
5124	1707	8	20	1707	7	23	SJW-D33070230
5125	1707	9	3	1707	8	8	SJW-D33080080
5126	1707	9	6	1707	8	11	SJW-D33080110
5127	1707	9	7	1707	8	12	SJW-D33080120
5128	1707	9	19	1707	8	24	SJW-D33080240
5129	1707	9	28	1707	9	3	SJW-D33090030
5130	1707	9	29	1707	9	4	SJW-D33090040
5131	1707	10	6	1707	9	11	SJW-D33090110
5132	1707	10	14	1707	9	19	SJW-D33090190
5133	1707	10	18	1707	9	23	SJW-D33090230
5134	1707	10	29	1707	10	5	SJW-D33100050
5135	1707	10	30	1707	10	6	SJW-D33100060
5136	1707	10	31	1707	10	7	SJW-D33100070
5137	1707	11	2	1707	10	9	SJW-D33100090
5138	1707	11	3	1707	10	10	SJW-D33100100
5139	1707	11	4	1707	10	11	SJW-D33100110
5140	1707	11	6	1707	10	13	SJW-D33100130
5141	1707	11	11	1707	10	18	SJW-D33100180
5142	1707	11	19	1707	10	26	SJW-D33100260
5143	1707	12	3	1707	11	10	SJW-D33110100
5144	1707	12	9	1707	11	16	SJW-D33110160
5145	1707	12	11	1707	11	18	SJW-D33110180
5146	1707	12	14	1707	11	21	SJW-D33110210
5147	1708	1	4	1707	12	12	SJW-D33120120
5148	1708	1	12	1707	12	20	SJW-D33120200
5149	1708	1	18	1707	12	26	SJW-D33120260
5150	1708	1	21	1707	12	29	SJW-D33120290
5151	1708	1	25	1708	1	3	SJW-D34010030
5152	1708	2	3	1708	1	12	SJW-D34010120
5153	1708	2	8	1708	1	17	SJW-D34010170
5154	1708	3	3	1708	2	12	SJW-D34020120
5155	1708	3	6	1708	2	15	SJW-D34020150
5156	1708	3	21	1708	2	30	SJW-D34020300
5157	1708	3	22	1708	3	1	SJW-D34030010
5158	1708	3	23	1708	3	2	SJW-D34030020
5159	1708	3	28	1708	3	7	SJW-D34030070
5160	1708	4	15	1708	3	25	SJW-D34030250
5161	1708	5	2	1708	闰 3	12	SJW-D34031120

续表

编号	公历			农历			ID 编号
	年	月	日	年	月	日	
5162	1708	5	9	1708	闰 3	19	SJW-D34031190
5163	1708	5	15	1708	闰 3	25	SJW-D34031250
5164	1708	6	9	1708	4	21	SJW-D34040210
5165	1708	6	22	1708	5	5	SJW-D34050050
5166	1708	6	24	1708	5	7	SJW-D34050070
5167	1708	6	30	1708	5	13	SJW-D34050130
5168	1708	7	3	1708	5	16	SJW-D34050160
5169	1708	7	10	1708	5	23	SJW-D34050230
5170	1708	7	19	1708	6	2	SJW-D34060020
5171	1708	7	23	1708	6	6	SJW-D34060060
5172	1708	8	12	1708	6	26	SJW-D34060260
5173	1708	8	28	1708	7	13	SJW-D34070130
5174	1708	8	30	1708	7	15	SJW-D34070150
5175	1708	9	29	1708	8	16	SJW-D34080160
5176	1708	10	23	1708	9	10	SJW-D34090100
5177	1708	11	28	1708	10	17	SJW-D34100170
5178	1708	12	13	1708	11	2	SJW-D34110020
5179	1708	12	14	1708	11	3	SJW-D34110030
5180	1709	1	14	1708	12	4	SJW-D34120040
5181	1709	2	24	1709	1	15	SJW-D35010150
5182	1709	2	26	1709	1	17	SJW-D35010170
5183	1709	3	11	1709	2	1	SJW-D35020010
5184	1709	3	12	1709	2	2	SJW-D35020020
5185	1709	3	27	1709	2	17	SJW-D35020170
5186	1709	3	29	1709	2	19	SJW-D35020190
5187	1709	4	6	1709	2	27	SJW-D35020270
5188	1709	4	12	1709	3	3	SJW-D35030030
5189	1709	4	18	1709	3	9	SJW-D35030090
5190	1709	5	2	1709	3	23	SJW-D35030230
5191	1709	5	12	1709	4	3	SJW-D35040030
5192	1709	5	13	1709	4	4	SJW-D35040040
5193	1709	5	14	1709	4	5	SJW-D35040050
5194	1709	5	19	1709	4	10	SJW-D35040100
5195	1709	5	27	1709	4	18	SJW-D35040180
5196	1709	5	29	1709	4	20	SJW-D35040200
5197	1709	5	30	1709	4	21	SJW-D35040210
5198	1709	6	4	1709	4	26	SJW-D35040260
5199	1709	7	4	1709	5	27	SJW-D35050270

续表

编号	公历			农历			ID 编号
	年	月	日	年	月	日	
5200	1709	7	7	1709	6	1	SJW-D35060010
5201	1709	7	9	1709	6	3	SJW-D35060030
5202	1709	7	10	1709	6	4	SJW-D35060040
5203	1709	7	13	1709	6	7	SJW-D35060070
5204	1709	8	4	1709	6	29	SJW-D35060290
5205	1709	8	6	1709	7	1	SJW-D35070010
5206	1709	8	13	1709	7	8	SJW-D35070080
5207	1709	8	29	1709	7	24	SJW-D35070240
5208	1709	9	9	1709	8	6	SJW-D35080060
5209	1709	9	10	1709	8	7	SJW-D35080070
5210	1709	9	11	1709	8	8	SJW-D35080080
5211	1709	9	12	1709	8	9	SJW-D35080090
5212	1709	9	19	1709	8	16	SJW-D35080160
5213	1709	9	20	1709	8	17	SJW-D35080170
5214	1709	9	21	1709	8	18	SJW-D35080180
5215	1709	10	10	1709	9	8	SJW-D35090080
5216	1709	11	11	1709	10	10	SJW-D35100100
5217	1709	11	12	1709	10	11	SJW-D35100110
5218	1709	11	26	1709	10	25	SJW-D35100250
5219	1709	11	27	1709	10	26	SJW-D35100260
5220	1709	11	30	1709	10	29	SJW-D35100290
5221	1709	12	10	1709	11	10	SJW-D35110100
5222	1709	12	20	1709	11	20	SJW-D35110200
5223	1709	12	28	1709	11	28	SJW-D35110280
5224	1709	12	29	1709	11	29	SJW-D35110290
5225	1710	1	1	1709	12	2	SJW-D35120020
5226	1710	1	6	1709	12	7	SJW-D35120070
5227	1710	1	14	1709	12	15	SJW-D35120150
5228	1710	1	24	1709	12	25	SJW-D35120250
5229	1710	1	26	1709	12	27	SJW-D35120270
5230	1710	2	16	1710	1	18	SJW-D36010180
5231	1710	2	24	1710	1	26	SJW-D36010260
5232	1710	3	5	1710	2	6	SJW-D36020060
5233	1710	3	6	1710	2	7	SJW-D36020070
5234	1710	3	7	1710	2	8	SJW-D36020080
5235	1710	3	13	1710	2	14	SJW-D36020140
5236	1710	3	20	1710	2	21	SJW-D36020210
5237	1710	3	21	1710	2	22	SJW-D36020220

续表

编号	公历			农历			ID 编号
	年	月	日	年	月	日	
5238	1710	3	22	1710	2	23	SJW-D36020230
5239	1710	3	25	1710	2	26	SJW-D36020260
5240	1710	3	26	1710	2	27	SJW-D36020270
5241	1710	3	27	1710	2	28	SJW-D36020280
5242	1710	3	28	1710	2	29	SJW-D36020290
5243	1710	3	29	1710	2	30	SJW-D36020300
5244	1710	4	2	1710	3	4	SJW-D36030040
5245	1710	4	3	1710	3	5	SJW-D36030050
5246	1710	4	7	1710	3	9	SJW-D36030090
5247	1710	4	13	1710	3	15	SJW-D36030150
5248	1710	4	19	1710	3	21	SJW-D36030210
5249	1710	4	26	1710	3	28	SJW-D36030280
5250	1710	5	29	1710	5	2	SJW-D36050020
5251	1710	5	30	1710	5	3	SJW-D36050030
5252	1710	5	31	1710	5	4	SJW-D36050040
5253	1710	6	4	1710	5	8	SJW-D36050080
5254	1710	6	8	1710	5	12	SJW-D36050120
5255	1710	6	10	1710	5	14	SJW-D36050140
5256	1710	6	11	1710	5	15	SJW-D36050150
5257	1710	6	12	1710	5	16	SJW-D36050160
5258	1710	6	18	1710	5	22	SJW-D36050220
5259	1710	6	19	1710	5	23	SJW-D36050230
5260	1710	6	21	1710	5	25	SJW-D36050250
5261	1710	7	3	1710	6	7	SJW-D36060070
5262	1710	7	8	1710	6	12	SJW-D36060120
5263	1710	7	18	1710	6	22	SJW-D36060220
5264	1710	7	24	1710	6	28	SJW-D36060280
5265	1710	7	26	1710	7	1	SJW-D36070010
5266	1710	7	30	1710	7	5	SJW-D36070050
5267	1710	7	31	1710	7	6	SJW-D36070060
5268	1710	8	3	1710	7	9	SJW-D36070090
5269	1710	8	4	1710	7	10	SJW-D36070100
5270	1710	8	5	1710	7	11	SJW-D36070110
5271	1710	8	6	1710	7	12	SJW-D36070120
5272	1710	8	7	1710	7	13	SJW-D36070130
5273	1710	8	8	1710	7	14	SJW-D36070140
5274	1710	8	9	1710	7	15	SJW-D36070150
5275	1710	8	13	1710	7	19	SJW-D36070190

续表

编号	公历			农历			ID 编号
	年	月	日	年	月	日	
5276	1710	8	25	1710	闰 7	1	SJW-D36071010
5277	1710	8	26	1710	闰 7	2	SJW-D36071020
5278	1710	9	5	1710	闰 7	12	SJW-D36071120
5279	1710	9	9	1710	闰 7	16	SJW-D36071160
5280	1710	9	13	1710	闰 7	20	SJW-D36071200
5281	1710	9	18	1710	闰 7	25	SJW-D36071250
5282	1710	9	28	1710	8	6	SJW-D36080060
5283	1710	9	29	1710	8	7	SJW-D36080070
5284	1710	10	5	1710	8	13	SJW-D36080130
5285	1710	10	6	1710	8	14	SJW-D36080140
5286	1710	10	30	1710	9	9	SJW-D36090090
5287	1710	11	9	1710	9	19	SJW-D36090190
5288	1710	11	14	1710	9	24	SJW-D36090240
5289	1710	11	15	1710	9	25	SJW-D36090250
5290	1710	11	24	1710	10	4	SJW-D36100040
5291	1710	12	2	1710	10	12	SJW-D36100120
5292	1710	12	6	1710	10	16	SJW-D36100160
5293	1710	12	8	1710	10	18	SJW-D36100180
5294	1710	12	10	1710	10	20	SJW-D36100200
5295	1710	12	16	1710	10	26	SJW-D36100260
5296	1710	12	18	1710	10	28	SJW-D36100280
5297	1710	12	19	1710	10	29	SJW-D36100290
5298	1710	12	23	1710	11	4	SJW-D36110040
5299	1710	12	30	1710	11	11	SJW-D36110110
5300	1711	1	2	1710	11	14	SJW-D36110140
5301	1711	1	8	1710	11	20	SJW-D36110200
5302	1711	1	11	1710	11	23	SJW-D36110230
5303	1711	1	14	1710	11	26	SJW-D36110260
5304	1711	1	20	1710	12	2	SJW-D36120020
5305	1711	1	25	1710	12	7	SJW-D36120070
5306	1711	2	7	1710	12	20	SJW-D36120200
5307	1711	2	8	1710	12	21	SJW-D36120210
5308	1711	2	10	1710	12	23	SJW-D36120230
5309	1711	2	11	1710	12	24	SJW-D36120240
5310	1711	2	18	1711	1	2	SJW-D37010020
5311	1711	3	3	1711	1	15	SJW-D37010150
5312	1711	3	6	1711	1	18	SJW-D37010180
5313	1711	3	14	1711	1	26	SJW-D37010260

续表

编号	公历			农历			ID 编号
	年	月	日	年	月	日	
5314	1711	3	18	1711	1	30	SJW-D37010300
5315	1711	3	21	1711	2	3	SJW-D37020030
5316	1711	3	22	1711	2	4	SJW-D37020040
5317	1711	3	24	1711	2	6	SJW-D37020060
5318	1711	3	25	1711	2	7	SJW-D37020070
5319	1711	4	6	1711	2	19	SJW-D37020190
5320	1711	4	7	1711	2	20	SJW-D37020200
5321	1711	4	8	1711	2	21	SJW-D37020210
5322	1711	4	9	1711	2	22	SJW-D37020220
5323	1711	4	16	1711	2	29	SJW-D37020290
5324	1711	4	19	1711	3	2	SJW-D37030020
5325	1711	4	28	1711	3	11	SJW-D37030110
5326	1711	4	29	1711	3	12	SJW-D37030120
5327	1711	5	12	1711	3	25	SJW-D37030250
5328	1711	6	12	1711	4	27	SJW-D37040270
5329	1711	6	26	1711	5	11	SJW-D37050110
5330	1711	6	29	1711	5	14	SJW-D37050140
5331	1711	6	30	1711	5	15	SJW-D37050150
5332	1711	7	1	1711	5	16	SJW-D37050160
5333	1711	7	3	1711	5	18	SJW-D37050180
5334	1711	7	4	1711	5	19	SJW-D37050190
5335	1711	7	5	1711	5	20	SJW-D37050200
5336	1711	7	6	1711	5	21	SJW-D37050210
5337	1711	7	7	1711	5	22	SJW-D37050220
5338	1711	7	10	1711	5	25	SJW-D37050250
5339	1711	7	12	1711	5	27	SJW-D37050270
5340	1711	7	15	1711	5	30	SJW-D37050300
5341	1711	7	17	1711	6	2	SJW-D37060020
5342	1711	7	20	1711	6	5	SJW-D37060050
5343	1711	7	22	1711	6	7	SJW-D37060070
5344	1711	7	23	1711	6	8	SJW-D37060080
5345	1711	7	24	1711	6	9	SJW-D37060090
5346	1711	7	26	1711	6	11	SJW-D37060110
5347	1711	7	27	1711	6	12	SJW-D37060120
5348	1711	7	28	1711	6	13	SJW-D37060130
5349	1711	7	29	1711	6	14	SJW-D37060140
5350	1711	8	1	1711	6	17	SJW-D37060170
5351	1711	8	4	1711	6	20	SJW-D37060200

续表

编号	公历			农历			ID 编号
	年	月	日	年	月	日	
5352	1711	8	8	1711	6	24	SJW-D37060240
5353	1711	8	9	1711	6	25	SJW-D37060250
5354	1711	8	12	1711	6	28	SJW-D37060280
5355	1711	9	4	1711	7	22	SJW-D37070220
5356	1711	9	13	1711	8	1	SJW-D37080010
5357	1711	9	14	1711	8	2	SJW-D37080020
5358	1711	9	15	1711	8	3	SJW-D37080030
5359	1711	9	19	1711	8	7	SJW-D37080070
5360	1711	9	20	1711	8	8	SJW-D37080080
5361	1711	9	28	1711	8	16	SJW-D37080160
5362	1711	9	29	1711	8	17	SJW-D37080170
5363	1711	10	21	1711	9	10	SJW-D37090101
5364	1711	10	25	1711	9	14	SJW-D37090140
5365	1711	11	1	1711	9	21	SJW-D37090210
5366	1711	11	6	1711	9	26	SJW-D37090260
5367	1711	11	8	1711	9	28	SJW-D37090280
5368	1711	11	16	1711	10	7	SJW-D37100070
5369	1711	11	16	1711	10	7	SJW-D37100071
5370	1711	12	2	1711	10	23	SJW-D37100230
5371	1711	12	4	1711	10	25	SJW-D37100250
5372	1711	12	7	1711	10	28	SJW-D37100280
5373	1711	12	11	1711	11	2	SJW-D37110020
5374	1712	1	24	1711	12	17	SJW-D37120170
5375	1712	1	25	1711	12	18	SJW-D37120180
5376	1712	1	27	1711	12	20	SJW-D37120200
5377	1712	1	31	1711	12	24	SJW-D37120240
5378	1712	2	10	1712	1	4	SJW-D38010040
5379	1712	4	15	1712	3	10	SJW-D38030100
5380	1712	4	17	1712	3	12	SJW-D38030120
5381	1712	4	18	1712	3	13	SJW-D38030130
5382	1712	5	6	1712	4	2	SJW-D38040020
5383	1712	6	7	1712	5	4	SJW-D38050040
5384	1712	6	14	1712	5	11	SJW-D38050110
5385	1712	6	15	1712	5	12	SJW-D38050120
5386	1712	6	16	1712	5	13	SJW-D38050130
5387	1712	6	17	1712	5	14	SJW-D38050140
5388	1712	6	18	1712	5	15	SJW-D38050150
5389	1712	6	21	1712	5	18	SJW-D38050180

续表

编号	公历			农历			ID 编号
	年	月	日	年	月	日	
5390	1712	6	22	1712	5	19	SJW-D38050190
5391	1712	6	24	1712	5	21	SJW-D38050210
5392	1712	7	3	1712	5	30	SJW-D38050300
5393	1712	7	6	1712	6	3	SJW-D38060030
5394	1712	7	8	1712	6	5	SJW-D38060050
5395	1712	7	9	1712	6	6	SJW-D38060060
5396	1712	7	18	1712	6	15	SJW-D38060150
5397	1712	7	19	1712	6	16	SJW-D38060160
5398	1712	7	20	1712	6	17	SJW-D38060170
5399	1712	7	21	1712	6	18	SJW-D38060180
5400	1712	7	22	1712	6	19	SJW-D38060190
5401	1712	7	24	1712	6	21	SJW-D38060210
5402	1712	7	25	1712	6	22	SJW-D38060220
5403	1712	7	28	1712	6	25	SJW-D38060250
5404	1712	7	29	1712	6	26	SJW-D38060260
5405	1712	7	30	1712	6	27	SJW-D38060270
5406	1712	7	31	1712	6	28	SJW-D38060280
5407	1712	8	9	1712	7	8	SJW-D38070080
5408	1712	8	10	1712	7	9	SJW-D38070090
5409	1712	8	15	1712	7	14	SJW-D38070140
5410	1712	8	21	1712	7	20	SJW-D38070200
5411	1712	8	22	1712	7	21	SJW-D38070210
5412	1712	8	23	1712	7	22	SJW-D38070220
5413	1712	8	24	1712	7	23	SJW-D38070230
5414	1712	8	26	1712	7	25	SJW-D38070250
5415	1712	8	31	1712	7	30	SJW-D38070300
5416	1712	9	2	1712	8	2	SJW-D38080020
5417	1712	9	3	1712	8	3	SJW-D38080030
5418	1712	9	4	1712	8	4	SJW-D38080040
5419	1712	9	5	1712	8	5	SJW-D38080050
5420	1712	9	6	1712	8	6	SJW-D38080060
5421	1712	9	7	1712	8	7	SJW-D38080070
5422	1712	9	8	1712	8	8	SJW-D38080080
5423	1712	9	9	1712	8	9	SJW-D38080090
5424	1712	9	18	1712	8	18	SJW-D38080180
5425	1712	9	19	1712	8	19	SJW-D38080190
5426	1712	9	27	1712	8	27	SJW-D38080270
5427	1712	9	28	1712	8	28	SJW-D38080280

续表

编号	公历			农历			ID 编号
	年	月	日	年	月	日	
5428	1712	9	29	1712	8	29	SJW-D38080290
5429	1712	10	11	1712	9	12	SJW-D38090120
5430	1712	10	20	1712	9	21	SJW-D38090210
5431	1712	10	21	1712	9	22	SJW-D38090220
5432	1712	10	23	1712	9	24	SJW-D38090240
5433	1712	10	24	1712	9	25	SJW-D38090250
5434	1712	10	29	1712	9	30	SJW-D38090300
5435	1712	11	2	1712	10	4	SJW-D38100040
5436	1712	11	25	1712	10	27	SJW-D38100270
5437	1712	11	28	1712	11	1	SJW-D38110010
5438	1712	11	29	1712	11	2	SJW-D38110020
5439	1712	11	30	1712	11	3	SJW-D38110030
5440	1712	12	1	1712	11	4	SJW-D38110040
5441	1712	12	2	1712	11	5	SJW-D38110050
5442	1712	12	3	1712	11	6	SJW-D38110060
5443	1712	12	5	1712	11	8	SJW-D38110080
5444	1712	12	14	1712	11	17	SJW-D38110170
5445	1712	12	21	1712	11	24	SJW-D38110240
5446	1712	12	23	1712	11	26	SJW-D38110260
5447	1713	1	16	1712	12	20	SJW-D38120200
5448	1713	1	20	1712	12	24	SJW-D38120240
5449	1713	1	22	1712	12	26	SJW-D38120260
5450	1713	1	23	1712	12	27	SJW-D38120270
5451	1713	1	30	1713	1	5	SJW-D39010050
5452	1713	2	3	1713	1	9	SJW-D39010090
5453	1713	2	6	1713	1	12	SJW-D39010120
5454	1713	2	15	1713	1	21	SJW-D39010210
5455	1713	3	2	1713	2	6	SJW-D39020060
5456	1713	3	3	1713	2	7	SJW-D39020070
5457	1713	3	5	1713	2	9	SJW-D39020090
5458	1713	3	9	1713	2	13	SJW-D39020130
5459	1713	3	12	1713	2	16	SJW-D39020160
5460	1713	3	16	1713	2	20	SJW-D39020200
5461	1713	3	18	1713	2	22	SJW-D39020220
5462	1713	3	19	1713	2	23	SJW-D39020230
5463	1713	3	23	1713	2	27	SJW-D39020270
5464	1713	3	24	1713	2	28	SJW-D39020280
5465	1713	3	30	1713	3	5	SJW-D39030050

续表

编号	公历			农历			ID 编号
	年	月	日	年	月	日	
5466	1713	4	2	1713	3	8	SJW-D39030080
5467	1713	4	5	1713	3	11	SJW-D39030110
5468	1713	4	18	1713	3	24	SJW-D39030240
5469	1713	4	22	1713	3	28	SJW-D39030280
5470	1713	4	23	1713	3	29	SJW-D39030290
5471	1713	4	26	1713	4	2	SJW-D39040020
5472	1713	4	28	1713	4	4	SJW-D39040040
5473	1713	5	8	1713	4	14	SJW-D39040140
5474	1713	5	10	1713	4	16	SJW-D39040160
5475	1713	5	21	1713	4	27	SJW-D39040270
5476	1713	5	23	1713	4	29	SJW-D39040290
5477	1713	5	24	1713	5	1	SJW-D39050010
5478	1713	5	29	1713	5	6	SJW-D39050060
5479	1713	6	20	1713	5	28	SJW-D39050280
5480	1713	6	21	1713	5	29	SJW-D39050290
5481	1713	6	22	1713	5	30	SJW-D39050300
5482	1713	6	24	1713	闰 5	2	SJW-D39051020
5483	1713	6	25	1713	闰 5	3	SJW-D39051030
5484	1713	6	27	1713	闰 5	5	SJW-D39051050
5485	1713	6	28	1713	闰 5	6	SJW-D39051060
5486	1713	6	29	1713	闰 5	7	SJW-D39051070
5487	1713	7	4	1713	闰 5	12	SJW-D39051120
5488	1713	7	5	1713	闰 5	13	SJW-D39051130
5489	1713	7	7	1713	闰 5	15	SJW-D39051150
5490	1713	7	16	1713	闰 5	24	SJW-D39051240
5491	1713	7	17	1713	闰 5	25	SJW-D39051250
5492	1713	7	19	1713	闰 5	27	SJW-D39051270
5493	1713	7	20	1713	闰 5	28	SJW-D39051280
5494	1713	7	21	1713	闰 5	29	SJW-D39051290
5495	1713	7	22	1713	6	1	SJW-D39060010
5496	1713	7	25	1713	6	4	SJW-D39060040
5497	1713	8	11	1713	6	21	SJW-D39060210
5498	1713	8	15	1713	6	25	SJW-D39060250
5499	1713	8	16	1713	6	26	SJW-D39060260
5500	1713	8	23	1713	7	3	SJW-D39070030
5501	1713	8	29	1713	7	9	SJW-D39070090
5502	1713	9	6	1713	7	17	SJW-D39070170
5503	1713	9	7	1713	7	18	SJW-D39070180

续表

编号	公历			农历			ID 编号
	年	月	日	年	月	日	
5504	1713	9	12	1713	7	23	SJW-D39070230
5505	1713	9	17	1713	7	28	SJW-D39070280
5506	1713	9	18	1713	7	29	SJW-D39070290
5507	1713	9	26	1713	8	7	SJW-D39080070
5508	1713	10	8	1713	8	19	SJW-D39080190
5509	1713	10	11	1713	8	22	SJW-D39080220
5510	1713	10	18	1713	8	29	SJW-D39080290
5511	1713	10	19	1713	9	1	SJW-D39090010
5512	1713	10	25	1713	9	7	SJW-D39090070
5513	1713	10	28	1713	9	10	SJW-D39090100
5514	1713	11	5	1713	9	18	SJW-D39090180
5515	1713	11	6	1713	9	19	SJW-D39090190
5516	1713	11	19	1713	10	2	SJW-D39100020
5517	1713	11	23	1713	10	6	SJW-D39100060
5518	1713	11	30	1713	10	13	SJW-D39100130
5519	1713	12	2	1713	10	15	SJW-D39100150
5520	1713	12	3	1713	10	16	SJW-D39100160
5521	1713	12	7	1713	10	20	SJW-D39100200
5522	1713	12	9	1713	10	22	SJW-D39100220
5523	1713	12	16	1713	10	29	SJW-D39100290
5524	1714	1	2	1713	11	16	SJW-D39110160
5525	1714	1	8	1713	11	22	SJW-D39110220
5526	1714	1	17	1713	12	2	SJW-D39120020
5527	1714	1	25	1713	12	10	SJW-D39120100
5528	1714	1	26	1713	12	11	SJW-D39120110
5529	1714	2	7	1713	12	23	SJW-D39120230
5530	1714	2	14	1714	1	1	SJW-D40010010
5531	1714	3	23	1714	2	8	SJW-D40020080
5532	1714	3	24	1714	2	9	SJW-D40020090
5533	1714	3	25	1714	2	10	SJW-D40020100
5534	1714	3	27	1714	2	12	SJW-D40020120
5535	1714	3	29	1714	2	14	SJW-D40020140
5536	1714	4	5	1714	2	21	SJW-D40020210
5537	1714	4	6	1714	2	22	SJW-D40020220
5538	1714	4	19	1714	3	6	SJW-D40030060
5539	1714	4	20	1714	3	7	SJW-D40030070
5540	1714	4	21	1714	3	8	SJW-D40030080
5541	1714	4	22	1714	3	9	SJW-D40030090

续表

编号	公历			农历			ID 编号
	年	月	日	年	月	日	
5542	1714	4	24	1714	3	11	SJW-D40030110
5543	1714	4	26	1714	3	13	SJW-D40030130
5544	1714	4	27	1714	3	14	SJW-D40030140
5545	1714	5	17	1714	4	4	SJW-D40040040
5546	1714	5	18	1714	4	5	SJW-D40040050
5547	1714	5	19	1714	4	6	SJW-D40040060
5548	1714	5	20	1714	4	7	SJW-D40040070
5549	1714	5	28	1714	4	15	SJW-D40040150
5550	1714	6	7	1714	4	25	SJW-D40040250
5551	1714	6	19	1714	5	8	SJW-D40050080
5552	1714	6	21	1714	5	10	SJW-D40050100
5553	1714	6	23	1714	5	12	SJW-D40050120
5554	1714	7	3	1714	5	22	SJW-D40050220
5555	1714	7	5	1714	5	24	SJW-D40050240
5556	1714	7	6	1714	5	25	SJW-D40050250
5557	1714	7	9	1714	5	28	SJW-D40050280
5558	1714	7	10	1714	5	29	SJW-D40050290
5559	1714	7	11	1714	5	30	SJW-D40050300
5560	1714	7	12	1714	6	1	SJW-D40060010
5561	1714	7	14	1714	6	3	SJW-D40060030
5562	1714	7	29	1714	6	18	SJW-D40060180
5563	1714	8	1	1714	6	21	SJW-D40060210
5564	1714	8	20	1714	7	11	SJW-D40070110
5565	1714	8	21	1714	7	12	SJW-D40070120
5566	1714	8	22	1714	7	13	SJW-D40070130
5567	1714	9	1	1714	7	23	SJW-D40070230
5568	1714	9	3	1714	7	25	SJW-D40070250
5569	1714	9	5	1714	7	27	SJW-D40070270
5570	1714	9	6	1714	7	28	SJW-D40070280
5571	1714	9	7	1714	7	29	SJW-D40070290
5572	1714	9	11	1714	8	3	SJW-D40080030
5573	1714	9	24	1714	8	16	SJW-D40080160
5574	1714	10	2	1714	8	24	SJW-D40080240
5575	1714	10	7	1714	8	29	SJW-D40080290
5576	1714	11	7	1714	10	1	SJW-D40100010
5577	1714	11	27	1714	10	21	SJW-D40100210
5578	1714	11	28	1714	10	22	SJW-D40100220
5579	1714	12	3	1714	10	27	SJW-D40100270

续表

编号	公历			农历			ID 编号
	年	月	日	年	月	日	
5580	1714	12	4	1714	10	28	SJW-D40100280
5581	1714	12	19	1714	11	13	SJW-D40110130
5582	1714	12	23	1714	11	17	SJW-D40110170
5583	1715	1	2	1714	11	27	SJW-D40110270
5584	1715	1	3	1714	11	28	SJW-D40110280
5585	1715	1	5	1714	11	30	SJW-D40110300
5586	1715	1	6	1714	12	1	SJW-D40120010
5587	1715	1	7	1714	12	2	SJW-D40120020
5588	1715	1	8	1714	12	3	SJW-D40120030
5589	1715	1	9	1714	12	4	SJW-D40120040
5590	1715	1	11	1714	12	6	SJW-D40120060
5591	1715	1	27	1714	12	22	SJW-D40120220
5592	1715	1	29	1714	12	24	SJW-D40120240
5593	1715	2	4	1715	1	1	SJW-D41010010
5594	1715	2	6	1715	1	3	SJW-D41010030
5595	1715	2	7	1715	1	4	SJW-D41010040
5596	1715	2	16	1715	1	13	SJW-D41010130
5597	1715	2	28	1715	1	25	SJW-D41010250
5598	1715	3	1	1715	1	26	SJW-D41010260
5599	1715	3	6	1715	2	1	SJW-D41020010
5600	1715	3	7	1715	2	2	SJW-D41020020
5601	1715	3	10	1715	2	5	SJW-D41020050
5602	1715	3	12	1715	2	7	SJW-D41020070
5603	1715	3	13	1715	2	8	SJW-D41020080
5604	1715	3	14	1715	2	9	SJW-D41020090
5605	1715	3	15	1715	2	10	SJW-D41020100
5606	1715	3	23	1715	2	18	SJW-D41020180
5607	1715	3	26	1715	2	21	SJW-D41020210
5608	1715	3	31	1715	2	26	SJW-D41020260
5609	1715	4	9	1715	3	6	SJW-D41030060
5610	1715	4	10	1715	3	7	SJW-D41030070
5611	1715	4	13	1715	3	10	SJW-D41030100
5612	1715	4	15	1715	3	12	SJW-D41030120
5613	1715	4	16	1715	3	13	SJW-D41030130
5614	1715	4	20	1715	3	17	SJW-D41030170
5615	1715	4	24	1715	3	21	SJW-D41030210
5616	1715	4	29	1715	3	26	SJW-D41030260
5617	1715	4	30	1715	3	27	SJW-D41030270

续表

编号	公历			农历			ID 编号
	年	月	日	年	月	日	
5618	1715	5	6	1715	4	4	SJW-D41040040
5619	1715	5	8	1715	4	6	SJW-D41040060
5620	1715	5	13	1715	4	11	SJW-D41040110
5621	1715	5	16	1715	4	14	SJW-D41040140
5622	1715	5	22	1715	4	20	SJW-D41040200
5623	1715	5	23	1715	4	21	SJW-D41040210
5624	1715	5	29	1715	4	27	SJW-D41040270
5625	1715	5	31	1715	4	29	SJW-D41040290
5626	1715	6	12	1715	5	11	SJW-D41050110
5627	1715	6	13	1715	5	12	SJW-D41050120
5628	1715	6	20	1715	5	19	SJW-D41050190
5629	1715	6	23	1715	5	22	SJW-D41050220
5630	1715	6	26	1715	5	25	SJW-D41050250
5631	1715	6	27	1715	5	26	SJW-D41050260
5632	1715	6	28	1715	5	27	SJW-D41050270
5633	1715	6	29	1715	5	28	SJW-D41050280
5634	1715	6	30	1715	5	29	SJW-D41050290
5635	1715	7	7	1715	6	7	SJW-D41060070
5636	1715	7	8	1715	6	8	SJW-D41060080
5637	1715	7	9	1715	6	9	SJW-D41060090
5638	1715	7	10	1715	6	10	SJW-D41060100
5639	1715	7	11	1715	6	11	SJW-D41060110
5640	1715	7	18	1715	6	18	SJW-D41060180
5641	1715	7	24	1715	6	24	SJW-D41060240
5642	1715	8	18	1715	7	20	SJW-D41070200
5643	1715	8	19	1715	7	21	SJW-D41070210
5644	1715	8	20	1715	7	22	SJW-D41070220
5645	1715	9	6	1715	8	9	SJW-D41080090
5646	1715	9	7	1715	8	10	SJW-D41080100
5647	1715	9	11	1715	8	14	SJW-D41080140
5648	1715	9	12	1715	8	15	SJW-D41080150
5649	1715	9	14	1715	8	17	SJW-D41080170
5650	1715	9	27	1715	9	1	SJW-D41090010
5651	1715	9	29	1715	9	3	SJW-D41090030
5652	1715	9	30	1715	9	4	SJW-D41090040
5653	1715	10	10	1715	9	14	SJW-D41090140
5654	1715	10	11	1715	9	15	SJW-D41090150
5655	1715	10	25	1715	9	29	SJW-D41090290

续表

编号	公历			农历			ID 编号
	年	月	日	年	月	日	
5656	1715	10	26	1715	9	30	SJW-D41090300
5657	1715	10	27	1715	10	1	SJW-D41100010
5658	1715	10	28	1715	10	2	SJW-D41100020
5659	1715	11	3	1715	10	8	SJW-D41100080
5660	1715	11	20	1715	10	25	SJW-D41100250
5661	1715	11	29	1715	11	4	SJW-D41110040
5662	1715	12	3	1715	11	8	SJW-D41110080
5663	1715	12	4	1715	11	9	SJW-D41110090
5664	1715	12	5	1715	11	10	SJW-D41110100
5665	1715	12	9	1715	11	14	SJW-D41110140
5666	1715	12	13	1715	11	18	SJW-D41110180
5667	1715	12	14	1715	11	19	SJW-D41110190
5668	1715	12	23	1715	11	28	SJW-D41110280
5669	1716	1	4	1715	12	10	SJW-D41120100
5670	1716	1	16	1715	12	22	SJW-D41120220
5671	1716	1	17	1715	12	23	SJW-D41120230
5672	1716	1	23	1715	12	29	SJW-D41120290
5673	1716	1	24	1716	1	1	SJW-D42010010
5674	1716	1	28	1716	1	5	SJW-D42010050
5675	1716	2	21	1716	1	29	SJW-D42010290
5676	1716	2	25	1716	2	3	SJW-D42020030
5677	1716	2	27	1716	2	5	SJW-D42020050
5678	1716	3	20	1716	2	27	SJW-D42020270
5679	1716	4	2	1716	3	10	SJW-D42030100
5680	1716	4	4	1716	3	12	SJW-D42030120
5681	1716	4	10	1716	3	18	SJW-D42030180
5682	1716	4	17	1716	3	25	SJW-D42030250
5683	1716	4	24	1716	闰 3	3	SJW-D42031030
5684	1716	5	4	1716	闰 3	13	SJW-D42031130
5685	1716	5	18	1716	闰 3	27	SJW-D42031270
5686	1716	5	31	1716	4	11	SJW-D42040110
5687	1716	6	1	1716	4	12	SJW-D42040120
5688	1716	6	7	1716	4	18	SJW-D42040180
5689	1716	6	12	1716	4	23	SJW-D42040230
5690	1716	6	13	1716	4	24	SJW-D42040240
5691	1716	6	14	1716	4	25	SJW-D42040250
5692	1716	6	15	1716	4	26	SJW-D42040260
5693	1716	6	28	1716	5	9	SJW-D42050090

续表

编号	公历			农历			ID 编号
	年	月	日	年	月	日	
5694	1716	7	1	1716	5	12	SJW-D42050120
5695	1716	7	2	1716	5	13	SJW-D42050130
5696	1716	7	3	1716	5	14	SJW-D42050140
5697	1716	7	4	1716	5	15	SJW-D42050150
5698	1716	7	5	1716	5	16	SJW-D42050160
5699	1716	7	6	1716	5	17	SJW-D42050170
5700	1716	7	7	1716	5	18	SJW-D42050180
5701	1716	7	8	1716	5	19	SJW-D42050190
5702	1716	7	9	1716	5	20	SJW-D42050200
5703	1716	7	10	1716	5	21	SJW-D42050210
5704	1716	7	11	1716	5	22	SJW-D42050220
5705	1716	7	12	1716	5	23	SJW-D42050230
5706	1716	7	14	1716	5	25	SJW-D42050250
5707	1716	7	15	1716	5	26	SJW-D42050260
5708	1716	7	16	1716	5	27	SJW-D42050270
5709	1716	7	17	1716	5	28	SJW-D42050280
5710	1716	7	20	1716	6	2	SJW-D42060020
5711	1716	7	21	1716	6	3	SJW-D42060030
5712	1716	8	5	1716	6	18	SJW-D42060180
5713	1716	8	15	1716	6	28	SJW-D42060280
5714	1716	8	16	1716	6	29	SJW-D42060290
5715	1716	8	18	1716	7	2	SJW-D42070020
5716	1716	9	1	1716	7	16	SJW-D42070160
5717	1716	9	8	1716	7	23	SJW-D42070230
5718	1716	9	9	1716	7	24	SJW-D42070240
5719	1716	9	10	1716	7	25	SJW-D42070250
5720	1716	9	11	1716	7	26	SJW-D42070260
5721	1716	9	19	1716	8	4	SJW-D42080040
5722	1716	9	20	1716	8	5	SJW-D42080050
5723	1716	9	21	1716	8	6	SJW-D42080060
5724	1716	9	26	1716	8	11	SJW-D42080110
5725	1716	9	27	1716	8	12	SJW-D42080120
5726	1716	9	29	1716	8	14	SJW-D42080140
5727	1716	9	30	1716	8	15	SJW-D42080150
5728	1716	10	2	1716	8	17	SJW-D42080170
5729	1716	10	4	1716	8	19	SJW-D42080190
5730	1716	10	5	1716	8	20	SJW-D42080200
5731	1716	10	6	1716	8	21	SJW-D42080210

续表

编号	公历			农历			ID 编号
	年	月	日	年	月	日	
5732	1716	10	8	1716	8	23	SJW-D42080230
5733	1716	10	19	1716	9	5	SJW-D42090050
5734	1716	10	25	1716	9	11	SJW-D42090110
5735	1716	10	29	1716	9	15	SJW-D42090150
5736	1716	11	2	1716	9	19	SJW-D42090190
5737	1716	11	3	1716	9	20	SJW-D42090200
5738	1716	11	7	1716	9	24	SJW-D42090240
5739	1716	11	14	1716	10	1	SJW-D42100010
5740	1716	12	15	1716	11	2	SJW-D42110020
5741	1716	12	21	1716	11	8	SJW-D42110080
5742	1716	12	23	1716	11	10	SJW-D42110100
5743	1716	12	25	1716	11	12	SJW-D42110120
5744	1717	1	1	1716	11	19	SJW-D42110190
5745	1717	1	3	1716	11	21	SJW-D42110210
5746	1717	1	10	1716	11	28	SJW-D42110280
5747	1717	1	13	1716	12	1	SJW-D42120010
5748	1717	1	14	1716	12	2	SJW-D42120020
5749	1717	1	23	1716	12	11	SJW-D42120110
5750	1717	2	5	1716	12	24	SJW-D42120240
5751	1717	2	6	1716	12	25	SJW-D42120250
5752	1717	3	1	1717	1	19	SJW-D43010190
5753	1717	3	2	1717	1	20	SJW-D43010200
5754	1717	3	5	1717	1	23	SJW-D43010230
5755	1717	3	11	1717	1	29	SJW-D43010290
5756	1717	3	12	1717	1	30	SJW-D43010300
5757	1717	3	13	1717	2	1	SJW-D43020010
5758	1717	3	26	1717	2	14	SJW-D43020140
5759	1717	3	27	1717	2	15	SJW-D43020150
5760	1717	4	6	1717	2	25	SJW-D43020250
5761	1717	4	7	1717	2	26	SJW-D43020260
5762	1717	4	10	1717	2	29	SJW-D43020290
5763	1717	4	12	1717	3	1	SJW-D43030010
5764	1717	4	22	1717	3	11	SJW-D43030111
5765	1717	4	25	1717	3	14	SJW-D43030141
5766	1717	4	27	1717	3	16	SJW-D43030160
5767	1717	4	27	1717	3	16	SJW-D43030161
5768	1717	4	28	1717	3	17	SJW-D43030170
5769	1717	4	28	1717	3	17	SJW-D43030171

续表

编号	公历			农历			ID 编号
	年	月	日	年	月	日	
5770	1717	4	29	1717	3	18	SJW-D43030180
5771	1717	4	29	1717	3	18	SJW-D43030181
5772	1717	5	1	1717	3	20	SJW-D43030200
5773	1717	5	1	1717	3	20	SJW-D43030201
5774	1717	5	3	1717	3	22	SJW-D43030220
5775	1717	5	3	1717	3	22	SJW-D43030221
5776	1717	5	23	1717	4	13	SJW-D43040130
5777	1717	5	25	1717	4	15	SJW-D43040150
5778	1717	5	28	1717	4	18	SJW-D43040180
5779	1717	5	31	1717	4	21	SJW-D43040210
5780	1717	6	3	1717	4	24	SJW-D43040240
5781	1717	6	4	1717	4	25	SJW-D43040250
5782	1717	6	5	1717	4	26	SJW-D43040260
5783	1717	6	6	1717	4	27	SJW-D43040270
5784	1717	6	23	1717	5	15	SJW-D43050150
5785	1717	7	2	1717	5	24	SJW-D43050240
5786	1717	7	5	1717	5	27	SJW-D43050270
5787	1717	7	10	1717	6	2	SJW-D43060020
5788	1717	8	3	1717	6	26	SJW-D43060260
5789	1717	8	16	1717	7	10	SJW-D43070100
5790	1717	8	18	1717	7	12	SJW-D43070120
5791	1717	9	7	1717	8	3	SJW-D43080030
5792	1717	9	22	1717	8	18	SJW-D43080180
5793	1717	9	26	1717	8	22	SJW-D43080220
5794	1717	9	29	1717	8	25	SJW-D43080250
5795	1717	10	11	1717	9	7	SJW-D43090070
5796	1717	10	12	1717	9	8	SJW-D43090080
5797	1717	11	1	1717	9	28	SJW-D43090280
5798	1717	11	2	1717	9	29	SJW-D43090290
5799	1717	11	8	1717	10	6	SJW-D43100060
5800	1717	11	28	1717	10	26	SJW-D43100260
5801	1717	12	7	1717	11	5	SJW-D43110050
5802	1717	12	9	1717	11	7	SJW-D43110070
5803	1717	12	10	1717	11	8	SJW-D43110080
5804	1717	12	14	1717	11	12	SJW-D43110120
5805	1717	12	18	1717	11	16	SJW-D43110160
5806	1717	12	19	1717	11	17	SJW-D43110170
5807	1717	12	20	1717	11	18	SJW-D43110180

续表

编号	公历			农历			ID 编号
	年	月	日	年	月	日	
5808	1718	1	8	1717	12	7	SJW-D43120070
5809	1718	1	17	1717	12	16	SJW-D43120160
5810	1718	1	18	1717	12	17	SJW-D43120170
5811	1718	1	27	1717	12	26	SJW-D43120260
5812	1718	2	15	1718	1	16	SJW-D44010160
5813	1718	2	17	1718	1	18	SJW-D44010180
5814	1718	2	22	1718	1	23	SJW-D44010230
5815	1718	2	24	1718	1	25	SJW-D44010250
5816	1718	3	2	1718	2	1	SJW-D44020010
5817	1718	3	5	1718	2	4	SJW-D44020040
5818	1718	3	12	1718	2	11	SJW-D44020110
5819	1718	4	7	1718	3	7	SJW-D44030070
5820	1718	4	8	1718	3	8	SJW-D44030080
5821	1718	4	22	1718	3	22	SJW-D44030220
5822	1718	4	28	1718	3	28	SJW-D44030280
5823	1718	5	5	1718	4	6	SJW-D44040060
5824	1718	5	16	1718	4	17	SJW-D44040170
5825	1718	6	3	1718	5	5	SJW-D44050050
5826	1718	6	5	1718	5	7	SJW-D44050070
5827	1718	6	20	1718	5	22	SJW-D44050220
5828	1718	6	21	1718	5	23	SJW-D44050230
5829	1718	6	27	1718	5	29	SJW-D44050290
5830	1718	6	29	1718	6	2	SJW-D44060020
5831	1718	7	2	1718	6	5	SJW-D44060050
5832	1718	7	3	1718	6	6	SJW-D44060060
5833	1718	7	4	1718	6	7	SJW-D44060070
5834	1718	7	5	1718	6	8	SJW-D44060080
5835	1718	7	6	1718	6	9	SJW-D44060090
5836	1718	7	7	1718	6	10	SJW-D44060100
5837	1718	7	10	1718	6	13	SJW-D44060130
5838	1718	7	12	1718	6	15	SJW-D44060150
5839	1718	7	13	1718	6	16	SJW-D44060160
5840	1718	7	15	1718	6	18	SJW-D44060180
5841	1718	7	23	1718	6	26	SJW-D44060260
5842	1718	7	24	1718	6	27	SJW-D44060270
5843	1718	8	1	1718	7	5	SJW-D44070050
5844	1718	8	2	1718	7	6	SJW-D44070060
5845	1718	8	3	1718	7	7	SJW-D44070070

续表

编号	公历			农历			ID 编号
	年	月	日	年	月	日	
5846	1718	8	5	1718	7	9	SJW-D44070090
5847	1718	8	6	1718	7	10	SJW-D44070100
5848	1718	8	7	1718	7	11	SJW-D44070110
5849	1718	8	9	1718	7	13	SJW-D44070130
5850	1718	8	10	1718	7	14	SJW-D44070140
5851	1718	8	11	1718	7	15	SJW-D44070150
5852	1718	8	16	1718	7	20	SJW-D44070200
5853	1718	8	18	1718	7	22	SJW-D44070220
5854	1718	8	22	1718	7	26	SJW-D44070260
5855	1718	8	28	1718	8	3	SJW-D44080030
5856	1718	8	29	1718	8	4	SJW-D44080040
5857	1718	9	13	1718	8	19	SJW-D44080190
5858	1718	9	16	1718	8	22	SJW-D44080220
5859	1718	10	3	1718	闰 8	10	SJW-D44081100
5860	1718	10	4	1718	闰 8	11	SJW-D44081110
5861	1718	10	5	1718	闰 8	12	SJW-D44081120
5862	1718	10	27	1718	9	4	SJW-D44090040
5863	1718	11	2	1718	9	10	SJW-D44090100
5864	1718	11	3	1718	9	11	SJW-D44090110
5865	1718	11	4	1718	9	12	SJW-D44090120
5866	1718	11	8	1718	9	16	SJW-D44090160
5867	1718	11	12	1718	9	20	SJW-D44090200
5868	1718	11	19	1718	9	27	SJW-D44090270
5869	1718	11	30	1718	10	9	SJW-D44100090
5870	1718	12	1	1718	10	10	SJW-D44100100
5871	1718	12	2	1718	10	11	SJW-D44100110
5872	1718	12	5	1718	10	14	SJW-D44100140
5873	1718	12	6	1718	10	15	SJW-D44100150
5874	1718	12	11	1718	10	20	SJW-D44100200
5875	1718	12	12	1718	10	21	SJW-D44100210
5876	1718	12	13	1718	10	22	SJW-D44100220
5877	1718	12	16	1718	10	25	SJW-D44100250
5878	1718	12	17	1718	10	26	SJW-D44100260
5879	1718	12	18	1718	10	27	SJW-D44100270
5880	1718	12	19	1718	10	28	SJW-D44100280
5881	1718	12	27	1718	11	6	SJW-D44110060
5882	1719	1	17	1718	11	27	SJW-D44110270
5883	1719	1	27	1718	12	8	SJW-D44120080

续表

编号	公历			农历			ID 编号
	年	月	日	年	月	日	
5884	1719	2	3	1718	12	15	SJW-D44120150
5885	1719	2	17	1718	12	29	SJW-D44120290
5886	1719	2	19	1719	1	1	SJW-D45010010
5887	1719	2	21	1719	1	3	SJW-D45010030
5888	1719	2	28	1719	1	10	SJW-D45010100
5889	1719	4	9	1719	2	20	SJW-D45020200
5890	1719	4	16	1719	2	27	SJW-D45020270
5891	1719	5	4	1719	3	15	SJW-D45030150
5892	1719	5	20	1719	4	2	SJW-D45040020
5893	1719	5	23	1719	4	5	SJW-D45040050
5894	1719	5	25	1719	4	7	SJW-D45040070
5895	1719	5	26	1719	4	8	SJW-D45040080
5896	1719	5	28	1719	4	10	SJW-D45040100
5897	1719	5	30	1719	4	12	SJW-D45040120
5898	1719	5	31	1719	4	13	SJW-D45040130
5899	1719	6	4	1719	4	17	SJW-D45040170
5900	1719	6	6	1719	4	19	SJW-D45040190
5901	1719	6	12	1719	4	25	SJW-D45040250
5902	1719	6	13	1719	4	26	SJW-D45040260
5903	1719	6	17	1719	4	30	SJW-D45040300
5904	1719	6	18	1719	5	1	SJW-D45050010
5905	1719	6	19	1719	5	2	SJW-D45050020
5906	1719	6	21	1719	5	4	SJW-D45050040
5907	1719	6	22	1719	5	5	SJW-D45050050
5908	1719	6	24	1719	5	7	SJW-D45050070
5909	1719	6	25	1719	5	8	SJW-D45050080
5910	1719	6	26	1719	5	9	SJW-D45050090
5911	1719	6	27	1719	5	10	SJW-D45050100
5912	1719	7	1	1719	5	14	SJW-D45050140
5913	1719	7	2	1719	5	15	SJW-D45050150
5914	1719	7	6	1719	5	19	SJW-D45050190
5915	1719	7	11	1719	5	24	SJW-D45050240
5916	1719	7	20	1719	6	4	SJW-D45060040
5917	1719	7	26	1719	6	10	SJW-D45060100
5918	1719	7	27	1719	6	11	SJW-D45060110
5919	1719	8	7	1719	6	22	SJW-D45060220
5920	1719	8	14	1719	6	29	SJW-D45060290
5921	1719	8	15	1719	6	30	SJW-D45060300

续表

编号	公历			农历			ID 编号
	年	月	日	年	月	日	
5922	1719	8	16	1719	7	1	SJW-D45070010
5923	1719	8	17	1719	7	2	SJW-D45070020
5924	1719	8	20	1719	7	5	SJW-D45070050
5925	1719	9	1	1719	7	17	SJW-D45070170
5926	1719	9	4	1719	7	20	SJW-D45070200
5927	1719	9	5	1719	7	21	SJW-D45070210
5928	1719	9	13	1719	7	29	SJW-D45070290
5929	1719	9	16	1719	8	3	SJW-D45080030
5930	1719	9	17	1719	8	4	SJW-D45080040
5931	1719	9	19	1719	8	6	SJW-D45080060
5932	1719	9	23	1719	8	10	SJW-D45080100
5933	1719	11	7	1719	9	26	SJW-D45090260
5934	1719	11	16	1719	10	5	SJW-D45100050
5935	1719	12	19	1719	11	9	SJW-D45110090
5936	1719	12	20	1719	11	10	SJW-D45110100
5937	1719	12	21	1719	11	11	SJW-D45110110
5938	1719	12	22	1719	11	12	SJW-D45110120
5939	1719	12	27	1719	11	17	SJW-D45110170
5940	1719	12	28	1719	11	18	SJW-D45110180
5941	1720	1	8	1719	11	29	SJW-D45110290
5942	1720	1	17	1719	12	8	SJW-D45120080
5943	1720	1	23	1719	12	14	SJW-D45120140
5944	1720	2	1	1719	12	23	SJW-D45120230
5945	1720	2	6	1719	12	28	SJW-D45120280
5946	1720	2	14	1720	1	7	SJW-D46010070
5947	1720	2	15	1720	1	8	SJW-D46010080
5948	1720	2	20	1720	1	13	SJW-D46010130
5949	1720	2	21	1720	1	14	SJW-D46010140
5950	1720	2	23	1720	1	16	SJW-D46010160
5951	1720	2	24	1720	1	17	SJW-D46010170
5952	1720	2	25	1720	1	18	SJW-D46010180
5953	1720	3	7	1720	1	29	SJW-D46010290
5954	1720	3	8	1720	1	30	SJW-D46010300
5955	1720	3	11	1720	2	3	SJW-D46020030
5956	1720	3	12	1720	2	4	SJW-D46020040
5957	1720	3	16	1720	2	8	SJW-D46020080
5958	1720	3	17	1720	2	9	SJW-D46020090
5959	1720	3	20	1720	2	12	SJW-D46020120

续表

编号	公历			农历			ID 编号
	年	月	日	年	月	日	
5960	1720	3	23	1720	2	15	SJW-D46020150
5961	1720	3	26	1720	2	18	SJW-D46020180
5962	1720	4	7	1720	2	30	SJW-D46020300
5963	1720	4	11	1720	3	4	SJW-D46030040
5964	1720	4	21	1720	3	14	SJW-D46030140
5965	1720	4	25	1720	3	18	SJW-D46030180
5966	1720	5	9	1720	4	3	SJW-D46040030
5967	1720	5	16	1720	4	10	SJW-D46040100
5968	1720	5	18	1720	4	12	SJW-D46040120
5969	1720	6	5	1720	4	30	SJW-D46040300
5970	1720	6	6	1720	5	1	SJW-D46050010
5971	1720	6	7	1720	5	2	SJW-D46050020
5972	1720	6	8	1720	5	3	SJW-D46050030
5973	1720	6	10	1720	5	5	SJW-D46050050
5974	1720	6	14	1720	5	9	SJW-D46050090
5975	1720	6	15	1720	5	10	SJW-D46050100
5976	1720	6	17	1720	5	12	SJW-D46050120
5977	1720	6	18	1720	5	13	SJW-D46050130
5978	1720	7	6	1720	6	2	SJW-D46060020
5979	1720	7	9	1720	6	5	SJW-D46060050
5980	1720	7	10	1720	6	6	SJW-D46060060
5981	1720	7	15	1720	6	11	SJW-D46060110
5982	1720	7	17	1720	6	13	SJW-D46060130
5983	1720	7	21	1720	6	17	SJW-D46060170
5984	1720	7	22	1720	6	18	SJW-D46060180
5985	1720	7	25	1720	6	21	SJW-D46060210
5986	1720	7	29	1720	6	25	SJW-D46060250
5987	1720	8	7	1720	7	4	SJW-E00070040
5988	1720	9	12	1720	8	11	SJW-E00080110
5989	1720	9	18	1720	8	17	SJW-E00080170
5990	1720	10	12	1720	9	11	SJW-E00090110
5991	1720	10	23	1720	9	22	SJW-E00090220
5992	1720	10	27	1720	9	26	SJW-E00090260
5993	1720	10	29	1720	9	28	SJW-E00090280
5994	1720	11	10	1720	10	11	SJW-E00100110
5995	1720	11	13	1720	10	14	SJW-E00100140
5996	1720	11	19	1720	10	20	SJW-E00100200
5997	1720	11	27	1720	10	28	SJW-E00100280

续表

编号	公历			农历			ID 编号
	年	月	日	年	月	日	
5998	1720	12	14	1720	11	15	SJW-E00110150
5999	1720	12	24	1720	11	25	SJW-E00110250
6000	1720	12	27	1720	11	28	SJW-E00110280
6001	1721	1	25	1720	12	28	SJW-E00120280
6002	1721	1	29	1721	1	2	SJW-E01010020
6003	1721	2	1	1721	1	5	SJW-E01010050
6004	1721	2	3	1721	1	7	SJW-E01010070
6005	1721	2	7	1721	1	11	SJW-E01010110
6006	1721	2	8	1721	1	12	SJW-E01010120
6007	1721	2	10	1721	1	14	SJW-E01010140
6008	1721	2	13	1721	1	17	SJW-E01010170
6009	1721	2	14	1721	1	18	SJW-E01010180
6010	1721	2	17	1721	1	21	SJW-E01010210
6011	1721	2	18	1721	1	22	SJW-E01010220
6012	1721	2	20	1721	1	24	SJW-E01010240
6013	1721	2	21	1721	1	25	SJW-E01010250
6014	1721	2	24	1721	1	28	SJW-E01010280
6015	1721	2	25	1721	1	29	SJW-E01010290
6016	1721	2	27	1721	2	2	SJW-E01020020
6017	1721	2	28	1721	2	3	SJW-E01020030
6018	1721	3	14	1721	2	17	SJW-E01020170
6019	1721	3	30	1721	3	3	SJW-E01030030
6020	1721	3	31	1721	3	4	SJW-E01030040
6021	1721	4	4	1721	3	8	SJW-E01030080
6022	1721	4	9	1721	3	13	SJW-E01030130
6023	1721	4	15	1721	3	19	SJW-E01030190
6024	1721	4	21	1721	3	25	SJW-E01030250
6025	1721	4	22	1721	3	26	SJW-E01030260
6026	1721	4	25	1721	3	29	SJW-E01030290
6027	1721	4	29	1721	4	4	SJW-E01040040
6028	1721	5	3	1721	4	8	SJW-E01040080
6029	1721	5	9	1721	4	14	SJW-E01040140
6030	1721	5	11	1721	4	16	SJW-E01040160
6031	1721	5	12	1721	4	17	SJW-E01040170
6032	1721	5	14	1721	4	19	SJW-E01040190
6033	1721	5	15	1721	4	20	SJW-E01040200
6034	1721	5	16	1721	4	21	SJW-E01040210
6035	1721	5	17	1721	4	22	SJW-E01040220

续表

编号	公历			农历			ID 编号
	年	月	日	年	月	日	
6036	1721	5	18	1721	4	23	SJW-E01040230
6037	1721	5	19	1721	4	24	SJW-E01040240
6038	1721	5	23	1721	4	28	SJW-E01040280
6039	1721	5	24	1721	4	29	SJW-E01040290
6040	1721	5	25	1721	4	30	SJW-E01040300
6041	1721	5	26	1721	5	1	SJW-E01050010
6042	1721	5	31	1721	5	6	SJW-E01050060
6043	1721	6	2	1721	5	8	SJW-E01050080
6044	1721	6	3	1721	5	9	SJW-E01050090
6045	1721	6	4	1721	5	10	SJW-E01050100
6046	1721	6	5	1721	5	11	SJW-E01050110
6047	1721	6	6	1721	5	12	SJW-E01050120
6048	1721	6	9	1721	5	15	SJW-E01050150
6049	1721	6	13	1721	5	19	SJW-E01050190
6050	1721	6	16	1721	5	22	SJW-E01050220
6051	1721	6	22	1721	5	28	SJW-E01050280
6052	1721	6	24	1721	5	30	SJW-E01050300
6053	1721	6	25	1721	6	1	SJW-E01060010
6054	1721	6	26	1721	6	2	SJW-E01060020
6055	1721	6	27	1721	6	3	SJW-E01060030
6056	1721	6	28	1721	6	4	SJW-E01060040
6057	1721	6	29	1721	6	5	SJW-E01060050
6058	1721	6	30	1721	6	6	SJW-E01060060
6059	1721	7	5	1721	6	11	SJW-E01060110
6060	1721	7	13	1721	6	19	SJW-E01060190
6061	1721	7	15	1721	6	21	SJW-E01060210
6062	1721	7	18	1721	6	24	SJW-E01060240
6063	1721	7	19	1721	6	25	SJW-E01060250
6064	1721	7	23	1721	6	29	SJW-E01060290
6065	1721	7	24	1721	闰 6	1	SJW-E01061010
6066	1721	7	25	1721	闰 6	2	SJW-E01061020
6067	1721	7	26	1721	闰 6	3	SJW-E01061030
6068	1721	7	27	1721	闰 6	4	SJW-E01061040
6069	1721	8	7	1721	闰 6	15	SJW-E01061150
6070	1721	8	16	1721	闰 6	24	SJW-E01061240
6071	1721	8	17	1721	闰 6	25	SJW-E01061250
6072	1721	8	27	1721	7	5	SJW-E01070050
6073	1721	8	28	1721	7	6	SJW-E01070060

续表

编号	公历			农历			ID 编号
	年	月	日	年	月	日	
6074	1721	9	2	1721	7	11	SJW-E01070110
6075	1721	9	3	1721	7	12	SJW-E01070120
6076	1721	9	4	1721	7	13	SJW-E01070130
6077	1721	9	15	1721	7	24	SJW-E01070240
6078	1721	9	17	1721	7	26	SJW-E01070260
6079	1721	9	18	1721	7	27	SJW-E01070270
6080	1721	9	23	1721	8	3	SJW-E01080030
6081	1721	9	27	1721	8	7	SJW-E01080070
6082	1721	10	3	1721	8	13	SJW-E01080130
6083	1721	10	8	1721	8	18	SJW-E01080180
6084	1721	10	25	1721	9	5	SJW-E01090050
6085	1721	10	26	1721	9	6	SJW-E01090060
6086	1721	11	4	1721	9	15	SJW-E01090150
6087	1721	11	5	1721	9	16	SJW-E01090160
6088	1721	11	10	1721	9	21	SJW-E01090210
6089	1721	11	13	1721	9	24	SJW-E01090240
6090	1721	11	15	1721	9	26	SJW-E01090260
6091	1721	11	24	1721	10	6	SJW-E01100060
6092	1721	11	25	1721	10	7	SJW-E01100070
6093	1721	12	8	1721	10	20	SJW-E01100200
6094	1721	12	11	1721	10	23	SJW-E01100230
6095	1721	12	19	1721	11	1	SJW-E01110010
6096	1721	12	23	1721	11	5	SJW-E01110050
6097	1722	1	1	1721	11	14	SJW-E01110140
6098	1722	1	11	1721	11	24	SJW-E01110240
6099	1722	1	12	1721	11	25	SJW-E01110250
6100	1722	1	30	1721	12	14	SJW-E01120140
6101	1722	1	31	1721	12	15	SJW-E01120150
6102	1722	2	11	1721	12	26	SJW-E01120260
6103	1722	2	19	1722	1	4	SJW-E02010040
6104	1722	2	21	1722	1	6	SJW-E02010060
6105	1722	2	27	1722	1	12	SJW-E02010120
6106	1722	3	1	1722	1	14	SJW-E02010140
6107	1722	3	2	1722	1	15	SJW-E02010150
6108	1722	3	3	1722	1	16	SJW-E02010160
6109	1722	3	4	1722	1	17	SJW-E02010170
6110	1722	3	10	1722	1	23	SJW-E02010230
6111	1722	3	12	1722	1	25	SJW-E02010250

续表

编号	公历			农历			ID 编号
	年	月	日	年	月	日	
6112	1722	3	13	1722	1	26	SJW-E02010260
6113	1722	3	14	1722	1	27	SJW-E02010270
6114	1722	3	20	1722	2	4	SJW-E02020040
6115	1722	3	22	1722	2	6	SJW-E02020060
6116	1722	4	1	1722	2	16	SJW-E02020160
6117	1722	4	5	1722	2	20	SJW-E02020200
6118	1722	4	7	1722	2	22	SJW-E02020220
6119	1722	4	8	1722	2	23	SJW-E02020230
6120	1722	4	14	1722	2	29	SJW-E02020290
6121	1722	4	15	1722	2	30	SJW-E02020300
6122	1722	4	16	1722	3	1	SJW-E02030010
6123	1722	4	17	1722	3	2	SJW-E02030020
6124	1722	4	18	1722	3	3	SJW-E02030030
6125	1722	5	3	1722	3	18	SJW-E02030180
6126	1722	5	5	1722	3	20	SJW-E02030200
6127	1722	5	6	1722	3	21	SJW-E02030210
6128	1722	5	10	1722	3	25	SJW-E02030250
6129	1722	5	11	1722	3	26	SJW-E02030260
6130	1722	5	20	1722	4	6	SJW-E02040060
6131	1722	5	26	1722	4	12	SJW-E02040120
6132	1722	6	1	1722	4	18	SJW-E02040180
6133	1722	6	13	1722	4	30	SJW-E02040300
6134	1722	7	9	1722	5	26	SJW-E02050260
6135	1722	7	11	1722	5	28	SJW-E02050280
6136	1722	7	12	1722	5	29	SJW-E02050290
6137	1722	7	18	1722	6	6	SJW-E02060060
6138	1722	7	20	1722	6	8	SJW-E02060080
6139	1722	8	29	1722	7	18	SJW-E02070180
6140	1722	9	17	1722	8	7	SJW-E02080070
6141	1722	10	6	1722	8	26	SJW-E02080260
6142	1722	11	6	1722	9	28	SJW-E02090280
6143	1722	11	8	1722	9	30	SJW-E02090300
6144	1722	11	11	1722	10	3	SJW-E02100030
6145	1722	11	12	1722	10	4	SJW-E02100040
6146	1722	11	24	1722	10	16	SJW-E02100160
6147	1722	11	27	1722	10	19	SJW-E02100190
6148	1722	12	4	1722	10	26	SJW-E02100260
6149	1722	12	14	1722	11	7	SJW-E02110070

续表

编号	公历			农历			ID 编号
	年	月	日	年	月	日	
6150	1722	12	17	1722	11	10	SJW-E02110100
6151	1722	12	23	1722	11	16	SJW-E02110160
6152	1722	12	30	1722	11	23	SJW-E02110230
6153	1723	1	1	1722	11	25	SJW-E02110250
6154	1723	1	8	1722	12	2	SJW-E02120020
6155	1723	1	9	1722	12	3	SJW-E02120030
6156	1723	1	13	1722	12	7	SJW-E02120070
6157	1723	1	17	1722	12	11	SJW-E02120110
6158	1723	1	18	1722	12	12	SJW-E02120120
6159	1723	1	21	1722	12	15	SJW-E02120150
6160	1723	2	5	1723	1	1	SJW-E03010010
6161	1723	2	6	1723	1	2	SJW-E03010020
6162	1723	2	16	1723	1	12	SJW-E03010120
6163	1723	2	18	1723	1	14	SJW-E03010140
6164	1723	2	21	1723	1	17	SJW-E03010170
6165	1723	2	22	1723	1	18	SJW-E03010180
6166	1723	2	24	1723	1	20	SJW-E03010200
6167	1723	2	25	1723	1	21	SJW-E03010210
6168	1723	3	1	1723	1	25	SJW-E03010250
6169	1723	3	2	1723	1	26	SJW-E03010260
6170	1723	3	3	1723	1	27	SJW-E03010270
6171	1723	4	12	1723	3	8	SJW-E03030080
6172	1723	4	18	1723	3	14	SJW-E03030140
6173	1723	4	21	1723	3	17	SJW-E03030170
6174	1723	4	23	1723	3	19	SJW-E03030190
6175	1723	4	27	1723	3	23	SJW-E03030230
6176	1723	5	7	1723	4	3	SJW-E03040030
6177	1723	5	14	1723	4	10	SJW-E03040100
6178	1723	5	17	1723	4	13	SJW-E03040130
6179	1723	5	26	1723	4	22	SJW-E03040220
6180	1723	6	7	1723	5	5	SJW-E03050050
6181	1723	6	18	1723	5	16	SJW-E03050160
6182	1723	7	5	1723	6	4	SJW-E03060040
6183	1723	7	11	1723	6	10	SJW-E03060100
6184	1723	7	25	1723	6	24	SJW-E03060240
6185	1723	8	1	1723	7	1	SJW-E03070010
6186	1723	8	2	1723	7	2	SJW-E03070020
6187	1723	8	4	1723	7	4	SJW-E03070040

续表

编号	公历			农历			ID 编号
	年	月	日	年	月	日	
6188	1723	8	5	1723	7	5	SJW-E03070050
6189	1723	8	6	1723	7	6	SJW-E03070060
6190	1723	8	7	1723	7	7	SJW-E03070070
6191	1723	8	14	1723	7	14	SJW-E03070140
6192	1723	8	18	1723	7	18	SJW-E03070180
6193	1723	8	22	1723	7	22	SJW-E03070220
6194	1723	8	28	1723	7	28	SJW-E03070280
6195	1723	9	1	1723	8	2	SJW-E03080020
6196	1723	9	3	1723	8	4	SJW-E03080040
6197	1723	9	5	1723	8	6	SJW-E03080060
6198	1723	9	12	1723	8	13	SJW-E03080130
6199	1723	9	22	1723	8	23	SJW-E03080230
6200	1723	9	26	1723	8	27	SJW-E03080270
6201	1723	10	9	1723	9	11	SJW-E03090110
6202	1723	10	17	1723	9	19	SJW-E03090190
6203	1723	10	20	1723	9	22	SJW-E03090220
6204	1723	10	29	1723	10	1	SJW-E03100010
6205	1723	11	6	1723	10	9	SJW-E03100090
6206	1723	11	12	1723	10	15	SJW-E03100150
6207	1723	11	28	1723	11	1	SJW-E03110010
6208	1723	11	29	1723	11	2	SJW-E03110020
6209	1723	12	2	1723	11	5	SJW-E03110050
6210	1723	12	5	1723	11	8	SJW-E03110080
6211	1724	1	1	1723	12	6	SJW-E03120060
6212	1724	1	3	1723	12	8	SJW-E03120080
6213	1724	1	26	1724	1	1	SJW-E04010010
6214	1724	2	10	1724	1	16	SJW-E04010160
6215	1724	2	12	1724	1	18	SJW-E04010180
6216	1724	2	14	1724	1	20	SJW-E04010200
6217	1724	2	19	1724	1	25	SJW-E04010250
6218	1724	2	20	1724	1	26	SJW-E04010260
6219	1724	2	26	1724	2	3	SJW-E04020030
6220	1724	3	5	1724	2	11	SJW-E04020110
6221	1724	3	8	1724	2	14	SJW-E04020140
6222	1724	3	17	1724	2	23	SJW-E04020230
6223	1724	4	3	1724	3	10	SJW-E04030100
6224	1724	4	16	1724	3	23	SJW-E04030230
6225	1724	4	20	1724	3	27	SJW-E04030270

续表

编号	公历			农历			ID 编号
	年	月	日	年	月	日	
6226	1724	4	30	1724	4	8	SJW-E04040080
6227	1724	5	19	1724	4	27	SJW-E04040270
6228	1724	6	7	1724	闰 4	16	SJW-E04041160
6229	1724	6	8	1724	闰 4	17	SJW-E04041170
6230	1724	6	10	1724	闰 4	19	SJW-E04041190
6231	1724	6	27	1724	5	7	SJW-E04050070
6232	1724	6	28	1724	5	8	SJW-E04050080
6233	1724	7	4	1724	5	14	SJW-E04050140
6234	1724	7	17	1724	5	27	SJW-E04050270
6235	1724	7	27	1724	6	8	SJW-E04060080
6236	1724	8	1	1724	6	13	SJW-E04060130
6237	1724	8	2	1724	6	14	SJW-E04060140
6238	1724	8	3	1724	6	15	SJW-E04060150
6239	1724	8	5	1724	6	17	SJW-E04060170
6240	1724	8	7	1724	6	19	SJW-E04060190
6241	1724	8	13	1724	6	25	SJW-E04060250
6242	1724	8	15	1724	6	27	SJW-E04060270
6243	1724	8	26	1724	7	8	SJW-E04070080
6244	1724	8	31	1724	7	13	SJW-E04070130
6245	1724	9	14	1724	7	27	SJW-E04070270
6246	1724	9	15	1724	7	28	SJW-E04070280
6247	1724	9	16	1724	7	29	SJW-E04070290
6248	1724	10	2	1724	8	16	SJW-E04080160
6249	1724	11	7	1724	9	22	SJW-F00090220
6250	1724	11	11	1724	9	26	SJW-F00090260
6251	1724	11	17	1724	10	2	SJW-F00100020
6252	1724	11	18	1724	10	3	SJW-F00100030
6253	1724	11	24	1724	10	9	SJW-F00100090
6254	1724	11	27	1724	10	12	SJW-F00100120
6255	1724	12	3	1724	10	18	SJW-F00100180
6256	1724	12	6	1724	10	21	SJW-F00100210
6257	1724	12	19	1724	11	4	SJW-F00110040
6258	1725	1	1	1724	11	17	SJW-F00110170
6259	1725	1	7	1724	11	23	SJW-F00110230
6260	1725	1	11	1724	11	27	SJW-F00110270
6261	1725	1	31	1724	12	18	SJW-F00120180
6262	1725	3	13	1725	1	29	SJW-F01010290
6263	1725	3	14	1725	2	1	SJW-F01020010

续表

编号	公历			农历			ID 编号
	年	月	日	年	月	日	
6264	1725	3	15	1725	2	2	SJW-F01020020
6265	1725	4	21	1725	3	9	SJW-F01030090
6266	1725	4	22	1725	3	10	SJW-F01030100
6267	1725	4	29	1725	3	17	SJW-F01030170
6268	1725	6	10	1725	4	30	SJW-F01040300
6269	1725	6	13	1725	5	3	SJW-F01050030
6270	1725	7	6	1725	5	26	SJW-F01050260
6271	1725	7	7	1725	5	27	SJW-F01050270
6272	1725	7	22	1725	6	13	SJW-F01060130
6273	1725	7	23	1725	6	14	SJW-F01060140
6274	1725	7	26	1725	6	17	SJW-F01060170
6275	1725	7	27	1725	6	18	SJW-F01060180
6276	1725	8	13	1725	7	6	SJW-F01070060
6277	1725	8	27	1725	7	20	SJW-F01070200
6278	1725	9	3	1725	7	27	SJW-F01070270
6279	1725	9	5	1725	7	29	SJW-F01070290
6280	1725	9	6	1725	7	30	SJW-F01070300
6281	1725	9	8	1725	8	2	SJW-F01080020
6282	1725	9	23	1725	8	17	SJW-F01080170
6283	1725	9	24	1725	8	18	SJW-F01080180
6284	1725	9	27	1725	8	21	SJW-F01080210
6285	1725	10	14	1725	9	9	SJW-F01090090
6286	1725	10	17	1725	9	12	SJW-F01090120
6287	1725	11	16	1725	10	12	SJW-F01100120
6288	1725	11	19	1725	10	15	SJW-F01100150
6289	1725	11	23	1725	10	19	SJW-F01100190
6290	1725	11	25	1725	10	21	SJW-F01100210
6291	1725	11	30	1725	10	26	SJW-F01100260
6292	1725	12	2	1725	10	28	SJW-F01100280
6293	1725	12	12	1725	11	8	SJW-F01110080
6294	1725	12	13	1725	11	9	SJW-F01110090
6295	1725	12	21	1725	11	17	SJW-F01110170
6296	1725	12	31	1725	11	27	SJW-F01110270
6297	1726	1	2	1725	11	29	SJW-F01110290
6298	1726	1	6	1725	12	4	SJW-F01120040
6299	1726	2	15	1726	1	14	SJW-F02010140
6300	1726	2	16	1726	1	15	SJW-F02010150
6301	1726	2	26	1726	1	25	SJW-F02010250

续表

编号	公历			农历			ID 编号
	年	月	日	年	月	日	
6302	1726	3	7	1726	2	4	SJW-F02020040
6303	1726	3	14	1726	2	11	SJW-F02020110
6304	1726	4	3	1726	3	2	SJW-F02030020
6305	1726	4	13	1726	3	12	SJW-F02030120
6306	1726	4	16	1726	3	15	SJW-F02030150
6307	1726	4	23	1726	3	22	SJW-F02030220
6308	1726	5	13	1726	4	12	SJW-F02040120
6309	1726	5	14	1726	4	13	SJW-F02040130
6310	1726	5	17	1726	4	16	SJW-F02040160
6311	1726	5	21	1726	4	20	SJW-F02040200
6312	1726	5	28	1726	4	27	SJW-F02040270
6313	1726	5	30	1726	4	29	SJW-F02040290
6314	1726	6	9	1726	5	10	SJW-F02050100
6315	1726	6	12	1726	5	13	SJW-F02050130
6316	1726	6	18	1726	5	19	SJW-F02050190
6317	1726	6	19	1726	5	20	SJW-F02050200
6318	1726	6	30	1726	6	1	SJW-F02060010
6319	1726	7	1	1726	6	2	SJW-F02060020
6320	1726	7	18	1726	6	19	SJW-F02060190
6321	1726	7	21	1726	6	22	SJW-F02060220
6322	1726	8	1	1726	7	4	SJW-F02070040
6323	1726	8	2	1726	7	5	SJW-F02070050
6324	1726	8	3	1726	7	6	SJW-F02070060
6325	1726	8	4	1726	7	7	SJW-F02070070
6326	1726	9	24	1726	8	29	SJW-F02080290
6327	1726	9	26	1726	9	1	SJW-F02090010
6328	1726	10	2	1726	9	7	SJW-F02090070
6329	1726	10	3	1726	9	8	SJW-F02090080
6330	1726	10	5	1726	9	10	SJW-F02090100
6331	1726	11	2	1726	10	9	SJW-F02100090
6332	1726	11	10	1726	10	17	SJW-F02100170
6333	1726	11	11	1726	10	18	SJW-F02100180
6334	1726	11	22	1726	10	29	SJW-F02100290
6335	1726	12	4	1726	11	11	SJW-F02110110
6336	1726	12	5	1726	11	12	SJW-F02110120
6337	1726	12	6	1726	11	13	SJW-F02110130
6338	1726	12	20	1726	11	27	SJW-F02110270
6339	1726	12	23	1726	12	1	SJW-F02120010

续表

编号	公历			农历			ID 编号
	年	月	日	年	月	日	
6340	1726	12	25	1726	12	3	SJW-F02120030
6341	1726	12	26	1726	12	4	SJW-F02120040
6342	1727	1	6	1726	12	15	SJW-F02120150
6343	1727	1	14	1726	12	23	SJW-F02120230
6344	1727	1	15	1726	12	24	SJW-F02120240
6345	1727	1	16	1726	12	25	SJW-F02120250
6346	1727	2	6	1727	1	16	SJW-F03010160
6347	1727	2	17	1727	1	27	SJW-F03010270
6348	1727	2	21	1727	2	1	SJW-F03020010
6349	1727	2	22	1727	2	2	SJW-F03020020
6350	1727	2	25	1727	2	5	SJW-F03020050
6351	1727	3	28	1727	3	6	SJW-F03030060
6352	1727	3	29	1727	3	7	SJW-F03030070
6353	1727	4	8	1727	3	17	SJW-F03030170
6354	1727	5	18	1727	闰 3	28	SJW-F03031280
6355	1727	5	19	1727	闰 3	29	SJW-F03031290
6356	1727	5	23	1727	4	3	SJW-F03040030
6357	1727	5	24	1727	4	4	SJW-F03040040
6358	1727	5	25	1727	4	5	SJW-F03040050
6359	1727	6	19	1727	5	1	SJW-F03050010
6360	1727	7	3	1727	5	15	SJW-F03050150
6361	1727	7	13	1727	5	25	SJW-F03050250
6362	1727	9	6	1727	7	21	SJW-F03070210
6363	1727	9	7	1727	7	22	SJW-F03070220
6364	1727	9	9	1727	7	24	SJW-F03070240
6365	1727	9	11	1727	7	26	SJW-F03070260
6366	1727	9	30	1727	8	16	SJW-F03080160
6367	1727	10	11	1727	8	27	SJW-F03080270
6368	1727	10	24	1727	9	10	SJW-F03090100
6369	1727	11	5	1727	9	22	SJW-F03090220
6370	1727	11	29	1727	10	17	SJW-F03100170
6371	1727	12	22	1727	11	10	SJW-F03110100
6372	1727	12	31	1727	11	19	SJW-F03110190
6373	1728	2	1	1727	12	22	SJW-F03120220
6374	1728	2	7	1727	12	28	SJW-F03120280
6375	1728	2	22	1728	1	13	SJW-F04010130
6376	1728	2	24	1728	1	15	SJW-F04010150
6377	1728	3	14	1728	2	4	SJW-F04020040

续表

编号	公历			农历			ID 编号
	年	月	日	年	月	日	
6378	1728	3	31	1728	2	21	SJW-F04020210
6379	1728	4	16	1728	3	8	SJW-F04030080
6380	1728	5	20	1728	4	12	SJW-F04040120
6381	1728	5	22	1728	4	14	SJW-F04040140
6382	1728	6	10	1728	5	3	SJW-F04050030
6383	1728	6	17	1728	5	10	SJW-F04050100
6384	1728	6	24	1728	5	17	SJW-F04050170
6385	1728	6	28	1728	5	21	SJW-F04050210
6386	1728	7	10	1728	6	4	SJW-F04060040
6387	1728	7	16	1728	6	10	SJW-F04060100
6388	1728	8	2	1728	6	27	SJW-F04060270
6389	1728	8	4	1728	6	29	SJW-F04060290
6390	1728	8	25	1728	7	20	SJW-F04070200
6391	1728	8	26	1728	7	21	SJW-F04070210
6392	1728	10	23	1728	9	21	SJW-F04090210
6393	1728	10	25	1728	9	23	SJW-F04090230
6394	1728	11	23	1728	10	22	SJW-F04100220
6395	1728	11	30	1728	10	29	SJW-F04100290
6396	1728	12	7	1728	11	7	SJW-F04110070
6397	1728	12	14	1728	11	14	SJW-F04110140
6398	1728	12	23	1728	11	23	SJW-F04110230
6399	1729	1	8	1728	12	9	SJW-F04120090
6400	1729	1	13	1728	12	14	SJW-F04120140
6401	1729	1	14	1728	12	15	SJW-F04120150
6402	1729	1	22	1728	12	23	SJW-F04120230
6403	1729	1	24	1728	12	25	SJW-F04120250
6404	1729	1	25	1728	12	26	SJW-F04120260
6405	1729	1	28	1728	12	29	SJW-F04120290
6406	1729	2	3	1729	1	6	SJW-F05010060
6407	1729	2	20	1729	1	23	SJW-F05010230
6408	1729	2	21	1729	1	24	SJW-F05010240
6409	1729	3	9	1729	2	10	SJW-F05020100
6410	1729	3	10	1729	2	11	SJW-F05020110
6411	1729	3	13	1729	2	14	SJW-F05020140
6412	1729	4	6	1729	3	9	SJW-F05030090
6413	1729	5	1	1729	4	4	SJW-F05040040
6414	1729	5	3	1729	4	6	SJW-F05040060
6415	1729	5	4	1729	4	7	SJW-F05040070

续表

编号	公历			农历			ID 编号
	年	月	日	年	月	日	
6416	1729	5	26	1729	4	29	SJW-F05040290
6417	1729	6	10	1729	5	14	SJW-F05050140
6418	1729	6	11	1729	5	15	SJW-F05050150
6419	1729	6	15	1729	5	19	SJW-F05050190
6420	1729	6	17	1729	5	21	SJW-F05050210
6421	1729	6	17	1729	5	21	SJW-F05050211
6422	1729	6	20	1729	5	24	SJW-F05050240
6423	1729	6	21	1729	5	25	SJW-F05050250
6424	1729	6	22	1729	5	26	SJW-F05050260
6425	1729	6	22	1729	5	26	SJW-F05050261
6426	1729	7	1	1729	6	6	SJW-F05060060
6427	1729	7	3	1729	6	8	SJW-F05060080
6428	1729	7	5	1729	6	10	SJW-F05060100
6429	1729	7	6	1729	6	11	SJW-F05060110
6430	1729	7	7	1729	6	12	SJW-F05060120
6431	1729	7	8	1729	6	13	SJW-F05060130
6432	1729	7	18	1729	6	23	SJW-F05060230
6433	1729	7	27	1729	7	2	SJW-F05070020
6434	1729	8	16	1729	7	22	SJW-F05070220
6435	1729	9	24	1729	8	2	SJW-F05080020
6436	1729	10	12	1729	8	20	SJW-F05080200
6437	1729	10	24	1729	9	3	SJW-F05090030
6438	1729	11	3	1729	9	13	SJW-F05090130
6439	1729	11	8	1729	9	18	SJW-F05090180
6440	1729	12	19	1729	10	29	SJW-F05100290
6441	1730	2	26	1730	1	10	SJW-F06010100
6442	1730	4	20	1730	3	4	SJW-F06030040
6443	1730	5	5	1730	3	19	SJW-F06030190
6444	1730	7	7	1730	5	23	SJW-F06050230
6445	1730	7	9	1730	5	25	SJW-F06050250
6446	1730	7	10	1730	5	26	SJW-F06050260
6447	1730	9	26	1730	8	15	SJW-F06080150
6448	1730	10	1	1730	8	20	SJW-F06080200
6449	1730	10	2	1730	8	21	SJW-F06080210
6450	1730	10	3	1730	8	22	SJW-F06080220
6451	1730	10	15	1730	9	4	SJW-F06090040
6452	1730	11	8	1730	9	28	SJW-F06090280
6453	1730	11	10	1730	10	1	SJW-F06100010

续表

编号	公历			农历			ID 编号
	年	月	日	年	月	日	
6454	1730	11	12	1730	10	3	SJW-F06100030
6455	1730	11	17	1730	10	8	SJW-F06100080
6456	1730	11	19	1730	10	10	SJW-F06100100
6457	1730	12	1	1730	10	22	SJW-F06100220
6458	1731	1	6	1730	11	28	SJW-F06110280
6459	1731	1	9	1730	12	2	SJW-F06120020
6460	1731	1	11	1730	12	4	SJW-F06120040
6461	1731	1	17	1730	12	10	SJW-F06120100
6462	1731	1	20	1730	12	13	SJW-F06120130
6463	1731	2	28	1731	1	22	SJW-F07010220
6464	1731	3	1	1731	1	23	SJW-F07010230
6465	1731	3	4	1731	1	26	SJW-F07010260
6466	1731	3	15	1731	2	8	SJW-F07020080
6467	1731	3	28	1731	2	21	SJW-F07020210
6468	1731	3	31	1731	2	24	SJW-F07020240
6469	1731	4	8	1731	3	2	SJW-F07030020
6470	1731	4	11	1731	3	5	SJW-F07030050
6471	1731	4	13	1731	3	7	SJW-F07030070
6472	1731	4	14	1731	3	8	SJW-F07030080
6473	1731	4	27	1731	3	21	SJW-F07030210
6474	1731	4	29	1731	3	23	SJW-F07030230
6475	1731	5	14	1731	4	9	SJW-F07040090
6476	1731	5	27	1731	4	22	SJW-F07040220
6477	1731	6	14	1731	5	10	SJW-F07050100
6478	1731	7	8	1731	6	5	SJW-F07060050
6479	1731	7	10	1731	6	7	SJW-F07060070
6480	1731	7	13	1731	6	10	SJW-F07060100
6481	1731	7	14	1731	6	11	SJW-F07060110
6482	1731	7	15	1731	6	12	SJW-F07060120
6483	1731	7	21	1731	6	18	SJW-F07060180
6484	1731	7	25	1731	6	22	SJW-F07060220
6485	1731	7	28	1731	6	25	SJW-F07060250
6486	1731	8	21	1731	7	19	SJW-F07070190
6487	1731	8	26	1731	7	24	SJW-F07070240
6488	1731	8	28	1731	7	26	SJW-F07070260
6489	1731	9	4	1731	8	4	SJW-F07080040
6490	1731	9	5	1731	8	5	SJW-F07080050
6491	1731	10	21	1731	9	21	SJW-F07090210

续表

编号	公历			农历			ID 编号
	年	月	日	年	月	日	
6492	1731	11	5	1731	10	6	SJW-F07100060
6493	1731	11	7	1731	10	8	SJW-F07100080
6494	1731	11	10	1731	10	11	SJW-F07100110
6495	1731	11	14	1731	10	15	SJW-F07100150
6496	1731	12	2	1731	11	4	SJW-F07110040
6497	1731	12	8	1731	11	10	SJW-F07110100
6498	1731	12	11	1731	11	13	SJW-F07110130
6499	1731	12	19	1731	11	21	SJW-F07110210
6500	1731	12	27	1731	11	29	SJW-F07110290
6501	1731	12	28	1731	11	30	SJW-F07110300
6502	1732	1	3	1731	12	6	SJW-F07120060
6503	1732	2	24	1732	1	29	SJW-F08010290
6504	1732	3	7	1732	2	11	SJW-F08020110
6505	1732	3	12	1732	2	16	SJW-F08020160
6506	1732	3	15	1732	2	19	SJW-F08020190
6507	1732	3	24	1732	2	28	SJW-F08020280
6508	1732	3	30	1732	3	5	SJW-F08030050
6509	1732	3	31	1732	3	6	SJW-F08030060
6510	1732	4	3	1732	3	9	SJW-F08030090
6511	1732	4	7	1732	3	13	SJW-F08030130
6512	1732	4	24	1732	3	30	SJW-F08030300
6513	1732	4	29	1732	4	5	SJW-F08040050
6514	1732	4	30	1732	4	6	SJW-F08040060
6515	1732	5	2	1732	4	8	SJW-F08040080
6516	1732	5	3	1732	4	9	SJW-F08040090
6517	1732	5	11	1732	4	17	SJW-F08040170
6518	1732	5	17	1732	4	23	SJW-F08040230
6519	1732	5	27	1732	5	4	SJW-F08050040
6520	1732	6	8	1732	5	16	SJW-F08050160
6521	1732	6	10	1732	5	18	SJW-F08050180
6522	1732	6	11	1732	5	19	SJW-F08050190
6523	1732	6	16	1732	5	24	SJW-F08050240
6524	1732	6	17	1732	5	25	SJW-F08050250
6525	1732	6	21	1732	5	29	SJW-F08050290
6526	1732	7	7	1732	闰 5	16	SJW-F08051160
6527	1732	7	8	1732	闰 5	17	SJW-F08051170
6528	1732	7	12	1732	闰 5	21	SJW-F08051210
6529	1732	7	19	1732	闰 5	28	SJW-F08051280

续表

编号	公历			农历			ID 编号
	年	月	日	年	月	日	
6530	1732	7	20	1732	闰 5	29	SJW-F08051290
6531	1732	7	21	1732	闰 5	30	SJW-F08051300
6532	1732	7	28	1732	6	7	SJW-F08060070
6533	1732	8	10	1732	6	20	SJW-F08060200
6534	1732	8	10	1732	6	20	SJW-F08060201
6535	1732	8	12	1732	6	22	SJW-F08060220
6536	1732	8	13	1732	6	23	SJW-F08060230
6537	1732	8	22	1732	7	3	SJW-F08070030
6538	1732	8	23	1732	7	4	SJW-F08070040
6539	1732	9	4	1732	7	16	SJW-F08070160
6540	1732	9	5	1732	7	17	SJW-F08070170
6541	1732	9	11	1732	7	23	SJW-F08070230
6542	1732	9	29	1732	8	11	SJW-F08080110
6543	1732	10	8	1732	8	20	SJW-F08080200
6544	1732	10	12	1732	8	24	SJW-F08080240
6545	1732	12	17	1732	11	1	SJW-F08110010
6546	1733	1	11	1732	11	26	SJW-F08110260
6547	1733	1	14	1732	11	29	SJW-F08110290
6548	1733	1	18	1732	12	3	SJW-F08120030
6549	1733	2	10	1732	12	26	SJW-F08120260
6550	1733	2	16	1733	1	3	SJW-F09010030
6551	1733	2	17	1733	1	4	SJW-F09010040
6552	1733	2	25	1733	1	12	SJW-F09010120
6553	1733	3	22	1733	2	7	SJW-F09020070
6554	1733	3	26	1733	2	11	SJW-F09020110
6555	1733	4	8	1733	2	24	SJW-F09020240
6556	1733	4	10	1733	2	26	SJW-F09020260
6557	1733	4	13	1733	2	29	SJW-F09020290
6558	1733	4	24	1733	3	11	SJW-F09030110
6559	1733	4	25	1733	3	12	SJW-F09030120
6560	1733	4	30	1733	3	17	SJW-F09030170
6561	1733	5	5	1733	3	22	SJW-F09030220
6562	1733	5	10	1733	3	27	SJW-F09030270
6563	1733	5	14	1733	4	1	SJW-F09040010
6564	1733	5	15	1733	4	2	SJW-F09040020
6565	1733	5	16	1733	4	3	SJW-F09040030
6566	1733	5	20	1733	4	7	SJW-F09040070
6567	1733	6	7	1733	4	25	SJW-F09040250

续表

编号	公历			农历			ID 编号
	年	月	日	年	月	日	
6568	1733	6	9	1733	4	27	SJW-F09040270
6569	1733	6	10	1733	4	28	SJW-F09040280
6570	1733	6	12	1733	5	1	SJW-F09050010
6571	1733	6	22	1733	5	11	SJW-F09050110
6572	1733	8	12	1733	7	3	SJW-F09070030
6573	1733	8	25	1733	7	16	SJW-F09070160
6574	1733	9	5	1733	7	27	SJW-F09070270
6575	1733	9	8	1733	8	1	SJW-F09080010
6576	1733	9	16	1733	8	9	SJW-F09080090
6577	1733	9	17	1733	8	10	SJW-F09080100
6578	1733	9	20	1733	8	13	SJW-F09080130
6579	1733	9	21	1733	8	14	SJW-F09080140
6580	1733	10	11	1733	9	4	SJW-F09090040
6581	1733	10	13	1733	9	6	SJW-F09090060
6582	1733	10	14	1733	9	7	SJW-F09090070
6583	1733	10	26	1733	9	19	SJW-F09090190
6584	1733	11	9	1733	10	3	SJW-F09100030
6585	1733	11	10	1733	10	4	SJW-F09100040
6586	1733	11	12	1733	10	6	SJW-F09100060
6587	1733	11	18	1733	10	12	SJW-F09100120
6588	1733	11	20	1733	10	14	SJW-F09100140
6589	1733	12	26	1733	11	21	SJW-F09110210
6590	1734	1	1	1733	11	27	SJW-F09110270
6591	1734	1	9	1733	12	5	SJW-F09120050
6592	1734	1	11	1733	12	7	SJW-F09120070
6593	1734	1	13	1733	12	9	SJW-F09120090
6594	1734	1	15	1733	12	11	SJW-F09120110
6595	1734	3	12	1734	2	8	SJW-F10020080
6596	1734	3	30	1734	2	26	SJW-F10020260
6597	1734	4	8	1734	3	5	SJW-F10030050
6598	1734	4	12	1734	3	9	SJW-F10030090
6599	1734	4	13	1734	3	10	SJW-F10030100
6600	1734	4	14	1734	3	11	SJW-F10030110
6601	1734	4	19	1734	3	16	SJW-F10030160
6602	1734	4	20	1734	3	17	SJW-F10030170
6603	1734	5	3	1734	4	1	SJW-F10040010
6604	1734	5	13	1734	4	11	SJW-F10040110
6605	1734	5	16	1734	4	14	SJW-F10040140

续表

编号	公历			农历			ID 编号
	年	月	日	年	月	日	
6606	1734	5	26	1734	4	24	SJW-F10040240
6607	1734	5	27	1734	4	25	SJW-F10040250
6608	1734	5	28	1734	4	26	SJW-F10040260
6609	1734	5	30	1734	4	28	SJW-F10040280
6610	1734	6	6	1734	5	5	SJW-F10050050
6611	1734	6	7	1734	5	6	SJW-F10050060
6612	1734	6	20	1734	5	19	SJW-F10050190
6613	1734	6	21	1734	5	20	SJW-F10050200
6614	1734	6	23	1734	5	22	SJW-F10050220
6615	1734	7	3	1734	6	3	SJW-F10060030
6616	1734	7	7	1734	6	7	SJW-F10060070
6617	1734	7	11	1734	6	11	SJW-F10060110
6618	1734	7	12	1734	6	12	SJW-F10060120
6619	1734	7	17	1734	6	17	SJW-F10060170
6620	1734	8	6	1734	7	8	SJW-F10070080
6621	1734	8	9	1734	7	11	SJW-F10070110
6622	1734	8	11	1734	7	13	SJW-F10070130
6623	1734	8	30	1734	8	2	SJW-F10080020
6624	1734	8	31	1734	8	3	SJW-F10080030
6625	1734	9	2	1734	8	5	SJW-F10080050
6626	1734	9	22	1734	8	25	SJW-F10080250
6627	1734	11	9	1734	10	14	SJW-F10100140
6628	1734	11	11	1734	10	16	SJW-F10100160
6629	1734	11	12	1734	10	17	SJW-F10100170
6630	1734	11	17	1734	10	22	SJW-F10100220
6631	1734	11	19	1734	10	24	SJW-F10100240
6632	1734	11	23	1734	10	28	SJW-F10100280
6633	1734	11	24	1734	10	29	SJW-F10100290
6634	1734	11	27	1734	11	3	SJW-F10110030
6635	1734	11	28	1734	11	4	SJW-F10110040
6636	1734	11	30	1734	11	6	SJW-F10110060
6637	1734	12	2	1734	11	8	SJW-F10110080
6638	1734	12	3	1734	11	9	SJW-F10110090
6639	1734	12	8	1734	11	14	SJW-F10110140
6640	1734	12	9	1734	11	15	SJW-F10110150
6641	1734	12	14	1734	11	20	SJW-F10110200
6642	1734	12	16	1734	11	22	SJW-F10110220
6643	1734	12	17	1734	11	23	SJW-F10110230

续表

编号	公历			农历			ID 编号
	年	月	日	年	月	日	
6644	1734	12	18	1734	11	24	SJW-F10110240
6645	1734	12	26	1734	12	2	SJW-F10120020
6646	1734	12	27	1734	12	3	SJW-F10120030
6647	1735	1	7	1734	12	14	SJW-F10120140
6648	1735	1	8	1734	12	15	SJW-F10120150
6649	1735	1	11	1734	12	18	SJW-F10120180
6650	1735	1	15	1734	12	22	SJW-F10120220
6651	1735	1	16	1734	12	23	SJW-F10120230
6652	1735	1	24	1735	1	1	SJW-F11010010
6653	1735	1	27	1735	1	4	SJW-F11010040
6654	1735	2	18	1735	1	26	SJW-F11010260
6655	1735	2	20	1735	1	28	SJW-F11010280
6656	1735	2	21	1735	1	29	SJW-F11010290
6657	1735	2	23	1735	2	1	SJW-F11020010
6658	1735	2	24	1735	2	2	SJW-F11020020
6659	1735	2	25	1735	2	3	SJW-F11020030
6660	1735	3	3	1735	2	9	SJW-F11020090
6661	1735	3	4	1735	2	10	SJW-F11020100
6662	1735	3	8	1735	2	14	SJW-F11020140
6663	1735	3	13	1735	2	19	SJW-F11020190
6664	1735	3	15	1735	2	21	SJW-F11020210
6665	1735	3	21	1735	2	27	SJW-F11020270
6666	1735	3	27	1735	3	4	SJW-F11030040
6667	1735	4	1	1735	3	9	SJW-F11030090
6668	1735	4	4	1735	3	12	SJW-F11030120
6669	1735	4	5	1735	3	13	SJW-F11030130
6670	1735	4	6	1735	3	14	SJW-F11030140
6671	1735	4	9	1735	3	17	SJW-F11030170
6672	1735	4	11	1735	3	19	SJW-F11030190
6673	1735	4	13	1735	3	21	SJW-F11030210
6674	1735	4	17	1735	3	25	SJW-F11030250
6675	1735	4	20	1735	3	28	SJW-F11030280
6676	1735	4	28	1735	4	6	SJW-F11040060
6677	1735	4	29	1735	4	7	SJW-F11040070
6678	1735	5	1	1735	4	9	SJW-F11040090
6679	1735	5	2	1735	4	10	SJW-F11040100
6680	1735	5	6	1735	4	14	SJW-F11040140
6681	1735	5	10	1735	4	18	SJW-F11040180

续表

编号	公历			农历			ID 编号
	年	月	日	年	月	日	
6682	1735	5	13	1735	4	21	SJW-F11040210
6683	1735	5	16	1735	4	24	SJW-F11040240
6684	1735	5	19	1735	4	27	SJW-F11040270
6685	1735	5	27	1735	闰 4	6	SJW-F11041060
6686	1735	5	31	1735	闰 4	10	SJW-F11041100
6687	1735	6	3	1735	闰 4	13	SJW-F11041130
6688	1735	6	5	1735	闰 4	15	SJW-F11041150
6689	1735	6	6	1735	闰 4	16	SJW-F11041160
6690	1735	6	7	1735	闰 4	17	SJW-F11041170
6691	1735	6	8	1735	闰 4	18	SJW-F11041180
6692	1735	6	12	1735	闰 4	22	SJW-F11041220
6693	1735	6	24	1735	5	4	SJW-F11050040
6694	1735	6	25	1735	5	5	SJW-F11050050
6695	1735	6	26	1735	5	6	SJW-F11050060
6696	1735	6	28	1735	5	8	SJW-F11050080
6697	1735	6	29	1735	5	9	SJW-F11050090
6698	1735	7	1	1735	5	11	SJW-F11050110
6699	1735	7	3	1735	5	13	SJW-F11050130
6700	1735	7	11	1735	5	21	SJW-F11050210
6701	1735	7	15	1735	5	25	SJW-F11050250
6702	1735	7	25	1735	6	6	SJW-F11060060
6703	1735	7	27	1735	6	8	SJW-F11060080
6704	1735	7	28	1735	6	9	SJW-F11060090
6705	1735	8	6	1735	6	18	SJW-F11060180
6706	1735	8	12	1735	6	24	SJW-F11060240
6707	1735	8	14	1735	6	26	SJW-F11060260
6708	1735	8	15	1735	6	27	SJW-F11060270
6709	1735	8	16	1735	6	28	SJW-F11060280
6710	1735	9	7	1735	7	21	SJW-F11070210
6711	1735	9	15	1735	7	29	SJW-F11070290
6712	1735	9	29	1735	8	14	SJW-F11080140
6713	1735	9	30	1735	8	15	SJW-F11080150
6714	1735	10	4	1735	8	19	SJW-F11080190
6715	1735	10	30	1735	9	15	SJW-F11090150
6716	1735	11	3	1735	9	19	SJW-F11090190
6717	1735	11	4	1735	9	20	SJW-F11090200
6718	1735	11	6	1735	9	22	SJW-F11090220
6719	1735	11	8	1735	9	24	SJW-F11090240

续表

编号	公历			农历			ID 编号
	年	月	日	年	月	日	
6720	1735	11	9	1735	9	25	SJW-F11090250
6721	1735	11	13	1735	9	29	SJW-F11090290
6722	1735	11	16	1735	10	3	SJW-F11100030
6723	1735	11	27	1735	10	14	SJW-F11100140
6724	1735	12	4	1735	10	21	SJW-F11100210
6725	1735	12	7	1735	10	24	SJW-F11100240
6726	1735	12	8	1735	10	25	SJW-F11100250
6727	1735	12	11	1735	10	28	SJW-F11100280
6728	1735	12	13	1735	10	30	SJW-F11100300
6729	1735	12	15	1735	11	2	SJW-F11110020
6730	1735	12	25	1735	11	12	SJW-F11110120
6731	1735	12	26	1735	11	13	SJW-F11110130
6732	1736	1	1	1735	11	19	SJW-F11110190
6733	1736	1	6	1735	11	24	SJW-F11110240
6734	1736	1	12	1735	11	30	SJW-F11110300
6735	1736	1	13	1735	12	1	SJW-F11120010
6736	1736	1	22	1735	12	10	SJW-F11120100
6737	1736	2	16	1736	1	5	SJW-F12010050
6738	1736	2	17	1736	1	6	SJW-F12010060
6739	1736	2	19	1736	1	8	SJW-F12010080
6740	1736	2	27	1736	1	16	SJW-F12010160
6741	1736	3	12	1736	2	1	SJW-F12020010
6742	1736	3	15	1736	2	4	SJW-F12020040
6743	1736	3	18	1736	2	7	SJW-F12020070
6744	1736	3	23	1736	2	12	SJW-F12020121
6745	1736	3	25	1736	2	14	SJW-F12020140
6746	1736	3	29	1736	2	18	SJW-F12020180
6747	1736	4	23	1736	3	13	SJW-F12030130
6748	1736	4	24	1736	3	14	SJW-F12030140
6749	1736	5	8	1736	3	28	SJW-F12030280
6750	1736	5	13	1736	4	3	SJW-F12040030
6751	1736	5	17	1736	4	7	SJW-F12040070
6752	1736	6	2	1736	4	23	SJW-F12040230
6753	1736	6	13	1736	5	5	SJW-F12050050
6754	1736	6	15	1736	5	7	SJW-F12050070
6755	1736	6	16	1736	5	8	SJW-F12050080
6756	1736	6	17	1736	5	9	SJW-F12050090
6757	1736	6	18	1736	5	10	SJW-F12050100

续表

编号	公历			农历			ID 编号
	年	月	日	年	月	日	
6758	1736	6	28	1736	5	20	SJW-F12050200
6759	1736	7	4	1736	5	26	SJW-F12050260
6760	1736	7	7	1736	5	29	SJW-F12050290
6761	1736	7	8	1736	5	30	SJW-F12050300
6762	1736	7	17	1736	6	9	SJW-F12060090
6763	1736	7	20	1736	6	12	SJW-F12060120
6764	1736	7	21	1736	6	13	SJW-F12060130
6765	1736	7	22	1736	6	14	SJW-F12060140
6766	1736	7	23	1736	6	15	SJW-F12060150
6767	1736	7	24	1736	6	16	SJW-F12060160
6768	1736	7	25	1736	6	17	SJW-F12060170
6769	1736	7	26	1736	6	18	SJW-F12060180
6770	1736	7	27	1736	6	19	SJW-F12060190
6771	1736	8	2	1736	6	25	SJW-F12060250
6772	1736	8	14	1736	7	8	SJW-F12070080
6773	1736	8	15	1736	7	9	SJW-F12070090
6774	1736	8	21	1736	7	15	SJW-F12070150
6775	1736	8	22	1736	7	16	SJW-F12070160
6776	1736	9	4	1736	7	29	SJW-F12070290
6777	1736	9	6	1736	8	2	SJW-F12080020
6778	1736	9	19	1736	8	15	SJW-F12080150
6779	1736	9	24	1736	8	20	SJW-F12080200
6780	1736	10	6	1736	9	2	SJW-F12090020
6781	1736	10	14	1736	9	10	SJW-F12090100
6782	1736	10	26	1736	9	22	SJW-F12090220
6783	1736	11	6	1736	10	4	SJW-F12100040
6784	1736	11	9	1736	10	7	SJW-F12100070
6785	1736	11	14	1736	10	12	SJW-F12100120
6786	1736	11	16	1736	10	14	SJW-F12100140
6787	1736	12	8	1736	11	7	SJW-F12110070
6788	1736	12	15	1736	11	14	SJW-F12110140
6789	1736	12	27	1736	11	26	SJW-F12110260
6790	1736	12	28	1736	11	27	SJW-F12110270
6791	1737	1	1	1736	12	1	SJW-F12120010
6792	1737	1	13	1736	12	13	SJW-F12120130
6793	1737	1	16	1736	12	16	SJW-F12120160
6794	1737	1	17	1736	12	17	SJW-F12120170
6795	1737	1	18	1736	12	18	SJW-F12120180

续表

编号	公历			农历			ID 编号
	年	月	日	年	月	日	
6796	1737	1	19	1736	12	19	SJW-F12120190
6797	1737	1	24	1736	12	24	SJW-F12120240
6798	1737	1	26	1736	12	26	SJW-F12120260
6799	1737	1	28	1736	12	28	SJW-F12120280
6800	1737	1	29	1736	12	29	SJW-F12120290
6801	1737	1	30	1736	12	30	SJW-F12120300
6802	1737	2	1	1737	1	2	SJW-F13010020
6803	1737	2	14	1737	1	15	SJW-F13010150
6804	1737	2	18	1737	1	19	SJW-F13010190
6805	1737	2	19	1737	1	20	SJW-F13010200
6806	1737	2	25	1737	1	26	SJW-F13010260
6807	1737	3	5	1737	2	5	SJW-F13020050
6808	1737	3	12	1737	2	12	SJW-F13020120
6809	1737	3	15	1737	2	15	SJW-F13020150
6810	1737	3	16	1737	2	16	SJW-F13020160
6811	1737	3	17	1737	2	17	SJW-F13020170
6812	1737	3	19	1737	2	19	SJW-F13020190
6813	1737	3	24	1737	2	24	SJW-F13020240
6814	1737	3	26	1737	2	26	SJW-F13020260
6815	1737	3	27	1737	2	27	SJW-F13020270
6816	1737	3	30	1737	2	30	SJW-F13020300
6817	1737	4	8	1737	3	9	SJW-F13030090
6818	1737	4	12	1737	3	13	SJW-F13030130
6819	1737	4	22	1737	3	23	SJW-F13030230
6820	1737	5	3	1737	4	4	SJW-F13040040
6821	1737	5	6	1737	4	7	SJW-F13040070
6822	1737	5	7	1737	4	8	SJW-F13040080
6823	1737	5	16	1737	4	17	SJW-F13040170
6824	1737	5	18	1737	4	19	SJW-F13040190
6825	1737	5	23	1737	4	24	SJW-F13040240
6826	1737	5	31	1737	5	3	SJW-F13050030
6827	1737	6	4	1737	5	7	SJW-F13050070
6828	1737	6	7	1737	5	10	SJW-F13050100
6829	1737	6	8	1737	5	11	SJW-F13050110
6830	1737	6	13	1737	5	16	SJW-F13050160
6831	1737	6	15	1737	5	18	SJW-F13050180
6832	1737	7	4	1737	6	7	SJW-F13060070
6833	1737	7	6	1737	6	9	SJW-F13060090

续表

编号	公历			农历			ID 编号
	年	月	日	年	月	日	
6834	1737	7	14	1737	6	17	SJW-F13060170
6835	1737	7	15	1737	6	18	SJW-F13060180
6836	1737	7	17	1737	6	20	SJW-F13060200
6837	1737	7	18	1737	6	21	SJW-F13060210
6838	1737	7	20	1737	6	23	SJW-F13060230
6839	1737	8	5	1737	7	10	SJW-F13070100
6840	1737	8	7	1737	7	12	SJW-F13070120
6841	1737	8	13	1737	7	18	SJW-F13070180
6842	1737	8	18	1737	7	23	SJW-F13070230
6843	1737	8	25	1737	7	30	SJW-F13070300
6844	1737	9	2	1737	8	8	SJW-F13080080
6845	1737	9	3	1737	8	9	SJW-F13080090
6846	1737	9	4	1737	8	10	SJW-F13080100
6847	1737	9	18	1737	8	24	SJW-F13080240
6848	1737	9	27	1737	9	4	SJW-F13090040
6849	1737	10	2	1737	9	9	SJW-F13090090
6850	1737	10	3	1737	9	10	SJW-F13090100
6851	1737	10	7	1737	9	14	SJW-F13090140
6852	1737	10	11	1737	9	18	SJW-F13090180
6853	1737	10	12	1737	9	19	SJW-F13090190
6854	1737	11	30	1737	10	9	SJW-F13100090
6855	1737	12	13	1737	10	22	SJW-F13100220
6856	1737	12	26	1737	11	6	SJW-F13110060
6857	1738	1	2	1737	11	13	SJW-F13110130
6858	1738	1	5	1737	11	16	SJW-F13110160
6859	1738	1	8	1737	11	19	SJW-F13110190
6860	1738	1	9	1737	11	20	SJW-F13110200
6861	1738	1	13	1737	11	24	SJW-F13110240
6862	1738	1	14	1737	11	25	SJW-F13110250
6863	1738	1	15	1737	11	26	SJW-F13110260
6864	1738	1	17	1737	11	28	SJW-F13110280
6865	1738	1	20	1737	12	1	SJW-F13120010
6866	1738	2	10	1737	12	22	SJW-F13120220
6867	1738	2	20	1738	1	2	SJW-F14010020
6868	1738	2	28	1738	1	10	SJW-F14010100
6869	1738	3	4	1738	1	14	SJW-F14010140
6870	1738	3	19	1738	1	29	SJW-F14010290
6871	1738	3	20	1738	2	1	SJW-F14020010

续表

编号	公历			农历			ID 编号
	年	月	日	年	月	日	
6872	1738	3	25	1738	2	6	SJW-F14020060
6873	1738	4	5	1738	2	17	SJW-F14020170
6874	1738	4	7	1738	2	19	SJW-F14020190
6875	1738	4	25	1738	3	7	SJW-F14030070
6876	1738	4	27	1738	3	9	SJW-F14030090
6877	1738	5	21	1738	4	3	SJW-F14040030
6878	1738	5	31	1738	4	13	SJW-F14040130
6879	1738	6	2	1738	4	15	SJW-F14040150
6880	1738	6	10	1738	4	23	SJW-F14040230
6881	1738	6	23	1738	5	7	SJW-F14050070
6882	1738	7	12	1738	5	26	SJW-F14050260
6883	1738	7	13	1738	5	27	SJW-F14050270
6884	1738	7	15	1738	5	29	SJW-F14050290
6885	1738	7	16	1738	5	30	SJW-F14050300
6886	1738	7	20	1738	6	4	SJW-F14060040
6887	1738	7	23	1738	6	7	SJW-F14060070
6888	1738	8	6	1738	6	21	SJW-F14060210
6889	1738	8	8	1738	6	23	SJW-F14060230
6890	1738	8	21	1738	7	7	SJW-F14070070
6891	1738	8	24	1738	7	10	SJW-F14070100
6892	1738	9	24	1738	8	11	SJW-F14080110
6893	1738	9	30	1738	8	17	SJW-F14080170
6894	1738	10	10	1738	8	27	SJW-F14080270
6895	1738	11	8	1738	9	27	SJW-F14090270
6896	1738	11	9	1738	9	28	SJW-F14090280
6897	1738	11	10	1738	9	29	SJW-F14090290
6898	1738	11	11	1738	9	30	SJW-F14090300
6899	1738	11	15	1738	10	4	SJW-F14100040
6900	1738	11	16	1738	10	5	SJW-F14100050
6901	1738	11	23	1738	10	12	SJW-F14100120
6902	1738	11	24	1738	10	13	SJW-F14100130
6903	1738	11	29	1738	10	18	SJW-F14100180
6904	1738	12	8	1738	10	27	SJW-F14100270
6905	1738	12	17	1738	11	7	SJW-F14110070
6906	1738	12	20	1738	11	10	SJW-F14110100
6907	1738	12	28	1738	11	18	SJW-F14110180
6908	1739	1	3	1738	11	24	SJW-F14110240
6909	1739	1	12	1738	12	3	SJW-F14120030

续表

编号	公历			农历			ID 编号
	年	月	日	年	月	日	
6910	1739	1	13	1738	12	4	SJW-F14120040
6911	1739	1	29	1738	12	20	SJW-F14120200
6912	1739	2	2	1738	12	24	SJW-F14120240
6913	1739	2	10	1739	1	3	SJW-F15010030
6914	1739	2	11	1739	1	4	SJW-F15010040
6915	1739	2	12	1739	1	5	SJW-F15010050
6916	1739	2	14	1739	1	7	SJW-F15010070
6917	1739	2	17	1739	1	10	SJW-F15010100
6918	1739	2	20	1739	1	13	SJW-F15010130
6919	1739	3	1	1739	1	22	SJW-F15010220
6920	1739	3	2	1739	1	23	SJW-F15010230
6921	1739	3	3	1739	1	24	SJW-F15010240
6922	1739	3	4	1739	1	25	SJW-F15010250
6923	1739	3	15	1739	2	6	SJW-F15020060
6924	1739	3	17	1739	2	8	SJW-F15020080
6925	1739	3	18	1739	2	9	SJW-F15020090
6926	1739	3	19	1739	2	10	SJW-F15020100
6927	1739	3	21	1739	2	12	SJW-F15020120
6928	1739	3	26	1739	2	17	SJW-F15020170
6929	1739	3	31	1739	2	22	SJW-F15020220
6930	1739	4	12	1739	3	5	SJW-F15030050
6931	1739	5	2	1739	3	25	SJW-F15030250
6932	1739	5	3	1739	3	26	SJW-F15030260
6933	1739	5	5	1739	3	28	SJW-F15030280
6934	1739	5	8	1739	4	1	SJW-F15040010
6935	1739	5	15	1739	4	8	SJW-F15040080
6936	1739	5	19	1739	4	12	SJW-F15040120
6937	1739	5	23	1739	4	16	SJW-F15040160
6938	1739	6	3	1739	4	27	SJW-F15040270
6939	1739	6	13	1739	5	8	SJW-F15050080
6940	1739	6	15	1739	5	10	SJW-F15050100
6941	1739	6	18	1739	5	13	SJW-F15050130
6942	1739	6	19	1739	5	14	SJW-F15050140
6943	1739	6	25	1739	5	20	SJW-F15050200
6944	1739	6	28	1739	5	23	SJW-F15050230
6945	1739	6	30	1739	5	25	SJW-F15050250
6946	1739	7	2	1739	5	27	SJW-F15050270
6947	1739	7	5	1739	5	30	SJW-F15050300

续表

编号	公历			农历			ID 编号
	年	月	日	年	月	日	
6948	1739	7	8	1739	6	3	SJW-F15060030
6949	1739	7	10	1739	6	5	SJW-F15060050
6950	1739	7	11	1739	6	6	SJW-F15060060
6951	1739	7	12	1739	6	7	SJW-F15060070
6952	1739	7	13	1739	6	8	SJW-F15060080
6953	1739	7	15	1739	6	10	SJW-F15060100
6954	1739	7	16	1739	6	11	SJW-F15060110
6955	1739	7	17	1739	6	12	SJW-F15060120
6956	1739	7	18	1739	6	13	SJW-F15060130
6957	1739	7	19	1739	6	14	SJW-F15060140
6958	1739	7	20	1739	6	15	SJW-F15060150
6959	1739	7	21	1739	6	16	SJW-F15060160
6960	1739	7	22	1739	6	17	SJW-F15060170
6961	1739	7	23	1739	6	18	SJW-F15060180
6962	1739	7	24	1739	6	19	SJW-F15060190
6963	1739	7	25	1739	6	20	SJW-F15060200
6964	1739	7	29	1739	6	24	SJW-F15060240
6965	1739	7	30	1739	6	25	SJW-F15060250
6966	1739	8	1	1739	6	27	SJW-F15060270
6967	1739	8	11	1739	7	8	SJW-F15070080
6968	1739	8	27	1739	7	24	SJW-F15070240
6969	1739	8	28	1739	7	25	SJW-F15070250
6970	1739	9	22	1739	8	20	SJW-F15080200
6971	1739	10	14	1739	9	12	SJW-F15090120
6972	1739	11	17	1739	10	17	SJW-F15100170
6973	1739	11	18	1739	10	18	SJW-F15100180
6974	1739	11	20	1739	10	20	SJW-F15100200
6975	1739	11	24	1739	10	24	SJW-F15100240
6976	1739	12	6	1739	11	6	SJW-F15110060
6977	1739	12	8	1739	11	8	SJW-F15110080
6978	1739	12	9	1739	11	9	SJW-F15110090
6979	1739	12	10	1739	11	10	SJW-F15110100
6980	1739	12	15	1739	11	15	SJW-F15110150
6981	1739	12	23	1739	11	23	SJW-F15110230
6982	1740	1	13	1739	12	15	SJW-F15120150
6983	1740	1	14	1739	12	16	SJW-F15120160
6984	1740	1	15	1739	12	17	SJW-F15120170
6985	1740	1	22	1739	12	24	SJW-F15120240

续表

编号	公历			农历			ID 编号
	年	月	日	年	月	日	
6986	1740	3	27	1740	2	30	SJW-F16020300
6987	1740	3	31	1740	3	4	SJW-F16030040
6988	1740	4	2	1740	3	6	SJW-F16030060
6989	1740	4	3	1740	3	7	SJW-F16030070
6990	1740	4	6	1740	3	10	SJW-F16030100
6991	1740	4	7	1740	3	11	SJW-F16030110
6992	1740	4	8	1740	3	12	SJW-F16030120
6993	1740	4	9	1740	3	13	SJW-F16030130
6994	1740	4	13	1740	3	17	SJW-F16030170
6995	1740	4	14	1740	3	18	SJW-F16030180
6996	1740	4	19	1740	3	23	SJW-F16030230
6997	1740	4	20	1740	3	24	SJW-F16030240
6998	1740	4	24	1740	3	28	SJW-F16030280
6999	1740	5	2	1740	4	7	SJW-F16040070
7000	1740	5	9	1740	4	14	SJW-F16040140
7001	1740	5	15	1740	4	20	SJW-F16040200
7002	1740	5	19	1740	4	24	SJW-F16040240
7003	1740	5	20	1740	4	25	SJW-F16040250
7004	1740	5	21	1740	4	26	SJW-F16040260
7005	1740	5	22	1740	4	27	SJW-F16040270
7006	1740	6	5	1740	5	12	SJW-F16050120
7007	1740	6	15	1740	5	22	SJW-F16050220
7008	1740	6	22	1740	5	29	SJW-F16050290
7009	1740	6	25	1740	6	2	SJW-F16060020
7010	1740	7	8	1740	6	15	SJW-F16060150
7011	1740	7	9	1740	6	16	SJW-F16060160
7012	1740	7	10	1740	6	17	SJW-F16060170
7013	1740	7	17	1740	6	24	SJW-F16060240
7014	1740	7	26	1740	闰 6	3	SJW-F16061030
7015	1740	8	7	1740	闰 6	15	SJW-F16061150
7016	1740	8	11	1740	闰 6	19	SJW-F16061190
7017	1740	8	20	1740	闰 6	28	SJW-F16061280
7018	1740	8	24	1740	7	3	SJW-F16070030
7019	1740	9	1	1740	7	11	SJW-F16070110
7020	1740	9	3	1740	7	13	SJW-F16070130
7021	1740	9	5	1740	7	15	SJW-F16070150
7022	1740	9	7	1740	7	17	SJW-F16070170
7023	1740	9	13	1740	7	23	SJW-F16070230

续表

编号	公历			农历			ID 编号
	年	月	日	年	月	日	
7024	1740	9	14	1740	7	24	SJW-F16070240
7025	1740	9	15	1740	7	25	SJW-F16070250
7026	1740	10	4	1740	8	14	SJW-F16080140
7027	1740	10	5	1740	8	15	SJW-F16080150
7028	1740	10	6	1740	8	16	SJW-F16080160
7029	1740	10	7	1740	8	17	SJW-F16080170
7030	1740	10	22	1740	9	2	SJW-F16090020
7031	1740	10	23	1740	9	3	SJW-F16090031
7032	1740	11	3	1740	9	14	SJW-F16090140
7033	1740	11	6	1740	9	17	SJW-F16090170
7034	1740	11	9	1740	9	20	SJW-F16090200
7035	1740	11	11	1740	9	22	SJW-F16090220
7036	1740	11	28	1740	10	10	SJW-F16100100
7037	1740	11	29	1740	10	11	SJW-F16100110
7038	1740	12	4	1740	10	16	SJW-F16100160
7039	1740	12	5	1740	10	17	SJW-F16100170
7040	1740	12	10	1740	10	22	SJW-F16100220
7041	1740	12	14	1740	10	26	SJW-F16100260
7042	1740	12	30	1740	11	12	SJW-F16110120
7043	1741	1	16	1740	11	29	SJW-F16110290
7044	1741	1	17	1740	12	1	SJW-F16120010
7045	1741	1	18	1740	12	2	SJW-F16120020
7046	1741	1	20	1740	12	4	SJW-F16120040
7047	1741	1	21	1740	12	5	SJW-F16120050
7048	1741	2	1	1740	12	16	SJW-F16120160
7049	1741	2	6	1740	12	21	SJW-F16120210
7050	1741	2	7	1740	12	22	SJW-F16120220
7051	1741	2	12	1740	12	27	SJW-F16120270
7052	1741	2	13	1740	12	28	SJW-F16120280
7053	1741	2	14	1740	12	29	SJW-F16120290
7054	1741	2	19	1741	1	4	SJW-F17010040
7055	1741	2	23	1741	1	8	SJW-F17010080
7056	1741	2	24	1741	1	9	SJW-F17010090
7057	1741	2	25	1741	1	10	SJW-F17010100
7058	1741	2	26	1741	1	11	SJW-F17010110
7059	1741	2	27	1741	1	12	SJW-F17010120
7060	1741	2	28	1741	1	13	SJW-F17010130
7061	1741	3	4	1741	1	17	SJW-F17010170

续表

编号	公历			农历			ID 编号
	年	月	日	年	月	日	
7062	1741	3	6	1741	1	19	SJW-F17010190
7063	1741	3	9	1741	1	22	SJW-F17010220
7064	1741	3	18	1741	2	2	SJW-F17020020
7065	1741	3	19	1741	2	3	SJW-F17020030
7066	1741	3	20	1741	2	4	SJW-F17020040
7067	1741	3	27	1741	2	11	SJW-F17020110
7068	1741	3	29	1741	2	13	SJW-F17020130
7069	1741	3	31	1741	2	15	SJW-F17020150
7070	1741	4	1	1741	2	16	SJW-F17020160
7071	1741	4	3	1741	2	18	SJW-F17020180
7072	1741	4	4	1741	2	19	SJW-F17020190
7073	1741	4	9	1741	2	24	SJW-F17020240
7074	1741	4	13	1741	2	28	SJW-F17020280
7075	1741	4	17	1741	3	2	SJW-F17030020
7076	1741	4	18	1741	3	3	SJW-F17030030
7077	1741	4	20	1741	3	5	SJW-F17030050
7078	1741	4	23	1741	3	8	SJW-F17030080
7079	1741	4	25	1741	3	10	SJW-F17030100
7080	1741	4	26	1741	3	11	SJW-F17030110
7081	1741	5	11	1741	3	26	SJW-F17030260
7082	1741	5	13	1741	3	28	SJW-F17030280
7083	1741	5	17	1741	4	3	SJW-F17040030
7084	1741	5	22	1741	4	8	SJW-F17040080
7085	1741	5	26	1741	4	12	SJW-F17040120
7086	1741	5	27	1741	4	13	SJW-F17040130
7087	1741	5	28	1741	4	14	SJW-F17040140
7088	1741	5	29	1741	4	15	SJW-F17040150
7089	1741	6	8	1741	4	25	SJW-F17040250
7090	1741	6	9	1741	4	26	SJW-F17040260
7091	1741	6	10	1741	4	27	SJW-F17040270
7092	1741	6	12	1741	4	29	SJW-F17040290
7093	1741	6	13	1741	5	1	SJW-F17050010
7094	1741	6	18	1741	5	6	SJW-F17050060
7095	1741	6	26	1741	5	14	SJW-F17050140
7096	1741	7	8	1741	5	26	SJW-F17050260
7097	1741	7	26	1741	6	14	SJW-F17060140
7098	1741	8	1	1741	6	20	SJW-F17060200
7099	1741	8	2	1741	6	21	SJW-F17060210

续表

编号	公历			农历			ID 编号
	年	月	日	年	月	日	
7100	1741	8	3	1741	6	22	SJW-F17060220
7101	1741	8	14	1741	7	4	SJW-F17070040
7102	1741	8	20	1741	7	10	SJW-F17070100
7103	1741	8	29	1741	7	19	SJW-F17070190
7104	1741	8	30	1741	7	20	SJW-F17070200
7105	1741	10	3	1741	8	24	SJW-F17080240
7106	1741	10	6	1741	8	27	SJW-F17080270
7107	1741	10	9	1741	8	30	SJW-F17080300
7108	1741	10	12	1741	9	3	SJW-F17090030
7109	1741	10	13	1741	9	4	SJW-F17090040
7110	1741	10	21	1741	9	12	SJW-F17090120
7111	1741	11	1	1741	9	23	SJW-F17090230
7112	1741	11	12	1741	10	5	SJW-F17100050
7113	1741	11	24	1741	10	17	SJW-F17100170
7114	1741	12	3	1741	10	26	SJW-F17100260
7115	1741	12	11	1741	11	4	SJW-F17110040
7116	1741	12	14	1741	11	7	SJW-F17110070
7117	1741	12	15	1741	11	8	SJW-F17110080
7118	1741	12	16	1741	11	9	SJW-F17110090
7119	1741	12	20	1741	11	13	SJW-F17110130
7120	1741	12	22	1741	11	15	SJW-F17110150
7121	1741	12	27	1741	11	20	SJW-F17110200
7122	1741	12	28	1741	11	21	SJW-F17110210
7123	1742	1	4	1741	11	28	SJW-F17110280
7124	1742	1	30	1741	12	24	SJW-F17120240
7125	1742	2	5	1742	1	1	SJW-F18010010
7126	1742	2	14	1742	1	10	SJW-F18010100
7127	1742	2	25	1742	1	21	SJW-F18010210
7128	1742	3	1	1742	1	25	SJW-F18010250
7129	1742	3	7	1742	2	1	SJW-F18020010
7130	1742	3	8	1742	2	2	SJW-F18020020
7131	1742	3	9	1742	2	3	SJW-F18020030
7132	1742	3	10	1742	2	4	SJW-F18020040
7133	1742	3	15	1742	2	9	SJW-F18020090
7134	1742	3	17	1742	2	11	SJW-F18020110
7135	1742	3	18	1742	2	12	SJW-F18020120
7136	1742	3	19	1742	2	13	SJW-F18020130
7137	1742	3	23	1742	2	17	SJW-F18020170

续表

编号	公历			农历			ID 编号
	年	月	日	年	月	日	
7138	1742	3	27	1742	2	21	SJW-F18020210
7139	1742	4	1	1742	2	26	SJW-F18020260
7140	1742	4	5	1742	3	1	SJW-F18030010
7141	1742	4	21	1742	3	17	SJW-F18030170
7142	1742	4	23	1742	3	19	SJW-F18030190
7143	1742	4	25	1742	3	21	SJW-F18030210
7144	1742	5	10	1742	4	6	SJW-F18040060
7145	1742	5	11	1742	4	7	SJW-F18040070
7146	1742	6	5	1742	5	3	SJW-F18050030
7147	1742	6	8	1742	5	6	SJW-F18050060
7148	1742	6	11	1742	5	9	SJW-F18050090
7149	1742	6	12	1742	5	10	SJW-F18050100
7150	1742	6	13	1742	5	11	SJW-F18050110
7151	1742	6	14	1742	5	12	SJW-F18050120
7152	1742	6	15	1742	5	13	SJW-F18050130
7153	1742	6	17	1742	5	15	SJW-F18050150
7154	1742	6	19	1742	5	17	SJW-F18050170
7155	1742	6	26	1742	5	24	SJW-F18050240
7156	1742	6	29	1742	5	27	SJW-F18050270
7157	1742	6	30	1742	5	28	SJW-F18050280
7158	1742	7	6	1742	6	5	SJW-F18060050
7159	1742	7	7	1742	6	6	SJW-F18060060
7160	1742	7	10	1742	6	9	SJW-F18060090
7161	1742	7	11	1742	6	10	SJW-F18060100
7162	1742	7	16	1742	6	15	SJW-F18060150
7163	1742	7	17	1742	6	16	SJW-F18060160
7164	1742	7	18	1742	6	17	SJW-F18060170
7165	1742	7	26	1742	6	25	SJW-F18060250
7166	1742	7	27	1742	6	26	SJW-F18060260
7167	1742	7	28	1742	6	27	SJW-F18060270
7168	1742	8	10	1742	7	10	SJW-F18070100
7169	1742	8	18	1742	7	18	SJW-F18070180
7170	1742	9	1	1742	8	3	SJW-F18080030
7171	1742	9	6	1742	8	8	SJW-F18080080
7172	1742	9	7	1742	8	9	SJW-F18080090
7173	1742	9	27	1742	8	29	SJW-F18080290
7174	1742	9	28	1742	8	30	SJW-F18080300
7175	1742	9	30	1742	9	2	SJW-F18090020

续表

编号	公历			农历			ID 编号
	年	月	日	年	月	日	
7176	1742	10	4	1742	9	6	SJW-F18090060
7177	1742	10	8	1742	9	10	SJW-F18090100
7178	1742	10	18	1742	9	20	SJW-F18090200
7179	1742	10	19	1742	9	21	SJW-F18090210
7180	1742	10	21	1742	9	23	SJW-F18090230
7181	1742	10	22	1742	9	24	SJW-F18090240
7182	1742	10	23	1742	9	25	SJW-F18090250
7183	1742	10	27	1742	9	29	SJW-F18090290
7184	1742	11	21	1742	10	25	SJW-F18100250
7185	1742	11	23	1742	10	27	SJW-F18100270
7186	1742	11	26	1742	10	30	SJW-F18100300
7187	1742	11	29	1742	11	3	SJW-F18110030
7188	1742	11	30	1742	11	4	SJW-F18110040
7189	1742	12	5	1742	11	9	SJW-F18110090
7190	1742	12	6	1742	11	10	SJW-F18110100
7191	1742	12	7	1742	11	11	SJW-F18110110
7192	1742	12	8	1742	11	12	SJW-F18110120
7193	1742	12	11	1742	11	15	SJW-F18110150
7194	1742	12	12	1742	11	16	SJW-F18110160
7195	1742	12	18	1742	11	22	SJW-F18110220
7196	1742	12	19	1742	11	23	SJW-F18110230
7197	1742	12	23	1742	11	27	SJW-F18110270
7198	1742	12	24	1742	11	28	SJW-F18110280
7199	1742	12	25	1742	11	29	SJW-F18110290
7200	1742	12	26	1742	11	30	SJW-F18110300
7201	1743	1	3	1742	12	8	SJW-F18120080
7202	1743	1	4	1742	12	9	SJW-F18120090
7203	1743	1	6	1742	12	11	SJW-F18120110
7204	1743	1	7	1742	12	12	SJW-F18120120
7205	1743	1	25	1742	12	30	SJW-F18120300
7206	1743	1	31	1743	1	6	SJW-F19010060
7207	1743	2	3	1743	1	9	SJW-F19010090
7208	1743	2	5	1743	1	11	SJW-F19010110
7209	1743	2	6	1743	1	12	SJW-F19010120
7210	1743	2	9	1743	1	15	SJW-F19010150
7211	1743	2	11	1743	1	17	SJW-F19010170
7212	1743	2	22	1743	1	28	SJW-F19010280
7213	1743	2	23	1743	1	29	SJW-F19010290

续表

编号	公历			农历			ID 编号
	年	月	日	年	月	日	
7214	1743	2	24	1743	2	1	SJW-F19020010
7215	1743	2	28	1743	2	5	SJW-F19020050
7216	1743	3	4	1743	2	9	SJW-F19020090
7217	1743	3	5	1743	2	10	SJW-F19020100
7218	1743	3	8	1743	2	13	SJW-F19020130
7219	1743	3	11	1743	2	16	SJW-F19020160
7220	1743	3	16	1743	2	21	SJW-F19020210
7221	1743	3	19	1743	2	24	SJW-F19020240
7222	1743	3	24	1743	2	29	SJW-F19020290
7223	1743	3	26	1743	3	1	SJW-F19030010
7224	1743	4	5	1743	3	11	SJW-F19030110
7225	1743	4	6	1743	3	12	SJW-F19030120
7226	1743	4	10	1743	3	16	SJW-F19030160
7227	1743	4	13	1743	3	19	SJW-F19030190
7228	1743	4	17	1743	3	23	SJW-F19030230
7229	1743	4	18	1743	3	24	SJW-F19030240
7230	1743	4	21	1743	3	27	SJW-F19030270
7231	1743	4	26	1743	4	3	SJW-F19040030
7232	1743	4	30	1743	4	7	SJW-F19040070
7233	1743	5	2	1743	4	9	SJW-F19040090
7234	1743	5	6	1743	4	13	SJW-F19040130
7235	1743	5	10	1743	4	17	SJW-F19040170
7236	1743	5	11	1743	4	18	SJW-F19040180
7237	1743	6	3	1743	闰 4	11	SJW-F19041110
7238	1743	6	6	1743	闰 4	14	SJW-F19041140
7239	1743	6	15	1743	闰 4	23	SJW-F19041230
7240	1743	6	22	1743	5	1	SJW-F19050010
7241	1743	6	24	1743	5	3	SJW-F19050030
7242	1743	6	25	1743	5	4	SJW-F19050040
7243	1743	6	28	1743	5	7	SJW-F19050070
7244	1743	6	29	1743	5	8	SJW-F19050080
7245	1743	7	5	1743	5	14	SJW-F19050140
7246	1743	7	16	1743	5	25	SJW-F19050250
7247	1743	7	18	1743	5	27	SJW-F19050270
7248	1743	7	19	1743	5	28	SJW-F19050280
7249	1743	8	4	1743	6	15	SJW-F19060150
7250	1743	8	5	1743	6	16	SJW-F19060160
7251	1743	8	6	1743	6	17	SJW-F19060170

续表

编号	公历			农历			ID 编号
	年	月	日	年	月	日	
7252	1743	8	7	1743	6	18	SJW-F19060180
7253	1743	8	8	1743	6	19	SJW-F19060190
7254	1743	8	14	1743	6	25	SJW-F19060250
7255	1743	8	29	1743	7	11	SJW-F19070110
7256	1743	8	31	1743	7	13	SJW-F19070130
7257	1743	9	1	1743	7	14	SJW-F19070140
7258	1743	9	2	1743	7	15	SJW-F19070150
7259	1743	9	3	1743	7	16	SJW-F19070160
7260	1743	9	4	1743	7	17	SJW-F19070170
7261	1743	9	7	1743	7	20	SJW-F19070200
7262	1743	9	8	1743	7	21	SJW-F19070210
7263	1743	9	9	1743	7	22	SJW-F19070220
7264	1743	9	12	1743	7	25	SJW-F19070250
7265	1743	9	14	1743	7	27	SJW-F19070270
7266	1743	9	20	1743	8	3	SJW-F19080030
7267	1743	9	22	1743	8	5	SJW-F19080050
7268	1743	9	22	1743	8	5	SJW-F19080051
7269	1743	9	23	1743	8	6	SJW-F19080060
7270	1743	10	11	1743	8	24	SJW-F19080240
7271	1743	10	23	1743	9	7	SJW-F19090070
7272	1743	10	26	1743	9	10	SJW-F19090100
7273	1743	10	29	1743	9	13	SJW-F19090130
7274	1743	11	9	1743	9	24	SJW-F19090240
7275	1743	11	10	1743	9	25	SJW-F19090250
7276	1743	11	13	1743	9	28	SJW-F19090280
7277	1743	11	20	1743	10	5	SJW-F19100050
7278	1743	11	28	1743	10	13	SJW-F19100130
7279	1743	12	21	1743	11	6	SJW-F19110060
7280	1743	12	23	1743	11	8	SJW-F19110080
7281	1743	12	24	1743	11	9	SJW-F19110090
7282	1743	12	25	1743	11	10	SJW-F19110100
7283	1744	1	7	1743	11	23	SJW-F19110230
7284	1744	1	8	1743	11	24	SJW-F19110240
7285	1744	1	14	1743	11	30	SJW-F19110300
7286	1744	1	15	1743	12	1	SJW-F19120010
7287	1744	1	17	1743	12	3	SJW-F19120030
7288	1744	1	19	1743	12	5	SJW-F19120050
7289	1744	1	22	1743	12	8	SJW-F19120080

续表

编号	公历			农历			ID 编号
	年	月	日	年	月	日	
7290	1744	1	23	1743	12	9	SJW-F19120090
7291	1744	1	24	1743	12	10	SJW-F19120100
7292	1744	1	25	1743	12	11	SJW-F19120110
7293	1744	2	1	1743	12	18	SJW-F19120180
7294	1744	2	10	1743	12	27	SJW-F19120270
7295	1744	2	13	1744	1	1	SJW-F20010010
7296	1744	2	16	1744	1	4	SJW-F20010040
7297	1744	2	18	1744	1	6	SJW-F20010060
7298	1744	2	19	1744	1	7	SJW-F20010070
7299	1744	2	20	1744	1	8	SJW-F20010080
7300	1744	2	21	1744	1	9	SJW-F20010090
7301	1744	2	22	1744	1	10	SJW-F20010100
7302	1744	3	8	1744	1	25	SJW-F20010250
7303	1744	3	21	1744	2	8	SJW-F20020080
7304	1744	3	22	1744	2	9	SJW-F20020090
7305	1744	3	23	1744	2	10	SJW-F20020100
7306	1744	3	29	1744	2	16	SJW-F20020160
7307	1744	4	4	1744	2	22	SJW-F20020220
7308	1744	5	3	1744	3	21	SJW-F20030210
7309	1744	5	10	1744	3	28	SJW-F20030280
7310	1744	5	16	1744	4	5	SJW-F20040050
7311	1744	5	20	1744	4	9	SJW-F20040090
7312	1744	5	22	1744	4	11	SJW-F20040110
7313	1744	6	17	1744	5	7	SJW-F20050070
7314	1744	6	18	1744	5	8	SJW-F20050080
7315	1744	6	19	1744	5	9	SJW-F20050090
7316	1744	6	20	1744	5	10	SJW-F20050100
7317	1744	6	21	1744	5	11	SJW-F20050110
7318	1744	6	22	1744	5	12	SJW-F20050120
7319	1744	6	23	1744	5	13	SJW-F20050130
7320	1744	6	24	1744	5	14	SJW-F20050140
7321	1744	6	27	1744	5	17	SJW-F20050170
7322	1744	6	28	1744	5	18	SJW-F20050180
7323	1744	7	5	1744	5	25	SJW-F20050250
7324	1744	7	7	1744	5	27	SJW-F20050270
7325	1744	7	9	1744	5	29	SJW-F20050290
7326	1744	7	10	1744	6	1	SJW-F20060010
7327	1744	7	11	1744	6	2	SJW-F20060020

续表

编号	公历			农历			ID 编号
	年	月	日	年	月	日	
7328	1744	7	12	1744	6	3	SJW-F20060030
7329	1744	8	6	1744	6	28	SJW-F20060280
7330	1744	8	17	1744	7	10	SJW-F20070100
7331	1744	9	3	1744	7	27	SJW-F20070270
7332	1744	9	5	1744	7	29	SJW-F20070290
7333	1744	9	18	1744	8	13	SJW-F20080130
7334	1744	9	20	1744	8	15	SJW-F20080150
7335	1744	9	22	1744	8	17	SJW-F20080170
7336	1744	9	24	1744	8	19	SJW-F20080190
7337	1744	10	18	1744	9	13	SJW-F20090130
7338	1744	10	27	1744	9	22	SJW-F20090220
7339	1744	10	30	1744	9	25	SJW-F20090250
7340	1744	10	31	1744	9	26	SJW-F20090260
7341	1744	11	2	1744	9	28	SJW-F20090280
7342	1744	11	4	1744	10	1	SJW-F20100010
7343	1744	11	6	1744	10	3	SJW-F20100030
7344	1744	11	14	1744	10	11	SJW-F20100110
7345	1744	11	21	1744	10	18	SJW-F20100180
7346	1744	12	1	1744	10	28	SJW-F20100280
7347	1744	12	5	1744	11	2	SJW-F20110020
7348	1744	12	7	1744	11	4	SJW-F20110040
7349	1744	12	10	1744	11	7	SJW-F20110070
7350	1744	12	12	1744	11	9	SJW-F20110090
7351	1744	12	19	1744	11	16	SJW-F20110160
7352	1744	12	21	1744	11	18	SJW-F20110180
7353	1744	12	24	1744	11	21	SJW-F20110210
7354	1745	1	7	1744	12	5	SJW-F20120050
7355	1745	1	8	1744	12	6	SJW-F20120060
7356	1745	1	15	1744	12	13	SJW-F20120130
7357	1745	1	21	1744	12	19	SJW-F20120190
7358	1745	2	2	1745	1	2	SJW-F21010020
7359	1745	2	3	1745	1	3	SJW-F21010030
7360	1745	2	9	1745	1	9	SJW-F21010090
7361	1745	2	17	1745	1	17	SJW-F21010170
7362	1745	3	11	1745	2	9	SJW-F21020090
7363	1745	3	12	1745	2	10	SJW-F21020100
7364	1745	3	15	1745	2	13	SJW-F21020130
7365	1745	3	20	1745	2	18	SJW-F21020180

续表

编号	公历			农历			ID 编号
	年	月	日	年	月	日	
7366	1745	3	27	1745	2	25	SJW-F21020250
7367	1745	4	4	1745	3	3	SJW-F21030030
7368	1745	4	15	1745	3	14	SJW-F21030140
7369	1745	4	19	1745	3	18	SJW-F21030180
7370	1745	4	20	1745	3	19	SJW-F21030190
7371	1745	4	21	1745	3	20	SJW-F21030200
7372	1745	5	10	1745	4	9	SJW-F21040090
7373	1745	5	11	1745	4	10	SJW-F21040100
7374	1745	5	19	1745	4	18	SJW-F21040180
7375	1745	5	25	1745	4	24	SJW-F21040240
7376	1745	5	26	1745	4	25	SJW-F21040250
7377	1745	5	28	1745	4	27	SJW-F21040270
7378	1745	5	31	1745	5	1	SJW-F21050010
7379	1745	6	6	1745	5	7	SJW-F21050070
7380	1745	6	7	1745	5	8	SJW-F21050080
7381	1745	6	9	1745	5	10	SJW-F21050100
7382	1745	7	3	1745	6	4	SJW-F21060040
7383	1745	7	4	1745	6	5	SJW-F21060050
7384	1745	7	7	1745	6	8	SJW-F21060080
7385	1745	7	8	1745	6	9	SJW-F21060090
7386	1745	7	11	1745	6	12	SJW-F21060120
7387	1745	7	12	1745	6	13	SJW-F21060130
7388	1745	7	15	1745	6	16	SJW-F21060160
7389	1745	7	16	1745	6	17	SJW-F21060170
7390	1745	7	18	1745	6	19	SJW-F21060190
7391	1745	7	21	1745	6	22	SJW-F21060220
7392	1745	7	23	1745	6	24	SJW-F21060240
7393	1745	7	25	1745	6	26	SJW-F21060260
7394	1745	8	1	1745	7	4	SJW-F21070040
7395	1745	8	3	1745	7	6	SJW-F21070060
7396	1745	8	8	1745	7	11	SJW-F21070110
7397	1745	8	10	1745	7	13	SJW-F21070130
7398	1745	8	15	1745	7	18	SJW-F21070180
7399	1745	8	23	1745	7	26	SJW-F21070260
7400	1745	8	24	1745	7	27	SJW-F21070270
7401	1745	8	26	1745	7	29	SJW-F21070290
7402	1745	8	31	1745	8	5	SJW-F21080050
7403	1745	9	6	1745	8	11	SJW-F21080110

续表

编号	公历			农历			ID 编号
	年	月	日	年	月	日	
7404	1745	10	9	1745	9	14	SJW-F21090140
7405	1745	10	23	1745	9	28	SJW-F21090280
7406	1745	10	28	1745	10	4	SJW-F21100040
7407	1745	11	8	1745	10	15	SJW-F21100150
7408	1745	11	9	1745	10	16	SJW-F21100160
7409	1745	11	15	1745	10	22	SJW-F21100220
7410	1745	11	20	1745	10	27	SJW-F21100270
7411	1745	11	29	1745	11	7	SJW-F21110070
7412	1745	12	5	1745	11	13	SJW-F21110130
7413	1745	12	11	1745	11	19	SJW-F21110190
7414	1745	12	13	1745	11	21	SJW-F21110210
7415	1745	12	14	1745	11	22	SJW-F21110220
7416	1745	12	15	1745	11	23	SJW-F21110230
7417	1745	12	19	1745	11	27	SJW-F21110270
7418	1745	12	22	1745	11	30	SJW-F21110300
7419	1745	12	26	1745	12	4	SJW-F21120040
7420	1745	12	27	1745	12	5	SJW-F21120050
7421	1745	12	28	1745	12	6	SJW-F21120060
7422	1745	12	29	1745	12	7	SJW-F21120070
7423	1745	12	31	1745	12	9	SJW-F21120090
7424	1746	1	1	1745	12	10	SJW-F21120100
7425	1746	1	4	1745	12	13	SJW-F21120130
7426	1746	1	10	1745	12	19	SJW-F21120190
7427	1746	1	21	1745	12	30	SJW-F21120300
7428	1746	1	22	1746	1	1	SJW-F22010010
7429	1746	1	28	1746	1	7	SJW-F22010070
7430	1746	1	29	1746	1	8	SJW-F22010080
7431	1746	1	30	1746	1	9	SJW-F22010090
7432	1746	2	3	1746	1	13	SJW-F22010130
7433	1746	2	6	1746	1	16	SJW-F22010160
7434	1746	2	7	1746	1	17	SJW-F22010170
7435	1746	2	9	1746	1	19	SJW-F22010190
7436	1746	2	10	1746	1	20	SJW-F22010200
7437	1746	2	24	1746	2	5	SJW-F22020050
7438	1746	2	27	1746	2	8	SJW-F22020080
7439	1746	2	28	1746	2	9	SJW-F22020090
7440	1746	3	5	1746	2	14	SJW-F22020140
7441	1746	3	8	1746	2	17	SJW-F22020170

续表

编号	公历			农历			ID 编号
	年	月	日	年	月	日	
7442	1746	3	9	1746	2	18	SJW-F22020180
7443	1746	3	17	1746	2	26	SJW-F22020260
7444	1746	3	20	1746	2	29	SJW-F22020290
7445	1746	3	22	1746	3	1	SJW-F22030010
7446	1746	3	26	1746	3	5	SJW-F22030050
7447	1746	3	30	1746	3	9	SJW-F22030090
7448	1746	4	6	1746	3	16	SJW-F22030160
7449	1746	4	12	1746	3	22	SJW-F22030220
7450	1746	4	14	1746	3	24	SJW-F22030240
7451	1746	4	15	1746	3	25	SJW-F22030250
7452	1746	4	20	1746	3	30	SJW-F22030300
7453	1746	5	15	1746	闰 3	25	SJW-F22031250
7454	1746	5	24	1746	4	5	SJW-F22040050
7455	1746	5	26	1746	4	7	SJW-F22040070
7456	1746	6	3	1746	4	15	SJW-F22040150
7457	1746	6	4	1746	4	16	SJW-F22040160
7458	1746	6	5	1746	4	17	SJW-F22040170
7459	1746	6	8	1746	4	20	SJW-F22040200
7460	1746	6	22	1746	5	4	SJW-F22050040
7461	1746	6	27	1746	5	9	SJW-F22050090
7462	1746	6	30	1746	5	12	SJW-F22050120
7463	1746	7	2	1746	5	14	SJW-F22050140
7464	1746	7	3	1746	5	15	SJW-F22050150
7465	1746	7	5	1746	5	17	SJW-F22050170
7466	1746	7	8	1746	5	20	SJW-F22050200
7467	1746	7	9	1746	5	21	SJW-F22050210
7468	1746	7	14	1746	5	26	SJW-F22050260
7469	1746	7	23	1746	6	6	SJW-F22060060
7470	1746	8	7	1746	6	21	SJW-F22060210
7471	1746	8	17	1746	7	1	SJW-F22070010
7472	1746	8	26	1746	7	10	SJW-F22070100
7473	1746	9	21	1746	8	7	SJW-F22080070
7474	1746	9	30	1746	8	16	SJW-F22080160
7475	1746	10	9	1746	8	25	SJW-F22080250
7476	1746	10	17	1746	9	3	SJW-F22090030
7477	1746	10	20	1746	9	6	SJW-F22090060
7478	1746	11	4	1746	9	21	SJW-F22090210
7479	1746	11	10	1746	9	27	SJW-F22090270

续表

编号	公历			农历			ID 编号
	年	月	日	年	月	日	
7480	1746	11	11	1746	9	28	SJW-F22090280
7481	1746	11	21	1746	10	9	SJW-F22100090
7482	1746	11	22	1746	10	10	SJW-F22100100
7483	1746	11	24	1746	10	12	SJW-F22100120
7484	1746	11	25	1746	10	13	SJW-F22100130
7485	1746	11	29	1746	10	17	SJW-F22100170
7486	1746	11	30	1746	10	18	SJW-F22100180
7487	1746	12	3	1746	10	21	SJW-F22100210
7488	1746	12	4	1746	10	22	SJW-F22100220
7489	1746	12	13	1746	11	2	SJW-F22110020
7490	1746	12	15	1746	11	4	SJW-F22110040
7491	1746	12	18	1746	11	7	SJW-F22110070
7492	1746	12	24	1746	11	13	SJW-F22110130
7493	1746	12	26	1746	11	15	SJW-F22110150
7494	1746	12	27	1746	11	16	SJW-F22110160
7495	1747	1	4	1746	11	24	SJW-F22110240
7496	1747	1	6	1746	11	26	SJW-F22110260
7497	1747	1	15	1746	12	5	SJW-F22120050
7498	1747	1	18	1746	12	8	SJW-F22120080
7499	1747	1	21	1746	12	11	SJW-F22120110
7500	1747	2	1	1746	12	22	SJW-F22120220
7501	1747	2	16	1747	1	8	SJW-F23010080
7502	1747	2	17	1747	1	9	SJW-F23010090
7503	1747	2	18	1747	1	10	SJW-F23010100
7504	1747	2	20	1747	1	12	SJW-F23010120
7505	1747	2	23	1747	1	15	SJW-F23010150
7506	1747	3	7	1747	1	27	SJW-F23010270
7507	1747	3	8	1747	1	28	SJW-F23010280
7508	1747	3	9	1747	1	29	SJW-F23010290
7509	1747	3	12	1747	2	2	SJW-F23020020
7510	1747	3	17	1747	2	7	SJW-F23020070
7511	1747	3	22	1747	2	12	SJW-F23020120
7512	1747	3	23	1747	2	13	SJW-F23020130
7513	1747	3	28	1747	2	18	SJW-F23020180
7514	1747	3	31	1747	2	21	SJW-F23020210
7515	1747	4	1	1747	2	22	SJW-F23020220
7516	1747	4	7	1747	2	28	SJW-F23020280
7517	1747	4	17	1747	3	8	SJW-F23030080

续表

编号	公历			农历			ID 编号
	年	月	日	年	月	日	
7518	1747	5	20	1747	4	12	SJW-F23040120
7519	1747	5	29	1747	4	21	SJW-F23040210
7520	1747	5	30	1747	4	22	SJW-F23040220
7521	1747	6	24	1747	5	17	SJW-F23050170
7522	1747	6	29	1747	5	22	SJW-F23050220
7523	1747	7	1	1747	5	24	SJW-F23050240
7524	1747	7	16	1747	6	9	SJW-F23060090
7525	1747	7	18	1747	6	11	SJW-F23060110
7526	1747	7	22	1747	6	15	SJW-F23060150
7527	1747	8	1	1747	6	25	SJW-F23060250
7528	1747	8	14	1747	7	9	SJW-F23070090
7529	1747	8	22	1747	7	17	SJW-F23070170
7530	1747	8	23	1747	7	18	SJW-F23070180
7531	1747	8	26	1747	7	21	SJW-F23070210
7532	1747	8	29	1747	7	24	SJW-F23070240
7533	1747	9	7	1747	8	3	SJW-F23080030
7534	1747	9	19	1747	8	15	SJW-F23080150
7535	1747	9	21	1747	8	17	SJW-F23080170
7536	1747	10	5	1747	9	2	SJW-F23090020
7537	1747	10	8	1747	9	5	SJW-F23090050
7538	1747	10	11	1747	9	8	SJW-F23090080
7539	1747	10	16	1747	9	13	SJW-F23090130
7540	1747	10	23	1747	9	20	SJW-F23090200
7541	1747	10	25	1747	9	22	SJW-F23090220
7542	1747	11	5	1747	10	3	SJW-F23100030
7543	1747	11	6	1747	10	4	SJW-F23100040
7544	1747	11	22	1747	10	20	SJW-F23100200
7545	1747	11	28	1747	10	26	SJW-F23100260
7546	1747	12	1	1747	10	29	SJW-F23100290
7547	1747	12	14	1747	11	13	SJW-F23110130
7548	1747	12	17	1747	11	16	SJW-F23110160
7549	1747	12	28	1747	11	27	SJW-F23110270
7550	1748	1	4	1747	12	4	SJW-F23120040
7551	1748	1	5	1747	12	5	SJW-F23120050
7552	1748	1	6	1747	12	6	SJW-F23120060
7553	1748	1	7	1747	12	7	SJW-F23120070
7554	1748	1	8	1747	12	8	SJW-F23120080
7555	1748	1	9	1747	12	9	SJW-F23120090

续表

编号	公历			农历			ID 编号
	年	月	日	年	月	日	
7556	1748	1	12	1747	12	12	SJW-F23120120
7557	1748	1	15	1747	12	15	SJW-F23120150
7558	1748	1	19	1747	12	19	SJW-F23120190
7559	1748	1	30	1748	1	1	SJW-F24010010
7560	1748	2	5	1748	1	7	SJW-F24010070
7561	1748	2	6	1748	1	8	SJW-F24010080
7562	1748	2	18	1748	1	20	SJW-F24010200
7563	1748	2	23	1748	1	25	SJW-F24010250
7564	1748	2	27	1748	1	29	SJW-F24010290
7565	1748	3	9	1748	2	11	SJW-F24020110
7566	1748	3	14	1748	2	16	SJW-F24020160
7567	1748	3	28	1748	2	30	SJW-F24020300
7568	1748	3	29	1748	3	1	SJW-F24030010
7569	1748	4	5	1748	3	8	SJW-F24030080
7570	1748	4	7	1748	3	10	SJW-F24030100
7571	1748	4	8	1748	3	11	SJW-F24030110
7572	1748	4	10	1748	3	13	SJW-F24030130
7573	1748	4	18	1748	3	21	SJW-F24030210
7574	1748	4	19	1748	3	22	SJW-F24030220
7575	1748	4	25	1748	3	28	SJW-F24030280
7576	1748	4	26	1748	3	29	SJW-F24030290
7577	1748	5	24	1748	4	28	SJW-F24040280
7578	1748	6	3	1748	5	8	SJW-F24050080
7579	1748	6	5	1748	5	10	SJW-F24050100
7580	1748	6	24	1748	5	29	SJW-F24050290
7581	1748	6	27	1748	6	2	SJW-F24060020
7582	1748	6	28	1748	6	3	SJW-F24060030
7583	1748	7	5	1748	6	10	SJW-F24060100
7584	1748	7	11	1748	6	16	SJW-F24060160
7585	1748	7	18	1748	6	23	SJW-F24060230
7586	1748	8	18	1748	7	25	SJW-F24070250
7587	1748	8	21	1748	7	28	SJW-F24070280
7588	1748	9	3	1748	闰 7	11	SJW-F24071110
7589	1748	9	6	1748	闰 7	14	SJW-F24071140
7590	1748	9	13	1748	闰 7	21	SJW-F24071210
7591	1748	9	15	1748	闰 7	23	SJW-F24071230
7592	1748	9	17	1748	闰 7	25	SJW-F24071250
7593	1748	9	20	1748	闰 7	28	SJW-F24071280

续表

编号	公历			农历			ID 编号
	年	月	日	年	月	日	
7594	1748	9	22	1748	闰 7	30	SJW-F24071300
7595	1748	9	23	1748	8	1	SJW-F24080010
7596	1748	9	24	1748	8	2	SJW-F24080020
7597	1748	9	25	1748	8	3	SJW-F24080030
7598	1748	9	27	1748	8	5	SJW-F24080050
7599	1748	10	1	1748	8	9	SJW-F24080090
7600	1748	10	4	1748	8	12	SJW-F24080120
7601	1748	10	11	1748	8	19	SJW-F24080190
7602	1748	10	15	1748	8	23	SJW-F24080230
7603	1748	10	16	1748	8	24	SJW-F24080240
7604	1748	10	19	1748	8	27	SJW-F24080270
7605	1748	10	21	1748	8	29	SJW-F24080290
7606	1748	10	23	1748	9	2	SJW-F24090020
7607	1748	11	3	1748	9	13	SJW-F24090130
7608	1748	11	19	1748	9	29	SJW-F24090290
7609	1748	11	21	1748	10	1	SJW-F24100010
7610	1748	11	25	1748	10	5	SJW-F24100050
7611	1748	12	1	1748	10	11	SJW-F24100110
7612	1748	12	8	1748	10	18	SJW-F24100180
7613	1748	12	12	1748	10	22	SJW-F24100220
7614	1748	12	14	1748	10	24	SJW-F24100240
7615	1748	12	17	1748	10	27	SJW-F24100270
7616	1748	12	20	1748	11	1	SJW-F24110010
7617	1748	12	22	1748	11	3	SJW-F24110030
7618	1748	12	23	1748	11	4	SJW-F24110040
7619	1749	1	1	1748	11	13	SJW-F24110130
7620	1749	1	5	1748	11	17	SJW-F24110170
7621	1749	1	20	1748	12	2	SJW-F24120020
7622	1749	1	21	1748	12	3	SJW-F24120030
7623	1749	1	22	1748	12	4	SJW-F24120040
7624	1749	1	24	1748	12	6	SJW-F24120060
7625	1749	2	11	1748	12	24	SJW-F24120240
7626	1749	2	12	1748	12	25	SJW-F24120250
7627	1749	2	21	1749	1	5	SJW-F25010050
7628	1749	2	27	1749	1	11	SJW-F25010110
7629	1749	2	28	1749	1	12	SJW-F25010120
7630	1749	3	8	1749	1	20	SJW-F25010200
7631	1749	3	9	1749	1	21	SJW-F25010210

续表

编号	公历			农历			ID 编号
	年	月	日	年	月	日	
7632	1749	3	12	1749	1	24	SJW-F25010240
7633	1749	3	15	1749	1	27	SJW-F25010270
7634	1749	3	22	1749	2	5	SJW-F25020050
7635	1749	4	7	1749	2	21	SJW-F25020210
7636	1749	4	8	1749	2	22	SJW-F25020220
7637	1749	4	13	1749	2	27	SJW-F25020270
7638	1749	4	17	1749	3	1	SJW-F25030010
7639	1749	4	20	1749	3	4	SJW-F25030040
7640	1749	4	21	1749	3	5	SJW-F25030050
7641	1749	4	27	1749	3	11	SJW-F25030110
7642	1749	4	28	1749	3	12	SJW-F25030120
7643	1749	5	11	1749	3	25	SJW-F25030250
7644	1749	5	17	1749	4	2	SJW-F25040020
7645	1749	5	18	1749	4	3	SJW-F25040030
7646	1749	5	20	1749	4	5	SJW-F25040050
7647	1749	5	21	1749	4	6	SJW-F25040060
7648	1749	5	23	1749	4	8	SJW-F25040080
7649	1749	5	26	1749	4	11	SJW-F25040110
7650	1749	6	5	1749	4	21	SJW-F25040210
7651	1749	6	18	1749	5	4	SJW-F25050040
7652	1749	6	28	1749	5	14	SJW-F25050140
7653	1749	7	19	1749	6	6	SJW-F25060060
7654	1749	8	2	1749	6	20	SJW-F25060200
7655	1749	8	12	1749	6	30	SJW-F25060300
7656	1749	8	25	1749	7	13	SJW-F25070130
7657	1749	9	1	1749	7	20	SJW-F25070200
7658	1749	10	4	1749	8	23	SJW-F25080230
7659	1749	10	5	1749	8	24	SJW-F25080240
7660	1749	10	6	1749	8	25	SJW-F25080250
7661	1749	10	28	1749	9	18	SJW-F25090180
7662	1749	11	1	1749	9	22	SJW-F25090220
7663	1749	11	30	1749	10	21	SJW-F25100210
7664	1749	12	27	1749	11	18	SJW-F25110180
7665	1749	12	28	1749	11	19	SJW-F25110190
7666	1749	12	29	1749	11	20	SJW-F25110200
7667	1750	1	2	1749	11	24	SJW-F25110240
7668	1750	1	3	1749	11	25	SJW-F25110250
7669	1750	1	5	1749	11	27	SJW-F25110270

续表

编号	公历			农历			ID 编号
	年	月	日	年	月	日	
7670	1750	1	6	1749	11	28	SJW-F25110280
7671	1750	1	8	1749	12	1	SJW-F25120010
7672	1750	1	19	1749	12	12	SJW-F25120120
7673	1750	1	26	1749	12	19	SJW-F25120190
7674	1750	2	2	1749	12	26	SJW-F25120260
7675	1750	3	11	1750	2	4	SJW-F26020040
7676	1750	4	2	1750	2	26	SJW-F26020260
7677	1750	4	5	1750	2	29	SJW-F26020290
7678	1750	4	10	1750	3	4	SJW-F26030040
7679	1750	4	13	1750	3	7	SJW-F26030070
7680	1750	4	15	1750	3	9	SJW-F26030090
7681	1750	4	25	1750	3	19	SJW-F26030190
7682	1750	5	11	1750	4	6	SJW-F26040060
7683	1750	5	17	1750	4	12	SJW-F26040120
7684	1750	5	24	1750	4	19	SJW-F26040190
7685	1750	5	26	1750	4	21	SJW-F26040210
7686	1750	6	24	1750	5	21	SJW-F26050210
7687	1750	6	26	1750	5	23	SJW-F26050230
7688	1750	6	29	1750	5	26	SJW-F26050260
7689	1750	6	30	1750	5	27	SJW-F26050270
7690	1750	7	1	1750	5	28	SJW-F26050280
7691	1750	7	2	1750	5	29	SJW-F26050290
7692	1750	7	4	1750	6	1	SJW-F26060010
7693	1750	7	15	1750	6	12	SJW-F26060120
7694	1750	7	18	1750	6	15	SJW-F26060150
7695	1750	7	25	1749	6	22	SJW-F26060220
7696	1750	7	28	1750	6	25	SJW-F26060250
7697	1750	8	17	1750	7	16	SJW-F26070160
7698	1750	8	18	1750	7	17	SJW-F26070170
7699	1750	8	29	1750	7	28	SJW-F26070280
7700	1750	9	2	1750	8	2	SJW-F26080020
7701	1750	9	3	1750	8	3	SJW-F26080030
7702	1750	9	7	1750	8	7	SJW-F26080070
7703	1750	9	8	1750	8	8	SJW-F26080080
7704	1750	9	13	1750	8	13	SJW-F26080130
7705	1750	9	16	1750	8	16	SJW-F26080160
7706	1750	10	9	1750	9	10	SJW-F26090100
7707	1750	10	11	1750	9	12	SJW-F26090120

续表

编号	公历			农历			ID 编号
	年	月	日	年	月	日	
7708	1750	10	15	1750	9	16	SJW-F26090160
7709	1750	10	20	1750	9	21	SJW-F26090210
7710	1750	11	5	1750	10	7	SJW-F26100070
7711	1750	11	17	1750	10	19	SJW-F26100190
7712	1750	11	24	1750	10	26	SJW-F26100260
7713	1750	12	3	1750	11	5	SJW-F26110050
7714	1750	12	4	1750	11	6	SJW-F26110060
7715	1750	12	11	1750	11	13	SJW-F26110130
7716	1750	12	13	1750	11	15	SJW-F26110150
7717	1750	12	16	1750	11	18	SJW-F26110180
7718	1750	12	19	1750	11	21	SJW-F26110210
7719	1750	12	21	1750	11	23	SJW-F26110230
7720	1750	12	22	1750	11	24	SJW-F26110240
7721	1750	12	29	1750	12	1	SJW-F26120010
7722	1751	1	15	1750	12	18	SJW-F26120180
7723	1751	2	2	1751	1	7	SJW-F27010070
7724	1751	2	3	1751	1	8	SJW-F27010080
7725	1751	2	4	1751	1	9	SJW-F27010090
7726	1751	2	5	1751	1	10	SJW-F27010100
7727	1751	2	7	1751	1	12	SJW-F27010120
7728	1751	2	10	1751	1	15	SJW-F27010150
7729	1751	2	12	1751	1	17	SJW-F27010170
7730	1751	2	13	1751	1	18	SJW-F27010180
7731	1751	2	14	1751	1	19	SJW-F27010190
7732	1751	2	17	1751	1	22	SJW-F27010220
7733	1751	2	18	1751	1	23	SJW-F27010230
7734	1751	2	21	1751	1	26	SJW-F27010260
7735	1751	2	22	1751	1	27	SJW-F27010270
7736	1751	2	23	1751	1	28	SJW-F27010280
7737	1751	2	25	1751	1	30	SJW-F27010300
7738	1751	2	27	1751	2	2	SJW-F27020020
7739	1751	3	12	1751	2	15	SJW-F27020150
7740	1751	3	21	1751	2	24	SJW-F27020240
7741	1751	3	25	1751	2	28	SJW-F27020280
7742	1751	3	29	1751	3	3	SJW-F27030030
7743	1751	3	31	1751	3	5	SJW-F27030050
7744	1751	4	6	1751	3	11	SJW-F27030110
7745	1751	4	8	1751	3	13	SJW-F27030130

续表

编号	公历			农历			ID 编号
	年	月	日	年	月	日	
7746	1751	4	10	1751	3	15	SJW-F27030150
7747	1751	4	14	1751	3	19	SJW-F27030190
7748	1751	4	18	1751	3	23	SJW-F27030230
7749	1751	4	19	1751	3	24	SJW-F27030240
7750	1751	4	24	1751	3	29	SJW-F27030290
7751	1751	5	1	1751	4	6	SJW-F27040060
7752	1751	5	4	1751	4	9	SJW-F27040091
7753	1751	5	11	1751	4	16	SJW-F27040160
7754	1751	5	14	1751	4	19	SJW-F27040190
7755	1751	5	20	1751	4	25	SJW-F27040250
7756	1751	5	23	1751	4	28	SJW-F27040280
7757	1751	6	1	1751	5	8	SJW-F27050080
7758	1751	6	17	1751	5	24	SJW-F27050240
7759	1751	6	25	1751	闰 5	3	SJW-F27051030
7760	1751	7	3	1751	闰 5	11	SJW-F27051110
7761	1751	7	5	1751	闰 5	13	SJW-F27051130
7762	1751	7	6	1751	闰 5	14	SJW-F27051140
7763	1751	7	8	1751	闰 5	16	SJW-F27051160
7764	1751	7	9	1751	闰 5	17	SJW-F27051170
7765	1751	7	20	1751	闰 5	28	SJW-F27051280
7766	1751	7	24	1751	6	2	SJW-F27060020
7767	1751	8	1	1751	6	10	SJW-F27060100
7768	1751	8	12	1751	6	21	SJW-F27060210
7769	1751	8	13	1751	6	22	SJW-F27060220
7770	1751	8	14	1751	6	23	SJW-F27060230
7771	1751	8	17	1751	6	26	SJW-F27060260
7772	1751	8	18	1751	6	27	SJW-F27060270
7773	1751	8	19	1751	6	28	SJW-F27060280
7774	1751	8	27	1751	7	7	SJW-F27070070
7775	1751	9	27	1751	8	9	SJW-F27080090
7776	1751	10	8	1751	8	20	SJW-F27080200
7777	1751	10	13	1751	8	25	SJW-F27080250
7778	1751	10	14	1751	8	26	SJW-F27080260
7779	1751	11	4	1751	9	17	SJW-F27090170
7780	1751	11	12	1751	9	25	SJW-F27090250
7781	1751	11	15	1751	9	28	SJW-F27090280
7782	1751	11	16	1751	9	29	SJW-F27090290
7783	1751	11	29	1751	10	12	SJW-F27100120

续表

编号	公历			农历			ID 编号
	年	月	日	年	月	日	
7784	1751	12	3	1751	10	16	SJW-F27100160
7785	1751	12	4	1751	10	17	SJW-F27100170
7786	1751	12	17	1751	10	30	SJW-F27100300
7787	1751	12	25	1751	11	8	SJW-F27110080
7788	1751	12	29	1751	11	12	SJW-F27110120
7789	1752	1	28	1751	12	13	SJW-F27120130
7790	1752	2	4	1751	12	20	SJW-F27120200
7791	1752	2	21	1752	1	7	SJW-F28010070
7792	1752	2	27	1752	1	13	SJW-F28010130
7793	1752	2	28	1752	1	14	SJW-F28010140
7794	1752	3	3	1752	1	18	SJW-F28010180
7795	1752	3	4	1752	1	19	SJW-F28010190
7796	1752	3	5	1752	1	20	SJW-F28010200
7797	1752	3	13	1752	1	28	SJW-F28010280
7798	1752	3	14	1752	1	29	SJW-F28010290
7799	1752	3	16	1752	2	1	SJW-F28020010
7800	1752	3	17	1752	2	2	SJW-F28020020
7801	1752	3	25	1752	2	10	SJW-F28020100
7802	1752	3	26	1752	2	11	SJW-F28020110
7803	1752	3	27	1752	2	12	SJW-F28020120
7804	1752	3	31	1752	2	16	SJW-F28020160
7805	1752	4	6	1752	2	22	SJW-F28020220
7806	1752	4	9	1752	2	25	SJW-F28020250
7807	1752	4	17	1752	3	4	SJW-F28030040
7808	1752	4	25	1752	3	12	SJW-F28030120
7809	1752	4	28	1752	3	15	SJW-F28030150
7810	1752	5	10	1752	3	27	SJW-F28030270
7811	1752	5	13	1752	3	30	SJW-F28030300
7812	1752	6	5	1752	4	23	SJW-F28040230
7813	1752	6	15	1752	5	4	SJW-F28050040
7814	1752	6	18	1752	5	7	SJW-F28050070
7815	1752	6	30	1752	5	19	SJW-F28050190
7816	1752	7	4	1752	5	23	SJW-F28050230
7817	1752	7	19	1752	6	9	SJW-F28060090
7818	1752	7	21	1752	6	11	SJW-F28060110
7819	1752	8	9	1752	7	1	SJW-F28070010
7820	1752	9	2	1752	7	25	SJW-F28070250
7821	1752	9	4	1752	7	27	SJW-F28070270

续表

编号	公历			农历			ID 编号
	年	月	日	年	月	日	
7822	1752	9	5	1752	7	28	SJW-F28070280
7823	1752	9	6	1752	7	29	SJW-F28070290
7824	1752	9	7	1752	7	30	SJW-F28070300
7825	1752	9	10	1752	8	3	SJW-F28080030
7826	1752	9	11	1752	8	4	SJW-F28080040
7827	1752	9	23	1752	8	16	SJW-F28080160
7828	1752	9	30	1752	8	23	SJW-F28080230
7829	1752	10	1	1752	8	24	SJW-F28080240
7830	1752	10	14	1752	9	8	SJW-F28090080
7831	1752	10	15	1752	9	9	SJW-F28090090
7832	1752	10	28	1752	9	22	SJW-F28090220
7833	1752	11	6	1752	10	1	SJW-F28100010
7834	1752	11	22	1752	10	17	SJW-F28100170
7835	1752	11	23	1752	10	18	SJW-F28100180
7836	1752	11	25	1752	10	20	SJW-F28100200
7837	1752	11	26	1752	10	21	SJW-F28100210
7838	1752	11	27	1752	10	22	SJW-F28100220
7839	1752	11	30	1752	10	25	SJW-F28100250
7840	1752	12	1	1752	10	26	SJW-F28100260
7841	1752	12	5	1752	10	30	SJW-F28100300
7842	1752	12	15	1752	11	10	SJW-F28110100
7843	1752	12	18	1752	11	13	SJW-F28110130
7844	1752	12	21	1752	11	16	SJW-F28110160
7845	1752	12	26	1752	11	21	SJW-F28110210
7846	1753	1	1	1752	11	27	SJW-F28110270
7847	1753	1	4	1752	12	1	SJW-F28120010
7848	1753	1	8	1752	12	5	SJW-F28120050
7849	1753	1	14	1752	12	11	SJW-F28120110
7850	1753	1	20	1752	12	17	SJW-F28120171
7851	1753	2	5	1753	1	3	SJW-F29010030
7852	1753	2	26	1753	1	24	SJW-F29010240
7853	1753	3	4	1753	1	30	SJW-F29010300
7854	1753	3	5	1753	2	1	SJW-F29020010
7855	1753	3	6	1753	2	2	SJW-F29020020
7856	1753	3	7	1753	2	3	SJW-F29020030
7857	1753	3	10	1753	2	6	SJW-F29020060
7858	1753	3	13	1753	2	9	SJW-F29020090
7859	1753	3	14	1753	2	10	SJW-F29020100

续表

编号	公历			农历			ID 编号
	年	月	日	年	月	日	
7860	1753	3	16	1753	2	12	SJW-F29020120
7861	1753	3	18	1753	2	14	SJW-F29020140
7862	1753	3	19	1753	2	15	SJW-F29020150
7863	1753	3	22	1753	2	18	SJW-F29020180
7864	1753	3	25	1753	2	21	SJW-F29020210
7865	1753	3	28	1753	2	24	SJW-F29020240
7866	1753	4	8	1753	3	5	SJW-F29030050
7867	1753	4	19	1753	3	16	SJW-F29030160
7868	1753	4	25	1753	3	22	SJW-F29030220
7869	1753	4	28	1753	3	25	SJW-F29030250
7870	1753	5	13	1753	4	11	SJW-F29040110
7871	1753	5	14	1753	4	12	SJW-F29040120
7872	1753	5	23	1753	4	21	SJW-F29040210
7873	1753	6	2	1753	5	1	SJW-F29050010
7874	1753	6	7	1753	5	6	SJW-F29050060
7875	1753	6	12	1753	5	11	SJW-F29050110
7876	1753	6	14	1753	5	13	SJW-F29050130
7877	1753	6	14	1753	5	13	SJW-F29050131
7878	1753	6	16	1753	5	15	SJW-F29050150
7879	1753	6	25	1753	5	24	SJW-F29050240
7880	1753	6	26	1753	5	25	SJW-F29050250
7881	1753	6	26	1753	5	25	SJW-F29050251
7882	1753	6	28	1753	5	27	SJW-F29050270
7883	1753	6	29	1753	5	28	SJW-F29050280
7884	1753	6	29	1753	5	28	SJW-F29050281
7885	1753	7	2	1753	6	2	SJW-F29060020
7886	1753	7	8	1753	6	8	SJW-F29060080
7887	1753	7	9	1753	6	9	SJW-F29060090
7888	1753	7	17	1753	6	17	SJW-F29060170
7889	1753	7	25	1753	6	25	SJW-F29060250
7890	1753	7	27	1753	6	27	SJW-F29060270
7891	1753	8	3	1753	7	5	SJW-F29070050
7892	1753	8	4	1753	7	6	SJW-F29070060
7893	1753	8	5	1753	7	7	SJW-F29070070
7894	1753	8	8	1753	7	10	SJW-F29070100
7895	1753	8	12	1753	7	14	SJW-F29070140
7896	1753	8	29	1753	8	2	SJW-F29080020
7897	1753	9	12	1753	8	16	SJW-F29080160

续表

编号	公历			农历			ID 编号
	年	月	日	年	月	日	
7898	1753	9	20	1753	8	24	SJW-F29080240
7899	1753	9	30	1753	9	4	SJW-F29090040
7900	1753	10	9	1753	9	13	SJW-F29090130
7901	1753	10	13	1753	9	17	SJW-F29090170
7902	1753	10	14	1753	9	18	SJW-F29090180
7903	1753	10	20	1753	9	24	SJW-F29090240
7904	1753	10	23	1753	9	27	SJW-F29090270
7905	1753	10	24	1753	9	28	SJW-F29090280
7906	1753	11	1	1753	10	7	SJW-F29100070
7907	1753	11	3	1753	10	9	SJW-F29100090
7908	1753	11	7	1753	10	13	SJW-F29100130
7909	1753	11	24	1753	10	30	SJW-F29100300
7910	1753	11	25	1753	11	1	SJW-F29110010
7911	1753	12	10	1753	11	16	SJW-F29110160
7912	1753	12	11	1753	11	17	SJW-F29110170
7913	1753	12	22	1753	11	28	SJW-F29110280
7914	1753	12	25	1753	12	2	SJW-F29120020
7915	1753	12	30	1753	12	7	SJW-F29120070
7916	1754	1	10	1753	12	18	SJW-F29120180
7917	1754	1	12	1753	12	20	SJW-F29120200
7918	1754	1	13	1753	12	21	SJW-F29120210
7919	1754	1	22	1753	12	30	SJW-F29120300
7920	1754	1	31	1754	1	9	SJW-F30010090
7921	1754	2	20	1754	1	29	SJW-F30010290
7922	1754	2	24	1754	2	3	SJW-F30020030
7923	1754	2	27	1754	2	6	SJW-F30020060
7924	1754	3	7	1754	2	14	SJW-F30020140
7925	1754	3	16	1754	2	23	SJW-F30020230
7926	1754	3	18	1754	2	25	SJW-F30020250
7927	1754	3	20	1754	2	27	SJW-F30020270
7928	1754	3	24	1754	3	1	SJW-F30030010
7929	1754	3	25	1754	3	2	SJW-F30030020
7930	1754	3	26	1754	3	3	SJW-F30030030
7931	1754	4	3	1754	3	11	SJW-F30030110
7932	1754	4	7	1754	3	15	SJW-F30030150
7933	1754	4	16	1754	3	24	SJW-F30030240
7934	1754	4	17	1754	3	25	SJW-F30030250
7935	1754	4	28	1754	4	7	SJW-F30040070

续表

编号	公历			农历			ID 编号
	年	月	日	年	月	日	
7936	1754	4	29	1754	4	8	SJW-F30040080
7937	1754	5	4	1754	4	13	SJW-F30040130
7938	1754	5	5	1754	4	14	SJW-F30040140
7939	1754	5	6	1754	4	15	SJW-F30040150
7940	1754	5	9	1754	4	18	SJW-F30040180
7941	1754	5	10	1754	4	19	SJW-F30040190
7942	1754	5	19	1754	4	28	SJW-F30040280
7943	1754	6	3	1754	闰 4	13	SJW-F30041130
7944	1754	6	4	1754	闰 4	14	SJW-F30041140
7945	1754	6	5	1754	闰 4	15	SJW-F30041150
7946	1754	6	6	1754	闰 4	16	SJW-F30041160
7947	1754	6	7	1754	闰 4	17	SJW-F30041170
7948	1754	6	8	1754	闰 4	18	SJW-F30041180
7949	1754	6	10	1754	闰 4	20	SJW-F30041200
7950	1754	6	14	1754	闰 4	24	SJW-F30041240
7951	1754	6	16	1754	闰 4	26	SJW-F30041260
7952	1754	7	3	1754	5	14	SJW-F30050140
7953	1754	7	7	1754	5	18	SJW-F30050180
7954	1754	7	8	1754	5	19	SJW-F30050190
7955	1754	7	10	1754	5	21	SJW-F30050210
7956	1754	7	12	1754	5	23	SJW-F30050230
7957	1754	7	14	1754	5	25	SJW-F30050250
7958	1754	7	15	1754	5	26	SJW-F30050260
7959	1754	7	16	1754	5	27	SJW-F30050270
7960	1754	7	24	1754	6	5	SJW-F30060050
7961	1754	7	28	1754	6	9	SJW-F30060090
7962	1754	7	30	1754	6	11	SJW-F30060110
7963	1754	7	31	1754	6	12	SJW-F30060120
7964	1754	8	1	1754	6	13	SJW-F30060130
7965	1754	8	3	1754	6	15	SJW-F30060150
7966	1754	8	4	1754	6	16	SJW-F30060160
7967	1754	8	8	1754	6	20	SJW-F30060200
7968	1754	8	28	1754	7	11	SJW-F30070110
7969	1754	9	6	1754	7	20	SJW-F30070200
7970	1754	9	8	1754	7	22	SJW-F30070220
7971	1754	9	11	1754	7	25	SJW-F30070250
7972	1754	9	16	1754	7	30	SJW-F30070300
7973	1754	9	22	1754	8	6	SJW-F30080060

续表

编号	公历			农历			ID 编号
	年	月	日	年	月	日	
7974	1754	9	27	1754	8	11	SJW-F30080110
7975	1754	9	28	1754	8	12	SJW-F30080120
7976	1754	11	12	1754	9	28	SJW-F30090280
7977	1754	11	17	1754	10	4	SJW-F30100040
7978	1754	11	20	1754	10	7	SJW-F30100070
7979	1754	12	5	1754	10	22	SJW-F30100220
7980	1754	12	10	1754	10	27	SJW-F30100270
7981	1754	12	14	1754	11	1	SJW-F30110010
7982	1754	12	26	1754	11	13	SJW-F30110130
7983	1754	12	27	1754	11	14	SJW-F30110140
7984	1754	12	31	1754	11	18	SJW-F30110180
7985	1755	1	1	1754	11	19	SJW-F30110190
7986	1755	1	2	1754	11	20	SJW-F30110200
7987	1755	1	11	1754	11	29	SJW-F30110290
7988	1755	1	17	1754	12	6	SJW-F30120060
7989	1755	1	28	1754	12	17	SJW-F30120170
7990	1755	2	5	1754	12	25	SJW-F30120250
7991	1755	2	12	1755	1	2	SJW-F31010020
7992	1755	2	26	1755	1	16	SJW-F31010160
7993	1755	2	28	1755	1	18	SJW-F31010180
7994	1755	3	1	1755	1	19	SJW-F31010190
7995	1755	3	5	1755	1	23	SJW-F31010230
7996	1755	3	6	1755	1	24	SJW-F31010240
7997	1755	3	7	1755	1	25	SJW-F31010250
7998	1755	3	8	1755	1	26	SJW-F31010260
7999	1755	3	9	1755	1	27	SJW-F31010270
8000	1755	3	10	1755	1	28	SJW-F31010280
8001	1755	3	11	1755	1	29	SJW-F31010290
8002	1755	3	20	1755	2	8	SJW-F31020080
8003	1755	3	23	1755	2	11	SJW-F31020110
8004	1755	3	24	1755	2	12	SJW-F31020120
8005	1755	3	25	1755	2	13	SJW-F31020130
8006	1755	3	30	1755	2	18	SJW-F31020181
8007	1755	4	5	1755	2	24	SJW-F31020240
8008	1755	4	7	1755	2	26	SJW-F31020260
8009	1755	4	9	1755	2	28	SJW-F31020280
8010	1755	4	10	1755	2	29	SJW-F31020290
8011	1755	4	14	1755	3	4	SJW-F31030040

续表

编号	公历			农历			ID 编号
	年	月	日	年	月	日	
8012	1755	5	9	1755	3	29	SJW-F31030290
8013	1755	5	20	1755	4	10	SJW-F31040100
8014	1755	6	17	1755	5	8	SJW-F31050080
8015	1755	7	4	1755	5	25	SJW-F31050250
8016	1755	7	7	1755	5	28	SJW-F31050280
8017	1755	7	17	1755	6	9	SJW-F31060090
8018	1755	7	19	1755	6	11	SJW-F31060110
8019	1755	7	24	1755	6	16	SJW-F31060160
8020	1755	7	26	1755	6	18	SJW-F31060180
8021	1755	7	28	1755	6	20	SJW-F31060200
8022	1755	7	31	1755	6	23	SJW-F31060230
8023	1755	8	1	1755	6	24	SJW-F31060240
8024	1755	8	2	1755	6	25	SJW-F31060250
8025	1755	8	6	1755	6	29	SJW-F31060290
8026	1755	8	7	1755	6	30	SJW-F31060300
8027	1755	8	8	1755	7	1	SJW-F31070010
8028	1755	8	9	1755	7	2	SJW-F31070020
8029	1755	8	10	1755	7	3	SJW-F31070030
8030	1755	8	13	1755	7	6	SJW-F31070060
8031	1755	8	14	1755	7	7	SJW-F31070070
8032	1755	8	15	1755	7	8	SJW-F31070080
8033	1755	8	24	1755	7	17	SJW-F31070170
8034	1755	8	28	1755	7	21	SJW-F31070210
8035	1755	8	29	1755	7	22	SJW-F31070220
8036	1755	9	3	1755	7	27	SJW-F31070270
8037	1755	9	5	1755	7	29	SJW-F31070290
8038	1755	9	7	1755	8	2	SJW-F31080020
8039	1755	9	8	1755	8	3	SJW-F31080030
8040	1755	9	9	1755	8	4	SJW-F31080040
8041	1755	9	22	1755	8	17	SJW-F31080170
8042	1755	9	29	1755	8	24	SJW-F31080240
8043	1755	10	6	1755	9	1	SJW-F31090010
8044	1755	10	8	1755	9	3	SJW-F31090030
8045	1755	11	11	1755	10	8	SJW-F31100080
8046	1755	11	12	1755	10	9	SJW-F31100090
8047	1755	11	15	1755	10	12	SJW-F31100120
8048	1755	11	21	1755	10	18	SJW-F31100180
8049	1755	11	28	1755	10	25	SJW-F31100250

续表

编号	公历			农历			ID 编号
	年	月	日	年	月	日	
8050	1755	12	5	1755	11	3	SJW-F31110030
8051	1755	12	10	1755	11	8	SJW-F31110080
8052	1755	12	11	1755	11	9	SJW-F31110090
8053	1755	12	13	1755	11	11	SJW-F31110110
8054	1755	12	16	1755	11	14	SJW-F31110140
8055	1756	1	1	1755	11	30	SJW-F31110300
8056	1756	1	4	1755	12	3	SJW-F31120030
8057	1756	1	16	1755	12	15	SJW-F31120150
8058	1756	1	17	1755	12	16	SJW-F31120160
8059	1756	1	21	1755	12	20	SJW-F31120200
8060	1756	1	24	1755	12	23	SJW-F31120230
8061	1756	1	25	1755	12	24	SJW-F31120240
8062	1756	1	26	1755	12	25	SJW-F31120250
8063	1756	2	9	1756	1	10	SJW-F32010100
8064	1756	2	14	1756	1	15	SJW-F32010150
8065	1756	2	18	1756	1	19	SJW-F32010190
8066	1756	2	21	1756	1	22	SJW-F32010220
8067	1756	2	29	1756	1	30	SJW-F32010300
8068	1756	3	1	1756	2	1	SJW-F32020010
8069	1756	3	2	1756	2	2	SJW-F32020020
8070	1756	3	29	1756	2	29	SJW-F32020290
8071	1756	4	5	1756	3	6	SJW-F32030060
8072	1756	4	9	1756	3	10	SJW-F32030100
8073	1756	4	30	1756	4	2	SJW-F32040020
8074	1756	5	9	1756	4	11	SJW-F32040110
8075	1756	5	14	1756	4	16	SJW-F32040160
8076	1756	5	17	1756	4	19	SJW-F32040190
8077	1756	5	28	1756	4	30	SJW-F32040300
8078	1756	6	7	1756	5	10	SJW-F32050100
8079	1756	6	10	1756	5	13	SJW-F32050130
8080	1756	6	16	1756	5	19	SJW-F32050190
8081	1756	6	21	1756	5	24	SJW-F32050240
8082	1756	6	25	1756	5	28	SJW-F32050280
8083	1756	6	26	1756	5	29	SJW-F32050290
8084	1756	6	27	1756	6	1	SJW-F32060010
8085	1756	6	29	1756	6	3	SJW-F32060030
8086	1756	7	13	1756	6	17	SJW-F32060170
8087	1756	7	29	1756	7	3	SJW-F32070030

续表

编号	公历			农历			ID编号
	年	月	日	年	月	日	
8088	1756	8	2	1756	7	7	SJW-F32070070
8089	1756	8	20	1756	7	25	SJW-F32070250
8090	1756	8	23	1756	7	28	SJW-F32070280
8091	1756	8	30	1756	8	5	SJW-F32080050
8092	1756	9	17	1756	8	23	SJW-F32080230
8093	1756	9	25	1756	9	2	SJW-F32090020
8094	1756	10	13	1756	9	20	SJW-F32090200
8095	1756	10	16	1756	9	23	SJW-F32090230
8096	1756	10	18	1756	9	25	SJW-F32090250
8097	1756	10	22	1756	9	29	SJW-F32090290
8098	1756	10	23	1756	9	30	SJW-F32090300
8099	1756	10	24	1756	闰9	1	SJW-F32091010
8100	1756	11	1	1756	闰9	9	SJW-F32091090
8101	1756	11	14	1756	闰9	22	SJW-F32091220
8102	1756	11	20	1756	闰9	28	SJW-F32091280
8103	1756	11	26	1756	10	5	SJW-F32100050
8104	1756	11	28	1756	10	7	SJW-F32100070
8105	1756	12	3	1756	10	12	SJW-F32100120
8106	1756	12	6	1756	10	15	SJW-F32100150
8107	1756	12	21	1756	11	1	SJW-F32110010
8108	1756	12	22	1756	11	2	SJW-F32110020
8109	1756	12	24	1756	11	4	SJW-F32110040
8110	1756	12	26	1756	11	6	SJW-F32110060
8111	1756	12	30	1756	11	10	SJW-F32110100
8112	1757	1	6	1756	11	17	SJW-F32110170
8113	1757	1	12	1756	11	23	SJW-F32110230
8114	1757	1	26	1756	12	7	SJW-F32120070
8115	1757	2	6	1756	12	18	SJW-F32120180
8116	1757	2	7	1756	12	19	SJW-F32120190
8117	1757	2	22	1757	1	5	SJW-F33010050
8118	1757	2	23	1757	1	6	SJW-F33010060
8119	1757	3	12	1757	1	23	SJW-F33010230
8120	1757	3	15	1757	1	26	SJW-F33010260
8121	1757	3	16	1757	1	27	SJW-F33010270
8122	1757	3	19	1757	1	30	SJW-F33010300
8123	1757	3	21	1757	2	2	SJW-F33020020
8124	1757	3	23	1757	2	4	SJW-F33020040
8125	1757	3	26	1757	2	7	SJW-F33020070

续表

编号	公历			农历			ID 编号
	年	月	日	年	月	日	
8126	1757	3	27	1757	2	8	SJW-F33020080
8127	1757	3	29	1757	2	10	SJW-F33020100
8128	1757	4	9	1757	2	21	SJW-F33020210
8129	1757	4	10	1757	2	22	SJW-F33020220
8130	1757	4	15	1757	2	27	SJW-F33020270
8131	1757	4	17	1757	2	29	SJW-F33020290
8132	1757	4	22	1757	3	5	SJW-F33030050
8133	1757	4	24	1757	3	7	SJW-F33030070
8134	1757	4	25	1757	3	8	SJW-F33030080
8135	1757	4	27	1757	3	10	SJW-F33030100
8136	1757	5	3	1757	3	16	SJW-F33030160
8137	1757	5	27	1757	4	10	SJW-F33040100
8138	1757	5	29	1757	4	12	SJW-F33040120
8139	1757	6	3	1757	4	17	SJW-F33040170
8140	1757	6	5	1757	4	19	SJW-F33040190
8141	1757	6	6	1757	4	20	SJW-F33040200
8142	1757	6	9	1757	4	23	SJW-F33040230
8143	1757	6	15	1757	4	29	SJW-F33040290
8144	1757	6	24	1757	5	9	SJW-F33050090
8145	1757	7	1	1757	5	16	SJW-F33050160
8146	1757	7	2	1757	5	17	SJW-F33050170
8147	1757	7	8	1757	5	23	SJW-F33050230
8148	1757	7	10	1757	5	25	SJW-F33050250
8149	1757	7	21	1757	6	6	SJW-F33060060
8150	1757	7	22	1757	6	7	SJW-F33060070
8151	1757	7	24	1757	6	9	SJW-F33060090
8152	1757	8	13	1757	6	29	SJW-F33060290
8153	1757	8	17	1757	7	3	SJW-F33070030
8154	1757	8	24	1757	7	10	SJW-F33070100
8155	1757	8	25	1757	7	11	SJW-F33070110
8156	1757	8	25	1757	7	11	SJW-F33070111
8157	1757	8	26	1757	7	12	SJW-F33070120
8158	1757	9	2	1757	7	19	SJW-F33070190
8159	1757	9	5	1757	7	22	SJW-F33070220
8160	1757	9	6	1757	7	23	SJW-F33070230
8161	1757	9	17	1757	8	5	SJW-F33080050
8162	1757	9	23	1757	8	11	SJW-F33080110
8163	1757	9	29	1757	8	17	SJW-F33080170

续表

编号	公历			农历			ID 编号
	年	月	日	年	月	日	
8164	1757	9	30	1757	8	18	SJW-F33080180
8165	1757	10	2	1757	8	20	SJW-F33080200
8166	1757	10	10	1757	8	28	SJW-F33080280
8167	1757	10	19	1757	9	7	SJW-F33090070
8168	1757	10	22	1757	9	10	SJW-F33090100
8169	1757	11	4	1757	9	23	SJW-F33090230
8170	1757	11	5	1757	9	24	SJW-F33090240
8171	1757	11	8	1757	9	27	SJW-F33090270
8172	1757	11	11	1757	9	30	SJW-F33090300
8173	1757	11	17	1757	10	6	SJW-F33100060
8174	1757	11	21	1757	10	10	SJW-F33100100
8175	1757	11	26	1757	10	15	SJW-F33100150
8176	1757	12	8	1757	10	27	SJW-F33100270
8177	1757	12	10	1757	10	29	SJW-F33100290
8178	1757	12	15	1757	11	5	SJW-F33110050
8179	1757	12	23	1757	11	13	SJW-F33110130
8180	1757	12	24	1757	11	14	SJW-F33110140
8181	1757	12	29	1757	11	19	SJW-F33110190
8182	1757	12	30	1757	11	20	SJW-F33110200
8183	1758	1	4	1757	11	25	SJW-F33110250
8184	1758	1	26	1757	12	17	SJW-F33120170
8185	1758	1	30	1757	12	21	SJW-F33120210
8186	1758	2	17	1758	1	10	SJW-F34010100
8187	1758	2	24	1758	1	17	SJW-F34010170
8188	1758	3	3	1758	1	24	SJW-F34010240
8189	1758	3	8	1758	1	29	SJW-F34010290
8190	1758	3	14	1758	2	6	SJW-F34020060
8191	1758	3	15	1758	2	7	SJW-F34020070
8192	1758	3	26	1758	2	18	SJW-F34020180
8193	1758	4	1	1758	2	24	SJW-F34020240
8194	1758	4	4	1758	2	27	SJW-F34020270
8195	1758	4	7	1758	2	30	SJW-F34020300
8196	1758	4	15	1758	3	8	SJW-F34030080
8197	1758	4	16	1758	3	9	SJW-F34030090
8198	1758	4	17	1758	3	10	SJW-F34030100
8199	1758	4	19	1758	3	12	SJW-F34030120
8200	1758	4	21	1758	3	14	SJW-F34030140
8201	1758	4	25	1758	3	18	SJW-F34030180

续表

编号	公历			农历			ID 编号
	年	月	日	年	月	日	
8202	1758	4	26	1758	3	19	SJW-F34030190
8203	1758	4	27	1758	3	20	SJW-F34030200
8204	1758	5	5	1758	3	28	SJW-F34030280
8205	1758	5	6	1758	3	29	SJW-F34030290
8206	1758	5	9	1758	4	3	SJW-F34040030
8207	1758	5	25	1758	4	19	SJW-F34040190
8208	1758	6	4	1758	4	29	SJW-F34040290
8209	1758	6	9	1758	5	4	SJW-F34050040
8210	1758	6	11	1758	5	6	SJW-F34050060
8211	1758	6	15	1758	5	10	SJW-F34050100
8212	1758	6	22	1758	5	17	SJW-F34050170
8213	1758	6	24	1758	5	19	SJW-F34050190
8214	1758	6	29	1758	5	24	SJW-F34050240
8215	1758	7	1	1758	5	26	SJW-F34050260
8216	1758	7	4	1758	5	29	SJW-F34050290
8217	1758	7	20	1758	6	16	SJW-F34060160
8218	1758	7	21	1758	6	17	SJW-F34060170
8219	1758	7	22	1758	6	18	SJW-F34060180
8220	1758	7	25	1758	6	21	SJW-F34060210
8221	1758	7	28	1758	6	24	SJW-F34060240
8222	1758	7	30	1758	6	26	SJW-F34060260
8223	1758	7	31	1758	6	27	SJW-F34060270
8224	1758	8	4	1758	7	1	SJW-F34070010
8225	1758	8	19	1758	7	16	SJW-F34070160
8226	1758	8	21	1758	7	18	SJW-F34070180
8227	1758	8	25	1758	7	22	SJW-F34070220
8228	1758	8	26	1758	7	23	SJW-F34070230
8229	1758	9	7	1758	8	6	SJW-F34080060
8230	1758	9	13	1758	8	12	SJW-F34080120
8231	1758	9	14	1758	8	13	SJW-F34080130
8232	1758	9	16	1758	8	15	SJW-F34080150
8233	1758	9	20	1758	8	19	SJW-F34080190
8234	1758	9	21	1758	8	20	SJW-F34080200
8235	1758	9	22	1758	8	21	SJW-F34080210
8236	1758	10	8	1758	9	7	SJW-F34090070
8237	1758	10	25	1758	9	24	SJW-F34090240
8238	1758	11	22	1758	10	22	SJW-F34100220
8239	1758	12	20	1758	11	20	SJW-F34110200

续表

编号	公历			农历			ID 编号
	年	月	日	年	月	日	
8240	1758	12	22	1758	11	22	SJW-F34110220
8241	1758	12	28	1758	11	28	SJW-F34110280
8242	1759	1	10	1758	12	12	SJW-F34120120
8243	1759	1	30	1759	1	2	SJW-F35010020
8244	1759	2	16	1759	1	19	SJW-F35010190
8245	1759	2	17	1759	1	20	SJW-F35010200
8246	1759	2	21	1759	1	24	SJW-F35010240
8247	1759	2	22	1759	1	25	SJW-F35010250
8248	1759	3	5	1759	2	7	SJW-F35020070
8249	1759	3	6	1759	2	8	SJW-F35020080
8250	1759	3	8	1759	2	10	SJW-F35020100
8251	1759	3	16	1759	2	18	SJW-F35020180
8252	1759	3	22	1759	2	24	SJW-F35020240
8253	1759	3	26	1759	2	28	SJW-F35020280
8254	1759	3	30	1759	3	3	SJW-F35030030
8255	1759	4	4	1759	3	8	SJW-F35030080
8256	1759	4	5	1759	3	9	SJW-F35030090
8257	1759	4	6	1759	3	10	SJW-F35030100
8258	1759	4	8	1759	3	12	SJW-F35030120
8259	1759	4	9	1759	3	13	SJW-F35030130
8260	1759	4	23	1759	3	27	SJW-F35030270
8261	1759	5	7	1759	4	11	SJW-F35040110
8262	1759	5	21	1759	4	25	SJW-F35040250
8263	1759	5	22	1759	4	26	SJW-F35040260
8264	1759	5	31	1759	5	6	SJW-F35050060
8265	1759	6	3	1759	5	9	SJW-F35050090
8266	1759	6	4	1759	5	10	SJW-F35050100
8267	1759	6	5	1759	5	11	SJW-F35050110
8268	1759	6	8	1759	5	14	SJW-F35050140
8269	1759	6	19	1759	5	25	SJW-F35050250
8270	1759	6	20	1759	5	26	SJW-F35050260
8271	1759	6	22	1759	5	28	SJW-F35050280
8272	1759	6	26	1759	6	2	SJW-F35060020
8273	1759	7	4	1759	6	10	SJW-F35060101
8274	1759	7	5	1759	6	11	SJW-F35060110
8275	1759	7	6	1759	6	12	SJW-F35060121
8276	1759	7	8	1759	6	14	SJW-F35060141
8277	1759	7	13	1759	6	19	SJW-F35060190

续表

编号	公历			农历			ID 编号
	年	月	日	年	月	日	
8278	1759	8	25	1759	7	3	SJW-F35070030
8279	1759	8	31	1759	7	9	SJW-F35070090
8280	1759	9	5	1759	7	14	SJW-F35070140
8281	1759	9	26	1759	8	6	SJW-F35080060
8282	1759	9	29	1759	8	9	SJW-F35080090
8283	1759	10	1	1759	8	11	SJW-F35080110
8284	1759	10	2	1759	8	12	SJW-F35080120
8285	1759	10	4	1759	8	14	SJW-F35080140
8286	1759	10	11	1759	8	21	SJW-F35080210
8287	1759	10	23	1759	9	3	SJW-F35090030
8288	1759	10	26	1759	9	6	SJW-F35090060
8289	1759	10	29	1759	9	9	SJW-F35090090
8290	1759	11	3	1759	9	14	SJW-F35090140
8291	1759	11	4	1759	9	15	SJW-F35090150
8292	1759	11	5	1759	9	16	SJW-F35090160
8293	1759	11	9	1759	9	20	SJW-F35090200
8294	1759	11	13	1759	9	24	SJW-F35090240
8295	1759	11	23	1759	10	4	SJW-F35100040
8296	1759	11	27	1759	10	8	SJW-F35100080
8297	1759	12	6	1759	10	17	SJW-F35100170
8298	1759	12	7	1759	10	18	SJW-F35100180
8299	1759	12	14	1759	10	25	SJW-F35100250
8300	1759	12	19	1759	11	1	SJW-F35110010
8301	1759	12	22	1759	11	4	SJW-F35110040
8302	1760	1	3	1759	11	16	SJW-F35110160
8303	1760	1	5	1759	11	18	SJW-F35110180
8304	1760	1	6	1759	11	19	SJW-F35110190
8305	1760	1	7	1759	11	20	SJW-F35110200
8306	1760	1	10	1759	11	23	SJW-F35110230
8307	1760	1	11	1759	11	24	SJW-F35110240
8308	1760	1	12	1759	11	25	SJW-F35110250
8309	1760	1	16	1759	11	29	SJW-F35110290
8310	1760	1	17	1759	11	30	SJW-F35110300
8311	1760	1	31	1759	12	14	SJW-F35120140
8312	1760	2	4	1759	12	18	SJW-F35120180
8313	1760	2	6	1759	12	20	SJW-F35120200
8314	1760	2	7	1759	12	21	SJW-F35120210
8315	1760	2	11	1759	12	25	SJW-F35120250

续表

编号	公历			农历			ID 编号
	年	月	日	年	月	日	
8316	1760	2	16	1759	12	30	SJW-F35120300
8317	1760	2	17	1760	1	1	SJW-F36010010
8318	1760	2	18	1760	1	2	SJW-F36010020
8319	1760	2	23	1760	1	7	SJW-F36010070
8320	1760	2	25	1760	1	9	SJW-F36010090
8321	1760	3	1	1760	1	14	SJW-F36010140
8322	1760	3	18	1760	2	2	SJW-F36020020
8323	1760	3	21	1760	2	5	SJW-F36020050
8324	1760	3	23	1760	2	7	SJW-F36020070
8325	1760	3	30	1760	2	14	SJW-F36020140
8326	1760	3	31	1760	2	15	SJW-F36020150
8327	1760	4	3	1760	2	18	SJW-F36020180
8328	1760	4	4	1760	2	19	SJW-F36020190
8329	1760	4	6	1760	2	21	SJW-F36020210
8330	1760	4	7	1760	2	22	SJW-F36020220
8331	1760	4	8	1760	2	23	SJW-F36020230
8332	1760	4	24	1760	3	9	SJW-F36030090
8333	1760	5	1	1760	3	16	SJW-F36030160
8334	1760	5	8	1760	3	23	SJW-F36030230
8335	1760	5	10	1760	3	25	SJW-F36030250
8336	1760	5	10	1760	3	25	SJW-F36030251
8337	1760	5	24	1760	4	10	SJW-F36040100
8338	1760	5	30	1760	4	16	SJW-F36040160
8339	1760	6	12	1760	4	29	SJW-F36040290
8340	1760	6	13	1760	5	1	SJW-F36050010
8341	1760	6	19	1760	5	7	SJW-F36050070
8342	1760	6	24	1760	5	12	SJW-F36050120
8343	1760	6	25	1760	5	13	SJW-F36050130
8344	1760	7	1	1760	5	19	SJW-F36050190
8345	1760	7	11	1760	5	29	SJW-F36050290
8346	1760	7	12	1760	6	1	SJW-F36060010
8347	1760	7	14	1760	6	3	SJW-F36060030
8348	1760	7	16	1760	6	5	SJW-F36060050
8349	1760	7	18	1760	6	7	SJW-F36060070
8350	1760	7	19	1760	6	8	SJW-F36060080
8351	1760	7	21	1760	6	10	SJW-F36060100
8352	1760	7	23	1760	6	12	SJW-F36060120
8353	1760	7	29	1760	6	18	SJW-F36060180

续表

编号	公历			农历			ID 编号
	年	月	日	年	月	日	
8354	1760	7	30	1760	6	19	SJW-F36060190
8355	1760	8	9	1760	6	29	SJW-F36060290
8356	1760	8	15	1760	7	5	SJW-F36070050
8357	1760	8	16	1760	7	6	SJW-F36070060
8358	1760	8	20	1760	7	10	SJW-F36070100
8359	1760	8	21	1760	7	11	SJW-F36070111
8360	1760	8	23	1760	7	13	SJW-F36070130
8361	1760	8	26	1760	7	16	SJW-F36070161
8362	1760	8	27	1760	7	17	SJW-F36070170
8363	1760	8	31	1760	7	21	SJW-F36070210
8364	1760	9	1	1760	7	22	SJW-F36070220
8365	1760	9	2	1760	7	23	SJW-F36070230
8366	1760	9	4	1760	7	25	SJW-F36070250
8367	1760	9	5	1760	7	26	SJW-F36070260
8368	1760	9	7	1760	7	28	SJW-F36070280
8369	1760	9	8	1760	7	29	SJW-F36070290
8370	1760	9	10	1760	8	2	SJW-F36080020
8371	1760	9	14	1760	8	6	SJW-F36080060
8372	1760	9	14	1760	8	6	SJW-F36080061
8373	1760	9	15	1760	8	7	SJW-F36080070
8374	1760	9	16	1760	8	8	SJW-F36080080
8375	1760	9	16	1760	8	8	SJW-F36080081
8376	1760	9	17	1760	8	9	SJW-F36080090
8377	1760	9	17	1760	8	9	SJW-F36080091
8378	1760	9	22	1760	8	14	SJW-F36080140
8379	1760	9	23	1760	8	15	SJW-F36080150
8380	1760	9	30	1760	8	22	SJW-F36080220
8381	1760	10	9	1760	9	1	SJW-F36090010
8382	1760	10	9	1760	9	1	SJW-F36090011
8383	1760	10	15	1760	9	7	SJW-F36090070
8384	1760	10	15	1760	9	7	SJW-F36090071
8385	1760	10	26	1760	9	18	SJW-F36090180
8386	1760	10	28	1760	9	20	SJW-F36090200
8387	1760	11	1	1760	9	24	SJW-F36090240
8388	1760	11	1	1760	9	24	SJW-F36090241
8389	1760	11	2	1760	9	25	SJW-F36090250
8390	1760	11	2	1760	9	25	SJW-F36090251
8391	1760	11	5	1760	9	28	SJW-F36090280

续表

编号	公历			农历			ID 编号
	年	月	日	年	月	日	
8392	1760	11	6	1760	9	29	SJW-F36090290
8393	1760	11	9	1760	10	2	SJW-F36100020
8394	1760	11	9	1760	10	2	SJW-F36100022
8395	1760	11	15	1760	10	8	SJW-F36100081
8396	1760	11	20	1760	10	13	SJW-F36100130
8397	1760	11	20	1760	10	13	SJW-F36100131
8398	1760	12	3	1760	10	26	SJW-F36100260
8399	1760	12	3	1760	10	26	SJW-F36100261
8400	1760	12	11	1760	11	5	SJW-F36110050
8401	1760	12	13	1760	11	7	SJW-F36110070
8402	1760	12	13	1760	11	7	SJW-F36110071
8403	1760	12	14	1760	11	8	SJW-F36110080
8404	1760	12	14	1760	11	8	SJW-F36110081
8405	1760	12	15	1760	11	9	SJW-F36110090
8406	1761	1	3	1760	11	28	SJW-F36110280
8407	1761	1	3	1760	11	28	SJW-F36110281
8408	1761	1	11	1760	12	6	SJW-F36120060
8409	1761	1	14	1760	12	9	SJW-F36120090
8410	1761	1	14	1760	12	9	SJW-F36120091
8411	1761	1	26	1760	12	21	SJW-F36120210
8412	1761	1	26	1760	12	21	SJW-F36120211
8413	1761	1	27	1760	12	22	SJW-F36120220
8414	1761	1	27	1760	12	22	SJW-F36120221
8415	1761	2	5	1761	1	1	SJW-F37010010
8416	1761	2	5	1761	1	1	SJW-F37010011
8417	1761	2	6	1761	1	2	SJW-F37010021
8418	1761	2	7	1761	1	3	SJW-F37010031
8419	1761	2	11	1761	1	7	SJW-F37010070
8420	1761	2	15	1761	1	11	SJW-F37010110
8421	1761	2	15	1761	1	11	SJW-F37010111
8422	1761	2	23	1761	1	19	SJW-F37010190
8423	1761	2	25	1761	1	21	SJW-F37010211
8424	1761	2	26	1761	1	22	SJW-F37010221
8425	1761	3	1	1761	1	25	SJW-F37010251
8426	1761	3	14	1761	2	8	SJW-F37020080
8427	1761	3	14	1761	2	8	SJW-F37020081
8428	1761	3	15	1761	2	9	SJW-F37020090
8429	1761	3	17	1761	2	11	SJW-F37020110

续表

编号	公历			农历			ID 编号
	年	月	日	年	月	日	
8430	1761	3	17	1761	2	11	SJW-F37020111
8431	1761	3	18	1761	2	12	SJW-F37020120
8432	1761	3	20	1761	2	14	SJW-F37020140
8433	1761	3	20	1761	2	14	SJW-F37020141
8434	1761	3	22	1761	2	16	SJW-F37020160
8435	1761	3	25	1761	2	19	SJW-F37020190
8436	1761	3	27	1761	2	21	SJW-F37020210
8437	1761	3	27	1761	2	21	SJW-F37020211
8438	1761	3	30	1761	2	24	SJW-F37020240
8439	1761	3	30	1761	2	24	SJW-F37020241
8440	1761	4	8	1761	3	4	SJW-F37030040
8441	1761	4	8	1761	3	4	SJW-F37030041
8442	1761	4	9	1761	3	5	SJW-F37030050
8443	1761	4	13	1761	3	9	SJW-F37030090
8444	1761	4	24	1761	3	20	SJW-F37030200
8445	1761	4	27	1761	3	23	SJW-F37030230
8446	1761	4	27	1761	3	23	SJW-F37030231
8447	1761	5	17	1761	4	13	SJW-F37040130
8448	1761	5	18	1761	4	14	SJW-F37040141
8449	1761	6	3	1761	5	1	SJW-F37050010
8450	1761	6	3	1761	5	1	SJW-F37050011
8451	1761	6	8	1761	5	6	SJW-F37050061
8452	1761	6	9	1761	5	7	SJW-F37050071
8453	1761	6	15	1761	5	13	SJW-F37050130
8454	1761	6	21	1761	5	19	SJW-F37050190
8455	1761	6	22	1761	5	20	SJW-F37050200
8456	1761	6	23	1761	5	21	SJW-F37050211
8457	1761	6	28	1761	5	26	SJW-F37050261
8458	1761	7	7	1761	6	6	SJW-F37060061
8459	1761	7	14	1761	6	13	SJW-F37060130
8460	1761	7	14	1761	6	13	SJW-F37060131
8461	1761	7	15	1761	6	14	SJW-F37060141
8462	1761	7	20	1761	6	19	SJW-F37060191
8463	1761	8	8	1761	7	9	SJW-F37070091
8464	1761	8	9	1761	7	10	SJW-F37070100
8465	1761	8	10	1761	7	11	SJW-F37070111
8466	1761	8	11	1761	7	12	SJW-F37070121
8467	1761	8	14	1761	7	15	SJW-F37070151

续表

编号	公历			农历			ID 编号
	年	月	日	年	月	日	
8468	1761	8	18	1761	7	19	SJW-F37070191
8469	1761	8	21	1761	7	22	SJW-F37070220
8470	1761	8	21	1761	7	22	SJW-F37070221
8471	1761	8	22	1761	7	23	SJW-F37070230
8472	1761	8	24	1761	7	25	SJW-F37070251
8473	1761	8	25	1761	7	26	SJW-F37070261
8474	1761	8	26	1761	7	27	SJW-F37070271
8475	1761	8	27	1761	7	28	SJW-F37070280
8476	1761	8	27	1761	7	28	SJW-F37070281
8477	1761	9	2	1761	8	4	SJW-F37080040
8478	1761	9	2	1761	8	4	SJW-F37080041
8479	1761	9	3	1761	8	5	SJW-F37080051
8480	1761	9	6	1761	8	8	SJW-F37080080
8481	1761	9	6	1761	8	8	SJW-F37080081
8482	1761	9	11	1761	8	13	SJW-F37080130
8483	1761	9	11	1761	8	13	SJW-F37080131
8484	1761	9	12	1761	8	14	SJW-F37080140
8485	1761	9	12	1761	8	14	SJW-F37080141
8486	1761	9	18	1761	8	20	SJW-F37080200
8487	1761	9	18	1761	8	20	SJW-F37080201
8488	1761	9	21	1761	8	23	SJW-F37080230
8489	1761	9	21	1761	8	23	SJW-F37080231
8490	1761	9	25	1761	8	27	SJW-F37080270
8491	1761	9	25	1761	8	27	SJW-F37080271
8492	1761	9	29	1761	9	2	SJW-F37090020
8493	1761	10	9	1761	9	12	SJW-F37090120
8494	1761	10	11	1761	9	14	SJW-F37090140
8495	1761	10	11	1761	9	14	SJW-F37090141
8496	1761	10	18	1761	9	21	SJW-F37090211
8497	1761	10	21	1761	9	24	SJW-F37090240
8498	1761	10	21	1761	9	24	SJW-F37090241
8499	1761	10	28	1761	10	1	SJW-F37100010
8500	1761	10	30	1761	10	3	SJW-F37100032
8501	1761	11	9	1761	10	13	SJW-F37100131
8502	1761	11	10	1761	10	14	SJW-F37100141
8503	1761	11	11	1761	10	15	SJW-F37100150
8504	1761	11	14	1761	10	18	SJW-F37100180
8505	1761	11	16	1761	10	20	SJW-F37100201

续表

编号	公历			农历			ID 编号
	年	月	日	年	月	日	
8506	1761	11	19	1761	10	23	SJW-F37100230
8507	1761	11	21	1761	10	25	SJW-F37100250
8508	1761	11	23	1761	10	27	SJW-F37100270
8509	1761	11	24	1761	10	28	SJW-F37100281
8510	1761	11	25	1761	10	29	SJW-F37100291
8511	1761	11	26	1761	11	1	SJW-F37110010
8512	1761	11	29	1761	11	4	SJW-F37110040
8513	1761	11	29	1761	11	4	SJW-F37110041
8514	1761	12	3	1761	11	8	SJW-F37110080
8515	1761	12	3	1761	11	8	SJW-F37110081
8516	1761	12	4	1761	11	9	SJW-F37110090
8517	1761	12	4	1761	11	9	SJW-F37110091
8518	1761	12	11	1761	11	16	SJW-F37110160
8519	1761	12	11	1761	11	16	SJW-F37110161
8520	1761	12	19	1761	11	24	SJW-F37110240
8521	1761	12	19	1761	11	24	SJW-F37110241
8522	1761	12	27	1761	12	2	SJW-F37120020
8523	1761	12	27	1761	12	2	SJW-F37120021
8524	1762	1	2	1761	12	8	SJW-F37120080
8525	1762	1	2	1761	12	8	SJW-F37120081
8526	1762	1	3	1761	12	9	SJW-F37120091
8527	1762	1	10	1761	12	16	SJW-F37120160
8528	1762	1	17	1761	12	23	SJW-F37120231
8529	1762	1	24	1761	12	30	SJW-F37120301
8530	1762	1	28	1762	1	4	SJW-F38010040
8531	1762	1	31	1762	1	7	SJW-F38010071
8532	1762	2	4	1762	1	11	SJW-F38010111
8533	1762	2	5	1762	1	12	SJW-F38010121
8534	1762	2	17	1762	1	24	SJW-F38010241
8535	1762	2	27	1762	2	4	SJW-F38020040
8536	1762	2	27	1762	2	4	SJW-F38020041
8537	1762	2	28	1762	2	5	SJW-F38020050
8538	1762	3	4	1762	2	9	SJW-F38020091
8539	1762	3	13	1762	2	18	SJW-F38020180
8540	1762	3	16	1762	2	21	SJW-F38020210
8541	1762	3	19	1762	2	24	SJW-F38020240
8542	1762	3	19	1762	2	24	SJW-F38020241
8543	1762	3	20	1762	2	25	SJW-F38020251

续表

编号	公历			农历			ID 编号
	年	月	日	年	月	日	
8544	1762	3	27	1762	3	3	SJW-F38030031
8545	1762	4	3	1762	3	10	SJW-F38030100
8546	1762	4	20	1762	3	27	SJW-F38030270
8547	1762	4	27	1762	4	4	SJW-F38040040
8548	1762	5	9	1762	4	16	SJW-F38040161
8549	1762	5	15	1762	4	22	SJW-F38040221
8550	1762	5	20	1762	4	27	SJW-F38040271
8551	1762	5	21	1762	4	28	SJW-F38040280
8552	1762	5	21	1762	4	28	SJW-F38040281
8553	1762	5	26	1762	5	3	SJW-F38050031
8554	1762	5	28	1762	5	5	SJW-F38050051
8555	1762	5	31	1762	5	8	SJW-F38050081
8556	1762	6	1	1762	5	9	SJW-F38050090
8557	1762	6	1	1762	5	9	SJW-F38050091
8558	1762	6	2	1762	5	10	SJW-F38050100
8559	1762	6	2	1762	5	10	SJW-F38050101
8560	1762	6	3	1762	5	11	SJW-F38050110
8561	1762	6	3	1762	5	11	SJW-F38050111
8562	1762	6	4	1762	5	12	SJW-F38050121
8563	1762	6	9	1762	5	17	SJW-F38050171
8564	1762	6	10	1762	5	18	SJW-F38050180
8565	1762	6	11	1762	5	19	SJW-F38050191
8566	1762	6	12	1762	5	20	SJW-F38050200
8567	1762	6	12	1762	5	20	SJW-F38050201
8568	1762	6	13	1762	5	21	SJW-F38050211
8569	1762	6	14	1762	5	22	SJW-F38050221
8570	1762	6	15	1762	5	23	SJW-F38050230
8571	1762	6	15	1762	5	23	SJW-F38050231
8572	1762	6	16	1762	5	24	SJW-F38050241
8573	1762	6	17	1762	5	25	SJW-F38050250
8574	1762	6	17	1762	5	25	SJW-F38050251
8575	1762	6	18	1762	5	26	SJW-F38050260
8576	1762	6	18	1762	5	26	SJW-F38050261
8577	1762	6	19	1762	5	27	SJW-F38050271
8578	1762	6	20	1762	5	28	SJW-F38050280
8579	1762	6	20	1762	5	28	SJW-F38050281
8580	1762	6	23	1762	闰 5	2	SJW-F38051020
8581	1762	6	24	1762	闰 5	3	SJW-F38051030

续表

编号	公历			农历			ID 编号
	年	月	日	年	月	日	
8582	1762	6	24	1762	闰 5	3	SJW-F38051031
8583	1762	6	25	1762	闰 5	4	SJW-F38051040
8584	1762	6	26	1762	闰 5	5	SJW-F38051050
8585	1762	6	28	1762	闰 5	7	SJW-F38051070
8586	1762	6	28	1762	闰 5	7	SJW-F38051071
8587	1762	6	30	1762	闰 5	9	SJW-F38051090
8588	1762	6	30	1762	闰 5	9	SJW-F38051091
8589	1762	7	1	1762	闰 5	10	SJW-F38051100
8590	1762	7	3	1762	闰 5	12	SJW-F38051121
8591	1762	7	6	1762	闰 5	15	SJW-F38051150
8592	1762	7	7	1762	闰 5	16	SJW-F38051160
8593	1762	7	26	1762	6	6	SJW-F38060060
8594	1762	7	30	1762	6	10	SJW-F38060100
8595	1762	8	2	1762	6	13	SJW-F38060130
8596	1762	8	7	1762	6	18	SJW-F38060180
8597	1762	8	8	1762	6	19	SJW-F38060190
8598	1762	8	25	1762	7	7	SJW-F38070070
8599	1762	8	28	1762	7	10	SJW-F38070100
8600	1762	9	10	1762	7	23	SJW-F38070230
8601	1762	9	27	1762	8	10	SJW-F38080100
8602	1762	10	2	1762	8	15	SJW-F38080151
8603	1762	10	9	1762	8	22	SJW-F38080220
8604	1762	10	10	1762	8	23	SJW-F38080230
8605	1762	10	12	1762	8	25	SJW-F38080250
8606	1762	10	18	1762	9	2	SJW-F38090020
8607	1762	10	31	1762	9	15	SJW-F38090150
8608	1762	11	1	1762	9	16	SJW-F38090160
8609	1762	11	7	1762	9	22	SJW-F38090220
8610	1762	11	8	1762	9	23	SJW-F38090230
8611	1762	11	12	1762	9	27	SJW-F38090270
8612	1762	11	13	1762	9	28	SJW-F38090280
8613	1762	11	16	1762	10	1	SJW-F38100010
8614	1762	11	24	1762	10	9	SJW-F38100090
8615	1762	11	30	1762	10	15	SJW-F38100150
8616	1762	12	8	1762	10	23	SJW-F38100230
8617	1762	12	9	1762	10	24	SJW-F38100240
8618	1762	12	11	1762	10	26	SJW-F38100260
8619	1762	12	21	1762	11	7	SJW-F38110070

续表

编号	公历			农历			ID 编号
	年	月	日	年	月	日	
8620	1762	12	23	1762	11	9	SJW-F38110090
8621	1762	12	26	1762	11	12	SJW-F38110120
8622	1762	12	31	1762	11	17	SJW-F38110170
8623	1763	1	3	1762	11	20	SJW-F38110200
8624	1763	1	4	1762	11	21	SJW-F38110210
8625	1763	1	18	1762	12	5	SJW-F38120050
8626	1763	2	3	1762	12	21	SJW-F38120210
8627	1763	2	6	1762	12	24	SJW-F38120240
8628	1763	2	17	1763	1	5	SJW-F39010050
8629	1763	2	20	1763	1	8	SJW-F39010080
8630	1763	2	26	1763	1	14	SJW-F39010140
8631	1763	2	28	1763	1	16	SJW-F39010160
8632	1763	3	2	1763	1	18	SJW-F39010180
8633	1763	3	6	1763	1	22	SJW-F39010220
8634	1763	3	7	1763	1	23	SJW-F39010230
8635	1763	3	8	1763	1	24	SJW-F39010240
8636	1763	3	19	1763	2	5	SJW-F39020050
8637	1763	3	20	1763	2	6	SJW-F39020060
8638	1763	3	21	1763	2	7	SJW-F39020070
8639	1763	3	23	1763	2	9	SJW-F39020090
8640	1763	3	24	1763	2	10	SJW-F39020100
8641	1763	3	26	1763	2	12	SJW-F39020120
8642	1763	4	3	1763	2	20	SJW-F39020200
8643	1763	4	4	1763	2	21	SJW-F39020210
8644	1763	4	6	1763	2	23	SJW-F39020230
8645	1763	4	12	1763	2	29	SJW-F39020290
8646	1763	4	19	1763	3	7	SJW-F39030070
8647	1763	4	20	1763	3	8	SJW-F39030080
8648	1763	4	21	1763	3	9	SJW-F39030090
8649	1763	4	23	1763	3	11	SJW-F39030110
8650	1763	4	30	1763	3	18	SJW-F39030180
8651	1763	5	1	1763	3	19	SJW-F39030190
8652	1763	5	3	1763	3	21	SJW-F39030210
8653	1763	5	8	1763	3	26	SJW-F39030260
8654	1763	5	15	1763	4	3	SJW-F39040030
8655	1763	5	15	1763	4	3	SJW-F39040031
8656	1763	5	29	1763	4	17	SJW-F39040170
8657	1763	5	31	1763	4	19	SJW-F39040190

续表

编号	公历			农历			ID 编号
	年	月	日	年	月	日	
8658	1763	6	2	1763	4	21	SJW-F39040210
8659	1763	6	5	1763	4	24	SJW-F39040240
8660	1763	6	10	1763	4	29	SJW-F39040290
8661	1763	6	23	1763	5	13	SJW-F39050130
8662	1763	6	24	1763	5	14	SJW-F39050140
8663	1763	7	3	1763	5	23	SJW-F39050230
8664	1763	7	6	1763	5	26	SJW-F39050260
8665	1763	7	8	1763	5	28	SJW-F39050280
8666	1763	7	17	1763	6	7	SJW-F39060070
8667	1763	7	23	1763	6	13	SJW-F39060130
8668	1763	7	30	1763	6	20	SJW-F39060200
8669	1763	7	31	1763	6	21	SJW-F39060210
8670	1763	8	1	1763	6	22	SJW-F39060220
8671	1763	8	16	1763	7	8	SJW-F39070080
8672	1763	8	17	1763	7	9	SJW-F39070090
8673	1763	9	4	1763	7	27	SJW-F39070270
8674	1763	9	5	1763	7	28	SJW-F39070280
8675	1763	9	9	1763	8	3	SJW-F39080030
8676	1763	9	12	1763	8	6	SJW-F39080060
8677	1763	10	8	1763	9	2	SJW-F39090020
8678	1763	10	11	1763	9	5	SJW-F39090050
8679	1763	10	17	1763	9	11	SJW-F39090110
8680	1763	10	23	1763	9	17	SJW-F39090170
8681	1763	11	17	1763	10	13	SJW-F39100130
8682	1763	11	27	1763	10	23	SJW-F39100230
8683	1763	12	13	1763	11	9	SJW-F39110090
8684	1763	12	17	1763	11	13	SJW-F39110130
8685	1763	12	21	1763	11	17	SJW-F39110170
8686	1763	12	22	1763	11	18	SJW-F39110180
8687	1763	12	26	1763	11	22	SJW-F39110220
8688	1764	1	1	1763	11	28	SJW-F39110280
8689	1764	1	15	1763	12	13	SJW-F39120130
8690	1764	2	1	1763	12	30	SJW-F39120300
8691	1764	2	2	1764	1	1	SJW-F40010010
8692	1764	2	3	1764	1	2	SJW-F40010020
8693	1764	2	9	1764	1	8	SJW-F40010080
8694	1764	2	13	1764	1	12	SJW-F40010120
8695	1764	2	15	1764	1	14	SJW-F40010140

续表

编号	公历			农历			ID 编号
	年	月	日	年	月	日	
8696	1764	2	17	1764	1	16	SJW-F40010160
8697	1764	2	18	1764	1	17	SJW-F40010170
8698	1764	3	11	1764	2	9	SJW-F40020090
8699	1764	3	17	1764	2	15	SJW-F40020150
8700	1764	3	18	1764	2	16	SJW-F40020160
8701	1764	3	21	1764	2	19	SJW-F40020190
8702	1764	3	23	1764	2	21	SJW-F40020210
8703	1764	3	27	1764	2	25	SJW-F40020250
8704	1764	3	27	1764	2	25	SJW-F40020251
8705	1764	3	28	1764	2	26	SJW-F40020260
8706	1764	4	10	1764	3	10	SJW-F40030100
8707	1764	4	19	1764	3	19	SJW-F40030190
8708	1764	4	20	1764	3	20	SJW-F40030200
8709	1764	4	23	1764	3	23	SJW-F40030230
8710	1764	5	1	1764	4	1	SJW-F40040010
8711	1764	5	4	1764	4	4	SJW-F40040040
8712	1764	5	15	1764	4	15	SJW-F40040150
8713	1764	5	25	1764	4	25	SJW-F40040250
8714	1764	5	28	1764	4	28	SJW-F40040280
8715	1764	5	29	1764	4	29	SJW-F40040290
8716	1764	6	22	1764	5	23	SJW-F40050230
8717	1764	6	25	1764	5	26	SJW-F40050260
8718	1764	6	26	1764	5	27	SJW-F40050270
8719	1764	6	27	1764	5	28	SJW-F40050280
8720	1764	6	28	1764	5	29	SJW-F40050290
8721	1764	7	1	1764	6	3	SJW-F40060030
8722	1764	7	2	1764	6	4	SJW-F40060040
8723	1764	7	3	1764	6	5	SJW-F40060050
8724	1764	7	5	1764	6	7	SJW-F40060070
8725	1764	7	6	1764	6	8	SJW-F40060080
8726	1764	7	7	1764	6	9	SJW-F40060090
8727	1764	7	8	1764	6	10	SJW-F40060100
8728	1764	7	10	1764	6	12	SJW-F40060120
8729	1764	7	12	1764	6	14	SJW-F40060140
8730	1764	7	25	1764	6	27	SJW-F40060270
8731	1764	7	27	1764	6	29	SJW-F40060290
8732	1764	7	29	1764	7	1	SJW-F40070010
8733	1764	7	30	1764	7	2	SJW-F40070020

续表

编号	公历			农历			ID 编号
	年	月	日	年	月	日	
8734	1764	8	6	1764	7	9	SJW-F40070091
8735	1764	8	7	1764	7	10	SJW-F40070100
8736	1764	8	16	1764	7	19	SJW-F40070190
8737	1764	8	17	1764	7	20	SJW-F40070200
8738	1764	8	20	1764	7	23	SJW-F40070230
8739	1764	8	23	1764	7	26	SJW-F40070260
8740	1764	9	3	1764	8	8	SJW-F40080080
8741	1764	9	8	1764	8	13	SJW-F40080130
8742	1764	9	12	1764	8	17	SJW-F40080170
8743	1764	9	13	1764	8	18	SJW-F40080180
8744	1764	9	20	1764	8	25	SJW-F40080250
8745	1764	9	22	1764	8	27	SJW-F40080270
8746	1764	9	25	1764	8	30	SJW-F40080300
8747	1764	9	29	1764	9	4	SJW-F40090040
8748	1764	10	1	1764	9	6	SJW-F40090060
8749	1764	10	4	1764	9	9	SJW-F40090090
8750	1764	10	9	1764	9	14	SJW-F40090140
8751	1764	10	10	1764	9	15	SJW-F40090150
8752	1764	10	11	1764	9	16	SJW-F40090160
8753	1764	10	12	1764	9	17	SJW-F40090170
8754	1764	11	4	1764	10	11	SJW-F40100110
8755	1764	11	13	1764	10	20	SJW-F40100200
8756	1764	11	17	1764	10	24	SJW-F40100240
8757	1764	11	22	1764	10	29	SJW-F40100290
8758	1764	12	2	1764	11	10	SJW-F40110100
8759	1764	12	5	1764	11	13	SJW-F40110130
8760	1764	12	11	1764	11	19	SJW-F40110190
8761	1764	12	12	1764	11	20	SJW-F40110200
8762	1765	1	30	1765	1	10	SJW-F41010100
8763	1765	2	1	1765	1	12	SJW-F41010120
8764	1765	2	2	1765	1	13	SJW-F41010130
8765	1765	2	5	1765	1	16	SJW-F41010160
8766	1765	2	6	1765	1	17	SJW-F41010170
8767	1765	2	13	1765	1	24	SJW-F41010240
8768	1765	2	21	1765	2	2	SJW-F41020020
8769	1765	2	26	1765	2	7	SJW-F41020070
8770	1765	3	5	1765	2	14	SJW-F41020140
8771	1765	3	30	1765	闰 2	10	SJW-F41021100

续表

编号	公历			农历			ID 编号
	年	月	日	年	月	日	
8772	1765	4	4	1765	闰 2	15	SJW-F41021150
8773	1765	4	4	1765	闰 2	15	SJW-F41021151
8774	1765	4	5	1765	闰 2	16	SJW-F41021160
8775	1765	4	6	1765	闰 2	17	SJW-F41021170
8776	1765	4	16	1765	闰 2	27	SJW-F41021270
8777	1765	4	26	1765	3	7	SJW-F41030070
8778	1765	4	27	1765	3	8	SJW-F41030080
8779	1765	4	28	1765	3	9	SJW-F41030090
8780	1765	5	4	1765	3	15	SJW-F41030150
8781	1765	5	5	1765	3	16	SJW-F41030160
8782	1765	5	9	1765	3	20	SJW-F41030200
8783	1765	5	14	1765	3	25	SJW-F41030250
8784	1765	5	22	1765	4	3	SJW-F41040030
8785	1765	5	30	1765	4	11	SJW-F41040110
8786	1765	5	31	1765	4	12	SJW-F41040120
8787	1765	6	1	1765	4	13	SJW-F41040130
8788	1765	6	2	1765	4	14	SJW-F41040140
8789	1765	6	3	1765	4	15	SJW-F41040150
8790	1765	6	19	1765	5	2	SJW-F41050020
8791	1765	6	25	1765	5	8	SJW-F41050080
8792	1765	7	2	1765	5	15	SJW-F41050150
8793	1765	7	30	1765	6	13	SJW-F41060130
8794	1765	8	7	1765	6	21	SJW-F41060210
8795	1765	8	13	1765	6	27	SJW-F41060270
8796	1765	8	18	1765	7	3	SJW-F41070030
8797	1765	8	20	1765	7	5	SJW-F41070050
8798	1765	8	23	1765	7	8	SJW-F41070080
8799	1765	9	17	1765	8	3	SJW-F41080030
8800	1765	10	10	1765	8	26	SJW-F41080260
8801	1765	10	13	1765	8	29	SJW-F41080290
8802	1765	10	18	1765	9	4	SJW-F41090040
8803	1765	10	22	1765	9	8	SJW-F41090080
8804	1765	10	25	1765	9	11	SJW-F41090110
8805	1765	11	4	1765	9	21	SJW-F41090210
8806	1765	11	5	1765	9	22	SJW-F41090220
8807	1765	11	9	1765	9	26	SJW-F41090260
8808	1765	11	23	1765	10	11	SJW-F41100110
8809	1765	12	6	1765	10	24	SJW-F41100240

续表

编号	公历			农历			ID 编号
	年	月	日	年	月	日	
8810	1765	12	7	1765	10	25	SJW-F41100250
8811	1765	12	12	1765	11	1	SJW-F41110010
8812	1765	12	15	1765	11	4	SJW-F41110040
8813	1765	12	29	1765	11	18	SJW-F41110180
8814	1766	1	8	1765	11	28	SJW-F41110280
8815	1766	1	18	1765	12	8	SJW-F41120080
8816	1766	1	29	1765	12	19	SJW-F41120190
8817	1766	1	30	1765	12	20	SJW-F41120200
8818	1766	2	1	1765	12	22	SJW-F41120220
8819	1766	2	7	1765	12	28	SJW-F41120280
8820	1766	2	23	1766	1	15	SJW-F42010150
8821	1766	3	2	1766	1	22	SJW-F42010220
8822	1766	3	6	1766	1	26	SJW-F42010260
8823	1766	3	7	1766	1	27	SJW-F42010270
8824	1766	3	12	1766	2	2	SJW-F42020020
8825	1766	3	14	1766	2	4	SJW-F42020040
8826	1766	3	18	1766	2	8	SJW-F42020080
8827	1766	3	21	1766	2	11	SJW-F42020110
8828	1766	3	22	1766	2	12	SJW-F42020120
8829	1766	3	24	1766	2	14	SJW-F42020140
8830	1766	3	25	1766	2	15	SJW-F42020150
8831	1766	4	4	1766	2	25	SJW-F42020250
8832	1766	4	6	1766	2	27	SJW-F42020270
8833	1766	4	13	1766	3	5	SJW-F42030050
8834	1766	4	25	1766	3	17	SJW-F42030170
8835	1766	4	30	1766	3	22	SJW-F42030220
8836	1766	5	1	1766	3	23	SJW-F42030230
8837	1766	5	10	1766	4	2	SJW-F42040020
8838	1766	6	17	1766	5	11	SJW-F42050110
8839	1766	6	24	1766	5	18	SJW-F42050180
8840	1766	6	25	1766	5	19	SJW-F42050190
8841	1766	6	26	1766	5	20	SJW-F42050200
8842	1766	6	27	1766	5	21	SJW-F42050210
8843	1766	6	28	1766	5	22	SJW-F42050220
8844	1766	6	30	1766	5	24	SJW-F42050240
8845	1766	7	2	1766	5	26	SJW-F42050260
8846	1766	7	3	1766	5	27	SJW-F42050270
8847	1766	7	18	1766	6	12	SJW-F42060120

续表

编号	公历			农历			ID 编号
	年	月	日	年	月	日	
8848	1766	7	21	1766	6	15	SJW-F42060150
8849	1766	7	25	1766	6	19	SJW-F42060190
8850	1766	7	26	1766	6	20	SJW-F42060200
8851	1766	7	27	1766	6	21	SJW-F42060210
8852	1766	7	28	1766	6	22	SJW-F42060220
8853	1766	7	29	1766	6	23	SJW-F42060230
8854	1766	8	6	1766	7	1	SJW-F42070010
8855	1766	8	8	1766	7	3	SJW-F42070030
8856	1766	8	13	1766	7	8	SJW-F42070080
8857	1766	8	24	1766	7	19	SJW-F42070190
8858	1766	8	30	1766	7	25	SJW-F42070250
8859	1766	9	20	1766	8	17	SJW-F42080170
8860	1766	9	21	1766	8	18	SJW-F42080180
8861	1766	9	23	1766	8	20	SJW-F42080200
8862	1766	9	24	1766	8	21	SJW-F42080210
8863	1766	10	24	1766	9	21	SJW-F42090210
8864	1766	11	3	1766	10	2	SJW-F42100020
8865	1766	11	6	1766	10	5	SJW-F42100050
8866	1766	11	7	1766	10	6	SJW-F42100060
8867	1766	12	4	1766	11	3	SJW-F42110030
8868	1766	12	6	1766	11	5	SJW-F42110050
8869	1766	12	13	1766	11	12	SJW-F42110120
8870	1766	12	14	1766	11	13	SJW-F42110130
8871	1766	12	15	1766	11	14	SJW-F42110140
8872	1766	12	16	1766	11	15	SJW-F42110150
8873	1767	1	13	1766	12	13	SJW-F42120130
8874	1767	1	16	1766	12	16	SJW-F42120160
8875	1767	2	25	1767	1	27	SJW-F43010270
8876	1767	3	13	1767	2	14	SJW-F43020140
8877	1767	3	15	1767	2	16	SJW-F43020160
8878	1767	3	21	1767	2	22	SJW-F43020220
8879	1767	3	24	1767	2	25	SJW-F43020250
8880	1767	3	25	1767	2	26	SJW-F43020260
8881	1767	4	1	1767	3	3	SJW-F43030030
8882	1767	4	2	1767	3	4	SJW-F43030040
8883	1767	4	6	1767	3	8	SJW-F43030080
8884	1767	4	16	1767	3	18	SJW-F43030180
8885	1767	4	25	1767	3	27	SJW-F43030270

续表

编号	公历			农历			ID 编号
	年	月	日	年	月	日	
8886	1767	4	26	1767	3	28	SJW-F43030280
8887	1767	5	28	1767	5	1	SJW-F43050010
8888	1767	6	1	1767	5	5	SJW-F43050050
8889	1767	6	5	1767	5	9	SJW-F43050090
8890	1767	6	8	1767	5	12	SJW-F43050120
8891	1767	6	29	1767	6	4	SJW-F43060040
8892	1767	7	4	1767	6	9	SJW-F43060090
8893	1767	7	7	1767	6	12	SJW-F43060120
8894	1767	7	27	1767	7	2	SJW-F43070020
8895	1767	7	29	1767	7	4	SJW-F43070040
8896	1767	8	17	1767	7	23	SJW-F43070230
8897	1767	9	14	1767	闰 7	22	SJW-F43071220
8898	1767	9	22	1767	闰 7	30	SJW-F43071300
8899	1767	9	23	1767	8	1	SJW-F43080010
8900	1767	9	30	1767	8	8	SJW-F43080080
8901	1767	10	14	1767	8	22	SJW-F43080220
8902	1767	10	15	1767	8	23	SJW-F43080230
8903	1767	10	18	1767	8	26	SJW-F43080260
8904	1767	12	22	1767	11	2	SJW-F43110020
8905	1768	2	5	1767	12	17	SJW-F43120170
8906	1768	2	23	1768	1	6	SJW-F44010060
8907	1768	3	4	1768	1	16	SJW-F44010160
8908	1768	3	5	1768	1	17	SJW-F44010170
8909	1768	3	7	1768	1	19	SJW-F44010190
8910	1768	3	14	1768	1	26	SJW-F44010260
8911	1768	3	16	1768	1	28	SJW-F44010280
8912	1768	3	31	1768	2	14	SJW-F44020140
8913	1768	4	5	1768	2	19	SJW-F44020190
8914	1768	4	15	1768	2	29	SJW-F44020290
8915	1768	4	27	1768	3	11	SJW-F44030110
8916	1768	5	7	1768	3	21	SJW-F44030210
8917	1768	5	26	1768	4	11	SJW-F44040110
8918	1768	6	3	1768	4	19	SJW-F44040190
8919	1768	6	4	1768	4	20	SJW-F44040200
8920	1768	6	11	1768	4	27	SJW-F44040270
8921	1768	6	14	1768	4	30	SJW-F44040300
8922	1768	7	5	1768	5	21	SJW-F44050210
8923	1768	7	6	1768	5	22	SJW-F44050220

续表

编号	公历			农历			ID 编号
	年	月	日	年	月	日	
8924	1768	7	7	1768	5	23	SJW-F44050230
8925	1768	7	8	1768	5	24	SJW-F44050240
8926	1768	7	9	1768	5	25	SJW-F44050250
8927	1768	7	10	1768	5	26	SJW-F44050260
8928	1768	7	18	1768	6	5	SJW-F44060050
8929	1768	7	19	1768	6	6	SJW-F44060060
8930	1768	7	20	1768	6	7	SJW-F44060071
8931	1768	7	21	1768	6	8	SJW-F44060080
8932	1768	8	1	1768	6	19	SJW-F44060190
8933	1768	8	17	1768	7	6	SJW-F44070060
8934	1768	8	21	1768	7	10	SJW-F44070100
8935	1768	8	25	1768	7	14	SJW-F44070140
8936	1768	8	26	1768	7	15	SJW-F44070150
8937	1768	8	30	1768	7	19	SJW-F44070190
8938	1768	9	11	1768	8	1	SJW-F44080010
8939	1768	9	12	1768	8	2	SJW-F44080020
8940	1768	9	13	1768	8	3	SJW-F44080030
8941	1768	9	14	1768	8	4	SJW-F44080040
8942	1768	9	18	1768	8	8	SJW-F44080080
8943	1768	9	19	1768	8	9	SJW-F44080090
8944	1768	9	23	1768	8	13	SJW-F44080130
8945	1768	9	27	1768	8	17	SJW-F44080170
8946	1768	9	29	1768	8	19	SJW-F44080190
8947	1768	9	30	1768	8	20	SJW-F44080200
8948	1768	10	3	1768	8	23	SJW-F44080230
8949	1768	10	10	1768	8	30	SJW-F44080300
8950	1768	10	14	1768	9	4	SJW-F44090040
8951	1768	10	29	1768	9	19	SJW-F44090190
8952	1768	10	31	1768	9	21	SJW-F44090210
8953	1768	11	1	1768	9	22	SJW-F44090220
8954	1768	11	6	1768	9	27	SJW-F44090270
8955	1768	11	14	1768	10	6	SJW-F44100060
8956	1768	11	25	1768	10	17	SJW-F44100170
8957	1768	11	29	1768	10	21	SJW-F44100210
8958	1768	11	30	1768	10	22	SJW-F44100220
8959	1768	12	17	1768	11	9	SJW-F44110090
8960	1768	12	18	1768	11	10	SJW-F44110100
8961	1768	12	20	1768	11	12	SJW-F44110120

续表

编号	公历			农历			ID 编号
	年	月	日	年	月	日	
8962	1768	12	21	1768	11	13	SJW-F44110130
8963	1769	1	8	1768	12	1	SJW-F44120010
8964	1769	1	20	1768	12	13	SJW-F44120130
8965	1769	1	22	1768	12	15	SJW-F44120150
8966	1769	1	24	1768	12	17	SJW-F44120170
8967	1769	1	26	1768	12	19	SJW-F44120190
8968	1769	2	5	1768	12	29	SJW-F44120290
8969	1769	4	1	1769	2	25	SJW-F45020250
8970	1769	4	8	1769	3	2	SJW-F45030020
8971	1769	4	13	1769	3	7	SJW-F45030070
8972	1769	5	8	1769	4	3	SJW-F45040030
8973	1769	5	12	1769	4	7	SJW-F45040070
8974	1769	5	20	1769	4	15	SJW-F45040150
8975	1769	5	22	1769	4	17	SJW-F45040170
8976	1769	5	27	1769	4	22	SJW-F45040220
8977	1769	5	28	1769	4	23	SJW-F45040230
8978	1769	6	1	1769	4	27	SJW-F45040270
8979	1769	6	2	1769	4	28	SJW-F45040280
8980	1769	6	8	1769	5	5	SJW-F45050050
8981	1769	6	14	1769	5	11	SJW-F45050110
8982	1769	6	16	1769	5	13	SJW-F45050130
8983	1769	6	18	1769	5	15	SJW-F45050150
8984	1769	6	19	1769	5	16	SJW-F45050160
8985	1769	6	22	1769	5	19	SJW-F45050190
8986	1769	6	23	1769	5	20	SJW-F45050200
8987	1769	6	26	1769	5	23	SJW-F45050230
8988	1769	6	27	1769	5	24	SJW-F45050240
8989	1769	7	10	1769	6	8	SJW-F45060080
8990	1769	7	13	1769	6	11	SJW-F45060110
8991	1769	7	14	1769	6	12	SJW-F45060120
8992	1769	7	15	1769	6	13	SJW-F45060130
8993	1769	7	23	1769	6	21	SJW-F45060210
8994	1769	7	25	1769	6	23	SJW-F45060230
8995	1769	7	26	1769	6	24	SJW-F45060240
8996	1769	7	28	1769	6	26	SJW-F45060260
8997	1769	7	29	1769	6	27	SJW-F45060270
8998	1769	8	1	1769	6	30	SJW-F45060300
8999	1769	8	13	1769	7	12	SJW-F45070120

续表

编号	公历			农历			ID 编号
	年	月	日	年	月	日	
9000	1769	8	14	1769	7	13	SJW-F45070130
9001	1769	8	16	1769	7	15	SJW-F45070150
9002	1769	8	17	1769	7	16	SJW-F45070160
9003	1769	8	19	1769	7	18	SJW-F45070180
9004	1769	8	21	1769	7	20	SJW-F45070200
9005	1769	8	26	1769	7	25	SJW-F45070250
9006	1769	8	27	1769	7	26	SJW-F45070260
9007	1769	9	11	1769	8	12	SJW-F45080120
9008	1769	9	12	1769	8	13	SJW-F45080130
9009	1769	10	7	1769	9	8	SJW-F45090080
9010	1769	11	23	1769	10	26	SJW-F45100260
9011	1769	11	27	1769	10	30	SJW-F45100300
9012	1769	12	7	1769	11	10	SJW-F45110100
9013	1769	12	19	1769	11	22	SJW-F45110220
9014	1769	12	23	1769	11	26	SJW-F45110260
9015	1770	2	1	1770	1	6	SJW-F46010060
9016	1770	2	2	1770	1	7	SJW-F46010070
9017	1770	2	4	1770	1	9	SJW-F46010090
9018	1770	3	3	1770	2	7	SJW-F46020070
9019	1770	3	5	1770	2	9	SJW-F46020090
9020	1770	3	11	1770	2	15	SJW-F46020150
9021	1770	3	27	1770	3	1	SJW-F46030010
9022	1770	3	31	1770	3	5	SJW-F46030050
9023	1770	4	13	1770	3	18	SJW-F46030180
9024	1770	4	17	1770	3	22	SJW-F46030220
9025	1770	4	18	1770	3	23	SJW-F46030230
9026	1770	4	21	1770	3	26	SJW-F46030260
9027	1770	4	24	1770	3	29	SJW-F46030290
9028	1770	4	27	1770	4	2	SJW-F46040020
9029	1770	4	28	1770	4	3	SJW-F46040030
9030	1770	5	13	1770	4	18	SJW-F46040180
9031	1770	5	28	1770	5	4	SJW-F46050040
9032	1770	6	6	1770	5	13	SJW-F46050130
9033	1770	6	8	1770	5	15	SJW-F46050150
9034	1770	6	12	1770	5	19	SJW-F46050190
9035	1770	6	20	1770	5	27	SJW-F46050270
9036	1770	6	21	1770	5	28	SJW-F46050280
9037	1770	6	27	1770	闰 5	5	SJW-F46051050

续表

编号	公历			农历			ID 编号
	年	月	日	年	月	日	
9038	1770	6	29	1770	闰 5	7	SJW-F46051070
9039	1770	7	12	1770	闰 5	20	SJW-F46051200
9040	1770	7	18	1770	闰 5	26	SJW-F46051260
9041	1770	7	31	1770	6	10	SJW-F46060100
9042	1770	8	1	1770	6	11	SJW-F46060110
9043	1770	8	6	1770	6	16	SJW-F46060160
9044	1770	8	22	1770	7	2	SJW-F46070020
9045	1770	9	2	1770	7	13	SJW-F46070130
9046	1770	9	3	1770	7	14	SJW-F46070140
9047	1770	9	10	1770	7	21	SJW-F46070210
9048	1770	9	12	1770	7	23	SJW-F46070230
9049	1770	9	14	1770	7	25	SJW-F46070250
9050	1770	9	15	1770	7	26	SJW-F46070260
9051	1770	9	16	1770	7	27	SJW-F46070270
9052	1770	9	17	1770	7	28	SJW-F46070280
9053	1770	9	20	1770	8	2	SJW-F46080020
9054	1770	9	27	1770	8	9	SJW-F46080090
9055	1770	11	14	1770	9	27	SJW-F46090270
9056	1770	11	30	1770	10	14	SJW-F46100140
9057	1770	12	16	1770	10	30	SJW-F46100300
9058	1770	12	22	1770	11	6	SJW-F46110060
9059	1771	1	5	1770	11	20	SJW-F46110200
9060	1771	1	9	1770	11	24	SJW-F46110240
9061	1771	1	19	1770	12	4	SJW-F46120040
9062	1771	1	22	1770	12	7	SJW-F46120070
9063	1771	1	25	1770	12	10	SJW-F46120100
9064	1771	1	28	1770	12	13	SJW-F46120130
9065	1771	2	9	1770	12	25	SJW-F46120250
9066	1771	2	27	1771	1	13	SJW-F47010130
9067	1771	3	12	1771	1	26	SJW-F47010260
9068	1771	3	13	1771	1	27	SJW-F47010270
9069	1771	3	15	1771	1	29	SJW-F47010290
9070	1771	3	17	1771	2	2	SJW-F47020020
9071	1771	3	18	1771	2	3	SJW-F47020030
9072	1771	3	20	1771	2	5	SJW-F47020050
9073	1771	3	21	1771	2	6	SJW-F47020060
9074	1771	3	22	1771	2	7	SJW-F47020070
9075	1771	3	31	1771	2	16	SJW-F47020160

续表

编号	公历			农历			ID 编号
	年	月	日	年	月	日	
9076	1771	4	3	1771	2	19	SJW-F47020190
9077	1771	5	20	1771	4	7	SJW-F47040070
9078	1771	6	15	1771	5	3	SJW-F47050030
9079	1771	6	16	1771	5	4	SJW-F47050040
9080	1771	6	17	1771	5	5	SJW-F47050050
9081	1771	6	19	1771	5	7	SJW-F47050070
9082	1771	6	24	1771	5	12	SJW-F47050120
9083	1771	6	25	1771	5	13	SJW-F47050130
9084	1771	6	28	1771	5	16	SJW-F47050160
9085	1771	7	3	1771	5	21	SJW-F47050210
9086	1771	7	4	1771	5	22	SJW-F47050220
9087	1771	7	17	1771	6	6	SJW-F47060060
9088	1771	9	6	1771	7	28	SJW-F47070280
9089	1771	9	8	1771	7	30	SJW-F47070300
9090	1771	9	13	1771	8	5	SJW-F47080050
9091	1771	9	14	1771	8	6	SJW-F47080060
9092	1771	9	25	1771	8	17	SJW-F47080170
9093	1771	9	27	1771	8	19	SJW-F47080190
9094	1771	10	1	1771	8	23	SJW-F47080230
9095	1771	10	2	1771	8	24	SJW-F47080240
9096	1771	10	3	1771	8	25	SJW-F47080250
9097	1771	10	4	1771	8	26	SJW-F47080260
9098	1771	10	14	1771	9	7	SJW-F47090070
9099	1771	10	15	1771	9	8	SJW-F47090080
9100	1771	11	3	1771	9	27	SJW-F47090270
9101	1771	11	4	1771	9	28	SJW-F47090280
9102	1771	11	16	1771	10	10	SJW-F47100100
9103	1771	11	18	1771	10	12	SJW-F47100120
9104	1771	11	19	1771	10	13	SJW-F47100130
9105	1771	11	23	1771	10	17	SJW-F47100170
9106	1771	11	25	1771	10	19	SJW-F47100190
9107	1771	11	26	1771	10	20	SJW-F47100200
9108	1771	12	15	1771	11	10	SJW-F47110100
9109	1771	12	16	1771	11	11	SJW-F47110110
9110	1771	12	21	1771	11	16	SJW-F47110160
9111	1771	12	30	1771	11	25	SJW-F47110250
9112	1771	12	31	1771	11	26	SJW-F47110260
9113	1772	1	22	1771	12	18	SJW-F47120180

续表

编号	公历			农历			ID 编号
	年	月	日	年	月	日	
9114	1772	1	24	1771	12	20	SJW-F47120200
9115	1772	2	14	1772	1	11	SJW-F48010110
9116	1772	2	15	1772	1	12	SJW-F48010120
9117	1772	2	16	1772	1	13	SJW-F48010130
9118	1772	2	17	1772	1	14	SJW-F48010140
9119	1772	2	18	1772	1	15	SJW-F48010150
9120	1772	2	29	1772	1	26	SJW-F48010260
9121	1772	3	13	1772	2	10	SJW-F48020100
9122	1772	3	14	1772	2	11	SJW-F48020110
9123	1772	3	27	1772	2	24	SJW-F48020240
9124	1772	4	1	1772	2	29	SJW-F48020290
9125	1772	5	6	1772	4	4	SJW-F48040040
9126	1772	5	7	1772	4	5	SJW-F48040050
9127	1772	5	8	1772	4	6	SJW-F48040060
9128	1772	5	31	1772	4	29	SJW-F48040290
9129	1772	6	5	1772	5	5	SJW-F48050050
9130	1772	6	6	1772	5	6	SJW-F48050060
9131	1772	6	7	1772	5	7	SJW-F48050070
9132	1772	6	8	1772	5	8	SJW-F48050080
9133	1772	6	12	1772	5	12	SJW-F48050120
9134	1772	6	18	1772	5	18	SJW-F48050180
9135	1772	6	19	1772	5	19	SJW-F48050190
9136	1772	6	22	1772	5	22	SJW-F48050220
9137	1772	6	23	1772	5	23	SJW-F48050230
9138	1772	6	24	1772	5	24	SJW-F48050240
9139	1772	6	25	1772	5	25	SJW-F48050250
9140	1772	6	30	1772	5	30	SJW-F48050300
9141	1772	8	16	1772	7	18	SJW-F48070180
9142	1772	8	17	1772	7	19	SJW-F48070190
9143	1772	8	18	1772	7	20	SJW-F48070200
9144	1772	8	27	1772	7	29	SJW-F48070290
9145	1772	10	26	1772	10	1	SJW-F48100010
9146	1772	11	5	1772	10	11	SJW-F48100110
9147	1772	11	6	1772	10	12	SJW-F48100120
9148	1772	11	10	1772	10	16	SJW-F48100160
9149	1772	11	13	1772	10	19	SJW-F48100190
9150	1772	11	24	1772	10	30	SJW-F48100300
9151	1772	11	28	1772	11	4	SJW-F48110040

续表

编号	公历			农历			ID 编号
	年	月	日	年	月	日	
9152	1772	12	2	1772	11	8	SJW-F48110080
9153	1772	12	10	1772	11	16	SJW-F48110160
9154	1772	12	15	1772	11	21	SJW-F48110210
9155	1772	12	18	1772	11	24	SJW-F48110240
9156	1773	1	13	1772	12	21	SJW-F48120210
9157	1773	1	20	1772	12	28	SJW-F48120280
9158	1773	1	24	1773	1	2	SJW-F49010020
9159	1773	3	4	1773	2	12	SJW-F49020120
9160	1773	4	1	1773	3	10	SJW-F49030100
9161	1773	4	13	1773	3	22	SJW-F49030220
9162	1773	4	17	1773	3	26	SJW-F49030260
9163	1773	4	18	1773	3	27	SJW-F49030270
9164	1773	4	20	1773	3	29	SJW-F49030290
9165	1773	4	24	1773	闰 3	3	SJW-F49031030
9166	1773	4	26	1773	闰 3	5	SJW-F49031050
9167	1773	5	12	1773	闰 3	21	SJW-F49031210
9168	1773	6	1	1773	4	12	SJW-F49040120
9169	1773	6	2	1773	4	13	SJW-F49040130
9170	1773	6	3	1773	4	14	SJW-F49040140
9171	1773	6	4	1773	4	15	SJW-F49040150
9172	1773	6	12	1773	4	23	SJW-F49040230
9173	1773	6	13	1773	4	24	SJW-F49040240
9174	1773	6	20	1773	5	1	SJW-F49050010
9175	1773	6	23	1773	5	4	SJW-F49050040
9176	1773	6	24	1773	5	5	SJW-F49050050
9177	1773	6	29	1773	5	10	SJW-F49050100
9178	1773	6	30	1773	5	11	SJW-F49050110
9179	1773	7	16	1773	5	27	SJW-F49050270
9180	1773	7	17	1773	5	28	SJW-F49050280
9181	1773	8	21	1773	7	4	SJW-F49070040
9182	1773	8	22	1773	7	5	SJW-F49070050
9183	1773	8	23	1773	7	6	SJW-F49070060
9184	1773	8	24	1773	7	7	SJW-F49070070
9185	1773	8	26	1773	7	9	SJW-F49070090
9186	1773	9	12	1773	7	26	SJW-F49070260
9187	1773	9	13	1773	7	27	SJW-F49070270
9188	1773	9	17	1773	8	2	SJW-F49080020
9189	1773	9	18	1773	8	3	SJW-F49080030

续表

编号	公历			农历			ID 编号
	年	月	日	年	月	日	
9190	1773	10	6	1773	8	21	SJW-F49080210
9191	1773	10	17	1773	9	2	SJW-F49090020
9192	1773	10	19	1773	9	4	SJW-F49090040
9193	1773	10	20	1773	9	5	SJW-F49090050
9194	1773	10	24	1773	9	9	SJW-F49090090
9195	1773	11	8	1773	9	24	SJW-F49090240
9196	1773	11	15	1773	10	2	SJW-F49100020
9197	1773	11	17	1773	10	4	SJW-F49100040
9198	1773	11	20	1773	10	7	SJW-F49100070
9199	1773	12	1	1773	10	18	SJW-F49100180
9200	1773	12	15	1773	11	2	SJW-F49110020
9201	1773	12	16	1773	11	3	SJW-F49110030
9202	1774	1	6	1773	11	24	SJW-F49110240
9203	1774	2	7	1773	12	27	SJW-F49120270
9204	1774	2	8	1773	12	28	SJW-F49120280
9205	1774	2	19	1774	1	9	SJW-F50010090
9206	1774	2	24	1774	1	14	SJW-F50010140
9207	1774	2	26	1774	1	16	SJW-F50010160
9208	1774	2	28	1774	1	18	SJW-F50010180
9209	1774	3	9	1774	1	27	SJW-F50010270
9210	1774	3	22	1774	2	11	SJW-F50020110
9211	1774	4	4	1774	2	24	SJW-F50020240
9212	1774	4	5	1774	2	25	SJW-F50020250
9213	1774	4	9	1774	2	29	SJW-F50020290
9214	1774	4	15	1774	3	5	SJW-F50030050
9215	1774	5	9	1774	3	29	SJW-F50030290
9216	1774	5	18	1774	4	9	SJW-F50040090
9217	1774	5	19	1774	4	10	SJW-F50040100
9218	1774	5	30	1774	4	21	SJW-F50040210
9219	1774	6	11	1774	5	3	SJW-F50050030
9220	1774	6	22	1774	5	14	SJW-F50050140
9221	1774	6	23	1774	5	15	SJW-F50050150
9222	1774	6	25	1774	5	17	SJW-F50050170
9223	1774	7	4	1774	5	26	SJW-F50050260
9224	1774	7	11	1774	6	3	SJW-F50060030
9225	1774	7	23	1774	6	15	SJW-F50060150
9226	1774	7	24	1774	6	16	SJW-F50060160
9227	1774	7	30	1774	6	22	SJW-F50060220

续表

编号	公历			农历			ID 编号
	年	月	日	年	月	日	
9228	1774	8	7	1774	7	1	SJW-F50070010
9229	1774	8	8	1774	7	2	SJW-F50070020
9230	1774	8	11	1774	7	5	SJW-F50070050
9231	1774	8	14	1774	7	8	SJW-F50070080
9232	1774	8	24	1774	7	18	SJW-F50070180
9233	1774	9	13	1774	8	8	SJW-F50080080
9234	1774	9	14	1774	8	9	SJW-F50080090
9235	1774	9	26	1774	8	21	SJW-F50080210
9236	1774	11	22	1774	10	19	SJW-F50100190
9237	1774	11	28	1774	10	25	SJW-F50100250
9238	1774	12	22	1774	11	20	SJW-F50110200
9239	1775	2	13	1775	1	14	SJW-F51010140
9240	1775	2	18	1775	1	19	SJW-F51010190
9241	1775	2	20	1775	1	21	SJW-F51010210
9242	1775	2	24	1775	1	25	SJW-F51010250
9243	1775	3	4	1775	2	3	SJW-F51020030
9244	1775	3	5	1775	2	4	SJW-F51020040
9245	1775	3	7	1775	2	6	SJW-F51020060
9246	1775	3	8	1775	2	7	SJW-F51020070
9247	1775	3	9	1775	2	8	SJW-F51020080
9248	1775	3	17	1775	2	16	SJW-F51020160
9249	1775	3	20	1775	2	19	SJW-F51020190
9250	1775	3	21	1775	2	20	SJW-F51020200
9251	1775	3	25	1775	2	24	SJW-F51020240
9252	1775	3	30	1775	2	29	SJW-F51020290
9253	1775	4	6	1775	3	7	SJW-F51030070
9254	1775	4	17	1775	3	18	SJW-F51030180
9255	1775	4	18	1775	3	19	SJW-F51030190
9256	1775	4	19	1775	3	20	SJW-F51030200
9257	1775	4	20	1775	3	21	SJW-F51030210
9258	1775	4	27	1775	3	28	SJW-F51030280
9259	1775	5	7	1775	4	8	SJW-F51040080
9260	1775	6	5	1775	5	8	SJW-F51050080
9261	1775	6	9	1775	5	12	SJW-F51050120
9262	1775	6	18	1775	5	21	SJW-F51050210
9263	1775	6	22	1775	5	25	SJW-F51050250
9264	1775	6	28	1775	6	1	SJW-F51060010
9265	1775	7	2	1775	6	5	SJW-F51060050

续表

编号	公历			农历			ID 编号
	年	月	日	年	月	日	
9266	1775	7	6	1775	6	9	SJW-F51060090
9267	1775	7	8	1775	6	11	SJW-F51060110
9268	1775	7	10	1775	6	13	SJW-F51060130
9269	1775	7	11	1775	6	14	SJW-F51060140
9270	1775	7	17	1775	6	20	SJW-F51060200
9271	1775	7	19	1775	6	22	SJW-F51060220
9272	1775	7	20	1775	6	23	SJW-F51060230
9273	1775	7	23	1775	6	26	SJW-F51060260
9274	1775	7	25	1775	6	28	SJW-F51060280
9275	1775	7	27	1775	7	1	SJW-F51070010
9276	1775	7	30	1775	7	4	SJW-F51070040
9277	1775	8	14	1775	7	19	SJW-F51070190
9278	1775	9	4	1775	8	10	SJW-F51080100
9279	1775	10	6	1775	9	12	SJW-F51090120
9280	1775	10	23	1775	9	29	SJW-F51090290
9281	1775	10	25	1775	10	2	SJW-F51100020
9282	1775	11	28	1775	闰 10	6	SJW-F51101060
9283	1775	12	2	1775	闰 10	10	SJW-F51101100
9284	1775	12	19	1775	闰 10	27	SJW-F51101270
9285	1776	1	4	1775	11	14	SJW-F51110140
9286	1776	1	9	1775	11	19	SJW-F51110190
9287	1776	1	30	1775	12	10	SJW-F51120100
9288	1776	1	31	1775	12	11	SJW-F51120110
9289	1776	2	2	1775	12	13	SJW-F51120130
9290	1776	2	3	1775	12	14	SJW-F51120140
9291	1776	2	4	1775	12	15	SJW-F51120150
9292	1776	2	8	1775	12	19	SJW-F51120190
9293	1776	2	10	1775	12	21	SJW-F51120210
9294	1776	2	12	1775	12	23	SJW-F51120230
9295	1776	2	13	1775	12	24	SJW-F51120240
9296	1776	2	25	1776	1	7	SJW-F52010070
9297	1776	3	16	1776	1	27	SJW-F52010270
9298	1776	3	18	1776	1	29	SJW-F52010290
9299	1776	3	23	1776	2	4	SJW-F52020040
9300	1776	4	9	1776	2	21	SJW-F52020210
9301	1776	4	12	1776	2	24	SJW-F52020240
9302	1776	4	28	1776	3	11	SJW-F52030110
9303	1776	6	2	1776	4	16	SJW-G00040160

续表

编号	公历			农历			ID 编号
	年	月	日	年	月	日	
9304	1776	6	27	1776	5	12	SJW-G00050120
9305	1776	7	7	1776	5	22	SJW-G00050220
9306	1776	7	27	1776	6	13	SJW-G00060130
9307	1776	8	16	1776	7	3	SJW-G00070030
9308	1776	8	23	1776	7	10	SJW-G00070100
9309	1776	8	24	1776	7	11	SJW-G00070110
9310	1776	8	26	1776	7	13	SJW-G00070130
9311	1776	9	8	1776	7	26	SJW-G00070260
9312	1776	10	14	1776	9	3	SJW-G00090030
9313	1776	11	23	1776	10	13	SJW-G00100130
9314	1776	11	26	1776	10	16	SJW-G00100160
9315	1776	11	27	1776	10	17	SJW-G00100170
9316	1776	12	7	1776	10	27	SJW-G00100270
9317	1776	12	9	1776	10	29	SJW-G00100290
9318	1776	12	15	1776	11	5	SJW-G00110050
9319	1776	12	19	1776	11	9	SJW-G00110090
9320	1776	12	20	1776	11	10	SJW-G00110100
9321	1776	12	25	1776	11	15	SJW-G00110150
9322	1777	2	10	1777	1	3	SJW-G01010030
9323	1777	2	13	1777	1	6	SJW-G01010060
9324	1777	2	24	1777	1	17	SJW-G01010170
9325	1777	3	1	1777	1	22	SJW-G01010220
9326	1777	3	18	1777	2	10	SJW-G01020100
9327	1777	3	21	1777	2	13	SJW-G01020130
9328	1777	3	22	1777	2	14	SJW-G01020140
9329	1777	4	5	1777	2	28	SJW-G01020280
9330	1777	4	6	1777	2	29	SJW-G01020290
9331	1777	4	11	1777	3	4	SJW-G01030040
9332	1777	4	14	1777	3	7	SJW-G01030070
9333	1777	4	18	1777	3	11	SJW-G01030110
9334	1777	4	19	1777	3	12	SJW-G01030120
9335	1777	4	20	1777	3	13	SJW-G01030130
9336	1777	4	21	1777	3	14	SJW-G01030140
9337	1777	5	1	1777	3	24	SJW-G01030240
9338	1777	5	5	1777	3	28	SJW-G01030280
9339	1777	6	2	1777	4	27	SJW-G01040270
9340	1777	6	3	1777	4	28	SJW-G01040280
9341	1777	6	16	1777	5	12	SJW-G01050120

续表

编号	公历			农历			ID 编号
	年	月	日	年	月	日	
9342	1777	6	25	1777	5	21	SJW-G01050210
9343	1777	8	5	1777	7	3	SJW-G01070030
9344	1777	8	6	1777	7	4	SJW-G01070040
9345	1777	8	7	1777	7	5	SJW-G01070050
9346	1777	8	18	1777	7	16	SJW-G01070160
9347	1777	9	4	1777	8	3	SJW-G01080030
9348	1777	9	5	1777	8	4	SJW-G01080040
9349	1777	9	10	1777	8	9	SJW-G01080090
9350	1777	9	21	1777	8	20	SJW-G01080200
9351	1777	9	24	1777	8	23	SJW-G01080230
9352	1777	9	25	1777	8	24	SJW-G01080240
9353	1777	10	22	1777	9	22	SJW-G01090220
9354	1777	11	1	1777	10	2	SJW-G01100020
9355	1777	11	3	1777	10	4	SJW-G01100040
9356	1778	2	2	1778	1	6	SJW-G02010060
9357	1778	4	28	1778	4	2	SJW-G02040020
9358	1778	7	5	1778	6	12	SJW-G02060120
9359	1778	7	9	1778	6	16	SJW-G02060160
9360	1778	7	12	1778	6	19	SJW-G02060190
9361	1778	7	14	1778	6	21	SJW-G02060210
9362	1778	7	15	1778	6	22	SJW-G02060220
9363	1778	7	16	1778	6	23	SJW-G02060230
9364	1778	7	18	1778	6	25	SJW-G02060250
9365	1778	7	25	1778	闰 6	2	SJW-G02061020
9366	1778	7	31	1778	闰 6	8	SJW-G02061080
9367	1778	8	9	1778	闰 6	17	SJW-G02061170
9368	1778	8	20	1778	闰 6	28	SJW-G02061280
9369	1778	8	22	1778	7	1	SJW-G02070010
9370	1778	8	26	1778	7	5	SJW-G02070050
9371	1778	8	27	1778	7	6	SJW-G02070060
9372	1778	9	6	1778	7	16	SJW-G02070160
9373	1778	9	22	1778	8	2	SJW-G02080020
9374	1778	9	23	1778	8	3	SJW-G02080030
9375	1778	9	30	1778	8	10	SJW-G02080100
9376	1778	10	2	1778	8	12	SJW-G02080120
9377	1778	10	12	1778	8	22	SJW-G02080220
9378	1778	10	14	1778	8	24	SJW-G02080240
9379	1778	10	29	1778	9	10	SJW-G02090100

续表

编号	公历			农历			ID 编号
	年	月	日	年	月	日	
9380	1778	10	30	1778	9	11	SJW-G02090110
9381	1778	10	31	1778	9	12	SJW-G02090120
9382	1778	11	1	1778	9	13	SJW-G02090130
9383	1778	11	7	1778	9	19	SJW-G02090190
9384	1778	11	13	1778	9	25	SJW-G02090250
9385	1778	11	23	1778	10	5	SJW-G02100050
9386	1778	12	6	1778	10	18	SJW-G02100180
9387	1778	12	13	1778	10	25	SJW-G02100250
9388	1779	1	20	1778	12	3	SJW-G02120030
9389	1779	1	21	1778	12	4	SJW-G02120040
9390	1779	2	4	1778	12	18	SJW-G02120180
9391	1779	2	15	1778	12	29	SJW-G02120290
9392	1779	2	20	1779	1	5	SJW-G03010050
9393	1779	3	1	1779	1	14	SJW-G03010140
9394	1779	3	2	1779	1	15	SJW-G03010150
9395	1779	3	3	1779	1	16	SJW-G03010160
9396	1779	3	26	1779	2	9	SJW-G03020090
9397	1779	3	29	1779	2	12	SJW-G03020120
9398	1779	4	6	1779	2	20	SJW-G03020200
9399	1779	4	8	1779	2	22	SJW-G03020220
9400	1779	4	10	1779	2	24	SJW-G03020240
9401	1779	4	18	1779	3	3	SJW-G03030030
9402	1779	4	19	1779	3	4	SJW-G03030040
9403	1779	4	21	1779	3	6	SJW-G03030060
9404	1779	4	29	1779	3	14	SJW-G03030140
9405	1779	4	30	1779	3	15	SJW-G03030150
9406	1779	5	2	1779	3	17	SJW-G03030170
9407	1779	5	12	1779	3	27	SJW-G03030270
9408	1779	6	10	1779	4	26	SJW-G03040260
9409	1779	6	13	1779	4	29	SJW-G03040290
9410	1779	6	14	1779	5	1	SJW-G03050010
9411	1779	6	15	1779	5	2	SJW-G03050020
9412	1779	6	20	1779	5	7	SJW-G03050070
9413	1779	6	21	1779	5	8	SJW-G03050080
9414	1779	6	23	1779	5	10	SJW-G03050100
9415	1779	6	24	1779	5	11	SJW-G03050110
9416	1779	6	27	1779	5	14	SJW-G03050140
9417	1779	6	28	1779	5	15	SJW-G03050150

续表

编号	公历			农历			ID 编号
	年	月	日	年	月	日	
9418	1779	7	2	1779	5	19	SJW-G03050190
9419	1779	7	6	1779	5	23	SJW-G03050230
9420	1779	7	7	1779	5	24	SJW-G03050240
9421	1779	7	11	1779	5	28	SJW-G03050280
9422	1779	7	14	1779	6	2	SJW-G03060020
9423	1779	7	18	1779	6	6	SJW-G03060060
9424	1779	8	3	1779	6	22	SJW-G03060220
9425	1779	8	4	1779	6	23	SJW-G03060230
9426	1779	8	11	1779	6	30	SJW-G03060300
9427	1779	9	13	1779	8	4	SJW-G03080040
9428	1779	9	16	1779	8	7	SJW-G03080070
9429	1779	9	28	1779	8	19	SJW-G03080190
9430	1779	10	6	1779	8	27	SJW-G03080270
9431	1779	10	26	1779	9	17	SJW-G03090170
9432	1779	11	1	1779	9	23	SJW-G03090230
9433	1779	11	3	1779	9	25	SJW-G03090250
9434	1779	11	7	1779	9	29	SJW-G03090290
9435	1779	11	15	1779	10	8	SJW-G03100080
9436	1779	11	18	1779	10	11	SJW-G03100110
9437	1779	11	19	1779	10	12	SJW-G03100120
9438	1779	11	25	1779	10	18	SJW-G03100180
9439	1779	11	26	1779	10	19	SJW-G03100190
9440	1779	12	17	1779	11	10	SJW-G03110100
9441	1779	12	28	1779	11	21	SJW-G03110210
9442	1780	1	13	1779	12	7	SJW-G03120070
9443	1780	1	20	1779	12	14	SJW-G03120140
9444	1780	2	3	1779	12	28	SJW-G03120280
9445	1780	2	19	1780	1	15	SJW-G04010150
9446	1780	3	12	1780	2	7	SJW-G04020070
9447	1780	3	25	1780	2	20	SJW-G04020200
9448	1780	3	26	1780	2	21	SJW-G04020210
9449	1780	3	29	1780	2	24	SJW-G04020240
9450	1780	4	4	1780	2	30	SJW-G04020300
9451	1780	4	8	1780	3	4	SJW-G04030040
9452	1780	4	25	1780	3	21	SJW-G04030210
9453	1780	4	29	1780	3	25	SJW-G04030250
9454	1780	5	1	1780	3	27	SJW-G04030270
9455	1780	5	4	1780	4	1	SJW-G04040010

续表

编号	公历			农历			ID 编号
	年	月	日	年	月	日	
9456	1780	5	20	1780	4	17	SJW-G04040170
9457	1780	5	23	1780	4	20	SJW-G04040200
9458	1780	6	11	1780	5	9	SJW-G04050090
9459	1780	6	17	1780	5	15	SJW-G04050150
9460	1780	6	29	1780	5	27	SJW-G04050270
9461	1780	8	2	1780	7	3	SJW-G04070030
9462	1780	8	3	1780	7	4	SJW-G04070040
9463	1780	8	28	1780	7	29	SJW-G04070290
9464	1780	9	6	1780	8	8	SJW-G04080080
9465	1780	9	7	1780	8	9	SJW-G04080090
9466	1780	9	9	1780	8	11	SJW-G04080110
9467	1780	9	24	1780	8	26	SJW-G04080260
9468	1780	10	19	1780	9	22	SJW-G04090220
9469	1780	10	22	1780	9	25	SJW-G04090250
9470	1780	10	24	1780	9	27	SJW-G04090270
9471	1780	11	1	1780	10	5	SJW-G04100050
9472	1780	11	4	1780	10	8	SJW-G04100080
9473	1780	11	6	1780	10	10	SJW-G04100100
9474	1780	11	8	1780	10	12	SJW-G04100120
9475	1780	11	13	1780	10	17	SJW-G04100170
9476	1780	11	23	1780	10	27	SJW-G04100270
9477	1780	12	2	1780	11	7	SJW-G04110070
9478	1780	12	26	1780	12	1	SJW-G04120010
9479	1780	12	27	1780	12	2	SJW-G04120020
9480	1780	12	28	1780	12	3	SJW-G04120030
9481	1781	1	6	1780	12	12	SJW-G04120120
9482	1781	1	21	1780	12	27	SJW-G04120270
9483	1781	2	10	1781	1	18	SJW-G05010180
9484	1781	2	16	1781	1	24	SJW-G05010240
9485	1781	2	18	1781	1	26	SJW-G05010260
9486	1781	3	7	1781	2	13	SJW-G05020130
9487	1781	3	12	1781	2	18	SJW-G05020180
9488	1781	3	21	1781	2	27	SJW-G05020270
9489	1781	3	30	1781	3	6	SJW-G05030060
9490	1781	4	16	1781	3	23	SJW-G05030230
9491	1781	6	18	1781	5	27	SJW-G05050270
9492	1781	7	1	1781	闰 5	10	SJW-G05051100
9493	1781	7	4	1781	闰 5	13	SJW-G05051130

续表

编号	公历			农历			ID 编号
	年	月	日	年	月	日	
9494	1781	7	19	1781	闰 5	28	SJW-G05051280
9495	1781	7	20	1781	闰 5	29	SJW-G05051290
9496	1781	7	22	1781	6	2	SJW-G05060020
9497	1781	7	23	1781	6	3	SJW-G05060030
9498	1781	9	11	1781	7	24	SJW-G05070240
9499	1781	9	12	1781	7	25	SJW-G05070250
9500	1781	9	19	1781	8	2	SJW-G05080020
9501	1781	10	27	1781	9	11	SJW-G05090110
9502	1781	11	17	1781	10	2	SJW-G05100020
9503	1781	11	21	1781	10	6	SJW-G05100060
9504	1781	11	28	1781	10	13	SJW-G05100130
9505	1781	12	15	1781	11	1	SJW-G05110010
9506	1781	12	17	1781	11	3	SJW-G05110030
9507	1781	12	22	1781	11	8	SJW-G05110080
9508	1781	12	26	1781	11	12	SJW-G05110120
9509	1782	1	1	1781	11	18	SJW-G05110180
9510	1782	1	3	1781	11	20	SJW-G05110200
9511	1782	1	4	1781	11	21	SJW-G05110210
9512	1782	1	12	1781	11	29	SJW-G05110290
9513	1782	1	27	1781	12	14	SJW-G05120140
9514	1782	1	29	1781	12	16	SJW-G05120160
9515	1782	2	3	1781	12	21	SJW-G05120210
9516	1782	2	4	1781	12	22	SJW-G05120220
9517	1782	2	6	1781	12	24	SJW-G05120240
9518	1782	2	9	1781	12	27	SJW-G05120270
9519	1782	3	7	1782	1	24	SJW-G06010240
9520	1782	3	14	1782	2	1	SJW-G06020010
9521	1782	3	15	1782	2	2	SJW-G06020020
9522	1782	3	17	1782	2	4	SJW-G06020040
9523	1782	3	18	1782	2	5	SJW-G06020050
9524	1782	3	22	1782	2	9	SJW-G06020090
9525	1782	3	27	1782	2	14	SJW-G06020140
9526	1782	4	6	1782	2	24	SJW-G06020240
9527	1782	4	11	1782	2	29	SJW-G06020290
9528	1782	4	12	1782	2	30	SJW-G06020300
9529	1782	5	2	1782	3	20	SJW-G06030200
9530	1782	5	3	1782	3	21	SJW-G06030210
9531	1782	5	13	1782	4	2	SJW-G06040020

续表

编号	公历			农历			ID 编号
	年	月	日	年	月	日	
9532	1782	5	17	1782	4	6	SJW-G06040060
9533	1782	5	25	1782	4	14	SJW-G06040140
9534	1782	5	27	1782	4	16	SJW-G06040160
9535	1782	6	2	1782	4	22	SJW-G06040220
9536	1782	6	10	1782	4	30	SJW-G06040300
9537	1782	6	19	1782	5	9	SJW-G06050090
9538	1782	6	21	1782	5	11	SJW-G06050110
9539	1782	6	23	1782	5	13	SJW-G06050130
9540	1782	7	4	1782	5	24	SJW-G06050240
9541	1782	7	8	1782	5	28	SJW-G06050280
9542	1782	7	9	1782	5	29	SJW-G06050290
9543	1782	7	21	1782	6	12	SJW-G06060120
9544	1782	7	25	1782	6	16	SJW-G06060160
9545	1782	7	26	1782	6	17	SJW-G06060170
9546	1782	7	29	1782	6	20	SJW-G06060200
9547	1782	9	4	1782	7	27	SJW-G06070270
9548	1782	10	6	1782	8	30	SJW-G06080300
9549	1782	10	16	1782	9	10	SJW-G06090100
9550	1782	10	25	1782	9	19	SJW-G06090190
9551	1782	11	6	1782	10	2	SJW-G06100020
9552	1782	11	26	1782	10	22	SJW-G06100220
9553	1782	11	30	1782	10	26	SJW-G06100260
9554	1782	12	1	1782	10	27	SJW-G06100270
9555	1782	12	6	1782	11	2	SJW-G06110020
9556	1782	12	15	1782	11	11	SJW-G06110110
9557	1783	1	19	1782	12	17	SJW-G06120170
9558	1783	2	15	1783	1	14	SJW-G07010140
9559	1783	2	16	1783	1	15	SJW-G07010150
9560	1783	2	20	1783	1	19	SJW-G07010190
9561	1783	3	7	1783	2	5	SJW-G07020050
9562	1783	3	11	1783	2	9	SJW-G07020090
9563	1783	3	20	1783	2	18	SJW-G07020180
9564	1783	4	3	1783	3	2	SJW-G07030020
9565	1783	4	6	1783	3	5	SJW-G07030050
9566	1783	4	12	1783	3	11	SJW-G07030110
9567	1783	4	19	1783	3	18	SJW-G07030180
9568	1783	4	25	1783	3	24	SJW-G07030240
9569	1783	4	26	1783	3	25	SJW-G07030250

续表

编号	公历			农历			ID 编号
	年	月	日	年	月	日	
9570	1783	4	30	1783	3	29	SJW-G07030290
9571	1783	5	11	1783	4	11	SJW-G07040110
9572	1783	5	12	1783	4	12	SJW-G07040120
9573	1783	5	18	1783	4	18	SJW-G07040180
9574	1783	5	24	1783	4	24	SJW-G07040240
9575	1783	5	25	1783	4	25	SJW-G07040250
9576	1783	6	12	1783	5	13	SJW-G07050130
9577	1783	7	10	1783	6	11	SJW-G07060110
9578	1783	7	20	1783	6	21	SJW-G07060210
9579	1783	7	26	1783	6	27	SJW-G07060270
9580	1783	8	1	1783	7	4	SJW-G07070040
9581	1783	8	22	1783	7	25	SJW-G07070250
9582	1783	9	23	1783	8	27	SJW-G07080270
9583	1783	10	19	1783	9	24	SJW-G07090240
9584	1783	10	20	1783	9	25	SJW-G07090250
9585	1783	11	3	1783	10	9	SJW-G07100090
9586	1783	11	14	1783	10	20	SJW-G07100200
9587	1783	11	22	1783	10	28	SJW-G07100280
9588	1783	11	27	1783	11	4	SJW-G07110040
9589	1783	12	4	1783	11	11	SJW-G07110110
9590	1783	12	5	1783	11	12	SJW-G07110120
9591	1783	12	7	1783	11	14	SJW-G07110140
9592	1783	12	10	1783	11	17	SJW-G07110170
9593	1784	1	25	1784	1	4	SJW-G08010040
9594	1784	1	28	1784	1	7	SJW-G08010070
9595	1784	2	22	1784	2	2	SJW-G08020020
9596	1784	3	6	1784	2	15	SJW-G08020150
9597	1784	3	17	1784	2	26	SJW-G08020260
9598	1784	3	23	1784	3	3	SJW-G08030030
9599	1784	4	1	1784	3	12	SJW-G08030120
9600	1784	4	2	1784	3	13	SJW-G08030130
9601	1784	4	17	1784	3	28	SJW-G08030280
9602	1784	4	26	1784	闰 3	7	SJW-G08031070
9603	1784	4	27	1784	闰 3	8	SJW-G08031080
9604	1784	5	8	1784	闰 3	19	SJW-G08031190
9605	1784	5	12	1784	闰 3	23	SJW-G08031230
9606	1784	5	14	1784	闰 3	25	SJW-G08031250
9607	1784	5	19	1784	4	1	SJW-G08040010

续表

编号	公历			农历			ID 编号
	年	月	日	年	月	日	
9608	1784	5	20	1784	4	2	SJW-G08040020
9609	1784	5	25	1784	4	7	SJW-G08040070
9610	1784	5	28	1784	4	10	SJW-G08040100
9611	1784	6	1	1784	4	14	SJW-G08040140
9612	1784	6	5	1784	4	18	SJW-G08040180
9613	1784	6	21	1784	5	4	SJW-G08050040
9614	1784	6	22	1784	5	5	SJW-G08050050
9615	1784	6	28	1784	5	11	SJW-G08050110
9616	1784	7	26	1784	6	10	SJW-G08060100
9617	1784	7	27	1784	6	11	SJW-G08060110
9618	1784	8	27	1784	7	12	SJW-G08070120
9619	1784	8	29	1784	7	14	SJW-G08070140
9620	1784	9	15	1784	8	1	SJW-G08080010
9621	1784	11	4	1784	9	22	SJW-G08090220
9622	1784	12	3	1784	10	21	SJW-G08100210
9623	1784	12	11	1784	10	29	SJW-G08100290
9624	1785	1	4	1784	11	24	SJW-G08110240
9625	1785	4	3	1785	2	24	SJW-G09020240
9626	1785	4	15	1785	3	7	SJW-G09030070
9627	1785	4	17	1785	3	9	SJW-G09030090
9628	1785	4	24	1785	3	16	SJW-G09030160
9629	1785	4	25	1785	3	17	SJW-G09030170
9630	1785	5	6	1785	3	28	SJW-G09030280
9631	1785	5	21	1785	4	13	SJW-G09040130
9632	1785	5	22	1785	4	14	SJW-G09040140
9633	1785	5	27	1785	4	19	SJW-G09040190
9634	1785	5	28	1785	4	20	SJW-G09040200
9635	1785	6	21	1785	5	15	SJW-G09050150
9636	1785	7	24	1785	6	19	SJW-G09060190
9637	1785	8	2	1785	6	28	SJW-G09060280
9638	1785	8	7	1785	7	3	SJW-G09070030
9639	1785	8	23	1785	7	19	SJW-G09070190
9640	1785	8	24	1785	7	20	SJW-G09070200
9641	1785	9	6	1785	8	3	SJW-G09080030
9642	1785	11	5	1785	10	4	SJW-G09100040
9643	1785	12	2	1785	11	1	SJW-G09110010
9644	1786	1	8	1785	12	9	SJW-G09120090
9645	1786	1	15	1785	12	16	SJW-G09120160

续表

编号	公历			农历			ID 编号
	年	月	日	年	月	日	
9646	1786	1	16	1785	12	17	SJW-G09120170
9647	1786	2	18	1786	1	20	SJW-G10010200
9648	1786	3	7	1786	2	8	SJW-G10020080
9649	1786	3	11	1786	2	12	SJW-G10020120
9650	1786	3	29	1786	2	30	SJW-G10020300
9651	1786	5	20	1786	4	23	SJW-G10040230
9652	1786	6	6	1786	5	11	SJW-G10050110
9653	1786	7	11	1786	6	16	SJW-G10060160
9654	1786	8	15	1786	7	22	SJW-G10070220
9655	1786	8	16	1786	7	23	SJW-G10070230
9656	1786	8	19	1786	7	26	SJW-G10070260
9657	1786	11	29	1786	10	9	SJW-G10100090
9658	1786	12	27	1786	11	7	SJW-G10110070
9659	1786	12	28	1786	11	8	SJW-G10110080
9660	1787	1	15	1786	11	26	SJW-G10110260
9661	1787	5	5	1787	3	18	SJW-G11030180
9662	1787	5	6	1787	3	19	SJW-G11030190
9663	1787	6	2	1787	4	17	SJW-G11040170
9664	1787	6	4	1787	4	19	SJW-G11040190
9665	1787	6	9	1787	4	24	SJW-G11040240
9666	1787	7	1	1787	5	17	SJW-G11050170
9667	1787	7	3	1787	5	19	SJW-G11050190
9668	1787	8	3	1787	6	20	SJW-G11060200
9669	1787	8	9	1787	6	26	SJW-G11060260
9670	1788	1	10	1787	12	3	SJW-G11120030
9671	1788	3	12	1788	2	5	SJW-G12020050
9672	1788	3	16	1788	2	9	SJW-G12020090
9673	1788	3	27	1788	2	20	SJW-G12020200
9674	1788	3	29	1788	2	22	SJW-G12020220
9675	1788	4	5	1788	2	29	SJW-G12020290
9676	1788	4	12	1788	3	7	SJW-G12030070
9677	1788	5	16	1788	4	11	SJW-G12040110
9678	1788	5	19	1788	4	14	SJW-G12040140
9679	1788	5	23	1788	4	18	SJW-G12040180
9680	1788	5	24	1788	4	19	SJW-G12040190
9681	1788	6	3	1788	4	29	SJW-G12040290
9682	1788	6	7	1788	5	4	SJW-G12050040
9683	1788	6	10	1788	5	7	SJW-G12050070

续表

编号	公历			农历			ID 编号
	年	月	日	年	月	日	
9684	1788	6	10	1788	5	7	SJW-G12050071
9685	1788	6	21	1788	5	18	SJW-G12050180
9686	1788	7	2	1788	5	29	SJW-G12050290
9687	1788	7	4	1788	6	1	SJW-G12060010
9688	1788	7	5	1788	6	2	SJW-G12060020
9689	1788	9	2	1788	8	3	SJW-G12080030
9690	1788	9	3	1788	8	4	SJW-G12080040
9691	1788	9	26	1788	8	27	SJW-G12080270
9692	1788	10	24	1788	9	26	SJW-G12090260
9693	1788	11	9	1788	10	12	SJW-G12100120
9694	1788	11	10	1788	10	13	SJW-G12100130
9695	1788	11	26	1788	10	29	SJW-G12100290
9696	1788	12	9	1788	11	12	SJW-G12110120
9697	1788	12	11	1788	11	14	SJW-G12110140
9698	1788	12	14	1788	11	17	SJW-G12110170
9699	1788	12	16	1788	11	19	SJW-G12110190
9700	1788	12	25	1788	11	28	SJW-G12110280
9701	1789	1	3	1788	12	8	SJW-G12120080
9702	1789	1	4	1788	12	9	SJW-G12120090
9703	1789	1	5	1788	12	10	SJW-G12120100
9704	1789	1	10	1788	12	15	SJW-G12120150
9705	1789	4	18	1789	3	23	SJW-G13030230
9706	1789	6	17	1789	5	24	SJW-G13050240
9707	1789	6	25	1789	闰 5	3	SJW-G13051030
9708	1789	6	29	1789	闰 5	7	SJW-G13051070
9709	1789	7	13	1789	闰 5	21	SJW-G13051210
9710	1789	7	29	1789	6	8	SJW-G13060080
9711	1789	8	5	1789	6	15	SJW-G13060150
9712	1789	8	7	1789	6	17	SJW-G13060170
9713	1789	10	28	1789	9	10	SJW-G13090100
9714	1789	10	29	1789	9	11	SJW-G13090110
9715	1789	11	6	1789	9	19	SJW-G13090190
9716	1789	11	10	1789	9	23	SJW-G13090230
9717	1789	11	11	1789	9	24	SJW-G13090240
9718	1789	11	29	1789	10	13	SJW-G13100130
9719	1789	12	8	1789	10	22	SJW-G13100220
9720	1789	12	24	1789	11	8	SJW-G13110080
9721	1790	1	10	1789	11	25	SJW-G13110250

续表

编号	公历			农历			ID 编号
	年	月	日	年	月	日	
9722	1790	1	22	1789	12	8	SJW-G13120080
9723	1790	3	12	1790	1	27	SJW-G14010270
9724	1790	5	27	1790	4	14	SJW-G14040140
9725	1790	8	19	1790	7	10	SJW-G14070100
9726	1790	11	12	1790	10	6	SJW-G14100060
9727	1790	11	19	1790	10	13	SJW-G14100130
9728	1790	11	27	1790	10	21	SJW-G14100210
9729	1790	11	28	1790	10	22	SJW-G14100220
9730	1790	12	2	1790	10	26	SJW-G14100260
9731	1790	12	18	1790	11	13	SJW-G14110130
9732	1791	1	23	1790	12	19	SJW-G14120190
9733	1791	1	24	1790	12	20	SJW-G14120200
9734	1791	2	16	1791	1	14	SJW-G15010140
9735	1791	2	17	1791	1	15	SJW-G15010150
9736	1791	2	19	1791	1	17	SJW-G15010170
9737	1791	2	26	1791	1	24	SJW-G15010240
9738	1791	4	5	1791	3	3	SJW-G15030030
9739	1791	5	13	1791	4	11	SJW-G15040110
9740	1791	5	21	1791	4	19	SJW-G15040190
9741	1791	6	6	1791	5	5	SJW-G15050050
9742	1791	7	6	1791	6	6	SJW-G15060060
9743	1791	7	20	1791	6	20	SJW-G15060200
9744	1791	8	1	1791	7	2	SJW-G15070020
9745	1791	8	2	1791	7	3	SJW-G15070030
9746	1791	8	8	1791	7	9	SJW-G15070090
9747	1791	8	26	1791	7	27	SJW-G15070270
9748	1791	8	27	1791	7	28	SJW-G15070280
9749	1791	8	30	1791	8	2	SJW-G15080020
9750	1791	9	1	1791	8	4	SJW-G15080040
9751	1791	9	9	1791	8	12	SJW-G15080120
9752	1791	9	24	1791	8	27	SJW-G15080270
9753	1791	11	22	1791	10	27	SJW-G15100270
9754	1791	12	6	1791	11	11	SJW-G15110110
9755	1791	12	15	1791	11	20	SJW-G15110200
9756	1792	1	3	1791	12	10	SJW-G15120100
9757	1792	2	9	1792	1	17	SJW-G16010170
9758	1792	2	16	1792	1	24	SJW-G16010240
9759	1792	2	27	1792	2	6	SJW-G16020060

续表

编号	公历			农历			ID 编号
	年	月	日	年	月	日	
9760	1792	3	5	1792	2	13	SJW-G16020130
9761	1792	3	12	1792	2	20	SJW-G16020200
9762	1792	3	28	1792	3	6	SJW-G16030060
9763	1792	4	1	1792	3	10	SJW-G16030100
9764	1792	4	16	1792	3	25	SJW-G16030250
9765	1792	4	17	1792	3	26	SJW-G16030260
9766	1792	5	6	1792	4	16	SJW-G16040160
9767	1792	5	7	1792	4	17	SJW-G16040170
9768	1792	5	30	1792	闰 4	10	SJW-G16041100
9769	1792	7	5	1792	5	17	SJW-G16050170
9770	1792	7	16	1792	5	28	SJW-G16050280
9771	1792	8	9	1792	6	22	SJW-G16060220
9772	1792	10	26	1792	9	11	SJW-G16090110
9773	1792	11	26	1792	10	13	SJW-G16100130
9774	1792	11	28	1792	10	15	SJW-G16100150
9775	1792	11	30	1792	10	17	SJW-G16100170
9776	1792	12	18	1792	11	5	SJW-G16110050
9777	1792	12	20	1792	11	7	SJW-G16110070
9778	1792	12	22	1792	11	9	SJW-G16110090
9779	1792	12	23	1792	11	10	SJW-G16110100
9780	1792	12	24	1792	11	11	SJW-G16110110
9781	1793	1	24	1792	12	13	SJW-G16120130
9782	1793	1	25	1792	12	14	SJW-G16120140
9783	1793	1	27	1792	12	16	SJW-G16120160
9784	1793	1	29	1792	12	18	SJW-G16120180
9785	1793	2	4	1792	12	24	SJW-G16120240
9786	1793	2	21	1793	1	11	SJW-G17010110
9787	1793	2	25	1793	1	15	SJW-G17010150
9788	1793	3	1	1793	1	19	SJW-G17010190
9789	1793	3	15	1793	2	4	SJW-G17020040
9790	1793	3	21	1793	2	10	SJW-G17020100
9791	1793	3	25	1793	2	14	SJW-G17020140
9792	1793	3	26	1793	2	15	SJW-G17020150
9793	1793	3	28	1793	2	17	SJW-G17020170
9794	1793	4	5	1793	2	25	SJW-G17020250
9795	1793	4	13	1793	3	3	SJW-G17030030
9796	1793	4	14	1793	3	4	SJW-G17030040
9797	1793	4	18	1793	3	8	SJW-G17030080

续表

编号	公历			农历			ID 编号
	年	月	日	年	月	日	
9798	1793	4	20	1793	3	10	SJW-G17030100
9799	1793	5	2	1793	3	22	SJW-G17030220
9800	1793	5	6	1793	3	26	SJW-G17030260
9801	1793	5	9	1793	3	29	SJW-G17030290
9802	1793	5	12	1793	4	3	SJW-G17040030
9803	1793	5	14	1793	4	5	SJW-G17040050
9804	1793	5	15	1793	4	6	SJW-G17040060
9805	1793	5	20	1793	4	11	SJW-G17040110
9806	1793	5	31	1793	4	22	SJW-G17040220
9807	1793	7	2	1793	5	25	SJW-G17050250
9808	1793	7	3	1793	5	26	SJW-G17050260
9809	1793	7	7	1793	5	30	SJW-G17050300
9810	1793	7	17	1793	6	10	SJW-G17060100
9811	1793	8	3	1793	6	27	SJW-G17060270
9812	1793	8	4	1793	6	28	SJW-G17060280
9813	1793	9	3	1793	7	28	SJW-G17070280
9814	1793	9	4	1793	7	29	SJW-G17070290
9815	1793	9	6	1793	8	2	SJW-G17080020
9816	1793	9	8	1793	8	4	SJW-G17080040
9817	1793	9	10	1793	8	6	SJW-G17080060
9818	1793	9	11	1793	8	7	SJW-G17080070
9819	1793	9	18	1793	8	14	SJW-G17080140
9820	1793	9	19	1793	8	15	SJW-G17080150
9821	1793	10	3	1793	8	29	SJW-G17080290
9822	1793	10	21	1793	9	17	SJW-G17090170
9823	1793	11	1	1793	9	28	SJW-G17090280
9824	1793	12	12	1793	11	10	SJW-G17110100
9825	1793	12	28	1793	11	26	SJW-G17110260
9826	1794	1	3	1793	12	2	SJW-G17120020
9827	1794	1	4	1793	12	3	SJW-G17120030
9828	1794	1	6	1793	12	5	SJW-G17120050
9829	1794	1	8	1793	12	7	SJW-G17120070
9830	1794	1	10	1793	12	9	SJW-G17120090
9831	1794	1	31	1794	1	1	SJW-G18010010
9832	1794	2	20	1794	1	21	SJW-G18010210
9833	1794	2	25	1794	1	26	SJW-G18010260
9834	1794	3	4	1794	2	3	SJW-G18020030
9835	1794	3	10	1794	2	9	SJW-G18020090

续表

编号	公历			农历			ID 编号
	年	月	日	年	月	日	
9836	1794	3	15	1794	2	14	SJW-G18020140
9837	1794	3	24	1794	2	23	SJW-G18020230
9838	1794	3	29	1794	2	28	SJW-G18020280
9839	1794	4	6	1794	3	7	SJW-G18030070
9840	1794	4	17	1794	3	18	SJW-G18030180
9841	1794	4	19	1794	3	20	SJW-G18030200
9842	1794	6	18	1794	5	21	SJW-G18050210
9843	1794	6	20	1794	5	23	SJW-G18050230
9844	1794	6	26	1794	5	29	SJW-G18050290
9845	1794	6	27	1794	6	1	SJW-G18060010
9846	1794	6	28	1794	6	2	SJW-G18060020
9847	1794	6	29	1794	6	3	SJW-G18060030
9848	1794	7	5	1794	6	9	SJW-G18060090
9849	1794	8	8	1794	7	13	SJW-G18070130
9850	1794	8	30	1794	8	6	SJW-G18080060
9851	1794	9	19	1794	8	26	SJW-G18080260
9852	1794	9	20	1794	8	27	SJW-G18080270
9853	1794	10	23	1794	9	30	SJW-G18090300
9854	1794	11	26	1794	11	4	SJW-G18110040
9855	1794	12	6	1794	11	14	SJW-G18110140
9856	1794	12	17	1794	11	25	SJW-G18110250
9857	1794	12	19	1794	11	27	SJW-G18110270
9858	1794	12	20	1794	11	28	SJW-G18110280
9859	1794	12	21	1794	11	29	SJW-G18110290
9860	1795	1	26	1795	1	6	SJW-G19010060
9861	1795	2	18	1795	1	29	SJW-G19010290
9862	1795	3	5	1795	2	15	SJW-G19020150
9863	1795	4	23	1795	3	5	SJW-G19030050
9864	1795	5	1	1795	3	13	SJW-G19030130
9865	1795	5	18	1795	4	1	SJW-G19040010
9866	1795	5	31	1795	4	14	SJW-G19040140
9867	1795	6	21	1795	5	5	SJW-G19050050
9868	1795	6	27	1795	5	11	SJW-G19050110
9869	1795	7	4	1795	5	18	SJW-G19050180
9870	1795	7	9	1795	5	23	SJW-G19050230
9871	1795	7	15	1795	5	29	SJW-G19050290
9872	1795	7	22	1795	6	7	SJW-G19060070
9873	1795	8	13	1795	6	29	SJW-G19060290

续表

编号	公历			农历			ID 编号
	年	月	日	年	月	日	
9874	1795	8	15	1795	7	1	SJW-G19070010
9875	1796	1	17	1795	12	8	SJW-G19120080
9876	1796	2	8	1795	12	30	SJW-G19120300
9877	1796	2	14	1796	1	6	SJW-G20010060
9878	1796	3	11	1796	2	3	SJW-G20020030
9879	1796	3	13	1796	2	5	SJW-G20020050
9880	1796	3	20	1796	2	12	SJW-G20020120
9881	1796	4	3	1796	2	26	SJW-G20020260
9882	1796	4	5	1796	2	28	SJW-G20020280
9883	1796	4	7	1796	2	30	SJW-G20020300
9884	1796	4	8	1796	3	1	SJW-G20030010
9885	1796	4	17	1796	3	10	SJW-G20030100
9886	1796	4	19	1796	3	12	SJW-G20030120
9887	1796	4	20	1796	3	13	SJW-G20030130
9888	1796	4	30	1796	3	23	SJW-G20030230
9889	1796	5	10	1796	4	4	SJW-G20040040
9890	1796	5	14	1796	4	8	SJW-G20040080
9891	1796	5	18	1796	4	12	SJW-G20040120
9892	1796	5	20	1796	4	14	SJW-G20040140
9893	1796	5	24	1796	4	18	SJW-G20040180
9894	1796	5	31	1796	4	25	SJW-G20040250
9895	1796	6	1	1796	4	26	SJW-G20040260
9896	1796	6	5	1796	5	1	SJW-G20050010
9897	1796	6	10	1796	5	6	SJW-G20050060
9898	1796	6	14	1796	5	10	SJW-G20050100
9899	1796	7	1	1796	5	27	SJW-G20050270
9900	1796	7	6	1796	6	2	SJW-G20060020
9901	1796	7	8	1796	6	4	SJW-G20060040
9902	1796	7	20	1796	6	16	SJW-G20060160
9903	1796	7	21	1796	6	17	SJW-G20060170
9904	1796	8	4	1796	7	2	SJW-G20070020
9905	1796	9	10	1796	8	10	SJW-G20080100
9906	1796	9	27	1796	8	27	SJW-G20080270
9907	1796	11	7	1796	10	8	SJW-G20100080
9908	1796	11	18	1796	10	19	SJW-G20100190
9909	1796	11	25	1796	10	26	SJW-G20100260
9910	1797	1	30	1797	1	3	SJW-G21010030
9911	1797	3	2	1797	2	4	SJW-G21020040

续表

编号	公历			农历			ID 编号
	年	月	日	年	月	日	
9912	1797	3	7	1797	2	9	SJW-G21020090
9913	1797	3	27	1797	2	29	SJW-G21020290
9914	1797	3	29	1797	3	2	SJW-G21030020
9915	1797	4	2	1797	3	6	SJW-G21030060
9916	1797	4	4	1797	3	8	SJW-G21030080
9917	1797	4	5	1797	3	9	SJW-G21030090
9918	1797	4	9	1797	3	13	SJW-G21030130
9919	1797	4	18	1797	3	22	SJW-G21030220
9920	1797	4	27	1797	4	1	SJW-G21040010
9921	1797	4	28	1797	4	2	SJW-G21040020
9922	1797	5	23	1797	4	27	SJW-G21040270
9923	1797	6	2	1797	5	8	SJW-G21050080
9924	1797	6	6	1797	5	12	SJW-G21050120
9925	1797	6	8	1797	5	14	SJW-G21050140
9926	1797	6	9	1797	5	15	SJW-G21050150
9927	1797	7	7	1797	6	13	SJW-G21060130
9928	1797	7	23	1797	6	29	SJW-G21060290
9929	1797	7	24	1797	闰 6	1	SJW-G21061010
9930	1797	8	9	1797	闰 6	17	SJW-G21061170
9931	1797	8	18	1797	闰 6	26	SJW-G21061260
9932	1797	8	30	1797	7	9	SJW-G21070090
9933	1797	9	13	1797	7	23	SJW-G21070230
9934	1797	10	4	1797	8	15	SJW-G21080150
9935	1797	10	11	1797	8	22	SJW-G21080220
9936	1797	10	27	1797	9	8	SJW-G21090080
9937	1797	11	14	1797	9	26	SJW-G21090260
9938	1797	12	4	1797	10	17	SJW-G21100170
9939	1797	12	29	1797	11	12	SJW-G21110120
9940	1798	1	26	1797	12	10	SJW-G21120100
9941	1798	2	20	1798	1	5	SJW-G22010050
9942	1798	3	3	1798	1	16	SJW-G22010160
9943	1798	3	6	1798	1	19	SJW-G22010190
9944	1798	3	15	1798	1	28	SJW-G22010280
9945	1798	3	17	1798	2	1	SJW-G22020010
9946	1798	3	26	1798	2	10	SJW-G22020100
9947	1798	3	30	1798	2	14	SJW-G22020140
9948	1798	4	1	1798	2	16	SJW-G22020160
9949	1798	4	5	1798	2	20	SJW-G22020200

续表

编号	公历			农历			ID 编号
	年	月	日	年	月	日	
9950	1798	4	9	1798	2	24	SJW-G22020240
9951	1798	4	10	1798	2	25	SJW-G22020250
9952	1798	4	15	1798	2	30	SJW-G22020300
9953	1798	6	16	1798	5	3	SJW-G22050030
9954	1798	6	18	1798	5	5	SJW-G22050050
9955	1798	6	23	1798	5	10	SJW-G22050100
9956	1798	6	24	1798	5	11	SJW-G22050110
9957	1798	6	29	1798	5	16	SJW-G22050160
9958	1798	7	3	1798	5	20	SJW-G22050200
9959	1798	7	5	1798	5	22	SJW-G22050220
9960	1798	7	22	1798	6	10	SJW-G22060100
9961	1798	7	24	1798	6	12	SJW-G22060120
9962	1798	8	6	1798	6	25	SJW-G22060250
9963	1798	9	16	1798	8	7	SJW-G22080070
9964	1798	9	22	1798	8	13	SJW-G22080130
9965	1798	10	8	1798	8	29	SJW-G22080290
9966	1798	10	10	1798	9	2	SJW-G22090020
9967	1798	10	21	1798	9	13	SJW-G22090130
9968	1798	10	28	1798	9	20	SJW-G22090200
9969	1798	11	4	1798	9	27	SJW-G22090270
9970	1798	11	28	1798	10	21	SJW-G22100210
9971	1798	12	1	1798	10	24	SJW-G22100240
9972	1798	12	4	1798	10	27	SJW-G22100270
9973	1798	12	16	1798	11	10	SJW-G22110100
9974	1798	12	20	1798	11	14	SJW-G22110140
9975	1798	12	21	1798	11	15	SJW-G22110150
9976	1798	12	27	1798	11	21	SJW-G22110210
9977	1799	1	2	1798	11	27	SJW-G22110270
9978	1799	1	12	1798	12	7	SJW-G22120070
9979	1799	1	13	1798	12	8	SJW-G22120080
9980	1799	1	21	1798	12	16	SJW-G22120160
9981	1799	2	4	1798	12	30	SJW-G22120300
9982	1799	2	8	1799	1	4	SJW-G23010040
9983	1799	2	11	1799	1	7	SJW-G23010070
9984	1799	2	14	1799	1	10	SJW-G23010100
9985	1799	3	17	1799	2	12	SJW-G23020120
9986	1799	3	18	1799	2	13	SJW-G23020130
9987	1799	3	27	1799	2	22	SJW-G23020220

续表

编号	公历			农历			ID 编号
	年	月	日	年	月	日	
9988	1799	4	2	1799	2	28	SJW-G23020280
9989	1799	4	3	1799	2	29	SJW-G23020290
9990	1799	4	8	1799	3	4	SJW-G23030040
9991	1799	4	9	1799	3	5	SJW-G23030050
9992	1799	4	27	1799	3	23	SJW-G23030230
9993	1799	4	28	1799	3	24	SJW-G23030240
9994	1799	4	30	1799	3	26	SJW-G23030260
9995	1799	5	3	1799	3	29	SJW-G23030290
9996	1799	5	5	1799	4	1	SJW-G23040010
9997	1799	6	6	1799	5	4	SJW-G23050040
9998	1799	6	18	1799	5	16	SJW-G23050160
9999	1799	6	20	1799	5	18	SJW-G23050180
10000	1799	6	28	1799	5	26	SJW-G23050260
10001	1799	7	26	1799	6	24	SJW-G23060240
10002	1799	8	5	1799	7	5	SJW-G23070050
10003	1799	8	16	1799	7	16	SJW-G23070160
10004	1799	8	26	1799	7	26	SJW-G23070260
10005	1799	9	28	1799	8	29	SJW-G23080290
10006	1799	11	8	1799	10	11	SJW-G23100110
10007	1799	11	9	1799	10	12	SJW-G23100120
10008	1799	11	11	1799	10	14	SJW-G23100140
10009	1799	11	13	1799	10	16	SJW-G23100160
10010	1799	11	14	1799	10	17	SJW-G23100170
10011	1799	11	15	1799	10	18	SJW-G23100180
10012	1799	11	18	1799	10	21	SJW-G23100210
10013	1799	11	29	1799	11	3	SJW-G23110030
10014	1799	12	7	1799	11	11	SJW-G23110110
10015	1799	12	8	1799	11	12	SJW-G23110120
10016	1799	12	14	1799	11	18	SJW-G23110180
10017	1799	12	25	1799	11	29	SJW-G23110290
10018	1800	1	1	1799	12	7	SJW-G23120070
10019	1800	1	23	1799	12	29	SJW-G23120290
10020	1800	1	28	1800	1	4	SJW-G24010040
10021	1800	1	31	1800	1	7	SJW-G24010070
10022	1800	2	5	1800	1	12	SJW-G24010120
10023	1800	2	6	1800	1	13	SJW-G24010130
10024	1800	2	13	1800	1	20	SJW-G24010200
10025	1800	3	3	1800	2	8	SJW-G24020080

续表

编号	公历			农历			ID 编号
	年	月	日	年	月	日	
10026	1800	3	4	1800	2	9	SJW-G24020090
10027	1800	3	15	1800	2	20	SJW-G24020200
10028	1800	3	27	1800	3	3	SJW-G24030030
10029	1800	3	30	1800	3	6	SJW-G24030060
10030	1800	4	10	1800	3	17	SJW-G24030170
10031	1800	4	15	1800	3	22	SJW-G24030220
10032	1800	4	24	1800	4	1	SJW-G24040010
10033	1800	4	30	1800	4	7	SJW-G24040070
10034	1800	5	3	1800	4	10	SJW-G24040100
10035	1800	5	28	1800	闰 4	5	SJW-G24041050
10036	1800	6	23	1800	5	2	SJW-G24050020
10037	1800	6	26	1800	5	5	SJW-G24050050
10038	1800	7	6	1800	5	15	SJW-G24050150
10039	1800	7	12	1800	5	21	SJW-G24050210
10040	1800	7	13	1800	5	22	SJW-G24050220
10041	1800	7	19	1800	5	28	SJW-G24050280
10042	1800	7	20	1800	5	29	SJW-G24050290
10043	1800	7	21	1800	5	30	SJW-G24050300
10044	1800	7	24	1800	6	3	SJW-G24060030
10045	1800	7	27	1800	6	6	SJW-G24060060
10046	1800	8	6	1800	6	16	SJW-G24060160
10047	1800	9	15	1800	7	27	SJW-H00070270
10048	1800	10	9	1800	8	21	SJW-H00080210
10049	1800	10	29	1800	9	12	SJW-H00090120
10050	1800	10	30	1800	9	13	SJW-H00090130
10051	1800	11	11	1800	9	25	SJW-H00090250
10052	1800	11	22	1800	10	6	SJW-H00100060
10053	1800	12	28	1800	11	13	SJW-H00110130
10054	1801	1	28	1800	12	14	SJW-H00120140
10055	1801	2	1	1800	12	18	SJW-H00120180
10056	1801	2	2	1800	12	19	SJW-H00120190
10057	1801	2	26	1801	1	14	SJW-H01010140
10058	1801	4	24	1801	3	12	SJW-H01030120
10059	1801	4	29	1801	3	17	SJW-H01030170
10060	1801	5	5	1801	3	23	SJW-H01030230
10061	1801	5	7	1801	3	25	SJW-H01030250
10062	1801	5	9	1801	3	27	SJW-H01030270
10063	1801	5	11	1801	3	29	SJW-H01030290

续表

编号	公历			农历			ID 编号
	年	月	日	年	月	日	
10064	1801	5	12	1801	3	30	SJW-H01030300
10065	1801	5	13	1801	4	1	SJW-H01040010
10066	1801	5	15	1801	4	3	SJW-H01040030
10067	1801	6	10	1801	4	29	SJW-H01040290
10068	1801	6	18	1801	5	8	SJW-H01050080
10069	1801	7	26	1801	6	16	SJW-H01060160
10070	1801	8	3	1801	6	24	SJW-H01060240
10071	1801	8	29	1801	7	21	SJW-H01070210
10072	1801	9	29	1801	8	22	SJW-H01080220
10073	1801	10	6	1801	8	29	SJW-H01080290
10074	1801	10	17	1801	9	10	SJW-H01090100
10075	1801	11	2	1801	9	26	SJW-H01090260
10076	1801	11	18	1801	10	13	SJW-H01100130
10077	1801	11	22	1801	10	17	SJW-H01100170
10078	1801	12	8	1801	11	3	SJW-H01110030
10079	1801	12	10	1801	11	5	SJW-H01110050
10080	1801	12	15	1801	11	10	SJW-H01110100
10081	1801	12	19	1801	11	14	SJW-H01110140
10082	1801	12	21	1801	11	16	SJW-H01110160
10083	1802	1	6	1801	12	3	SJW-H01120030
10084	1802	1	16	1801	12	13	SJW-H01120130
10085	1802	1	17	1801	12	14	SJW-H01120140
10086	1802	2	7	1802	1	5	SJW-H02010050
10087	1802	2	20	1802	1	18	SJW-H02010180
10088	1802	2	25	1802	1	23	SJW-H02010230
10089	1802	3	22	1802	2	19	SJW-H02020190
10090	1802	3	24	1802	2	21	SJW-H02020210
10091	1802	3	29	1802	2	26	SJW-H02020260
10092	1802	4	13	1802	3	12	SJW-H02030120
10093	1802	4	14	1802	3	13	SJW-H02030130
10094	1802	4	17	1802	3	16	SJW-H02030160
10095	1802	5	3	1802	4	2	SJW-H02040020
10096	1802	5	9	1802	4	8	SJW-H02040080
10097	1802	6	1	1802	5	2	SJW-H02050020
10098	1802	6	9	1802	5	10	SJW-H02050100
10099	1802	6	22	1802	5	23	SJW-H02050230
10100	1802	7	2	1802	6	3	SJW-H02060030
10101	1802	7	5	1802	6	6	SJW-H02060060

续表

编号	公历			农历			ID 编号
	年	月	日	年	月	日	
10102	1802	7	18	1802	6	19	SJW-H02060190
10103	1802	8	2	1802	7	5	SJW-H02070050
10104	1802	8	27	1802	7	30	SJW-H02070300
10105	1802	9	10	1802	8	14	SJW-H02080140
10106	1802	9	26	1802	8	30	SJW-H02080300
10107	1802	9	28	1802	9	2	SJW-H02090020
10108	1802	10	14	1802	9	18	SJW-H02090180
10109	1802	11	3	1802	10	8	SJW-H02100081
10110	1802	11	7	1802	10	12	SJW-H02100120
10111	1802	11	10	1802	10	15	SJW-H02100151
10112	1802	11	21	1802	10	26	SJW-H02100260
10113	1802	11	26	1802	11	2	SJW-H02110020
10114	1802	12	24	1802	11	30	SJW-H02110300
10115	1803	1	1	1802	12	8	SJW-H02120080
10116	1803	1	3	1802	12	10	SJW-H02120100
10117	1803	1	8	1802	12	15	SJW-H02120150
10118	1803	1	22	1802	12	29	SJW-H02120290
10119	1803	2	6	1803	1	15	SJW-H03010150
10120	1803	2	20	1803	1	29	SJW-H03010290
10121	1803	3	3	1803	2	10	SJW-H03020100
10122	1803	3	4	1803	2	11	SJW-H03020110
10123	1803	3	14	1803	2	21	SJW-H03020210
10124	1803	3	21	1803	2	28	SJW-H03020280
10125	1803	3	23	1803	闰 2	1	SJW-H03021010
10126	1803	3	28	1803	闰 2	6	SJW-H03021060
10127	1803	3	29	1803	闰 2	7	SJW-H03021070
10128	1803	4	2	1803	闰 2	11	SJW-H03021110
10129	1803	4	8	1803	闰 2	17	SJW-H03021170
10130	1803	4	9	1803	闰 2	18	SJW-H03021180
10131	1803	4	14	1803	闰 2	23	SJW-H03021230
10132	1803	4	27	1803	3	7	SJW-H03030070
10133	1803	5	1	1803	3	11	SJW-H03030110
10134	1803	6	16	1803	4	27	SJW-H03040270
10135	1803	6	17	1803	4	28	SJW-H03040280
10136	1803	6	18	1803	4	29	SJW-H03040290
10137	1803	7	5	1803	5	17	SJW-H03050170
10138	1803	7	10	1803	5	22	SJW-H03050220
10139	1803	7	17	1803	5	29	SJW-H03050290

续表

编号	公历			农历			ID 编号
	年	月	日	年	月	日	
10140	1803	8	22	1803	7	6	SJW-H03070060
10141	1803	8	26	1803	7	10	SJW-H03070100
10142	1803	8	28	1803	7	12	SJW-H03070120
10143	1803	8	29	1803	7	13	SJW-H03070130
10144	1803	8	30	1803	7	14	SJW-H03070140
10145	1803	8	31	1803	7	15	SJW-H03070150
10146	1803	10	3	1803	8	18	SJW-H03080180
10147	1803	10	4	1803	8	19	SJW-H03080190
10148	1803	10	16	1803	9	1	SJW-H03090010
10149	1803	10	17	1803	9	2	SJW-H03090020
10150	1803	10	19	1803	9	4	SJW-H03090040
10151	1803	10	25	1803	9	10	SJW-H03090100
10152	1803	11	7	1803	9	23	SJW-H03090230
10153	1803	11	14	1803	10	1	SJW-H03100010
10154	1803	11	15	1803	10	2	SJW-H03100020
10155	1803	11	21	1803	10	8	SJW-H03100080
10156	1803	11	22	1803	10	9	SJW-H03100090
10157	1803	12	13	1803	10	30	SJW-H03100300
10158	1804	2	26	1804	1	16	SJW-H04010160
10159	1804	4	12	1804	3	3	SJW-H04030030
10160	1804	4	22	1804	3	13	SJW-H04030130
10161	1804	4	23	1804	3	14	SJW-H04030140
10162	1804	4	29	1804	3	20	SJW-H04030200
10163	1804	4	30	1804	3	21	SJW-H04030210
10164	1804	5	6	1804	3	27	SJW-H04030270
10165	1804	5	13	1804	4	5	SJW-H04040050
10166	1804	5	17	1804	4	9	SJW-H04040090
10167	1804	5	30	1804	4	22	SJW-H04040220
10168	1804	5	31	1804	4	23	SJW-H04040230
10169	1804	6	18	1804	5	11	SJW-H04050110
10170	1804	7	7	1804	6	1	SJW-H04060010
10171	1804	7	15	1804	6	9	SJW-H04060090
10172	1804	7	18	1804	6	12	SJW-H04060120
10173	1804	8	1	1804	6	26	SJW-H04060260
10174	1804	8	18	1804	7	14	SJW-H04070140
10175	1804	8	20	1804	7	16	SJW-H04070160
10176	1804	8	22	1804	7	18	SJW-H04070180
10177	1804	10	10	1804	9	7	SJW-H04090070

续表

编号	公历			农历			ID 编号
	年	月	日	年	月	日	
10178	1804	10	19	1804	9	16	SJW-H04090160
10179	1804	10	30	1804	9	27	SJW-H04090270
10180	1804	11	5	1804	10	4	SJW-H04100040
10181	1804	11	9	1804	10	8	SJW-H04100080
10182	1804	11	10	1804	10	9	SJW-H04100090
10183	1804	11	14	1804	10	13	SJW-H04100130
10184	1804	11	15	1804	10	14	SJW-H04100140
10185	1804	12	16	1804	11	15	SJW-H04110150
10186	1804	12	17	1804	11	16	SJW-H04110160
10187	1804	12	19	1804	11	18	SJW-H04110180
10188	1804	12	23	1804	11	22	SJW-H04110220
10189	1805	1	4	1804	12	4	SJW-H04120040
10190	1805	1	23	1804	12	23	SJW-H04120230
10191	1805	2	18	1805	1	19	SJW-H05010190
10192	1805	2	24	1805	1	25	SJW-H05010250
10193	1805	3	8	1805	2	8	SJW-H05020080
10194	1805	3	9	1805	2	9	SJW-H05020090
10195	1805	3	11	1805	2	11	SJW-H05020110
10196	1805	3	27	1805	2	27	SJW-H05020270
10197	1805	5	10	1805	4	12	SJW-H05040120
10198	1805	5	13	1805	4	15	SJW-H05040150
10199	1805	6	27	1805	6	1	SJW-H05060010
10200	1805	7	10	1805	6	14	SJW-H05060140
10201	1805	7	15	1805	6	19	SJW-H05060190
10202	1805	7	16	1805	6	20	SJW-H05060200
10203	1805	7	17	1805	6	21	SJW-H05060210
10204	1805	7	18	1805	6	22	SJW-H05060220
10205	1805	7	19	1805	6	23	SJW-H05060230
10206	1805	7	21	1805	6	25	SJW-H05060250
10207	1805	8	1	1805	闰 6	7	SJW-H05061070
10208	1805	8	4	1805	闰 6	10	SJW-H05061100
10209	1805	8	7	1805	闰 6	13	SJW-H05061130
10210	1805	8	9	1805	闰 6	15	SJW-H05061150
10211	1805	8	19	1805	闰 6	25	SJW-H05061250
10212	1805	8	30	1805	7	7	SJW-H05070070
10213	1805	9	3	1805	7	11	SJW-H05070110
10214	1805	9	16	1805	7	24	SJW-H05070240
10215	1805	11	5	1805	9	15	SJW-H05090150

续表

编号	公历			农历			ID 编号
	年	月	日	年	月	日	
10216	1805	11	25	1805	10	5	SJW-H05100050
10217	1805	11	26	1805	10	6	SJW-H05100060
10218	1806	1	20	1805	12	1	SJW-H05120010
10219	1806	1	21	1805	12	2	SJW-H05120020
10220	1806	2	22	1806	1	5	SJW-H06010050
10221	1806	2	24	1806	1	7	SJW-H06010070
10222	1806	3	6	1806	1	17	SJW-H06010170
10223	1806	3	19	1806	1	30	SJW-H06010300
10224	1806	4	5	1806	2	17	SJW-H06020170
10225	1806	5	19	1806	4	2	SJW-H06040020
10226	1806	5	20	1806	4	3	SJW-H06040030
10227	1806	5	25	1806	4	8	SJW-H06040080
10228	1806	5	30	1806	4	13	SJW-H06040130
10229	1806	6	6	1806	4	20	SJW-H06040200
10230	1806	6	8	1806	4	22	SJW-H06040220
10231	1806	6	12	1806	4	26	SJW-H06040260
10232	1806	6	18	1806	5	2	SJW-H06050020
10233	1806	7	1	1806	5	15	SJW-H06050150
10234	1806	7	13	1806	5	27	SJW-H06050270
10235	1806	8	9	1806	6	25	SJW-H06060250
10236	1806	9	7	1806	7	25	SJW-H06070250
10237	1806	9	24	1806	8	13	SJW-H06080130
10238	1806	10	27	1806	9	16	SJW-H06090160
10239	1806	11	24	1806	10	15	SJW-H06100150
10240	1806	11	25	1806	10	16	SJW-H06100160
10241	1806	11	30	1806	10	21	SJW-H06100210
10242	1807	3	18	1807	2	10	SJW-H07020100
10243	1807	3	22	1807	2	14	SJW-H07020140
10244	1807	3	26	1807	2	18	SJW-H07020180
10245	1807	3	27	1807	2	19	SJW-H07020190
10246	1807	3	30	1807	2	22	SJW-H07020220
10247	1807	4	8	1807	3	1	SJW-H07030010
10248	1807	5	15	1807	4	8	SJW-H07040080
10249	1807	5	17	1807	4	10	SJW-H07040100
10250	1807	6	17	1807	5	12	SJW-H07050120
10251	1807	6	30	1807	5	25	SJW-H07050250
10252	1807	7	22	1807	6	18	SJW-H07060180
10253	1807	7	27	1807	6	23	SJW-H07060230

续表

编号	公历			农历			ID 编号
	年	月	日	年	月	日	
10254	1807	7	31	1807	6	27	SJW-H07060270
10255	1807	8	2	1807	6	29	SJW-H07060290
10256	1807	8	14	1807	7	11	SJW-H07070110
10257	1807	8	23	1807	7	20	SJW-H07070200
10258	1807	8	30	1807	7	27	SJW-H07070270
10259	1807	9	1	1807	7	29	SJW-H07070290
10260	1807	9	4	1807	8	3	SJW-H07080030
10261	1807	9	8	1807	8	7	SJW-H07080070
10262	1807	9	10	1807	8	9	SJW-H07080090
10263	1807	9	15	1807	8	14	SJW-H07080140
10264	1807	9	18	1807	8	17	SJW-H07080170
10265	1807	10	6	1807	9	6	SJW-H07090060
10266	1807	10	9	1807	9	9	SJW-H07090090
10267	1807	10	10	1807	9	10	SJW-H07090100
10268	1807	10	19	1807	9	19	SJW-H07090190
10269	1807	11	9	1807	10	10	SJW-H07100100
10270	1807	11	18	1807	10	19	SJW-H07100190
10271	1807	11	22	1807	10	23	SJW-H07100230
10272	1807	12	5	1807	11	7	SJW-H07110070
10273	1807	12	7	1807	11	9	SJW-H07110090
10274	1807	12	10	1807	11	12	SJW-H07110120
10275	1807	12	11	1807	11	13	SJW-H07110130
10276	1807	12	15	1807	11	17	SJW-H07110170
10277	1807	12	16	1807	11	18	SJW-H07110180
10278	1808	1	21	1807	12	24	SJW-H07120240
10279	1808	3	7	1808	2	11	SJW-H08020110
10280	1808	3	28	1808	3	2	SJW-H08030020
10281	1808	4	3	1808	3	8	SJW-H08030080
10282	1808	4	8	1808	3	13	SJW-H08030130
10283	1808	4	16	1808	3	21	SJW-H08030210
10284	1808	5	5	1808	4	10	SJW-H08040100
10285	1808	5	6	1808	4	11	SJW-H08040110
10286	1808	5	8	1808	4	13	SJW-H08040130
10287	1808	5	23	1808	4	28	SJW-H08040280
10288	1808	5	24	1808	4	29	SJW-H08040290
10289	1808	5	25	1808	5	1	SJW-H08050010
10290	1808	6	5	1808	5	12	SJW-H08050120
10291	1808	6	8	1808	5	15	SJW-H08050150

续表

编号	公历			农历			ID 编号
	年	月	日	年	月	日	
10292	1808	6	13	1808	5	20	SJW-H08050200
10293	1808	6	20	1808	5	27	SJW-H08050270
10294	1808	6	21	1808	5	28	SJW-H08050280
10295	1808	6	29	1808	闰 5	6	SJW-H08051060
10296	1808	7	4	1808	闰 5	11	SJW-H08051110
10297	1808	7	23	1808	6	1	SJW-H08060010
10298	1808	7	25	1808	6	3	SJW-H08060030
10299	1808	7	26	1808	6	4	SJW-H08060040
10300	1808	8	5	1808	6	14	SJW-H08060140
10301	1808	8	27	1808	7	6	SJW-H08070060
10302	1808	9	3	1808	7	13	SJW-H08070130
10303	1808	9	8	1808	7	18	SJW-H08070180
10304	1808	9	21	1808	8	2	SJW-H08080020
10305	1808	9	22	1808	8	3	SJW-H08080030
10306	1808	9	23	1808	8	4	SJW-H08080040
10307	1808	9	25	1808	8	6	SJW-H08080060
10308	1808	10	8	1808	8	19	SJW-H08080190
10309	1808	10	13	1808	8	24	SJW-H08080240
10310	1808	10	24	1808	9	5	SJW-H08090050
10311	1808	10	25	1808	9	6	SJW-H08090060
10312	1808	10	28	1808	9	9	SJW-H08090090
10313	1808	12	3	1808	10	16	SJW-H08100160
10314	1808	12	6	1808	10	19	SJW-H08100190
10315	1808	12	7	1808	10	20	SJW-H08100200
10316	1808	12	20	1808	11	4	SJW-H08110040
10317	1809	1	3	1808	11	18	SJW-H08110180
10318	1809	1	14	1808	11	29	SJW-H08110290
10319	1809	1	17	1808	12	2	SJW-H08120020
10320	1809	2	9	1808	12	25	SJW-H08120250
10321	1809	3	8	1809	1	23	SJW-H09010230
10322	1809	3	18	1809	2	3	SJW-H09020030
10323	1809	3	24	1809	2	9	SJW-H09020090
10324	1809	3	28	1809	2	13	SJW-H09020130
10325	1809	3	30	1809	2	15	SJW-H09020150
10326	1809	3	31	1809	2	16	SJW-H09020160
10327	1809	4	1	1809	2	17	SJW-H09020170
10328	1809	5	9	1809	3	25	SJW-H09030250
10329	1809	5	23	1809	4	10	SJW-H09040100

续表

编号	公历			农历			ID 编号
	年	月	日	年	月	日	
10330	1809	5	25	1809	4	12	SJW-H09040120
10331	1809	5	28	1809	4	15	SJW-H09040150
10332	1809	5	30	1809	4	17	SJW-H09040170
10333	1809	6	29	1809	5	17	SJW-H09050170
10334	1809	7	4	1809	5	22	SJW-H09050220
10335	1809	7	6	1809	5	24	SJW-H09050240
10336	1809	7	10	1809	5	28	SJW-H09050280
10337	1809	7	15	1809	6	3	SJW-H09060030
10338	1809	8	1	1809	6	20	SJW-H09060200
10339	1809	8	3	1809	6	22	SJW-H09060220
10340	1809	8	4	1809	6	23	SJW-H09060230
10341	1809	8	5	1809	6	24	SJW-H09060240
10342	1809	8	12	1809	7	2	SJW-H09070020
10343	1809	8	21	1809	7	11	SJW-H09070110
10344	1809	8	22	1809	7	12	SJW-H09070120
10345	1809	8	31	1809	7	21	SJW-H09070210
10346	1809	9	2	1809	7	23	SJW-H09070230
10347	1809	9	10	1809	8	1	SJW-H09080010
10348	1809	9	17	1809	8	8	SJW-H09080080
10349	1809	9	18	1809	8	9	SJW-H09080090
10350	1809	11	11	1809	10	4	SJW-H09100040
10351	1809	11	20	1809	10	13	SJW-H09100130
10352	1809	12	1	1809	10	24	SJW-H09100240
10353	1809	12	4	1809	10	27	SJW-H09100270
10354	1809	12	16	1809	11	10	SJW-H09110100
10355	1809	12	20	1809	11	14	SJW-H09110140
10356	1809	12	25	1809	11	19	SJW-H09110190
10357	1809	12	26	1809	11	20	SJW-H09110200
10358	1809	12	31	1809	11	25	SJW-H09110250
10359	1810	1	12	1809	12	8	SJW-H09120080
10360	1810	1	19	1809	12	15	SJW-H09120150
10361	1810	1	27	1809	12	23	SJW-H09120230
10362	1810	2	19	1810	1	16	SJW-H10010160
10363	1810	2	22	1810	1	19	SJW-H10010190
10364	1810	4	1	1810	2	28	SJW-H10020280
10365	1810	4	2	1810	2	29	SJW-H10020290
10366	1810	4	3	1810	2	30	SJW-H10020300
10367	1810	4	8	1810	3	5	SJW-H10030050

续表

编号	公历			农历			ID 编号
	年	月	日	年	月	日	
10368	1810	4	10	1810	3	7	SJW-H10030070
10369	1810	4	12	1810	3	9	SJW-H10030090
10370	1810	4	13	1810	3	10	SJW-H10030100
10371	1810	4	25	1810	3	22	SJW-H10030220
10372	1810	4	26	1810	3	23	SJW-H10030230
10373	1810	5	8	1810	4	6	SJW-H10040060
10374	1810	5	9	1810	4	7	SJW-H10040070
10375	1810	5	16	1810	4	14	SJW-H10040140
10376	1810	6	1	1810	4	30	SJW-H10040300
10377	1810	6	6	1810	5	5	SJW-H10050050
10378	1810	6	7	1810	5	6	SJW-H10050060
10379	1810	6	11	1810	5	10	SJW-H10050100
10380	1810	6	12	1810	5	11	SJW-H10050110
10381	1810	6	25	1810	5	24	SJW-H10050240
10382	1810	6	27	1810	5	26	SJW-H10050260
10383	1810	7	1	1810	5	30	SJW-H10050300
10384	1810	7	2	1810	6	1	SJW-H10060010
10385	1810	7	3	1810	6	2	SJW-H10060020
10386	1810	7	5	1810	6	4	SJW-H10060040
10387	1810	7	10	1810	6	9	SJW-H10060090
10388	1810	7	11	1810	6	10	SJW-H10060100
10389	1810	7	13	1810	6	12	SJW-H10060120
10390	1810	7	14	1810	6	13	SJW-H10060130
10391	1810	7	19	1810	6	18	SJW-H10060180
10392	1810	7	22	1810	6	21	SJW-H10060210
10393	1810	7	25	1810	6	24	SJW-H10060240
10394	1810	7	26	1810	6	25	SJW-H10060250
10395	1810	8	2	1810	7	3	SJW-H10070030
10396	1810	8	3	1810	7	4	SJW-H10070040
10397	1810	8	21	1810	7	22	SJW-H10070220
10398	1810	8	27	1810	7	28	SJW-H10070280
10399	1810	8	29	1810	7	30	SJW-H10070300
10400	1810	9	7	1810	8	9	SJW-H10080090
10401	1810	9	24	1810	8	26	SJW-H10080260
10402	1810	10	9	1810	9	11	SJW-H10090110
10403	1810	11	3	1810	10	7	SJW-H10100070
10404	1810	11	4	1810	10	8	SJW-H10100080
10405	1810	11	18	1810	10	22	SJW-H10100220

续表

编号	公历			农历			ID 编号
	年	月	日	年	月	日	
10406	1810	11	24	1810	10	28	SJW-H10100280
10407	1811	1	23	1810	12	29	SJW-H10120290
10408	1811	3	23	1811	2	29	SJW-H11020290
10409	1811	4	6	1811	3	14	SJW-H11030140
10410	1811	4	9	1811	3	17	SJW-H11030170
10411	1811	4	10	1811	3	18	SJW-H11030180
10412	1811	4	13	1811	3	21	SJW-H11030210
10413	1811	5	26	1811	4	5	SJW-H11040050
10414	1811	6	16	1811	4	26	SJW-H11040260
10415	1811	7	3	1811	5	13	SJW-H11050130
10416	1811	7	6	1811	5	16	SJW-H11050160
10417	1811	7	7	1811	5	17	SJW-H11050170
10418	1811	7	19	1811	5	29	SJW-H11050290
10419	1811	7	20	1811	6	1	SJW-H11060010
10420	1811	7	22	1811	6	3	SJW-H11060030
10421	1811	7	23	1811	6	4	SJW-H11060040
10422	1811	8	8	1811	6	20	SJW-H11060200
10423	1811	8	14	1811	6	26	SJW-H11060260
10424	1811	8	16	1811	6	28	SJW-H11060280
10425	1811	8	23	1811	7	5	SJW-H11070050
10426	1811	8	24	1811	7	6	SJW-H11070060
10427	1811	8	25	1811	7	7	SJW-H11070070
10428	1811	8	31	1811	7	13	SJW-H11070130
10429	1811	9	27	1811	8	10	SJW-H11080100
10430	1811	9	28	1811	8	11	SJW-H11080110
10431	1811	10	28	1811	9	12	SJW-H11090120
10432	1811	11	6	1811	9	21	SJW-H11090210
10433	1811	11	10	1811	9	25	SJW-H11090250
10434	1811	11	21	1811	10	6	SJW-H11100060
10435	1811	11	22	1811	10	7	SJW-H11100070
10436	1811	11	26	1811	10	11	SJW-H11100110
10437	1811	12	25	1811	11	10	SJW-H11110100
10438	1812	1	4	1811	11	20	SJW-H11110200
10439	1812	1	15	1811	12	2	SJW-H11120020
10440	1812	1	16	1811	12	3	SJW-H11120030
10441	1812	1	19	1811	12	6	SJW-H11120060
10442	1812	1	26	1811	12	13	SJW-H11120130
10443	1812	1	28	1811	12	15	SJW-H11120150

续表

编号	公历			农历			ID 编号
	年	月	日	年	月	日	
10444	1812	1	29	1811	12	16	SJW-H11120160
10445	1812	2	25	1812	1	13	SJW-H12010130
10446	1812	3	3	1812	1	20	SJW-H12010200
10447	1812	3	18	1812	2	6	SJW-H12020060
10448	1812	3	19	1812	2	7	SJW-H12020070
10449	1812	3	21	1812	2	9	SJW-H12020090
10450	1812	3	23	1812	2	11	SJW-H12020110
10451	1812	3	24	1812	2	12	SJW-H12020120
10452	1812	5	2	1812	3	22	SJW-H12030220
10453	1812	5	14	1812	4	4	SJW-H12040040
10454	1812	5	18	1812	4	8	SJW-H12040080
10455	1812	5	24	1812	4	14	SJW-H12040140
10456	1812	5	28	1812	4	18	SJW-H12040180
10457	1812	5	29	1812	4	19	SJW-H12040190
10458	1812	6	13	1812	5	5	SJW-H12050050
10459	1812	6	15	1812	5	7	SJW-H12050070
10460	1812	6	16	1812	5	8	SJW-H12050080
10461	1812	6	21	1812	5	13	SJW-H12050130
10462	1812	6	30	1812	5	22	SJW-H12050220
10463	1812	7	12	1812	6	4	SJW-H12060040
10464	1812	7	15	1812	6	7	SJW-H12060070
10465	1812	8	7	1812	7	1	SJW-H12070010
10466	1812	8	11	1812	7	5	SJW-H12070050
10467	1812	8	13	1812	7	7	SJW-H12070070
10468	1812	8	18	1812	7	12	SJW-H12070120
10469	1812	8	20	1812	7	14	SJW-H12070140
10470	1812	9	2	1812	7	27	SJW-H12070270
10471	1812	9	5	1812	7	30	SJW-H12070300
10472	1812	9	11	1812	8	6	SJW-H12080060
10473	1812	9	12	1812	8	7	SJW-H12080070
10474	1812	9	19	1812	8	14	SJW-H12080140
10475	1812	10	11	1812	9	7	SJW-H12090070
10476	1812	10	15	1812	9	11	SJW-H12090110
10477	1812	10	22	1812	9	18	SJW-H12090180
10478	1812	10	26	1812	9	22	SJW-H12090220
10479	1812	10	30	1812	9	26	SJW-H12090260
10480	1812	10	31	1812	9	27	SJW-H12090270
10481	1812	11	3	1812	9	30	SJW-H12090300

续表

编号	公历			农历			ID 编号
	年	月	日	年	月	日	
10482	1812	11	4	1812	10	1	SJW-H12100010
10483	1812	11	6	1812	10	3	SJW-H12100030
10484	1812	11	17	1812	10	14	SJW-H12100140
10485	1812	11	18	1812	10	15	SJW-H12100150
10486	1812	12	4	1812	11	1	SJW-H12110010
10487	1812	12	8	1812	11	5	SJW-H12110050
10488	1812	12	10	1812	11	7	SJW-H12110070
10489	1812	12	12	1812	11	9	SJW-H12110090
10490	1812	12	31	1812	11	28	SJW-H12110280
10491	1813	1	7	1812	12	5	SJW-H12120050
10492	1813	1	8	1812	12	6	SJW-H12120060
10493	1813	1	11	1812	12	9	SJW-H12120090
10494	1813	2	28	1813	1	28	SJW-H13010280
10495	1813	3	17	1813	2	15	SJW-H13020150
10496	1813	3	28	1813	2	26	SJW-H13020260
10497	1813	4	8	1813	3	8	SJW-H13030080
10498	1813	4	9	1813	3	9	SJW-H13030090
10499	1813	4	23	1813	3	23	SJW-H13030230
10500	1813	5	14	1813	4	14	SJW-H13040140
10501	1813	5	23	1813	4	23	SJW-H13040230
10502	1813	5	24	1813	4	24	SJW-H13040240
10503	1813	6	24	1813	5	26	SJW-H13050260
10504	1813	7	3	1813	6	6	SJW-H13060060
10505	1813	7	4	1813	6	7	SJW-H13060070
10506	1813	7	9	1813	6	12	SJW-H13060120
10507	1813	7	16	1813	6	19	SJW-H13060190
10508	1813	7	22	1813	6	25	SJW-H13060250
10509	1813	7	24	1813	6	27	SJW-H13060270
10510	1813	7	28	1813	7	2	SJW-H13070020
10511	1813	8	3	1813	7	8	SJW-H13070080
10512	1813	8	4	1813	7	9	SJW-H13070090
10513	1813	8	6	1813	7	11	SJW-H13070110
10514	1813	8	8	1813	7	13	SJW-H13070130
10515	1813	8	12	1813	7	17	SJW-H13070170
10516	1813	8	27	1813	8	2	SJW-H13080020
10517	1813	8	30	1813	8	5	SJW-H13080050
10518	1813	9	9	1813	8	15	SJW-H13080150
10519	1813	9	16	1813	8	22	SJW-H13080220

续表

编号	公历			农历			ID 编号
	年	月	日	年	月	日	
10520	1813	10	30	1813	10	7	SJW-H13100070
10521	1813	11	2	1813	10	10	SJW-H13100100
10522	1813	11	4	1813	10	12	SJW-H13100120
10523	1813	11	12	1813	10	20	SJW-H13100200
10524	1813	11	22	1813	10	30	SJW-H13100300
10525	1813	11	24	1813	11	2	SJW-H13110020
10526	1813	11	26	1813	11	4	SJW-H13110040
10527	1813	11	27	1813	11	5	SJW-H13110050
10528	1813	12	28	1813	12	6	SJW-H13120060
10529	1813	12	30	1813	12	8	SJW-H13120080
10530	1814	1	4	1813	12	13	SJW-H13120130
10531	1814	2	23	1814	2	4	SJW-H14020040
10532	1814	2	25	1814	2	6	SJW-H14020060
10533	1814	2	27	1814	2	8	SJW-H14020080
10534	1814	2	28	1814	2	9	SJW-H14020090
10535	1814	3	6	1814	2	15	SJW-H14020150
10536	1814	4	29	1814	3	10	SJW-H14030100
10537	1814	5	4	1814	3	15	SJW-H14030150
10538	1814	5	12	1814	3	23	SJW-H14030230
10539	1814	6	18	1814	5	1	SJW-H14050010
10540	1814	6	21	1814	5	4	SJW-H14050040
10541	1814	7	9	1814	5	22	SJW-H14050220
10542	1814	7	27	1814	6	11	SJW-H14060110
10543	1814	8	2	1814	6	17	SJW-H14060170
10544	1814	8	9	1814	6	24	SJW-H14060240
10545	1814	8	15	1814	7	1	SJW-H14070010
10546	1814	8	29	1814	7	15	SJW-H14070150
10547	1814	9	5	1814	7	22	SJW-H14070220
10548	1814	9	6	1814	7	23	SJW-H14070230
10549	1814	9	19	1814	8	6	SJW-H14080060
10550	1814	10	4	1814	8	21	SJW-H14080210
10551	1814	10	11	1814	8	28	SJW-H14080280
10552	1814	10	22	1814	9	10	SJW-H14090100
10553	1814	11	3	1814	9	22	SJW-H14090220
10554	1814	11	12	1814	10	1	SJW-H14100010
10555	1814	11	13	1814	10	2	SJW-H14100020
10556	1814	11	14	1814	10	3	SJW-H14100030
10557	1814	11	17	1814	10	6	SJW-H14100060

续表

编号	公历			农历			ID 编号
	年	月	日	年	月	日	
10558	1814	11	18	1814	10	7	SJW-H14100070
10559	1814	11	25	1814	10	14	SJW-H14100140
10560	1814	11	26	1814	10	15	SJW-H14100150
10561	1814	12	7	1814	10	26	SJW-H14100260
10562	1814	12	10	1814	10	29	SJW-H14100290
10563	1814	12	14	1814	11	3	SJW-H14110030
10564	1814	12	15	1814	11	4	SJW-H14110040
10565	1814	12	16	1814	11	5	SJW-H14110050
10566	1814	12	17	1814	11	6	SJW-H14110060
10567	1814	12	18	1814	11	7	SJW-H14110070
10568	1814	12	19	1814	11	8	SJW-H14110080
10569	1814	12	20	1814	11	9	SJW-H14110090
10570	1814	12	25	1814	11	14	SJW-H14110140
10571	1815	1	3	1814	11	23	SJW-H14110230
10572	1815	1	7	1814	11	27	SJW-H14110270
10573	1815	1	8	1814	11	28	SJW-H14110280
10574	1815	1	10	1814	12	1	SJW-H14120010
10575	1815	1	11	1814	12	2	SJW-H14120020
10576	1815	2	6	1814	12	28	SJW-H14120280
10577	1815	3	4	1815	1	24	SJW-H15010240
10578	1815	3	10	1815	1	30	SJW-H15010300
10579	1815	3	11	1815	2	1	SJW-H15020010
10580	1815	4	5	1815	2	26	SJW-H15020260
10581	1815	4	10	1815	3	1	SJW-H15030010
10582	1815	5	3	1815	3	24	SJW-H15030240
10583	1815	5	4	1815	3	25	SJW-H15030250
10584	1815	5	24	1815	4	16	SJW-H15040160
10585	1815	6	14	1815	5	8	SJW-H15050080
10586	1815	6	15	1815	5	9	SJW-H15050090
10587	1815	6	18	1815	5	12	SJW-H15050120
10588	1815	6	20	1815	5	14	SJW-H15050140
10589	1815	6	21	1815	5	15	SJW-H15050150
10590	1815	7	9	1815	6	3	SJW-H15060030
10591	1815	7	10	1815	6	4	SJW-H15060040
10592	1815	7	11	1815	6	5	SJW-H15060050
10593	1815	7	17	1815	6	11	SJW-H15060110
10594	1815	7	21	1815	6	15	SJW-H15060150
10595	1815	7	22	1815	6	16	SJW-H15060160

续表

编号	公历			农历			ID 编号
	年	月	日	年	月	日	
10596	1815	7	23	1815	6	17	SJW-H15060170
10597	1815	7	27	1815	6	21	SJW-H15060210
10598	1815	8	22	1815	7	18	SJW-H15070180
10599	1815	8	26	1815	7	22	SJW-H15070220
10600	1815	8	28	1815	7	24	SJW-H15070240
10601	1815	9	1	1815	7	28	SJW-H15070280
10602	1815	9	13	1815	8	11	SJW-H15080110
10603	1815	9	14	1815	8	12	SJW-H15080120
10604	1815	10	14	1815	9	12	SJW-H15090120
10605	1815	10	19	1815	9	17	SJW-H15090170
10606	1815	10	20	1815	9	18	SJW-H15090180
10607	1815	11	15	1815	10	15	SJW-H15100150
10608	1815	11	28	1815	10	28	SJW-H15100280
10609	1815	11	29	1815	10	29	SJW-H15100290
10610	1816	1	8	1815	12	10	SJW-H15120100
10611	1816	1	9	1815	12	11	SJW-H15120110
10612	1816	1	27	1815	12	29	SJW-H15120290
10613	1816	1	29	1816	1	1	SJW-H16010010
10614	1816	1	31	1816	1	3	SJW-H16010030
10615	1816	2	1	1816	1	4	SJW-H16010040
10616	1816	2	12	1816	1	15	SJW-H16010150
10617	1816	2	16	1816	1	19	SJW-H16010190
10618	1816	2	26	1816	1	29	SJW-H16010290
10619	1816	2	28	1816	2	1	SJW-H16020010
10620	1816	3	18	1816	2	20	SJW-H16020200
10621	1816	4	30	1816	4	4	SJW-H16040040
10622	1816	6	5	1816	5	10	SJW-H16050100
10623	1816	6	26	1816	6	2	SJW-H16060020
10624	1816	7	2	1816	6	8	SJW-H16060080
10625	1816	7	5	1816	6	11	SJW-H16060110
10626	1816	8	5	1816	闰 6	12	SJW-H16061120
10627	1816	8	21	1816	闰 6	28	SJW-H16061280
10628	1816	9	6	1816	7	15	SJW-H16070150
10629	1816	9	7	1816	7	16	SJW-H16070160
10630	1816	9	17	1816	7	26	SJW-H16070260
10631	1816	9	18	1816	7	27	SJW-H16070270
10632	1816	9	19	1816	7	28	SJW-H16070280
10633	1816	9	21	1816	8	1	SJW-H16080010

续表

编号	公历			农历			ID 编号
	年	月	日	年	月	日	
10634	1816	11	12	1816	9	23	SJW-H16090230
10635	1816	11	16	1816	9	27	SJW-H16090270
10636	1816	11	28	1816	10	10	SJW-H16100100
10637	1816	12	11	1816	10	23	SJW-H16100230
10638	1816	12	14	1816	10	26	SJW-H16100260
10639	1816	12	15	1816	10	27	SJW-H16100270
10640	1816	12	27	1816	11	9	SJW-H16110090
10641	1816	12	28	1816	11	10	SJW-H16110100
10642	1817	1	10	1816	11	23	SJW-H16110230
10643	1817	1	12	1816	11	25	SJW-H16110250
10644	1817	1	16	1816	11	29	SJW-H16110290
10645	1817	1	17	1816	12	1	SJW-H16120010
10646	1817	1	24	1816	12	8	SJW-H16120080
10647	1817	3	7	1817	1	20	SJW-H17010200
10648	1817	3	9	1817	1	22	SJW-H17010220
10649	1817	3	31	1817	2	14	SJW-H17020140
10650	1817	4	6	1817	2	20	SJW-H17020200
10651	1817	5	13	1817	3	28	SJW-H17030280
10652	1817	5	16	1817	4	1	SJW-H17040010
10653	1817	6	5	1817	4	21	SJW-H17040210
10654	1817	6	29	1817	5	15	SJW-H17050150
10655	1817	7	5	1817	5	21	SJW-H17050210
10656	1817	7	9	1817	5	25	SJW-H17050250
10657	1817	7	12	1817	5	28	SJW-H17050280
10658	1817	7	13	1817	5	29	SJW-H17050290
10659	1817	7	14	1817	6	1	SJW-H17060010
10660	1817	7	18	1817	6	5	SJW-H17060050
10661	1817	7	22	1817	6	9	SJW-H17060090
10662	1817	7	26	1817	6	13	SJW-H17060130
10663	1817	8	12	1817	6	30	SJW-H17060300
10664	1817	8	13	1817	7	1	SJW-H17070010
10665	1817	8	22	1817	7	10	SJW-H17070100
10666	1817	9	2	1817	7	21	SJW-H17070210
10667	1817	9	16	1817	8	6	SJW-H17080060
10668	1817	9	23	1817	8	13	SJW-H17080130
10669	1817	9	28	1817	8	18	SJW-H17080180
10670	1817	10	2	1817	8	22	SJW-H17080220
10671	1817	10	15	1817	9	5	SJW-H17090050

续表

编号	公历			农历			ID 编号
	年	月	日	年	月	日	
10672	1817	10	20	1817	9	10	SJW-H17090100
10673	1817	11	3	1817	9	24	SJW-H17090240
10674	1817	11	4	1817	9	25	SJW-H17090250
10675	1817	11	9	1817	10	1	SJW-H17100010
10676	1817	11	15	1817	10	7	SJW-H17100070
10677	1817	11	16	1817	10	8	SJW-H17100080
10678	1817	11	18	1817	10	10	SJW-H17100100
10679	1817	11	21	1817	10	13	SJW-H17100130
10680	1817	11	26	1817	10	18	SJW-H17100180
10681	1817	11	29	1817	10	21	SJW-H17100210
10682	1817	12	5	1817	10	27	SJW-H17100270
10683	1817	12	16	1817	11	9	SJW-H17110090
10684	1817	12	17	1817	11	10	SJW-H17110100
10685	1817	12	28	1817	11	21	SJW-H17110210
10686	1818	1	2	1817	11	26	SJW-H17110260
10687	1818	2	10	1818	1	6	SJW-H18010060
10688	1818	2	24	1818	1	20	SJW-H18010200
10689	1818	2	26	1818	1	22	SJW-H18010220
10690	1818	3	17	1818	2	11	SJW-H18020110
10691	1818	3	18	1818	2	12	SJW-H18020120
10692	1818	3	20	1818	2	14	SJW-H18020140
10693	1818	3	26	1818	2	20	SJW-H18020200
10694	1818	4	12	1818	3	8	SJW-H18030080
10695	1818	4	24	1818	3	20	SJW-H18030200
10696	1818	5	14	1818	4	10	SJW-H18040100
10697	1818	5	15	1818	4	11	SJW-H18040110
10698	1818	5	21	1818	4	17	SJW-H18040170
10699	1818	6	13	1818	5	10	SJW-H18050100
10700	1818	6	14	1818	5	11	SJW-H18050110
10701	1818	6	19	1818	5	16	SJW-H18050160
10702	1818	6	22	1818	5	19	SJW-H18050190
10703	1818	6	25	1818	5	22	SJW-H18050220
10704	1818	6	27	1818	5	24	SJW-H18050240
10705	1818	6	30	1818	5	27	SJW-H18050270
10706	1818	7	1	1818	5	28	SJW-H18050280
10707	1818	7	6	1818	6	4	SJW-H18060040
10708	1818	7	8	1818	6	6	SJW-H18060060
10709	1818	8	3	1818	7	2	SJW-H18070020

续表

编号	公历			农历			ID 编号
	年	月	日	年	月	日	
10710	1818	8	5	1818	7	4	SJW-H18070040
10711	1818	8	15	1818	7	14	SJW-H18070140
10712	1818	8	18	1818	7	17	SJW-H18070170
10713	1818	8	26	1818	7	25	SJW-H18070250
10714	1818	8	30	1818	7	29	SJW-H18070290
10715	1818	9	1	1818	8	1	SJW-H18080010
10716	1818	9	3	1818	8	3	SJW-H18080030
10717	1818	9	7	1818	8	7	SJW-H18080070
10718	1818	9	9	1818	8	9	SJW-H18080090
10719	1818	9	14	1818	8	14	SJW-H18080140
10720	1818	9	20	1818	8	20	SJW-H18080200
10721	1818	9	21	1818	8	21	SJW-H18080210
10722	1818	9	22	1818	8	22	SJW-H18080220
10723	1818	10	22	1818	9	23	SJW-H18090230
10724	1818	11	4	1818	10	6	SJW-H18100060
10725	1818	11	5	1818	10	7	SJW-H18100070
10726	1818	11	21	1818	10	23	SJW-H18100230
10727	1818	11	25	1818	10	27	SJW-H18100270
10728	1818	11	26	1818	10	28	SJW-H18100280
10729	1818	12	9	1818	11	12	SJW-H18110120
10730	1818	12	10	1818	11	13	SJW-H18110130
10731	1818	12	19	1818	11	22	SJW-H18110220
10732	1818	12	21	1818	11	24	SJW-H18110240
10733	1818	12	23	1818	11	26	SJW-H18110260
10734	1818	12	25	1818	11	28	SJW-H18110280
10735	1818	12	31	1818	12	5	SJW-H18120050
10736	1819	1	14	1818	12	19	SJW-H18120190
10737	1819	1	15	1818	12	20	SJW-H18120200
10738	1819	1	31	1819	1	6	SJW-H19010060
10739	1819	2	4	1819	1	10	SJW-H19010100
10740	1819	2	5	1819	1	11	SJW-H19010110
10741	1819	2	10	1819	1	16	SJW-H19010160
10742	1819	2	14	1819	1	20	SJW-H19010200
10743	1819	2	17	1819	1	23	SJW-H19010230
10744	1819	2	18	1819	1	24	SJW-H19010240
10745	1819	3	12	1819	2	17	SJW-H19020170
10746	1819	3	19	1819	2	24	SJW-H19020240
10747	1819	3	20	1819	2	25	SJW-H19020250

续表

编号	公历			农历			ID 编号
	年	月	日	年	月	日	
10748	1819	4	23	1819	3	29	SJW-H19030290
10749	1819	4	25	1819	4	2	SJW-H19040020
10750	1819	5	11	1819	4	18	SJW-H19040180
10751	1819	6	15	1819	闰 4	23	SJW-H19041230
10752	1819	7	14	1819	5	23	SJW-H19050230
10753	1819	7	23	1819	6	2	SJW-H19060020
10754	1819	9	7	1819	7	18	SJW-H19070180
10755	1819	9	22	1819	8	4	SJW-H19080040
10756	1819	10	13	1819	8	25	SJW-H19080250
10757	1819	10	15	1819	8	27	SJW-H19080270
10758	1819	11	1	1819	9	14	SJW-H19090140
10759	1819	11	12	1819	9	25	SJW-H19090250
10760	1819	11	26	1819	10	9	SJW-H19100090
10761	1819	12	5	1819	10	18	SJW-H19100180
10762	1819	12	9	1819	10	22	SJW-H19100220
10763	1819	12	10	1819	10	23	SJW-H19100230
10764	1819	12	11	1819	10	24	SJW-H19100240
10765	1819	12	12	1819	10	25	SJW-H19100250
10766	1820	1	3	1819	11	18	SJW-H19110180
10767	1820	1	10	1819	11	25	SJW-H19110250
10768	1820	1	18	1819	12	3	SJW-H19120030
10769	1820	1	20	1819	12	5	SJW-H19120050
10770	1820	1	24	1819	12	9	SJW-H19120090
10771	1820	2	24	1820	1	11	SJW-H20010110
10772	1820	3	3	1820	1	19	SJW-H20010190
10773	1820	3	5	1820	1	21	SJW-H20010210
10774	1820	3	6	1820	1	22	SJW-H20010220
10775	1820	3	7	1820	1	23	SJW-H20010230
10776	1820	3	8	1820	1	24	SJW-H20010240
10777	1820	3	20	1820	2	7	SJW-H20020070
10778	1820	3	31	1820	2	18	SJW-H20020180
10779	1820	4	2	1820	2	20	SJW-H20020200
10780	1820	4	4	1820	2	22	SJW-H20020220
10781	1820	4	16	1820	3	4	SJW-H20030040
10782	1820	4	22	1820	3	10	SJW-H20030100
10783	1820	5	2	1820	3	20	SJW-H20030200
10784	1820	5	3	1820	3	21	SJW-H20030210
10785	1820	5	12	1820	4	1	SJW-H20040010

续表

编号	公历			农历			ID 编号
	年	月	日	年	月	日	
10786	1820	5	14	1820	4	3	SJW-H20040030
10787	1820	6	24	1820	5	14	SJW-H20050140
10788	1820	6	26	1820	5	16	SJW-H20050160
10789	1820	7	2	1820	5	22	SJW-H20050220
10790	1820	7	6	1820	5	26	SJW-H20050260
10791	1820	7	19	1820	6	10	SJW-H20060100
10792	1820	8	3	1820	6	25	SJW-H20060250
10793	1820	8	6	1820	6	28	SJW-H20060280
10794	1820	8	15	1820	7	7	SJW-H20070070
10795	1820	9	5	1820	7	28	SJW-H20070280
10796	1820	9	15	1820	8	9	SJW-H20080090
10797	1820	9	23	1820	8	17	SJW-H20080170
10798	1820	9	24	1820	8	18	SJW-H20080180
10799	1820	10	31	1820	9	25	SJW-H20090250
10800	1820	11	4	1820	9	29	SJW-H20090290
10801	1820	11	15	1820	10	10	SJW-H20100100
10802	1820	11	19	1820	10	14	SJW-H20100140
10803	1820	11	21	1820	10	16	SJW-H20100160
10804	1820	11	24	1820	10	19	SJW-H20100190
10805	1820	11	27	1820	10	22	SJW-H20100220
10806	1821	2	22	1821	1	20	SJW-H21010200
10807	1821	3	17	1821	2	14	SJW-H21020140
10808	1821	4	16	1821	3	15	SJW-H21030150
10809	1821	5	1	1821	3	30	SJW-H21030300
10810	1821	5	15	1821	4	14	SJW-H21040140
10811	1821	5	23	1821	4	22	SJW-H21040220
10812	1821	5	30	1821	4	29	SJW-H21040290
10813	1821	6	16	1821	5	17	SJW-H21050170
10814	1821	6	17	1821	5	18	SJW-H21050180
10815	1821	6	20	1821	5	21	SJW-H21050210
10816	1821	7	4	1821	6	6	SJW-H21060060
10817	1821	7	5	1821	6	7	SJW-H21060070
10818	1821	7	18	1821	6	20	SJW-H21060200
10819	1821	7	25	1821	6	27	SJW-H21060270
10820	1821	7	28	1821	6	30	SJW-H21060300
10821	1821	8	9	1821	7	12	SJW-H21070120
10822	1821	8	10	1821	7	13	SJW-H21070130
10823	1821	8	12	1821	7	15	SJW-H21070150

续表

编号	公历			农历			ID 编号
	年	月	日	年	月	日	
10824	1821	8	20	1821	7	23	SJW-H21070230
10825	1821	8	21	1821	7	24	SJW-H21070240
10826	1821	9	15	1821	8	20	SJW-H21080200
10827	1821	9	16	1821	8	21	SJW-H21080210
10828	1821	9	27	1821	9	2	SJW-H21090020
10829	1821	10	10	1821	9	15	SJW-H21090150
10830	1821	10	13	1821	9	18	SJW-H21090180
10831	1821	11	6	1821	10	12	SJW-H21100120
10832	1821	11	12	1821	10	18	SJW-H21100180
10833	1821	11	16	1821	10	22	SJW-H21100220
10834	1821	12	4	1821	11	10	SJW-H21110100
10835	1821	12	11	1821	11	17	SJW-H21110170
10836	1821	12	19	1821	11	25	SJW-H21110250
10837	1821	12	22	1821	11	28	SJW-H21110280
10838	1821	12	23	1821	11	29	SJW-H21110290
10839	1821	12	31	1821	12	8	SJW-H21120080
10840	1822	2	19	1822	1	28	SJW-H22010280
10841	1822	3	4	1822	2	11	SJW-H22020110
10842	1822	3	9	1822	2	16	SJW-H22020160
10843	1822	3	10	1822	2	17	SJW-H22020170
10844	1822	4	8	1822	3	17	SJW-H22030170
10845	1822	4	11	1822	3	20	SJW-H22030200
10846	1822	4	22	1822	闰 3	1	SJW-H22031010
10847	1822	4	30	1822	闰 3	9	SJW-H22031090
10848	1822	5	1	1822	闰 3	10	SJW-H22031100
10849	1822	5	2	1822	闰 3	11	SJW-H22031110
10850	1822	5	3	1822	闰 3	12	SJW-H22031120
10851	1822	5	9	1822	闰 3	18	SJW-H22031180
10852	1822	5	10	1822	闰 3	19	SJW-H22031190
10853	1822	6	20	1822	5	2	SJW-H22050020
10854	1822	7	4	1822	5	16	SJW-H22050160
10855	1822	7	6	1822	5	18	SJW-H22050180
10856	1822	7	16	1822	5	28	SJW-H22050280
10857	1822	8	18	1822	7	2	SJW-H22070020
10858	1822	8	31	1822	7	15	SJW-H22070150
10859	1822	9	8	1822	7	23	SJW-H22070230
10860	1822	9	9	1822	7	24	SJW-H22070240
10861	1822	9	13	1822	7	28	SJW-H22070280

续表

编号	公历			农历			ID 编号
	年	月	日	年	月	日	
10862	1822	9	24	1822	8	10	SJW-H22080100
10863	1822	9	30	1822	8	16	SJW-H22080160
10864	1822	10	11	1822	8	27	SJW-H22080270
10865	1822	11	27	1822	10	14	SJW-H22100140
10866	1822	12	21	1822	11	9	SJW-H22110090
10867	1822	12	23	1822	11	11	SJW-H22110110
10868	1822	12	26	1822	11	14	SJW-H22110140
10869	1822	12	29	1822	11	17	SJW-H22110170
10870	1823	1	2	1822	11	21	SJW-H22110210
10871	1823	1	8	1822	11	27	SJW-H22110270
10872	1823	1	16	1822	12	5	SJW-H22120050
10873	1823	1	28	1822	12	17	SJW-H22120170
10874	1823	1	29	1822	12	18	SJW-H22120180
10875	1823	2	2	1822	12	22	SJW-H22120220
10876	1823	2	3	1822	12	23	SJW-H22120230
10877	1823	2	4	1822	12	24	SJW-H22120240
10878	1823	4	3	1823	2	22	SJW-H23020220
10879	1823	4	14	1823	3	4	SJW-H23030040
10880	1823	5	10	1823	3	30	SJW-H23030300
10881	1823	5	13	1823	4	3	SJW-H23040030
10882	1823	5	14	1823	4	4	SJW-H23040040
10883	1823	6	26	1823	5	18	SJW-H23050180
10884	1823	8	21	1823	7	16	SJW-H23070160
10885	1823	9	4	1823	7	30	SJW-H23070300
10886	1823	9	6	1823	8	2	SJW-H23080020
10887	1823	9	7	1823	8	3	SJW-H23080030
10888	1823	9	9	1823	8	5	SJW-H23080050
10889	1823	9	13	1823	8	9	SJW-H23080090
10890	1823	9	14	1823	8	10	SJW-H23080100
10891	1823	10	5	1823	9	2	SJW-H23090020
10892	1823	12	16	1823	11	15	SJW-H23110150
10893	1823	12	27	1823	11	26	SJW-H23110260
10894	1824	1	16	1823	12	16	SJW-H23120160
10895	1824	2	5	1824	1	6	SJW-H24010060
10896	1824	2	8	1824	1	9	SJW-H24010090
10897	1824	2	27	1824	1	28	SJW-H24010280
10898	1824	4	8	1824	3	10	SJW-H24030100
10899	1824	4	23	1824	3	25	SJW-H24030250

续表

编号	公历			农历			ID 编号
	年	月	日	年	月	日	
10900	1824	5	3	1824	4	5	SJW-H24040050
10901	1824	5	13	1824	4	15	SJW-H24040150
10902	1824	6	18	1824	5	22	SJW-H24050220
10903	1824	7	4	1824	6	8	SJW-H24060080
10904	1824	7	9	1824	6	13	SJW-H24060130
10905	1824	7	12	1824	6	16	SJW-H24060160
10906	1824	7	16	1824	6	20	SJW-H24060200
10907	1824	7	30	1824	7	5	SJW-H24070050
10908	1824	8	1	1824	7	7	SJW-H24070070
10909	1824	8	3	1824	7	9	SJW-H24070090
10910	1824	8	28	1824	闰 7	5	SJW-H24071050
10911	1824	8	31	1824	闰 7	8	SJW-H24071080
10912	1824	10	31	1824	9	10	SJW-H24090100
10913	1824	11	3	1824	9	13	SJW-H24090130
10914	1824	11	21	1824	10	1	SJW-H24100010
10915	1824	12	11	1824	10	21	SJW-H24100210
10916	1824	12	22	1824	11	3	SJW-H24110030
10917	1824	12	26	1824	11	7	SJW-H24110070
10918	1824	12	27	1824	11	8	SJW-H24110080
10919	1824	12	31	1824	11	12	SJW-H24110120
10920	1825	3	3	1825	1	14	SJW-H25010140
10921	1825	4	29	1825	3	12	SJW-H25030120
10922	1825	5	3	1825	3	16	SJW-H25030160
10923	1825	5	12	1825	3	25	SJW-H25030250
10924	1825	5	16	1825	3	29	SJW-H25030290
10925	1825	5	22	1825	4	5	SJW-H25040050
10926	1825	5	23	1825	4	6	SJW-H25040060
10927	1825	5	31	1825	4	14	SJW-H25040140
10928	1825	6	1	1825	4	15	SJW-H25040150
10929	1825	7	3	1825	5	18	SJW-H25050180
10930	1825	7	30	1825	6	15	SJW-H25060150
10931	1825	8	19	1825	7	6	SJW-H25070060
10932	1825	9	28	1825	8	17	SJW-H25080170
10933	1825	10	30	1825	9	19	SJW-H25090190
10934	1825	12	16	1825	11	7	SJW-H25110070
10935	1826	2	12	1826	1	6	SJW-H26010060
10936	1826	2	22	1826	1	16	SJW-H26010160
10937	1826	3	10	1826	2	2	SJW-H26020020

续表

编号	公历			农历			ID 编号
	年	月	日	年	月	日	
10938	1826	3	13	1826	2	5	SJW-H26020050
10939	1826	3	16	1826	2	8	SJW-H26020080
10940	1826	3	19	1826	2	11	SJW-H26020110
10941	1826	4	4	1826	2	27	SJW-H26020270
10942	1826	4	10	1826	3	4	SJW-H26030040
10943	1826	4	11	1826	3	5	SJW-H26030050
10944	1826	6	1	1826	4	26	SJW-H26040260
10945	1826	6	9	1826	5	4	SJW-H26050040
10946	1826	6	13	1826	5	8	SJW-H26050080
10947	1826	6	23	1826	5	18	SJW-H26050180
10948	1826	7	14	1826	6	10	SJW-H26060100
10949	1826	8	12	1826	7	9	SJW-H26070090
10950	1826	8	16	1826	7	13	SJW-H26070130
10951	1826	8	21	1826	7	18	SJW-H26070180
10952	1826	8	25	1826	7	22	SJW-H26070220
10953	1826	9	3	1826	8	2	SJW-H26080020
10954	1826	9	6	1826	8	5	SJW-H26080050
10955	1826	9	17	1826	8	16	SJW-H26080160
10956	1826	9	19	1826	8	18	SJW-H26080180
10957	1826	9	24	1826	8	23	SJW-H26080230
10958	1826	9	28	1826	8	27	SJW-H26080270
10959	1826	10	2	1826	9	2	SJW-H26090020
10960	1826	10	18	1826	9	18	SJW-H26090180
10961	1826	10	24	1826	9	24	SJW-H26090240
10962	1826	11	3	1826	10	4	SJW-H26100040
10963	1826	12	11	1826	11	13	SJW-H26110130
10964	1826	12	24	1826	11	26	SJW-H26110260
10965	1827	2	10	1827	1	15	SJW-H27010150
10966	1827	2	14	1827	1	19	SJW-H27010190
10967	1827	3	28	1827	3	2	SJW-H27030020
10968	1827	4	15	1827	3	20	SJW-H27030200
10969	1827	4	19	1827	3	24	SJW-H27030240
10970	1827	6	14	1827	5	20	SJW-H27050200
10971	1827	6	16	1827	5	22	SJW-H27050220
10972	1827	6	19	1827	5	25	SJW-H27050250
10973	1827	6	25	1827	闰 5	2	SJW-H27051020
10974	1827	6	29	1827	闰 5	6	SJW-H27051060
10975	1827	7	17	1827	闰 5	24	SJW-H27051240

续表

编号	公历			农历			ID 编号
	年	月	日	年	月	日	
10976	1827	7	19	1827	闰 5	26	SJW-H27051260
10977	1827	7	25	1827	6	2	SJW-H27060020
10978	1827	9	28	1827	8	8	SJW-H27080080
10979	1827	9	29	1827	8	9	SJW-H27080090
10980	1827	9	30	1827	8	10	SJW-H27080100
10981	1827	10	24	1827	9	5	SJW-H27090050
10982	1827	12	9	1827	10	21	SJW-H27100210
10983	1827	12	12	1827	10	24	SJW-H27100240
10984	1827	12	13	1827	10	25	SJW-H27100250
10985	1827	12	15	1827	10	27	SJW-H27100270
10986	1827	12	16	1827	10	28	SJW-H27100280
10987	1827	12	20	1827	11	3	SJW-H27110030
10988	1828	1	6	1827	11	20	SJW-H27110200
10989	1828	1	15	1827	11	29	SJW-H27110290
10990	1828	1	18	1827	12	2	SJW-H27120020
10991	1828	1	22	1827	12	6	SJW-H27120060
10992	1828	1	23	1827	12	7	SJW-H27120070
10993	1828	1	25	1827	12	9	SJW-H27120090
10994	1828	1	30	1827	12	14	SJW-H27120140
10995	1828	2	7	1827	12	22	SJW-H27120220
10996	1828	2	21	1828	1	7	SJW-H28010070
10997	1828	2	28	1828	1	14	SJW-H28010140
10998	1828	2	29	1828	1	15	SJW-H28010150
10999	1828	3	4	1828	1	19	SJW-H28010190
11000	1828	3	14	1828	1	29	SJW-H28010290
11001	1828	3	23	1828	2	8	SJW-H28020080
11002	1828	3	31	1828	2	16	SJW-H28020160
11003	1828	4	2	1828	2	18	SJW-H28020180
11004	1828	4	4	1828	2	20	SJW-H28020200
11005	1828	4	16	1828	3	3	SJW-H28030030
11006	1828	4	23	1828	3	10	SJW-H28030100
11007	1828	5	3	1828	3	20	SJW-H28030200
11008	1828	5	11	1828	3	28	SJW-H28030280
11009	1828	5	15	1828	4	2	SJW-H28040020
11010	1828	6	7	1828	4	25	SJW-H28040250
11011	1828	6	22	1828	5	11	SJW-H28050110
11012	1828	7	5	1828	5	24	SJW-H28050240
11013	1828	8	5	1828	6	25	SJW-H28060250

续表

编号	公历			农历			ID 编号
	年	月	日	年	月	日	
11014	1828	9	16	1828	8	8	SJW-H28080080
11015	1829	3	23	1829	2	19	SJW-H29020190
11016	1829	3	27	1829	2	23	SJW-H29020230
11017	1829	4	13	1829	3	10	SJW-H29030100
11018	1829	5	14	1829	4	12	SJW-H29040120
11019	1830	4	25	1830	4	3	SJW-H30040030
11020	1830	6	6	1830	闰 4	16	SJW-H30041160
11021	1830	7	4	1830	5	15	SJW-H30050150
11022	1830	7	6	1830	5	17	SJW-H30050170
11023	1830	7	19	1830	5	30	SJW-H30050300
11024	1830	8	12	1830	6	24	SJW-H30060240
11025	1830	9	25	1830	8	9	SJW-H30080090
11026	1830	10	2	1830	8	16	SJW-H30080160
11027	1830	10	3	1830	8	17	SJW-H30080170
11028	1830	11	17	1830	10	3	SJW-H30100030
11029	1830	12	8	1830	10	24	SJW-H30100240
11030	1831	1	2	1830	11	19	SJW-H30110190
11031	1831	2	26	1831	1	14	SJW-H31010140
11032	1831	3	29	1831	2	16	SJW-H31020160
11033	1831	4	2	1831	2	20	SJW-H31020200
11034	1831	4	9	1831	2	27	SJW-H31020270
11035	1831	4	19	1831	3	8	SJW-H31030080
11036	1831	4	21	1831	3	10	SJW-H31030100
11037	1831	7	11	1831	6	3	SJW-H31060030
11038	1831	7	12	1831	6	4	SJW-H31060040
11039	1831	7	22	1831	6	14	SJW-H31060140
11040	1831	8	9	1831	7	2	SJW-H31070020
11041	1831	9	2	1831	7	26	SJW-H31070260
11042	1831	12	18	1831	11	15	SJW-H31110150
11043	1831	12	19	1831	11	16	SJW-H31110160
11044	1832	1	1	1831	11	29	SJW-H31110290
11045	1832	1	13	1831	12	11	SJW-H31120110
11046	1832	2	28	1832	1	27	SJW-H32010270
11047	1832	4	17	1832	3	17	SJW-H32030170
11048	1832	6	24	1832	5	26	SJW-H32050260
11049	1832	7	6	1832	6	9	SJW-H32060090
11050	1832	7	10	1832	6	13	SJW-H32060130
11051	1832	7	16	1832	6	19	SJW-H32060190

续表

编号	公历			农历			ID 编号
	年	月	日	年	月	日	
11052	1832	7	23	1832	6	26	SJW-H32060260
11053	1832	8	1	1832	7	6	SJW-H32070060
11054	1832	8	4	1832	7	9	SJW-H32070090
11055	1832	8	29	1832	8	4	SJW-H32080040
11056	1832	9	6	1832	8	12	SJW-H32080120
11057	1832	9	16	1832	8	22	SJW-H32080220
11058	1832	9	30	1832	9	7	SJW-H32090070
11059	1832	10	13	1832	9	20	SJW-H32090200
11060	1832	10	16	1832	9	23	SJW-H32090230
11061	1832	10	22	1832	9	29	SJW-H32090290
11062	1832	11	18	1832	闰 9	26	SJW-H32091260
11063	1832	11	27	1832	10	6	SJW-H32100060
11064	1832	12	15	1832	10	24	SJW-H32100240
11065	1832	12	16	1832	10	25	SJW-H32100250
11066	1832	12	18	1832	10	27	SJW-H32100270
11067	1833	1	31	1832	12	11	SJW-H32120110
11068	1833	4	6	1833	2	17	SJW-H33020170
11069	1833	5	13	1833	3	24	SJW-H33030240
11070	1833	8	1	1833	6	16	SJW-H33060160
11071	1833	8	8	1833	6	23	SJW-H33060230
11072	1833	8	12	1833	6	27	SJW-H33060270
11073	1833	8	15	1833	7	1	SJW-H33070010
11074	1833	11	11	1833	9	30	SJW-H33090300
11075	1833	11	14	1833	10	3	SJW-H33100030
11076	1833	11	25	1833	10	14	SJW-H33100140
11077	1833	12	1	1833	10	20	SJW-H33100200
11078	1833	12	7	1833	10	26	SJW-H33100260
11079	1833	12	8	1833	10	27	SJW-H33100270
11080	1833	12	9	1833	10	28	SJW-H33100280
11081	1834	1	2	1833	11	23	SJW-H33110230
11082	1834	1	3	1833	11	24	SJW-H33110240
11083	1834	1	4	1833	11	25	SJW-H33110250
11084	1834	2	13	1834	1	5	SJW-H34010050
11085	1834	4	5	1834	2	27	SJW-H34020270
11086	1834	5	7	1834	3	29	SJW-H34030290
11087	1834	6	2	1834	4	25	SJW-H34040250
11088	1834	6	15	1834	5	9	SJW-H34050090
11089	1834	6	17	1834	5	11	SJW-H34050110

续表

编号	公历			农历			ID 编号
	年	月	日	年	月	日	
11090	1834	7	12	1834	6	6	SJW-H34060060
11091	1834	7	15	1834	6	9	SJW-H34060090
11092	1834	11	17	1834	10	17	SJW-H34100170
11093	1834	12	4	1834	11	4	SJW-H34110040
11094	1835	1	5	1834	12	7	SJW-I00120070
11095	1835	1	19	1834	12	21	SJW-I00120210
11096	1835	1	23	1834	12	25	SJW-I00120250
11097	1835	2	10	1835	1	13	SJW-I01010130
11098	1835	2	24	1835	1	27	SJW-I01010270
11099	1835	3	10	1835	2	12	SJW-I01020120
11100	1835	3	22	1835	2	24	SJW-I01020240
11101	1835	3	23	1835	2	25	SJW-I01020250
11102	1835	4	7	1835	3	10	SJW-I01030100
11103	1835	4	18	1835	3	21	SJW-I01030210
11104	1835	5	14	1835	4	17	SJW-I01040170
11105	1835	7	16	1835	6	21	SJW-I01060210
11106	1835	7	19	1835	6	24	SJW-I01060240
11107	1835	7	30	1835	闰 6	5	SJW-I01061050
11108	1835	10	11	1835	8	20	SJW-I01080200
11109	1835	10	24	1835	9	3	SJW-I01090030
11110	1835	11	13	1835	9	23	SJW-I01090230
11111	1835	11	21	1835	10	2	SJW-I01100020
11112	1835	11	22	1835	10	3	SJW-I01100030
11113	1835	11	23	1835	10	4	SJW-I01100040
11114	1835	11	28	1835	10	9	SJW-I01100090
11115	1835	12	1	1835	10	12	SJW-I01100120
11116	1835	12	5	1835	10	16	SJW-I01100160
11117	1835	12	13	1835	10	24	SJW-I01100240
11118	1836	1	2	1835	11	14	SJW-I01110140
11119	1836	1	5	1835	11	17	SJW-I01110170
11120	1836	2	18	1836	1	2	SJW-I02010020
11121	1836	2	19	1836	1	3	SJW-I02010030
11122	1836	2	21	1836	1	5	SJW-I02010050
11123	1836	3	1	1836	1	14	SJW-I02010140
11124	1836	3	5	1836	1	18	SJW-I02010180
11125	1836	3	14	1836	1	27	SJW-I02010270
11126	1836	4	3	1836	2	18	SJW-I02020180
11127	1836	5	26	1836	4	12	SJW-I02040120

续表

编号	公历			农历			ID 编号
	年	月	日	年	月	日	
11128	1836	5	29	1836	4	15	SJW-I02040150
11129	1836	6	14	1836	5	1	SJW-I02050010
11130	1836	6	22	1836	5	9	SJW-I02050090
11131	1836	6	29	1836	5	16	SJW-I02050160
11132	1836	6	30	1836	5	17	SJW-I02050170
11133	1836	7	26	1836	6	13	SJW-I02060130
11134	1836	9	12	1836	8	2	SJW-I02080020
11135	1836	10	18	1836	9	9	SJW-I02090090
11136	1836	11	1	1836	9	23	SJW-I02090230
11137	1836	11	12	1836	10	4	SJW-I02100040
11138	1836	12	11	1836	11	4	SJW-I02110040
11139	1836	12	13	1836	11	6	SJW-I02110060
11140	1836	12	14	1836	11	7	SJW-I02110070
11141	1836	12	15	1836	11	8	SJW-I02110080
11142	1836	12	22	1836	11	15	SJW-I02110150
11143	1836	12	30	1836	11	23	SJW-I02110230
11144	1837	2	6	1837	1	2	SJW-I03010020
11145	1837	2	25	1837	1	21	SJW-I03010210
11146	1837	2	27	1837	1	23	SJW-I03010230
11147	1837	3	10	1837	2	4	SJW-I03020040
11148	1837	3	12	1837	2	6	SJW-I03020060
11149	1837	4	28	1837	3	24	SJW-I03030240
11150	1837	4	29	1837	3	25	SJW-I03030250
11151	1837	6	22	1837	5	20	SJW-I03050200
11152	1837	7	11	1837	6	9	SJW-I03060090
11153	1837	7	16	1837	6	14	SJW-I03060140
11154	1837	7	17	1837	6	15	SJW-I03060150
11155	1837	7	19	1837	6	17	SJW-I03060170
11156	1837	7	21	1837	6	19	SJW-I03060190
11157	1837	7	22	1837	6	20	SJW-I03060200
11158	1837	7	24	1837	6	22	SJW-I03060220
11159	1837	7	26	1837	6	24	SJW-I03060240
11160	1837	8	15	1837	7	15	SJW-I03070150
11161	1837	10	27	1837	9	28	SJW-I03090280
11162	1837	11	23	1837	10	26	SJW-I03100260
11163	1837	12	31	1837	12	5	SJW-I03120050
11164	1838	1	22	1837	12	27	SJW-I03120270
11165	1838	2	26	1838	2	3	SJW-I04020030

续表

编号	公历			农历			ID 编号
	年	月	日	年	月	日	
11166	1838	3	4	1838	2	9	SJW-I04020090
11167	1838	3	27	1838	3	2	SJW-I04030020
11168	1838	4	2	1838	3	8	SJW-I04030080
11169	1838	4	3	1838	3	9	SJW-I04030090
11170	1838	4	5	1838	3	11	SJW-I04030110
11171	1838	4	6	1838	3	12	SJW-I04030120
11172	1838	5	8	1838	4	15	SJW-I04040150
11173	1838	5	15	1838	4	22	SJW-I04040220
11174	1838	6	10	1838	闰 4	18	SJW-I04041180
11175	1838	6	11	1838	闰 4	19	SJW-I04041190
11176	1838	6	16	1838	闰 4	24	SJW-I04041240
11177	1838	7	3	1838	5	12	SJW-I04050120
11178	1838	7	10	1838	5	19	SJW-I04050190
11179	1838	7	20	1838	5	29	SJW-I04050290
11180	1838	7	21	1838	6	1	SJW-I04060010
11181	1838	8	16	1838	6	27	SJW-I04060270
11182	1838	8	18	1838	6	29	SJW-I04060290
11183	1838	10	12	1838	8	24	SJW-I04080240
11184	1838	10	25	1838	9	8	SJW-I04090080
11185	1838	11	7	1838	9	21	SJW-I04090210
11186	1838	11	10	1838	9	24	SJW-I04090240
11187	1838	11	11	1838	9	25	SJW-I04090250
11188	1838	11	13	1838	9	27	SJW-I04090270
11189	1838	11	16	1838	9	30	SJW-I04090300
11190	1838	12	20	1838	11	4	SJW-I04110040
11191	1838	12	26	1838	11	10	SJW-I04110100
11192	1839	1	1	1838	11	16	SJW-I04110160
11193	1839	1	12	1838	11	27	SJW-I04110270
11194	1839	1	21	1838	12	7	SJW-I04120070
11195	1839	2	15	1839	1	2	SJW-I05010020
11196	1839	3	4	1839	1	19	SJW-I05010190
11197	1839	3	11	1839	1	26	SJW-I05010260
11198	1839	3	20	1839	2	6	SJW-I05020060
11199	1839	3	25	1839	2	11	SJW-I05020110
11200	1839	3	31	1839	2	17	SJW-I05020170
11201	1839	4	2	1839	2	19	SJW-I05020190
11202	1839	4	7	1839	2	24	SJW-I05020240
11203	1839	4	9	1839	2	26	SJW-I05020260

续表

编号	公历			农历			ID 编号
	年	月	日	年	月	日	
11204	1839	4	20	1839	3	7	SJW-I05030070
11205	1839	4	25	1839	3	12	SJW-I05030120
11206	1839	5	16	1839	4	4	SJW-I05040040
11207	1839	5	18	1839	4	6	SJW-I05040060
11208	1839	5	31	1839	4	19	SJW-I05040190
11209	1839	6	23	1839	5	13	SJW-I05050130
11210	1839	6	24	1839	5	14	SJW-I05050140
11211	1839	6	27	1839	5	17	SJW-I05050170
11212	1839	7	4	1839	5	24	SJW-I05050240
11213	1839	7	8	1839	5	28	SJW-I05050280
11214	1839	7	19	1839	6	9	SJW-I05060090
11215	1839	8	4	1839	6	25	SJW-I05060250
11216	1839	8	6	1839	6	27	SJW-I05060270
11217	1839	8	20	1839	7	12	SJW-I05070120
11218	1839	8	21	1839	7	13	SJW-I05070130
11219	1839	8	24	1839	7	16	SJW-I05070160
11220	1839	10	22	1839	9	16	SJW-I05090160
11221	1839	10	23	1839	9	17	SJW-I05090170
11222	1839	11	22	1839	10	17	SJW-I05100170
11223	1839	12	1	1839	10	26	SJW-I05100260
11224	1839	12	22	1839	11	17	SJW-I05110170
11225	1839	12	27	1839	11	22	SJW-I05110220
11226	1840	1	19	1839	12	15	SJW-I05120150
11227	1840	3	1	1840	1	28	SJW-I06010280
11228	1840	3	2	1840	1	29	SJW-I06010290
11229	1840	3	6	1840	2	3	SJW-I06020030
11230	1840	3	7	1840	2	4	SJW-I06020040
11231	1840	4	25	1840	3	24	SJW-I06030240
11232	1840	4	29	1840	3	28	SJW-I06030280
11233	1840	6	3	1840	5	4	SJW-I06050040
11234	1840	7	7	1840	6	9	SJW-I06060090
11235	1840	7	15	1840	6	17	SJW-I06060170
11236	1840	7	27	1840	6	29	SJW-I06060290
11237	1840	8	19	1840	7	22	SJW-I06070220
11238	1840	9	3	1840	8	8	SJW-I06080080
11239	1840	10	28	1840	10	4	SJW-I06100040
11240	1840	11	18	1840	10	25	SJW-I06100250
11241	1840	12	8	1840	11	15	SJW-I06110150

续表

编号	公历			农历			ID 编号
	年	月	日	年	月	日	
11242	1840	12	14	1840	11	21	SJW-I06110210
11243	1840	12	30	1840	12	7	SJW-I06120070
11244	1841	1	1	1840	12	9	SJW-I06120090
11245	1841	1	2	1840	12	10	SJW-I06120100
11246	1841	3	4	1841	2	12	SJW-I07020120
11247	1841	3	12	1841	2	20	SJW-I07020200
11248	1841	3	15	1841	2	23	SJW-I07020230
11249	1841	3	20	1841	2	28	SJW-I07020280
11250	1841	3	22	1841	2	30	SJW-I07020300
11251	1841	4	21	1841	闰 3	1	SJW-I07031010
11252	1841	4	26	1841	闰 3	6	SJW-I07031060
11253	1841	5	3	1841	闰 3	13	SJW-I07031130
11254	1841	6	9	1841	4	20	SJW-I07040200
11255	1841	6	13	1841	4	24	SJW-I07040240
11256	1841	7	13	1841	5	25	SJW-I07050250
11257	1841	7	14	1841	5	26	SJW-I07050260
11258	1841	8	25	1841	7	9	SJW-I07070090
11259	1841	9	29	1841	8	15	SJW-I07080150
11260	1841	10	18	1841	9	4	SJW-I07090040
11261	1841	10	23	1841	9	9	SJW-I07090090
11262	1841	10	29	1841	9	15	SJW-I07090150
11263	1841	10	31	1841	9	17	SJW-I07090170
11264	1841	11	1	1841	9	18	SJW-I07090180
11265	1841	11	10	1841	9	27	SJW-I07090270
11266	1841	11	17	1841	10	5	SJW-I07100050
11267	1841	11	30	1841	10	18	SJW-I07100180
11268	1841	12	1	1841	10	19	SJW-I07100190
11269	1841	12	2	1841	10	20	SJW-I07100200
11270	1841	12	5	1841	10	23	SJW-I07100230
11271	1841	12	6	1841	10	24	SJW-I07100240
11272	1841	12	8	1841	10	26	SJW-I07100260
11273	1842	1	18	1841	12	8	SJW-I07120080
11274	1842	1	26	1841	12	16	SJW-I07120160
11275	1842	2	16	1842	1	7	SJW-I08010070
11276	1842	2	26	1842	1	17	SJW-I08010170
11277	1842	3	9	1842	1	28	SJW-I08010280
11278	1842	3	22	1842	2	11	SJW-I08020110
11279	1842	4	10	1842	2	30	SJW-I08020300

续表

编号	公历			农历			ID 编号
	年	月	日	年	月	日	
11280	1842	5	1	1842	3	21	SJW-I08030210
11281	1842	5	5	1842	3	25	SJW-I08030250
11282	1842	5	16	1842	4	7	SJW-I08040070
11283	1842	6	13	1842	5	5	SJW-I08050050
11284	1842	6	15	1842	5	7	SJW-I08050070
11285	1842	6	16	1842	5	8	SJW-I08050080
11286	1842	6	19	1842	5	11	SJW-I08050110
11287	1842	6	29	1842	5	21	SJW-I08050210
11288	1842	7	6	1842	5	28	SJW-I08050280
11289	1842	7	10	1842	6	3	SJW-I08060030
11290	1842	7	19	1842	6	12	SJW-I08060120
11291	1842	7	21	1842	6	14	SJW-I08060140
11292	1842	8	1	1842	6	25	SJW-I08060250
11293	1842	8	9	1842	7	4	SJW-I08070040
11294	1842	8	16	1842	7	11	SJW-I08070110
11295	1842	8	25	1842	7	20	SJW-I08070200
11296	1842	9	7	1842	8	3	SJW-I08080030
11297	1842	9	9	1842	8	5	SJW-I08080050
11298	1842	9	12	1842	8	8	SJW-I08080080
11299	1842	9	16	1842	8	12	SJW-I08080120
11300	1842	10	27	1842	9	24	SJW-I08090240
11301	1842	10	31	1842	9	28	SJW-I08090280
11302	1842	11	2	1842	9	30	SJW-I08090300
11303	1842	11	6	1842	10	4	SJW-I08100040
11304	1842	12	2	1842	11	1	SJW-I08110010
11305	1842	12	10	1842	11	9	SJW-I08110090
11306	1842	12	15	1842	11	14	SJW-I08110140
11307	1842	12	25	1842	11	24	SJW-I08110240
11308	1842	12	27	1842	11	26	SJW-I08110260
11309	1842	12	30	1842	11	29	SJW-I08110290
11310	1843	1	5	1842	12	5	SJW-I08120050
11311	1843	1	11	1842	12	11	SJW-I08120110
11312	1843	1	13	1842	12	13	SJW-I08120130
11313	1843	2	7	1843	1	9	SJW-I09010090
11314	1843	2	8	1843	1	10	SJW-I09010100
11315	1843	2	9	1843	1	11	SJW-I09010110
11316	1843	2	10	1843	1	12	SJW-I09010120
11317	1843	2	16	1843	1	18	SJW-I09010180

续表

编号	公历			农历			ID 编号
	年	月	日	年	月	日	
11318	1843	2	19	1843	1	21	SJW-I09010210
11319	1843	2	26	1843	1	28	SJW-I09010280
11320	1843	3	4	1843	2	4	SJW-I09020040
11321	1843	3	20	1843	2	20	SJW-I09020200
11322	1843	3	21	1843	2	21	SJW-I09020210
11323	1843	4	3	1843	3	4	SJW-I09030040
11324	1843	4	5	1843	3	6	SJW-I09030060
11325	1843	4	11	1843	3	12	SJW-I09030120
11326	1843	4	23	1843	3	24	SJW-I09030240
11327	1843	5	9	1843	4	10	SJW-I09040100
11328	1843	5	11	1843	4	12	SJW-I09040120
11329	1843	5	26	1843	4	27	SJW-I09040270
11330	1843	5	27	1843	4	28	SJW-I09040280
11331	1843	6	8	1843	5	11	SJW-I09050110
11332	1843	6	11	1843	5	14	SJW-I09050140
11333	1843	6	12	1843	5	15	SJW-I09050150
11334	1843	6	17	1843	5	20	SJW-I09050200
11335	1843	6	21	1843	5	24	SJW-I09050240
11336	1843	8	4	1843	7	9	SJW-I09070090
11337	1843	8	18	1843	7	23	SJW-I09070230
11338	1843	9	30	1843	8	7	SJW-I09080070
11339	1843	10	14	1843	8	21	SJW-I09080210
11340	1843	10	22	1843	8	29	SJW-I09080290
11341	1843	10	26	1843	9	4	SJW-I09090040
11342	1843	11	14	1843	9	23	SJW-I09090230
11343	1843	11	28	1843	10	7	SJW-I09100070
11344	1843	12	14	1843	10	23	SJW-I09100230
11345	1843	12	17	1843	10	26	SJW-I09100260
11346	1843	12	22	1843	11	2	SJW-I09110020
11347	1843	12	27	1843	11	7	SJW-I09110070
11348	1844	1	21	1843	12	2	SJW-I09120020
11349	1844	1	22	1843	12	3	SJW-I09120030
11350	1844	1	25	1843	12	6	SJW-I09120060
11351	1844	3	8	1844	1	20	SJW-I10010200
11352	1844	3	9	1844	1	21	SJW-I10010210
11353	1844	4	9	1844	2	22	SJW-I10020220
11354	1844	4	18	1844	3	1	SJW-I10030010
11355	1844	4	25	1844	3	8	SJW-I10030080

续表

编号	公历			农历			ID 编号
	年	月	日	年	月	日	
11356	1844	5	18	1844	4	2	SJW-I10040020
11357	1844	6	2	1844	4	17	SJW-I10040170
11358	1844	6	22	1844	5	7	SJW-I10050070
11359	1844	7	2	1844	5	17	SJW-I10050170
11360	1844	7	14	1844	5	29	SJW-I10050290
11361	1844	7	15	1844	6	1	SJW-I10060010
11362	1844	7	17	1844	6	3	SJW-I10060030
11363	1844	7	22	1844	6	8	SJW-I10060080
11364	1844	7	31	1844	6	17	SJW-I10060170
11365	1844	8	13	1844	6	30	SJW-I10060300
11366	1844	8	16	1844	7	3	SJW-I10070030
11367	1844	8	20	1844	7	7	SJW-I10070070
11368	1844	8	23	1844	7	10	SJW-I10070100
11369	1844	9	26	1844	8	15	SJW-I10080150
11370	1844	10	20	1844	9	9	SJW-I10090090
11371	1844	10	24	1844	9	13	SJW-I10090130
11372	1844	10	26	1844	9	15	SJW-I10090150
11373	1844	10	28	1844	9	17	SJW-I10090170
11374	1844	10	31	1844	9	20	SJW-I10090200
11375	1844	11	2	1844	9	22	SJW-I10090220
11376	1844	11	3	1844	9	23	SJW-I10090230
11377	1844	11	4	1844	9	24	SJW-I10090240
11378	1844	11	8	1844	9	28	SJW-I10090280
11379	1844	11	8	1844	9	28	SJW-I10090281
11380	1844	12	1	1844	10	22	SJW-I10100220
11381	1844	12	2	1844	10	23	SJW-I10100230
11382	1844	12	5	1844	10	26	SJW-I10100260
11383	1844	12	9	1844	10	30	SJW-I10100300
11384	1844	12	14	1844	11	5	SJW-I10110050
11385	1845	1	7	1844	11	29	SJW-I10110290
11386	1845	1	13	1844	12	6	SJW-I10120060
11387	1845	1	19	1844	12	12	SJW-I10120120
11388	1845	1	25	1844	12	18	SJW-I10120180
11389	1845	1	31	1844	12	24	SJW-I10120240
11390	1845	2	1	1844	12	25	SJW-I10120250
11391	1845	2	27	1845	1	21	SJW-I11010210
11392	1845	3	20	1845	2	13	SJW-I11020130
11393	1845	3	22	1845	2	15	SJW-I11020150

续表

编号	公历			农历			ID 编号
	年	月	日	年	月	日	
11394	1845	4	6	1845	2	30	SJW-I11020300
11395	1845	5	9	1845	4	4	SJW-I11040040
11396	1845	6	9	1845	5	5	SJW-I11050050
11397	1845	6	10	1845	5	6	SJW-I11050060
11398	1845	6	13	1845	5	9	SJW-I11050090
11399	1845	6	14	1845	5	10	SJW-I11050100
11400	1845	7	8	1845	6	4	SJW-I11060040
11401	1845	7	12	1845	6	8	SJW-I11060080
11402	1845	7	24	1845	6	20	SJW-I11060200
11403	1845	8	7	1845	7	5	SJW-I11070050
11404	1845	8	8	1845	7	6	SJW-I11070060
11405	1845	8	16	1845	7	14	SJW-I11070140
11406	1845	8	18	1845	7	16	SJW-I11070160
11407	1845	8	22	1845	7	20	SJW-I11070200
11408	1845	8	23	1845	7	21	SJW-I11070210
11409	1845	11	21	1845	10	22	SJW-I11100220
11410	1846	1	15	1845	12	18	SJW-I11120180
11411	1846	2	4	1846	1	9	SJW-I12010090
11412	1846	2	13	1846	1	18	SJW-I12010180
11413	1846	2	17	1846	1	22	SJW-I12010220
11414	1846	3	27	1846	3	1	SJW-I12030010
11415	1846	4	13	1846	3	18	SJW-I12030180
11416	1846	4	18	1846	3	23	SJW-I12030230
11417	1846	4	21	1846	3	26	SJW-I12030260
11418	1846	4	27	1846	4	2	SJW-I12040020
11419	1846	4	28	1846	4	3	SJW-I12040030
11420	1846	5	2	1846	4	7	SJW-I12040070
11421	1846	5	5	1846	4	10	SJW-I12040100
11422	1846	5	15	1846	4	20	SJW-I12040200
11423	1846	5	16	1846	4	21	SJW-I12040210
11424	1846	5	22	1846	4	27	SJW-I12040270
11425	1846	5	24	1846	4	29	SJW-I12040290
11426	1846	6	20	1846	5	27	SJW-I12050270
11427	1846	6	23	1846	5	30	SJW-I12050300
11428	1846	6	29	1846	闰 5	6	SJW-I12051060
11429	1846	7	7	1846	闰 5	14	SJW-I12051140
11430	1846	7	12	1846	闰 5	19	SJW-I12051190
11431	1846	7	20	1846	闰 5	27	SJW-I12051270

续表

编号	公历			农历			ID编号
	年	月	日	年	月	日	
11432	1846	8	1	1846	6	10	SJW-I12060100
11433	1846	8	4	1846	6	13	SJW-I12060130
11434	1846	8	25	1846	7	4	SJW-I12070040
11435	1846	9	6	1846	7	16	SJW-I12070160
11436	1846	12	18	1846	11	1	SJW-I12110010
11437	1846	12	24	1846	11	7	SJW-I12110070
11438	1846	12	27	1846	11	10	SJW-I12110100
11439	1847	2	12	1846	12	27	SJW-I12120270
11440	1847	3	8	1847	1	22	SJW-I13010220
11441	1847	4	17	1847	3	3	SJW-I13030030
11442	1847	4	18	1847	3	4	SJW-I13030040
11443	1847	4	21	1847	3	7	SJW-I13030070
11444	1847	5	3	1847	3	19	SJW-I13030190
11445	1847	5	5	1847	3	21	SJW-I13030210
11446	1847	5	21	1847	4	8	SJW-I13040080
11447	1847	5	22	1847	4	9	SJW-I13040090
11448	1847	5	26	1847	4	13	SJW-I13040130
11449	1847	6	17	1847	5	5	SJW-I13050050
11450	1847	7	9	1847	5	27	SJW-I13050270
11451	1847	7	16	1847	6	5	SJW-I13060050
11452	1847	7	17	1847	6	6	SJW-I13060060
11453	1847	7	20	1847	6	9	SJW-I13060090
11454	1847	7	21	1847	6	10	SJW-I13060100
11455	1847	7	22	1847	6	11	SJW-I13060110
11456	1847	7	23	1847	6	12	SJW-I13060120
11457	1847	7	27	1847	6	16	SJW-I13060160
11458	1847	7	28	1847	6	17	SJW-I13060170
11459	1847	8	4	1847	6	24	SJW-I13060240
11460	1847	8	6	1847	6	26	SJW-I13060260
11461	1847	8	11	1847	7	1	SJW-I13070010
11462	1847	8	31	1847	7	21	SJW-I13070210
11463	1847	9	28	1847	8	20	SJW-I13080200
11464	1847	10	3	1847	8	25	SJW-I13080250
11465	1847	11	14	1847	10	7	SJW-I13100070
11466	1847	11	24	1847	10	17	SJW-I13100170
11467	1847	11	30	1847	10	23	SJW-I13100230
11468	1847	12	9	1847	11	2	SJW-I13110020
11469	1847	12	23	1847	11	16	SJW-I13110160

续表

编号	公历			农历			ID 编号
	年	月	日	年	月	日	
11470	1848	1	9	1847	12	4	SJW-I13120040
11471	1848	2	16	1848	1	12	SJW-I14010120
11472	1848	2	21	1848	1	17	SJW-I14010170
11473	1848	2	28	1848	1	24	SJW-I14010240
11474	1848	3	8	1848	2	4	SJW-I14020040
11475	1848	3	15	1848	2	11	SJW-I14020110
11476	1848	3	26	1848	2	22	SJW-I14020220
11477	1848	3	28	1848	2	24	SJW-I14020240
11478	1848	3	29	1848	2	25	SJW-I14020250
11479	1848	3	30	1848	2	26	SJW-I14020260
11480	1848	4	1	1848	2	28	SJW-I14020280
11481	1848	4	4	1848	3	1	SJW-I14030010
11482	1848	4	17	1848	3	14	SJW-I14030140
11483	1848	4	19	1848	3	16	SJW-I14030160
11484	1848	4	20	1848	3	17	SJW-I14030170
11485	1848	5	9	1848	4	7	SJW-I14040070
11486	1848	5	15	1848	4	13	SJW-I14040130
11487	1848	5	23	1848	4	21	SJW-I14040210
11488	1848	5	26	1848	4	24	SJW-I14040240
11489	1848	6	2	1848	5	2	SJW-I14050020
11490	1848	6	5	1848	5	5	SJW-I14050050
11491	1848	6	7	1848	5	7	SJW-I14050070
11492	1848	7	9	1848	6	9	SJW-I14060090
11493	1848	7	14	1848	6	14	SJW-I14060140
11494	1848	7	15	1848	6	15	SJW-I14060150
11495	1848	7	31	1848	7	2	SJW-I14070020
11496	1848	8	27	1848	7	29	SJW-I14070290
11497	1848	10	11	1848	9	15	SJW-I14090150
11498	1848	10	13	1848	9	17	SJW-I14090170
11499	1848	10	15	1848	9	19	SJW-I14090190
11500	1848	10	23	1848	9	27	SJW-I14090270
11501	1848	11	9	1848	10	14	SJW-I14100140
11502	1848	11	11	1848	10	16	SJW-I14100160
11503	1848	11	16	1848	10	21	SJW-I14100210
11504	1848	12	12	1848	11	17	SJW-I14110170
11505	1848	12	14	1848	11	19	SJW-I14110190
11506	1848	12	19	1848	11	24	SJW-I14110240
11507	1848	12	26	1848	12	1	SJW-I14120010

续表

编号	公历			农历			ID 编号
	年	月	日	年	月	日	
11508	1849	2	22	1849	1	30	SJW-I15010300
11509	1849	2	24	1849	2	2	SJW-I15020020
11510	1849	2	25	1849	2	3	SJW-I15020030
11511	1849	2	27	1849	2	5	SJW-I15020050
11512	1849	3	1	1849	2	7	SJW-I15020070
11513	1849	3	6	1849	2	12	SJW-I15020120
11514	1849	3	25	1849	3	2	SJW-I15030020
11515	1849	3	27	1849	3	4	SJW-I15030040
11516	1849	3	29	1849	3	6	SJW-I15030060
11517	1849	3	30	1849	3	7	SJW-I15030070
11518	1849	4	2	1849	3	10	SJW-I15030100
11519	1849	4	17	1849	3	25	SJW-I15030250
11520	1849	4	18	1849	3	26	SJW-I15030260
11521	1849	4	19	1849	3	27	SJW-I15030270
11522	1849	4	21	1849	3	29	SJW-I15030290
11523	1849	5	3	1849	4	11	SJW-I15040110
11524	1849	5	27	1849	闰 4	6	SJW-I15041060
11525	1849	5	28	1849	闰 4	7	SJW-I15041070
11526	1849	6	25	1849	5	6	SJW-I15050060
11527	1849	7	2	1849	5	13	SJW-I15050130
11528	1849	7	7	1849	5	18	SJW-I15050180
11529	1849	7	9	1849	5	20	SJW-I15050200
11530	1849	7	14	1849	5	25	SJW-I15050250
11531	1849	7	17	1849	5	28	SJW-I15050280
11532	1849	7	22	1849	6	3	SJW-I15060030
11533	1849	7	23	1849	6	4	SJW-I15060040
11534	1849	7	24	1849	6	5	SJW-I15060050
11535	1849	7	26	1849	6	7	SJW-I15060070
11536	1849	8	12	1849	6	24	SJW-J00060240
11537	1849	8	24	1849	7	7	SJW-J00070070
11538	1849	8	28	1849	7	11	SJW-J00070110
11539	1849	8	30	1849	7	13	SJW-J00070130
11540	1849	9	1	1849	7	15	SJW-J00070150
11541	1849	9	19	1849	8	3	SJW-J00080030
11542	1849	11	11	1849	9	27	SJW-J00090270
11543	1849	11	20	1849	10	6	SJW-J00100060
11544	1849	11	25	1849	10	11	SJW-J00100110
11545	1849	12	2	1849	10	18	SJW-J00100180

续表

编号	公历			农历			ID 编号
	年	月	日	年	月	日	
11546	1849	12	4	1849	10	20	SJW-J00100200
11547	1849	12	13	1849	10	29	SJW-J00100290
11548	1849	12	26	1849	11	13	SJW-J00110130
11549	1849	12	30	1849	11	17	SJW-J00110170
11550	1850	1	5	1849	11	23	SJW-J00110230
11551	1850	2	2	1849	12	21	SJW-J00120210
11552	1850	2	7	1849	12	26	SJW-J00120260
11553	1850	3	5	1850	1	22	SJW-J01010220
11554	1850	3	8	1850	1	25	SJW-J01010250
11555	1850	3	10	1850	1	27	SJW-J01010270
11556	1850	3	28	1850	2	15	SJW-J01020150
11557	1850	4	12	1850	3	1	SJW-J01030010
11558	1850	4	24	1850	3	13	SJW-J01030130
11559	1850	4	26	1850	3	15	SJW-J01030150
11560	1850	4	30	1850	3	19	SJW-J01030190
11561	1850	5	7	1850	3	26	SJW-J01030260
11562	1850	5	18	1850	4	7	SJW-J01040070
11563	1850	5	25	1850	4	14	SJW-J01040140
11564	1850	5	27	1850	4	16	SJW-J01040160
11565	1850	6	7	1850	4	27	SJW-J01040270
11566	1850	6	16	1850	5	7	SJW-J01050070
11567	1850	6	18	1850	5	9	SJW-J01050090
11568	1850	6	22	1850	5	13	SJW-J01050130
11569	1850	7	13	1850	6	5	SJW-J01060050
11570	1850	7	14	1850	6	6	SJW-J01060060
11571	1850	8	10	1850	7	3	SJW-J01070030
11572	1850	9	2	1850	7	26	SJW-J01070260
11573	1850	9	3	1850	7	27	SJW-J01070270
11574	1850	9	23	1850	8	18	SJW-J01080180
11575	1850	10	5	1850	9	1	SJW-J01090010
11576	1850	10	13	1850	9	9	SJW-J01090090
11577	1850	10	20	1850	9	16	SJW-J01090160
11578	1850	10	29	1850	9	25	SJW-J01090250
11579	1850	10	30	1850	9	26	SJW-J01090260
11580	1850	11	1	1850	9	28	SJW-J01090280
11581	1850	11	3	1850	9	30	SJW-J01090300
11582	1850	11	20	1850	10	17	SJW-J01100170
11583	1850	11	23	1850	10	20	SJW-J01100200

续表

编号	公历			农历			ID 编号
	年	月	日	年	月	日	
11584	1850	11	24	1850	10	21	SJW-J01100210
11585	1850	12	14	1850	11	11	SJW-J01110110
11586	1850	12	22	1850	11	19	SJW-J01110190
11587	1850	12	23	1850	11	20	SJW-J01110200
11588	1851	1	3	1850	12	2	SJW-J01120020
11589	1851	1	8	1850	12	7	SJW-J01120070
11590	1851	1	9	1850	12	8	SJW-J01120080
11591	1851	1	23	1850	12	22	SJW-J01120220
11592	1851	1	24	1850	12	23	SJW-J01120230
11593	1851	1	25	1850	12	24	SJW-J01120240
11594	1853	2	17	1853	1	10	SJW-J04010100
11595	1853	2	27	1853	1	20	SJW-J04010200
11596	1853	4	28	1853	3	21	SJW-J04030210
11597	1853	6	19	1853	5	13	SJW-J04050130
11598	1853	6	30	1853	5	24	SJW-J04050240
11599	1853	7	12	1853	6	7	SJW-J04060070
11600	1853	8	23	1853	7	19	SJW-J04070190
11601	1854	3	13	1854	2	15	SJW-J05020150
11602	1855	5	22	1855	4	7	SJW-J06040070
11603	1855	6	9	1855	4	25	SJW-J06040250
11604	1855	7	24	1855	6	11	SJW-J06060110
11605	1856	3	8	1856	2	2	SJW-J07020020
11606	1856	3	9	1856	2	3	SJW-J07020030
11607	1856	3	10	1856	2	4	SJW-J07020040
11608	1856	3	17	1856	2	11	SJW-J07020110
11609	1856	3	23	1856	2	17	SJW-J07020170
11610	1856	3	28	1856	2	22	SJW-J07020220
11611	1856	3	29	1856	2	23	SJW-J07020230
11612	1856	3	30	1856	2	24	SJW-J07020240
11613	1856	4	3	1856	2	28	SJW-J07020280
11614	1856	5	13	1856	4	10	SJW-J07040100
11615	1857	7	12	1857	闰 5	21	SJW-J08051210
11616	1858	2	26	1858	1	13	SJW-J09010130
11617	1858	3	1	1858	1	16	SJW-J09010160
11618	1858	3	17	1858	2	3	SJW-J09020030
11619	1858	3	19	1858	2	5	SJW-J09020050
11620	1858	4	24	1858	3	11	SJW-J09030110
11621	1858	4	26	1858	3	13	SJW-J09030130

续表

编号	公历			农历			ID 编号
	年	月	日	年	月	日	
11622	1858	4	28	1858	3	15	SJW-J09030150
11623	1858	5	3	1858	3	20	SJW-J09030200
11624	1858	5	6	1858	3	23	SJW-J09030230
11625	1858	5	10	1858	3	27	SJW-J09030270
11626	1858	5	26	1858	4	14	SJW-J09040140
11627	1858	5	27	1858	4	15	SJW-J09040150
11628	1858	5	29	1858	4	17	SJW-J09040170
11629	1858	6	9	1858	4	28	SJW-J09040280
11630	1858	6	21	1858	5	11	SJW-J09050110
11631	1858	6	22	1858	5	12	SJW-J09050120
11632	1858	7	13	1858	6	3	SJW-J09060030
11633	1858	8	20	1858	7	12	SJW-J09070120
11634	1858	9	6	1858	7	29	SJW-J09070290
11635	1858	9	29	1858	8	23	SJW-J09080230
11636	1858	9	30	1858	8	24	SJW-J09080240
11637	1858	11	7	1858	10	2	SJW-J09100020
11638	1858	12	1	1858	10	26	SJW-J09100260
11639	1858	12	12	1858	11	8	SJW-J09110080
11640	1858	12	17	1858	11	13	SJW-J09110130
11641	1858	12	23	1858	11	19	SJW-J09110190
11642	1858	12	28	1858	11	24	SJW-J09110240
11643	1859	1	4	1858	12	1	SJW-J09120010
11644	1859	1	5	1858	12	2	SJW-J09120020
11645	1859	1	10	1858	12	7	SJW-J09120070
11646	1859	1	14	1858	12	11	SJW-J09120110
11647	1859	1	27	1858	12	24	SJW-J09120240
11648	1859	2	6	1859	1	4	SJW-J10010040
11649	1859	2	14	1859	1	12	SJW-J10010120
11650	1859	2	17	1859	1	15	SJW-J10010150
11651	1859	3	23	1859	2	19	SJW-J10020190
11652	1859	3	24	1859	2	20	SJW-J10020200
11653	1859	4	13	1859	3	11	SJW-J10030110
11654	1859	4	14	1859	3	12	SJW-J10030120
11655	1859	5	2	1859	3	30	SJW-J10030300
11656	1859	6	4	1859	5	4	SJW-J10050040
11657	1859	6	15	1859	5	15	SJW-J10050150
11658	1859	6	22	1859	5	22	SJW-J10050220
11659	1859	6	24	1859	5	24	SJW-J10050240

续表

编号	公历			农历			ID 编号
	年	月	日	年	月	日	
11660	1859	6	25	1859	5	25	SJW-J10050250
11661	1859	6	29	1859	5	29	SJW-J10050290
11662	1859	7	2	1859	6	3	SJW-J10060030
11663	1859	7	4	1859	6	5	SJW-J10060050
11664	1859	7	8	1859	6	9	SJW-J10060090
11665	1859	7	20	1859	6	21	SJW-J10060210
11666	1859	8	8	1859	7	10	SJW-J10070100
11667	1859	8	17	1859	7	19	SJW-J10070190
11668	1859	10	10	1859	9	15	SJW-J10090150
11669	1859	10	17	1859	9	22	SJW-J10090220
11670	1859	10	25	1859	9	30	SJW-J10090300
11671	1859	10	31	1859	10	6	SJW-J10100060
11672	1859	11	2	1859	10	8	SJW-J10100080
11673	1859	11	7	1859	10	13	SJW-J10100130
11674	1859	11	8	1859	10	14	SJW-J10100140
11675	1859	11	15	1859	10	21	SJW-J10100210
11676	1859	11	21	1859	10	27	SJW-J10100270
11677	1859	12	27	1859	12	4	SJW-J10120040
11678	1859	12	30	1859	12	7	SJW-J10120070
11679	1860	1	3	1859	12	11	SJW-J10120110
11680	1860	1	18	1859	12	26	SJW-J10120260
11681	1860	1	20	1859	12	28	SJW-J10120280
11682	1860	1	21	1859	12	29	SJW-J10120290
11683	1860	1	22	1859	12	30	SJW-J10120300
11684	1860	3	25	1860	3	4	SJW-J11030040
11685	1860	3	31	1860	3	10	SJW-J11030100
11686	1860	4	9	1860	3	19	SJW-J11030190
11687	1860	5	2	1860	闰 3	12	SJW-J11031120
11688	1860	5	3	1860	闰 3	13	SJW-J11031130
11689	1860	5	15	1860	闰 3	25	SJW-J11031250
11690	1860	5	30	1860	4	10	SJW-J11040100
11691	1860	10	17	1860	9	4	SJW-J11090040
11692	1860	10	19	1860	9	6	SJW-J11090060
11693	1860	10	30	1860	9	17	SJW-J11090170
11694	1860	11	5	1860	9	23	SJW-J11090230
11695	1861	2	23	1861	1	14	SJW-J12010140
11696	1861	2	25	1861	1	16	SJW-J12010160
11697	1861	3	7	1861	1	26	SJW-J12010260

续表

编号	公历			农历			ID 编号
	年	月	日	年	月	日	
11698	1861	3	18	1861	2	8	SJW-J12020080
11699	1861	3	22	1861	2	12	SJW-J12020120
11700	1861	4	5	1861	2	26	SJW-J12020260
11701	1861	4	6	1861	2	27	SJW-J12020270
11702	1861	4	8	1861	2	29	SJW-J12020290
11703	1861	4	21	1861	3	12	SJW-J12030120
11704	1861	4	23	1861	3	14	SJW-J12030140
11705	1861	5	1	1861	3	22	SJW-J12030220
11706	1861	5	2	1861	3	23	SJW-J12030230
11707	1861	5	4	1861	3	25	SJW-J12030250
11708	1861	5	12	1861	4	3	SJW-J12040030
11709	1861	6	8	1861	5	1	SJW-J12050010
11710	1861	6	9	1861	5	2	SJW-J12050020
11711	1861	6	10	1861	5	3	SJW-J12050030
11712	1861	6	15	1861	5	8	SJW-J12050080
11713	1861	6	23	1861	5	16	SJW-J12050160
11714	1861	6	24	1861	5	17	SJW-J12050170
11715	1861	6	27	1861	5	20	SJW-J12050200
11716	1861	7	1	1861	5	24	SJW-J12050240
11717	1861	7	3	1861	5	26	SJW-J12050260
11718	1861	7	6	1861	5	29	SJW-J12050290
11719	1861	7	8	1861	6	1	SJW-J12060010
11720	1861	7	12	1861	6	5	SJW-J12060050
11721	1861	7	28	1861	6	21	SJW-J12060210
11722	1861	7	30	1861	6	23	SJW-J12060230
11723	1861	8	8	1861	7	3	SJW-J12070030
11724	1861	9	17	1861	8	13	SJW-J12080130
11725	1861	10	29	1861	9	26	SJW-J12090260
11726	1861	11	8	1861	10	6	SJW-J12100060
11727	1861	11	17	1861	10	15	SJW-J12100150
11728	1861	11	27	1861	10	25	SJW-J12100250
11729	1862	9	5	1862	8	12	SJW-J13080120
11730	1862	9	12	1862	8	19	SJW-J13080190
11731	1862	9	15	1862	8	22	SJW-J13080220
11732	1864	2	19	1864	1	12	SJW-K01010120
11733	1864	2	20	1864	1	13	SJW-K01010130
11734	1864	2	21	1864	1	14	SJW-K01010140
11735	1864	12	9	1864	11	11	SJW-K01110110

续表

编号	公历			农历			ID 编号
	年	月	日	年	月	日	
11736	1865	2	7	1865	1	12	SJW-K02010120
11737	1865	3	1	1865	2	4	SJW-K02020040
11738	1865	3	3	1865	2	6	SJW-K02020060
11739	1865	3	4	1865	2	7	SJW-K02020070
11740	1865	3	8	1865	2	11	SJW-K02020110
11741	1865	3	26	1865	2	29	SJW-K02020290
11742	1865	3	30	1865	3	4	SJW-K02030040
11743	1865	4	1	1865	3	6	SJW-K02030060
11744	1865	4	29	1865	4	5	SJW-K02040050
11745	1865	5	1	1865	4	7	SJW-K02040070
11746	1865	5	3	1865	4	9	SJW-K02040090
11747	1865	6	29	1865	闰 5	7	SJW-K02051070
11748	1865	7	7	1865	闰 5	15	SJW-K02051150
11749	1865	7	15	1865	闰 5	23	SJW-K02051230
11750	1866	2	22	1866	1	8	SJW-K03010080
11751	1866	2	23	1866	1	9	SJW-K03010090
11752	1866	2	24	1866	1	10	SJW-K03010100
11753	1866	2	27	1866	1	13	SJW-K03010130
11754	1866	3	4	1866	1	18	SJW-K03010180
11755	1866	3	9	1866	1	23	SJW-K03010230
11756	1866	4	26	1866	3	12	SJW-K03030120
11757	1866	4	26	1866	3	12	SJW-K03030121
11758	1866	10	31	1866	9	23	SJW-K03090230
11759	1866	11	6	1866	9	29	SJW-K03090290
11760	1870	2	11	1870	1	12	SJW-K07010120
11761	1870	2	24	1870	1	25	SJW-K07010250
11762	1870	3	3	1870	2	2	SJW-K07020020
11763	1870	3	13	1870	2	12	SJW-K07020120
11764	1870	3	27	1870	2	26	SJW-K07020260
11765	1870	4	21	1870	3	21	SJW-K07030210
11766	1870	4	23	1870	3	23	SJW-K07030230
11767	1870	5	2	1870	4	2	SJW-K07040020
11768	1870	5	4	1870	4	4	SJW-K07040040
11769	1870	5	8	1870	4	8	SJW-K07040080
11770	1870	5	13	1870	4	13	SJW-K07040130
11771	1870	5	18	1870	4	18	SJW-K07040180
11772	1870	5	25	1870	4	25	SJW-K07040250
11773	1870	6	2	1870	5	4	SJW-K07050040

续表

编号	公历			农历			ID 编号
	年	月	日	年	月	日	
11774	1870	6	5	1870	5	7	SJW-K07050070
11775	1870	6	17	1870	5	19	SJW-K07050190
11776	1870	6	18	1870	5	20	SJW-K07050200
11777	1870	6	19	1870	5	21	SJW-K07050210
11778	1870	7	17	1870	6	19	SJW-K07060190
11779	1870	8	12	1870	7	16	SJW-K07070160
11780	1870	9	1	1870	8	6	SJW-K07080060
11781	1870	9	3	1870	8	8	SJW-K07080080
11782	1870	9	12	1870	8	17	SJW-K07080170
11783	1870	9	15	1870	8	20	SJW-K07080200
11784	1870	10	16	1870	9	22	SJW-K07090220
11785	1871	1	28	1870	12	8	SJW-K07120080
11786	1871	2	4	1870	12	15	SJW-K07120150
11787	1871	2	5	1870	12	16	SJW-K07120160
11788	1871	2	18	1870	12	29	SJW-K07120290
11789	1871	4	11	1871	2	22	SJW-K08020220
11790	1871	6	26	1871	5	9	SJW-K08050090
11791	1872	3	11	1872	2	3	SJW-K09020030
11792	1872	3	12	1872	2	4	SJW-K09020040
11793	1872	4	8	1872	3	1	SJW-K09030010
11794	1872	4	24	1872	3	17	SJW-K09030170
11795	1872	7	7	1872	6	2	SJW-K09060020
11796	1872	8	16	1872	7	13	SJW-K09070130
11797	1872	10	17	1872	9	16	SJW-K09090160
11798	1872	10	28	1872	9	27	SJW-K09090270
11799	1872	12	10	1872	11	10	SJW-K09110100
11800	1873	1	26	1872	12	28	SJW-K09120280
11801	1873	5	10	1873	4	14	SJW-K10040140
11802	1873	6	27	1873	6	3	SJW-K10060030
11803	1873	8	15	1873	闰 6	23	SJW-K10061230
11804	1873	8	18	1873	闰 6	26	SJW-K10061260
11805	1873	9	8	1873	7	17	SJW-K10070170
11806	1873	10	18	1873	8	27	SJW-K10080270
11807	1874	4	29	1874	3	14	SJW-K11030140
11808	1874	4	30	1874	3	15	SJW-K11030150
11809	1874	7	12	1874	5	29	SJW-K11050290
11810	1874	7	15	1874	6	2	SJW-K11060020
11811	1874	7	16	1874	6	3	SJW-K11060030

续表

编号	公历			农历			ID 编号
	年	月	日	年	月	日	
11812	1874	7	17	1874	6	4	SJW-K11060040
11813	1874	7	21	1874	6	8	SJW-K11060080
11814	1874	7	22	1874	6	9	SJW-K11060090
11815	1874	7	23	1874	6	10	SJW-K11060100
11816	1874	7	27	1874	6	14	SJW-K11060140
11817	1874	8	8	1874	6	26	SJW-K11060260
11818	1874	11	14	1874	10	6	SJW-K11100060
11819	1875	3	31	1875	2	24	SJW-K12020240
11820	1875	5	6	1875	4	2	SJW-K12040020
11821	1875	5	21	1875	4	17	SJW-K12040170
11822	1875	5	23	1875	4	19	SJW-K12040190
11823	1875	5	25	1875	4	21	SJW-K12040210
11824	1875	7	17	1875	6	15	SJW-K12060150
11825	1875	8	4	1875	7	4	SJW-K12070040
11826	1875	8	21	1875	7	21	SJW-K12070210
11827	1875	9	15	1875	8	16	SJW-K12080160
11828	1875	11	7	1875	10	10	SJW-K12100100
11829	1875	11	13	1875	10	16	SJW-K12100160
11830	1875	11	20	1875	10	23	SJW-K12100230
11831	1875	11	24	1875	10	27	SJW-K12100270
11832	1875	12	28	1875	12	1	SJW-K12120010
11833	1876	8	12	1876	6	23	SJW-K13060230
11834	1876	8	13	1876	6	24	SJW-K13060240
11835	1876	8	14	1876	6	25	SJW-K13060250
11836	1876	8	15	1876	6	26	SJW-K13060260
11837	1877	2	17	1877	1	5	SJW-K14010050
11838	1877	2	22	1877	1	10	SJW-K14010100
11839	1877	3	1	1877	1	17	SJW-K14010170
11840	1877	3	9	1877	1	25	SJW-K14010250
11841	1877	3	13	1877	1	29	SJW-K14010290
11842	1877	3	21	1877	2	7	SJW-K14020070
11843	1877	3	25	1877	2	11	SJW-K14020110
11844	1877	3	26	1877	2	12	SJW-K14020120
11845	1877	3	28	1877	2	14	SJW-K14020140
11846	1877	3	30	1877	2	16	SJW-K14020160
11847	1877	4	8	1877	2	25	SJW-K14020250
11848	1877	5	14	1877	4	2	SJW-K14040020
11849	1877	6	23	1877	5	13	SJW-K14050130

续表

编号	公历			农历			ID 编号
	年	月	日	年	月	日	
11850	1877	6	27	1877	5	17	SJW-K14050170
11851	1877	6	28	1877	5	18	SJW-K14050180
11852	1877	6	29	1877	5	19	SJW-K14050190
11853	1877	7	3	1877	5	23	SJW-K14050230
11854	1877	7	19	1877	6	9	SJW-K14060090
11855	1877	8	17	1877	7	9	SJW-K14070090
11856	1877	11	23	1877	10	19	SJW-K14100190
11857	1877	12	3	1877	10	29	SJW-K14100290
11858	1878	2	7	1878	1	6	SJW-K15010060
11859	1878	2	22	1878	1	21	SJW-K15010210
11860	1878	3	23	1878	2	20	SJW-K15020200
11861	1878	6	22	1878	5	22	SJW-K15050220
11862	1878	7	3	1878	6	4	SJW-K15060040
11863	1878	7	19	1878	6	20	SJW-K15060200
11864	1878	9	2	1878	8	6	SJW-K15080060
11865	1878	9	12	1878	8	16	SJW-K15080160
11866	1878	9	25	1878	8	29	SJW-K15080290
11867	1878	10	9	1878	9	14	SJW-K15090140
11868	1878	12	17	1878	11	24	SJW-K15110240
11869	1879	3	1	1879	2	9	SJW-K16020090
11870	1879	3	31	1879	3	9	SJW-K16030090
11871	1879	5	7	1879	闰 3	17	SJW-K16031170
11872	1879	6	21	1879	5	2	SJW-K16050020
11873	1879	6	22	1879	5	3	SJW-K16050030
11874	1879	7	15	1879	5	26	SJW-K16050260
11875	1879	8	21	1879	7	4	SJW-K16070040
11876	1879	10	6	1879	8	21	SJW-K16080210
11877	1879	12	15	1879	11	3	SJW-K16110030
11878	1880	2	8	1879	12	28	SJW-K16120280
11879	1880	2	9	1879	12	29	SJW-K16120290
11880	1880	3	19	1880	2	9	SJW-K17020090
11881	1880	3	28	1880	2	18	SJW-K17020180
11882	1880	7	12	1880	6	6	SJW-K17060060
11883	1880	11	24	1880	10	22	SJW-K17100220
11884	1880	11	25	1880	10	23	SJW-K17100230
11885	1881	1	8	1880	12	9	SJW-K17120090
11886	1881	1	14	1880	12	15	SJW-K17120150
11887	1881	4	5	1881	3	7	SJW-K18030070

续表

编号	公历			农历			ID 编号
	年	月	日	年	月	日	
11888	1881	4	6	1881	3	8	SJW-K18030080
11889	1881	10	20	1881	8	28	SJW-K18080280
11890	1881	11	8	1881	9	17	SJW-K18090170
11891	1881	12	3	1881	10	12	SJW-K18100120
11892	1882	3	21	1882	2	3	SJW-K19020030
11893	1882	4	3	1882	2	16	SJW-K19020160
11894	1882	4	11	1882	2	24	SJW-K19020240
11895	1882	4	26	1882	3	9	SJW-K19030090
11896	1882	7	25	1882	6	11	SJW-K19060110
11897	1882	8	2	1882	6	19	SJW-K19060190
11898	1882	9	30	1882	8	19	SJW-K19080190
11899	1882	10	12	1882	9	1	SJW-K19090010
11900	1882	10	16	1882	9	5	SJW-K19090050
11901	1882	10	26	1882	9	15	SJW-K19090150
11902	1882	11	16	1882	10	6	SJW-K19100060
11903	1882	11	21	1882	10	11	SJW-K19100110
11904	1882	11	22	1882	10	12	SJW-K19100120
11905	1882	11	26	1882	10	16	SJW-K19100160
11906	1882	11	29	1882	10	19	SJW-K19100190
11907	1882	12	2	1882	10	22	SJW-K19100220
11908	1883	1	9	1882	12	1	SJW-K19120010
11909	1883	2	15	1883	1	8	SJW-K20010080
11910	1883	2	17	1883	1	10	SJW-K20010100
11911	1883	4	27	1883	3	21	SJW-K20030210
11912	1883	6	8	1883	5	4	SJW-K20050040
11913	1884	3	11	1884	2	14	SJW-K21020140
11914	1884	4	25	1884	4	1	SJW-K21040010
11915	1884	6	16	1884	5	23	SJW-K21050230
11916	1884	6	21	1884	5	28	SJW-K21050280
11917	1884	7	22	1884	6	1	SJW-K21060010
11918	1884	8	22	1884	7	2	SJW-K21070020
11919	1884	9	2	1884	7	13	SJW-K21070130
11920	1884	9	10	1884	7	21	SJW-K21070210
11921	1884	9	14	1884	7	25	SJW-K21070250
11922	1885	7	15	1885	6	4	SJW-K22060040
11923	1885	8	27	1885	7	18	SJW-K22070180
11924	1885	8	28	1885	7	19	SJW-K22070190
11925	1885	10	7	1885	8	29	SJW-K22080290

续表

编号	公历			农历			ID 编号
	年	月	日	年	月	日	
11926	1885	11	27	1885	10	21	SJW-K22100210
11927	1886	6	17	1886	5	16	SJW-K23050160
11928	1886	7	19	1886	6	18	SJW-K23060180
11929	1886	8	4	1886	7	5	SJW-K23070050
11930	1886	8	6	1886	7	7	SJW-K23070070
11931	1886	8	7	1886	7	8	SJW-K23070080
11932	1886	11	20	1886	10	25	SJW-K23100250
11933	1886	12	13	1886	11	18	SJW-K23110180
11934	1886	12	20	1886	11	25	SJW-K23110250
11935	1887	8	10	1887	6	21	SJW-K24060210
11936	1888	5	16	1888	4	6	SJW-K25040060
11937	1888	5	27	1888	4	17	SJW-K25040170
11938	1888	6	10	1888	5	1	SJW-K25050010
11939	1888	7	10	1888	6	2	SJW-K25060020
11940	1888	7	11	1888	6	3	SJW-K25060030
11941	1888	7	12	1888	6	4	SJW-K25060040
11942	1888	7	15	1888	6	7	SJW-K25060070
11943	1888	7	16	1888	6	8	SJW-K25060080
11944	1888	8	7	1888	6	30	SJW-K25060300
11945	1888	8	19	1888	7	12	SJW-K25070120
11946	1888	11	22	1888	10	19	SJW-K25100190
11947	1889	2	8	1889	1	9	SJW-K26010090
11948	1889	2	16	1889	1	17	SJW-K26010170
11949	1889	3	18	1889	2	17	SJW-K26020170
11950	1889	3	22	1889	2	21	SJW-K26020210
11951	1889	3	25	1889	2	24	SJW-K26020240
11952	1889	4	3	1889	3	4	SJW-K26030040
11953	1889	4	6	1889	3	7	SJW-K26030070
11954	1889	6	15	1889	5	17	SJW-K26050170
11955	1889	6	17	1889	5	19	SJW-K26050190
11956	1889	6	18	1889	5	20	SJW-K26050200
11957	1889	6	19	1889	5	21	SJW-K26050210
11958	1889	6	23	1889	5	25	SJW-K26050250
11959	1889	7	13	1889	6	16	SJW-K26060160
11960	1889	7	18	1889	6	21	SJW-K26060210
11961	1889	7	24	1889	6	27	SJW-K26060270
11962	1889	7	25	1889	6	28	SJW-K26060280
11963	1889	7	30	1889	7	3	SJW-K26070030

续表

编号	公历			农历			ID 编号
	年	月	日	年	月	日	
11964	1889	7	31	1889	7	4	SJW-K26070040
11965	1889	8	1	1889	7	5	SJW-K26070050
11966	1890	2	11	1890	1	22	SJW-K27010220
11967	1890	3	12	1890	2	22	SJW-K27020220
11968	1890	4	5	1890	闰 2	16	SJW-K27021160
11969	1890	4	16	1890	闰 2	27	SJW-K27021270
11970	1890	4	28	1890	3	10	SJW-K27030100
11971	1890	6	23	1890	5	7	SJW-K27050070
11972	1890	7	24	1890	6	8	SJW-K27060080
11973	1890	8	10	1890	6	25	SJW-K27060250
11974	1890	8	19	1890	7	4	SJW-K27070040
11975	1890	8	24	1890	7	9	SJW-K27070090
11976	1890	8	31	1890	7	16	SJW-K27070160
11977	1890	12	3	1890	10	22	SJW-K27100220
11978	1890	12	4	1890	10	23	SJW-K27100230
11979	1890	12	5	1890	10	24	SJW-K27100240
11980	1890	12	6	1890	10	25	SJW-K27100250
11981	1890	12	7	1890	10	26	SJW-K27100260
11982	1890	12	12	1890	11	1	SJW-K27110010
11983	1890	12	13	1890	11	2	SJW-K27110020
11984	1890	12	23	1890	11	12	SJW-K27110120
11985	1890	12	26	1890	11	15	SJW-K27110150
11986	1891	1	14	1890	12	5	SJW-K27120050
11987	1891	1	23	1890	12	14	SJW-K27120140
11988	1891	2	28	1891	1	20	SJW-K28010200
11989	1891	3	10	1891	2	1	SJW-K28020010
11990	1891	3	17	1891	2	8	SJW-K28020080
11991	1891	5	2	1891	3	24	SJW-K28030240
11992	1891	5	10	1891	4	3	SJW-K28040030
11993	1891	6	30	1891	5	24	SJW-K28050240
11994	1891	7	11	1891	6	6	SJW-K28060060
11995	1891	7	18	1891	6	13	SJW-K28060130
11996	1891	7	22	1891	6	17	SJW-K28060170
11997	1891	7	31	1891	6	26	SJW-K28060260
11998	1891	8	2	1891	6	28	SJW-K28060280
11999	1891	9	20	1891	8	18	SJW-K28080180
12000	1891	9	29	1891	8	27	SJW-K28080270
12001	1891	10	6	1891	9	4	SJW-K28090040

续表

编号	公历			农历			ID 编号
	年	月	日	年	月	日	
12002	1891	11	5	1891	10	4	SJW-K28100040
12003	1891	11	9	1891	10	8	SJW-K28100080
12004	1891	12	1	1891	11	1	SJW-K28110010
12005	1891	12	3	1891	11	3	SJW-K28110030
12006	1891	12	7	1891	11	7	SJW-K28110070
12007	1891	12	11	1891	11	11	SJW-K28110110
12008	1892	1	9	1891	12	10	SJW-K28120100
12009	1892	1	10	1891	12	11	SJW-K28120110
12010	1892	2	16	1892	1	18	SJW-K29010180
12011	1892	4	11	1892	3	15	SJW-K29030150
12012	1892	6	1	1892	5	7	SJW-K29050070
12013	1892	6	2	1892	5	8	SJW-K29050080
12014	1892	6	16	1892	5	22	SJW-K29050220
12015	1892	6	17	1892	5	23	SJW-K29050230
12016	1892	7	5	1892	6	12	SJW-K29060120
12017	1892	7	30	1892	闰 6	7	SJW-K29061070
12018	1892	8	7	1892	闰 6	15	SJW-K29061150
12019	1892	8	25	1892	7	4	SJW-K29070040
12020	1892	8	27	1892	7	6	SJW-K29070060
12021	1892	12	30	1892	11	12	SJW-K29110120
12022	1893	1	10	1892	11	23	SJW-K29110230
12023	1893	3	12	1893	1	24	SJW-K30010240
12024	1893	4	2	1893	2	16	SJW-K30020160
12025	1893	4	3	1893	2	17	SJW-K30020170
12026	1893	4	4	1893	2	18	SJW-K30020180
12027	1893	4	5	1893	2	19	SJW-K30020190
12028	1893	5	1	1893	3	16	SJW-K30030160
12029	1893	5	9	1893	3	24	SJW-K30030240
12030	1893	5	21	1893	4	6	SJW-K30040060
12031	1893	5	25	1893	4	10	SJW-K30040100
12032	1893	6	11	1893	4	27	SJW-K30040270
12033	1893	6	14	1893	5	1	SJW-K30050010
12034	1893	6	22	1893	5	9	SJW-K30050090
12035	1893	6	29	1893	5	16	SJW-K30050160
12036	1893	7	1	1893	5	18	SJW-K30050180
12037	1893	7	3	1893	5	20	SJW-K30050200
12038	1893	7	14	1893	6	2	SJW-K30060020
12039	1893	7	16	1893	6	4	SJW-K30060040

续表

编号	公历			农历			ID 编号
	年	月	日	年	月	日	
12040	1893	7	19	1893	6	7	SJW-K30060070
12041	1893	8	4	1893	6	23	SJW-K30060230
12042	1893	8	9	1893	6	28	SJW-K30060280
12043	1893	8	30	1893	7	19	SJW-K30070190
12044	1893	9	1	1893	7	21	SJW-K30070210
12045	1893	9	25	1893	8	16	SJW-K30080160
12046	1893	10	9	1893	8	30	SJW-K30080300
12047	1893	12	20	1893	11	13	SJW-K30110130
12048	1893	12	26	1893	11	19	SJW-K30110190
12049	1894	3	3	1894	1	26	SJW-K31010260
12050	1894	3	16	1894	2	10	SJW-K31020100
12051	1894	3	23	1894	2	17	SJW-K31020170
12052	1894	4	25	1894	3	20	SJW-K31030200
12053	1894	5	21	1894	4	17	SJW-K31040170
12054	1894	6	17	1894	5	14	SJW-K31050140
12055	1894	7	4	1894	6	2	SJW-K31060020
12056	1894	7	9	1894	6	7	SJW-K31060070
12057	1894	12	26	1894	11	30	SJW-K31110300
12058	1895	1	22	1894	12	27	SJW-K31120270
12059	1895	2	10	1895	1	16	SJW-K32010160
12060	1895	2	15	1895	1	21	SJW-K32010210
12061	1895	2	17	1895	1	23	SJW-K32010230
12062	1895	2	28	1895	2	4	SJW-K32020040
12063	1895	3	1	1895	2	5	SJW-K32020050
12064	1895	3	14	1895	2	18	SJW-K32020180
12065	1895	3	26	1895	3	1	SJW-K32030010
12066	1895	4	29	1895	4	5	SJW-K32040050
12067	1895	4	30	1895	4	6	SJW-K32040060
12068	1895	5	9	1895	4	15	SJW-K32040150
12069	1895	6	2	1895	5	10	SJW-K32050100
12070	1895	6	23	1895	闰 5	1	SJW-K32051010
12071	1895	7	15	1895	闰 5	23	SJW-K32051230
12072	1895	7	27	1895	6	6	SJW-K32060060
12073	1895	7	31	1895	6	10	SJW-K32060100
12074	1895	8	2	1895	6	12	SJW-K32060120
12075	1895	8	3	1895	6	13	SJW-K32060130
12076	1895	8	4	1895	6	14	SJW-K32060140
12077	1895	8	9	1895	6	19	SJW-K32060190

续表

编号	公历			农历			ID 编号
	年	月	日	年	月	日	
12078	1895	8	10	1895	6	20	SJW-K32060200
12079	1895	8	28	1895	7	9	SJW-K32070090
12080	1895	8	29	1895	7	10	SJW-K32070100
12081	1895	8	31	1895	7	12	SJW-K32070120
12082	1895	9	1	1895	7	13	SJW-K32070130
12083	1895	9	3	1895	7	15	SJW-K32070150
12084	1895	9	5	1895	7	17	SJW-K32070170
12085	1895	9	6	1895	7	18	SJW-K32070180
12086	1895	9	7	1895	7	19	SJW-K32070190
12087	1895	12	1	1895	10	15	SJW-K32100150
12088	1895	12	3	1895	10	17	SJW-K32100170
12089	1895	12	6	1895	10	20	SJW-K32100200
12090	1895	12	7	1895	10	21	SJW-K32100210
12091	1895	12	8	1895	10	22	SJW-K32100220
12092	1895	12	15	1895	10	29	SJW-K32100290
12093	1895	12	16	1895	11	1	SJW-K32110010
12094	1895	12	17	1895	11	2	SJW-K32110020
12095	1895	12	25	1895	11	10	SJW-K32110100
12096	1895	12	26	1895	11	11	SJW-K32110110
12097	1896	5	10	1896	3	28	SJW-K33030280
12098	1896	6	15	1896	5	5	SJW-K33050050
12099	1896	7	6	1896	5	26	SJW-K33050260
12100	1896	8	3	1896	6	24	SJW-K33060240
12101	1896	8	4	1896	6	25	SJW-K33060250
12102	1896	8	6	1896	6	27	SJW-K33060270
12103	1896	8	9	1896	7	1	SJW-K33070010
12104	1896	8	11	1896	7	3	SJW-K33070030
12105	1896	8	12	1896	7	4	SJW-K33070040
12106	1896	8	13	1896	7	5	SJW-K33070050
12107	1896	8	17	1896	7	9	SJW-K33070090
12108	1896	12	10	1896	11	6	SJW-K33110060
12109	1896	12	24	1896	11	20	SJW-K33110200
12110	1896	12	26	1896	11	22	SJW-K33110220
12111	1897	1	13	1896	12	11	SJW-K33120110
12112	1897	1	14	1896	12	12	SJW-K33120120
12113	1897	1	17	1896	12	15	SJW-K33120150
12114	1897	7	12	1897	6	13	SJW-K34060130
12115	1897	8	5	1897	7	8	SJW-K34070080

续表

编号	公历			农历			ID 编号
	年	月	日	年	月	日	
12116	1897	8	18	1897	7	21	SJW-K34070210
12117	1897	8	24	1897	7	27	SJW-K34070270
12118	1897	10	12	1897	9	17	SJW-K34090170
12119	1897	11	4	1897	10	10	SJW-K34100100
12120	1897	11	7	1897	10	13	SJW-K34100130
12121	1897	11	15	1897	10	21	SJW-K34100210
12122	1897	11	18	1897	10	24	SJW-K34100240
12123	1897	11	28	1897	11	5	SJW-K34110050
12124	1897	12	9	1897	11	16	SJW-K34110160
12125	1898	1	8	1897	12	16	SJW-K34120160
12126	1898	1	15	1897	12	23	SJW-K34120230
12127	1898	1	16	1897	12	24	SJW-K34120240
12128	1898	1	26	1898	1	5	SJW-K35010050
12129	1898	1	27	1898	1	6	SJW-K35010060
12130	1898	2	5	1898	1	15	SJW-K35010150
12131	1898	3	22	1898	3	1	SJW-K35030010
12132	1898	3	24	1898	3	3	SJW-K35030030
12133	1898	4	7	1898	3	17	SJW-K35030170
12134	1898	4	14	1898	3	24	SJW-K35030240
12135	1898	4	17	1898	3	27	SJW-K35030270
12136	1898	4	18	1898	3	28	SJW-K35030280
12137	1898	5	18	1898	闰 3	28	SJW-K35031280
12138	1898	5	20	1898	4	1	SJW-K35040010
12139	1898	6	2	1898	4	14	SJW-K35040140
12140	1898	6	6	1898	4	18	SJW-K35040180
12141	1898	6	8	1898	4	20	SJW-K35040200
12142	1898	6	13	1898	4	25	SJW-K35040250
12143	1898	6	27	1898	5	9	SJW-K35050090
12144	1898	6	29	1898	5	11	SJW-K35050110
12145	1898	7	9	1898	5	21	SJW-K35050210
12146	1898	7	12	1898	5	24	SJW-K35050240
12147	1898	7	26	1898	6	8	SJW-K35060080
12148	1898	7	30	1898	6	12	SJW-K35060120
12149	1898	8	3	1898	6	16	SJW-K35060160
12150	1898	8	7	1898	6	20	SJW-K35060200
12151	1898	8	8	1898	6	21	SJW-K35060210
12152	1898	8	9	1898	6	22	SJW-K35060220
12153	1898	8	13	1898	6	26	SJW-K35060260

续表

编号	公历			农历			ID 编号
	年	月	日	年	月	日	
12154	1898	8	17	1898	7	1	SJW-K35070010
12155	1898	8	19	1898	7	3	SJW-K35070030
12156	1898	9	19	1898	8	4	SJW-K35080040
12157	1898	11	8	1898	9	25	SJW-K35090250
12158	1898	11	22	1898	10	9	SJW-K35100090
12159	1898	11	26	1898	10	13	SJW-K35100130
12160	1898	12	12	1898	10	29	SJW-K35100290
12161	1898	12	16	1898	11	4	SJW-K35110040
12162	1899	1	9	1898	11	28	SJW-K35110280
12163	1899	1	13	1898	12	2	SJW-K35120020
12164	1899	1	16	1898	12	5	SJW-K35120050
12165	1899	2	12	1899	1	3	SJW-K36010030
12166	1899	2	17	1899	1	8	SJW-K36010080
12167	1899	2	19	1899	1	10	SJW-K36010100
12168	1899	3	8	1899	1	27	SJW-K36010270
12169	1899	4	4	1899	2	24	SJW-K36020240
12170	1899	5	14	1899	4	5	SJW-K36040050
12171	1899	5	15	1899	4	6	SJW-K36040060
12172	1899	6	25	1899	5	18	SJW-K36050180
12173	1899	6	28	1899	5	21	SJW-K36050210
12174	1899	7	11	1899	6	4	SJW-K36060040
12175	1899	7	12	1899	6	5	SJW-K36060050
12176	1899	8	10	1899	7	5	SJW-K36070050
12177	1899	8	16	1899	7	11	SJW-K36070110
12178	1899	8	21	1899	7	16	SJW-K36070160
12179	1899	8	22	1899	7	17	SJW-K36070170
12180	1899	8	24	1899	7	19	SJW-K36070190
12181	1899	10	15	1899	9	11	SJW-K36090110
12182	1899	11	13	1899	10	11	SJW-K36100110
12183	1899	11	15	1899	10	13	SJW-K36100130
12184	1900	1	20	1899	12	20	SJW-K36120200
12185	1900	1	22	1899	12	22	SJW-K36120220
12186	1900	2	17	1900	1	18	SJW-K37010180
12187	1900	3	24	1900	2	24	SJW-K37020240
12188	1900	5	28	1900	5	1	SJW-K37050010
12189	1901	4	3	1901	2	15	SJW-K38020150
12190	1901	4	10	1901	2	22	SJW-K38020220
12191	1901	5	9	1901	3	21	SJW-K38030210

续表

编号	公历			农历			ID 编号
	年	月	日	年	月	日	
12192	1901	5	10	1901	3	22	SJW-K38030220
12193	1901	5	20	1901	4	3	SJW-K38040030
12194	1901	6	3	1901	4	17	SJW-K38040170
12195	1901	6	14	1901	4	28	SJW-K38040280
12196	1901	6	22	1901	5	7	SJW-K38050070
12197	1901	7	2	1901	5	17	SJW-K38050170
12198	1901	7	10	1901	5	25	SJW-K38050250
12199	1901	7	12	1901	5	27	SJW-K38050270
12200	1901	7	13	1901	5	28	SJW-K38050280
12201	1901	8	15	1901	7	2	SJW-K38070020
12202	1901	8	17	1901	7	4	SJW-K38070040
12203	1901	10	5	1901	8	23	SJW-K38080230
12204	1901	11	13	1901	10	3	SJW-K38100030
12205	1901	12	5	1901	10	25	SJW-K38100250
12206	1901	12	8	1901	10	28	SJW-K38100280
12207	1901	12	9	1901	10	29	SJW-K38100290
12208	1901	12	10	1901	10	30	SJW-K38100300
12209	1903	10	17	1903	8	27	SJW-K40080270
12210	1903	10	21	1903	9	2	SJW-K40090020
12211	1903	10	26	1903	9	7	SJW-K40090070
12212	1903	11	28	1903	10	10	SJW-K40100100
12213	1904	3	1	1904	1	15	SJW-K41010150
12214	1904	3	4	1904	1	18	SJW-K41010180
12215	1904	3	5	1904	1	19	SJW-K41010190
12216	1904	3	16	1904	1	30	SJW-K41010300
12217	1904	3	24	1904	2	8	SJW-K41020080
12218	1904	5	15	1904	4	1	SJW-K41040010
12219	1904	5	16	1904	4	2	SJW-K41040020
12220	1904	5	24	1904	4	10	SJW-K41040100
12221	1904	5	29	1904	4	15	SJW-K41040150
12222	1904	7	8	1904	5	25	SJW-K41050250
12223	1904	7	18	1904	6	6	SJW-K41060060
12224	1904	11	13	1904	10	7	SJW-K41100070
12225	1904	11	21	1904	10	15	SJW-K41100150
12226	1905	1	24	1904	12	19	SJW-K41120190
12227	1905	1	26	1904	12	21	SJW-K41120210
12228	1905	1	27	1904	12	22	SJW-K41120220
12229	1905	2	15	1905	1	12	SJW-K42010120

续表

编号	公历			农历			ID 编号
	年	月	日	年	月	日	
12230	1905	2	25	1905	1	22	SJW-K42010220
12231	1905	3	3	1905	1	28	SJW-K42010280
12232	1905	3	8	1905	2	3	SJW-K42020030
12233	1905	3	25	1905	2	20	SJW-K42020200
12234	1905	3	26	1905	2	21	SJW-K42020210
12235	1905	3	31	1905	2	26	SJW-K42020260
12236	1905	4	1	1905	2	27	SJW-K42020270
12237	1905	4	2	1905	2	28	SJW-K42020280
12238	1905	4	3	1905	2	29	SJW-K42020290
12239	1905	4	17	1905	3	13	SJW-K42030130
12240	1905	4	19	1905	3	15	SJW-K42030150
12241	1905	4	20	1905	3	16	SJW-K42030160
12242	1905	4	21	1905	3	17	SJW-K42030170
12243	1905	4	22	1905	3	18	SJW-K42030180
12244	1905	4	24	1905	3	20	SJW-K42030200
12245	1905	4	29	1905	3	25	SJW-K42030250
12246	1905	4	30	1905	3	26	SJW-K42030260
12247	1905	5	1	1905	3	27	SJW-K42030270
12248	1905	5	6	1905	4	3	SJW-K42040030
12249	1905	5	7	1905	4	4	SJW-K42040040
12250	1905	5	9	1905	4	6	SJW-K42040060
12251	1905	5	25	1905	4	22	SJW-K42040220
12252	1905	5	31	1905	4	28	SJW-K42040280
12253	1905	6	1	1905	4	29	SJW-K42040290
12254	1905	6	8	1905	5	6	SJW-K42050060
12255	1905	6	12	1905	5	10	SJW-K42050100
12256	1905	6	20	1905	5	18	SJW-K42050180
12257	1905	6	22	1905	5	20	SJW-K42050200
12258	1905	6	24	1905	5	22	SJW-K42050220
12259	1905	6	25	1905	5	23	SJW-K42050230
12260	1905	6	26	1905	5	24	SJW-K42050240
12261	1905	6	27	1905	5	25	SJW-K42050250
12262	1905	6	28	1905	5	26	SJW-K42050260
12263	1905	6	30	1905	5	28	SJW-K42050280
12264	1905	7	3	1905	6	1	SJW-K42060010
12265	1905	7	6	1905	6	4	SJW-K42060040
12266	1905	7	9	1905	6	7	SJW-K42060070
12267	1905	7	12	1905	6	10	SJW-K42060100

续表

编号	公历			农历			ID 编号
	年	月	日	年	月	日	
12268	1905	7	16	1905	6	14	SJW-K42060140
12269	1905	7	19	1905	6	17	SJW-K42060170
12270	1905	7	22	1905	6	20	SJW-K42060200
12271	1905	7	23	1905	6	21	SJW-K42060210
12272	1905	7	26	1905	6	24	SJW-K42060240
12273	1905	7	27	1905	6	25	SJW-K42060250
12274	1905	7	30	1905	6	28	SJW-K42060280
12275	1905	8	1	1905	7	1	SJW-K42070010
12276	1905	8	3	1905	7	3	SJW-K42070030
12277	1905	8	5	1905	7	5	SJW-K42070050
12278	1905	8	8	1905	7	8	SJW-K42070080
12279	1905	8	10	1905	7	10	SJW-K42070100
12280	1905	8	11	1905	7	11	SJW-K42070110
12281	1905	8	19	1905	7	19	SJW-K42070190
12282	1905	8	20	1905	7	20	SJW-K42070200
12283	1905	8	21	1905	7	21	SJW-K42070210
12284	1905	8	28	1905	7	28	SJW-K42070280
12285	1905	9	15	1905	8	17	SJW-K42080170
12286	1905	9	16	1905	8	18	SJW-K42080180
12287	1905	9	28	1905	8	30	SJW-K42080300
12288	1905	10	21	1905	9	23	SJW-K42090230
12289	1905	10	31	1905	10	4	SJW-K42100040
12290	1905	11	6	1905	10	10	SJW-K42100100
12291	1905	11	8	1905	10	12	SJW-K42100120
12292	1905	12	8	1905	11	12	SJW-K42110120
12293	1905	12	20	1905	11	24	SJW-K42110240
12294	1905	12	21	1905	11	25	SJW-K42110250
12295	1905	12	30	1905	12	5	SJW-K42120050
12296	1906	1	10	1905	12	16	SJW-K42120160
12297	1906	1	18	1905	12	24	SJW-K42120240
12298	1906	1	31	1906	1	7	SJW-K43010070
12299	1906	4	9	1906	3	16	SJW-K43030160
12300	1906	4	10	1906	3	17	SJW-K43030170
12301	1906	4	15	1906	3	22	SJW-K43030220
12302	1906	4	17	1906	3	24	SJW-K43030240
12303	1906	4	21	1906	3	28	SJW-K43030280
12304	1906	5	8	1906	4	15	SJW-K43040150
12305	1906	5	27	1906	闰 4	5	SJW-K43041050

续表

编号	公历			农历			ID 编号
	年	月	日	年	月	日	
12306	1906	6	20	1906	闰 4	29	SJW-K43041290
12307	1906	7	28	1906	6	8	SJW-K43060080
12308	1906	8	1	1906	6	12	SJW-K43060120
12309	1906	8	7	1906	6	18	SJW-K43060180
12310	1906	8	8	1906	6	19	SJW-K43060190
12311	1906	8	15	1906	6	26	SJW-K43060260
12312	1906	8	19	1906	6	30	SJW-K43060300
12313	1906	8	29	1906	7	10	SJW-K43070100
12314	1906	8	30	1906	7	11	SJW-K43070110
12315	1906	9	14	1906	7	26	SJW-K43070260
12316	1906	9	15	1906	7	27	SJW-K43070270
12317	1906	9	16	1906	7	28	SJW-K43070280
12318	1906	10	1	1906	8	14	SJW-K43080140
12319	1906	10	2	1906	8	15	SJW-K43080150
12320	1906	10	17	1906	8	30	SJW-K43080300
12321	1906	10	31	1906	9	14	SJW-K43090140
12322	1906	11	19	1906	10	4	SJW-K43100040
12323	1906	11	27	1906	10	12	SJW-K43100120
12324	1906	12	7	1906	10	22	SJW-K43100220
12325	1906	12	13	1906	10	28	SJW-K43100280
12326	1906	12	20	1906	11	5	SJW-K43110050
12327	1906	12	27	1906	11	12	SJW-K43110120
12328	1906	12	30	1906	11	15	SJW-K43110150
12329	1906	12	31	1906	11	16	SJW-K43110160
12330	1907	1	6	1906	11	22	SJW-K43110220
12331	1907	1	26	1906	12	13	SJW-K43120130
12332	1907	2	17	1907	1	5	SJW-K44010050
12333	1907	2	27	1907	1	15	SJW-K44010150
12334	1907	3	10	1907	1	26	SJW-K44010260
12335	1907	3	11	1907	1	27	SJW-K44010270
12336	1907	4	5	1907	2	23	SJW-K44020230
12337	1907	4	10	1907	2	28	SJW-K44020280
12338	1907	4	12	1907	2	30	SJW-K44020300
12339	1907	5	10	1907	3	28	SJW-K44030280
12340	1907	5	22	1907	4	11	SJW-K44040110
12341	1907	5	30	1907	4	19	SJW-K44040190

续表

编号	公历			农历			ID 编号
	年	月	日	年	月	日	
12342	1907	6	7	1907	4	27	SJW-K44040270
12343	1907	6	13	1907	5	3	SJW-K44050030
12344	1907	6	16	1907	5	6	SJW-K44050060
12345	1907	7	9	1907	5	29	SJW-K44050290
12346	1907	7	15	1907	6	6	SJW-K44060060
12347	1907	7	16	1907	6	7	SJW-K44060070
12348	1907	7	19	1907	6	10	SJW-K44060100
12349	1907	8	7	1907	6	29	SJW-L01060290
12350	1907	8	19	1907	7	11	SJW-L01070110
12351	1907	8	21	1907	7	13	SJW-L01070130
12352	1907	8	22	1907	7	14	SJW-L01070140
12353	1907	8	24	1907	7	16	SJW-L01070160
12354	1907	9	1	1907	7	24	SJW-L01070240
12355	1907	9	2	1907	7	25	SJW-L01070250
12356	1907	9	3	1907	7	26	SJW-L01070260
12357	1907	9	4	1907	7	27	SJW-L01070270
12358	1907	9	20	1907	8	13	SJW-L01080130
12359	1907	10	8	1907	9	2	SJW-L01090020
12360	1907	10	12	1907	9	6	SJW-L01090060
12361	1907	10	22	1907	9	16	SJW-L01090160
12362	1907	11	16	1907	10	11	SJW-L01100110
12363	1907	11	22	1907	10	17	SJW-L01100170
12364	1908	2	1	1907	12	29	SJW-L01120290
12365	1908	2	4	1908	1	3	SJW-L02010030
12366	1908	2	21	1908	1	20	SJW-L02010200
12367	1908	2	22	1908	1	21	SJW-L02010210
12368	1908	3	1	1908	1	29	SJW-L02010290
12369	1908	3	3	1908	2	1	SJW-L02020010
12370	1908	3	4	1908	2	2	SJW-L02020020
12371	1908	3	5	1908	2	3	SJW-L02020030
12372	1908	3	6	1908	2	4	SJW-L02020040
12373	1908	3	20	1908	2	18	SJW-L02020180
12374	1908	4	3	1908	3	3	SJW-L02030030
12375	1908	4	5	1908	3	5	SJW-L02030050
12376	1908	5	26	1908	4	27	SJW-L02040270
12377	1908	6	5	1908	5	7	SJW-L02050070

续表

编号	公历			农历			ID 编号
	年	月	日	年	月	日	
12378	1908	6	11	1908	5	13	SJW-L02050130
12379	1908	6	30	1908	6	2	SJW-L02060020
12380	1908	7	1	1908	6	3	SJW-L02060030
12381	1908	7	4	1908	6	6	SJW-L02060060
12382	1908	7	15	1908	6	17	SJW-L02060170
12383	1908	7	19	1908	6	21	SJW-L02060210
12384	1908	8	21	1908	7	25	SJW-L02070250
12385	1908	9	8	1908	8	13	SJW-L02080130
12386	1908	9	19	1908	8	24	SJW-L02080240
12387	1908	9	21	1908	8	26	SJW-L02080260
12388	1908	10	27	1908	10	3	SJW-L02100030
12389	1908	10	28	1908	10	4	SJW-L02100040
12390	1908	10	29	1908	10	5	SJW-L02100050
12391	1908	11	11	1908	10	18	SJW-L02100180
12392	1908	11	20	1908	10	27	SJW-L02100270
12393	1909	1	18	1908	12	27	SJW-L02120270
12394	1909	1	24	1909	1	3	SJW-L03010030
12395	1909	1	25	1909	1	4	SJW-L03010040
12396	1909	2	10	1909	1	20	SJW-L03010200
12397	1909	5	5	1909	3	16	SJW-L03030160
12398	1909	5	6	1909	3	17	SJW-L03030170
12399	1909	5	27	1909	4	9	SJW-L03040090
12400	1909	6	6	1909	4	19	SJW-L03040190
12401	1909	6	18	1909	5	1	SJW-L03050010
12402	1909	6	30	1909	5	13	SJW-L03050130
12403	1909	7	7	1909	5	20	SJW-L03050200
12404	1909	7	8	1909	5	21	SJW-L03050210
12405	1909	7	9	1909	5	22	SJW-L03050220
12406	1909	7	11	1909	5	24	SJW-L03050240
12407	1909	7	13	1909	5	26	SJW-L03050260
12408	1909	7	15	1909	5	28	SJW-L03050280
12409	1909	7	17	1909	6	1	SJW-L03060010
12410	1909	7	24	1909	6	8	SJW-L03060080
12411	1909	7	27	1909	6	11	SJW-L03060110
12412	1909	8	7	1909	6	22	SJW-L03060220
12413	1909	8	16	1909	7	1	SJW-L03070010

续表

编号	公历			农历			ID 编号
	年	月	日	年	月	日	
12414	1909	8	17	1909	7	2	SJW-L03070020
12415	1909	8	23	1909	7	8	SJW-L03070080
12416	1909	10	11	1909	8	28	SJW-L03080280
12417	1909	10	25	1909	9	12	SJW-L03090120
12418	1909	10	26	1909	9	13	SJW-L03090130
12419	1909	11	1	1909	9	19	SJW-L03090190
12420	1909	11	8	1909	9	26	SJW-L03090260
12421	1909	11	30	1909	10	18	SJW-L03100180
12422	1909	12	28	1909	11	16	SJW-L03110160
12423	1910	1	6	1909	11	25	SJW-L03110250
12424	1910	1	9	1909	11	28	SJW-L03110280
12425	1910	1	10	1909	11	29	SJW-L03110290
12426	1910	1	22	1909	12	12	SJW-L03120120
12427	1910	2	25	1910	1	16	SJW-L04010160
12428	1910	2	28	1910	1	19	SJW-L04010190
12429	1910	3	7	1910	1	26	SJW-L04010260
12430	1910	3	18	1910	2	8	SJW-L04020080
12431	1910	3	27	1910	2	17	SJW-L04020170
12432	1910	3	28	1910	2	18	SJW-L04020180
12433	1910	3	29	1910	2	19	SJW-L04020190
12434	1910	4	20	1910	3	11	SJW-L04030110
12435	1910	4	21	1910	3	12	SJW-L04030120
12436	1910	5	4	1910	3	25	SJW-L04030250
12437	1910	5	5	1910	3	26	SJW-L04030260
12438	1910	5	10	1910	4	2	SJW-L04040020
12439	1910	6	4	1910	4	27	SJW-L04040270
12440	1910	6	6	1910	4	29	SJW-L04040290
12441	1910	6	13	1910	5	7	SJW-L04050070
12442	1910	6	20	1910	5	14	SJW-L04050140
12443	1910	6	22	1910	5	16	SJW-L04050160
12444	1910	6	29	1910	5	23	SJW-L04050230
12445	1910	7	20	1910	6	14	SJW-L04060140
12446	1910	7	23	1910	6	17	SJW-L04060170
12447	1910	7	25	1910	6	19	SJW-L04060190
12448	1910	7	27	1910	6	21	SJW-L04060210
12449	1910	8	22	1910	7	18	SJW-L04070180

第五节　雾天记录

雾天记录表(表3.5)第1列为编号,第2～4列为公历年、月、日,第5～7列为农历年、月、日,第8列为ID编号。

表3.5　雾天记录

编号	公历			农历			ID编号
	年	月	日	年	月	日	
1	1625	8	23	1625	7	21	SJW-A03070210
2	1625	9	10	1625	8	9	SJW-A03080090
3	1625	10	23	1625	9	23	SJW-A03090230
4	1625	12	20	1625	11	21	SJW-A03110210
5	1629	3	16	1629	2	22	SJW-A07020220
6	1635	3	20	1635	2	2	SJW-A13020020
7	1635	8	28	1635	7	16	SJW-A13070160
8	1635	8	29	1635	7	17	SJW-A13070170
9	1635	8	30	1635	7	18	SJW-A13070180
10	1635	11	26	1635	10	17	SJW-A13100170
11	1636	1	3	1635	11	26	SJW-A13110260
12	1637	1	31	1637	1	6	SJW-A15010060
13	1637	5	16	1637	4	22	SJW-A15040220
14	1639	3	31	1639	2	27	SJW-A17020270
15	1648	5	23	1648	4	2	SJW-A26040020
16	1656	9	2	1656	7	14	SJW-B07070140
17	1682	10	27	1682	9	27	SJW-D08090270
18	1694	10	2	1694	8	14	SJW-D20080140
19	1697	10	8	1697	8	24	SJW-D23080240
20	1705	12	14	1705	10	29	SJW-D31100290
21	1708	1	27	1708	1	5	SJW-D34010050
22	1708	1	28	1708	1	6	SJW-D34010060
23	1708	2	2	1708	1	11	SJW-D34010110
24	1709	5	5	1709	3	26	SJW-D35030260
25	1720	7	8	1720	6	4	SJW-D46060040
26	1721	10	24	1721	9	4	SJW-E01090040
27	1721	12	28	1721	11	10	SJW-E01110100
28	1722	9	27	1722	8	17	SJW-E02080170
29	1722	12	1	1722	10	23	SJW-E02100230
30	1725	6	30	1725	5	20	SJW-F01050200
31	1725	7	1	1725	5	21	SJW-F01050210

续表

编号	公历			农历			ID 编号
	年	月	日	年	月	日	
32	1726	6	2	1726	5	3	SJW-F02050030
33	1727	1	2	1726	12	11	SJW-F02120110
34	1727	7	24	1727	6	6	SJW-F03060060
35	1727	7	29	1727	6	11	SJW-F03060110
36	1727	10	16	1727	9	2	SJW-F03090020
37	1728	3	14	1728	2	4	SJW-F04020040
38	1728	10	13	1728	9	11	SJW-F04090110
39	1730	1	11	1729	11	23	SJW-F05110230
40	1730	1	12	1729	11	24	SJW-F05110240
41	1732	12	26	1732	11	10	SJW-F08110100
42	1735	12	18	1735	11	5	SJW-F11110050
43	1737	8	2	1737	7	7	SJW-F13070070
44	1737	9	23	1737	8	29	SJW-F13080290
45	1738	10	17	1738	9	5	SJW-F14090050
46	1742	8	31	1742	8	2	SJW-F18080020
47	1743	5	23	1743	4	30	SJW-F19040300
48	1743	12	3	1743	10	18	SJW-F19100180
49	1743	12	22	1743	11	7	SJW-F19110070
50	1744	5	28	1744	4	17	SJW-F20040170
51	1749	5	29	1749	4	14	SJW-F25040140
52	1761	8	12	1761	7	13	SJW-F37070130
53	1765	5	25	1765	4	6	SJW-F41040060
54	1767	1	27	1766	12	27	SJW-F42120270
55	1770	11	8	1770	9	21	SJW-F46090210
56	1770	11	9	1770	9	22	SJW-F46090220
57	1770	11	10	1770	9	23	SJW-F46090230
58	1770	11	13	1770	9	26	SJW-F46090260
59	1771	2	28	1771	1	14	SJW-F47010140
60	1801	11	14	1801	10	9	SJW-H01100090
61	1861	11	17	1861	10	15	SJW-J12100150

参考文献

葛全胜,2011. 中国历朝气候变化[M]. 北京:科学出版社:583-620.

王鹏飞,1984. "朝鲜测雨器传自中国"辩[J]. 中国科技史料,5(3):10-18.

魏勇,万卫星,2020. 古代朝鲜极光年表[M]. 北京:科学出版社.

杨凯,2017. 朝鲜总督府观测所的古代测候研究探赜[J]. 自然科学史研究,36(3):411-425.

杨煜达,王美苏,满志敏,2009. 近三十年来中国历史气候研究方法的进展[J]. 中国历史地理论丛,24(2):5-13.

张德二,2004. 中国三千年气象记录总集[M]. 南京:凤凰出版社,江苏教育出版社.

张瑾瑢,1982. 清代档案中的气象资料[J]. 历史档案(2): 100-104+110.

竺可桢,1962. 历史时代世界气候的波动[J]. 气象学报,31(4):275-287.

竺可桢,1973. 中国近五千年气候变迁初步研究[J]. 中国科学(2):168-189.

ARAKAWA H,1956. On the secular variation of annual totals of rainfall at Seoul from 1770 to 1944[J]. Theor Appl Climatol,7(2):205-211.

CHO H K and NA I S,1979. Changes in climate in Korea during the 18th century—Centering on rainfall amount (in Korean) [J]. J Korean Stud,22:83-103.

CHO H M,et al,2015. A historical review on the introduction of Chugugi and the rainfall observation network during the Joseon Dynasty[J]. J Korean Meteorol Soc,25:719-734.

GE Q S,ZHENG J Y,2005. Reconstruction of historical climate in China: High-resolution precipitation data from Qing Dynasty archives[J]. Bulletin of the American Meteorological Society,86(5):671-680.

HA K J,HA E,2006. Climatic change and interannual fluctuations in the long-term record of monthly precipitation for Seoul[J]. Int J Climatol,26:607-618.

JHUN,J G,MOON B K,1997. Restorations and analyses of rainfall amount observed by Chukwookee (in Korean) [J]. J Korean Meteorol Soc,33:691-707.

JUNG H S,LIM G H,1994. On the monthly precipitation amounts and number of precipitation days in Seoul, 1770 - 1907 (in Korean)[J]. J Korean Meteorol Soc,30:487-505.

JUNG H S,LIM G H,OH J H,2001. Interpretation of the transient variations in the time series of precipitation amounts in Seoul, Korea—part I: Diurnal variation[J]. J Clim,14:2989-3004.

KIM J W,HA K J,1987. Climatic changes and interannual fluctuations in the monthly amounts of precipitation at Seoul (in Korean) [J]. J Korean Meteor Soc,3:54-69.

KIM S S,1988. Comments on the Chinese claim for the invention of Chukwookee (in Korean) [J]. J Korean Meteor Soc, 24:427-440.

LIM G H,JHUN J G,OH J H,1996. Assessment of climatological precipitation amount in the Korean peninsula in terms of the precipitation records of Korean rain gauge and precipitation model output (in Korean)[R]. Department of Atmospheric Sciences, Seoul National University. KOSEF 93-0700-06-02-3,165.

WADA Y,1917. Academic report from Korea observation stations (in Japanese)[R]. Inchon: Inchon Weather Service, South Korea.

WANG B,DING Q,JHUN J G,2006. Trends in Seoul (1778—2004) summer precipitation[J]. Geophys Res Lett,33, L15803.

WANG B,JHUN J G,MOON B K,2007. Variability and singularity of Seoul,South Korea,rainy season (1778—2004) [J]. J Clim,20:2572-2580.